市政职工教育算量与计价专业系列教材

市政工程工程量清单常用项目及计算规则对照图释集

上海市市政公路工程行业协会　组织编写
主编：邝森栋　副主编：韩宏珠
主审：陈明德　陆介天

中国建筑工业出版社

图书在版编目（CIP）数据

市政工程工程量清单常用项目及计算规则对照图释集/上海市市政公路工程行业协会组织编写．—北京：中国建筑工业出版社，2013.2

市政职工教育算量与计价专业系列教材

ISBN 978-7-112-14900-1

Ⅰ．①市…　Ⅱ．①上…　Ⅲ．①市政工程-工程造价-图解　Ⅳ．①TU723.3-64

中国版本图书馆 CIP 数据核字（2012）第 275654 号

本《市政工程工程量清单常用项目及计算规则对照图释集》（以下简称“图释集”）是以中华人民共和国住房和城乡建设部以第 1567 号公告发布的《建设工程工程量清单计价规范》GB 50500—2013（以下简称“13 国标清单规范”）和以第 1576 号公告发布的《市政工程工程量计算规范》GB 50857—2013（以下简称“13 国标市政计算规范”）及上海市城乡建设和管理委员会以沪建管［2014］872 号公告发布的《上海市建设工程工程量清单计价应用规则》（以下简称“上海市应用规则”）为准绳，并结合市政工程工程量清单中工程量计算的实际组织编写的。

本“图释集”以市政工程招、投标者为视角来诠释市政工程工程量清单“算量”博大精深的内涵，独特的编排格式，使读者依据所要的内容可直接查到其所涉及的内容，从而为读者的招、投标提供必要的辅助决策。

为了使国家标准更加直观易懂、便于综合应用，本“图释集”的原则和特点：

■以最权威的“13 国标市政计算规范”及“上海市应用规则”为基础，用通俗的文字加以表述，既忠实于国家标准，又适应一般读者的阅读习惯。

■汇集数百张绘图和表格细致入微全新图解以传承、变异、创新手法诠释“13 国标市政计算规范”及“上海市应用规则”，让原汁原味的“13 国标市政计算规范”及“上海市应用规则”项目顺序编排［即常用实体（主体）项目：土石方工程、道路工程、桥涵护岸工程、隧道工程、市政管网工程、钢筋工程等和常用措施（非主体）项目：大型机械设备进出场及安拆、混凝土、钢筋混凝土模板及支架、脚手架、地基加固（树根桩）、施工排水、围堰、筑岛等］，通过《全国统一市政工程预算定额》（1999）和《上海市市政工程预算定额》（2000）、《上海市市政工程预算组合定额——室外排水管道工程》（2000）对应的工程量计算规则进行应用分析和释义，在分部分项工程项目划分（即定额子目编号、分项工程项目名称）、计量单位及工程量计算规则等项目的对照应用，为您带来完美的视觉享受。

■采用图解的形式对“13 国标市政计算规范”及“上海市应用规则”进行重构，将常用项目及计算规则逐一分解放大，做到使文字语言与图像语言及表格语言一一对应，让您在阅读中欣赏，在欣赏中获得智慧。

本“图释集”对从事市政工程造价工作的专业工程技术人员在从事具体工作时，既能起到一集在手、查检方便的效果，又能在应用本“图释集”“算量”工具书实务过程中得到提示和启迪的作用。

本“图释集”内容丰富、简明常用，具有很强的实用性和可操作性，是一本价值颇高的市政工程工程量清单中工程量计算工具参考书。

本“图释集”可作为市政工程专业人员岗位培训的辅导教材，还可作为业主（招标）、设计、承包商（投标）、现场施工监理、工程造价机构、工程咨询机构、审计机构以及政府主管部门从事市政工程造价专业技术人员使用的工具书，对建设单位、投资审查部门、资产评估部门、施工企业的各级经济管理人员都有非常大的使用价值，也是非专业人员了解和学习本专业知识的重要参考资料，以及可供将要从事市政工程造价工作的有关院校相关专业师生使用参考。

责任编辑：于　莉　田启铭

责任设计：李志立

责任校对：陈晶晶　李美娜

市政职工教育算量与计价专业系列教材

市政工程工程量清单常用项目及计算规则对照图释集

上海市市政公路工程行业协会　组织编写

主编：邝森栋　副主编：韩宏珠

主审：陈明德　陆介天

*

中国建筑工业出版社出版、发行（北京海淀三里河路 9 号）

各地新华书店、建筑书店经销

霸州市顺浩图文科技发展有限公司制版

北京圣夫亚美印刷有限公司印刷

*

开本：787×1092 毫米　横 1/16　印张：44½　字数：1081 千字

2017 年 9 月第一版　2017 年 9 月第一次印刷

定价：**136.00** 元

ISBN 978-7-112-14900-1

（22966）

《市政职工教育算量与计价专业系列教材》
编委会名单

前　言

为了更好地宣传、贯彻《建设工程工程量清单计价规范》GB 50500—2013（以下简称“13国标清单规范”）、《市政工程工程量计算规范》GB 50857—2013（以下简称“13国标市政计算规范”）和上海市城乡建设和管理委员会以沪建管［2014］872号公告发布《上海市建设工程工程量清单计价应用规则》（以下简称“上海市应用规则”）的内容和要求，为帮助从事市政工程造价工作的专业技术人员和市政职工能更好地进行工程量清单编制和计价工作，我们特组织编写此《市政工程工程量清单常用项目及计算规则对照图释集》（以下简称“图释集”）。

本“图释集”依照“13国标市政计算规范”和“上海市应用规则”的体例进行编写，针对《全国统一市政工程预算定额》（1999）、《上海市市政工程预算定额》（2000）及《上海市市政工程预算组合定额室外排水管道工程》（2000）对应的工程量计算规则进行应用分析和释义，以实例阐述各分项工程的工程量计算方法，同时也简要阐明了工程量清单与市政工程预算定额的区别；本“图释集”条文缕析、文图并茂、体例新颖、方便查阅，其目的是帮助市政职工、业内人士和读者厘清思路，培养良好习惯，成为一名市政工程造价领域工程量“算量”的行家里手。

本“图释集”与同类书相比，其显著特点是：

1. 内容丰富，结构合理，在传承、变异、创新的基础上，针对性强，项目划分严格按照“13国标市政计算规范”和“上海市应用规则”体例即项目编码、项目名称、计量单位、工程量计算规则、项目特征描述、工程内容规定明细与对应的市政工程定额子目编号、分部分项工程名称、工作内容、计量单位、工程量计算规则，以图释形式相互对照，起到提高效率的作用，以便读者有目的性地学习，有助于读者“算量”寻珍，一览无余。

2. 实际操作性强，注重市政职工、业内人士和读者动手能力的培养，旨在为企事业输送实用型人才。本“图释集”以实体（主体）工程和措施（非主体）项目的施工图识读技法为切入点，运用拥有自主知识产权和自主品牌的市政工程工程量清单“一法三模算量法”（YYYYSL算量模块系统）软着陆在市政工程工程量清单常用项目及计算规则对照图释点处，且主要以实例说明实际操作中的有关问题及解决方法，便于他（她）们对“13国标市政计算规范”和“上海市应用规则”知识体系的理解和应用，有助于读者尽快学习和领悟本“图释集”中的知识结构系统，靠实践加强对所学知识的综合应用能力。

3. 理念创新和原始创新。市政工程造价工程量“算量”中亟待解决的自动进行计算的问题，长期困扰着在一线从事市政工程造价工作的专业工程技术人员；创新从来不是一蹴而就的，独特思维研究方向需要扎根在市政工程造价工程量“算量”岗位上，它需要积累，自动进行工程造价“算量”建设更需要在创新中坚守、与孤独世界博弈。

编者以扎根于工作岗位上为契机，历经且把握自动进行市政工程造价工程量“算量”崛起脉络的一一梳理，经过十年的坚持市政工程造价工程量“算量”技术路线创新和计算机语言技术路线创新的历练，时值至此，终将不仅仅把接地气的“拮图法则”自动识别（唯一性定理）技术让机、图（即原施工图净量）无障碍交流，而且使“计算规则量”——算法得以无缝链接【终极目标：（1）建设工程预（结）算书［按施工顺序；包括子目、量、价等分析］；（2）分部分项工程量清单与计价表［即建设单位招标工程量清单］（含①实体工程与措施项目相分离；②工程量清单“五统一”；③“工作内容”由一个及以上的工程内容综合而成）；（3）分部分项工程量清单综合单价分析表［评审和判别的重要基础及数据来源］】，更重要的是把知识转化为经济的过程即原创成果的研究——以数据完整、准确、安全地完成任务；悄然来临的自主平台软件更将显著地架起一条通道，进一步提高了工程造价“算量”的准确率，与此同时将始终困惑着人们自动进行市政工程造价工程量“算量”的重要课题予以解决，确保了他（她）们能够获得自由，使其从纷繁冗杂的手工重复劳动中解脱出来，即将给用户带来全（崭）新的实务操作体验。

4.“行业协会力行”弘扬“求真务实”、“实现会员单位分享资源”、“为会员提供服务”的行业协会精神，满足社会需求。

本“图释集”在上海市市政公路行业协会组织与指导下，由上海市市政公路行业工程造价专业人员承担编纂工作，由邝森栋和韩宏珠二位组织编著，对本“图释集”进行统稿、纂辑、编排。在撰写本“图释集”过程中，得到上海市市政公路行业领导、上海市市政公路行业协会科委、市政造价专业委员会及本编委会各位市政公路行业老专家和同济大学等大专院校老学者和许多同行的多方帮助及大力支持，并对本“图释集”的观点贡献了他（她）们的知识与深刻、精辟的见解，帮助我们拓宽思路、挑战自我，提供了极有价值的指导；与此同时，参考和引用了有关部门、单位和个人宝贵的相关文献和资料。谨在此一并向他（她）们表示衷心的、最诚挚的感谢。对秘书处培训工作部谢慧敏所做的文字工作表示感谢。

当前，我国工程造价体制正处于变革时期，许多问题有待研究探讨，加之编者学术水平、实践经验有限和时间的限制，本“图释集”虽然做了很大考量，在理论阐述上可能有些散乱之虞，在功能介绍上有重复之患，难免有错误和不妥之处，这些都恳切希望得到同行专家和广大读者斧正，以便今后修订、完善。如有疑问，敬请登录 http://www. shsz. org. cn（上海市政公路信息网）或 http://px. shsz. org. cn（市政培训论坛-行业培训在线）与编者联系。

通信地址：上海市虹口区广中路 411 号 105 室　邮编：200083 联系电话：021-33130790

编者

乙未年于上海市市政公路行业协会

目　录

第一章　大数据“一例十一图或表或式十一解十一结果”：解构“一法三模算量法”YYYYSL系统模式

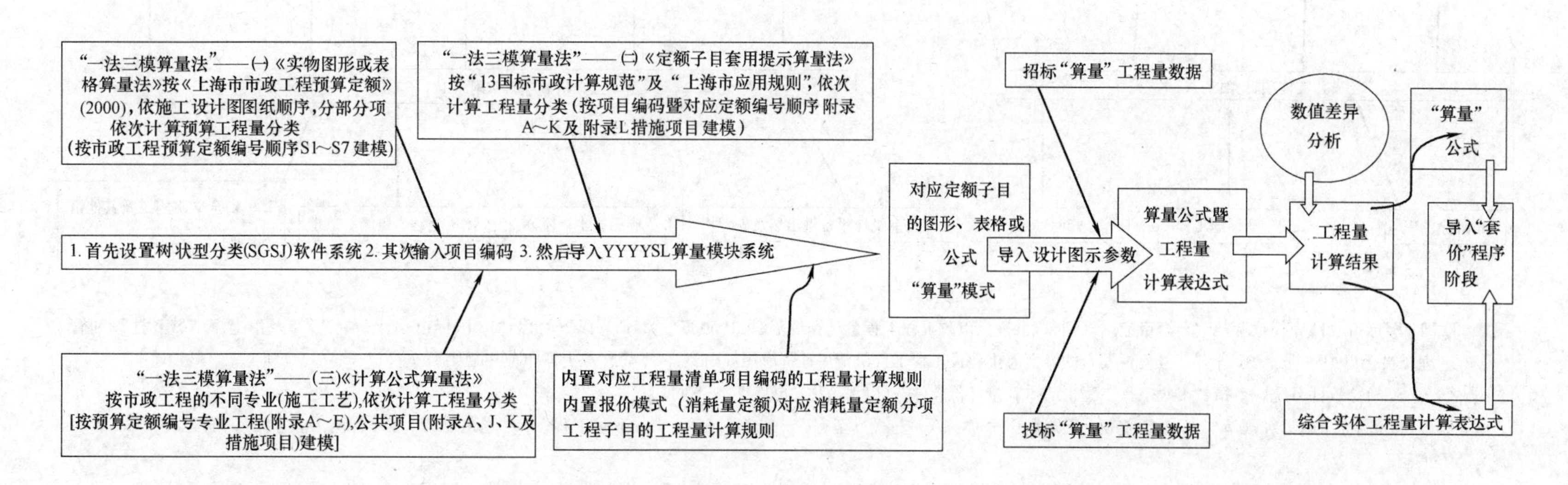

1. 一例（按对应预算定额分项工程子目设置对应预算定额分项工程子目代码建模） 2. 一图或表或式（工程造价“算量”要素） 3. 一解（演算过程表达式） 4. 一结果（五统一含项目特征描述）

注：1. 实时算量模式（YYYYSL算量模块系统），即“实物图形算量法”、“定额子目套用提示法”、“计算公式算量法”的“一例、一图或表或式、一解、一计算结果”（即“算量”图形化、表格化、公式化模式）；

2. 输（录）入或采撷设计图图示尺寸参数时，敬请参阅表1-02“按《单体工程》的‘项目编码’、‘工作内容’及对应‘定额编号’顺序列项（道路工程案例）”的释义。

图1-01　市政工程工程量清单工程量实时算量模式（“一法三模算量法”YYYYSL系统）(一)

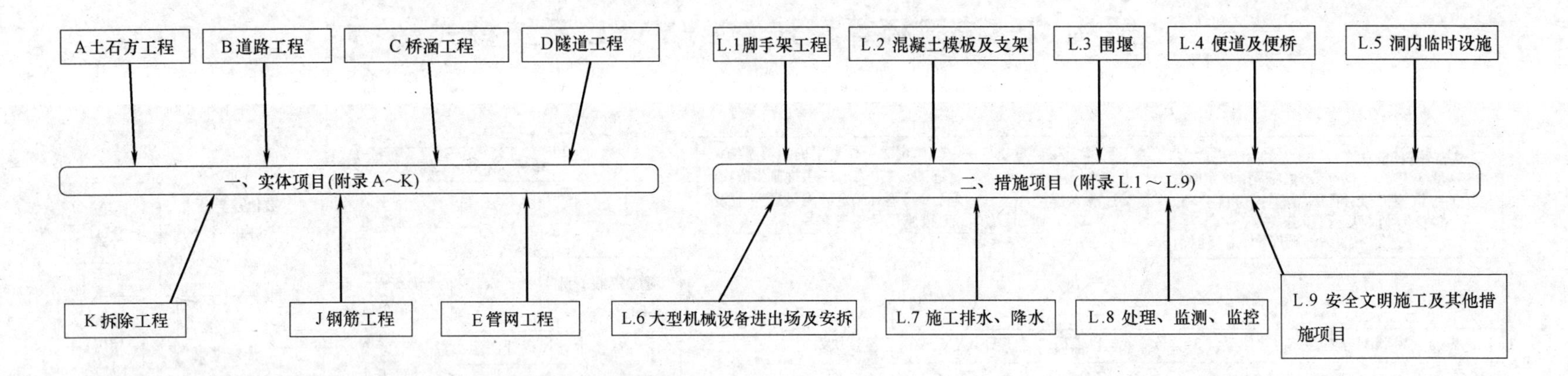

注：1.“13国标市政计算规范”及“上海市应用规则”，系指《市政工程工程量计算规范》GB 50857—2013（以下简称“13国标市政计算规范”）及由上海市城乡建设和管理委员会以沪建管［2014］872号公告发布的《上海市建设工程工程量清单计价应用规则》（以下简称“上海市应用规则”）；

2.*（SGSJ）软件系统，系指“市政工程工程量清单算量计价软件”（以下简称“SGSJ”），下同；

3. 按“13国标市政计算规范”及“上海市应用规则”分类：A—土石方工程、B—道路工程、C—桥涵工程、D—隧道工程、E—管网工程、J—钢筋工程、K—拆除工程；

4. 按《上海市市政工程预算定额》(2000)，依施工设计图图纸顺序，分部分项依次计算预算工程量分类：S1—第一册　通用项目、S2—第二册　道路工程、S3—第三册　道路交通管理设施工程、S4—第四册　桥涵及护岸工程、S5—第五册　排水管道工程、S6—第六册　排水构筑物及机械设备安装工程、S7—第七册　隧道工程。

图1-01　市政工程工程量清单工程量实时算量模式（“一法三模算量法”YYYYSL系统）（二）

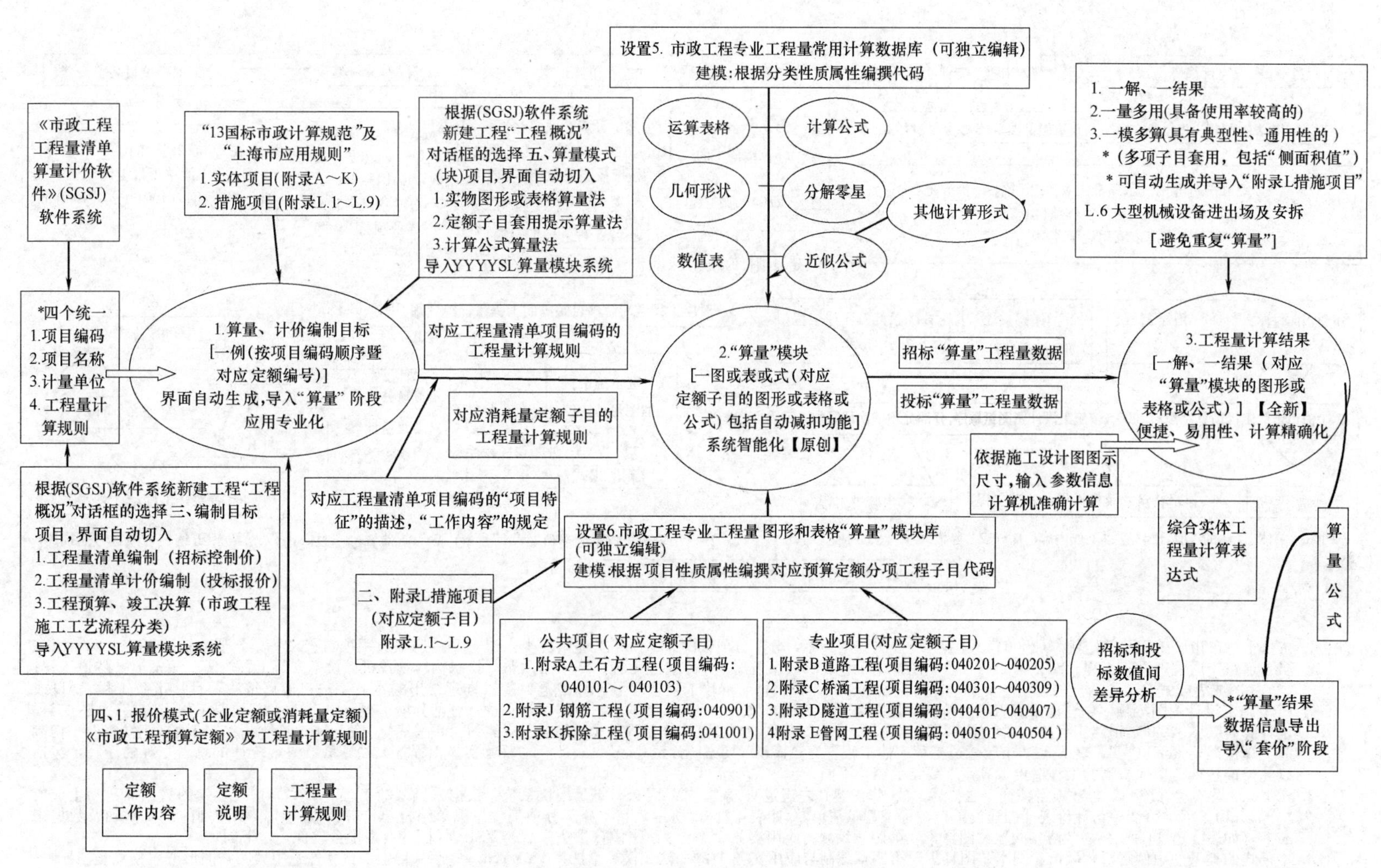

图1-02 “一例、一图或表或式、一解、一计算结果算量模块”（简称YYYYSL系统）流程简图［证书号：软著登字第0195352号］

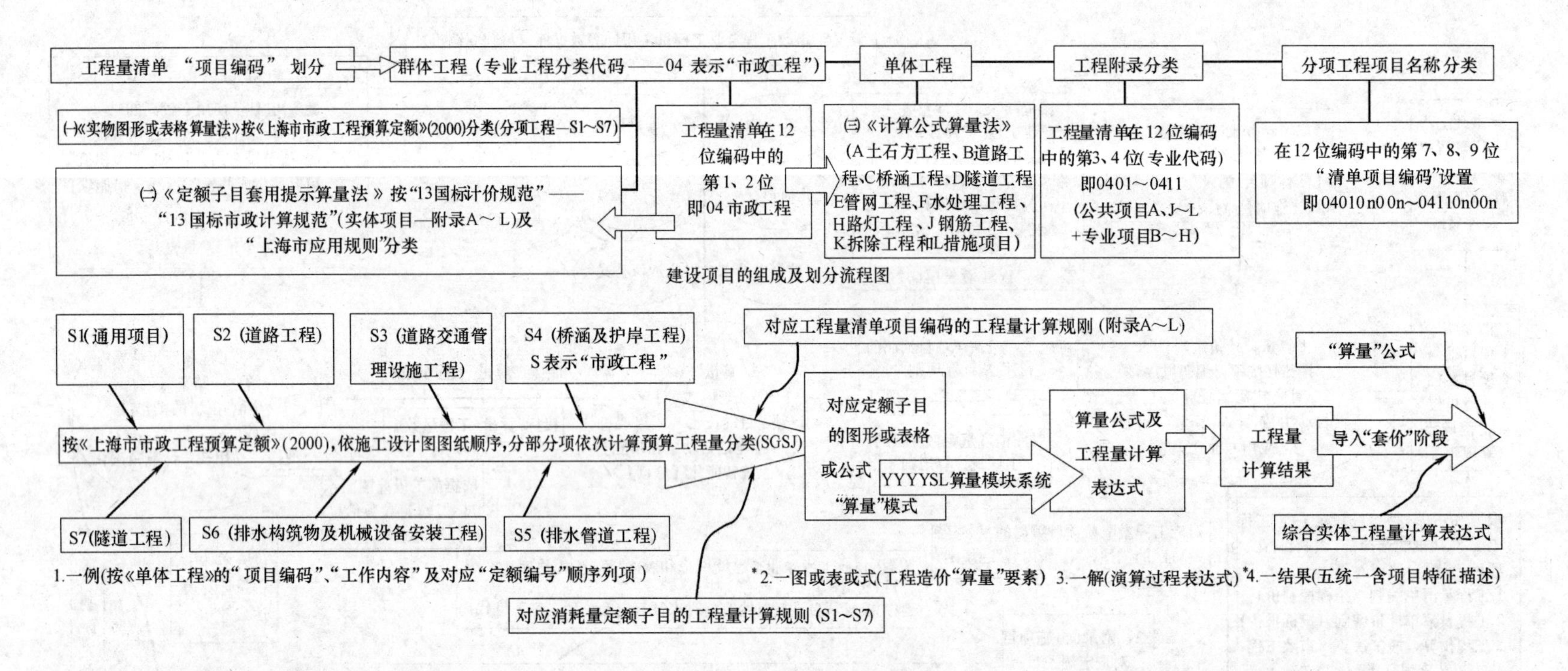

注：1. 按《上海市市政工程预算定额》（2000），依施工设计图图纸顺序，分部分项依次计算预算工程量分类：S1—第一册　通用项目、S2—第二册　道路工程、S3—第三册　道路交通管理设施工程、S4—第四册　桥涵及护岸工程、S5—第五册　排水管道工程、S6—第六册　排水构筑物及机械设备安装工程、S7—第七册　隧道工程；

2. * 2. 一图或表或式（工程造价“算量”要素）即人工输（录）入或根据《市政工程工程量计算规范》逻辑推理得出的本“一法三模算量法”且从市政工程 CAD 或 PPT 施工设计图图纸顺序中自动采撷工程造价“算量”要素而生成的数据，敬请参阅本“图释集”第二章《分部分项工程》中表 A-04“道路工程土方挖、填方工程量计算表”、表 A-05“道路工程路基工程土方场内运距计算表”、表 B-04“道路实体工程各类‘算量’要素统计汇总表”、表 J-14“水泥混凝土路面（刚性路面）构造筋‘算量’要素汇总表”、表 E-30“市政管道工程实体工程各类‘算量’要素统计汇总表”、表 C-04“桥梁实体工程各类‘算量’要素统计汇总表”等的诠释，包括以此类推各种类型构筑物的工程造价“算量”要素数据，下同；

3. * 4. 一结果（“五统一”含“项目特征”之描述、“工作内容”之规定），系指“YYYYSL 算量模块系统”根据采撷来的工程造价“算量”要素的数据而自动生成的“分部分项工程项目清单与计价表［即建设单位招标工程量清单］”(如表 4 管-08 所示）和“分部分项工程量清单综合单价分析表［评审和判别的重要基础及数据来源］”（如表 4 道-14 所示），敬请参阅本“图释集”第四章编制与应用实务［“‘一法三模算量法’YYYYSL 系统”（自主平台软件)］，下同；

4. 本模式的类型的案例解析，敬请参阅本“图释集”第四章编制与应用实务［“‘一法三模算量法’YYYYSL 系统”（自主平台软件)］中《实物图形或表格算量法》——案例㈠管网工程工程“算量”编制与应用实务的诠释。

图 1-03　市政工程工程量清单“一法三模算量法”模式的类型：㈠《实物图形或表格算量法》（树状型分类）

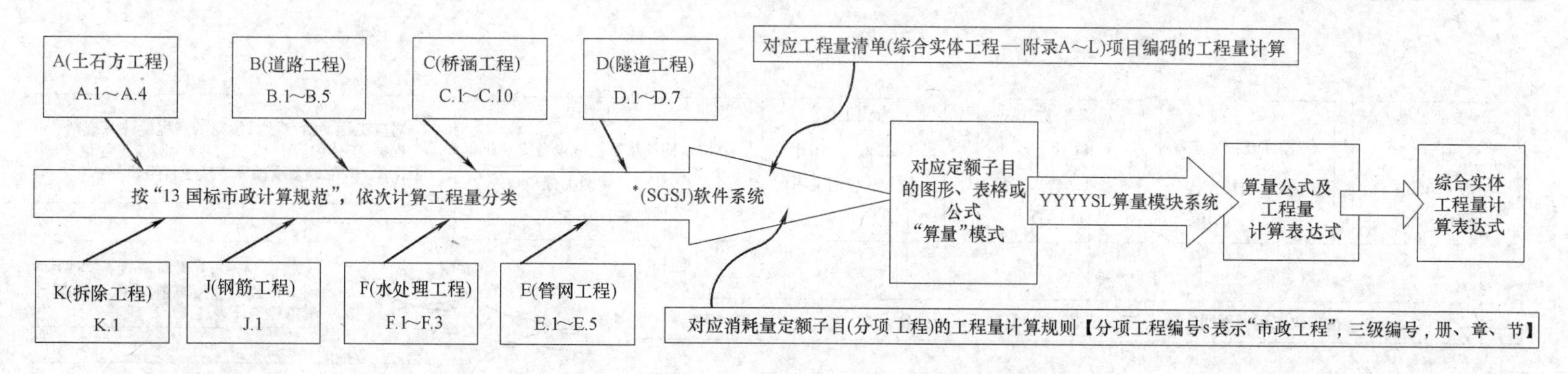

*1. 一例（按《单体工程》的“项目编码”、“工作内容”及对应“定额编号”顺序列项）　2. 一图或表或式（工程造价“算量”要素）　*3. 一解（演算过程表达式）　4. 一结果（五统一含项目特征）

注：按“13国标市政计算规范”及“上海市应用规则”分类：附录A—土石方工程、附录B—道路工程、附录C—桥涵工程、附录D—隧道工程、附录E—管网工程、附录F—水处理工程、附录G—生活垃圾处理工程（G.1～G.3）、附录H—路灯工程（H.1～H.8）、附录J—钢筋工程、附录K—拆除工程、附录L—措施项目。

按“13国标市政计算规范”及“上海市应用规则”，依次计算综合实体（清单）、分项（预算）工程工程量分类

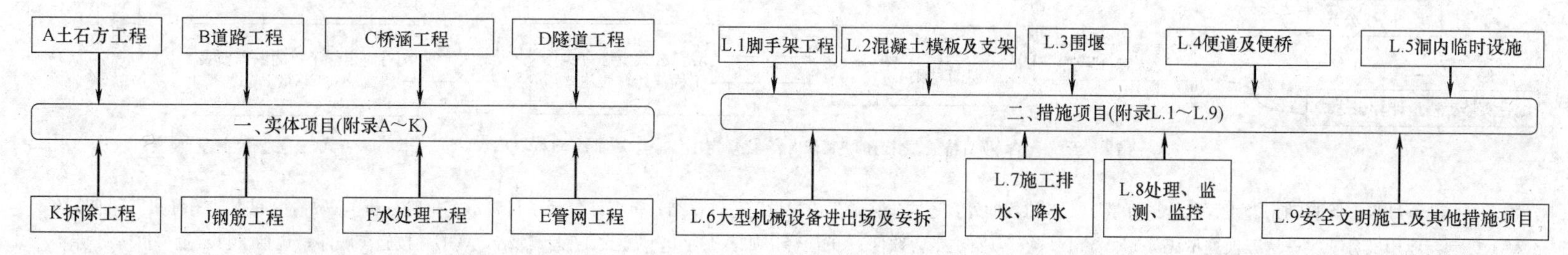

注：1. *1. 一例（按“项目编码”、“工作内容”及对应“定额编号”顺序）和*3. 一解（综合实体工程一“工程量”及预算分项一“数量”演算过程表达式），除自动采撷工程造价“算量”要素的数据外还自动采撷“13国标市政计算规范”、“上海市应用规则”及《上海市市政工程预算定额》（2000）的工程量计算规则文字及相关数据，与此同时自动转换综合实体工程“四统一”与分项工程子目“项目表”间的对应组建关系，敬请参阅本“图释集”第四章　编制与应用实务［“‘一法三模算量法’YYYYSL系统”（自主平台软件）］中表4管-06“工程量计算表［含汇总表］［遵照工程结构尺寸，以图示为准］”的诠释；

2. 一图或表或式的案例解析，敬请参阅本“图释集”第四章编制与应用实务［“‘一法三模算量法’YYYYSL系统”（自主平台软件）］中《定额子目套用提示算量法》——案例㈡道路工程工程“算量”编制与应用实务的诠释。

图1-04　市政工程工程量清单“一法三模算量法”模式的类型：㈡《定额子目套用提示算量法》（树状型分类）

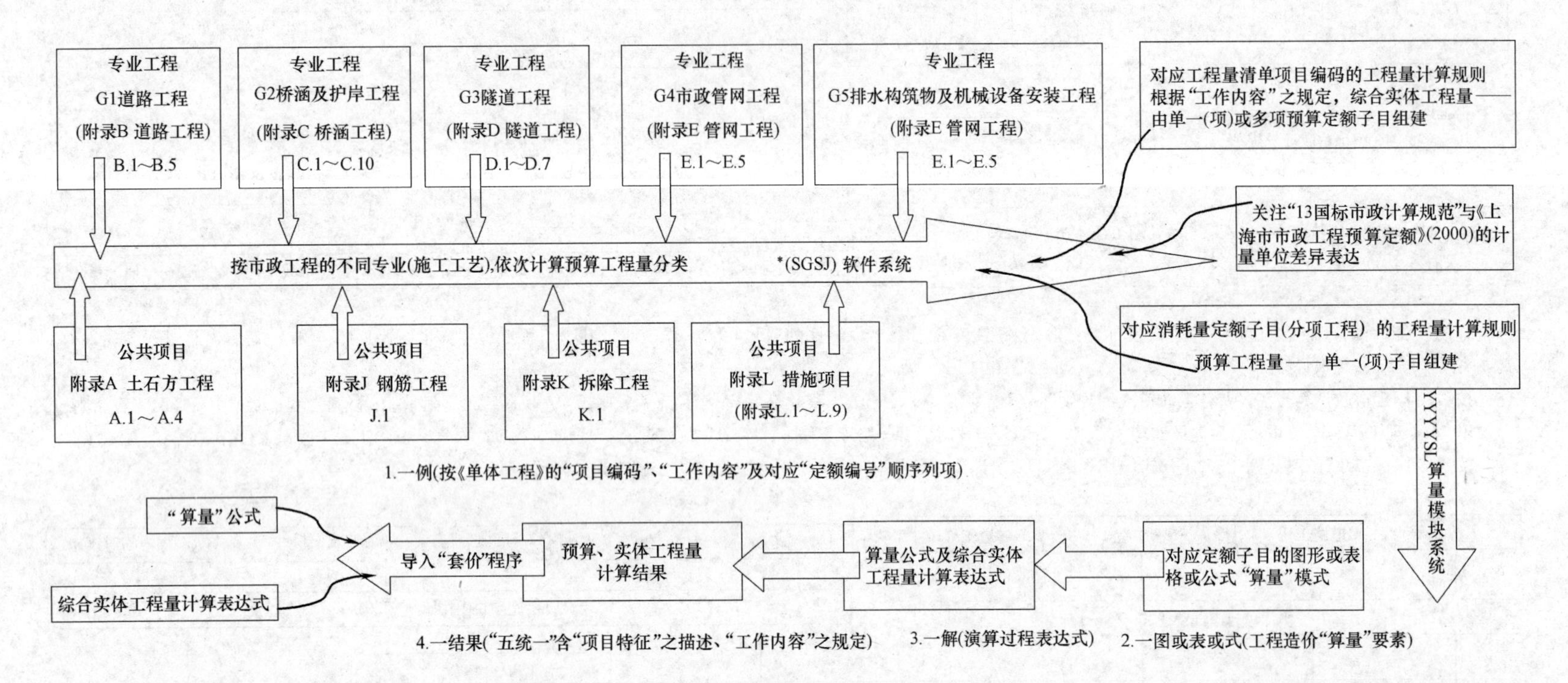

注：1. *4. 一结果，除自动采撷工程造价"算量"要素的数据外，还同步自动生成建设工程预（结）算书［包括子目、量、价等分析］，敬请参阅本"图释集"第四章编制与应用实务［"'一法三模算量法'YYYYSL系统"（自主平台软件）］的诠释，如表4管-07"建设工程预（结）算书［按施工顺序；包括子目、量、价等分析］"、表4道-09"建设工程预（结）算书［按预算定额顺序；包括子目、量、价等分析］"和表4桥-02"建设工程预（结）算书［按先地下、后地上顺序；包括子目、量、价等分析］"所示；

2. 每项《计算公式算量法》的实体项目均包括附录A—土石方工程、附录J—钢筋工程、附录K—拆除工程及附录L—措施项目；

3. 附录A—土石方工程、附录B—道路工程、附录C—桥涵工程、附录D—隧道工程、附录E—管网工程、附录F—水处理工程、附录J—钢筋工程、附录K—拆除工程、附录L—措施项目，均按"13国标市政计算规范"及"上海市应用规则"分类；

4. 一图或表或式的案例解析，敬请参阅本"图释集"第四章编制与应用实务［"'一法三模算量法'YYYYSL系统"（自主平台软件）］中《计算公式算量法》——案例㈢桥梁工程工程"算量"编制与应用实务的诠释。

图1-05　市政工程工程量清单"一法三模算量法"模式的类型：㈢《计算公式算量法》（树状型分类）

市政工程工程量清单“一法三模算量法”模式的类型

表 1-01

㈠《实物图形或表格算量法》(树状型分类)——按《上海市市政工程预算定额》(2000)，依施工设计图图纸顺序，分部分项依次计算预算工程量分类

项次	工程量计算规则				实体项目(附录 A～K)							附录 L 措施项目
	对应《上海市市政工程预算定额》册、章、节			工程量清单项目编码	A 土石方工程	B 道路工程	C 桥涵工程	D 隧道工程	E 管网工程	J 钢筋工程	K 拆除工程	附录 L. 1～L. 9
	子目编号		分项工程子目定额名称									
1	S1(通用项目)	S1-				●√	●√	●√	●√			√
2	S2(道路工程)	S2-1-1	人工、机械挖土方、机械堆土	040101001	●	●				●	●	
3	S3(道路交通管理设施工程)	S3-			●	●				●	●	
4	S4(桥涵及护岸工程)	S4-			●		●			●	●	
5	S5(排水管道工程)	S5-			●				●	●	●	
6	S6(排水构筑物及机械设备安装工程)	S6-			●				●	●	●	
7	S7(隧道工程)	S7-			●			●		●	●	
8	总说明文字代码	ZSM21-										

注：1. 按《上海市市政工程预算定额》(2000)，依施工设计图图纸顺序，分部分项依次计算预算工程量分类：S1—第一册 通用项目、S2—第二册 道路工程、S3—第三册 道路交通管理设施工程、S4—第四册 桥涵及护岸工程、S5—第五册 排水管道工程、S6—第六册 排水构筑物及机械设备安装工程、S7—第七册 隧道工程[分项工程——编号 S 表示“市政工程”，三级编号，册、章、节]；

2.《实物图形或表格算量法》定额编号及对应项目编码顺序列项，敬请参阅本“图释集”第二章分部分项工程和第三章措施项目的诠释；

3. 对应的工程量清单工程量计算规则，敬请参阅本“图释集”第二章分部分项工程和第三章措施项目的诠释；

4.《市政工程工程量清单算量计价软件》SGSJ-V1.0. 版优化组合结构，将智能性自动控制和识别多种计价模式共存同一软件中，提供“一模四用计价法”即国家标准——综合单价法、工料单价法、全费用综合单价法（海外报价）和预算定额计价法的功能，自如转换模式机制正常化运行，使用户可以在四种“计价模式”中自由转换，评估整体造价。

续表

(二)《定额子目套用提示算量法》(树状型分类)——按"13国标市政计算规范"及"上海市应用规则",依次计算工程量分类

项次	工程量计算规则				实体项目(附录 A~K)							附录L措施项目
	工程量清单项目编码	对应《上海市市政工程预算定额》册、章、节			A土石方工程	B道路工程	C桥涵工程	D隧道工程	E管网工程	J钢筋工程	K拆除工程	附录L.1~L.9
		子目编号		分项工程子目定额名称								
1		S1(通用项目)			●	●√	●√	●√	●√		●	
2	040101001	S2(道路工程)	S2-1-1	人工、机械挖土方、机械堆土	●	●				√	√	
3		S3(道路交通管理设施工程)								√		
4		S4(桥涵及护岸工程)				●				√	√	
5		S5(排水管道工程)			●		●			√	√	
6		S6(排水构筑物及机械设备安装工程)			●				●	√	√	
7		S7(隧道工程)			●				●	√	√	
8	040103002	文字说明	ZSM19-1-1	余土方场外运输				●		√	√	√

注:1. 按"13国标市政计算规范"及"上海市应用规则"分类:附录A—土石方工程、附录B—道路工程、附录C—桥涵工程、附录D—隧道工程、附录E—管网工程、附录F—水处理工程、附录J—钢筋工程、附录K—拆除工程、附录L—措施项目;

2.《定额子目套用提示算量法》"项目编码"及对应"定额编号"顺序,敬请参阅本"图释集"第二章分部分项工程和第三章措施项目的诠释;

3. 对应的《上海市市政工程预算定额》总说明、册、章、节等工程量计算规则,敬请参阅本"图释集"附录F《上海市市政工程预算定额》工程量计算规则(2000)、附录G《上海市市政工程预算定额》(2000)总说明、附录H《上海市市政工程预算定额》(2000)"工程量计算规则"各册、章说明及附录I《上海市市政工程预算组合定额——室外排水管道工程(2000)》的诠释;

4.《市政工程工程量清单算量计价软件》SGSJ-V1.0. 版优化组合结构,将智能性自动控制和识别多种计价模式共存同一软件中,提供"一模四用计价法"即国家标准——综合单价法、工料单价法、全费用综合单价法(海外报价)和预算定额计价法的功能,自如转换模式机制正常化运行,使用户可以在四种"计价模式"中自由转换,评估整体造价。

续表

<table>
<tr><th colspan="14">(三)《计算公式算量法》(树状型分类)——按市政工程的不同专业(施工工艺)，依次计算工程量分类</th></tr>
<tr><th rowspan="3">项次</th><th colspan="4">工程量计算规则</th><th colspan="5">专业工程项目</th><th colspan="4">公共项目</th></tr>
<tr><th rowspan="2">工程量清单项目编码</th><th colspan="3">对应《上海市市政工程预算定额》册、章、节</th><th rowspan="2">G1道路工程（即B道路工程）</th><th rowspan="2">G2桥涵及护岸工程（即C桥涵工程）</th><th rowspan="2">G3隧道工程（即D隧道工程）</th><th rowspan="2">G4市政管网工程（即E管网工程）</th><th rowspan="2">G5排水构筑物及机械设备安装工程（即E管网工程）</th><th rowspan="2">A土石方工程</th><th rowspan="2">J钢筋工程</th><th rowspan="2">K拆除工程</th><th rowspan="2">附录L措施项目（附录L.1～L.9）</th></tr>
<tr><th colspan="2">子目编号</th><th>分项工程子目定额名称</th></tr>
<tr><td>1</td><td></td><td rowspan="8">S1（通用项目）</td><td></td><td></td><td>●√</td><td>●√</td><td>●√</td><td>●√</td><td>●√</td><td></td><td></td><td></td><td>√</td></tr>
<tr><td>2</td><td>040101001</td><td>S1-1-42</td><td>土方场内运输</td><td>⊙</td><td></td><td></td><td></td><td></td><td>●</td><td></td><td></td><td></td></tr>
<tr><td>3</td><td>040101002</td><td>S1-1-36</td><td>土方场内运输</td><td></td><td>⊙</td><td></td><td>⊙</td><td>⊙</td><td>●</td><td></td><td></td><td></td></tr>
<tr><td>4</td><td>040201011</td><td>S1-6-3</td><td>深层搅拌桩</td><td>●</td><td></td><td></td><td></td><td></td><td></td><td></td><td></td><td></td></tr>
<tr><td>5</td><td>040701001</td><td>S1-1-25</td><td>预埋铁件</td><td>●</td><td></td><td></td><td></td><td></td><td></td><td>●</td><td></td><td></td></tr>
<tr><td>6</td><td>040801004</td><td>S1-3-17</td><td>翻挖侧平石</td><td>●</td><td></td><td></td><td></td><td></td><td></td><td></td><td>●</td><td></td></tr>
<tr><td>7</td><td>0503</td><td>S1-1-19</td><td>桥梁立柱脚手架</td><td></td><td>⊙</td><td></td><td></td><td></td><td></td><td></td><td></td><td>√</td></tr>
<tr><td>8</td><td>0504</td><td>S1-5-1</td><td>轻型井点(施工排水、降水)</td><td></td><td></td><td></td><td>⊙</td><td>⊙</td><td></td><td></td><td></td><td>√</td></tr>
<tr><td>9</td><td></td><td rowspan="4">S2（道路工程）</td><td></td><td></td><td rowspan="4">●</td><td></td><td></td><td></td><td></td><td>●</td><td>●</td><td>●</td><td>√</td></tr>
<tr><td>10</td><td>040101001</td><td>S2-1-1</td><td>人工、机械挖土方、机械堆土</td><td></td><td></td><td></td><td></td><td>●</td><td></td><td></td><td></td></tr>
<tr><td>11</td><td>040201014</td><td>S2-1-35</td><td>碎石盲沟</td><td></td><td></td><td></td><td></td><td></td><td></td><td></td><td></td></tr>
<tr><td>12</td><td>040701002</td><td>S2-3-37</td><td>构造钢筋</td><td></td><td></td><td></td><td></td><td></td><td>●</td><td></td><td></td></tr>
<tr><td>13</td><td></td><td rowspan="8">S3（道路交通管理设施工程）</td><td></td><td></td><td rowspan="8">●</td><td></td><td></td><td></td><td></td><td></td><td>●</td><td>●</td><td>√</td></tr>
<tr><td>14</td><td>040205009</td><td>S3-3-20</td><td>机械清除标线</td><td></td><td></td><td></td><td></td><td></td><td></td><td></td><td></td></tr>
<tr><td>15</td><td></td><td></td><td></td><td></td><td></td><td></td><td></td><td></td><td></td><td></td><td></td></tr>
<tr><td>16</td><td></td><td></td><td></td><td></td><td></td><td></td><td></td><td></td><td></td><td></td><td></td></tr>
<tr><td>17</td><td></td><td></td><td></td><td></td><td></td><td></td><td></td><td></td><td></td><td></td><td></td></tr>
<tr><td>18</td><td></td><td></td><td></td><td></td><td></td><td></td><td></td><td></td><td></td><td></td><td></td></tr>
<tr><td>19</td><td></td><td></td><td></td><td></td><td></td><td></td><td></td><td></td><td></td><td></td><td></td></tr>
<tr><td>20</td><td>040205018</td><td>S3-4-14</td><td>管内穿线</td><td></td><td></td><td></td><td></td><td></td><td></td><td></td><td></td></tr>
</table>

续表

㈢《计算公式算量法》(树状型分类)——按市政工程的不同专业(施工工艺),依次计算工程量分类

项次	工程量计算规则				专业工程项目					公共项目			
	工程量清单项目编码	对应《上海市市政工程预算定额》册、章、节			G1 道路工程(即B道路工程)	G2 桥涵及护岸工程(即C桥涵工程)	G3 隧道工程(即D隧道工程)	G4 市政管网工程(即E管网工程)	G5 排水构筑物及机械设备安装工程(即E管网工程)	A 土石方工程	J 钢筋工程	K 拆除工程	附录L措施项目(附录L.1～L.9)
			子目编号	分项工程子目定额名称									
21		S4(桥涵及护岸工程)				●				●	●	●	√
22	040101003		S4-2-7	机械挖基坑土方						●			
23	040901004		S4-4-22	灌注桩钢筋笼							●		
24	040303003		S4-7-70	构件场内运输									
25	040301007		S4-1-1	工作平台搭拆									
26	040305005		S4-5-3	护坡									
27		S5(排水管道工程)						●		●	●	●	√
28													
29													
30													
31													
32													
33		S6(排水构筑物及机械设备安装工程)							●	●	●	●	√
34													
35													
36													
37													
38													
39													
40													
41													

续表

㈢《计算公式算量法》(树状型分类)——按市政工程的不同专业(施工工艺),依次计算工程量分类

项次	工程量计算规则				专业工程项目					公共项目			
	工程量清单项目编码	对应《上海市市政工程预算定额》册、章、节			G1道路工程(即B道路工程)	G2桥涵及护岸工程(即C桥涵工程)	G3隧道工程(即D隧道工程)	G4市政管网工程(即E管网工程)	G5排水构筑物及机械设备安装工程(即E管网工程)	A土石方工程	J钢筋工程	K拆除工程	附录L措施项目(附录L.1～L.9)
			子目编号	分项工程子目定额名称									
42		S7(隧道工程)					●				●	●	√
43	040403002		S7-2-29	负环段掘进									
44	040403003		S7-2-85	衬砌压浆									
45	040701002		S7-4-9	导墙钢筋笼							●		
46	040406001		S7-4-2	导墙现浇混凝土									
47	040103002	文字说明	ZSM19-1-1	余土方场外运输	⊙	⊙	⊙	⊙	⊙	●			
48	041106001		ZSM21-2-7	压路机(综合)场外运输	⊙	⊙							√

注：1. 按施工工艺分类：G1—道路工程、G2—桥涵及护岸工程、G3—隧道工程、G4—市政管网工程、G5—排水构筑物及机械设备安装工程、G6—地铁工程；
2. 每项《计算公式算量法》的实体项目均包括土石方工程、钢筋工程、拆除工程及措施项目；
3. 附录A—土石方工程、附录B—道路工程、附录C—桥涵工程、附录D—隧道工程、附录E—管网工程、附录F—水处理工程、附录J—钢筋工程、附录K—拆除工程、附录L—措施项目，均按“13国标市政计算规范”及“上海市应用规则”分类；
4.《计算公式算量法》项目编码及对应定额编号顺序，敬请参阅本“图释集”第二章分部分项工程和第三章措施项目的诠释；
5. 对应的《上海市市政工程预算定额》总说明、册、章、节等工程量计算规则，敬请参阅本“图释集”附录F《上海市市政工程预算定额》工程量计算规则(2000)、附录G《上海市市政工程预算定额》(2000)总说明、附录H《上海市市政工程预算定额》(2000)“工程量计算规则”各册、章说明及附录I《上海市市政工程预算组合定额——室外排水管道工程(2000)》的诠释；
6.《市政工程工程量清单算量计价软件》SGSJ-V1.0.版优化组合结构，将智能性自动控制和识别多种计价模式共存同一软件中，提供“一模四用计价法”即国家标准——综合单价法、工料单价法、全费用综合单价法（海外报价）和预算定额计价法的功能，自如转换模式机制正常化运行，使用户可以在四种“计价模式”中自由转换，评估整体造价。

注：1. ●标识，为实体项目工程；√标识，为非实体项目工程，即措施项目（通用项目及市政工程专业项目）；⊙标识，为专业工程项目；
2. 市政工程工程量清单“一法三模算量法”模式的类型，摘自《市政工程工程量清单工程系列丛书》姊妹篇之一《市政工程工程量清单编制与应用实务》“第六章 计价软件在工程量清单算量、计价中的应用”的释义；
3. 市政工程工程量清单“一模四用计价法”，摘自《市政工程工程量清单工程系列丛书》姊妹篇之一《市政工程工程量清单编制与应用实务》表3-23“预（结）算与工程量清单报价模式编制对照表（单位工程费汇总表）”和表3-57“单位工程各类计价方法及步骤区别表”的释义；
4. 按“13国标市政计算规范”及“上海市应用规则”分类；同时，根据管理费、规费、利润等以不同基数计算方法，分别按市政工程和市政安装工程两种类型如列；
5. 工程量清单“算量”与《上海市市政工程预算定额》“算量”的关联：
(1)“算量”要依据相应的工程量计算规则，工程量清单“算量”要与工程量清单编码（即五个统一）和各实体工程、措施项目的“工作内容”之规定相结合，依据“13国标市政计算规范”及“上海市应用规则”进行计算；
(2)《上海市市政工程预算定额》(2000)“算量”要素与《上海市市政工程预算定额》(2000)定额子目编号相结合，依据《上海市市政工程预算定额》(2000)中的工程量计算规则、总册章说明、综合解释等进行计算；
(3)“算量”前一定要熟练掌握其相应的工程量计算规则，才能事半功倍。

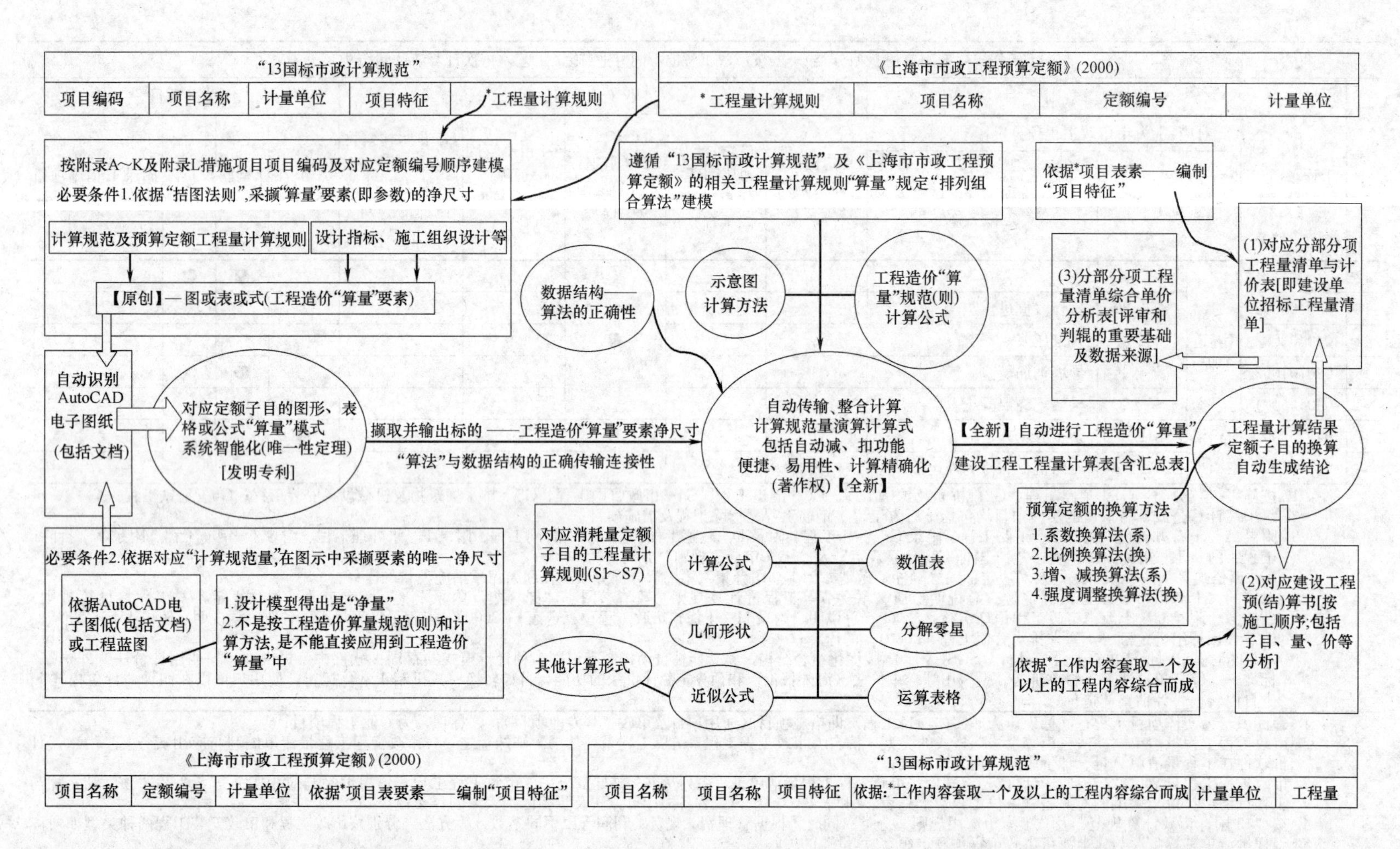
"13国标市政计算规范"
项目编码
项目名称
计量单位
项目特征
*工程量计算规则
《上海市市政工程预算定额》(2000)
*工程量计算规则
项目名称
定额编号
计量单位
按附录A～K及附录L措施项目项目编码及对应定额编号顺序建模
必要条件1.依据"拮图法则",采撷"算量"要素(即参数)的净尺寸
计算规范及预算定额工程量计算规则
设计指标、施工组织设计等
【原创】一图或表或式(工程造价"算量"要素)
遵循"13国标市政计算规范"及《上海市市政工程预算定额》的相关工程量计算规则"算量"规定"排列组合算法"建模
依据*项目表素——编制"项目特征"
(1)对应分部分项工程量清单与计价表[即建设单位招标工程量清单]
(3)分部分项工程量清单综合单价分析表[评审和判辊的重要基础及数据来源]
数据结构——算法的正确性
示意图计算方法
工程造价"算量"规范(则)计算公式
自动识别AutoCAD电子图纸(包括文档)
对应定额子目的图形、表格或公式"算量"模式系统智能化(唯一性定理)[发明专利]
撷取并输出标的——工程造价"算量"要素净尺寸
"算法"与数据结构的正确传输连接性
自动传输、整合计算
计算规范量演算计算式
包括自动减、扣功能
便捷、易用性、计算精确化
(著作权)【全新】
【全新】自动进行工程造价"算量"
建设工程工程量计算表[含汇总表]
工程量计算结果
定额子目的换算
自动生成结论
预算定额的换算方法
1.系数换算法(系)
2.比例换算法(换)
3.增、减换算法(系)
4.强度调整换算法(换)
对应消耗量定额子目的工程量计算规则(S1～S7)
必要条件2.依据对应"计算规范量",在图示中采撷要素的唯一净尺寸
依据AutoCAD电子图纸(包括文档)或工程蓝图
1.设计模型得出是"净量"
2.不是按工程造价算量规范(则)和计算方法,是不能直接应用到工程造价"算量"中
计算公式
数值表
几何形状
分解零星
其他计算形式
近似公式
运算表格
依据*工作内容套取一个及以上的工程内容综合而成
(2)对应建设工程预(结)算书[按施工顺序;包括子目、量、价等分析]
《上海市市政工程预算定额》(2000)
项目名称
定额编号
计量单位
依据*项目表要素——编制"项目特征"
"13国标市政计算规范"
项目名称
项目名称
项目特征
依据:*工作内容套取一个及以上的工程内容综合而成
计量单位
工程量

图 1-06 "'一法三模算量法'YYYYSL 系统"(自主平台软件)自动进行工程造价"算量"技术路线简图

按《单体工程》的“项目编码”、“工作内容”及对应“定额编号”顺序列项（道路工程案例） **表 1-02**

图号编码	设计图图名	工程量计算规则		从 CAD 或 PDF 施工图中自动“采撷”工程造价“算量”要素数据，且自行导入“应用表格”			备注
		“13 国标市政计算规范”	预算定额	要素数值	表格	* 应用表格【原创】	
A001	设计总说明	综合 包括施工组织设计——涉及工程造价“算量”要素部分		1. 施工起讫距离、路幅宽度、道路各层次结构布置、各材料配合比（等级 C）、沥青混凝土品种等 2. 施工组织：含人工或机械操作、旧料外运（运距范围）、模板设置（混凝土路面浇筑）等			
B001	平面图	附录 B　道路工程：B.1 路基处理、B.2　道路基层、B.3　道路面层、B.4　人行道及其他；以及附录 K　拆除工程	《上海市市政工程预算定额》工程量计算规则（2000）；总说明（含各册、章说明）；第一册 通用项目 S1-；第二册 道路工程 S2-	1. 八种道路平面交叉口路口类型*（交叉口转角处转角正交、斜交面积） 2. 直线段、交叉口转角处范围 3. 水泥混凝土面层板块（$a \times b$）布置	1. 判别黑（白）道路路面性质（范围） 2. 交叉角类型外、内半径分布表	表 B-04“道路实体工程各类‘算量’要素统计汇总表”、表 B-06“交通管理设施工程实体工程各类‘算量’要素统计汇总表”	道路工程
C001	纵断面图	附录 A　土石方工程以及附录 K　拆除工程		施工范围里程桩	道路工程路基工程土方场内运距计算表	表 A-05“道路工程路基工程土方场内运距计算表”	
D001	标准横断面图	B.2　道路基层、B.3　道路面层		横向布置分为四类*；机动车、非机动车道路面，人行道结构	路幅，人行道，机、非车行道，隔离带等宽度	表 B-04“道路实体工程各类‘算量’要素统计汇总表”	
E001	施工横断面图	附录 A　土石方工程：A.1 土方工程、A.3　回填方及土石方运输		1. 四类道路横向布置*（一、二、三、四块板幅路） 2. 四类路基断面形式	道路工程土方挖、填方分类汇总	表 A-04“道路工程土方挖、填方工程量计算表”	
F001	路面结构及侧平石铺设图	B.1　路基处理		八种道路平面交叉口路口类型（转角处转角正交、斜交面积）及侧（平、缘）石转弯长度	路基处理类型、结构；侧（平）石宽度	表 B-04“道路实体工程各类‘算量’要素统计汇总表”	
G001	牛腿式进口坡设计通用图	B.4　人行道及其他		结构布置	宽度、结构层		
H001	钢筋布置图	附录 J　钢筋工程		现浇构件钢筋（构造筋）、钢筋网片（道路混凝土面层）	构造筋、钢筋网片分类汇总	表 J-14“水泥混凝土路面（刚性路面）构造筋‘算量’要素汇总表”	

注：1. * 应用表格，（SGSJ）软件系统将数据互联，再自动生成综合实体工程暨建设工程预（结）“工程量计算表”，将惠及广大市政职工、业内人士和读者受众，敬请参阅本“图释集”第四章编制与应用实务［“一法三模算量法’YYYYSL 系统”（自主平台软件）］中表 4 管-06“工程量计算表［含汇总表］［遵照工程结构尺寸，以图示为准］”的诠释；

2. 八种道路平面交叉口路口类型*：系指十字交叉、X 形交叉、T 形交叉、Y 形交叉、错位交叉（包括正交和斜交两种）、环形交叉、复合交叉；

3. 四类道路横向布置*：系指单幅路（一块板）、双幅路（二块板）、三幅路（三块板）、四幅路（四块板）；

4. 路基断面形式*：系指路堤、路堑、半填半挖和不填不挖四类；

5. 上述释义，敬请参阅本“图释集”第二章分部分项工程中附录 A　土石方工程（项目编码：0401）、附录 B 道路工程（项目编码：0402）的诠释。

在建道路实体工程［单幅路（一块板）］大数据 2. 一图或表或式（工程造价“算量”要素）（净量）汇总表 **表 1-03**

工程名称：上海市××区晋粤路道路［单幅路（一块板）］新建工程

项次	“13 国标市政计算规范”	项目名称——工程“算量”难点解析	撷取、输出 * AutoCAD 电子图纸（包括文档）或工程蓝图——工程造价“算量”要素（净量）	拮图法则【原创】
1	附录 A 土石方工程（项目编码：0401）	* 表 A-06“在建道路土方工程、回填方及土方运输项目工程‘算量’难点解析”	源于“土方挖、填方工程量计算表”汇总	一表
2	表 B.1 路基处理（项目编码：040201）	* 表 B-13“在建道路工程碎石盲沟长度、体积‘算量’难点解析”	源于“盲沟示意图”及“算量”规则计算公式	一图及式
3	表 B.2 道路基层（项目编码：040202）	* 表 B-14“在建道路工程［单幅路（一块板）］车行道路基整修面积‘算量’难点解析”	源于“平面交叉的形式示意图”及“道路平面交叉口路口转角面积、转弯长度计算公式”	一图及式
4	表 B.3 道路面层（项目编码：040203）	* 表 B-16“在建道路工程摊铺沥青混凝土面层（柔性路面）面积‘算量’难点解析”	源于“平面交叉的形式示意图”、“城市道路（刚、柔性）面层侧石、侧平石通用结构图”及“道路平面交叉口路口转角面积、转弯长度计算公式”	一图及式
5	表 B.4 人行道及其他（项目编码：040204）	* 表 B-15“在建道路工程人行道路基整修面积‘算量’难点解析”	源于“平面交叉的形式示意图”及“道路平面交叉口路口转角面积、转弯长度计算公式”	一图及式
6		* 表 B-20“在建道路工程人行道块料铺设面积‘算量’难点解析”	源于“平面交叉的形式示意图”、“城市道路（刚、柔性）面层侧石、侧平石通用结构图”及“道路平面交叉口路口转角面积、转弯长度计算公式”	一图及式
7		* 表 B-22“在建道路工程侧平石长度‘算量’难点解析”	源于“平面交叉的形式示意图”及“道路平面交叉口路口转角面积、转弯长度计算公式”	一图及式
8	表 L.6 大型机械设备进出场及安拆（项目编码：041106）	* 表 L.6-05“在建道路工程大型机械设备进出场（场外运输费）台・班‘算量’难点解析”	例题：表 A-06“在建道路土方工程、回填方及土方运输项目工程‘算量’难点解析”及表 B-16“在建道路工程摊铺沥青混凝土面层（柔性路面）面积‘算量’难点解析”	例题

注：1. * AutoCAD 电子图纸（包括文档）或工程蓝图——工程造价“算量”要素（净量），系指《市政工程工程量清单算量计价软件》（“SGSJ”）对应定额子目的图形、表格或公式“算量”模式，即工程量计算规则、设计指标、施工组织设计等计算净尺寸，敬请参阅本“图释集”在各“工程‘算量’难点解析”中“大数据 2. 一图或表或式（工程造价“算量”要素）（净量）”行列的诠释。

2. 在编制工程“算量”时，敬请参阅本“图释集”第四章中表 4 道-02“在建道路实体工程［单幅路（一块板）］各类‘算量’要素统计汇总表”的诠释；

3. 在编制土方工程、回填方及土方运输项目工程“算量”时，敬请参阅本“图释集”第四章中表 4 道-03“在建道路工程［单幅路（一块板）］土方挖、填方工程量计算表”的诠释；

4. 在编制大型机械设备进出场工程“算量”时，敬请参阅本“图释集”第三章措施项目中表 L.6-05“在建道路工程大型机械设备进出场（场外运输费）台・班‘算量’难点解析”的诠释。

工程造价"算量"要素(即数据资料库)识别技术建模路径对照表 表 1-04

项次	拮图法则(排他性)【原创】		"要素值"自动导入←	数据资料库(包括文档)识别技术建模		AutoCAD电子图纸(包括文档)或工程蓝图【统一编号】
	"13国标市政计算规范"	《上海市市政工程预算定额》(2000)	系统的数据库内基于对应定额子目的图形或表格或公式"算量"要素数据资料模式	搜索可匹配的工程造价"算量"要素净尺寸撷取、输出并导入左侧—"算量"模式内	图库(包括文档)←路径对照→	
1	附录A 土石方工程(项目编码:0401)	《上海市市政工程预算定额》工程量计算规则(2000)及各册、章说明,《上海市市政工程预算定额》(2000)总说明规定的计算规则	源于"土方挖、填方工程量计算表"汇总 源于"道路工程路基工程土方场内运距计算表"	1. 工程范围 2. 桩号、挖方(A_w)、填方(A_t)	源代码	1. E001 施工横断面图 2. C001 纵断面图
2	表B.1 路基处理(项目编码:040201)		源于"盲沟示意图"及"算量"规则计算公式	1. 工程范围 2. 车行道宽度、人行道宽度、隔离带宽度	源代码	1. B001 平面布置图 2. D001 标准横断面图
3	表B.2 道路基层(项目编码:040202)		源于"道路实体工程各类'算量'要素统计汇总表" 源于"平面交叉的形式示意图"及"道路平面交叉口路口转角面积、转弯长度计算公式"	1. 道路基层结构(文字) 2. 交叉角类型(正交、斜交),中心角(90°或$\alpha=80°$、$\beta=100°$),外半径R含R_1、R_2、R_3、R_4(m),内半径r含r_1、r_2、r_3、r_4(m)等	源代码	1. B001 平面布置图 2. 直线段 3. 正交、十字交叉形、T形交叉、错位交叉 4. 斜交、X形交叉、错位交叉
4	表B.3 道路面层(项目编码:040203)		源于"平面交叉的形式示意图"、"城市道路(刚、柔性)面层侧石、侧平石通用结构图"及"道路平面交叉口路口转角面积、转弯长度计算公式"	1. 道路面层结构(文字) 2."算量"要素净尺寸同项次3 3. 平石宽度(m)	源代码	1. B001 平面布置图 2. F001 预制侧平石图
5			源于"道路实体工程各类'算量'要素统计汇总表" 源于"平面交叉的形式示意图"及"道路平面交叉口路口转角面积、转弯长度计算公式"	1. 交叉角类型(正交、斜交),中心角(90°或$\alpha=80°$、$\beta=100°$),内半径r含、r_1、r_2、r_3、r_4(m)等 2. 人行道宽度(m)	源代码	1. B001 平面布置图 2. 直线段 3. 正交、十字交叉、T形交叉、错位交叉 4. 斜交、X形交叉、错位交叉
6	表B.4 人行道及其他(项目编码:040204)		源于"平面交叉的形式示意图"、"城市道路(刚、柔性)面层侧石、侧平石通用结构图"及"道路平面交叉口路口转角面积、转弯长度计算公式"	1. 人行道结构(文字) 2."算量"要素净尺寸同项次5中1 3. 侧石宽度(m)	源代码	1. B001 平面布置图 2. F001 预制侧平石图
7			源于"平面交叉的形式示意图"及"道路平面交叉口路口转角面积、转弯长度计算公式"	交叉角类型(正交、斜交),中心角(90°或$\alpha=80°$、$\beta=100°$),外半径R含R_1、R_2、R_3、R_4(m)等	源代码	1. B001 平面布置图 2. 直线段 3. 正交、十字交叉、T形交叉、错位交叉 4. 斜交、X形交叉、错位交叉

注:大数据2. 一图或表或式(工程造价"算量"要素)(净量):遵循"13国标市政计算规范"及《上海市市政工程预算定额》(2000)工程量计算规则、设计指标、施工组织设计等计算净尺寸[即"拮图法则"(排他性);避免、防止在采撷数值时,发生人为的少算、多算、漏算、误判等工程造价"算量"要素选择性错误,导致"整合计算"、"结论生成"阶段的方向性原则错误]。

工程建设项目管理的核心——工程造价（工程量和成本核算） **表1-05**

序号	类型	工程算量（导图识别、撷取造价“要素”技术）		“计价”编制（数据信息化管理、无缝共享）	
1	规范（则）、依据名称	“13国标市政计算规范”	《上海市市政工程预算定额》（2000）	“13国标市政计算规范”	《上海市市政工程预算定额》（2000）
2	工程造价规范特性	1. 工程量清单“五统一”； 2.“工作内容”由一个及以上的工程内容综合而成； 3. 实体和措施项目相分离	1. 包括预算定额（项目表）和工程量计算规则两部分； 2. 单一子目组建	招、投标核心“综合单价”（建设单位最高投标限价、企业投标报价）	1. 工程量计算表（含汇总表）[遵照工程结构尺寸，以图示为准]； 2. 费用表
3	“计算规范量”建模形式（系统智能化）	1. 按附录A～K及附录L措施项目编码及对应定额编号顺序建模（一一对应的工程造价“算量”要素）； 2. 遵循“13国标市政计算规范”及《上海市市政工程预算定额》的相关工程量计算规则“算量”规定“排列组合算法”建模（解决工程造价“算量”要素导入和数据信息化管理延伸使用；自动进行工程造价“算量”）			

掩卷思量，在工程造价“算量”中亟待解决的自动进行计算的问题，长期困惑着在一线工作的市政工程造价领域的专业工程技术人员，如表1-06“对应定额子目的图形、表格或公式‘算量’模式【全新】”所示。编者以扎根于工程造价“算量”岗位上为契机，独特思维、厉炼十年，且与数位编程员、探讨如何突破现行“图形”算量软件的瓶颈和协作计算机语言的技术路线创新；是时，独辟蹊径地思忖了自己的创意。

（1）理念创新灵感予被奉为圭臬的古法“割腕滴血、碗中亲子鉴定”启迪而深度拓展思想，即一种在“‘一法三模算量法’YYYYSL系统协同平台”上按附录A～K及附录L措施项目编码及对应定额编号顺序建模，系统的数据库内基于具有排他性的“拮图法则”一图或表或式（工程造价“算量”要素）净尺寸数据资料的识别技术方法，通过便捷的采集终端及高比对准确率以及丰富的应用接口，构建网络世界的职能工程造价“算量”要素管理。

1）借助这一识别技术功能：①用户可以将如表1-02“按《单体工程》的‘项目编码’、‘工作内容’及对应‘定额编号’顺序列项（道路工程案例）”所示的统一编号的AutoCAD电子图纸（包括文档）输入至“‘一法三模算量法’YYYYSL系统协同平台”内；②如表1-04“工程造价‘算量’要素（即数据资料库）识别技术建模路径对照表”所示的工程造价“算量”要素识别技术将内存中存储的强大、有效图库（包括文档）程序自动搜索且识别条件匹配、对应的“一图或表或式（工程造价‘算量’要素）净尺寸（包括文档）”；③采撷后同时输出要素值，再自动、直接导入至对应定额子目的图形、表格或公式“算量”净尺寸内，如本“图释集”第四章　编制与应用实务［“‘一法三模算量法’YYYYSL系统”（自主平台软件）］中表4道-02“在建道路实体工程［单幅路（一块板）］各类‘算量’要素统计汇总表”和表4道-03“在建道路工程［单幅路（一块板）］土方挖、填方工程量计算表”所示。

2）诚然，导图（包括文档）识别、撷取工程造价算量“要素”技术系是依据“拮图法则”和“唯一性定理”原则采撷“算量”要素（即参数）的净尺寸数值模式，将成为系统智能化

“‘一法三模算量法’YYYYSL 系统协同平台”工程造价算量中主要的认证方法，敬请参阅本“图释集”第四章 编制与应用实务［“‘一法三模算量法’YYYYSL 系统”（自主平台软件）］中图 4 道-06“市政工程工程量清单算量计价软件（以下简称‘SG-SJ’）《一例、一图或表或式、一解、一计算结果算量模块》（简称 YYYYSL）”的诠释。

（2）原始创新亦感悟予垂髫之年“多米诺效应”即牵一发而动全身的骨牌游戏启示而使思维豁然开朗，一种将“一图或表或式（工程造价‘算量’要素）净尺寸（包括文档）”数据结构与“算法”的正确传输连接性方法，即体验和享受数据信息化管理、无缝共享。

所以，利用数据资料库识别技术解锁自动传输，遵循“13 国标市政计算规范”、“上海市应用规则”及《上海市市政工程预算定额》的相关工程量计算规则“算量”规定“排列组合算法”建模整合计算或“计算规范量”算法（含对应定额子目匹配的计算公式）与数据结构的正确传输连接性或自动进行工程造价“算量”，敬请参阅本“图释集”第四章 编制与应用实务［“‘一法三模算量法’YYYYSL 系统”（自主平台软件）］中表 4 道-06“工程量计算表［含汇总表］［遵照工程结构尺寸，以图示为准］”的诠释。其终极目标“建设工程预（结）算书［按施工顺序；包括子目、量、价等分析］”、“分部分项工程量清单与计价表［即建设单位招标工程量清单］”（含①实体工程与措施项目相分离；②工程量清单“五统一”；③“工作内容”由一个及以上的工程内容综合而成）”和“分部分项工程量清单综合单价分析表［评审和判别的重要基础及数据来源］”，敬请参阅本“图释集”第四章 编制与应用实务［“‘一法三模算量法’YYYYSL 系统”（自主平台软件）］中表 4 道-05“在建道路实体工程［单幅路（一块板）］大数据 3. 一解（演算过程表达式）汇总表”的诠释。

对应定额子目的图形、表格或公式“算量”模式【全新】 表 1-06

<table>
<tr><th>项次</th><th>手工(造价员)</th><th>AutoCAD 软件</th><th>BIM 技术</th><th>备注</th></tr>
<tr><td>1</td><td>虽然传统手工、表格法辅助工程量计算工作量大,计算繁琐,规则复杂,枯燥乏味,但却是建设工程造价中最重要的基础工作</td><td colspan="2">1. 设计模型得出是“净量”;
2. 不是按工程造价算量规范(则)和计算方法,是不能直接应用到工程造价“算量”中。
针对不同用户群体在工程造价过程中的应用,如评价出设计方案的性价比、计算进度工程量、决算审核等,也可以利用三维建模的效果指导施工。
而采用“图形算量”算法又不妨再设置专门的“建模”人员</td><td rowspan="2">BIM 通过数字信息技术把整个建筑进行虚拟数字化和智能化,是一个完整的、丰富的、逻辑的建筑信息承载平台</td></tr>
<tr><td>2</td><td>手工算量可以说是最传统,也是大家认为最放心的一种算量方式了,因为每个量都是人手工按计算器按出来的。但最后的量出来后,大家同样心里没底,因为我们无法保证计算器每次都按对。与此同时,亦容易产生漏算的弊病</td><td>AutoCAD 软件是由美国欧特克股份有限公司（NASDAQ：ADSK，Autodesk，Inc.）于 1982 年开发的自动计算机辅助设计软件,用于二维绘图、详细绘制、设计文档和基本三维设计。现已成为国际上广为流行的绘图工具。
目前国内的“算量”软件均是基于 AutoCAD 平台功能的工程量计算软件</td><td>BIM 是由美国佐治亚技术学院(Georgia Tech College)的查克・伊斯曼(Chuck Eastman)博士于 30 年前提出的。BIM 即建筑信息模型是以三维数字技术为基础,集成建筑工程项目各种相关信息的工程数据模型,是对工程项目相关信息详尽的数字化表达</td></tr>
</table>

续表

项次	手工(造价员)	AutoCAD 软件	BIM 技术	备注
3	传统方法一般"算量"和套取定额为同一人。 工程量统计会耗用市政工程造价领域的专业技术人员 50%～80%的时间	需要人工根据图纸或 CAD 图形在算量软件中完成"建模"再进行工程量的计算。不仅效率低下、重复建模成本高,且最终的工程量计算结果都依赖于模型的准确性,风险较大	参数化的,各类构件被赋予了尺寸、型号、材料等约束参数,模型中的每一个构件都与现实中的实物一一对应,其所包含的信息具备算量模型的基本要求,在工程量计算软件中具备很高的复用价值	BIM 通过数字信息技术把整个建筑进行虚拟数字化和智能化,是一个完整的、丰富的、逻辑的建筑信息承载平台
原创效果分析	具有唯一性定理的"对应定额子目的图形、表格或公式'算量'模式"一体化算量解决了自动进行工程造价"算量"(即亟待解决的困惑——"计算规范量")。如有 AutoCAD 电子文档就自动识别 AutoCAD 电子图纸(包括文档)工程造价"算量"要素;如无电子文档(即纸介质工程蓝图)就人为用对应定额子目的图形、表格或公式"算量"模式直接算;有、无电子文档都可以运用"对应定额子目的图形、表格或公式'算量'模式"进行"计算规范量"的工程造价"算量"			

自主平台软件"'一法三模算量法'YYYYSL 系统"的隆重推出将彻底解放广大从事市政工程造价工作的专业工程技术人员，它彻底改变了"算量"的工作方法；耗时的挑灯夜战，繁琐的埋头"苦算"的生活将成为历史。"对应定额子目的图形、表格或公式'算量'模式"［即导入 AutoCAD 电子图纸（包括文档），将电子图与算量中建立好的轴网对齐快速自动识别分类，将设置好一一对应的工程造价"算量"要素直接按电子图位置进行撷取；敬请参阅图 1-06"'一法三模算量法'YYYYSL 系统"（自主平台软件）自动进行工程造价"算量"技术路线简图的诠释］解决了自动进行工程造价"算量"困惑问题；同时带给我们的是让人惊叹的精确结果（即建设工程工程量计算表），神奇的"算量"速度（20s），将使整个"算量"演绎过程带给我们的不再是痛苦，而是一种工作的享受。

工程造价"算量"要素对应《市政工程预算定额》(含定额总说明部分)定额子目"项目表"识别、撷取技术应用　　表 1-07

项次	类型	《市政工程预算定额》定额子目换算	"项目表"机械列项中预算定额总说明规定的大型机械设备部分(场外运输、安装及拆除和使用费)		
			《上海市市政工程预算定额》(2000)总说明第二十一条:未包括项目的文字代码		各册(含第一、四、五、七册)的文字代码
			大型机械设备的场外运输、安拆等	大型机械设备安装及拆除费	大型机械设备使用费
1	《市政工程预算定额》定额子目换算	系数换算法	—	—	—
2		比例换算法			
3		增、减换算法			
4		强度调整换算法			

续表

项次	类型	《市政工程预算定额》定额子目换算	“项目表”机械列项中预算定额总说明规定的大型机械设备部分（场外运输、安装及拆除和使用费）			
			《上海市市政工程预算定额》(2000)总说明第二十一条:未包括项目的文字代码			各册（含第一、四、五、七册）的文字代码
			大型机械设备的场外运输、安拆等		大型机械设备安装及拆除费	大型机械设备使用费
5	大型机械设备的场外运输、安拆等文字代码	—	ZSM21-2-1	60kW以内推土机场外运输费	—	—
6			ZSM21-2-2	120kW以内推土机场外运输费	—	—
7			ZSM21-2-3	120kW以外推土机场外运输费	—	—
8			ZSM21-2-4	$1m^3$以内单斗挖掘机场外运输费	—	—
9			ZSM21-2-5	$1m^3$以外单斗挖掘机场外运输费	—	—
10			ZSM21-2-6	拖式铲运机（连拖斗）场外运输费	—	—
11			ZSM21-2-7	压路机（综合）场外运输费	—	—
12			ZSM21-2-8	沥青混凝土摊铺机场外运输费	—	—
13			ZSM21-2-9	SF500型铣刨机场外运输费	—	—
14			ZSM21-2-10	SF1300、SF1900型铣刨机场外运输费	—	—
15			ZSM21-2-11	1.2t以内柴油打桩机场外运输费	—	—
16			ZSM21-2-12	3.5t以内柴油打桩机场外运输费	—	—
17			ZSM21-2-13	5.0t以内柴油打桩机场外运输费	—	—
18			ZSM21-2-14	5.0t以外柴油打桩机场外运输费	—	—
19			ZSM21-2-15	钻孔灌注桩钻机场外运输费	—	—
20			ZSM21-2-16	深层搅拌桩钻机场外运输费	—	—

续表

项次	类型	《市政工程预算定额》定额子目换算	"项目表"机械列项中预算定额总说明规定的大型机械设备部分(场外运输、安装及拆除和使用费)				
			《上海市市政工程预算定额》(2000)总说明第二十一条:未包括项目的文字代码				各册(含第一、四、五、七册)的文字代码
			大型机械设备的场外运输、安拆等		大型机械设备安装及拆除费		大型机械设备使用费
21	大型机械设备的场外运输、安拆等文字代码	—	ZSM21-2-17	树根桩钻机场外运输费	—		—
22			ZSM21-2-18	粉喷桩钻机场外运输费	—		—
23			ZSM21-2-19	履带式起重机(25t以内)场外运输费	—		—
24			ZSM21-2-20	30～50t履带式起重机场外运输费	—		—
25			ZSM21-2-21	履带式起重机(60～90t)场外运输费	—		—
26			ZSM21-2-22	100～150t履带式起重机场外运输费	—		—
27			ZSM21-2-23	履带式起重机(300t)场外运输费	—		—
28			ZSM21-2-24	地下连续墙成槽机械场外运输费	—		—
29	大型机械设备安装及拆除费文字代码	—	—		ZSM21-1-1	钻孔灌注桩钻机安装及拆除费	—
30			—		ZSM21-1-2	深层搅拌桩钻机安装及拆除费	—
31			—		ZSM21-1-3	树根桩钻机安装及拆除费	—
32			—		ZSM21-1-4	粉喷桩钻机装卸费	—
33			—		ZSM21-1-5	履带式起重机(25t以内)装卸费	—
34			—		ZSM21-1-6	30～50t履带式起重机安装及拆除费	—
35			—		ZSM21-1-7	履带式起重机(60～90t)装卸费	—
36			—		ZSM21-1-8	100t履带式起重机安装及拆除费	—

续表

项次	类型	《市政工程预算定额》定额子目换算	“项目表”机械列项中预算定额总说明规定的大型机械设备部分（场外运输、安装及拆除和使用费）				
			《上海市市政工程预算定额》(2000)总说明第二十一条：未包括项目的文字代码			各册（含第一、四、五、七册）的文字代码	
			大型机械设备的场外运输、安拆等	大型机械设备安装及拆除费		大型机械设备使用费	
37	大型机械设备安装及拆除费文字代码	—	—	ZSM21-1-9	履带式起重机（300t）装卸费	—	
38			—	ZSM21-1-10	地下连续墙成槽机械安装及拆除费	—	
39	大型机械设备使用费文字代码	—	—	—		CSM1-2-1	使用块石压舱费（输入船排总吨位）
40			—	—		CSM4-1-1	使用块石压舱费（输入船排总吨位）
41			—	—		CSM4-1-2	钢管支架使用费
42			—	—		CSM4-1-3	装配式钢支架使用费
43			—	—		CSM5-1-1	列板使用费
44			—	—		CSM5-1-2	列板支撑使用费
45			—	—		CSM5-1-3	槽型钢板桩使用费
46			—	—		CSM5-1-4	拉森钢板桩使用费
47			—	—		CSM5-1-5	钢板桩支撑使用费
48			—	—		CSM7-4-1	大型支撑使用费

注：1.《上海市市政工程预算定额》（2000）包括预算定额（即定额子目“项目表”）和工程量计算规则［含《上海市市政工程预算定额》（2000）“工程量计算规则”各册、章说明］两部分，工程量计算规则是确定预算工程量的依据，与预算定额配套执行；

2. *定额子目“项目表”，如本“图释集”附录国家标准规范、全国及地方《市政工程预算定额》（附录A～K）中附表D-02“《上海市市政工程预算定额》（2000）项目表”所示；

3. 表中《市政工程预算定额》定额子目换算列项，敬请参阅本“图释集”附录国家标准规范、全国及地方《市政工程预算定额》（附录A～K）中附表D-03“预算定额换算的方法（容易遗漏的项目）”的诠释；

4. 表中大型机械设备进出场文字代码列项，敬请参阅本“图释集”附录国家标准规范、全国及地方《市政工程预算定额》（附录A～K）中附表G-03“《上海市市政工程预算定额》（2000）文字代码汇总表”、附表G-13“大型机械设备进出场文字代码汇总表［即第二十一条ZSM21-2-］”的规定；

5. 表中大型机械设备安装及拆除费文字代码列项，敬请参阅本“图释集”附录国家标准规范、全国及地方《市政工程预算定额》（附录A～K）中附表G-12“大型机械设备安装及拆除费文字代码汇总表［即第二十一条ZSM21-1-］”的规定；

6. 表中大型机械设备使用费文字代码列项，敬请参阅本“图释集”附录国家标准规范、全国及地方《市政工程预算定额》（附录A～K）中附表H-23“大型机械设备使用费文字代码汇总表”的规定。

一法三模算量法（含 YYYYSL 算量模块系统）编撰与落地案例　　表 1-08

<table>
<tr><th rowspan="2">项次</th><th rowspan="2" colspan="2">类型</th><th colspan="3">一法三模算量法[即一项算量法之其㈠～㈢建模系统]</th><th rowspan="2">应用表格【原创】</th><th rowspan="2">分布状态</th></tr>
<tr><th>㈠《实物图形或表格算量法》</th><th>㈡《定额子目套用提示算量法》</th><th>㈢《计算公式算量法》</th></tr>
<tr><td rowspan="2">1</td><td rowspan="2">YYYYSL 算量模块系统</td><td>一例</td><td colspan="3">按“项目编码”、“工作内容”及对应“定额编号”顺序排列：
1. 按“13 国标计价规范”、“13 国标市政计算规范”（实体项目—附录 A～K）及“上海市应用规则”分类
附录 A—土石方工程、附录 B—道路工程、附录 C—桥涵工程、附录 D—隧道工程、附录 E—管网工程、附录 F—水处理工程、附录 G—生活垃圾处理工程(G. 1～G. 3)、附录 H—路灯工程(H. 1～H. 8)、附录 J—钢筋工程、附录 K—拆除工程、附录 L—措施项目
2. 按《上海市市政工程预算定额》(2000)分类（分项工程——S1～S7）
(1)《上海市市政工程预算定额》工程量计算规则(2000)、《上海市市政工程预算定额》(2000)总说明、《上海市市政工程预算定额》(2000)“工程量计算规则”各册、章说明
(2)《上海市市政工程预算定额》(2000)：S1—第一册 通用项目、S2—第二册 道路工程、S3—第三册 道路交通管理设施工程、S 4—第四册 桥涵及护岸工程、S5—第五册 排水管道工程、S6—第六册 排水构筑物及机械设备安装工程、S7—第七册 隧道工程</td><td>按《单体工程》的“项目编码”、“工作内容”及对应“定额编号”顺序排列：
1. 综合实体工程及建设工程预(结)“工程量计算表”：如表 4 道-06“工程量计算表[含汇总表][遵照工程结构尺寸，以图示为准]”所示
2. 分部分项工程量清单：如表 4 管-08“分部分项工程项目清单与计价表[即建设单位招标工程量清单]”、表 4 管-09“单价措施项目清单与计价表[即建设单位招标工程量清单]”所示
3.“工作内容”对应“定额编号”之规定：如表 4 道-14“分部分项工程量清单综合单价分析表[即评审和判别的重要基础及数据来源]”所示
公共项目：附录 A、附录 J、附录 K 和附录 L 四项
其中：附录 A 土石方工程——附表 G-07“土方工程定额子目列项检索表[即第十七条～第二十条]”；附录 J 钢筋工程——附表 G-06“混凝土模板、支架和钢筋定额子目列项检索表[即第十六条]”；附录 K 拆除工程——表 K-01“翻挖拆除项目定额子目、工程量计算规则(2000)及册、章说明与对应‘13 国标市政计算规范’列项检索表”；附录 L 措施项目——表 3-01“‘13 国标市政计算规范’措施项目（附录 L）列项检索表”</td><td>第二、三、四章和附录</td></tr>
<tr><td>一图或表或式</td><td colspan="3">根据综合实体(工程)项目(即“13 国标市政计算规范”的“项目特征”、“计量单位”、“工程量计算规则”、“工作内容”等项规范内容)及预算工程量项目[即《上海市市政工程预算定额》工程量计算规则(2000)、总说明及各册、章、节说明]逻辑推理得出本“一法三模算量法”(含 YYYYSL 算量模块系统)工程造价“算量”要素系统：
1. 人工输(录)入工程造价“算量”要素
2. 按市政工程 CAD 或 PPT 施工设计图图纸顺序自动采撷的工程造价“算量”要素而生成的数据
3. 附各实体工程——公共项目：表 L. 6-06“大型机械设备进出场列项选用表”</td><td>(SGSJ)软件系统具有原创性功能——工程造价“算量”要素“采撷”
1. 道路工程：如表 A-04“道路工程土方挖、填方工程量计算表”、表 A-05“道路工程路基工程土方场内运距计算表”、表 B-04“道路实体工程各类‘算量’要素统计汇总表”、表 J-14“水泥混凝土路面(刚性路面)构造筋‘算量’要素汇总表”所示
2. 管网工程：如表 E-30“市政管道工程实体工程各类‘算量’要素统计汇总表”所示
3. 桥涵工程：如表 C-04“桥梁实体工程各类‘算量’要素统计汇总表”所示
4. 包括以此类推各种类型构筑物的工程造价“算量”要素数据</td><td>第二章和第三章</td></tr>
</table>

续表

<table>
<tr><th rowspan="2">项次</th><th rowspan="2" colspan="2">类型</th><th colspan="3">一法三模算量法[即一项算量法之其㈠～㈢建模系统]</th><th rowspan="2">应用表格【原创】</th><th rowspan="2">分布状态</th></tr>
<tr><th>㈠《实物图形或表格算量法》</th><th>㈡《定额子目套用提示算量法》</th><th>㈢《计算公式算量法》</th></tr>
<tr><td rowspan="2">1</td><td rowspan="2">YYYYSL算量模块系统</td><td>一解</td><td colspan="3">1. 对应工程量清单(综合实体工程—附录A～K)项目编码的工程量计算
2. 对应消耗量定额子目(分项工程)的工程量计算规则(分项工程编号S表示“市政工程”,三级编号,册、章、节)
运算表格、计算公式(含工程量计算规则规定)、几何形状、分解零星、近似公式、其他计算形式等市政工程“算量”常用数据手册</td><td>1. 综合实体工程—“工程量”及预算分项—“数量”演算过程表达式
2. 既满足“(综合实体工程—附录A～K)”对应消耗量定额子目[分项工程即单一(项)子目—S1～S7]转换功能,又符合“建设工程预(结、决)算”的需求,两者共享、统一性建设工程“工程量计算表”,如表4管-06“工程量计算表[含汇总表][遵照工程结构尺寸,以图示为准]”所示</td><td rowspan="2">第四章</td></tr>
<tr><td>一结果</td><td colspan="3">1.“YYYYSL算量模块系统”根据采撷来的工程造价“算量”要素的数据而自动生成
(1)根据“工作内容”之规定,综合实体工程量——由单一(项)或多项预算定额子目组建
(2)预算工程量——单一(项)子目组建
(3)(SGSJ)软件系统将预算工程量单一(项)子目自动转换至综合实体工程量的属性下
(4)(SGSJ)软件系统根据“项目特征”,自动转换对应之描述
2. 导入“套价”程序;进入“计价”阶段[即套取消耗量定额(工料机)及其市场单价、计费费率确定、“招标最高限价费”编制、优惠率决策等阶段程序]</td><td>1. 建设工程预(结)算:如表4管-07“建设工程预(结)算书[按施工顺序;包括子目、量、价等分析]”、表4道-09“建设工程预(结)算书[按预算定额顺序;包括子目、量、价等分析]”和表4桥-02“建设工程预(结)算书[按先地下、后地上顺序;包括子目、量、价等分析]”所示
2. 分部分项工程量清单:如表4管-08“分部分项工程项目清单与计价表[即建设单位招标工程量清单]”、表4管-09“单价措施项目清单与计价表[即建设单位招标工程量清单]”所示
3.“工作内容”对应“定额编号”之规定:如表4道-14“分部分项工程量清单综合单价分析表[评审和判别的重要基础及数据来源]”所示</td></tr>
<tr><td>2</td><td colspan="2">案例解析</td><td>《实物图形或表格算量法》——案例㈠管网工程</td><td>《定额子目套用提示算量法》——案例㈡道路工程</td><td>《计算公式算量法》——案例㈢桥梁工程</td><td></td><td></td></tr>
</table>

注：大数据“一例＋一图或表或式＋一解＋一结果”：解构一法三模算量法［即一项算量法之其㈠《实物图形或表格算量法》、㈡《定额子目套用提示算量法》、㈢《计算公式算量法》建模系统］模式

1. 大数据［（SGSJ）软件系统基本要素］：

（1）工程量计算规则：“13国标市政计算规范”及“上海市应用规则”＋《上海市市政工程预算定额》工程量计算规则（2000）、《上海市市政工程预算定额》（2000）总说明、《上海市市政工程预算定额》（2000）“工程量计算规则”各册、章说明＋各类表格（工程量计算规则是确定预算工程量的依据，与预算定额配套执行）；

（2）综合实体、预算工程工程量“算量”公式依据：运算表格、计算公式（含工程量计算规则规定）、几何形状、分解零星、近似公式、其他计算形式等市政工程“算量”常用数据手册；

（3）《上海市市政工程预算定额》（2000）及《上海市市政工程预算组合定额——室外排水管道工程》（2000）“项目表”即消耗量定额（工料机）及其市场单价；

（4）计费费率：如附录K　关于发布本市建设工程最高投标限价相关取费费率和调整《上海市建设工程施工费用计算规则（2000）》部分费用的通知（沪建市管［2014］125号）等。

2. 解构［（SGSJ）软件系统智能化——即该产品并不是单靠科技撑起的，它是通过创意和科技的结合，以及人文的陶冶，“协会力行”铸就“一法三模算量法”（含YYYYSL算量模块系统）数字化、电算化］：

（1）根据《市政工程工程量计算规范》逻辑推理得出的本“一法三模算量法”，且从市政工程CAD或PPT施工设计图图纸顺序中自动采撷工程造价“算量”要素而生成的数据；自动生成工程量计算表［含汇总表］；

（2）实现数据互联，根据“13国标市政计算规范”中“项目特征”，自动转换其对应之描述；

（3）根据“13国标计价规范”、“上海市应用规则”及“建设工程预（结、决）算”规定及要求，自动生成对应的各类计算其他相关表格（含“算量”与计价）的功能。

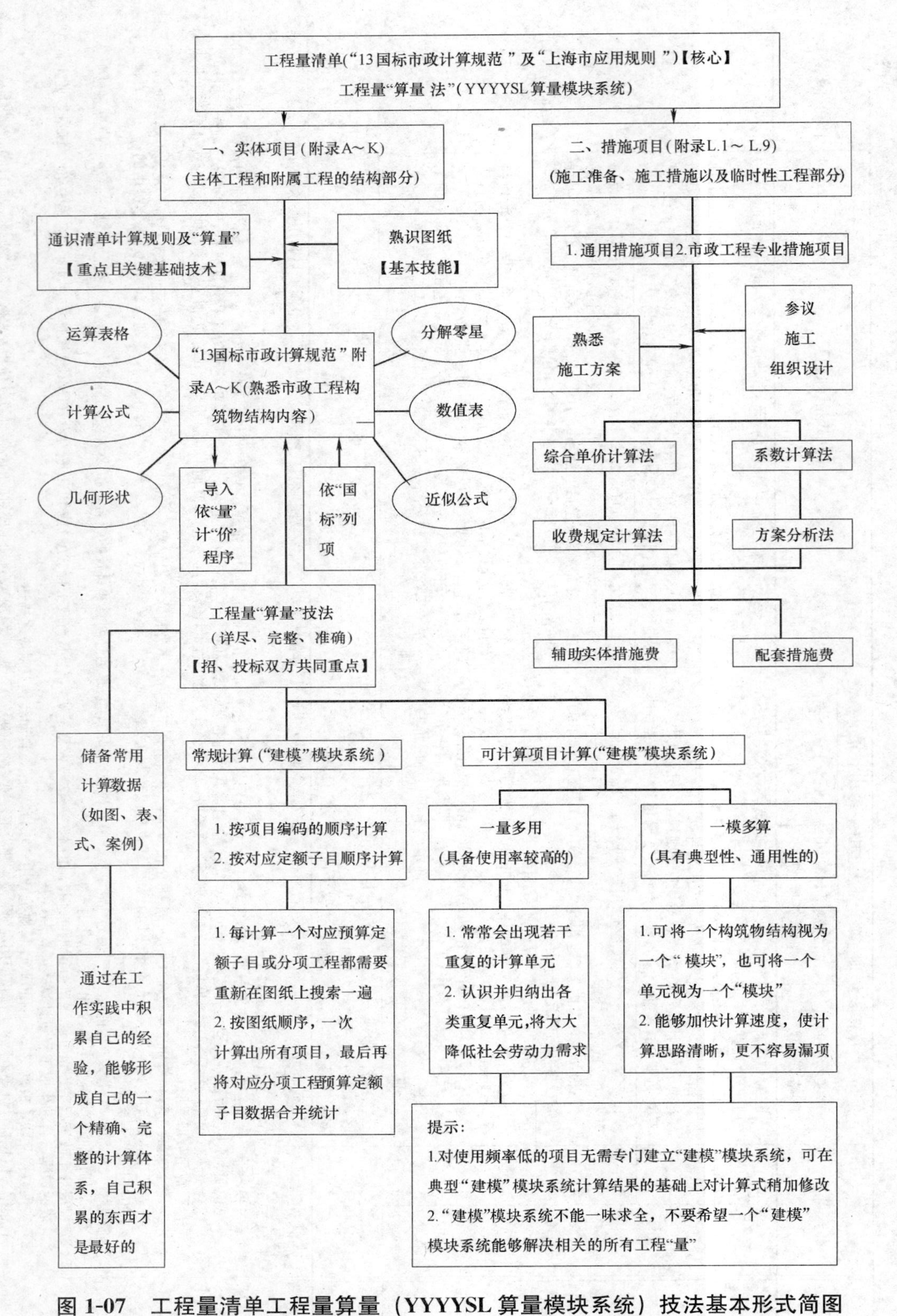

图 1-07　工程量清单工程量算量（YYYYSL 算量模块系统）技法基本形式简图

“算量”的方式：凡不采用辅助计算表或其他专业如市政工程、安装工程，均可直接采用《市政工程工程量计算规范》及《上海市建设工程工程量清单计价应用规则》与对应的《上海市市政工程预算定额》（2000）、《上海市市政工程预算组合定额——室外排水管道工程》（2000）同时“算量”方式。

V1.0版YYYYSL软件提供了多种读取“一例、一图或表或式、一解、一计算结果”[如：《实物图形或表格算量法》（树状型分类）、《定额子目套用提示算量法》（树状型分类）和《计算公式算量法》（树状型分类）]及“算量”数据的方式：(1)直接输入工程量；(2)“算量公式”和“工程量计算表达式”输入；(3)图元公式；(4)公共变量等。使得V1.0版YYYYSL“算量”软件系统实现了最大限度的资源共享。详细内容，敬请参阅《市政工程工程量清单算量计价软件》（论著及软件）中篇“市政工程工程量清单算量计价输入法”第三章第一节。

第二章　分部分项工程

从事市政工程造价工作的专业工程技术人员的工程“算量”实操攻略，主要是练好“四项基本功”，其主要内容包括：

（1）提高看图技能（浏览整套图纸重点详细看图），工程量计算前的看图，要先从头到尾浏览整套图纸，对工程项目的设计意图大概了解后，再选择重点详细看图；市政工程一般包括道路工程、桥涵工程、隧道工程、管网工程、水处理工程、生活垃圾处理工程、路灯工程等；对每一个施工图先看最前面的设计总说明，之后进行下面的步骤，与此同时，有选择性地对工程“算量”进行采撷工程造价基数“要素”，敬请参阅本“图释集”第一章大数据“一例＋一图或表或式＋一解＋一结果”：解构“一法三模算量法”YYYYSL系统模式中表1-02“按《单体工程》的‘项目编码’、‘工作内容’及对应‘定额编号’顺序列项（道路工程案例）”的诠释。

（2）熟悉常用标准图做法（熟记最常用的节点和工程做法），在工程量计算过程中，时常要查阅各种标准图集费时费力，如果能把常用标准图集中的常用节点及做法记牢，在工程量计算时做到活学活用，这将节省不少时间，从而大大提高工作效率。

（3）熟悉工程量计算规则［工程量清单计价按《消耗量定额》中的计算规则；施工图预算按《市政工程预算定额》中的计算规则（包括工程量计算规则、总说明、册章“说明”等）］，敬请参阅本“图释集”附录国家标准规范、全国及地方《市政工程预算定额》（附录A～K）中附表B-04“‘13国标市政计算规范’工程量计算规则汇总表”及附表F-01“《上海市市政工程预算定额》工程量计算规则（2000）及各册、章‘说明’汇总表”的诠释；

（4）合理安排工程量计算顺序［即“一法三模算量法”——㈠《实物图形或表格算量法》、㈡《定额子目套用提示算量法》、㈢《计算公式算量法》］，是工程量快速计算的基本前提，敬请参阅本“图释集”第一章大数据“一例＋一图或表或式＋一解＋一结果”：解构“一法三模算量法”YYYYSL系统模式中表1-08“一法三模算量法（含YYYYSL算量模块系统）编撰与落地案例”的诠释。

（5）工程“算量”，必须熟悉“工程量计算规则”及“项目划分”，要正确区分“13国标市政计算规范”中的工程量计算规则与《市政工程预算定额》中的工程量计算规则（工程量计算规则、总说明、册章“说明”等），及二者在“项目划分”上的不同之处，对各分部分项工程量的计算规定、计量单位、项目特征、包括的工作内容、应扣除什么、不扣除什么、包括什么、不包括什么等等，要做到心中有数。以免在进行工程量计算时，频繁查阅“工程量计算规则”而耽误时间。

“13国标市政计算规范”分部分项工程实体项目（附录A～K）列项检索表　　表2-01

项次	章 附录	节 项目编码、序号/项目名称/计量单位
1	附录A 土石方工程 小计：四节、12项	A.1　土方工程（项目编码：040101） ㈠项目编码：040101001～040101005 ㈡项目名称：1. 挖一般土方/m^3，2. 挖沟槽土方/m^3，3. 挖基坑土方/m^3，4. 暗挖土方/m^3，5. 挖淤泥、流砂/m^3 A.2　石方工程（项目编码：040102） ㈠项目编码：040102001～040102003 ㈡项目名称：1. 挖一般石方/m^3，2. 挖沟槽石方/m^3，3. 挖基坑石方/m^3 A.3　回填方及土石方运输（项目编码：040103） ㈠项目编码：040103001～040103002 ㈡项目名称：1. 回填方/m^3，2. 余方弃置/m^3 A.4　相关问题及说明
2	附录B 道路工程 小计：五节、12项	B.1　路基处理（项目编码：040201） ㈠项目编码：040201001～040201023 ㈡项目名称：1. 预压地基/m^2，2. 强夯地基，3. 振冲密实（不填料）/m^2，4. 掺石灰/m^3，5. 掺干土/m^3，6. 掺石/m^3，7. 抛石挤淤/m^3，8. 袋装砂井/m，9. 塑料排水板/m，10. 振冲桩（填料）/①m②m^3，11. 砂石桩/①m②m^3，12. 水泥粉煤灰碎石桩/m，13. 深层水泥搅拌桩/m，14. 粉喷桩/m，15. 高压水泥旋喷桩/m，16. 石灰桩/m，17. 灰土挤密桩/m，18. 柱锤冲扩桩/m，19. 地基注浆/①m②m^3，20. 褥垫层/①$m^2$②m^3，21. 土工合成材料/m^2，22. 排水沟、截水沟/m，23. 盲沟/m B.2　道路基层（项目编码：040202） ㈠项目编码：040202001～040202016 ㈡项目名称：1. 路床（槽）整形/m^2，2. 石灰稳定土/m^2，3. 水泥稳定土/m^2，4. 石灰、粉煤灰、土/m^2，5. 石灰、碎石、土/m^2，6. 石灰、粉煤灰、碎（砾）石/m^2，7. 粉煤灰/m^2，8. 矿渣/m^2，9. 砂砾石/m^2，10. 卵石/m^2，11. 碎石/m^2，12. 块石/m^2，13. 山皮石/m^2，14. 粉煤灰三渣/m^2，15. 水泥稳定碎（砾）石/m^2，16. 沥青稳定碎石/m^2 B.3　道路面层（项目编码：040203） ㈠项目编码：040203001～040203009 ㈡项目名称：1. 沥青表面处治/m^2，2. 沥青贯入式/m^2，3. 透层、黏层/m^2，4. 封层/m^2，5. 黑色碎石/m^2，6. 沥青混凝土/m^2，7. 水泥混凝土/m^2，8. 块料面层/m^2，9. 弹性面层/m^2 B.4　人行道及其他（项目编码：040204） ㈠项目编码：040204001～040204008 ㈡项目名称：1. 人行道整形碾压/m^2，2. 人行道块料铺设/m^2，3. 现浇混凝土人行道及进口坡/m^2，4. 安砌侧（平、缘）石/m，5. 现浇侧（平、缘）石/m，6. 检查井升降/座，7. 树池砌筑/个，8. 预制电缆沟铺设/m B.5　交通管理设施（项目编码：040205） ㈠项目编码：040205001～040205024 ㈡项目名称：1. 人（手）孔井/座，2. 电缆保护管/m，3. 标杆/根，4. 标志板/块，5. 视线诱导器/只，6. 标线/①m②m^2，7. 标记/①个②m^2，8. 横道线/m^2，9. 清除标线/m^2，10. 环形检测线圈/个，11. 值警亭/座，12. 隔离护栏/m，13. 架空走线/m，14. 信号灯/套，15. 设备控制机箱/台，16. 管内配线/m，17. 防撞筒（墩）/个，18. 警示柱/根，19. 减速垄/m，20. 监控摄像机/台，21. 数码相机/套，22. 道闸机/套，23. 可变信息情报板/套，24. 交通智能系统调试/系统

续表

项次	章 附录	节 项目编码、序号/项目名称/计量单位
3	附录C 桥涵 工程 小计： 十节、 12项	C.1　桩基(项目编码：040301) ㈠项目编码：040301001～040301012 ㈡项目名称：1. 预制钢筋混凝土方桩/①m②$m^3$③根，2. 预制钢筋混凝土管桩/①m②$m^3$③根，3. 钢管桩/①t②根，4. 泥浆护壁成孔灌注桩/①m②$m^3$③根，5. 沉管灌注桩/①m②$m^3$③根，6. 干作业成孔灌注桩/①m②$m^3$③根，7. 挖孔桩土(石)方/m^3，8. 人工挖孔灌注桩/①$m^3$②根，9. 钻孔压浆桩/①m②根，10. 灌注桩后注浆/孔，11. 截桩头/①$m^3$②根，12. 声测管/①t②m C.2　基坑与边坡支护(项目编码：040302) ㈠项目编码：040302001～040302008 ㈡项目名称：1. 圆木桩/①m②根，2. 预制钢筋混凝土板桩/①$m^3$②根，3. 地下连续墙/m^3，4. 咬合灌注桩/①m②根，5. 型钢水泥土搅拌墙/m^3，6. 锚杆(索)/①m②根，7. 土钉/①m②根，8. 喷射混凝土/m^2 C.3　现浇混凝土构件(项目编码：040303) ㈠项目编码：040303001～040303025 ㈡项目名称：1. 混凝土垫层/m^3，2. 混凝土基础/m^3，3. 混凝土承台/m^3，4. 混凝土墩(台)帽/m^3，5. 混凝土墩(台)身/m^3，6. 混凝土支撑梁及横梁/m^3，7. 混凝土墩(台)盖梁/m^3，8. 混凝土拱桥拱座/m^3，9. 混凝土拱桥拱肋/m^3，10. 混凝土拱上构件/m^3，11. 混凝土箱梁/m^3，12. 混凝土连续板/m^3，13. 混凝土板梁/m^3，14. 混凝土板拱/m^3，15. 混凝土挡墙墙身/m^3，16. 混凝土挡墙压顶/m^3，17. 混凝土楼梯/①$m^2$②m^3，18. 混凝土防撞护栏/m，19. 桥面铺装/m^2，20. 混凝土桥头搭板/m^3，21. 混凝土搭板枕梁/m^3，22. 混凝土桥塔身/m^3，23. 混凝土连系梁/m^3，24. 混凝土其他构件/m^3，25. 钢管拱混凝土/m^3 C.4　预制混凝土构件(项目编码：040304) ㈠项目编码：040304001～040304005 ㈡项目名称：1. 预制混凝土梁/m^3，2. 预制混凝土柱/m^3，3. 预制混凝土板/m^3，4. 预制混凝土挡土墙墙身/m^3，5. 预制混凝土其他构件/m^3 C.5　砌筑(项目编码：040305) ㈠项目编码：040305001～040305005 ㈡项目名称：1. 垫层/m^3，2. 干砌块料/m^3，3. 浆砌块料/m^3，4. 砖砌体/m^3，5. 护坡/m^2 C.6　立交箱涵(项目编码：040306) ㈠项目编码：040306001～040306007 ㈡项目名称：1. 透水管/m，2. 滑板/m^3，3. 箱涵底板/m^3，4. 箱涵侧墙/m^3，5. 箱涵顶板/m^3，6. 箱涵顶进/kt·m，7. 箱涵接缝/m C.7　钢结构(项目编码：040307) ㈠项目编码：040307001～040307009 ㈡项目名称：1. 钢箱梁/t，2. 钢板梁/t，3. 钢桁梁/t，4. 钢拱/t，5. 劲性钢结构/t，6. 钢结构叠合梁/t，7. 其他钢构件/t，8. 悬(斜拉)索/t，9. 钢拉杆/t
3	附录C 桥涵 工程 小计： 十节、 12项	C.8　装饰(项目编码：040308) ㈠项目编码：040308001～040308005 ㈡项目名称：1. 水泥砂浆抹面/m^2，2. 剁斧石饰面/m^2，3. 镶贴面层/m^2，4. 涂料/m^2，5. 油漆/m^2 C.9　其他(项目编码：040309) ㈠项目编码：040309001～040309010 ㈡项目名称：1. 金属栏杆/①t②m，2. 石质栏杆/m，3. 混凝土栏杆/m，4. 橡胶支座/个，5. 钢支座/个，6. 盆式支座/个，7. 桥梁伸缩装置/m，8. 隔声屏障/m^2，9. 桥面排(泄)水管/m，10. 防水层/m^2 C.10　相关问题及说明
4	附录D 隧道 工程 小计： 七节、 12项	D.1　隧道岩石开挖(项目编码：040401) ㈠项目编码：040401001～040401007 ㈡项目名称：1. 平洞开挖/m^3，2. 斜井开挖/m^3，3. 竖井开挖/m^3，4. 地沟开挖/m^3，5. 小导管/m，6. 管棚/m，7. 注浆/m^3 D.2　岩石隧道衬砌(项目编码：040402) ㈠项目编码：040402001～040402019 ㈡项目名称：1. 混凝土仰拱衬砌/m^3，2. 混凝土顶拱衬砌/m^3，3. 混凝土边墙衬砌/m^3，4. 混凝土竖井衬砌/m^3，5. 混凝土沟道/m^3，6. 拱部喷射混凝土/m^2，7. 边墙喷射混凝土/m^2，8. 拱圈砌筑/m^3，9. 边墙砌筑/m^3，10. 砌筑沟道/m^3，11. 洞门砌筑/m^3，12. 锚杆/t，13. 充填压浆/m^3，14. 仰拱填充/m^3，15. 透水管/m，16. 沟道盖板/m，17. 变形缝/m，18. 施工缝/m，19. 柔性防水层/m^2 D.3　盾构掘进(项目编码：040403) ㈠项目编码：040403001～040403010 ㈡项目名称：1. 盾构吊装及吊拆/台·次，2. 盾构掘进/m，3. 衬砌壁后压浆/m^3，4. 预制钢筋混凝土管片/m^3，5. 管片设置密封条/环，6. 隧道洞口柔性接缝环/m，7. 管片嵌缝/环，8. 盾构机调头/台·次，9. 盾构机转场运输/台·次，10. 盾构基座/t D.4　管节顶升、旁通道(项目编码：040404) ㈠项目编码：040404001～040404012 ㈡项目名称：1. 钢筋混凝土顶升管节/m^3，2. 垂直顶升设备安装、拆除/套，3. 管节垂直顶升/m，4. 安装止水框、连系梁/t，5. 阴极保护装置/组，6. 安装取、排水头/个，7. 隧道内旁通道开挖/m^3，8. 旁通道结构混凝土/m^3，9. 隧道内集水井/座，10. 防爆门/扇，11. 钢筋混凝土复合管片/m^3，12. 钢管片/t D.5　隧道沉井(项目编码：040405) ㈠项目编码：040405001～040405007

续表

项次	章 附录	节 项目编码、序号/项目名称/计量单位
4	附录D 隧道 工程 小计： 七节、 12项	㈡项目名称：1. 沉井井壁混凝土/m^3，2. 沉井下沉/m^3，3. 沉井混凝土封底/m^3，4. 沉井混凝土底板/m^3，5. 沉井填心/m^3，6. 沉井混凝土隔墙/m^3，7. 钢封门/t D.6　混凝土结构（项目编码：040406） ㈠项目编码：040406001～040406008 ㈡项目名称：1. 混凝土地梁/m^3，2. 混凝土底板/m^3，3. 混凝土柱/m^3，4. 混凝土墙/m^3，5. 混凝土梁/m^3，6. 混凝土平台、顶板/m^3，7. 圆隧道内架空路面/m^3，8. 隧道内其他结构混凝土/m^3 D.7　沉管隧道（项目编码：040407） ㈠项目编码：040407001～040407022 ㈡项目名称：1. 预制沉管底垫层/m^3，2. 预制沉管钢底板/t，3. 预制沉管混凝土底板/m^3，4. 预制沉管混凝土侧墙/m^3，5. 预制沉管混凝土顶板/m^3，6. 沉管外壁防锚层/m^2，7. 鼻托垂直剪力键/t，8. 端头钢壳/t，9. 端头钢封门/t，10. 沉管管段浮运临时供电系统/套，11. 沉管管段浮运临时供排水系统/套，12. 沉管管段浮运临时通风系统/套，13. 航道疏浚/m^3，14. 沉管河床基槽开挖/m^3，15. 钢筋混凝土块沉石/m^3，16. 基槽抛铺碎石/m^3，17. 沉管管节浮运/kt·m，18. 管段沉放连接/节，19. 砂肋软体排覆盖/m^2，20. 沉管水下压石/m^3，21. 沉管接缝处理/条，22. 沉管底部压浆固封充填/m^3
5	附录E 管网 工程 小计： 五节、 12项	E.1　管道铺设（项目编码：040501） ㈠项目编码：040501001～040501020 ㈡项目名称：1. 混凝土管/m，2. 钢管/m，3. 铸铁管/m，4. 塑料管/m，5. 直埋式预制保温管/m，6. 管道架空跨越/m，7. 隧道（沟、管）内管道/m，8. 水平导向钻进/m，9. 夯管/m，10. 顶（夯）管工作坑/座，11. 预制混凝土工作坑/座，12. 顶管/m，13. 土壤加固/①m②m^3，14. 新旧管连接/处，15. 临时放水管线/m，16. 砌筑方沟/m，17. 混凝土方沟/m，18. 砌筑渠道/m，19. 混凝土渠道/m，20. 警示（示踪）带铺设/m E.2　管件、阀门及附件安装（项目编码：040502） ㈠项目编码：040502001～040502018 ㈡项目名称：1. 铸铁管管件/个，2. 钢管管件制作、安装/个，3. 塑料管管件/个，4. 转换件/个，5. 阀门/个，6. 法兰/个，7. 盲堵板制作、安装/个，8. 套管制作、安装/个，9. 水表/个，10. 消火栓/个，11. 补偿器（波纹管）/个，12. 除污器组成、安装/套，13. 凝水缸/组，14. 调压器/组，15. 过滤器/组，16. 分离器/组，17. 安全水封/组，18. 检漏（水）管/组
5	附录E 管网 工程 小计： 五节、 12项	E.3　支架制作及安装（项目编码：040503） ㈠项目编码：040503001～040503004 ㈡项目名称：1. 砌筑支墩/m^3，2. 混凝土支墩/m^3，3. 金属支架制作、安装/t，4. 金属吊架制作、安装/t E.4　管道附属构筑物（项目编码：040504） ㈠项目编码：040504001～040504009 ㈡项目名称：1. 砌筑井/座，2. 混凝土井/座，3. 塑料检查井/座，4. 砖砌井筒/m，5. 预制混凝土井筒/m，6. 砌体出水口/座，7. 混凝土出水口/座，8. 整体化粪池/座，9. 雨水口/座 E.5　相关问题及说明
6	附录F 水处理 工程 小计： 三节、 12项	F.1　水处理构筑物（项目编码：040601） ㈠项目编码：040601001～040601030 ㈡项目名称：1. 现浇混凝土沉井井壁及隔墙/m^3，2. 沉井下沉/m^3，3. 沉井混凝土底板/m^3，4. 沉井内地下混凝土结构/m^3，5. 沉井混凝土顶板/m^3，6. 现浇混凝土池底/m^3，7. 现浇混凝土池壁（隔墙）/m^3，8. 现浇混凝土池柱/m^3，9. 现浇混凝土池梁/m^3，10. 现浇混凝土池盖板/m^3，11. 现浇混凝土板/m^3，12. 池槽/m，13. 砌筑导流壁、筒/m^3，14. 混凝土导流壁、筒/m^3，15. 混凝土楼梯/①$m^2$②m^3，16. 金属扶梯、栏杆/①t②m，29. 沉降（施工）缝/m，30. 井、池渗漏试验/m^3 F.2　水处理设备（项目编码：040602） ㈠项目编码：040602001～040602046 ㈡项目名称：1. 格栅/①t②套，2. 格栅除污机/台，3. 滤网清污机/台，4. 压榨机/台，5. 刮砂机/台，6. 吸砂机/台，7. 刮泥机/台，8. 吸泥机/台，9. 刮吸泥机/台，10. 撇渣机/台，11. 砂（泥）水分离器/台，12. 曝气机/台，13. 曝气器/个，14. 布气管/m，15. 滗水器/套，16. 生物转盘/套，17. 搅拌机/台，18. 推进器/台，19. 加药设备/套，20. 加氯机/套，21. 氯吸收装置/套，22. 水射器/个，23. 管式混合器/个，24. 冲洗装置/套，25. 带式压滤机/台，26. 污泥脱水机/台，27. 污泥浓缩机/台，28. 污泥浓缩脱水一体机/台，29. 污泥输送机/台，30. 污泥切割机/台，31. 闸门/①座②t，32. 旋转门/①座②t，33. 堰门/①座②t，34. 拍门/①座②t， F.3　相关问题及说明

续表

项次	章 附录	节 项目编码、序号/项目名称/计量单位
7	附录G 生活垃圾处理工程 小计： 三节、 12项	G.1　垃圾卫生填埋(项目编码:040701) ㈠项目编码:～ ㈡项目名称: G.2　垃圾焚烧(项目编码:040702) ㈠项目编码:～ ㈡项目名称: G.3　相关问题及说明
8	附录H 路灯 工程 小计： 八节、 12项	H.1　变配电设备工程(项目编码:040801) ㈠项目编码:～ ㈡项目名称: H.2　10kV以下架空线路工程(项目编码:040802) ㈠项目编码:～ ㈡项目名称: H.3　电缆工程(项目编码:040803) ㈠项目编码:～ ㈡项目名称: H.4　配管、配线工程(项目编码:040804) ㈠项目编码:～ ㈡项目名称: H.5　照明器具安装工程(项目编码:040805) ㈠项目编码:～ ㈡项目名称: H.6　防雷接地装置工程(项目编码:040806) ㈠项目编码:～ ㈡项目名称: H.7　电气调整试验(项目编码:040809) ㈠项目编码:～ ㈡项目名称: H.8　相关问题及说明
9	附录J 钢筋 工程 小计： 一节、 10项	J.1　钢筋工程(项目编码:040901) ㈠项目编码:040901001～040901010 ㈡项目名称:1.现浇构件钢筋/t,2.预制构件钢筋/t,3.钢筋网片/t,4.钢筋笼/t,5.先张法预应力钢筋(钢丝束、钢绞线)/t,6.后张法预应力钢筋(钢丝束、钢绞线)/t,7.型钢/t,8.植筋/根,9.预埋铁件/t,10.高强螺栓/①t②套
10	附录K 拆除 工程 小计： 一节、 11项	K.1　拆除工程(项目编码:041001) ㈠项目编码:041001001～041001011 ㈡项目名称:1.拆除路面/m^2,2.拆除人行道/m^2,3.拆除基层/m^2,4.铣刨路面/m^2,5.拆除侧(平、缘)石/m,6.拆除管道/m,7.拆除砖石结构/m^3,8.拆除混凝土结构/m^3,9.拆除井/座,10.拆除电线杆/根,11.拆除管片/处
共计：		附录:10章(附录A～K)
	编号： 47节	分部分项工程项目:117项

注：1. 本"13国标市政计算规范"分部分项工程实体项目（附录A～K）列项检索表，摘自《市政工程工程量计算规范》GB 50857—2013，即"13国标市政计算规范"，敬请参阅本"图释集"附录国家标准规范、全国及地方《市政工程预算定额》（附录A～K）中附录B《市政工程工程量计算规范》GB 50857—2013（简称"13国标市政计算规范"）的诠释；

2. 对应消耗量定额子目的工程量计算规则（S1～S7），敬请参阅本"图释集"附录国家标准规范、全国及地方《市政工程预算定额》（附录A～K）中附表E-01"《上海市市政工程预算定额》（2000）分部分项工程列项检索表"和附表F-01"《上海市市政工程预算定额》工程量计算规则（2000）及各册、章（说明）汇总表"的诠释。

著名的法国科学家勒内·笛卡尔（Rene Descartes）在研究中发现，人的思维主要是图像思维。当我们在说一句话时，我们的大脑中往往会出现这句话对应的画面。

勒内·笛卡尔（Rene Descartes，1596年3月31日—1650年2月11日），是世界著名的法国哲学家、数学家、物理学家。他对现代数学的发展做出了重要的贡献，因将几何坐标体系公式化而被认为是解析几何之父。他还是西方现代哲学思想的奠基人，是近代唯物论的开拓者且提出了“普遍怀疑”的主张。黑格尔称他为“现代哲学之父”。他的哲学思想深深影响了之后的几代欧洲人，开拓了所谓的“欧陆理性主义”哲学。堪称17世纪欧洲哲学界和科学界最有影响的巨匠之一，被誉为“近代科学的始祖”。人们在他的墓碑上刻下了这样一句话：“笛卡尔，欧洲文艺复兴以来，第一个为人类争取并保证理性权利的人。”

经典名言：

我思，故我在。

越学习，越发现自己的无知。

意志、悟性、想象力以及感觉上的一切作用，全由思维而来。

读杰出的书籍，有如和过去最杰出的人物促膝交谈。

仅仅具备出色的智力是不够的，主要的问题是如何出色地使用它。

图像思维是利用物理图像的物理意义并结合数学知识来分析和解决物理问题的思维方式。利用物理图像解决物理问题既直观、形象，又方便。

木“13国标市政计算规范”分部分项工程实体项目（附录A～K）和本“图释集”第三章措施项目中表3-01“‘13国标市政计算规范’措施项目（附录L）列项检索表”列项事宜，主要考虑工程量清单与《市政工程预算定额》的关系：

（1）章节的划分、项目的设置参考《市政工程预算定额》，如本“图释集”附录国家标准规范、全国及地方《市政工程预算定额》（附录A～K）中附表E-01“《上海市市政工程预算定额》（2000）分部分项工程列项检索表”所示；

（2）“项目特征”的内容取自《市政工程预算定额》，敬请参阅本“图释集”附录国家标准规范、全国及地方《市政工程预算定额》（附录A～K）中附表B-03“招标工程量清单‘项目特征’之描述的主要原则”及附表D-01“《全国统一市政工程预算定额》（1999）项目表”、附表D-02“《上海市市政工程预算定额》（2000）项目表”的诠释；

（3）“工作内容”即实体组价内容同《市政工程预算定额》，如本“图释集”第四章编制与应用实务［“‘一法三模算量法’YYYYSL系统”（自主平台软件）］中表4管-10“分部分项工程项目清单与计价表［即建设单位招标工程量清单］”、表4管-11“单价措施项目清单与计价表［即建设单位招标工程量清单］”和表4道-11“分部分项工程量清单与计价表［即施工企业投标报价］”、表4道-12“单价措施项目清单与计价表［即施工企业投标报价］”及表4道-14“分部分项工程量清单综合单价分析表［评审和判别的重要基础及数据来源］”所示；

（4）在目前大部分企业缺《企业定额》（即工料机消耗量）时，参考《市政工程预算定额》。

附录 A　土石方工程（项目编码：0401）施工图图例【导读】

挖一般土方

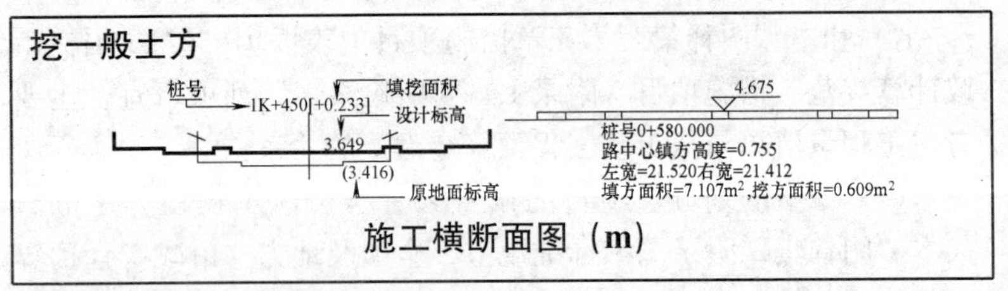

施工横断面图（m）

挖沟槽土方

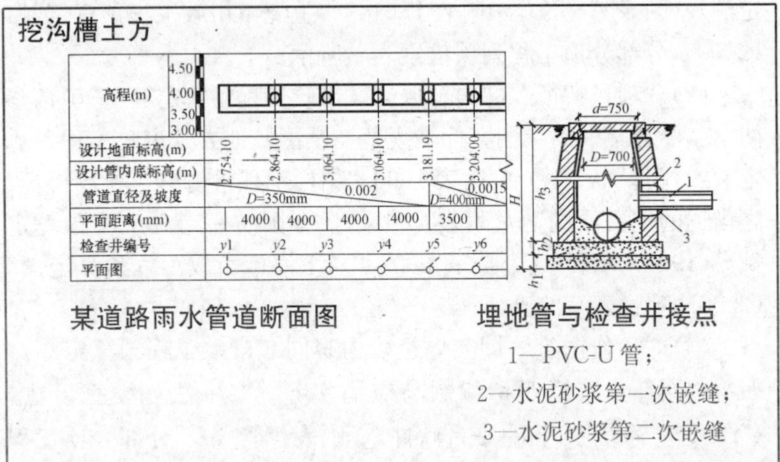

某道路雨水管道断面图

埋地管与检查井接点

1—PVC-U 管；

2—水泥砂浆第一次嵌缝；

3—水泥砂浆第二次嵌缝

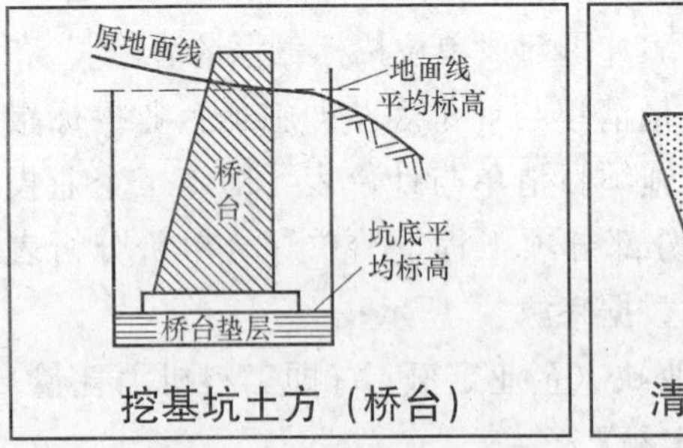

挖基坑土方（桥台）

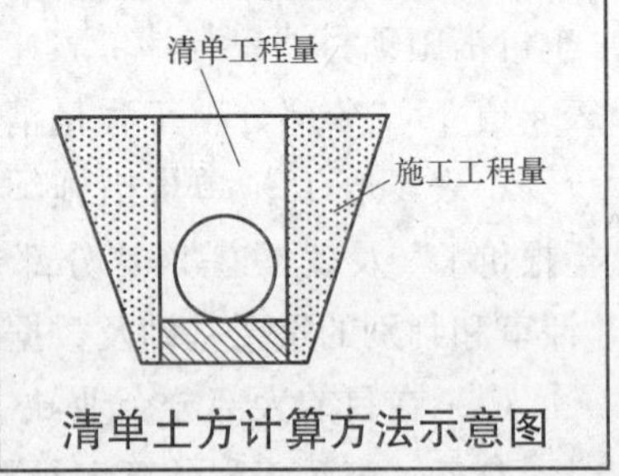

清单土方计算方法示意图

工程量清单“四统一”	
项目编码	040101001～040101003(上海市应用规则)
项目名称	挖一般土方、挖沟槽土方、挖基坑土方
计量单位	m^3
工程量计算规则	1. 挖一般土方：按设计图示开挖线以体积计算 2. 挖沟槽土方：原地面线以下按构筑物最大水平投影面积乘以挖土深度(原地面平均标高至槽底高度)以体积计算 3. 挖基坑土方：原地面线以下按构筑物最大水平投影面积乘以挖土深度(原地面平均标高至坑底高度)以体积计算
项目特征描述	1. 土壤类别 2. 挖土深度
工程内容规定	1. 土方开挖 2. 基底钎探 3. 场内运输

注：有关挖一般土方、挖沟槽土方、挖基坑土方的市政工程工程量清单“一法三模算量法”模式，敬请参阅《市政工程工程量清单工程系列丛书》姊妹篇之二《市政工程工程量清单“算量”手册》中表 4.1-14“土石方工程挖土方项目（一般土方、沟槽、基坑）‘算量’”的诠释

一、实体项目　　A 土石方工程		
对 应 图 示	项 目 名 称	编码/编号
工程量清单分类	表 A.1　挖一般土方、挖沟槽土方、挖基坑土方	040101001～040101003
分部工程项目、名称（所在《市政工程预算定额》册、章、节）	道路工程路基工程 排水管道开槽埋管 桥涵及护岸工程土方工程 排水构筑物及隧道基坑土方工程	S2-1- S5-1- S4-2- S6-1-

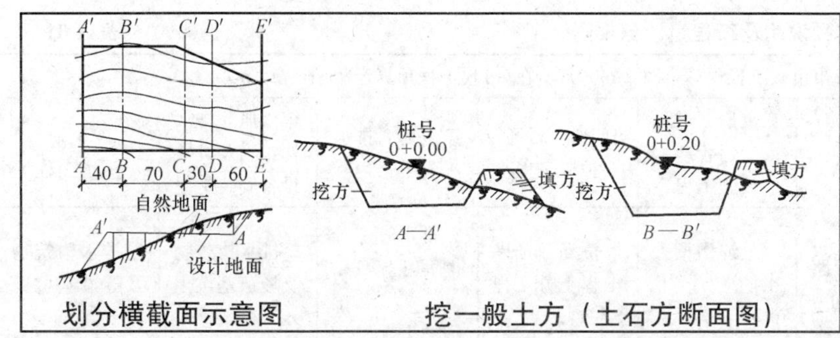

划分横截面示意图　　挖一般土方（土石方断面图）

注：1. 挖方应按天然密实度体积计算。

2. 沟槽、基坑、一般土石方的划分应符合下列规定：

（1）底宽7m以内，底长大于底宽3倍以上应按沟槽计算；

（2）底长小于底宽3倍以下，底面积在150m² 以内应按基坑计算；

（3）超过上述范围，应按一般土石方计算。

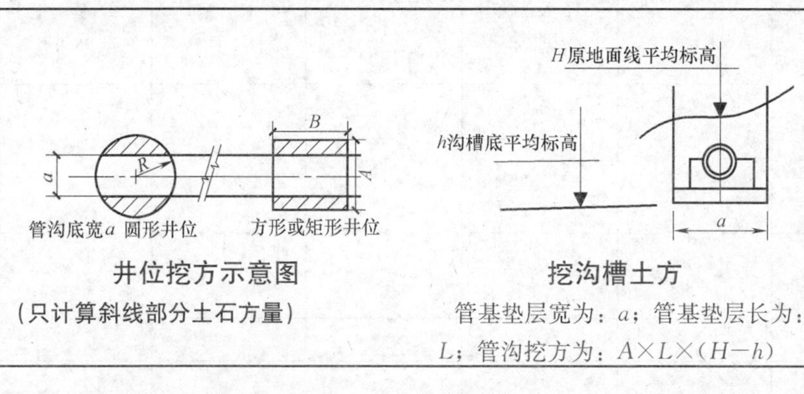

井位挖方示意图

（只计算斜线部分土石方量）

挖沟槽土方

管基垫层宽为：a；管基垫层长为：L；管沟挖方为：A×L×(H−h)

机械挖土方定额不分土壤类别综合取定

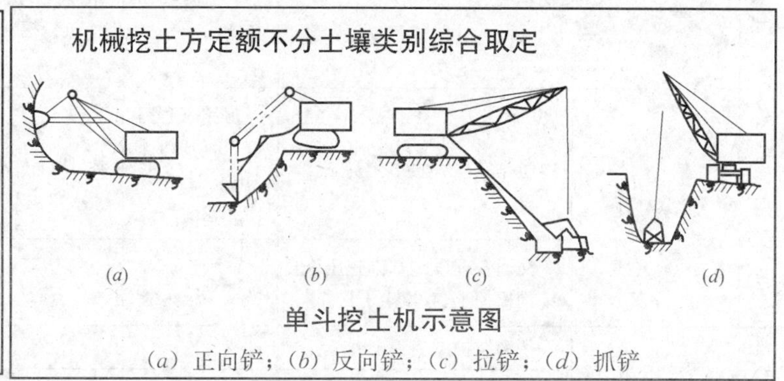

单斗挖土机示意图

（a）正向铲；（b）反向铲；（c）拉铲；（d）抓铲

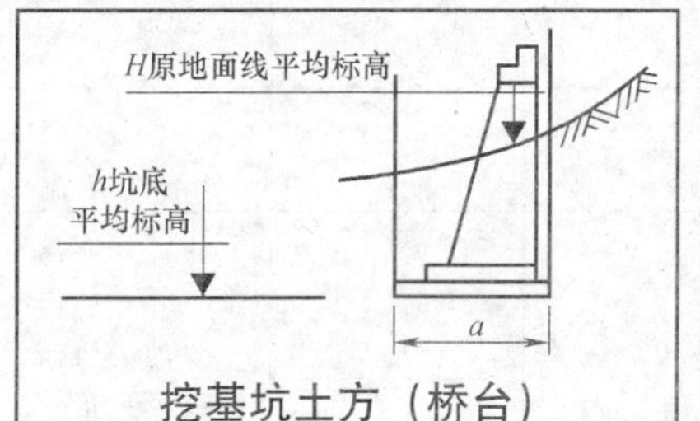

挖基坑土方（桥台）

桥台垫层宽为：a；桥台垫层长为：b；基坑挖方清单工程量为：a×b×(H−h)

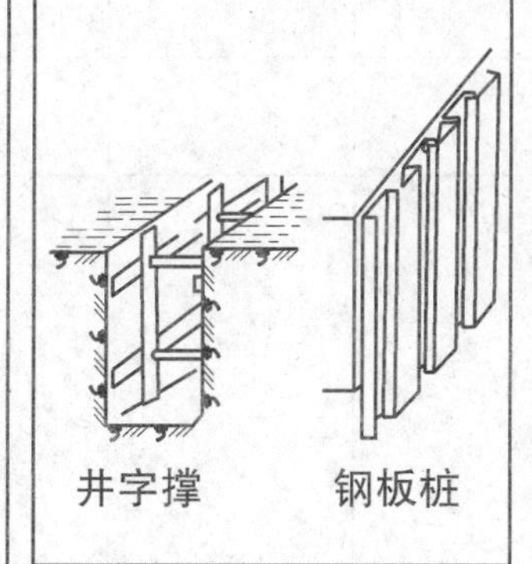

井字撑　　钢板桩

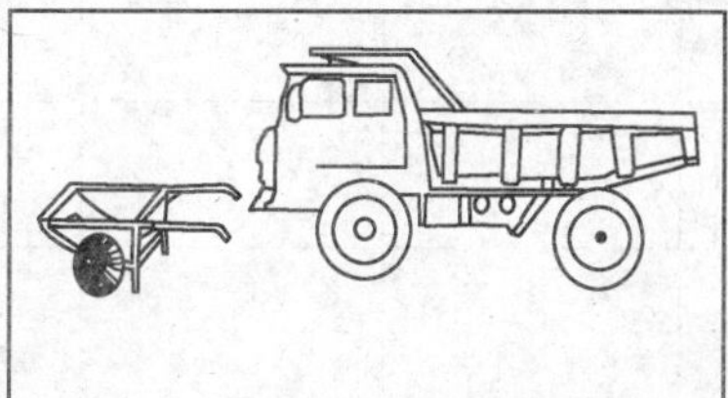

双轮斗车简图　自卸汽车外貌图

土方场内运输

（甄选路基工程、通用项目定额子目）

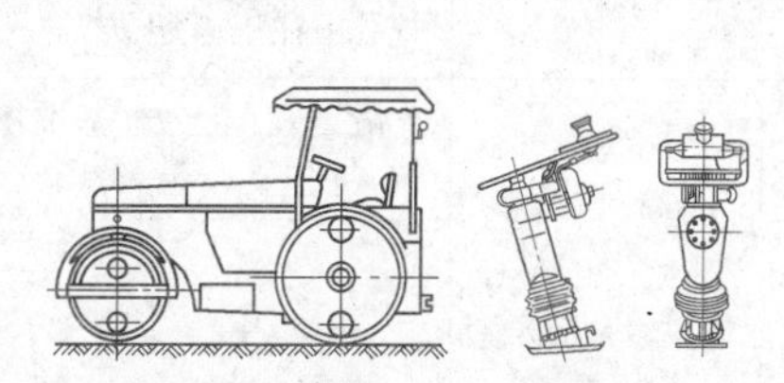

三轮光轮压路机

（整修车行道有密实度压实要求）

振动冲击夯

（整修人行道）

土方工程（挖土）定额说明及工程量计算规则 **表 A-01**

项次	"13国标市政计算规范"及"上海市应用规则"		《上海市市政工程预算定额》(2000)(所在《市政工程预算定额》册、章、节)						
	分部工程	项目名称	第一册 通用项目	第二册 道路工程	第三册 道路 交通管理 设施工程	第四册 桥涵及 护岸工程	第五册 排水 管道工程	第六册 排水 构筑物及机械 设备安装工程	第七册 隧道工程
1	土石方工程	挖一般土方、挖沟槽土方、挖基坑土方	通用项目一般项目S1-1-： 14. 土方场内运输	道路工程路基工程S2-1-： 1. 人工挖土 2. 机械挖土	电缆沟槽人工挖土（Ⅰ、Ⅱ类） 基础人工挖土（Ⅲ类）	桥涵及护岸工程土方工程S4-2-： 1. 人工挖土 2. 机械挖土	排水管道开槽埋管S5-1-： 1. 人工挖沟槽土方 2. 机械挖沟槽土方	排水构筑物及隧道基坑土方工程S6-1-： 1. 基坑挖土	排水构筑物及隧道基坑土方工程S6-1-： 1. 基坑挖土 2. 沉井挖土
2	路基处理	路基处理（挖一般土方）	道路工程路基工程S2-1-： 18. 土方场内运输	17. 整修路基（①车行道、②人行道）					
3		交通管理设施基础挖土、电缆沟槽挖土、夯填土子目							
4	桥涵工程	桥涵及护岸工程土方工程				√			
5		箱涵顶进土方、桩（钢管桩、挖孔灌注桩等）土方							
6	隧道工程	隧道基坑土方（基坑挖土、沉井挖土）						√	√
7		挖土下沉							#4. 吊车挖土下沉 5. 水力机械冲吸泥下沉 6. 不排水潜水员吸泥下沉 7. 钻吸法出土下沉

续表

项次	“13国标市政计算规范”及“上海市应用规则”		《上海市市政工程预算定额》(2000)(所在《市政工程预算定额》册、章、节)						
	分部工程	项目名称	第一册 通用项目	第二册 道路工程	第三册 道路交通管理设施工程	第四册 桥涵及护岸工程	第五册 排水管道工程	第六册 排水构筑物及机械设备安装工程	第七册 隧道工程
8	隧道工程	盾构掘进出土、沉井下沉挖土、地下连续墙成槽土方							# 2. 挖土成槽 7. 支撑基坑挖土
9	管网工程	排水管道开槽埋管					√3. 撑拆列板 4. 打沟槽钢板桩 5. 拔沟槽钢板桩 6. 安拆钢板桩支撑		
10		排水构筑物(基坑挖土、沉井挖土)						√	
11		顶管顶进土方					# 2. 基坑机械挖土		
12		顶管钢筋混凝土工作井沉井下沉挖土						# 2. 沉井挖土	
13		钢板桩工作井(基坑挖土)					#		
14	钢筋工程								
15	拆除工程	拆除管道					√		
16	施工排水、降水	施工排水、降水					#		
17	围堰	围堰				#			

注：1. 选自《上海市市政工程预算定额》(2000) 工程量计算规则及总、册说明；
2. 附有√符号者，列入土方工程（项目编码：040101）中相关项目编码列项工程量清单；
3. 附有#符号者，表示已列入相应工程工程量清单的部分分部工程项目；
4. 基坑挖土土方按75%直接装车外运，25%场内运输；
5. 沉井挖土为全部外运；
6. 敬请参阅《市政工程工程量清单“算量”手册》中表4-20“挖土、石方工程量清单项目设置、项目子目对应比照表”；
7. 计算挖一般土方项中整修路基（①车行道、②人行道）面积时，分别敬请参阅《市政工程工程量清单“算量”手册》中表4-3“道路垫层、基层、面层（平面交叉口）面积工程量‘算量’”及【解题分析4-10】“道路基层厂拌粉煤灰三渣基层面积”和表4-97“人行道（平面交叉口）面积工程量‘算量’”及【解题分析4-20】“道路工程人行道块料铺设 非连锁型、连锁型彩色预制块面积”的诠释；
8. 计算挖沟槽项中土方排水管道开槽埋管撑拆列板、打沟槽钢板桩、拔沟槽钢板桩、安拆钢板桩支撑时，敬请参阅《市政工程工程量清单“算量”手册》中表4-40“围护、支撑工程工程量计算规则”及表4-48“围护、支撑类大型机械设备使用费甄选表”的诠释。

“13国标市政计算规范”与对应挖沟槽土方工程项目定额子目、工程量计算规则（2000）及册、章说明列项检索表　　表A-02

附录A　土石方工程					对应《上海市市政工程预算定额》(2000)工程量计算规则等				
项目编码	项目名称	* 计量单位	工程量计算规则（共4条）	工作内容（共3项）	节及项目名称（18节45子目）	定额编号	计量单位	* 工程量计算规则 第5.1.1～5.1.8条	第五册　排水管道工程 第一章　开槽埋管 * 册“说明”十二条 * 章“说明”六条
					第五册　排水管道工程　第一章　开槽埋管				
040101002	挖沟槽土方	m²	按设计图示尺寸以基础垫层底面积乘以挖土深度计算	1. 排地表水 2. 土方开挖 3. 围护（挡土板）及拆除 4. 基底钎探 5. 场内运输	1. 人工挖沟槽土方 人工挖沟槽 2. 机械挖沟槽土方 机械挖沟槽	S5-1-1～ S5-1-6 S5-1-7～ S5-1-8	m³	第5.1.1条　管道铺设按实埋长度(扣除窨井内净长所占的长度)计算(窨井沟槽平均深度) 第5.1.4条　沟槽深度为原地面至槽底土面的深度	一、沟槽深度≤3m采用横列板支撑；沟槽深度>3m采用钢板桩支撑 二、管道铺设定额按管材品种分列：
					第一册通用项目 第一章一般项目 5. 湿土排水 湿土排水	S1-1-9	m³	第1.1.3条说明按原地面1.0m以下的挖土数量计算；当挖土采用井点降水施工时，除排水管道工程可计取10%的湿土排水外，其他工程均不得计取	
					6. 筑拆集水井 筑拆竹箩滤井	S1-1-11	座	第1.1.4条说明筑拆集水井按排水管道开槽埋管工程每40m设置一座	
					3. 撑拆列板 满堂撑拆列板(双面) 4. 打沟槽钢板桩 打沟槽钢板桩(单面) 打沟槽拉森钢板桩(单面)	S5-1-9～ S5-1-12 S5-1-13～ S5-1-15 S5-1-16～ S5-1-17	100m	第5.1.2条　撑拆列板、沟槽钢板桩支撑按沟槽长度计算 第5.1.3条　打拔沟槽钢板桩按沿沟槽方向单排长度计算 第五册第一章说明，沟槽深度≤3m采用横列板支撑；沟槽深度>3m采用钢板桩支撑	三、有支撑沟槽开挖宽度规定 1. 混凝土管有支撑沟槽宽度见表5-2 2. UPVC加筋管有支撑沟槽宽度见表5-3 五、UPVC加筋管、增强聚丙烯管(FRPP管)开槽埋管列板、槽型钢板桩及支撑使用数量按其对应的混凝土管开槽埋管列板、槽型钢板桩及支撑使用数量乘以0.6计算

续表

附录A　土石方工程					对应《上海市市政工程预算定额》(2000)工程量计算规则等				
项目编码	项目名称	* 计量单位	工程量计算规则（共4条）	工作内容（共3项）	节及项目名称（18节45子目）	定额编号	计量单位	* 工程量计算规则 第5.1.1～5.1.8条	第五册　排水管道工程 第一章　开槽埋管 * 册“说明”十二条 * 章“说明”六条
					第五册　排水管道工程　第一章　开槽埋管				
					5. 拔沟槽钢板桩 拔沟槽钢板桩(单面) 拔沟槽拉森钢板桩(单面)	S5-1-18～S5-1-20 S5-1-21～S5-1-22	100m	第1.1.4条说明打拔沟槽钢板桩按沿沟槽方向单排长度计算	
					6. 安拆钢板桩支撑 安拆钢板桩支撑	S5-1-23～S5-1-35	100m	第5.1.2条说明撑拆列板、沟槽钢板桩支撑按沟槽长度计算	
					* 槽型钢板桩使用费	CSM5-1-3	t·天	第5.1.3条说明打拔沟槽钢板桩按沿沟槽方向单排长度计算	* 第五章第一节
					* 钢板桩支撑使用费	CSM5-1-5	t·天	第5.1.2条说明撑拆列板、沟槽钢板桩支撑按沟槽长度计算	* 第五章第一节
040101002	挖沟槽土方	m^2	按设计图示尺寸以基础垫层底面积乘以挖土深度计算	1. 排地表水 2. 土方开挖 3. 围护(挡土板)及拆除 4. 基底钎探 5. 场内运输	第一册通用项目 第一章一般项目 14. 土方场内运输 土方场内运输	S1-1-36～S1-1-38	m^3	第5.1.8条　开槽埋管土方现场运输计算规则 1. 挖土现场运输土方数＝(挖土数－堆土数)×60% 2. 填土现场运输土方数＝挖土现场运输土方数－余土数 3. 堆土(天然密实方)数量计算方法示意图【图5.1.8 堆土数量计算方法示意图】	* 册“说明”十二条 九、土方现场运输计算规定 1. 管道顶进定额已包括出土现场运输 2. 机械挖土填土的现场运输，套用第一册通用项目中相应定额 3. 人工挖填土的现场运输，按机动翻斗车平均运距200m计算，可套用第二册道路工程中相应定额

注：1. “第5.1.5条　管道磅水以相邻两座窨井为一段。”和“第5.1.6条　开槽埋管如需要翻挖道路结构层时，可以另行计算，但沟槽挖土数量中应扣除翻挖道路结构层所占的体积。”在编制工程“算量”时，敬请参阅本“图释集”第二章分部分项工程中表E-15“排水管网工程施工修复路面宽度计算表”的诠释；

2. * 章“说明”一条：六、圆形涵管及过路管工程中的管道铺设及基础项目按定额增加20%的人工及机械台班数量；泵站平面布置中总管管道铺设按定额增加30%的人工及机械台班数量；

3. 关于“工作内容”中“* 机械挖沟槽土方”（即$1m^3$以内单斗挖掘机等大型机械设备使用）事宜，《上海市市政工程预算定额》（2000）“总说明”第二十一条：“本定额中未包括大型机械的场外运输、安拆（打桩机械除外）、路基及轨道铺拆等。”在编制工程“算量”时，敬请参阅本“图释集”第三章措施项目中表L.6-06“大型机械设备进出场列项选用表”的诠释，在编制“措施项目”时切记勿漏项（即项目编码：041106001大型机械设备进出场及安拆）；

4. * 槽型钢板桩使用费，在编制工程“算量”时，敬请参阅本“图释集”附录国家标准规范、全国及地方《市政工程预算定额》（附录A～K）中附表H-23“大型机械设备使用费文字代码汇总表”的诠释；

5. * 计量单位，本列项检索表中“清单量”单位（单一）为m^2、“预算量”采用扩大计量单位为100m，另外个别分项子目“预算量”（m^3、座、t·天）与“清单量”不一致，在编制“分部分项工程和单价措施项目清单与计价表［评审和判别的重要基础及数据来源］”时注意“计量单位”的换算。

土石方工程（道路工程）对应预算定额分项工程子目设置　　表 A-03

"13国标市政计算规范"		《上海市市政工程预算定额》(2000)		设计指标			施工组织设计项目			
							施工方法		土方运输	
项目编码	项目名称	定额编号	分部分项工程项目名称	材料品种	人行道	车行道	人工	机械	场内	场外
A.1 土方工程 （项目编码： 040101001）	挖一般土方	S2-1-1	人工挖土方(Ⅰ、Ⅱ类)	Ⅰ、Ⅱ类			人工			
		S2-1-2	人工挖土方(Ⅲ类)	Ⅲ类			人工			
		S2-1-3	人工挖土方(Ⅳ类)	Ⅳ类			人工			
		S2-1-4	机械挖土方	(综合)				机械挖土		
		S2-1-5	机械推土方(距离≤20m)	(综合)				距离≤20m		
		S2-1-6	机械推土方(+10m)	(综合)				+10m		
		S2-1-42	土方场内双轮斗车运输(运距≤50m)						运距≤50m	
		S2-1-43	土方场内双轮斗车运输(+50m)						+50m	
		S2-1-44	土方场内自卸汽车运输(运距≤200m)						运距≤200m	
		S2-1-45	土方场内自卸汽车运输(+200m)						+200m	
A.3 回填方及 土石方运输 （项目编码： 040103001）	回填方	S2-1-7	填人行道土方	土方	√					
		S2-1-8	填车行道土方(密实度90%)	土方		密实度90%				
		S2-1-9	填车行道土方(密实度93%)	土方		密实度93%				
		S2-1-10	填车行道土方(密实度95%)	土方		密实度95%				
		S2-1-11	填车行道土方(密实度98%)	土方		密实度98%				
		S2-1-12	耕地填前处理(挖腐殖土)		√					
		S2-1-13	耕地填前处理(填前压实)		√					
		S2-1-14	填筑粉煤灰人行道路堤	粉煤灰	路堤					
		S2-1-15	填筑粉煤灰车行道路堤(密实度90%)	粉煤灰		密实度90%				
		S2-1-16	填筑粉煤灰车行道路堤(密实度93%)	粉煤灰		密实度93%				
		S2-1-17	填筑粉煤灰车行道路堤(密实度95%)	粉煤灰		密实度95%				
		S2-1-18	填筑粉煤灰车行道路堤(密实度98%)	粉煤灰		密实度98%				

续表

"13 国标市政计算规范"		《上海市市政工程预算定额》(2000)		设计指标			施工组织设计项目			
							施工方法		土方运输	
项目编码	项目名称	定额编号	分部分项工程项目名称	材料品种	人行道	车行道	人工	机械	场内	场外
A. 3 回填方及土石方运输（项目编码：040103002）	余方弃置	ZSM19-1-1	土方场外运输（含堆置费，浦西内环线内）	土方						内环线内
			土方场外运输（含堆置费，浦西内环线内及浦东内环线内）	土方						浦东内环线内
			土方场外运输（含堆置费，浦西内环线外及浦东内环线外）	土方						浦东内环线外
	缺土购置	ZSM19-1-1	浦西内环线内	土方						内环线内
			浦西内环线内及浦东内环线内	土方						浦东内环线内
			浦西内环线外及浦东内环线外	土方						浦东内环线外
表 L. 6　大型机械设备进出场及安拆（项目编码：041106001）	* 大型机械的场外运输	ZSM21-2-4～ZSM21-2-5	$1m^3$ 以内(外)单斗挖掘机场外运输费					挖掘机		
		ZSM21-2-1～ZSM21-2-3	60(120) kW 以内(外)推土机场外运输费					推土机		

注：1. 在编制"13 国标市政计算规范"项目编码、项目名称与此对应《上海市市政工程预算定额》(2000) 定额编号分部分项工程项目名称、设计指标、施工组织设计项目时，敬请参阅本"图释集"第一章大数据"一例＋一图或表或式＋一解＋一结果"：解构"一法三模算量法"模式中图 1-01"市政工程工程量清单工程量实时算量模式（'一法三模算量法' YYYYSL 系统）"的诠释；

2. 在编制工程"算量"时，敬请参阅本"图释集"第四章编制与应用实务［"'一法三模算量法' YYYY SL 系统"（自主平台软件）］中表 4 道-01"数读｜道路工程造价：基数（要素）、工程量计算规则对应工程'算量'"的诠释；

3. 在编制 * 大型机械的场外运输工程"算量"时，敬请参阅本"图释集"第二章分部分项工程中表 B-17"道路工程涉及'大型机械设备进出场及安拆'列项汇总表［即第二十一条 ZSM21-2-］"的诠释，切记勿漏项（即项目编码：041106001 大型机械设备进出场及安拆），以及本"图释集"第三章措施项目中表 L. 6-05"在建道路工程大型机械设备进出场（场外运输费）台・班'算量'难点解析"的诠释。

道路工程横断面图：路线的横断面图是由一个假设的剖切平面垂直剖切于设计路线所得到的图形，它是计算土石方和路基施工时的依据。

道路工程土方挖、填方工程量计算表　　　　表 A-04

工程名称：　　　　　　　　　　　　　　　　共　页，第　页

类型	序号	桩号	横断面截面积(m^2)		平均面积(m^2)		距离(m)	土方量(m^3)	
			挖方 A_w	填方 A_t	挖方 A_w	填方 A_t		挖方 A_w	填方 A_t
1	2	3	4	5	6	7	8	9=6×8	10=7×8
	1	0+000							
	2	0+050							
	……	……							
合计									
本页土方量小计			A_w 与 A_t 平衡增、减率(±%)　(m^3)/%						

注：1. 车行道及人行道土方挖、填方工程量分别计算；与此同时要考虑挖、填方路基车行道及人行道整修工序的工程量；

2. A_w 与 A_t 平衡增、减率（±%）=(A_w−A_t)÷A_w×100。正数即发生余方（土）弃置、负数即缺方（土）需内运及购置；

3. 预算定额说明：①定额中人工挖土分为Ⅰ、Ⅱ、Ⅲ、Ⅳ类土，敬请参阅附表 G-01“挖土土壤分类表”的规定；②机械挖土方按综合取定，不分土壤类别；

4. 预算定额说明：人行道填土不分密实度综合取定。车行道填土按不同的密实度要求分为 90%、93%、95%、98%四个子目，敬请参阅附表 G-02“填土土方的体积变化系数表”的规定；

5. 预算定额应用：《上海市市政工程预算定额》（2000）总说明第二十一条大型机械安拆、场外运输规定：“本定额中未包括大型机械安拆（打桩机械除外）、场外运输、路基及轨道铺拆等。如计算则可参照市政定额站发布的有关市场价格信息”；

6. 预算定额说明：土方场内运输，套用路基（处理）工程相应定额子目[S2-1-44 土方场内自卸汽车运输（运距≤200m）]；如填土有密实度要求的要考虑土方体积变化。运距：按挖方中心至填方中心的距离加权平均计算，如表 A-05“道路工程路基工程土方场内运距计算表”所示；

7. 预算定额说明：土方场外运输，按挖、填平衡后的数量计算。如填土有密实度要求的要考虑土方体积变化。

道路工程路基工程土方场内运距计算表　　　　表 A-05

桩号	挖方			填方(m^3)	加权平均运距(m)
	挖方量(m^3)	运距(m)	小计(m^4)		
1	2	3	4=2×3	5	6=4÷2
1	20	50	1000		
2	80	70	5600		
3	100	90	9000	200	
4					
……					
合计	200		15600	200	78
预算定额子目套取	1. 双轮斗车运输　S2-1-42～S2-1-43 2. 自卸汽车运输　S2-1-44～S2-1-45				

注：1. 列项（6）加权平均运距 $L=\sum$(挖方量×运距)÷$\sum$挖方量=(4)÷(2)

=(50×20+70×80+90×100)÷(20+80+100)

=15600÷200=78m；

2. 根据填方需要数，确定 n 号桩号处的挖方数场内运至桩号处的土方量；

3. 在进行土方平衡场内运输时，应尽可能遵循就近原则。

工程造价“算量”中的“三个基本功”系指：提高、培养看图阅读习惯，提高解决问题的能力（必备技能）、熟悉常用标准图做法、熟悉《建设工程工程量清单计价规范》GB 50500—2013 及《市政工程预算定额》工程量计算规则和计算方法。

在工程量清单工程量计算中，要根据“13 国标市政计算规范”清单项目设立“简练及浓缩”的特点，首先准确地确定“项目编码”、“项目名称”，然后根据“项目特征”之描述及“工作内容”之规定，做好一个工程量清单项目下的一个及以上的工程内容工程量计算，如“道路工程土方挖、填方工程量计算表”、“道路工程路基工程土方场内运距计算表”、“市政管道工程实体

工程各类‘算量’要素统计汇总表”和“工程量计算表［含汇总表］［遵照工程结构尺寸，以图示为准］”、“建设工程预（结）算书［按预算定额顺序；包括子目、量、价等分析］”等，进而为工程量清单组价做好准备。

在工程量清单项目中，没有各种工程量的准确计算这个前提，“组价”是无从谈起的。可以说，在工程量清单报价中，准确无误的工程量计算，是确保分部分项工程量清单与计价表［即建设单位招标工程量清单］、招标控制价和报价招标成功的关键，是搞好工程量清单组价的重要前提，也是搞好工程造价确定与控制的必不可少的重要环节。

在工程量的计算中，工程造价“算量”要素的“准确划分，对号入座”即“一例＋一图或表或式＋一解＋一结果”实时算量模式显得尤其重要（敬请参阅本“图释集”第一章大数据“一例＋一图或表或式＋一解＋一结果”：解构“一法三模算量法”YYYYSL系统模式的诠释）；既能避免发生增（漏）项、多算、少（漏）算、重复计算等现象，又能正确确定和控制好工程造价。至此，强调工程造价工程量的计算和《市政工程预算定额》子目及子目消耗量与工程量清单的“项目编码”、“项目名称”、“项目特征”、“工作内容”、“计量单位”等相对应，这既是编制好“分部分项工程量清单与计价表［即建设单位招标工程量清单］”、“单价措施项目清单与计价表［即建设单位招标工程量清单］”、“分部分项工程量清单与计价表［即施工企业投标报价］”、“单价措施项目清单与计价表［即施工企业投标报价］”、“分部分项工程量清单综合单价分析表［评审和判别的重要基础及数据来源］”和工程预、结（决）算技巧性的体现，又能提高工作效率。

在建道路土方工程、回填方及土方运输项目工程“算量”难点解析

表 A-06

工程名称：上海市××区晋粤路道路［单幅路（一块板）］新建工程

<table>
<tr><td rowspan="6">大数据
1. 一例（按对应预算定额分项工程子目设置对应预算定额分项工程子目代码建模）</td><td rowspan="2">预算定额</td><td colspan="4">*《上海市市政工程预算定额》(2000)第二册　道路工程第一章　路基工程
2. 机械挖土方 4. 填土方 18. 土方场内运输及《上海市市政工程预算定额》(2000)“总说明”第十九条</td></tr>
<tr><td colspan="2">项目名称：1. 机械挖土*（项目表）
2. 填车行道土方（密实度95%）
3. 土方场内运输（运距≤200m）
4. 土方场外运输（含堆置费，浦西内环线内）</td><td>定额编号：1. S2-1-4
2. S2-1-10
3. S2-1-44
4. ZSM19-1-1</td><td>计量单位：m^3</td></tr>
<tr><td rowspan="4">工程量清单“五统一”</td><td colspan="4">“13国标市政计算规范”附录A　土石方工程　表A.1　土方工程（项目编码：040101）
表A.3　回填方及土石方运输（项目编码：040103）</td></tr>
<tr><td>项目编码</td><td>040101001
040103001
040103002</td><td>项目名称</td><td>挖一般土方
回填方
余方弃置</td></tr>
<tr><td>计量单位</td><td>m^3</td><td>项目特征</td><td>1. 土壤类别；2. 挖土深度
1. 密实度要求；2. 填方材料品种；3. 填方粒径要求；4. 填方来源、运距
1. 废弃料品种；2. 运距</td></tr>
<tr><td>工程量计算规则</td><td colspan="3">按设计图示尺寸以体积计算
1. 按挖方清单项目工程量加原地面线至设计要求标高间的体积，再减基础、构筑物等埋入体积计算；2. 按设计图示尺寸以体积计算
按挖方清单项目工程量减利用回填方体积（正数）计算</td></tr>
</table>

续表

大数据 1. 一例（按对应预算定额分项工程子目设置对应预算定额分项工程子目代码建模）		
	"项目特征"之描述	按所套用的定额子目"项目表"中"材料"列的内容如①土壤类别；②密实度要求，填方材料品种，填方来源、运距；③废弃料品种、运距等资讯源于章说明而填写
	"工作内容"之规定	应包括完成该实体的全部内容；来源于原《市政工程预算定额》，市政工程的实体往往是由一个及以上的工程内容综合而成的
	定额"说明"及定额应用	1. 挖土方 (1)人工挖土方定额按土壤类别分为Ⅰ、Ⅱ、Ⅲ、Ⅳ类土，分别套用相应的定额； (2)机械挖土方由于采用机械开挖不同类别的土方，工效差距不大，所以定额中不分土壤类别综合取定。 2. 填土方 (1)人行道填土不分密实度综合取定； (2)车行道填土按不同的密实度要求分为90%、93%、95%、98%四个子目； (3)人行道填筑定额中采用人工填筑、手扶振动压路机压实的施工方法； (4)车行道填筑定额中也采用人工填筑，但压实方法按不同的密实度要求分别采用光轮压路机（密实度90%、93%）和振动压路机（密实度95%、98%）压实。 3. 土方场内运输 (1)定额中分别编制了双轮斗车运土（运距50m以内和每增加50m）和4t自卸汽车运土（运距200m以内和每增加200m）子目，在编制工程"算量"时，可根据不同的运输方法、运距套用相应的定额计算； (2)如填土有密实度要求的要考虑土方体积变化。运距：按挖方中心至填方中心的距离加权平均计算。 4. 土方场外运输 按挖、填平衡后的数量计算。如填土有密实度要求的要考虑土方体积变化

续表

大数据 1. 一例（按对应预算定额分项工程子目设置对应预算定额分项工程子目代码建模）		
	定额"总说明"大型机械的场外运输	1. 第二十一条："本定额中未包括大型机械的场外运输、安拆（打桩机械除外）、路基及轨道铺拆等"； 2. 大型机械的场外运输，敬请参阅附表D-02"《上海市市政工程预算定额》(2000)项目表"的诠释； 3. 文字说明代码：ZSM21-2-1～ZSM21-2-24；根据定额子目中"项目表"采撷ZSM21-2-4文字说明代码
	设计指标	填土密实度要求：95%
	施工组织设计	1. 采用机械挖土工艺； 2. 土方场内运输采用自卸汽车运输方法（运距≤200m）； 3. 土方场外运输（含堆置费，浦西内环线内）

大数据 2. 一图或表或式（工程造价"算量"要素）即设计图示净量

挖一般土方工程	*土方量[源于"土方挖、填方工程量计算表"汇总](m^3)		
	挖方(A_w)	填方(A_t)	余方(土)
	2850.42	141.58	2708.84

大数据 3. 一解（按工程量计算规则演算过程表达式）"清单量"、"定额量"及相对应规定的"计量单位"

计算规范量演算计算式	挖土工艺方式				
	(1)人工	Ⅰ类土	Ⅱ类土	Ⅲ类土	Ⅳ类土
	(2)机械	√	机械挖土方由于采用机械开挖不同类别的土方，工效差距不大，所以定额中不分土壤类别综合取定		
	*填土土方的体积变化系数表	90%	93%	95% √	98%
		1.135	1.165	1.185	1.220
	土方场内运输方法	双轮斗车运输（运距≤50m）、(+50m)	自卸汽车（运距≤200m）√、(+200m)		
	土方场外运输（含堆置费……）				

续表

浦西内环线内 √	浦西内环线内及浦东内环线内	浦西内环线外及浦东内环线外

计算规范量演算计算式	分项	计算内容
计算规范量演算计算式	(1)机械挖土(m^3)	已知"算量"基数要素：1. 机械挖土土壤类别：综合； 2. 得：挖方(A_w)为 2850.42m^3。 工程"算量"："清单量"与"定额量"为同一数值，即 2850.42m^3
	(2)填车行道土方(m^3)	已知"算量"基数要素：1. 填方材料品种：土方； 2. 得：填方(A_t)为 141.58m^3。 工程"算量"："清单量"与"定额量"为同一数值，即 141.58m^3
	土方场内运输(m^3)	已知"算量"基数要素： 1. 设计要求密实度为 95%，查"填土土方的体积变化系数表"得其系数为 1.185； 2. 土方场内运输采用自卸汽车(运距≤200m)。 工程"算量"：土方场内运输＝填车行道土方×系数＝141.58×1.185＝167.77m^3，即"定额量"
	(3)土方场外运输(m^3)	已知"算量"基数要素：1. 废弃料品种：余方(土)； 2. 得：余方(土)为 2708.84m^3； 3. 土方场外运输(含堆置费，浦西内环线内)。 工程"算量"：1. 土方场外运输＝余方(土)＋(土方场内运输－填车行道土方) ＝2708.84＋(167.77－141.58) ＝2735.03m^3 2. "清单量"与"定额量"为同一数值，即 2735.03m^3

大数据4. 一结果(五统一含项目特征描述)

(1)对应分部分项工程量清单与计价表[即建设单位招标工程量清单]

项目编码	项目名称	项目特征	工作内容	计量单位	工程量
040101001	挖一般土方	1. 土壤类别：综合 2. 挖土深度	1. 排地表水 2. 土方开挖 3. 围护(挡土板)及拆除 4. 基底钎探 5. 场内运输	m^3	2850.42

续表

项目编码	项目名称	项目特征	工作内容	计量单位	工程量
040103001	回填方	1. 密实度要求：95% 2. 填方材料品种：土方 3. 填方粒径要求 4. 填方来源、运距：≤200m	1. 运输 2. 回填 3. 压实	m^3	141.58
040103002	余方弃置	1. 废弃料品种：余方(土) 2. 运距：含堆置费，浦西内环线内	余方点装料运输至弃置点	m^3	2735.03

如表4道-07"分部分项工程量清单与计价表[即建设单位招标工程量清单]"、表4道-08"单价措施项目清单与计价表[即建设单位招标工程量清单]"、表4道-11"分部分项工程量清单与计价表[即施工企业投标报价]"、表4道-12"单价措施项目清单与计价表[即施工企业投标报价]"、表4道-14"分部分项工程量清单综合单价分析表[评审和判别的重要基础及数据来源]"所示

(2)对应建设工程预(结)算书[按施工顺序；包括子目、量、价等分析]

定额编号	分部分项工程名称	计量单位	工程数量		工程费(元)	
			工程量	定额量	单价	复价
1. 项目编码：040101001；项目名称：挖一般土方						
S2-1-4	机械挖土	m^3	2850.42	2850.42		
S2-1-44	土方场内运输(运距≤200m)	m^3	167.77	167.77		
2. 项目编码：040103001；项目名称：回填方						

续表

	定额编号	分部分项工程名称	计量单位	工程数量		工程费(元)	
				工程量	定额量	单价	复价
4.一结果（五统一含项目特征描述）大数据	S2-1-10	填车行道土方(密实度95%)	m^3	141.58	141.58		
	3. 项目编码:040103002;项目名称:余方弃置						
	ZSM19-1-1	土方场外运输(含堆置费,浦西内环线内)	m^3	2735.03	2735.03		
	如表4道-06"工程量计算表[含汇总表][遵照工程结构尺寸,以图示为准]、表4道-09"建设工程预(结)算书[按预算定额顺序;包括子目、量、价等分析]"所示						

注:1. *土方量(m^3)数值,敬请参阅本"图释集"第四章编制与应用实务["'一法三模算量法'YYYYSL系统"(自主平台软件)]中表4道-03"在建道路工程[单幅路(一块板)]土方挖、填方工程量计算表"的诠释;

2. *填土土方的体积变化系数表,敬请参阅本"图释集"附录国家标准规范、全国及地方《市政工程预算定额》(附录A~K)中附表G-02"填土土方的体积变化系数表"的规定;

3. 在编制工程"算量"时,敬请参阅本"图释集"第二章分部分项工程中表B-17"道路工程涉及'大型机械设备进出场及安拆'列项汇总表[即第二十一条ZSM21-2-]"的诠释,切记勿漏项(即项目编码:041106001大型机械设备进出场及安拆);以及本"图释集"第四章编制与应用实务["'一法三模算量法'YYYYSL系统"(自主平台软件)]中表4道-10"在建道路实体工程[单幅路(一块板)]工程'算量'特征及难点解析"的诠释;

4. *《上海市市政工程预算定额》(2000)预算定额分项工程子目设置,敬请参阅本"图释集"附录国家标准规范全国及地方《市政工程预算定额》(附录A~K)中附表E-01"《上海市市政工程预算定额》(2000)分部分项工程列项检索表"的诠释。

在建排水管网—开槽埋管挖沟槽土方工程项目工程"算量"难点解析

表A-07

序号	项目工程"算量"难点与解析
	附录A 土石方工程(项目编码:0401) 表A.1 土方工程(项目编码:040101) 项目名称:挖沟槽土方 项目编码:040101002
一	挖沟槽土方项目工程"算量"难点 项目名称:机械挖沟槽土方(深≤6m,现场抛土);定额编号:S5-1-7;计量单位:m^3;定额量:1105.76 (一)"算量"要素(已知条件): 1. 混凝土管道 Φ1000PH-48管; 2. 窨井尺寸 1000×1300; 3. 窨井数量 $n_{窨}$ = 4座 (1号窨井、2号窨井↓、3号窨井、4号窨井↓); 4. 总管长度(Φ1000毛长)$L_{毛}$——1号窨井~2号窨井↓(中~中长)$L_{段1}$ = 36.0m;2号窨井~3号窨井(中~中长)$L_{段2}$ = 40.0m;3号窨井~4号窨井↓(中~中长)$L_{段3}$ = 45.0m;预留管(1号和4号各半个窨井)2座×2.0m/座; 5. 绝对标高——1号窨井地面标高 $h_{地}$ = ____m、沟底标高 $h_{沟}$ = ____m;2号窨井地面标高 $h_{地}$ = ____m、沟底标高 $h_{沟}$ = ____m;3号窨井地面标高 $h_{地}$ = ____m、沟底标高 $h_{沟}$ = ____m;4号窨井地面标高 $h_{地}$ = ____m、沟底标高 $h_{沟}$ = ____m; 6. 施工组织设计:挖沟槽土方采用机械挖土方
	(二)解析:表E-26"混凝土基础砌筑直线窨井(1000×1300)尺寸(A×B)" 1. 编制依据: (1)管道土方——《上海市市政工程预算定额》(2000)工程量计算规则第五章第一节第5.1.4条说明沟槽深度为原地面至槽底土面的深度; (2)管道土方——《上海市排水管道通用图》(第一册)(有支撑沟槽宽度表)当管道Φ1000在3.00~3.49m时,查表E-07"混凝土、塑料管有支撑沟槽宽度"项次2"混凝土管有支撑沟槽宽度见表5-2'混凝土管沟槽宽度'"得:混凝土管沟槽宽度为 $B_{管}$ = 2.45m;

续表

序号	项目工程"算量"难点与解析
一	(3)窨井外壁尺寸($A\times B$)：查表 E-26"混凝土基础砌筑直线窨井(1000×1300)尺寸($A\times B$)"，得 $A\times B$ 为 3.44m×3.74m； (4)管道绝对标高——$h_{段1标}$=3.36m、$h_{段2标}$=3.50m、$h_{段3标}$=3.37m。 2. 总管长度(Φ1000 毛长)$L_毛$=(1 号窨井～4 号窨井，中～中长)+预留管(1 号和 4 号各半个窨井) =($L_{段1}$+$L_{段2}$+$L_{段3}$)+预留管 =(36.0+40.0+45.0)+2×2.0=125.00m 3. 管道沟槽土方 $V_{(1)}$=($L_{段1}$×混凝土管沟槽宽度 $B_管$×$h_{段1标}$)+($L_{段2}$×混凝土管沟槽宽度 $B_管$×$h_{段2标}$)+($L_{段3}$×混凝土管沟槽宽度 $B_管$×$h_{段3标}$)+[窨井数量 $n_窨$×混凝土管沟槽宽度 $B_管$×($h_{段1标}$+$h_{段3标}$)÷2] =(36.0×2.45×3.36)+(40.0×2.45×3.50)+(45.0×2.45×3.37)+[4×2.45×3.36+3.37)÷2]=1043.87m³ 4. 窨井增加土方=(窨井长×宽－管道长×宽)×沟槽平均深度×窨井数量 窨井增加土方 $V_{(2)}$=($A\times B$－A×混凝土管沟槽宽度 $B_管$)×[(3.36+3.56+3.54)÷段数 $n_段$]×窨井数量 $n_窨$ =(3.44×3.74－3.44×2.45)×[(3.36+3.56+3.54)÷3]×4=61.89m³ 5. 工程"算量"： 挖沟槽土方∑V=管道沟槽土方 $V_{(1)}$+窨井增加土方 $V_{(2)}$ =1043.87+61.89=1105.76m³ 当沟槽平均深度为 $h_{段1}$=3.36m、$h_{段2}$=3.50m、$h_{段3}$=3.37m，段数 $n_段$=3 段时，查附录 E《上海市市政工程预算定额》(2000)分部分项划分附表 E-01"《上海市市政工程预算定额》(2000)分部分项工程列项检索表"中第五册排水管道工程分部分项划分　第一章开槽埋管 2. 机械挖沟槽土方，得其对应的定额编号：S5-1-7、项目名称：机械挖沟槽土方(深≤6m，现场抛土)子目

续表

序号	项目工程"算量"难点与解析
二	湿土排水项目工程"算量"难点 项目名称：湿土排水；定额编号：S1-1-9；计量单位：m³；定额量：77.98 (一)"算量"要素(已知条件)： 1. 管道铺设净长 $L_净$=$L_{段1}$+$L_{段2}$+$L_{段3}$=36.0+40.0+45.0=121.00m； 2. 沟槽平均深度 $h_{段1}$=3.36m、$h_{段2}$=3.50m、$h_{段3}$=3.37m、段数 $n_段$=3 段； 3. 窨井尺寸 1000×1300； 4. 窨井数量 $n_窨$=4 座； 5. 混凝土管沟槽宽度 $B_管$=2.45m
	(二)解析： 1. 编制依据：《上海市市政工程预算定额》(2000)工程量计算规则第一章第一节第 1.1.3 条说明按原地面 1.0m 以下的挖土数量计算；当挖土采用井点降水施工时，除排水管道工程可计取 10%的湿土排水外，其他工程均不得计取 2. 管道土方 $V_管$=[$L_{段1}$×$B_管$×($h_{段1}$－1.0)]+[$L_{段2}$×$B_管$×($h_{段2}$－1.0)]+[$L_{段3}$×$B_管$×($h_{段3}$－1.0)]+[$n_窨$×$B_管$×($h_{段1}$－1+$h_{段3}$－1)÷2] =[36.0×2.45×(3.36－1.0)]+[40.0×2.45×(3.50－1.0)]+[45.0×2.45×(3.37－1.0)]+[4×2.45×(3.36－1+3.37－1.0)÷2] =208.15+245.00+261.29+23.18=737.62m³ 3. 窨井增加土方 $V_增$=($a\times b$－$B_管\times a$)×[($h_{段1}$－1.0)+(3.46－1.0)+(3.31－1.0)]÷$n_段$×$n_窨$ =(3.44×3.74－2.45×3.44)×[(3.36－1.0)+(3.46－1.0)+(3.31－1.0)]÷3×4=42.19m³ 4. 工程"算量"：湿土排水∑V=(管道土方 $V_管$+窨井增加土方 $V_增$)×10% =(737.62+42.19)×10%=779.81×10% =77.98m³

续表

序号	项目工程“算量”难点与解析
三	筑拆竹箩滤井项目工程“算量”难点 项目名称:筑拆竹箩滤井;定额编号:S1-1-11;计量单位:座;定额量:3 (一)“算量”要素(已知条件): 总管长度(Φ1000 毛长)$L_{毛}$=125.00m
	(二)解析: 1. 编制依据:《上海市市政工程预算定额》(2000)工程量计算规则第一章第一节第 1.1.4 条说明筑拆集水井按排水管道开槽埋管工程每 40m 设置一座 2. 工程“算量”:集水井数量 $N_{集}$=总管长度(Φ1000 毛长)$L_{毛}$÷集水井 m/座 =125.00÷40=3.125 座　取 3 座
四	打沟槽钢板桩项目工程“算量”难点 项目名称:打沟槽钢板桩(长 4.00～6.00m,单面);定额编号:S5-1-13;计量单位:100m;定额量:2.5 (一)“算量”要素(已知条件): 1. 总管长度(Φ1000 毛长)$L_{毛}$=125.00m; 2. 沟槽平均深度 $h_{段1}$=3.36m、$h_{段2}$=3.50m、$h_{段3}$=3.37m、段数 $n_{段}$=3 段
	(二)解析: 1. 编制依据: (1)《上海市市政工程预算定额》(2000)工程量计算规则第一章第一节第 1.1.4 条说明打拔沟槽钢板桩按沿沟槽方向单排长度计算; (2)《上海市市政工程预算定额》(2000)第五册《排水管道工程》第一章开槽埋管章说明:“一、沟槽深度≤3m 采用横列板支撑;沟槽深度>3m 采用钢板桩支撑”; (3)第五册《排水管道工程》册说明:“八、打、拔钢板桩定额适用范围按表 5-1 选用。” 2. 工程“算量”: (1)本工程沟槽平均深度=(3.36+3.50+3.37)÷3=3.41m,当沟槽深度>3m 采用钢板桩支撑时,查表 E-03“打、拔钢板桩定额及沟槽支撑使用数量(含井点的使用周期)的规定”项次 1“表 5-1 钢板桩适用范围”和项次 4“每 100m(单面)槽型钢板桩使用数量”,分别得:

续表

序号	项目工程“算量”难点与解析
四	1)采用钢板桩支撑; 2)开槽埋管沟槽深(至槽底)3.01～4.00m 时,钢板桩类型及长度采用:槽型钢板桩——4.00～6.00m 查附录 E《上海市市政工程预算定额》(2000)分部分项划分附表 E-01“《上海市市政工程预算定额》(2000)分部分项工程列项检索表”中第五册排水管道工程分部分项划分第一章开槽埋管 4. 打沟槽钢板桩,得其对应的定额编号:S5-1-13、项目名称:打沟槽钢板桩(长 4.00～6.00m,单面)子目; 3)每 100m(单面)槽型钢板桩使用数量为 1543t·天。 (2)打沟槽钢板桩长度 $L_{打}$=总管长度(Φ1000 毛长)$L_{毛}$×单排×2 边 =125.00×2=250.00=2.5/100m
五	拔沟槽钢板桩项目工程“算量”难点 项目名称:拔沟槽钢板桩(长 4.00～6.00m,单面);定额编号:S5-1-18;计量单位:100m;定额量:2.5 (一)“算量”要素(已知条件): 总管长度(Φ1000 毛长)$L_{毛}$=125.00m
	(二)解析: 工程“算量”: (1)数值同上“序号四:打沟槽钢板桩项目”,得 2.5/100m; (2)查附录 E《上海市市政工程预算定额》(2000)分部分项划分附表 E-01“《上海市市政工程预算定额》(2000)分部分项工程列项检索表”中第五册排水管道工程分部分项划分第一章开槽埋管 5. 拔沟槽钢板桩,得其对应的定额编号:S5-1-18、项目名称:拔沟槽钢板桩(长 4.00～6.00m,单面)子目
六	安拆钢板桩支撑项目工程“算量”难点 项目名称:安拆钢板桩支撑(槽宽≤3.0m,深 3.01～4.00m);定额编号:S5-1-23;计量单位:100m;定额量:1.5 (一)“算量”要素(已知条件): 1. 总管长度(Φ1000 毛长)$L_{毛}$=125.00m; 2. 混凝土管沟槽宽度 $B_{管}$=2.45m; 3. 沟槽平均深度 $h_{段1}$=3.36m、$h_{段2}$=3.50m、$h_{段3}$=3.37m、段数 $n_{段}$=3 段

续表

序号	项目工程"算量"难点与解析
六	(二)解析： 1. 编制依据：《上海市市政工程预算定额》(2000)工程量计算规则第五章第一节第5.1.2条说明撑拆列板、沟槽钢板桩支撑按沟槽长度计算 2. 工程"算量"： (1)安拆钢板桩支撑 L=总管长度(Φ1000毛长)$L_{毛}$=125.00m=1.25/100m； (2)本工程混凝土管沟槽宽度 $B_{管}$=2.45m，沟槽平均深度=(3.36+3.50+3.37)÷3=3.41m；查附录E《上海市市政工程预算定额》(2000)分部分项划分附表E-01"《上海市市政工程预算定额》(2000)分部分项工程列项检索表"中第五册排水管道工程分部分项划分第一章开槽埋管6. 安拆钢板桩支撑，得其对应的定额编号：S5-1-23、项目名称：安拆钢板桩支撑(槽宽≤3.0m，深3.01～4.00m)子目
	槽型钢板桩使用费项目工程"算量"难点 项目名称：槽型钢板桩使用费；定额编号：CSM5-1-3；计量单位：t·天；定额量：3858 (一)"算量"要素(已知条件)： 1. 总管长度(Φ1000毛长)$L_{毛}$=125.00m； 2. 混凝土管道——Φ1000PH-48管
七	(二)解析： 1. 编制依据： (1)《上海市市政工程预算定额》(2000)工程量计算规则第五章第一节第5.1.3条说明打拔沟槽钢板桩按沿沟槽方向单排长度计算； (2)《上海市市政工程预算定额》(2000)第五册第一章"说明"："四、混凝土管开槽埋管列板、槽型钢板桩及支撑使用数量2. 每100m(单面)槽型钢板桩使用数量"。 2. 槽型钢板桩使用费： 本工程混凝土管道为Φ1000PH-48管、沟槽平均深度=(3.36m+3.50m+3.37m)÷3段=3.41m，当管径≤Φ1200沟槽深≤4m时，查表E-03"打、拔钢板桩定额及沟槽支撑使用数量(含井点的使用周期)的规定"项次4"每100m(单面)槽型钢板桩使用数量"得槽型钢板桩使用数量为1543t·天

续表

序号	项目工程"算量"难点与解析
七	3. 工程"算量"： (1)槽型钢板桩使用费=[1543t×总管长度(ϕ1000毛长)$L_{毛}$]÷100×2 =(1543t×125.00)÷100×2=3858t·天 (2)查附录H《上海市市政工程预算定额》(2000)"工程量计算规则"各册、章说明中附表H-23"大型机械设备使用费文字代码汇总表"项次7，得其对应的定额编号：CSM5-1-3、项目名称：槽型钢板桩使用费子目
	钢板桩支撑使用费项目工程"算量"难点 项目名称：钢板桩支撑使用费；定额编号：CSM5-1-5；计量单位：t·天；定额量：181 (一)"算量"要素(已知条件)： 1. 总管长度(Φ1000毛长)$L_{毛}$=125.00m； 2. 混凝土管道——Φ1000PH-48管； 3. 绝对标高——$h_{段1标}$=3.36m、$h_{段2标}$=3.50m、$h_{段3标}$=3.37m，3段
八	(二)解析： 1. 编制依据： (1)《上海市市政工程预算定额》(2000)工程量计算规则第五章第一节第5.1.2条说明撑拆列板、沟槽钢板桩支撑按沟槽长度计算； (2)《上海市市政工程预算定额》(2000)第五册第一章"说明"："四、混凝土管开槽埋管列板、槽型钢板桩及支撑使用数量4. 每100m(沟槽长)槽型钢板桩支撑使用数量"。 2. 钢板桩支撑使用费： 本工程混凝土管道为Φ1000PH-48管、沟槽平均深度=(3.36m+3.50m+3.37m)÷3段=3.41m，当管径≤Φ1200沟槽深≤4m时，查表E-03"打、拔钢板桩定额及沟槽支撑使用数量(含井点的使用周期)的规定"项次6"每100m(沟槽长)槽型钢板桩支撑使用数量"得槽型钢板桩支撑使用数量 $n_{使}$=145t·天。 3. 工程"算量"： (1)钢板桩支撑使用费=支撑使用数量 $n_{使}$×总管长度(Φ1000毛长)$L_{毛}$ =(145×125.00)÷100=181t·天 (2)查附录H《上海市市政工程预算定额》(2000)"工程量计算规则"各册、章说明中附表H-23"大型机械设备使用费文字代码汇总表"项次9，得其对应的定额编号：CSM5-1-5、项目名称：钢板桩支撑使用费子目

续表

序号	项目工程"算量"难点与解析
九	土方场内运输项目工程"算量"难点 项目名称：土方场内运输（装运土 1km 以内）；定额编号：S1-1-37；计量单位：m^3；定额量：573.46 （一）"算量"要素（已知条件）： 1. 挖土现场运输土方数：挖土数＝1105.76m^3； 2. 施工组织设计：(1)本工程可堆土长度 $L_{堆}$＝100m； (2)根据现场条件：堆土高度 H 设定为 1.0m、顶宽 A 设定为 0.5m
	（二）解析： 1. 编制依据： 《上海市市政工程预算定额》(2000)工程量计算规则第 5.1.8 条开槽埋管土方现场运输计算规则： (1)挖土现场运输土方数＝(挖土数－堆土数)×60%； (2)填土现场运输土方数＝挖土现场运输土方数－余土数； (3)堆土(天然密实方)数量计算方法示意图，即图 5.1.8"堆土数量计算方法示意图"。 2. 本工程堆土断面"算量"基数——"3. 堆土(天然密实方)数量计算方法示意图" A（顶宽）＝0.5m、H（堆土高度）＝1.0m（根据现场条件堆土高度设定为 1.0m，两边放坡为 1∶1） B(底宽)＝1.0＋0.5＋1.0＝2.5m 3. 挖土现场运输土方数＝(挖土数－堆土数)×60% 堆土数＝堆土断面×可堆土长度 堆土断面 $V_{断}=1/2\times(A+B)\times H=1/2\times(0.5+2.5)\times1.0=1.5m^3/m$ 堆土数 $V_{堆}$＝堆土断面 $V_{断}$×2 堆土长度 $L_{堆}=1.5\times100=150.00m^3$ 4. 工程"算量"：挖土现场运输土方数＝(挖土数－堆土数)×60% 土方场内运输 $V_{场内运输}$＝(挖土数－堆土数)×60% ＝(1105.76－150.00)×60%＝573.46m^3

项目编码：040101002；项目名称：挖沟槽土方；*计量单位：m^3；"清单量"：1105.76

工程量计算规则：按设计图示尺寸以基础垫层底面积乘以挖土深度计算

工作内容：1. 排地表水 2. 土方开挖 3. 围护(挡土板)及拆除 4. 基底钎探 5. 场内运输

【综合实体工程——多组定额子目(单一、单项)组合】

序号	定额编号	项目名称	*计量单位	定额量
一	S5-1-7	机械挖沟槽土方(深≤6m，现场抛土)	m^3	1105.76
二	S1-1-9	湿土排水	m^3	77.98
三	S1-1-11	筑拆竹箩滤井	座	3
四	S5-1-13	打沟槽钢板桩(长 4.00～6.00m，单面)	100m	2.5
五	S5-1-18	拔沟槽钢板桩(长 4.00～6.00m，单面)	100m	2.5
六	S5-1-23	安拆钢板桩支撑(槽宽≤3.0m，深 3.01～4.00m)	100m	1.5
七	CSM5-1-3	槽型钢板桩使用费	t·天	3858
八	CSM5-1-5	钢板桩支撑使用费	t·天	181
九	S1-1-37	土方场内运输(装运土 1km 以内)	m^3	573.46

项目编码：041106001；项目名称：大型机械设备进出场及安拆；计量单位：台·次；"清单量"：1

工程量计算规则：按使用机械设备的数量计算

工作内容：

1. 安拆费包括施工机械、设备在现场进行安装拆卸所需人工、材料、机械和试运转费用以及机械辅助设施的折旧、搭设、拆除等费用。

2. 进出场费包括施工机械、设备整体或分体自停放地点运至施工现场或由一施工地点运至另一施工地点所发生的运输、装卸、辅助材料等费用。

1	ZSN21-2-4	1m^3 以内单斗挖掘机场外运输费	台·次	1

注：1. 在编制工程"算量"时，敬请参阅表 E-31"市政管道工程（预算定额）各类'算量'基数要素统计汇总表"和表 E-32"管网工程对应挖沟槽土方工程项目定额子目列项检索表"的诠释；

2. *计量单位，本列项检索表中"清单量"单位（单一）为 m^3、"预算量"采用扩大计量单位为 100m，个别分项子目"预算量"与"清单量"[又如 m^3、座、t·天与 m^3] 不一致，在编制"分部分项工程量清单综合单价分析表 [评审和判别的重要基础及数据来源]"时注意"计量单位"的换算；

3.《上海市市政工程预算定额》(2000)"总说明"第二十一条："本定额中未包括大型机械的场外运输、安拆（打桩机械除外）、路基及轨道铺拆等。"在编制工程"算量"时，敬请参阅本"图释集"第三章措施项目中表 L.6-06"大型机械设备进出场列项选用表"的诠释，在编制"措施项目"时切记勿漏项（即项目编码：041106001 大型机械设备进出场及安拆）；

4. 本案例解析为较典型的实例（触类旁通），编者旨在"抛砖引玉"，即掌握或懂得了 Φ1000PH-48 管挖沟槽土方的知识或规律，就可以由此及彼、以此类推；望读者结合工程实际，关注各类"算量"基数要素，循序渐进；并且能举一反三 [含混凝土管如钢筋混凝土管 Φ600～2400、Φ2700、Φ3000F 型管，Φ1350～2400 丹麦管和塑料管如 UPVC 加筋管（DN225～400）、FRPP 管（增强聚丙烯管）（DN500～1000）、玻璃纤维增强塑料夹砂管（Φ400～2500）等挖沟槽土方的编制]。

回填方项目工程“算量”难点解析 **表 A-08**

序号	项目工程“算量”难点与解析
	附录A　土石方工程(项目编码0401) 表A.3　回填方及土石方运输(040103) 项目名称:回填方　项目编码:040103001
一	回填方项目工程“算量”难点 项目名称:沟槽夯填土;定额编号:S5-1-36;计量单位:m^3;定额量:706.84 (一)“算量”要素(已知条件): 1. 挖沟槽土方 $V_{挖}$ = 1105.76m^3; 2. 碎石垫层 $V_{垫层}$ = 28.78m^3; 3. 混凝土基础 $V_{基础}$ = 54.33m^3; 4. 管道基础长扣除窨井后净长 $L_{垫}$ = 116.44m; 5. 1000×1300×3.0(不落底) $n_{不落}$ = 2座; 6. 1000×1300×3.0(落底)↓ $n_{落底}$ = 2座
	(二)解析: 1. 编制依据: 2. 管枕: (1)管枕对数 $N_{枕}$ =[管道铺设净长 $L_{净}$ ÷Φ1000PH-48管(净长)$L_{PH\text{-}48管}$×每节管枕对数]+[窨井数量(座)×每座窨井管枕对数] =[(121.00÷2.5+1)×2]+4×2≈108对 (2)管枕体积 $V_{管枕体积}$:查第二章分部分项工程中表E-17“Φ1000PH-48管管枕尺寸及管枕体积‘算量’难点解析”,得工程“算量”: $V_{管枕体积}$ =管枕对数体积 $V_{管枕对}$ ×管枕对数 $N_{枕}$ =0.104×108= 11.23m^3 3. 管材外形: (1)$V_{④}=\pi/4\cdot D_{外}^{2}$×管道基础长扣除窨井后净长 $L_{垫}$ $=\pi/4\times(1.0+0.11\times2)^2\times116.44=136.11m^3$ (2)承插口体积 $V_{插}=3.40m^3$

续表

序号	项目工程"算量"难点与解析
一	(3)管子外形体积 $V_{管}=V_{④}+$承插口体积 $V_{插}$ $=136.11+3.40=\boxed{139.51m^3}$ 工程"算量"：$\sum V_{管}=$管身体积 $V_{身}\times$管子长度 $L_{管}+$承插口体积 $V_{承}\times$承插口数量 $N_{承}$ $=0.5844\times{}^*$管子长度 $L_{管}+0.072435\times{}^*$承插口数量 $N_{承}$ 4. $a\times b$ 窨井外形(1000×1300)： 1000×1300(不落底) $n_{不落}=2$ 座($H=3.0m$) 1000×1300 (落底)↓ $n_{落底}=2$ 座($H=3.0m$) 查第二章分部分项工程中表 E-19"混凝土基础砌筑直线窨井(1000×1300—Φ1000)外形体积'算量'难点解析"，得工程"算量"： $V_{窨}=V_a\times{}^*n_{不落}+V_a/\times{}^*n_{落底}$ $=13.125\times{}^*2+14.205\times2$ $=26.25+28.41=\boxed{54.66m^3}$ 5. 余土数量： 查第二章分部分项工程中表 E-19"Φ1000PH-48 管回填黄砂中管道(1000×1300－$H=3.0m$)体积'算量'难点解析"，得工程"算量"： 回填黄砂中管道体积 $V_{黄}=$管道铺设净长 $L_{净}\times$沟槽宽度 $B_{沟}\times$回填高度 $h-$管道混凝土基座体积 $V_{基}-$管枕体积 $V_{管枕体积}-$管子体积 $V_{管}$ $=(121.00\times2.45\times0.85)-29.76-11.23-72.50=\boxed{138.49m^3}$ $V_{余}=$碎石垫层 $V_{垫层}+$混凝土基础 $V_{基础}+$管枕体积 $V_{管枕体积}+$管子外形体积 $V_{管}+$窨井外形体积 $V_{窨}+$沟槽回填黄砂(管中)$V_{黄砂}$ $=28.78+54.33+11.23+54.66+139.51+132.23=398.92m^3$ 6. 工程"算量"：回填方 $\sum V_{回}=$挖沟槽土方 $V_{挖}-$余土数量 $V_{余}$ $=1105.76-398.92=706.84m^3$

序号	定额编号	项目名称	* 计量单位	定额量
项目编码：040103001；项目名称：回填方；* 计量单位：m³；"清单量"：706.80 工程量计算规则：1. 按挖方清单项目工程量加原地面线至设计要求标高间的体积，减基础、构筑物等埋入体积计算 2. 按设计图示尺寸以体积计算 工作内容：1. 运输 2. 回填 3. 压实 【综合实体工程——多组定额子目(单一、单项)组合】				
1	S5-1-36	沟槽夯填土	m^3	706.84

余方弃置项目工程“算量”难点解析

表 A-09

<table>
<tr><th>序号</th><th colspan="4">项目工程“算量”难点与解析</th></tr>
<tr><td colspan="5">表 A.3　回填方及土石方运输(编号:040103)
项目名称:余方弃置　项目编码:040103002</td></tr>
<tr><td>一</td><td colspan="4">余方弃置项目工程“算量”难点
项目名称:土方场外运输(含堆置费,浦西内环线内;含堆置费,浦西内环线内及浦东内环线内;含堆置费,浦西内环线外及浦东内环线外);定额编号:ZSM19-1-1;计量单位:m^3;定额量:398.92
(一)“算量”要素(已知条件):
1. 余土数量 $V_{余}=\boxed{398.92m^3}$;
2. 施工组织设计:土方外运(含堆置费,浦西内环线内及浦东内环线内)。
(二)解析:
1. 编制依据:
(1)《上海市市政工程预算定额》(2000)总说明:十九、土方场外运输按吨计算,密度按天然密实方密度 1.8t/m^3 计算;
(2)总说明文字代码(第十九条 1 子目),查附表 G-03“《上海市市政工程预算定额》(2000)文字代码汇总表”得其对应的定额编号:ZSM19-1-1、计量单位:m^3。
2. 工程“算量”:余方弃置 $V_{弃}$=余土数量 $V_{余}=398.92m^3$</td></tr>
<tr><th>序号</th><th>定额编号</th><th>项目名称</th><th>计量单位</th><th>定额量</th></tr>
<tr><td colspan="5">项目编码:040103002;项目名称:余方弃置;* 计量单位:m^3;“清单量”:398.92
工程量计算规则:按挖方清单项目工程量减利用回填方体积(正数)计算
工作内容:余方点装料运输至弃置点
【综合实体工程——多组定额子目(单一、单项)组合】</td></tr>
<tr><td>1</td><td>ZSM19-1-1</td><td>土方外运(含堆置费,浦西内环线内及浦东内环线内)</td><td>m^3</td><td>398.92</td></tr>
</table>

表 A.1　土方工程（项目编码：040101001）挖一般土方（土方开挖含土方场内运输）

一般适用于路基挖方和广场挖方。路基挖方一般采用平均横断面法进行计算，广场挖方一般采用方格网法进行计算。

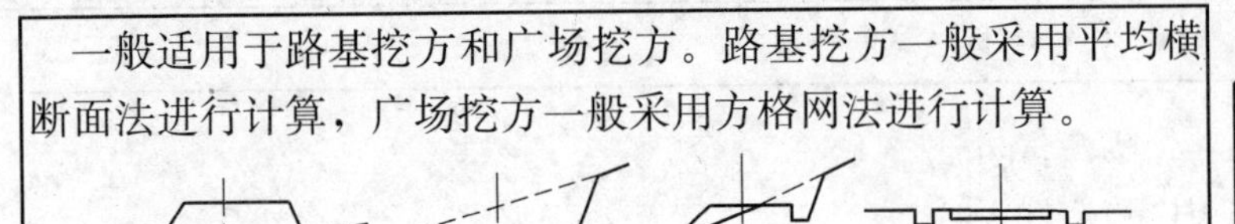

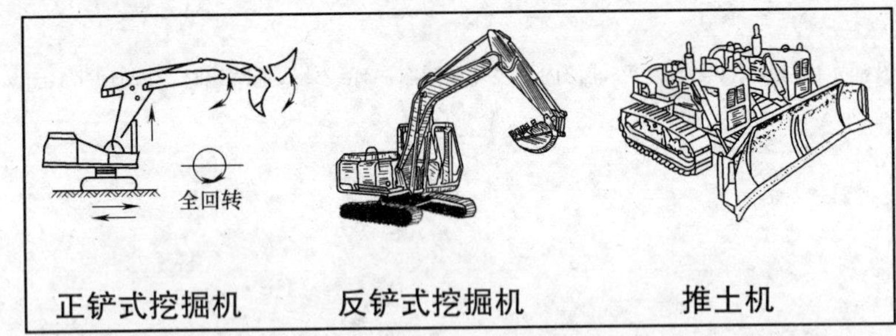

土方场内运距按挖方中心至填方中心的距离计算。

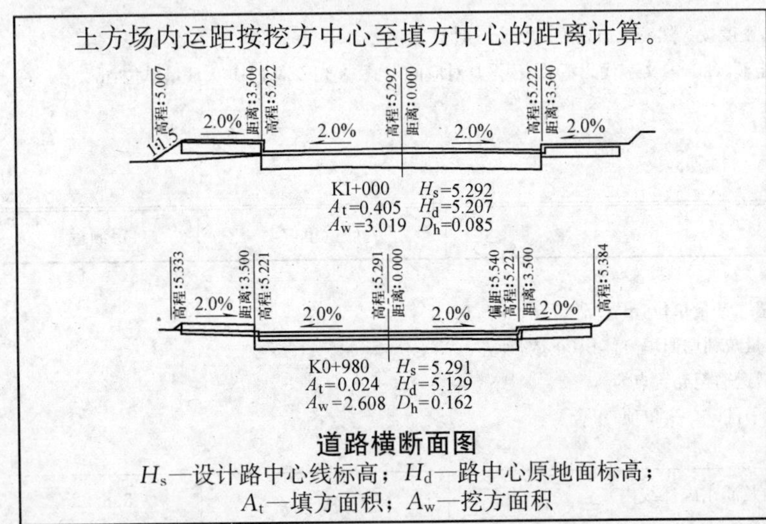

道路横断面图

H_s—设计路中心线标高；H_d—路中心原地面标高；
A_t—填方面积；A_w—挖方面积

工程量清单“四统一”

项目编码	040101001（上海市应用规则）
项目名称	挖一般土方（土方开挖含土方场内运输）
计量单位	m^3
工程量计算规则	按设计图示开挖线以体积计算
项目特征描述	1. 土壤类别，2. 挖土深度
工程内容规定	1. 土方开挖，2. 基底钎探，3. 场内运输

《上海市市政工程预算定额》（2000）分部分项工程

子目编号	S2-1-1～S2-1-6、S2-1-42～S2-1-45
分部分项工程名称	1. 人工挖土方，2. 机械挖土方，3. 机械推土方，18. 土方场内运输
工作内容	详见该定额编号之“项目表”中“工作内容”的规定
计量单位	m^3
工程量计算规则	1. 路幅宽按车行道、人行道和隔离带的宽度之和计算 2. 车行道、人行道面积（直线段＋交叉口面积）、密实度要求及体积变化系数表，其中车行道面积不扣除各类井位所占面积 3. 道路基层及垫层以设计长度乘以横断面宽度计算 4. 横断面宽度：当路槽施工时，按侧石内侧宽度计算；当路堤施工时，按侧石内侧宽度每侧增加 15cm 计算（设计图纸已注明加宽除外） 机械挖土方定额不分土壤类别综合取定

一、实体项目　A 土石方工程

对应图示		项目名称	编码/编号
工程量清单分类		表 A.1　土方工程［挖一般土方（土方开挖含土方场内运输）］	040101001
定额章节	分部工程	第二册　道路工程　第一章　路基工程	S2-1-
	分项子目	1. 人工挖土方，2. 机械挖土方，3. 机械推土方，18. 土方场内运输	S2-1-1～S2-1-6 S2-1-42～S2-1-45

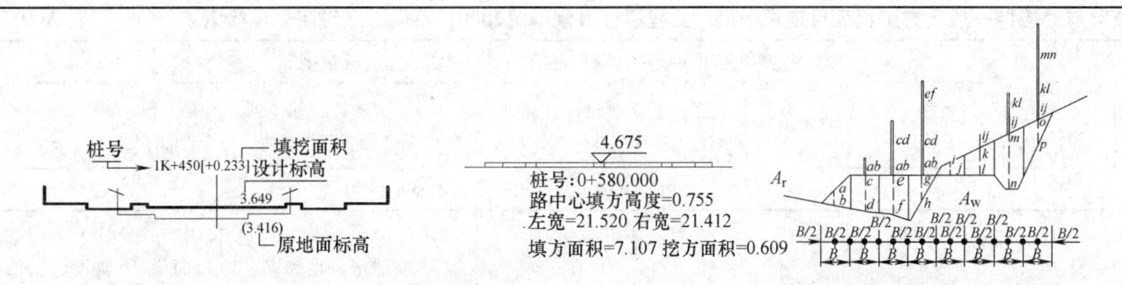

施工横断面图　　横断面填挖面积计算示意图　　几何图形法横断面面积计算简图

常用平整广场（方格网）示意图

项目	图示	项目	图示
零点线计算		三点填方或挖方（五角形）	
一点填方或挖方（三角形）		四点填方或挖方（正方形）	
二点填方或挖方（梯形）			

注：1. a—方格网的边长（m）；b、c—零点到一角的边长（m）；h_1、h_2、h_3、h_4—方格网四角点的施工高程（m），用绝对值代入；$\sum H$—填方或挖方施工高程的总和（m），用绝对值代入；V—挖方或填方体积（m^3）；

2. 本表公式是按各计算图形底面积乘以平均施工高程而得出的。

"13国标市政计算规范"与对应挖一般土方工程项目定额子目、工程量计算规则（2000）及册、章说明列项检索表　　表 A-10

附录 A　土石方工程					对应《上海市市政工程预算定额》（2000）工程量计算规则等				
项目编码	项目名称	计量单位	工程量计算规则（共4条）	工作内容（共3项）	节及项目名称（18节45子目）	定额编号	计量单位	*工程量计算规则 第2.1.1～2.1.4条	第二册　道路工程 *册"说明"四条　*总"说明"二十三条
					第二册　道路工程　第一章　路基工程				
040101001	挖一般土方	m^3	按设计图示尺寸以体积计算	1. 排地表水 2. 土方开挖 3. 围护（挡土板）及拆除 4. 基底钎探 5. 场内运输	1. 人工挖土方 人工挖土方（Ⅰ、Ⅱ、Ⅲ、Ⅳ类土） 2. 机械挖土方 机械挖土方 3. 机械推土方 机械推土方 18. 土方场内运输 土方场内双轮斗车运输 土方场内自卸汽车运输	S2-1-1～S2-1-3 S2-1-4 S2-1-5～S2-1-6 S2-1-42～S2-1-43 S2-1-44～S2-1-45	m^3	第2.1.1条　土方场内运距按挖方中心至填方中心的距离计算 第2.1.2条　填土土方指可利用土，不包括耕植土、流砂、淤泥等。填方工程量按总说明中"填土土方的体积变化系数表"计算	*册"说明" 一、本册定额由路基、基层、面层、附属设施共四章组成 二、本册定额中挖土、运土按天然密实方体积，填方按压实后的体积计算 三、基层及面层铺筑厚度为压实厚度 四、机械挖土不分土壤类别已综合考虑 *总"说明" 十七、本定额按开挖的难易程度将挖土土壤类别划分为四类，详见附表1【附表1 挖土土壤分类表】 十八、土方挖方按天然密实体积计算，填方按压实后的体积计算 挖土及填土现场运输定额中已考虑土方体积变化。单位工程中应考虑土方挖填平衡。当填土有密实度要求时，土方挖、填平衡及缺土时外来土方，应按土方体积变化系数来计算回填土方数量。填土土方的体积变化系数表详见附表2【附表2　填土土方的体积变化系数表】 十九、土方场外运输按吨计算，密度按天然密实方密度1.8t/m^3计算

注：1. *工程量计算规则2.1.1～2.1.4条：第2.1.3条"铺设排水板按垂直长度以米计算"、第2.1.4条"路幅宽按车行道、人行道和隔离带的宽度之和计算"；
2. 在编制工程"算量"时，敬请关注工程量计算规则中"不包括"、"已综合考虑"、"已考虑"等规定；
3.【附表1 挖土土壤分类表】、【附表2　填土土方的体积变化系数表】，敬请参阅本"图释集"附录G《上海市市政工程预算定额》（2000）总说明的诠释；
4. 关于"节及项目名称"中"*机械挖土方、机械推土方"（即 $1m^3$ 以内单斗挖掘机、推土机等大型机械设备使用）事宜，《上海市市政工程预算定额》（2000）"总说明"第二十一条："本定额中未包括大型机械的场外运输、安拆（打桩机械除外）、路基及轨道铺拆等"，在编制工程"算量"时，敬请参阅本"图释集"第二章分部分项工程中表B-17"道路工程涉及'大型机械设备进出场及安拆'列项汇总表［即第二十一条ZSM21-2-］"的诠释，在编制"措施项目"时切记勿漏项（即项目编码：041106001大型机械设备进出场及安拆）；
5. 在编制工程"算量"时，敬请参阅本"图释集"第二章　分部分项工程中表A-05"道路工程土方挖、填方工程量计算表"和表A-05"道路工程路基工程土方场内运距计算表"的诠释。

表 A.1　土方工程（项目编码：040101002）挖沟槽土方（土方开挖）

《建设工程工程量清单计价规范》GB 50500—2008 规定：底宽 7m 以内，底长大于底宽 3 倍以上按沟槽计算。

挖沟槽和基坑土石方的清单工程量，按原地面线以下构筑物最大水平投影面积乘以挖土深度（原地面平均标高至坑、槽底平均标高的高度）以体积计算。

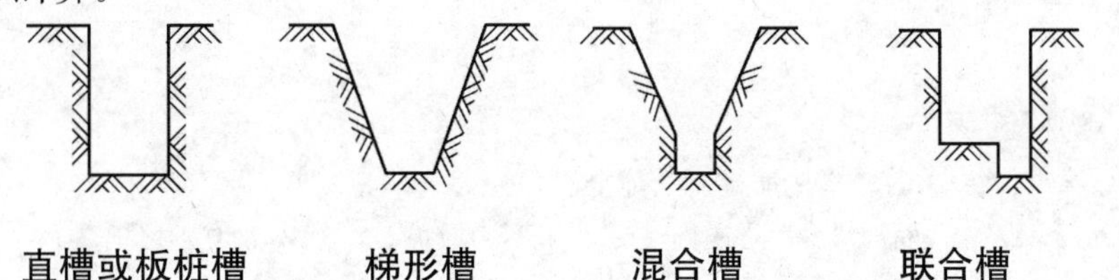

直槽或板桩槽　　梯形槽　　混合槽　　联合槽

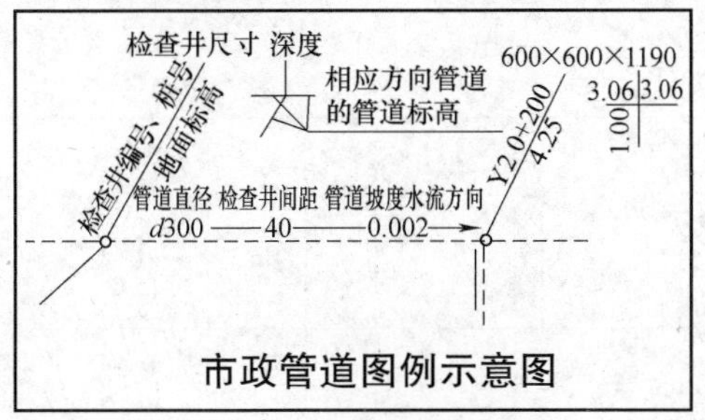

市政管道图例示意图

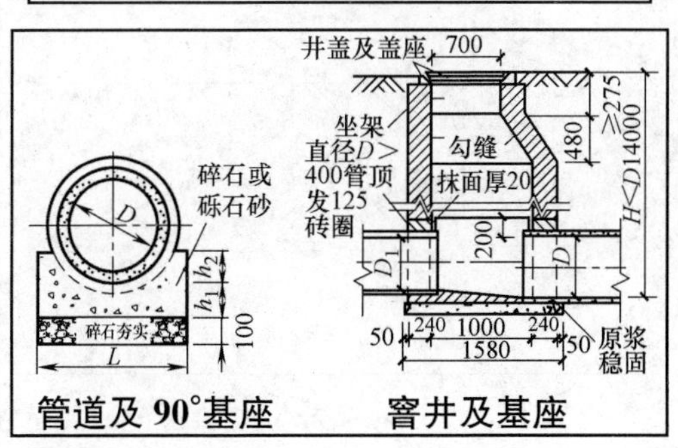

管道及 90°基座　　窨井及基座

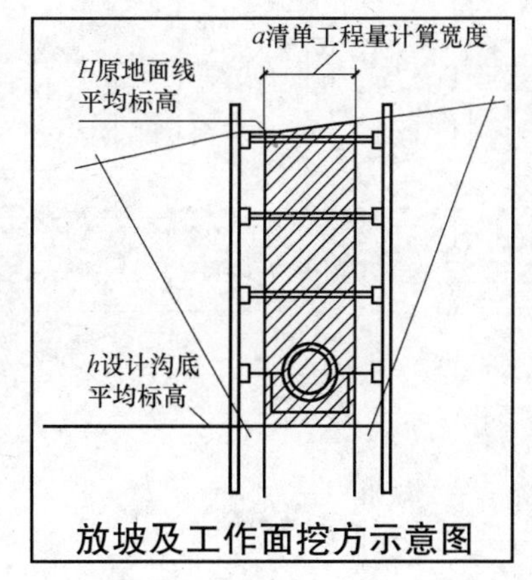

放坡及工作面挖方示意图

《上海市市政工程预算定额》（2000）分部分项工程	
子目编号	S5-1-1～S5-1-12、S1-1-36～S1-1-38
分部分项工程名称	人工、机械挖沟槽土方及土方场内运输
工作内容	详见该定额编号之“项目表”中“工作内容”的规定
计量单位	m^3
工程量计算规则	机械挖土方定额不分土壤类别综合取定 注：1. 沟槽深度为原地面至槽底土面的深度； 2. 管道铺设按实埋长度（扣除窨井内净长所占的长度）计算

一、实体项目　A 土石方工程

对应图示	项目名称	编码/编号
工程量清单分类	表 A.1　土方工程［挖沟槽土方（土方开挖）］	040101002
分部工程项目、名称（所在《市政工程预算定额》册、章、节）	排水管道开槽埋管 通用项目一般项目：14. 土方场内运输	S5-1-1～S5-1-12 S1-1-36～S1-1-38

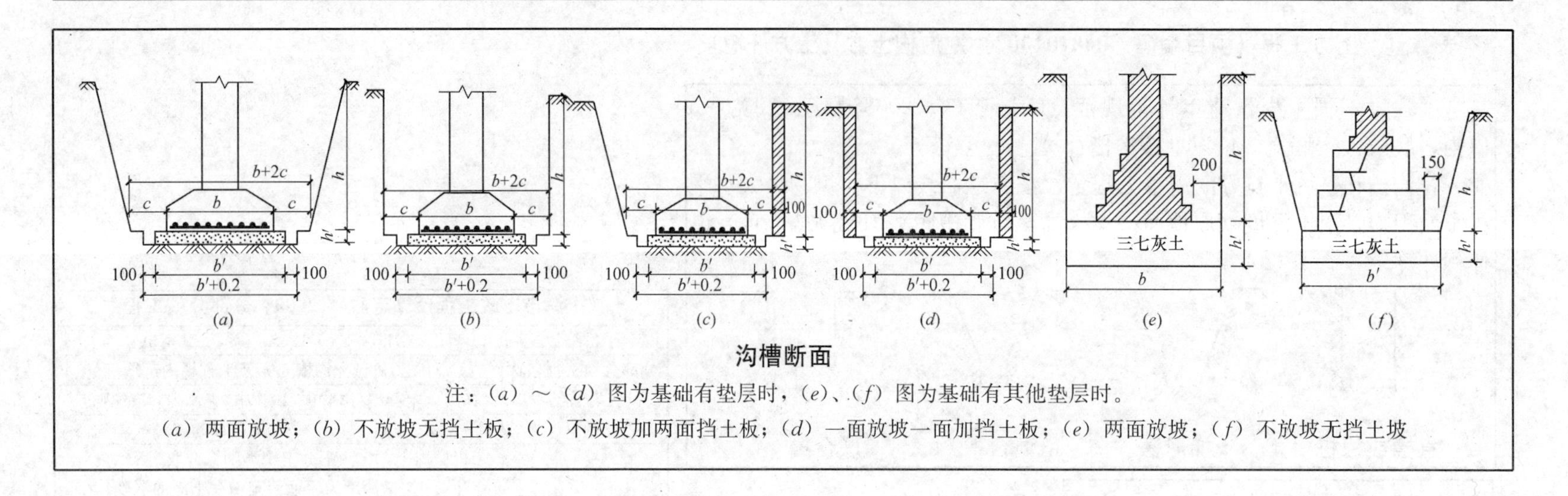

沟槽断面

注：(*a*) ～ (*d*) 图为基础有垫层时，(*e*)、(*f*) 图为基础有其他垫层时。

(*a*) 两面放坡；(*b*) 不放坡无挡土板；(*c*) 不放坡加两面挡土板；(*d*) 一面放坡一面加挡土板；(*e*) 两面放坡；(*f*) 不放坡无挡土坡

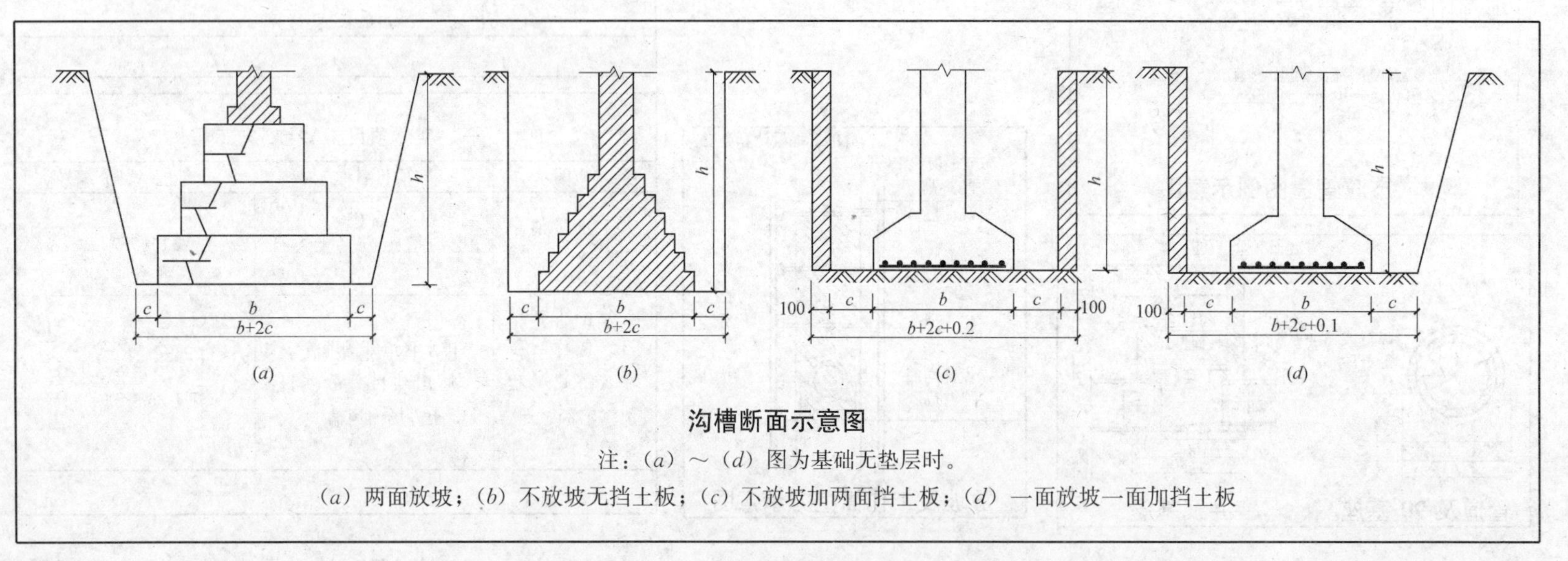

沟槽断面示意图

注：(*a*) ～ (*d*) 图为基础无垫层时。

(*a*) 两面放坡；(*b*) 不放坡无挡土板；(*c*) 不放坡加两面挡土板；(*d*) 一面放坡一面加挡土板

表 A.1　土方工程（项目编码：040101002）挖沟槽土方（围护、支撑）

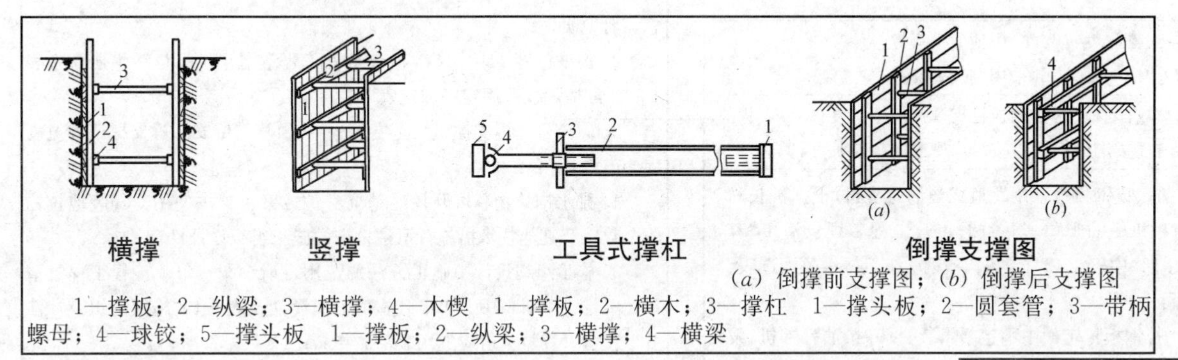

横撑　竖撑　工具式撑杠　倒撑支撑图

（a）倒撑前支撑图；（b）倒撑后支撑图

1—撑板；2—纵梁；3—横撑；4—木楔　1—撑板；2—横木；3—撑杠　1—撑头板；2—圆套管；3—带柄螺母；4—球铰；5—撑头板　1—撑板；2—纵梁；3—横撑；4—横梁

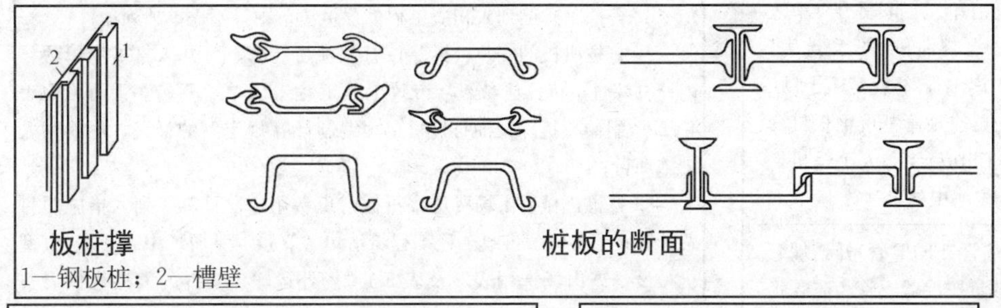

板桩撑　桩板的断面

1—钢板桩；2—槽壁

《上海市市政工程预算定额》(2000) 分部分项工程	
子目编号	S5-1-9～S5-1-35
分部分项工程名称	撑拆列板、打沟槽钢板桩、拔沟槽钢板桩、安拆钢板桩支撑
工作内容	详见该定额编号之“项目表”中“工作内容”的规定
计量单位	100m
工程量计算规则	1. 沟槽深度≤3m 采用横列板支撑 2. 沟槽深度>3m 采用钢板桩支撑

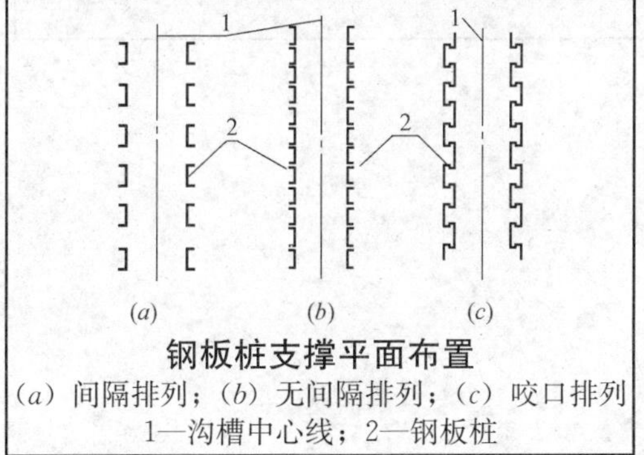

钢板桩支撑平面布置

（a）间隔排列；（b）无间隔排列；（c）咬口排列

1—沟槽中心线；2—钢板桩

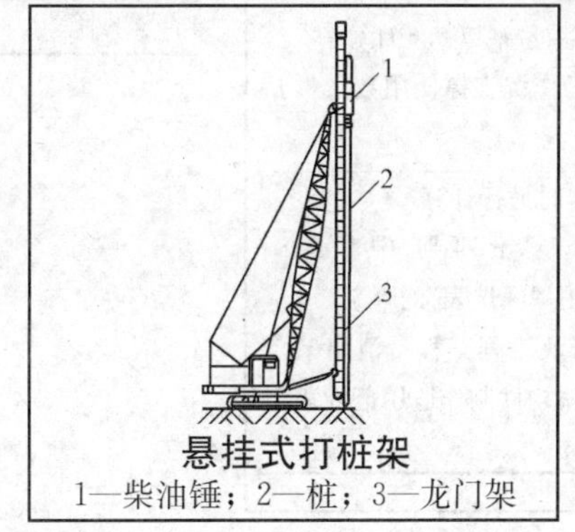

悬挂式打桩架

1—柴油锤；2—桩；3—龙门架

一、实体项目　A 土石方工程		
对应图示	项目名称	编码/编号
工程量清单分类	表 A.1　土方工程［挖沟槽土方（围护、支撑）］	040101002
分部工程项目、名称（所在《市政工程预算定额》册、章、节）	排水管道开槽埋管 3. 撑拆列板 4. 打沟槽钢板桩 5. 拔沟槽钢板桩 6. 安拆钢板桩支撑	S5-1-9～S5-1-35

围护、支撑工程定额说明及工程量计算规则

项次	类型	计算方法
1	横列板、钢板桩支撑划分	1. 沟槽深度≤3m采用横列板支撑 2. 沟槽深度>3m采用钢板桩支撑
2	长度计算	1. 撑拆列板、沟槽钢板桩支撑按沟槽长度计算 2. 打、拔沟槽钢板桩按沿沟槽方向单排长度计算
3	打、拔钢板桩(打桩)机械	1. 打、拔钢板桩采用轨道式柴油打桩机，根据桩长甄选打桩机械的吨位，请参阅《市政工程工程量清单"算量"手册》中表4-42"打、拔沟槽钢板桩机械设备甄选表"的释义 2. 打钢板桩定额中不包括组装、拆卸柴油打桩机，发生时请参阅《市政工程工程量清单"算量"手册》中表4-127"组装、拆除柴油打桩机桩机类别和锤重甄选表"甄选型号、规格，套用"桥涵及护岸工程"相应定额子目 3. 顶管钢板桩支撑基坑中，打、拔顶管基坑钢板桩套用"开槽埋管"打、拔沟槽钢板桩相应定额，人工及机械台班数量乘以1.3，使用数量在说明中列出
4	支撑使用数量	1. UPVC加筋管、增强聚丙烯管(FRPP管)开槽埋管列板、槽型钢板桩及支撑使用数量按混凝土管相应管径的列板、槽型钢板桩及支撑使用数量乘以0.6计算 2. 顶管钢板桩支撑基坑中，工作坑支撑使用数量，均已包括在安拆支撑定额子目内
5	列板、槽型钢板桩、拉森钢板桩、钢板桩、大型支撑等使用费事宜	1. 定额中未包括使用费，发生时另行计算 2. 参照《市政工程工程量清单"算量"手册》中表4-48"围护、支撑类大型机械设备使用费甄选表"的释义 3. 其中大型支撑项，参见《市政工程工程量清单"算量"手册》中表4-1"隧道工程金属构件制作适用范围表"的释义

注：

1. 选自《上海市市政工程预算定额》（2000）工程量计算规则及总、册说明；

2. 沟槽深度，请参阅《市政工程工程量清单"算量"手册》中表4-38"沟槽埋设深度定额取定表"的释义；

3. 沟槽安、拆支撑最大宽度为9m；顶管基坑安、拆支撑最大宽度为5m；

4. 排水构筑物基坑开挖时基坑支护方案、支护使用、安装地拉锚的个数以及其他技术措施，可按批准的施工组织设计计算；

5. 施工组织设计中施工方法的选用，请参阅《市政工程工程量清单"算量"手册》中9.1市政施工组织设计及表9-1"施工组织设计涉及工程量'算量'对应选用表"的释义；

6. 分部工程已列入相应工程工程量清单中，不需单独列项；

7. 打桩机械的安装、拆除按有关项目计算，可并入打桩清单项目内计算综合单价，请参阅《市政工程工程量清单"算量"手册》中表4-125"组装、拆除柴油打桩机定额编制计算规定"的释义，不能列入措施项目；

8. 打桩机械进出场费可按机械台班费用定额计算，列入措施项目费计算；请参阅《市政工程工程量清单"算量"手册》中表5-3"大型机械设备进出场选用表"及表5-4"场外运输、安拆的大型机械设备表"的释义

表 A.1　土方工程（项目编码：040101003）挖基坑土方（土方开挖含土方场内运输）

《建设工程工程量清单计价规范》GB 50500—2008 规定：底长小于底宽 3 倍以下，底面积在 150m² 以内按基坑计算。基坑土石方的清单工程量，按原地面线以下构筑物最大水平投影面积乘以挖土深度（原地面平均标高至坑底平均标高的高度）以体积计算。

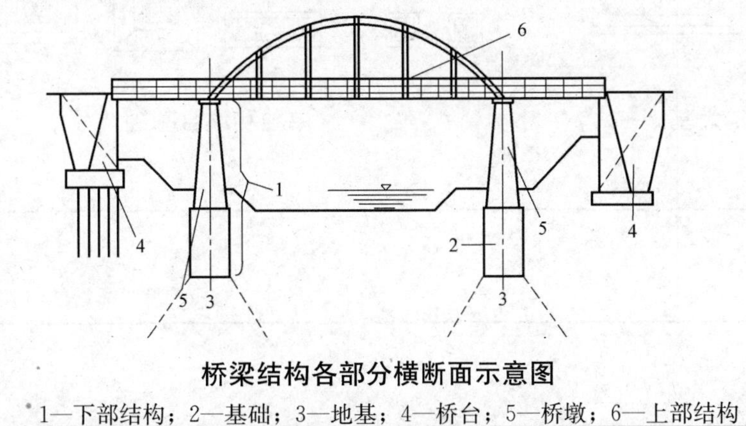

桥梁结构各部分横断面示意图

1—下部结构；2—基础；3—地基；4—桥台；5—桥墩；6—上部结构

一、实体项目　A 土石方工程		
对应图示	项目名称	编码/编号
工程量清单分类	表 A.1　土方工程[挖基坑土方(土方开挖含土方场内运输)]	040101003
分部工程项目、名称（所在《市政工程预算定额》册、章、节）	第四册桥涵及护岸工程第二章土方工程 第六册排水构筑物及隧道基坑第一章土方工程	S4-2-、S6-1-、S1-1-
	1. 人工挖土 2. 机械挖土 通用项目一般项目:14. 土方场内运输 1. 基坑挖土 2. 沉井挖土 通用项目一般项目:14. 土方场内运输	S4-2-1～S4-2-6 S4-2-7 S1-1-36～S1-1-38 S6-1-1～S6-1-6 S6-1-7 S1-1-36～S1-1-38

工程量清单“四统一”	
项目编码	040101003
项目名称	挖基坑土方（土方开挖含土方场内运输）
计量单位	m^3
工程量计算规则	原地面线以下按构筑物最大水平投影面积乘以挖土深度（原地面平均标高至坑底高度）以体积计算
项目特征描述	1. 土壤类别 2. 挖土深度
工程内容规定	1. 土方开挖 2. 围护、支撑 3. 场内运输 4. 平整、夯实

《上海市市政工程预算定额》(2000) 分部分项工程	
子目编号	S5-1-1～S5-1-12、S1-1-36～S1-1-38
分部分项工程名称	人工、机械挖沟槽土方及土方场内运输
工作内容	详见该定额编号之“项目表”中“工作内容”的规定
计量单位	m^3
工程量计算规则	机械挖土方定额不分土壤类别综合取定 注：1. 沟槽深度为原地面至槽底土面的深度； 2. 管道铺设按实埋长度（扣除窨井内净长所占的长度）计算； 3. 护岸工程土方场内运输数量计算公式 挖土场内运输土方数=(挖土数－堆土数)×60% 填土场内运输土方数=挖土现场运输土方数－余土数 4. 土方场内外运输的数量需结合施工现场堆土条件并考虑土方的可利用性按照土方平衡的原则来确定

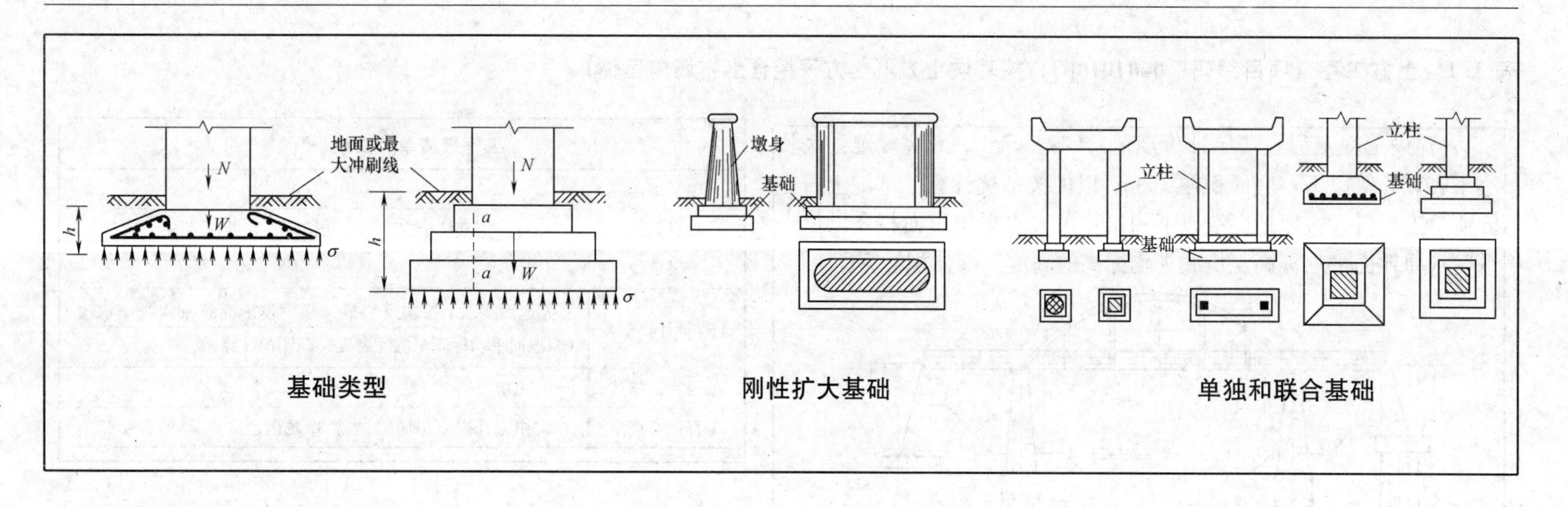

基础类型　　刚性扩大基础　　单独和联合基础

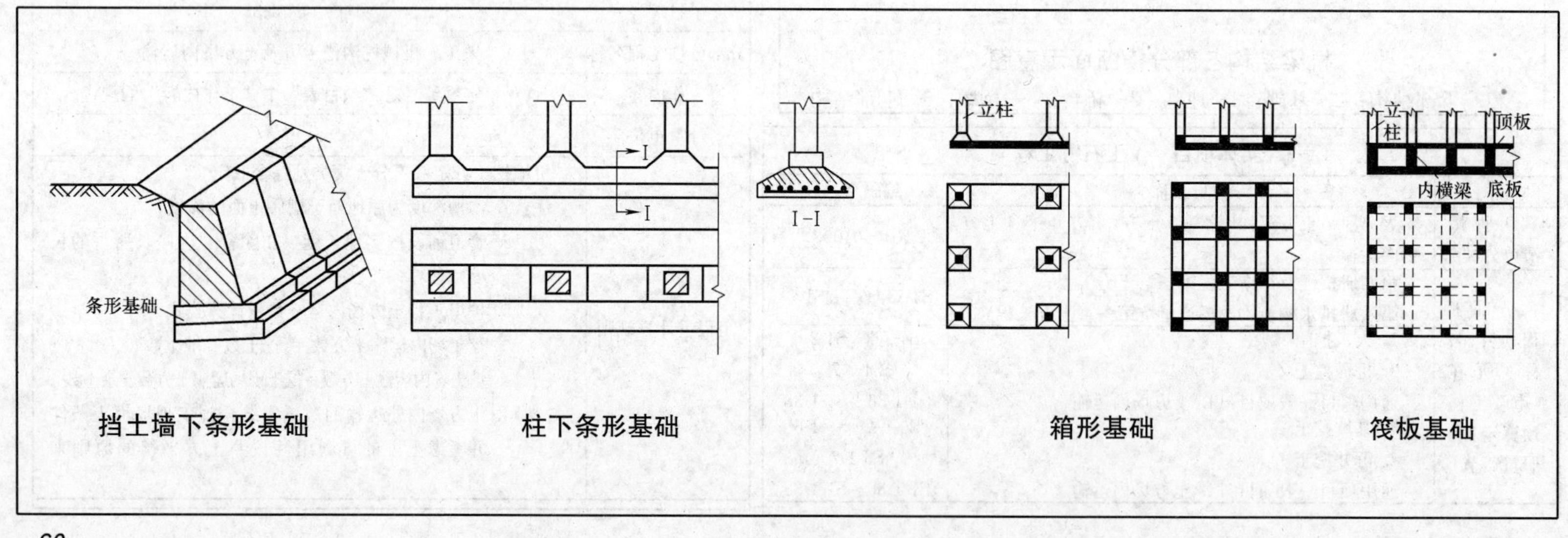

挡土墙下条形基础　　柱下条形基础　　箱形基础　　筏板基础

表 A.3　回填方及土石方运输（项目编码：040103）　废泥浆外运　沪 040103005（上海市应用规则）

工程量清单“四统一”	
项目编码	沪 040103005（上海市应用规则）
项目名称	废泥浆外运
计量单位	m^3
工程量计算规则	按设计图示尺寸成孔（成槽）部分的体积计算
项目特征描述	泥浆排运起点至卸点或运距
工程内容规定	1. 装卸泥浆、运输　2. 清理场地

《上海市市政工程预算定额》(2000) 分部分项工程	
子目编号	ZSM20-1-1（文字说明代码）
分部分项工程名称	泥浆外运
工作内容	详见该定额编号之“项目表”中“工作内容”的规定
计量单位	m^3
工程量计算规则	《上海市市政工程预算定额》(2000) “总说明”第二十条　泥浆外运工程量

泥浆外运	m^3/m^3	《上海市市政工程预算定额》(2000)“总说明”第二十条　泥浆外运工程量 1. 钻孔灌注桩按成孔实土体积计算； 2. 水力机械顶管、水力出土盾构掘进按掘进实土体积计算； 3. 水力出土沉井下沉按沉井下沉挖土数量的实土体积计算； 4. 树根桩按成孔实土体积计算； 5. 地下连续墙按成槽土方量的实土体积计算；地下连续墙废浆外运按挖土成槽定额中护壁泥浆数量折算成实土体积计算

注：选自《上海市市政工程预算定额》(2000) 工程量计算规则及总说明。

一、实体项目　表 A.3　回填方及土石方运输			
对应图示		项目名称	编码/编号
工程量清单分类		《上海市市政工程预算定额》(2000) 总说明第二十条泥浆外运工程量	沪 040103005
定额章节	分部工程	套用文字说明代码	ZSM20-1-
	分项子目	泥浆外运	ZSM20-1-1

泥浆外运（自卸汽车外貌图）

回填方及土石方运输计算表　　　　表 A-11

路基工程	1. 土方场内运距按挖方中心至填方中心的距离计算； 2. 填土土方指可利用土，不包括耕植土、流砂、淤泥等。填方工程量按："填土土方的体积变化系数表"计算
桥涵及护岸	1. 基坑挖土的底宽按结构物基础外边线每侧增加工作面宽度 50cm 计算； 2. 护岸工程土方场内运输数量计算公式如下： 挖土场内运输土方数＝(挖土数－填土数)×60％ 填土场内运输土方数＝挖土现场运输土方数－余土数
开槽埋管	1. 挖土现场运输土方数＝(挖土数－堆土数)×60％； 2. 填土现场运输土方数＝挖土现场运输土方数－余土数； 3. 堆土(天然密实方)数量计算方法示意图

注：1. 土方挖方按天然密实体积计算，填方按压实后的体积计算；

2. 挖土及填土现场运输定额中已考虑土方体积变化。单位工程中应考虑土方挖填平衡。当填土有密实度要求时，土方挖、填平衡及缺土时外来土方，应按土方体积变化系数来计算回填土方数量；

3. *"填土土方的体积变化系数表"，敬请参阅附录国家标准规范、全国及地方《市政工程预算定额》（附录 A～K）中附表 G-2 "填土土方的体积变化系数表"；

4. 土方场外运输按吨计算，密度按天然密实方密度 1.8t/m³ 计算。

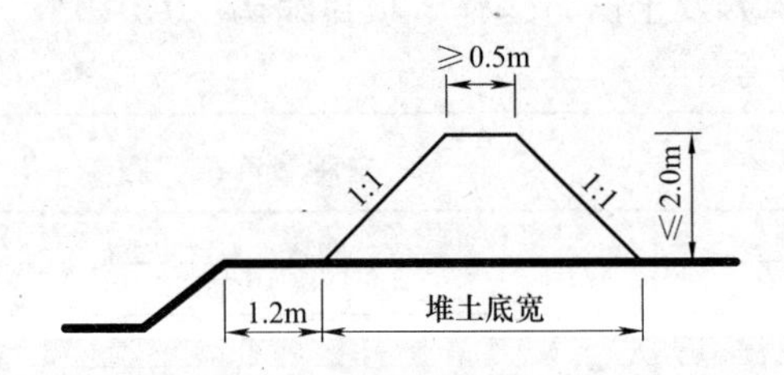

图 A-01　开槽埋管堆土数量计算方法示意图

开槽埋管堆土断面面积表　　　　表 A-12

坡率值 1∶m	堆土高 h (m)	上顶宽 a (m)	下底拓宽宽度 b (m)		堆土底宽 B (m) $a+2b$	面积 A (m²) $(a+B)/2\times h$
			$\tan\beta$ 即 M 值	$b=Mh$		
1∶1	0.50	0.50	1.00	0.50	1.50	0.50
1∶1	1.00	0.50	1.00	1.00	2.50	1.50
1∶1	1.50	0.50	1.00	1.50	3.50	3.00
1∶1	2.00	0.50	1.00	2.00	4.50	5.00

注：施工现场内无堆土条件，则堆土数为 0。

附录B　道路工程（项目编码：0402）　施工图图例【导读】

1. 城市道路组成：

（1）车行道：供各种车辆行驶的路面部分。可分为机动车道和非机动车道。供带有动力装置的车辆（大小汽车、电车、摩托车等）行驶的为机动车道，供无动力装置的车辆（自行车、三轮车等）行驶的为非机动车道。

（2）人行道：人群步行的道路。包括地下人行通道和人行天桥。

（3）分隔带（隔离带）：是安全防护的隔离设施。防上车辆越道逆行的分隔带设在道路中线位置，将左右或上下行车道分开，称为中央分隔带。（也有将机动车道和非机动车道分隔的绿化分隔带）

（4）排水设施：包括用于收集路面雨水的平式或立式雨水口（进水口）、支管、窨井等。

（5）交通辅助性设施：为组织指挥交通和保障维护交通安全而设置的辅助性设施。如：信号灯、标志牌、安全岛、道口花坛、护栏、人行横道线（斑马线）、分车道线及临时停车场和公共交通车辆停靠站等。

（6）街面设施：为城市公用事业服务的照明灯柱、架空电线杆、消火栓、邮政信箱、清洁箱等。

（7）地下设施：为城市公用事业服务的给水管、污水管、煤气管、通信电缆、电力电缆等。

2. 城市道路分级：

除快速路外，每类道路按照所在城市的规模、设计交通流量、地形等分为Ⅰ、Ⅱ、Ⅲ级。大城市应采用各类道路中的Ⅰ级标准；中等城市应采用Ⅱ级标准；小城市应采用Ⅲ级标准。

城市道路按道路的横向布置可分为四类。

按道路的横向布置分类

道路类别	车辆行驶情况	适用范围
单幅路(一块板)	机动车与非机动车混合行驶	用于交通量不大的次干路、支路
双幅路(二块板)	分流向,机、非混合行驶	机动车交通量较大,非机动车交量较少的主干路、次干路
三幅路(三块板)	机动车与非机动车分道行驶	机动车与非机动车交通量均较大的主干路、次干路
四幅路(四块板)	机动车与非机动车分流向分道行驶	机动车交通量大、车速高,非机动车多的快速路、主干路

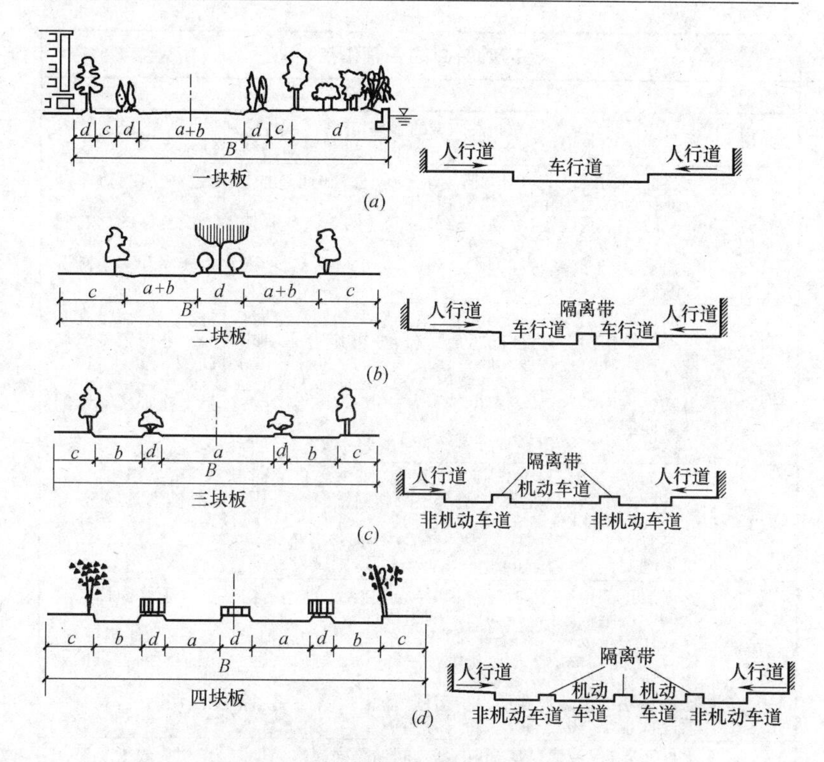

城市道路横断面的形式示意图

a—机动车道宽度；b—非机动车道宽度；c—人行道道宽度；d—隔离带（绿化带）宽度；B—道路路幅宽度
（a）单幅路横断面示意图；（b）双幅路横断面示意图；
（c）三幅路横断面示意图；（d）四幅路横断面示意图

一、实体项目　B道路工程

对应图示		项　目　名　称	编码/编号
工程量清单分类		道路工程　表B1～B5	040201～040205
定额章节	分部工程	第二册道路工程,第三册道路交通管理设施工程	S2-1-～S2-4 S3-1-～S3-6-
	分项子目	六章、45节、160子目,六章、18节、153子目	

构成路面的各辅砌层	
类型	释　义
面层	直接承受车辆荷载及自然因素的影响，并将荷载传递到基层的路面构层。主要采用水泥混凝土、沥青混凝土等强度较高的材料铺筑
路面排水层	路面结构层之一，用以排除由路基上渗和通过面层裂缝、路肩与行车部分连接处以及绿化带下渗而积聚的水分。 一般设于基层下，由砂、砾石、筛选过的炉渣或其他渗透性良好的材料铺筑，所需材料的渗透系数通过计算确定，但不应小于1m/昼夜，应具有一定的强度，用于路基常年饱水、路基土透水性不良、地下水位较高和多雨潮湿等路段
路面连接层	为加强面层与基层的共同作用或减少基层裂缝对面层的影响，而设在基层上的结构层，为面层的组成部分，亦可作为面层的下层。各国较多采用沥青稳定碎石连接层和碎石连接层两种，前者多设于石灰土基层上，位于沥青混凝土面层与半刚性基层之间，以加强两者的连接，防止行车时面层沿基层表面推移；后者多设于石灰土基层上，以防止石灰土冻胀裂缝影响沥青面层。 连接层主要采用黑色碎石、沥青贯入式碎石及沥青稳定碎石等
路面隔离层	路面垫层的一种，专为隔水、隔热、隔土等目的而设置。可采用粗砂、砂粒、砂砾、炉渣、石灰土、炉渣灰土等材料铺筑。采用粗砂和砂砾时，粒径＜0.074mm的粉料含量不应大于5％；采用炉渣时，粒径＜0.2cm的颗粒含量不宜大于20％。隔离层厚度可按当地经验确定，一般不宜小于15cm，如果为潮湿路段，为防止地下毛细水上升，则应设置炉渣灰土层等
路面磨耗层	面层顶部用坚硬的细粒料和结合料铺筑的薄结构层。设于路面面层之上的薄层结构，亦可作为面层的组成部分。 其作用是改善行车条件，防止行车对面层的磨损，延长路面的使用周期。中、低级路面一般采用砂土磨耗层；高级、次高级公路一般采用沥青表面处治作磨耗层。 磨耗层的设置属路面养护措施，需根据路面使用情况定期铺筑，具有保持路面平整、粗糙、防水、防滑等作用
基层	处于基层（或底基层）和土基之间的路面层次，其主要作用为改善土基的湿度和温度状况，以保证面层和基层的强度稳定性及抗冻胀能力。而且还扩散由基层传来的荷载，以减小土基的变形。垫层结构应具有良好的抗冻稳定性和水稳性。 基层设在面层（或连接层）之下，它是路面的主要承重层。一方面支撑面层传来的荷载，另一方面把荷载传布扩散到下面层次。因此基层材料应当具有足够的强度和扩散力，同时应具有较好的水稳定性。当基层分为两层时，分别为基层和底基层。所以，基层坚实是保证路面整体强度稳定性的关键。 底基层是基层下面的一层，起加强基层承受和传递荷载的作用，多用于重交通量道路和高速路上，底基层应具有良好的水稳性
垫层	处于基层（或底基层）和土基之间的路面层次，其主要作用为改善土基的湿度和温度状况，以保证面层和基层的强度稳定性和抗冻胀能力。而且还扩散由基层传来的荷载，以减小土基的变形。 垫层结构应具有良好的抗冻稳定性和水稳性
注：按其所处的层位和作用，主要有面层、基层和垫层（排列次序应为：1. 路面磨耗层 2. 面层 3. 路面连接层 4. 基层 5. 路面排水层 6. 路面隔离层 7. 垫层）	

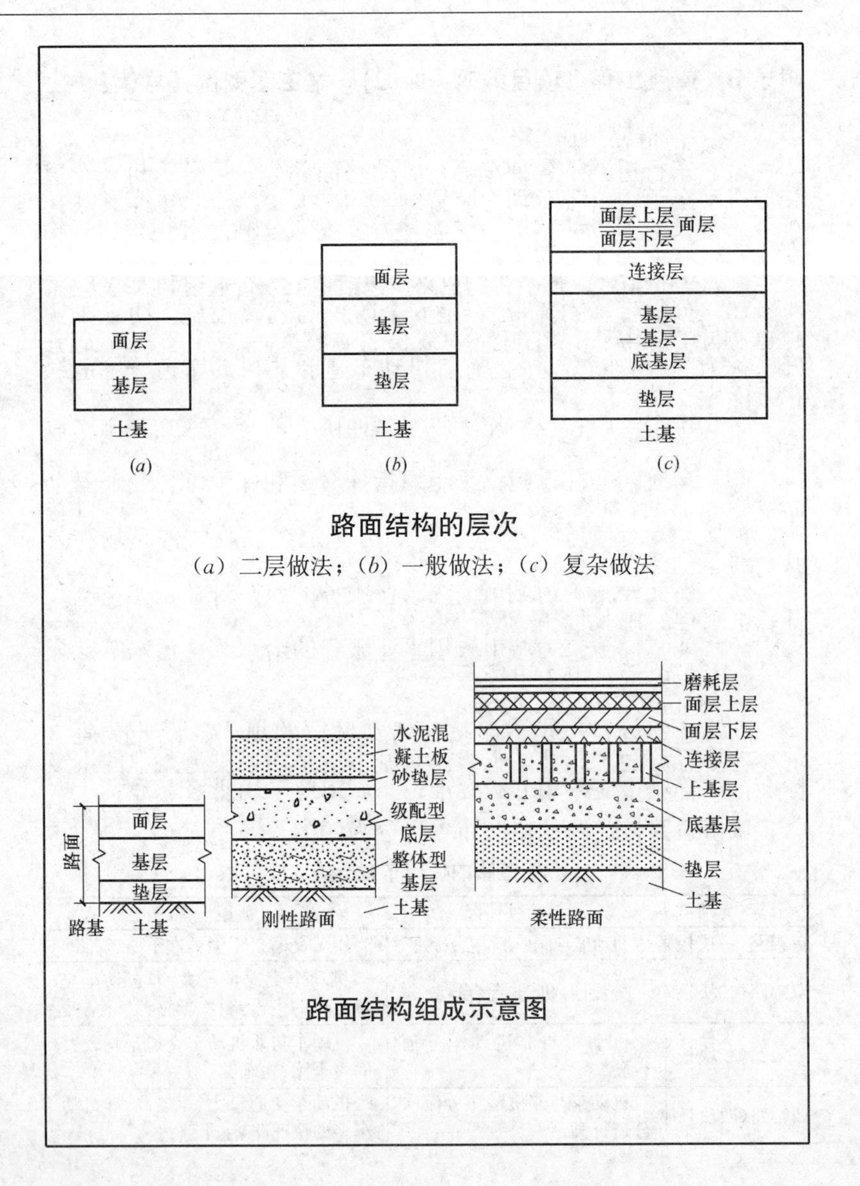

路面结构的层次

（a）二层做法；（b）一般做法；（c）复杂做法

路面结构组成示意图

道路工程是一种供车辆行驶和行人步行的带状结构物，其线形受地形、地物和地质条件的限制，平面上的直线或弯曲、纵向的平坡和上下坡的变化都是与地形起伏相关的。从整体上来看，道路路线是一条空间曲线，鉴于其是指沿道路长度方向的行车道中心线，道路路线的线形会受到地形、地物和地质条件的限制，因此道路路线工程图的表示方法与其他工程图有所不同，故道路工程图不能用一般的三视图来表示。

城市道路线形设计，是在城市道路网规划的基础上进行的。根据道路网规划大致确定道路的走向、路与路之间的方位关系，以道路中心为准，按照行车技术要求及详细的地形、地物资料，工程地质条件等确定道路红线范围在平面上的直线、曲线地段，以及它们之间的衔接，再进一步具体确定交叉口的形式、桥涵中心线的位置，以及公共交通停靠站台的位置与部署等。

道路工程图主要由道路路线平面图、纵断面图和横断面图等组成。由于道路铺筑在大地表面狭长地带上，道路竖向高差和平面的弯曲变化都与地面起伏形状紧密相关。因此道路路线工程图的表示方法与一般工程图不同。它是以地形图作为平面图，以纵断面图作为立面图，以横断面图作为侧面图，并且各自画在单独的图纸上。利用这三种工程图来表达道路的空间位置、线形和尺寸。

从投影上来说，道路平面图是在测绘的地形图的基础上绘制形成的平面图，即在地形图上画出的道路水平投影，它表达了道路的平面位置关系。当采用 1∶1000 以上的比例时，则应将路面宽度按比例绘制在图样中，此时道路中心线为一条细点划线。道路纵断面图是沿道路中心线展开绘制的立面图，即用垂直剖面沿着道路中心线将路线剖开而画出的断面图，它表达了道路的竖（高）向位置关系（代替三面投影图的正面投影）。道路横断面图是沿道路中心线垂直方向绘制的剖面图，即在设计道路的适当位置上按垂直路线方向截断而画出的断面图，它表达了道路的横断面设计情况（代替三面投影图的侧面投影）。由于道路路线狭长、曲折、随地形起伏变化较大，土石方工程量也就非常大，所以用一系列路基横断面图来反映道路各控制位置的土石方填挖情况。而构筑物详图则是表现路面结构构成及其他构件、细部构造的图样。用这些图样来表现道路的平面位置、线形状况、沿线地形和地物情况、高程变化、附属构筑物位置及类型、地质情况、纵横坡度、路面结构和各细部构造、各部分的尺寸及高程等。

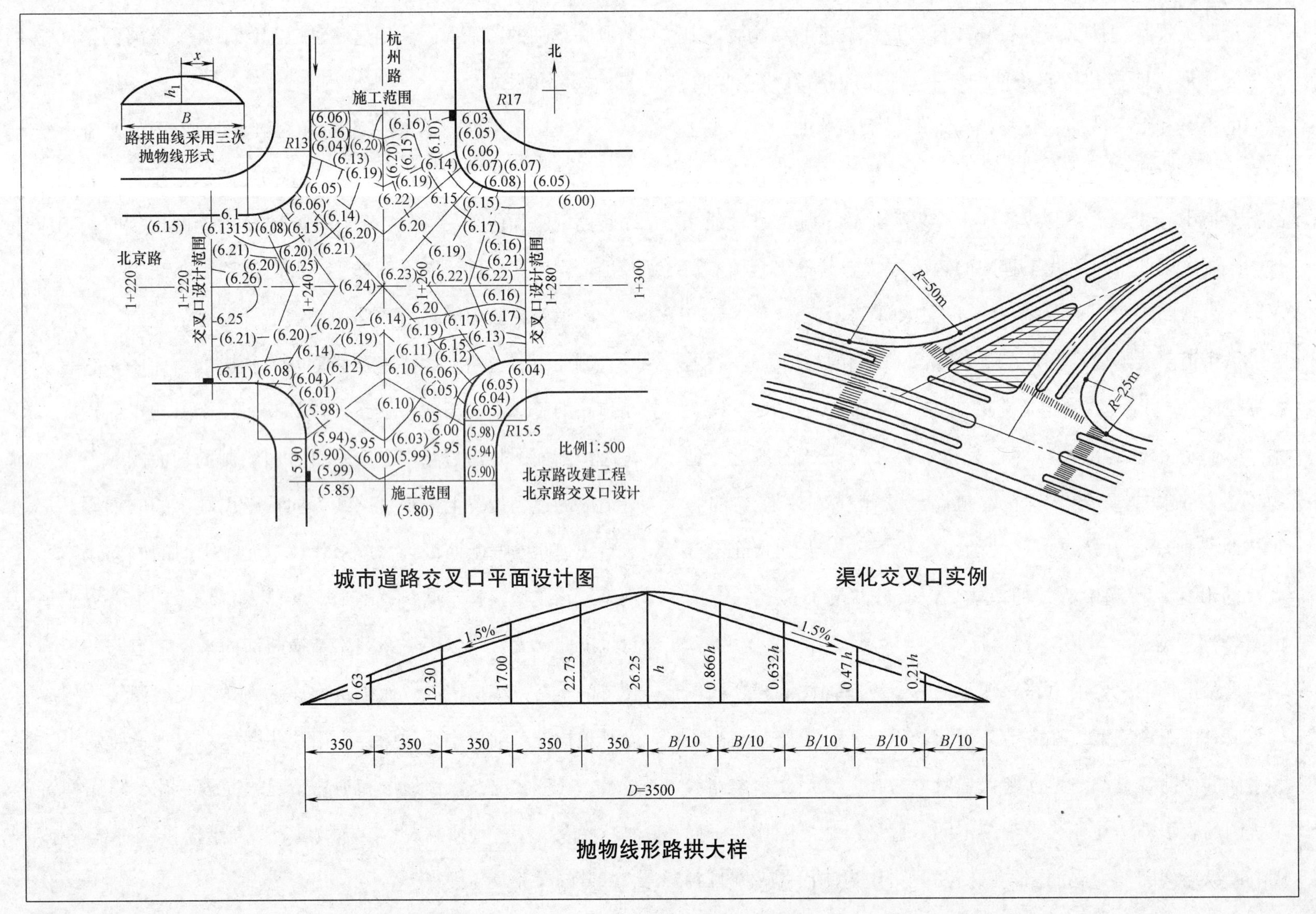

城市道路交叉口平面设计图

渠化交叉口实例

抛物线形路拱大样

立体交叉的分类及基本形式：

河
流

分离式立体交叉　菱形立体交叉　部分首蓿叶形立体交叉

集散车道
变速车道

首蓿叶形立体交叉　部分定向式立体交叉　喇叭形立体交叉

集散车道
变速车道

定向式立体交叉　长条首蓿叶形立体交叉　环形立体交叉（三层）

集散车道
变速车道
机动车交通流线
非机动车交通流线

机动车交通流线
非机动车交通流线

长条首蓿叶形分行立体交叉（三层）　环形分行立体交叉（四层）

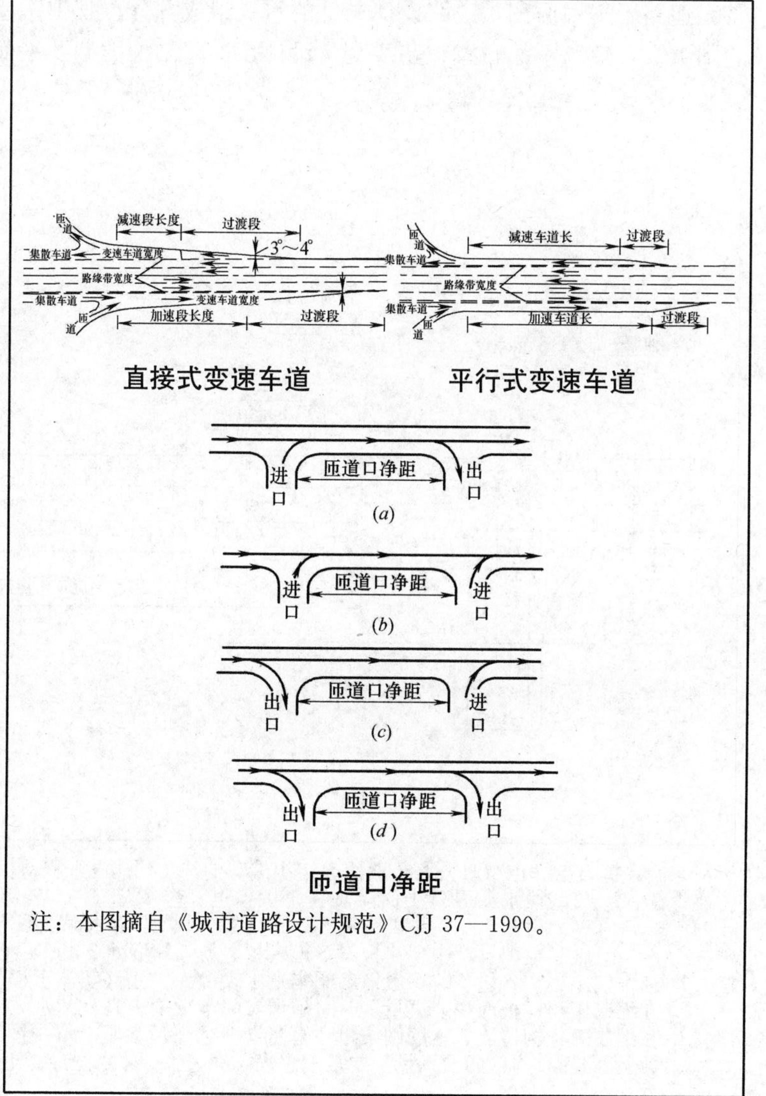

直接式变速车道　平行式变速车道

匝道口净距

注：本图摘自《城市道路设计规范》CJJ 37—1990。

道路工程平面图是道路设计文件的重要组成部分。其中主要的图纸有：道路平面布置、路线交叉设计、道路结构类型及平面交叉的形式［含正交（90°）、斜交（α<75°、β>105°）］等。主要的表格有：直线及转角表、路线交点坐标表（或含在“直线、曲线及转角表”中）、施工范围等。

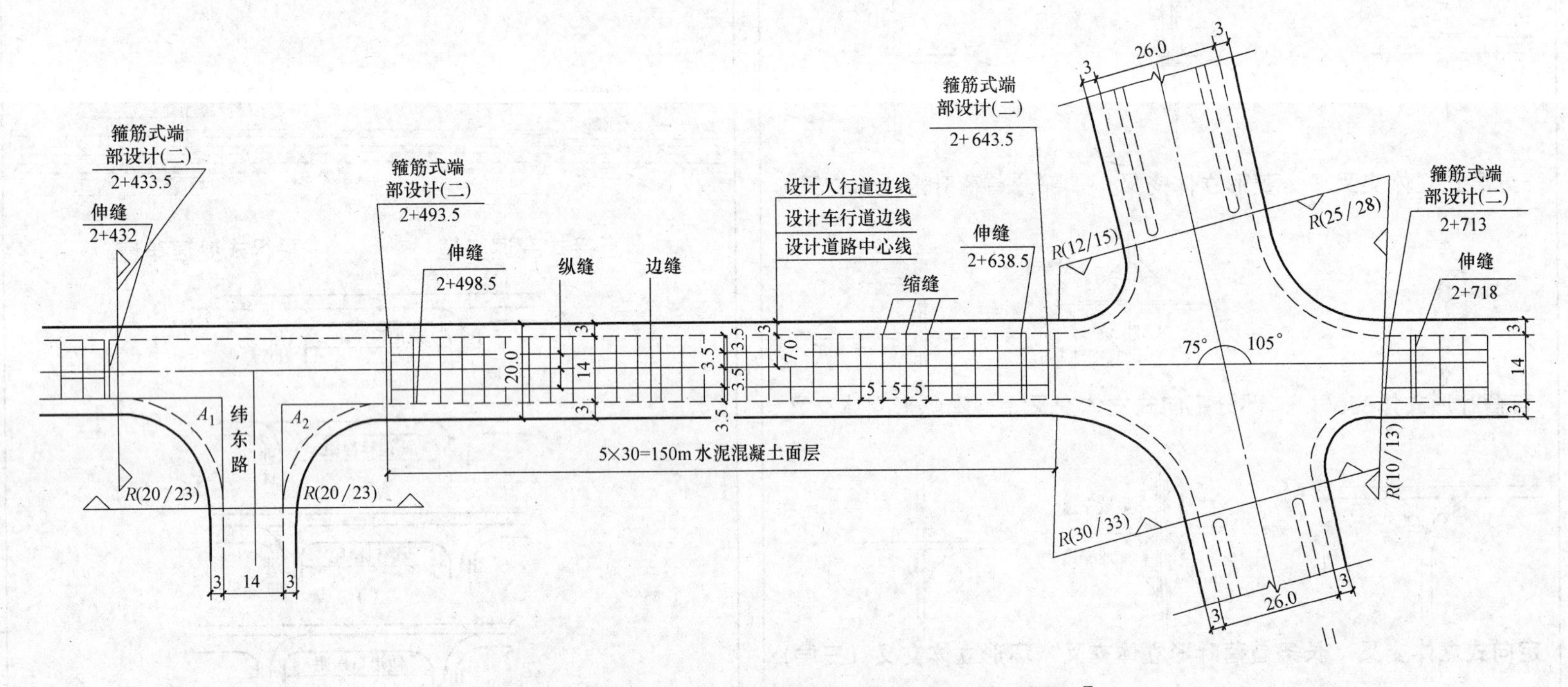

图 B-01　某道路实体工程平面图［单幅路（一块板）］

资料来源：摘自上海市市政公路行业协会组织编写的“全国建设工程造价员资格考试”考前培训教程《工程计量与计价实务》(市政工程造价专业)。

图例识读：1. 直线段水泥混凝土面层工程范围：里程桩 2K＋493.3～2K＋643.3，全长（L）150.0m；车行道宽度（B）为 14.0m，其中：每块板宽度（b）为 3.50m，共 4 块板（3.5m/块×4.0 块），水泥混凝土面层厚度（h)为 20cm；

2. 施工组织设计中 4 块板设 5 道模板、另外缩缝处 2 道、白色与黑色路面交换处 2 道计算方法。

注：1. 在编制工程“算量”时，敬请参阅本章中表 B-04“道路实体工程各类‘算量’要素统计汇总表”的释义；

2. 在编制工程模板面积“算量”时，敬请参阅本章中表 B-19“水泥混凝土面层（刚性路面）模板面积‘算量’难点解析”的释义；

3. 在编制工程构造筋、钢筋网质量“算量”时，敬请参阅本章中图 J-23“水泥混凝土路面（刚性路面）构造筋示意图”、表 J-14“水泥混凝土路面（刚性路面）构造筋‘算量’要素汇总表”和表 J-17“水泥混凝土路面（刚性路面）构造筋、钢筋网质量‘算量’难点解析”的释义。

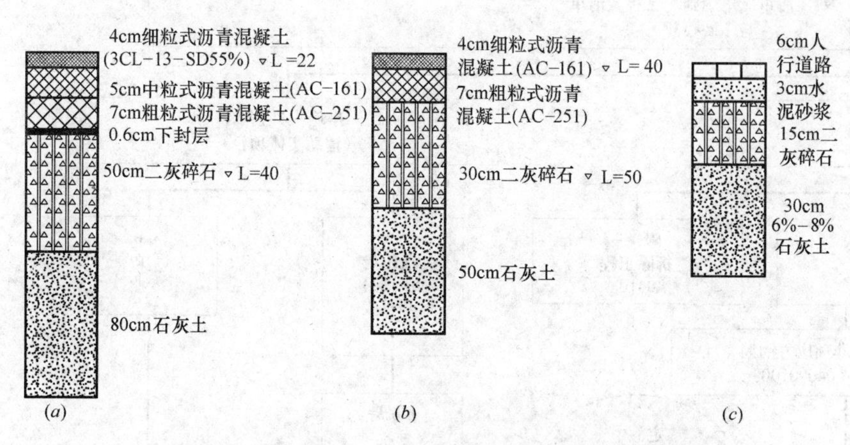

图 B-02　机动车、非机动车道路面及人行道结构

(a) 机动车道路面结构；(b) 非机动车道路面结构；(c) 人行道结构

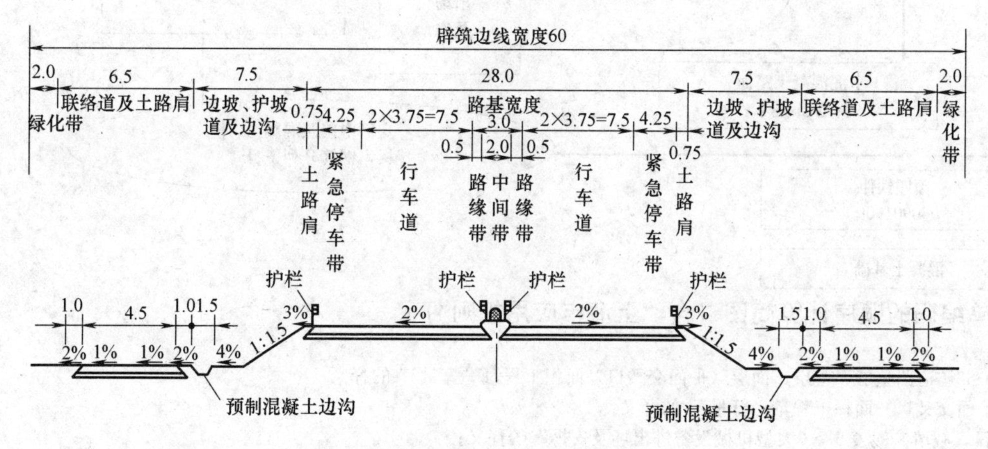

图 B-03　标准横断面图

注：路幅宽按车行道、人行道和隔离带的宽度之和计算。

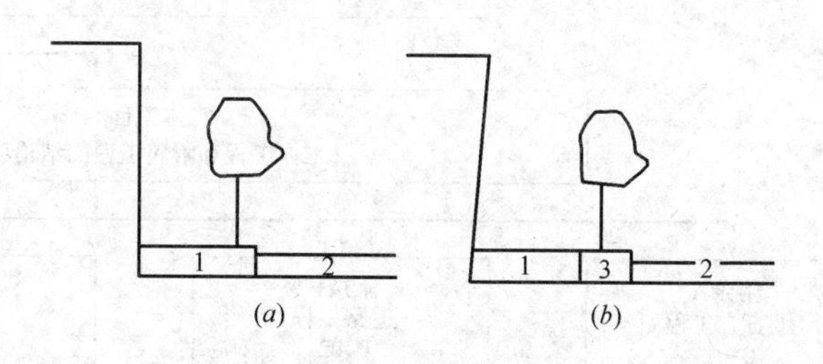

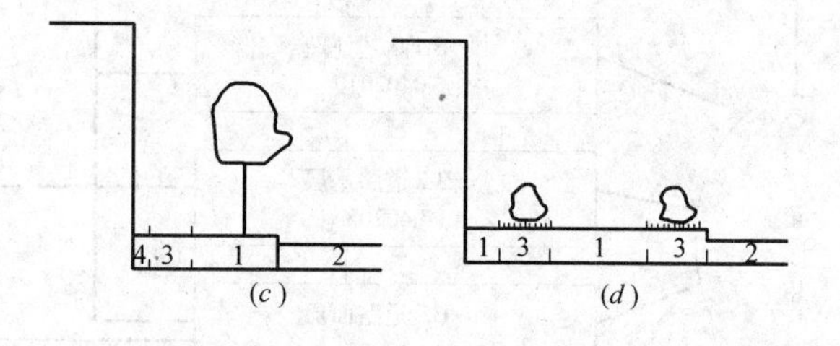

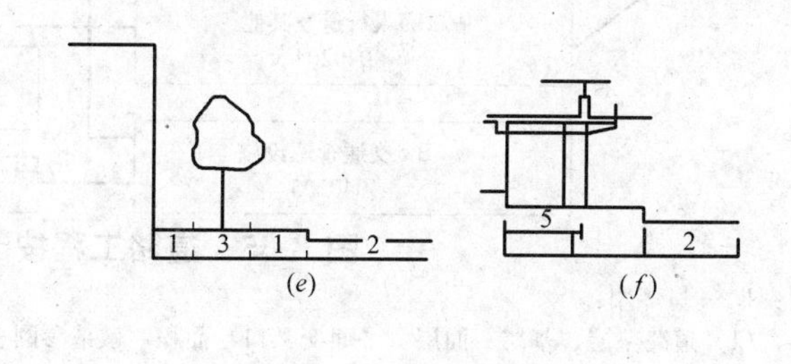

图 B-04　人行道布置形式

1—步行道；2—车行道；3—绿化带；4—散水；5—骑楼

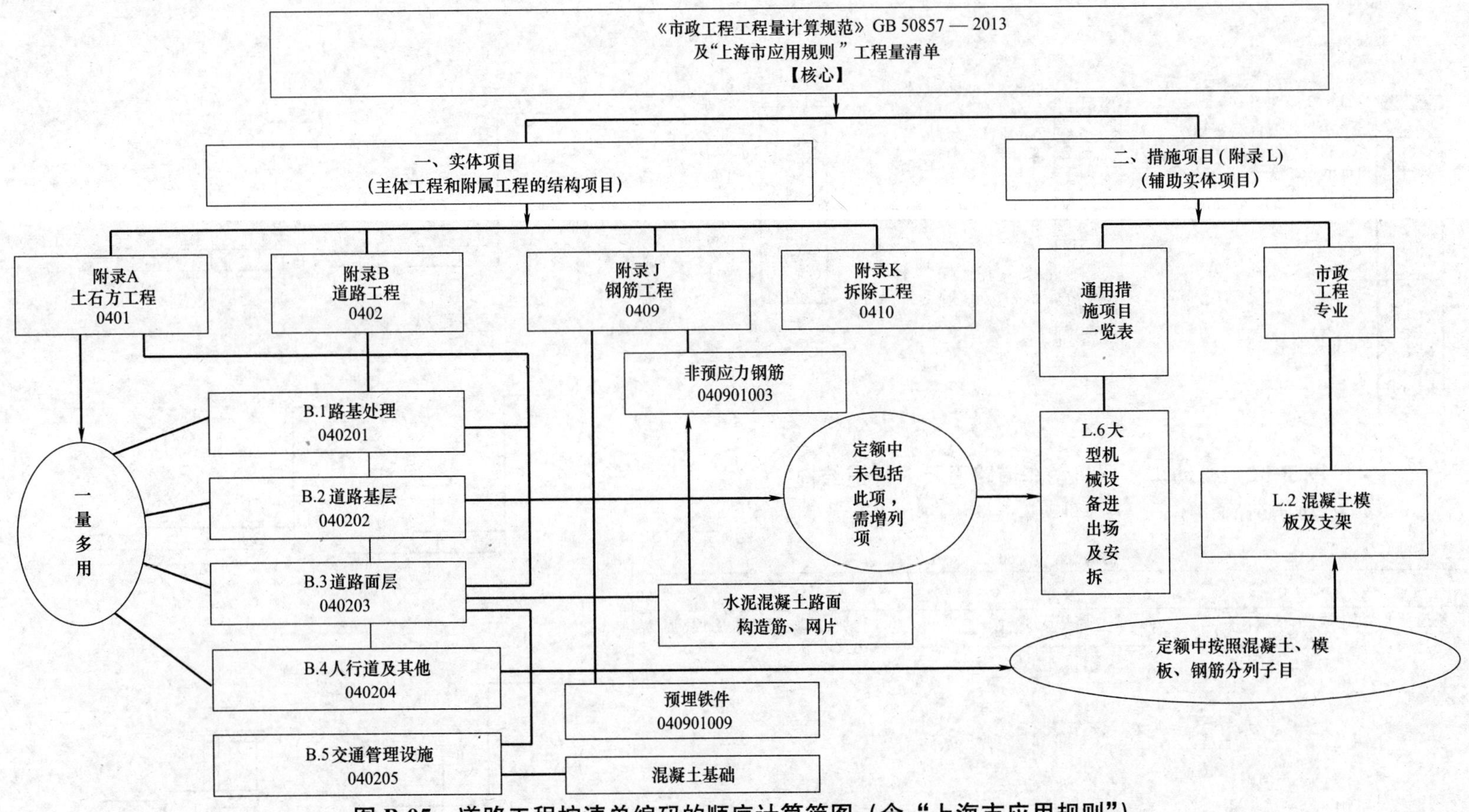

图 B-05　道路工程按清单编码的顺序计算简图（含"上海市应用规则"）

说明：1. 一量多用：

(1) 道路垫层、基层、面层（平面交叉口）面积，敬请参阅表 4-82"道路垫层、基层、面层（平面交叉口）面积工程量'算量'"的释义；

(2) 人行道（平面交叉口）面积，敬请参阅表 4-97"人行道（平面交叉口）面积工程量'算量'"的释义；

2. 大型机械设备进出场及安拆，定额中未包括此项，需增列项目，敬请参阅表 5-7"大型机械设备进出场及安拆"的释义；

3. 填方及土石方运输（项目编码：040103）中的余方或缺方体积＝挖土总体积－回填土总体积计算结果为正值表示余方外运体积，负值表示缺方（须取土）体积；

4. 如果是改建道路工程，应包括拆除工程中的有关清单项目，但不应包括道路工程土方工程量；

5. 如果道路工程包括挡墙等工作内容，还应包括桥涵护岸工程中的有关清单项目。

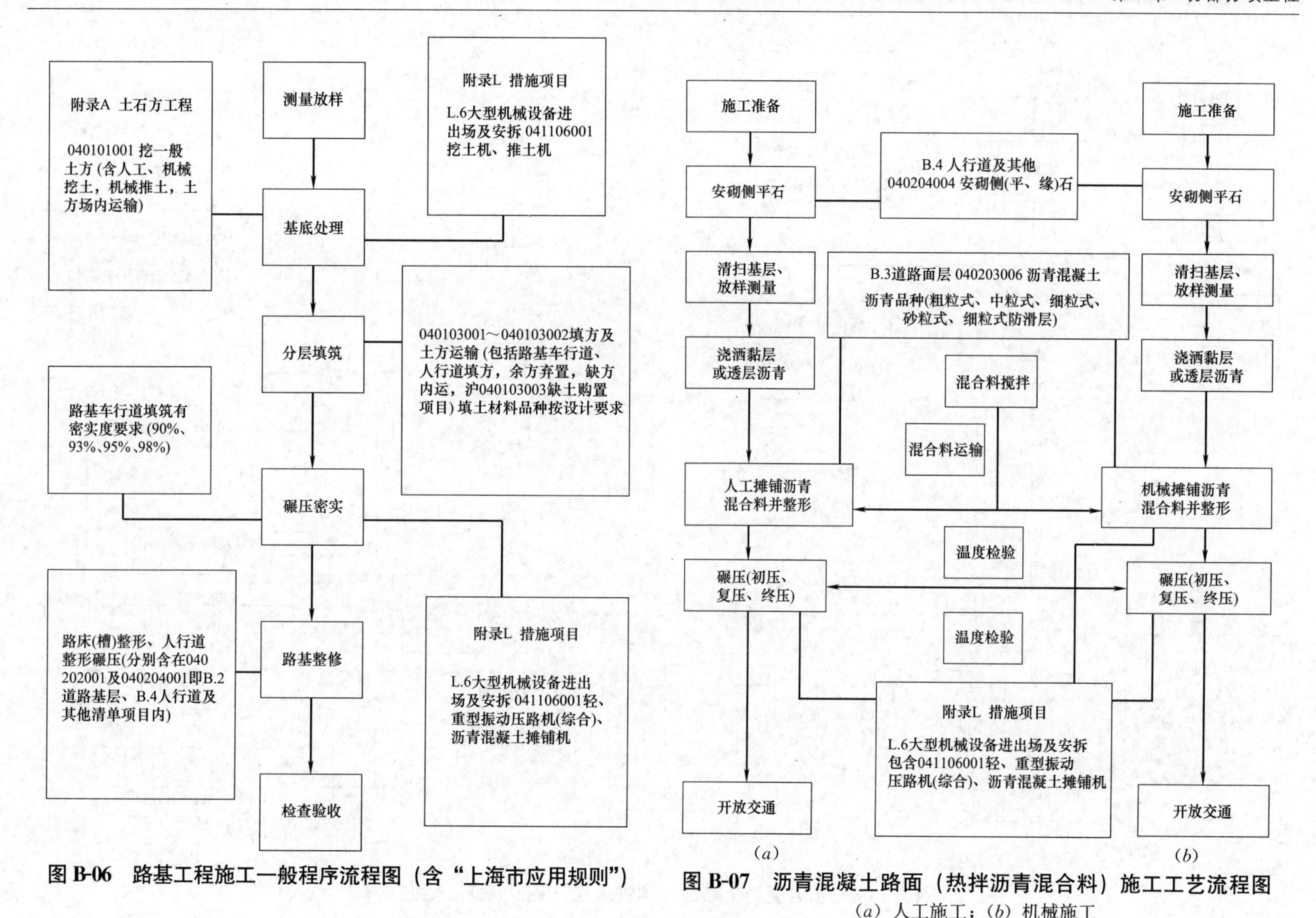

图 B-06　路基工程施工一般程序流程图（含“上海市应用规则”）

图 B-07　沥青混凝土路面（热拌沥青混合料）施工工艺流程图
（*a*）人工施工；（*b*）机械施工

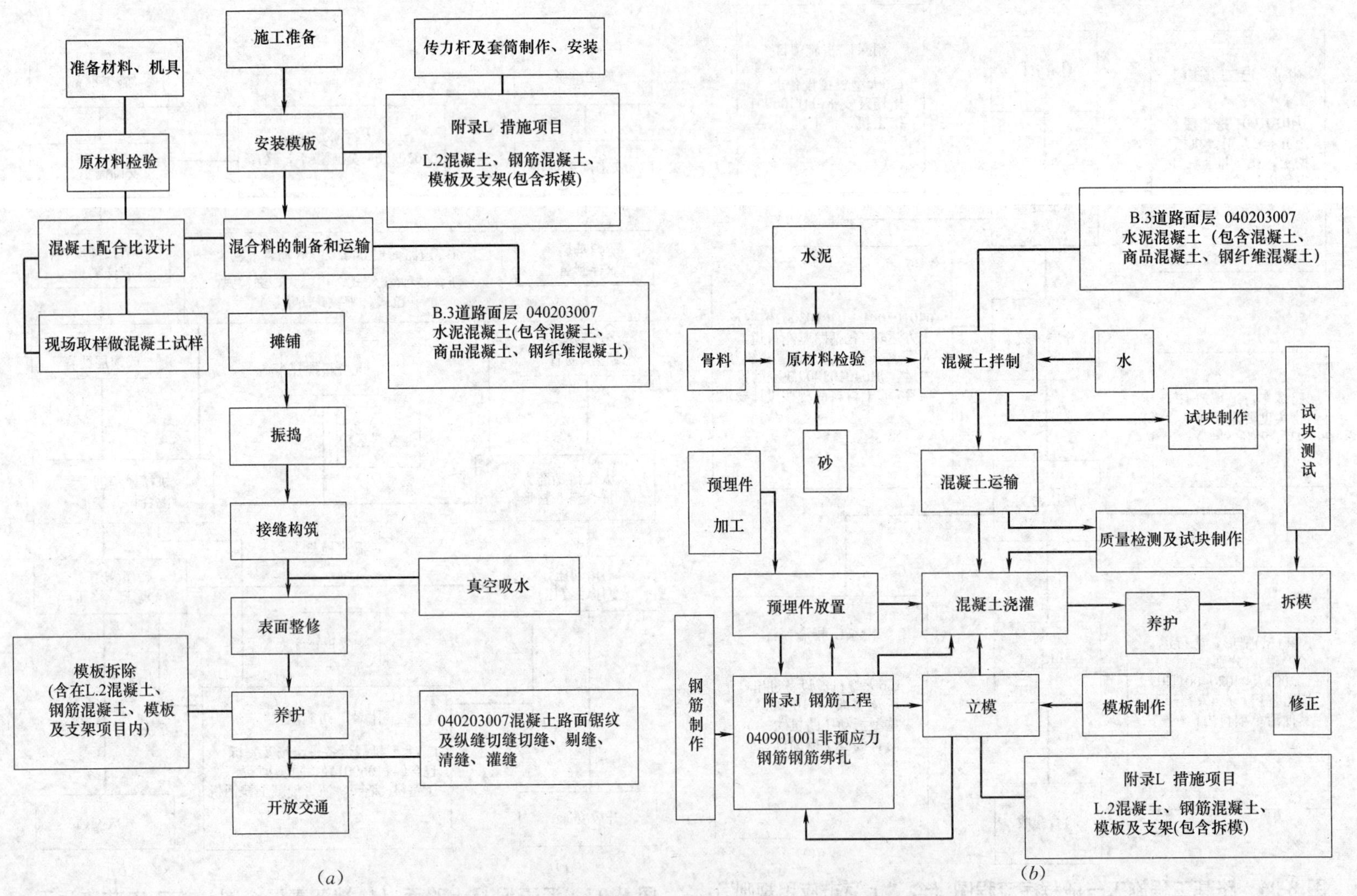

图 B-08 水泥混凝土路面（刚性路面）施工工艺流程图

(*a*) 水泥混凝土路面；(*b*) 钢筋混凝土路面

附录 B　道路工程　道路平面交叉口路口［车行道、人行道、侧（平、缘）石］转角面积、转弯长度计算公式【导读】

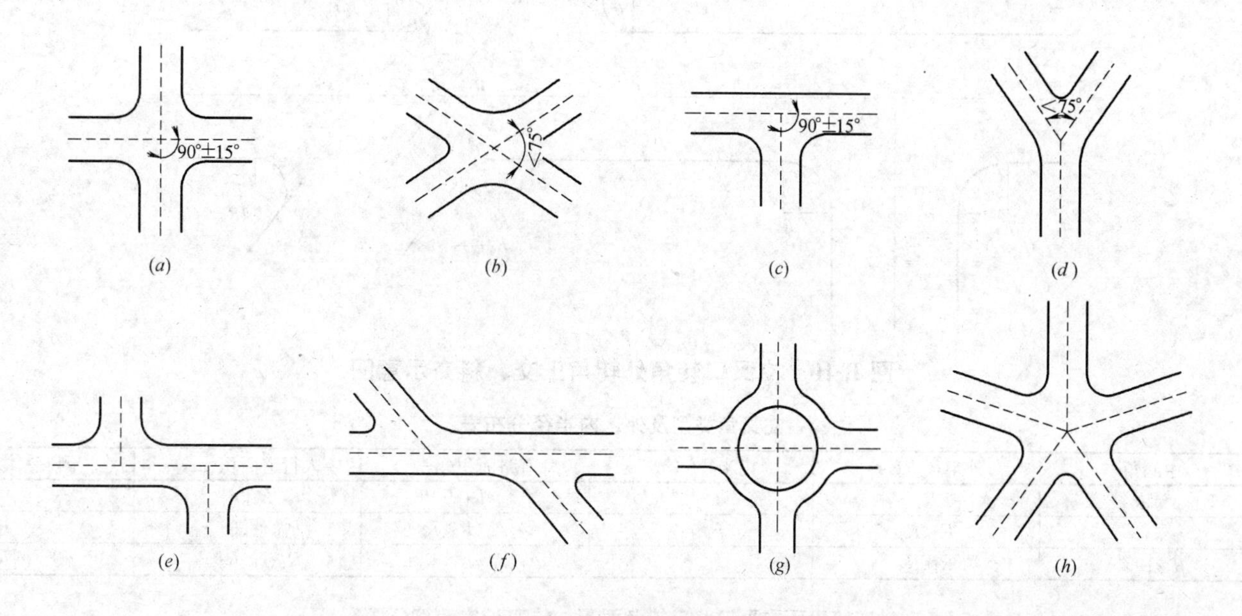

图 B-09　平面交叉的形式

(a) 十字交叉；(b) X形交叉；(c) T形交叉；(d) Y形交叉；(e) 错位交叉（正交）；(f) 错位交叉（斜交）；(g) 环形交叉；(h) 复合交叉

交叉角类型　　**表 B-01**

交叉角类型	中心角	平面交叉的形式
正交	$\alpha=90°$	十字交叉、T 形交叉、错位交叉
斜交	$\alpha<75°$	X 形交叉、Y 形交叉、错位交叉、环形交叉、复合交叉
	$\beta>105°$	

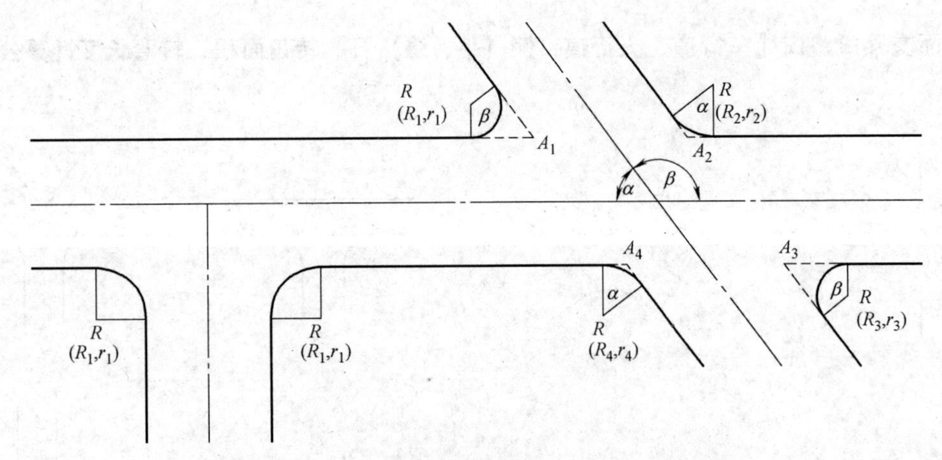

图 B-10　交叉口转角处转角正交、斜交示意图

交叉角类型及外、内半径分布表　　　　表 B-02

交叉角类型	中心角	外半径 R(m)	内半径 r(m)	道路面积(m^2)	人行道面积(m^2)	侧(平、缘)石长度(m)
正交	$\alpha=90°$	R_1	r_1	R_1	R_1、r_1	R_1
斜交	$\alpha<75°$	R_2、R_4	r_2、r_4	A_2、A_4(R_2、R_4)	R_2、r_2、R_4、r_4	R_2、R_4
	$\beta>105°$	R_1、R_3	r_1、r_3	A_1、A_3(R_1、R_3)	R_1、r_1、R_3、r_3	R_1、R_3

道路平面交叉口路口转角面积、转弯长度计算公式　　　　表 B-03

类　别		单位	直线段	正交(90°)	斜交($\alpha<75°$、$\beta>105°$)	表 示	图　示
车行道	直线段	m^2	$A_{车行道直线段}=L\times B$	—	—	基层、面层工程	B L

续表

类别		单位	直线段	正交（90°）	斜交（$\alpha<75°$、$\beta>105°$）	表示	图示
车行道	直线段	m^2	—	$A_{车行道直线段交叉口正交}=L_{pj}\times b_1$	—	基层、面层工程	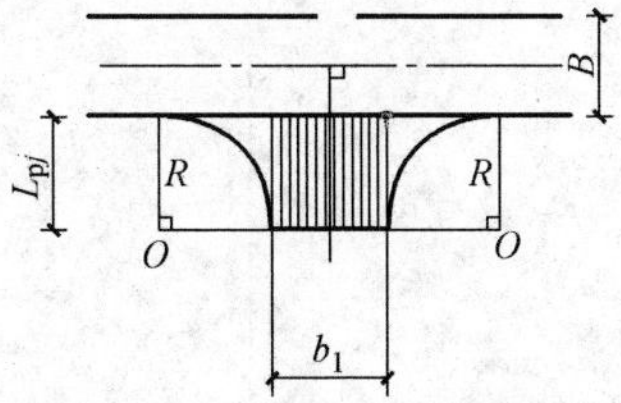
车行道	直线段	m^2	—	—	$A_{车行道直线段交叉口斜交}=[(r_1+r_2)\times\tan\frac{75°}{2}+(R_1+R_2)\times\tan\frac{105°}{2}]\div2\times b_1$	基层、面层工程	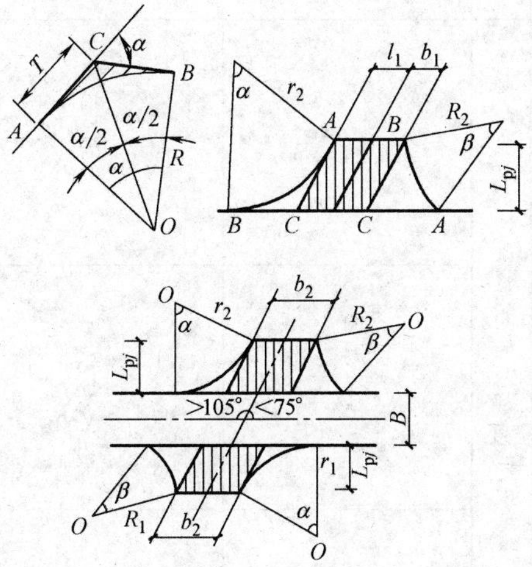
车行道	正交	m^2	—	$A_{车行道正交}=0.2146R^2\times n$	—	基层、面层工程	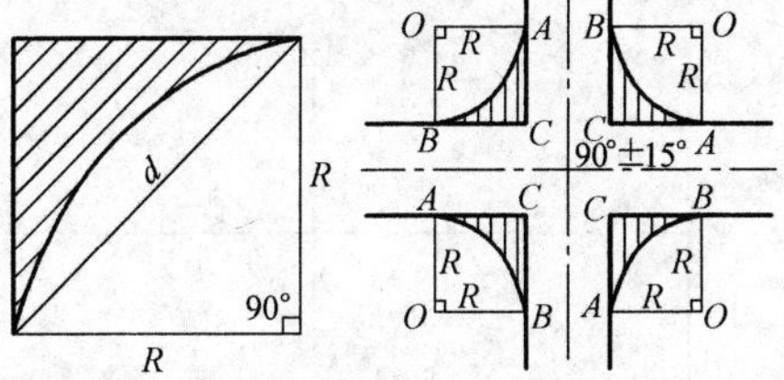

续表

类别		单位	直线段	正交 (90°)	斜交 ($\alpha<75°$、$\beta>105°$)	表示	图示
车行道	斜交	m^2	—	—	$A_{车行道斜交}=(r_1^2+r_2^2)\left(\tan\frac{\alpha}{2}-0.00873\alpha\right)+(R_1^2+R_2^2)\left(\tan\frac{\alpha}{2}-0.00873\beta\right)$ $A=(R_2^2+R_4^2)\left(\tan\frac{\alpha}{2}-0.00873\alpha\right)+(R_1^2+R_3^2)\left(\tan\frac{\beta}{2}-0.00873\beta\right)$ $A=L_{pj}\times b_1$	基层、面层工程	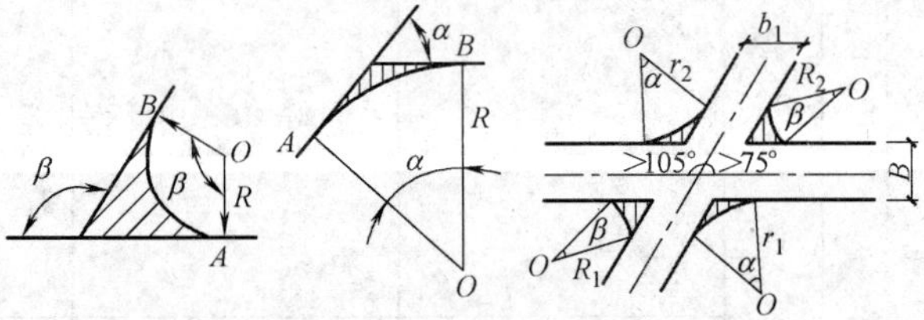
人行道	直线段	m^2	$A_{人行道直线段}=(L_1+L_2)\times t$	—	—	人行道及其他工程	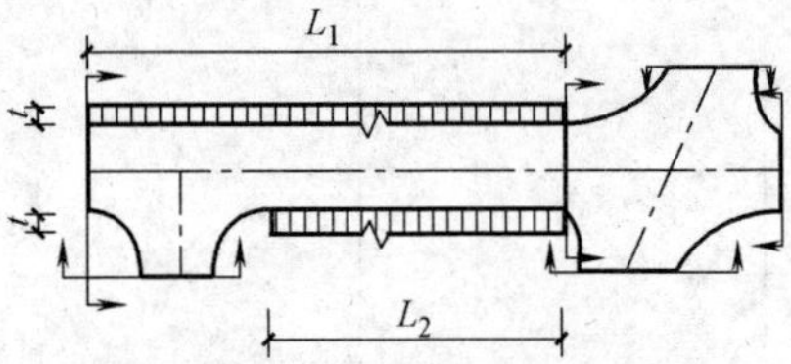
	正交		—	$A_{人行道正交}=1.5707R_{pj}\times t\times n$ $A=1.5707R_{pj}\times t\times n$	—		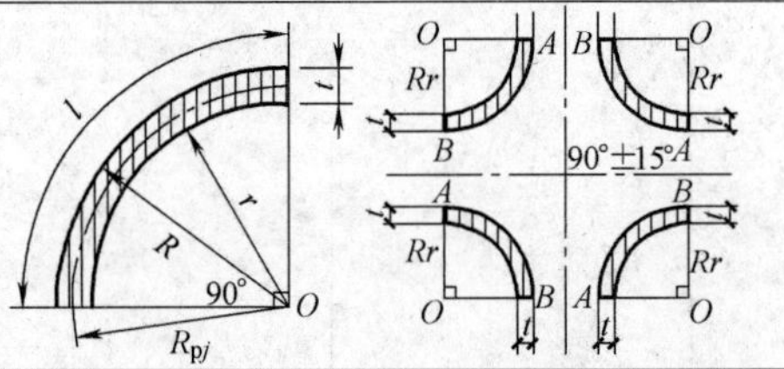
	斜交		—	—	$A_{人行道斜交}=\{0.01745\times\alpha\times[(R_1+r_1)/2+(R_2+r_2)/2]+0.01745\times\beta\times[(R_3+r_3)/2+(R_4+r_4)/2]\}\times t$ $A=\{0.01745\times\alpha\times[(R_2+r_2)/2+(R_4+r_4)/2]+0.01745\times\beta\times[(R_1+r_1)/2+(R_3+r_3)/2]\}\times t$		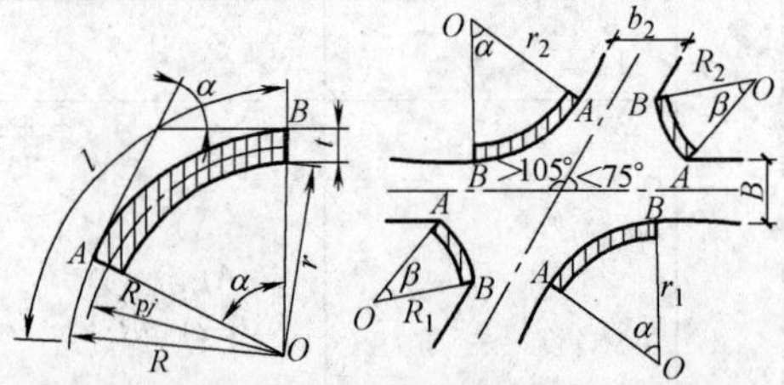
侧(平、缘)石	直线段			—	—		

续表

类别		单位	直线段	正交 （90°）	斜交 （$\alpha<75°$、$\beta>105°$）	表 示	图　示
侧（平、缘）石	正交	m	—	$L_{侧平石正交}=$ $1.5707R\times n$ $L=1.5707R\times n$	—	人行道及其他工程	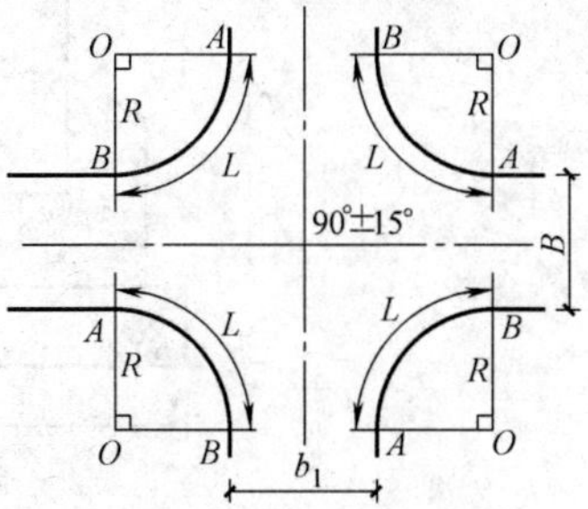
	斜交	m	—	—	$L_{侧平石斜交}=0.01745\times$ $\alpha\times(r_1+r_2)$ $+0.01745\times\beta\times(R_1+R_2)$ $L=0.01745\times\alpha\times(R_2+R_4)$ $+0.01745\times\beta\times(R_1+R_3)$	人行道及其他工程	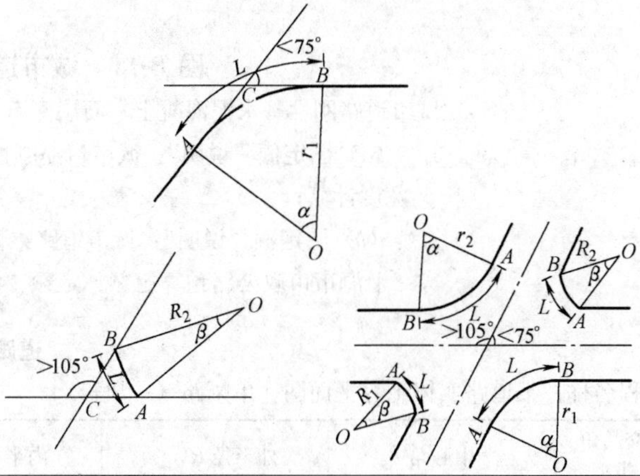
应用于道路类型			直线段	十字交叉、T 形交叉、错位交叉	X 形交叉、Y 形交叉、错位交叉、环形交叉、复合交叉	平面交叉口	

资料来源：本“【导读】”内容，摘自《市政工程工程量清单工程系列丛书·市政工程工程量清单常用数据手册》。

注：1. A 为转角部分（m^2）；L 为路口转弯弧长（m）；R 为路口边缘曲线半径（m）；R_{pj} 为路口边缘曲线平均半径（m）；t 为人行道宽度（m），n 为几（个、边、只）；

2. α、β 为两路中线交叉角或补（°）；

3. 当 α 或 β 为同角度时，两个对应角分别为 $\alpha<75°$ 时，两路交叉角外、内半径（m）为 R_2、r_2、R_4、r_4，两个对应角分别为 $\beta>105°$ 时，两路交叉角外、内半径（m）为 R_1、r_1、R_3、r_3。

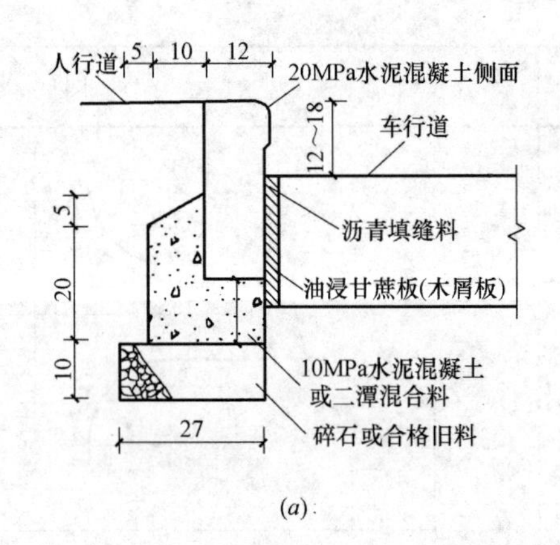

(*a*)

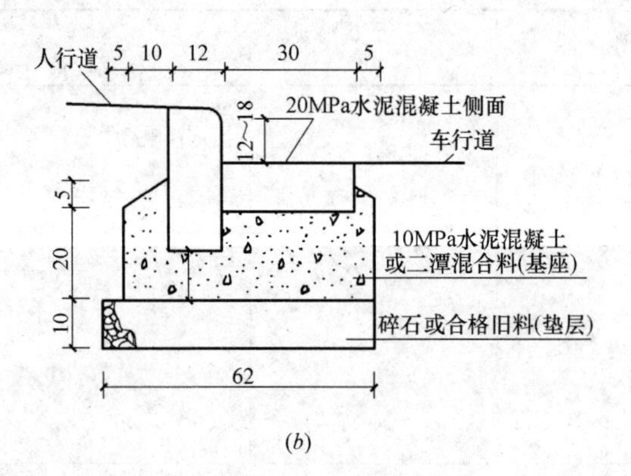

(*b*)

图 B-11　城市道路（刚、柔性）面层侧石、侧平石通用结构图

（*a*）城市道路刚性（水泥混凝土）面层侧石通用结构图；（*b*）城市道路柔性（沥青混凝土）面层侧平石通用结构图

注：1. *（*a*）图定额“说明”：城市道路刚性（水泥混凝土）面层①以设计长度乘以横断面宽度计算，②横断面宽度以侧石内侧宽度计算；

2. *（*b*）图定额“说明”：城市道路柔性（沥青混凝土）面层，带平石的面层应扣除平石所占面积；

3.《上海市市政公路预算定额》定额“说明”：预算定额中已包括了侧平石的基础和垫层。

道路实体工程各类“算量”要素统计汇总表　　　　**表 B-04**

工程名称：某道路实体工程平面图［单幅路（一块板）］

交叉角类型	中心角	外半径 R(m)		内半径 r(m)		道路面积(m²)			人行道面积(m²)		侧(平、缘)石长度(m)	
正交	$\alpha=90°$	R_1	23	r_1	20	R_1		23	r_1	20	R_1	23
斜交	$\alpha<75°$	R_2	28	r_2	25	A_2	R_2	28	r_2	25	R_2	28
		R_4	33	r_4	30	A_4	R_4	33	r_4	30	R_4	33
	$\beta>105°$	R_1	15	r_1	12	A_1	R_1	15	r_1	12	R_1	15
		R_3	13	r_3	10	A_3	R_3	13	r_3	10	R_3	13
道路长度 L:276.0m		其中:		水泥混凝土路面长度 L_1,即直线段长度:150.0m					正交 l:65.5m 1个		斜交 l_1:69.5m 1个	
桩号:2K+713～2K+437				桩号:2K+493.5～2K+643.5					桩号:2K+427～2K+497.5		桩号:2K+643.5～2K+713	

续表

<table>
<tr><th>交叉角类型</th><th>中心角</th><th>外半径 R(m)</th><th>内半径 r(m)</th><th>道路面积(m^2)</th><th>人行道面积(m^2)</th><th>侧(平、缘)石长度(m)</th></tr>
<tr><td colspan="2">道路路幅宽度 B:20.0m</td><td colspan="2">车行道宽度 B_1:14.0m(3.5m/块×4 块)</td><td>人行道宽度 t:3.0m</td><td>正交宽度 b:14.0m</td><td>斜交宽度 b_1:26.0m</td></tr>
<tr><td colspan="4">土壤类别:Ⅰ、Ⅱ类土;挖土方:1800.0m^3</td><td colspan="3">填筑土方:车行道 628.0m^3、密实度:90%;人行道 210.0m^3</td></tr>
<tr><td colspan="2">项目名称</td><td>路基</td><td>垫层</td><td>基层</td><td colspan="2">面层</td></tr>
<tr><td colspan="2">水泥混凝土路面结构层</td><td rowspan="2">盲沟(碎石)
道路路幅宽度
B:20.0m
($b \times h$=40cm×40cm)</td><td rowspan="2">h=15cm
砾石砂隔离层</td><td>h=25cm 厂拌粉煤灰粗粒径三渣</td><td colspan="2">h=20cm　C35 水泥混凝土(5～40mm)
一块板长度×宽度(5.0m×3.5m)/块
采用商品混凝土浇筑</td></tr>
<tr><td colspan="2">沥青混凝土路面结构层
(交叉口)</td><td>h=35cm 厂拌粉煤灰粗粒径三渣</td><td colspan="2">h=5cm　AC-30 粗粒式沥青混凝土
h=2.5cm　AC-15 细粒式沥青混凝土</td></tr>
<tr><td colspan="2">附属设施</td><td>预制水泥混凝土
人行道板面积</td><td>预制混凝土侧石
[采用现浇混凝土
(5～20mm)C20]
长度</td><td>预制混凝土侧平石
[采用现浇混凝土
(5～20mm)C20]长度</td><td colspan="2">混凝土块[采用现浇混凝土(5～15mm)C20]长度
(双排、宽 30cm)</td></tr>
<tr><td colspan="2" rowspan="2">钢筋工程</td><td colspan="3">水泥混凝土面层构造钢筋(非预应力钢筋)</td><td colspan="2">水泥混凝土面层钢筋网片(非预应力钢筋)</td></tr>
<tr><td colspan="3">胀缝 kg/道、建筑缝 kg/道、缩缝 kg/道、混凝土路面
自由端部 kg/道、公用事业设备窨井加固 kg/道</td><td colspan="2">钢筋网加固板块构造钢筋 kg/块</td></tr>
</table>

注：本表摘自“全国建设工程造价员资格考试”考前培训教程《工程计量与计价实务（市政工程造价专业）》，如其表 1-30“（规范型解题教案一）道路实体工程各类‘算量’要素统计汇总表”所示。

道路交通管理设施工程工程量“算量”规则　　表 B-05

项次	分部工程	分项项目	工程量“算量”
1	基础项目(属土建工程)	电缆保护管铺设长度	按实埋长度(扣除工井内净长度)计算
2	交通标志(属市政安装工程)	标杆安装	以直径×长度表示,以套计算
3		反光柱安装	以根计算
4		圆形、三角形标志板安装	按作方面积套用定额,以块计算
5		减速板安装	以块计算
6		视线诱导器安装	以只计算

续表

项次	分部工程	分项项目	工程量“算量”
7	交通标线(属土建工程)	实线	按设计长度计算
8		分界虚线	按规格以线段长度×间隔长度表示,工程量按虚线总长度计算
9		横道线	按实漆面积计算
10		停止线、黄格线、导流线、减让线	参照横道线定额按实漆面积计算。减让线按横道线定额人工及机械台班数量乘以 1.05 计算
11		黄格线	用于告示驾驶人禁止在设置本标线的交叉路口临时停车,防止交通堵塞。为网格状或方框中加叉,颜色为黄色
12		导流线	表示车辆需按规定的路线行驶,不得压线或越线行驶。主要用于过宽、不规则或行驶条件比较复杂的交叉路口,立体交叉的匝道口或其他特殊地点。颜色为白色。线形有单实线、V 形线和斜纹线等
13		减速让行线	1. 为两条平行的虚线和一个倒三角形; 2. 表示车辆在此路口必须减速让干道车辆先行。其中,倒三角让行标志套用“字符标记”一节中的相应子目计算
14		文字标记	按每个文字的整体外围作方高度计算。定额编制时已考虑了空心部分的折扣系数
15	交通信号设施(属市政安装工程)	交通信号灯安装	以套计算
16		管内穿线长度	按管内长度与余留长度之和计算。所有的线在工井内都要留有 1~1.5m 的余量
17		环形检测线敷设长度	按实埋长度与余留长度之和计算
18	交通岗位设施(属市政安装工程)	值警亭安装	以只计算
19	交通隔离设施(属市政安装工程)	车行道中心隔离护栏(活动式)底座数量	按实计算。这主要是考虑每条道路的交叉口数量不同,道路交叉口处要增加底座数量
20		机非隔离护栏分隔墩数量	按实计算
21		机非隔离护栏的安装长度	按整段护栏首尾两只分隔墩外侧面之间的长度计算
22		人行道隔离护栏的安装长度	按整段护栏首尾立杆之间的长度计算

注:1. 选自《上海市市政工程预算定额》(2000)工程量计算规则及总、册说明;
2. 其中第三册道路交通管理设施工程第一章(即基础项目)、第三章(即交通标线)属市政工程,其余均属市政安装工程;
3. 本交通管理设施中涉及定额编制计算规定的款项,敬请参阅《市政工程工程量清单“算量”手册》中表 4-17“交通管理设施(编码:040205)定额编制计算规定”的释义;
4. 人工挖填土定额包括基础挖土、电缆沟槽挖土、夯填土子目;基础挖土适用于标杆基础、信号灯杆基础、工井基础等的挖土;
5. 混凝土基础定额包括混凝土、模板和钢筋子目;
6. 工井是特制的公安交通井,类似于下水道的窨井,但尺寸较小,定额中已综合了铺垫层、混凝土配制、混凝土基础浇捣、砌井、水泥砂浆抹面、安装工井盖座等全部工作内容。

砌井、水泥砂将抹面、安装工井盖座等全部工作内容。

交通管理设施工程实体工程各类“算量”要素统计汇总表 **表 B-06**

人(手)孔井	[座]	电缆保护管	[m]	标杆	[根]	标志板	[块]	视线诱导器	[只]	标线	[1. m^2. m^2]
标记	[1. 个 2. m^2]	横道线	[m^2]	清除标线	[m^2]	环形检测线圈	[个]	值警亭	[座]	隔离护栏	[m]
架空走线	[m]	信号灯	[套]	设备控制机箱	[台]	管内配线	[m]	防撞筒(墩)	[个]	警示柱	[根]
减速垄	[m]	监控摄像机	[台]	数码相机	[套]	道闸机	[套]	可变信息情报板	[套]	交通智能系统调试	[系统]

“13国标市政计算规范”与对应路基处理项目定额子目、工程量计算规则(2000)及册、章说明列项检索表 **表 B-07**

附录B 道路工程 B.1路基处理(项目编码:040201)					对应《上海市市政工程预算定额》(2000) 工程量计算规则等				
项目编码	项目名称	计量单位	工程量计算规则(共14条)	工作内容(共23项)	节及项目名称(18节45子目)	定额编号	计量单位	*工程量计算规则 第2.2.1~2.2.2条	第二册 道路工程 第一章 路基工程 *章 “说明”一条
040202001	路床(槽)整形	m^2	按设计道路底基层图示尺寸以面积计算,不扣除各类井所占面积	1. 放样 2. 整修路拱 3. 碾压成型	另:第一章 路基工程 17. 整修路基 车行道路基整修(Ⅰ、Ⅱ类) 车行道路基整修(Ⅲ、Ⅳ类)	S2-1-38~S2-1-39	m^2	第2.2.1条 道路基层及垫层以设计长度乘以横断面宽度计算。横断面宽度:当路槽施工时,按侧石内侧宽度计算;当路堤施工时,按侧石内侧宽度每侧增加15cm计算(设计图纸已注明加宽除外) 第2.2.2条 道路基层及垫层不扣除各种井位所占面积	
040202002	石灰稳定土		按设计图示尺寸以面积计算,不扣除各类井所占面积	1. 拌合 2. 运输 3. 铺筑 4. 找平 5. 碾压 6. 养护	3. 石灰土基层 厂拌石灰土基层(厚20cm) 厂拌石灰土基层(±1cm)	S2-2-5~S2-2-6	100m^2		一、本章定额厂拌石灰土中石灰含量为10%;厂拌二灰中石灰:粉煤灰为20:80;厂拌二灰土中石灰:粉煤灰:土为1:2:20,如设计配合比与定额标明配合比不同时,材料可以调整换算
040202003	水泥稳定土								
040202004	石灰、粉煤灰、土				6. 二灰土基层 厂拌二灰土基层(厚20cm) 厂拌二灰土基层(±1cm)	S2-2-11~S2-2-12	100m^2		
040202005	石灰、碎石、土								
040202006	石灰、粉煤灰、碎(砾)石				4. 二灰稳定碎石基层 二灰稳定碎石基层(厚20cm) 二灰稳定碎石基层(±1cm)	S2-2-7~S2-2-8	100m^2		

附录B 道路工程 B.1路基处理(项目编码:040201)					对应《上海市市政工程预算定额》(2000)工程量计算规则等				
项目编码	项目名称	计量单位	工程量计算规则(共14条)	工作内容(共23项)	节及项目名称(18节45子目)	定额编号	计量单位	*工程量计算规则 第2.2.1～2.2.2条	第二册 道路工程 第一章 路基工程 *章"说明"一条
040202007	粉煤灰				另:第一章 路基工程 6. 填筑粉煤灰路堤 填筑粉煤灰车行道路堤(密实度90%～98%)	S2-1-15～S2-2-18	m^3	第2.2.1条 道路基层及垫层以设计长度乘以横断面宽度计算。横断面宽度:当路槽施工时,按侧石内侧宽度计算;当路堤施工时,按侧石内侧宽度每侧增加15cm计算(设计图纸已注明加宽除外) 第2.2.2条 道路基层及垫层不扣除各种井位所占面积	
040202008	矿渣								
040202009	砂砾石								
040202010	卵石								
040202011	碎石								
040202012	块石								
040202013	山皮石								
040202014	粉煤灰三渣				7. 粉煤灰三渣基层 厂拌粉煤灰粗粒径三渣基层 厂拌粉煤灰细粒径三渣基层	S2-2-13～S2-2-16 S2-2-17～S2-2-18	$100m^2$		
040202015	水泥稳定碎(砾)石								
040202016	沥青稳定碎石								

注:1. 关于"工作内容"中"*碾压"事宜,敬请参阅本"图释集"第二章《分部分项工程》表B-17"道路工程涉及'大型机械设备进出场及安拆'列项汇总表[即第二十一条ZSM21-2-]"的诠释;

2. 关于"工作内容"中"*压实"(即沥青混凝土摊铺机、压路机等大型机械设备使用)事宜,《上海市市政工程预算定额》(2000)"总说明"第二十一条:"本定额中未包括大型机械的场外运输、安拆(打桩机械除外)、路基及轨道铺拆等。"在编制工程"算量"时,敬请参阅本"图释集"第二章《分部分项工程》表B-17"道路工程涉及'大型机械设备进出场及安拆'列项汇总表[即第二十一条ZSM21-2-]"的诠释,在编制"措施项目"时切记勿漏项(即项目编码:041106001大型机械设备进出场及安拆)。

"13国标市政计算规范"与对应道路基层项目定额子目、工程量计算规则（2000）及册、章说明列项检索表　　表B-08

附录B　道路工程　B.2道路基层(项目编码:040202)					对应《上海市市政工程预算定额》(2000)工程量计算规则等				
项目编码	项目名称	计量单位	工程量计算规则(共2条)	工作内容(共2项)	节及项目名称(7节18子目)	定额编号	计量单位	*工程量计算规则 第2.2.1～2.2.2条	第二册　道路工程　第二章　道路基层　*章"说明"一条
040202001	路床(槽)整形	m^2	按设计道路底基层图示尺寸以面积计算,不扣除各类井所占面积	1.放样 2.整修路拱 3.碾压成型	另:第一章　路基工程 17.整修路基 车行道路基整修(Ⅰ、Ⅱ类) 车行道路基整修(Ⅲ、Ⅳ类)	S2-1-38～S2-1-39	m^2	第2.2.1条　道路基层及垫层以设计长度乘以横断面宽度计算。横断面宽度:当路槽施工时,按侧石内侧宽度计算;当路堤施工时,按侧石内侧宽度每侧增加15cm计算(设计图纸已注明加宽除外) 第2.2.2条　道路基层及垫层不扣除各种井位所占面积	—
040202002	石灰稳定土	m^2	按设计图示尺寸以面积计算,不扣除各类井所占面积	1.拌合 2.运输 3.铺筑 4.找平 5.碾压 6.养护	3.石灰土基层 厂拌石灰土基层(厚20cm) 厂拌石灰土基层(±1cm)	S2-2-5～S2-2-6	100m^2		—
040202004	石灰、粉煤灰、土				6.二灰土基层 厂拌二灰土基层(厚20cm) 厂拌二灰土基层(±1cm)	S2-2-11～S2-2-12	100m^2		一、本章定额厂拌石灰土中石灰含量为10%;厂拌二灰中石灰:粉煤灰为20:80;厂拌二灰土中石灰:粉煤灰:土为1:2:20,如设计配合比与定额标明配合比不同时,材料可以调整换算
040202006	石灰、粉煤灰、碎(砾)石				4.二灰稳定碎石基层 二灰稳定碎石基层(厚20cm) 二灰稳定碎石基层(±1cm)	S2-2-7～S2-2-8	100m^2		
040202007	粉煤灰				另:第一章　路基工程 6.填筑粉煤灰路堤 填筑粉煤灰车行道路堤(密实度90%) 填筑粉煤灰车行道路堤(密实度93%) 填筑粉煤灰车行道路堤(密实度95%) 填筑粉煤灰车行道路堤(密实度98%)	S2-1-15～S2-1-8	m^3		

续表

附录B 道路工程 B.2道路基层(项目编码:040202)					对应《上海市市政工程预算定额》(2000)工程量计算规则等				
项目编码	项目名称	计量单位	工程量计算规则(共2条)	工作内容(共2项)	节及项目名称(7节18子目)	定额编号	计量单位	* 工程量计算规则 第2.2.1～2.2.2条	第二册 道路工程 第二章 道路基层 * 章"说明"一条
040202009	砂砾石	m^2	按设计图示尺寸以面积计算,不扣除各类井所占面积	1. 拌合 2. 运输 3. 铺筑 4. 找平 5. 碾压 6. 养护	1. 砾石砂垫层 砾石砂垫层(厚15cm) 砾石砂垫层(±1cm)	S2-2-1～S2-2-2	$100m^2$	第2.2.1条 道路基层及垫层以设计长度乘以横断面宽度计算。横断面宽度:当路槽施工时,按侧石内侧宽度计算;当路堤施工时,按侧石内侧宽度每侧增加15cm计算(设计图纸已注明加宽除外) 第2.2.2条 道路基层及垫层不扣除各种井位所占面积	
040202011	碎石				2. 碎石垫层 碎石垫层(厚15cm) 碎石垫层(±1cm)	S2-2-3～S2-2-4	$100m^2$		
040202014	粉煤灰三渣				7. 粉煤灰三渣基层 厂拌粉煤灰粗粒径三渣基层(厚25cm) 厂拌粉煤灰粗粒径三渣基层(厚35cm) 厂拌粉煤灰粗粒径三渣基层(厚45cm) 厂拌粉煤灰粗粒径三渣基层(厚45cm) 厂拌粉煤灰细粒径三渣基层(厚20cm) 厂拌粉煤灰细粒径三渣基层(±1cm)	S2-2-13～S2-2-16 S2-2-17～S2-2-18	$100m^2$		

注:1. 在编制工程"算量"时,敬请关注工程量计算规则中"不扣除"等规定;

2. * 计量单位,本列项检索表中"清单量"单位(单一)为 m^2、"预算量"采用扩大计量单位为 $100m^2$,个别分项子目"预算量"与"清单量"[如粉煤灰——m^2与m^3]不一致,在编制分部分项工程量清单综合单价分析表[评审和判别的重要基础及数据来源]时注意"计量单位"的换算;

3. 关于"工作内容"中"* 碾压"事宜,《上海市市政工程预算定额》(2000)"总说明"第二十一条:"本定额中未包括大型机械的场外运输、安拆(打桩机械除外)、路基及轨道铺拆等。"在编制工程"算量"时,敬请参阅本"图释集"第二章《分部分项工程》中表B-17"道路工程涉及'大型机械设备进出场及安拆'列项汇总表[即第二十一条ZSM21-2-]"的诠释;

4. * 工程量计算规则第2.4.1～2.4.2条工程"算量",敬请参阅本"图释集"第二章分部分项工程中表B-04"道路实体工程各类'算量'要素统计汇总表"及表B-03"道路平面交叉口路口转角面积、转弯长度计算公式"的诠释。

“13 国标市政计算规范”与对应道路面层项目定额子目、工程量计算规则（2000）及册、章说明列项检索表　　表 B-09

附录 B　道路工程　B.3 道路面层（项目编码：040203）					对应《上海市市政工程预算定额》（2000）工程量计算规则等				
项目编码	项目名称	计量单位	工程量计算规则（共 1 条）	工作内容（共 8 项）	节及项目名称（8 节 40 子目）	定额编号	*计量单位	*工程量计算规则 第 2.3.1～2.3.3 条	第二册　道路工程　第三章 道路面层　*章“说明”三条
040203003	透层、黏层	m²	按设计图示尺寸以面积计算，不扣除各类井所占面积，带平石的面层应扣除平石所占面积	1. 清理下承面 2. 喷油、布料	4. 沥青透层	S2-3-10	100m²	第 2.3.1 条　道路面层铺筑按设计面积计算。带平石的面层应扣除平石面积计算。面层不扣除各类井位所占面积 第 2.3.2 条　沥青混凝土摊铺如设计要求不允许冷接缝，需两台摊铺机平行操作时，可按定额摊铺机台班数量增加 70%计算	—
040203004	封层			1. 清理下承面 2. 喷油、布料 3. *压实	5. 沥青混凝土封层 砂粒式沥青混凝土封层（厚 1cm）	S2-3-S2-3-9	100m²		—
040203005	黑色碎石			1. 清理下承面 2. 拌合、运输 3. 摊铺、整型 4. *压实	3. 沥青碎石面层 人工、机械摊铺沥青碎石面层	S2-3-6～S2-3-9	100m²		—
040203006	沥青混凝土				6. 沥青混凝土面层 人工、机械摊铺粗粒式沥青混凝土 人工、机械摊铺中粒式沥青混凝土 人工、机械摊铺细粒式沥青混凝土 人工、机械摊铺砂粒式沥青混凝土 机械摊铺防滑层	S2-3-12～S2-3-13、S2-3-20～S2-3-21 S2-3-14～S2-3-15、S2-3-22～S2-3-23 S2-3-16～S2-3-17、S2-3-24～S2-3-25 S2-3-18～S2-3-19、S2-3-26～S2-3-27 S2-3-28～S2-3-29	100m²		
040203007	水泥混凝土			1. 模板制作、安装、拆除 2. 混凝土拌合、运输、浇筑 3. 拉毛 4. 压痕或刻防滑槽 5. 伸缝 6. 缩缝 7. 锯缝、嵌缝 8. 路面养护	7. 混凝土面层 混凝土道路面层 钢纤维混凝土道路面层 混凝土路面锯纹 混凝土路面纵缝切缝	S2-3-30～S2-3-33 S2-3-34～S2-3-35 S2-3-S2-3-39 S2-3-S2-3-40	100m² 100m² 100m² 100m		一、混凝土路面定额中已综合了人工抽条压缝与机械切缝、草袋养生与塑料薄膜养生、平缝与企口缝 三、混凝土路面纵缝需切缝时，按纵缝切缝定额计算

注：1. *工程量计算规则 第 2.3.1～2.3.3 条：“第 2.3.3 条模板工程量按与混凝土接触面积以平方米计算。”及*章“说明”三条：“二、混凝土路面的传力杆、边缘（角隅）加固筋、纵向拉杆等钢筋套用构造筋定额。”敬请参阅本“图释集”附录国家标准规范、全国及地方《市政工程预算定额》（附录 A～K）中附表 G-06“混凝土模板、支架和钢筋定额子目列项检索表［即第十六条］”的诠释；
2. 在编制工程“算量”时，敬请关注工程量计算规则中“不扣除”、“应扣除”、“需”、“已综合”等规定；
3. *计量单位，本列项检索表中“清单量”单位（单一）为 m²、“预算量”采用扩大计量单位为 100m²、100m，在编制分部分项工程和单价措施项目清单与计价表［评审和判别的重要基础及数据来源］时注意“计量单位”的换算；
4. 关于“工作内容”中“*压实”（即沥青混凝土摊铺机、压路机等大型机械设备使用）事宜，《上海市市政工程预算定额》（2000）“总说明”第二十一条：“本定额中未包括大型机械的场外运输、安拆（打桩机械除外）、路基及轨道铺拆等。”在编制工程“算量”时，敬请参阅本“图释集”第二章《分部分项工程》中表 B-17“道路工程涉及‘大型机械设备进出场及安拆’列项汇总表［即第二十一条 ZSM21-2-］”的诠释，在编制“措施项目”时切记勿漏项（即项目编码：041106001 大型机械设备进出场及安拆）；
5. 道路面层工程“算量”，敬请参阅本“图释集”第二章分部分项工程中表 B-03“道路平面交叉口路口转角面积、转弯长度计算公式”的诠释。

“13国标市政计算规范”与对应人行道及其他项目定额子目、工程量计算规则（2000）及册、章说明列项检索表 表B-10

<table>
<tr><th colspan="5">附录B 道路工程 B.4人行道及其他(项目编码:040204)</th><th colspan="5">对应《上海市市政工程预算定额》(2000) 工程量计算规则等</th></tr>
<tr><th>项目编码</th><th>项目名称</th><th>计量单位</th><th>工程量计算规则（共6条）</th><th>工作内容（共8项）</th><th>节及项目名称（12节57子目）</th><th>定额编号</th><th>计量单位</th><th>*工程量计算规则 第2.4.1～2.4.2条</th><th>第二册 道路工程 第四章 附属设施*章“说明”四条</th></tr>
<tr><td>040204001</td><td>人行道整形碾压</td><td>m^2</td><td>按设计人行道图示尺寸以面积计算，不扣除侧石、树池和各类井所占面积</td><td>1. 放样
2. 碾压</td><td>另:第一章 路基工程
17. 整修路基
人行道路基整修(Ⅰ、Ⅱ类)
人行道路基整修(Ⅲ、Ⅳ类)</td><td>S2-1-40～S2-1-41</td><td>m^2</td><td></td><td>—</td></tr>
<tr><td>040204002</td><td>人行道块料铺设</td><td rowspan="2">m^2</td><td rowspan="2">按设计图示尺寸以面积计算，不扣除各类井所占面积，但应扣除侧石、树池所占面积</td><td>1. 基础、垫层铺筑
2. 块料铺设</td><td>1. 人行道基础
人行道基础混凝土，采用非泵送商品混凝土
人行道三渣、碎石、道渣基础
2. 铺筑预制人行道
铺筑预制混凝土人行道板
铺筑非连锁型彩色预制块</td><td>S2-4-1～S2-4-4
S2-4-5～S2-4-10
S2-4-S2-4-11
S2-4-12～S2-4-15</td><td>$100m^2$</td><td rowspan="2">第2.4.1条 人行道铺筑按设计面积计算，人行道面积不扣除各类井位所占面积，但应扣除种植树穴面积</td><td>—</td></tr>
<tr><td>040204003</td><td>现浇混凝土人行道及进口坡</td><td>1. 模板制作、安装、拆除
2. 基础、垫层铺筑
3. 混凝土拌合、运输、浇筑</td><td>1. 人行道基础
人行道基础混凝土，采用非泵送商品混凝土
人行道三渣、碎石、道渣基础
2. 现浇人行道
人行道、斜坡混凝土，现浇彩色人行道(纸模、压模)</td><td>S2-4-1～S2-4-4
S2-4-5～S2-4-10
S2-4-16～S2-4-20</td><td>$100m^2$</td><td>二、铺筑彩色预制块人行道按路基、基础、预制块分别套用定额。现浇彩色人行道按路基、基础、现浇纸模(压模)分别套用定额
三、现浇人行道及斜坡定额中未包括道渣基础</td></tr>
</table>

续表

附录B　道路工程　B.4人行道及其他(编码:040204)					对应《上海市市政工程预算定额》(2000)工程量计算规则等				
项目编码 001～008	项目名称	计量单位	工程量计算规则 (共6条)	工作内容 (共8项)	节及项目名称 (12节57子目)	定额编号	计量单位	*工程量计算规则 第2.4.1～2.4.2条	第二册　道路工程　第四章 附属设施*章"说明"四条
040204004	安砌侧(平、缘)石	m	按设计图示中心线尺寸以长度计算	1. 开槽 2. 基础、垫层铺筑 3. 侧(平、缘)石安砌	4. 排砌预制侧平石 排砌预制侧石、平石、侧平石、隔离带侧石、高侧平石、高侧石 6. 混凝土块砌边 混凝土块砌边(单、双排宽) 7. 小方石砌路边线 小方石砌路边线(单、双排宽)	S2-4-21～S2-4-26 S2-4-28～S2-4-29 S2-4-30～S2-4-31	m	第2.4.2条　侧平石按设计长度计算,不扣除侧向进水口长度	—
040204005	现浇侧(平、缘)石			1. 模板制作、安装、拆除 2. 开槽 3. 基础、垫层铺筑 4. 混凝土拌合、运输、浇筑	5. 现浇圆弧侧石 现浇隔离带圆弧侧石采用现浇混凝土(5～20mm)C20	S2-4-S2-4-27	m^3		—
040204006	检查井升降	座	按设计图示路面标高与原有的检查井发生正负高差的检查井的数量计算	1. 提升 2. 降低	10. 升降窨井、进水口及开关箱 升降窨井 升降进水口 升降开关箱 11. 调换窨井、进水口盖座及窨井盖板 调换里弄、铸铁窨井盖座 调换雨污水窨井铸铁盖 调换Ⅰ、Ⅱ型钢筋混凝土盖板	S2-4-38～S2-4-43 S2-4-44～S2-4-45 S2-4-46～S2-4-47 S2-4-48～S2-4-49 S2-4-50 S2-4-51～S2-4-52	座、套	—	一、升降窨井、进水口及开关箱和调换窨井、进水口盖座及窨井盖板定额中未包括路面修复,发生时套用相关定额计算

注:1. *章"说明"四条:"四、升高路名牌套用新装路名牌定额,并扣除定额中的路名牌";

2. 在编制工程"算量"时,关注工程量计算规则中"不扣除"、"应扣除"、"未包括"等规定;

3. *计量单位,本列项检索表中"清单量"单位(单一)为m^2、"预算量"采用扩大计量单位为$100m^2$,另个别分项子目"预算量"与"清单量"[如现浇侧(平、缘)石——m与m^3;又如检查井升降——座与座、套]不一致,在编制分部分项工程和单价措施项目清单与计价表[评审和判别的重要基础及数据来源]时注意"计量单位"的换算;

4. *工程量计算规则第2.4.1～2.4.2条工程"算量",敬请参阅本"图释集"第二章分部分项工程中表B-04"道路实体工程各类'算量'要素统计汇总表"及表B-03"道路平面交叉口路口转角面积、转弯长度计算公式"的诠释;

5. *章"说明"四条第一条中"…定额中未包括路面修复,发生时套用相关定额计算。"敬请参阅《上海市城市道路掘路修复工程收费标准》(2000)的诠释,在编制工程"算量"时,敬请参阅本"图释集"第二章分部分项工程中表E-15"排水管网工程施工修复路面宽度计算表"的诠释。

"13国标市政计算规范"与对应交通管理设施项目定额子目、工程量计算规则（2000）及册、章说明列项检索表　　表B-11

附录B　道路工程　B.5交通管理设施(项目编码:040205)					对应《上海市市政工程预算定额》(2000)工程量计算规则等				
项目编码	项目名称	计量单位	工程量计算规则 (共14条)	工作内容 (共18项)	节及项目名称 (8节153子目)	定额编号	计量单位	*工程量计算规则 第3.1.*n*～ 3.6.*n*条(19条)	第三册　道路交通管理设施工程　第一章～第五章 *章"说明"二十二条
040205001	人(手)孔井	座	按设计图示数量计算	1. 基础、垫层铺筑 2. 井身砌筑 3. 勾缝(抹面) 4. 井盖安装	第一章 基础项目 4. 工井 JXG-56工井 JXG-76工井	S3-1-12～S3-1-13	座		第一章 基础项目 章"说明"四条 一、基础挖土定额适用于工井 二、混凝土基础定额中未包括基础下部预埋件，应另行计算
040205002	电缆保护管	m	按设计图示尺寸以长度计算	敷设	第一章　基础项目 5. 电缆保护管 铺设Φ63电缆保护管 铺设Φ76电缆保护管	S3-1-14～S3-1-15	m	第一节　基础项目(1条) 第3.1.1条　电缆保护管铺设长度按实埋长度(扣除工井内净长度)计算	三、工井定额中未包括电缆管接入工井时的封头材料，应按实计算
040205003	标杆	根	按设计图示数量计算	1. 基础、垫层铺筑 2. 制作 3. 喷漆或镀锌 4. 底盘、拉盘、卡盘及杆件安装	第一章　基础项目 3. 混凝土基础 混凝土基础 基础模板 基础钢筋 第二章　交通标志 1. 标杆安装 安装柱式标杆(Φ60、Φ90、Φ140) 安装反光柱(Φ90×1200)，采用现浇混凝土(5～20mm)C25 安装弯杆、双弯杆、F杆、三F杆、四F杆、单T杆、双T杆、三T杆、四T杆(Φ…)	S3-1-9～S3-1-11 S3-2-1～S3-1-3 S3-2-4 S3-2-5～S3-2-24	m^3 m^2 t 套 根 套	第二节　交通标志(5条) 第3.2.1条　标杆安装按规格以直径×长度表示，以套计算 第3.2.2条　反光柱安装以根计算	第二章　交通标志 章"说明"四条 一、本章定额分为标杆安装、标志板安装及视线诱导器安装 二、标杆安装定额中包括标杆上部直杆及悬壁杆安装、上法兰安装及上下法兰的连接等工作内容 三、柱式标杆安装定额中按单柱式编制。若安装双柱式标杆时，按相应定额的2倍计算 四、反光镜安装参照减速板安装定额，并对材料进行抽换

续表

附录B　道路工程　B.5交通管理设施(项目编码:040205)					对应《上海市市政工程预算定额》(2000)工程量计算规则等				
项目编码 001～024	项目名称	计量单位	工程量计算规则 (共14条)	工作内容 (共18项)	节及项目名称 (6章程8节153子目)	定额编号	计量单位	*工程量计算规则 第3.1.n～ 3.6.n条(19条)	第三册　道路交通管理设施工程　第一章～第五章 *章"说明"二十二条
040205004	标志板	块	按设计图示数量计算	制作、安装	2.标志板安装 安装标志板 安装减速板	S3-2-25～S3-2-30 S3-2-31	块	第3.2.3条　圆形、三角形标志板安装按作方面积套用定额,以块计算 第3.2.4条　减速板安装以块计算	第二章　交通标志 章"说明"四条 一、本章定额分为标杆安装、标志板安装及视线诱导器安装 二、标杆安装定额中包括标杆上部直杆及悬壁杆安装、上法兰安装及上下法兰的连接等工作内容 三、柱式标杆安装定额中按单柱式编制。若安装双柱式标杆时,按相应定额的2倍计算 四、反光镜安装参照减速板安装定额,并对材料进行抽换
040205005	视线诱导器	只		安装	3.视线诱导器安装 安装反光道钉 安装路边线轮廓标 安装标志器,采用现浇混凝土(5～20mm)C25	S3-2-32 S3-2-33 S3-2-34	只	第3.2.5条　视线诱导器安装以只计算	
040205006	标线	1.个 2.m²	1.以米计量,按设计图示尺寸以长度计算 2.以平方米计量,按设计图示尺寸以面积计算	1.清扫 2.放样 3.画线 4.护线	1.线条 实线(冷漆、温漆、热熔漆) 分界虚线(冷漆、温漆、热熔漆) 黄侧石线(冷漆)	S3-3-1～S3-3-3 S3-3-4～S3-3-15 S3-3-19	km	第三节　交通标线(5条) 第3.3.1条　实线按设计长度计算 第3.3.2条　分界虚线按规格以线段长度×间隔长度表示,工程量按虚线总长度计算	第三章　交通标线(5条) 一、本章定额分为线条、箭头及字符标记 二、线条的定额宽度:实线及分界虚线为15cm,黄侧石线为20cm。若实际宽度与定额宽度不同时,材料数量可按比例换算 三、线条的其他材料费中已包括了护线帽的摊销,箭头、字符标记的其他材料费中已包括了模板的摊销,均不得另行计算 四、文字标记的高度应根据计算行车速度确定:计算行车速度≤40km/h时,字高为3m;计算行车速度为60～80km/h时,字高为6m;计算行车速度≥100km/h时,字高为9m 五、温漆子目中未包括反光材料,若发生时按实计算
040205007	标记	1.个 2.m²	1.以个计量,按设计图示数量计算 2.以平方米计量,按设计图示尺寸以面积计算		2.箭头 直行、转弯箭头(冷漆、温漆、热熔漆) 直行转弯箭头(冷漆、温漆、热熔漆) 掉头箭头(冷漆、温漆、热熔漆) 禁止掉头箭头(冷漆、温漆、热熔漆)	S3-3-22～S3-3-39 S3-3-40～S3-3-48 S3-3-49～S3-3-54 S3-3-55～S3-3-57	个	第3.3.4条　停止线、黄格线、导流线、减让线参照横道线定额按实漆面积计算。减让线按横道线定额人工及机械台班数量乘以1.05计算 第3.3.5条　文字标记按每个文字的整体外围作方高度计算	

续表

附录B 道路工程 B.5交通管理设施(项目编码:040205)					对应《上海市市政工程预算定额》(2000)工程量计算规则等				
项目编码 001～024	项目名称	计量单位	工程量计算规则 (共14条)	工作内容 (共18项)	节及项目名称 (6章程8节153子目)	定额编号	计量单位	*工程量计算规则 第3.1.*n*～ 3.6.*n*条(19条)	第三册 道路交通管理设施工程 第一章～第五章 *章"说明"二十二条
				1. 清扫 2. 放样 3. 画线 4. 护线	3. 字符标记 文字标记(冷漆、温漆、热熔漆) 倒三角让行标记(冷漆、温漆、热熔漆) 菱形预告标记(冷漆、温漆、热熔漆)	S3-3-58～S3-3-66 S3-3-67～S3-3-72	个		第三章 交通标线(5条) 一、本章定额分为线条、箭头及字符标记 二、线条的定额宽度:实线及分界虚线为15cm,黄侧石线为20cm。若实际宽度与定额宽度不同时,材料数量可按比例换算 三、线条的其他材料费中已包括了护线帽的摊销,箭头、字符标记的其他材料费中已包括了模板的摊销,均不得另行计算 四、文字标记的高度应根据计算行车速度确定:计算行车速度≤40km/h时,字高为3m;计算行车速度为60～80km/h时,字高为6m;计算行车速度≥100km/h时,字高为9m 五、温漆子目中未包括反光材料,若发生时按实计算
040205008	横道线	m^2	按设计图示尺寸以面积计算		1. 线条 横道线(冷漆、温漆、热熔漆)	S3-3-16～S3-3-18	m^2	第3.3.3条 横道线按实漆面积计算	
040205009	清除标线	m^2		清除	1. 线条 机械清除标线 化学清除标线	S3-3-20～S3-3-21	m^2		
040205010	环形检测线圈	个	按设计图示数量计算	1. 安装 2. 测试					
040205011	值警亭	座	按设计图示数量计算	1. 基础、垫层铺筑 2. 安装					
040205012	隔离护栏	m	按设计图示尺寸以长度计算	1. 基础、垫层铺筑 2. 制作、安装					
040205013	架空走线	m	按设计图示尺寸以长度计算	架线					

续表

附录B　道路工程　B.5交通管理设施（项目编码：040205）					对应《上海市市政工程预算定额》（2000）工程量计算规则等			
项目编码 001～024	项目名称	计量单位	工程量计算规则（共14条）	工作内容（共18项）	节及项目名称（6章程8节153子目）	定额编号	计量单位	*工程量计算规则 第3.1.n～3.6.n条(19条)	第三册　道路交通管理设施工程　第一章～第五章 *章“说明”二十二条
040205014	信号灯	套	按设计图示数量计算	1. 基础、垫层铺筑 2. 灯架制作、镀锌、喷漆 3. 底盘、拉盘、卡盘及杆件安装 4. 信号灯安装、调试				第四节　交通信号设施(3个) 第3.4.1条　交通信号灯安装以套计算 第3.4.2条　管内穿线长度按管内长度与余留长度之和计算 第3.4.3条　环形检测线敷设长度按实埋长度与余留长度之和计算	
040205015	设备控制机箱	台		1. 基础、垫层铺筑 2. 安装 3. 调试					
040205016	管内配线	m	按设计图示尺寸以长度计算	配线					
040205017	防撞筒(墩)	个	按设计图示数量计算	制作、安装					
040205018	警示柱	根							
040205019	减速垄	m	按设计图示尺寸以长度计算						
040205020	监控摄像机	台	按设计图示数量计算	1. 安装 2. 调试					
040205021	数码相机	套							
040205022	道闸机	套		1. 基础、垫层铺筑 2. 安装 3. 调试					
040205023	可变信息情报板	套							
040205024	交通智能系统调试	系统	按设计图示数量计算	系统调试					

表 B.1　路基处理（项目编码：040201004）掺石灰

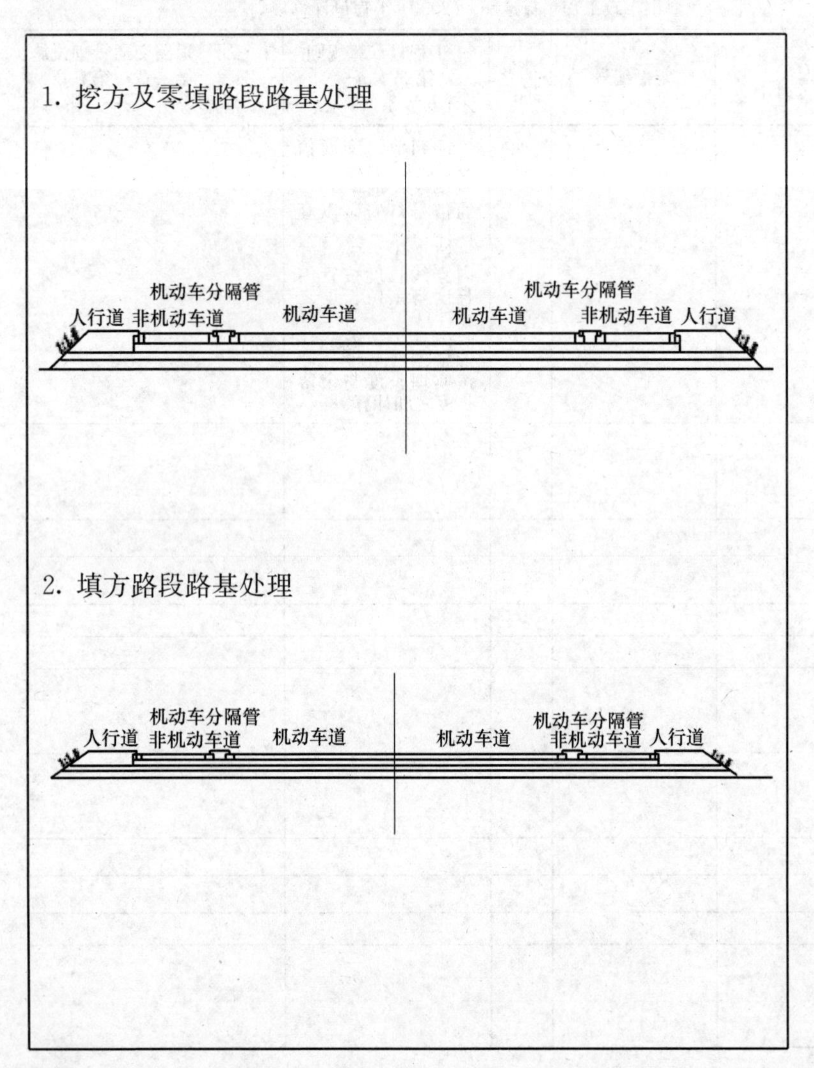

工程量清单“四统一”

项目编码	040201004
项目名称	掺石灰
计量单位	m^3
工程量计算规则	按设计图示尺寸以体积计算
项目特征描述	含灰量
工程内容规定	1. 掺石灰　2. 夯实

一、实体项目　B 道路工程

对应图示		项目名称	编码/编号
工程量清单分类		表 B.1 路基处理(掺石灰)	040201004
定额章节	分部工程	第二册　道路工程　第一章路基工程	S2-1-
	分项子目	1. 零填掺灰土路基(石灰含量 7%)	S2-1-22
		2. 零填掺灰土路基(石灰含量 ±1%)	S2-1-21
		3. 原槽土人工掺灰(石灰含量 8%)	S2-1-22
		4. 原槽土人工掺灰(石灰含量 ±1%)	S2-1-23
		5. 原槽土机械掺灰(石灰含量 8%)	S2-1-24
		6. 原槽土机械掺灰(石灰含量 ±1%)	S2-1-25

表 B.1　路基处理（项目编码：040201008）沙袋砂井

袋装砂井主要机具为导管式振动打桩机。采用袋装砂井基本解决了大直径砂井堆载预压存在的问题，是一种比较理想的竖向排水体系。

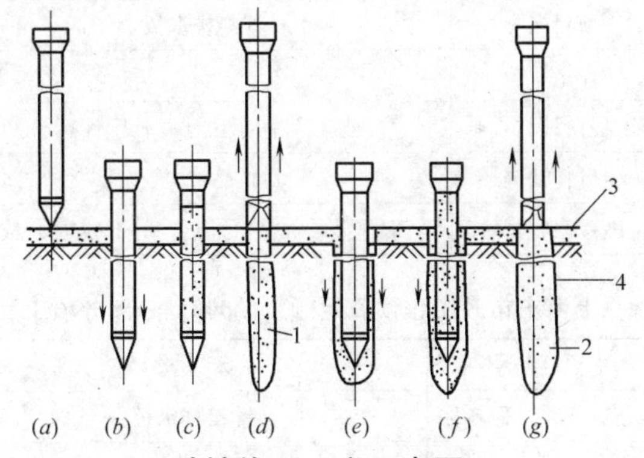

砂桩施工工序示意图

(a) 桩架就位，桩尖插在钢管上；(b) 打到设计标高；(c) 灌注砂（或砂袋）；(d) 拔起钢管，活瓣桩尖张开，砂（或砂袋）留在桩孔内一般砂桩完成；(e) 如扩大砂桩，再将钢管打到设计标高；(f) 灌注砂（或砂袋）；(g) 拔起钢管完成扩大砂桩 1—砂桩；2—扩大砂桩；3—砂垫层；4—软土层

砂桩（砂井）设置

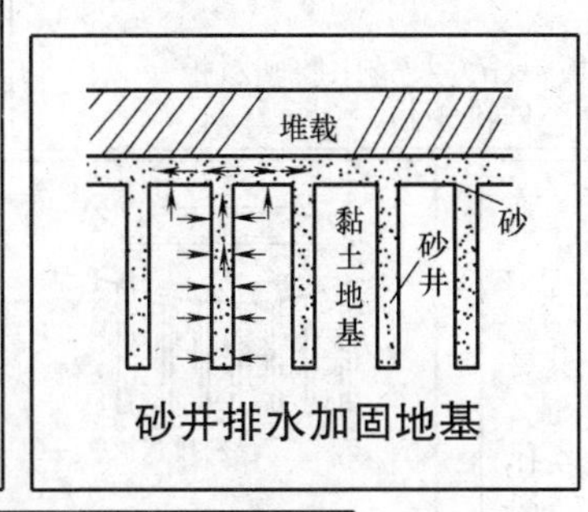

砂井排水加固地基

袋装砂井是用于软土地基处理的一种竖向排水体，一般采用导管打入法，即将套管打入土中预定深度，再将丙纶针织袋（比砂井深 2m 左右）放入孔中，然后边振动边灌砂直至装满为止，徐徐拔出套管，再在地基上铺设排水砂垫层，经填筑路堤、加载预压，促使软基土壤排水固结而加固。

一般情况下袋装砂井直径为 7～10cm 即能满足排出孔隙水的要求。定额按直径为 7cm 编制，深度为 20m 和每增减 1m。

袋装砂井施工程序为：孔位放样、机具定位、设置桩尖、打拔钢套管、灌砂、补砂封口等。

工程量清单“四统一”

项目编码	040201008
项目名称	沙袋砂井
计量单位	m
工程量计算规则	按设计图示尺寸以长度计算
项目特征描述	1. 直径 2. 填充料品种 3. 深度
工程内容规定	1. 制作砂袋 2. 定位沉管 3. 下砂袋 4. 拔管

《上海市市政工程预算定额》（2000）分部分项工程

子目编号	S2-1-29～S2-1-30
分部分项工程名称	Φ70 沙袋砂井（深 20m、±1m）
工作内容	详见该定额编号之“项目表”中“工作内容”的规定
计量单位	根
工程量计算规则	袋装砂井的设计直径与定额不同时，其材料可以换算

一、实体项目　B 道路工程

对应图示		项目名称	编码/编号
工程量清单分类		表 B.1 路基处理（沙袋砂井）	040201008
定额章节	分部工程	第二册道路工程　第一章路基工程	S2-1-
	分项子目	11. 沙袋砂井	S2-1-29～S2-1-30

表 B.1　路基处理（项目编码：040201009）塑料排水板

塑料排水板是带有孔道的板状物体，即由芯体和滤套组成的复合体，或由单一材料制成的多孔管道板带，插入土中形成竖向排水通道。施工时用插板机将塑料排水板插入土中。

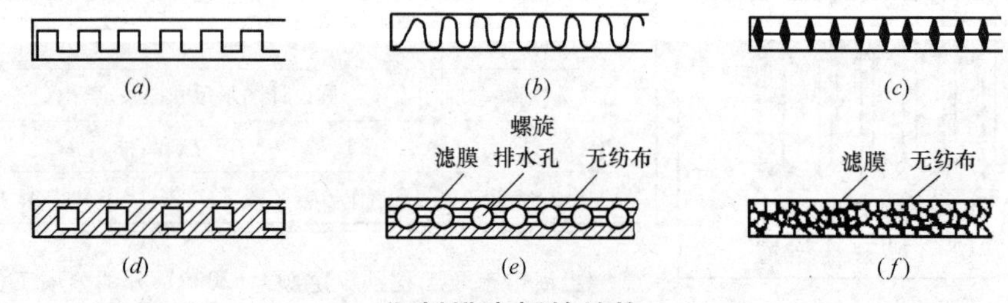

塑料排水板的结构

（a）n 槽塑料板；（b）梯形槽塑料板；（c）△槽塑料板；（d）梗透水膜塑料板；（e）无纺布螺旋孔排水板；（f）无纺布柔性排水板

塑料排水板是设置在软土地基中的竖向排水体，施工方便、简捷，效果亦佳，是带有孔道的板状物体插入土中形成竖向排水通道，缩短排水距离，加速地基的固结。

塑料排水板的结构形式可分为多孔单一结构和复合结构型。多孔单一结构由两块聚氯乙烯树脂板组成，两板之间有若干个突起物相接触，而其间留有许多孔隙，故透水性好。复合结构型塑料排水板内以聚氯乙烯或聚丙烯作为芯板，外面套上用涤纶类或丙烯类合成纤维制成的滤膜。

塑料排水板插设方式一般采用套管式，芯带在套管内随套管一起打入，随后将套管拔起，芯带留在土中。

铺设排水板施工工序为：桩机定位、沉没套管、打至设计标高、提升套管、剪断塑料排水板。

此外，还可采用石灰桩等加固措施或采用碎石盲沟、明沟等排水措施来加固地基，排除湿软地基中的水分，改善路基性质。

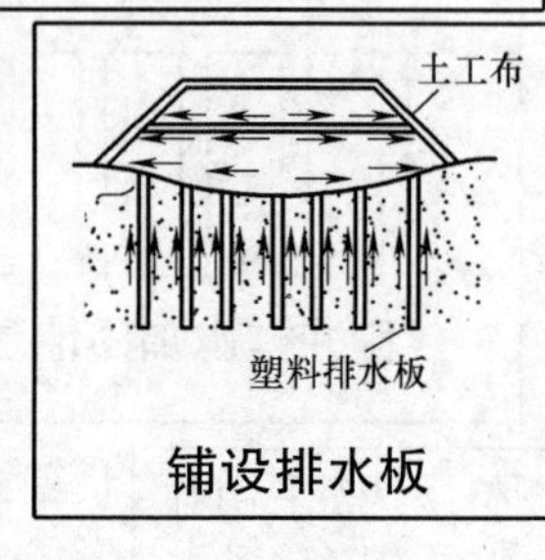

铺设排水板

工程量清单“四统一”

项目编码	040201009
项目名称	塑料排水板
计量单位	m
工程量计算规则	按设计图示尺寸以长度计算
项目特征描述	材料品种、规格
工程内容规定	1. 制作砂袋 2. 定位沉管 3. 下砂袋 4. 拔管

《上海市市政工程预算定额》（2000）分部分项工程

子目编号	S2-1-33
分部分项工程名称	铺设排水板
工作内容	详见该定额编号之“项目表”中“工作内容”的规定
计量单位	m
工程量计算规则	铺设排水板按垂直长度以米计算 铺设排水板定额中未包括排水板桩尖，可按实计算

一、实体项目　B 道路工程

对应图示		项目名称	编码/编号
工程量清单分类		表 B.1 路基处理（塑料排水板）	040201009
定额章节	分部工程	第二册道路工程 第一章路基工程	S2-1-
	分项子目	13. 铺设排水板	S2-1-33

表 B.1　路基处理（项目编码：040201013）深层水泥搅拌桩

深层搅拌桩系利用水泥作为固化剂，通过深层搅拌机在路基深部就地将软土和固化剂（浆体或粉体）强制拌合，利用固化剂和软土发生一系列物理、化学反应，使其凝结成具有整体性、水稳性好和较高强度的水泥加固体，与天然路基形成复合路基。

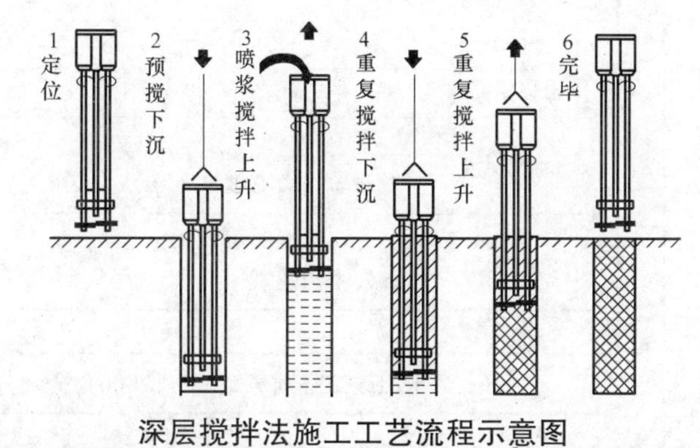

深层搅拌法施工工艺流程示意图

深层搅拌桩是利用水泥、石膏粉等材料作为固化剂，通过深层搅拌机械，在地基深处就地将软土和固化剂强制搅拌，固化剂在软土之间产生物理、化学反应，使软土硬结成具有整体性、水稳定性和符合要求强度的地基。上海地区一般采用水泥配以水玻璃及石膏粉与饱和软黏土相搅拌，形成一根根搅拌桩，互相搭接形成搅拌桩墙，既可以用于增加地基承载力和作为基坑开挖的侧向支护，也可以作为抗渗隔水帷幕。

深层搅拌桩施工主要工艺为：定位、搅拌下沉、上提喷浆搅拌、重复搅拌、清洗移位。

深层搅拌桩定额分钻进空搅、一喷二搅（水泥掺量 12%）、二喷四搅（水泥掺量 12%）、水泥掺量每增减 1%四个子目。应根据不同水泥掺量及喷搅的遍数套用定额。

（1）深层搅拌桩工程量按设计截面面积乘以桩长以立方米计算。桩长计算规定：围护桩桩长按设计桩长计算；承重桩桩长按设计桩长增加 40cm 计算。

（2）钻进空搅工程量按原地面至设计桩顶面的高度计算。

（3）深层搅拌桩平面单轴（单孔）成桩时，其重叠部分在计算工程量时不予扣除；若双轴（双孔）成桩时，相割的重叠部分不予扣除，设计 $\Phi700$ 搅拌桩双孔截面积为 0.702m^2。

工程量清单"四统一"

项目编码	040201013
项目名称	深层水泥搅拌桩
计量单位	m
工程量计算规则	按设计图示尺寸以桩长(包括桩尖)计算
项目特征描述	1. 地层情况 2. 空桩长度、桩长 3. 桩截面尺寸 4. 水泥强度等级、掺量
工程内容规定	1. 预搅下钻、水泥浆制作、喷浆搅拌提升成桩 2. 材料运输

《上海市市政工程预算定额》(2000) 分部分项工程

子目编号	S1-6-3～S1-6-6
分部分项工程名称	空搅、深层搅拌桩
工作内容	详见该定额编号之"项目表"中"工作内容"的规定
计量单位	m^3
工程量计算规则	深层搅拌桩按设计桩截面面积乘以桩长以立方米计算。桩长计算规定：围护桩桩长按设计桩长计算；承重桩桩长按设计桩长增加 40cm 计算。 空搅按原地面至设计桩顶面的高度计算。 定额中未包括大型机械安拆(打桩机械除外)、场外运输、路基及轨道铺拆等

一、实体项目　B 道路工程

对应图示		项目名称	编码/编号
工程量清单分类		表 B.1 路基处理（深层水泥搅拌桩）	040201013
定额章节	分部工程	第一册通用项目 第六章地基加固	S1-6-
	分项子目	2. 空搅、深层搅拌桩	S1-6-3～S1-6-6

表 B.1　路基处理（项目编码：040201014）粉喷桩

粉喷桩是用化学加固法进行软土地基处理的方法之一。是指用钻机打孔将石灰、水泥（或其他材料）用粉体发送器和空压机压送到土壤中，形成加固柱体，实现地基的固结。

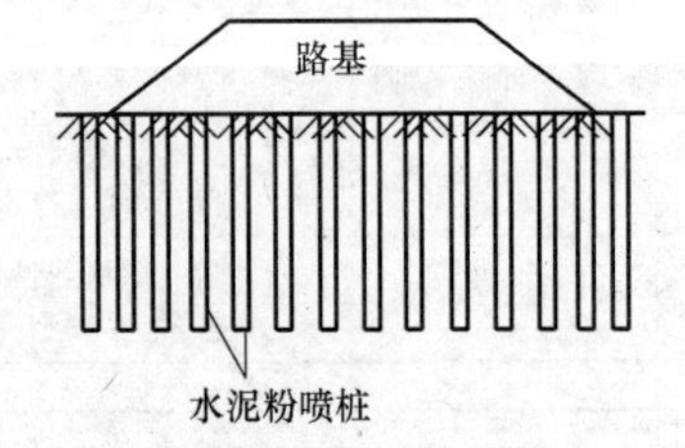

粉喷桩示意图

粉喷桩尤其适用于含水量高的淤泥质黏土，加固深度以不超过12m为宜。粉喷桩施工程序为：定位、预搅下沉、提升喷粉搅拌、重复搅拌、移位。粉喷桩定额分水泥掺量每米45kg和每米增减5kg两项，粉喷桩断面按 ϕ500 考虑。

粉喷桩工程量按设计截面面积乘以设计长度以立方米计算。

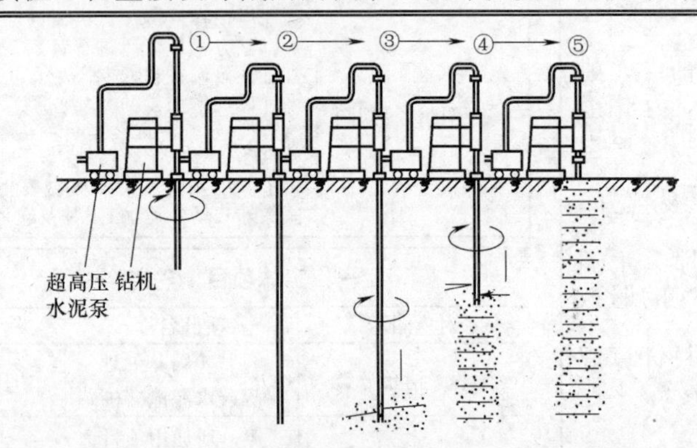

旋喷法施工程序图

①—开始钻进；②—钻进结束；③—高压旋喷开始；④—喷嘴边旋转边提升；⑤—旋喷结束

工程量清单“四统一”	
项目编码	040201014
项目名称	粉喷桩
计量单位	m
工程量计算规则	按设计图示尺寸以桩长计算
项目特征描述	1. 地层情况 2. 空桩长度、桩长 3. 桩径 4. 粉体种类、掺量 5. 水泥强度等级、石灰粉要求
工程内容规定	1. 预搅下钻、喷粉搅拌提升成桩 2. 材料运输

《上海市市政工程预算定额》（2000）分部分项工程

子目编号	S1-6-15～S1-6-16
分部分项工程名称	粉喷桩（水泥掺量45kg/m、±5kg/m）
工作内容	详见该定额编号之“项目表”中“工作内容”的规定
计量单位	m^3
工程量计算规则	粉喷桩按设计桩截面面积乘以设计长度以立方米计算。 定额中未包括大型机械安拆（打桩机械除外）、场外运输、路基及轨道铺拆等

一、实体项目　B 道路工程

对应图示		项目名称	编码/编号
工程量清单分类		表 B.1 路基处理（粉喷桩）	040201014
定额章节	分部工程	第一册通用项目 第六章地基加固	S1-6-
	分项子目	6. 粉喷桩	S1-6-15～S1-6-16

表 B.1　路基处理（项目编码：040201016）石灰桩

石灰砂桩是为加速软弱地基的固结，在地基上钻孔并灌入生石灰（或中粗砂）而形成的吸水柱体。

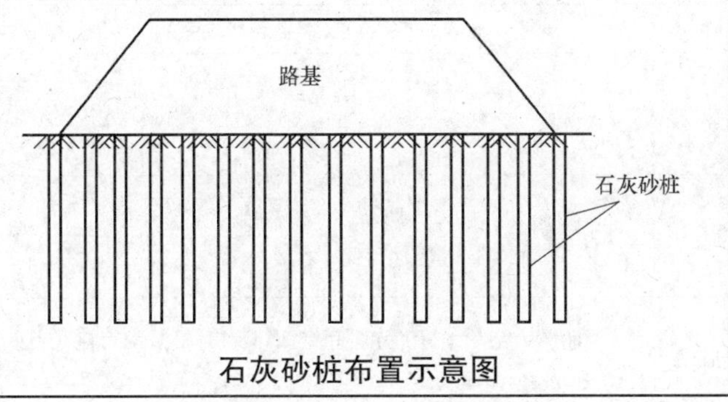

石灰砂桩布置示意图

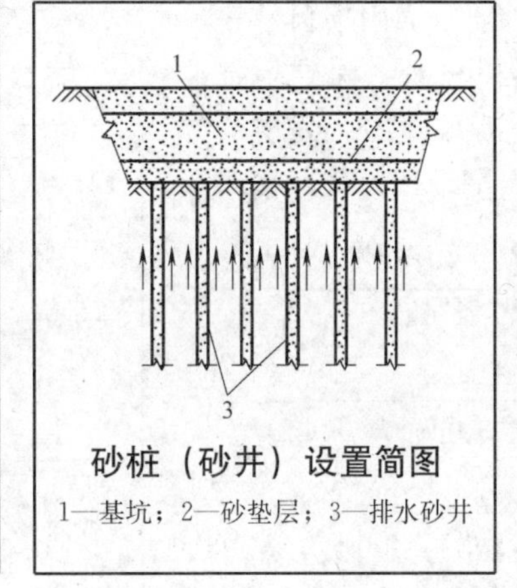

砂桩（砂井）设置简图

1—基坑；2—砂垫层；3—排水砂井

工程量清单“四统一”

项目编码	040201016
项目名称	石灰桩
计量单位	m
工程量计算规则	按设计图示尺寸以桩长(包括桩尖)计算
项目特征描述	1. 地层情况 2. 空桩长度、桩长 3. 桩径 4. 成孔方法 5. 掺合料种类、配合比
工程内容规定	1. 成孔 2. 混合料制作、运输、夯填

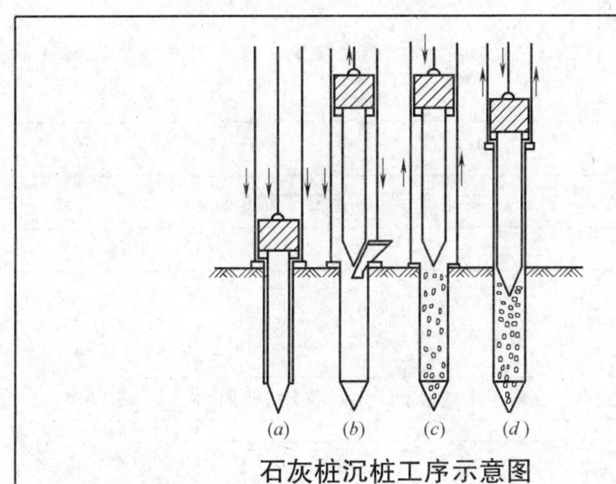

石灰桩沉桩工序示意图

(*a*) 将套管用打桩机打入到设计深度；(*b*) 拔出内套管，准备用灰斗灌入生石灰；(*c*) 在外套管内灌满生石灰；(*d*) 在拔外套管同时，将内套管连桩锤下落

《上海市市政工程预算定额》(2000) 分部分项工程

子目编号	S2-1-34
分部分项工程名称	石灰砂桩
工作内容	详见该定额编号之“项目表”中“工作内容”的规定
计量单位	m^3
工程量计算规则	详见附录 F《上海市市政工程预算定额》工程量计算规则(2000)

一、实体项目　B 道路工程

对应图示		项目名称	编码/编号
工程量清单分类		表 B.1 路基处理(石灰桩)	040201016
定额章节	分部工程	第二册道路工程 第一章路基工程	S2-1-
	分项子目	14. 石灰砂桩	S2-1-34

表 B.1　路基处理（项目编码：040201019）地基注浆（分层注浆、压密注浆）

《上海市市政工程预算定额》(2000) 第一册　通用项目　第六章　地基加固章说明“一、地基加固包括树根桩、深层搅拌桩、分层注浆、压密注浆、高压旋喷桩、粉喷桩。二、分层注浆、压密注浆、高压旋喷桩的浆体材料用量应按设计含量调整。”

《上海市市政工程预算定额》(2000) 分部分项工程

子目编号	S1-6-7～S1-6-8、S1-6-9～S1-6-11
分部分项工程名称	分层注浆、压密注浆
工作内容	详见该定额编号之“项目表”中“工作内容”的规定
计量单位	m、m^3
工程量计算规则	分层注浆、压密注浆、高压旋喷桩的浆体材料用量应按设计含量调整

第一册 通用项目 第六章 地基加固　3. 分层注浆 4. 压密注浆

项次	类别	分层注浆	压密注浆
1	工艺	1. 钻孔 2. 注浆	1. 人工钻孔 2. 机械钻孔 3. 注浆
2	适用范围	在市政工程中通常用于增加地基承载力，用于保护建筑物及地下管线；又可作为抗渗漏水帷幕	在市政工程中通常用于增加地基承载力，用于保护建筑物及地下管线；又可作为抗渗漏水帷幕
3	工作内容	钻机就位、钻进、注护壁泥浆、放置单向阀管、配制浆液、分层劈裂注浆、清理等	钻机就位、钻进、注护壁泥浆、安插注浆管、配制浆液、分段压密注浆、清理等

工程量清单“四统一”

项目编码	040201019
项目名称	地基注浆（分层注浆、压密注浆）
计量单位	1. m 2. m^3
工程量计算规则	1. 以米计量，按设计图示尺寸以深度计算　2. 以立方米计量，按设计图示尺寸以加固体积计算
项目特征描述	1. 地层情况 2. 成孔深度、间距 3. 浆液种类及配合比 4. 注浆方法 5. 水泥强度等级、用量
工程内容规定	1. 成孔 2. 注浆导管制作、安装 3. 浆液制作、压浆 4. 材料运输

一、实体项目　B 道路工程

对应图示		项目名称	编码/编号
工程量清单分类		表 B.1 路基处理 [地基注浆（分层注浆、压密注浆）]	040201019
定额章节	分部工程	第一册 通用项目 第六章 地基加固	S1-6-
	分项子目	3. 分层注浆 4. 压密注浆	S1-6-7～S1-6-8 S1-6-9～S1-6-11

表 B. 1　路基处理（项目编码：040201021）土工合成材料（软土、路基）

土工织物系采用聚酯纤维（涤纶）、聚丙烯腈纤维（腈纶）和聚丙烯纤维（丙纶）等高分子化合物（聚合物）经加工后合成。

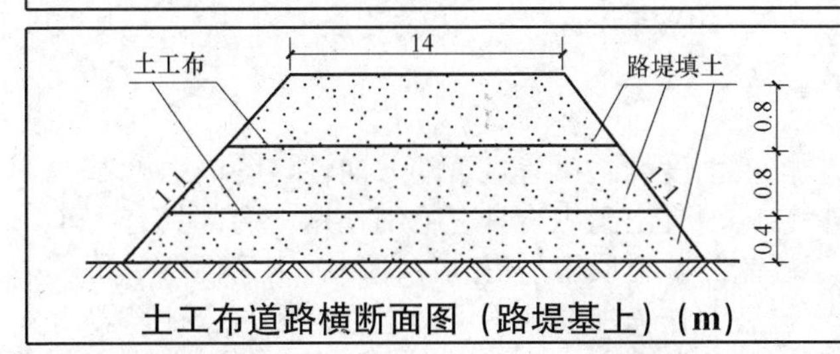

土工布道路横断面图（路堤基上）（m）

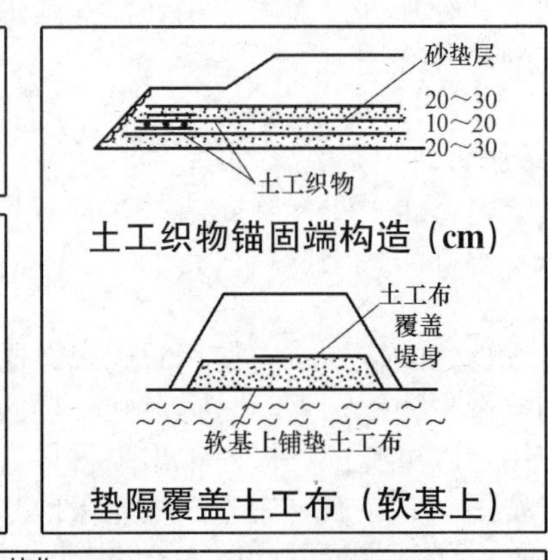

土工织物锚固端构造（cm）

垫隔覆盖土工布（软基上）

工程量清单“四统一”	
项目编码	040201021
项目名称	土工合成材料(软土、路基)
计量单位	m^2
工程量计算规则	按设计图示尺寸以面积计算
项目特征描述	1. 材料品种、规格 2. 搭接方式
工程内容规定	1. 基层整平 2. 铺设 3. 固定

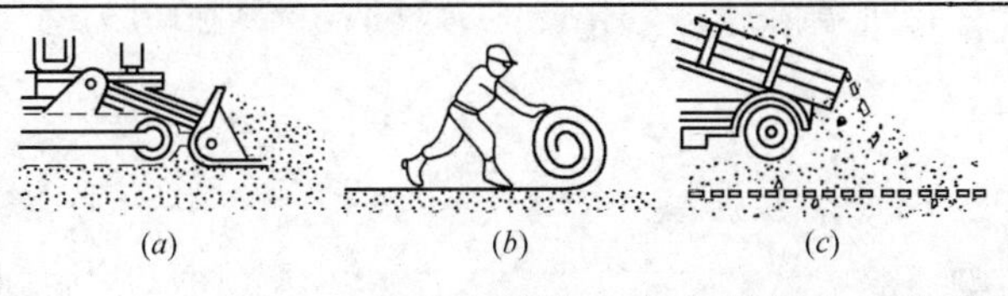

道路工程中使用土工织物施工示意图

（*a*）挖除表土和平整场地；（*b*）铺开土工织物卷材；（*c*）在土工织物上卸砂石料；（*d*）铺设和平整筑路材料；（*e*）压实路基

《上海市市政工程预算定额》（2000）分部分项工程

子目编号	S2-1-31～S2-1-32
分部分项工程名称	铺设土工布(软土、路基)
工作内容	详见该定额编号之“项目表”中“工作内容”的规定
计量单位	m^2
工程量计算规则	详见附录 F《上海市市政工程预算定额》工程量计算规则(2000)

铺设土工布等变形小、老化慢的抗拉柔性材料作为路堤的加筋体，可以减少路堤填筑后的地基不均匀沉降，可以提高地基承载能力，同时也不影响排水，大大增强路堤的整体性和稳定性。土工布摊铺应垂直道路中心线，搭接不得少于20cm，纵坡段搭接方式应似瓦鳞状，以利排水。铺设土工布必须顺直平整，紧贴土基表面，不得有皱折、起拱等现象。

定额中分别编制了在软土和路基上铺设土工布子目。

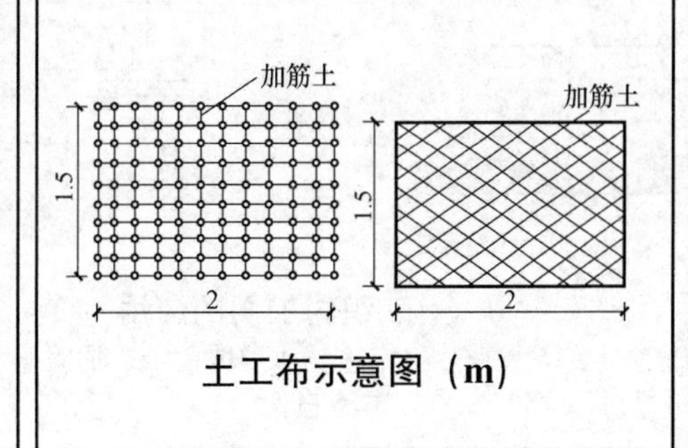

土工布示意图（m）

一、实体项目　B 道路工程

对应图示		项目名称	编码/编号
工程量清单分类		表 B. 1 路基处理[土工合成材料(软土、路基)]	040201021
定额章节	分部工程	第二册道路工程 第一章路基工程	S2-1-
	分项子目	12. 铺设土工布(软土、路基)	S2-1-31～S2-1-32

土工织物 土工织物地基又称土工聚合物地基、土工合成材料地基，系在软弱地基中或边坡上埋设土工织物作为加筋，使其形成弹性复合土体，起到排水、反滤、隔离、加固和补强等方面的作用，以提高土体承载力，减少沉降和增加地基的稳定。图“土工织物加固的应用”为土工织物加固地基、边坡的几种应用。

1. 材料要求

土工织物系采用聚酯纤维（涤纶）、聚丙烯腈纤维（腈纶）和聚丙烯纤维（丙纶）等高分子化合物（聚合物）经加工后合成。一般用无纺织成的，系将聚合物原料投入经过熔融挤压喷出纺丝，直接平铺成网，然后用胶黏剂粘合（化学方法或湿法）、热压粘合（物理方法或干法）或针刺结合（机械方法）等方法将网联结成布。

2. 特点和适用范围

土工织物具有质地柔软，重量轻，整体连续性好的特点；它使用时施工方便，抗拉强度高，没有显著的方向性，各向强度基本一致；具有弹性、耐磨、耐腐蚀性、耐久性和抗微生物侵蚀、不易霉烂和虫蛀的特性；而且土工织物具有毛细作用，内部具有大小不等的网眼，有较好的渗透性和良好的疏导作用，水可竖向、横向排出。材料为工厂制品，材质容易得到保证，施工简便，造价较低，与砂垫层相比可节省大量砂石材料，节省费用1/3左右。用于加固软弱地基或边坡，作为加筋使用可使土基形成复合地基，可提高土体强度，承载力增大3～4倍，显著地减少沉降，提高地基稳定性。土工聚合物抗紫外线（老化）能力较低，若埋在土中不受阳光紫外线照射，则不受影响，可使用40年以上。

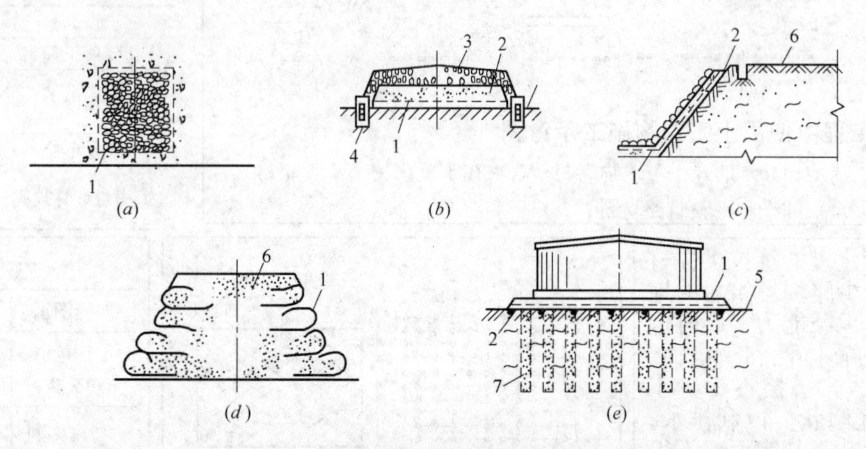

土工织物加固的应用

（*a*）排水；（*b*）稳定路基；（*c*）稳定边坡或护坡；（*d*）加固路堤；（*e*）加速地基沉降

1—土工织物；2—砂垫；3—道渣；4—渗水盲沟；5—软土层；6—填土或填料夯实；7—砂井

道路工程土工布面积"算量"难点解析 表 B-12

工程名称：某道路［单幅路（一块板）］新建工程

<table>
<tr><td rowspan="9">大数据 1. 一例（按对应预算定额分项工程子目设置对应预算定额分项工程子目代码建模）</td><td rowspan="2">预算定额</td><td colspan="4">《上海市市政工程预算定额》(2000) 第二册 道路工程 第一章 路基工程 12. 铺设土工布</td></tr>
<tr><td colspan="2">项目名称:铺设土工布(软土、路基)</td><td>定额编号:S2-1-31～S2-1-32</td><td>计量单位:m^2</td></tr>
<tr><td rowspan="4">工程量清单"五统一"</td><td colspan="4">"13 国标市政计算规范"附录 B 道路工程 表 B.1 路基处理(项目编码:040201)</td></tr>
<tr><td>项目编码</td><td>040201021</td><td>项目名称</td><td>土工合成材料</td></tr>
<tr><td>计量单位</td><td>m^2</td><td>项目特征</td><td>1. 材料品种、规格
2. 搭接方式</td></tr>
<tr><td>工程量计算规则</td><td colspan="3">按设计图示尺寸以面积计算</td></tr>
<tr><td>"项目特征"之描述</td><td colspan="4">按所套用的定额子目"项目表"中"材料"列的内容如①材料品种、规格②断面尺寸填写</td></tr>
<tr><td>"工作内容"之规定</td><td colspan="4">应包括完成该实体的全部内容;来源于原《市政工程预算定额》,市政工程的实体往往是由一个及以上的工程内容综合而成的</td></tr>
<tr><td>工程量计算规则</td><td colspan="4">按设计图示尺寸以面积计算</td></tr>
<tr><td colspan="6">大数据 2. 一图或表或式(工程造价"算量"要素)即设计图示净量</td></tr>
<tr><td colspan="2" rowspan="2">工程范围</td><td colspan="4">*路幅宽度 B</td></tr>
<tr><td>路幅宽度</td><td colspan="2">路堤填土厚度</td><td>路堤坡率值(1∶m)</td></tr>
<tr><td colspan="2">0K＋220～0K＋660</td><td>B=14.0m</td><td colspan="2">$h_{1,2}$=0.8m/层</td><td>1∶1</td></tr>
<tr><td colspan="6">大数据 3. 一解(按工程量计算规则演算过程表达式)"清单量"、"定额量"及相对应规定的"计量单位"</td></tr>
<tr><td rowspan="2">计算规范量演算计算式</td><td colspan="5">铺设土工布(路基)</td></tr>
<tr><td>路基土工布总宽度 $\sum B$(m)</td><td colspan="4">1. 路幅宽度 $B_{标}$=14.00m
2. 路堤横向宽度:
(1)当路堤坡率值为 1∶1 时,查*"边坡坡度换算角度、对边、斜边、长度表"得:
1)α、β 均为 45°
2)对边宽度 $b=mh$
(2)按图"土工布道路横断面图(路堤基上)(m)"所示,h_1 厚度和 h_2 厚度分别为 0.8m/层
(3)第一层,当 h=0.8m/层时,$b_1=mh\times2=1\times(0.80\times2)=1.60$m
第一层路堤横向宽度 $B_1=B+b_1=14.00+1.60=15.60$m
(4)第二层,当 h=0.80+0.80=1.60m/层时,$b_2=mh\times2=1\times(1.6\times2)=3.20$m
第二层路堤横向宽度 $B_2=B+b_1=14.00+3.20=17.20$m
3. 总宽度 $\sum B=B_1+B_2=15.60+17.20=32.80$m</td></tr>
</table>

续表

<table>
<tr><td>计算规范量演算计算式</td><td>土工合成材料面积(m^2)</td><td>工程“算量”：
1. 纵向长度 $L_{纵向}$＝0K＋220～0K＋660　[按实计算]
＝(0＋660)－(0＋220)＝440.000m
2. 路堤横向总面积：
$\sum m^2$＝总长度 $L_{总}$×总宽度$\sum B$
＝440.000×32.80＝[14432.00m^2]　即“定额量”及“计量单位”
3.“清单量”与“定额量”同值为[14432.00m^2]</td></tr>
<tr><td rowspan="2">大数据
4. 一结果（五统一含项目特征描述）</td><td colspan="2">(1)对应分部分项工程量清单与计价表[即建设单位招标工程量清单]
<table>
<tr><th>项目编码</th><th>项目名称</th><th>项目特征</th><th>工作内容</th><th>计量单位</th><th>工程量</th></tr>
<tr><td>040201021</td><td>土工合成材料</td><td>1. 材料品种、规格：涤纶针刺土工布
2. 搭接方式</td><td>1. 基层整平
2. 铺设
3. 固定</td><td>m^2</td><td>14432.00</td></tr>
</table>
如表4道-07“分部分项工程量清单与计价表[即建设单位招标工程量清单]”、表4道-08“单价措施项目清单与计价表[即建设单位招标工程量清单]”、表4道-11“分部分项工程量清单与计价表[即施工企业投标报价]”、表4道-12“单价措施项目清单与计价表[即施工企业投标报价]”、表4道-14“B.11分部分项工程量清单综合单价分析表[评审和判别的重要基础及数据来源]”所示</td></tr>
<tr><td colspan="2">(2)对应建设工程预(结)算书[按施工顺序；包括子目、量、价等分析]
<table>
<tr><th rowspan="2">定额编号</th><th rowspan="2">分部分项工程名称</th><th rowspan="2">计量单位</th><th colspan="2">工程数量</th><th colspan="2">工程费(元)</th></tr>
<tr><th>工程量</th><th>定额量</th><th>单　价</th><th>复　价</th></tr>
<tr><td>S2-1-32</td><td>铺设土工布(路基)</td><td>m^2</td><td>14432.00</td><td>14432.00</td><td></td><td></td></tr>
</table>
如表4道-06“工程量计算表[含汇总表][遵照工程结构尺寸，以图示为准]”、表4道-09“建设工程预(结)算书[按预算定额顺序；包括子目、量、价等分析]”所示</td></tr>
</table>

注：1. * 路幅宽度[即标准横断面]，敬请参阅本“图释集”附录国家标准规范、全国及地方《市政工程预算定额》(附录A～K)中附录F《上海市市政工程预算定额》工程量计算规则(2000)第二章道路工程第一节路基工程的第2.1.4条“路幅宽按车行道、人行道和隔离带的宽度之和计算”的规定；

2. * “边坡坡度换算角度、对边、斜边、长度表”，敬请参阅《市政工程工程量清单工程系列丛书·市政工程工程量清单常用数据手册》中表3-10“边坡坡度换算角度、对边、斜边、长度表”的释义；

3. 大数据“一例＋一图或表或式＋一解＋一结果”，敬请参阅本“图释集”第一章大数据“一例＋一图或表或式＋一解＋一结果”：解构“一法三模算量法”YYYYSL系统模式中图1-01“市政工程工程量清单工程量实时算量模式（‘一法三模算量法’YYYYSL系统）”的诠释，下同（系指本“图释集”第二章分部分项工程、第三章措施项目中凡有“‘算量’难点解析”之例题）；

4. 本工程“算量”要素数值，敬请参阅本“图释集”第四章编制与应用实务[“‘一法三模算量法’YYYYSL系统”（自主平台软件）]中表4道-02“在建道路实体工程[单幅路（一块板）]各类‘算量’要素统计汇总表”和表4道-14“分部分项工程量清单综合单价分析表[评审和判别的重要基础及数据来源]”的数据。

表 B.1　路基处理（项目编码：040201022）排水沟、截水沟

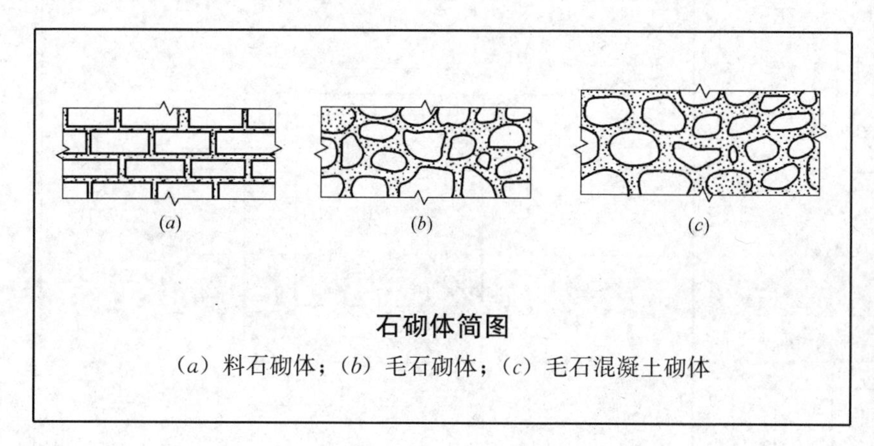

石砌体简图

（a）料石砌体；（b）毛石砌体；（c）毛石混凝土砌体

工程量清单“四统一”	
项目编码	040201022
项目名称	排水沟截水沟
计量单位	m
工程量计算规则	按设计图示尺寸以长度计算
项目特征描述	1. 断面尺寸 2. 基础、垫层：材料品种、厚度 3. 砌体材料 4. 砂浆强度等级 5. 伸缩缝填塞 6. 盖板材质、规格
工程内容规定	1. 模板制作、安装、拆除 2. 基础、垫层铺筑 3. 混凝土拌合、运输、浇筑 4. 侧墙浇捣或砌筑 5. 勾缝、抹面 6. 盖板安装

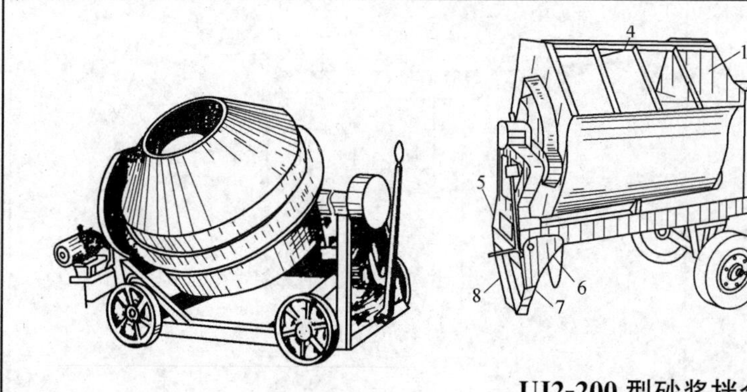

JF1000 双锥倾翻出料混凝土搅拌机

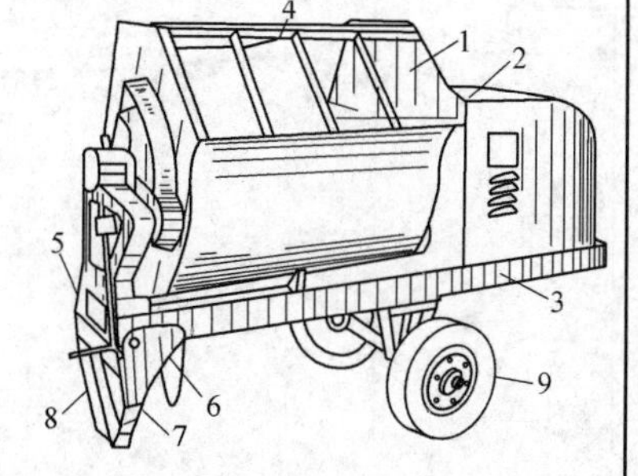

UJ2-200 型砂浆拌合机

1—装料筒；2—电动机与传动装置；3—机架；4—搅拌叶；5—卸料手柄；6—固定插销；7—支撑架；8—销轴；9—支撑轮

一、实体项目　B 道路工程

对应图示		项目名称	编码/编号
工程量清单分类		表 B.1 路基处理(排水沟、截水沟)	040201022
定额章节	分部工程		
	分项子目	桥涵及护岸现浇混凝土工程垫层铺筑：1. 基础(碎石) 排水管道开槽埋管混凝土浇筑底板：13. 排水箱涵(混凝土) 排水管道窨井砌筑：1. 窨井及进水口(窨井) 排水管道窨井抹面：2. 水泥砂浆抹面(进水口) 排水管道窨井盖板、预制、安装：5. 预制钢筋混凝土盖板(混凝土)；6. 安装盖板及盖座(钢筋混凝土盖板)	

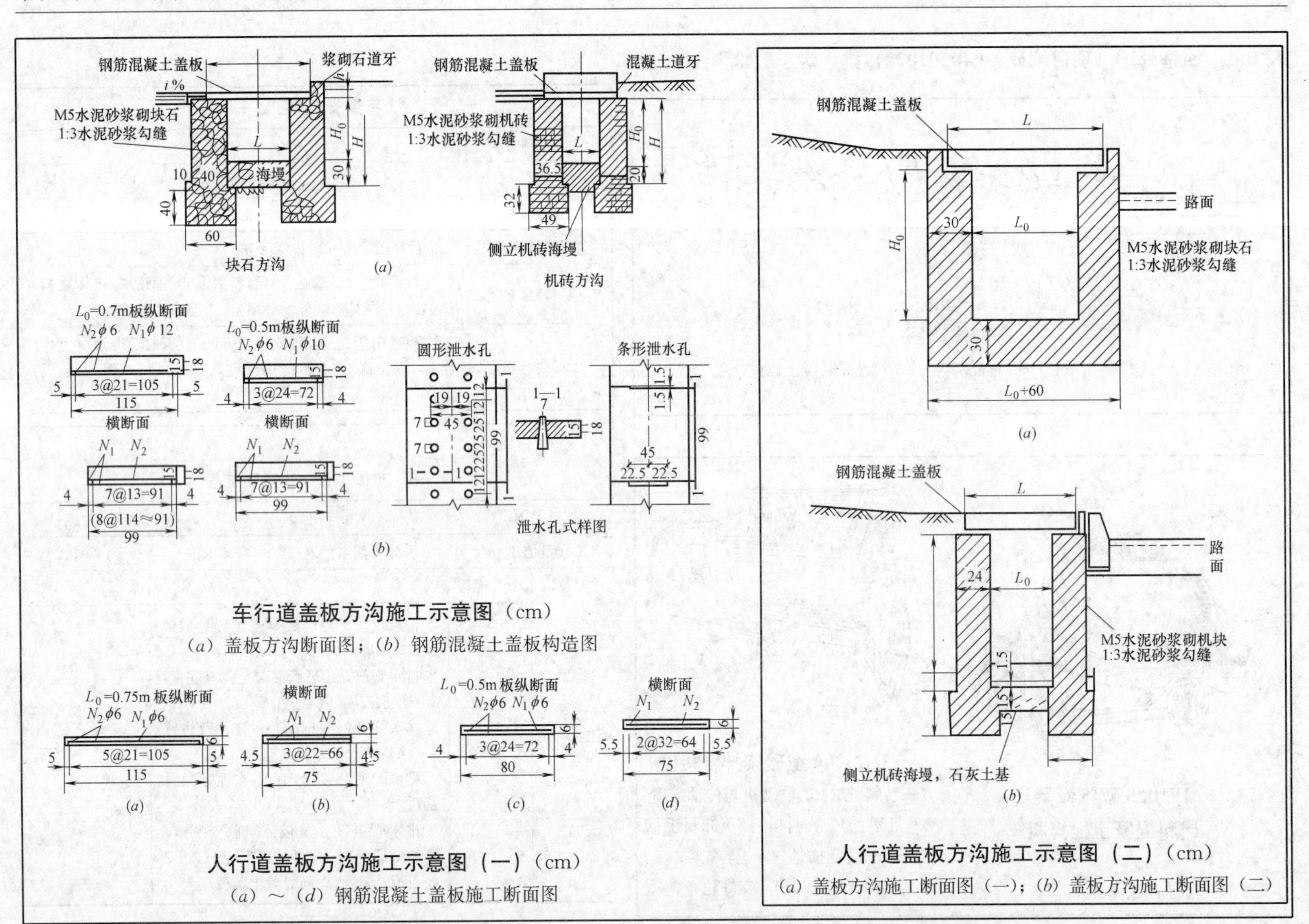

车行道盖板方沟施工示意图（cm）

（a）盖板方沟断面图；（b）钢筋混凝土盖板构造图

人行道盖板方沟施工示意图（一）（cm）

（a）～（d）钢筋混凝土盖板施工断面图

人行道盖板方沟施工示意图（二）（cm）

（a）盖板方沟施工断面图（一）；（b）盖板方沟施工断面图（二）

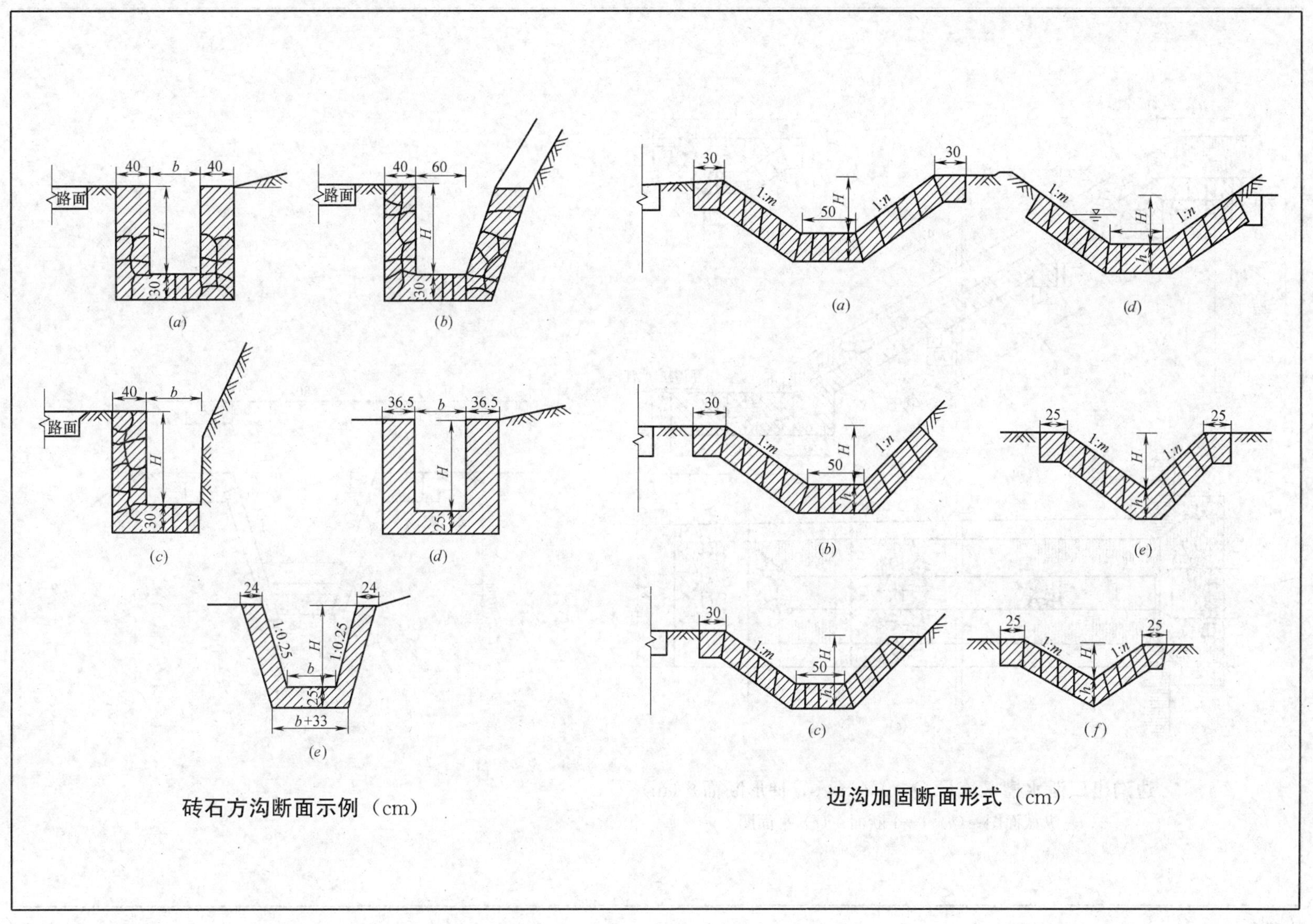

砖石方沟断面示例（cm）

边沟加固断面形式（cm）

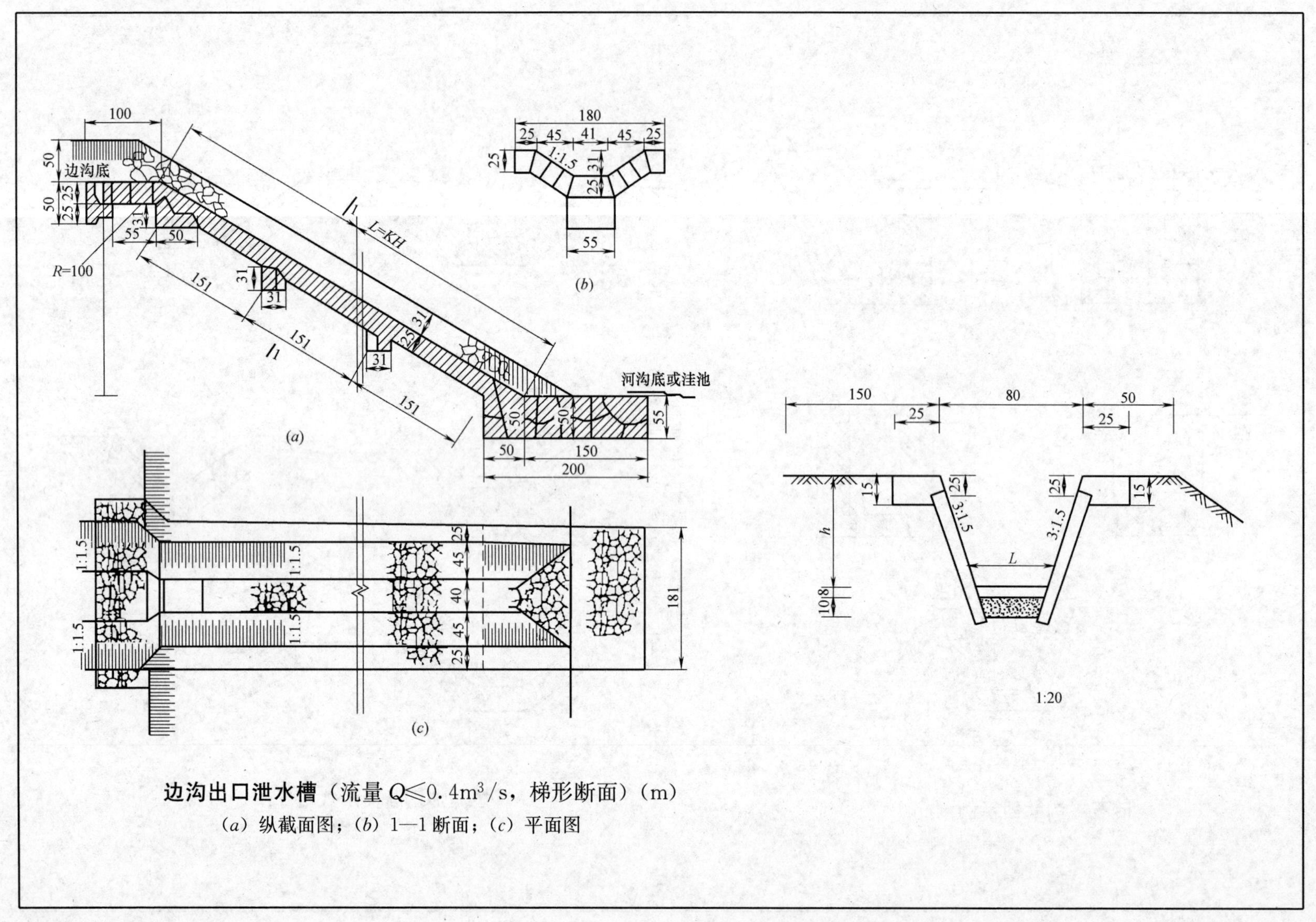

边沟出口泄水槽（流量 $Q \leqslant 0.4\mathrm{m}^3/\mathrm{s}$，梯形断面）（m）

（a）纵截面图；（b）1—1 断面；（c）平面图

表 B.1　路基处理（项目编码：040201023）盲沟

路基盲沟为路基设置的充填碎石、砾石等组粒材料并铺以过滤层（有的其中埋设透水管）的排水截水暗沟。

盲沟铺筑的规定

盲沟铺筑	1. 横向盲沟规格选用如下表"碎石盲沟断面尺寸(横向盲沟规格)的计算规定"所示
	2. 横向盲沟长度按实计算，两条横向盲沟的中间距离为 15m
	3. 纵向盲沟按批准的施工组织设计计算，断面尺寸同横向盲沟

注：1. 选自《上海市市政工程预算定额》(2000) 工程量计算规则及总、册说明；

2. 施工组织设计选用施工方法，敬请参阅《市政工程工程量清单"算量"手册》中 9.1 市政施工组织设计及表 9-1"施工组织设计涉及工程量'算量'对应选用表"的释义。

总长度 $L_{总}=L_{纵向}+L_{横向}$ = 纵向长度 $L_{纵向}$ ［按实计算］＋（纵向长度 $L_{纵向}$/@15＋1）×$B_{标}$［取整数］

碎石盲沟断面尺寸（横向盲沟规格）的计算规定

路幅宽 B(m)	B≤10.5	10.5＜B≤21.0	B＞21.0
断面尺寸(宽度×深度)	30cm×40cm	40cm×40cm	40cm×60cm

注：选自《上海市市政工程预算定额》(2000) 工程量计算规则及总、册说明。

定额说明：路幅宽按车行道、人行道和隔离带的宽度之和计算。

工程量清单"四统一"

项目编码	040201023
项目名称	盲沟
计量单位	m
工程量计算规则	按设计图示尺寸以长度计算
项目特征描述	1. 材料品种、规格 2. 断面尺寸
工程内容规定	盲沟

一、实体项目　B 道路工程

对应图示		项目名称	编码/编号
工程量清单分类		B.1 路基处理(盲沟)	040201023
定额章节	分部工程	第二册道路工程 第一章路基工程	S2-1-1
	分项子目	15. 碎石盲沟	S2-1-35

道路中心线　2.0%　1.5%　1.5%　2.0%　花岗岩界石　人行道　花岗岩侧石　车行道　花岗岩侧石　花岗岩界石　人行道　500　1400　500　2400

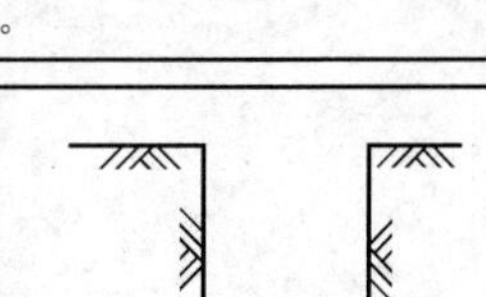

盲沟示意图

断面尺寸（宽度×深度，即 $b\times h$）

《上海市市政工程预算定额》(2000) 分部分项工程

子目编号	S2-1-35
分部分项工程名称	碎石盲沟
工作内容	详见该定额编号之"项目表"中"工作内容"的规定
计量单位	m^3
工程量计算规则	横向盲沟长度按实计算，两条横向盲沟的中间距离为 15m；纵向盲沟按批准的施工组织设计计算，断面尺寸同横向盲沟。 ∑体积＝总长度 $L_{总}$×断面尺寸(宽度×深度)

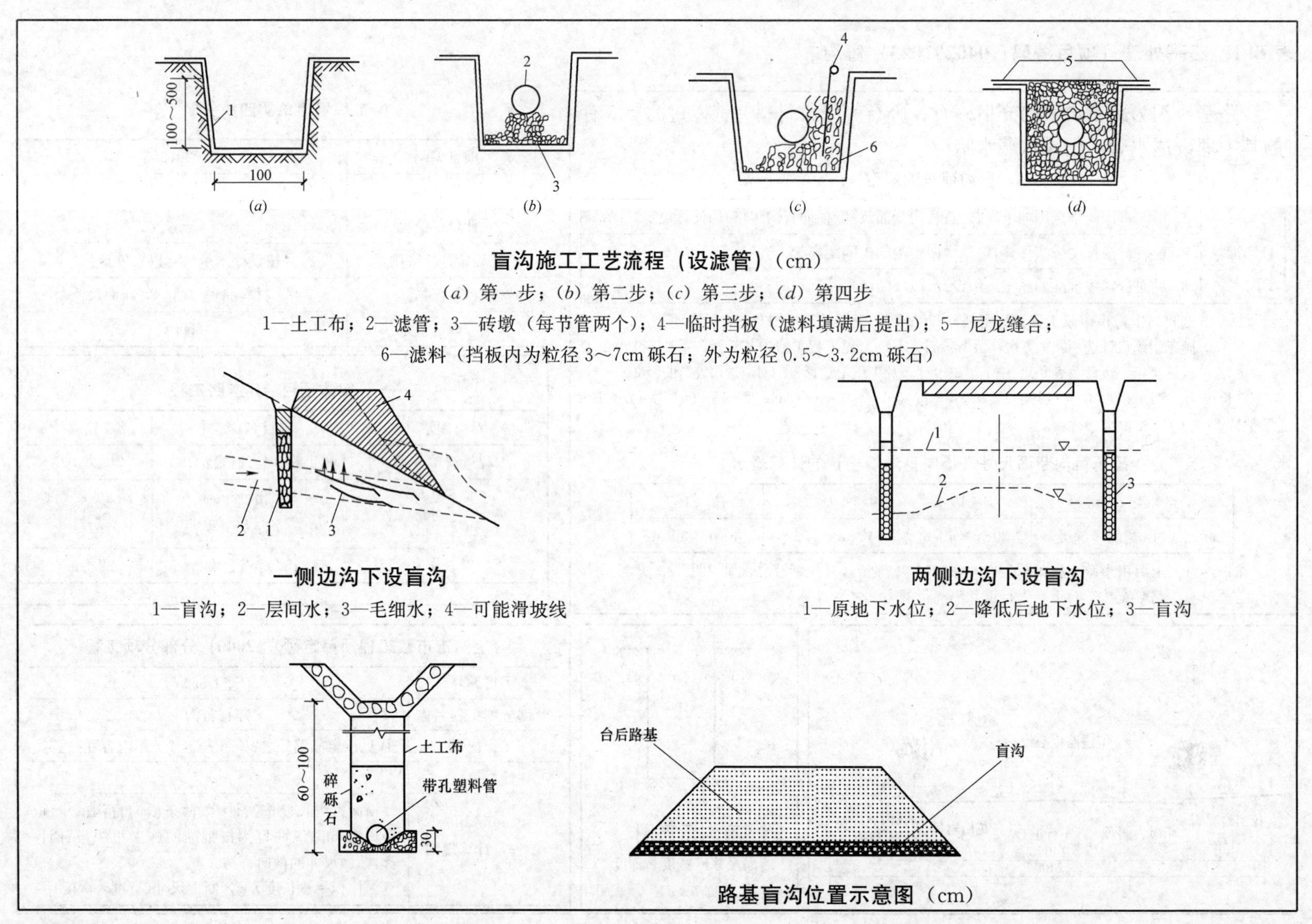

盲沟施工工艺流程（设滤管）（cm）

（a）第一步；（b）第二步；（c）第三步；（d）第四步

1—土工布；2—滤管；3—砖墩（每节管两个）；4—临时挡板（滤料填满后提出）；5—尼龙缝合；6—滤料（挡板内为粒径 3～7cm 砾石；外为粒径 0.5～3.2cm 砾石）

一侧边沟下设盲沟

1—盲沟；2—层间水；3—毛细水；4—可能滑坡线

两侧边沟下设盲沟

1—原地下水位；2—降低后地下水位；3—盲沟

路基盲沟位置示意图（cm）

在建道路工程碎石盲沟长度、体积“算量”难点解析　　　　**表 B-13**

工程名称：上海市××区晋粤路道路［单幅路（一块板）］新建工程

<table>
<tr><td rowspan="12">大数据 1. 一例(按对应预算定额分项工程子目设置对应预算定额分项工程子目代码建模)</td><td rowspan="2">预算定额</td><td colspan="4">《上海市市政工程预算定额》(2000) 第二册 道路工程 第一章　路基工程　15. 碎石盲沟</td></tr>
<tr><td>项目名称:碎石盲沟</td><td colspan="2">定额编号:S2-1-35</td><td>计量单位:m³</td></tr>
<tr><td rowspan="4">工程量清单“五统一”</td><td colspan="4">“13 国标市政计算规范”附录 B 道路工程　表 B. 1　路基处理(项目编码:040201)</td></tr>
<tr><td>项目编码</td><td>040201023</td><td>项目名称</td><td>盲沟</td></tr>
<tr><td>计量单位</td><td>m</td><td>项目特征</td><td>1. 材料品种、规格
2. 断面尺寸</td></tr>
<tr><td>工程量计算规则</td><td colspan="3">按设计图示尺寸以长度计算</td></tr>
<tr><td>“项目特征”之描述</td><td colspan="4">按所套用的定额子目“项目表”中“材料”列的内容如①材料品种、规格②断面尺寸填写；如附表 D-02“《上海市市政工程预算定额》(2000)项目表”所示</td></tr>
<tr><td>“工作内容”之规定</td><td colspan="4">应包括完成该实体的全部内容；来源于原《市政工程预算定额》，市政工程的实体往往是由一个及以上的工程内容综合而成的</td></tr>
<tr><td>工程量计算规则</td><td colspan="4">1. 定额“说明”：路幅宽按车行道、人行道和隔离带的宽度之和计算
2. 本“图释集”附录 H《上海市市政工程预算定额》(2000)“工程量计算规则”各册、章说明第二册道路工程第一章路基工程章“说明”：
(1)横向盲沟规格选用如下：附表 H-02“横向盲沟规格选用表”
(2)横向盲沟长度按实计算，两条横向盲沟的中间距离为 15m
(3)纵向盲沟按批准的施工组织设计计算，断面尺寸同横向盲沟</td></tr>
<tr><td>关注“计量单位”及“工程量”异同</td><td colspan="4">1. 表 B. 1　路基处理(项目编码:040201)项目编码:040201023 盲沟——计量单位:m
2. 15. 碎石盲沟——计量单位:m³</td></tr>
<tr><td>施工组织设计</td><td colspan="4">拟建工程设置横、纵向盲沟</td></tr>
<tr><td colspan="5"></td></tr>
<tr><td colspan="6">大数据 2. 一图或表或式(工程造价“算量”要素)即设计图示净量</td></tr>
</table>

工程范围	*路幅宽度 $B_{标}$[源于“盲沟示意图”及“算量”规则计算公式](m)		
	车行道	人行道	隔离带
0K+220～0K+660	b_1=15.00m(单幅)	b_2=4.5m/侧(道路两侧)	b_3=0m/侧(道路两侧)

大数据 3. 一解(按工程量计算规则演算过程表达式)“清单量”、“定额量”及相对应规定的“计量单位”

计算规范量演算计算式	碎石盲沟		*横向盲沟规格选用			
			路幅宽 B(m)	$B\leqslant10.5$	$10.5<B\leqslant21.0$	$B>21.0$
	横向√	纵向√	断面尺寸(mm)(宽度×深度)	30×40	40×40	40×60 √

续表

<table>
<tr>
<td rowspan="2">计算规范量演算计算式</td>
<td>盲沟总长度 L
(m)</td>
<td>1. 纵向长度 $L_{纵向}$ =0K+220～0K+660　[按实计算]
=(0+660)−(0+220)=440.00m
2. 路幅宽度 $B_{标}=b_1+b_2$×道路两侧$+b_3$　[路幅宽度确定盲沟规格]
=15.00+4.5×2+0=24.00m
3. 横向长度 $L_{横向}$=(纵向长度 $L_{纵向}$/@15+1)×$B_{标}$　[取整数]
=(440.00÷15.00+1)×24.00≈31×24.00=744.00m
4. 总长度 $L_{总}=L_{纵向}+L_{横向}$
=440.00+744.00=[1184.00m]　即“清单量”及“计量单位”</td>
</tr>
<tr>
<td>碎石盲沟体积
(m^3)</td>
<td>工程“算量”:
1. 当路幅宽度 $B_{标}$=24.00m 时,查附表 H-02“横向盲沟规格选用表”,得:
断面尺寸(宽度×深度)=0.4m×0.6m
2. $V_{盲}$=总长度 $L_{总}$×断面尺寸(宽度×深度)
=1184.00×(0.4×0.6)=[284.16m^3]　即“定额量”及“计量单位”
3.“清单量”为[1184.00m];“定额量”为[284.16m^3]</td>
</tr>
<tr>
<td rowspan="4">大数据
4. 一结果(五统一含项目特征描述)</td>
<td colspan="2">(1)对应分部分项工程量清单与计价表[即建设单位招标工程量清单]
<table>
<tr><th>项目编码</th><th>项目名称</th><th>项目特征</th><th>工作内容</th><th>计量单位</th><th>工程量</th></tr>
<tr><td>040201023</td><td>盲沟</td><td>1. 材料品种、规格:道碴、30～80mm
2. 断面尺寸:0.4m×0.6m</td><td>铺筑</td><td>m</td><td>1184.00</td></tr>
</table></td>
</tr>
<tr>
<td colspan="2">如表 4 道-07“分部分项工程量清单与计价表[即建设单位招标工程量清单]”、表 4 道-08“单价措施项目清单与计价表[即建设单位招标工程量清单]”、表 4 道-11“分部分项工程量清单与计价表[即施工企业投标报价]”、表 4 道-12“单价措施项目清单与计价表[即施工企业投标报价]”、表 4 道-14“分部分项工程量清单综合单价分析表[评审和判别的重要基础及数据来源]”所示</td>
</tr>
<tr>
<td colspan="2">(2)对应建设工程预(结)算书[按施工顺序;包括子目、量、价等分析]
<table>
<tr><th rowspan="2">定额编号</th><th rowspan="2">分部分项工程名称</th><th rowspan="2">计量单位</th><th colspan="2">工程数量</th><th colspan="2">工程费(元)</th></tr>
<tr><th>工程量</th><th>定额量</th><th>单价</th><th>复价</th></tr>
<tr><td>S2-1-35</td><td>碎石盲沟</td><td>m^3</td><td>284.16</td><td>284.16</td><td></td><td></td></tr>
</table></td>
</tr>
<tr>
<td colspan="2">如表 4 道-06“工程量计算表[含汇总表][遵照工程结构尺寸,以图示为准]、表 4 道-09“建设工程预(结)算书[按预算定额顺序;包括子目、量、价等分析]”所示</td>
</tr>
</table>

注:1. *路幅宽度[即标准横断面],敬请参阅本“图释集”附录国家标准规范、全国及地方《市政工程预算定额》(附录 A～K)中附录 F《上海市市政工程预算定额》工程量计算规则(2000)第二章道路工程第一节路基工程的第 2.1.4 条“路幅宽按车行道、人行道和隔离带的宽度之和计算”的规定;

2. *横向盲沟规格选用,敬请参阅本“图释集”附录国家标准规范、全国及地方《市政工程预算定额》(附录 A～K)中附录 H《上海市市政工程预算定额》(2000)“工程量计算规则”各册、章说明第二册道路工程第一章路基工程章“说明”一、碎石盲沟的规定及附表 H-02“横向盲沟规格选用表”的规定;

3. 大数据“一例+一图或表或式+一解+一结果”,敬请参阅本“图释集”第一章大数据“一例+一图或表或式+一解+一结果”:解构“一法三模算量法”YYYYSL 系统模式中图 1-01“市政工程工程量清单工程量实时算量模式(‘一法三模算量法’YYYYSL 系统)”的诠释,下同(系指本“图释集”第二章分部分项工程、第三章措施项目中凡有“‘算量’难点解析”之例题);

4. 本工程“算量”要素数值,敬请参阅本“图释集”第四章编制与应用实务[“‘一法三模算量法’YYYYSL 系统”(自主平台软件)]中表 4 道-02“在建道路实体工程[单幅路(一块板)]各类‘算量’要素统计汇总表”和表 4 道-14“分部分项工程量清单综合单价分析表[评审和判别的重要基础及数据来源]”的数据。

表 B.2　道路基层（项目编码：040202001）路床（槽）整形（含项目编码：040204001 人行道整形碾压）

1. 车行道路基整修：依据《计算规则》道路基层及垫层不扣除各种井位所占面积计算方法；

2. 人行道路基整修：依据《计算规则》人行道铺筑按设计面积计算，人行道面积不扣除各类井位所占面积，但应扣除种植树穴面积计算方法；

3. 相关的挖方路基车行道、人行道整修（面积）即直线段＋交叉口依据正交及斜交转角面积算量公式，敬请参阅《市政工程工程量清单编制及应用实务》第四章工程量计算的原则与技巧第二节工程量计算规则是市政建设市场参与各方必须遵守的规则的释义。

填土方定额根据不同的技术标准和施工工艺分别编制了人行道、车行道（密实度 90％、93％、95％、98％）子目，取消了密实度 85％子目，增加了密实度 93％子目。人行道填土采用人工填筑，手扶振动压路机压实。车行道填土采用人工填筑，按压实度不同，分别采用光轮压路机和振动压路机压实。

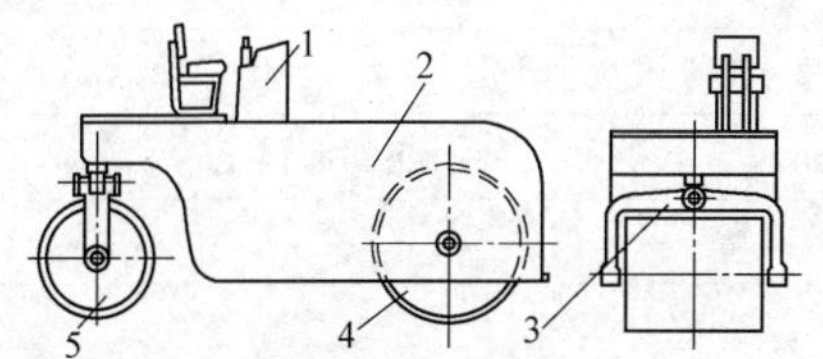

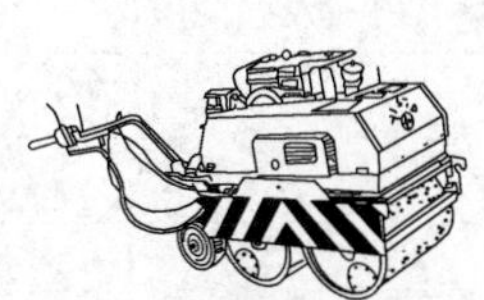

轻型光轮压路机（双轮二轴）　双轮振动压路机　手扶式振动压路机

1—操纵台；2—机罩；3—方向轮叉脚；4—驱动轮；5—方向轮

工程量清单“四统一”

项目编码	040202001、040204001
项目名称	路床(槽)整形(含人行道整形碾压)
计量单位	m²
工程量计算规则	按设计道路底基层图示尺寸以面积计算，不扣除各类井所占面积
项目特征描述	1. 部位 2. 范围
工程内容规定	1. 放样 2. 整修路拱 3. 碾压成型

《上海市市政工程预算定额》（2000）分部分项工程

子目编号	S2-1-38～S2-1-41
分部分项工程名称	整修路基车行道、人行道(Ⅰ、Ⅱ类土或Ⅲ、Ⅳ类土)
工作内容	详见该定额编号之“项目表”中“工作内容”的规定
计量单位	100m²
工程量计算规则	直线段＋交叉口面积[附录 B　道路工程　道路平面交叉口路口(车行道、人行道、侧(平、缘)石)转角面积、转弯长度计算公式【导读】]

一、实体项目　B 道路工程

对应图示		项目名称	编码/编号
工程量清单分类		表 B.2 道路基层[路床(槽)整形(含人行道整形碾压)]	040202001、040204001
定额章节	分部工程	第二册道路工程 第一章路基工程	S2-1-
	分项子目	17. 整修路基 (①车行道、②人行道)	S2-1-38～S2-1-41

在建道路工程［单幅路（一块板）］车行道路基整修面积“算量”难点解析 表 B-14

工程名称：上海市××区晋粤路道路［单幅路（一块板）］新建工程

<table>
<tr><td rowspan="11">大数据 1. 一例（按对应预算定额分项工程子目设置对应预算定额分项工程子目代码建模）</td><td rowspan="2">预算定额</td><td colspan="4">《上海市市政工程预算定额》(2000) 第二册 道路工程 第一章 路基工程 17. 整修路基</td></tr>
<tr><td>项目名称：路床(槽)整形</td><td colspan="2">定额编号：S2-1-38</td><td>计量单位：m^2</td></tr>
<tr><td rowspan="4">工程量清单“五统一”</td><td colspan="4">“13 国标市政计算规范”附录 B 道路工程 表 B. 2 道路基层(项目编码：040202)</td></tr>
<tr><td>项目编码</td><td>040202001</td><td>项目名称</td><td>路床(槽)整形</td></tr>
<tr><td>计量单位</td><td>m^2</td><td>项目特征</td><td>1. 部位
2. 范围</td></tr>
<tr><td>工程量计算规则</td><td colspan="3">按设计道路底基层图示尺寸以面积计算，不扣除各类井所占面积</td></tr>
<tr><td>“项目特征”之描述</td><td colspan="4">按所套用的定额子目“项目表”中“材料”列的内容如①部位②范围填写；如附表 D-02“《上海市市政工程预算定额》(2000)项目表”所示</td></tr>
<tr><td>“工作内容”之规定</td><td colspan="4">应包括完成该实体的全部内容；来源于原《市政工程预算定额》，市政工程的实体往往是由一个及以上的工程内容综合而成的</td></tr>
<tr><td>工程量计算规则</td><td colspan="4">(1)定额“说明”：按设计面积，即设计宽度乘以设计长度加上道路交叉口转角面积计算
(2)定额“说明”：不扣除各类井所占面积</td></tr>
<tr><td>《上海市市政工程预算定额》“总说明”关于大型机械的场外运输</td><td colspan="4">(1)第二十一条：“本定额中未包括大型机械的场外运输、安拆(打桩机械除外)、路基及轨道铺拆等。”
(2)大型机械的场外运输，敬请参阅附表 D-02“《上海市市政工程预算定额》(2000)项目表”
(3)文字说明代码：ZSM21-2-1～ZSM21-2-24；根据定额子目中“项目表”采撷 ZSM21-2-7 文字说明代码</td></tr>
<tr><td>设计指标</td><td colspan="4">土壤类型：Ⅰ、Ⅱ类土</td></tr>
<tr><td colspan="6">大数据 2. 一图或表或式(工程造价“算量”要素)(净量)</td></tr>
</table>

<table>
<tr><td rowspan="2">交叉角类型</td><td colspan="6">源于“平面交叉的形式”及“道路平面交叉口路口转角面积、转弯长度计算公式”</td></tr>
<tr><td>中心角</td><td colspan="2">外半径 R(m)</td><td colspan="2">内半径 r(m)</td><td>道路面积(m^2)</td></tr>
<tr><td>正交(十字交叉、T 形交叉、错位交叉)</td><td>$\alpha=90°$</td><td>R_1</td><td>21.00</td><td>r_1</td><td>16.50</td><td>$R_1=21.00$</td></tr>
<tr><td rowspan="4">斜交(X 形交叉、错位交叉)</td><td rowspan="2">$\alpha=80°$</td><td>R_2</td><td>26.70</td><td>r_2</td><td>22.20</td><td>$R_2=26.70$</td></tr>
<tr><td>R_4</td><td>24.60</td><td>r_4</td><td>20.10</td><td>$R_4=24.60$</td></tr>
<tr><td rowspan="2">$\beta=100°$</td><td>R_1</td><td>20.20</td><td>r_1</td><td>15.70</td><td>$R_1=20.20$</td></tr>
<tr><td>R_3</td><td>19.20</td><td>r_3</td><td>14.70</td><td>$R_3=19.20$</td></tr>
<tr><td colspan="7">工程范围</td></tr>
</table>

续表

直线段 K0+220～K0+660		正交 $\alpha=90°$（十字交叉） K0+240～K0+280			斜交 $\alpha=80°$、$\beta=100°$（X 形交叉） K0+533.008～K0+603	
其中：						
直线段			展宽段	渐变段（两侧）	渐变段	渠化段
①K0+220～K0+240（两侧）	②K0+280～K0+533.008	③K0+474～K0+280	K0+603～K0+630	K0+630～K0+660	K0+474～K0+504	K0+504～K0+533.008
主体车行道宽度：	$B_{主宽}=15.00$m		渠化段、渐变段车行道宽度：		$B_{渐变段}=17.00$m	
正交直线段车行道长、宽度				斜交直线段车行道长、宽度		
$b_{2直线段长3}=21.00$m（2 端）			$b_2=15.00$m（2 端）	$b_{2直线段长3}=21.00$m（2 端）		
大数据 3. 一解（演算过程表达式）						

计算规范量演算计算式	土壤类型	
	Ⅰ、Ⅱ类土√	Ⅲ、Ⅳ类土
	车行道路基整修面积（Ⅰ、Ⅱ类）(m^2)	见下

已知“算量”基数要素：1. 正交路口转角（十字交叉）$\alpha=90°$、$n=4$ 侧

(1)外半径 $R_1=21.00$m、内半径 $r_1=16.50$m

(2)直线段：长度 $L_1=20.60$m；车行道 $b_2=15.00$m、$n_{直}=2$ 端

2. 斜交路口转角（X 形交叉）$\alpha=80°$、$\beta=100°$

(1)外半径分别为：$R_1=20.20$m、$R_2=26.70$m、$R_3=19.20$m、$R_4=24.60$m

(2)内半径分别为：$r_1=15.70$m、$r_2=22.20$m、$r_3=14.70$m、$r_4=20.10$m

(3)斜交路口转角（X 形交叉）R_1 与展宽段距离 $L_{距1}$ K0+533.008～K0+583.526

(4)斜交路口转角（X 形交叉）渠化段与展宽段距离 $L_{距2}$ K0+533.008～K0+603

3. 展宽段、渐变段（两侧）

(1)展宽段 K0+603～K0+630　展宽段长度 $L_{展}=630-603=$ 27.00m

(2)渐变段（两侧）K0+630～K0+660　渐变段长度 $L_{渐1}=660-630=$ 30.00m

4. 渐变段、渠化段（单侧）

(1)渐变段 K0+474～K0+504　渐变段长度 $L_{渐2}=504-474=$ 30.00m

(2)渠化段 K0+504～K0+533.008　渠化段长度 $L_{渠}=533.008-504=$ 29.01m

解：查阅表 B-03“道路平面交叉口路口转角面积、转弯长度计算公式”进行计算

续表

计算规范量演算计算式	车行道路基整修面积（Ⅰ、Ⅱ类）(m^2)	1. 直线段面积 $S_{直}=(K0+220\sim K0+660)\times b_1$ $=(660-220)\times 15.00=$ 6600.00m^2 2. 渠化段、渐变段面积 $S_{段}=$[渐变段长度 $L_{渐1}$+(渐变段长度 $L_{渐1}$+展宽段长度 $L_{展}$)]÷2×($B_{渐变段}-B_{主宽}$)×3端+[R_1与展宽段距离 $L_{距1}$+渠化段与展宽段距离 $L_{距1}$]×($B_{渐变段}-B_{主宽}$) $=[30.00+(30.00+27.00)]\div 2\times(17.00-15.00)\times 3+[(603-533.008)+(583.526-533.008)]\times(17.00-15.00)$ $=261.00+241.02=$ 502.02m^2 3. 正交路口转角(十字交叉)面积 F 其中：(1)正交路口转角(十字交叉)面积 $F_1=0.2146R_1^2\times n$ $=[0.2146\times(21.00\times 21.00)]\times 4=378.55m^2$ (2)直线段(十字交叉)面积 $F_2=(L_1\times b_1)\times 2=(21.00\times 15.00)\times 2=630.00m^2$ 正交路口转角(十字交叉)面积 $F=F_1+F_2=378.55+630.00=$ 1008.55m^2 4. 斜交路口转角(X形交叉)面积 A (1)$A_{斜}=(R_2^2+R_4^2)[\tan\times(\alpha/2)-0.00873\alpha]+(R_1^2+R_3^2)[\tan(\beta/2)-0.00873\beta]$ $=(26.70^2+24.60^2)\times[\tan(80/2)-0.00873\times 80]+(20.20^2+19.20^2)[\tan(100/2)-0.00873\times 100]$ $=1318.05\times(0.8391-0.6984)+776.68\times(1.1917-0.873)=185.45+247.53=432.98m^2$ (2)$A_{斜直线段}=L_{pj}\times b_1\times n$ $=[(b_{2直线段长3}+R_1$与展宽段距离 $L_{距1})\div 2]\times[(R_1+R_2)\div 2]\times 2$ $=[21.00+(583.526-533.008)]\div 2\times[(20.20+26.70)\div 2]\times 2$ $=35.759\times 23.45\times 2=1677.10m^2$ 斜交路口转角(X形交叉)面积 $A=A_{斜}+A_{斜直线段}=432.98+1677.10=$ 2110.08m^2 工程"算量"：(1)整修面积$\sum S=$直线段面积 $S_{直}$+渠化段、渐变段面积 $S_{段}$+正交路口转角(十字交叉)面积 F+斜交路口转角(X形交叉)面积 A $=6600.00+502.02+1008.55+2110.08=$ 10220.65m^2 (2)"清单量"与"定额量"为同一数值，即 10220.65m^2 5. 斜交路口转角(X形交叉)面积 $F_{\beta}=R^2[\tan(\beta/2)-0.00873\beta]$ $=(19.20\times 19.20+20.20\times 20.20)\times[\tan(100/2)-0.00873\times 100]=$ 247.57m^2 6. 斜交路口转角(X形交叉)面积 $F_{\alpha}=R^2[\tan(\alpha/2)-0.00873\alpha]=(R_4^2+R_2^2)\times[\tan(\alpha/2)-0.00873\times\alpha]$ $=(24.60\times 24.60+26.70\times 26.70)\times[\tan(80/2)-0.00873\times 80]=$ 185.45m^2

续表

<table>
<tr>
<td>计算规范量演算计算式</td>
<td>车行道路基整修面积(Ⅰ、Ⅱ类)(m^2)</td>
<td>7. 斜交东端面积 $S_{东}=(L_{东1}+L_{东2})/2\times b_1=(24.073+22.404)/2\times 15.00=\boxed{348.58m^2}$
其中：$L_{东1}=\tan(\beta/2)\times R_1=\tan(100/2)\times 20.20=24.073m$
$L_{东2}=\tan(\alpha/2)\times R_2=\tan(80/2)\times 26.70=22.404m$
8. 斜交西端面积 $S_{西}=(L_{西1}+L_{西2})/2\times b_1=(22.882+20.642)/2\times 15.00=\boxed{326.43m^2}$
其中：$L_{西1}=\tan(\beta/2)\times R_3=\tan(100/2)\times 19.20=22.882m$
$L_{西2}=\tan(\alpha/2)\times R_4=\tan(80/2)\times 24.60=20.642m$
工程“算量”：(1)整修面积 $\sum S$ = 直线段面积 $S_{直}$ + 渠化段、渐变段面积 $S_{段}$ + 正交路口转角(十字交叉)面积 F + 斜交路口转角面积 F_{β} + 斜交路口转角面积 F_{α} + 斜交东端面积 $S_{东}$ + 斜交西端面积 $S_{西}$
$=6600.00+502.02+1008.55+247.57+185.45+348.58+326.43$
$=\boxed{9218.60m^2}$
(2)“清单量”与“定额量”为同一数值，即 $\boxed{9218.60m^2}$</td>
</tr>
<tr>
<td rowspan="6">大数据4. 一结果(五统一含项目特征描述)</td>
<td colspan="2">(1)对应分部分项工程量清单与计价表[即建设单位招标工程量清单]</td>
</tr>
</table>

项目编码	项目名称	项目特征	工作内容	计量单位	工程量
040202001	路床(槽)整形	1. 部位：基层 2. 范围	1. 放样 2. 整修路拱 3. 碾压成型	m^2	9218.60

(2)对应建设工程预(结)算书[按施工顺序；包括子目、量、价等分析]

定额编号	分部分项工程名称	计量单位	工程数量		工程费(元)	
			工程量	定额量	单价	复价
S2-1-38	整修车行道路基(Ⅰ、Ⅱ类土)	m^2	9218.60	9218.60		

注：1. 本“车行道路基整修面积‘算量’难点解析”为一量多用，同时适用 $h=40cm$ 厂拌粉煤灰粗粒径三渣基层、0.8cm 乳化沥青稀浆封层、$h=15cm$ 砾石砂垫层等工程项目；

2. 在编制工程“算量”时，敬请参阅本“图释集”第二章分部分项工程中表 B-17“道路工程涉及‘大型机械设备进出场及安拆’列项汇总表［即第二十一条 ZSM21-2-］”的释义，切记勿漏项（即项目编码：041106001 大型机械设备进出场及安拆）；以及本“图释集”第四章编制与应用实务［“‘一法三模算量法’YYYYSL 系统”（自主平台软件）］中表 4 道-10“在建道路实体工程［单幅路（一块板）］工程“算量”特征及难点解析”的诠释；

3. 本工程“算量”要素数值，敬请参阅本“图释集”第四章编制与应用实务［“‘一法三模算量法’YYYYSL 系统”（自主平台软件）］中表 4 道-02“在建道路实体工程［单幅路（一块板）］各类“算量”要素统计汇总表”的数据。

在建道路工程人行道路基整修面积“算量”难点解析　　　　**表 B-15**

工程名称：上海市××区晋粤路道路［单幅路（一块板）］新建工程

大数据 1. 一例（按对应预算定额分项工程子目设置对应预算定额分项工程子目代码建模）	预算定额	《上海市市政工程预算定额》(2000)第二册道路工程第一章　路基工程　17. 整修路基			
		项目名称：整修人行道路基（Ⅰ、Ⅱ类土）		定额编号：S2-1-40	计量单位：m^2
	工程量清单“五统一”	“13 国标市政计算规范”附录 B 道路工程　表 B. 4　人行道及其他（项目编码：040204）			
		项目编码	040204001	项目名称	人行道整形碾压
		计量单位	m^2	项目特征	1. 部位 2. 范围
		工程量计算规则	按设计人行道图示尺寸以面积计算，不扣除侧石、树池和各类井所占面积		
	“项目特征”之描述	按所套用的定额子目“项目表”中“材料”列的内容如①部位②范围填写；如附表 D-02“‘《上海市市政工程预算定额》(2000)项目表’”所示			
	“工作内容”之规定	应包括完成该实体的全部内容；来源于原《市政工程预算定额》，市政工程的实体往往是由一个及以上的工程内容综合而成的			
	工程量计算规则	(1)本“图释集”附录 F《上海市市政工程预算定额》工程量计算规则(2000)第二章道路工程第四节附属设施第 2. 4. 1 条“人行道铺筑按设计面积计算，人行道面积不扣除各类井位所占面积，但应扣除种植树穴面积。” (2)定额“说明”：按设计面积，即设计宽度乘以设计长度加上道路交叉口转角面积计算			
	设计指标	土壤类型：Ⅰ、Ⅱ类土			

大数据 2. 一图或表或式（工程造价“算量”要素）（净量）

交叉角类型	源于“平面交叉的形式”及“道路平面交叉口路口转角面积、转弯长度计算公式”						
	中心角	外半径 R(m)		内半径 r(m)		人行道面积(m^2)	
正交（十字交叉、T 形交叉、错位交叉）	$\alpha=90°$	R_1	21.00	r_1	16.50	$R_1=21.00$	$r_1=16.50$
斜交（X 形交叉、错位交叉）	$\alpha=80°$	R_2	26.70	r_2	22.20	$R_2=26.70$	$r_2=22.20$
		R_4	24.60	r_4	20.10	$R_4=24.60$	$r_4=20.10$
	$\beta=100°$	R_1	20.20	r_1	15.70	$R_1=20.20$	$r_1=15.70$
		R_3	19.20	r_3	14.70	$R_3=19.20$	$r_3=14.70$

续表

<table>
<tr><td colspan="6">种植树穴(m^2)</td></tr>
<tr><td>1. 方形</td><td>n只 a^2</td><td>2. 圆形</td><td>n只Φ</td><td>3. 长方形</td><td>n只$a\times b$</td></tr>
<tr><td colspan="3">工程范围</td><td colspan="3">人行道宽度(m)</td></tr>
<tr><td>直线段
K0+220～K0+660</td><td>正交$\alpha=90°$(十字交叉)
K0+240～K0+280</td><td>斜交$\alpha=80°$、$\beta=100°$(X形交叉)
K0+533.008～K0+603</td><td colspan="3">$t=4.50$m/侧(道路两侧)</td></tr>
<tr><td colspan="6">大数据3. 一解(演算过程表达式)</td></tr>
<tr><td rowspan="2">计算规范量演算计算式</td><td>土壤类型</td><td colspan="2">Ⅰ、Ⅱ类土√</td><td colspan="2">Ⅲ、Ⅳ类土</td></tr>
<tr><td>人行道路基整修面积$\sum S$(Ⅰ、Ⅱ类土)(m^2)</td><td colspan="4">已知"算量"基数要素:1. 正交路口转角(十字交叉)$\alpha=90°$、$n=4$侧
外半径$R_1=21.00$m、内半径$r_1=16.50$m
2. 斜交路口转角(X形交叉)$\alpha=80°$、$\beta=100°$
(1)外半径分别为:$R_1=20.20$m、$R_2=26.70$m、$R_3=19.20$m、$R_4=24.60$m
(2)内半径分别为:$r_1=15.70$m、$r_2=22.20$m、$r_3=14.70$m、$r_4=20.10$m
3. 人行道宽度$t=4.50$m/侧(道路两侧)
解:查阅表B-03"道路平面交叉口路口转角面积、转弯长度计算公式"进行计算
1. 直线段面积$S_{直}=(440.00-21.00\times4-15.00\times2-24.073-22.404-22.882-20.642)\times4.50\times2=\boxed{2123.99m^2}$
2. 正交路口转角(十字交叉)面积$A_{人行道正交}$
(1)$R_{pj}=(R_1+r_1)\div2=(21.00+16.50)\div2=18.75$m
(2)$A_{人行道正交}=1.5707R_{pj}\times t\times n=1.5707\times18.75\times4.50\times4=\boxed{530.11m^2}$
3. 斜交路口转角(X形交叉)面积$A_{人行道斜交}$
$A_{人行道斜交}=\{0.01745\times\alpha\times[(R_1+r_1)/2+(R_2+r_2)/2]+0.01745\times\beta\times[(R_3+r_3)/2+(R_4+r_4)/2]\}\times t$
$=\{0.01745\times80\times[(20.20+15.70)/2+(26.70+22.20)/2]+0.01745\times100\times[(19.20+14.70)/2+(24.60+20.10)/2]\}\times4.50$
$=(59.1904+68.5785)\times4.50=574.96m^2$
(1)$\alpha/360\times3.1416\times(R_2{}^2-r_2{}^2)$
$=80/360\times3.1416\times(26.70\times26.70-22.20\times22.20)=153.62m^2$
(2)$\beta/360\times3.1416\times(R_1{}^2-r_1{}^2)$
$=100/360\times3.1416\times(20.20\times20.20-15.70\times15.70)=140.98m^2$</td></tr>
</table>

续表

计算规范量演算计算式	人行道路基整修面积$\sum S$(Ⅰ、Ⅱ类土)(m^2)	(3)$\alpha/360\times3.1416\times(R_4^2-r_4^2)$ $=80/360\times3.1416\times(24.60\times24.60-20.10\times20.10)=140.43m^2$ (4)$\beta/360\times3.1416\times(R_3^2-r_3^2)$ $=100/360\times3.1416\times(19.20\times19.20-14.70\times14.70)=133.13m^2$ 斜交面积$S_{斜}=153.62+140.98+140.43+133.13=$ 568.16m^2 工程“算量”: 1. 种植树穴面积$S_{穴}=n$只×S/只(方形、圆形、长方形) 2. 整修面积$\sum S_{定}$=直线段面积$S_{直}$+正交面积$S_{正}$+斜交面积$S_{斜}$−种植树穴面积$S_{穴}$ $=2123.99+530.11+568.16-0=$ 3222.26m^2 即“定额量” 3. 整修面积$\sum S_{清}$=直线段面积$S_{直}$+正交面积$S_{正}$+斜交面积$S_{斜}$ $=2123.99+530.11+568.16=$ 3222.29m^2 即“清单量” 4.“清单量”与“定额量”为同一数值,即 3222.26m^2

大数据4.一结果(五统一含项目特征描述)

(1)对应分部分项工程量清单与计价表[即建设单位招标工程量清单]

项目编码	项目名称	项目特征	工作内容	计量单位	工程量
040204001	人行道整形碾压	1. 部位:人行道 2. 范围:施工范围	1. 放样 2. 碾压	m^2	3222.26

(2)对应建设工程预(结)算书[按施工顺序;包括子目、量、价等分析]

定额编号	分部分项工程名称	计量单位	工程数量		工程费(元)	
			工程量	定额量	单价	复价
S2-1-40	整修人行道路基(Ⅰ、Ⅱ类土)	m^2	3222.26	3222.26		

注:1. 本“人行道路基整修面积‘算量’难点解析”为一量多用,同时适用人行道铺设,如人行道碎石基础(厚10cm)、人行道基础商品混凝土(厚10cm)、同质砖等工程项目;

2. 本工程“算量”要素数值,敬请参阅本“图释集”第四章编制与应用实务[“‘一法三模算量法’YYYYSL系统”(自主平台软件)]中表4道-02“在建道路实体工程[单幅路(一块板)]各类“算量”要素统计汇总表”的数据。

表 B. 3　道路面层（项目编码：040203006）沥青混凝土（柔性路面）

一层及一层以上的Ⅰ型密级配沥青混凝土混合料适用于城市快速路、主干路，抗滑表层混合料适用于多雨潮湿地区的城市快速路。(面层铺筑厚度为压实厚度)

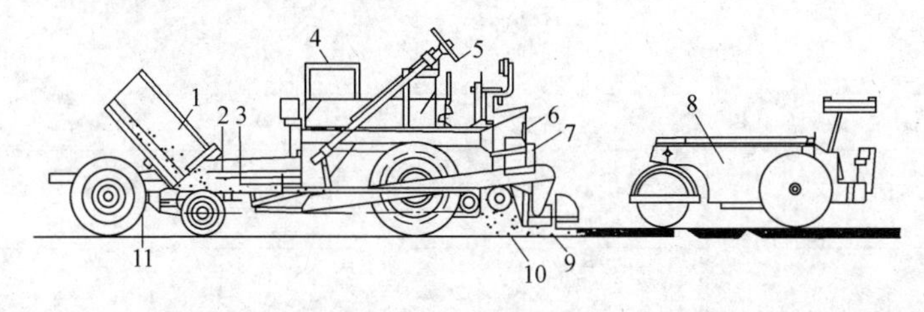

沥青混凝土摊铺机机械化操作示意图（L. 6 项目编码：041106）

1—自卸车；2—摊铺机料斗；3—刮板输送机；4—发动机；5—转向机；6—熨平板升降装置；7—调整螺杆；8—压路机；9—熨平板；10—螺旋摊铺器；11—推动滚轮

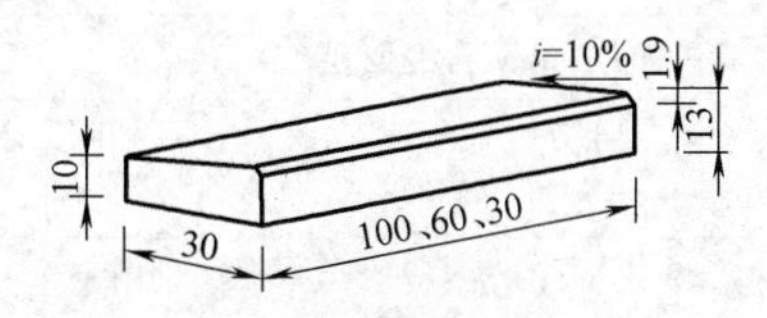

平石大样图

（扣除）平石宽度 b=30cm

沥青混凝土原、现级配调整表

材料名称	原级配编号	现级配编号
粗粒式沥青混凝土	LH-38	AC-30
中粒式沥青混凝土	LH-25	AC-20
细粒式沥青混凝土	LH-15	AC-13
砂粒式沥青混凝土	LH-06	AC-5
细粒式沥青混凝土(防滑层)		AK-13-0

工程量清单“四统一”

项目编码	040203006
项目名称	沥青混凝土(柔性路面)
计量单位	m^2
工程量计算规则	按设计图示尺寸以面积计算，不扣除各类井所占面积，带平石的面层应扣除平石所占面积
项目特征描述	1. 沥青品种 2. 沥青混凝土种类 3. 石料粒径 4. 掺合料 5. 厚度
工程内容规定	1. 清理下承面 2. 拌合、运输 3. 摊铺、整形 4. 压实

《上海市市政工程预算定额》(2000) 分部分项工程

子目编号	S2-3-12～S2-3-29
分部分项工程名称	沥青混凝土面层(人工、机械摊铺)
工作内容	详见该定额编号之“项目表”中“工作内容”的规定
计量单位	$100m^2$
工程量计算规则	面层不扣除各种井位所占面积及带平石的面层应扣除平石面积计算方法 直线段＋交叉口面积[附录 B　道路工程　道路平面交叉口路口(车行道、人行道、侧(平、缘)石)转角面积、转弯长度计算公式【导读】] 车行道整修面积－平石面积(L×b、平石宽度 b=30cm)

一、实体项目　B 道路工程

对应图示		项目名称	编码/编号
工程量清单分类		表 B. 3 道路面层[沥青混凝土(柔性路面)]	040203006
定额章节	分部工程	第二册道路工程第三章道路面层	S2-3-
	分项子目	6. 沥青混凝土面层	S2-3-12～S2-3-29

在建道路工程摊铺沥青混凝土面层（柔性路面）面积“算量”难点解析 **表 B-16**

工程名称：上海市××区晋粤路道路［单幅路（一块板）］新建工程

<table>
<tr><td rowspan="12">大数据 1. 一例（按对应预算定额分项工程子目设置对应预算定额分项工程子目代码建模）</td><td rowspan="2">预算定额</td><td colspan="4">《上海市市政工程预算定额》(2000)第二册道路工程第三章　道路面层　6. 沥青混凝土面层</td></tr>
<tr><td colspan="2">项目名称：*“项目表”
1. 机械摊铺中粒式沥青混凝土(厚 4cm)
2. 机械摊铺中粒式沥青混凝土(±1cm)
3. 机械摊铺细粒式沥青混凝土(厚 2.5cm)
4. 机械摊铺细粒式沥青混凝土(±0.5cm)</td><td>定额编号：
1. S2-3-22～S2-3-23
2. S2-3-24～S2-3-25</td><td>计量单位：
$100m^2$</td></tr>
<tr><td rowspan="4">工程量清单“五统一”</td><td colspan="4">“13 国标市政计算规范”附录 B 道路工程　表 B.3　道路面层(项目编码：040203)</td></tr>
<tr><td>项目编码</td><td>040203006001～040203006002</td><td>项目名称</td><td>沥青混凝土(机械摊铺)</td></tr>
<tr><td>计量单位</td><td>m^2</td><td>项目特征</td><td>1. 沥青品种
2. 沥青混凝土种类
3. 石料粒径
4. 掺合料
5. 厚度</td></tr>
<tr><td>工程量计算规则</td><td colspan="3">按设计图示尺寸以面积计算，不扣除各类井所占面积，带平石的面层应扣除平石所占面积</td></tr>
<tr><td>“项目特征”之描述</td><td colspan="4">按所套用的定额子目“项目表”中“材料”列的内容如①材料品种、规格②断面尺寸填写；如附表 D-02“《上海市市政工程预算定额》(2000)项目表”所示</td></tr>
<tr><td>“工作内容”之规定</td><td colspan="4">应包括完成该实体的全部内容；来源于原《市政工程预算定额》，市政工程的实体往往是由一个及以上的工程内容综合而成的</td></tr>
<tr><td>设计道路结构层</td><td colspan="4">中粒式沥青混凝土(厚 6cm)AC-20；细粒式沥青混凝土(厚 4cm)AC-13C(SBS 改性沥青)</td></tr>
<tr><td>工程量计算规则</td><td colspan="4">(1)带平石的面层应扣除平石所占面积，如图 B-11“城市道路(刚、柔性)面层侧石、侧平石通用结构图*(b)”所示
(2)定额“说明”：预算定额中按施工方法分为人工摊铺和机械摊铺，不论人工摊铺和机械摊铺均采用振动压路机碾压</td></tr>
<tr><td>面积单位换算</td><td colspan="4">为了避免出现过多的小数位数，定额常采用扩大计量单位，如 $10m^3$、100m、$100m^2$、$100m^3$ 等。$100m^2=1m^2\times10^{-2}$；$1m^2=0.01/100m^2$</td></tr>
<tr><td>施工组织设计</td><td colspan="4">摊铺沥青混凝土面层采用机械摊铺，即运用进口式沥青混凝土摊铺机摊铺和振动式压路机碾压</td></tr>
<tr><td></td><td>预算定额“总说明”关于大型机械的场外运输</td><td colspan="4">(1)第二十一条：“本定额中未包括大型机械的场外运输、安拆(打桩机械除外)、路基及轨道铺拆等。”
(2)大型机械的场外运输，敬请参阅附表 D-02“《上海市市政工程预算定额》(2000)项目表”
(3)文字说明代码：ZSM21-2-1～ZSM21-2-24；根据定额子目中*“项目表”采撷 ZSM21-2-8 、ZSM21-2-7 文字说明代码</td></tr>
</table>

续表

大数据 2. 一图或表或式(工程造价“算量”要素)(净量)		
源于“平面交叉的形式”、“城市道路(刚、柔性)面层侧石、侧平石通用结构图”及“道路平面交叉口路口转角面积、转弯长度计算公式”		
直线段 K0＋220～K0＋660	正交 α＝90°(十字交叉)K0＋240～K0＋280	斜交 α＝80°、β＝100°(X 形交叉)K0＋533.008～K0＋603
* 车行道面积 $S_{车}$＝8916.57m²	* 平石长度 $L_{人行道}$＝948.34m	平石宽度 b_2＝30cm

大数据 3. 一解(演算过程表达式)			
	人工摊铺	机械摊铺	
		进口式沥青混凝土摊铺机摊铺 √	振动式压路机碾压 √
计算规范量演算计算式	沥青混凝土面层面积 $\sum S$ S2-3-24 换、S2-3-22 换(m²)	已知“算量”基数要素： 1. * 车行道面积 $S_{车}$＝8916.57m² 2. * 平石长度 $L_{人行道}$＝948.34m * 平石面积 $S_{人行道}$＝* 平石长度 $L_{人行道} \times b_2$ ＝948.34×0.3＝284.50m² 工程“算量”： 1. $\sum S$＝车行道面积 $S_{车}$－平石面积 $S_{人行道}$ ＝8916.57－284.50＝8632.07m²　清单量 2. 定额计量单位＝* 车行道面积 $S_{车}$×面积单位换算 ＝8632.07×0.01/100＝86.32/100m²　定额量 3.“清单量”为 8632.07m²；“定额量”为 86.32/100m²	

大数据 4. 一结果(五统一含项目特征描述)

(1)对应分部分项工程量清单与计价表[即建设单位招标工程量清单]

项目编码	项目名称	项目特征	工作内容	计量单位	工程量
040203006001	沥青混凝土(机械摊铺)	1. 沥青品种：中粒式沥青混凝土 2. 沥青混凝土种类： 3. 石料粒径：AC-20 4. 掺合料 5. 厚度：h＝6cm	1. 清理下承面 2. 拌合、运输 3. 摊铺、整形 4. 压实	m²	8632.07
040203006002	沥青混凝土(机械摊铺)	1. 沥青品种：细粒式沥青混凝土 2. 沥青混凝土种类：SBS 改性沥青 3. 石料粒径：AC-13C 4. 掺合料 5. 厚度：h＝4cm	1. 清理下承面 2. 拌合、运输 3. 摊铺、整形 4. 压实	m²	8632.07

续表

	(2)对应建设工程预(结)算书[按施工顺序;包括子目、量、价等分析]						
	定额编号	分部分项工程名称	计量单位	工程数量		工程费(元)	
				工程量	定额量	单价	复价
大数据 4. 一结果(五统一含项目特征描述)	S2-3-22	机械摊铺中粒式沥青混凝土(厚 4cm)	$100m^2$	8632.07	86.32		
	S2-3-23	机械摊铺中粒式沥青混凝土(±1cm)	$100m^2$	8632.07	86.32		
	S2-3-24	机械摊铺细粒式沥青混凝土(厚 2.5cm)	$100m^2$	8632.07	86.32		
	S2-3-25	机械摊铺细粒式沥青混凝土(±0.5cm)	$100m^2$	8632.07	86.32		

注：1. 本工程“算量”要素数值，敬请参阅本“图释集”第四章编制与应用实务［“‘一法三模算量法，YYYYSL 系统”(自主平台软件)］中表 4 道-02“在建道路实体工程［单幅路(一块板)］各类‘算量’要素统计汇总表”的数据；

2. * 车行道面积 $S_{车}$，敬请参阅表 B-04“车行道路基整修面积‘算量’难点解析”的释义；

3. * 平石面积 $S_{人行道}$，敬请参阅表 B-04“侧平石长度‘算量’难点解析”的释义；

4. 在编制工程“算量”时，敬请参阅表 B-17“道路工程涉及‘大型机械设备进出场及安拆’列项汇总表［即第二十一条 ZSM21-2-］”的释义，切记勿漏项(即项目编码：041106001 大型机械设备进出场及安拆)；以及本“图释集”第四章编制与应用实务［“‘一法三模算量法，YYYYSL 系统”(自主平台软件)］中表 4 道-10“在建道路实体工程［单幅路(一块板)］工程“算量”特征及难点解析”的诠释。

道路工程涉及“大型机械设备进出场及安拆”列项汇总表［即第二十一条 ZSM21-2-］ **表 B-17**

《上海市市政工程预算定额》(2000)分部分项工程、名称			1	2	3	4	5	6	7	8	9	10
			推土机	单斗挖掘机	拖式铲运机	* 压路机(综合)	沥青混凝土摊铺机	铣刨机	钻孔灌注桩钻机	深层搅拌桩钻机	树根桩钻机	粉喷桩钻机
分类(册)	分部(章)	分　项(节)	3 项	2 项	1 项	1 项	1 项	2 项	1 项	1 项	1 项	1 项
第一册通用项目	1. 一般项目	3. 平整场地				轻型						
	2. 筑拆围堰	2. 筑拆圆木桩围堰；3. 筑拆型钢桩围堰；4. 筑拆钢板桩围堰；5. 筑拆拉森钢板桩围堰										
	3. 翻挖拆除项目	2. 翻挖混凝土道路面层		√								
		7. 拆除排水管道										

续表

《上海市市政工程预算定额》(2000)分部分项工程、名称			1	2	3	4	5	6	7	8	9	10
			推土机	单斗挖掘机	拖式铲运机	*压路机（综合）	沥青混凝土摊铺机	铣刨机	钻孔灌注桩钻机	深层搅拌桩钻机	树根桩钻机	粉喷桩钻机
分类（册）	分部（章）	分　项（节）	3项	2项	1项	1项	1项	2项	1项	1项	1项	1项
第一册通用项目	4. 临时便桥便道及堆场	1. 搭拆便桥；2. 搭拆装配式钢桥										
		3. 铺筑施工便道及堆场				轻型						
	5. 井点降水	2. 喷射井点；3. 大口径井点；4. 真空深井井点										
	6. 地基加固	1. 树根桩									√	
		2. 深层搅拌桩								√		
		6. 粉喷桩										√
第二册道路工程	1. 路基工程	2. 机械挖土方		$1m^3$								
		3. 机械推土方	90kW									
		4. 填土方				轻重型液压						
		5. 耕地填前处理				重型						
		6. 填筑粉煤灰路堤				轻重型液压						
		7. 二灰填筑				液压						
		8. 零填掺灰土路基	75kW、90kW			轻重型						
		9. 原槽土掺灰	90kW			轻重型						
		10. 间隔填土				轻重型						
		11. 袋装砂井										0.6t

续表

《上海市市政工程预算定额》(2000)分部分项工程、名称			1	2	3	4	5	6	7	8	9	10
			推土机	单斗挖掘机	拖式铲运机	*压路机（综合）	沥青混凝土摊铺机	铣刨机	钻孔灌注桩钻机	深层搅拌桩钻机	树根桩钻机	粉喷桩钻机
分类（册）	分部(章)	分　项(节)	3项	2项	1项	1项	1项	2项	1项	1项	1项	1项
第二册道路工程	1. 路基工程	13. 铺设排水板										
		17. 整修路基(车行道)				轻重型						
	2. 道路基层	1. 砾石砂垫层；2. 碎石垫层；3. 石灰土基层；4. 二灰稳定碎石基层；5. 水泥稳定碎石基层；6. 二灰土基层				轻重型						
		7. 粉煤灰三渣基层（细粒径）				液压	8t					
	3. 道路面层	2. 铣刨沥青混凝土路面						S1900				
		3. 沥青碎石面层				液压	12t					
		5. 沥青混凝土封层				液压						
		6. 沥青混凝土面层				液压	8t					

注：1. 本工程“算量”要素数值，敬请参阅本“图释集”第四章编制与应用实务［“‘一法三模算量法’，YYYYSL系统”（自主平台软件）］中表4道-02“在建道路实体工程［单幅路（一块板）］各类“算量”要素统计汇总表”的数据；

2.《上海市市政工程预算定额》（2000）“总说明”第二十一条：“本定额中未包括大型机械的场外运输、安拆（打桩机械除外）、路基及轨道铺拆等”；

3. *压路机（综合），按《市政工程预算定额》规定：在一个单位工程内“大型机械设备进出场及安拆”只能计取1台·次，除另有规定外（如桥梁工程中桩机）；但“压路机（综合）”项中分别系指轻型压路机、重型压路机和液压压路机三大类型，故在编制工程“算量”时，按《市政工程预算定额》该子目“项目表”的“机械列”中罗列的压路机类型计取；

4. 在编制“算量”时，敬请参阅本“图释集”第三章措施项目表L.6-05“在建道路工程大型机械设备进出场（场外运输费）台·班‘算量’难点解析”的诠释，切记勿漏项（即项目编码：041106001大型机械设备进出场及安拆）。

表 B. 3　道路面层（项目编码：040203007）水泥混凝土（刚性路面）（商品混凝土采用非泵送混凝土）

水泥混凝土路面是指由水泥混凝土面板和基（垫）层所组成的路面。包括普通混凝土、钢筋混凝土、连续配筋混凝土、预应力混凝土、钢纤维混凝土和装配式混凝土等。

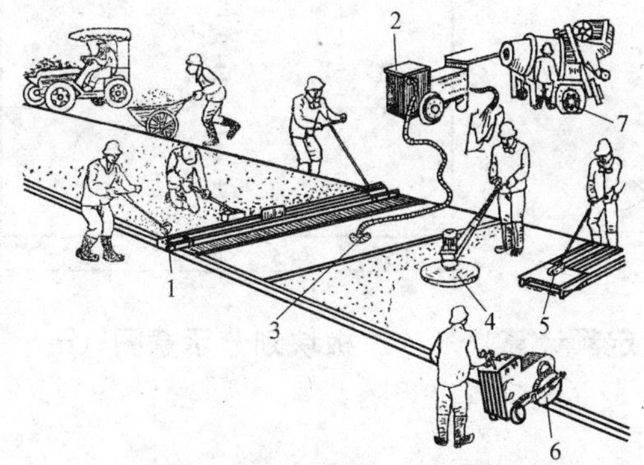

水泥混凝土路面施工程序示意图

1—ZL 系列振动梁；2—真空吸水泵；3—吸水垫（盖垫和尼龙滤布）；4—圆盘抹光机（成活器）；5—刷（压）纹机（拉毛器）；6—切缝（割）机；7—JZC350 型锥形反转出料搅拌机

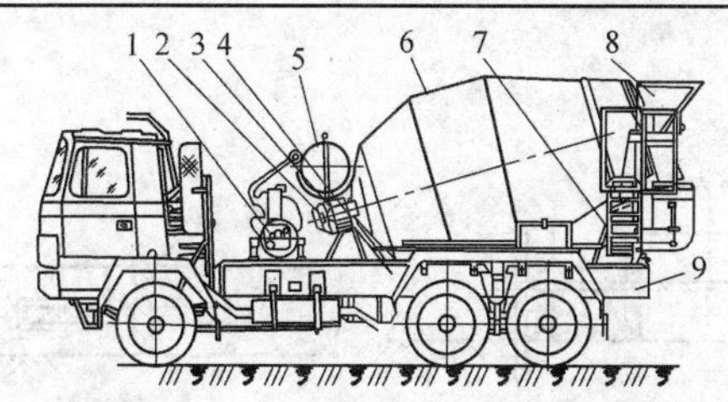

混凝土搅拌输送车（商品混凝土采用非泵送混凝土）

1—泵连接组件；2—减速机总成；3—液压系统；4—机架；5—供水系统；6—搅拌筒；7—操纵系统；8—进出料装置；9—底盘车

工程量清单"四统一"

项目编码	040203007
项目名称	水泥混凝土(刚性路面)(商品混凝土采用非泵送混凝土)
项目特征	1. 混凝土强度等级 2. 掺合料 3. 厚度 4. 嵌缝材料
计量单位	m^2
工程量计算规则	按设计图示尺寸以面积计算，不扣除各类井所占面积
工程内容	1. 模板制作、安装、拆除 2. 混凝土拌合、运输、浇筑 3. 拉毛 4. 压痕或刻防滑槽 5. 伸缝 6. 缩缝 7. 锯缝、嵌缝 8. 路面养护

城市道路刚性面层侧石通用结构图

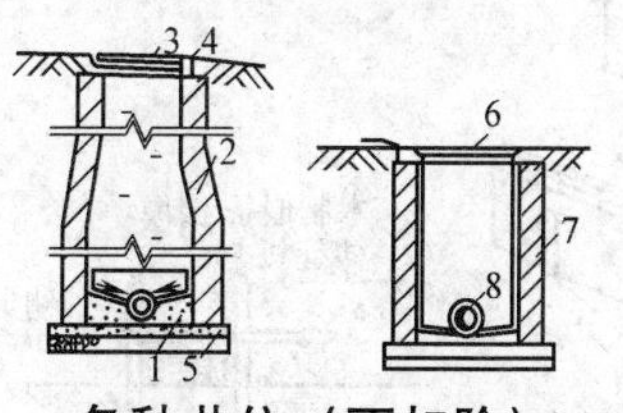

各种井位（不扣除）

1—井底；2—井身；3—井盖；4—井盖座；5—井基；6—进水箅；7—井筒；8—连接管

《上海市市政工程预算定额》（2000）分部分项工程

子目编号	S2-3-30～S2-3-35、S2-3-39～S2-3-40
分部分项工程名称	混凝土面层(包括非泵送商品混凝土)
工作内容	详见该定额编号之"项目表"中"工作内容"的规定
计量单位	$100m^2$
工程量计算规则	面层不扣除各种井位所占面积，以设计长度乘以横断面宽度计算，水泥混凝土路面横断面宽度，以侧石内侧宽度计算；定额未包括路面锯纹、纵缝切缝

一、实体项目　B 道路工程

对应图示		项目名称	编码/编号
工程量清单分类		表 B. 3 道路面层[水泥混凝土(刚性路面)(商品混凝土采用非泵送混凝土)]	040203007
定额章节	分部工程	第二册道路工程第三章道路面层	S2-3-
	分项子目	7. 混凝土面层(包括非泵送商品混凝土)	S2-3-30～S2-3-33 S2-3-39～S2-3-40

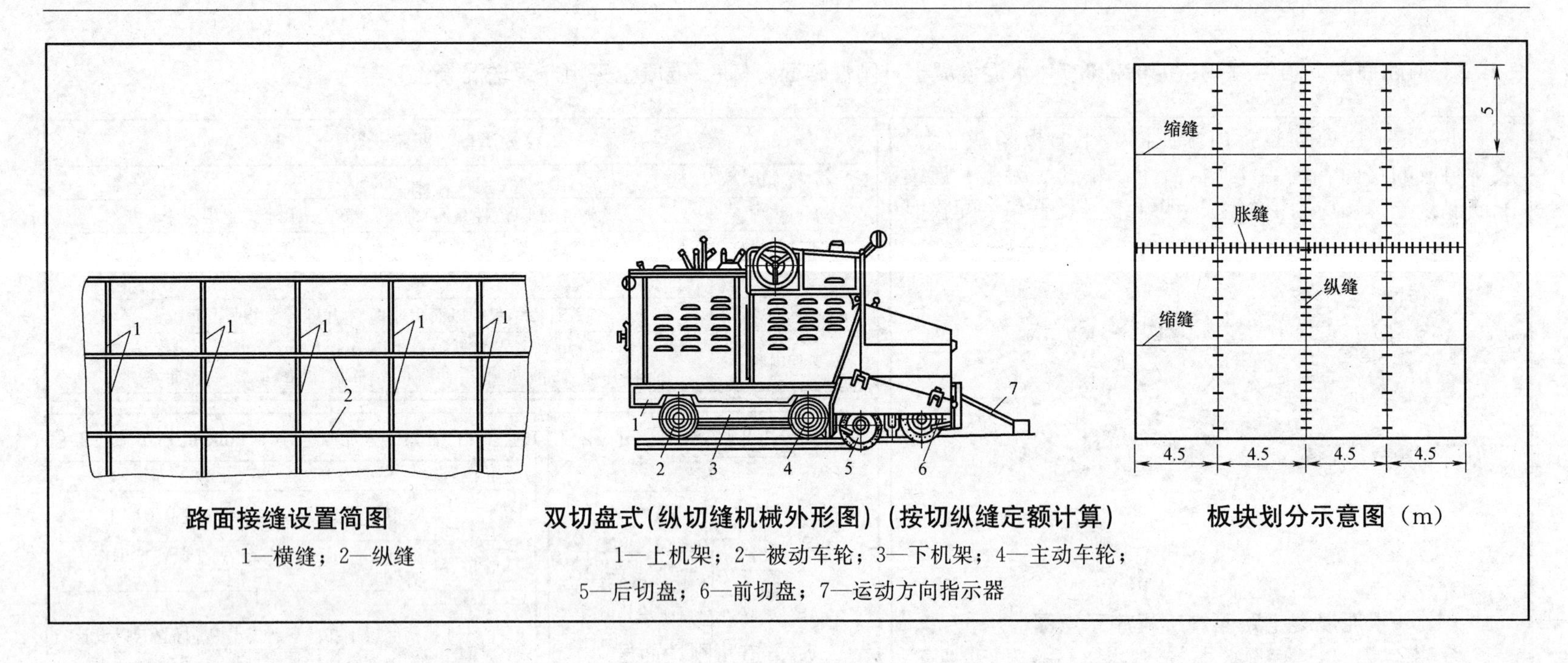

路面接缝设置简图

1—横缝；2—纵缝

双切盘式(纵切缝机械外形图)(按切纵缝定额计算)

1—上机架；2—被动车轮；3—下机架；4—主动车轮；
5—后切盘；6—前切盘；7—运动方向指示器

板块划分示意图（m）

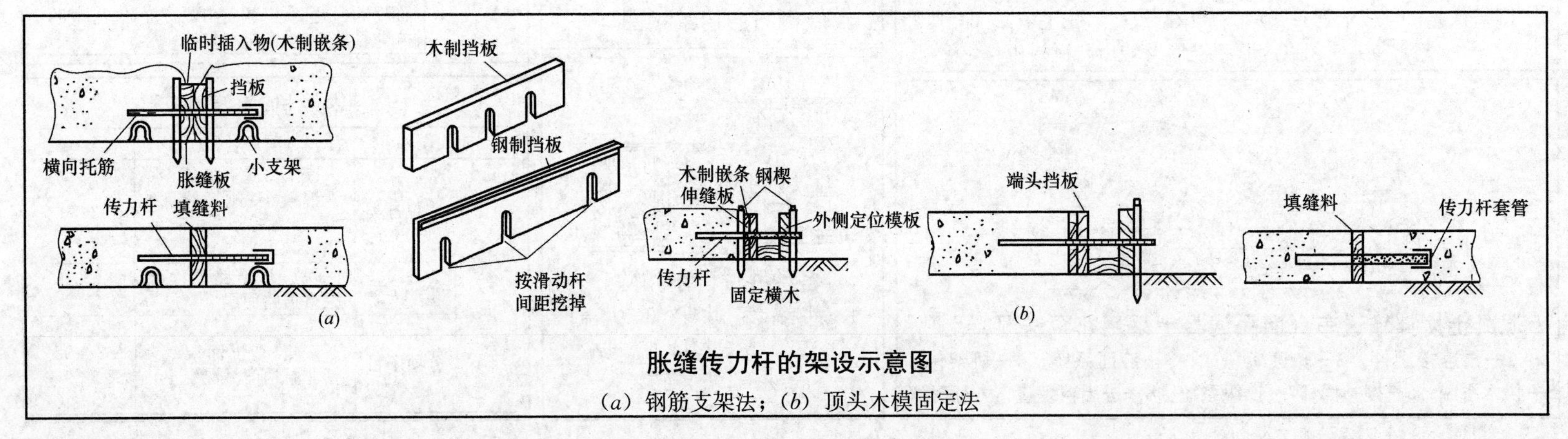

胀缝传力杆的架设示意图

（*a*）钢筋支架法；（*b*）顶头木模固定法

水泥混凝土面层（刚性路面）面积“算量”难点解析　　**表 B-18**

工程名称：某道路实体工程平面图［单幅路（一块板）］

<table>
<tr><td rowspan="12">大数据 1. 一例(按对应预算定额分项工程子目设置对应预算定额分项工程子目代码建模)</td><td rowspan="2">预算定额</td><td colspan="4">《上海市市政工程预算定额》(2000) 第二册　道路工程　第三章　道路面层　7. 混凝土面层</td></tr>
<tr><td colspan="2">项目名称：
1. 面层商品混凝土(厚 22cm)，采用非泵送商品混凝土(5～40mm)C30
2. 面层商品混凝土(±1cm)，采用非泵送商品混凝土(5～40mm)C30</td><td>定额编号：
1. S2-3-32
2. S2-3-33</td><td>计量单位：
$100m^2$</td></tr>
<tr><td rowspan="4">工程量清单
“五统一”</td><td colspan="4">“13 国标市政计算规范”附录 B 道路工程　表 B. 3　道路面层(项目编码：040203)</td></tr>
<tr><td>项目编码</td><td>040203007</td><td>项目名称</td><td>水泥混凝土</td></tr>
<tr><td>计量单位</td><td>m^2</td><td>项目特征</td><td>1. 混凝土强度等级
2. 掺合料
3. 厚度
4. 嵌缝材料</td></tr>
<tr><td>工程量计算规则</td><td colspan="3">按设计图示尺寸以面积计算，不扣除各类井所占面积，带平石的面层应扣除平石所占面积</td></tr>
<tr><td>“项目特征”之描述</td><td colspan="4">按所套用的定额子目“项目表”中“材料”列的内容如①材料品种、规格②断面尺寸填写；如附表 D-02“《上海市市政工程预算定额》(2000)项目表”所示</td></tr>
<tr><td>“工作内容”
之规定</td><td colspan="4">应包括完成该实体的全部内容；来源于原《市政工程预算定额》，市政工程的实体往往是由一个及以上的工程内容综合而成的</td></tr>
<tr><td>《上海市市政工程预算定额》
(2000)总说明</td><td colspan="4">十六、本定额中的钢筋混凝土工程按混凝土、模板、钢筋分列定额子目。
1. 混凝土分为现浇混凝土、预制混凝土、预拌(商品)混凝土。
3. 模板工程量除另有规定者外，均按混凝土与模板接触面面积以平方米计算</td></tr>
<tr><td>定额
“说明”</td><td colspan="4">(1)定额“说明”：以设计长度乘以横断面宽度计算
(2)定额“说明”：横断面宽度以侧石内侧宽度计算，如图 B-11“城市道路(刚、柔性)面层侧石、侧平石通用结构图*(a)”所示</td></tr>
<tr><td>面积单位换算</td><td colspan="4">为了避免出现过多的小数位数，定额常采用扩大计量单位，如 $10m^3$、$100m^2$、$100m^3$ 等。
$100m^2=1m^2\times10^{-2}$；$1m^2=0.01/100m^2$</td></tr>
<tr><td>施工组织设计</td><td colspan="4">水泥混凝土采用面层商品混凝土，即非泵送商品混凝土(5～40mm)C30</td></tr>
</table>

续表

大数据 2. 一图或表或式（工程造价“算量”要素）（净量）

工程范围				
直线段 K0＋493.50～K0＋643.50	车行道（即横断面宽度） b_1＝14.00m（单幅）		道路结构层 水泥混凝土面层（厚 20cm）	
每板块尺寸 （$a\times b$）/块 3.5m×5.0m	其中	横向板块	纵向板块	
		每板块 $a_{横}$＝3.5m/块	每板块 $b_{纵}$＝5.0m/块	

大数据 3. 一解（演算过程表达式）

计算规范量演算计算式	水泥混凝土面层面积 ∑SS2-3-32、S2-3-33（100m²）	已知“算量”基数要素： 1. 直线段 K0＋493.50～K0＋643.50 直线段长度 $L_{直}$＝643.50－493.50＝150.00m 2. 车行道宽度 b_1＝14.00m（单幅） 工程“算量”：1. 面积∑S＝直线段长度 $L_{直}$×车行道宽度 b_1＝150.00×14.00＝2100.00m² 清单量 定额计量单位＝面积∑S×面积单位换算 ＝2100.00×0.01/100＝21.00/100m² 定额量 2.“清单量”为 2100.00m²；“定额量”为 21.00/100m²

（1）对应分部分项工程量清单与计价表［即建设单位招标工程量清单］

大数据 4. 一结果（五统一含项目特征描述）	项目编码	项目名称	项目特征	工作内容	计量单位	工程量
	040203007	水泥混凝土	1. 混凝土强度等级：非泵送商品混凝土 C30 2. 掺合料 3. 厚度：厚 20cm 4. 嵌缝材料	1. 模板制作、安装、拆除 2. 混凝土拌合、运输、浇筑 3. 拉毛 4. 压痕或刻防滑槽 5. 伸缝 6. 缩缝 7. 锯缝、嵌缝 8. 路面养护	m²	2100.00

续表

<table>
<tr><td rowspan="4">大数据 4. 一结果（五统一含项目特征描述）</td><td colspan="7">(2)对应建设工程预(结)算书［按施工顺序;包括子目、量、价等分析］</td></tr>
<tr><td rowspan="2">定额编号</td><td rowspan="2">分部分项工程名称</td><td rowspan="2">计量单位</td><td colspan="2">工程数量</td><td colspan="2">工程费(元)</td></tr>
<tr><td>工程量</td><td>定额量</td><td>单价</td><td>复价</td></tr>
<tr><td>S2-3-32</td><td>面层商品混凝土(厚 22cm),采用非泵送商品混凝土(5～40mm)C30</td><td>100m²</td><td>2100.00</td><td>21.00</td><td></td><td></td></tr>
<tr><td></td><td>S2-3-33</td><td>面层商品混凝土(±1cm),采用非泵送商品混凝土(5～40mm)C30</td><td>100m²</td><td>2100.00</td><td>21.00</td><td></td><td></td></tr>
</table>

注：1.《上海市市政工程预算定额》(2000) 第十六条："本定额中的钢筋混凝土工程按混凝土、模板、钢筋分列定额子目。模板工程量除另有规定者外，均按混凝土与模板接触面面积以平方米计算"在编制工程"算量"时，敬请参阅本"图释集"附录国家标准规范、全国及地方《市政工程预算定额》(附录 A～K) 中附表 G-06"混凝土模板、支架和钢筋定额子目列项检索表［即第十六条］"的诠释；

2. 在编制工程"算量"时，敬请参阅本"图释集"第二章分部分项工程中表 B-19"水泥混颖土面层(刚性路面)模板面积'算量'难点解析"的诠释；本工程"算量"要素数值，敬请参阅本"图释集"第二章分部分项工程中图 B-01"某道路实体工程平面图［单幅路(一块板)］"的数据。

水泥混凝土面层（刚性路面）模板面积"算量"难点解析 **表 B-19**

工程名称：某道路实体工程平面图［单幅路（一块板）］

<table>
<tr><td colspan="5">《上海市市政工程预算定额》(2000) 第二册 道路工程 第三章 道路面层 7. 混凝土面层</td></tr>
<tr><td>项目名称:混凝土面层模板</td><td colspan="2">定额编号:S2-3-36</td><td colspan="2">计量单位:m²</td></tr>
<tr><td rowspan="3">"13 国标市政计算规范"</td><td>项目编码</td><td>040203007</td><td>项目名称</td><td>水泥混凝土</td></tr>
<tr><td>"项目特征"之描述</td><td colspan="3">1. 混凝土强度等级 2. 掺合料 3. 厚度 4. 嵌缝材料</td></tr>
<tr><td>"工作内容"之规定</td><td colspan="3">1. 模板制作、安装、拆除 2. 混凝土拌合、运输、浇注 3. 拉毛 4. 压痕或刻防滑槽 5. 伸缝 6. 缩缝 7. 锯缝、嵌缝 8. 路面养护</td></tr>
<tr><td>施工组织设计</td><td colspan="4">1. 柔性路面和刚性路面交接处 2 道
2. 现浇水泥混凝土量为 160m³/天</td></tr>
</table>

续表

大数据 2. 一图或表或式(工程造价"算量"要素)(净量)			
例题	定额编号	项目名称	计算单位
表 B-18"水泥混凝土面层(刚性路面)面积'算量'难点解析"	S2-3-32～S2-3-33	面层商品混凝土(厚 20cm),采用非泵送商品混凝土(5～40mm)C30	$100m^2$

其中:工程范围			
直线段 K0+493.50～K0+643.50	车行道(即横断面宽度) b_1=14.00m(单幅)		道路结构层 水泥混凝土面层(厚 20cm)
每板块尺寸($a\times b$)/块 3.5m×5.0m	其中	横向板块	纵向板块
		每板块 $a_{横}$=3.5m/块	每板块 $b_{纵}$=5.0m/块

大数据 3. 一解(演算过程表达式)		
计算规范量 演算计算式	水泥混凝土路面 模板面积 S(m^2)	已知"算量"基数要素: 1. 施工长度 $L_{施}$=150.00m; 2. 每板块 $b_{纵}$=5.0m/块 3. 厚度 $h_{水}$ 为 20cm;车行道宽度 b_1=14.00m(单幅);柔性路面和刚性路面交接处 2 道 工程"算量": 路面模板面积 $S=L_{长}\times$纵向模板 $N_{排}\times$厚度 $h_{水}+$车行道宽度 $b_1\times$施工缝/道$\times$厚度 $h_{水}+$车行道宽度 $b_1\times$柔刚交接处/道$\times$厚度 $h_{水}$ $=150.00\times5\times0.20+14.00\times3\times0.20+14.00\times2\times0.20$ $=150.00+8.40+5.60=164.00m^2$ 即 定额量

续表

<table>
<tr><td rowspan="7">大数据4.一结果
（五统一含项目特征描述）</td><td colspan="6">(1)对应分部分项工程量清单与计价表[即建设单位招标工程量清单]</td></tr>
<tr><td>项目编码</td><td>项目名称</td><td>项目特征</td><td>工作内容</td><td>计量单位</td><td>工程量</td></tr>
<tr><td>040203007</td><td>水泥
混凝土</td><td>1. 混凝土强度等级：非泵送商品混凝土C30
2. 掺合料
3. 厚度：厚20cm
4. 嵌缝材料</td><td>1. 模板制作、安装、拆除
2. 混凝土拌合、运输、浇筑
3. 拉毛
4. 压痕或刻防滑槽
5. 伸缝
6. 缩缝
7. 锯缝、嵌缝
8. 路面养护</td><td>m^2</td><td>2100.00</td></tr>
<tr><td colspan="6">(2)对应建设工程预(结)算书［按施工顺序；包括子目、量、价等分析］</td></tr>
<tr><td rowspan="2">定额编号</td><td rowspan="2">分部分项工程名称</td><td rowspan="2">计量单位</td><td colspan="2">工程数量</td><td colspan="2">工程费(元)</td></tr>
<tr><td>工程量</td><td>定额量</td><td>单价</td><td>复价</td></tr>
<tr><td>S2-3-36</td><td>混凝土面层模板</td><td>m^2</td><td>164.00</td><td>164.00</td><td></td><td></td></tr>
</table>

注：1.《上海市市政工程预算定额》(2000) 工程量计算规则："第2.3.3条模板工程量按与混凝土接触面面积以平方米计算"；

2.《上海市市政工程预算定额》(2000) 第十六条："本定额中的钢筋混凝土工程按混凝土、模板、钢筋分列定额子目。模板工程量除另有规定者外，均按混凝土与模板接触面面积以平方米计算。"在编制工程"算量"时，敬请参阅本"图释集"附录国家标准规范、全国及地方《市政工程预算定额》(附录A～K) 中附表G-06"混凝土模板、支架和钢筋定额子目列项检索表［即第十六条］"的诠释；

3. 本工程"算量"要素数值，敬请参阅本"图释集"第二章分部分项工程中图B-01"某道路实体工程平面图［单幅路（一块板）］"的数据。

表 B. 4　人行道及其他（项目编码：040204002）人行道块料铺设

人行道是指用路缘石或护栏及其他类似设施加以分隔的专门供人行走的部分。人行道块料包括异型彩色花砖和普通型砖等。

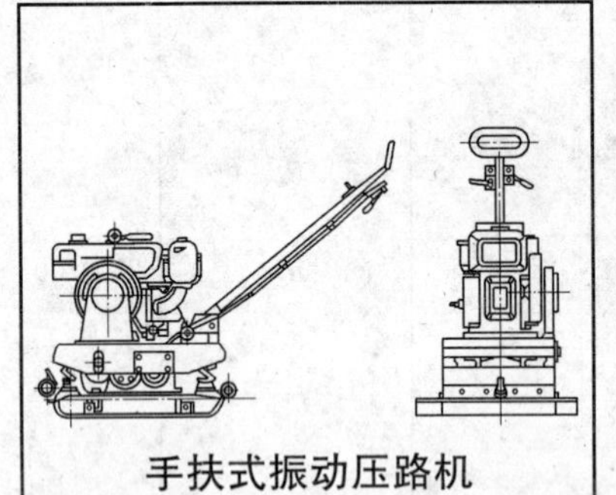

手扶式振动压路机

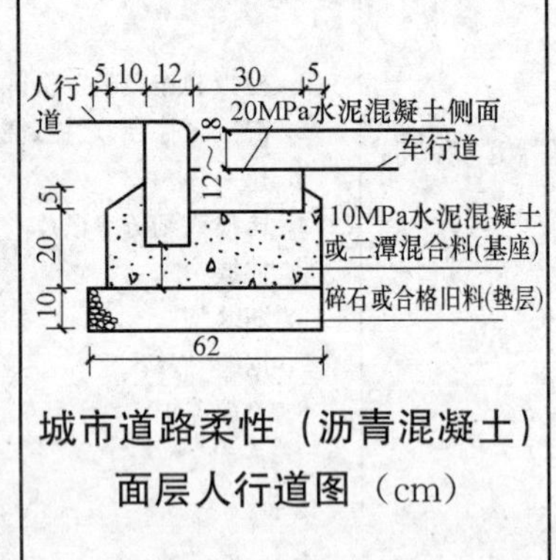

城市道路柔性（沥青混凝土）面层人行道图（cm）

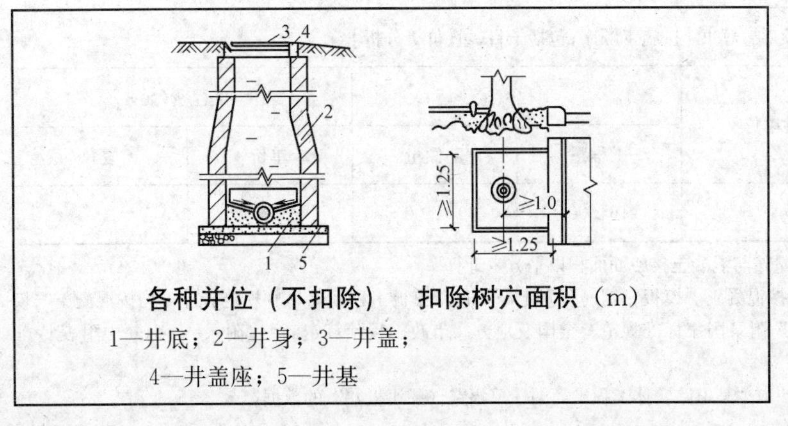

各种井位（不扣除）　扣除树穴面积（m）

1—井底；2—井身；3—井盖；

4—井盖座；5—井基

工程量清单“四统一”	
项目编码	040204002
项目名称	人行道块料铺设
计量单位	m^2
工程量计算规则	按设计图示尺寸以面积计算，不扣除各类　所占面积，但应扣除侧石，树池所占面积
项目特征描述	1. 块料品种、规格 2. 基础、垫层；材料品种、厚度 3. 图形
工程内容规定	1. 基础、垫层铺筑 2. 块料铺设

《上海市市政工程预算定额》(2000)分部分项工程	
子目编号	S2-4-11
分部分项工程名称	铺筑预制混凝土人行道板
工作内容	详见该定额编号之“项目表”中“工作内容”的规定
计量单位	$100m^2$
工程量计算规则	人行道块料铺设按设计面积计算，扣除树穴面积 直线段＋交叉口面积[附录 B　道路工程　道路平面交叉口路口(车行道、人行道、侧(平、缘)石)转角面积、转弯长度计算公式【导读】]

一、实体项目　B 道路工程			
对应图示		项目名称	编码/编号
工程量清单分类		表 B. 4 人行道及其他(人行道块料铺设)	040204002
定额章节	分部工程	第二册　道路工程　第四章　附属设施	S2-4-
	分项子目	2. 铺筑预制人行道	S2-4-11

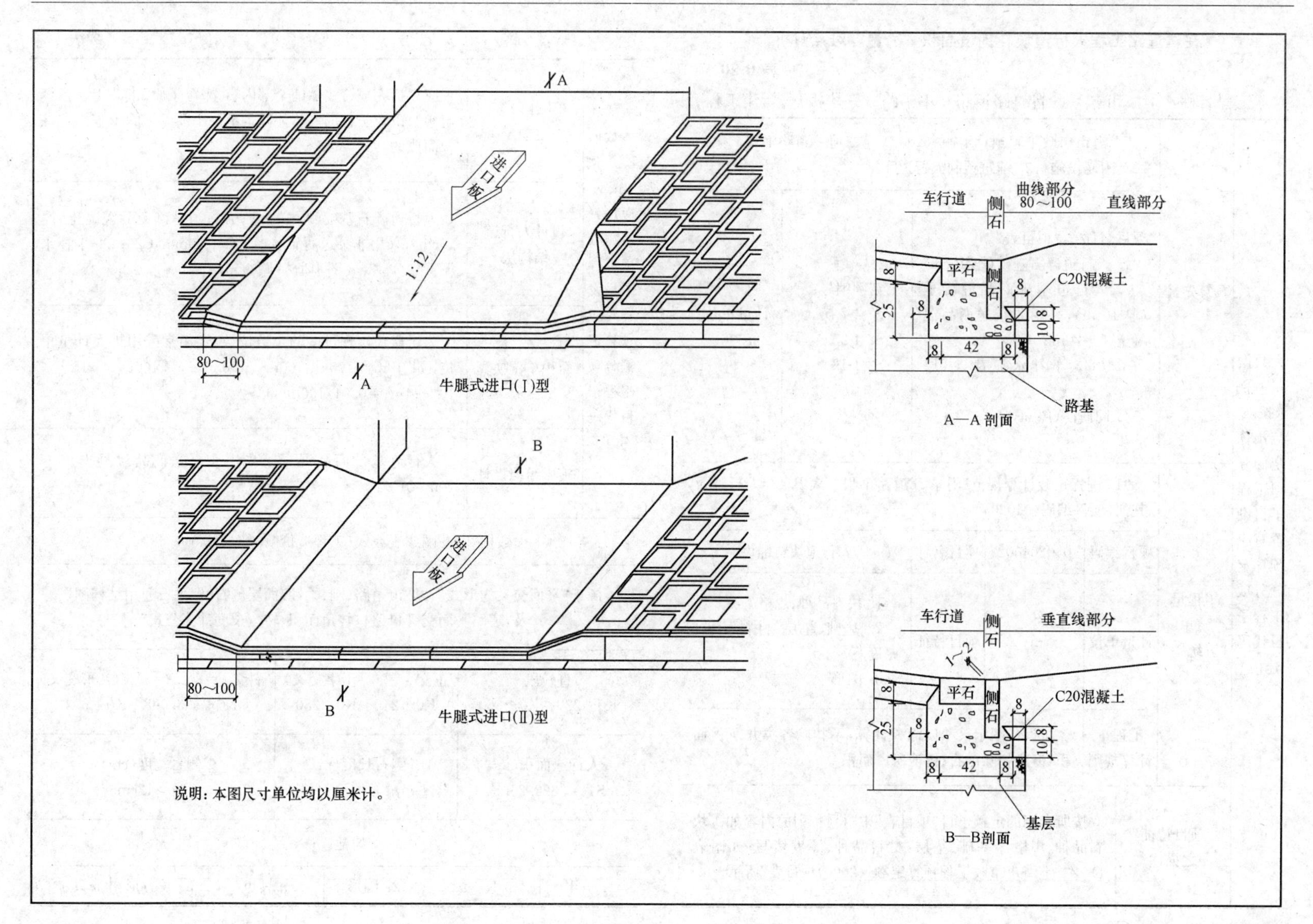

A
进口板
1:12
80～100
A
牛腿式进口(Ⅰ)型
B
进口板
80～100
B
牛腿式进口(Ⅱ)型
说明：本图尺寸单位均以厘米计。
车行道
侧石
曲线部分
80～100
直线部分
平石
侧石
C20混凝土
8
25
8
10
42
路基
A—A 剖面
车行道
侧石
垂直线部分
1～2
平石
侧石
C20混凝土
8
25
8
10
42
基层
B—B剖面

在建道路工程人行道块料铺设面积“算量”难点解析

表 B-20

工程名称：上海市××区晋粤路道路［单幅路（一块板）］新建工程

<table>
<tr><td rowspan="9">大数据
1. 一例
（按对应预算定额分项工程子目设置对应预算定额分项工程子目代码建模）</td><td rowspan="2">预算定额</td><td colspan="4">《上海市市政工程预算定额》(2000) 第二册　道路工程　第四章　附属设施　2. 铺筑预制人行道</td></tr>
<tr><td colspan="2">项目名称：*“项目表”
1. 人行道碎石基础(厚 10cm)
2. 人行道基础商品混凝土(厚 10cm)，采用非泵送商品混凝土(5～20mm)C20
3. 1∶3 干拌水泥黄砂(厚 3cm)
4. 同质砖(厚 6cm)</td><td>定额编号：
S2-4-7 换
S2-4-3
S2-4-13</td><td>计量单位：
100m²</td></tr>
<tr><td rowspan="4">工程量清单“五统一”</td><td colspan="4">“13 国标市政计算规范”附录 B 道路工程　表 B.4　人行道及其他(项目编码：040204)</td></tr>
<tr><td>项目编码</td><td>040204002</td><td>项目名称</td><td>人行道块料铺设</td></tr>
<tr><td>计量单位</td><td>m²</td><td>项目特征</td><td>1. 块料品种、规格
2. 基础、垫层：材料品种、厚度
3. 图形</td></tr>
<tr><td>工程量计算规则</td><td colspan="3">按设计图示尺寸以面积计算，不扣除各类井所占面积，但应扣除侧石、树池所占面积</td></tr>
<tr><td>“项目特征”之描述</td><td colspan="4">按所套用的定额子目“项目表”中“材料”列的内容如①块料品种、规格②基础、垫层：材料品种、厚度填写；如附表 D-02“《上海市市政工程预算定额》(2000)项目表”所示。</td></tr>
</table>

续表

<table>
<tr><td rowspan="5">大数据
1. 一例
（按对应预算定额分项工程子目设置对应预算定额分项工程子目代码建模）</td><td>“工作内容”之规定</td><td>应包括完成该实体的全部内容；来源于原《市政工程预算定额》，市政工程的实体往往是由一个及以上的工程内容综合而成的</td></tr>
<tr><td>设计人行道结构层</td><td>人行道碎石基础(厚 10cm)；人行道基础商品混凝土(厚 10cm)，采用非泵送商品混凝土(5～20mm)C20；1 8 干拌水泥黄砂(厚 3cm)；同质砖(厚 6cm)</td></tr>
<tr><td>面积单位换算</td><td>为了避免出现过多的小数位数，定额常采用扩大计量单位，如 10m³、100m、100m²、100m³ 等。100m² = 1m² × 10⁻²；1m² = 0.01/100m²</td></tr>
<tr><td>施工组织设计</td><td>人行道基础商品混凝土采用非泵送商品混凝土(5～20mm)C20</td></tr>
</table>

<table>
<tr><td colspan="6">大数据 2. 一图或表或式（工程造价“算量”要素）(净量)</td></tr>
<tr><td colspan="6">源于“平面交叉的形式”、“城市道路(刚、柔性)面层侧石、侧平石通用结构图”及“道路平面交叉口路口转角面积、转弯长度计算公式”</td></tr>
<tr><td colspan="2">直线段
K0+220～K0+660</td><td colspan="2">正交 $\alpha=90°$(十字交叉)
K0+240～K0+280</td><td colspan="2">斜交 $\alpha=80°$、$\beta=100°$(X 形交叉)
K0+533.008～K0+603</td></tr>
<tr><td colspan="2">*人行道面积(m²)
$S_人=3222.26m^2$</td><td colspan="2">*侧石长度(m)
$L_{人行道}=948.34m$</td><td colspan="2">侧石宽度(cm)
$b_2=12cm$</td></tr>
<tr><td colspan="6">树池(m²)</td></tr>
<tr><td>1. 方形</td><td>n 只　a^2</td><td>2. 圆形</td><td>n 只 Φ</td><td>3. 长方形</td><td>n 只 $a\times b$</td></tr>
</table>

续表

<table>
<tr><td colspan="3">大数据 3. 一解(演算过程表达式)</td></tr>
<tr><td>计算规范量演算计算式</td><td>人行道块料铺设面积(m²)</td><td>已知"算量"基数要素:1. * 人行道面积 $S_{人}=3222.26m^2$
2. * 侧石长度 $L_{人行道}=948.34m$
3. 侧石宽度 $b_2=12cm$
4. 树池面积=$0m^2$
5. * 侧石面积 $S_{人行道}$=* 侧石长度 $L_{人行道}\times b_2$
$=948.34\times0.12$
$=113.80m^2$
工程"算量":
1. $\sum S$=人行道面积 $S_{人}$-侧石面积 $S_{人行道}$-树池面积
$=3222.26-113.80-0=$ 3108.46m² 清单量
2. 定额计量单位=* 人行道面积 $S_{人}$×面积单位换算
= 3108.46 ×0.01/100= 31.08/100m² 定额量
3."清单量"为 3108.46m²;"定额量"为 31.08/100m²</td></tr>
</table>

<table>
<tr><td rowspan="3">大数据 4. 一结果(五统一含项目特征描述)</td><td colspan="6">(1)对应分部分项工程量清单与计价表[即建设单位招标工程量清单]</td></tr>
<tr><td>项目编码</td><td>项目名称</td><td>项目特征</td><td>工作内容</td><td>计量单位</td><td>工程量</td></tr>
<tr><td>040204002</td><td>人行道块料铺设</td><td>1. 块料品种、规格:同质砖
2. 基础、垫层:材料品种[(碎石基础、非泵送商品混凝土(5~20mm)C20)]厚度 $h=20cm$
3. 图形</td><td>1. 基础、垫层铺筑
2. 块料铺设</td><td>m²</td><td>3108.46</td></tr>
</table>

续表

<table>
<tr><td rowspan="7">大数据 4. 一结果(五统一含项目特征描述)</td><td colspan="7">(2)对应建设工程预(结)算书[按施工顺序;包括子目、量、价等分析]</td></tr>
<tr><td rowspan="2">定额编号</td><td rowspan="2">分部分项工程名称</td><td rowspan="2">计量单位</td><td colspan="2">工程数量</td><td colspan="2">工程费(元)</td></tr>
<tr><td>工程量</td><td>定额量</td><td>单价</td><td>复价</td></tr>
<tr><td>S2-4-7 换</td><td>人行道碎石基础(厚 10cm)</td><td>100m²</td><td>3108.46</td><td>31.08</td><td></td><td></td></tr>
<tr><td>S2-4-3</td><td>人行道基础商品混凝土(厚 10cm),采用非泵送商品混凝土(5~20mm)C20</td><td>100m²</td><td>3108.46</td><td>31.08</td><td></td><td></td></tr>
<tr><td rowspan="2">S2-4-13</td><td>1:3 干拌水泥黄砂(厚 3cm)</td><td rowspan="2">100m²</td><td rowspan="2">3108.46</td><td rowspan="2">31.08</td><td rowspan="2"></td><td rowspan="2"></td></tr>
<tr><td>同质砖(厚 6cm)</td></tr>
</table>

注:1. 本工程"算量"要素数值,敬请参阅本"图释集"第四章编制与应用实务["'一法三模算量法'YYYYSL 系统"(自主平台软件)]中表 4 道-02"在建道路实体工程[单幅路(一块板)]各类'算量'要素统计汇总表"的数据;

2. * 人行道面积 $S_{人}$,敬请参阅表 B-15"在建道路工程人行道路基整修面积'算量'难点解析"的释义;

3. * 侧石面积 $S_{人行道}$,敬请参阅"表 B-04"侧平石长度'算量'难点解析"的释义。

表 B.4 人行道及其他（项目编码：040204004）安砌侧（平、缘）石

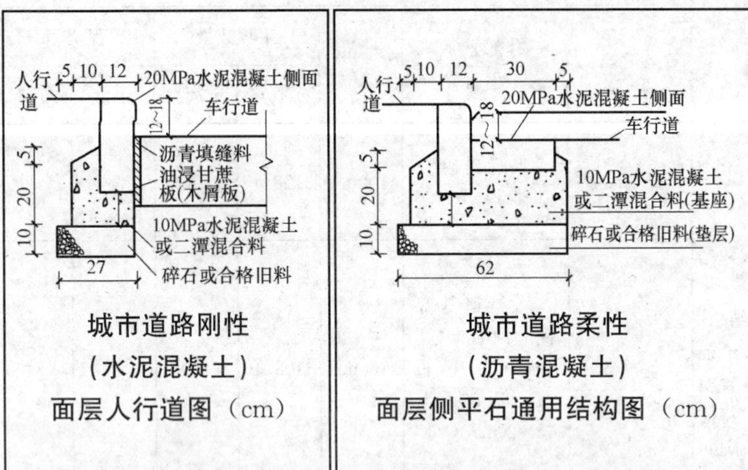

城市道路刚性（水泥混凝土）面层人行道图（cm）

城市道路柔性（沥青混凝土）面层侧平石通用结构图（cm）

侧缘石是指路面边缘与其他构造物分界处的标界石，一般用石块或混凝土块砌筑。侧缘石安砌是将缘石沿路边高出路面砌筑，平缘石安砌是将缘石沿路边与路面水平砌筑（定额中已包括侧平石的基础和垫层）。

侧平石规格示意图（cm）

（a）平石；（b）侧石

侧向进水口（不扣除）

工程量清单"四统一"	
项目编码	040204004
项目名称	安砌侧(平、缘)石
计量单位	m
工程量计算规则	按设计图示中心线尺寸以长度计算
项目特征描述	1. 块料品种、规格 2. 基础、垫层：材料品种、厚度
工程内容规定	1. 开槽 2. 基础、垫层铺筑 3. 侧(平、缘)石安砌

《上海市市政工程预算定额》(2000)分部分项工程	
子目编号	S2-4-21～S2-4-24
分部分项工程名称	排砌预制侧平石
工作内容	详见该定额编号之"项目表"中"工作内容"的规定
计量单位	m
工程量计算规则	侧平石按设计长度计算，不扣除侧向进水口长度 直线段＋交叉口面积[敬请参阅：附录B 道路工程 道路平面交叉口路口(车行道、人行道、侧(平、缘)石)转角面积、转弯长度计算公式【导读】]

一、实体项目 B道路工程			
对应图示		项目名称	编码/编号
工程量清单分类		表B.4 人行道及其他[安砌侧(平、缘石)]	040204004
定额章节	分部工程	第二册 道路工程 第四章 附属设施	S2-4-
	分项子目	4. 排砌预制侧平石	S2-4-21～S2-4-24

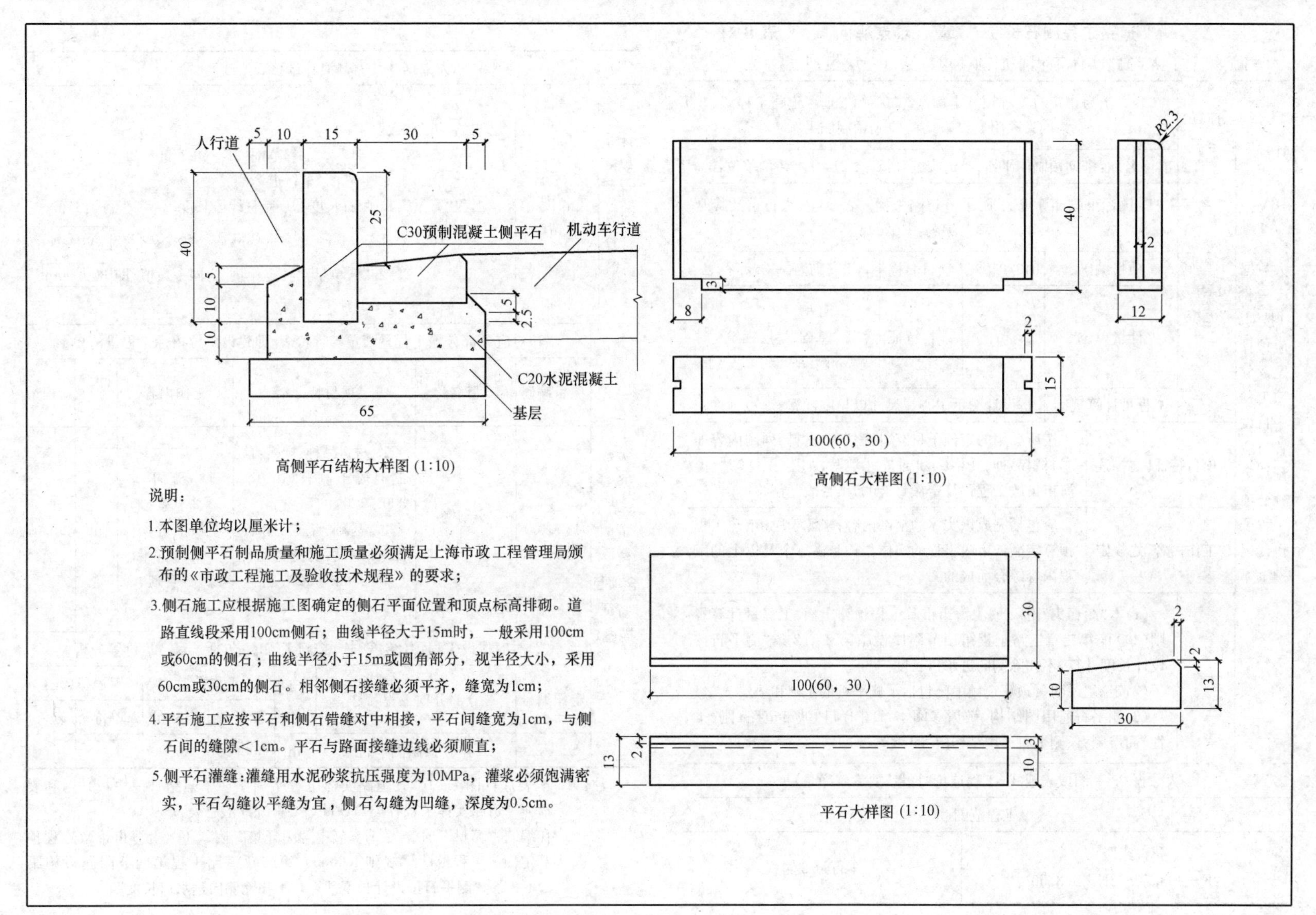

高侧平石结构大样图 (1:10)

高侧石大样图 (1:10)

平石大样图 (1:10)

说明：

1.本图单位均以厘米计；

2.预制侧平石制品质量和施工质量必须满足上海市政工程管理局颁布的《市政工程施工及验收技术规程》的要求；

3.侧石施工应根据施工图确定的侧石平面位置和顶点标高排砌。道路直线段采用100cm侧石；曲线半径大于15m时，一般采用100cm或60cm的侧石；曲线半径小于15m或圆角部分，视半径大小，采用60cm或30cm的侧石。相邻侧石接缝必须平齐，缝宽为1cm；

4.平石施工应按平石和侧石错缝对中相接，平石间缝宽为1cm，与侧石间的缝隙<1cm。平石与路面接缝边线必须顺直；

5.侧平石灌缝：灌缝用水泥砂浆抗压强度为10MPa，灌浆必须饱满密实，平石勾缝以平缝为宜，侧石勾缝为凹缝，深度为0.5cm。

道路工程侧石长度“算量”难点解析　　表 B-21

工程名称：某道路实体工程平面图［单幅路（一块板）］

<table>
<tr><td rowspan="10">大数据1. 一例（按对应预算定额分项工程子目设置对应预算定额分项工程子目代码建模）</td><td rowspan="2">预算定额</td><td colspan="4">《上海市市政工程预算定额》(2000) 第二册　道路工程
第四章　附属设施　4. 排砌预制侧平石</td></tr>
<tr><td>项目名称：排砌预制侧平石</td><td colspan="2">定额编号：S2-4-21</td><td>计量单位：m</td></tr>
<tr><td rowspan="4">工程量清单“五统一”</td><td colspan="4">“13国标市政计算规范”附录B道路工程　表B.4　人行道及其他（项目编码：040204）</td></tr>
<tr><td>项目编码</td><td>040204004</td><td>项目名称</td><td>安砌侧(平、缘)石</td></tr>
<tr><td>计量单位</td><td>m</td><td>项目特征</td><td>1. 开槽
2. 基础、垫层铺筑
3. 侧(平、缘)石安砌</td></tr>
<tr><td>工程量计算规则</td><td colspan="3">按设计图示中心线尺寸以长度计算</td></tr>
<tr><td colspan="2">“项目特征”之描述</td><td colspan="3">按所套用的定额子目“项目表”中“材料”列的内容如①材料品种、规格②断面尺寸填写；如附表D-02“《上海市市政工程预算定额》(2000)项目表”所示</td></tr>
<tr><td colspan="2">“工作内容”之规定</td><td colspan="3">应包括完成该实体的全部内容；来源于原《市政工程预算定额》，市政工程的实体往往是由一个及以上的工程内容综合而成的</td></tr>
<tr><td colspan="2">工程量计算规则</td><td colspan="3">(1)本“图释集”附录F《上海市市政工程预算定额》工程量计算规则(2000) 第二章道路工程第四节附属设施第2.4.2条“侧平石按设计长度计算，不扣除侧向进水口长度。”
(2)定额“说明”：预算定额中已包括了侧平石的基础和垫层
(3)侧平石通用图结构，敬请参阅本章图B-11“城市道路(刚、柔性)面层侧石、侧平石通用结构图”的释义</td></tr>
</table>

<table>
<tr><td colspan="2">大数据2. 一图或表或式(工程造价“算量”要素)(净量)</td></tr>
<tr><td colspan="2">工程范围</td></tr>
<tr><td>直线段
2K+493.50～2K+643.50</td><td>车行道2侧</td></tr>
</table>

续表

<table>
<tr><td colspan="3">大数据3. 一解(演算过程表达式)</td></tr>
<tr><td>计算规范量演算计算式</td><td>侧平石长度(m)</td><td>已知“算量”基数要素：
1. 工程范围：2K+493.50～2K+643.50
2. 车行道2侧
工程“算量”：1. 侧石长度$\sum L$ = 直线段长度 $L_{直}$ × 车行道2侧
=(643.50−493.50)×2= 300.00m
2. “清单量”与“定额量”为同一数值，即 300.00m</td></tr>
</table>

<table>
<tr><td rowspan="7">大数据4. 一结果（五统一含项目特征描述）</td><td colspan="8">(1)对应分部分项工程量清单与计价表［即建设单位招标工程量清单］</td></tr>
<tr><td>项目编码</td><td>项目名称</td><td colspan="2">项目特征</td><td colspan="2">工作内容</td><td>计量单位</td><td>工程量</td></tr>
<tr><td>040204004</td><td>安砌侧(平、缘)石</td><td colspan="2">1. 材料品种、规格：预制混凝土侧石(1000×300×120)
2. 基础、垫层：材料品种、厚度：现浇混凝土(5～20mm) C20、道碴(50～70mm)</td><td colspan="2">1. 开槽
2. 基础、垫层铺筑
3. 侧(平、缘)石安砌</td><td>m</td><td>300.00</td></tr>
<tr><td colspan="8">(2)对应建设工程预(结)算书［按施工顺序；包括子目、量、价等分析］</td></tr>
<tr><td rowspan="2">定额编号</td><td rowspan="2" colspan="2">分部分项工程名称</td><td rowspan="2">计量单位</td><td colspan="2">工程数量</td><td colspan="2">工程费(元)</td></tr>
<tr><td>工程量</td><td>定额量</td><td>单价</td><td>复价</td></tr>
<tr><td>S2-4-21</td><td colspan="2">排砌预制侧平石</td><td>m</td><td>300.00</td><td>300.00</td><td></td><td></td></tr>
</table>

注：1. 本表选自图B-01“某道路实体工程平面图［单幅路（一块板）］”和表B-04“道路实体工程各类‘算量’要素统计汇总表”；

2. 在编制“算量”时，敬请参阅本“图释集”附录F《上海市市政工程预算定额》工程量计算规则（2000）第二章道路工程第四节附属设施第2.4.2条“侧平石按设计长度计算，不扣除侧向进水口长度”。

在建道路工程侧平石长度“算量”难点解析 表 B-22

工程名称：上海市××区晋粤路道路［单幅路（一块板）］新建工程

大数据1. 一例（按对应预算定额分项工程子目设置对应预算定额分项工程子目代码建模）	预算定额	《上海市市政工程预算定额》(2000)第二册道路工程 第四章 附属设施 4. 排砌预制侧平石			
		项目名称：排砌预制侧平石	定额编号：S2-4-23	计量单位：m	
	工程量清单“五统一”	“13 国标市政计算规范”附录 B 道路工程 表 B.4 人行道及其他（项目编码：040204）			
		项目编码	040204004	项目名称	安砌侧(平、缘)石
		计量单位	m	项目特征	1. 开槽 2. 基础、垫层铺筑 3. 侧（平、缘）石安砌
		工程量计算规则	按设计图示中心线尺寸以长度计算		
	“项目特征”之描述	按所套用的定额子目“项目表”中“材料”列的内容如①材料品种、规格②断面尺寸填写；如附表 D-02“《上海市市政工程预算定额》(2000)项目表”所示			
	“工作内容”之规定	应包括完成该实体的全部内容；来源于原《市政工程预算定额》，市政工程的实体往往是由一个及以上的工程内容综合而成的			
	工程量计算规则	(1)本“图释集”附录 F《上海市市政工程预算定额》工程量计算规则(2000)第二章道路工程第四节附属设施第 2.4.2 条“侧平石按设计长度计算，不扣除侧向进水口长度。” (2)定额“说明”：预算定额中已包括了侧平石的基础和垫层 (3)侧平石通用图结构，敬请参阅本章图 B-11“城市道路(刚、柔性)面层侧石、侧平石通用结构图”的释义			

续表

大数据 2. 一图或表或式(工程造价“算量”要素)(净量)

交叉角类型	源于“平面交叉的形式”及“道路平面交叉口路口转角面积、转弯长度计算公式”					
	中心角	外半径 R(m)		内半径 r(m)		侧(平、缘)石长度(m)
正交(十字交叉、T 形交叉、错位交叉)	$\alpha°=90°$	R_1	21.00	r_1	16.50	$R_1=21.00$
斜交（X 形交叉、错位交叉）	$\alpha=80°$	R_2	26.70	r_2	22.20	$R_2=26.70$
		R_4	24.60	r_4	20.10	$R_4=24.60$
	$\beta=100°$	R_1	20.20	r_1	15.70	$R_1=20.20$
		R_3	19.20	r_3	14.70	$R_3=19.20$

工程范围

直线段	正交 $\alpha=90°$(十字交叉)K0+240～K0+280	斜交 $\alpha=80°$、$\beta=100°$(X 形交叉)
K0+220～K0+660		K0+533.008～K0+603

其中

直线段			展宽段	渐变段(两侧)	渐变段	渠化段
①K0+220～K0+240(两侧)	②K0+280～K0+533.008	③K0+474～K0+280	K0+603～K0+630	K0+630～K0+660	K0+474～K0+504	K0+504～K0+533.008

主体车行道宽度：	$B_{宽}=15.00$m	渐变段车行道宽度：	$B_{渐变段}=17.00$

大数据 3. 一解(演算过程表达式)

计算规范量演算计算式	侧平石长度(m)	已知“算量”基数要素：1. 正交路口转角(十字交叉)$\alpha=90°$、$n=4$ 侧 外半径 $R_1=21.00$m/侧 2. 斜交路口转角(X 形交叉)$\alpha=80°$、$\beta=100°$ 外半径分别为：$R_1=20.20$m、$R_2=26.70$m、$R_3=19.20$m、$R_4=24.60$m 3. 主体车行道宽度 $B_{宽}=15.00$m，渐变段车行道宽度 $B_{渐变段}=17.00$m

续表

计算规范量演算计算式	侧平石长度(m)	解：查阅表 B-03"道路平面交叉口路口转角面积、转弯长度计算公式"进行计算 1. 直线段长度 $L_{直}$＝直线段①×2 侧＋｛直线段②＋直线段③＋渐变段直角三角形长度 c_1＋渠化段｝＋(b_1＋渐变段直角三角形长度 c_2)×2 侧＋直线段④×2 侧 ＝(240－220)×2 侧＋｛(533.008－280)＋(474－280)＋[(630－603)＋30.07]×2｝＋30.07＋(533.008－504)＋(660.00－630)×2 ＝40.00＋561.148＋59.078＋59.078＝**660.22m** 其中：(1)直线段 $L_{直}$＝240－220＝20.00m (2) a_1、a_2＝$B_{渐变段}-B_{宽}$＝17.00－15.00＝2.00m (3) b_1＝660－630＝30.00m (4) 渐变段直角三角形长度 $c_1=\sqrt{a_1^2+b_1^2}=\sqrt{2.00^2+30.00^2}=30.07$m (5) b_2＝504－474＝30.00m (6)渐变段直角三角形长度 $c_2=\sqrt{a_2^2+b_2^2}=\sqrt{2.00^2+30.00^2}$＝30.07m 2. 正交(十字交叉)长度 $L_{侧平石正交}$＝1.5708×R×n ＝1.5708×21.00×4＝**131.95m** 3. 斜交(X 形交叉)长度 $L_{侧平石斜交}$＝0.01745×α×(R_2＋R_4)＋0.01745×β×(R_1＋R_3) ＝0.01745×80×(26.70＋24.60)＋0.01745×100×(20.20＋19.20) ＝1.396×51.30＋1.745×39.40＝71.61＋68.75 ＝**140.36m**

续表

计算规范量演算计算式	侧平石长度(m)	工程"算量"：1. 侧平石长度$\sum L$＝直线段 $L_{直}$＋正交(十字交叉)$L_{侧平石正交}$＋斜交(X 形交叉)$L_{侧平石斜交}$ ＝675.99＋131.95＋140.36 ＝**948.31m** 2."清单量"与"定额量"为同一数值，即**948.31m**

大数据4.一结果(五统一含项目特征描述)

(1)对应分部分项工程量清单与计价表[即建设单位招标工程量清单]

项目编码	项目名称	项目特征	工作内容	计量单位	工程量
040204004	安砌侧(平、缘)石	1. 材料品种、规格：预制混凝土侧平石(1000×300×120) 2. 基础、垫层：材料品种、厚度：现浇混凝土(5～20mm)C20、道碴(50～70mm)	1. 开槽 2. 基础、垫层铺筑 3. 侧(平、缘)石安砌	m	948.31

(2)对应建设工程预(结)算书[按施工顺序；包括子目、量、价等分析]

定额编号	分部分项工程名称	计量单位	工程数量		工程费(元)	
			工程量	定额量	单价	复价
S2-4-23	排砌预制侧平石	m	948.31	948.31		

注：1. 本表选自图 B-01"某道路实体工程平面图［单幅路（一块板）］"和表 B-04"道路实体工程各类'算量'要素统计汇总表"；
2. 在编制"算量"时，敬请参阅本"图释集"附录 F《上海市市政工程预算定额》工程量计算规则（2000）第二章道路工程第四节附属设施第 2.4.2 条"侧平石按设计长度计算，不扣除侧向进水口长度"；
3. 本工程"算量"要素数值，敬请参阅本"图释集""第四章编制与应用实务［"'一法三模算量法'YYYYSL 系统"（自主平台软件）］中表 4 道-02"在建道路实体工程［单幅路（一块板）］各类"算量"要素统计汇总表"的数据。

表 B.5　交通管理设施（项目编码：040205004）标志板

标志板是指用图形符号、颜色和文字向交通参与者传递特定信息，用于交通管理的设施。其形状、图案、尺寸、设置、构造、反光、照明和道路交通标志的颜色范围以及制作，必须按规定执行。（属市政安装工程）

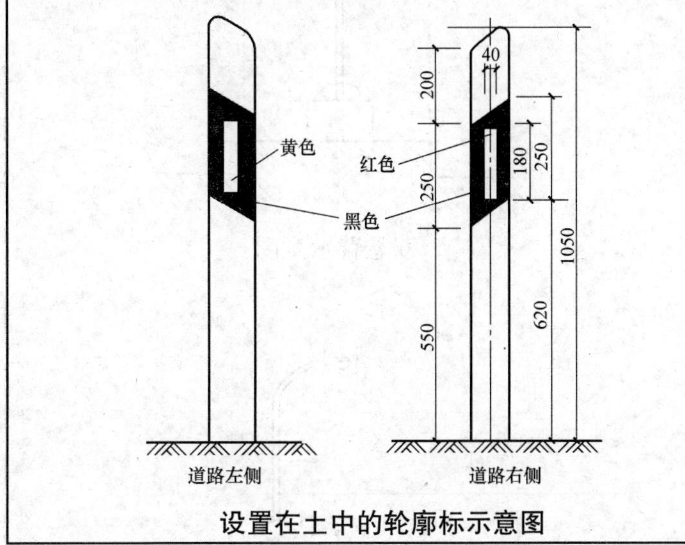

设置在土中的轮廓标示意图

工程量清单“四统一”	
项目编码	040205004
项目名称	标志板
计量单位	套
工程量计算规则	按设计图示数量计算
项目特征描述	1. 类型 2. 材质、规格尺寸 3. 板面反光膜等级
工程内容规定	安装

《上海市市政工程预算定额》(2000)分部分项工程	
子目编号	S3-2-32-S3-2-34
分部分项工程名称	反光道钉、路边线轮廓标、标志器
工作内容	详见该定额编号之“项目表”中“工作内容”的规定
计量单位	套
工程计算规则	详见附录 F《上海市市政工程预算定额》工程量计算规则(2000)

一、实体项目　B 道路工程			
对应图示		项目名称	编码/编号
工程量清单分类		表 B.5 交通管理设施(标志板)	04205004
定额章节	分部工程	第三册　道路交通管理设施工程　第三章　交通管理设施标线	S3-2-
	分项子目	3. 视线诱导器安装(反光道钉、路边线轮廓标、标志器)	S3-2-32-S3-2-34

交通标志按设置形式的不同可分为单柱式、双柱式、单悬壁、双悬臂、门架式和附着式六种。

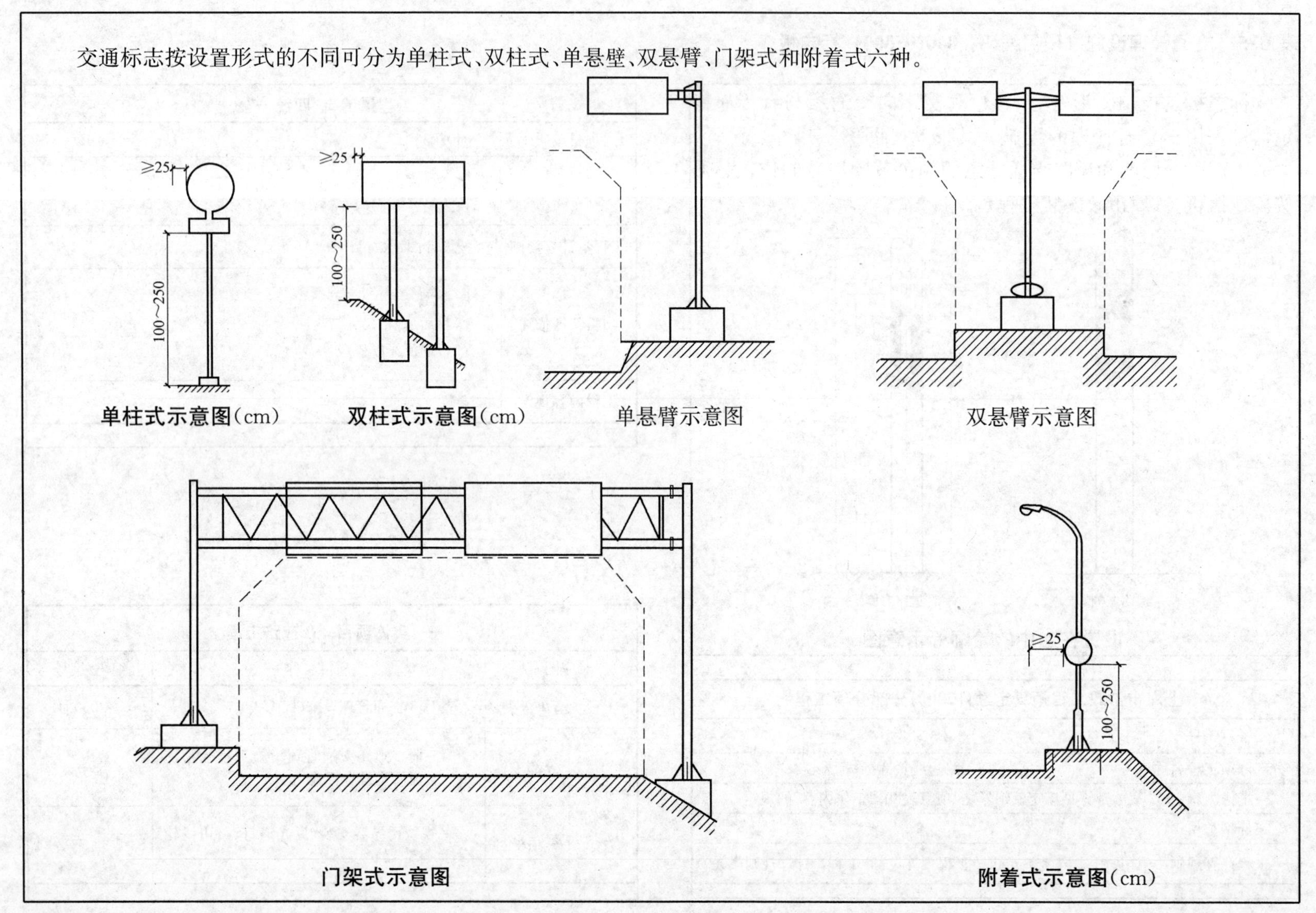

单柱式示意图(cm)　双柱式示意图(cm)　单悬臂示意图　双悬臂示意图

门架式示意图　附着式示意图(cm)

表 B.5　交通管理设施（项目编码：040205005）视线诱导器

视线诱导设施主要包括分合流标志、线形诱导标、轮廓标等，主要作用是在夜间通过对车灯光的反射，使司机能够了解前方道路的线形及走向，使其提前做好准备。

视线诱导器是用于指示道路方向、车行道边界的标志。视线诱导器安装定额中包括反光道钉、路边线轮廓标、标志器安装子目。（属市政安装工程）

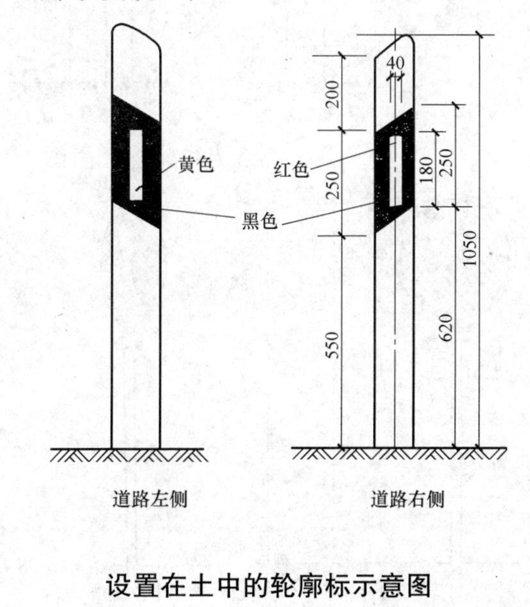

设置在土中的轮廓标示意图

工程量清单“四统一”	
项目编码	040205005
项目名称	视线诱导器
计量单位	只
工程量计算规则	按设计图示数量计算
项目特征描述	1. 类型 2. 材料品种
工程内容规定	安装

《上海市市政工程预算定额》(2000)分部分项工程	
子目编号	S3-2-32～S3-2-34
分部分项工程名称	反光道钉、路边线轮廓标、标志器
工作内容	详见该定额编号之“项目表”中“工作内容”的规定
计量单位	只
工程量计算规则	详见附录 F《上海市市政工程预算定额》工程计算规则(2000)

一、实体项目　B 道路工程			
对应图示		项目名称	编码/编号
工程量清单分类		表 B.5 交通管理设施(视线诱导器)	040205005
定额章节	分部工程	第三册道路交通管理设施工程　第三章交通管理设施标线	S3-2-
	分项子目	3. 视线诱导器安装(反光道灯、路边线轮廓标、标志器)	S3-2-32～S3-2-34

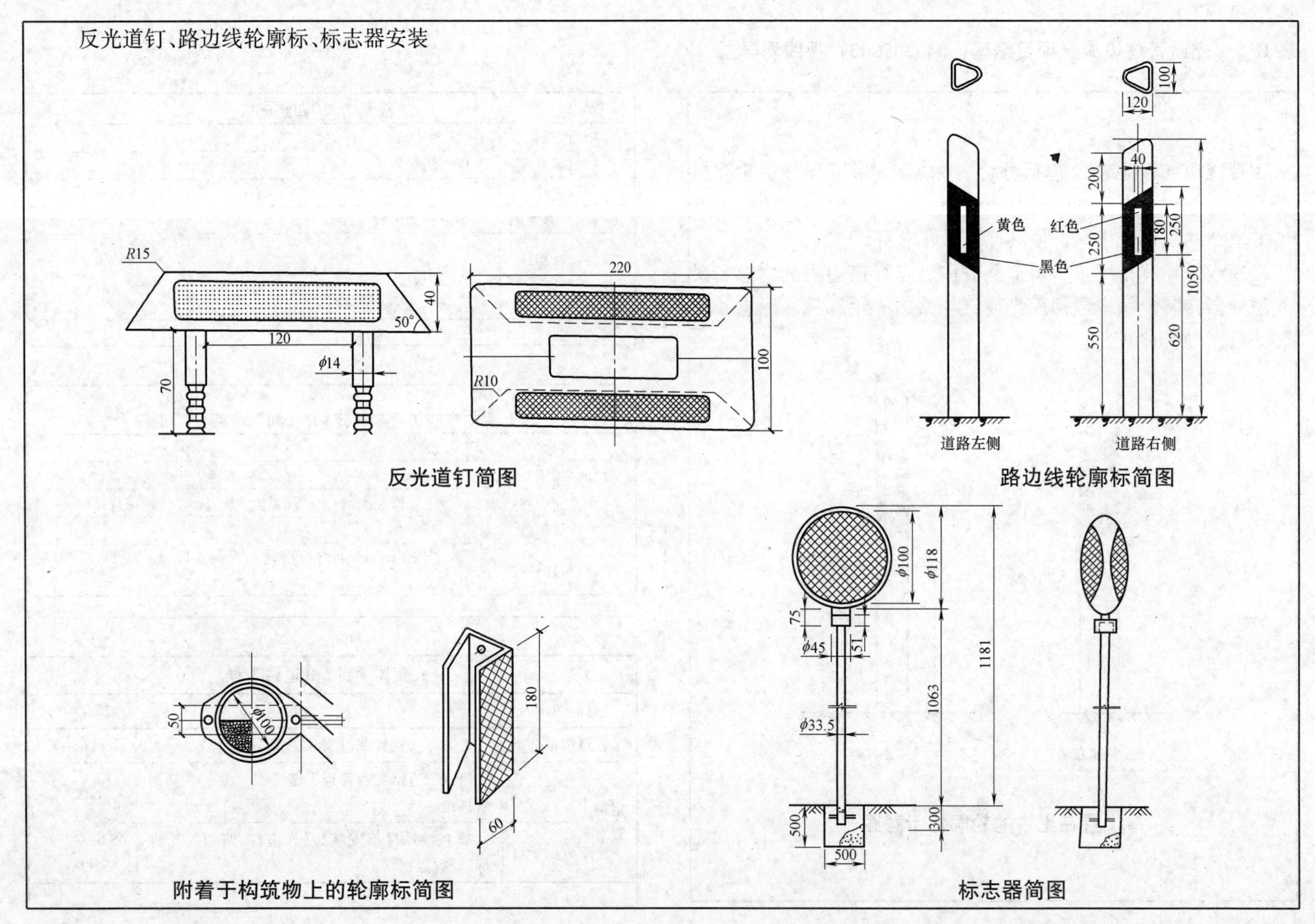
反光道钉、路边线轮廓标、标志器安装
R15
40
50°
120
ϕ14
70
220
R10
100
反光道钉简图
100
120
40
200
黄色
红色
180
250
250
黑色
1050
550
620
道路左侧
道路右侧
路边线轮廓标简图
50
ϕ100
180
60
附着于构筑物上的轮廓标简图
ϕ100
ϕ118
75
ϕ45
51
1181
1063
ϕ33.5
500
300
500
标志器简图

表 B.5　交通管理设施（项目编码：040205006）标线

交通标线应采用 1～2mm 宽度的虚线或实有工线划米线表示。

车行道中心线的绘制应符合下列规定：中心虚线采用粗虚线绘制；中心单实线采用粗实线绘制；中心双实线采用两条平行的粗实线绘制，两线净距离为 1.5～2mm；中心虚、实线采用一条粗实线和一条粗虚线绘制，两条净距离为 1.5～2mm。

中心单实线：　中心双实线：　中心虚线：　中心虚、实线：

车行道中心线示意图

车行道分界线示意图　　减速让行线示意图

车行道分界线应采用粗虚线表示

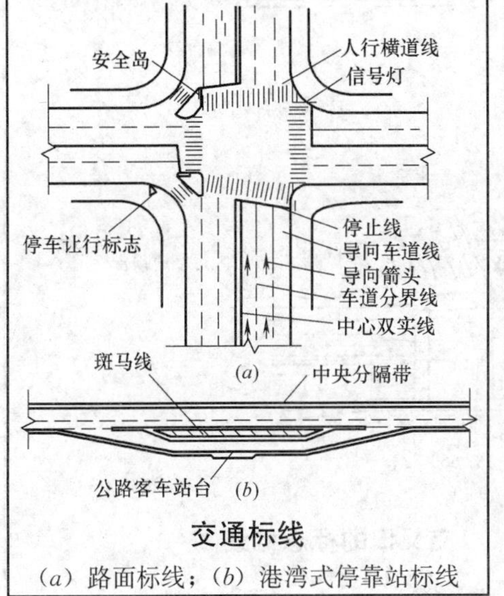

交通标线

（a）路面标线；（b）港湾式停靠站标线

手推式画线车外形图

工程量清单“四统一”	
项目编码	040205006
项目名称	标线
计量单位	km
工程量计算规则	按设计图示尺寸以长度计算
项目特征描述	1. 油漆品种 2. 工艺 3. 线型
工程内容规定	1. 清扫 2. 放样 3. 画线 4. 护线

《上海市市政工程预算定额》(2000)分部分项工程	
子目编号	S3-3-1～S3-3-15、S3-3-19
分部分项工程名称	实线、分界虚线、黄侧石线
工作内容	详见该定额编号之“项目表”中“工作内容”的规定
计量单位	km
工程量计算规则	详见附录 F《上海市市政工程预算定额》工程量计算规则(2000)

一、实体项目　B 道路工程			
对应图示		项目名称	编码/编号
工程量清单分类		表 B.5 交通管理设施(标线)	040205006
定额章节	分部工程	第三册道路交通管理设施工程　第三章 交通管理设施标线	S3-3-
	分项子目	1. 线条 ①实线(冷漆、温漆、热熔漆) ②分界虚线(冷漆、温漆、热熔漆) ③黄侧石线(冷漆)	S3-3-1～S3-3-3 S3-3-4～S3-3-15 S3-3-19

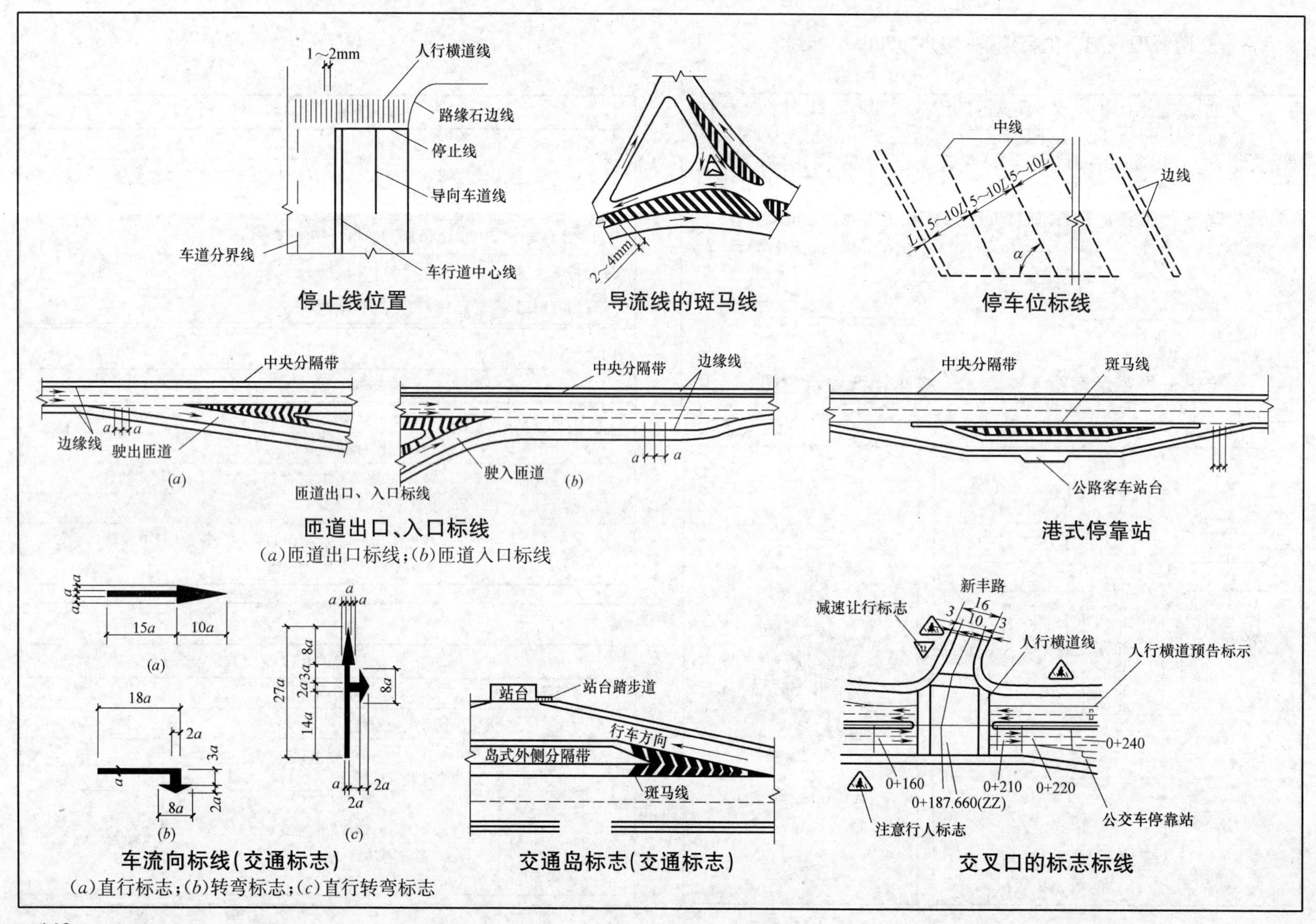

停止线位置

导流线的斑马线

停车位标线

匝道出口、入口标线

(a)匝道出口标线；(b)匝道入口标线

港式停靠站

车流向标线(交通标志)

(a)直行标志；(b)转弯标志；(c)直行转弯标志

交通岛标志(交通标志)

交叉口的标志标线

表 B.5　交通管理设施（项目编码：0402050007）标记

导向箭头表示车辆的行驶方向，主要用于交叉道口的导向车道内、出口匝道附近及对渠化交通的引导。箭头定额中包括直行箭头（3m，6m，9m）、转变箭头（3m，6m，9m）、直行转弯箭头（3m，6m，9m）、掉头箭头（3m，6m）、禁止掉头箭头（5m）。各种箭头分别编制了冷漆、温漆、热熔漆子目。

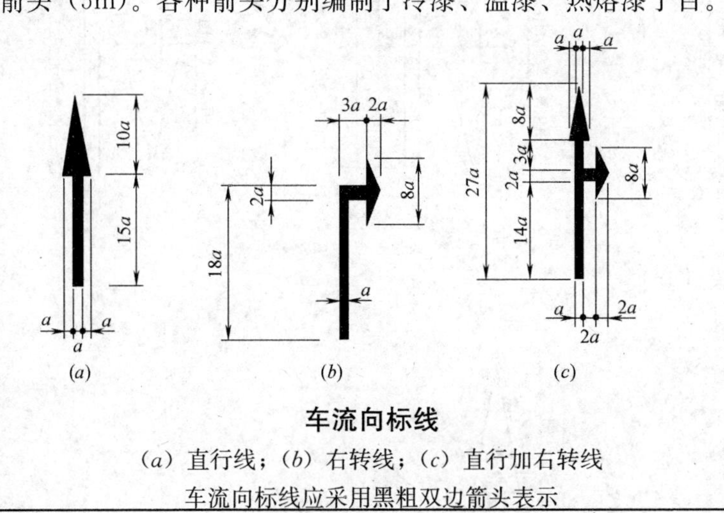

车流向标线

（a）直行线；（b）右转线；（c）直行加右转线

车流向标线应采用黑粗双边箭头表示

《上海市市政工程预算定额》(2000)分部分项工程	
子目编号	S3-3-22～S3-3-72
分部分项工程名称	直行箭头、分界虚线、直行转弯箭头、禁止掉头箭头、文字标记、倒三角让行标记、菱形预告标志
工作内容	
计量单位	个
工程计算规则	

工程量清单“四统一”	
项目编码	040205007
项目名称	标记
计量单位	1 个 2. m^2
工程量计算规则	1. 以个计量，按设计图示数量计算 2. 以平方米计量，按设计图示尺寸以面积计算
项目特征描述	1. 材料品种 2. 类型
工程内容规定	1. 清扫 2. 放样 3. 画线 4. 护线

一、实体项目　B 道路工程

对应图示		项目名称	编码/编号
工程量清单分类		表 B.5 交通管理设施(标记)	04205007
定额章节	分部工程	第三册道路交通管理设施工程　第三章交通管理设施标线	S3-3-
	分项子目	2. 箭头	
		①直行箭头(冷漆、温漆、热熔漆)	S3-3-22～S3-3-30
		②转弯箭头(冷漆、温漆、热熔漆)	S3-3-31～S3-3-39
		③直行转弯箭头(冷漆、温漆、热熔漆)	S3-3-40～S3-3-48
		④掉头箭头(冷漆、温漆、热熔漆)	S3-3-49～S3-3-54
		⑤禁止掉头箭头(冷漆、温漆、热熔漆)	S3-3-55～S3-3-57
		3. 文符标记	
		①文字标记(冷漆、温漆、热熔漆)	S3-3-58～S3-3-66
		②倒三角让行标记(冷漆、温漆、热熔漆)	S3-3-67～S3-3-69
		③菱形预告标志(冷漆、温漆、热熔漆)	S3-3-70～S3-3-72

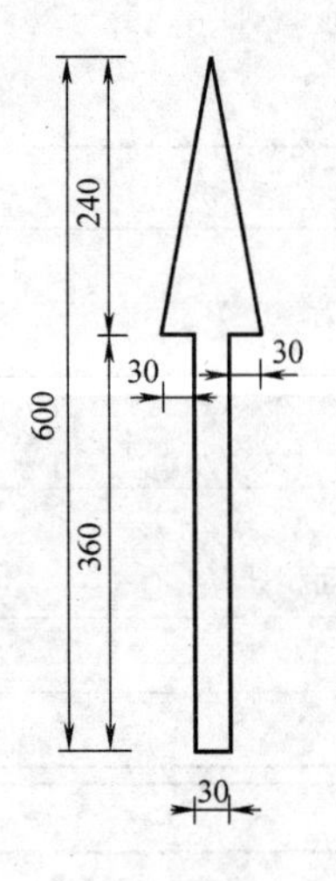

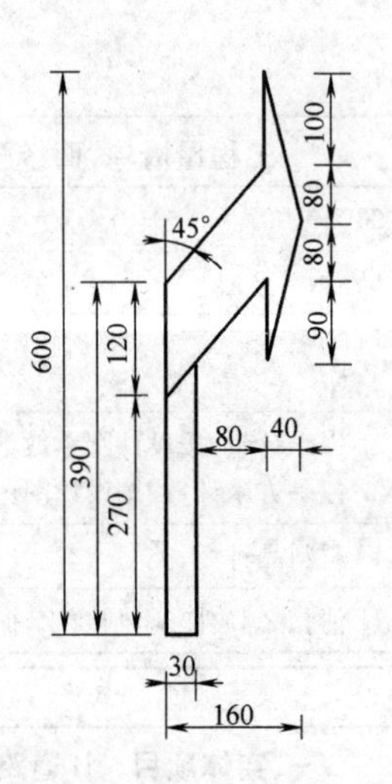

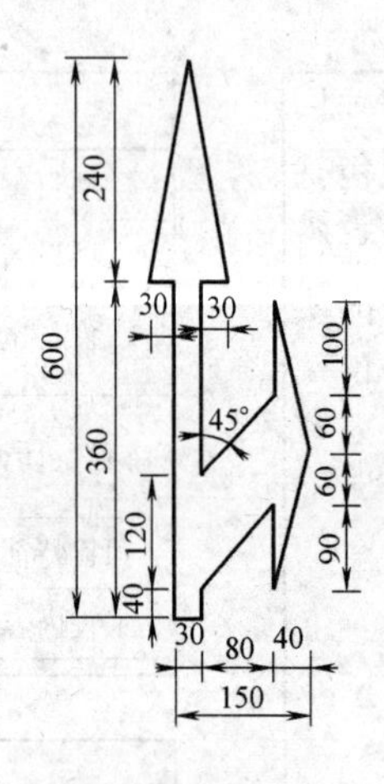

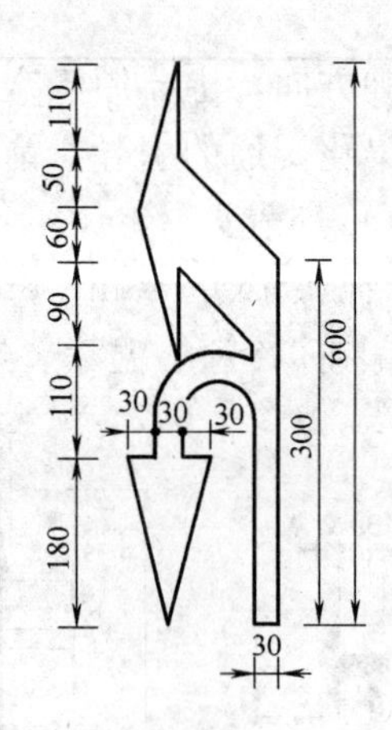

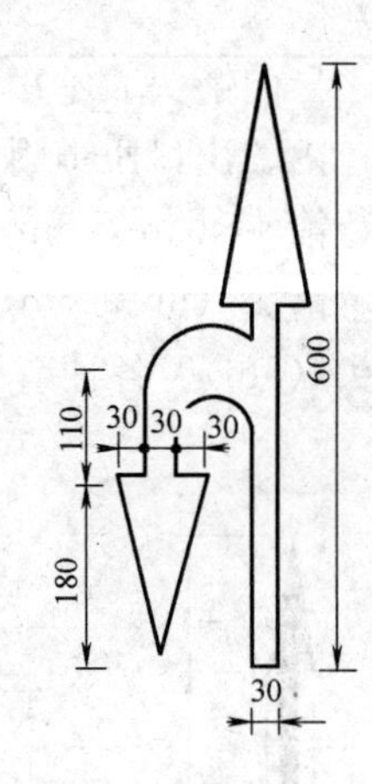

图 B-12　导向箭头（一）

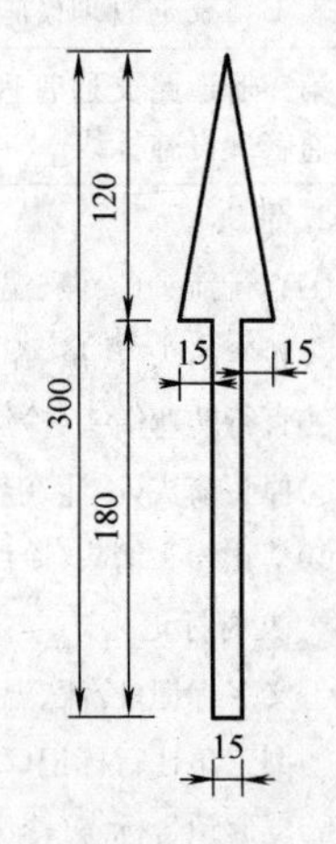

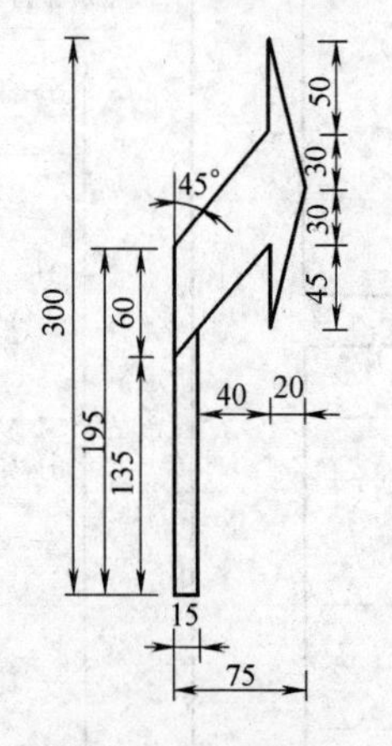

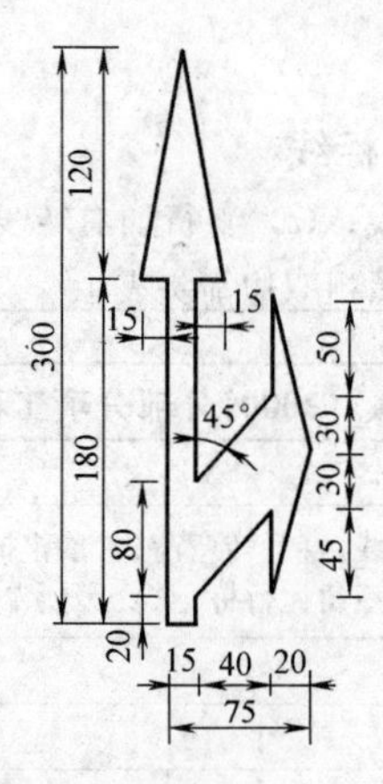

图 B-13　导向箭头（二）

表 B.5 交通管理设施（项目编码：040205014）信号灯

交通信号灯是指在道路上设置的一般用绿、黄、红色显示的指挥交通的信号灯。交通信号灯应按《道路交通信号灯设置与安装规范》GB 14886—2006 的规定设置。有转弯专用车道且用多相位信号控制的干道上，按各流向车道分别设置车道信号灯。（属市政安装工程）

信号灯的设置应包括机动车信号灯、行人信号灯、自行车信号灯。当自行车交通流可与行人交通流向同样处理时，可装自行车、行人共用信号灯。

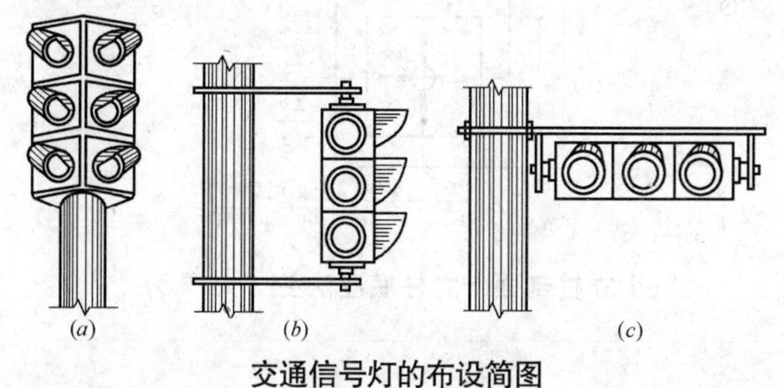

交通信号灯的布设简图

(a) 交叉口中心布设；(b) 装在杆桩上的垂直排列；(c) 装在杆柱上的横向排列

一、实体项目　B 道路工程

对应图示		项目名称	编码/编号
工程量清单分类		表 B.5 交通管理设施(信号灯)	04205014
定额章节	分部工程	第三册道路交通管理设施工程　第一章基础项目设施　第四章交通信号设施	S3-3- S3-4-
	分项子目	道路交通管理设施工程基础项目：3. 混凝土基础(混凝土)	S3-1-9
		道路交通管理设施工程交通信号设施：2. 地下走线安装 ①信号灯杆(单曲臂、长曲臂、柱式)	S3-4-11～S3-4-13
		道路交通管理设施工程交通信号设施：3. 交通信号灯安装 ①交通信号灯	S3-4-18

工程量清单"四统一"

项目编码	040205014
项目名称	信号灯
计量单位	套
工程量计算规则	按设计图示数量计算
项目特征描述	1. 类型 2. 灯架材质、规格 3. 基础、垫层：材料品种、厚度 4. 信号灯规格、型号、组数
工程内容规定	1. 基础、垫层铺筑 2. 灯架制作、镀锌、喷漆 3. 底盘、拉盘、卡盘及杆件安装 4. 信号灯安装、调试

《上海市市政工程预算定额》(2000)分部分项工程

子目编号	S3-1-9、S3-4-11～S3-4-13、S3-4-18
分部分项工程名称	灯杆、安装灯杆、交通信号灯
工作内容	详见该定额编号之"项目表"中"工作内容"的规定
计量单位	1. m^3 2. 根 3. 套
工程计算规则	1. 信号灯电源线安装定额中未包括电源线进线管及夹箍，它们应按施工中实际发生的数量计算 2. 交通信号灯安装不分国产和进口、车行和人行，定额中已综合取定 3. 安装信号灯所需的升降车台班已包括在信号灯架定额中 4. 本章定额中不包括特征软件的编制及设备调试

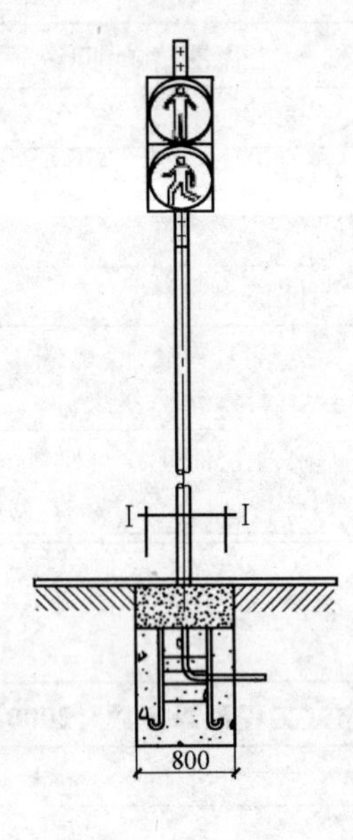

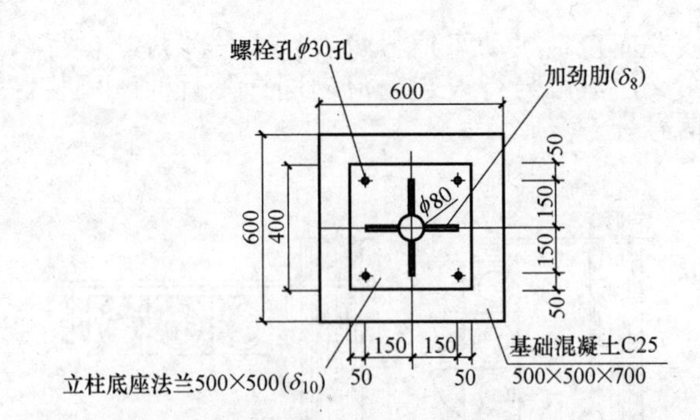

I-I 立柱剖面＋立柱底座法兰（大样3）

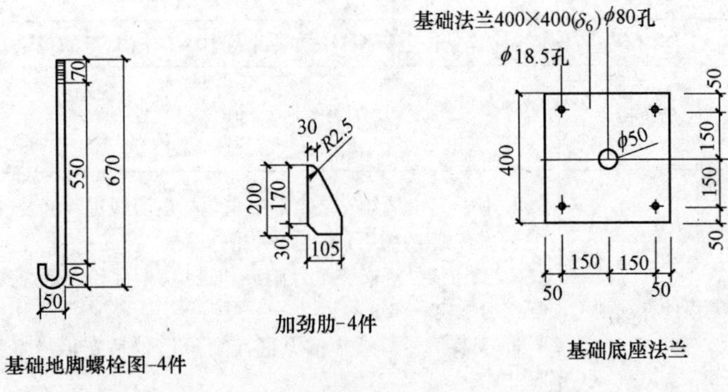

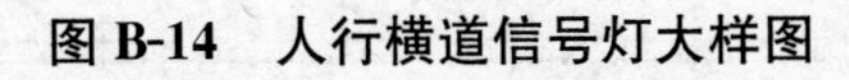

图 B-14　人行横道信号灯大样图

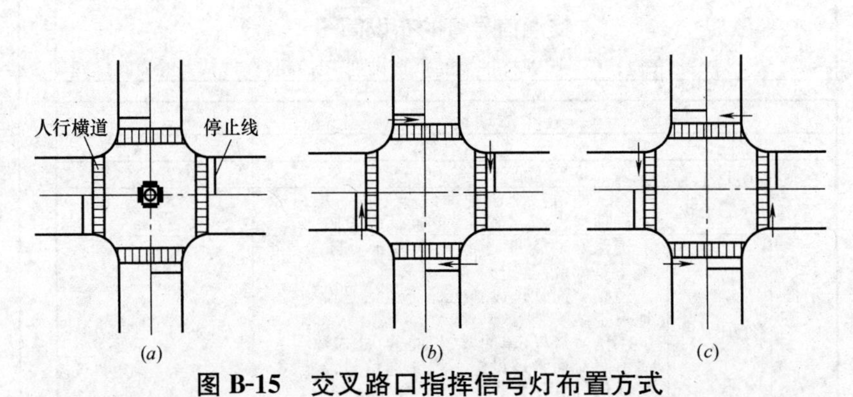

图 B-15　交叉路口指挥信号灯布置方式

（*a*）设置在中央；（*b*）设置在进口道；（*c*）设置在出口道

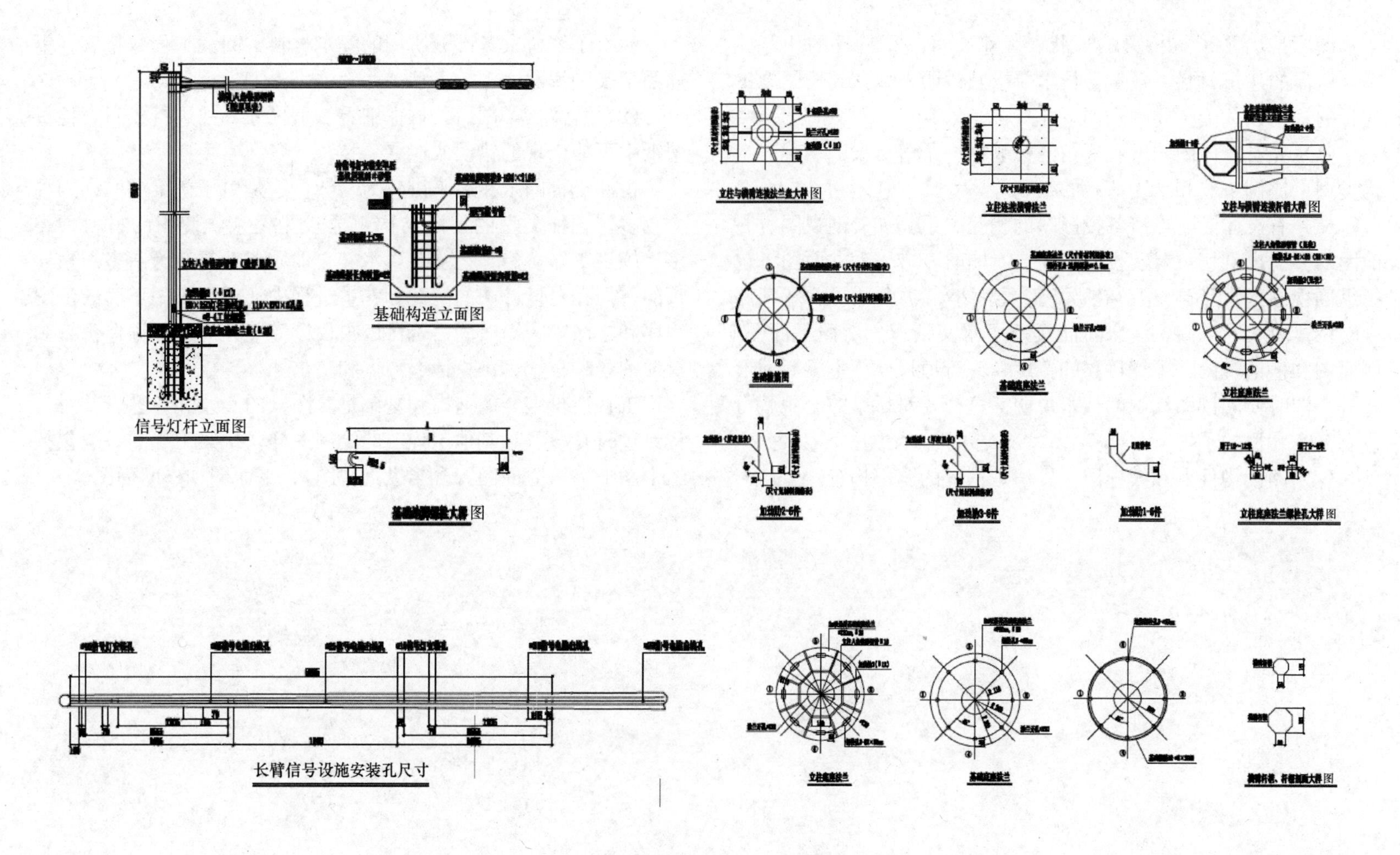

图 B-16　长臂信号灯大样图

附录 C　桥涵工程（项目编码：0403）施工图图例【导读】

读图是为了了解桥梁的形状、大小、每一个构件的相互关系、所需的建筑材料、数量、技术要求及说明，以达到按图施工的目的。所以，读图要注意如下几点：

（1）先看总体图图纸右下角的标题栏，了解桥梁的名称、结构类型、比例单位和承受荷载的级别等。

（2）看总体图，弄清各投影图的相互关系，如有剖视图、断面图的要找出剖切位置及投射方向。看图时，应先看立面图（包括纵剖视图），了解桥型、孔数、跨径大小、墩台数目、基础深度、桥梁总长、总高、河床断面及地质水文情况。对照平面图、侧面图和横剖视图，了解桥梁的宽度、人行道尺寸、主梁断面形式等，同时要阅读图纸中的技术说明。这样，对桥梁的全貌就可以有一个大概的了解。

（3）阅读构件图和大样图，弄清楚构件的全部构造。

（4）了解桥梁各部分所用的建筑材料，阅读工程数量表、钢筋明细表和说明。

（5）看懂桥梁图后，再仔细看一下尺寸，并进行核对，检查图纸中可能出现的错误或遗漏。

桥涵工程图纸相对来讲较为复杂，这是由于桥梁涵洞结构种类较多，各种类型的桥涵结构组成较为复杂，使用的材料种类多，施工工序多、工艺复杂，水文、地质条件复杂等诸多因素导致的。但在对设计图的阅读和熟悉过程中，只要采用正确的读图程序和方法，在短时间内也可以很快读懂并弄清与工程造价编制有关的各种技术经济指标、数据和要求。

工程造价编制的前提和基础是对图纸的阅读和熟悉，并对工程量进行复核。和其他工程图的绘制一样，桥梁工程图一般包括三个图形——立面图（含半纵剖视图）、平面图和横断面图。

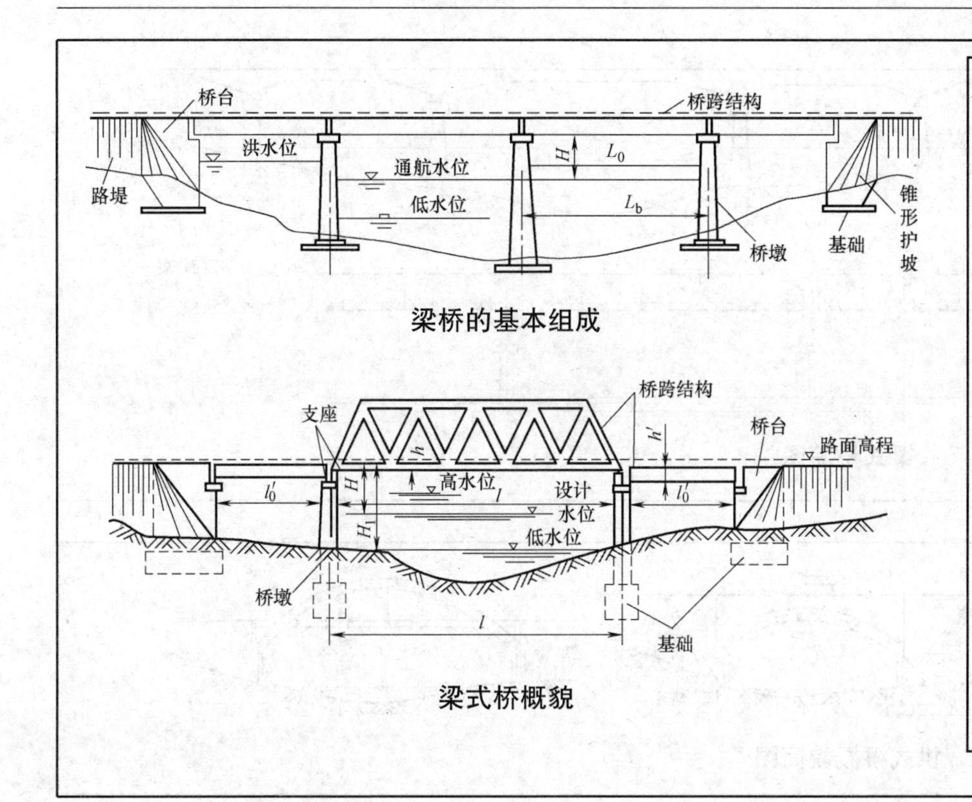

梁桥的基本组成

梁式桥概貌

桥墩、桥台（统称下部结构），是支承桥跨结构并将恒载和车辆活荷载传至地基的构筑物。

桥梁墩（台）主要由墩（台）帽、墩（台）身和基础三部分组成。

桥梁墩、台的主要作用是承受上部结构传来的荷载，并通过基础又将此荷载及本身自重传递到地基上。

桥台设在桥梁两端，桥墩则设在两桥台之间。

桥墩的作用是支承桥跨结构；而桥台除了起支承桥跨结构的作用外，还要与路堤衔接，并防止路堤滑塌。

为保护桥台和路堤填土，桥台两侧常做一些防护和导流工程。

墩台基础，是使桥上全部荷载传至地基的底部奠基的结构部分。

基础工程是整个桥梁工程施工中比较困难的部位，而且常常需要在水中施工，因而遇到的问题也很复杂。

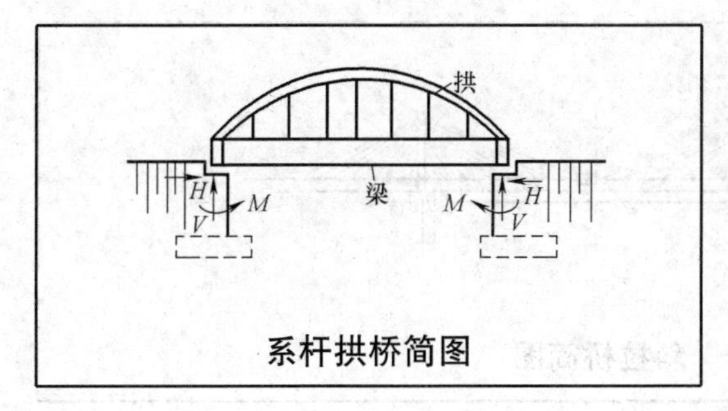

系杆拱桥简图

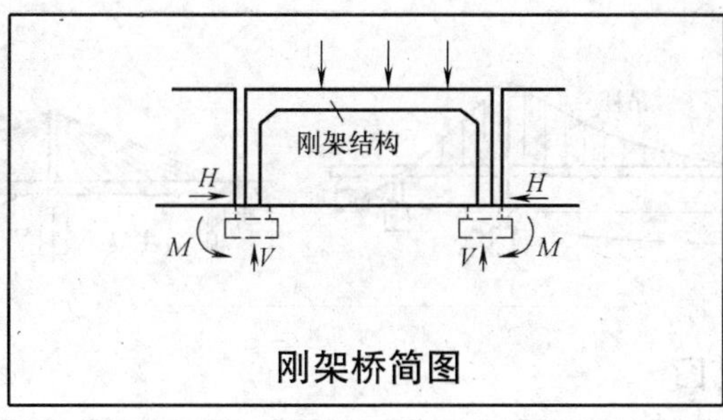

刚架桥简图

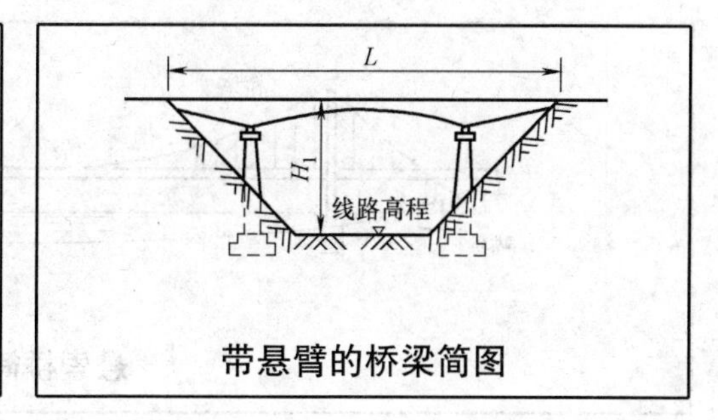

带悬臂的桥梁简图

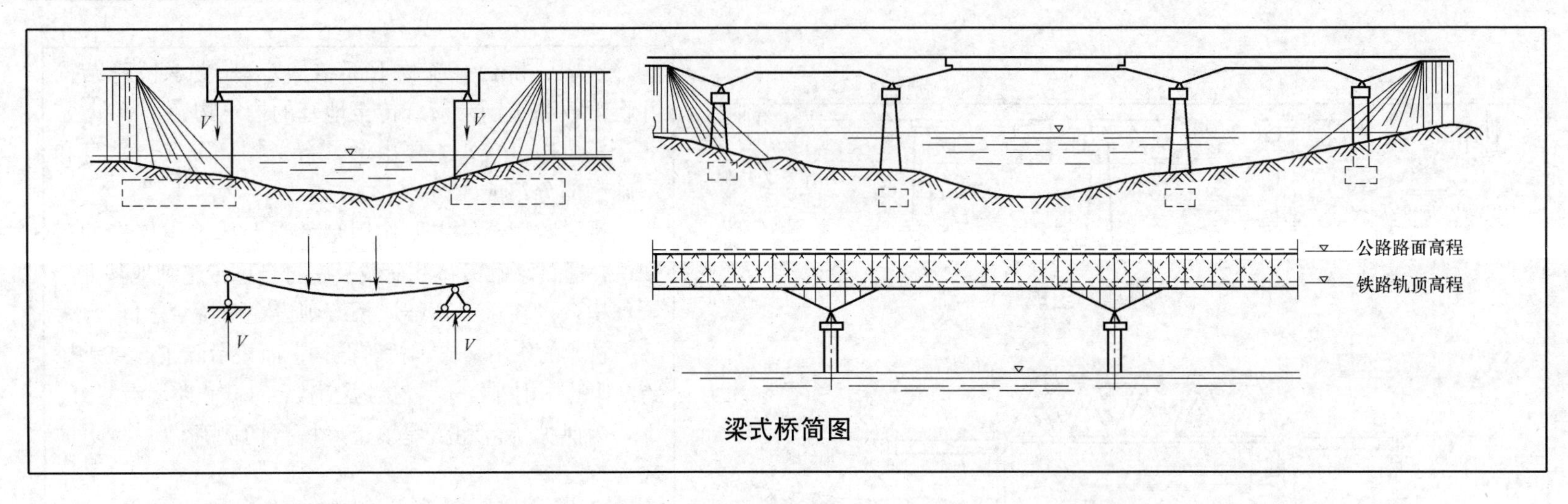

梁式桥简图

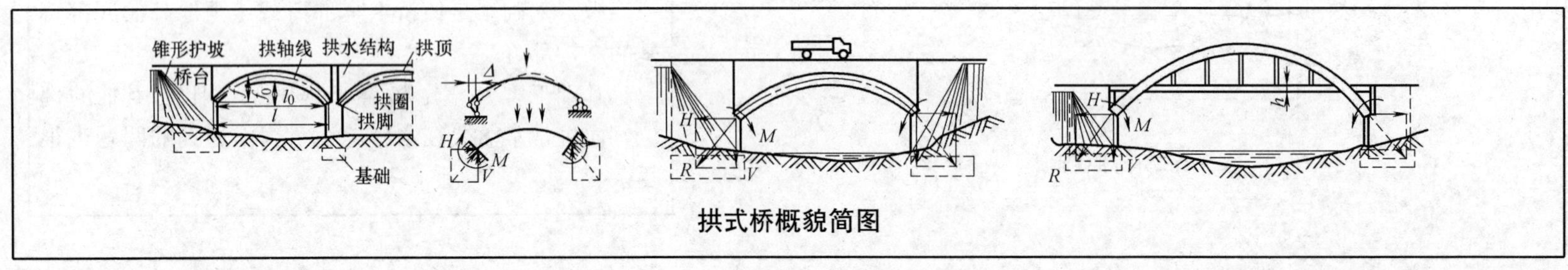

拱式桥概貌简图

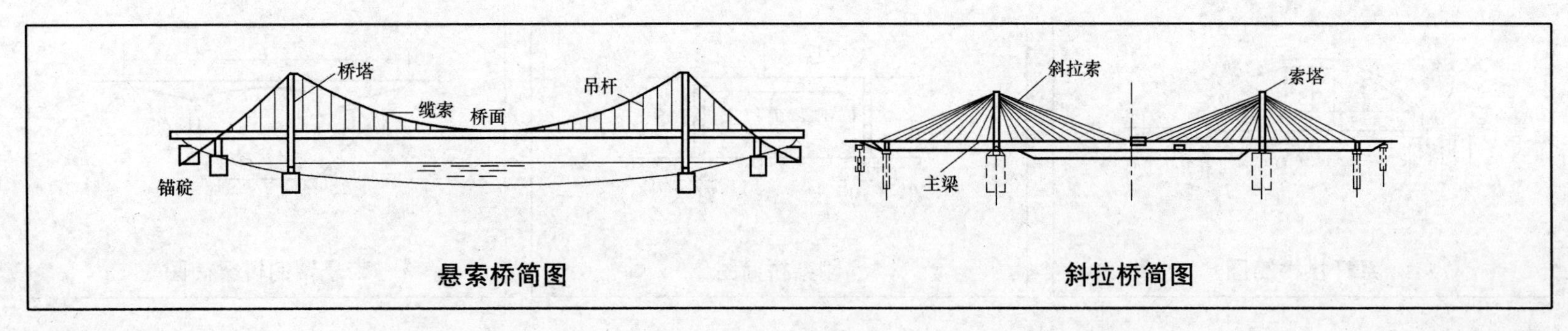

悬索桥简图

斜拉桥简图

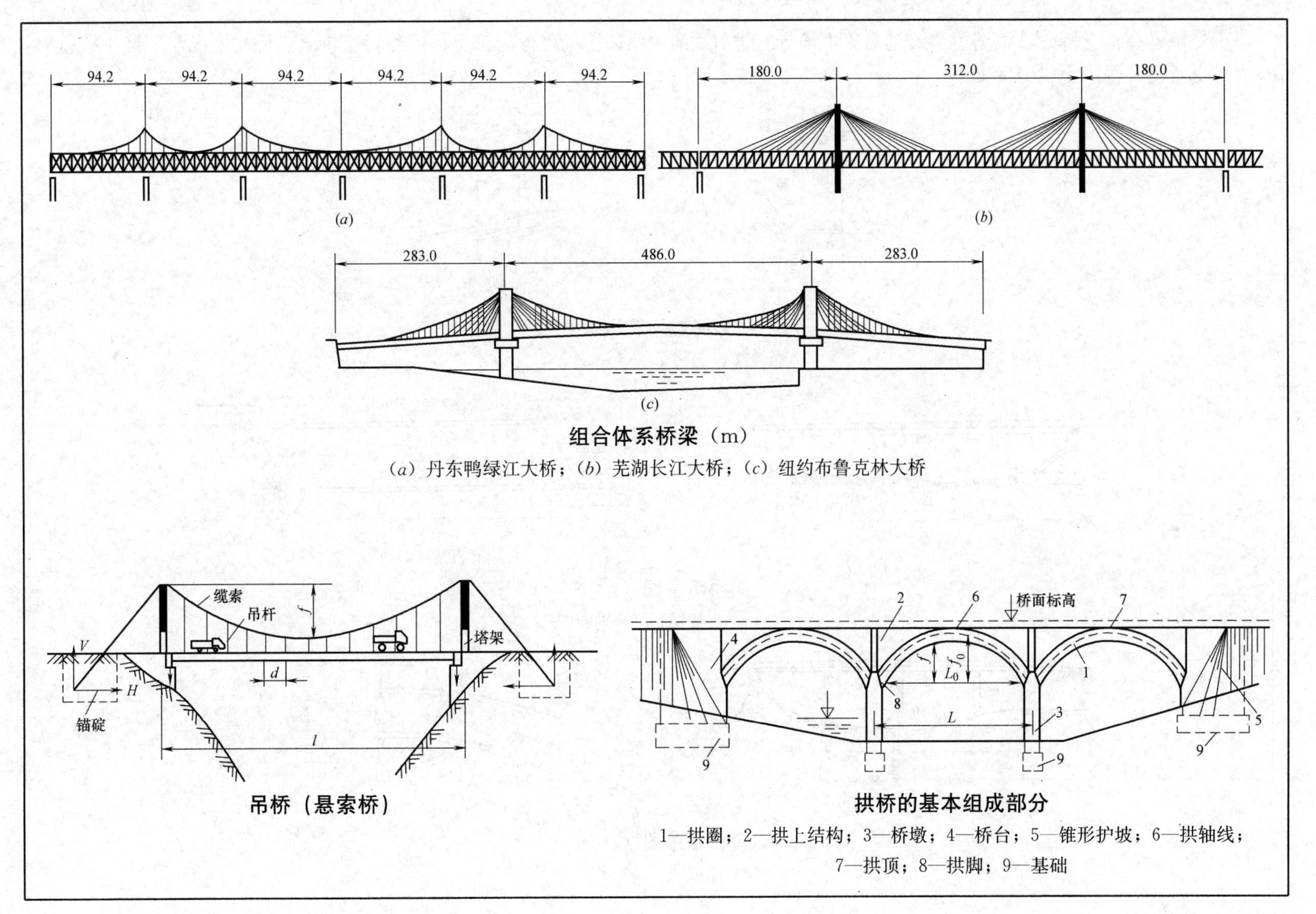

组合体系桥梁（m）

(a) 丹东鸭绿江大桥；(b) 芜湖长江大桥；(c) 纽约布鲁克林大桥

吊桥（悬索桥）

拱桥的基本组成部分

1—拱圈；2—拱上结构；3—桥墩；4—桥台；5—锥形护坡；6—拱轴线；7—拱顶；8—拱脚；9—基础

正交桥梁和斜交桥梁：根据桥梁跨越河流中线与道路中线的关系，桥梁可分为正交桥梁和斜交桥梁，桥梁中线与道路中线垂直时为正交桥梁，否则为斜交桥梁。

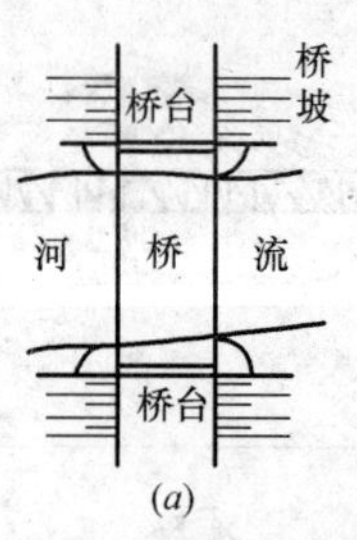

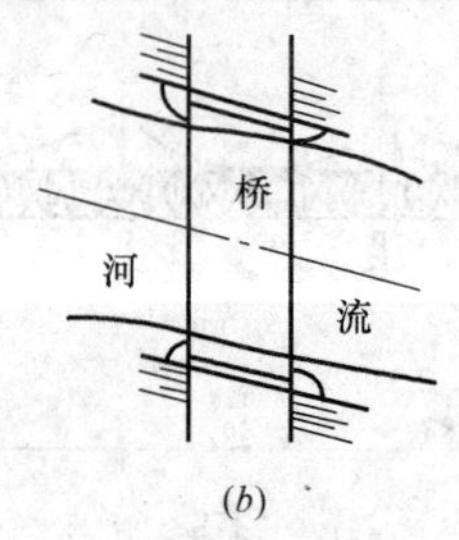

桥梁跨越河流示意图

(*a*) 正交；(*b*) 斜交

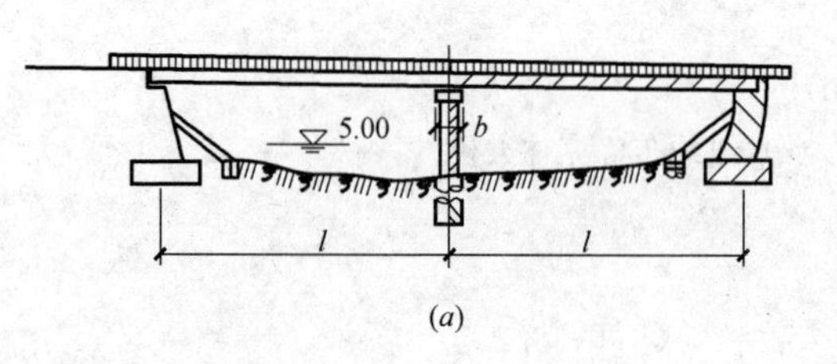

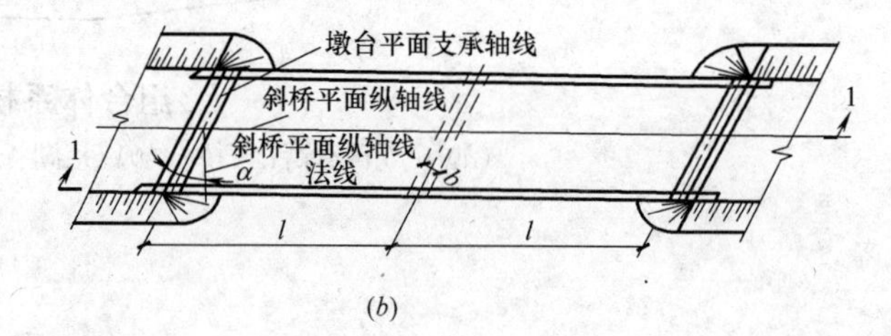

斜桥示意图（1：n）

(*a*) 立面图；(*b*) 平面图

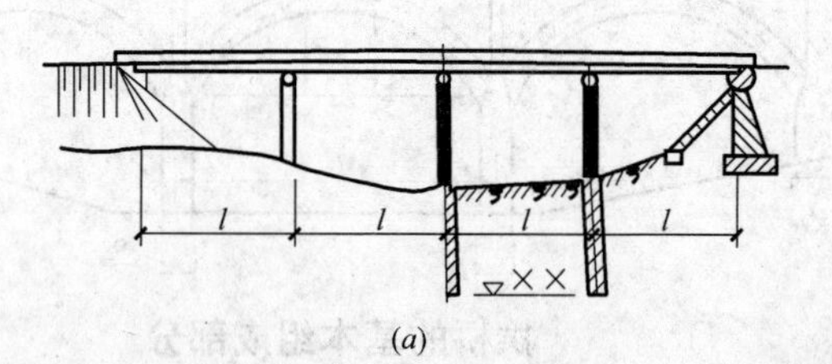

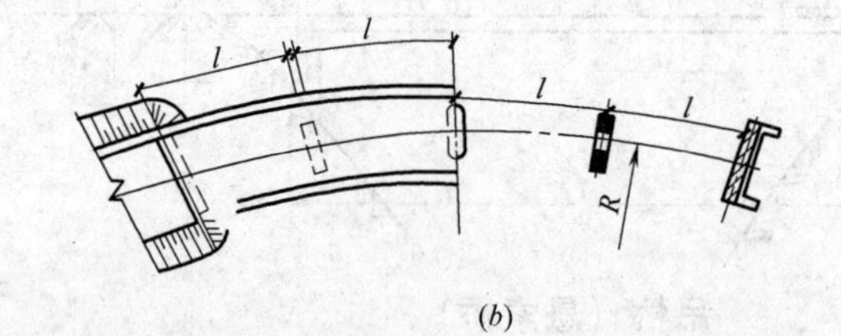

弯桥示意图（1：n）

(*a*) 立面图；(*b*) 平面图

桥梁涵洞按总长或跨径分类　　**表 C-01**

桥涵分类	多孔跨径总长 L_d(m)	单孔跨径 L_b(m)
特大桥	$L_d \geqslant 500$	$L_b \geqslant 100$
大桥	$500 > L_d \geqslant 100$	$100 > L_b \geqslant 40$
中桥	$100 > L_d \geqslant 30$	$40 > L_b \geqslant 20$
小桥	$30 > L_d \geqslant 8$	$20 > L_b \geqslant 5$
涵洞	$L_d < 8$	$L_b < 5$

注：1. 摘自《公路工程技术标准》(JTJ 001—1997)；

2. 单孔跨径系指标准跨径；

3. 多孔跨径总长仅作为划分特大桥、大桥、中桥、小桥及涵洞的一个指标；梁式桥、板式桥涵为多孔标准跨径的总长，拱式桥涵为两岸桥台内起拱线间的距离，其他形式桥梁为桥面系车道长度；

4. 圆管涵及箱涵不论管径或跨径大小、孔数多少，均称为涵洞。

桥梁的功能、种类和构造　　**表 C-02**

项目	桥梁的"三大"概念释义
桥梁的功能	架于水上或空中，便于通行往来的建筑物；系指人们常见的工程结构物，它是道路路线的重要组成部分。桥梁可以跨越河流和山谷等障碍，将今天的世界以四通八达的公路与铁路网紧密地联系在一起
桥梁的种类	按用途分为铁路桥、公路桥、铁路公路两用桥、城市用桥(含立交桥)、人行桥、公园游览桥、管线桥和渡槽等； 按桥身材料可分为木桥、砖石桥、混凝土桥、钢筋混凝土桥、预应力混凝土桥和钢桥等； 按桥身的结构形式(即按照受力特点的不同)可分为梁桥、拱桥、刚架桥、悬索桥、斜拉桥五种基本结构形式。其中梁桥、拱桥、悬索桥是三种古老的桥梁结构形式；斜拉桥、刚架桥则是近代发展较快的两种桥梁结构形式； 此外，还有开合桥、浮桥和漫水桥等特殊桥梁
桥梁的构造	按桥体分为上部、中间和下部构造； 上部构造有桥面、防水、排水、伸缩缝、人行道、车行道、安全带、护栏或栏杆、灯柱和桥头引道等； 下部构造有桥台、桥墩和基础等； 中间构造为纵横梁或桁架，将上下部桥身连接为整体桥梁

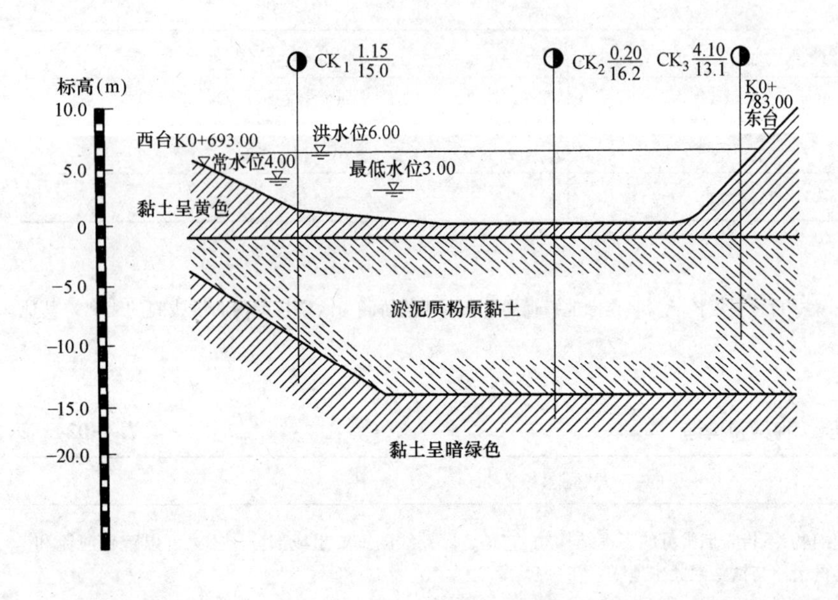

钻孔编号	1		2		3	
钻孔深度(m) 1.15	15.0	0.2	16.2	4.1	13.1	
间距(m)	40.0		38.0			

桥位地质断面图

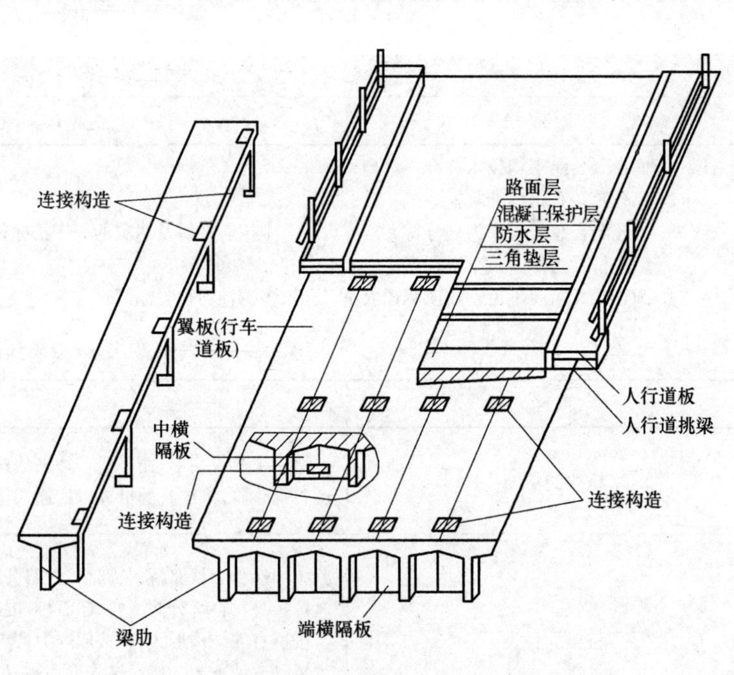

装配式T形简支梁桥构造

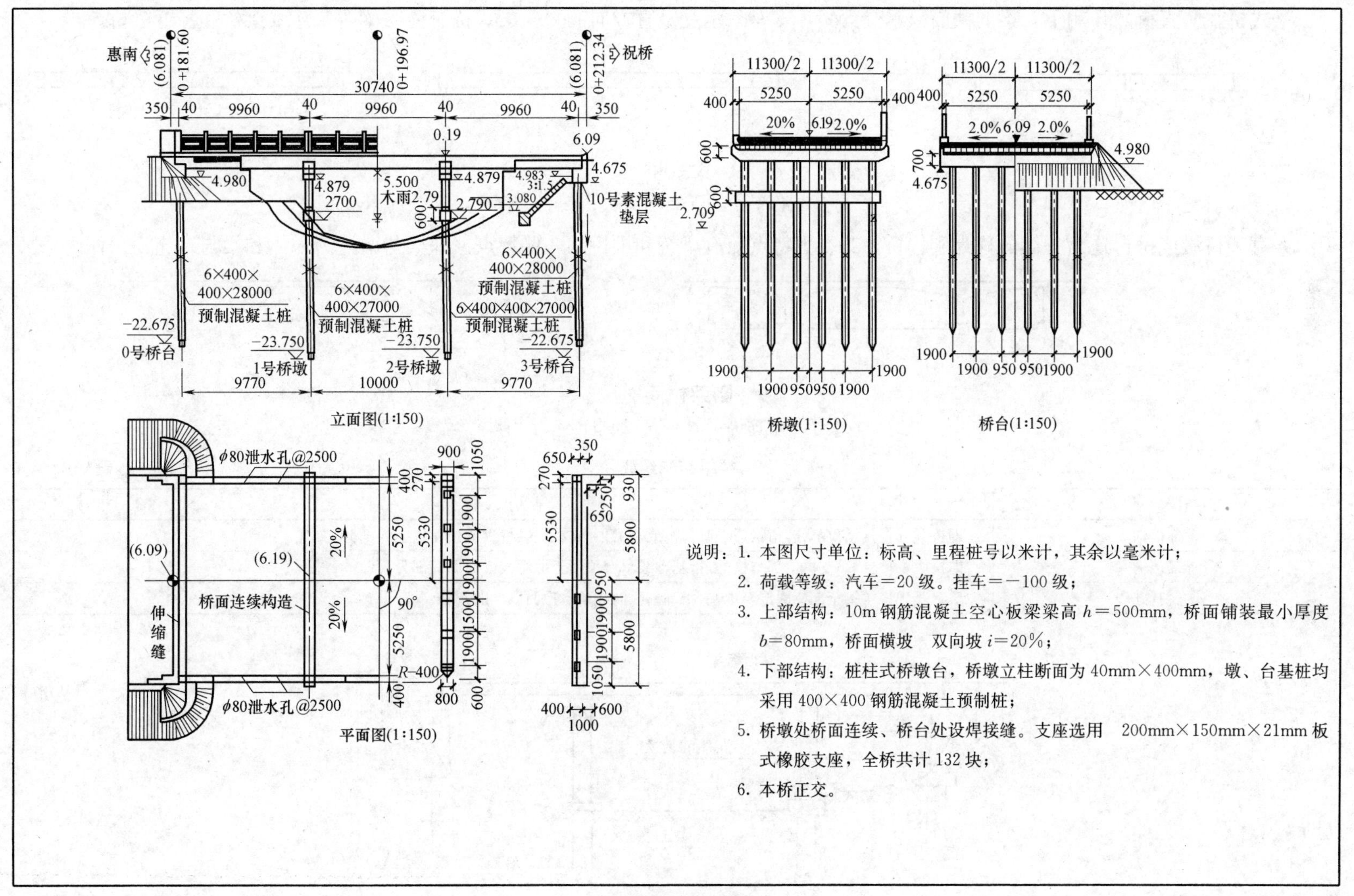
惠南
0+181.60
0+196.97
0+212.34
祝桥
30740
350 40 9960 40 9960 40 9960 40 350
4.980
4.879
2700
5.500
木雨2.79
2.790
3.080
4.983
3:1.5
6.09
4.675
10号素混凝土垫层
6×400×400×28000 预制混凝土桩
6×400×400×27000 预制混凝土桩
−22.675
0号桥台
−23.750
1号桥墩
2号桥墩
3号桥台
9770 10000 9770
立面图(1:150)
11300/2 11300/2
5250 5250
20% 6.19 2.0%
2.0% 6.09 2.0%
2.709
桥墩(1:150)
桥台(1:150)
ϕ80泄水孔@2500
(6.09)
(6.19)
桥面连续构造
伸缩缝
90°
R−400
平面图(1:150)
说明：1. 本图尺寸单位：标高、里程桩号以米计，其余以毫米计；
2. 荷载等级：汽车=20级。挂车=−100级；
3. 上部结构：10m钢筋混凝土空心板梁梁高 h=500mm，桥面铺装最小厚度 b=80mm，桥面横坡　双向坡 i=20%；
4. 下部结构：桩柱式桥墩台，桥墩立柱断面为40mm×400mm，墩、台基桩均采用400×400钢筋混凝土预制桩；
5. 桥墩处桥面连续、桥台处设焊接缝。支座选用　200mm×150mm×21mm板式橡胶支座，全桥共计132块；
6. 本桥正交。

桥梁总体布置图

梁式桥在竖直荷载作用下，梁的截面只承受弯矩，支座只承受竖直方向的力。梁式桥有简支梁桥、连续梁桥和悬臂梁桥。

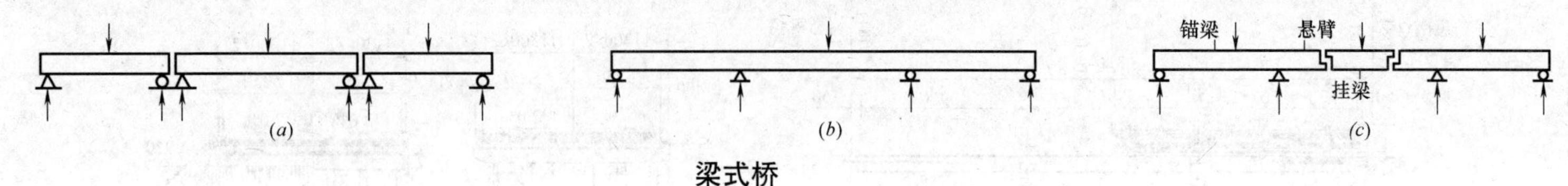

梁式桥

(*a*) 多跨距简支梁；(*b*) 连续梁；(*c*) 悬臂梁

梁身和桥墩或桥台连为一体的称为刚构桥，其受力特点兼有梁桥和拱桥的一些特点（即梁与墩连为一体和梁与台连为一体）。

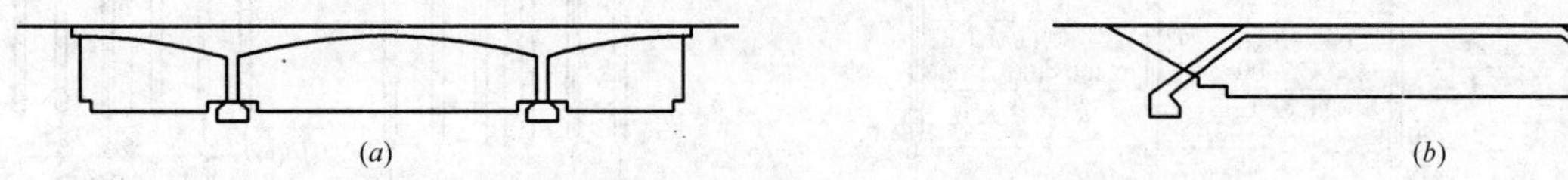

刚架桥简图

(*a*) 梁与墩连为一体；(*b*) 梁与台连为一体

桥梁结构组成 表 C-03

结构类型	结 构 部 位
上部结构	即桥梁的直接承重部分，指梁(板)墩台帽或盖梁顶面以上、拱桥拱座顶面以上的部分
下部结构	即桥墩及桥台，是支撑上部结构的，指基础或承台顶面至墩帽或梁底面的部分
墩台基础	墩台基础将桥梁全部荷载传至地基，指基础顶面或承台顶面以下的部分

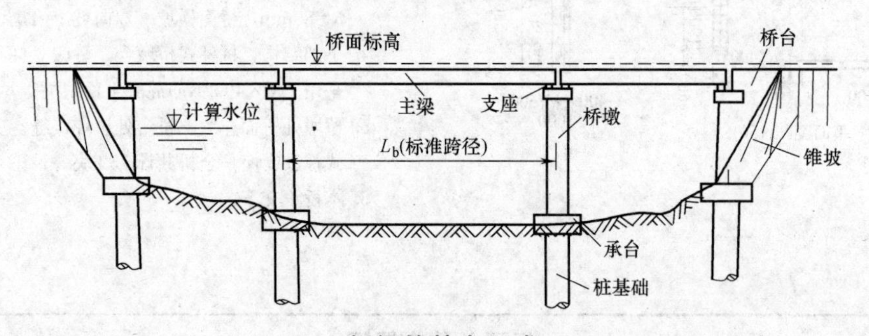

桥梁的基本组成

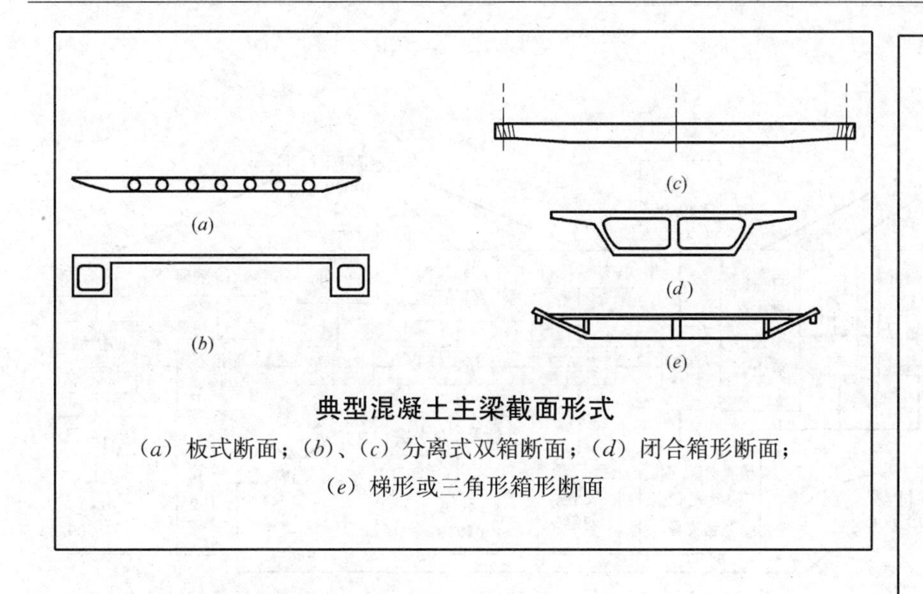

典型混凝土主梁截面形式

（a）板式断面；（b）、（c）分离式双箱断面；（d）闭合箱形断面；（e）梯形或三角形箱形断面

主梁截面形式释义

项次	主梁截面形式	释　义
(a)	板式断面	构造简单、建筑高度小、抗风性能好，适用于双索面密索体系的窄桥。当板厚较大时，可采用空心板式截面
(b) (c)	分离式双箱断面	为分离式双箱（或双主肋）截面，箱梁中心对准拉索平面，两个箱梁（或主肋）用于承重及锚固拉索，箱梁之间设置桥面系。其优点是施工方便。但全截面的抗扭刚度较差
(d)	闭合箱形断面	抗弯和抗扭刚度很大，适合于双索面稀索体系和单索面斜拉桥。外腹板多采用斜腹板，其在抗风和美观方面均优于直腹板，此外还可减少墩台宽度

注：混凝土梁适宜的跨径在300m左右。

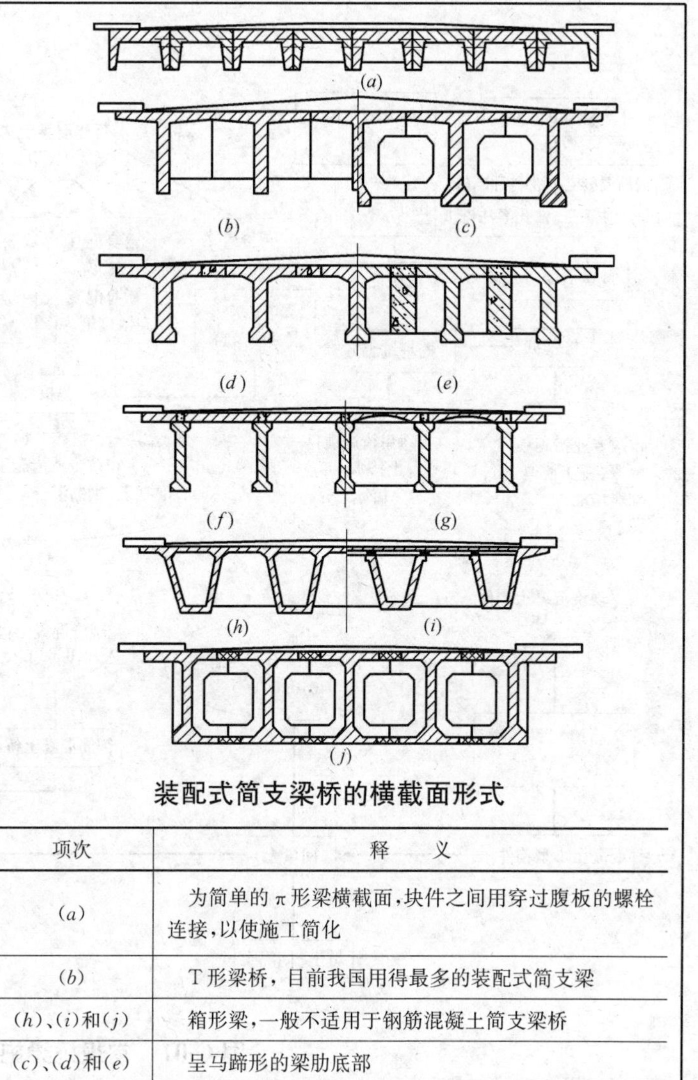

装配式简支梁桥的横截面形式

项次	释　义
(a)	为简单的π形梁横截面，块件之间用穿过腹板的螺栓连接，以使施工简化
(b)	T形梁桥，目前我国用得最多的装配式简支梁
(h)、(i)和(j)	箱形梁，一般不适用于钢筋混凝土简支梁桥
(c)、(d)和(e)	呈马蹄形的梁肋底部

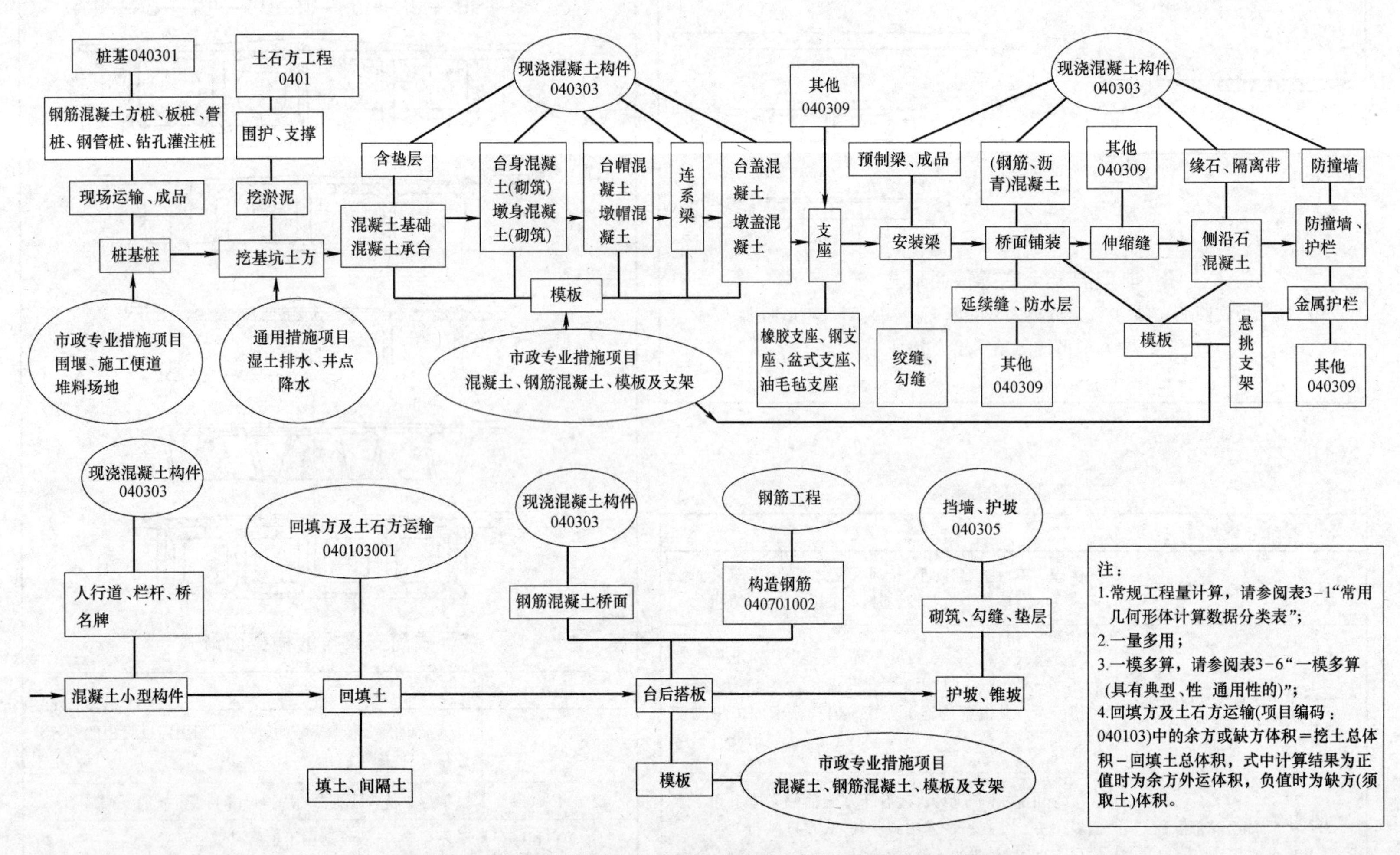

图 C-01　常规桥梁施工工艺流程简图(含“上海市应用规则”)

桥梁实体工程各类“算量”要素统计汇总表　　**表 C-04**

<table>
<tr><th>项次</th><th>项目名称</th><th colspan="5">分　类</th></tr>
<tr><td rowspan="2">1</td><td rowspan="2">桩基础-打入桩
(PHC 管桩 Φ600)</td><td rowspan="2">承台</td><td>桥台处</td><td>双排桩</td><td>13 根×2 端</td><td>L=41m/根、单节长 16m</td></tr>
<tr><td>桥墩处</td><td>双排桩</td><td>16 根×2 端</td><td>L=39m/根、单节长 16m</td></tr>
<tr><td>2</td><td>盖梁(二处)</td><td colspan="5">桥台处,敬请参阅规范型解题教案三某桥梁实体工程桥梁总体布置图[平(剖)面图]及规范型解题教案三某桥梁实体工程桥台构造图的释义</td></tr>
<tr><td>3</td><td>承台(二处)</td><td colspan="5">桥墩处,敬请参阅规范型解题教案三某桥梁实体工程桥梁总体布置图[平(剖)面图]及规范型解题教案三某桥梁实体工程桥墩承台构造图(除标高以米计外,其余以厘米计)的释义</td></tr>
<tr><td>4</td><td>实体式墩身
(二处)</td><td colspan="5">桥墩处,敬请参阅规范型解题教案三某桥梁实体工程桥梁总体布置图[平(剖)面图]及规范型解题教案三某桥梁实体工程桥墩实体式墩身构造图(除标高以米计外,其余以厘米计)的释义</td></tr>
<tr><td>5</td><td>墩帽(二处)</td><td colspan="5">桥墩处,敬请参阅规范型解题教案三某桥梁实体工程桥梁总体布置图[平(剖)面图]及规范型解题教案三某桥梁实体工程桥墩墩帽构造图(除标高以米计外,其余以厘米计)的释义</td></tr>
<tr><td rowspan="6">6</td><td rowspan="6">先张预应力混凝土
空心板梁(预制梁)</td><td colspan="2" rowspan="2">边跨(2 跨)</td><td rowspan="2">13m/跨</td><td>中梁——54 块</td><td>单件重:5.18m³/块</td></tr>
<tr><td>边梁——4 块</td><td>单件重:7.26m³/块</td></tr>
<tr><td colspan="2" rowspan="2">中跨(1 跨)</td><td rowspan="2">16m/跨</td><td>中梁——27 块</td><td>单件重:6.22m³/块</td></tr>
<tr><td>边梁——2 块</td><td>单件重:9.11m³/块</td></tr>
<tr><td colspan="5">每跨空心板梁(预制梁)——29 片/块</td></tr>
<tr><td colspan="5">13m/跨,板梁间灌缝 C 30——0.214m³/条
16m/跨,板梁间灌缝 C 30——0.30m³/条</td></tr>
<tr><td>7</td><td>标高(m)</td><td colspan="5">0 号桥台原地面标高 3.48m;3 号桥台原地面标高 3.43m
桩顶标高=桩底标高-桩长=-37.516+41=3.484m
桥墩处原地面标高为 3.28m</td></tr>
</table>

注:本表摘自“全国建设工程造价员资格考试”考前培训教程《工程计量与计价实务(市政工程造价专业)》,如其表 2-53“(规范型解题教案六)广宏路株洲河桥工程各类‘算量’要素统计汇总表”所示。

涵洞

涵洞是用来宣泄地面水流的横穿道路路基的小型排水构筑物。根据《公路工程技术标准》的规定：单孔标准跨径小于 5m 或多孔跨径总长小于 8m，以及圆管涵、箱涵，不论管径或跨径大小、孔径多少均称为涵洞。

涵洞主要由基础、洞身和洞口组成，洞口又包括端墙、翼墙或护坡、截水墙和缘石等部分。

涵洞的形式有多种，具体分类如下：

1. 按涵洞的建筑材料分类

按涵洞所用的材料分，常用的涵洞有石涵、混凝土涵、钢筋混凝土涵、砖涵，有时也用陶土管涵、铸铁管涵、波纹管涵等。

2. 按涵洞的构造形式分类

按涵洞构造类型可分为管涵（通常为圆管涵）、盖板涵、拱涵、箱涵，这四种涵洞常用的跨径见表 C-05，各种构造形式涵洞的适用性和优缺点见表 C-06。

不同构造形式涵洞的常用跨径 **表 C-05**

构造形式	跨(直)径(cm)							
圆管涵	50①	75	100	125	150			
盖板涵	75	100	125	150	200	250	300	400
拱涵	100	125	150	200	250	300	400	
箱涵	200	250	300	400	500			

① 表示仅为农用灌溉涵洞使用。

注：盖板涵中的 75cm、100cm、125cm 表示为石盖板涵，其余均为钢筋混凝土盖板涵。

各种构造形式涵洞的适用性和优缺点 **表 C-06**

构造形式	适用性	优缺点
圆管涵	有足够填土高度的小跨径暗涵	对基础适应性及受力性能较好，不需墩台，圬工数量少，造价低
盖板涵	较大时，低路堤上的明涵或一般路堤上的暗涵	构造较简单，维修容易，跨径较小时用石盖板，跨径较大时用钢筋混凝土盖板
拱涵	跨越深沟或高路堤时设置，山区石料资源丰富，可用石拱涵	跨径较大，承载潜力较大，但自重引起的恒载也较大，施工工序较繁多
箱涵	软土路基时设置	整体性强，但钢用量大，造价高，施工较困难

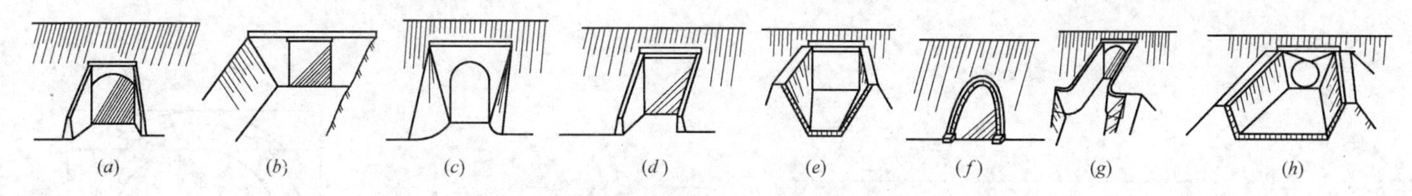

涵洞洞口建筑类型

(*a*) 八字式；(*b*) 端墙式；(*c*) 锥坡式；(*d*) 直墙式；(*e*) 扫坡式；(*f*) 平头式；(*g*) 走廊式；(*h*) 流线式

涵洞洞口建筑类型　　**表 C-07**

项次	洞口类型	类型及其使用条件
1	八字式	八字式洞口建筑为敞开斜置，两边八字形翼墙墙身高度随路堤的边坡而变。为缩短翼墙长度并便于施工，将其端部设计为矮墙。八字翼墙配合路基边坡设置，工程量较小，水力性能好，施工简单，造价较低，因而是最常用的洞口形式
2	端墙式	端墙式（又称一字墙式）洞口建筑为垂直涵洞纵轴线、部分挡住路堤边坡的矮墙，墙身高度由涵前壅水高度而定，若兼作路基挡土墙时，应按挡土墙需要的高度确定。端墙式洞口构造简单，但水力性能不好，适用于流速较小的人工渠道或不易受冲刷影响的岩石河沟上。 在人工渠道上，端墙应伸入渠道两侧边坡内一定距离。为防止涡流淘刷，必要时对靠近端墙附近的渠段进行砌石加固
3	锥坡式	锥坡式洞口建筑是在端墙式的基础上将侧向伸出的锥形填土表面予以铺砌，视水流被涵洞的侧向挤压程度和水流流速的大小，可采用浆砌或干砌。这种洞口多用于宽浅河流及涵洞对水流压缩较大的河沟。锥坡式洞口圬工体积较大，不如八字式经济，但对于较大较高的涵洞，因这种结构形式的稳定性较好，是常用的洞口形式
4	直墙式	直墙式洞口可视为敞开角为零的八字式洞口。这种洞口要求涵洞跨径与沟宽基本一致，且无须集纳与扩散水流。适用于边坡规则的人工渠道以及窄而深、河床纵断面变化不大的天然河沟。这种洞口形式，因翼墙短，且洞口铺砌少，较为经济。在山区进水口前，迎陡坡设置的急流槽后，配合消力池也常采用直墙式翼墙与之衔接
5	扫坡式	扫坡式洞口主要用于盖板涵、箱涵、拱涵洞身与人工灌溉渠的连接。其设置目的是将原灌溉渠梯形断面的边坡通过洞口逐渐过渡为涵身迎水面的坡度，涵身迎水面往往是垂直的。这样可使水流顺畅，但施工工艺较复杂
6	平头式	平头式又称领圈式，常用于混凝土圆管涵。因为需要制作特殊的洞口管节，所以模板耗用较多。平头式洞口适用于水流通过涵洞挤束不大和流速较小的情况
7	走廊式	走廊式洞口建筑是由两道平行的翼墙在前端展开成八字形或圆曲线形构成的。这种进水口建筑，使涵前壅水水位在洞口部分提前收缩跌落，因此可以降低无压力式涵洞的计算高度或提高涵洞中的计算水深，从而提高了涵洞的宣泄能力
8	流线式	流线式洞口建筑主要是指将涵洞进水口端节在立面上升高形成流线型，有时平面上也做成流线型，使沿长度方向的涵洞净空符合水流进洞收缩的实际情况

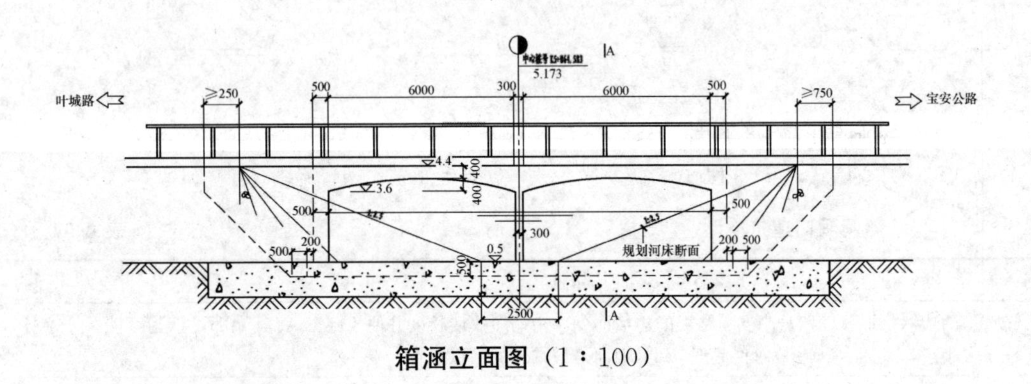

箱涵立面图（1：100）

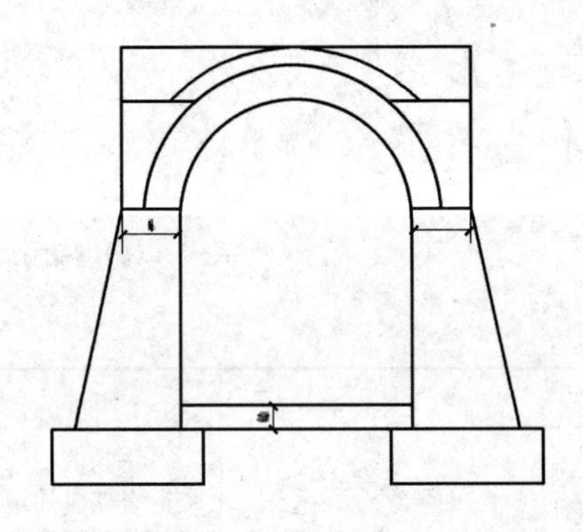

分离式芯动混凝土换面（单孔）洞身剖面图

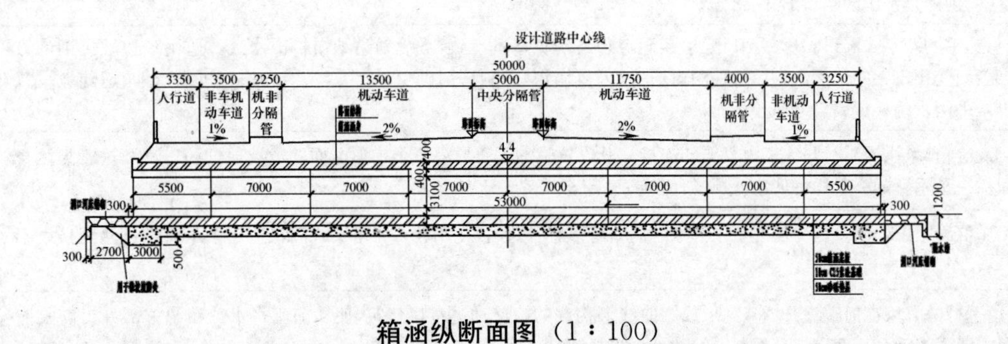

箱涵纵断面图（1：100）

整体式基础混凝土换面（单孔）洞身剖面图

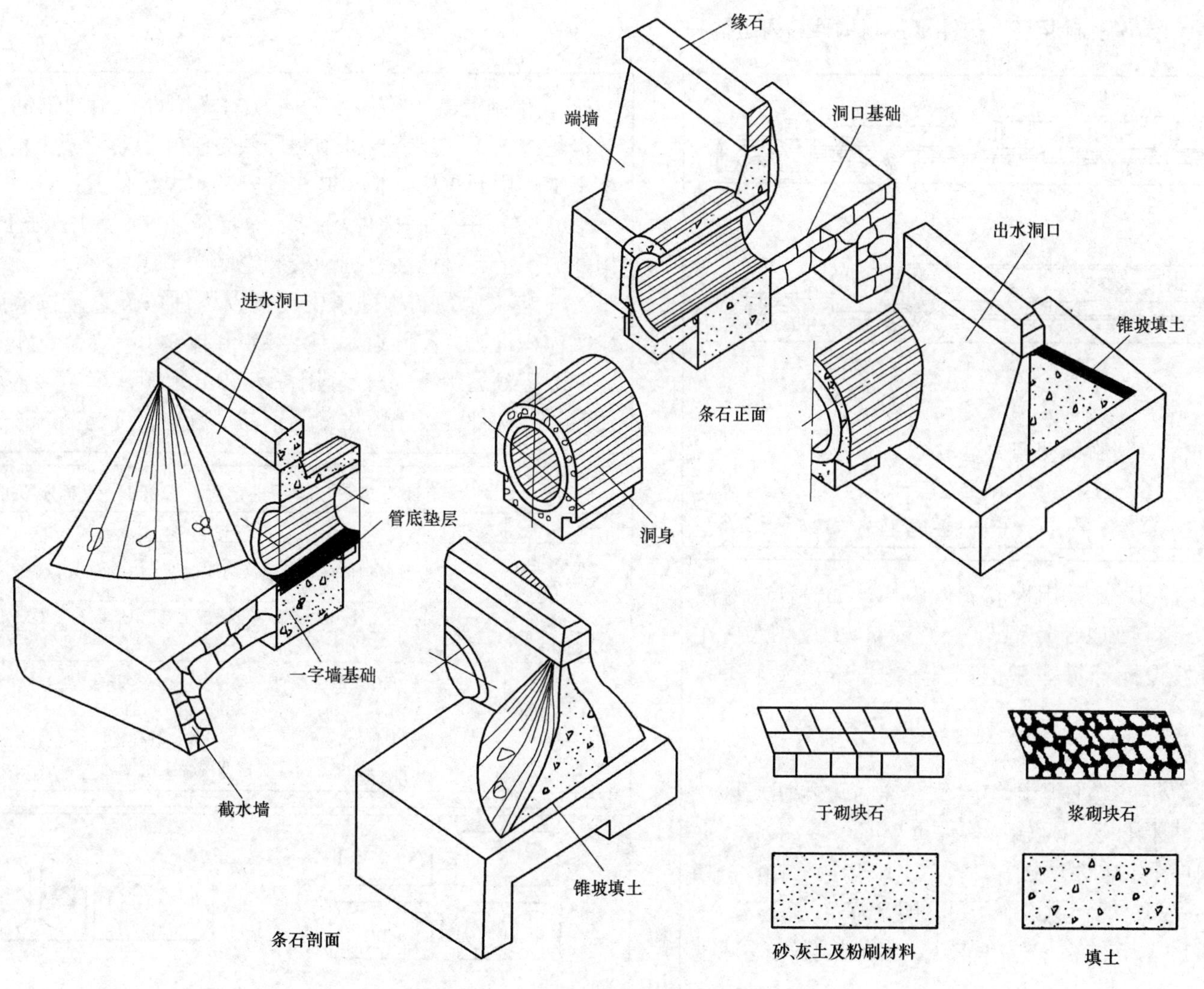
缘石
端墙
洞口基础
出水洞口
锥坡填土
进水洞口
条石正面
管底垫层
洞身
一字墙基础
截水墙
锥坡填土
条石剖面
干砌块石
浆砌块石
砂、灰土及粉刷材料
填土

圆管涵洞分解图

表 C.1　桩基、表 C.3.3 预制混凝土构件（预制构件场内运输）

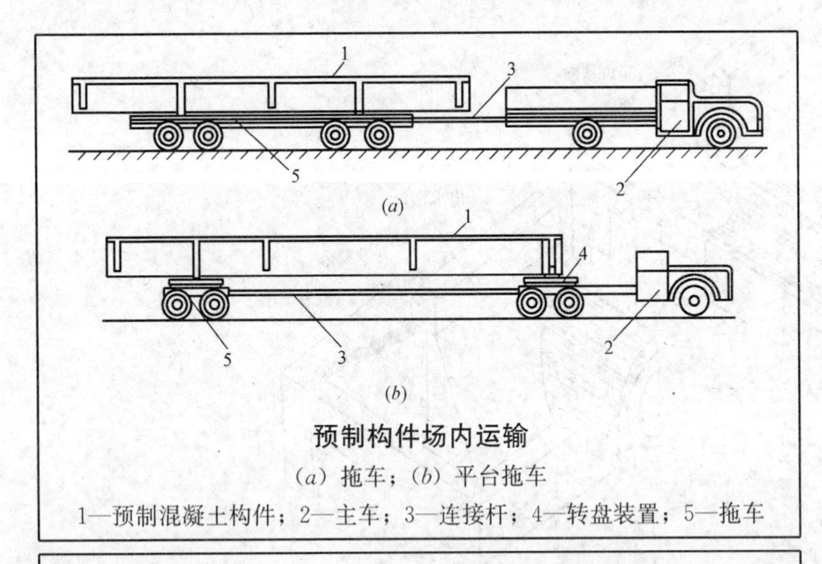

预制构件场内运输

(a) 拖车；(b) 平台拖车

1—预制混凝土构件；2—主车；3—连接杆；4—转盘装置；5—拖车

预制混凝土梁： 1. 凡采用橡胶囊做内模，如设计未考虑橡胶囊变形因素，可增加计算混凝土工程量；2. 当梁长在 16m 以内时，可按设计计算体积增计 7%；当梁长大于 16m（以外）时，则增计 9%。

定额套用说明：

1. 摘自《上海市市政工程预算定额》（2000）第四册第七章 S4-7-：10. 预制构件场内运输（构件重 10t、40t 内）；

2. 定额以构件重（单件）分 10t、40t、60t 以内三档，每档又分别划分 100m 及每增 50m 共 6 个子目（即 S4-7-70～S4-7-75）；

3. 除预制桩的单节桩重 m^3/单节外，其他构件的单件重 m^3/单件；

4. 预制混凝土构件：又叫装配式构件；预制钢筋混凝土工程是在施工现场或构件预制厂预先制好钢筋混凝土构件，在施工现场用起重机械把预制构件安装到设计位置；

5. 定额中预制构件场内运输定额子目适用于陆上运输，构件的水上运输已在打桩和安装定额中考虑；

6. 定额中预制构件场内运输以构件单件重量按实际运距以实体积计算；实际运距不足 100m 按 100m 计算；小型构件应扣除定额运距 150m，套用每增 50m 定额计算。

注意： 各构件混凝土的密度，钢筋混凝土密度为 $2.5t/m^3$。

《上海市市政工程预算定额》（2000）分部分项工程

子目编号	S4-7-70～S4-7-75
分部分项工程名称	预制构件场内运输（构件重 10t、40t、60t 以内）
工作内容	详见该定额编号之“项目表”中“工作内容”的规定
计量单位	m^3
工程量计算规则	1. 定额以构件重（单件）分 10t、40t、60t 以内三档，每档又分别划分 100m 及每增 50m 共 6 个子目（即 S4-7-70～S4-7-75） 2. 除预制桩的单节桩重 m^3/单节外，其他构件的单件重 m^3/单件 3. 各构件混凝土的密度，钢筋混凝土密度为 $2.5t/m^3$

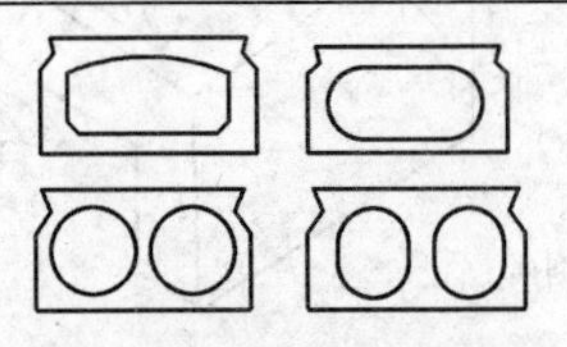

空心板梁截面形式

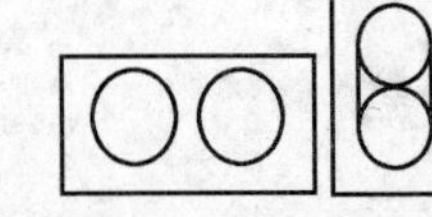

非预应力、预应力空心板梁

一、实体项目 C 桥涵工程

对应图示		项目名称	编码/编号
工程量清单分类		表 C.1 桩基、表 C.3.3 预制混凝土构件	C.3.1、C.3.3
定额章节	分部工程	第四册桥涵及护岸工程第七章预制混凝土构件	S4-7-
	分项子目	10. 预制构件场内运输（构件重 10t、40t、60t 以内）	S4-7-70～S4-7-75

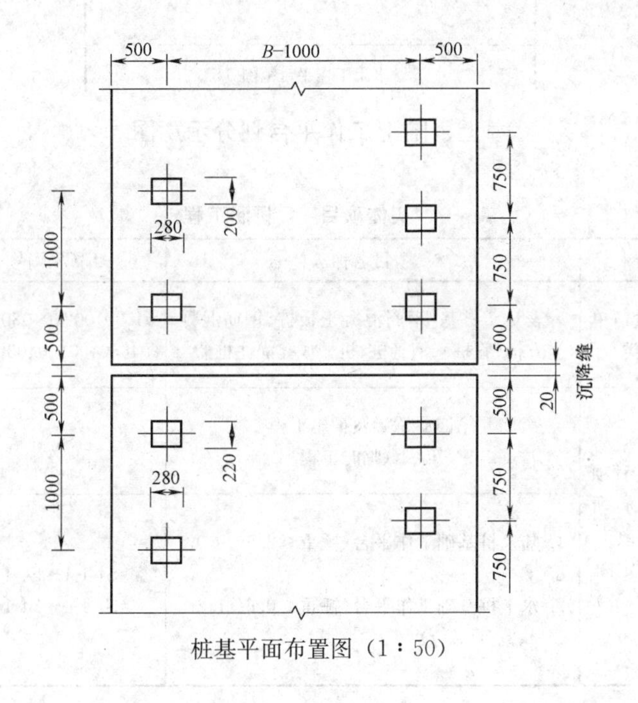

桩基平面布置图（1：50）

表 C.1 桩基（桥梁打桩—陆上、水上工作平台）

打桩工程

打桩形式	桩机	内容	打桩适用范围
陆上	履带式柴油打桩机	桩架的行走靠桩机底部履带的行走而运动的打桩机	钢筋混凝土方桩、板桩(m^3) 钢筋混凝土管桩、PHC 桩(m^3 实体) 钢管桩(t)
支架上、船上	轨道式柴油打桩机、60t 木船	桩架的行走靠已铺设好的轨道而运动的打桩机，是一种常见的桩架移动方式	钢筋混凝土方桩(m^3) 钢筋混凝土板桩、管桩(m^3 实体)

注：1. 定额均考虑在已搭置的支架平台上操作，但不包括支架平台，其支架平台的搭设与拆除应按有关定额子目计算；

2. 定额中按打直桩计算，打斜桩斜度在 1：6 以内时，人工数量乘以 1.33，机械台班数量乘以 1.43；

3. 船上打桩定额按两艘船只拼搭、捆绑考虑，在水中的墩台桩应先打好水中脚手桩（支架柱），上面搭设打桩工作平台。当水中墩台较多或河水较深时，也可采用将打桩架放在船上施工，但必须加 30%的船载压仓；

4. 陆上、支架上、船上打桩定额中未包括运桩；

5. 护岸工程按每 100m 组装拆卸一次桩机计算，其尾数不足 100m 时按 100m 计算，但不得增计设备运输；

6. 打桩定额不包括桩头的凿除、试桩及测试，凿除桩头套用第一册通用项目相应定额；

7. 桥梁及护岸工程的桩基础因航运、交通、高压线等影响不能连续施工时，可增计组装拆卸桩机的次数，设备运输视现场具体情况另行计算。

打桩机工作平台（搭置支架平台）划分范围

<table>
<tr><th>名称</th><th>分类</th><th>划分</th><th>适用范围</th></tr>
<tr><td rowspan="2">桩基础工作平台</td><td>水上工作平台</td><td>凡从河道原有河岸线向陆地延伸2.5m范围，均属水上工作平台
定额水上工作平台打桩全部采用轨道式柴油打桩机、履带式起重机
（按锤重分≤0.6t、1.2t、1.8t、2.5t、4.0t五类，以平方米计算）</td><td rowspan="2">陆上、支架上打桩及钻孔桩，见“水上、陆上工作平台划分示意图”</td></tr>
<tr><td>陆上工作平台</td><td>水上工作平台范围以外的陆地部分，均属陆上工作平台，但不包括河塘坑洼地段
定额打桩平台均以$h=20$cm碎石垫层，压路机碾压
（按锤重分≤2.5t、5.0t、8.0t三类，以平方米计算）</td></tr>
</table>

注：1. 选自《上海市市政工程预算定额》（2000）工程量计算规则及总、册说明；
2. 根据《全国统一市政工程预算定额》（1999）总说明及各册、章说明，依据上海市市政工程预算定额修编大纲，结合上海市情况编制补充定额部分，参见《市政工程工程量清单“算量”手册》表2-2“《全国统一市政工程预算定额》（1999）关于各省、自治区、直辖市编制补充定额部分等项目”中“支架平台分陆上平台与水上平台两类，其划分范围由各省、自治区、直辖市根据当地的地形条件和特点确定”的释义；
3. 在河塘坑洼地段，如平均水深超过2m时，可套用水上工作平台定额；平均水深在1～2m范围内，按水上工作平台定额消耗量乘以50%计算；平均水深在1m以内时，按陆上工作平台计算；
4. 需注意的是安装梁不以上述标准来区分，以实际施工方法来套用，陆上架梁指用吊车架梁，水上架梁指用船排架梁；
5. 打桩工作平台应根据相应的打桩定额中柴油打桩机的锤重进行选择。钻孔灌注桩工作平台按孔径$\Phi\leqslant1000$mm套用锤重≤2.5t的桩基础工作平台，$\Phi>1000$mm套用锤重≤4.0t的桩基础工作平台计算。当钻孔灌注桩采用硬地法施工时，按批准的施工组织设计另行计算，陆上工作平台不再计算。若原有道路可利用时，则不计陆上工作平台；
6. 施工组织设计选用施工方法，请参阅《市政工程工程量清单“算量”手册》中9.1市政施工组织设计及表9-1“施工组织设计涉及工程量‘算量’对应选用表”的释义。

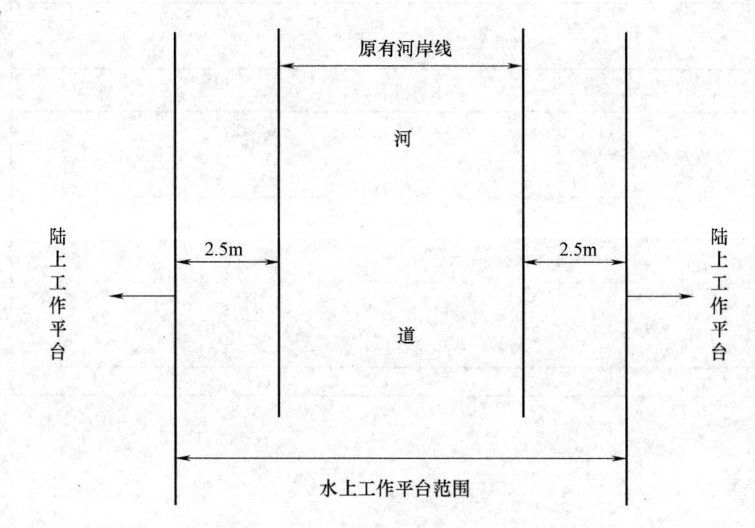

水上、陆上工作平台划分示意图

一、实体项目　C桥涵工程

<table>
<tr><th>对应图示</th><th>项目名称</th><th>编码/编号</th></tr>
<tr><td>工程量清单分类</td><td>表C.1桩基[钢筋混凝土板桩、钢筋混凝土方桩(管桩)、钢管桩、机械成孔灌注桩]</td><td>040301002、040301003、040301004、040301007</td></tr>
<tr><td rowspan="2">分部工程项目、名称(所在《市政工程预算定额》册、章、节)</td><td>第四册桥涵及护岸工程
第一章临时工程</td><td>S4-1-</td></tr>
<tr><td>1. 陆上桩基础工作平台(锤重≤2.5t、5.0t、8.0t)
2. 水上桩基础工作平台(锤重≤0.6t、1.2t、1.8t、2.5t、4.0t)</td><td>S4-1-1～S4-1-3
S4-1-4～S4-1-8</td></tr>
</table>

桥梁打桩

序号	类型			单位	计算规则	适用范围
1	陆上、水上工作平台	桥梁打桩	墩、台	m^2	(宽度方向两桩之间距离＋6.5m，长度方向两桩之间距离＋8.0m)×N个	桥梁基础桩，包括预制钢筋混凝土方桩、预制钢筋混凝土板桩、钢筋混凝土管桩、PHC管桩和钢管桩
			通道	m^2	[桥长－N个(宽度方向两桩之间距离＋6.5m)]×6.5m	
		护岸打桩		m^2	(宽度方向两桩之间距离＋6.5m，长度方向两桩之间距离＋6.0m)×N个	
		钻孔灌注桩	墩、台	m^2	(宽度方向两桩之间距离＋6.5m，长度方向两桩之间距离＋6.5m)×N个	
			通道	m^2	[桥长－N个(宽度方向两桩之间距离＋6.5m)]×6.5m	
2	基础桩	预制钢筋混凝土方桩		m^3	按设计截面积×设计长度(包括桩尖长度)	桥梁基础桩
		预制钢筋混凝土板桩		m^3	按设计截面积×设计长度(包括桩尖长度)	
		钢筋混凝土管桩		m^3	按设计截面积×设计长度(包括桩尖长度)	
		PHC管桩		m^3	按设计截面积×设计长度(包括桩尖长度)	
		钢管桩		m^3	按设计截面积×设计长度(设计桩顶至桩底标高)	
		钻孔灌注桩	陆上	m^3	按设计截面积×(设计长度＋0.25m)	
			水上	m^3	按设计截面积×(设计长度＋1.0m)	

搭拆工作平台面积计算

1. 桥梁打桩：　$F=N_1F_1+N_2F_2$

每座桥台(桥墩)：　$F_1=(5.5+A+2.5)\times(6.5+D)$

每条通道：　$F_2=6.5[L-(6.5+D)]$

2. 护岸打桩：　$F=(L+6)\times(6.5+D)$

3. 钻孔灌注桩：　$F=N_1F_1+N_2F_2$

每座桥台（桥墩）：　$F_1=(A+6.5)\times(6.5+D)$

每条通道：　$F_2=6.5[L-(6.5+D)]$

式中：F——工作平台总面积，m^2；F_1——每座桥台（墩）工作平台面积，m^2；F_2——桥台至桥墩间或桥墩至桥墩间通道工作平台面积，m^2；N_1——桥台和桥墩总数量；N_2——通道总数量；D——两排桩之间距离，m；L——桥梁跨径或护岸的第一根桩中心至最后一根桩中心之间的距离，m；A——桥台（墩）每排桩的第一根桩中心至最后一根桩中心之间的距离，m。

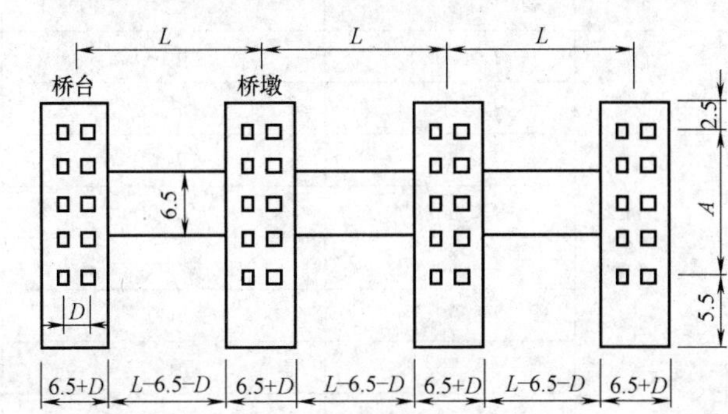

注：图示尺寸均为m。

工作平台面积计算示意图

钻孔灌注桩搭拆工作平台 $F=N_1F_1+N_2F_2$

每座桥台的工作平台 $F_1=(A+6.5)\times(6.5+D)$

每条通道的工作平台 $F_2=6.5\times[L-(6.5+D)]$

式中：F——工作平台总面积；N_1——个数；N_2——个数；F_1——每座桥台的工作平台面积；F_2——桥台至桥墩间或桥墩至桥墩间通道工作平台面积；A——每排桩的第一根桩中心至最后一根桩中心之间的距离；D——两排桩之间的距离；L——桥梁跨径或护岸的第一根桩中心至最后一根桩中心之间的距离。

根据桩长与桩截面积或管径甄选打桩机械锤重表

桩类别	桩长度 L(m)	桩截面积 S(m²) 或管径 Φ(mm)	柴油桩机锤重(kg)	方桩打桩形式(桩锤重 kN)		
				支架	船上	陆上
钢筋混凝土方桩及板桩	$L \leqslant 8.00$	$S \leqslant 0.05$	600	6	6	6
	$L \leqslant 8.00$	$0.05 < S \leqslant 0.105$	1200	12	12	12
	$8.00 < L \leqslant 16.00$	$0.105 < S \leqslant 0.125$	1800	18	18	18
	$16.00 < L \leqslant 24.00$	$0.125 < S \leqslant 0.160$	2500	25	25	25
	$24.00 < L \leqslant 28.00$	$0.160 < S \leqslant 0.225$	4000	35	35	35
	$28.00 < L \leqslant 32.00$	$0.225 < S \leqslant 0.250$	5000	50	50	50
	$32.00 < L \leqslant 40.00$	$0.250 < S \leqslant 0.300$	7000	70	70	70
钢筋混凝土管桩	$L \leqslant 25.00$	Φ400	2500			
	$L \leqslant 25.00$	Φ550	4000			
	$L \leqslant 25.00$	Φ600	5000			
	$L \leqslant 50.00$	Φ600	7000			
	$L \leqslant 25.00$	Φ800	5000			
	$L \leqslant 50.00$	Φ800	7000			
	$L \leqslant 25.00$	Φ1000	7000			
	$L \leqslant 50.00$	Φ1000	8000			

注：1. 本表摘自《全国统一市政工程预算定额》(1999) 有关数据；

2. 钢筋混凝土方桩，桩长 8～28m，选用 12～40kN 的桩锤；

3. 钢管桩，当直径为 406.40mm～914.40mm，桩长为 30～70m 时，选用 25～70kN 的桩锤；

4. 钻孔灌注桩工作平台按孔径 $\Phi \leqslant 1000$mm，套用锤重 1800kg 打桩工作平台；$\Phi > 1000$mm，套用锤重 2500kg 打桩工作平台计算。

钻孔灌注桩工作平台	孔径 $\Phi \leqslant 1000$mm 套用锤重 $\leqslant 2.5$t 的桩基础工作平台计算	本表摘自《上海市市政工程预算定额》(2000)有关数据；当钻孔灌注桩采用硬地法施工时，按批准的施工组织设计另行计算，陆上工作平台不再计算。若原有道路可利用时，则不计陆上工作平台
	孔径 $\Phi > 1000$mm 套用锤重 $\leqslant 4.0$t 的桩基础工作平台计算	

表 C.1　桩基（项目编码：040301）桩和桩基础

桩和桩基础：

通过一定的技术方法，将某种构件或材料事先打（压）入或灌注入土壤之中形成凝固体，从而达到提高土壤承载能力的目的，这种凝固体就叫作桩。

按桩的受力状态可分为端承桩和摩擦桩两类。

（1）端承桩：桩通过极软弱土层，使桩尖直接支承在坚硬的土层或岩石上，桩上的荷载主要由桩端阻力承受。

（2）摩擦桩：桩通过软弱土层而支承在较坚硬的土层上，桩上的荷载主要由桩周与软土之间的摩擦力承受，同时也考虑桩端阻力的作用。

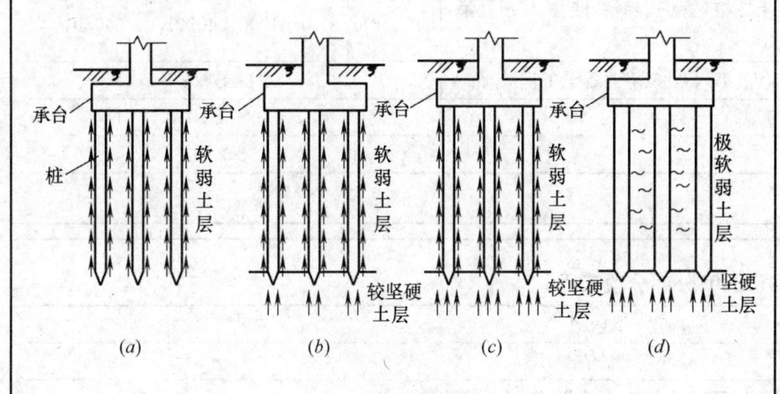

端承桩和摩擦桩

(a) 摩擦法；(b) 端承摩擦桩；(c) 摩擦端承桩；(d) 端承桩

摘自《市政工程工程量清单“算量”手册》

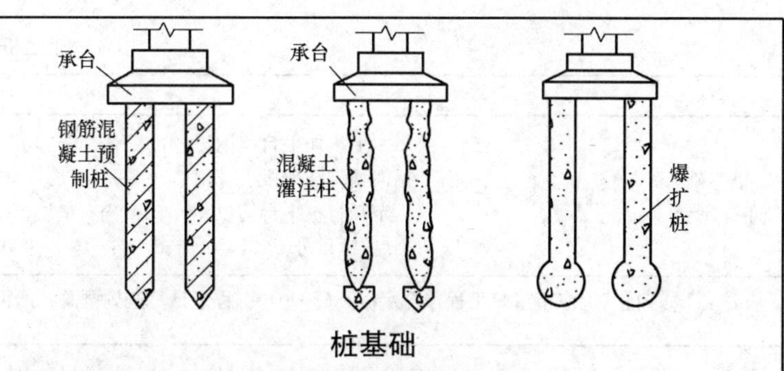

桩基础

按桩的制作方法可分为预制桩和灌注桩。

（1）预制桩：在工厂或工地预制后运到现场，再用各种方法（打入、振入、压入等）将桩沉入土中。预制桩刚度好，适宜用在新填土或极软弱的地基中。

预制桩按制作材料不同可分为钢筋混凝土桩、预应力钢筋混凝土桩和钢桩等。

（2）灌注桩：在预定的桩位上成孔，在孔内灌注混凝土成桩。因成孔的方法不同，有以下几种灌注桩：沉管灌注桩、钻孔灌注桩、爆扩灌注桩等。

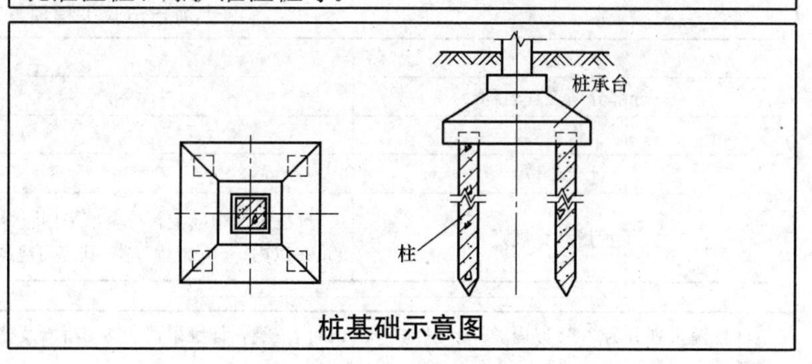

桩基础示意图

表 C.1 桩基（项目编码：040301）陆上桩基础工作平台—碎石垫层

陆上桩基础工作平台工程

名称	分类	划分	适用范围
桩基础工作平台	陆上工作平台	水上工作平台范围以外的陆地部分，均属陆上工作平台，但不包括河塘坑洼地段 定额打桩平台均以 $h=20$cm 碎石垫层，压路机碾压 （按锤重分≤2.5t、5.0t、8.0t 三类，以平方米计算）	陆上、支架上打桩及钻孔桩，见“水上、陆上工作平台划分示意图”

注：1. 选自《上海市市政工程预算定额》（2000）工程量计算规则暨总、册说明。

一、实体项目　　C 桥涵工程

对应图示	项目名称	编码/编号
工程量清单分类	表 C.1 桩基[钢筋混凝土板桩、钢筋混凝土方桩(管桩)、钢管桩、机械成孔灌注桩]	040301002、040301003、040301004、040301007
分部工程项目、名称(所在《市政工程预算定额》册、章、节)	第四册 桥涵及护岸工程　第一章 临时工程、第六章 现浇混凝土工程	S4-1-、S4-6-
	1. 陆上桩基础工作平台(锤重≤2.5t、5.0t、8.0t)	S4-1-1～S4-1-3
	1. 基础	S4-6-1

《上海市市政工程预算定额》(2000)分部分项工程

子目编号	S4-6-1
分部分项工程名称	基础碎石垫层
工作内容	详见该定额编号之“项目表”中“工作内容”的规定
计量单位	m^3
工程量计算规则	打桩定额中陆上打桩全部采用履带式桩机，所以打桩平台都以碎石垫层来编制。陆上工作平台按锤重划分为 2.5t 以内、5.0t 以内、8.0t 以内三类，其碎石垫层的厚度分别取定为 10cm、15cm 和 20cm

注：锤重划分为 2.5t 以内、5.0t 以内、8.0t 以内三类，详细敬请参阅“桥涵及护岸工程表 D.3.1 桩基础（陆上、水上桩基础工作平台）”的释义。

表 C.1　桩基（项目编码：040301001）预制钢筋混凝土方桩

预制钢筋混凝土方桩：

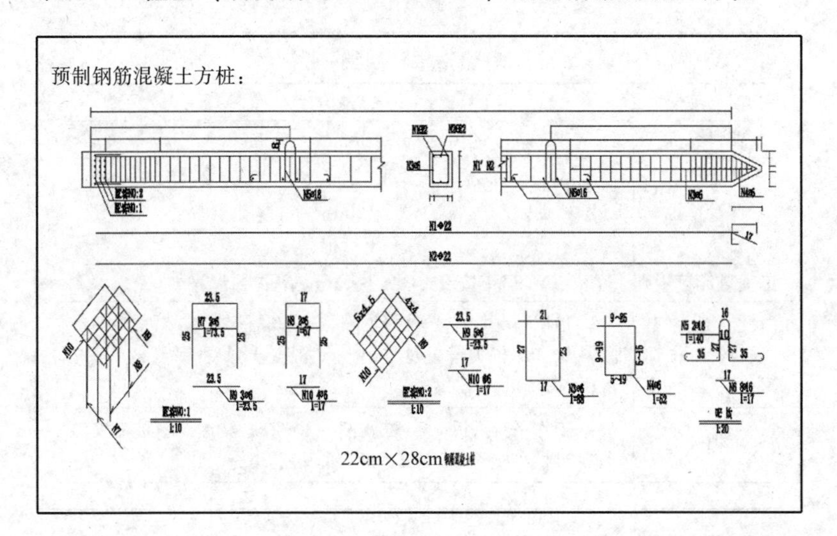

工程量清单“四统一”	
项目编码	040301001
项目名称	预制钢筋混凝土方桩
计量单位	1. m 2. m^3 3. 根
工程量计算规则	按设计图示尺寸以桩长(包括桩尖)计算
项目特征描述	1. 地层情况　2. 送桩深度、桩长　3. 桩截面　4. 桩倾斜度　5. 混凝土强度等级
工程内容	1. 工作平台搭拆　2. 桩就位　3. 桩机移位　4. 沉桩　5. 接桩　6. 送桩

护岸断面图：

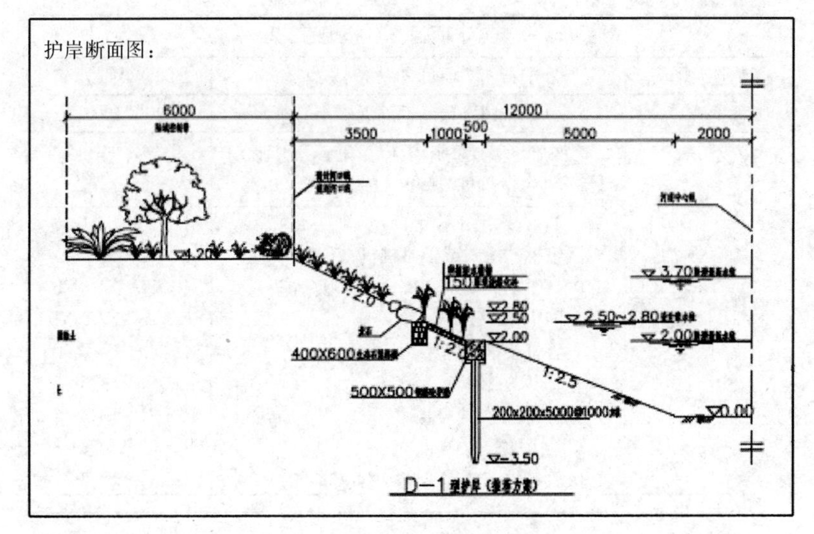

一、实体项目　C 桥涵工程

对应图示	项目名称	编码/编号
工程量清单分类	表 C.1 桩基(预制钢筋混凝土方桩)	040301001
分部工程项目、名称(所在《市政工程预算定额》册、章、节)	第四册桥涵及护岸工程　第一章临时工程、第三章打桩工程	S4-1-、S4-3-
	1. 陆上、水上工作平台	S4-1-1～S4-1-8
	2. 组拆轨道式柴油打桩机	S4-1-17～S4-1-25
	3. 打钢筋混凝土方桩	S4-3-1～S4-3-7
	4. 接桩	S4-3-44～S4-3-45
	5. 送桩	S4-3-54～S4-3-60

表 C.1 桩基（项目编码：040301002）预制钢筋混凝土管桩

预制钢筋混凝土管桩（PHC 桩）与承台连接详图：

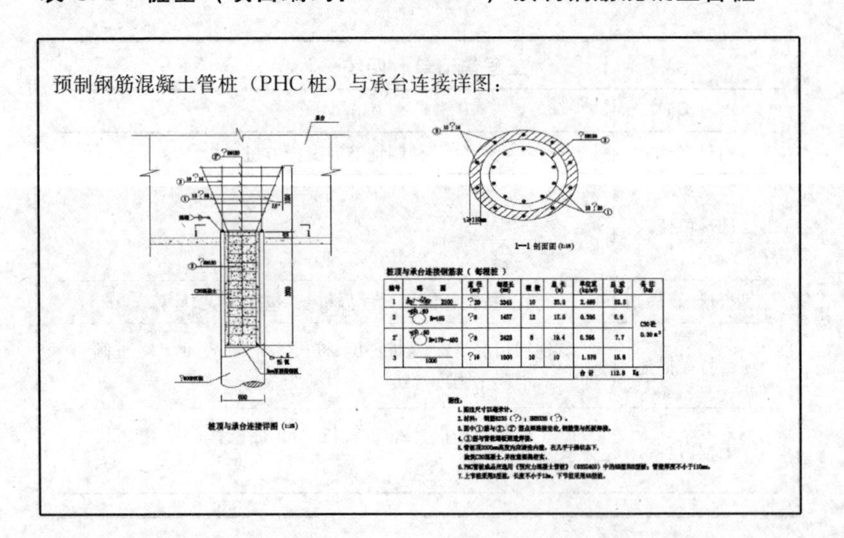

预制钢筋混凝土管桩（PHC 桩）桩位布置图：

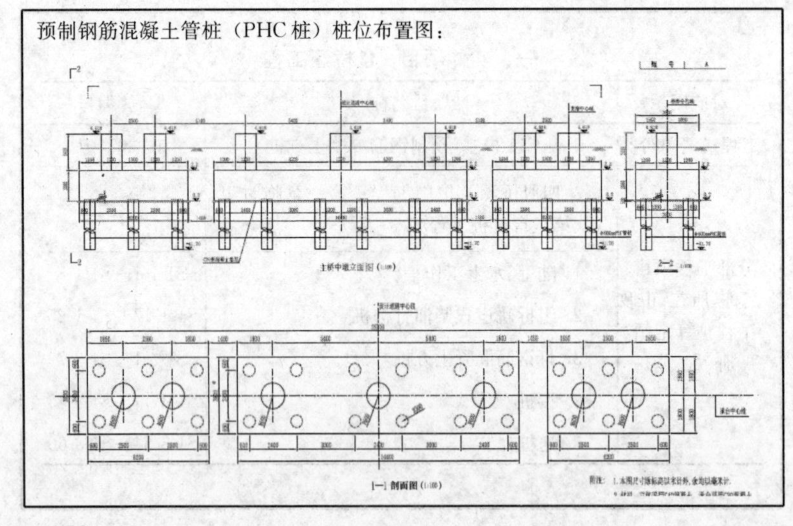

工程量清单“四统一”

项目编码	040301002
项目名称	预制钢筋混凝土管桩
计量单位	1. m 2. m^3 3. 根
工程量计算规则	按设计图示桩长(包括桩尖)计算
项目特征描述	1. 地层情况　2. 送桩深度、桩长　3. 桩外径、壁厚　4. 桩倾斜度　5. 桩尖设置及类型　6. 混凝土强度等级　7. 填充材料种类
工程内容	1. 工作平台搭拆　2. 桩就位　3. 桩机移位　4. 桩尖安装　5. 沉桩　6. 接桩　7. 送桩　8. 桩芯填充

一、实体项目　C 桥涵工程

对应图示	项目名称	编码/编号
工程量清单分类	表 C.1 桩基(预制钢筋混凝土管桩)	040301002
分部工程项目、名称(所在《市政工程预算定额》册、章、节)	第四册桥涵及护岸工程　第一章　临时工程、第三章打桩工程	S4-1-、S4-3-
	1. 陆上、水上工作平台	S4-1-13～S4-1-16
	2. 组拆轨道式柴油打桩机	S4-1-17～S4-1-25
	3. 打钢筋混凝土管桩(≤Φ400≤Φ550)	S4-3-17～S4-3-22
	4. 陆上打 PHC 桩(≥600)	S4-3-23～S4-3-34
	5. 管桩接桩(≤Φ400≤Φ550)	S4-3-49～S4-3-50
	6. PHC 桩接桩(≥600)	S4-3-51～S4-3-53
	7. 送管桩(≤Φ400≤Φ550)	S4-3-61～S4-3-66
	8. 送 PHC 桩(≥600)	S4-3-67～S4-3-78
	9. 管桩填芯(≤Φ400≤Φ550、≥600)	S4-3-86～S4-3-89

表C.1 桩基（项目编码：040301001～040301002）（预制）钢筋混凝土方桩（管桩）

一、实体项目 C桥涵工程

对应图示	项目名称	编码/编号
工程量清单分类	表C.1桩基[（预制）钢筋混凝土方桩（管桩）]	040301001～040301002
分部工程项目、名称（所在《市政工程预算定额》册、章、节）	钢筋混凝土方桩： 桥涵及护岸工程临时工程 1. 陆上桩基础工作平台（锤重≤2.5t、5.0t、8.0t） 2. 水上桩基础工作平台（锤重≤2.5t、4.0t） 5. 组装拆卸船排（2×60以内） 6. 组装拆卸柴油打桩机（履带式：锤重≤2.5t、5.0t，轨道式：锤重≤2.5t、4.0t） 8. 筑地模（砖地模） 桥涵及护岸工程预制混凝土构件 1. 预制桩（方桩：混凝土） 10. 预制构件场内运输（构件重10t内） 桥涵及护岸工程打桩工程 1. 打钢筋混凝土方桩（陆上、支架上、船上） 2. 打钢筋混凝土板桩（陆上、支架上、船上） 6. 接桩（方桩焊接、法兰接桩） 7. 送桩（陆上、支架上、船上） 11. 管桩填心（混凝土、土、黄砂、碎石）	S4-1-1～S4-1-2 S4-1-7～S4-1-8 S4-4-1～S4-4-5 S4-4-6～S4-4-10 S4-4-11～S4-4-15 ZSM20-1-1 S4-4-16～S4-4-21 S4-3-86～S4-3-89

工程量清单"四统一"

项目编码	040301001～040301002
项目名称	（预制）钢筋混凝土方桩（管桩）
计量单位	1. m 2. m^3 3. 根
工程量计算规则	1. 以米计量，按设计图示尺寸以桩长（包括桩尖）计算 2. 以立方米计量，按设计图示桩长（包括桩尖）乘以桩的断面积计算 3. 以根计量，按设计图示数量计算
项目特征描述	方桩：1. 地层情况 2. 送桩深度、桩长 3. 桩截面 4. 桩倾斜度 5. 混凝土强度等级 管桩：1. 地层情况 2. 送桩深度、桩长 3. 桩外径、壁厚 4. 桩倾斜度 5. 桩尖设置及类型 6. 混凝土强度等级 7. 填充材料种类
工程内容规定	方桩：1. 工作平台搭拆 2. 桩就位 3. 桩机移位 4. 沉桩 5. 接桩 6. 送桩 管桩：1. 工作平台搭拆 2. 桩就位 3. 桩机移位 4. 桩尖安装 5. 沉桩 6. 接桩 7. 送桩 8. 桩芯填充

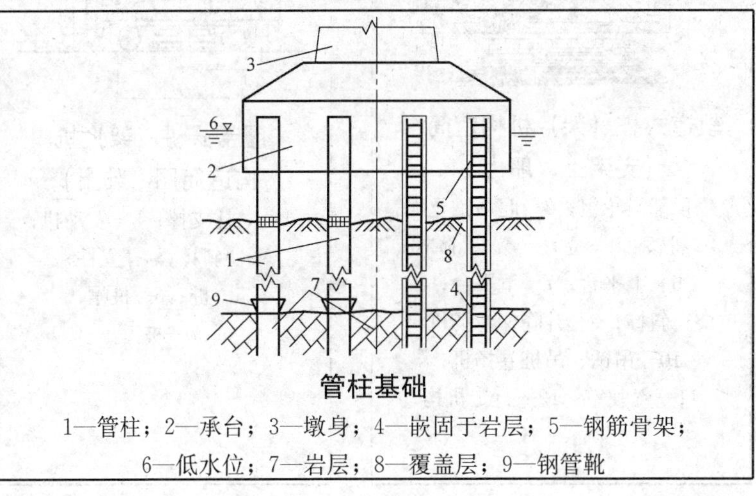

管柱基础

1—管柱；2—承台；3—墩身；4—嵌固于岩层；5—钢筋骨架；6—低水位；7—岩层；8—覆盖层；9—钢管靴

表 C.1 桩基（项目编码：040301001～040301002）（预制）钢筋混凝土方桩（管桩）（陆上、支架上、船上打桩及装拆打桩机）

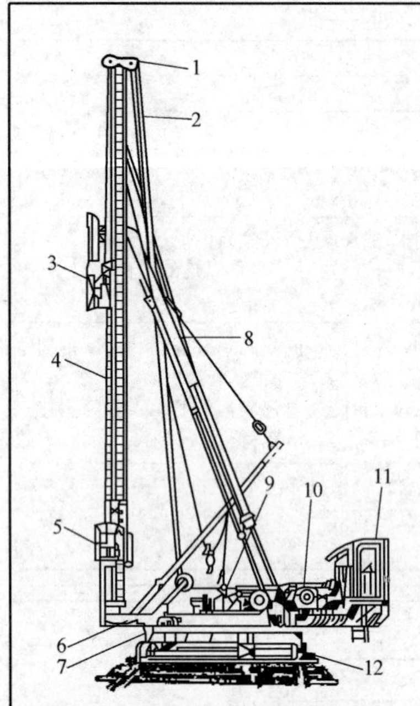

轨道式桩（架）机构造简图（支架上、船上）

1—顶部滑轮组；2—起吊钢丝绳；3—桩锤：4—立柱：5—升降梯；6—上平台；7—下平台；8—斜撑；9—升降梯卷扬机；10—吊锤、吊桩卷扬机；11—驾驶室；12—行走机构

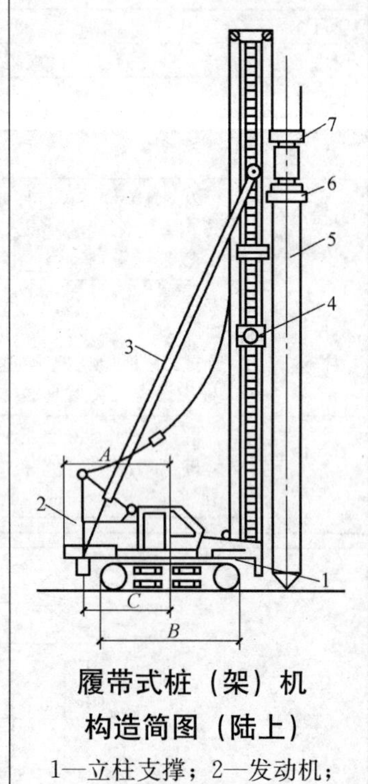

履带式桩（架）机构造简图（陆上）

1—立柱支撑；2—发动机；3—斜撑；4—立柱；5—桩；6—桩帽；7—桩锤

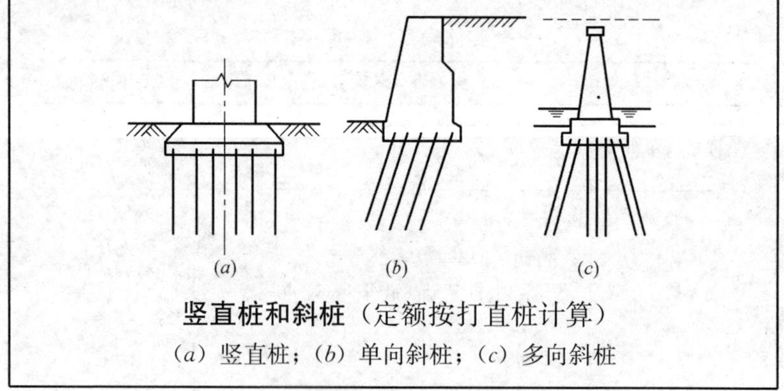

竖直桩和斜桩（定额按打直桩计算）

（a）竖直桩；（b）单向斜桩；（c）多向斜桩

工程量清单“四统一”

项目编码	040301001～040301002
项目名称	（预制）钢筋混凝土方桩（管桩）（陆上、支架上、船上打桩及装拆打桩机）
计量单位	1. m 2. m^3 3. 根
工程量计算规则	1. 以米计量，按设计图示尺寸以桩长（包括桩尖）计算 2. 以立方米计量，按设计图示桩长（包括桩尖）乘以桩的断面积计算 3. 以根计量，按设计图示数量计算
项目特征描述	方桩：1. 地层情况 2. 送桩深度、桩长 3. 桩截面 4. 桩倾斜度 5. 混凝土强度等级 管桩：1. 地层情况 2. 送桩深度、桩长 3. 桩外径、壁厚 4. 桩倾斜度 5. 桩尖设置及类型 6. 混凝土强度等级 7. 填充材料种类
工程内容规定	方桩：1. 工作平台搭拆 2. 桩就位 3. 桩机移位 4. 沉桩 5. 接桩 6. 送桩 管桩：1. 工作平台搭拆 2. 桩就位 3. 桩机移位 4. 桩尖安装 5. 沉桩 6. 接桩 7. 送桩 8. 桩芯填充

《上海市市政工程预算定额》(2000) 分部分项工程	
子目编号	S4-3-1～S4-3-7、S4-3-8～S4-1-16、S4-1-17～S4-1-25
分部分项工程名称	打钢筋混凝土方(管)桩(陆上、支架上、船上)、装拆打桩机
工作内容	详见该定额编号之"项目表"中"工作内容"的规定
计量单位	1. m^3 2. 架・次
工程量计算规则	不论成品桩或预制桩(桥台、墩桩)损耗部分的价格应同基本用量一样 定额未包括装拆打桩机,桩机的安拆及场外运输,可根据桩机实际作业台数计算

一、实体项目　　C 桥涵工程

对应图示	项目名称	编码/编号
工程量清单分类	表 C.1 桩基[(预制)钢筋混凝土方桩(管桩)陆上、支架上、船上打桩及装拆打桩机]	040301001～040301002
分部工程项目、名称(所在《市政工程预算定额》册、章、节)	第四册桥涵及护岸工程　第三章打桩工程、第一章临时工程	S4-3-、S4-1-
	1. 打钢筋混凝土方桩(陆上、支架上、船上)	S4-3-1～S4-3-7
	2. 打钢筋混凝土板桩(陆上、支架上、船上)	S4-3-8～S4-1-16
	6. 组装拆卸柴油打桩机	S4-1-17～S4-1-25

表 C.1　桩基（项目编码：040301001～040301002）（预制）钢筋混凝土方桩（管桩）(预制桩或成品桩及桩场内运输)

钢筋混凝土方桩的桩长在 10m 以内时，桩的横截面不小于35cm×35cm；桩长大于 10m 时，桩的横截面不小于 40cm×40cm；一般空心截面的桩长不大于 12m；桩长超过 15m 时，桩的横截面按强度要求确定。预制钢筋混凝土方桩一般采用整根预制，对于较长的钢筋混凝土方桩，可分节预制，然后采用法兰盘或钢板焊接等方法连接成整桩。

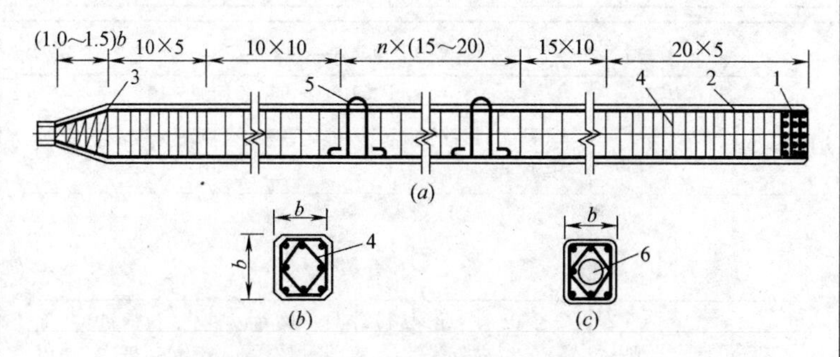

预制钢筋混凝土方桩构造示意图（cm）

(*a*) 桩纵截面；(*b*) 实心桩横截面；(*c*) 空心桩横截面

1—桩头钢筋网；2—主钢筋；3—螺旋筋；4—箍筋；

5—吊环（一般可不设）；6—桩的空心

注：*n* 为箍筋间距数（若采用工厂预制桩，桩消耗量不变，价格按工厂成品价计算）。

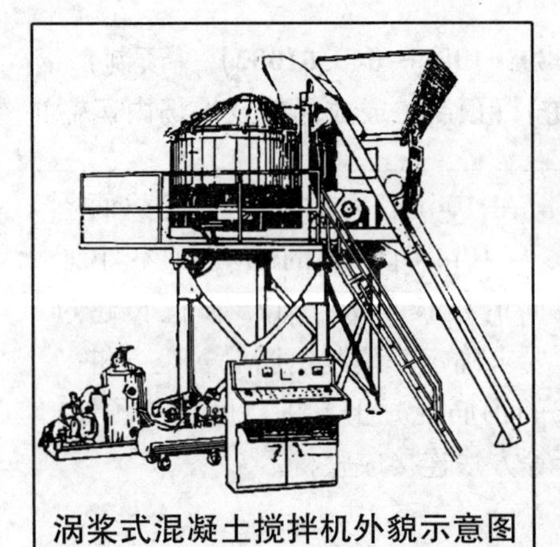

涡桨式混凝土搅拌机外貌示意图

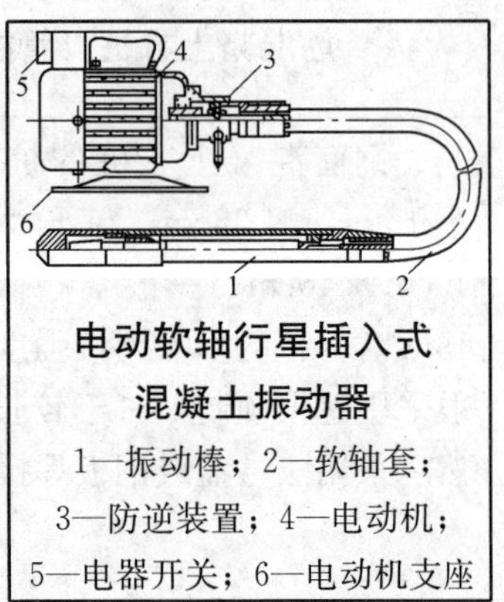

电动软轴行星插入式混凝土振动器

1—振动棒；2—软轴套；3—防逆装置；4—电动机；5—电器开关；6—电动机支座

工程量清单“四统一”

项目编码	040301001～040301002
项目名称	(预制)钢筋混凝土方桩(管桩)(预制桩或成品桩及桩场内运输)
计量单位	1. m 2. m^3 3. 根
工程量计算规则	1. 以米计量，按设计图示尺寸以桩长(包括桩尖)计算 2. 以立方米计量，按设计图示桩长(包括桩尖)乘以桩的断面积计算 3. 以根计量，按设计图示数量计算
项目特征描述	方桩：1. 地层情况 2. 送桩深度、桩长 3. 桩截面 4. 桩倾斜度 5. 混凝土强度等级 管桩：1. 地层情况 2. 送桩深度、桩长 3. 桩外径、壁厚 4. 桩倾斜度 5. 桩尖设置及类型 6. 混凝土强度等级 7. 填充材料种类
工程内容规定	方桩：1. 工作平台搭拆 2. 桩就位 3. 桩机移位 4. 沉桩 5. 接桩 6. 送桩 管桩：1. 工作平台搭拆 2. 桩就位 3. 桩机移位 4. 桩尖安装 5. 沉桩 6. 接桩 7. 送桩 8. 桩芯填充

《上海市市政工程预算定额》(2000) 分部分项工程

子目编号	S4-7-1、S4-7-70～S4-7-75
分部分项工程名称	预制方桩混凝土
工作内容	详见该定额编号之“项目表”中“工作内容”的规定
计量单位	m^3
工程量计算规则	不论成品桩或预制桩(桥台、墩桩)损耗部分的价格应同基本用量一样 成品桩或预制桩场内运输参考桥涵及护岸工程表C.3施工图图例导读栏中[预制构件场内运输]计算方法

一、实体项目　　C 桥涵工程

对应图示	项目名称	编码/编号
工程量清单分类	表C.1桩基[(预制)钢筋混凝土方桩(管桩)(预制桩或成品桩及桩场内运输)]	040301001～040301002
分部工程项目、名称(所在《市政工程预算定额》册、章、节)	第四册桥涵及护岸工程　第七章预制混凝土构件	S4-7-
	1. 预制桩 10. 预制构件场内运输(构件重10t、40t、60t内)	S4-7-1 S4-7-70～S4-7-75

项目名称	体积(m^3)	图　示	计算基数
预制方桩 (钢筋混凝土桩)	$V=a^2\times H\times n$ $(H=h+d)$		a——方桩的截面尺寸 h——方桩长度 d——桩尖长度 H——方桩全长 n——根数

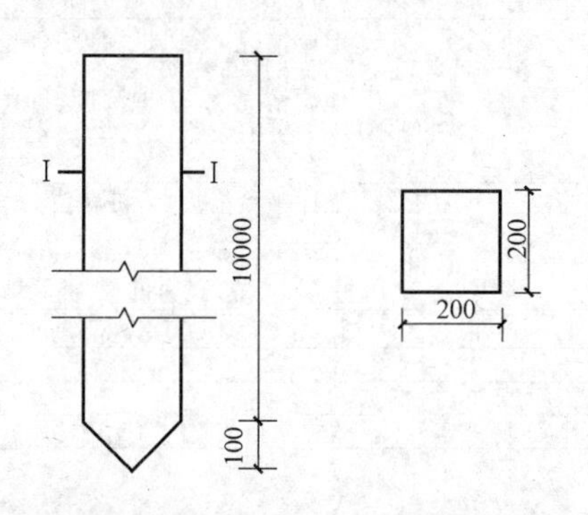

方桩示意图（桥台、桥墩打入桩）

（1）工程量清单工程量：

$L=$方桩长L_1+桩尖长$L_2=10.0+0.1=10.1\text{m}$

（2）定额工程量：

$V=L\times a^2=(10.0+0.1)\times 0.2^2=0.404\text{m}^3$

项次	项目类型名称	计量单位		计算结果
		计价规范	市政定额	
1	工程量清单工程量	m		10.1
2	市政工程定额工程量		m^3	0.404

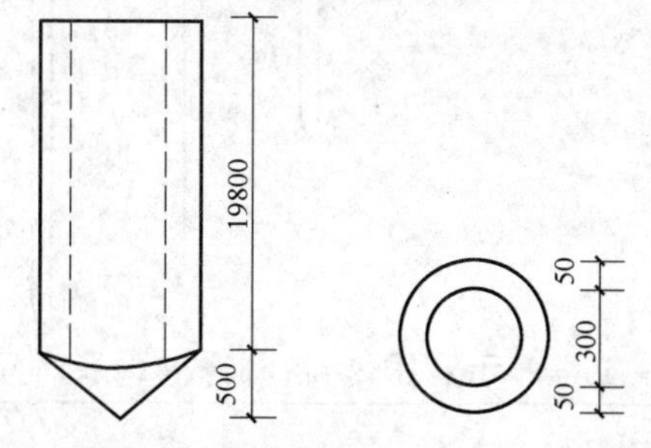

预制钢筋混凝土管桩示意图（桥台、桥墩打入桩）

（1）工程量清单工程量：

$L=$钢管桩L_1+钢管桩$L_2=19.8+0.5=20.3\text{m}$

（2）定额工程量：

1）管桩体积：

$V_1=[(\pi\times D^2)\div 4]\times L=[(\pi\times 0.4^2)\div 4]\times(19.8+0.5)=2.55\text{m}^3$

2）空心部分体积：

$V_2=[(\pi\times d^2)\div 4]\times 19.8=[(\pi\times 0.3^2)\div 4]\times 19.8=1.40\text{m}^3$

空心管桩总体积：

$V=V_1-V_2=2.55-1.40=1.15\text{m}^3$

项次	项目类型名称	计量单位		计算结果
		计价规范	市政定额	
1	工程量清单工程量	m		20.3
2	市政工程定额工程量		m^3	1.15

表 C.1 桩基（项目编码：040301001～040301002）（预制）钢筋混凝土方桩（管桩）（接桩、送桩）

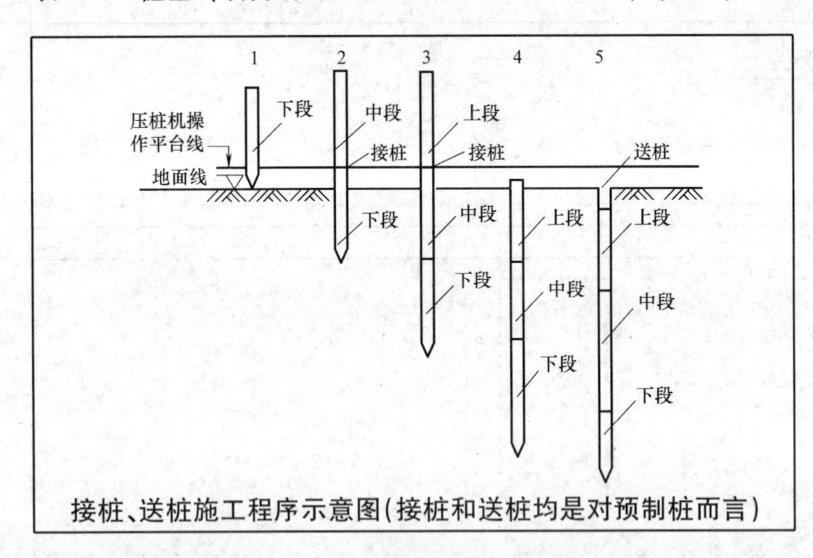

接桩、送桩施工程序示意图（接桩和送桩均是对预制桩而言）

将已经打（压）入土中桩的上顶部与需要继续打（压）另一根桩的下顶端采用硫磺胶法或铁件相接在一起的过程，就叫接桩。
接桩工程量计算

方桩焊接桩与法兰接桩不分桩截面大小以个计算，混凝土管桩和钢管桩接桩区分管径不同以个计算。

钢管桩内切割以根计算，精割盖帽以只计算。
送桩工程量计算

送桩高度指送桩起始点以下至设计桩顶面的距离。送桩起始点规定：

（1）陆上打桩以原地面平均标高以上 0.5m 的地方作为送桩的起始点。

（2）支架上打桩以当地施工期间的最高潮水位以上 0.5m 的地方作为送桩的起始点。

（3）船上打桩以当地施工期间的平均水位以上 1m 的地方作为送桩的起始点。

钢筋混凝土桩送桩工程量按预制桩截面面积乘以送桩高度以立方米计算。钢管桩送桩工程量按送桩高度、管径、壁厚以吨计算。

工程量清单“四统一”

项目编码	040301001～040301002
项目名称	（预制）钢筋混凝土方桩（管桩）（接桩、送桩）
计量单位	1. m 2. m^3 3. 根
工程量计算规则	1. 以米计量，按设计图示尺寸以桩长（包括桩尖）计算 2. 以立方米计量，按设计图示桩长（包括桩尖）乘以桩的断面积计算 3. 以根计量，按设计图示数量计算
项目特征描述	方桩：1. 地层情况 2. 送桩深度、桩长 3. 桩截面 4. 桩倾斜度 5. 混凝土强度等级 管桩：1. 地层情况 2. 送桩深度、桩长 3. 桩外径、壁厚 4. 桩倾斜度 5. 桩尖设置及类型 6. 混凝土强度等级 7. 填充材料种类
工程内容规定	方桩：1. 工作平台搭拆 2. 桩就位 3. 桩机移位 4. 沉桩 5. 接桩 6. 送桩 管桩：1. 工作平台搭拆 2. 桩就位 3. 桩机移位 4. 桩尖安装 5. 沉桩 6. 接桩 7. 送桩 8. 桩芯填充

《上海市市政工程预算定额》（2000）分部分项工程

子目编号	S4-3-44～S4-3-53、S4-3-54～S4-3-78
分部分项工程名称	接桩、送桩
工作内容	详见该定额编号之“项目表”中“工作内容”的规定
计量单位	1. 个； 2. m^3； 3. m^3 实体
工程量计算规则	1. 接桩不分桩截面大小以个计算 2. 送桩工程量按预制桩截面面积乘以送桩高度以立方米计算 3. 送桩高度指送桩起始点以下至设计桩顶面的距离

一、实体项目　C 桥涵工程

对应图示	项目名称	编码/编号
工程量清单分类	表 C.1 桩基[（预制）钢筋混凝土方桩（管桩）（接桩、送桩）]	040301001～040301002
分部工程项目、名称（所在《市政工程预算定额》册、章、节）	第四册桥涵及护岸工程　第三章打桩工程	S4-3-
	6. 接桩（方桩焊接、法兰接桩）	S4-3-44～S4-3-53
	7. 送桩（陆上、支架上、船上）	S4-3-54～S4-3-78

钢筋混凝土方桩（管桩）接桩（方桩焊接、法兰接桩）

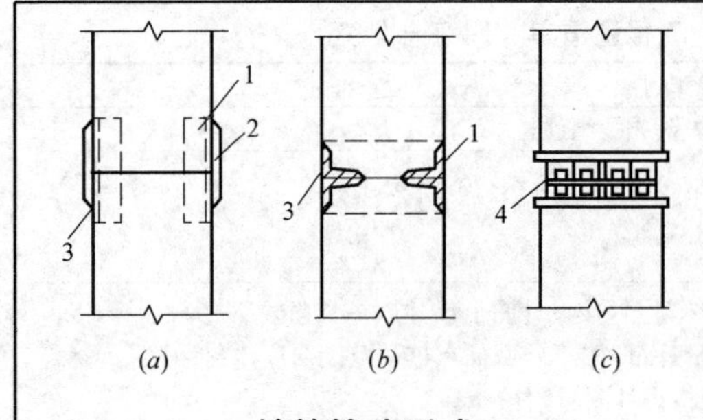

桩的接头形式

（a）、（b）焊接接合；（c）接桩螺栓接合

1—角钢与主筋焊接；2—钢板；3—焊缝；

4—预埋法兰，角螺栓连接

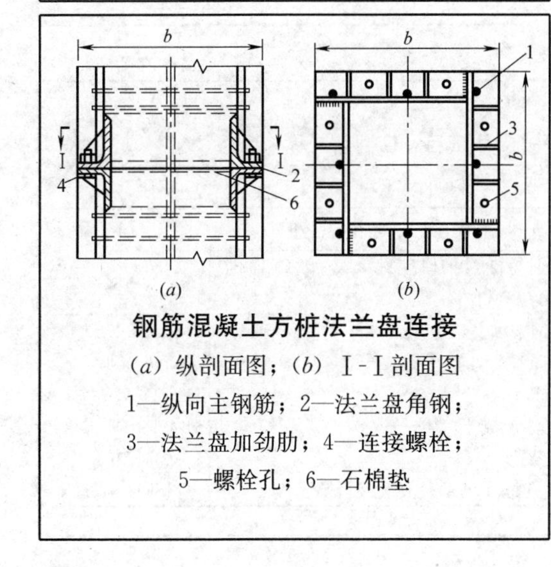

钢筋混凝土方桩法兰盘连接

（a）纵剖面图；（b）Ⅰ-Ⅰ剖面图

1—纵向主钢筋；2—法兰盘角钢；

3—法兰盘加劲肋；4—连接螺栓；

5—螺栓孔；6—石棉垫

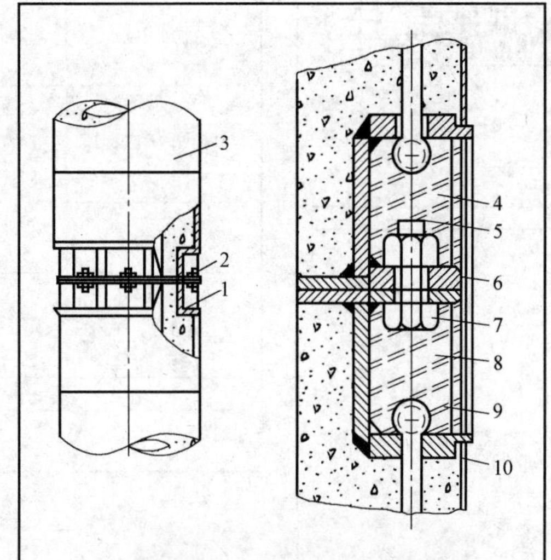

预应力混凝土管桩法兰盘连接

1—法兰盘；2—连接螺栓；3—管桩；

4—防腐蚀填料（填满）；5—螺母与螺栓

用电焊固定；6—表面包裹；7—连接螺栓；

8—防腐蚀填料；9—钢筋墩粗头；10—桩包箍

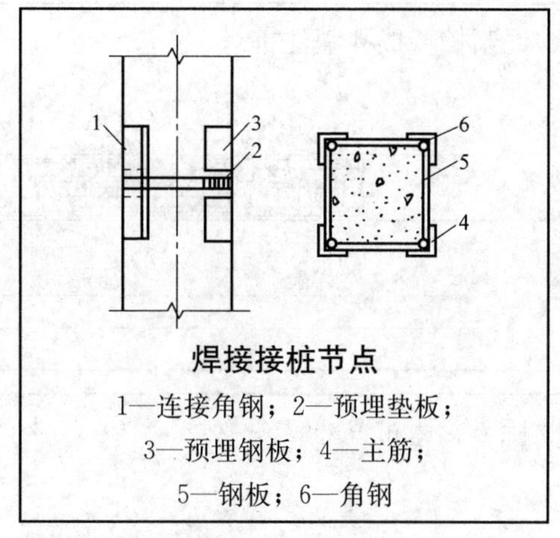

焊接接桩节点

1—连接角钢；2—预埋垫板；

3—预埋钢板；4—主筋；

5—钢板；6—角钢

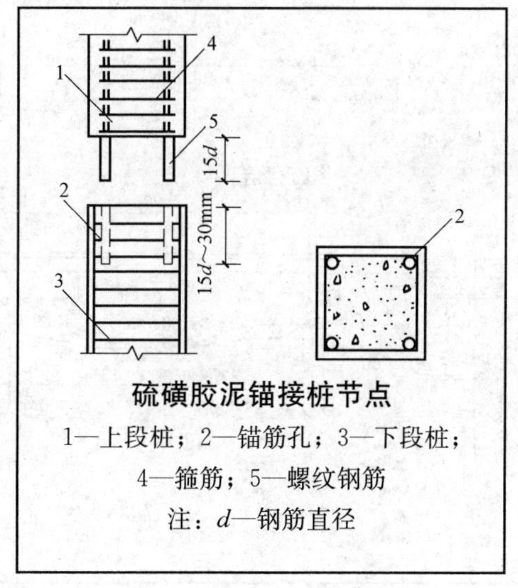

硫磺胶泥锚接桩节点

1—上段桩；2—锚筋孔；3—下段桩；

4—箍筋；5—螺纹钢筋

注：d—钢筋直径

表 C.1 桩基（项目编码：040301004）泥浆护壁成孔灌注桩

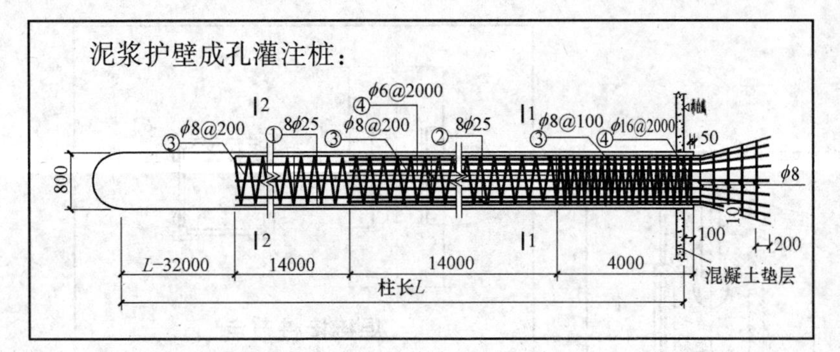

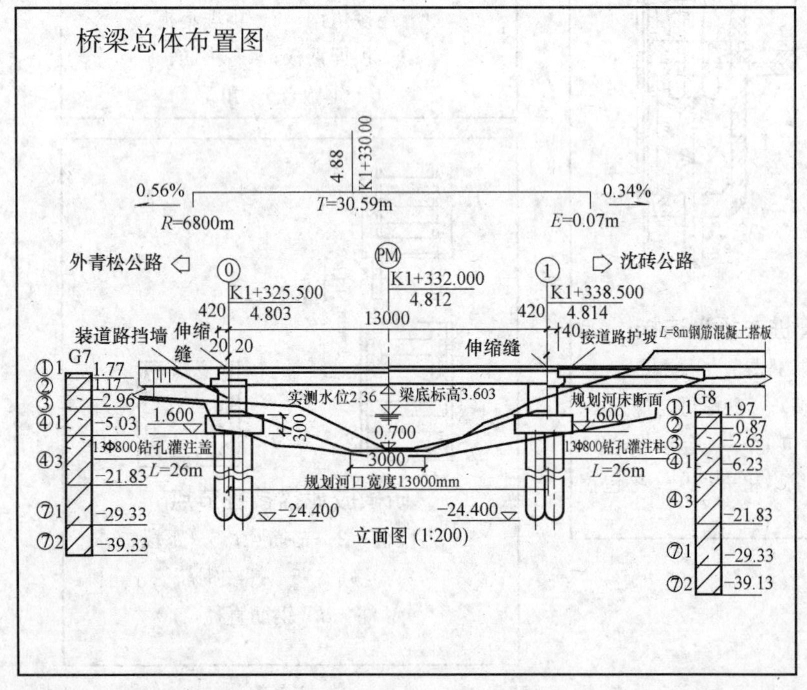

工程量清单“四统一”	
项目编码	040301004
项目名称	泥浆护壁成孔灌注桩
计量单位	1. m 2. m^3 3. 根
工程量计算规则	1. 以米计量，按设计图示尺寸以桩长（包括桩尖）计算 2. 以立方米计量，按不同截面在桩长范围内以体积计算 3. 以根计量，按设计图示数量计算
项目特征描述	1. 地层情况 2. 空桩长度、桩长 3. 桩径 4. 成孔方法 5. 混凝土种类、强度等级
工程内容	1. 工作平台搭拆 2. 桩机移位 3. 护筒埋设 4. 成孔、固壁 5. 混凝土制作、运输、灌注、养护 6. 土方、废浆外运 7. 打桩场地硬化及泥浆池、泥浆沟

一、实体项目 C 桥涵工程

对应图示	项目名称	编码/编号
工程量清单分类	表 C.1 桩基（泥浆护壁成孔灌注桩）	040301004
分部工程项目、名称（所在《市政工程预算定额》册、章、节）	第四册桥涵及护岸工程 第一章 临时工程、第三章打桩工程	S4-1-、S4-3-
	1. 陆上、水上工作平台	S4-1-1～S4-1-8
	2. 陆上、支架上埋设钢护筒	S4-4-1～S4-4-10
	3. 回旋钻孔机钻孔	S4-4-11～S4-4-15
	4. 灌注混凝土	S4-4-16～S4-4-21
	5. 泥浆外运	ZSM20-1-1
	6. 钻孔灌注桩钻机安装及拆除费	ZSM21-1-1

表 C.1　桩基（项目编码：040301004）泥浆护壁成孔灌注桩（陆上、支架上、船上打桩及装拆打桩机）

工程量清单“四统一”	
项目编码	040301004
项目名称	泥浆护壁成孔灌注桩(陆上、支架上、船上打桩及装拆打桩机)
计量单位	1. m 2. m^3 3. 根
工程量计算规则	1. 以米计量，按设计图示尺寸以桩长(包括桩尖)计算 2. 以立方米计量，按不同截面在桩长范围内以体积计算 3. 以根计量，按设计图示数量计算
项目特征	1. 地层情况 2. 空桩长度、桩长 3. 桩径 4. 成孔方法 5. 混凝土种类、强度等级
工程内容规定	1. 工作平台搭拆 2. 桩机移位 3. 护筒埋设 4. 成孔、固壁 5. 混凝土制作、运输、灌注、养护 6. 土方、废浆外运 7. 打桩场地硬化及泥浆池、泥浆沟

《上海市市政工程预算定额》(2000) 分部分项工程	
子目编号	S4-1-1～S4-1-2、S4-1-7～S4-1-8、S4-1-17～S4-1-25
分部分项工程名称	机械成孔灌注桩(陆上、支架上、船上)、装拆打桩机
工作内容	详见该定额编号之“项目表”中“工作内容”的规定
计量单位	1. m^3 2. 架·次
工程量计算规则	不论成品桩或预制桩(桥台、墩柱)损耗部分的价格应同基本用量一样定额未包括装拆打桩机，桩机的安拆及场外运输，可根据桩机实际作业台数计算

一、实体项目　C 桥涵工程		
对应图示	项目名称	编码/编号
工程量清单分类	表 C.1 桩基[泥浆护壁成孔灌注桩(陆上、支架上、船上打桩及装拆打桩机)]	040301004
分部工程项目、名称(所在《市政工程预算定额》册、章、节)	第四册桥涵及护岸工程　第一章临时工程	S4-1-
	1. 陆上桩基础工作平台(锤重≤2.5t、5.0t) 2. 水上桩基础工作平台(锤重≤2.5t、4.0t) 6. 组装拆卸柴油打桩机	S4-1-1～S4-1-2 S4-1-7～S4-1-8 S4-1-17～S4-1-25

表 C.1 桩基（项目编码：040301004）泥浆护壁成孔灌注桩（护筒埋设）

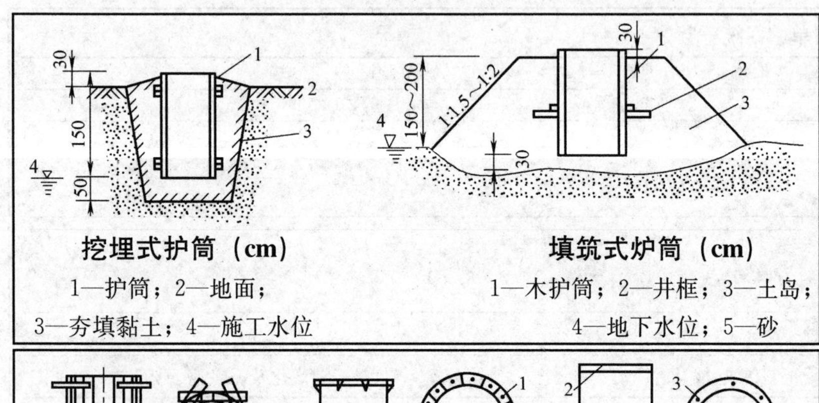

挖埋式护筒（cm）

1—护筒；2—地面；
3—夯填黏土；4—施工水位

填筑式炉筒（cm）

1—木护筒；2—井框；3—土岛；
4—地下水位；5—砂

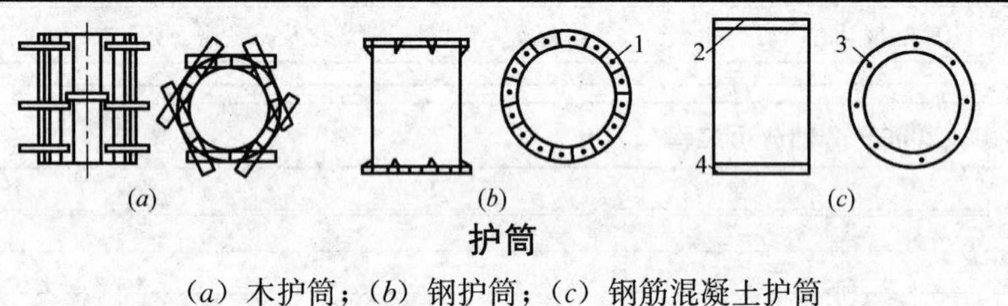

护筒

（a）木护筒；（b）钢护筒；（c）钢筋混凝土护筒

1—连接螺栓孔；2—连接钢板；3—纵向钢肋；4—连接钢板或刃脚

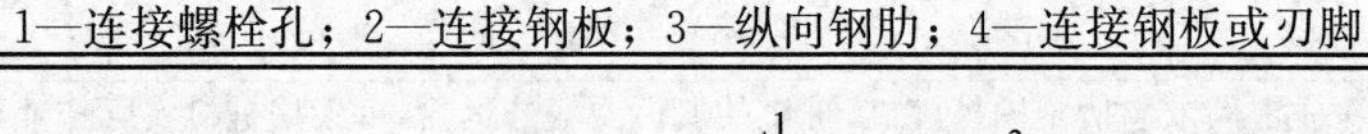

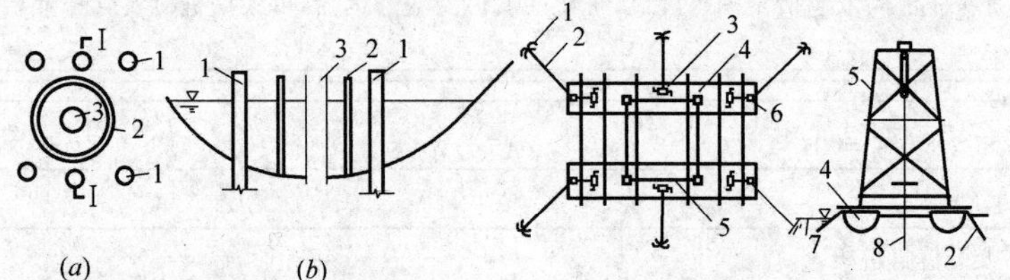

套箱或套筒内安放护筒示意图

（a）平面图；（b）Ⅰ—Ⅰ剖面图
1—钻架的支架桩；2—套箱或套筒；
3—护筒

木船工作平台

1—锚；2—锚索；3—手摇绞车；
4—木船；5—钻架；6—转向滑轮；
7—水位；8—钻杆

工程量清单“四统一”

项目编码	040301004
项目名称	泥浆护壁成孔灌注桩(护筒埋设)
计量单位	1. m 2. m^3 3. 根
工程量计算规则	1. 以米计量,按设计图示尺寸以桩长(包括桩尖)计算 2. 以立方米计量,按不同截面在桩长范围内以体积计算 3. 以根计量,按设计图示数量计算
项目特征	1. 地层情况 2. 空桩长度、桩长 3. 桩径 4. 成孔方法 5. 混凝土种类、强度等级
工程内容	1. 工作平台搭拆 2. 桩机移位 3. 护筒埋设 4. 成孔、固壁 5. 混凝土制作、运输、灌注、养护 6. 土方、废浆外运 7. 打标语场地硬化及泥浆池、泥浆沟

《上海市市政工程预算定额》(2000) 分部分项工程

子目编号	S4-4-16～S4-4-21
分部分项工程名称	埋设拆除钢护筒(陆上、支架上)
工作内容	详见该定额编号之“项目表”中“工作内容”的规定
计量单位	m
工程量计算规则	陆上桩护筒一般采用挖埋法,在黏性土中埋置深度不宜小于1m,砂性土中不宜小于2m。如护筒底土质较差时容易渗水坍塌,应挖深换土

一、实体项目　C 桥涵工程

对应图示	项目名称	编码/编号
工程量清单分类	表 C.1 桩基[泥浆护壁成孔灌注桩(护筒埋设)]	040301004
对应定额章节	第四册桥涵及护岸工程　第四章钻孔灌注桩	S4-4-
	1. 埋设拆除钢护筒(陆上、支架上)	S4-4-16～S4-4-21

表 C.1　桩基（项目编码：040301004）泥浆护壁成孔灌注桩（灌注桩混凝土及泥浆外运）

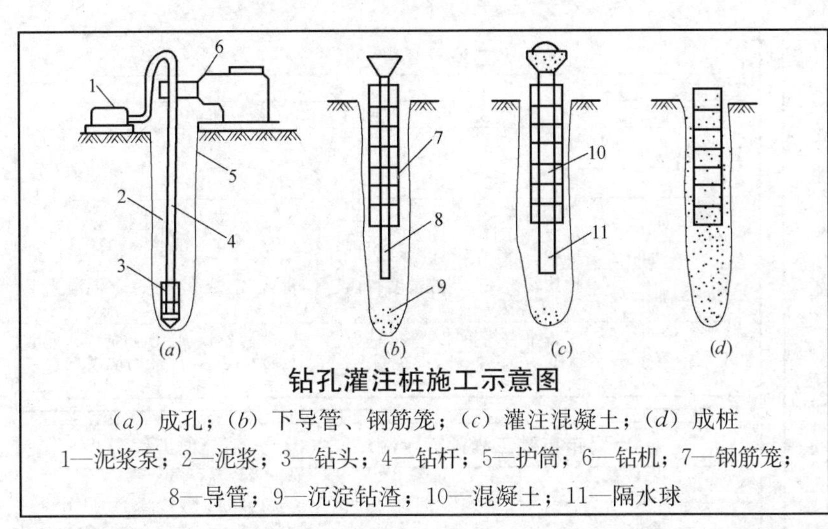

钻孔灌注桩施工示意图

(a) 成孔；(b) 下导管、钢筋笼；(c) 灌注混凝土；(d) 成桩

1—泥浆泵；2—泥浆；3—钻头；4—钻杆；5—护筒；6—钻机；7—钢筋笼；8—导管；9—沉淀钻渣；10—混凝土；11—隔水球

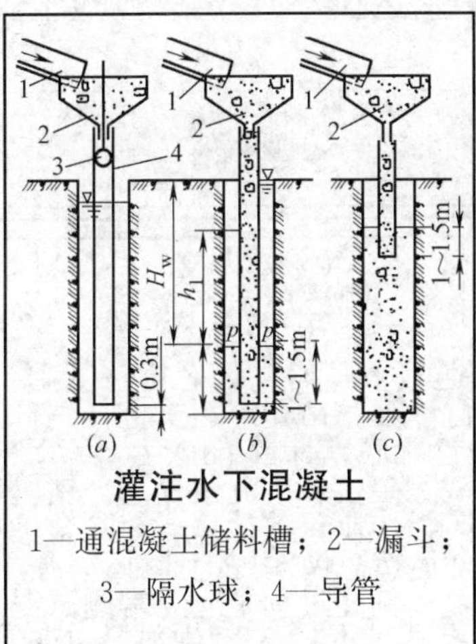

灌注水下混凝土

1—通混凝土储料槽；2—漏斗；3—隔水球；4—导管

泥浆外运，参考桥涵及护岸工程表 C.3 施工图图例导读［泥浆外运］计算方法，即同"灌注桩混凝土"成孔体积

混凝土搅拌输送外形示意图

（非泵送商品混凝土）

工程量清单"四统一"

项目编码	040301004
项目名称	泥浆护壁成孔灌注桩(灌注桩混凝土及泥浆外运)
计量单位	1. m 2. m^3 3. 根
工程量计算规则	1. 以米计量,按设计图示尺寸以桩长(包括桩尖)计算 2. 以立方米计算,按不同截面在桩长范围内以体积计算 3. 以根计量,按设计图示数量计算
项目特征	1. 地层情况 2. 空桩长度、桩长 3. 桩径 4. 成孔方法 5. 混凝土种类、强度等级
工程内容	1. 工作平台搭拆 2. 桩机移位 3. 护筒埋设 4. 成孔、固壁 5. 混凝土制作、运输、灌注、养护 6. 土方、废浆外运 7. 打桩场地硬化及泥浆池、泥浆沟

《上海市市政工程预算定额》(2000) 分部分项工程

子目编号	S4-4-16～S4-4-21、ZSM20-1-1
分部分项工程名称	灌注桩混凝土(混凝土、商品混凝土)
工作内容	详见该定额编号之"项目表"中"工作内容"的规定
计量单位	1. m 2. m^3
工程量计算规则	灌注混凝土定额中已考虑护孔因素,工程量按下列规定计算: (1)陆上灌注桩按设计桩长(设计桩顶至桩底)增加 0.25m 乘以设计桩截面面积以立方米计算。 (2)水上灌注桩按设计桩长增加 1.0m 乘以设计桩截面面积以立方米计算

一、实体项目　C 桥涵工程

对应图示	项目名称	编码/编号
工程量清单分类	表 C.1 桩基[泥浆护壁成孔灌注桩(灌注桩混凝土及泥浆外运)]	040301004
对应定额章节	第四册桥涵及护岸工程　第四章钻孔灌注桩	S4-4-
	3. 灌注桩混凝土(混凝土、商品混凝土)套用文字说明代码:1. 泥浆外运	S4-4-16～S4-4-21 ZSM20-1-1

表 C.1　桩基（项目编码：040301007）机械成孔灌注桩（回旋钻机钻孔、钻机的安拆）

机械成孔一般包括回旋钻机钻孔和冲击式钻机钻孔等。回旋钻机分正循环钻机和反循环钻机两种，分别适用于黏性土、粉砂及砂性土和砂加卵石、风化岩（但卵石的粒径不得超过钻杆内径的 2/3）等土质钻孔，是市政桥梁施工中常用的打桩机械。

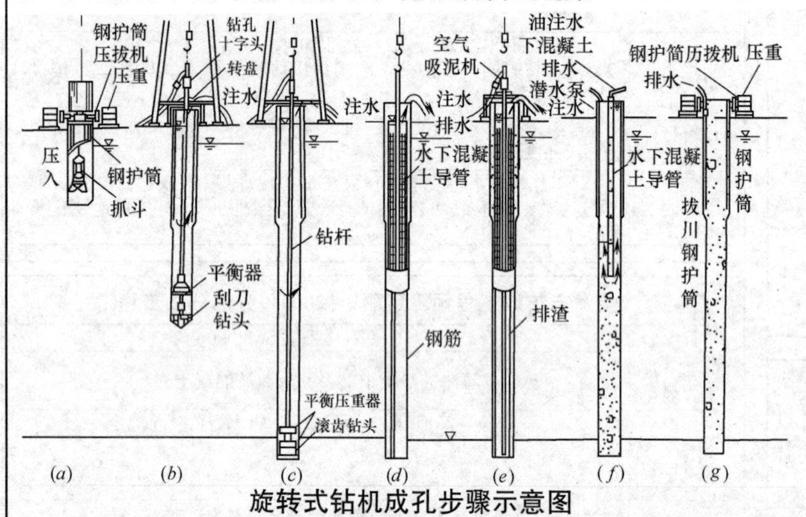

旋转式钻机成孔步骤示意图

(*a*) 埋入钢护筒；(*b*) 在覆盖层中钻进；(*c*) 在岩中钻进；(*d*) 安装钢筋及水下混凝土导管；(*e*) 清孔；(*f*) 灌注水下混凝土；(*g*) 拔出钢护筒

一、实体项目　C 桥涵工程

对应图示	项目名称	编码/编号
工程量清单分类	表 C.1 桩基[机械成孔灌注桩(回旋钻机钻孔、钻机的安拆)]	040301007
对应定额章节	第四册桥涵及护岸工程　第四章钻孔灌注桩 套用总说明第二十一条文字说明代码	S4-4- ZSM21-1-
	2. 回旋钻机钻孔 套用文字说明代码：1. 钻机的安装及拆除费	S4-4-11～S4-4-15 ZSM21-1-1

工程量清单“四统一”

项目编码	040301007
项目名称	机械成孔灌注桩(回旋钻机钻孔、钻机的安拆)
计量单位	1. m 2. m^3 3. 根
工程量计算规则	1. 以米计量，按设计图示尺寸以桩长(包括桩尖)计算 2. 以立方米计量，按不同截面在桩长范围内以体积计算 3. 以根计量，按设计图示数量计算
项目特征	1. 地层情况 2. 空桩长度、桩长 3. 桩径 4. 成孔方法 5. 混凝土种类、强度等级
工程内容	1. 工作平台搭拆 2. 桩机移位 3. 护筒埋设 4. 成孔、固壁 5. 混凝土制作、运输、灌注、养护 6. 土方、废浆外运 7. 打桩场地硬化及泥浆池、泥浆沟

《上海市市政工程预算定额》(2000) 分部分项工程

子目编号	S4-4-11～S4-4-15、ZSM21-1-1
分部分项工程名称	回旋钻机钻孔、钻机的安装及拆除费
工作内容	详见该定额编号之“项目表”中“工作内容”的规定
计量单位	1. m^3 2. 台
工程量计算规则	1. 深度 H，按原地面标高至设计标底 2. 定额未包括装拆钻机，定额未包括大型机构安拆(打桩机械除外)、场外运输

桩径划分为 5 档，即：Φ600 以内、Φ800 以内、Φ1000 以内、Φ1200 以内和 Φ1600 以内。本章定额适用于桩径 Φ1600 以内的钻孔灌注桩，遇桩径大于 Φ1600 时，应另行计算。

定额已综合取定土质类别，遇地下障碍物如老桥桩基础、嵌岩桩等特殊地质条件时，应另行计算。钻孔定额按桩径划分子目，深度 H 按原地面标高至设计标底，计量单位为立方米。

本章定额未包括装拆钻机、截除余桩和废泥浆处理。钻机的安拆及场外运输，可根据钻机实际作业台数计算。截除余桩可套用通用项目相应定额。泥浆外运按总说明规定计算。

钻孔应采用三班制连续作业，在钻孔过程中应经常测试泥浆的相对密度及黏度，注意保持孔内水位。定额中桩径 Φ600 以内采用 SPJ-300 型钻机，Φ600 以外采用 GPJ15 型钻机。

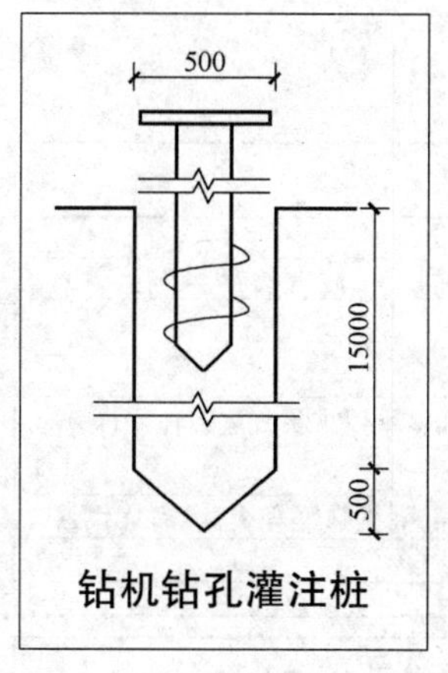

钻机钻孔灌注桩

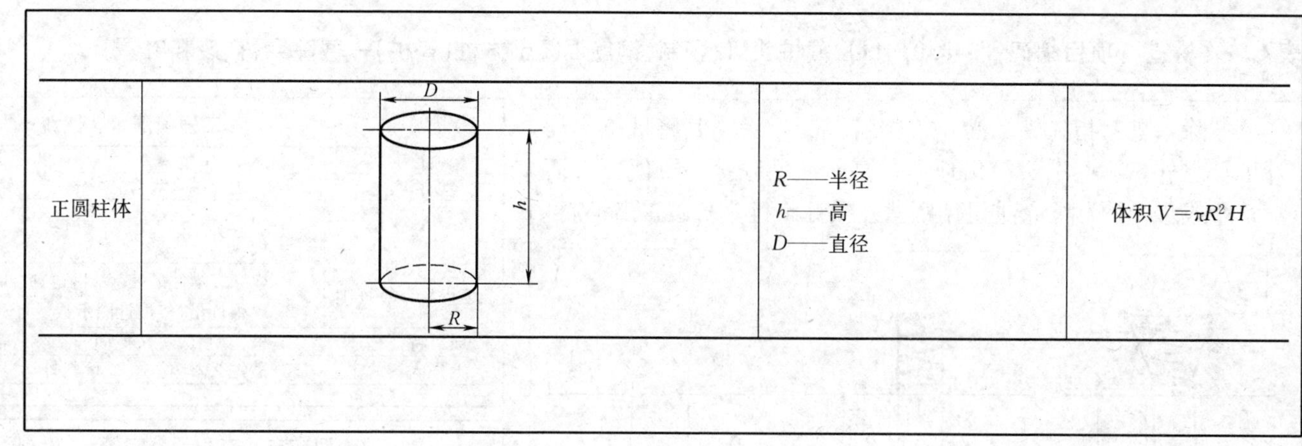

【解题分析】依题已知：

定额工程量计算规则：(1) 深度 H，按原地面标高至设计标底；(2) 定额未包括装拆钻机；(3) 泥浆外运，参考桥涵及护岸工程表 D. 3 施工图图例导读［泥浆外运］计算方法，即同“灌注桩混凝土”成孔体积。陆上灌注桩按设计桩长（设计桩顶至桩底）增加 0.25m 乘以设计桩截面面积以立方米计算。

1. 依据《工程量计算规则》第 4.4.1 条说明，回旋钻机钻孔体积 $V=\pi D^2/4\times H\times$ 根数 $\times N$ 个，深度 H 按原地面标高至设计桩底标高，$D=0.6$m，$H=4.31+19.42=23.73$m，$N=6$ 根 $\times 2$，$L=23.73$m/根 $\times$(6 根 $\times 2$)，$V=\pi\times 0.6^2\div 4\times 23.73\times(6\times 2)=80.50$m^3。

2. 依据《工程量计算规则》第 4.4.1 条，灌注水下混凝土体积 $V=\pi D^2/4\times H$/根 $\times$ 根数 $\times N$ 个，$H=$ 设计桩长 $L+0.25$m$=23.73+0.25=23.98$m/根。$D=0.6$m，$N=6$ 根 $\times 2$，$V=\pi\times 0.6^2\div 4\times 23.73\times(6\times 2)=81.36$m^3。

序号	编码/编号		项目名称		计量单位		算　量		计算结果		YYYYSL 算量模块说明
	国标项目	定额	分部分项	子目	国标	定额	算量公式	工程量计算表达式	工程量	数值差异	
1	040301007		机械成孔灌注桩		m						
1.1		S4-4-11		回旋钻机钻孔		m³			80.50		图或表或式
		ZSM21-1-1		钻机的安装及拆除费		台			1		

表 C.1　桩基（项目编码：040301011）截桩头（(预制)钢筋混凝土方桩(管桩)—截除余桩、废料弃置）

截除余桩：指在钻孔灌注桩浇筑混凝土后，其将桩浇至设计桩长之外，这些桩头露出地面过高，应截除掉，方便在上面浇筑梁或承台。截除余桩可用铁凿及铁锤将桩头打破露出钢筋。

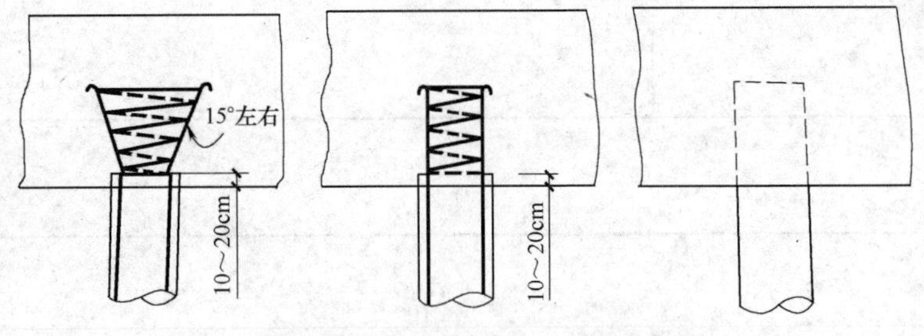

桩与承台或梁连接方式（截除余桩）

注：废料弃置，敬请参阅本“图释集”附录 G《上海市市政工程预算定额》（2000）总说明中第十九条（即文字代码 ZSM19-1-1）土方场外运输。

工程量清单“四统一”

项目编码	040301011
项目名称	截桩头((预制)钢筋混凝土方桩(管桩)—截除余桩、废料弃置)
计量单位	1. m^3 2. 根
工程量计算规则	1. 以立方米计量，按设计桩截面面积乘以桩头长度以体积计算 2. 以根计量，按设计图示数量计算
项目特征描述	1. 桩类型 2. 桩头截面、高度 3. 混凝土强度等级 4. 有无钢筋
工程内容规定	1. 截桩头 2. 凿平 3. 废料外运

《上海市市政工程预算定额》（2000）分部分项工程

子目编号	S1-3-36～S1-3-37、ZSM19-1-1
分部分项工程名称	拆除结构钢筋混凝土(截除余桩)
工作内容	详见该定额编号之“项目表”中“工作内容”的规定
计量单位	m^3
工程量计算规则	根据设计图纸需凿桩头的要素，参考桥涵及护岸工程表 C.3 施工图图例导读栏中[废(旧)料场外运输]计算方法

一、实体项目　C 桥涵工程

对应图示	项目名称	编码/编号
工程量清单分类	表 C.1 桩基[截桩头((预制)钢筋混凝土方桩(管桩)—截除余桩、废料弃置)]	040301011
分部工程项目、名称（所在《市政工程预算定额》册、章、节）	第一册通用项目　第三章翻挖拆除项目、套用总说明第十九条文字说明代码	S1-3-、 ZSM19-1-
	10. 拆除混凝土结构(拆除结构钢筋混凝土) 文字代码：1. 土方场外运输	S1-3-36～S1-3-37 ZSM19-1-1

表 C.1　桩基（项目编码：040301011）截桩头（机械成孔灌注桩—截除余桩、废料弃置）

截除余桩：指在钻孔灌注桩浇筑混凝土后，经过一段时间的硬化，等到其强度达到一定的程度，用铁钎等凿除工具将桩顶的钢筋混凝土凿除一部分，以在桩顶表面形成凸凹不平的粗糙面，使其与桩顶上部要浇筑的承台或梁的连接更加牢固，若桩顶的混凝土不凿除，则桩与承台或梁的连接会在桩顶处形成薄弱地带，会影响整个结构的承载力。

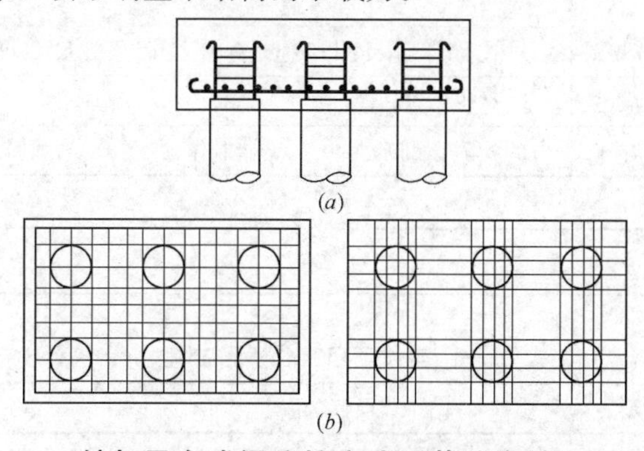

桩与承台或梁连接方式（截除余桩）

注：废料弃置，敬请参阅本“图释集”附录G《上海市市政工程预算定额》(2000)总说明中第十九条（即文字代码ZSM19-1-1）土方场外运输。

工程量清单“四统一”	
项目编码	040301011
项目名称	截桩头(机械成孔灌注桩—截除余桩、废料弃置)
计量单位	1. m^3 2. 根
工程量计算规则	1. 以立方米计量，按设计桩截面面积乘以桩头长度以体积计算 2. 以根计量，按设计图示数量计算
项目特征描述	1. 桩类型 2. 桩头截面、高度 3. 混凝土强度等级 4. 有无钢筋
工程内容规定	1. 截桩头 2. 凿平 3. 废料外运

《上海市市政工程预算定额》(2000)分部分项工程	
子目编号	S1-3-36～S1-3-37、ZSM19-1-1
分部分项工程名称	拆除结构钢筋混凝土(截除余桩)、土方场外运输
工作内容	详见该定额编号之“项目表”中“工作内容”的规定
计量单位	m^3
工程量计算规则	根据设计图纸需凿桩头的要素，参考桥涵及护岸工程表C.3施工图图例导读栏中[废(旧)料场外运输]计算方法

一、实体项目　C桥涵工程

对应图示	项目名称	编码/编号
工程量清单分类	表C.1桩基[截桩头(机械成孔灌注桩—截除余桩、废料弃置)]	040301011
分部工程项目、名称（所在《市政工程预算定额》册、章、节）	第一册通用项目　第三章　翻挖拆除项目、套用总说明第十九条文字说明代码	S1-3-、ZSM19-1-
	10. 拆除混凝土结构(拆除结构钢筋混凝土)	S1-3-36～S1-3-37
	文字代码：1. 土方场外运输	ZSM19-1-1

表 C.1　桩基（项目编码：040301012）声测管

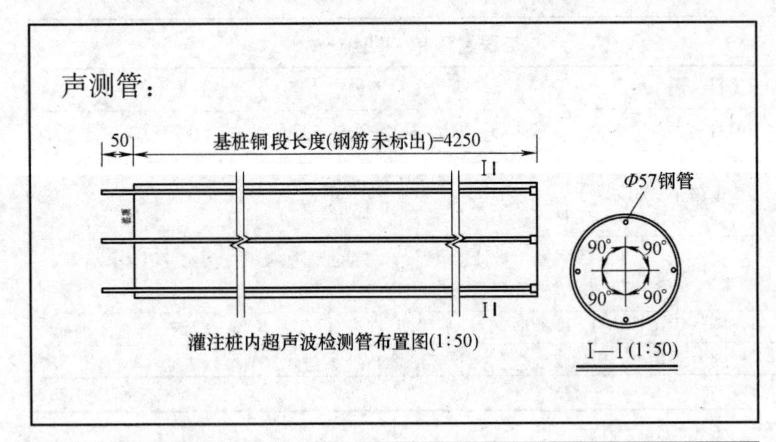

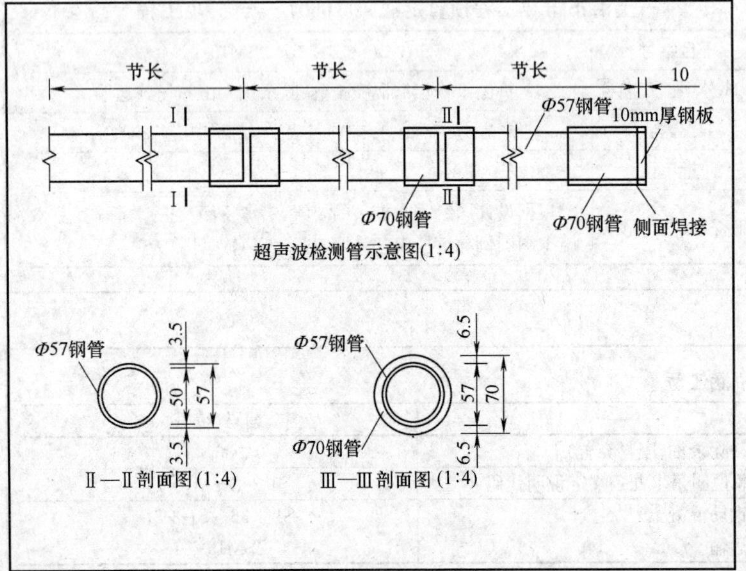

工程量清单"四统一"

项目编码	040301012
项目名称	声测管
计量单位	1. t 2. m
工程量计算规则	1. 按设计图示尺寸以质量计算 2. 按设计图示尺寸以长度计算
项目特征描述	1. 材质 2. 规格型号
工程内容	1. 检测管截断、封头 2. 套管制作、焊接 3. 定位、固定

一、实体项目　C 桥涵工程

对应图示	项目名称	编码/编号
工程量清单分类	表 C.1 桩基(声测管)	040301012
分部工程项目、名称(所在《市政工程预算定额》册、章、节)	第四册桥涵及护岸工程　第一章　临时工程、第三章打桩工程	S4-1-、S4-3-

表 C.2　基坑与边坡支护（项目编码：040302002）预制钢筋混凝土板桩

1. 预制混凝土板柱立面布置图：

2. 预制混凝土板桩纵断面布置图：

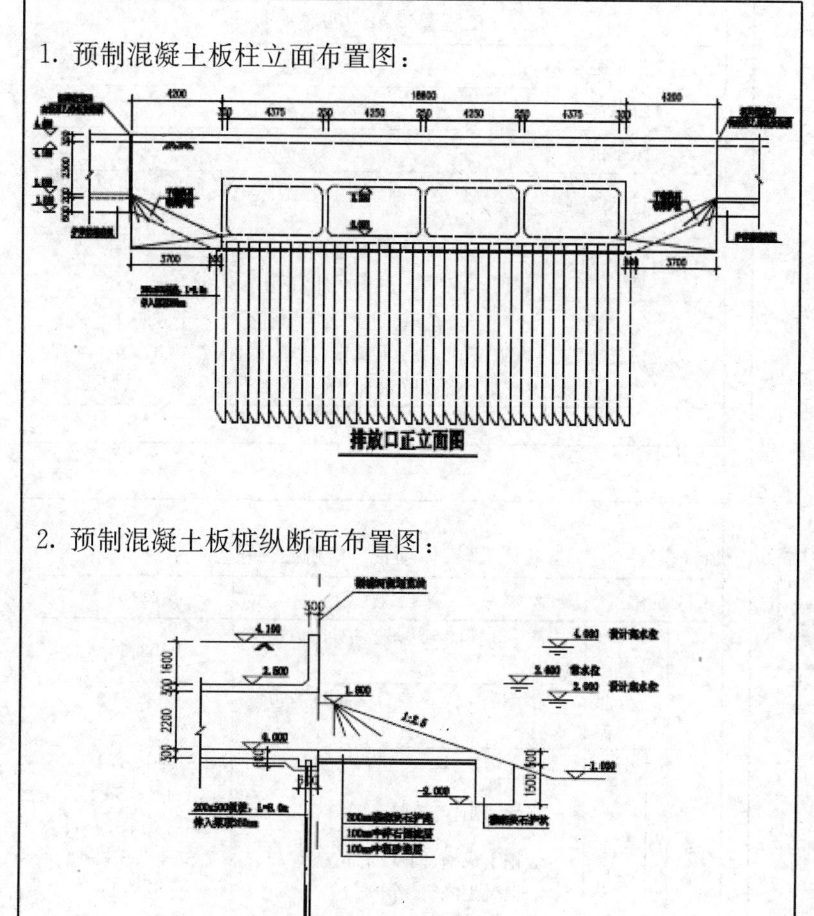

工程量清单"四统一"

项目编码	040302002
项目名称	预制钢筋混凝土板桩
计量单位	1. m 2. 根
工程量计算规则	1. 以米计量，按设计图示尺寸以桩长（包括桩尖）计算 2. 以根计量，按设计图示数量计算
项目特征描述	1. 地层情况 2. 送桩深度、桩长 3. 桩截面 4. 混凝土强度等级
工程内容规定	1. 工作平台搭拆 2. 桩就位 3. 桩机移位 4. 沉桩 5. 接桩 6. 送桩

一、实体项目　C 桥涵工程

对应图示		项目名称	编码/编号
工程量清单分类		表 C.2 基坑与边坡支护（预制钢筋混凝土板桩）	040302002
定额章节	分部工程	附录桥涵工程 表 C.2 基坑与边坡支护	S4
	分项子目	1. 工作平台搭拆（陆上、水上） 2. 预制桩场内运输 3. 打钢筋混凝土板桩（陆上、水上、船上） 4. 接桩、送桩	S4-1-1～S4-1-8 S4-3-8～S4-3-16

表 C.2　基坑与边坡支护（项目编码：040302003）地下连续墙

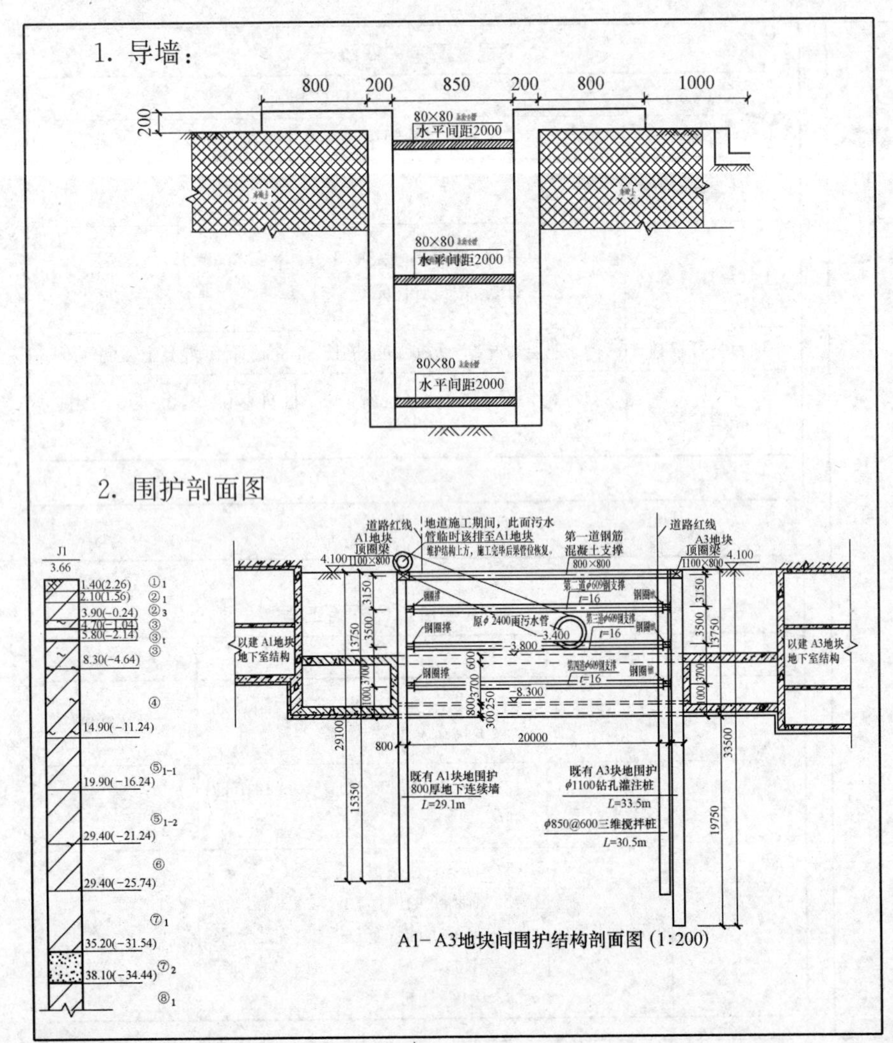

A1-A3地块间围护结构剖面图（1:200）

工程量清单“四统一”	
项目编码	040302003
项目名称	地下连续墙
计量单位	m^3
工程量计算规则	按设计图示墙中心线长乘以厚度乘以槽深，以体积计算
项目特征描述	1. 地层情况 2. 导墙类型、截面 3. 墙体厚度 4. 成槽深度 5. 混凝土种类、强度等级 6. 接头形式
工程内容规定	1. 导墙挖填、制作、安装、拆除 2. 挖土成槽、固壁、清底置换 3. 混凝土制作、运输、灌注、养护 4. 接头处理 5. 土方、废浆外运 6. 打桩场地硬化及泥浆池、泥浆沟

一、实体项目　C 桥涵工程

对应图示		项目名称	编码/编号
工程量清单分类		表 C.2 基坑与边坡支护（地下连续墙）	040302003
定额章节	分部工程	附录桥涵工程 表 C.2 基坑与边坡支护	S7
	分项子目	1. 导墙挖、填	S7-4-1、S6-1-10
		2. 导墙制作、拆除	S7-4-2～S7-4-4、S1-3-37、S1-6-11
		3. 挖土成槽、固壁、清底置换	S7-4-6、S7-4-13
		4. 混凝土浇筑、养护	S7-4-14
		5. 接头处理	S7-4-15
		6. 土方、废浆外运	ZSM 20-1-1

地下连续墙施工工艺：

在挖基槽前先做保护基槽上口的导墙，用泥浆护壁，按设计的墙宽与深分段挖槽，放置钢筋骨架，用导管灌注混凝土置换出护壁泥浆，形成一段钢筋混凝土墙。逐段连续施工成为连续墙。施工主要工艺为导墙、泥浆护壁、成槽施工、水下灌注混凝土、墙段接头处理等。

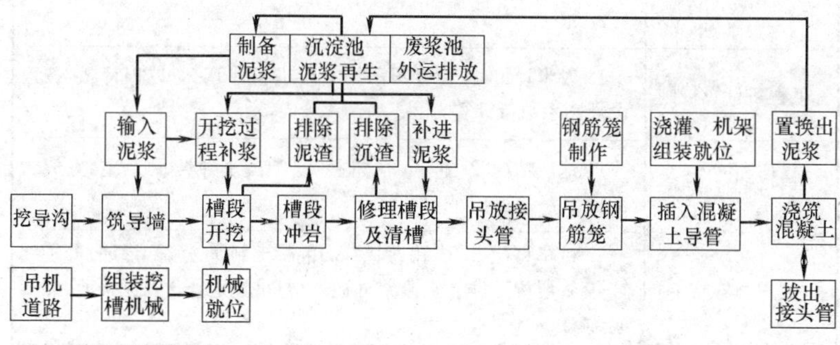

（1）导墙

导墙通常为就地灌注的钢筋混凝土结构。主要作用是：保证地下连续墙设计的几何尺寸和形状；存蓄部分泥浆，保证成槽施工时液面稳定；承受挖槽机械的荷载，保护槽口土壁不破坏，并作为安装钢筋骨架的基准。导墙多呈倒"L"形，深度一般为1.2～1.5m。墙顶高出地面10～15cm，以防地表水流入而影响泥浆质量。导墙底不能设在松散的土层或地下水位波动的部位。内墙面应垂直，内外导墙墙面间距为地下墙设计厚度加施工余量(40～60mm)，导墙顶面应水平。

（2）泥浆护壁

通过泥浆对槽壁施加压力以保护挖成的深槽形状不变，灌注混凝土把泥浆置换出来。泥浆材料通常由膨润土、水、化学处理剂和一些惰性物质组成。泥浆的作用是在槽壁上形成不透水的泥皮，从而使泥浆的静水压力有效地作用在槽壁上，防止地下水的渗水和槽壁的剥落，保持壁面的稳定，同时泥浆还有悬浮土渣和将土渣携带出地面的功能。

在砂砾层中成槽时可采用木屑、蛭石等挤塞剂防止漏浆。泥浆使用方法分静止式和循环式两种。泥浆在循环式使用时，应用振动筛、旋流器等净化装置。在指标恶化后要考虑采用化学方法处理或废弃旧浆，换用新浆。

（3）成槽施工

中国使用的成槽专用机械有：旋转切削多头钻、导板抓斗、冲击钻等。施工时应视地质条件和筑墙深度选用。一般土质较软、深度在15m左右时，可选用普通导板抓斗；对密实的砂层或含砾土层可选用多头钻或加重型液压导板抓斗；在含有大颗粒卵砾石或岩基中成槽，以选用冲击钻为宜。槽段的单元长度一般为6～8m，通常结合土质情况、钢筋骨架重量及结构尺寸、划分段落等确定。成槽后需静置4h，并使槽内泥浆比重小于1.3。

（4）水下灌注混凝土

采用导管法按水下混凝土灌注法进行，但在用导管开始灌注混凝土前为防止泥浆混入混凝土，可在导管内吊放一管塞，依靠灌入的混凝土压力将管内泥浆挤出。混凝土要连续灌注并测量混凝土灌注量及上升高度。所溢出的泥浆送回泥浆沉淀池。

（5）墙段接头处理

地下连续墙是由许多墙段拼组而成的，为保持墙段之间连续施工，接头采用锁口管工艺，即在灌注槽段混凝土前，在槽段的端部预插一根直径和槽宽相等的钢管，即锁口管，待混凝土初凝后将钢管徐徐拔出，使端部形成半凹榫状接头。也有根据墙体结构受力需要而设置刚性接头的，以使先后两个墙段连成整体。

表 C.2　基坑与边坡支护（项目编码：040302004）咬合灌注桩

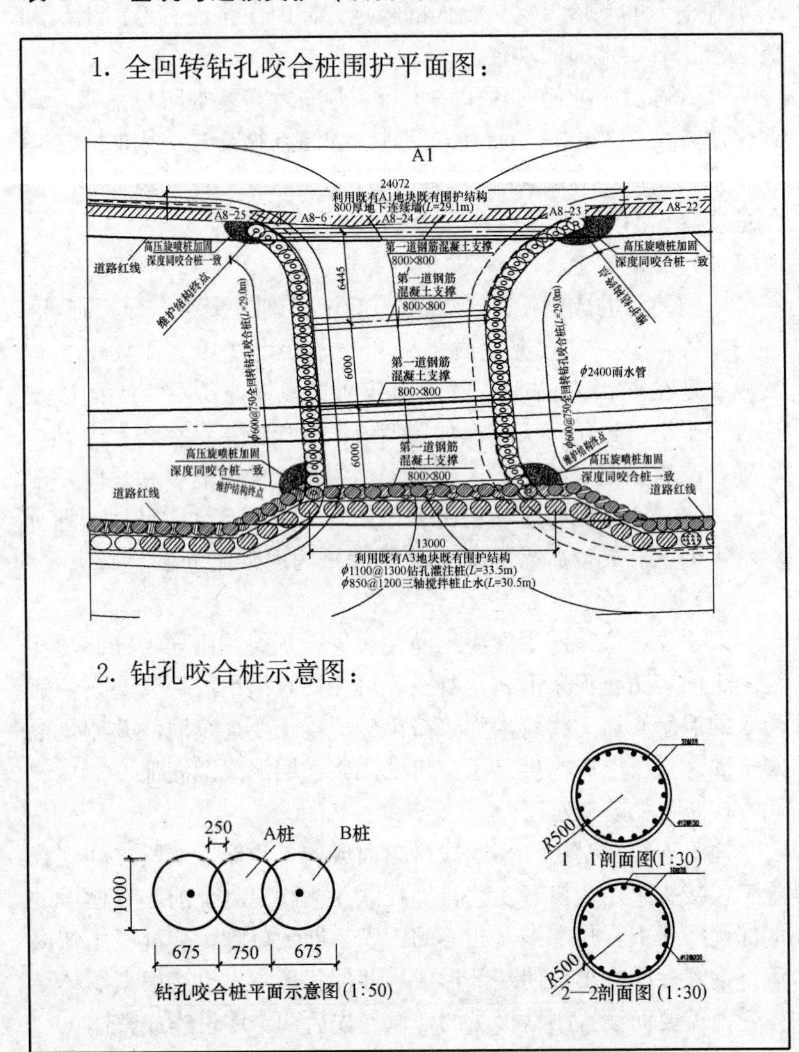

工程量清单"四统一"	
项目编码	040302004
项目名称	咬合灌注桩
计量单位	1. m 2. 根
工程量计算规则	1. 以米计量，按设计图示尺寸以桩长计算 2. 以根计量，按设计图示数量计算
项目特征描述	1. 地层情况 2. 桩长 3. 桩径 4. 混凝土种类、强度等级 5. 部位
工程内容规定	1. 桩机移位 2. 成孔、固壁 3. 混凝土制作、运输、灌注、养护 4. 套管压拔 5. 土方、废浆外运 6. 打桩场地硬化及泥浆池、泥浆沟

一、实体项目　C 桥涵工程

对应图示		项目名称	编码/编号
工程量清单分类		表 C.2 基坑与边坡支护（咬合灌注桩）	040302004
定额章节	分部工程	附录桥涵工程 表 C.2 基坑与边坡支护	S4
	分项子目	1. 埋设钢护筒 2. 钻孔、固壁 3. 混凝土浇筑、养护 4. 套管压拔 5. 土方、废浆外运	ZSM20-1-1

表 C.2　基坑与边坡支护（项目编码：040302005）型钢水泥土搅拌墙

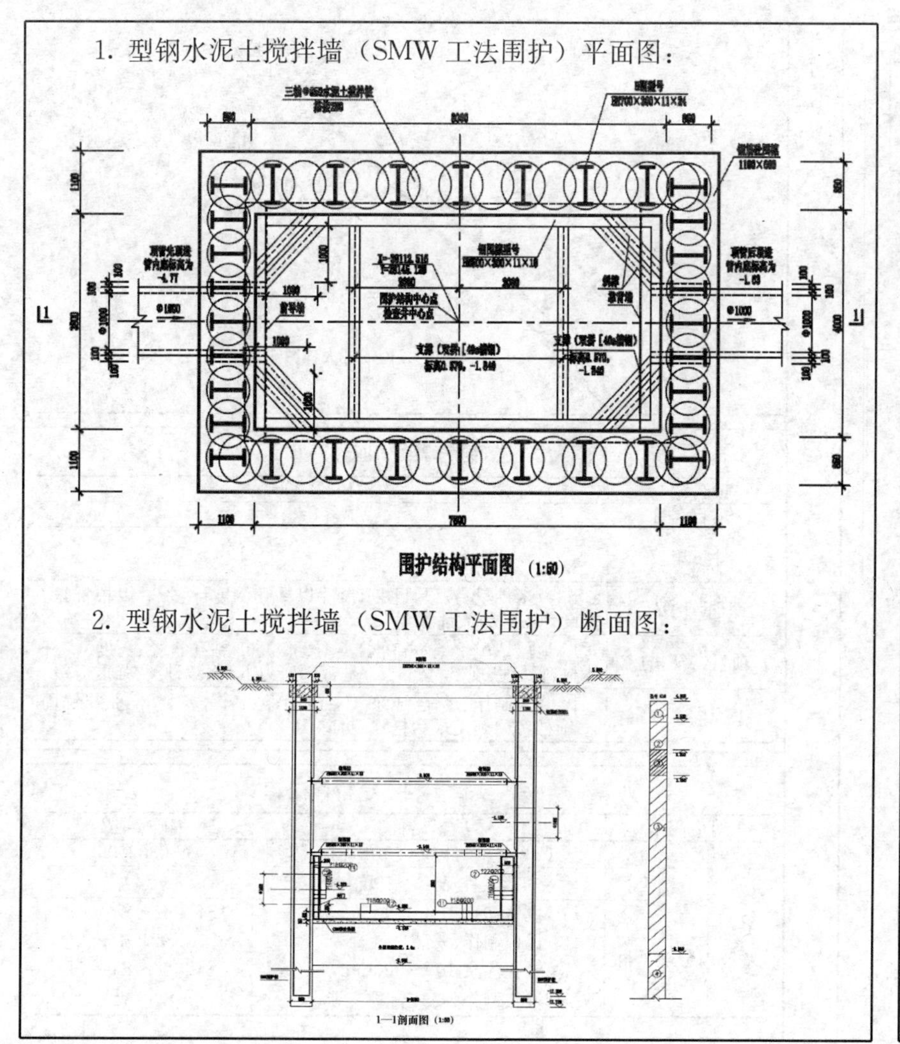

1. 型钢水泥土搅拌墙（SMW 工法围护）平面图：
2. 型钢水泥土搅拌墙（SMW 工法围护）断面图：

围护结构平面图 (1:50)

1—1剖面图 (1:50)

工程量清单“四统一”

项目编码	040302005
项目名称	型钢水泥土搅拌墙
计量单位	m^3
工程量计算规则	按设计图示尺寸以体积计算
项目特征描述	1. 深度 2. 桩径 3. 水泥掺量 4. 型钢材质、规格 5. 是否拔出
工程内容规定	1. 钻机移位 2. 钻进 3. 浆液制作、运输、压浆 4. 搅拌、成桩 5. 型钢插拔 6. 土方、废浆外运

一、实体项目　C 桥涵工程

对应图示		项目名称	编码/编号
工程量清单分类		表 C.2 基坑与边坡支护(型钢水泥土搅拌墙)	040302005
定额章节	分部工程	附录桥涵工程 表 C.2 基坑与边坡支护	S4
	分项子目	1. SMW 工法搅拌桩 一喷一搅	S1-6-17
		2. SMW 工法搅拌桩 插拔型钢	S1-6-18
		3. H 型钢使用费	CSM5-1-3、CSM5-1-4
		4. 土方、废浆外运	ZSM20-1-1

表 C.2　基坑与边坡支护（项目编码：040302006）锚杆（索）

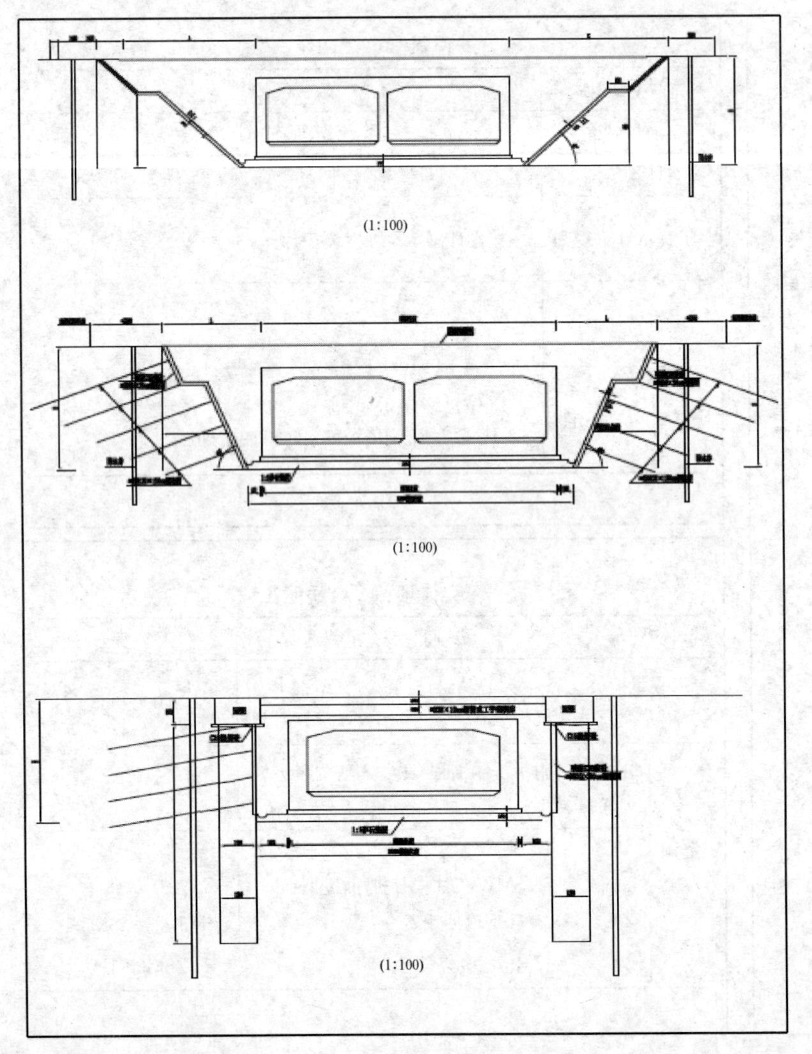
(1:100)

(1:100)

(1:100)

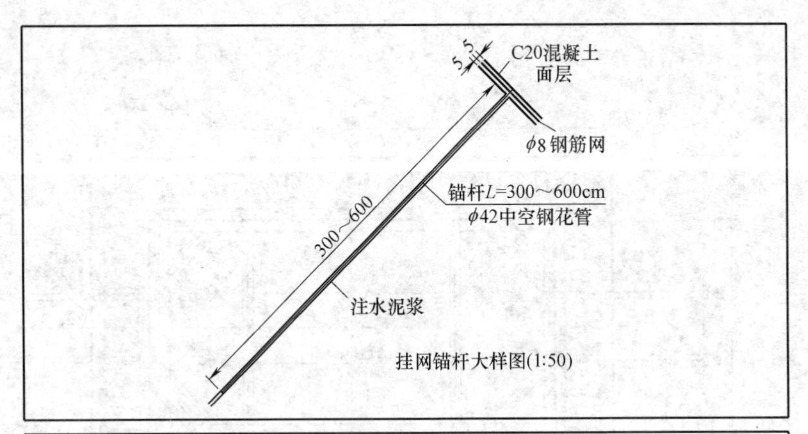

挂网锚杆大样图(1:50)

工程量清单“四统一”

项目编码	040302006
项目名称	锚杆(索)
计量单位	1. m 2. 根
工程量计算规则	1. 以米计量，按设计图示尺寸以钻孔深度计算 2. 以根计量，按设计图示数量计算
项目特征描述	1. 地层情况 2. 锚杆(索)类型、部位 3. 钻孔直径、深度 4. 杆体材料品种、规格、数量 5. 是否预应力 6. 浆液种类、强度等级
工程内容规定	1. 浆液制作、运输、压浆 2. 锚杆(索)制作、安装 3. 张拉锚固 4. 锚杆(索)施工平台搭设、拆除

一、实体项目　C 桥涵工程

对应图示		项目名称	编码/编号
工程量清单分类		表 C.2 基坑与边坡支护[锚杆(索)]	040302006
定额章节	分部工程	附录桥涵工程 表 C.2 基坑与边坡支护	S4
	分项子目	1. 机械钻孔 100～300mm 2. 锚杆制作、安装 3. 锚孔注浆 100～300mm 4. 锚头制作、安装、张拉、锁定	S4-2-62～S4-2-66 S4-2-67 S4-2-68～S4-2-71 S4-2-72

表 C.2　基坑与边坡支护（项目编码：040302007）土钉

1. 土钉：

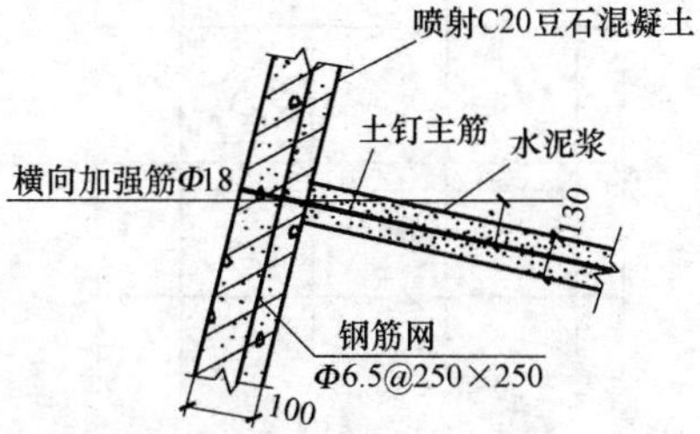

2. 土钉的作用：

土钉是用来加固或同时锚固现场原位土体的细长杆件。通常采取土中钻孔置入变形钢筋，即带肋钢筋，并沿孔全长注浆的方法做成土钉。依靠与土体之间的界面黏结力或摩擦力在土体发生变形的条件下被动受力并主要承受拉力作用。土钉也可用钢管角钢等作为钉体，采用直接击入的方法置入土中。

3. 土钉与锚杆的区别：

从表面上看土钉与锚杆有类似之处，但二者有着不同的工作机理。锚杆沿全长分为自由段和锚固段，在挡土结构中，锚杆作为桩、墙等挡土构件的支点，将作用于桩、墙上的侧向土压力通过自由段、锚固段传递到深部土体上。除锚固段外，锚杆在自由段长度上受到同样大小的拉力；但是土钉所受的拉力沿其整个长度都是变化的，一般是中间大，两头小，土钉支护中的喷混凝土面层不属于主要挡土部件，在土体自重作用下，它的主要作用只是稳定开挖面上的局部土体，防止其崩络和受到侵蚀。土钉支护是以土钉及其周围加固了的土体一起作为挡土结构，类似重力式挡土墙。另外，锚杆一般都在设置时预加拉应力，给土体以主动约束；而土钉一般不加预应力，土钉只有在土体发生变形以后才能使它被动受力，土钉对土体的约束需要以土体的变形作为补偿，所以不能认为土钉那样的筋体具有约束机制。其次，锚杆的设置数量通常有限，而土钉则排列较密，在施工精度和质量要求上都没有锚杆那样严格。当然锚杆中也有不加预应力并沿通长注浆和土体黏结的特例，在特定的布置情况下，也应过渡到土钉上了。

工程量清单“四统一”

项目编码	040302007
项目名称	土钉
计量单位	1. m 2. 根
工程量计算规则	1. 以米计量，按设计图示尺寸以钻孔深度计算 2. 以根计算，按设计图示数量计算
项目特征描述	1. 地层情况 2. 锚杆(索)类型、部位 3. 钻孔直径、深度 4. 杆体材料品种、规格、数量 5. 是否预应力 6. 浆液种类、强度等级
工程内容规定	1. 浆液制作、运输、压浆 2. 锚杆(索)制作、安装 3. 张拉锚固 4. 锚杆(索)施工平台搭设、拆除

一、实体项目　C 桥涵工程

对应图示		项目名称	编码/编号
工程量清单分类		表 C.2 基坑与边坡支护(土钉)	040302007
定额章节	分部工程	附录桥涵工程 表 C.2 基坑与边坡支护	S4
	分项子目	1. 机构钻孔 100～300 孔 mm　人 2-62～66 2. 锚杆制作、安装　人 2-67 3. 锚孔注浆 100～300 孔径 mm　人 2-68～71 4. 锚头 制作、安装、张拉、锁定　人 2-72	S

表 C.2 基坑与边坡支护（项目编码：040302008）喷射混凝土

工程量清单“四统一”

项目编码	040302008
项目名称	喷射混凝土
计量单位	m^2
工程量计算规则	按设计图示尺寸以面积计算
项目特征描述	1. 部位 2. 厚度 3. 材料种类 4. 混凝土类别、强度等级
工程内容规定	1. 修整边坡 2. 混凝土制作、运输、喷射、养护 2. 钻排水孔、安装排水管 4. 喷射施工平台搭设、拆除

一、实体项目　C 桥涵工程

对应图示		项目名称	编码/编号
工程量清单分类		表 C.2 基坑与边坡支护(喷射混凝土)	040302008
定额章节	分部工程	附录桥涵工程 表 C.2 基坑与边坡支护	S4
	分项子目	1. 喷射混凝土	S4-14-170～S4-14-173

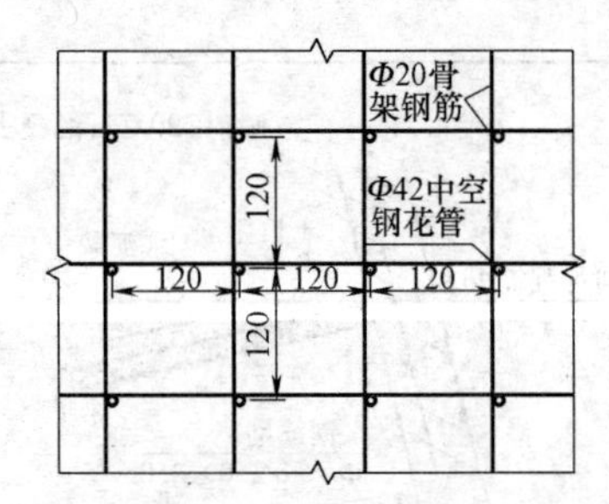

锚喷支护坡面布置大样图 (1:100)

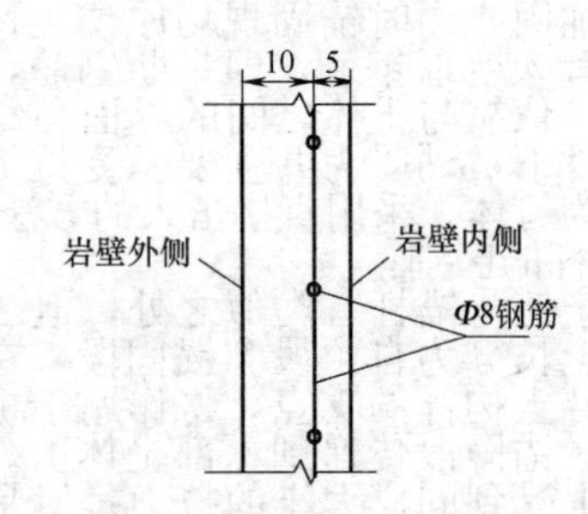

锚喷支护端面布置大样图 (1:10)

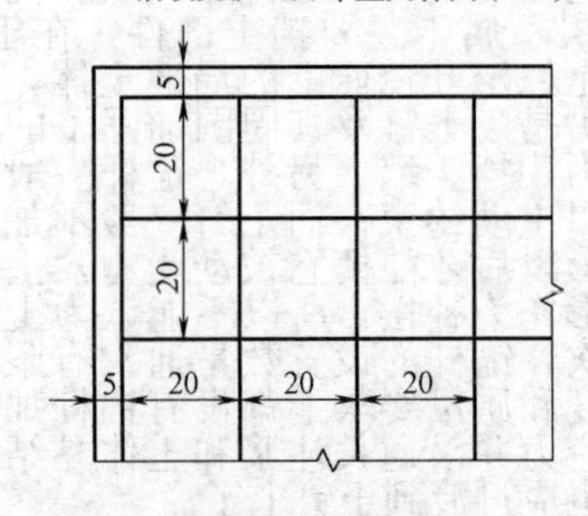

Φ8钢筋网大样图(1:10)

表 C.3　现浇混凝土构件（项目编码：040303001）混凝土垫层

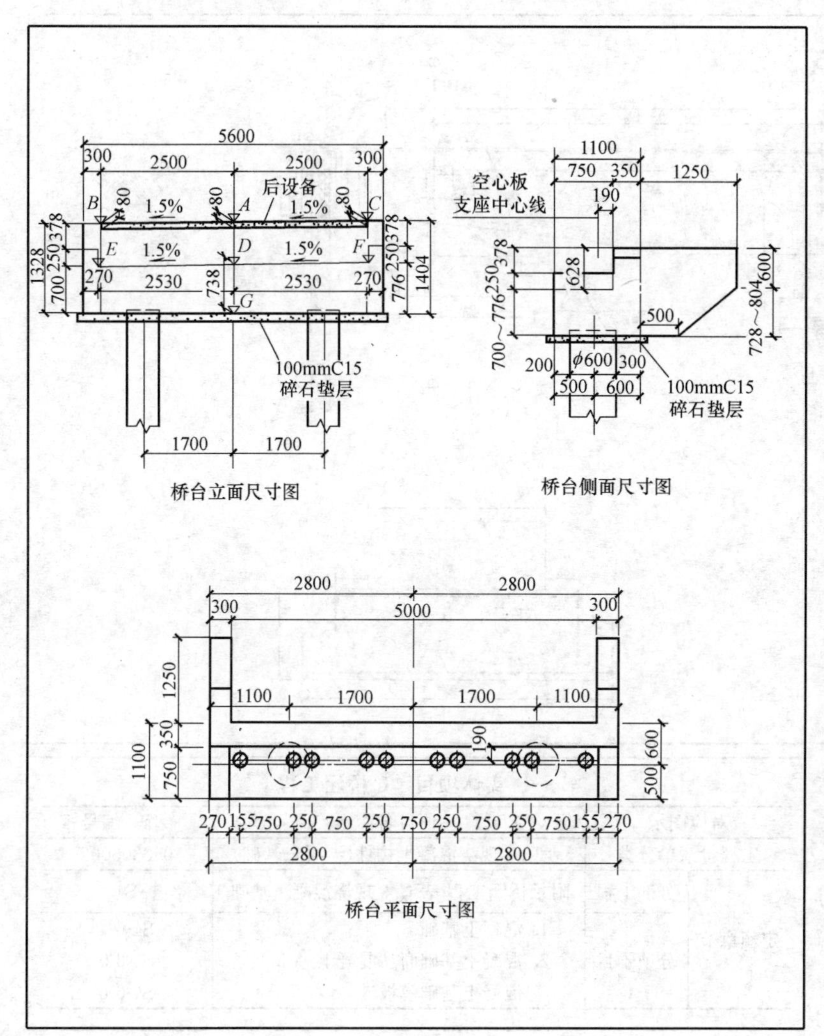

桥台立面尺寸图

桥台侧面尺寸图

桥台平面尺寸图

工程量清单“四统一”

项目编码	040303001
项目名称	混凝土垫层
计量单位	m^3
工程量计算规则	按设计图示尺寸以体积计算
项目特征描述	混凝土强度等级
工程内容规定	1. 模板制作、安装、拆除 2. 混凝土拌合、运输、浇筑 3. 养护

一、实体项目　C 桥涵工程

对应图示		项目名称	编码/编号
工程量清单分类		表 C.3 现浇混凝土构件（混凝土垫层）	040303001
定额章节	分部工程	附录桥涵工程 表 C.3 现浇混凝土基础	S4
	分项子目	1. 碎石垫层	S4-6-1
		2. 混凝土基础	S4-6-2
		3. 基础嵌石混凝土	S4-6-3

表 C.3　现浇混凝土构件（项目编码：040303002）混凝土基础

1. 桥梁立面图：

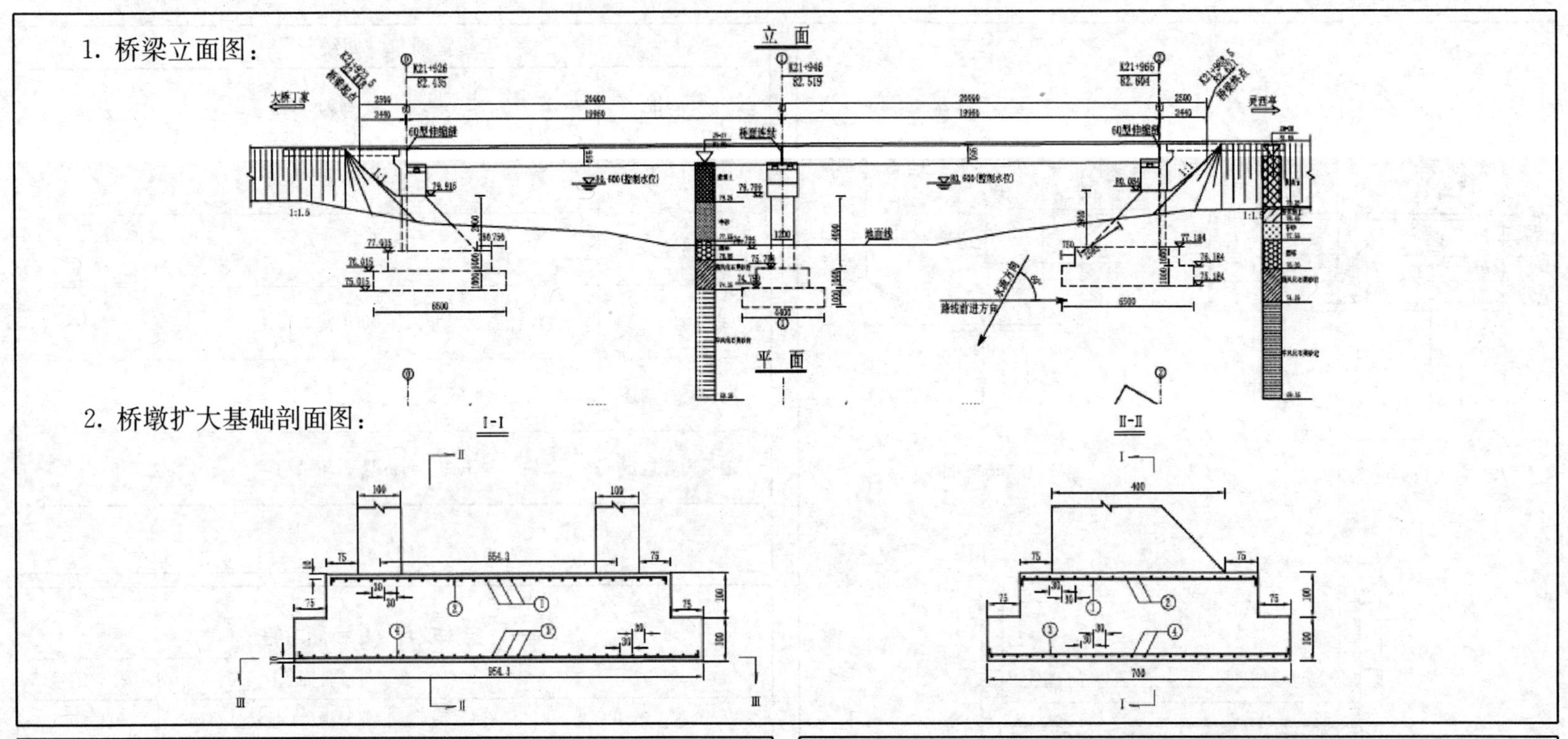

工程量清单“四统一”	
项目编码	040303002
项目名称	混凝土基础
计量单位	m^3
工程量计算规则	按设计图示尺寸以体积计算
项目特征描述	混凝土强度等级
工程内容规定	1. 模板制作、安装、拆除 2. 混凝土拌合、运输、浇筑 3. 养护

一、实体项目　C 桥涵工程

对应图示		项目名称	编码/编号
工程量清单分类		表 C.3 现浇混凝土构件(混凝土基础)	040303002
定额章节	分部工程	附录桥涵工程 表 C.3 现浇混凝土基础	S4
	分项子目	1. 混凝土基础	S4-6-4
		2. 混凝土基础商品混凝土	S4-6-5
		3. 混凝土基础模板	S4-6-6

表 C.3　现浇混凝土构件（项目编码：040303003）混凝土承台浇筑

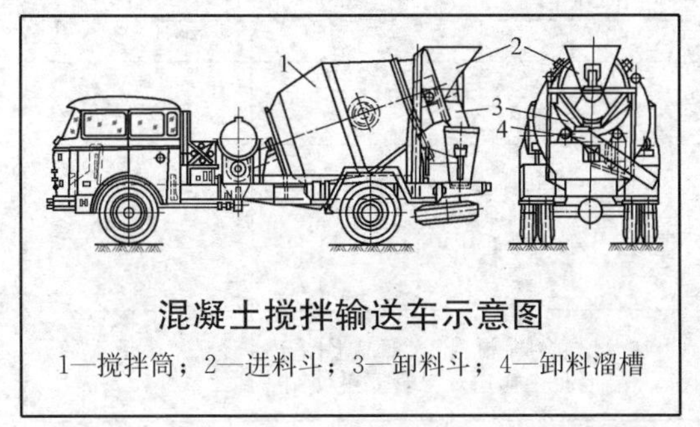

混凝土搅拌输送车示意图

1—搅拌筒；2—进料斗；3—卸料斗；4—卸料溜槽

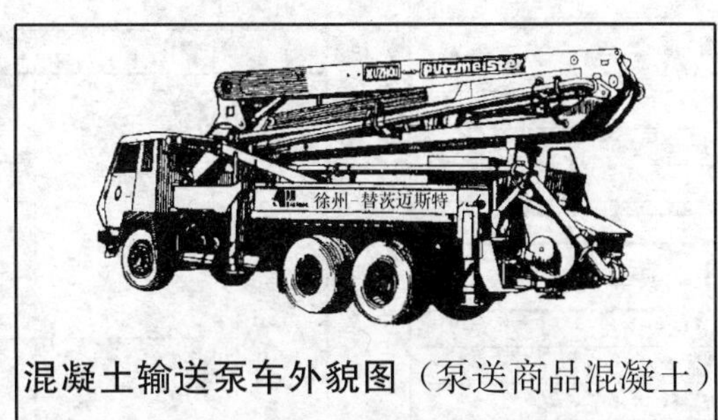

混凝土输送泵车外貌图（泵送商品混凝土）

工程量清单“四统一”

项目编码	040303003
项目名称	混凝土承台浇筑
计量单位	m^3
工程量计算规则	按设计图示尺寸以体积计算
项目特征描述	混凝土强度等级
工程内容规定	1. 模板制作、安装、拆除 2. 混凝土拌合、运输、浇筑 3. 养护

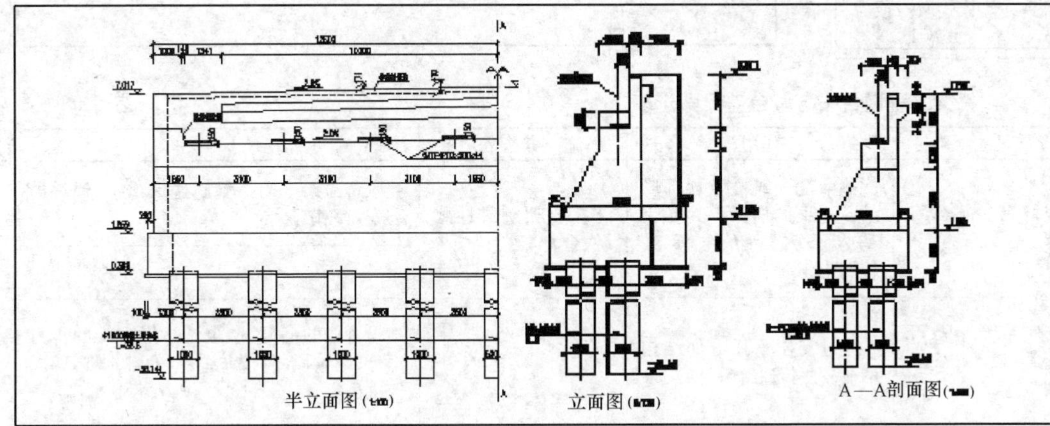

半立面图　立面图　A—A剖面图

《上海市市政工程预算定额》(2000) 分部分项工程

子目编号	S4-6-8～S4-6-9、S1-1-30～S1-1-35
分部分项工程名称	承台(现浇混凝土、泵送商品混凝土)
工作内容	详见该定额编号六“项目表”中“工作内容”的规定
计量单位	m^3
工程量计算规则	承台等按不在水中操作编制，如需赶潮施工可按册说明计算。水下施工需潜水员配合时另行计算

一、实体项目 C 桥涵工程

对应图示		项目名称	编码/编号
工程量清单分类		表 C.3 现浇混凝土构件(混凝土承台浇筑)	040303003
定额章节	分部工程	第四册桥涵及护岸工程 第六章现浇混凝土工程 第一册通用项目 第一章一般项目	S4-6- S1-1-
	分项子目	2. 承台(现浇混凝土、泵送商品混凝土) 13. 商品混凝土输送及泵管安拆使用	S4-6-8～S4-6-9 S1-1-30～S1-1-35

工程量清单“四统一”	
项目编码	040303004
项目名称	混凝土墩(台)帽
计量单位	m^3
工程量计算规则	按设计图示尺寸以体积计算
项目特征描述	1. 部位 2. 混凝土强度等级、石料最大粒径
工程内容规定	1. 混凝土浇筑 2. 养护

《上海市市政工程预算定额》(2000)分部分项工程	
子目编号	S4-6-8～S4-6-9、S1-1-30～S1-1-35
分部分项工程名称	墩台帽(现浇混凝土、泵送商品混凝土)
工作内容	详见该定额编号“项目表”中“工作内容”的规定
计量单位	m^3
工程量计算规则	墩台帽与墩台盖梁的区别:墩台帽是在实体式墩身或台身上施工,墩台盖梁是在排架桩或柱式墩台身上施工

一、实体项目 C 桥涵工程			
对应图示		项目名称	编码/编号
工程量清单分类		表 C.3 现浇混凝土构件 [混凝土墩(台)帽]	040303004
定额章节	分部工程	第四册桥涵及护岸工程 第六章现浇混凝土工程 第一册通用项目 第一章一般项目	S4-6- S1-1
	分项子目	5. 墩台帽(墩、台帽-混凝土、商品混凝土) 13. 商品混凝土输送及泵管安拆使用	S4-6-27～S4-6-28 S4-6-30～S4-6-31 S1-1-30～S1-1-35

桥梁工程墩台帽与墩台盖梁甄选表 **表 C-08**

类别	名称	安放位置	识别	外形与尺寸	作用	施工方法区别	备注
墩、台盖梁	墩盖梁	放在墩身顶部	前者为挑	一般相同,都为槽形或T形梁	盖梁是柱式桥墩顶部联结各柱顶的横梁。其作用是支承、分布和传递上部结构的荷载	在排架桩或柱式墩、台身上施工	墩台盖梁中的盖梁制作成槽形,通过吊装安放在墩台上
	台盖梁	放在桥台上					
墩、台帽	墩帽	位于墩身以上、支座以下	后者为戴	取决于支座布置情况;可采用钢筋混凝土悬臂式和托盘式墩帽	通过支座承托上部结构的荷载并传递给墩身	在实体式墩、台身上施工	是桥墩的一部分,也是桥墩顶端的传力部分;墩帽顶部常做成一定的排水坡,四周应挑出墩身约5～10cm作为滴水(檐口)
	台帽	位于墩身以上、支座以下,另一侧砌筑背墙		台帽的构造和尺寸要求与相应的桥墩墩帽有许多共同之处	台帽是桥台前墙顶部出檐的部分		台帽顶面只设单排支座,在另一侧则要砌筑挡住路堤填土的矮墙或称背墙

注:1. 墩、台盖梁是指在排架桩或柱式桥墩(台)上的构筑物,请参阅《市政工程工程量清单“算量”手册》中图4-22“桥墩盖梁立面图、左视图”及图4-23“桥台盖梁立面图、剖视图”;

2. 墩、台帽是指实体式(重力式)墩(台)身上的构筑物,请参阅《市政工程工程量清单“算量”手册》中图4-18“重力式桥墩示意图”、图4-6“梁桥桩(柱)式桥墩示意图”及图4-21“墩帽构造示意图”;

3. 墩、台帽是考虑在实体式墩身或台身上进行施工,因此定额未包括底模费用。台帽定额中已包括耳墙在内,如发生台帽中有耳墙部分,应套用台帽定额(台帽或台盖梁上有耳墙时,耳墙并入台帽或台盖梁计算)。

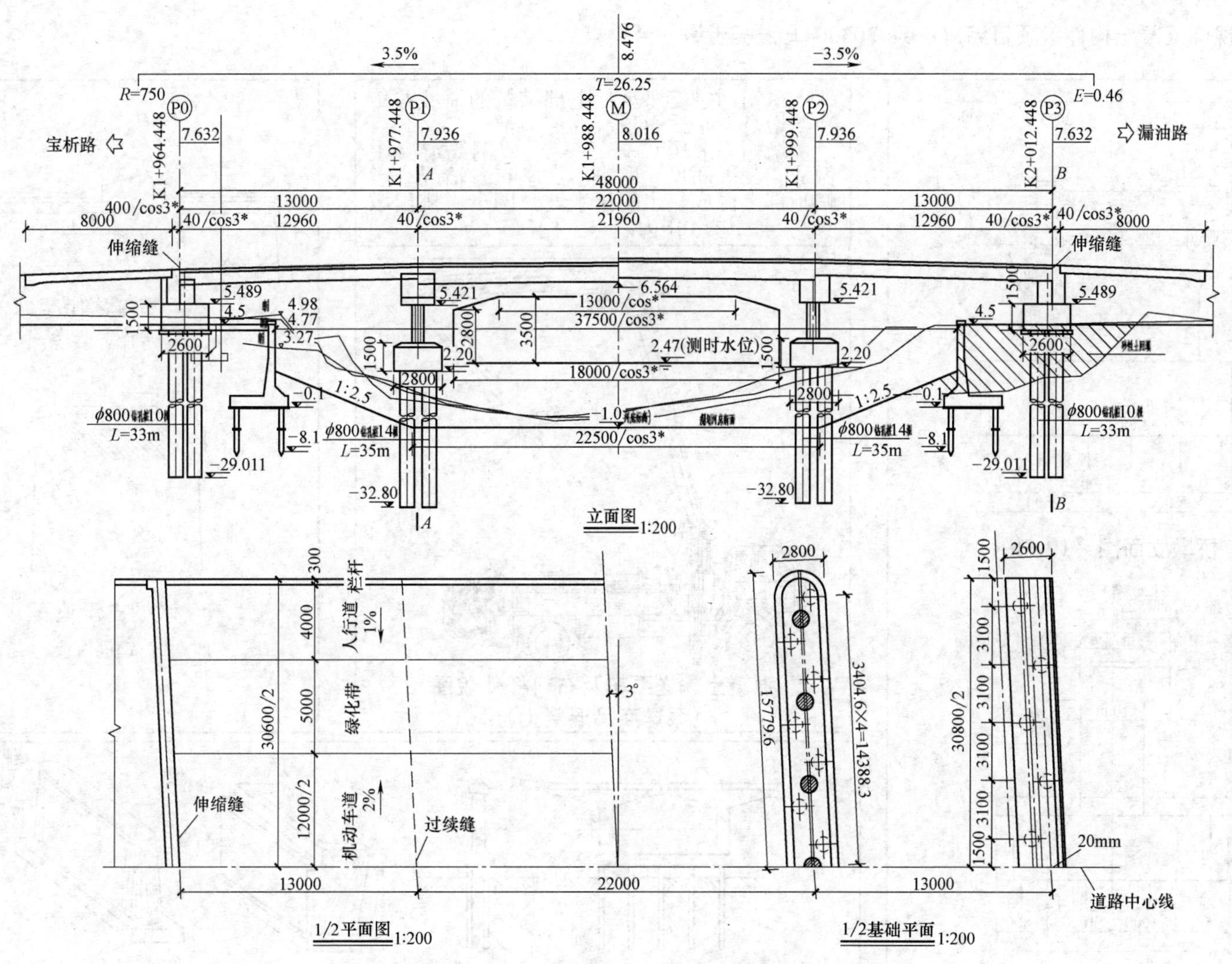

桥墩与桥台（含墩台帽与墩台盖梁）结构示意图

表 C.3　现浇混凝土构件（项目编码：040303004）混凝土墩（台）帽

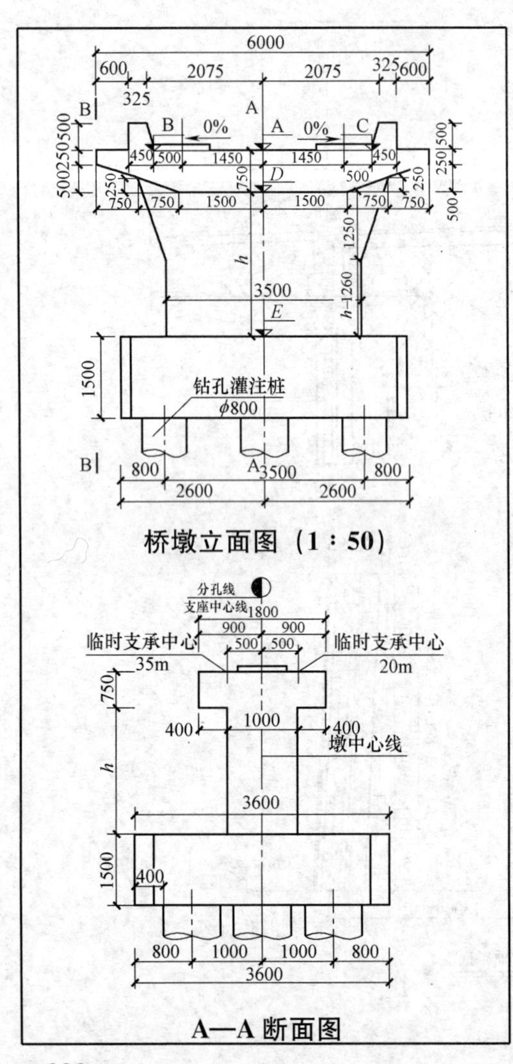

桥墩立面图（1∶50）

A—A 断面图

墩帽通过支座承托上部结构的荷载并传递给墩身，是桥墩顶端的传力部位。

墩帽一般用 C7.5 混凝土或钢筋混凝土做成，其平面尺寸取决于支座布置情况。墩帽顶部常做成一定的排水坡，四击应挑出墩身约 5～10cm 作为滴水（檐口）

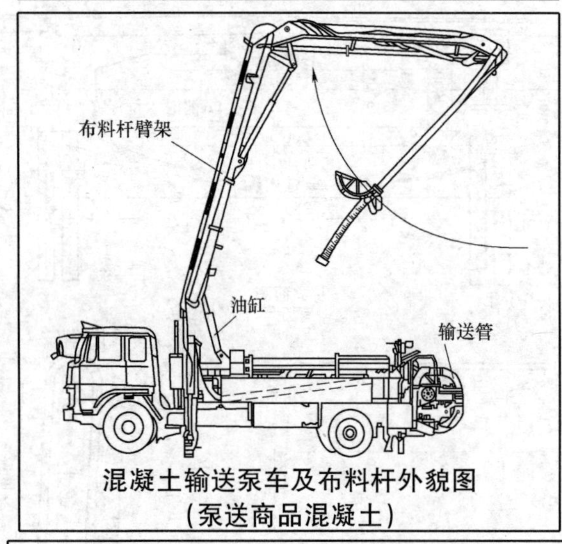

混凝土输送泵车及布料杆外貌图
（泵送商品混凝土）

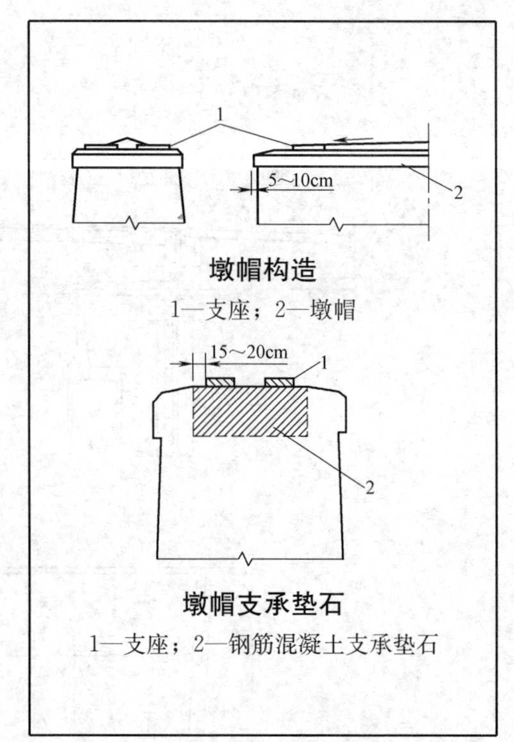

墩帽构造

1—支座；2—墩帽

墩帽支承垫石

1—支座；2—钢筋混凝土支承垫石

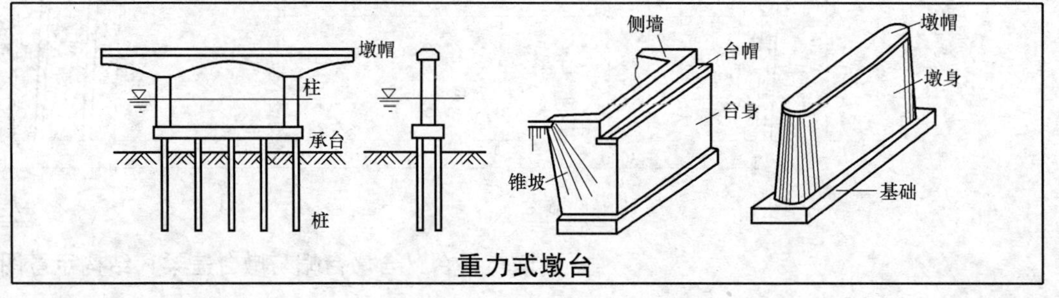

重力式墩台

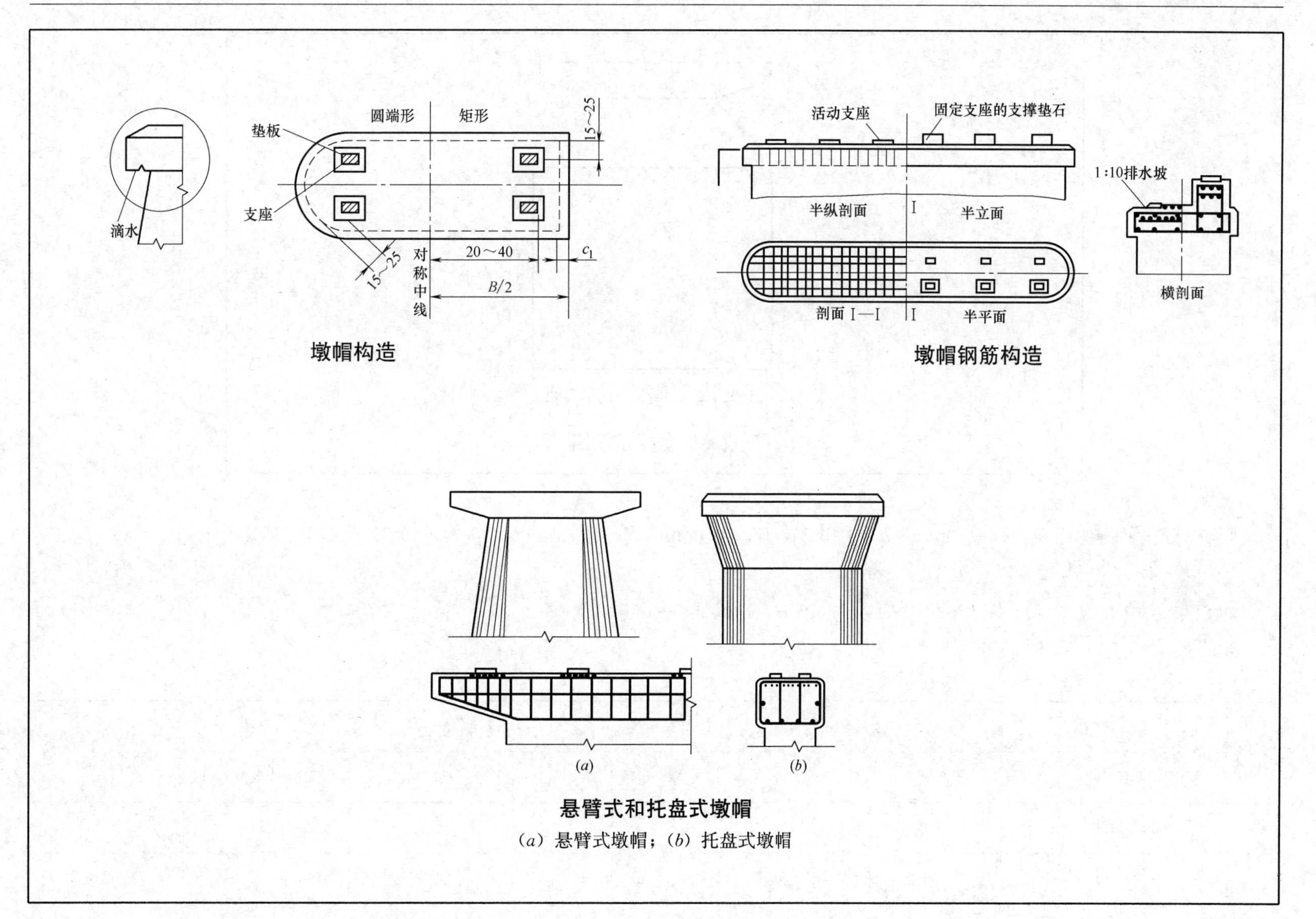

墩帽构造

墩帽钢筋构造

悬臂式和托盘式墩帽

（a）悬臂式墩帽；（b）托盘式墩帽

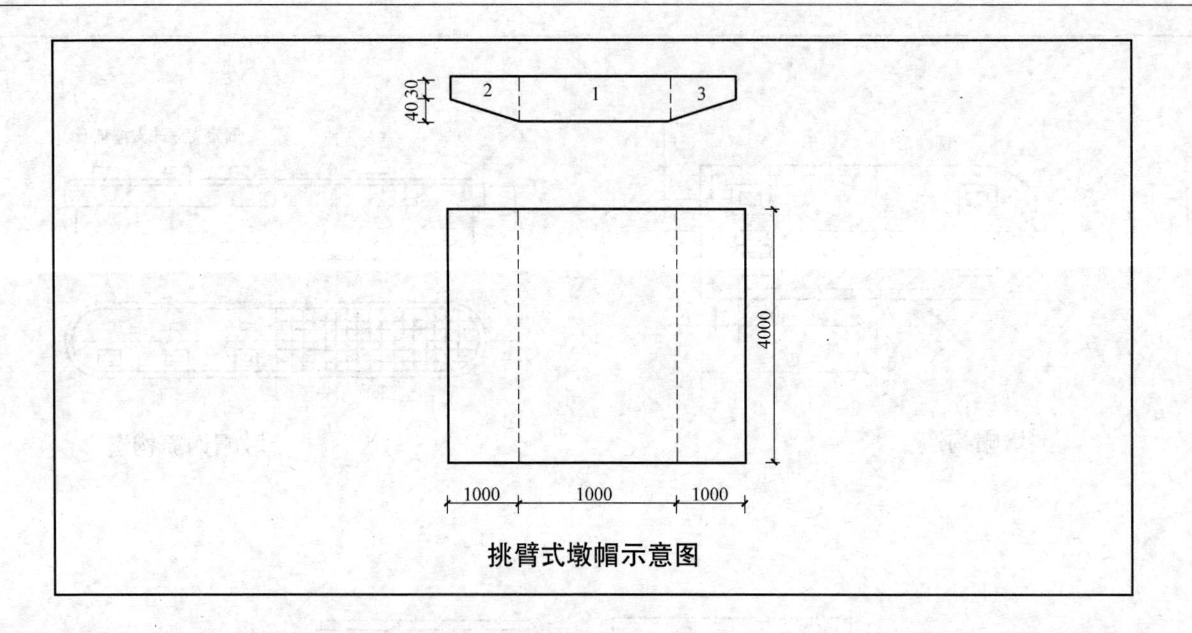

挑臂式墩帽示意图

【解题分析】依题已知：$h_1=30\text{mm}$，$h_2=40\text{mm}$，$L=4000\text{mm}$，$B=b_1+b_2+b_3=1000+1000+1000=3000\text{mm}$。

$S_1=L\times B\times h_1=4.0\times 3.0\times 0.03=0.36\text{m}^3$；

$S_2=L\times[(b_2+B)\div 2]\times h_2=4.0\times[(1.0+3.0)\div 2]\times 0.4=0.32\text{m}^3$；

挑臂式墩帽体积 $S=S_1+S_2=0.36+0.32=0.68\text{m}^3$。

序号	编码/编号		项目名称		计量单位		算量		计算结果		YYYYSL算量模块说明
	国标项目	定额	分部分项	子目	国标	定额	算量公式	工程量计算表达式	工程量	数值差异	
1	040302003		墩(台)帽		m^3				0.68		
1.1		S4-6-27		墩(台)帽		m^3			0.68	—	图或表或式

表 C.3　现浇混凝土构件（项目编码：040303005）混凝土墩（台）身

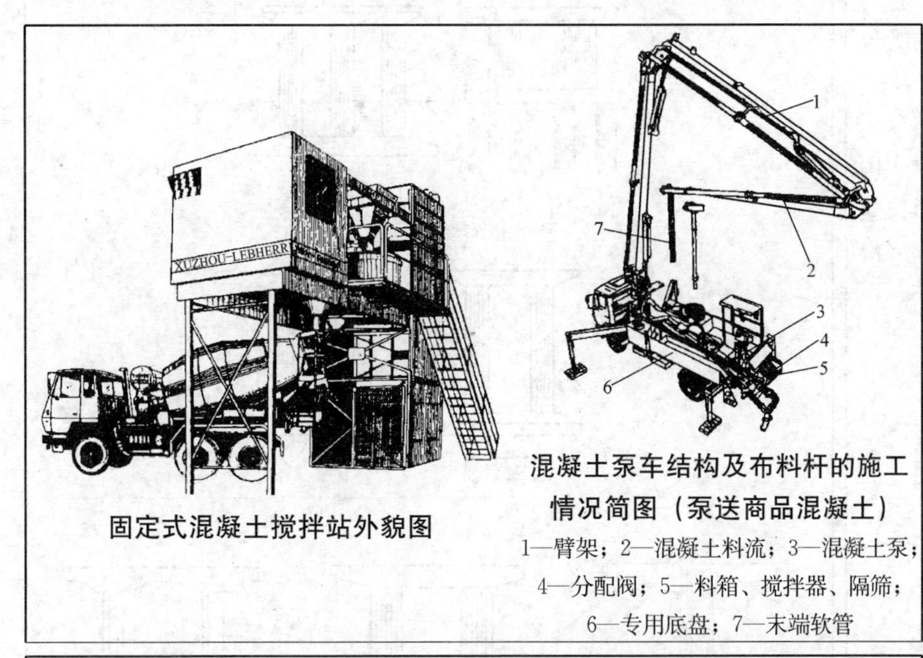

固定式混凝土搅拌站外貌图

混凝土泵车结构及布料杆的施工情况简图（泵送商品混凝土）

1—臂架；2—混凝土料流；3—混凝土泵；4—分配阀；5—料箱、搅拌器、隔筛；6—专用底盘；7—末端软管

墩身、台身指位于桥梁两端并与路基相接，起重受上部结构重力和外来力的钢筋混凝土构筑物。墩身与台身都是桥梁结构的一部分。

墩帽　墩身　基础　侧墙　台帽　台身　锥形护坡

重力式桥墩示意图　　重力式桥台示意图

（桥台设在桥梁两端，桥墩则设在两桥台之间）

工程量清单“四统一”

项目编码	040303005
项目名称	混凝土墩(台)身
计量单位	m^3
工程量计算规则	按设计图示尺寸以体积计算
项目特征描述	1. 部位　2. 混凝土强度等级
工程内容规定	1. 模板制作、安装、拆除　2. 混凝土拌合、运输、浇筑　3. 养护

《上海市市政工程预算定额》(2000) 分部分项工程

子目编号	S4-6-8～S4-6-9、S1-1-30～S1-1-35
分部分项工程名称	墩台身(现浇混凝土、泵送商品混凝土)
工作内容	详见该定额编号之“项目表”中“工作内容”的规定
计量单位	m^3
工程量计算规则	U形桥台是实体式墩台的常用形式，一般情况其桥台量外侧都垂直面，而内侧向内放坡，其混凝土工程量可按一个长方体减去中间空的一块截头锥体，再减去台帽处的长方体计算

一、实体项目　　C 桥涵工程

对应图示		项目名称	编码/编号
工程量清单分类		表 C.3 现浇混凝土构件 [混凝土墩(台)身]	040303005
定额章节	分部工程	第四册桥涵及护岸工程 第六章现浇混凝土工程 第一册通用项目　第一章一般项目	S4-6- S1-1-
	分项子目	4. 墩台身(现浇混凝土、泵送商品混凝土) 13. 商品混凝土输送及泵管安拆使用	S4-6-20～S4-6-24 S1-1-30～S1-1-35

墩身是桥墩的主体，通常采用料石、块石或混凝土建造。台身由前墙和侧墙构成。前墙正面采用 10∶1 或 20∶1 的斜坡，侧墙与前墙都有挡土墙和支撑墙的作用。在砌筑石砌墩台时，应在基础顶面用经纬仪定出横、纵方向和中心位置，挂线时，用线锤确定垂直方向以确定砌体外表面斜度。

墩台按结构形式不同可分为实体桥墩、空心桥墩、柱式桥墩；按截面形状不同可分为矩形、圆形、圆端形、尖端形、矩形圆角；按建筑材料不同可分为钢筋混凝土墩台、圬工墩台、预应力混凝土墩台等。

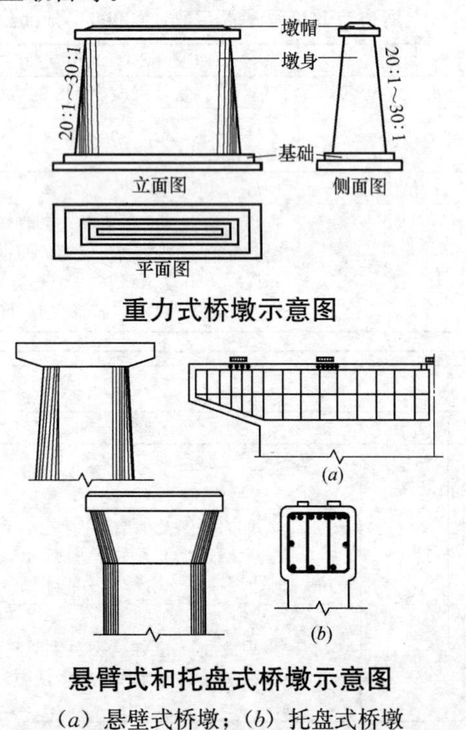

重力式桥墩示意图

悬臂式和托盘式桥墩示意图

（a）悬壁式桥墩；（b）托盘式桥墩

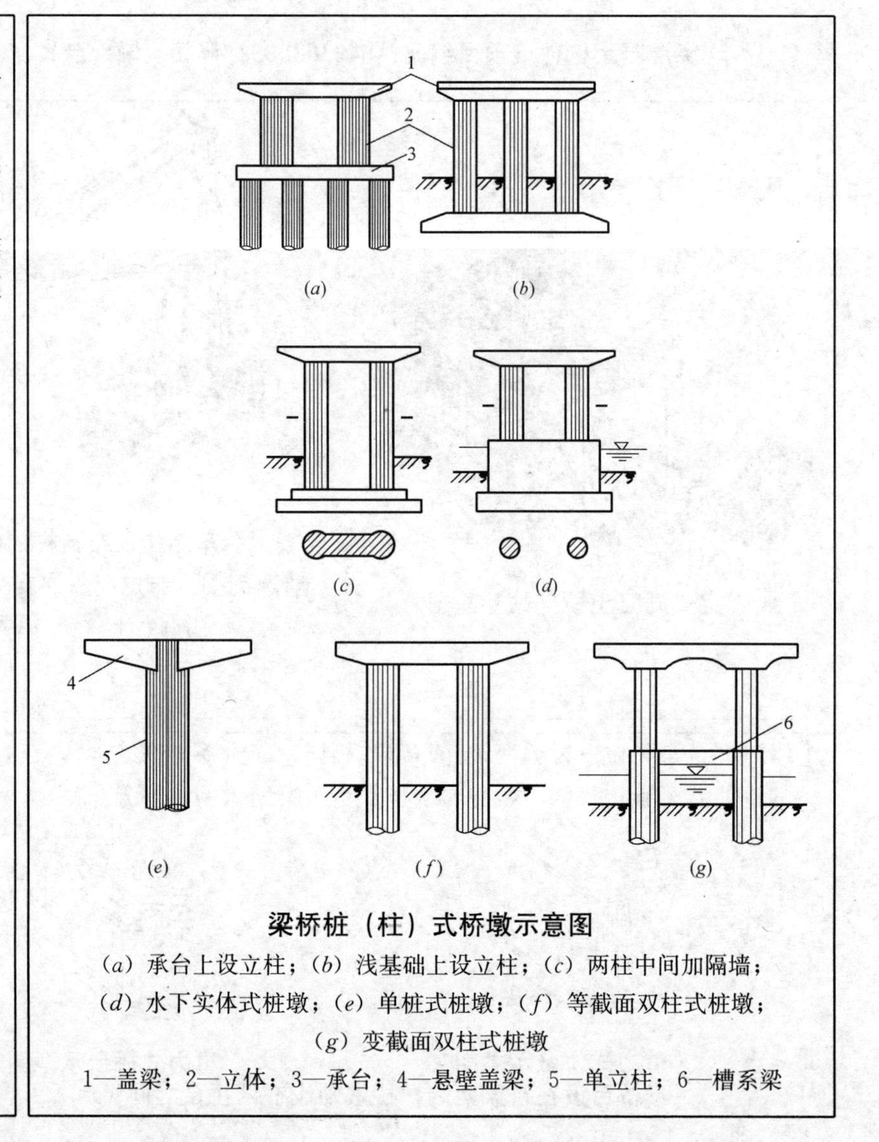

梁桥桩（柱）式桥墩示意图

（a）承台上设立柱；（b）浅基础上设立柱；（c）两柱中间加隔墙；（d）水下实体式桩墩；（e）单桩式桩墩；（f）等截面双柱式桩墩；（g）变截面双柱式桩墩

1—盖梁；2—立体；3—承台；4—悬壁盖梁；5—单立柱；6—槽系梁

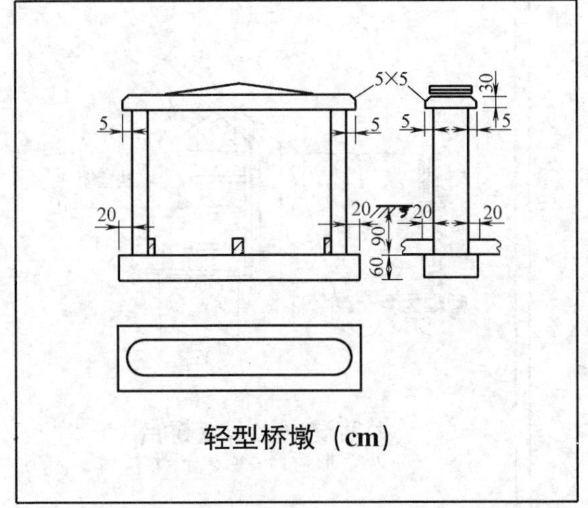

轻型桥墩（cm）

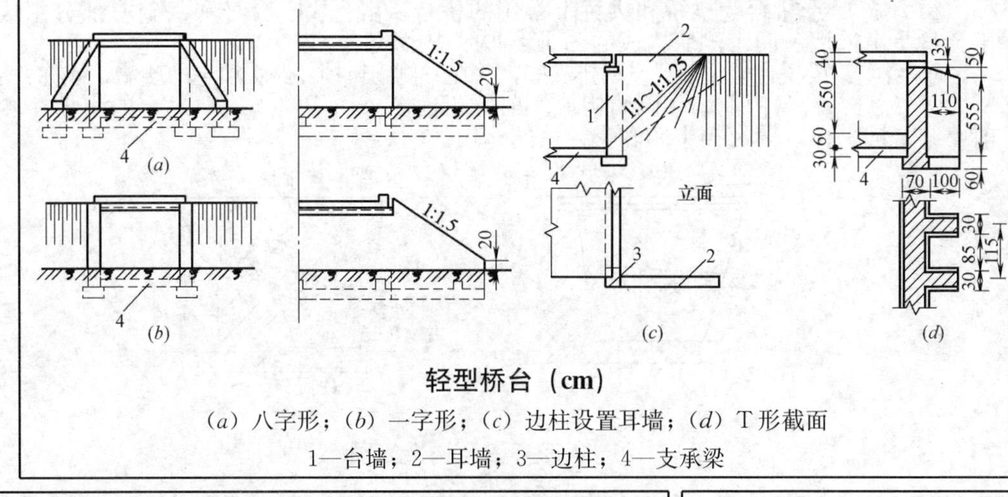

轻型桥台（cm）

（a）八字形；（b）一字形；（c）边柱设置耳墙；（d）T形截面

1—台墙；2—耳墙；3—边柱；4—支承梁

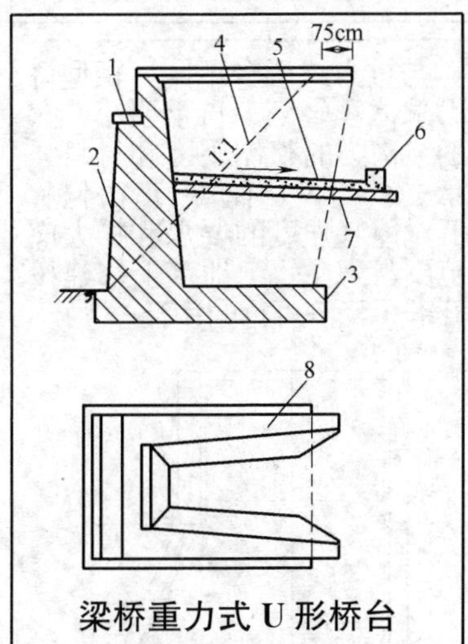

梁桥重力式U形桥台

1—台帽；2—前墙；3—基础；4—锥形护坡；5—碎石；6—盲沟；7—夯实黏土；8—侧墙

定额中墩台身分为实体式和柱式两种，实体式墩台身的主要特点是靠自身重量来平衡外力，保持它的稳定，因此，圬工体积较大。柱式墩台身属于轻型墩台，在桥梁工程中应用较广，其墩身重量较轻，节约圬工材料，外观也比较轻巧美观。

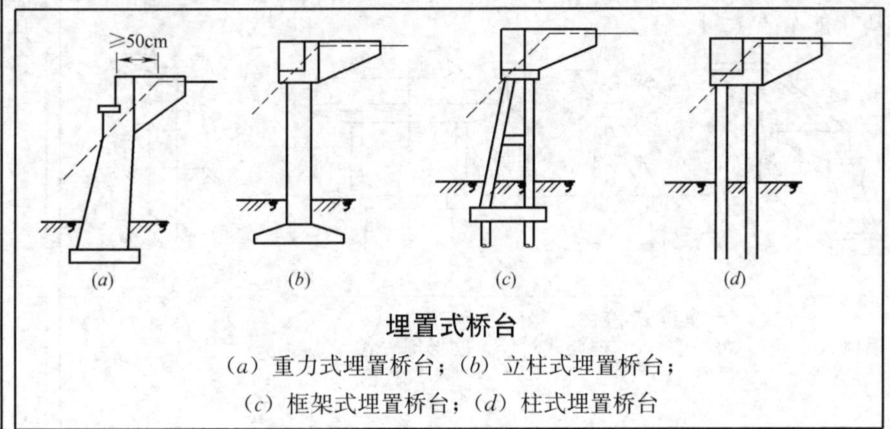

埋置式桥台

（a）重力式埋置桥台；（b）立柱式埋置桥台；（c）框架式埋置桥台；（d）柱式埋置桥台

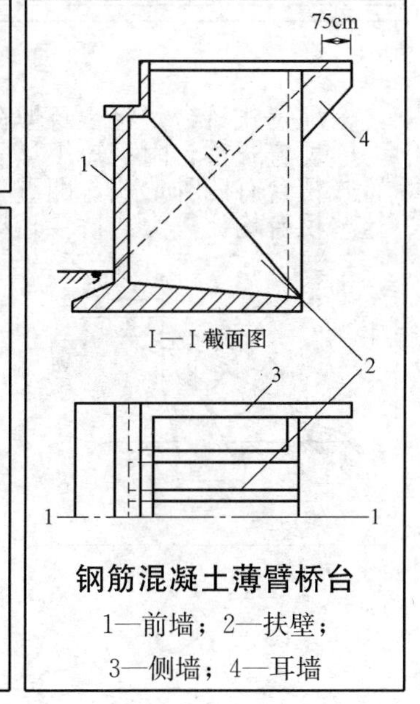

钢筋混凝土薄臂桥台

1—前墙；2—扶壁；3—侧墙；4—耳墙

重力式U形桥台为梁桥和拱桥上常用的桥台，由台帽、台身和基础三部分组成。由于台身是由前墙和两个侧墙构成的U形结构，故而得名。

① 台帽：梁桥台帽顶部只设单排支座，并在一侧砌筑挡住路堤填土的矮墙，或称背墙。

② 台身：台身由前墙和侧墙构成。前墙正面多采用10∶1或20∶1的斜坡。侧墙与前墙结合成一体，兼有挡土墙和支撑墙的作用。

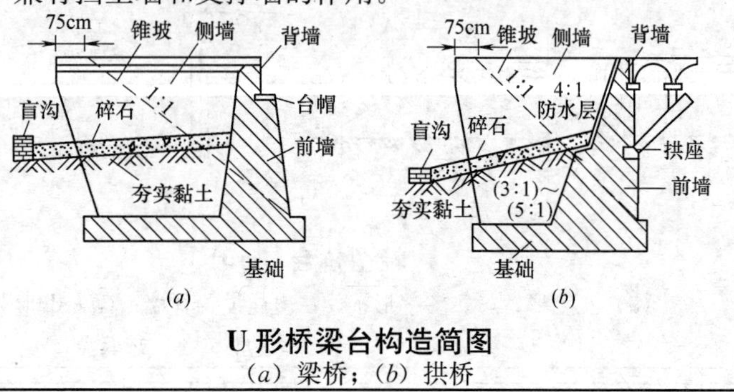

U形桥梁台构造简图

（a）梁桥；（b）拱桥

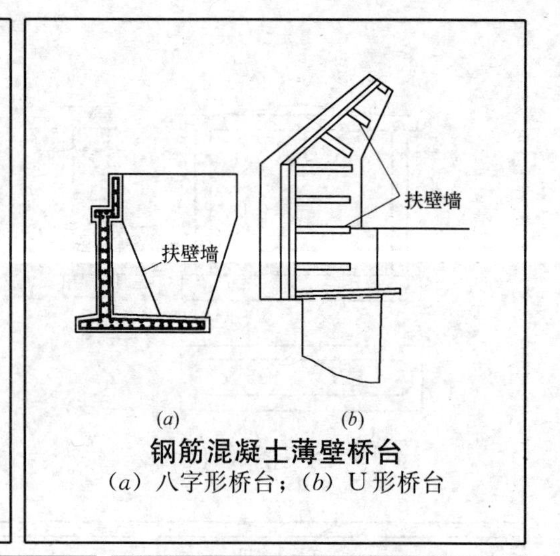

钢筋混凝土薄壁桥台

（a）八字形桥台；（b）U形桥台

埋置式桥台是将台身埋在锥形护坡中，只露出台帽以安置支座及上部构造。

埋置式桥台附有短小耳墙，耳墙与路堤衔接，伸入路堤的长度一般不小于50cm。常见的埋置式桥台有四种形式，即重力式埋置桥台、立柱式埋置桥台、框架式埋置桥台和柱式埋置桥台，这些桥台均比重力式桥台轻巧，能节省大量圬工。

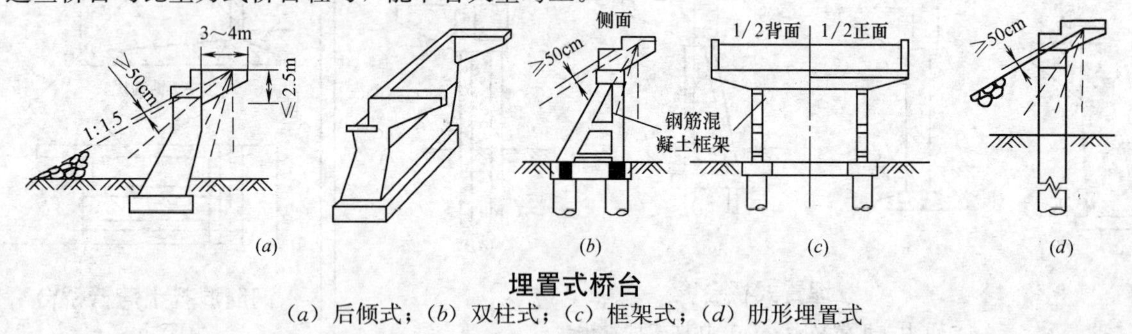

埋置式桥台

（a）后倾式；（b）双柱式；（c）框架式；（d）肋形埋置式

与重力式桥台不同，轻型桥台力求体积轻巧、自重要小，它借助结构物的整体刚度和材料强度承受外力，从而可节省材料，降低对地基强度的要求和扩大应用范围，为在软土地基上修建桥台开辟了经济可行的途径。

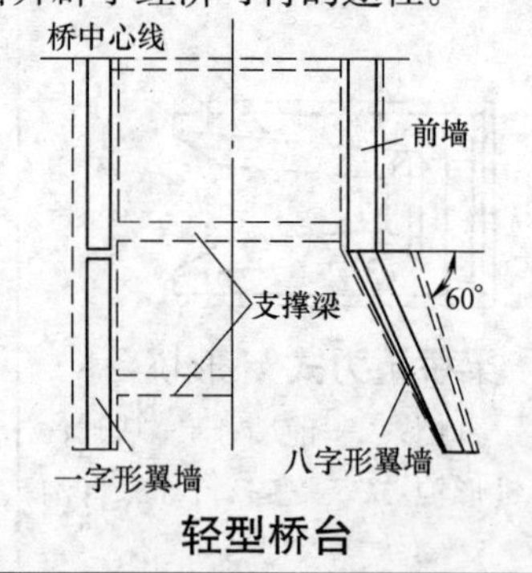

轻型桥台

桥墩由墩盖梁、两根柱身和两根混凝土桩组成。

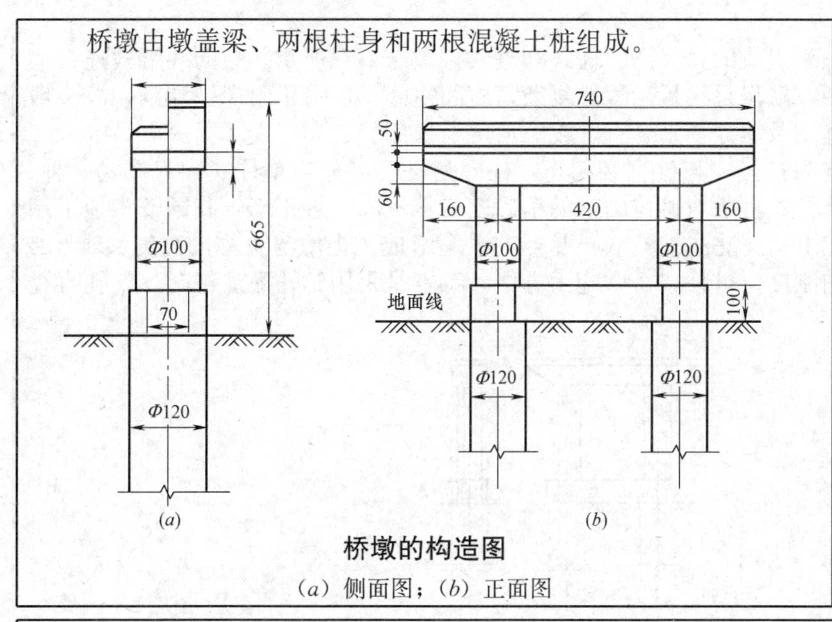

桥墩的构造图

（a）侧面图；（b）正面图

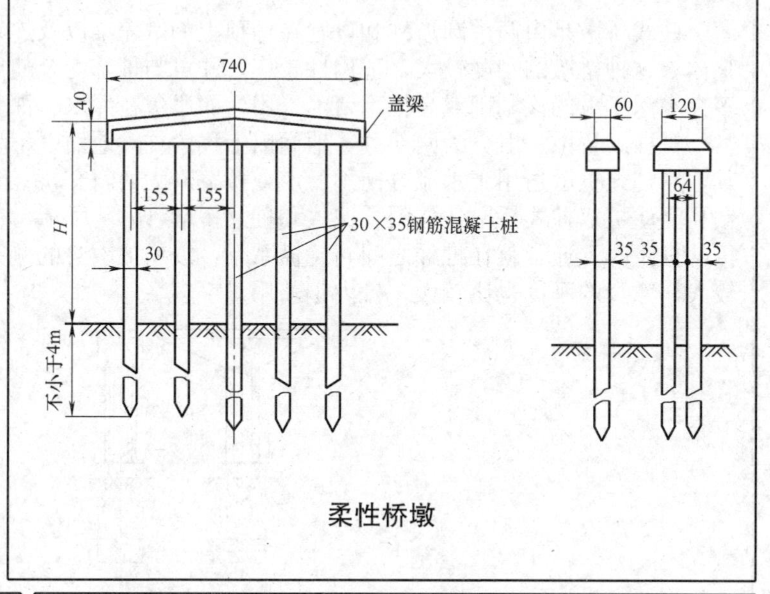

柔性桥墩

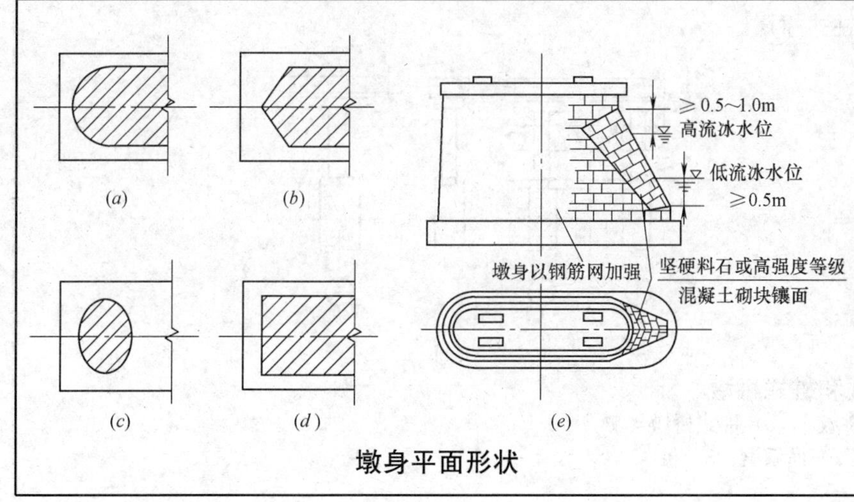

墩身平面形状

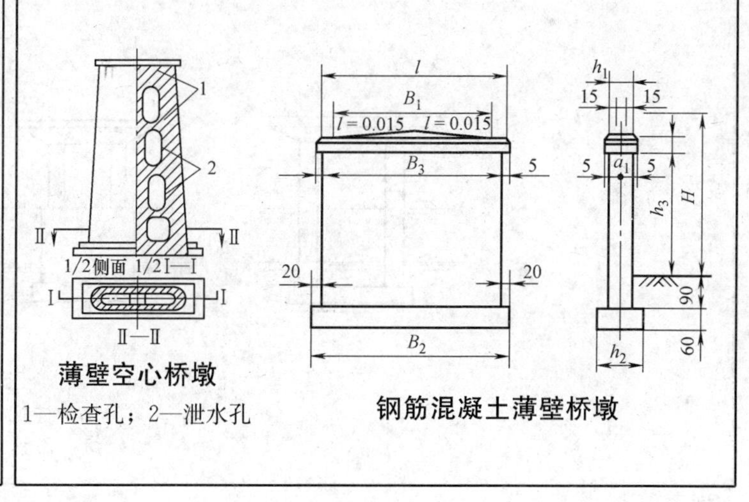

薄壁空心桥墩

1—检查孔；2—泄水孔

钢筋混凝土薄壁桥墩

柱式桥墩是由两个圆形柱和设置在柱顶上的墩盖梁以及连系梁组成的，如图“柱式和桩式桥墩（a）”所示。柱的底端被连接成整体。这种桥墩的刚度较大，适用性较广，并可与桩基配合使用。缺点是模板工程较复杂，柱间空间小，易于阻滞漂浮物，故一般多在水深不大的浅基础或高桩承台上采用，而避免在深水、深基础及漂浮物多、有木筏的河道上采用。

桩柱式桥墩一般分为两部分，地面以上称为柱，地面以下称为桩。柱与桩直接相连，柱即是桩。可分为单柱式和双柱式两种，其中单柱式桩墩适用于水流方向不稳定或桥宽不大的斜交桥；双柱式桩墩对桩位施工的精确度要求较高。近年来，我国较多地采用钻孔灌注桩双柱式桥墩，如图“柱式和桩式桥墩（b）”所示，它由钻孔灌注桩与钢筋混凝土墩帽组成。当墩身桩柱的高度大于1.5倍的桩距时，通常就在桩柱之间布置横系梁，以增加墩身的侧向刚度。桩柱式桥墩施工方便，特别是采用钻孔灌注桩时，钻孔直径较大，墩身的刚度也比较大，桩内钢筋用量不多。

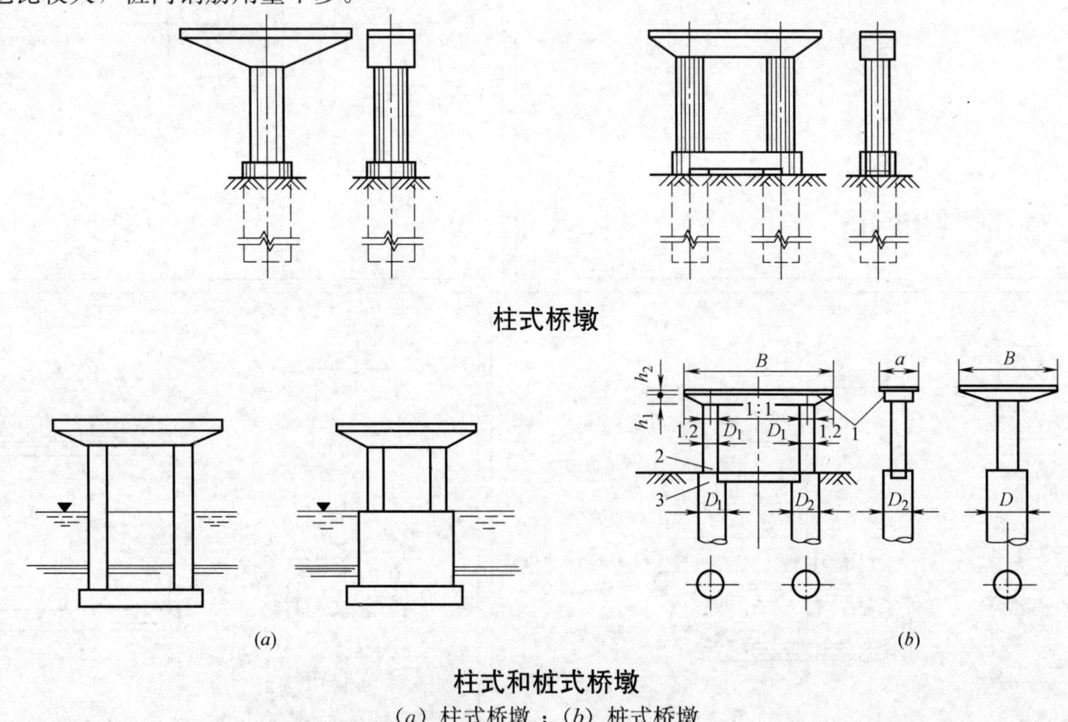

柱式和桩式桥墩

（a）柱式桥墩；（b）桩式桥墩

1—盖梁；2—横系梁；3—桩

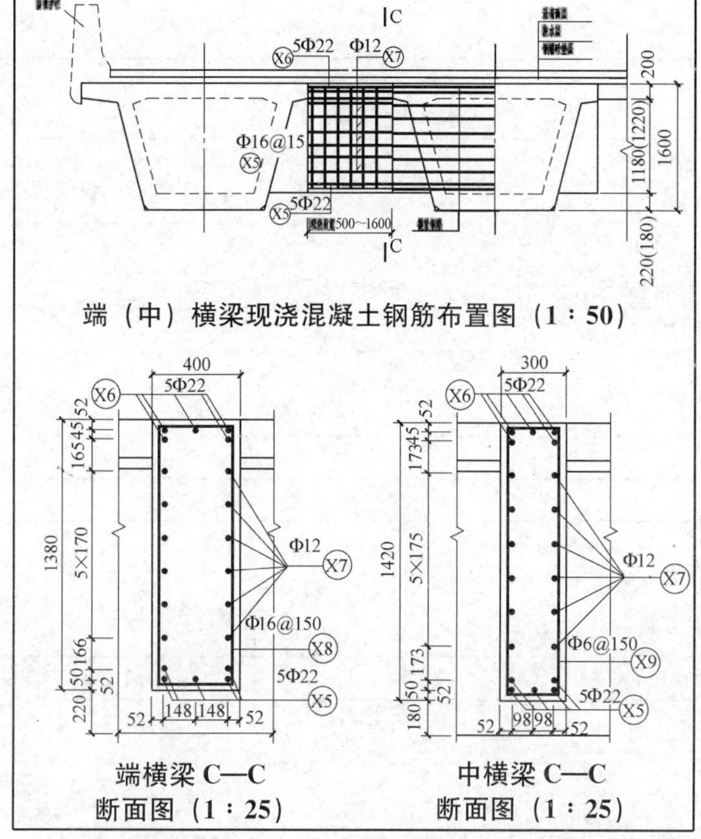

端（中）横梁现浇混凝土钢筋布置图（1∶50）

端横梁 C—C 断面图（1∶25）　　中横梁 C—C 断面图（1∶25）

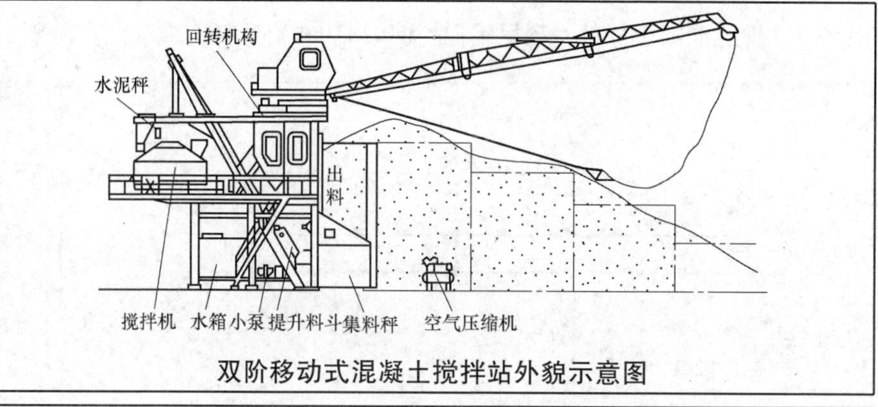

双阶移动式混凝土搅拌站外貌示意图

表 C.3　现浇混凝土构件（项目编码：04303006）混凝土支撑梁及横梁

支撑梁、横梁指横跨在桥梁上部结构中的起承重作用的条形钢筋混凝土构筑物。支撑梁也称主梁，是指起支撑两桥墩相对位移的大梁。横梁起承担横梁（次梁）上部荷载的作，一般搁在支撑梁上，其相对于支撑梁来说，跨度要小得多，一般为 3～20m。

工程量清单“四统一”

项目编码	040303006
项目名称	混凝土支撑梁及横梁
计量单位	m^3
工程量计算规则	按设计图示尺寸以体积计算
项目特征描述	1. 部位　2. 混凝土强度等级
工程内容规定	1-模板制作、安装、拆除　2. 混凝土拌合、运输、浇筑　3. 养护

《上海市市政工程预算定额》(2000) 分部分项工程

子目编号	S4-6-13～S4-6-17、S1-1-30～S1-1-35
分部分项工程名称	支撑梁与横梁（支撑梁、横梁—混凝土、商品混凝土）
工作内容	详见该定额编号之“项目表”中“工作内容”的规定
计量单位	m^3
工程量计算规则	

一、实体项目　C 桥涵工程

对应图示		项目名称	编码/编号
工程量清单分类		表 C.3 现浇混凝土构件（混凝土支撑梁及横梁）	040303006
定额章节	分部工程	第四册桥涵及护岸工程　第六章现浇混凝土工程 第一册通用项目　第一章一般项目	S4-6- S1-1-
	分项子目	3. 支撑梁与横梁（支撑梁、横梁—混凝土、商品混凝土） 3. 商品混凝土输送及泵管安拆使用	S4-6-13～S4-6-17 S1-1-30～S1-1-35

表 C. 3　现浇混凝土构件（项目编码：040303007）混凝土墩（台）盖梁

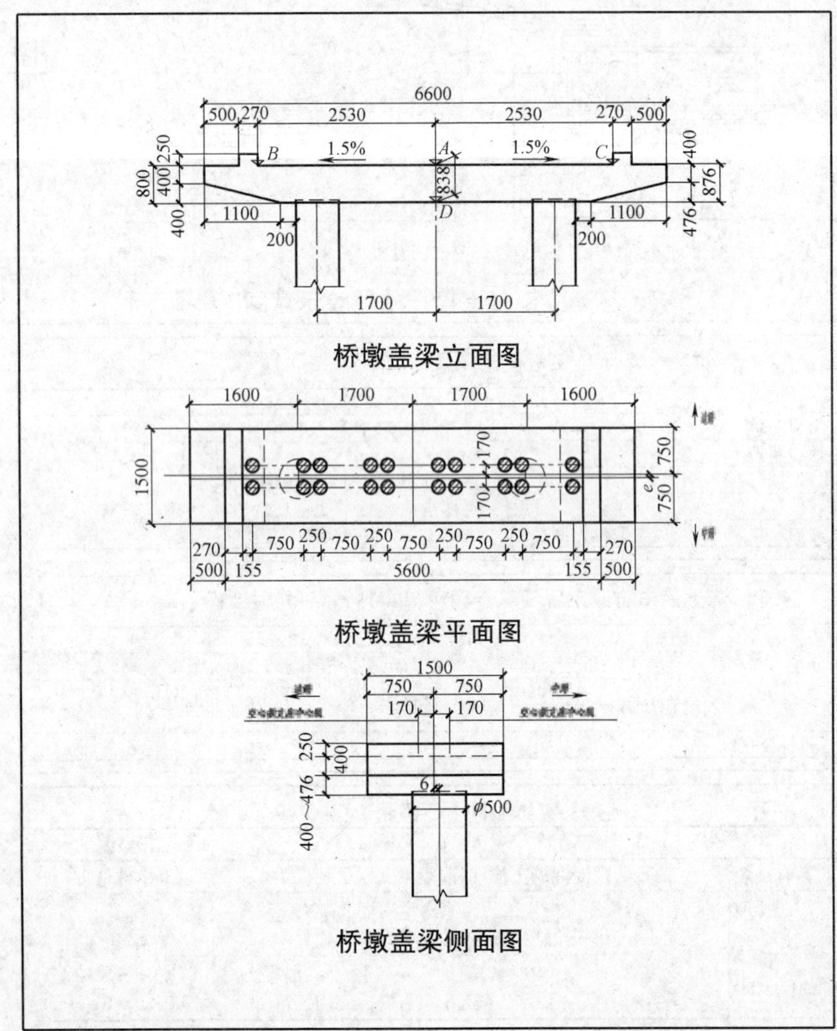

桥墩盖梁立面图

桥墩盖梁平面图

桥墩盖梁侧面图

工程清单"四统一"

项目编码	040303007
项目名称	混凝土墩(台)盖梁
计量单位	m^3
工程量计算规则	按设计图示尺寸以体积计算
项目特征描述	混凝土强度等级
工程内容规定	1. 模板制作、安装、拆除　2. 混凝土拌合、运输、浇筑　3. 养护

一、实体项目　C 桥涵工程

对应图示		项目名称	编码/编号
工程量清单分类		表 C. 3 现浇混凝土构件［混凝土墩(台)盖梁］	040303007
定额章节	分部工程	附录桥涵工程　表 C. 3 现浇混凝土墩(台)帽	S4
	分项子目	1. 墩盖梁混凝土(商品混凝土) 2. 台盖梁混凝土(商品混凝土) 3. 墩盖梁模板 4. 台盖梁模板	S4-6-34、S4-6-35 S4-6-38、S4-6-39 S4-6-36 S4-6-40

表 C.3　现浇混凝土构件（项目编码：040303008）混凝土拱桥拱座

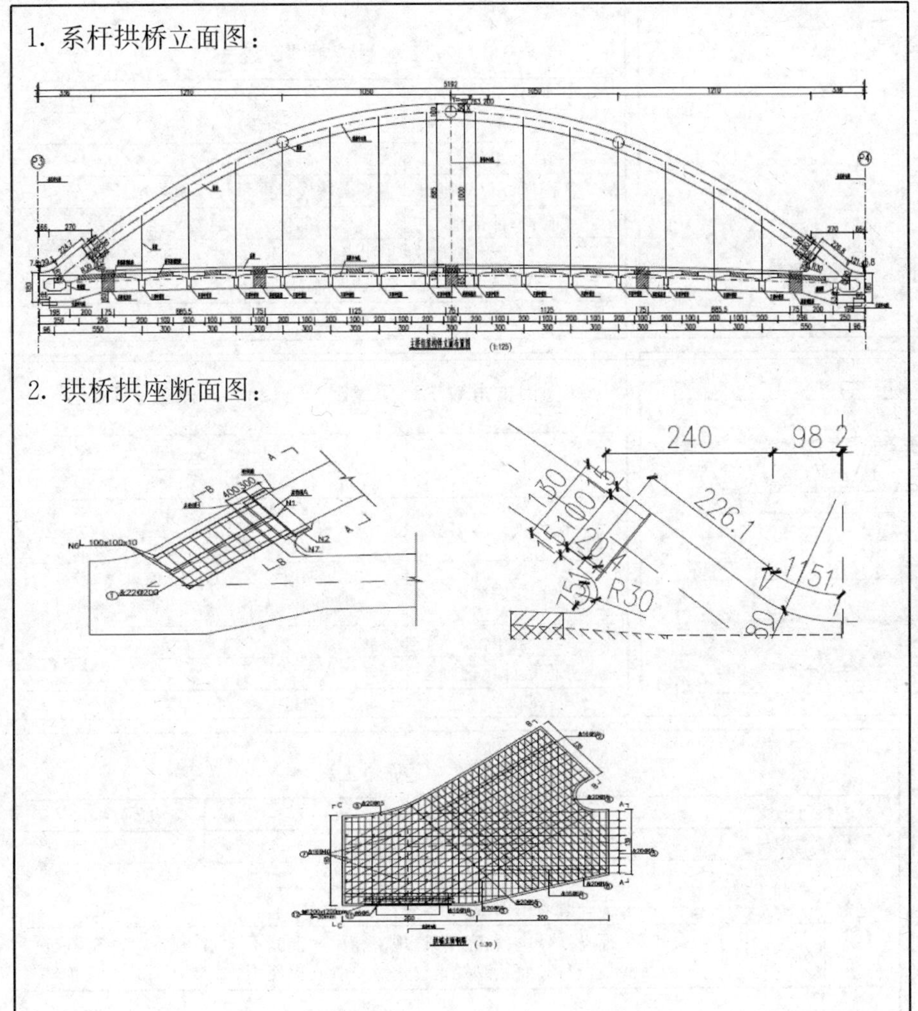

工程清单“四统一”

项目编码	040303008
项目名称	混凝土拱桥拱座
计量单位	m^3
工程量计算规则	按设计图示尺寸以体积计算
项目特征描述	混凝土强度等级
工程内容规定	1. 模板制作、安装、拆除　2. 混凝土拌合、运输、浇筑　3. 养护

一、实体项目　C 桥涵工程

对应图示		项目名称	编码/编号
工程量清单分类		表 C.3 现浇混凝土构件［混凝土拱桥拱座］	040303008
定额章节	分部工程	附录桥涵工程　表 C.3 现浇混凝土墩(台)帽	S4
	分项子目		

表 C.3 现浇混凝土构件（项目编码：040303011）混凝土箱梁

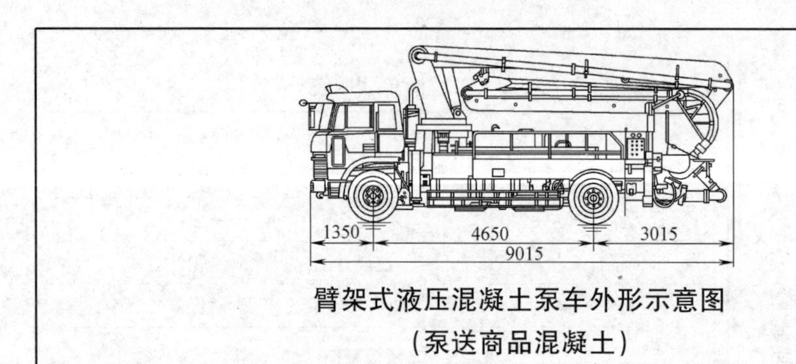

臂架式液压混凝土泵车外形示意图
（泵送商品混凝土）

工程量清单“四统一”

项目编码	040303011
项目名称	混凝土箱梁
计量单位	m^3
工程量计算规则	按设计图示尺寸以体积计算
项目特征描述	1. 部位　2. 混凝土强度等级
工程内容规定	1. 模板制作、安装、拆除　2. 混凝土拌合、运输、浇筑　3. 养护

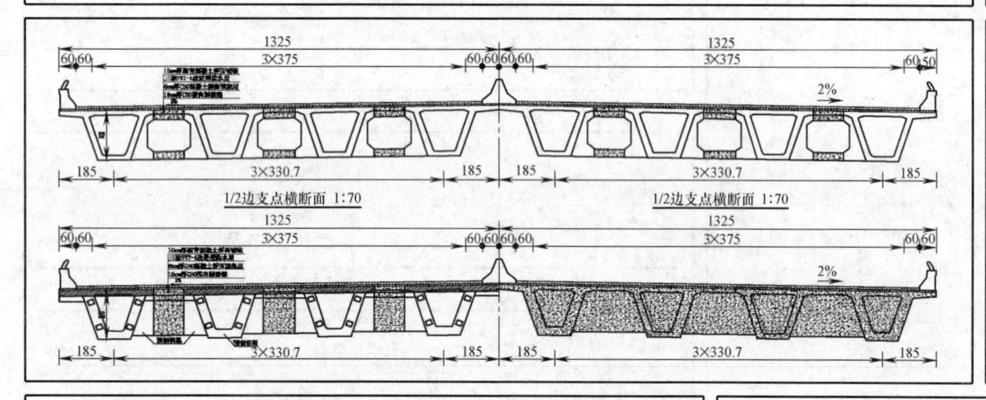

《上海市市政工程预算定额》（2000）分部分项工程

子目编号	S4-6-42～S4-6-50、S1-1-30～S1-1-35
分部分项工程名称	现浇0号块、悬浇箱梁、现浇箱梁—混凝土、商品混凝土
工作内容	详见该定额编号之“项目表”中“工作内容”的规定
计量单位	m^3
工程量计算规则	

箱梁是指上部结构采用箱形截面梁构成的梁式桥。箱梁的抗扭刚度大，可以承受正弯矩，且易于布置钢筋，适用于大跨度预应力钢筋混凝土桥和弯桥。

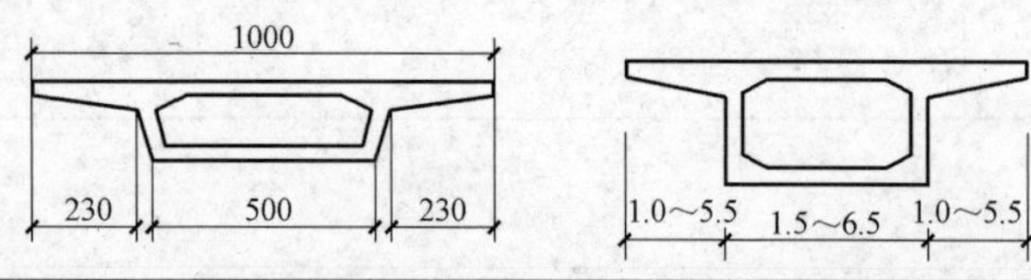

一、实体项目　C 桥涵工程

对应图示		项目名称	编码/编号
工程量清单分类		表 C.3 现浇混凝土构件（混凝土箱梁）	040303011
定额章节	分部工程	第四册桥涵及护岸工程　第六章现浇混凝土工程 第一册通用项目　第一章一般项目	S4-6- S1-1-
	分项子目	7. 箱梁（现浇0号块、悬浇箱梁、现浇箱梁—混凝土、商品混凝土）13. 商品混凝土输送及泵管安拆使用	S4-6-42～S4-6-50 S1-1-30～S1-1-35

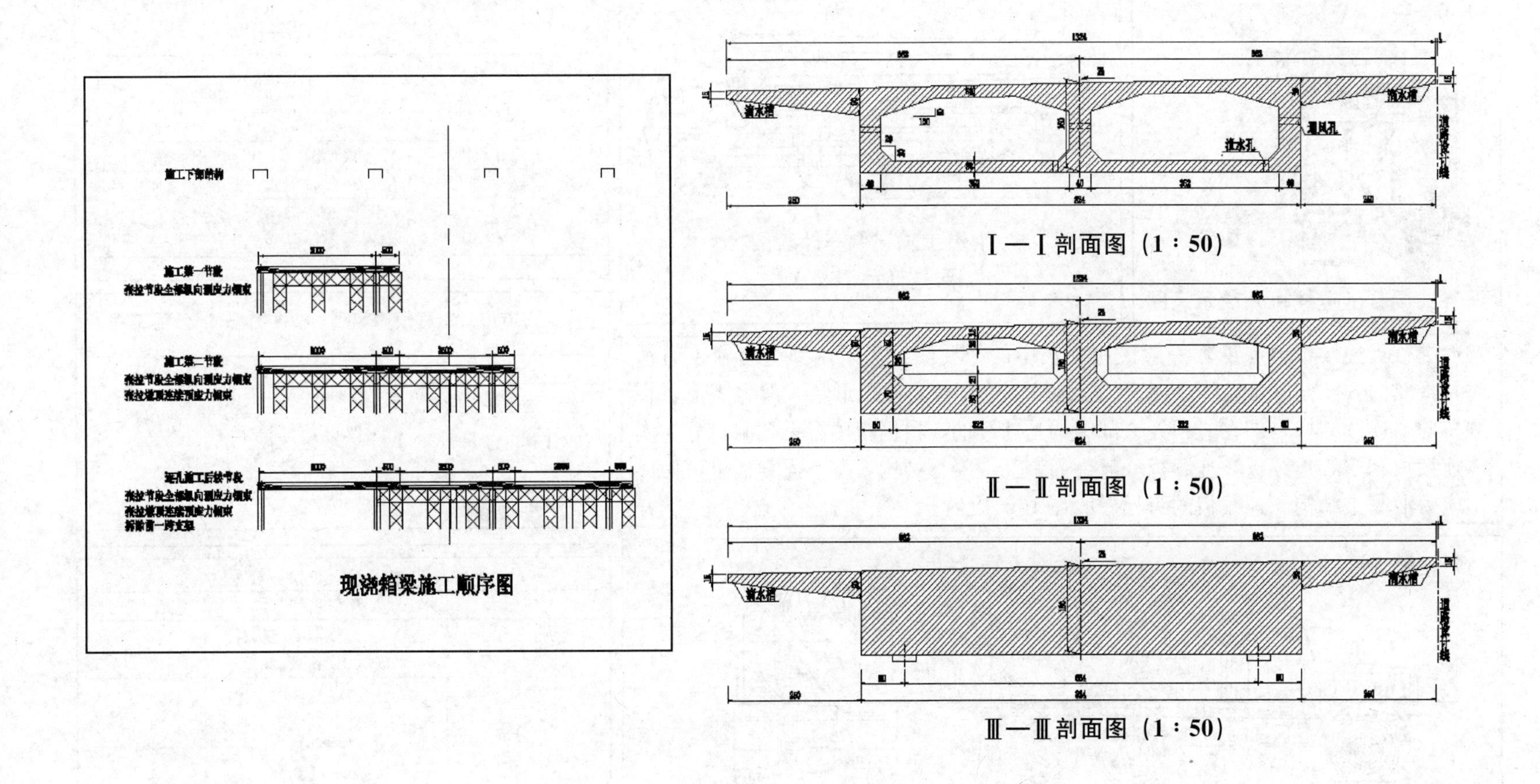

现浇箱梁施工顺序图

Ⅰ—Ⅰ剖面图（1：50）

Ⅱ—Ⅱ剖面图（1：50）

Ⅲ—Ⅲ剖面图（1：50）

表 C.3　现浇混凝土构件（项目编码：040303012）混凝土连续板梁

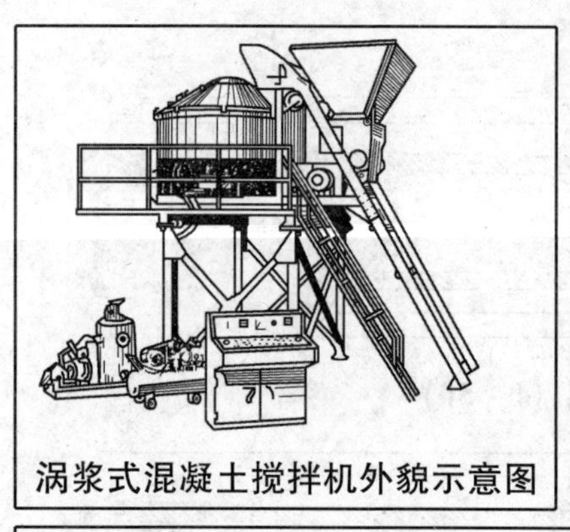

涡浆式混凝土搅拌机外貌示意图

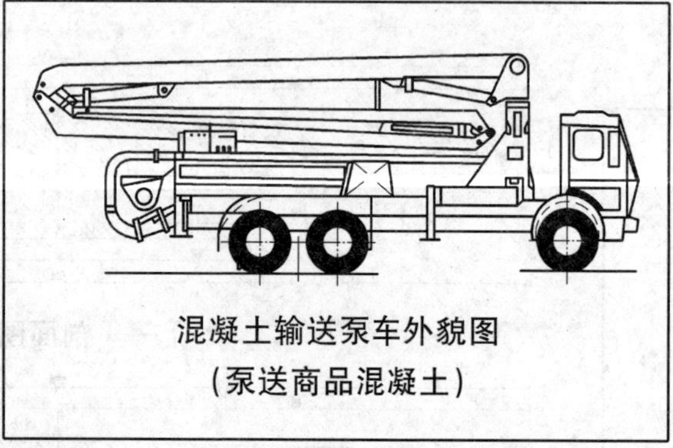

混凝土输送泵车外貌图
（泵送商品混凝土）

混凝土连续板的厚度较一般民用建筑中的板要厚，当采用预应力施工方法时，板厚为 80～500mm（包括大型空心板）。连续板的截面形状一般为矩形，在顺桥向为连续结构，即在墩顶处上部结构是连续的，根据板内有无孔洞，分为实体连续板和空心连续板。连续板一般也为钢筋混凝土结构，空心连续板也可做成预应力混凝土结构。连续板的跨径一般在 16m 以内。

混凝土搅拌输送车示意图

1—减压操纵杆；2—水箱；3—被动链轮；4—搅拌筒主轴承；5—搅拌筒；6—滚圈；7—进料装置；8—梯子；9—离合器操纵杆；10—燃油供给操纵杆；11—减速器逆转机构操纵杆；12—机架；13—底盘；14—检测器具；15—搅拌筒驱动减速器；16—卸料槽回转装置；17—卸料槽；18—支重滚轮

工程量清单“四统一”

项目编码	040303012
项目名称	混凝土连续板梁
计量单位	m^3
工程量计算规则	按设计图示尺寸以体积计算
项目特征描述	1. 部位　2. 结构形式　3. 混凝土强度等级
工程内容规定	1. 模板制作、安装、拆除 2. 混凝土拌合、运输、浇筑 3. 养护

《上海市市政工程预算定额》（2000）分部分项工程

子目编号	S4-6-53～S4-6-57、S1-1-30～S1-1-35
分部分项工程名称	板（实体板—混凝土、商品混凝土）
工作内容	详见该定额编号之“项目表”中“工作内容”的规定
计量单位	m^3
工程量计算规则	

一、实体项目　C 桥涵工程

对应图示		项目名称	编码/编号
工程量清单分类		表 C.3 现浇混凝土构件（混凝土连续板梁）	040303012
定额章节	分部工程	第四册桥涵及护岸工程 第六章现浇混凝土工程 第一册通用项目 第一章一般项目	S4-6- S1-1-
	分项子目	8. 板（实体板—混凝土、商品混凝土） 13. 商品混凝土输送及泵管安拆使用	S4-6-53～S4-6-57 S1-1-30～S1-1-35

预应力混凝土连续板梁桥常用的横截面形式有板式、T形梁式和箱形梁式。目前箱形截面应用非常普遍，典型的箱形截面如下：

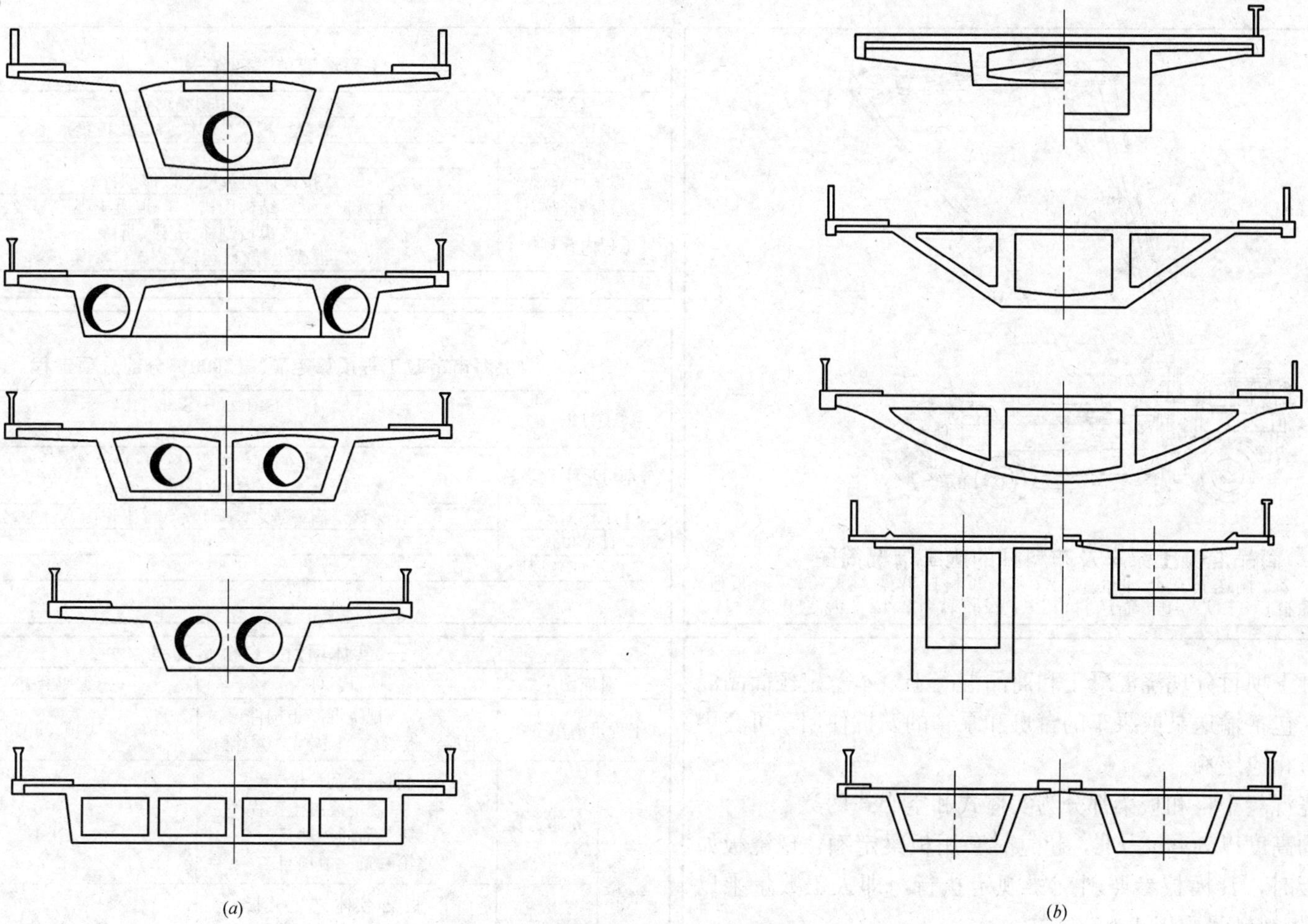

(*a*)

(*b*)

典型箱形截面形式简图

（*a*）箱形截面形式之一；（*b*）箱形截面形式之二

表 C.3　现浇混凝土构件（项目编码：040303013）混凝土箱梁（实体、空心式板梁）

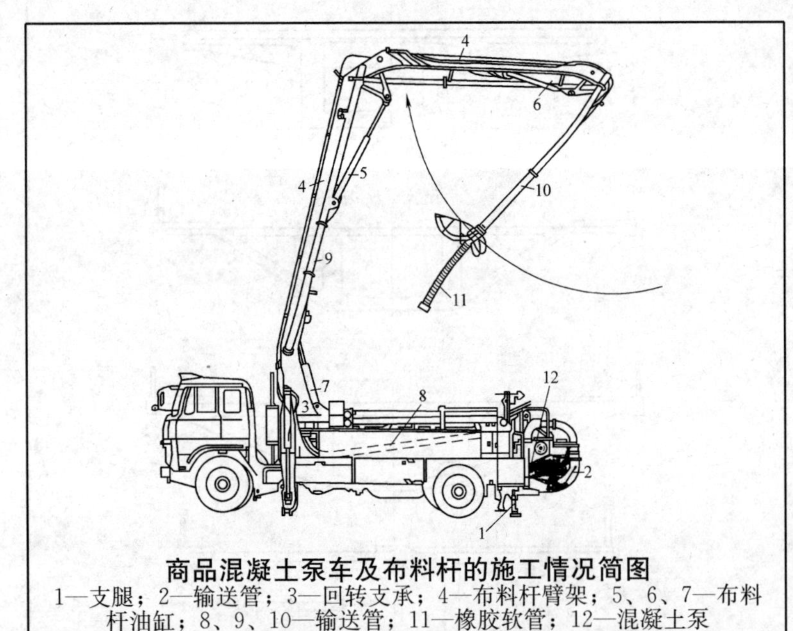

商品混凝土泵车及布料杆的施工情况简图

1—支腿；2—输送管；3—回转支承；4—布料杆臂架；5、6、7—布料杆油缸；8、9、10—输送管；11—橡胶软管；12—混凝土泵

混凝土项目分现浇混凝土和商品混凝土，本章定额商品混凝土中未包括输送泵或泵车的台班和泵管的安拆使用，可套用通用项目相应定额。

现浇混凝土板和板梁都分为实体式和空心式两类。

板的高度以 30cm 为准，超过时套用板梁定额，现浇板如为斜交板时，其模板参照斜交梁规定执行，即人工数量乘以 1.2，模板摊销量乘以 1.05。

如果是现浇异形板，模板应另行计算。

工程量清单“四统一”

项目编码	040303013
项目名称	混凝土板梁(实体、空心式板梁)
计量单位	m^3
工程量计算规则	按设计图示尺寸以体积计算
项目特征描述	1. 部位　2. 结构形式　3. 混凝土强度等级
工程内容规定	1. 模板制作、安装、拆除 2. 混凝土拌合、运输、浇筑　3. 养护

《上海市市政工程预算定额》(2000) 分部分项工程

子目编号	S4-6-60～S4-6-64、 S1-1-30～S1-1-35
分部分项工程名称	矩形(空心、微弯)板；T(I)形梁； 实心(空心)板梁；箱形梁
工作内容	详见该定额编号之“项目表”中“工作内容”的规定
计量单位	m^3
工程量计算规则	

一、实体项目　C 桥涵工程

对应图示		项目名称	编码/编号
工程量清单分类		表 C.3 现浇混凝土构件 [混凝土板梁(实体、空心式板梁)]	040303013
定额章节	分部工程	第四册桥涵及护岸工程 第六章现浇混凝土工程 第一册通用项目 第一章一般项目	S4-6- S1-1-
	分项子目	9. 板梁(实体、空心式板梁—混凝土、商品混凝土) 13. 商品混凝土输送及泵管安拆使用	S4-6-60～S4-6-64 S1-1-30～S1-1-35

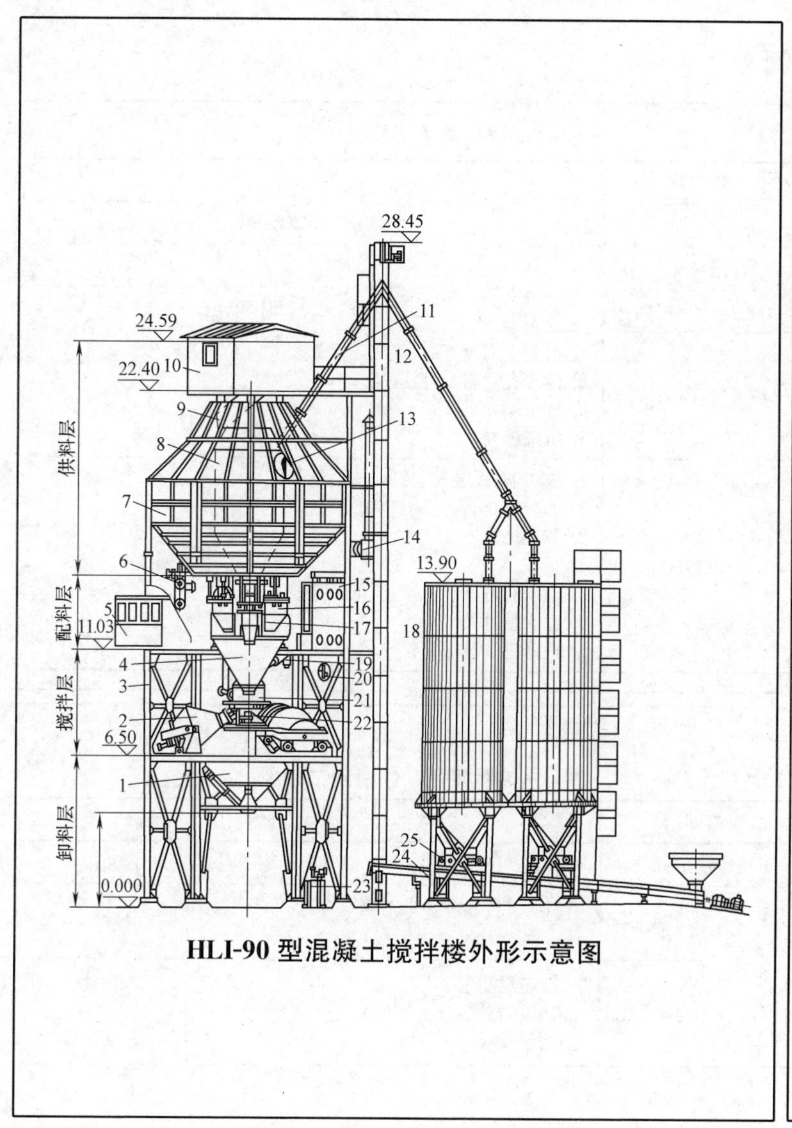

HLI-90 型混凝土搅拌楼外形示意图

混凝土板梁一般分为实心板梁和空心板梁。实心板梁由钢筋混凝土或预应力混凝土制成。常用在桥孔结构的顶底面平行、横截面为矩形的板状桥梁中。空心板桥系由实心板桥挖孔而成。

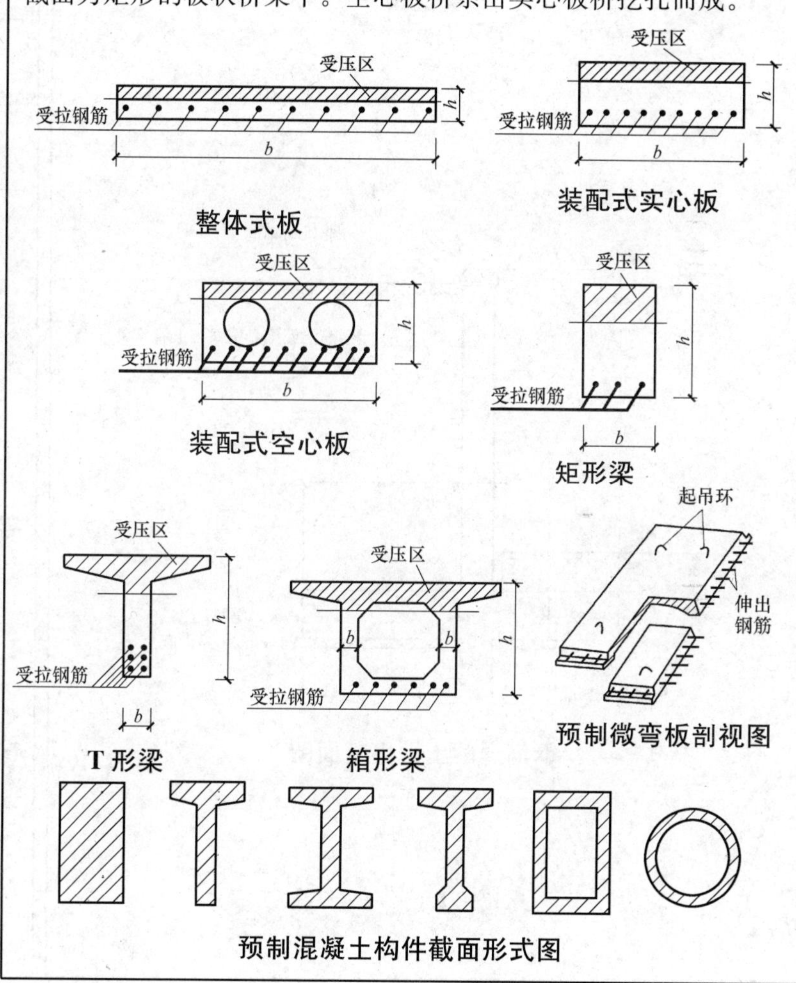

预制混凝土构件截面形式图

表 C.3 现浇混凝土构件（项目编码：040303015）混凝土挡墙墙身

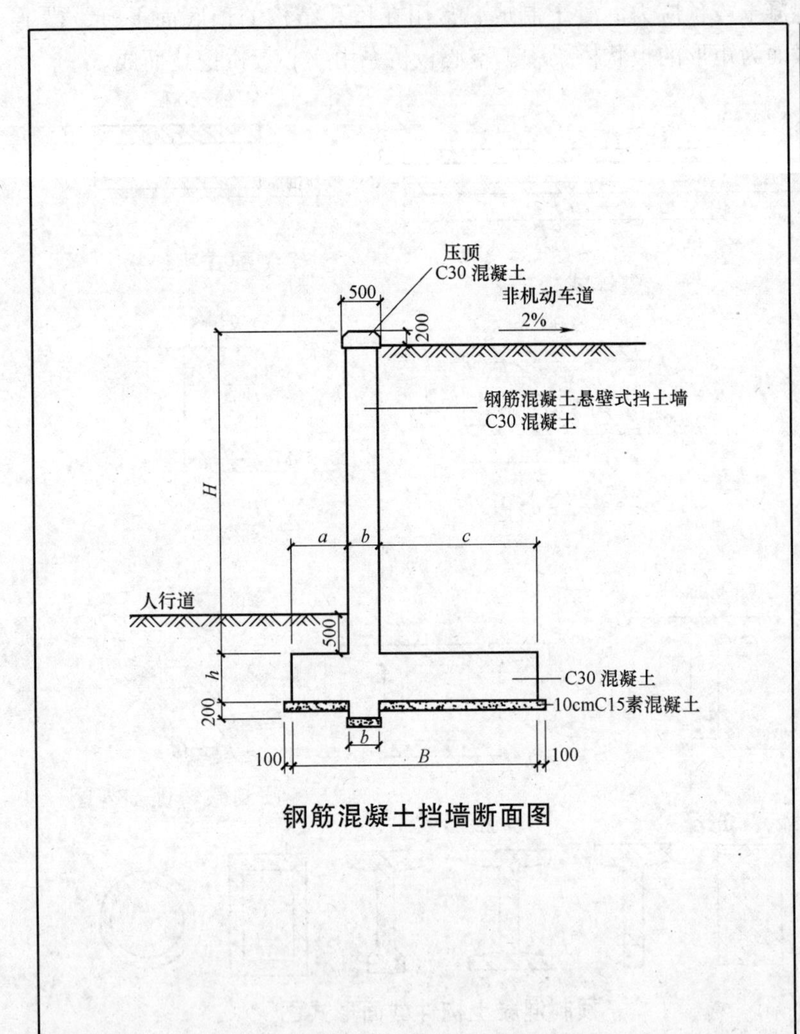

钢筋混凝土挡墙断面图

工程量清单“四统一”

项目编码	040303015
项目名称	混凝土挡墙墙身
计量单位	m^3
工程量计算规则	按设计图示尺寸以体积计算
项目特征描述	1. 混凝土强度等级 2. 泄水孔材料品种、规格 3. 滤水层要求 4. 沉降缝要求
工程内容规定	1. 模板制作、安装、拆除 2. 混凝土拌合、运输、浇筑 3. 养护 4. 抹灰 5. 泄水孔制作、安装 6. 滤水层铺筑 7. 沉降缝安装

一、实体项目　C 桥涵工程

对应图示		项目名称	编码/编号
工程量清单分类		表 C.3 现浇混凝土构件(混凝土挡墙墙身)	040501015
定额章节	分部工程	第四册　桥涵及护岸工程 第六章 现浇混凝土工程	S4-6-
	分项子目	1. 挡墙混凝土 2. 挡墙商品混凝土 3. 挡墙模板	S4-6-85 S4-6-86 S4-6-87

表 C. 3　现浇混凝土构件（项目编码：040303016）混凝土挡墙压顶

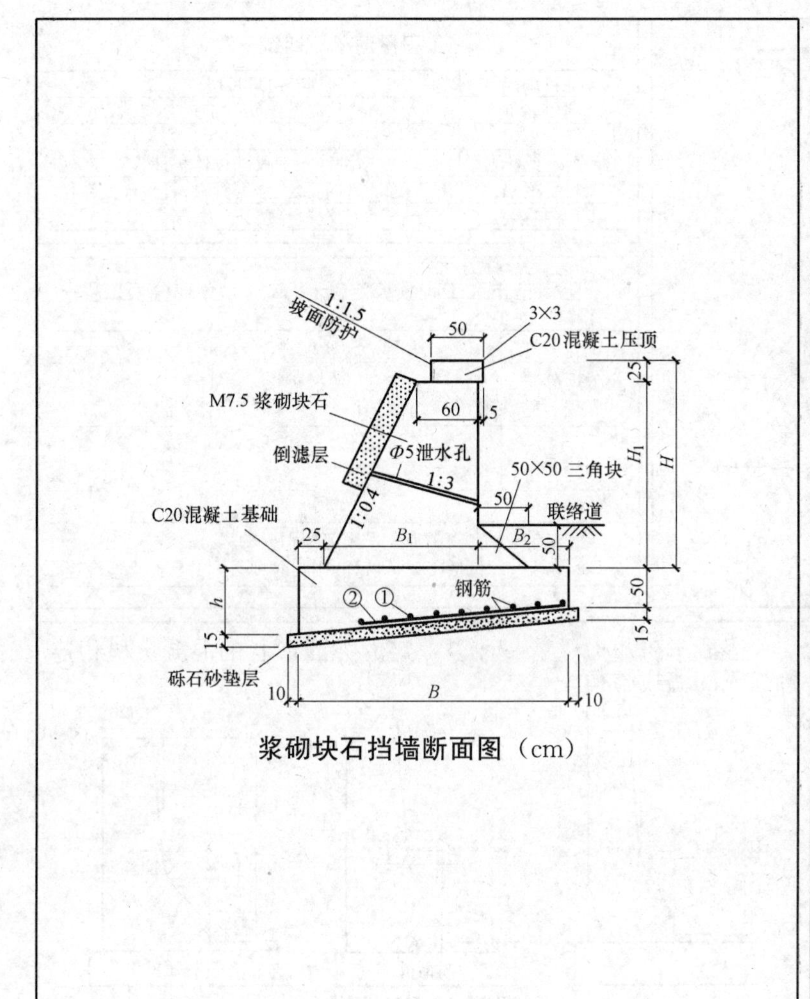

浆砌块石挡墙断面图（cm）

工程量清单“四统一”

项目编码	040303016
项目名称	混凝土挡墙压顶
计量单位	m^3
工程量计算规则	按设计图示尺寸以体积计算
项目特征描述	1. 混凝土强度等级　2. 沉降缝要求
工程内容规定	1. 模板制作、安装、拆除　2. 混凝土拌合、运输、浇筑 3. 养护　4. 抹灰　5. 泄水孔制作、安装 6. 滤水层铺筑　7. 沉降缝

一、实体项目　C 桥涵工程

对应图示		项目名称	编码/编号
工程量清单分类		表 C. 3　现浇混凝土构件 （混凝土挡墙压顶）	040303016
定额章节	分部工程	第五册排水管道工程　第一章开槽埋管	S4-6-
	分项子目	1. 压顶混凝土 2. 压顶混凝土模板 3. 泵送混凝土增加费	S4-6-88～S4-6-89 S4-6-90 S1-1-30～S1-1-35

表 C.3 现浇混凝土构件（项目编码：040303018）混凝土防撞防栏

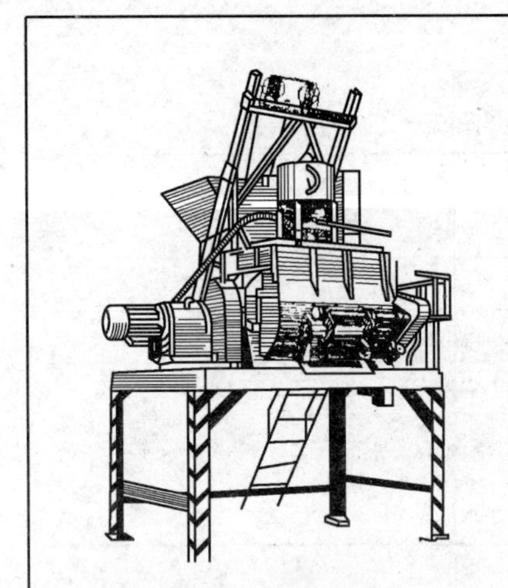

单卧轴式混凝土搅拌机外形图
（现浇混凝土—防撞护栏混凝土）

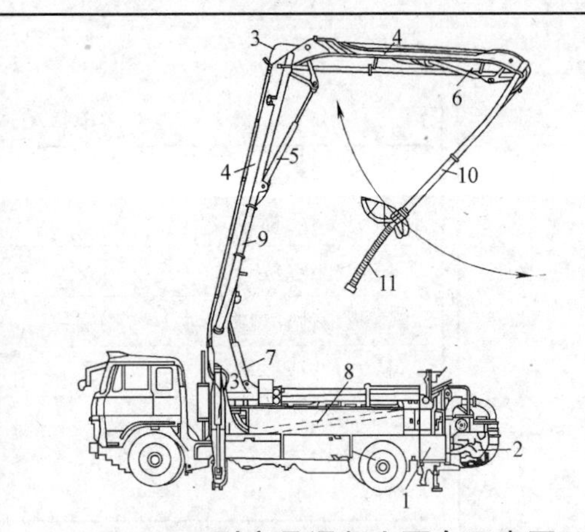

DC-S115B 型商品混凝土泵车示意图
（防撞护栏混凝土）

1—混凝土泵；2—混凝土输送管；3—布料杆支承装置；4—布料杆臂架；5、6、7—油缸；8、9、10—混凝土输送管；11—软管

工程量清单“四统一”

项目编码	040303018
项目名称	混凝土防撞护栏
计量单位	m^3
工程量计算规则	按设计图示尺寸以体积计算
项目特征描述	1. 断面　2. 混凝土强度等级、石料最大粒径
工程内容规定	1. 混凝土浇筑　2. 养护

《上海市市政工程预算定额》（2000）分部分项工程

子目编号	S4-6-67～S4-6-68、S1-1-30～S1-1-35
分部分项工程名称	防撞护栏混凝土（现浇混凝土、泵送商品混凝土）
工作内容	详见该定额编号之“项目表”中“工作内容”的规定
计量单位	m^3
工程量计算规则	定额中唯一采用定型钢模的，防撞护栏定额中未包括支架，可以套用临时项目中的悬挑支架计算

对应图示		项目名称	编码/编号
一、实体项目　C 桥涵工程			
工程量清单分类		表 C.3　现浇混凝土构件（混凝土防撞护栏）	040303018
定额章节	分部工程	第四册桥涵及护岸工程 第六章现浇混凝土工程 第一册通用项目 第一章一般项目	S4-6- S1-1-
	分项工程	10. 其他构件（防撞护栏—混凝土、商品混凝土）13. 商品混凝土输送及泵管安拆使用	S4-6-67～S4-6-68 S1-1-30～S1-1-35

混凝土防撞护栏是一种以一定的截面形状的混凝土块相连接而成的墙式结构。

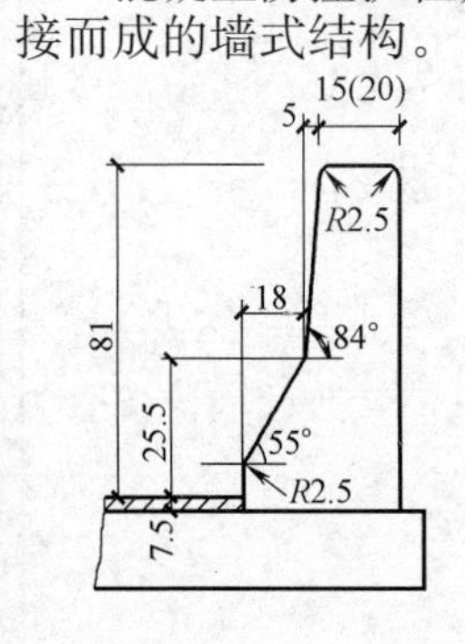

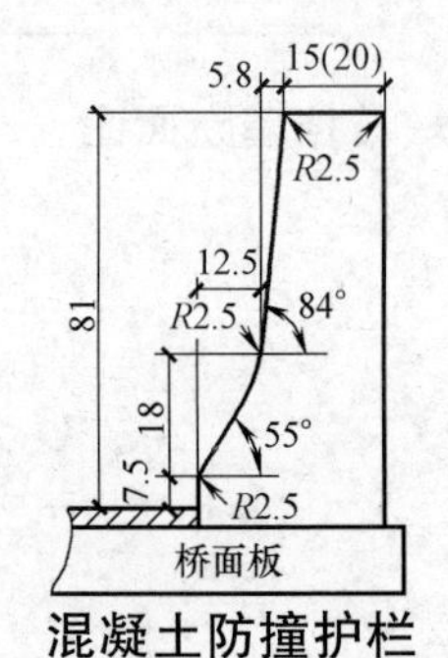

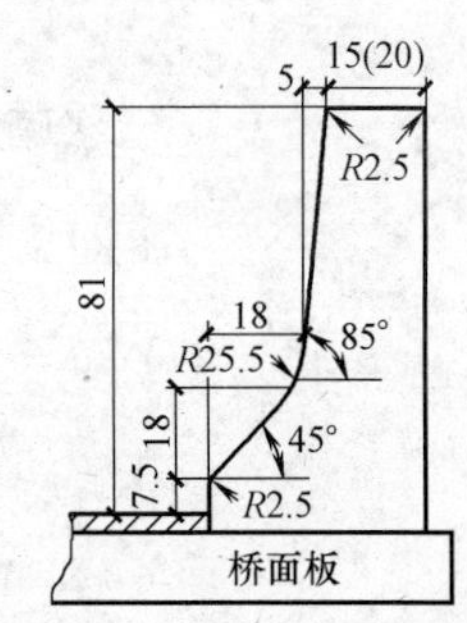

混凝土防撞护栏

表 C.3　现浇混凝土构件（项目编码：040303019）桥面铺装

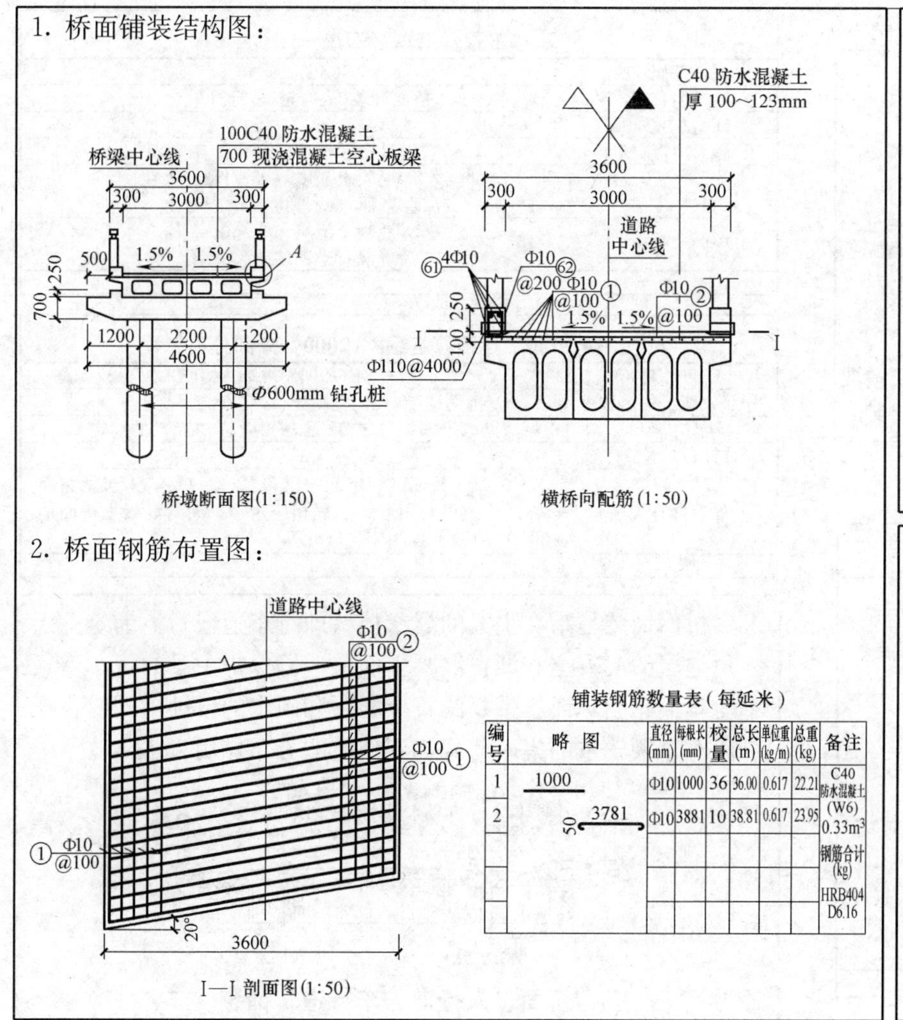

铺装钢筋数量表（每延米）

编号	略图	直径(mm)	每根长(mm)	校量	总长(m)	单位重(kg/m)	总重(kg)	备注
1	1000	Φ10	1000	36	36.00	0.617	22.21	C40 防水混凝土 (W6) 0.33m³ 钢筋合计(kg) HRB404 D6.16
2	50 3781	Φ10	3881	10	38.81	0.617	23.95	

工程量清单“四统一”

项目编码	040303019
项目名称	桥面铺装
计量单位	m^2
工程量计算规则	按设计图示尺寸以面积计算
项目特征描述	1. 混凝土强度等级　2. 沥青品种 3. 沥青混凝土种类　4. 厚度　5. 配合比
工程内容规定	1. 模板制作、安装、拆除　2. 混凝土拌合、运输、浇筑 3. 养护　4. 沥青混凝土铺装　5. 碾压

一、实体项目　C 桥涵工程

对应图示		项目名称	编码/编号
工程量清单分类		表 C.3　现浇混凝土构件(桥面铺装)	040303019
定额章节	分部工程	附录桥涵工程 表 C.3 现浇混凝土构件	S5
	分项子目	1. 桥面铺装车行道混凝土 2. 桥面铺装车行道商品混凝土 3. 桥面铺装人行道混凝土	S4-6-98 S4-6-99 S4-6-97

表 C.3　现浇混凝土构件（项目编码：040303019）桥面铺装（人行道-车行道）

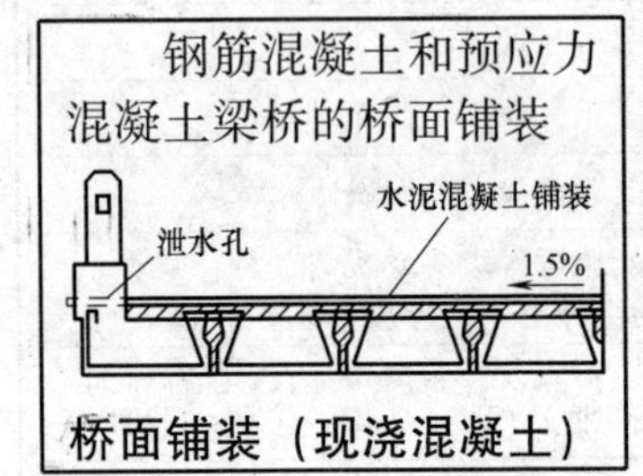

桥面铺装（现浇混凝土）

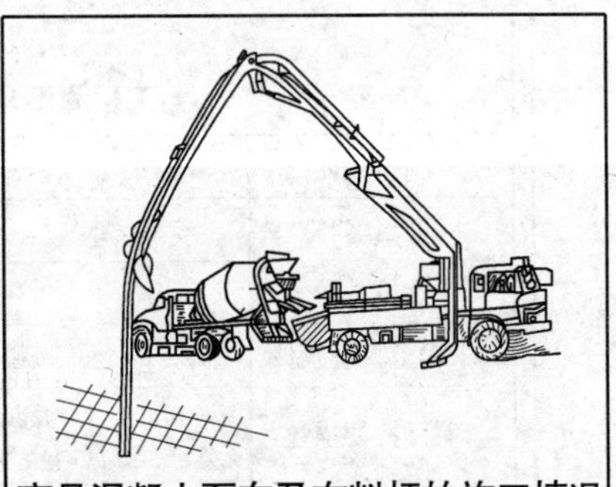
商品混凝土泵车及布料杆的施工情况（现浇混凝土桥面—车行道铺装）

一、实体项目　C 桥涵工程			
对应图示		项目名称	编码/编号
工程量清单分类		表 C.3 现浇混凝土构件［桥面铺装(人行道—车行道)］	040303019
定额章节	分部工程	第四册桥涵及护岸工程 第六章现浇混凝土工程 第一册通用项目　第一章一般项目	S4-6- S1-1-
	分项子目	15. 桥面铺装(人行道—混凝土) 15. 桥面铺装(车行道—混凝土、商品混凝土) 13. 商品混凝土输送及泵管安拆使用	S4-6-97 S4-6-98～S4-6-99 S1-1-30～S1-1-35

工程量清单“四统一”	
项目编码	040303019
项目名称	桥面铺装(人行道-车行道)
计量单位	m^2
工程量计算规则	按设计图示尺寸以面积计算
项目特征描述	1. 部位　2. 混凝土强度等级、石料最大粒径 3. 沥青品种　4. 厚度　5. 配合比
工程内容规定	1. 混凝土浇筑　2. 养护 3. 沥青混凝土铺装　4. 碾压

《上海市市政工程预算定额》(2000) 分部分项工程	
子目编号	S4-6-97～S4-6-99、S1-1-30～S1-1-35
分部分项工程名称	桥面铺装(现浇混凝土、泵送商品混凝土)
工作内容	详见该定额编号之“项目表”中“工作内容”的规定
计量单位	m^2
工程量计算规则	水泥混凝土桥面铺装定额中已包括模板摊销，未包括路面锯纹，发生时可套用道路工程相应定额。沥青混凝土桥面铺装也套用道路工程相应定额计算

桥面铺装是指在主梁的翼缘板（即行车道板）上铺筑一层三角垫层的混凝土和沥青混凝土面层，以保护主梁的行车道板不受车辆轮胎（或履带）的直接磨损和雨水的侵蚀，同时，还可以对车辆轮重的集中荷载起到一定的分布作用。

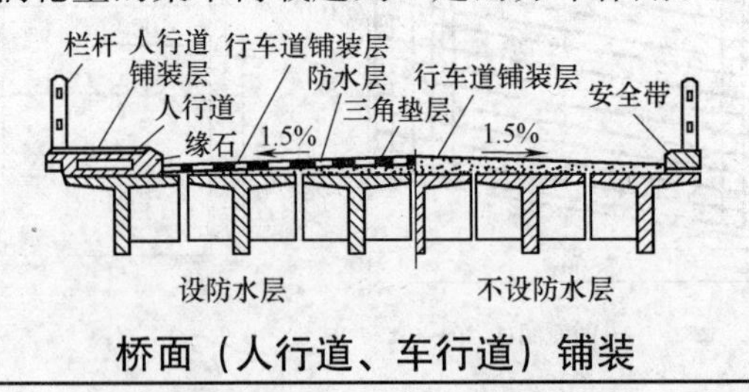

桥面（人行道、车行道）铺装

表 C.3 现浇混凝土构件（项目编码：040303020）混凝土桥头搭板

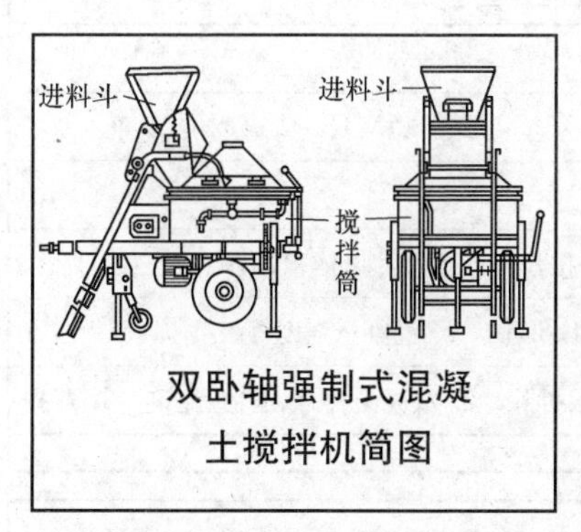

双卧轴强制式混凝土搅拌机简图

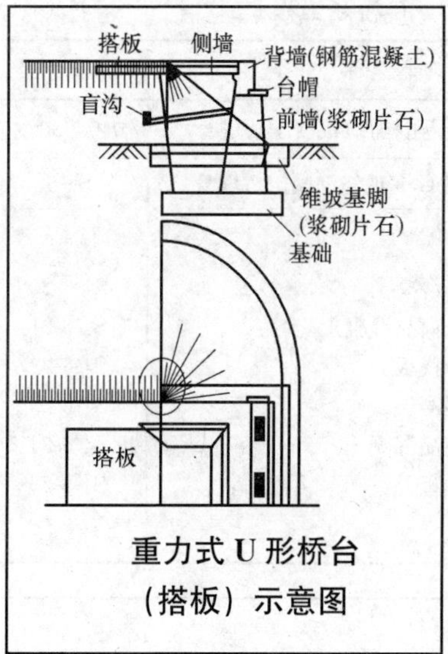

重力式 U 形桥台（搭板）示意图

桥头搭板是指一端搭在桥头或悬臂梁端，另一端部分长度置于引道路面底基层或垫层上的混凝土或钢筋混凝土板。桥头搭板是用于防止桥端连接部分的沉降而采取的措施，搁置在桥台或悬壁梁板端部和填土之间，随着填土的沉降而能够转动，车辆行驶时可起到缓冲作用。即使台背填土沉降也不至于产生凹凸不平。

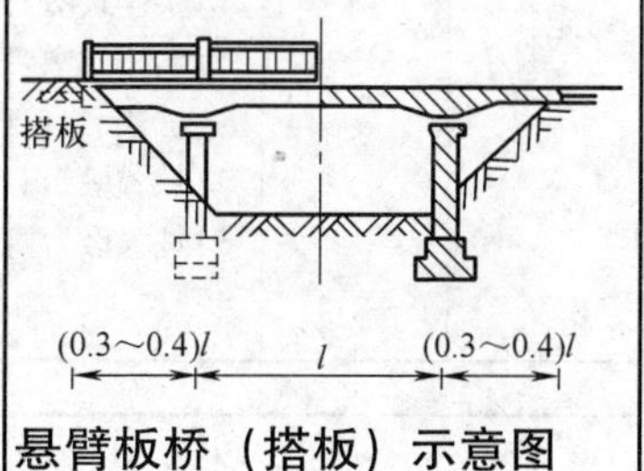

悬臂板桥（搭板）示意图

工程量清单“四统一”	
项目编码	040303020
项目名称	混凝土桥头搭板
计量单位	m³
工程量计算规则	按设计图示尺寸以体积计算
项目特征描述	混凝土强度等级、石料最大粒径
工程内容规定	1. 混凝土浇筑 2. 养护

《上海市市政工程预算定额》(2000) 分部分项工程	
子目编号	S4-6-54、S1-1-30～S1-1-35
分部分项工程名称	桥头搭板（现浇混凝土、泵送商品混凝土）
工作内容	详见该定额编号“项目表”中“工作内容”的规定
计量单位	m³
工程量计算规则	

一、实体项目 C 桥涵工程			
对应图示		项目名称	编码/编号
工程量清单分类		表 C.3 现浇混凝土构件（混凝土桥头搭板）	040303020
定额章节	分部工程	第四册桥涵及护岸工程 第六章现浇混凝土工程 第一册通用项目 第一章一般项目	S4-6- S1-1-
	分项子目	8. 板（桥头搭板—混凝土、商品混凝土） 13. 商品混凝土输送及泵管安拆使用	S4-6-54 S1-1-30～S1-1-35

表 C.3 现浇混凝土构件（项目编码：040303022）混凝土桥塔身

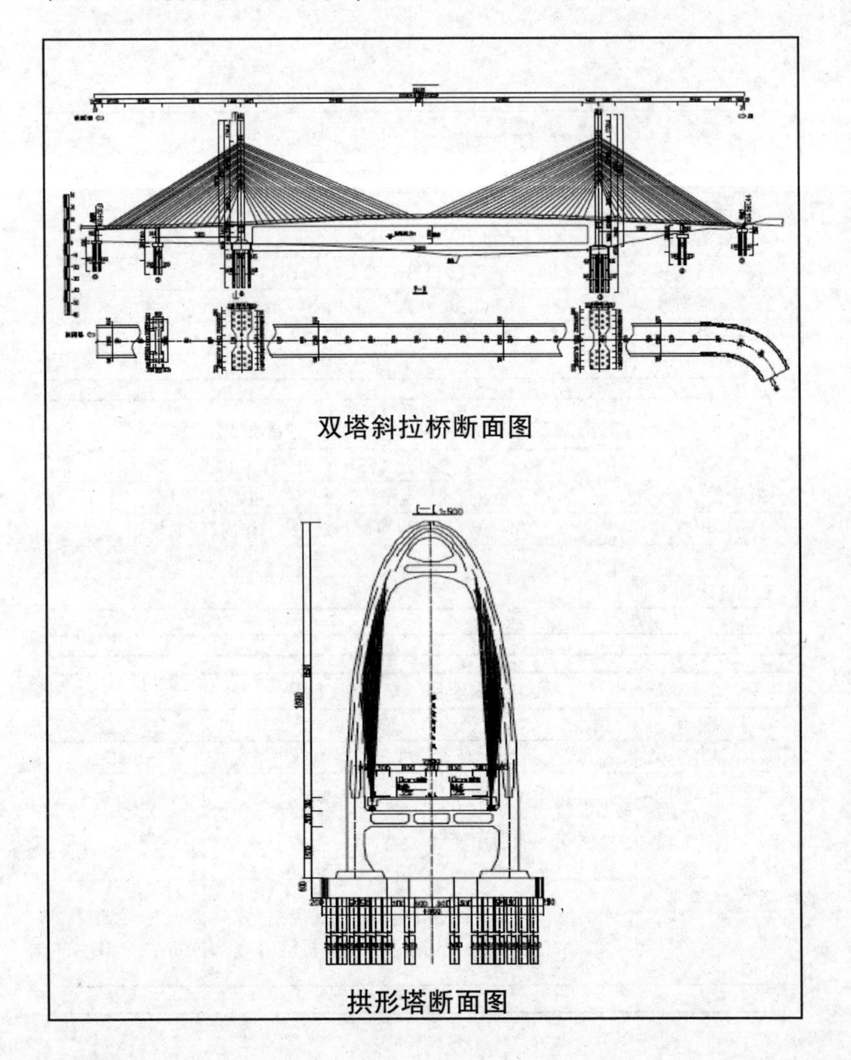

双塔斜拉桥断面图

拱形塔断面图

工程量清单“四统一”	
项目编码	040303022
项目名称	混凝土桥塔身
计量单位	m^3
工程量计算规则	按设计图示尺寸以体积计算
项目特征描述	1. 形状　2. 混凝土强度等级
工程内容规定	1. 模板制件、安装、拆除　2. 混凝土拌合、运输、浇筑　3. 养护

一、实体项目　C 桥涵工程			
对应图示		项目名称	编码/编号
工程量清单分类		表 C.3 现浇混凝土构件(混凝土桥塔身)	040303022
定额章节	分部工程	附录桥涵工程 表 C.3 现浇混凝土桥塔身	S4-6
	分项子目	1. 实体式墩台身混凝土 2. 实体式墩台身商品混凝土 3. 实体式墩台身模板 4. 柱式墩台身混凝土 5. 柱式墩台身商品混凝土 6. 柱式墩台身模板	S4-6-20 S4-6-21 S4-6-22 S4-6-23 S4-6-24 S4-6-25

表 C.3　现浇混凝土构件（项目编码：040303024）混凝土其他构件

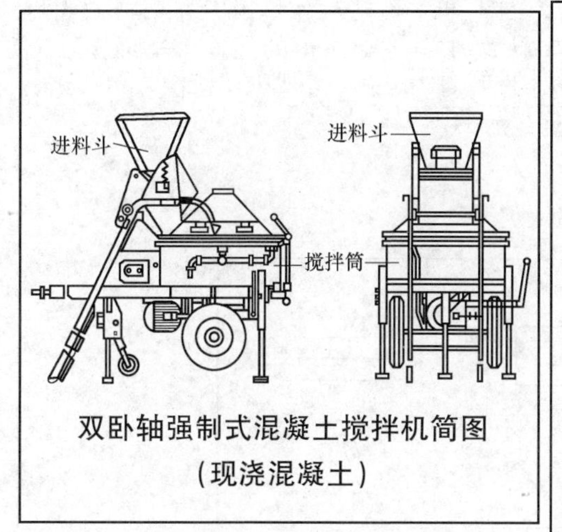

双卧轴强制式混凝土搅拌机简图
（现浇混凝土）

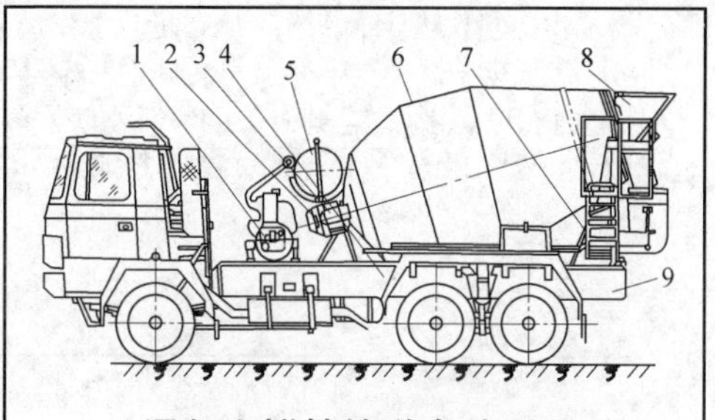

混凝土搅拌输送车外形图
（非泵送商品混凝土）
1—泵连接组件；2—减速机总成；3—液压系统；4—机架；5—供水系统；6—搅拌筒；7—操纵系统；8—进出料装置；9—底盘车

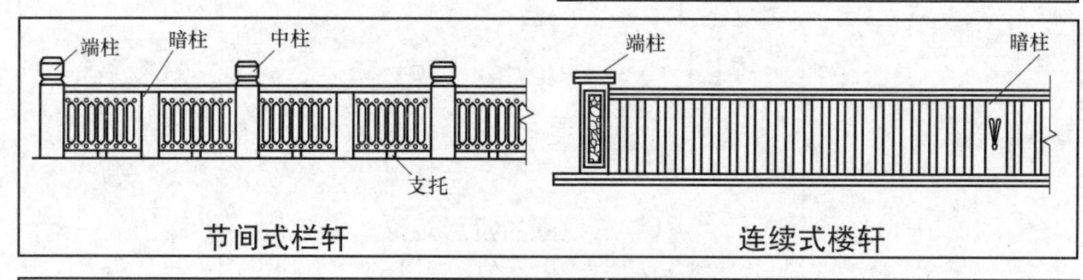

节间式栏轩　　连续式楼轩

一、实体项目　C 桥涵工程

对应图示		项目名称	编码/编号
工程量清单分类		表 C.3 现浇混凝土构件（混凝土其他构件）	040303024
定额章节	分部工程	第四册桥涵及护岸工程　第六章现浇混凝土工程	S4-6-
	分项工程	10. 其他构件（立柱、端柱、灯柱、地梁、侧石、缘石—混凝土、非泵送商品混凝土）	S4-6-70～S4-6-71 S4-6-73～S4-6-74

工程量清单“四统一”

项目编码	040303024
项目名称	混凝土其他构件
计量单位	m^3
工程量计算规则	按设计图示尺寸以体积计算
项目特征描述	1. 部位 2. 混凝土强度等级、石料最大粒径
工程内容规定	1. 混凝土浇筑 2. 养护

《上海市市政工程预算定额》（2000）分部分项工程

子目编号	S4-6-70～S4-6-71、S4-6-73～S4-6-74
分部分项工程名称	混凝土小型构件（现浇混凝土、非泵送商品混凝土）
工作内容	详见该定额编号之“项目表”中“工作内容”的规定
计量单位	m^3
工程量计算规则	栏杆等其他构件不按接触面积计算，按预制时的平面投影面积（不扣除空心面积）计算，指难以计算实际面积的不规则构件

混凝土小型构件包括侧石、地梁、端柱等。侧石用混凝土预制块或料石做成。地梁指连接两柱基的连系梁。端柱的一端与其他构件连接，另一端悬空。

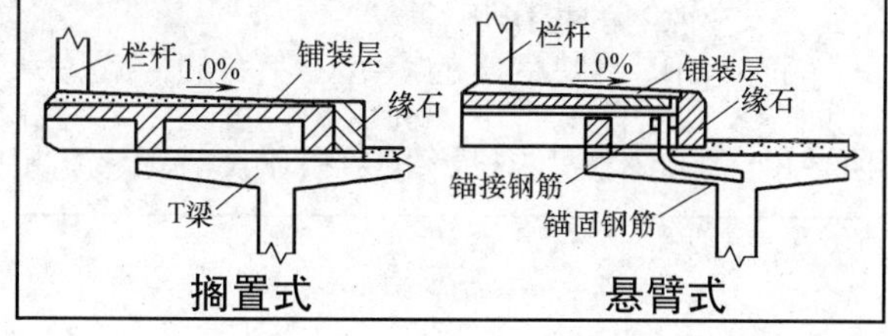

搁置式　　悬臂式

1. 三视图的形成和图样的布置

将工程形体向三个互相垂直的投影面 H（水平投影面）、V（正立投影面）、W（侧立投影面）作正投影，就得到工程形体的三面视图，简称三称图。如下图（a）将某一台阶向 H、V、W 面作从上向下、从前向后、从左向右的正投影，如将三个互相垂直的投影面保持图（a）所示的展开方式，就可得到图（b）所示的三视图。按规定，将工程形体向 H 面作正投影所得的图称为平面图，向 V 面作正投影所得的图称为正立面图，向 W 面作正投影所得的图称为左侧立面图。为了使图样清晰起见，不必画出投影间的联系线，各视图间的距离，通常可根据绘图的比例、标注尺寸所需要的位置，并结合图纸幅面等因素来确定。

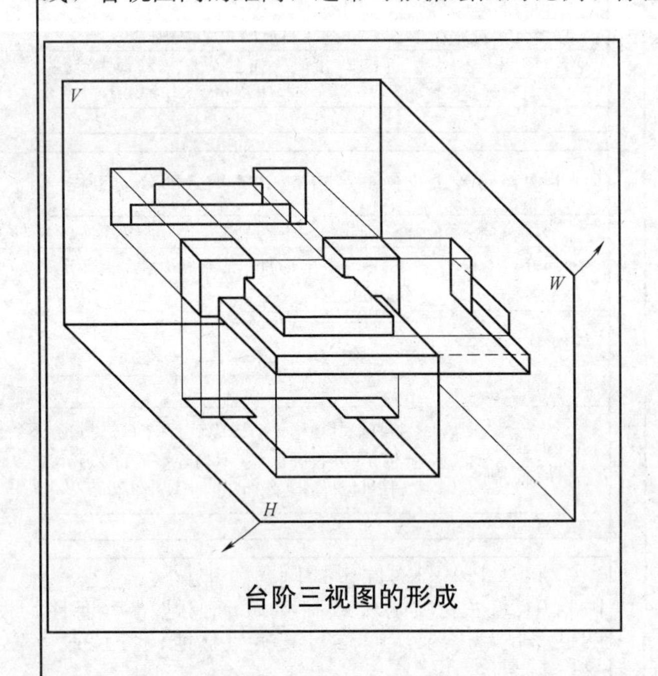

台阶三视图的形成

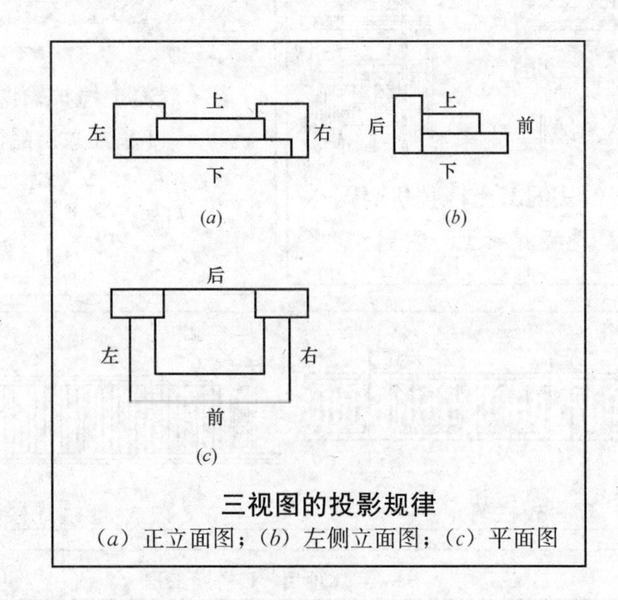

三视图的投影规律

（a）正立面图；（b）左侧立面图；（c）平面图

2. 三视图的投影规律

正立面图反映台阶的上下、左右的位置关系，即高度和长度；平面图反映台阶的左右、前后的位置关系，即长度和宽度；左侧立面图反映台阶的上下、前后的位置关系，即高度和宽度。虽然在三视图中不画各投影间的联系线，但三视图间仍然保持画法几何所述的各投影之间的投影联系和“长对正、宽相等、高平齐”的三等规律。

表 C.3 现浇混凝土构件（项目编码：040303025）钢管拱混凝土

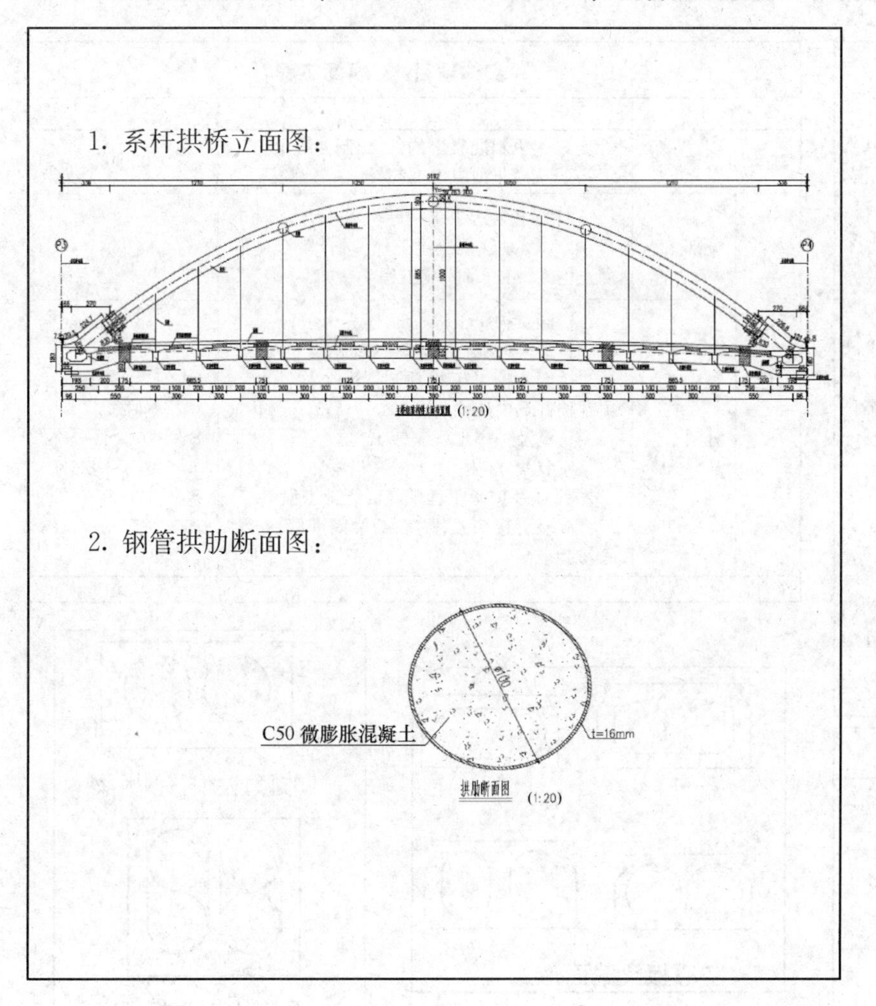

工程量清单“四统一”	
项目编码	040303025
项目名称	钢管拱混凝土
计量单位	m^3
工程量计算规则	按设计图示尺寸以体积计算
项目特征描述	混凝土强度等级
工程内容规定	混凝土拌合、运输、压注

一、实体项目　C 桥涵工程			
对应图示		项目名称	编码/编号
工程量清单分类		表 C.3 现浇混凝土构件（钢管拱混凝土）	040303025
定额章节	分部工程	附录桥涵工程 表 C.3 现浇混凝土钢管拱混凝土	
	分项子目	1. 灌注 C50 微膨胀混凝土	S4-4-21

表 C. 4 预制混凝土构件（项目编码：040304001）预制混凝土梁（非预应力空心板梁）

板与板梁工程量计算规则

现浇混凝土板和板梁都分为实体式和空心式两类。

板的高度以 30cm 为准，超过时套用板梁定额，现浇板如为斜交板时，其模板参照斜交梁规定执行，即人工数量乘以 1.2，模板摊销量乘以 1.05。如果是现浇异形板，模板应另行计算。

（1）混凝土工程量按设计图示尺寸以实体积计算，不包括空心板、空心梁的空心体积，不扣除钢筋、铁丝、铁件、预留压浆孔道和螺栓所占的体积。

（2）现浇混凝土墙、板上单孔面积在 0.3m^2 以下的孔洞体积不予扣除，孔洞侧壁模板不计工程量；单孔面积在 0.3m^2 以上的应予扣除，孔洞侧壁模板并入墙、板模板工程量。也就是说：在计算混凝土和模板工程量时如果遇到单孔面积 0.3m^2 以下的孔洞，就当这个孔洞不存在；而当孔洞单孔面积在 0.3m^2 以上时，应按实计算。

（3）预制空心构件按设计图示尺寸以实体积计算，不包括空心部分的体积。空心板梁的堵头板体积不计。

（4）预制空心板梁采用橡胶囊做内模，如设计未考虑橡胶囊变形可增计混凝土工程量，梁长 16m 以下时按设计计算体积增计 7%，梁长 16m 以上时增计 9%。

工程量清单"四统一"

项目编码	040304001
项目名称	预制混凝土梁(非预应力空心板梁)
计量单位	m^3
工程量计算规则	按设计图示尺寸以体积计算
项目特征描述	1. 部位 2. 图集、图纸名称 3. 构件代号、名称 4. 混凝土强度等级 5. 砂浆强度等级
工程内容规定	1. 模板制作、安装、拆除 2. 混凝土拌合、运输、浇筑 3. 养护 4. 构件安装 5. 接头灌缝 6. 砂浆制作 7. 运输

一、实体项目　C 桥涵工程

对应图示		项目名称	编码/编码
工程量清单分类		表 C. 4 预制混凝土构件[预制混凝土梁(非预应力空心板梁)]	040304001
定额章节	分部工程	第四册 桥涵及护岸工程 第一章 临时工程、第六章 现浇混凝土工程、第七章 预制混凝土构件、第八章安装工程	S4-1、S4-6、S4-7、S4-8-
	分项子目	1. 桥涵及护岸工程临时工程 筑地模(混凝土地模—混凝土) 2. 桥涵及护岸工程预制混凝土构件 预制构件场内运输(构件重 10t、40t、60t 内) 3. 桥涵及护岸工程安装工程 安装梁(陆上、水上安装板梁) 4. 桥涵及护岸工程现浇混凝土工程 混凝土接头及灌缝(板梁间灌缝、板梁底勾缝土)	S4-1-32 S4-7-27、S4-7-28、S4-7-29 S4-7-70～S4-7-75 S4-8-9～S4-8-13、S4-8-14～S4-8-18 S4-6-77、S4-6-78

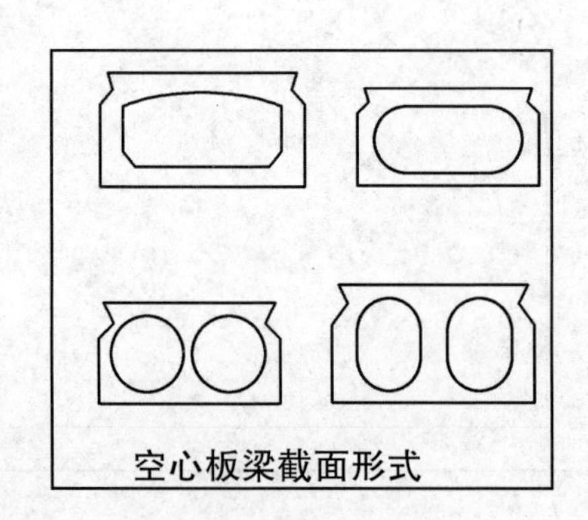
空心板梁截面形式

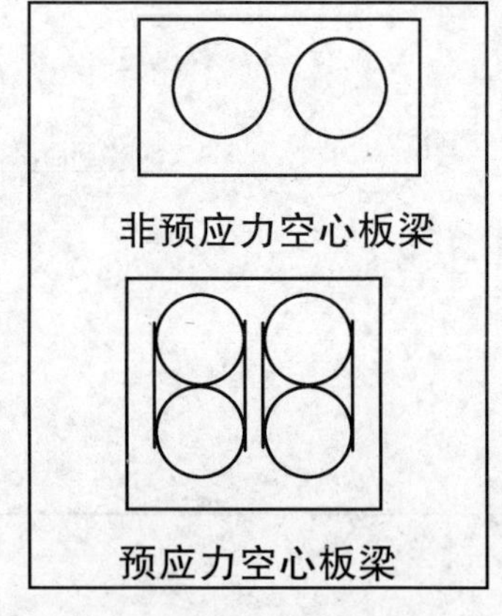
非预应力空心板梁

预应力空心板梁

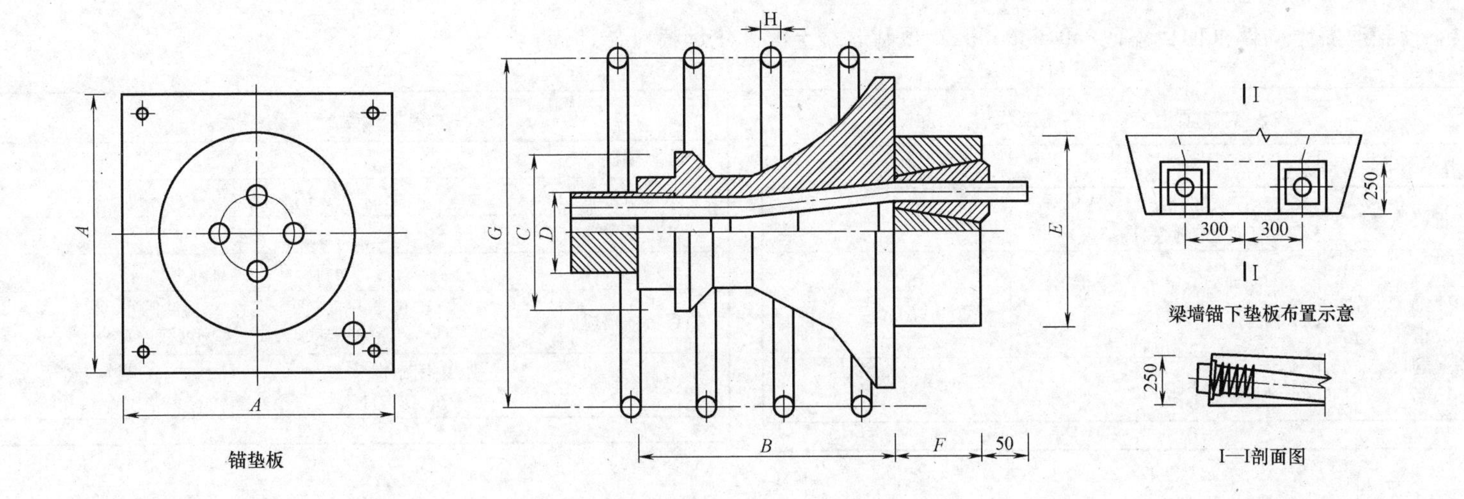
A
A
锚垫板
H
G
C
D
E
B
F
50
I
I
250
300
300
梁墙锚下垫板布置示意
250
I—I剖面图

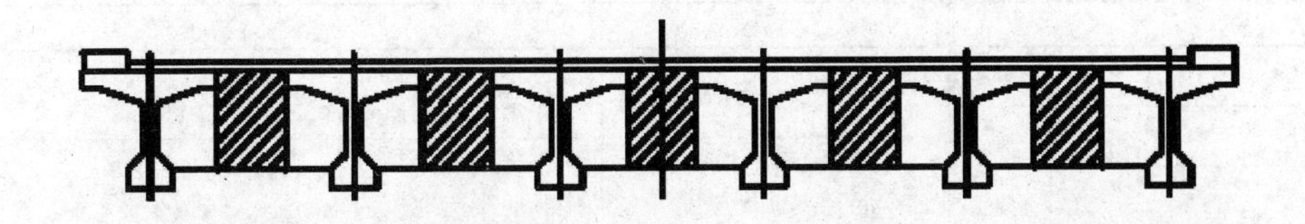

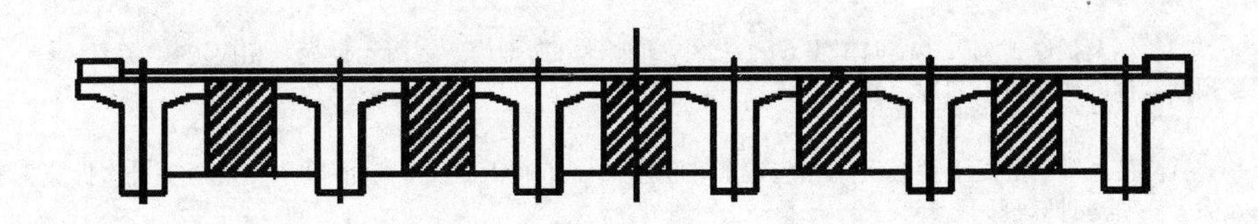

表 C.4 预制混凝土构件（项目编码：040304001）预制混凝土梁［筑地模（砖地模）］

一、实体项目　　C 桥涵工程		
对应图示	项目名称	编码/编号
工程量清单分类	表 C.4 预制混凝土构件［预制混凝土梁（筑地模、砖地模）］	040304001
分部工程项目、名称（所在《市政工程预算定额》册、章、节）	第四册桥涵及护岸工程 第一章临时工程	S4-1-
	8. 筑地模（砖地模）	S4-1-31～S4-1-32

工程量清单“四统一”	
项目编码	040304001
项目名称	预制混凝土梁［筑地模（砖地模）］
计量单位	m^3
工程量计算规则	按设计图示尺寸以体积计算
项目特征描述	1. 部位 2. 图集、图纸名称 3. 构件代号、名称 4. 混凝土强度等级 5. 砂浆强度等级
工程内容规定	1. 模板制作、安装、拆除 2. 混凝土拌合、运输、浇筑 3. 养护 4. 构件安装 5. 接头灌缝 6. 砂浆制作 7. 运输

现场预制混凝土构件地模工程量“算量”			
类型	计算公式	类型	计算公式
板式梁	按 $4m^2/m^3$ 混凝土地模计算	利用原有场地时	1. 不计地模费 2. 需加固和修复时，可另行计算
其他梁	按 $6m^2/m^3$ 混凝土地模计算		
桩	按 $3.5m^2/m^3$ 砖地模计算	拆除砖地模、混凝土地模厚度	1. 砖地模为 7.5cm 2. 混凝土地模为 10cm
其他构件	按 $4m^2/m^3$ 砖地模计算		

注：1. 选自《上海市市政工程预算定额》（2000）工程量计算规则及总、册说明，敬请参阅本“图释集”附录国家标准规范、全国及地方《市政工程预算定额》（附录F～H）的规定；
2. 根据《全国统一市政工程预算定额》（1999）总说明及各册、章说明，依据上海市市政工程预算定额修编大纲，结合上海市情况编制补充定额部分，请参阅《市政工程工程量清单“算量”手册》表 2-2“《全国统一市政工程预算定额》（1999）关于各省、自治区、直辖市编制补充定额部分等项目”中“胎、地模的占用面积可由各省、自治区、直辖市另行规定”的释义；
3. 地模铺筑套用《上海市市政工程预算定额》（2000）“桥涵及护岸工程”中临时工程 S4-1-：8. 筑地模（砖地模、混凝土地模）相应定额子目计算；
4. 地模分为砖地模和混凝土地模，地模数量以现场预制构件的数量按上列规定计算；
5. 混凝土地模的混凝土和模板需分别计算；
6. 对地模厚度作了说明，使拆除工程量计算能统一；拆除砖地模、混凝土地模套用相应定额，请参阅《市政工程工程量清单“算量”手册》拆除工程（项目编码：040801）中表 4-11“拆除工程工程量清单项目设置及工程量计算规则”释义。

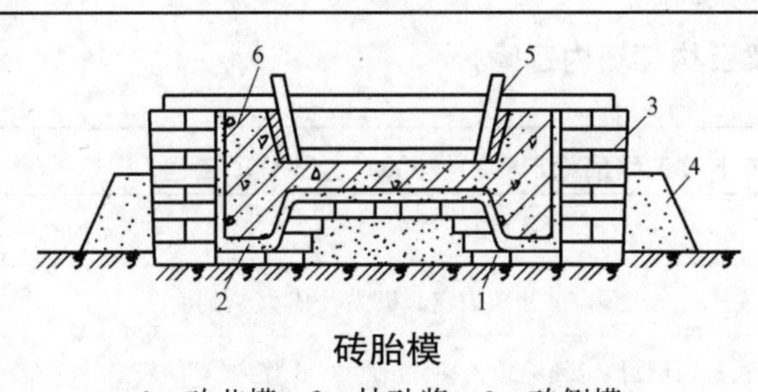

砖胎模

1—砖芯模；2—抹砂浆；3—砖侧模；
4—培土夯实；5—模；6—工字柱类构件

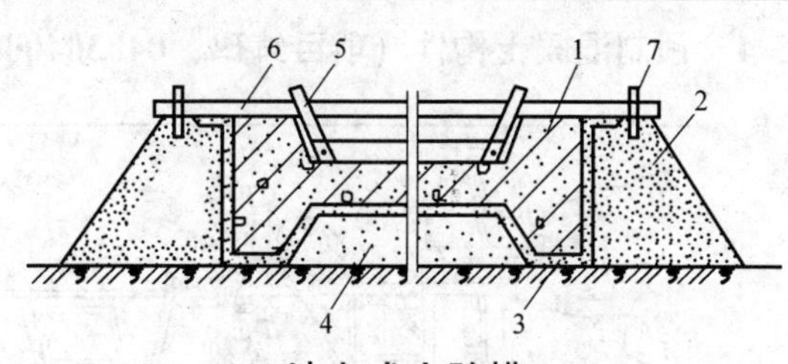

地上式土胎模

1—工字柱类构件；2—培土夯实；3—抹面；
4—灰土芯模；5—木芯模；6—吊帮方木；7—木桩

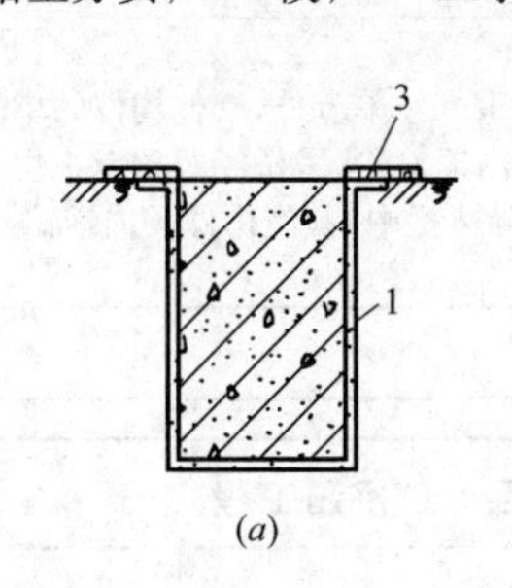

(*a*)

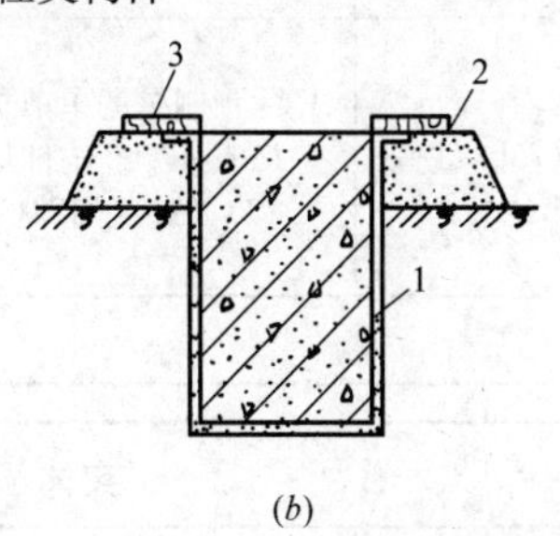

(*b*)

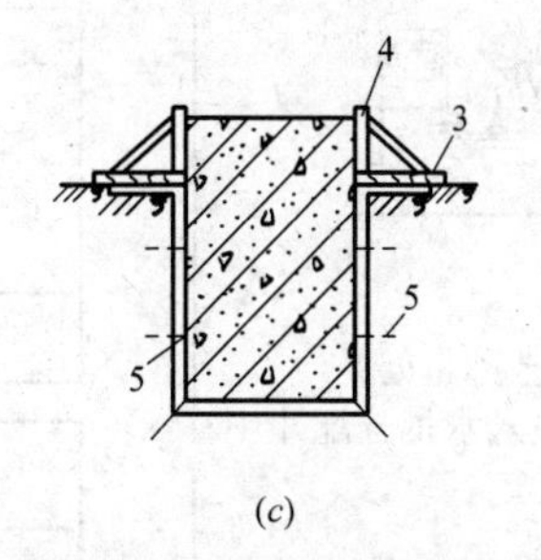

(*c*)

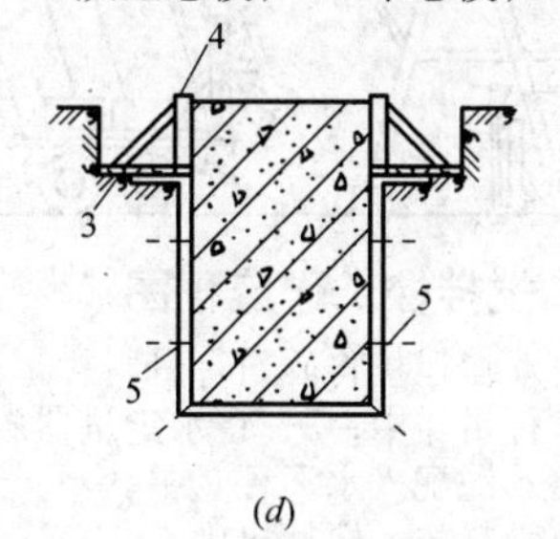

(*d*)

地下和半地下式土胎模制作地梁

（*a*）地下式土胎模；(*b*)、(*c*)、(*d*) 半地下式土胎模

1—抹面；2—培土夯实；3—脚手板；4—侧挡板；5—塑料薄膜、铁丝钉子固定

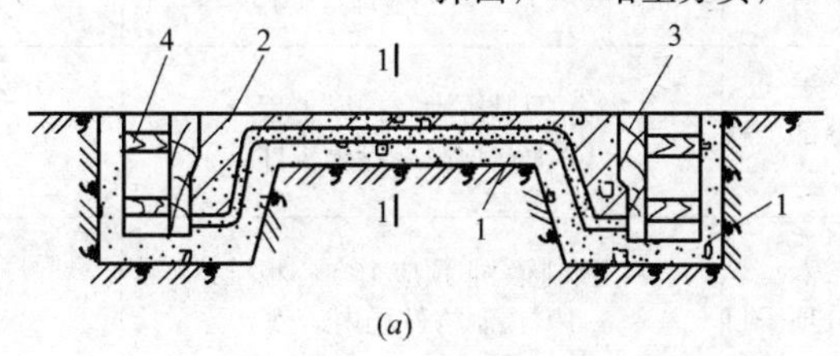

(*a*)

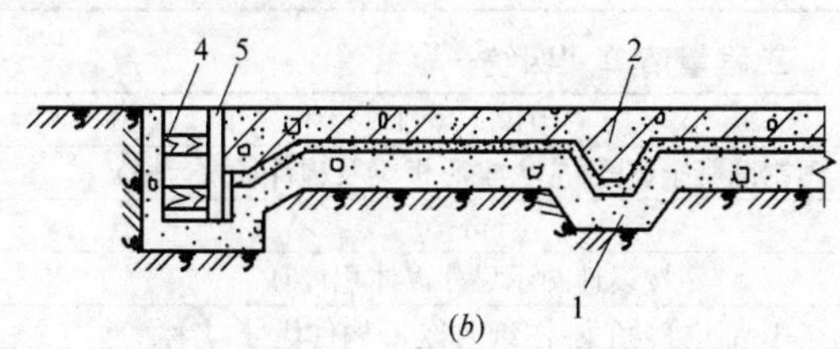

(*b*)

混凝土胎模

（*a*）横截面；(*b*) 1—1 纵截面

1—混凝土胎模；2—大型屋面板类构件；3—木或钢侧模；4—木撑；5—端模

表 C.4 预制混凝土构件（项目编码：040304001）预制混凝土梁（非预应力空心板梁及构件场内运输）

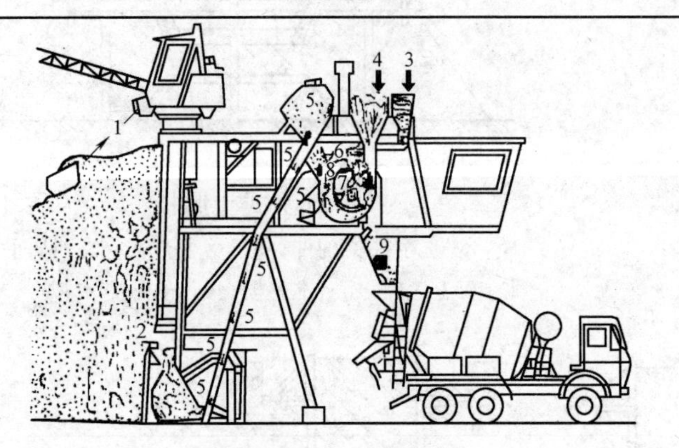

搅拌楼工作流程图

1—用径向拉铲机或自动拦运机将砂石等骨料拦运至称量处；
2—将砂、石骨料送入秤量斗中；3—将水定量器放入水量分配斗中；
4—借助螺旋输送器将水泥配入水泥秤盘中；
5—将秤量斗中砂、石骨料放入搅拌机中；
6—将定量水放入搅拌机中；
7—将水泥放入搅拌机中；8—将骨料、水泥及水进行搅拌；
9—将已搅拌完毕的混凝土放出

工程量清单“四统一”

项目编码	040304001
项目名称	预制混凝土(非预应力空心板梁及构件场内运输)
计量单位	m^3
工程量计算规则	按设计图示尺寸以体积计算
项目特征描述	1. 部位 2. 图集、图纸名称 3. 构件代号、名称 4. 混凝土强度等级 5. 砂浆强度等级
工程内容规定	1. 模板制作、安装、拆除 2. 混凝土拌合、运输、浇筑 3. 养护 4. 构件安装 5. 接头灌缝 6. 砂浆制作 7. 运输

《上海市市政工程预算定额》(2000) 分部分项工程

子目编号	S4-7-27、S4-7-70～S4-7-75
分部分项工程名称	预制非预应力空心板梁、构件场内运输
工作内容	详见该定额编号之“项目表”中“工作内容”的规定
计量单位	m^3
工程量计算规则	1. 除预制桩的单节桩重 m^3/单节外，其他构件的单件重 m^3/单件 2. 构件场内运输，参考桥涵及护岸工程表 D. 3 施工图图例导读栏中[预制构件场内运输]计算方法

一、实体项目 C 桥涵工程

对应图示		项目名称	编码/编号
工程量清单分类		表 C. 4 预制混凝土构件[预制混凝土梁(非预应力空心板梁及构件场内运输)]	040304001
定额章节	分部工程	第四册桥涵及护岸工程 第七章预制混凝土构件	S4-7-
	分项子目	4. 预制梁(非预应力空心板梁) 10. 预制构件场内运输 (构件重 10t、40t、60t 内)	S4-7-27 S4-7-70～ S4-7-75

表 C.4　预制混凝土构件（项目编码：040304001）预制混凝土梁（陆上、水上安装板梁）

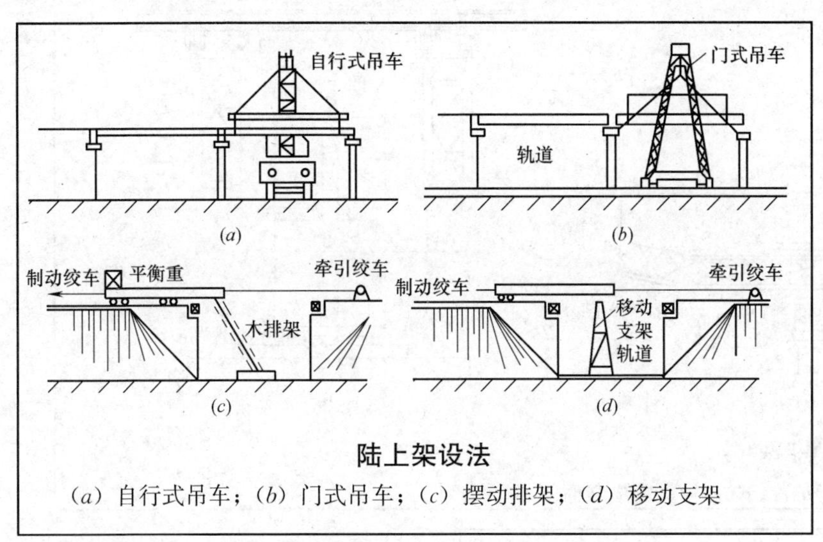

陆上架设法

（a）自行式吊车；（b）门式吊车；（c）摆动排架；（d）移动支架

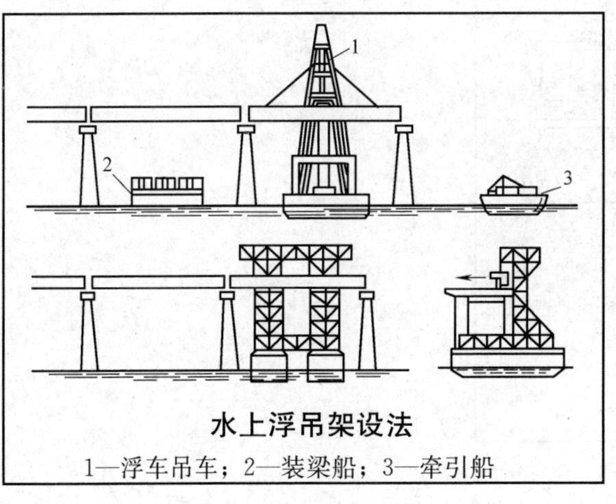

水上浮吊架设法

1—浮车吊车；2—装梁船；3—牵引船

工程量清单“四统一”	
项目编码	0403604001
项目名称	预制混凝土梁(陆上、水上安装板梁)
计量单位	m^3
工程量计算规则	按设计图示尺寸以体积计算
项目特征描述	1. 部位 2. 图集、图纸名称 3. 构件代号、名称 4. 混凝土强度等级 5. 砂浆强度等级
工程内容规定	1. 模板制作、安装、拆除 2. 混凝土拌合、运输、浇筑 3. 养护 4. 构件安装 5. 接头灌缝 6. 砂浆制作 7. 运输

安装梁定额分为陆上架梁、水上架梁和双导梁架梁三种施工方式，陆上、水上架梁按梁的断面形式又分为板梁、T形梁、I形梁和槽形梁，双导梁架梁分为简支梁和箱形块。

导梁安装梁定额中不包括导梁的安装及使用，发生时可套用装配式钢支架定额，工程量按实计算。

安装梁工程量按梁的混凝土实体积以立方米计算。

一、实体项目　C 桥涵工程

对应图示		项目名称	编码/编号
工程量清单分类		表 C.4 预制混凝土构件[预制混凝土梁(陆上、水上安装板梁)]	040304001
定额章节	分部工程	第四册桥涵及护岸工程第八章安装工程	S4-8-
	分项子目	4. 安装梁(陆上、水上安装板梁)	S4-8-9～S4-8-13、S4-8-14～S4-8-18

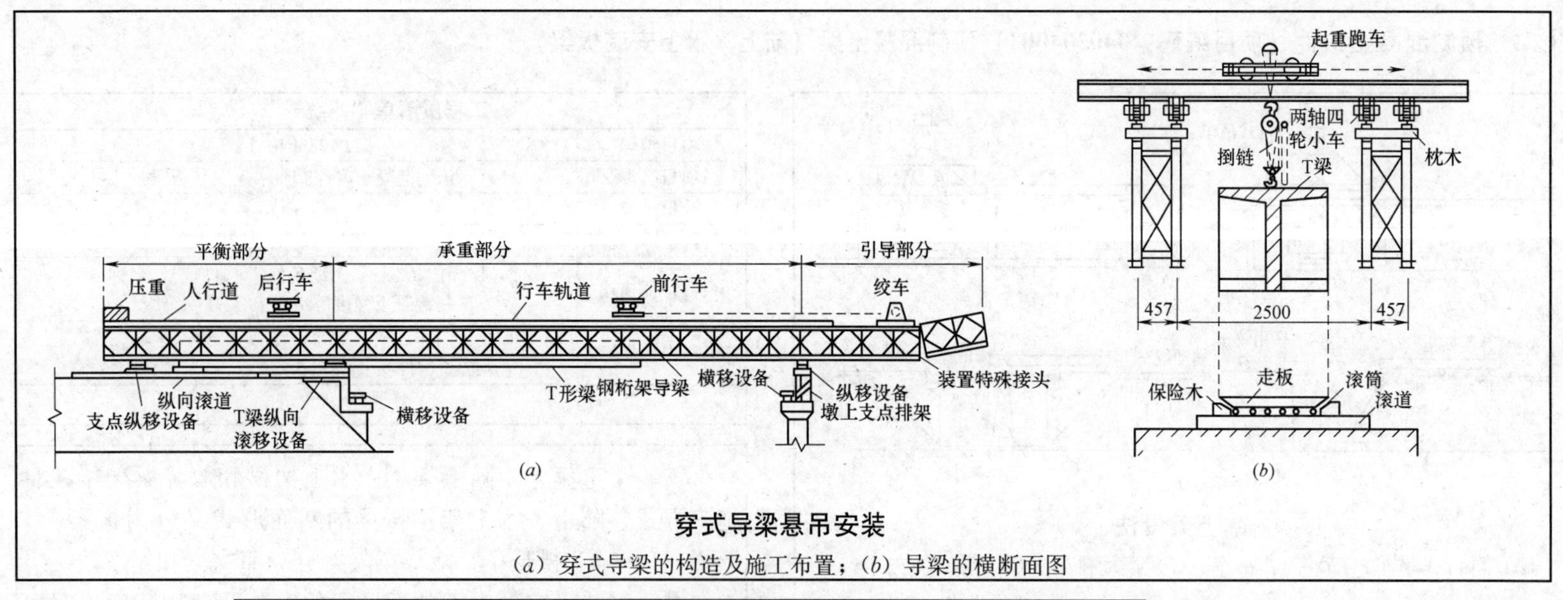

穿式导梁悬吊安装

(*a*) 穿式导梁的构造及施工布置；(*b*) 导梁的横断面图

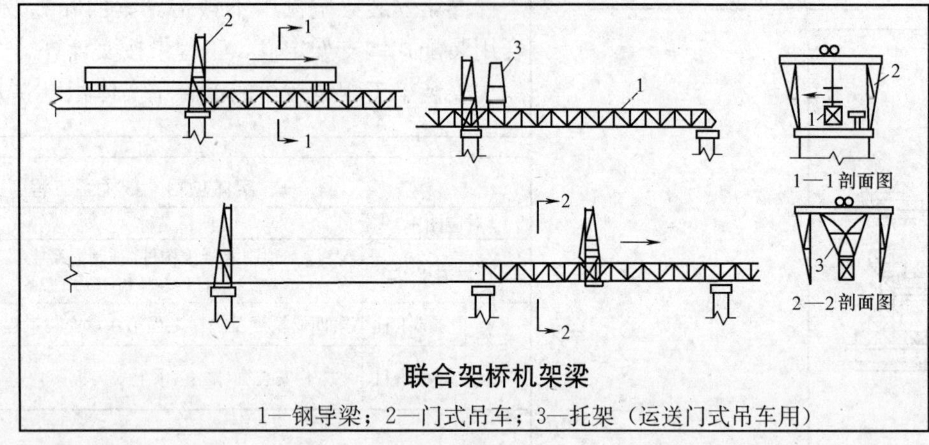

联合架桥机架梁

1—钢导梁；2—门式吊车；3—托架（运送门式吊车用）

表 C.4　预制混凝土构件（项目编码：040304001）预制混凝土梁（非预应力空心板梁混凝土接头及灌缝）

为了使装配式板块组成整体，共同承受车辆荷载，在块件之间必须具有横向连接的构造。常用的连接方法有企口混凝土铰连接和钢板焊接连接。

企口式混凝土铰的形式有圆形、菱形、漏斗形三种。铰缝内应用较预制板高一强度等级的细石混凝土填充。

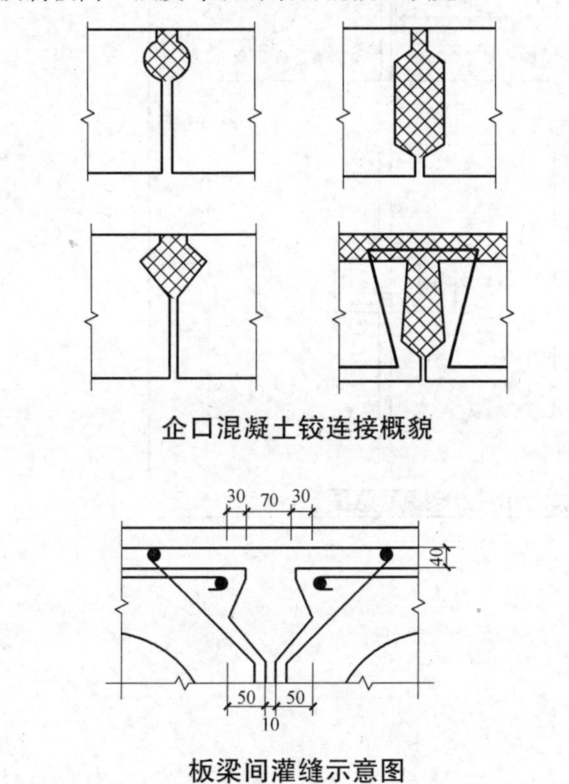

企口混凝土铰连接概貌

板梁间灌缝示意图

工程量清单“四统一”	
项目编码	040304001
项目名称	预制混凝土梁(非预应力空心板梁混凝土接头及灌缝)
计量单位	m^3
工程量计算规则	按设计图示尺寸以体积计算
项目特征描述	1. 形状、尺寸 2. 混凝土强度等级、石料最大粒径 3. 预应力、非预应力 4. 张拉方式
工程内容规定	1. 混凝土浇筑 2. 养生 3. 构件运输 4. 安装 5. 构件连接

《上海市市政工程预算定额》（2000）分部分项工程	
子目编号	S4-6-77、S4-6-78
分部分项工程名称	板梁间灌缝、板梁底勾缝
工作内容	详见该定额编号之“项目表”中“工作内容”的规定
计量单位	1. m^3； 2. 延长米
工程量计算规则	根据设计图纸需填充细石混凝土的要素 本册定额未包括各类操作脚手架

一、实体项目　C 桥涵工程			
对应图示		项目名称	编码/编号
工程量清单分类		表 C.4 预制混凝土构件[预制混凝土梁(非预应力空心板梁混凝土接头及灌缝)]	040304001
定额章节	分部工程	第四册桥涵及护岸工程 第六章现浇混凝土工程	S4-6-
	分项子目	11. 混凝土接头及灌缝(板梁间灌缝、板梁底勾缝)	S4-6-77、S4-6-78

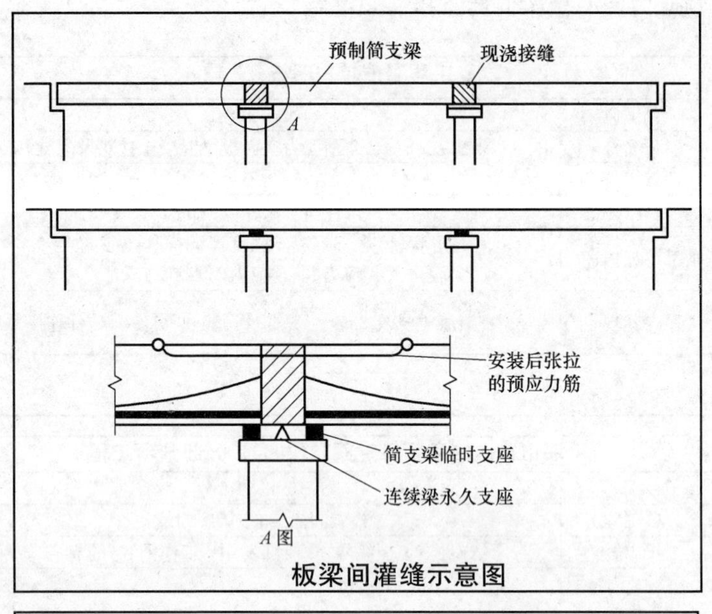

板梁间灌缝示意图

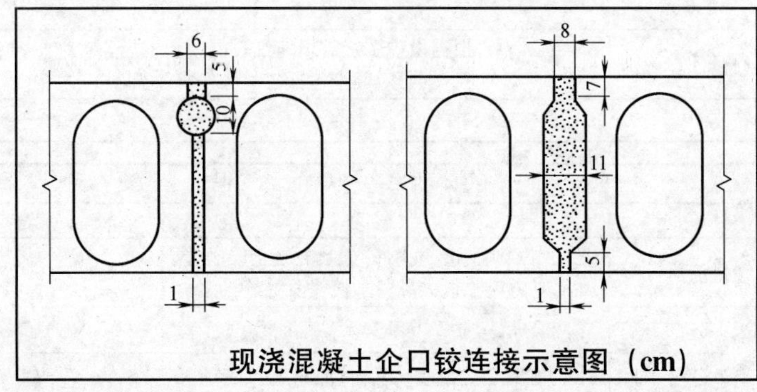

现浇混凝土企口铰连接示意图（cm）

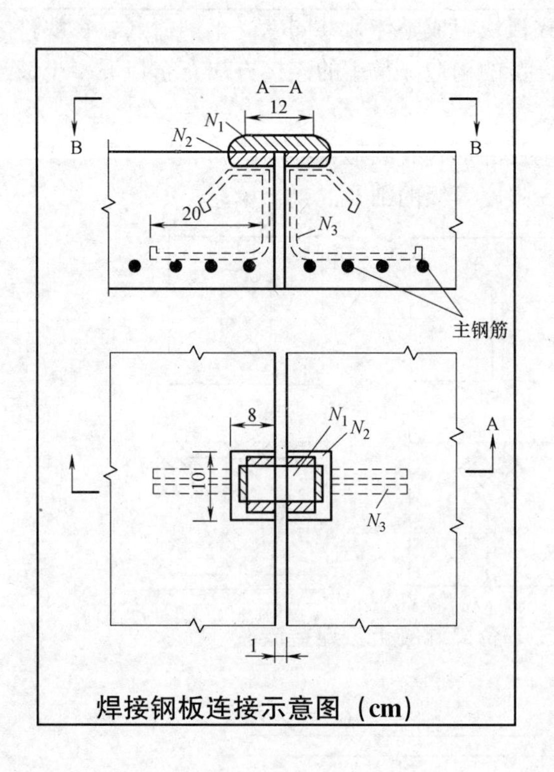

焊接钢板连接示意图（cm）

表 C.5　砌筑（项目编码：040305003）浆砌块料（护底、护脚、护坡、锥坡）

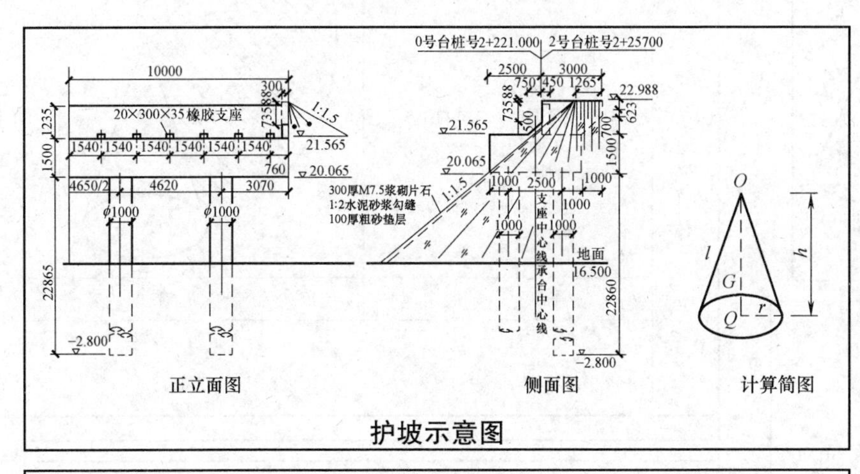

护坡示意图

浆砌块石指将密度为 1700kg/m^3 的块石，用机械搅拌的 M7.5 砂浆砌筑成台、墙、墩等桥梁所需构筑物。

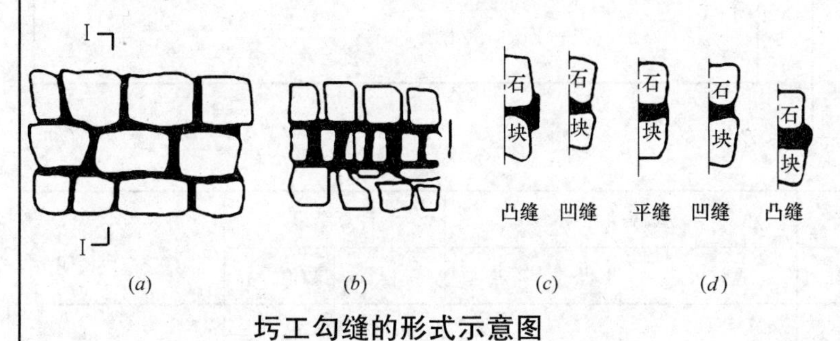

圬工勾缝的形式示意图

（a）自然缝；（b）方格缝；（c）方形缝；（d）圆形缝

注：1. 按干砌块石和浆砌块石，分为勾平缝、凸缝和凹缝，其中勾凹缝只有浆砌块石有；

2. 圬工勾缝工程量按需勾缝的砌体表面积以平方米计算。

工程量单“四统一”

项目编码	040305003
项目名称	浆砌块料（护底、护脚、护坡、锥坡）
计量单位	m^3
工程量计算规则	按设计图示尺寸以体积计算
项目特征描述	1. 部位 2. 材料品种、规格 3. 砂浆强度等级 4. 泄水孔材料品种、规格 5. 滤水层要求 6. 沉降缝要求
工程内容规定	1. 砌筑 2. 砌体勾缝 3. 砌体抹面 4. 泄水孔制作、安装 5. 滤水层铺设 6. 沉降缝安装

《上海市市政工程预算定额》（2000）分部分项工程

子目编号	S4-5-6～S4-5-15、S4-5-17～S4-5-21、S4-8-66～S4-8-69
分部分项工程名称	浆砌块石、圬工勾缝、安装沉降缝
工作内容	详见该定额编号之“项目表”中“工作内容”的规定
计量单位	1. m^3 2. m^2
工程量计算规则	不扣除嵌入砌体中的钢管、沉降缝、伸缩缝以及单孔面积 0.3m^2 以下的预留孔所占体积

一、实体项目　C 桥涵工程

对应图示		项目名称	编码/编号
工程量清单分类		表 C.5 砌筑[浆砌块料（护底、护脚、护坡、锥坡）]	040305003
定额章节	分部工程	第四册桥涵及护岸工程 第五章砌筑工程、第八章安装工程	S4-5- S4-8-
	分项子目	2. 浆砌块石（基础） 4. 圬工勾缝（浆砌块石—平、凸、凹缝） 10. 安装沉降缝（油毡、沥青木丝板、发泡聚乙烯）	S4-5-6～S4-5-15 S4-5-17～S4-5-21 S4-8-66～S4-8-69

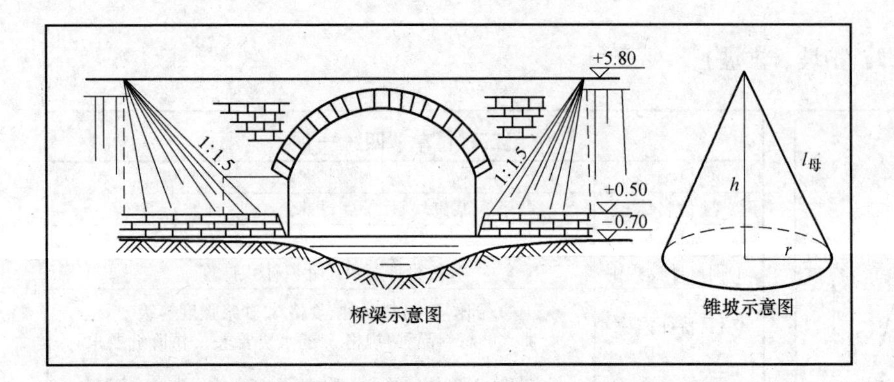

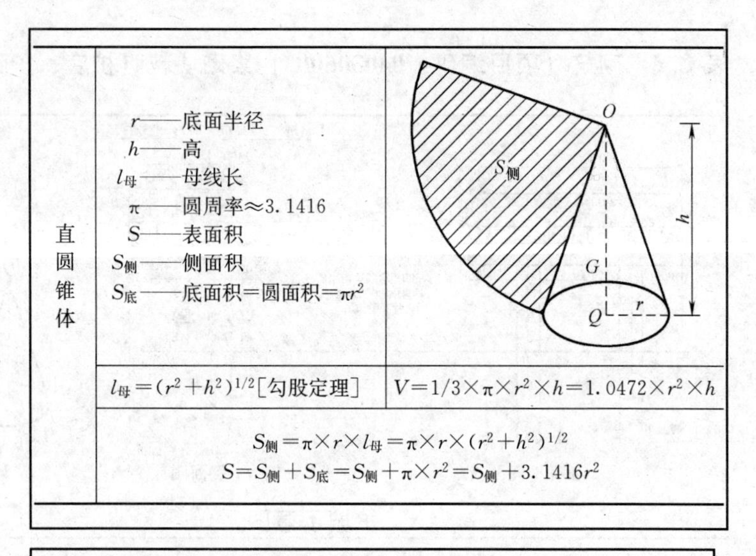

直圆锥体
r——底面半径
h——高
$l_母$——母线长
π——圆周率≈3.1416
S——表面积
$S_侧$——侧面积
$S_底$——底面积=圆面积=πr^2
O
$S_侧$
h
G
Q
r
$l_母=(r^2+h^2)^{1/2}$[勾股定理]
$V=1/3\times\pi\times r^2\times h=1.0472\times r^2\times h$
$S_侧=\pi\times r\times l_母=\pi\times r\times(r^2+h^2)^{1/2}$
$S=S_侧+S_底=S_侧+\pi\times r^2=S_侧+3.1416r^2$

【解题分析】 依题已知：浆砌块石厚度 $H=40\text{cm}$

锥坡：高（h）$=5.80-0.50=5.30\text{m}$

底面半径（r）$=h\times i=5.30\times1.5=7.95\text{m}$

$l_母=(r^2+h^2)^{1/2}=(7.95^2+5.30^2)^{1/2}=(63.2025+28.09)^{1/2}$

$=9.55\text{m}$

锥坡浆砌块石：$V=1/2\times\pi\times2r\times l_母\times H=\pi\times r\times l_母\times H$

$=3.1416\times7.95\times9.55\times0.4$

$=95.41\text{m}^3$

圬工勾缝：$S_侧=\pi\times r\times l_母=\pi\times r\times(r^2+h^2)^{1/2}$

$=3.1416\times7.95\times9.55$

$=238.52\text{m}^2$

序号	编码/编号		项目名称		计量单位		算量		计算结果		YYYYSL 算量模块说明
	国标项目	定额	分部分项	子目	国标	定额	算量公式	工程量计算表达式	工程量	数值差异	
1	040305003		砌筑(浆砌块料)		m^3				95.41		
		S4-5-6		浆砌块石		m^3			95.41		
1.1		S4-5-17		圬工勾缝		个			44	—	图或表或式

表 C.5　砌筑（项目编码：040305003）浆砌块料（基础、护底、护脚、压顶、台阶、沟槽、墩身、台身及挡墙）

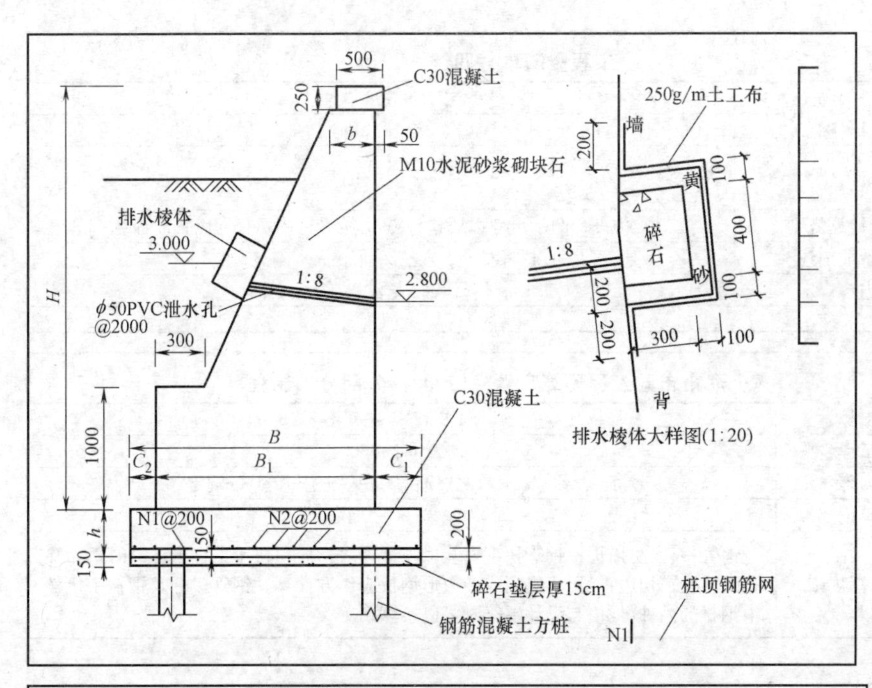

工程量清单“四统一”	
项目编码	040305003
项目名称	浆砌块料(基础、护底、护脚、压顶、台阶、沟槽、墩身、台身及挡墙)
计量单位	m^3
工程量计算规则	按设计图示尺寸以体积计算
项目特征描述	1. 部位 2. 材料品种、规格 3. 砂浆强度等级 4. 泄水孔材料品种、规格 5. 滤水层要求 6. 沉降缝要求
工程内容规定	1. 砌筑 2. 砌体勾缝 3. 砌体抹面 4. 泄水孔制作、安装 5. 滤水层铺设 6. 沉降缝安装

《上海市市政工程预算定额》(2000) 分部分项工程	
子目编号	S4-5-3、S4-5-9、S4-5-19～S4-5-21、
分部分项工程名称	浆砌块料
工作内容	1. 砌筑 2. 砌体勾缝 3. 砌体抹面 4. 泄水孔制作、安装 5. 滤水层铺设 6. 沉降缝安装
计量单位	m^3
工程量计算规则	按设计图示尺寸以体积计算

一、实体项目　C 桥涵工程			
对应图示		项目名称	编码/编号
工程量清单分类		表 C.5 砌筑 浆砌块料(基础、护底、护脚、压顶、台阶、沟槽、墩身、台身及挡墙)	040305003
定额章节	分部工程	第四册桥涵及护岸工程 第五章砌筑工程	S4-5-
	分项子目	1. 浆砌块石 2. 水泥砂浆粉刷 3. 沉降缝 4. 泄水孔 5. 砂、碎石滤层	S4-5-12～S4-5-13 S4-5-16～S4-5-18 S4-8-68～S4-8-69 S4-5-24 S4-5-22～S4-5-23

表 C.9 其他（项目编码：040309001）金属栏杆

栏杆是桥上的安全设施，要求其必须坚固。栏杆的高度一般为 80～120cm，标准设计为 100cm，栏杆的间距一般为 160～270cm，标准设计为 250cm。

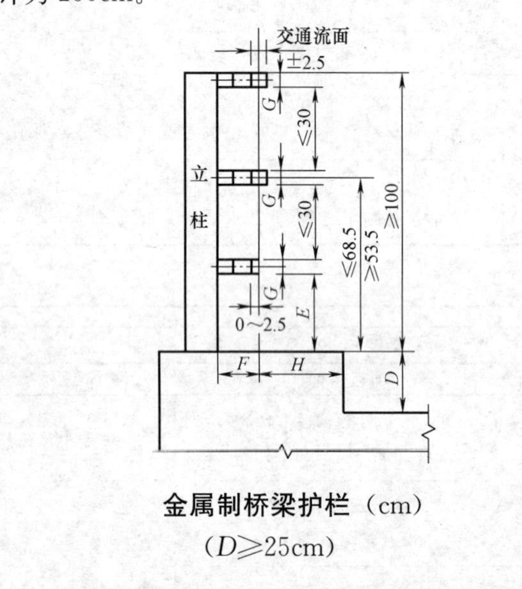

金属制桥梁护栏（cm）
（$D \geqslant 25$cm）

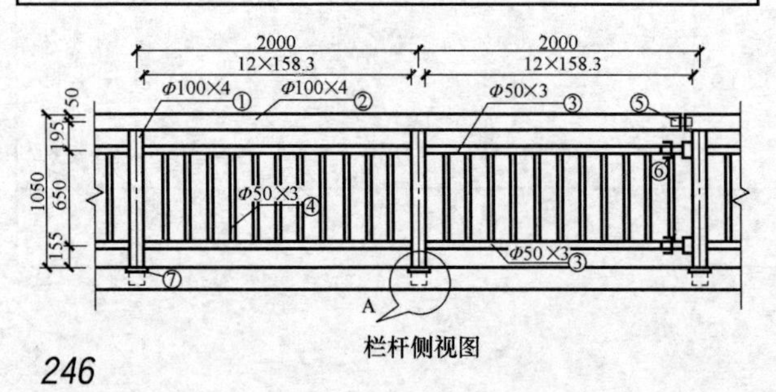

栏杆侧视图

工程量清单“四统一”	
项目编码	040309001
项目名称	金属栏杆
计量单位	1. t 2. m
工程量计算规则	1. 按设计图示尺寸以质量计算 2. 按设计图示尺寸以长度计算
项目特征描述	1. 栏杆材质、规格 2. 油漆品种、工艺要求
工程内容规定	1. 制作、运输、安装 2. 除锈、刷油漆

《上海市市政工程预算定额》（2000）分部分项工程	
子目编号	S4-8-47～S4-8-48
分部分项工程名称	金属栏杆
工作内容	详见该定额编号之“项目表”中“工作内容”的规定
计量单位	t
工程量计算规则	钢管栏杆、防撞护栏钢管扶手安装以吨计算。栏杆和扶手工程量计算时不扣除孔眼、切肢、切边重量，不规则或多边形钢板应作方计算。钢管栏杆及钢扶手定额中钢材的品种、规格与设计不符时可以换算

一、实体项目 C 桥涵工程			
对应图示		项目名称	编码/编号
工程量清单分类		表 C.9 其他（金属栏杆）	040309001
定额章节	分部工程	第四册 桥涵及护岸工程 第八章 安装工程	S4-8-
	分项子目	6. 钢管栏杆与扶手安装 （钢管栏杆与防撞护栏钢管扶手安装）	S4-8-47～S4-8-48

表 C.9　其他（项目编码：040309004）橡胶支座

橡胶支座一般采用氯丁橡胶与钢板交替叠置而成。为保护支座的位置，可在橡胶支座中设置定位孔（一般每个支座用 5 个孔），但须注意定位锚钉不能伸入支座太多，以免阻碍支座顶面和底面的相对位移。

板式橡胶支座由多层橡胶片与薄钢板镶嵌、粘合、压制而成。它的形状除了矩形之外，还有圆形。板式橡胶支座适用于中小跨径桥梁，标准跨径 20m 以内的梁板桥可采用该种支座。

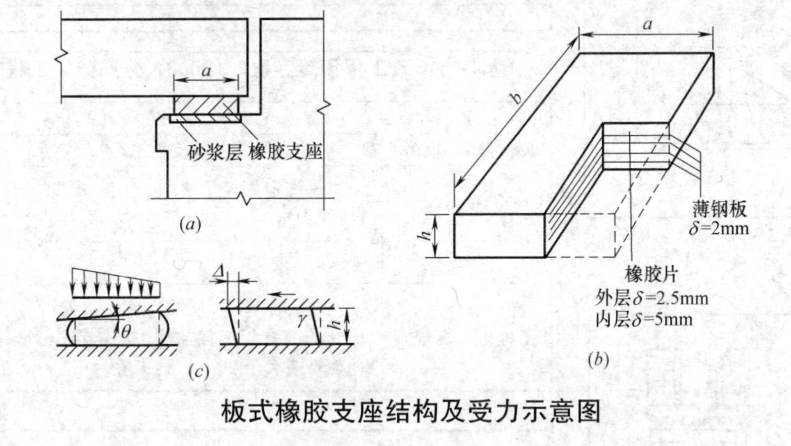

板式橡胶支座结构及受力示意图

工程量清单“四统一”	
项目编码	040309004
项目名称	橡胶支座
计量单位	个
工程量计算规则	按设计图示数量计算
项目特征描述	1. 材质 2. 规格、型号 3. 形式
工程内容规定	支座安装

《上海市市政工程预算定额》（2000）分部分项工程	
子目编号	S4-8-51
分部分项工程名称	安装板式橡胶支座
工作内容	详见该定额编号之“项目表”中“工作内容”的规定
计量单位	dm^3
工程量计算规则	板式橡胶支座以立方分米计算，按成品考虑 如：当 $a=150mm$、$b=250mm$、$h=28mm$ 时， 即：$1.5\times2.5\times0.28=1.05dm^3$

一、实体项目　C 桥涵工程			
对应图示		项目名称	编码/编号
工程量清单分类		表 C.9 其他（橡胶支座）	040309004
定额章节	分部工程	第四册 桥涵及护岸工程 第八章 安装工程	S4-8-
	分项子目	7. 安装支座（板式橡胶支座）	S4-8-51

表 C.9　其他（项目编码：040309005）钢支座

弧形钢板支座由两块厚度约为 4～5cm 铸钢制成的上、下板组成。上板是矩形平钢板，下板是顶面（与上板的接触面）切削成圆柱面的弧形钢板。

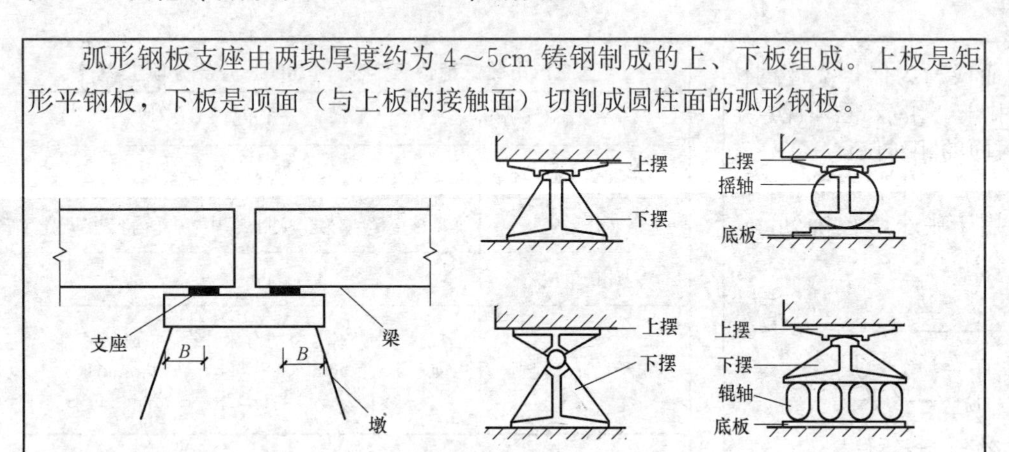

辊轴钢支座

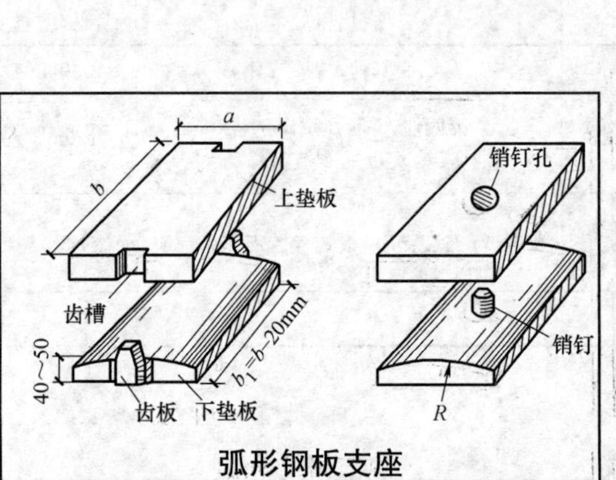

弧形钢板支座

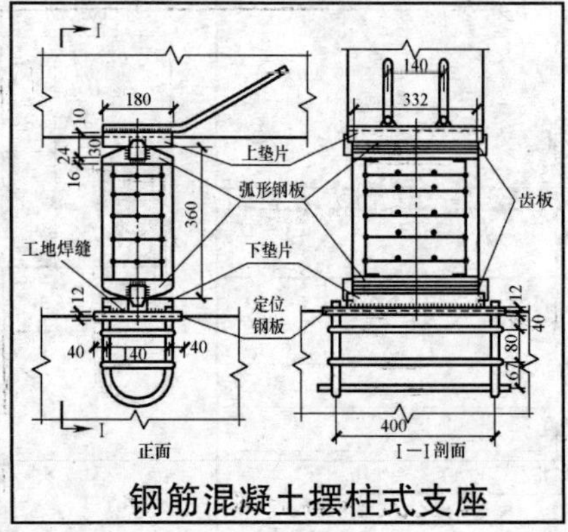

钢筋混凝土摆柱式支座

工程量清单“四统一”	
项目编码	040309005
项目名称	钢支座
计量单位	个
工程量计算规则	按设计图示数量计算
项目特征描述	1. 规格、型号 2. 形式
工程内容规定	支座安装

《上海市市政工程预算定额》(2000) 分部分项工程	
子目编号	S4-8-49～S4-8-50
分部分项工程名称	安装切线、摆式支座
工作内容	详见该定额编号之“项目表”中“工作内容”的规定
计量单位	个
工程量计算规则	均按成品考虑；切线支座标准跨径小于10m 的简支板或简支梁，摆式支座标准跨径等于或大于 20m 的梁式桥

一、实体项目　C 桥涵工程			
对应图示		项目名称	编码/编号
工程量清单分类		表 C.9 其他(钢支座)	040309005
定额章节	分部工程	第四册桥涵及护岸工程 第八章安装工程	S4-8-
	分项子目	7. 安装支座(切线、摆式支座)	S4-8-49～S4-8-50

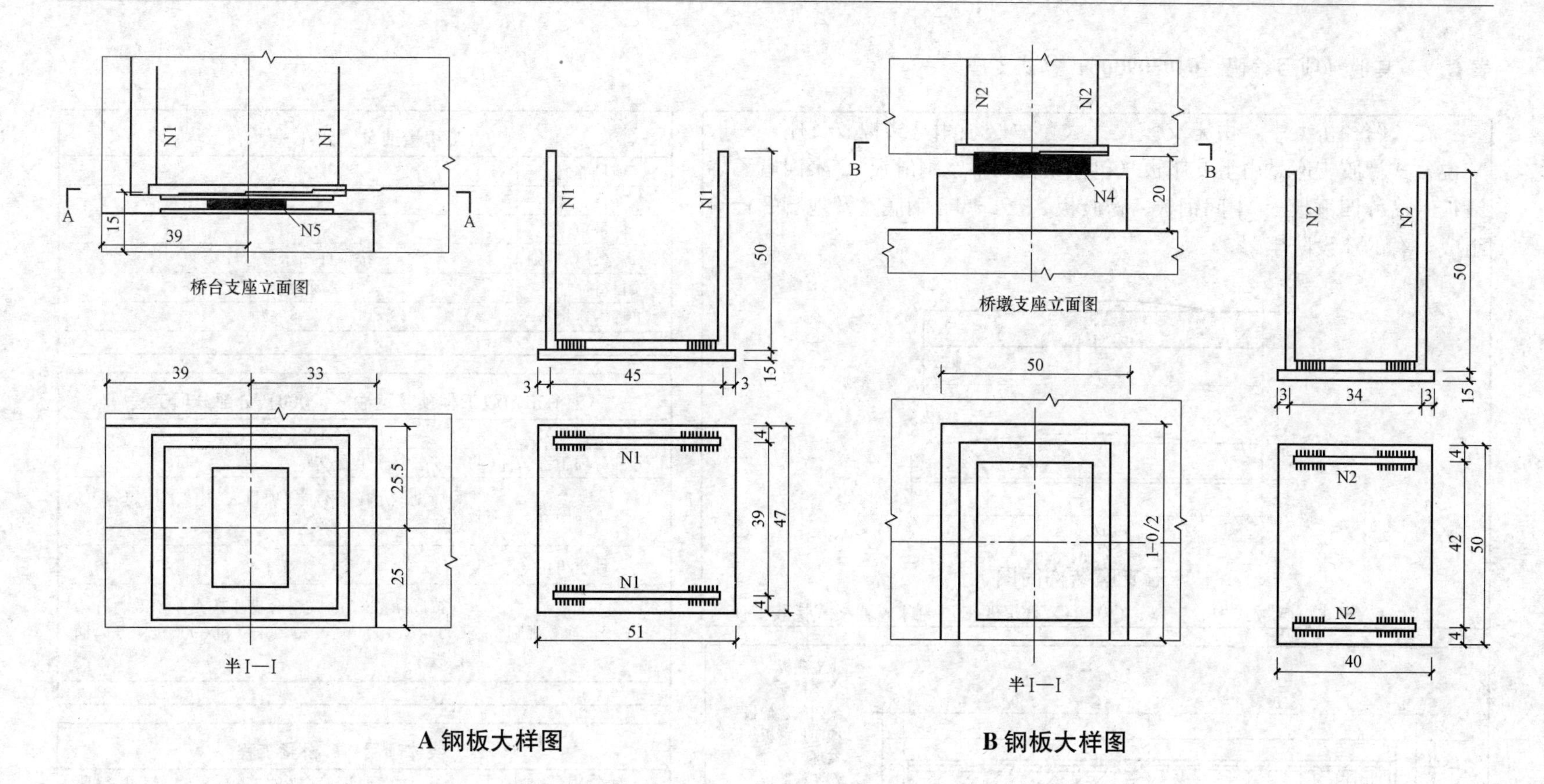

A 钢板大样图　　**B 钢板大样图**

表 C.9 其他（项目编码：040309006）盆式支座

在大跨径桥梁中，由于支座反力大，故必须用盆式橡胶支座，一般来说盆式橡胶支座是由上支座板（包括顶板和不锈钢滑板）、聚四氟乙烯滑板（简称四氟板）、中间钢板、橡胶板、密封圈、钢底盆及地脚螺栓等组成，有的还设防尘罩。

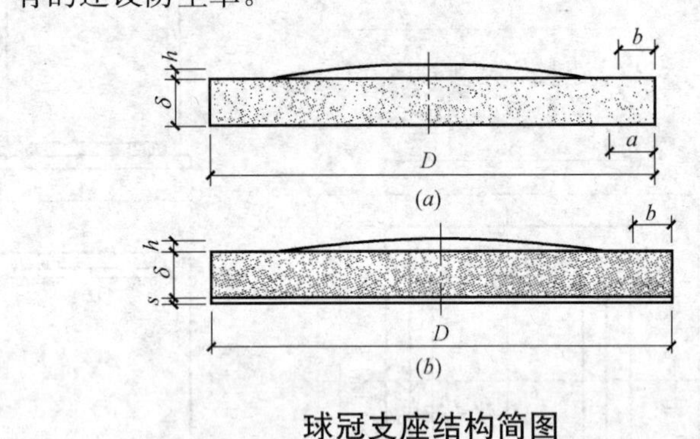

球冠支座结构简图

（a）TCYB 球冠圆板式橡胶支座；（b）TCYB 聚四氟乙烯球冠圆板式橡胶支座

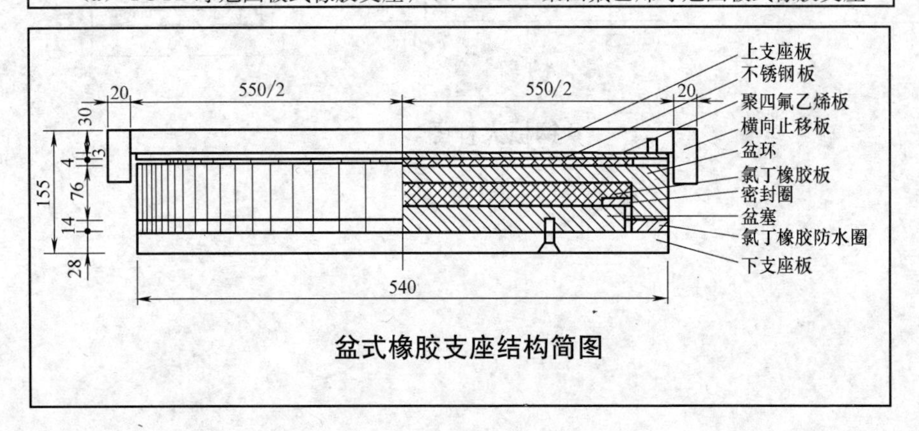

盆式橡胶支座结构简图

工程量清单“四统一”	
项目编码	040309006
项目名称	盆式支座
计量单位	个
工程量计算规则	按设计图示数量计算
项目特征描述	1. 材质 2. 承载力
工程内容规定	支座安装

《上海市市政工程预算定额》（2000）分部分项工程	
子目编号	S4-8-53～S4-8-56
分部分项工程名称	安装盆式组合支座
工作内容	详见该定额编号之“项目表”中“工作内容”的规定
计量单位	个
工程量计算规则	按成品考虑；盆式组合支座按支座承载力分为5000kN、10000kN、20000kN 和 30000kN 以内四档以个计算

一、实体项目　C 桥涵工程			
对应图示		项目名称	编码/编号
工程量清单分类		表 C.9 其他（盆式支座）	040309006
定额章节	分部工程	第四册 桥涵及护岸工程 第八章 安装工程	S4-8-
	分项子目	7. 安装支座（盆式组合支座）	S4-8-53～S4-8-56

表 C.9　其他（项目编码：040309007）桥梁伸缩装置

伸缩缝分为梳形钢板伸缩缝、钢板伸缩缝、板式橡胶伸缩缝、毛勒伸缩缝、镀锌铁皮伸缩缝和沥青麻丝伸缩缝六类，梳形钢板伸缩缝、钢板伸缩缝、板式橡胶伸缩缝及毛勒伸缩缝等均按成品考虑。除沥青麻丝伸缩缝以平方米计算外，其余各类伸缩缝均按实铺长度以米计算。

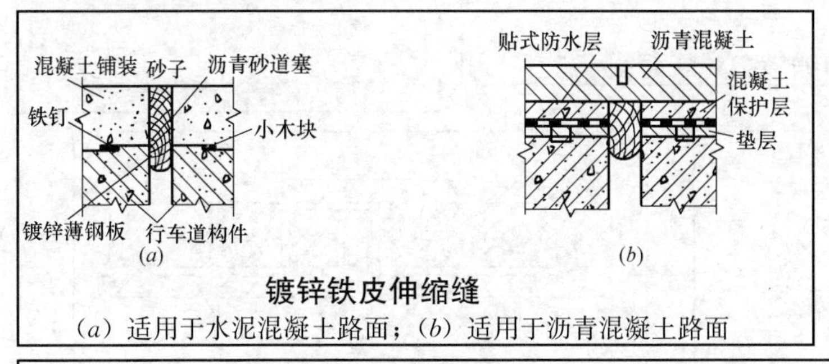

镀锌铁皮伸缩缝

（a）适用于水泥混凝土路面；（b）适用于沥青混凝土路面

桥梁伸缩缝

项次	类型	释义
1	钢板伸缩缝	1. 它是以钢板作为跨缝材料 2. 适用于梁端变形量在 4～6cm 以上的情况
2	橡胶伸缩缝	它是以橡胶板作为跨缝材料，这种伸缩缝的构造简单，使用方便
3	毛勒伸缩缝	是采用热轧整体成型的异型钢材及密封橡胶等构件组成的伸缩装置。根据型钢的形状又分为 C 型、E 型、F 型等，对弯桥、坡桥、斜桥、宽桥适应能力强，可满足各种桥梁结构使用要求，位移量为 20～80mm
4	TST 弹塑体伸缩缝	1. 它是以 TST 弹塑体作为跨缝材料 2. 该弹塑体在 140℃ 以上时呈熔融状，可以直接浇灌；在低温下具有弹性和防水性。小缝直接浇灌；大缝添加碎石，适用于伸缩量为 0～50mm 的桥梁伸缩缝

工程量清单“四统一”

项目编码	040309007
项目名称	桥梁伸缩装置
计量单位	m
工程量计算规则	按设计图示尺寸以长度计算
项目特征描述	1. 材料品种 2. 规格、型号 3. 混凝土种类 4. 混凝土强度等级
工程内容规定	1. 制作、安装 2. 混凝土拌合、运输、浇筑

《上海市市政工程预算定额》（2000）分部分项工程

子目编号	S4-8-60～S4-8-65
分部分项工程名称	安装伸缩缝（梳形钢板、钢板、板式橡胶、毛勒、沥青麻丝、镀锌铁皮）
工作内容	详见该定额编号之“项目表”中“工作内容”的规定
计量单位	1. m 2. m^2
工程量计算规则	

一、实体项目　C 桥涵工程

对应图示		项目名称	编码/编号
工程量清单分类		表 C.9 其他（桥梁伸缩装置）	040309007
定额章节	分部工程	第四册 桥涵及护岸工程 第八章 安装工程	S4-8-
	分项子目	9. 安装伸缩缝（梳形钢板、钢板、板式橡胶、毛勒、沥青麻丝、镀锌铁皮）	S4-8-60～S4-8-65

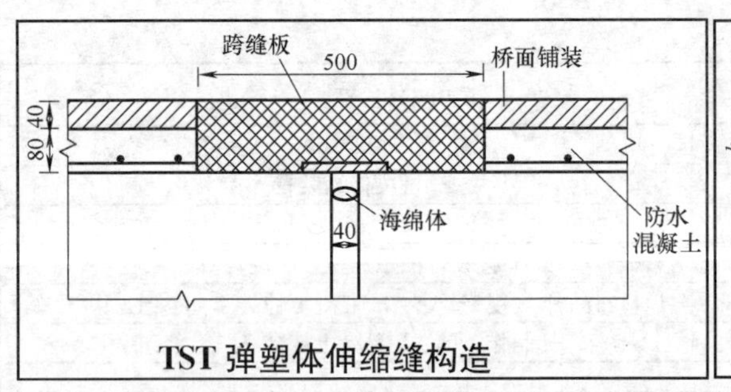

TST 弹塑体伸缩缝构造

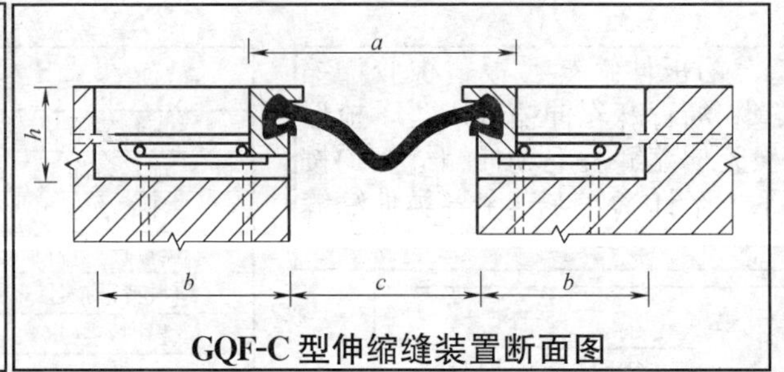

GQF-C 型伸缩缝装置断面图

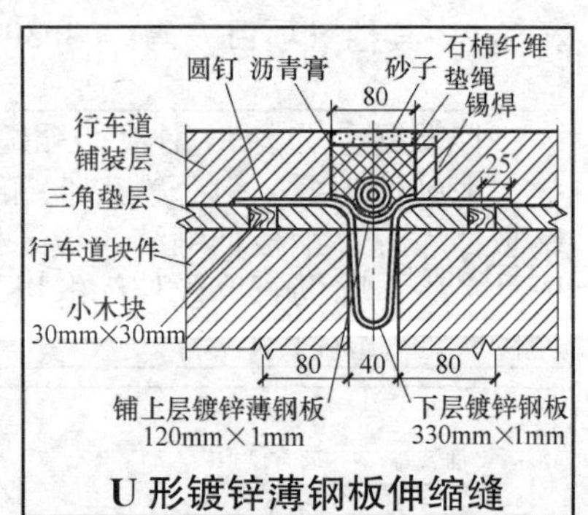

U 形镀锌薄钢板伸缩缝

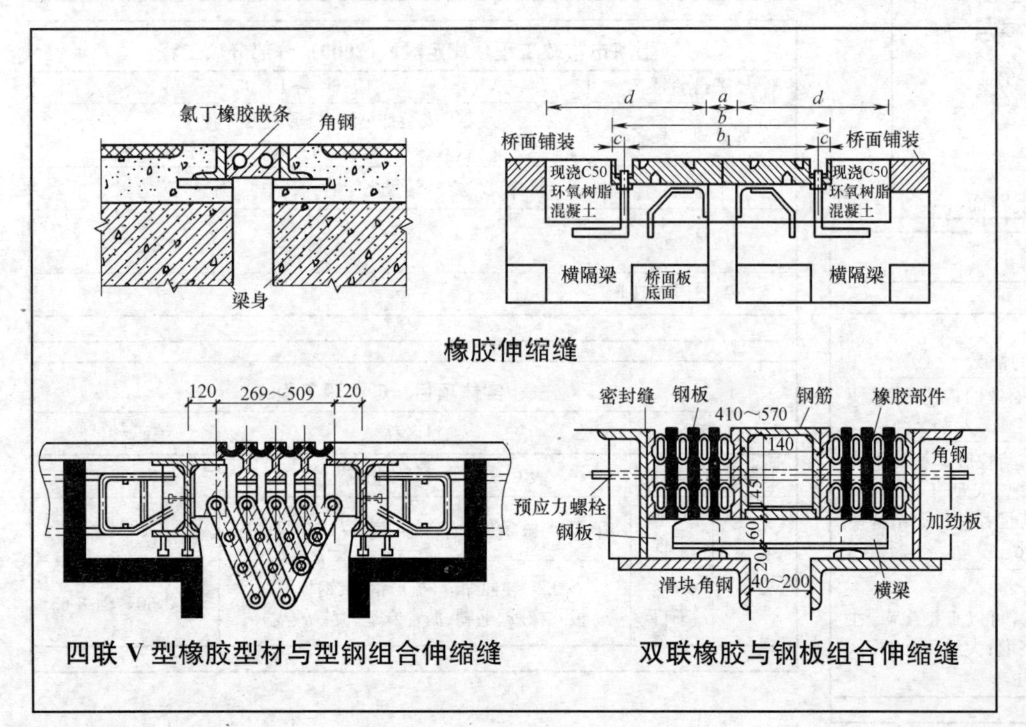

橡胶伸缩缝

四联 V 型橡胶型材与型钢组合伸缩缝

双联橡胶与钢板组合伸缩缝

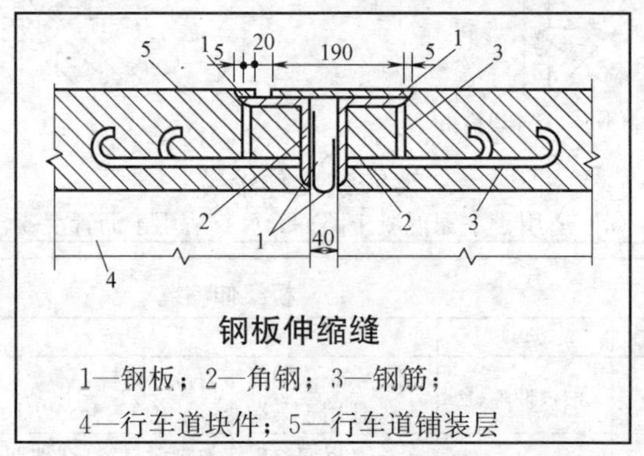

钢板伸缩缝

1—钢板；2—角钢；3—钢筋；

4—行车道块件；5—行车道铺装层

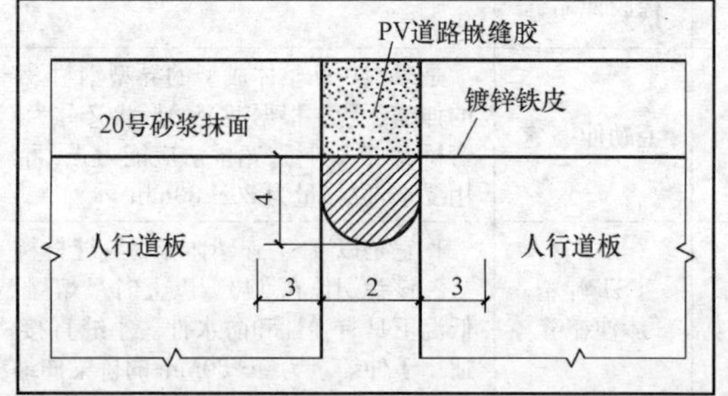

表 C. 9　其他（项目编码：040309009）桥面排（泄）水管

泄水管为桥面的主要排水管道，应在浇筑主梁混凝土时预留孔洞，在铺设防水层前进行安装。

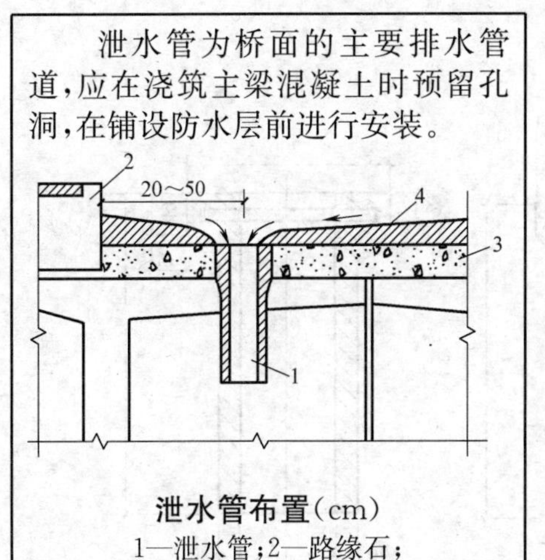

泄水管布置(cm)

1—泄水管；2—路缘石；
3—铺岩层；4—沥青面层

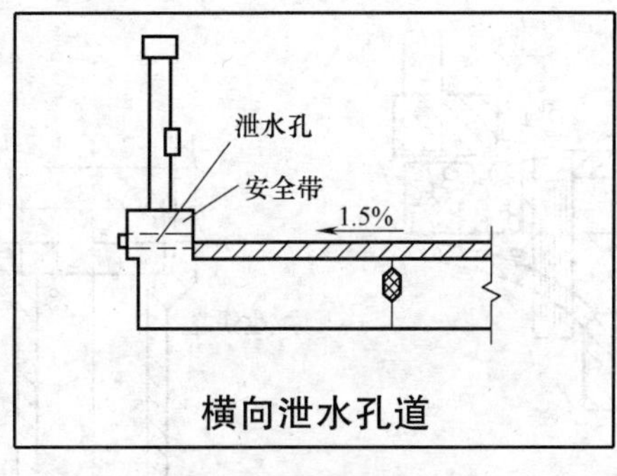

横向泄水孔道

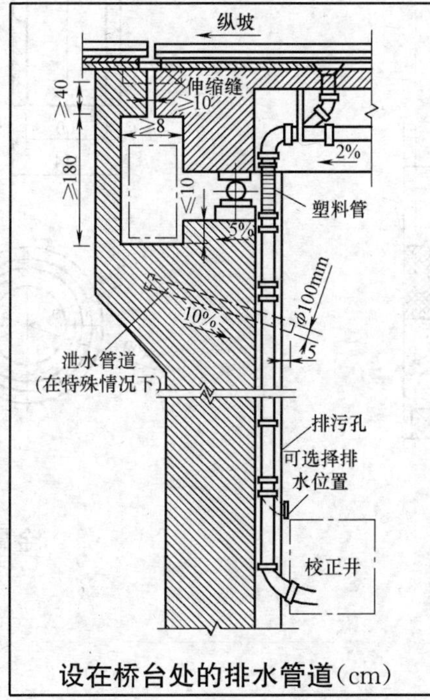

设在桥台处的排水管道(cm)

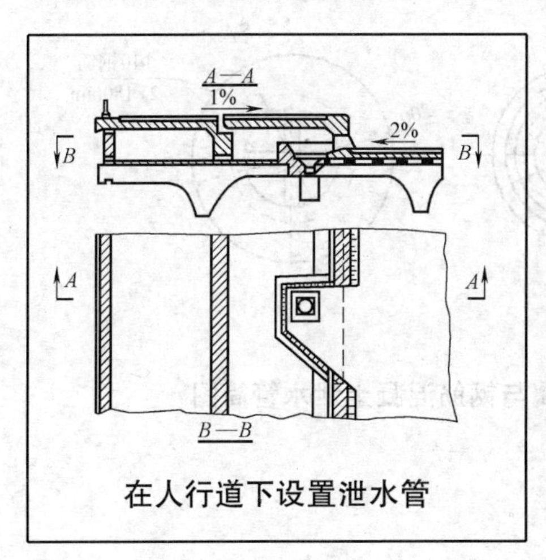

在人行道下设置泄水管

工程量清单“四统一”	
项目编码	040309009
项目名称	桥面排(泄)水管
计量单位	m
工程量计算规则	按设计图示尺寸以长度计算
项目特征描述	1. 材料品种　2. 管径
工程内容规定	进水口、排(泄)水管制作、安装

《上海市市政工程预算定额》(2000)分部分项工程	
子目编号	S4-8-57～S4-8-59
分部分项工程名称	安装泄水孔(钢管、铸铁管、PVC 塑料管)
工作内容	详见该定额编号之“项目表”中“工作内容”的规定
计量单位	m
工程量计算规则	定额中安装泄水孔定额适用于桥涵工程，护岸工程泄水孔应套用砌筑工程中的泄水孔定额

一、实体项目　C 桥涵工程			
对应图示		项目名称	编码/编号
工程量清单分类		表 C. 9 其他[桥面排(泄)水管]	040309009
定额章节	分部工程	第四册桥涵及护岸工程 第八章安装工程	S4-8-
	分项子目	8. 安装泄水孔(钢管、铸铁管、PVC 塑料管)	S4-8-57～S4-8-59

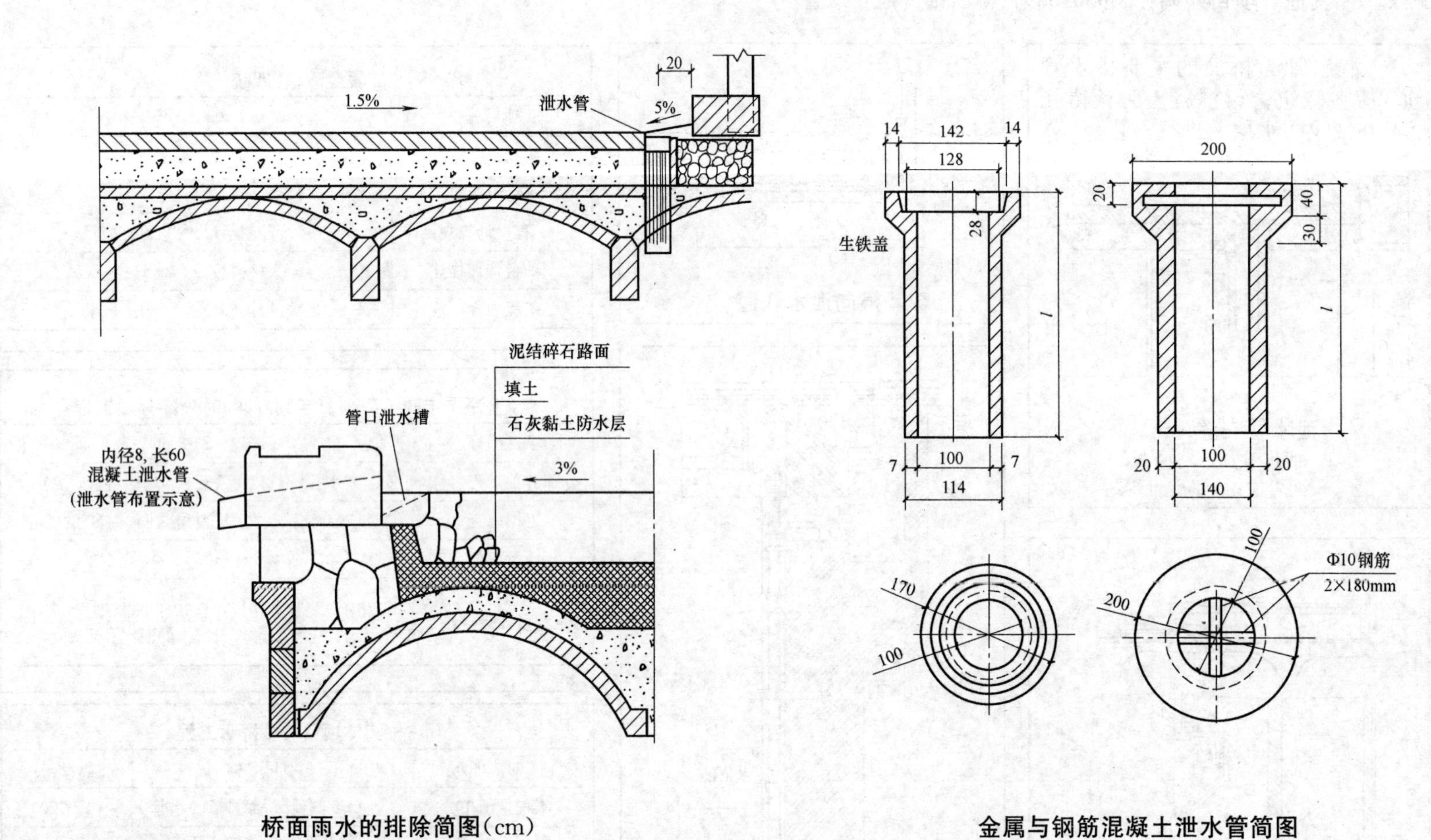

桥面雨水的排除简图(cm)　　　　金属与钢筋混凝土泄水管简图

表 C.9 其他(项目编码:040309010)防水层

防水层是指用于防止桥面雨水、地下水及其他水向主梁等构件渗透的隔水设施。桥面防水层一般设在行车道铺装层和三角垫层之间,将透过铺装层的渗入水隔绝,可采用防水卷材和黏结材料组成贴式防水层,也可采用树脂焦油做成的涂层式防水层。

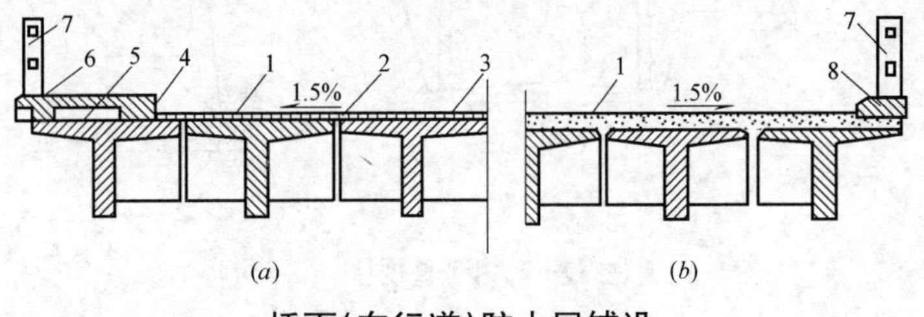

桥面(车行道)防水层铺设

(a)设防水层;(b)不设防水层

1—桥面铺装层;2—防水层;3—三角垫层;4—缘石;5—人行道;6—人行道铺装层;7—栏杆;8—安全带

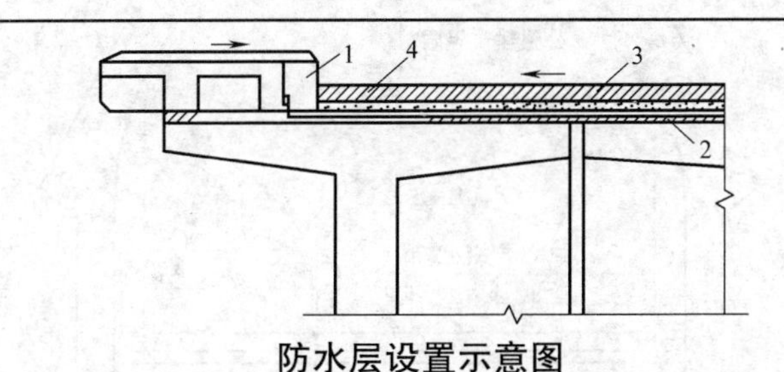

防水层设置示意图

1—缘石;2—三角垫层;3—防水层;4—水泥混凝土

桥面防水层定额分为一布、一油、防水砂浆、防水橡胶板和聚氨酯沥青防水涂料五个子目。如为二布三油可按(一布)×2+(一油)×3 计算。防水砂浆、防水橡胶板的厚度分别取定 2cm、2mm,如设计要求与定额不同时可调整材料的用量与规格。

工程量清单"四统一"

项目编码	040309010
项目名称	防水层
计量单位	m^2
工程量计算规则	按设计图示尺寸以面积计算
项目特征描述	1. 部位 2. 材料品种、规格 3. 工艺要求
工程内容规定	防水层铺涂

《上海市市政工程预算定额》(2000)分部分项工程

子目编号	S4-6-92~S4-6-96
分部分项工程名称	桥面防水层(一布、一油、防水砂将 2cm、防水橡胶板 2cm、聚氨酯沥青防水涂料)
工作内容	详见该定额编号之"项目表"中"工作内容"的规定
计量单位	m^2
工程量计算规则	如设计要求与定额不同时可调整材料的用量与规格

一、实体项目 C 桥涵工程

对应图示		项目名称	编码/编号
工程量清单分类		表 C.9 其他(防水层)	040309010
定额章节	分部工程	第四册桥涵及护岸工程 第六章现浇混凝土工程	S4-6-
	分项子目	14. 桥面防水层(一布、一油、防水砂浆 2cm、防水橡胶板 2cm、聚氨酯沥青防水涂料)	S4-6-92~S4-6-96

附录 D 隧道工程（项目编码：0404）施工图图例［导读］

市政隧道类型 表 D-01

项次	类型	释义	备注
1	给水隧道	为城市自来水管网铺设系统修建的隧道	1. 在现代化的城市中，将以上 4 种具有共性的市政隧道，按城市的布局和规划，建成一个共用隧道，称为“共同管沟” 2. 共同管沟是现代城市基础设施科学管理和规划的标志，也是合理利用城市地下空间的科学手段，是城市市政隧道规划与修建发展的方向
2	污水隧道	为城市污水排送系统修建的隧道	
3	管路隧道	为城市能源供给（煤气、暖气、热水等）系统修建的隧道	
4	线路隧道	为电力电缆和通信电缆系统修建的隧道	
5	人防隧道	为战时的防空目的而修建的防空避难隧道	

注：1. 在城市的建设和规划中，充分利用地下空间，将各种不同的市政设施安置在地下而修建的地下孔道，称为“市政隧道”；

2. 市政隧道与城市中人们的生活、工作和生产关系十分密切，对保障城市的正常运转起着重要的作用。

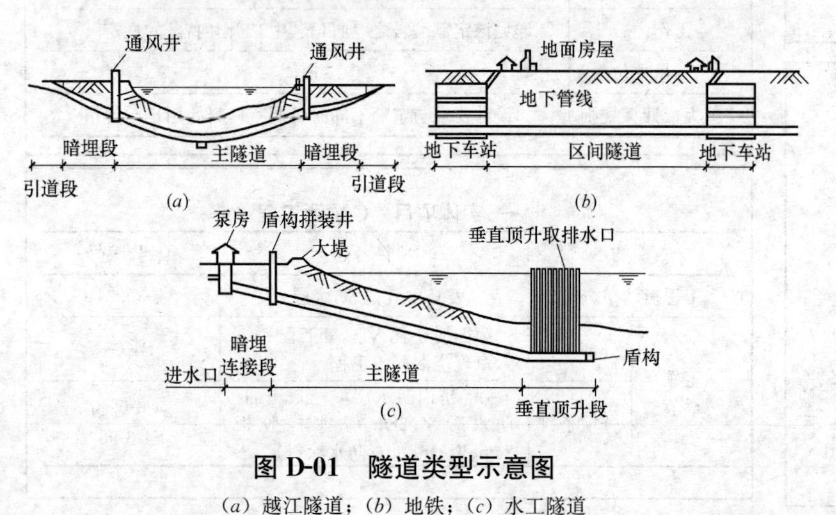

图 D-01 隧道类型示意图

(a) 越江隧道；(b) 地铁；(c) 水工隧道

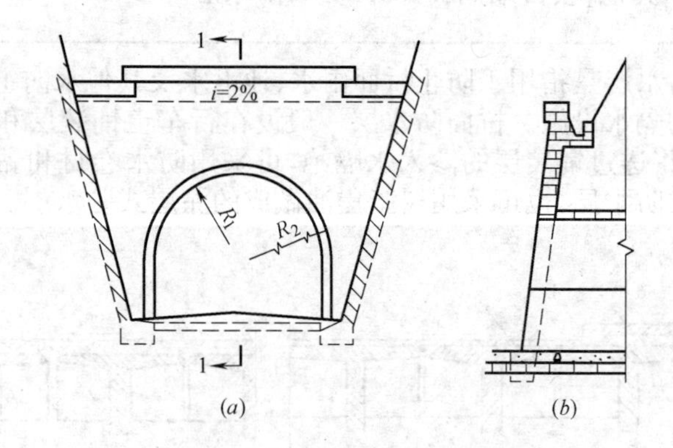

图 D-02 隧道视图（1∶n）

(a) 立面图；(b) 平面图

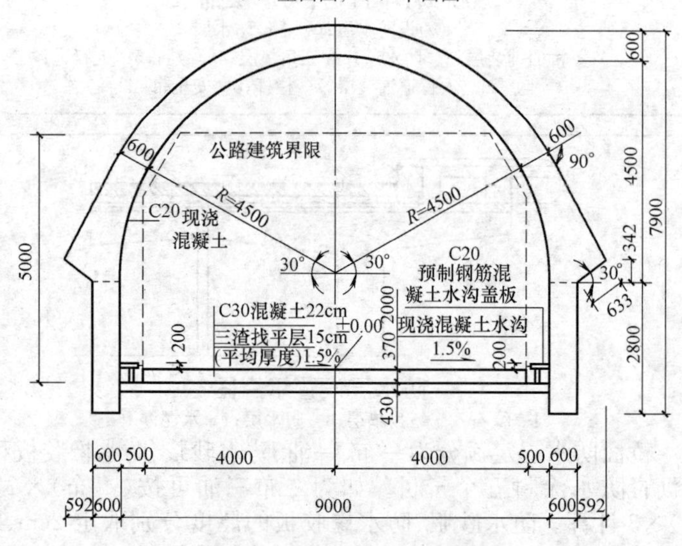

图 D-03 隧道设计断面图

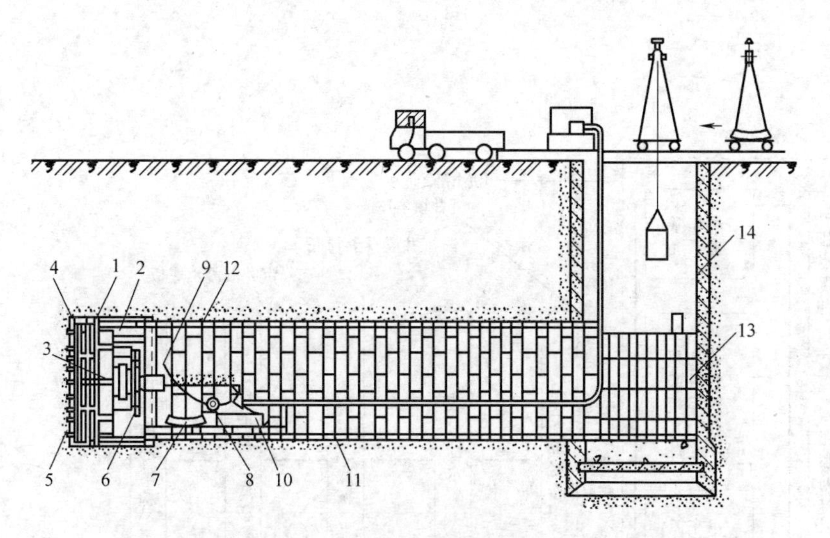

图 D-04　盾构法施工概貌示意图（网格盾构）

1—盾构；2—盾构千斤顶；3—盾构正面网格；4—出土转盘；5—出土皮带运输机；6—管片拼装机；7—管片；8—压浆机；9—压浆孔；10—出土机；11—由管片组成的隧道衬砌结构；12—在盾尾空隙中压浆；13—后盾装置；14—竖井

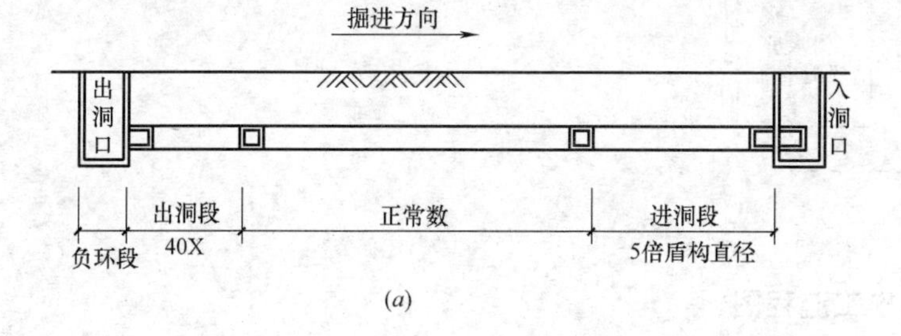

(*a*)

图 D-05　盾构施工示意图（一）

(*a*) 施工阶段划分

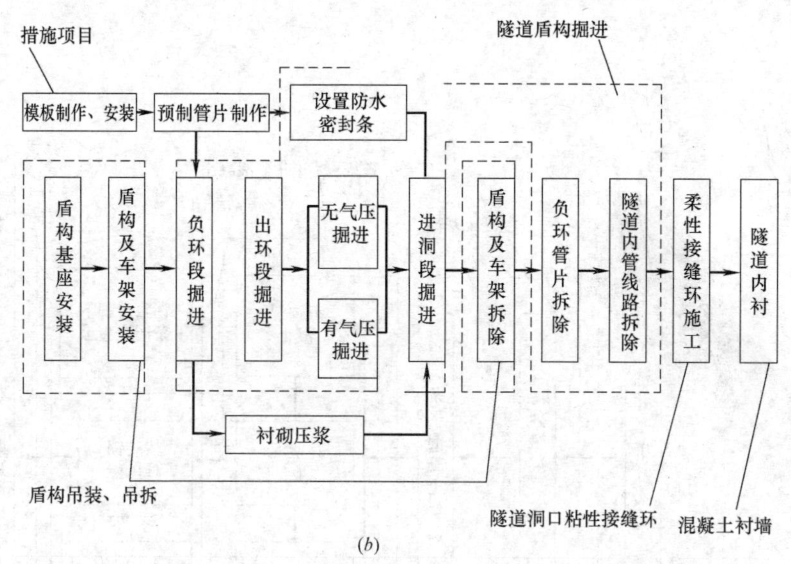

(*b*)

图 D-05　盾构施工示意图（二）

(*b*) 施工流程图

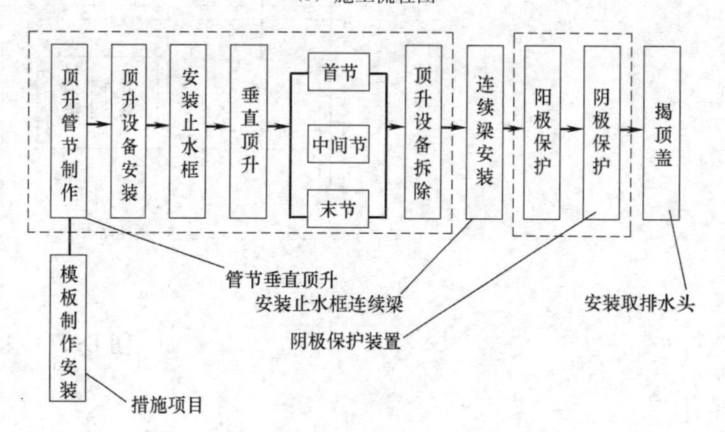

图 D-06　管节垂直顶升施工流程图

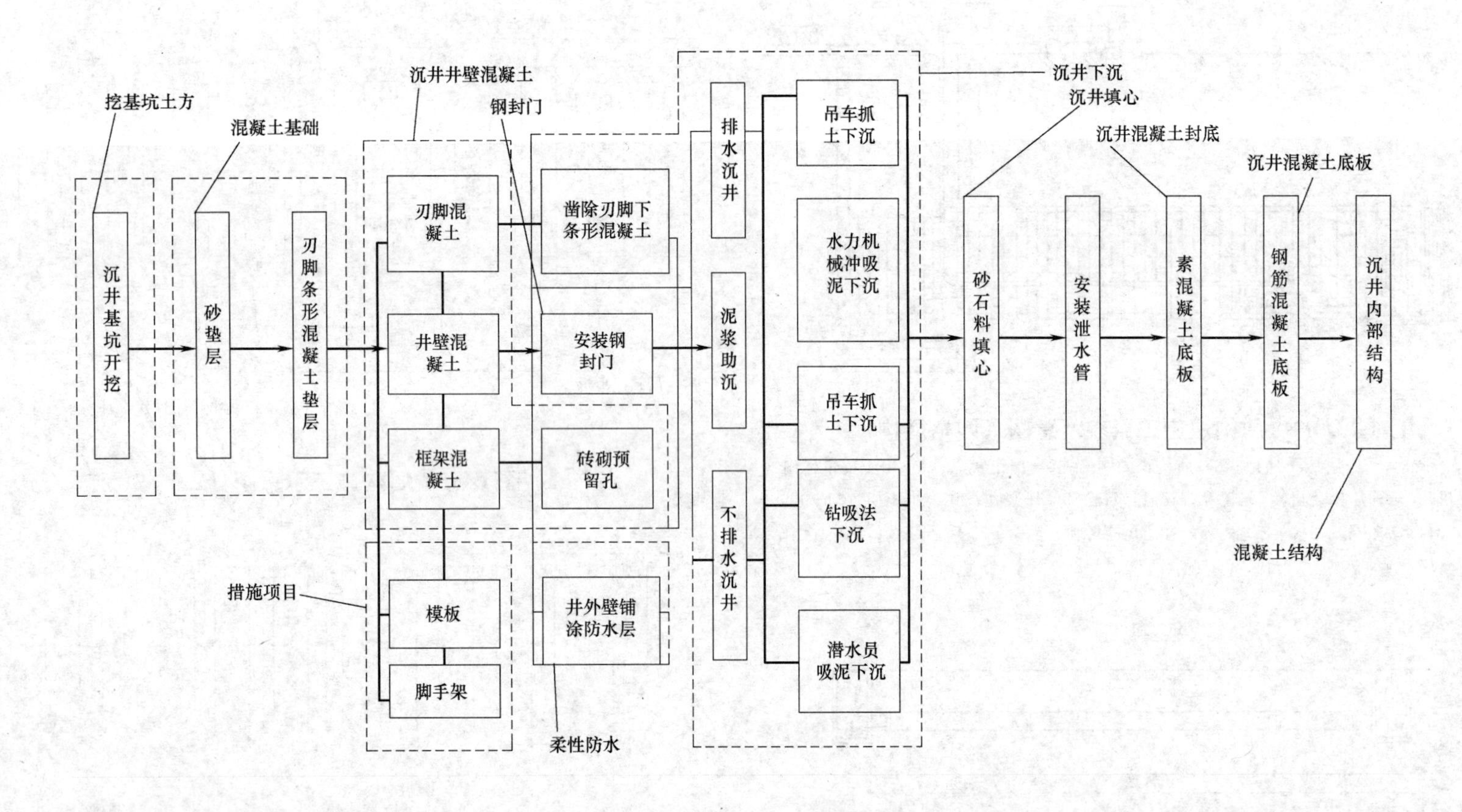

图 D-07　隧道沉井施工流程图

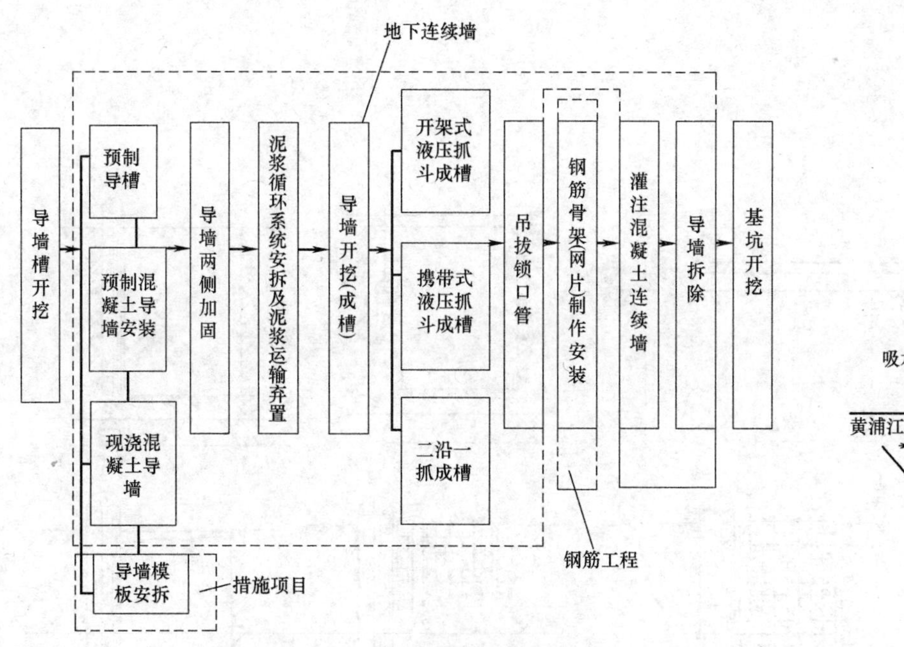

图 D-08　地下连续墙施工流程图

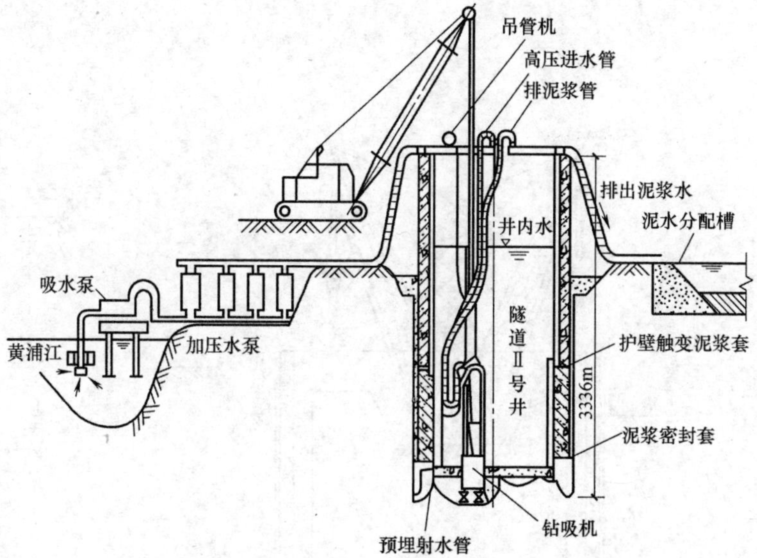

吊管机
高压进水管
排泥浆管
排出泥浆水
泥水分配槽
井内水
吸水泵
黄浦江
加压水泵
隧道Ⅱ号井
护壁触变泥浆套
3336m
泥浆密封套
钻吸机
预埋射水管

图 D-09　不排水下沉法下沉沉井

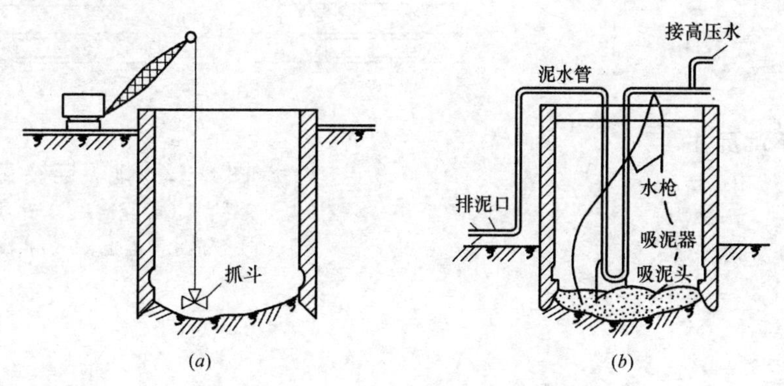

图 D-10　排水下沉法下沉沉井

(a) 机械抓斗挖土机挖土方法；(b) 水力机械或出土方法

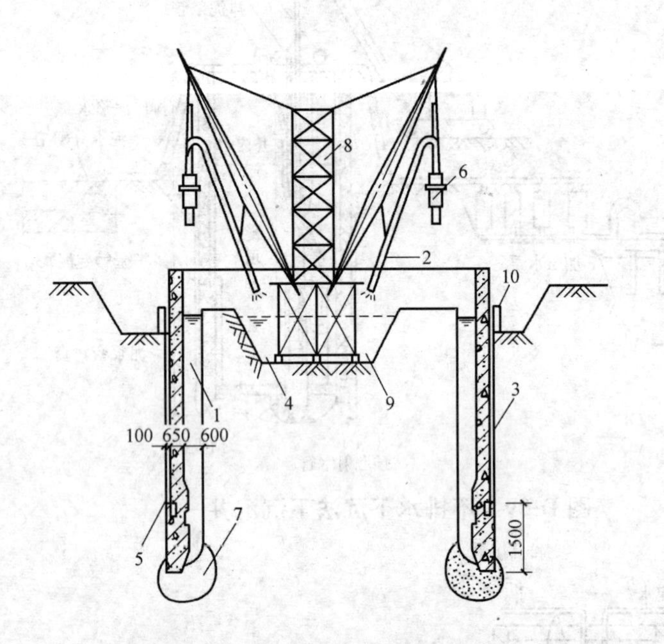

图 D-11　泥浆套下沉法下沉沉井

1—泥浆槽；2—排泥管；3—井壁；4—中心土岛；5—沉浆橡胶密封套；6—挖槽吸泥机；7—刃脚加固体；8—井架；9—沉淀池；10—泥浆围堰

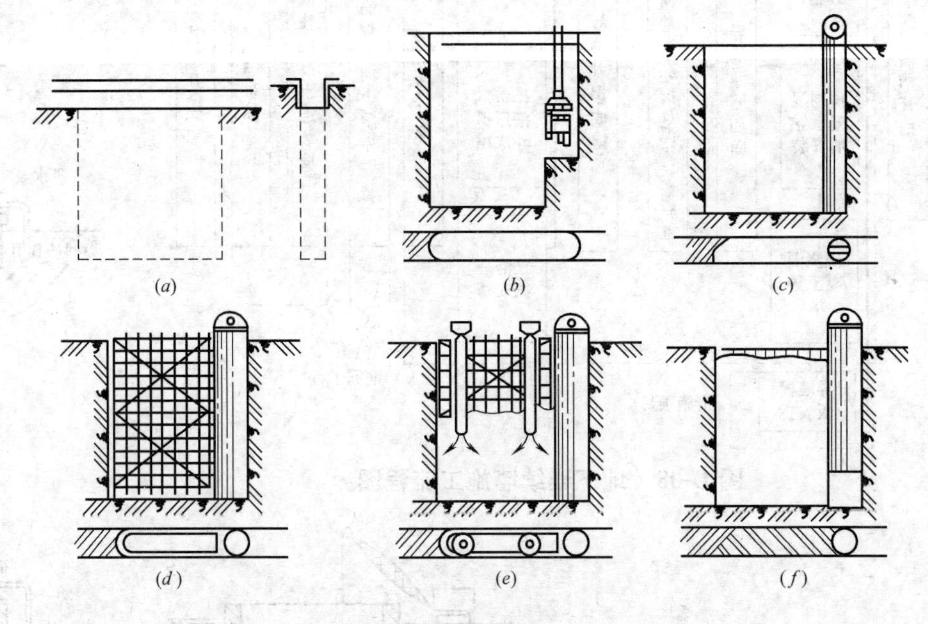

图 D-12　地下连接墙施工顺序

(a) 挖导沟、筑导墙；(b) 挖槽；(c) 吊放接头管；(d) 吊放钢筋笼；(e) 浇灌水下混凝土；(f) 拔出接头管成墙

表 D. 3　盾构掘进（项目编码：040403002）隧道盾构掘进（刀盘式土压平衡盾构掘进）

一、实体项目　D 隧道工程			
对应图示		项目名称	编码/编号
工程量清单分类		表 D. 3 盾构掘进[隧道盾构掘进（刀盘式土压平衡盾构掘进）]	040403002
定额章节	分部工程	第七册隧道工程　第二章盾构法掘进总说明文字代码	S7-2- ZSM19-1-
	分项子目	隧道工程盾构法掘进： 6. 刀盘式土压平衡盾构掘进（负环段掘进、出洞段掘进、进洞段掘进、正常段掘进） 17. 负环管片拆除 18. 隧道内管线路拆除（参见干式出土盾构掘进） 文字代码 1. 土方场外运输	S7-2-45～S7-2-64 S7-2-131～S7-2-135 S7-2-136～S7-2-138 ZSM19-1-1

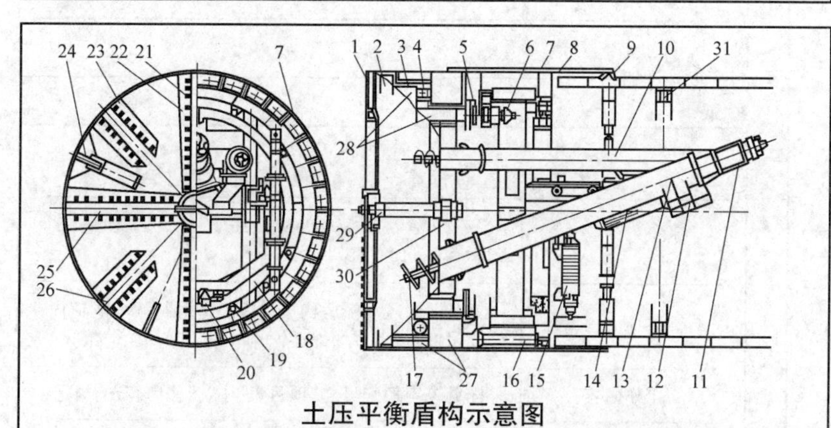

土压平衡盾构示意图

1—切削刀盘；2—泥土仓；3—密封装置；4—支承轴承；5—a Sb N 轮；6—液压电机；7—注浆管；8—盾壳；9—盾尾密封装置；10—小螺旋输送机；11—大螺旋输送机驱动液压电机；12—排土闸门；13—大螺旋输送机；14—闸门滑阀；15—拼装机构；16—盾构千斤顶；17—大螺旋输送机叶轮轴；18—拼装机转盘；19—支承滚轮；20—举升臂；21—切削刀；22—主刀槽；23—副刀槽；24—超挖刀；25—主刀梁；26—副刀梁；27—固定鼓；28—转鼓；29—中心轴；30—隔板；31—真圆保持器

工程量清单“四统一”

项目编码	0404030002
项目名称	隧道盾构掘进（刀盘式土压平衡盾构掘进）
计量单位	m
工程量计算规则	按设计图示尺寸以掘进长度计算
项目特征描述	1. 直径　2. 规格　3. 形式
工程内容规定	1. 负环段掘进　2. 出洞段掘进　3. 进洞段掘进　4. 正常段掘进　5. 负环管片拆除　6. 隧道内管线路拆除　7. 土方外运

《上海市市政工程预算定额》(2000)分部分项工程

子目编号	S7-2-45～S7-2-64、S7-2-131～S7-2-135、S7-2-136～S7-2-138、ZSM19-1-1
分部分项工程名称	刀盘式土压平衡盾构掘进、负环管片拆除、隧道内管线路拆除
工作内容	详见该定额编号之“项目表”中“工作内容”的规定
计量单位	m^3
工程量计算规则	

表 D.3　盾构掘进(项目编码:040403002)隧道盾构掘进(刀盘式泥水平衡盾构掘进)

一、实体项目　D 隧道工程			
对应图示		项 目 名 称	编码/编号
工程量清单分类		表 D.3 盾构掘进[隧道盾构掘进(刀盘式泥水平衡盾构掘进)]	040403002
定额章节	分部工程	第七册隧道工程　第二章盾构法掘进总说明文字代码	S7-2- ZSM19-1-
	分项子目	隧道工程盾构法掘进: 7. 刀盘式泥水平衡盾构掘进(负环段掘进、出洞段掘进、进洞段掘进、正常段掘进) 17. 负环管片拆除 18. 隧道内管线路拆除(参见水力出土盾构掘进) 文字代码 1. 土方场外运输	S7-2-65～S7-2-84 S7-2-131～S7-2-135 S7-2-136～S7-2-138 ZSM19-1-1

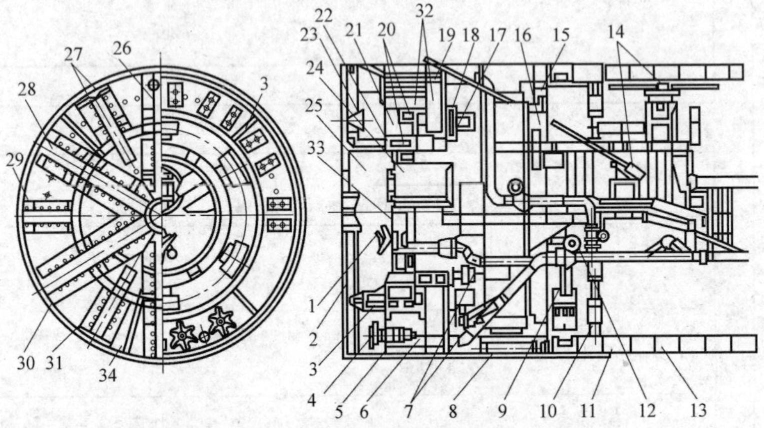

泥水加压盾构示意图

1—中部搅拌器;2—切削刀盘;3—转鼓凸台;4—下部搅拌器;5—盾壳;6—排泥浆管;7—刀盘驱动电机;8—盾构千斤顶;9—举重臂;10—真圆保持器;11—盾尾密封;12—闸门;13—衬砌环;14—药液注入装置;15—支承滚轮;16—转盘;17—切削刀盘内齿圈;18—切削刀盘外齿圈;19—送泥浆管;20—刀盘支承密封装置;21—转鼓;22—超挖刀控制装置;23—刀盘箱形环座;24—进人孔;25—泥水室;26—切削刀;27—超挖刀;28—主刀梁;29—副刀梁;30—主刀槽;31—副刀槽;32—固定鼓;33—隔断;34—刀盘

工程量清单"四统一"

项目编码	0404030002
项目名称	盾构掘进(刀盘式泥水平衡盾构掘进)
计量单位	m
工程量计算规则	按设计图示尺寸以掘进长度计算
项目特征描述	1. 直径　2. 规格　3. 形式　4. 掘进施工段类别　5. 密封舱材料品种　6. 弃土(浆)运距
工程内容规定	1. 掘进　2. 管片拼装　3. 密封舱添加材料　4. 负环管片拆除　5. 隧道内管线路铺设、拆除　6. 泥浆制作　7. 泥浆处理　8. 土方、废浆外运

《上海市市政工程预算定额》(2000)分部分项工程

子目编号	S7-2-65 ～ S7-2-84、S7-2-131 ～ S7-2-135、S7-2-136～S7-2-138、ZSM19-1-1
分部分项工程名称	刀盘泥水压平衡盾构掘进、负环管片拆除、隧道内管线路拆除、土方场外运输
工作内容	详见该定额编号之"项目表"中"工作内容"的规定
计量单位	m^3
工程量计算规则	

附录E　管网工程（项目编码：0405）施工图图例［导读］

市政管网分类：按排水的性质分为雨水管、污水管；按排放方式分为分流制和合流制，分流制分为雨水管、污水管，合流制为雨污水合流管。

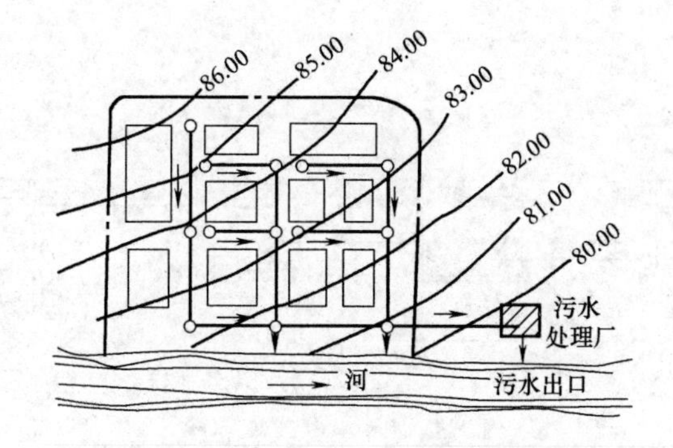

图E-01　截流式合流制排水系统

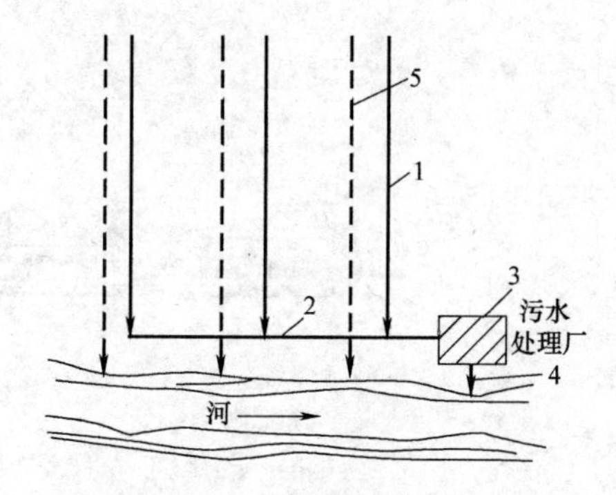

图E-02　分流制排水系统

1—污水干管；2—污水主干管；3—污水处理厂；4—出水口；5—雨水干管

1. 市政管网组成

（1）自排方式——排水管道、窨井、进水口、出水口、排水箱涵。

（2）强排方式——排水管道、窨井、进水口、泵站（提升泵站）、排水箱涵、污水处理厂。

2. 市政管网构造

（1）排水管道：垫层、基础、管道铺设、接口、管道基座。

（2）排水箱涵：垫层、基础、混凝土底板、侧墙、顶板、接缝。

（3）窨井：

1）砖砌窨井：垫层、基础、砖砌体、粉刷、预制盖板、过梁、井盖、座。

2）混凝土窨井：垫层、基础、砖砌体、粉刷、预制盖板、过梁、井盖、座。

3）成品窨井：垫层、基础、成品窨井体、井盖、座。

（4）进水口：垫层、基础、砖砌体、粉刷、预制构件、井箅。

（5）出水口：垫层、基础、砌筑、勾缝。

（6）泵站：（详见构筑物）下部结构、上部建筑、进水总管、出水总管、闸门井、设备安装、平面布置、大门、围墙。

（7）污水处理厂：（另见构筑物）。

3. 市政管网施工方法

管道施工方法主要有开槽埋管、顶管和水平导向钻进。

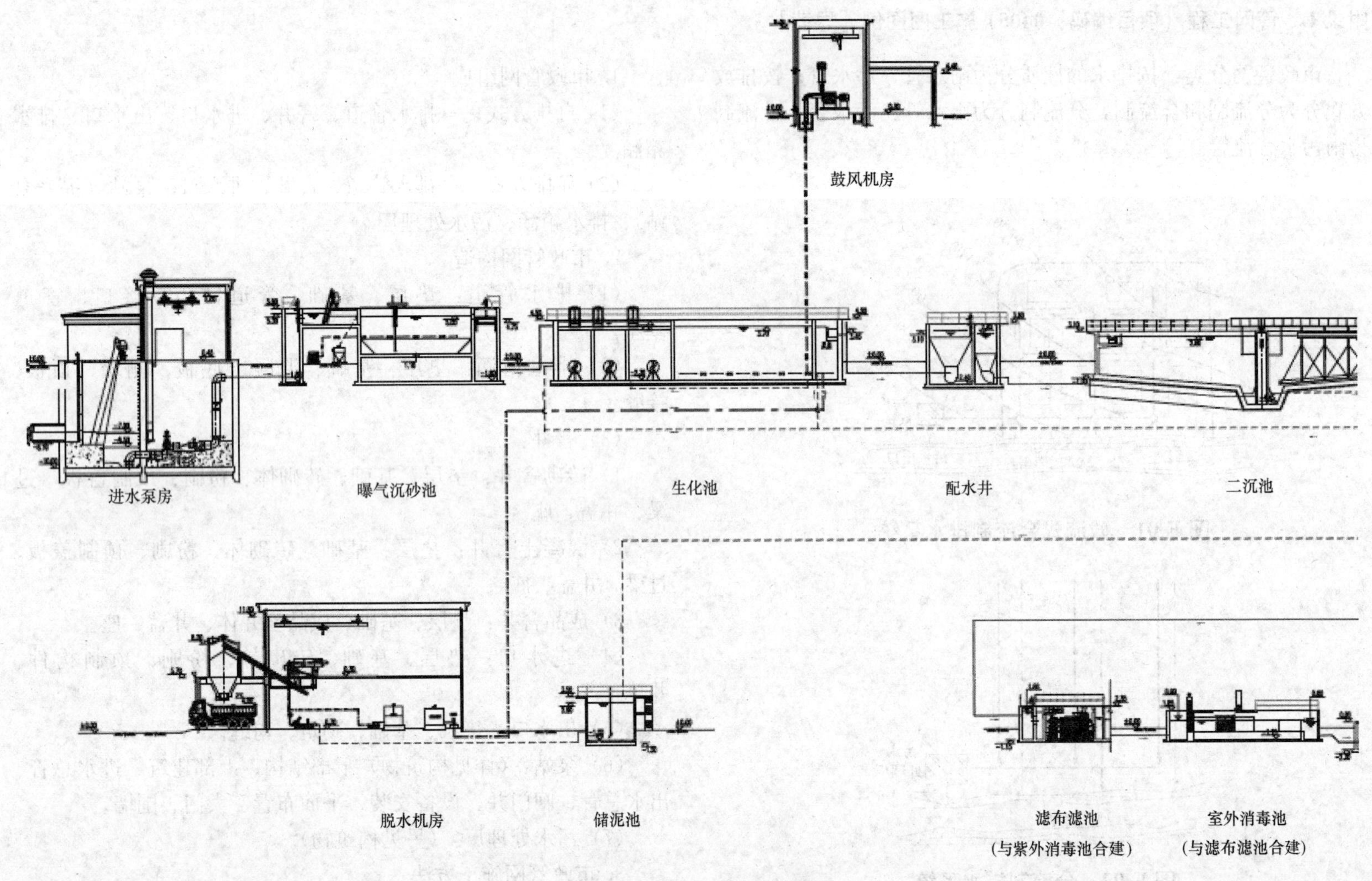

图 E-03　城市污水处理厂

4. 市政管网施工工艺

（1）开槽埋管：挖土（围护、支撑）、井点降水、基础、管道铺设、接口、管道基座、窨井、回填土、余土外运。

（2）顶管：

1）顶进工作坑：

① 钢筋混凝土沉井工作坑、接收坑；

② 钢板桩围护工作坑、接收坑：打、拔钢板桩、挖土、安拆支撑、垫层、基础、坑内管道铺设、窨井、回填土、余土外运；

③ 其他围护工作坑、接收坑：SMW工法围护坑、钻孔灌注桩围护坑、旋喷桩围护坑等。

2）顶进接收坑：

① 钢筋混凝土沉井工作坑、接收坑；

② 钢板桩围护工作坑、接收坑；

③其他围护工作坑、接收坑：SMW工法围护坑、钻孔灌注桩围护坑、旋喷桩围护坑等。

3）管道顶进：顶进后座及坑内工作平台搭拆、设备安拆、洞口止水处理、中继间安拆、触变泥浆减阻、挖土顶进、套环安装、余土外运。

（3）水平导向钻进：

1）围护工作坑、接收坑：钢板桩围护坑、SMW工法围护坑、钻孔灌注桩围护坑、旋喷桩围护坑等。

2）钻进、泥浆制作、扩孔、穿管、余土外运。

管道设施结构形式 **表 E-01**

<table>
<tr><th>项次</th><th>分类</th><th colspan="4">结构形式</th></tr>
<tr><td rowspan="5">1</td><td rowspan="5">管道基础</td><td colspan="4">砂垫层：适用于承插式混凝土管(Φ230、Φ300、Φ450)、塑料管(UPVC管、FRPP管、HDPE管)、玻璃纤维增强塑料夹砂管(RPM管)</td></tr>
<tr><td colspan="4">砾石砂：适用于承插式混凝土管(Φ230、Φ300、Φ450)、承插式钢筋混凝土管(Φ600～1200)、企口式钢筋混凝土管(Φ1350～2400)、F型钢承口式钢筋混凝土管(Φ2200～3000)</td></tr>
<tr><td colspan="4">混凝土基座：适用于在黏性土质中铺设承插式混凝土管及F型钢承口式钢筋混凝土管、承插式钢筋混凝土管、企口式钢筋混凝土管</td></tr>
<tr><td colspan="4">钢筋混凝土基座：适用于在粉性及砂性土质中铺设承插式混凝土管及F型钢承口式钢筋混凝土管</td></tr>
<tr><td colspan="4">混凝土管枕：适用于承插式钢筋混凝土管及企口式钢筋混凝土管</td></tr>
<tr><td rowspan="12">2</td><td rowspan="12">混凝土、塑料管管材品种</td><td rowspan="2">管径(mm)</td><td colspan="2">市政管道材质</td><td rowspan="2">图纸图号</td></tr>
<tr><td>材质及制品</td><td>管材</td></tr>
<tr><td>Φ230～450</td><td>混凝土管</td><td>混凝土管</td><td>排通201(82排通图)</td></tr>
<tr><td>Φ600～2400</td><td>钢筋混凝土管</td><td>钢筋混凝土管</td><td></td></tr>
<tr><td>Φ230～450</td><td>混凝土管</td><td>承插式混凝土管</td><td>PT04-01(1/4,3/4)</td></tr>
<tr><td>Φ600～1200</td><td rowspan="3">钢筋混凝土管</td><td>承插式钢筋混凝土管(PH-48管)</td><td>PT04-02(1/4～4/4)</td></tr>
<tr><td>Φ1350～2400</td><td>企口式钢筋混凝土管(丹麦管)</td><td>PT04-04(1/5～5/5)</td></tr>
<tr><td>Φ2700～3000</td><td>F型钢承口式钢筋混凝土管</td><td>PT04-05(1/6～6/6)</td></tr>
<tr><td>DN225～400</td><td rowspan="3">塑料管</td><td>UPVC管</td><td>SPT01-01～04(1997)</td></tr>
<tr><td>DN500～1000</td><td>增强聚丙烯管(FRPP管)</td><td></td></tr>
<tr><td>DN250～3600</td><td>承插式缠绕管(HDPE管)</td><td>SPT01-01～05(2000)</td></tr>
<tr><td>DN400～2400</td><td>玻璃纤维增强塑料夹砂管</td><td>玻璃纤维增强塑料夹砂管(RPM管)</td><td></td></tr>
</table>

续表

<table>
<tr><th>项次</th><th>分类</th><th colspan="3">结构形式</th></tr>
<tr><td>3</td><td>管道铺设</td><td colspan="3">1. 排管：按材质及制品分为混凝土管、钢筋混凝土管、塑料管、玻璃纤维增强塑料夹砂管等
2. 从下游往上游排，承插管应承口向上（即上游方向）、插口向下（即下游方向）；采用手扳葫芦或电动卷扬机进行管节就位</td></tr>
<tr><td rowspan="2">4</td><td rowspan="2">管道接口</td><td>刚性接口</td><td colspan="2">分水泥砂浆、有筋细石混凝土：
1. 混凝土承插管采用水泥砂浆接口
2. 钢筋混凝土悬辊管、钢筋混凝土离心管采用水泥砂浆接口或有筋细石混凝土接口</td></tr>
<tr><td>柔性接口</td><td colspan="2">分水泥砂浆加沥青麻丝、橡胶圈：
1. 钢筋混凝土悬辊管、钢筋混凝土离心管采用水泥砂浆接口或有筋细石混凝土接口，分O型橡胶圈、Q型橡胶圈、齿型橡胶圈及沥青麻丝加水泥砂浆等
2. 钢筋混凝土承插管接口采用O型橡胶圈，钢筋混凝土企口管接口采用Q型橡胶圈，F型钢承口式钢筋混凝土管采用齿型橡胶圈</td></tr>
<tr><td>5</td><td>管道坞膀</td><td colspan="3">分混凝土及钢筋混凝土坞膀
1. 黄砂坞膀对于钢筋混凝土承插管和企口管
2. 回填至管顶以上50cm</td></tr>
<tr><td>6</td><td>管道闭水试验</td><td colspan="3">分磅筒、检查井及管口打压试验三种形式
1. 对于混凝土及钢筋混凝土管道，其用作污水管道时，应每段（两检查井之间的管道为一段）进行闭水试验，用作雨水及雨污水合流管道时，一般不进行闭水试验，但在流砂地区应对四节中进行抽查一段
2. 对于塑料排水管，用作污水管时，按四节管道抽查一段，雨水管道可随机进行
3. 管口打压试验适用于玻璃纤维增强塑料夹砂排水管道</td></tr>
<tr><td>7</td><td>封拆管口</td><td colspan="3">闭水试验前将管道管口进行封堵，闭水试验后将管道管口进行拆除</td></tr>
<tr><td rowspan="6">8</td><td rowspan="6">窨井
（检查井）</td><td rowspan="5">砖砌直线窨井</td><td>混凝土、钢筋混凝土</td><td rowspan="2">分混凝土砖砌直线不落底窨井、混凝土砖砌直线落底窨井、钢筋混凝土砖砌直线不落底窨井、钢筋混凝土砖砌直线落底窨井</td></tr>
<tr><td>不落底式↑(N)、
落底式↓(Y)</td></tr>
<tr><td>砖砌窨井</td><td>600×600 图纸图号：PT05-04(1/5～2/5)
750×750 图纸图号：PT05-04(3/5～4/5)
1000×1000～1000×1550 图纸图号：PT05-06(1/3)
1100×1750～1100×3650 图纸图号：PT05-06(2/3)
1000×1000～1100×3650 底板配筋 图纸图号：PT05-07</td></tr>
<tr><td>砖砌窨井工程数量表</td><td>图纸图号：PT05-08(1/5～5/5)</td></tr>
<tr><td>钢筋混凝土盖板</td><td>Ⅰ型 图纸图号：PT05-04(5/5)
Ⅱ型 图纸图号：PT05-06(3/3)</td></tr>
<tr><td>转折窨井</td><td colspan="2">分二通(90°、115°、135°、155°)、三通、四通窨井
砖砌二通转折窨井 图纸图号：排通 501-11-1～11
钢筋混凝土二通转折窨井 图纸图号：排通 502-18-1～18</td></tr>
</table>

续表

<table>
<tr><th>项次</th><th>分类</th><th colspan="2">结构形式</th></tr>
<tr><td rowspan="2">8</td><td rowspan="2">窨井
（检查井）</td><td colspan="2">现浇混凝土窨井</td></tr>
<tr><td colspan="2">预制整体窨井</td></tr>
<tr><td rowspan="4">9</td><td rowspan="4">沟槽回填</td><td colspan="2">对不同的部位应有不同的要求，以达到既保护管道的安全又满足上部承受动、静荷载的要求；既保证施工过程中管道安全又保证上部筑路、放行后的安全
对沟槽回填的部位划分为胸腔（管道两侧）、结构顶部（管顶 50cm 内）及路床（槽）以下（管顶 50cm 以上）</td></tr>
<tr><td>填（覆）土</td><td>应与横列板拆除交替进行，填土达到密实要求后方可拆除板桩，并在空隙间及时灌砂。覆土厚度超过规定的最大与最小覆土厚度时，应对管道进行加固处理</td></tr>
<tr><td>回填粗砂</td><td>一般在管道敷设后需立即修复高等级路面，恢复交通，应在管道两侧及管顶 50cm 范围内回填粗砂</td></tr>
<tr><td>砾石砂间隔填土</td><td>一般在管道敷设后需立即修复高等级路面，恢复交通，应在管顶 50cm 以上直至道路基层底部范围内采用砾石砂间隔填土</td></tr>
<tr><td rowspan="6">10</td><td rowspan="6">进水口</td><td colspan="2">雨水进水口分里弄雨水进水口及Ⅰ型、Ⅱ型、Ⅲ型、双联Ⅲ型雨水进水口</td></tr>
<tr><td colspan="2">里弄雨水进水口（320×220），一般不承受荷载</td></tr>
<tr><td>Ⅰ型（侧立式）雨水进水口及盖座（400×300），一般适用于二车道以下道路</td><td>图纸图号：PT06-02</td></tr>
<tr><td>Ⅱ型（侧立式）雨水进水口（400×450），一般适用于四车道以下道路</td><td>图纸图号：PT06-04（1/5～5/5）</td></tr>
<tr><td>Ⅲ型（平卧式）雨水进水口（640×500），一般适用于六车道以下道路</td><td>图纸图号：PT06-04（1/3～3/3）</td></tr>
<tr><td>双联Ⅲ型雨水进水口（1450×500），一般适用于六车道及六车道以上道路、桥坡下、停车场以及广场排水</td><td>图纸图号：PT06-05</td></tr>
</table>

注：根据《全国统一市政工程预算定额》总说明及各册、章说明，依据上海市市政工程预算定额修编大纲，结合上海市情况编制补充定额部分，请参阅表 2-2“《全国统一市政工程预算定额》关于各省、自治区、直辖市编制补充定额部分等项目”中“如工程项目的设计要求与本定额所采用的标准图集（1996 年《给水排水标准图集》合订本 S2）不同时，各省、自治区、直辖市可自行调整”的释义。

说明：1. 直线窨井分落底与不落底两种。污水窨井不得采用落底式。

2. 雨水窨井需落底者根据要求在设计图中说明（即除特殊要求外），其落底深度一般均采用 300mm。二、三、四通转折交汇窨井为保持水流顺畅，亦不考虑落底。凡不落底窨井均要砌筑流槽，高度等于沟管半径（即要砌流槽至管道半径高），流槽可用砖砌筑，并用 1∶2 水泥砂浆粉光，也可用 C15 水泥混凝土浇筑。

混凝土、塑料管管材品种　　**表 E-02**

管径(mm)	市政管道管材		管径(mm)	市政管道管材	
	材质及制品	管　材		材质及制品	管　材
Φ230～450	混凝土管	混凝土普通管(80、92)	DN225～400	塑料管	UPVC 加筋管
Φ600～2400	钢筋混凝土管	钢筋混凝土普通管(80)	DN250～3600		HDPE 管
Φ600～1200		承插式钢筋混凝土管(PH-48 管)(92)	DN500～1000		增强聚丙烯管(FRPP 管)
Φ1350～2400		企口式钢筋混凝土管(丹麦管)(92)	DN400～2400	玻璃纤维增强塑料夹砂管	玻璃纤维增强塑料夹砂管(RPM 管)
Φ2700～3000		F 型钢承口式钢筋混凝土管(92)			

注：1. 按材质及制品分类：混凝土管、钢筋混凝土管、塑料管、玻璃纤维增强塑料夹砂管等；

2. 按生产工艺分类：混凝土管分离心管、悬辊管、丹麦管、PH-48 管；塑料管分加筋管、双壁波纹管、缠绕管。

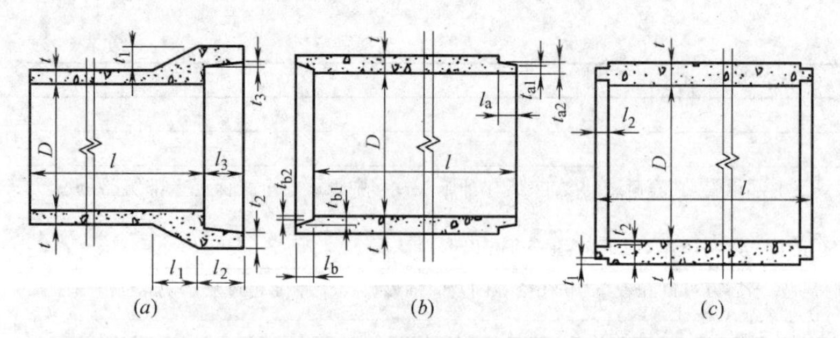

(a) (b) (c)

图 E-04　承插、企口、平口管尺寸示意图

(a) 承插管；(b) 企口管；(c) 平口管

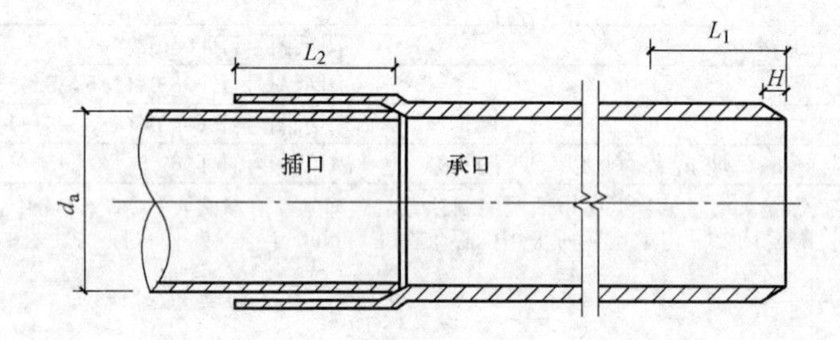

图 E-05　UPVC 管材黏结式连接

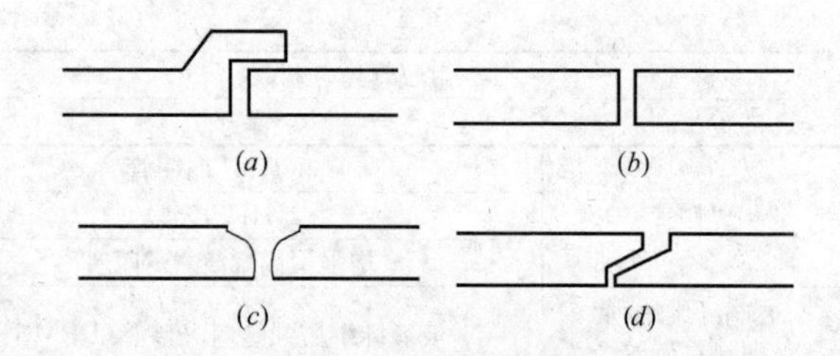

图 E-06　管口形式

(a) 承插口；(b) 平口；(c) 圆弧口；(d) 企口

1. 开槽埋管工程的有关规定

打、拔钢板桩定额及沟槽支撑使用数量（含井点的使用周期）的规定

表 E-03

项次	项目名称	计量单位	说明	
第五册排水管道工程				
项次	项目名称		排水管道工程册“说明”(共 12 项)	
1	附表 H-07“钢板桩适用范围”(原表 5-1)		八、打、拔钢板桩定额适用范围按表 5-1 选用	
	即钢板桩类型:槽型钢板桩、拉森钢板桩;开槽埋管沟槽深(至槽底);顶管基坑深(至坑土面)			
第五册排水管道工程　第一章开槽埋管				
项次	项目名称	计量单位	章“说明”(共 6 项)	
2	沟槽深度≤3m、>3m 时,采用横列板、钢板桩支撑的规定	m	一、沟槽深度≤3m 采用横列板支撑;沟槽深度>3m 采用钢板桩支撑	
3	附表 H-11“每 100m(双面)列板使用数量”	t·天	四、混凝土管开槽埋管列板、槽型钢板桩及支撑使用数量	1. 每 100m(双面)列板使用数量
4	附表 H-12“每 100m(单面)槽型钢板桩使用数量”	t·天		2. 每 100m(单面)槽型钢板桩使用数量
5	附表 H-13“每 100m(沟槽长)列板支撑使用数量”	t·天		3. 每 100m(沟槽长)列板支撑使用数量
6	附表 H-14“每 100m(沟槽长)槽型钢板桩支撑使用数量”	t·天		4. 每 100m(沟槽长)槽型钢板桩支撑使用数量
《上海市市政工程预算定额》工程量计算规则(2000)				
项次	项目名称	计量单位	第一章　通用项目“说　明”(第 1.1.1～1.6.6 条)	
7	附表 F-02“排水管道轻型井点使用周期”	套·天	第 1.5.4 条　井点使用周期 1. 排水管道轻型井点使用周期	

注：1. 本打、拔钢板桩定额及沟槽支撑使用数量的规定，敬请参阅本“图释集”附录国家标准规范、全国及地方《市政工程预算定额》(附录 A～K) 中附录 H《上海市市政工程预算定额》(2000)“工程量计算规则”各册、章说明第五册《排水管道工程》的册“说明”和第一章开槽埋管的章“说明”；

2. 开槽埋管井点的使用周期规定，在编制“算量”时，敬请参阅本“图释集”附录国家标准规范、全国及地方《市政工程预算定额》(附录 A～K) 中附录 F《上海市市政工程预算定额》工程量计算规则 (2000)。

2. 顶管工程预算定额的有关规定

工作坑支撑使用数量的规定　　表 E-04

项次	项 目 名 称	章“说明”
	第二章　顶管	
1	附表 H-15“工作坑平面尺寸表”	二、钢板桩工作坑平面尺寸
2	附表 H-16“顶进坑槽型钢板桩使用数量”	三、每座钢板桩顶进坑及接收坑钢板桩使用数量
3	附表 H-17“顶管顶进坑拉森钢板桩使用数量”	
4	附表 H-18“顶管接收坑槽型钢板桩使用数量”	
5	附表 H-19 “接收坑拉森钢板桩使用数量 ”	

注：本工作坑支撑使用数量的规定，敬请参阅本“图释集”附录国家标准规范、全国及地方《市政工程预算定额》（附录 A～K）中附录 H《上海市市政工程预算定额》（2000）“工程量计算规则”各册、章说明第五册排水管道工程的册“说明”和第二章　顶管的章“说明”。

顶管井点使用周期表　　表 E-05

管径(mm)	轻型井点使用周期(套・天)	管径(mm)	轻型井点使用周期(套・天)
Φ1000	28	Φ2200	34
Φ1200	30	Φ2400	35
Φ1400	32	Φ2700	37
Φ1600	32	Φ3000	40
Φ1800	33	Φ3500	43
Φ2000	33		

注：1. 采用喷射井点时，按表中的数量减 5.4 套・天计算；
2. 钢筋混凝土承插管和钢筋混凝土企口管按表中的数量乘以 0.8 取用；
3. UPVC 加筋管和增强聚丙烯管按表中的数量乘以 0.6 取用。

3. 有关技术数据

窨井、沟槽埋设深度定额取定表　　表 E-06

项次	项目名称	组合定额“说明”(共 12 条)
1	附表 I-01“窨井埋设深度定额取定表”	窨井工程量计算规则：窨井深度(H)是指设计窨井顶面至沟管内底的距离；敬请参阅“600mm×600mm 落底雨水砖砌直线窨井(检查井)”或“750mm×750mm 不落底雨水砖砌直线窨井(检查井)”
2	附表 I-02“沟槽埋设深度定额取定表”	沟槽深度(h)的有关规定：开槽埋管的深度(h)是指原地面标高至沟槽底(即基础厚度＝沟管内底＋槽底至管壁内高度或基础厚度＝管壁厚度 t＋承口壁厚 t_1＋垫层厚度 h_1＋混凝土基础厚度 h_2)的距离

注：本“窨井、沟槽埋设深度定额取定表”的规定，在编制工程“算量”时，敬请参阅本“图释集”附录国家标准规范、全国及地方《市政工程预算定额》（附录 A～K）中附录 I《上海市市政工程预算组合定额——室外排水管道工程》（2000）预算组合定额“说明”（共 12 条）第六、七条的诠释。

混凝土、塑料管有支撑沟槽宽度　　表 E-07

第五册排水管道工程　第一章开槽埋管			
项次	项目名称	章“说明”(共 6 项)	
1	附表 H-08“管材品种分列表”	二、管道铺设定额按下列管材品种分列	
	即(1)管径 Φ、DN；混凝土管类型：如混凝土管、钢筋混凝土管、承插式钢筋混凝土管(PH-48 管)、企口式钢筋混凝土管(丹麦管)、F 型钢承口式钢筋混凝土管 (2)塑料管类型：如 UPVC 加筋管、增强聚丙烯管(FRPP 管)		
	混凝土管	三、有支撑沟槽开挖宽度规定	1. 混凝土管有支撑沟槽宽度见表 5-2
2	附表 H-09“混凝土管沟槽宽度”(原表 5-2)		
	塑料管(UPVC 加筋管)		2. UPVC 加筋管有支撑沟槽宽度见表 5-3
3	附表 H-10“UPVC 加筋管沟槽宽度”(原表 5-3)		
《上海市排水管道工程(玻璃钢夹砂管)补充预算组合定额》 塑料管(玻璃钢夹砂管)			
项次	项目名称	补充预算组合定额说明(共 12 条)	
4	附表 I-05“沟槽深度适用范围表”	七、本组合定额的沟槽深度基本上按 50cm 为一档，实际深度与定额深度适用范围见表	
5	附图 I-02“沟槽断面图”	十、本组合定额的沟槽开挖断面布置图及沟槽宽度的规定	1. 沟槽断面图
6	附表 I-06“有支撑沟槽宽度表”		2. 有支撑沟槽宽度 B 的确定见表

注：1. 本混凝土、塑料管（UPVC 加筋管）有支撑沟槽宽度的规定，敬请参阅本“图释集”附录国家标准规范、全国及地方《市政工程预算定额》（附录 A～K）中附录 H《上海市市政工程预算定额》（2000）“工程量计算规则”各册、章说明第五册排水管道工程第一章开槽埋管的章“说明”；
2. 本塑料管（玻璃钢夹砂管）有支撑沟槽宽度的规定，敬请参阅本“图释集”附录国家标准规范、全国及地方《市政工程预算定额》（附录 A～K）中附录 I《上海市市政工程预算组合定额——室外排水管道工程》（2000）补充预算组合定额“说明”。

管道基座高　　表 E-08

混凝土管					沟槽宽度(mm)			
序号	管径(mm)	基座高			管径(mm)	深度 H(m)		
		80版	92版			$H\leqslant3$	$3<H\leqslant4$	$H>4$
			混凝土	钢混凝土				
1	Φ230	0.2395	0.2395	0.2895	DN400	1250	1450	1650
2	Φ300	0.263	0.2575	0.3075	DN500	1350	1550	1750
3	Φ450	0.302	0.2895	0.3375	DN600	1450	1650	1850
4	Φ600	0.3	0.435		DN700	1550	1750	1950
5	Φ800	0.34	0.452		DN800	1650	1850	2050
6	Φ1000	0.36	0.47		DN900	1750	1950	2150
7	Φ1200	0.4	0.485		DN1000	1850	2050	2250
8	Φ1350		0.625		DN1200	2050	2250	2450
9	Φ1400	0.435			DN1400	2250	2450	2650
10	Φ1500		0.635		DN1500	2350	2550	2750
11	Φ1600	0.47			DN1600	2500	2700	2900
12	Φ1650		0.65		DN1800	2700	2900	3100
13	Φ1800	0.5	0.66		DN2000	2900	3100	3300
14	Φ2000	0.535	0.67		DN2200	3100	3300	3500
15	Φ2200	0.57	0.68		DN2400	3300	3500	3700
16	Φ2400	0.61	0.69					
17	Φ2700	0.75	0.8					
18	Φ3000	0.815	0.865					
UPVC 管								
	管径(mm)	基座高						
		砂	混凝土	钢混凝土				
	Φ160	0.15	0.17					
19	Φ225	0.15	0.18					
20	Φ300	0.15	0.18					
21	Φ400	0.15	0.19					

续表

FRPP 管、玻璃钢夹砂管							
	管径(mm)	基座高					
22	DN400	0.22					
23	DN500	0.23					
24	DN600	0.23					
25	DN700	0.23					
26	DN800	0.23					
27	DN900	0.24					
28	DN1000	0.24					
29	DN1200	0.24					
30	DN1400	0.24					
31	DN1500	0.24					
32	DN1600	0.25					
33	DN1800	0.25					
34	DN2000	0.26					
35	DN2200	0.26					
36	DN2400	0.26					

玻璃钢夹砂管、RPM 管有支撑沟槽宽度表（mm）　　表 E-09

深度 H(m)	管径(mm)							
	DN400	DN500	DN600	DN700	DN800	DN900	DN1000	DN1200
$H\leqslant3.00$	1250	1350	1450	1550	1650	1750	1850	2050
$3.00<H\leqslant4.00$	1450	1550	1650	1750	1850	1950	2050	2250
$H>4.00$	1650	1750	1850	1950	2050	2150	2250	2450

深度 H(m)	管径(mm)						
	DN1400	DN1500	DN1600	DN1800	DN2000	DN2200	DN2400
$H\leqslant3.00$	2250	2350	2500	2700	2900	3100	3300
$3.00<H\leqslant4.00$	2450	2550	2700	2900	3100	3300	3500
$H>4.00$	2650	2750	2900	3100	3300	3500	3700

注：无支撑时沟槽宽度（B）可减小 300mm。

梯形沟槽最大坡度表　　　　表 E-10

项次	槽壁土质	槽壁坡度(垂直距离∶水平距离)		
		沟槽顶缘无荷载	沟槽顶缘有静载	沟槽顶缘有动载
1	砂质粉土、粉土、细砂	1∶1	1∶1.25	1∶1.5
2	粉质黏土、黏质粉土	1∶0.6	1∶0.75	1∶1
3	黏土	1∶0.33	1∶0.5	1∶0.75

打、拔钢板桩定额适用范围表（m）　　　　表 E-11

钢板桩类型及长度		开槽埋管沟槽深(至槽底)	顶管基坑深(至坑土面)
槽型钢板桩	4.00～6.00	3.01～4.00	<4.00
	6.01～9.00	4.01～6.00	≤5.00
	9.01～12.00	6.01～8.00	≤6.00
拉森钢板桩	8.00～12.00	>8.00	>6.00
	12.01～16.00	>8.00	>8.00

注：开槽埋管槽底深度超过 8m 时，根据批准的施工组织设计套用拉森钢板桩定额。

沟槽覆土厚度表　　　　表 E-12

管道类型	管径(mm)	最大覆土厚度(m)		最小覆土厚度(m)
承插式混凝土管	Φ230～450	3.5		0.7
承插式钢筋混凝土管	Φ600～1000	4.0		0.7
	Φ1200	4.5		0.7
平口式钢筋混凝土管	Φ800～1200	5.0		0.7
企口式钢筋混凝土管	Φ1350～1650	4.0	5.5	0.7
	Φ1800～2400	4.0	6.0	0.7
F型钢承口式钢筋混凝土管	Φ2200～2400	5.0		0.7
	Φ2700～3000	6.0		0.7

续表

管道类型	管径(mm)	最大覆土厚度(m)	最小覆土厚度(m)
UPVC 加筋管	Φ225	3.0	0.6
	Φ300	3.5	0.6
	Φ400	4.0	0.6
聚丙烯增强管(FRPP 管)	Φ300～600	4.0	0.6
	Φ700～1000	3.0	0.6
玻璃纤维增强塑料	环刚度　5kN/mm²	2.5	0.7
夹砂管(RPM 管)	环刚度　10kN/mm²	4.0	0.7

注：当超过最大或最小覆土厚度时，需采取结构加固措施。

4. 顶管工程

钢板桩工作坑（顶进坑、接收坑）平面尺寸　　　　表 E-13

管径(mm)	顶进坑尺寸(宽×长)(m)		接收坑尺寸(宽×长)(m)	
	敞开式	封闭式	敞开式	封闭式
Φ800～1400	3.5 × 8.0		3.5 × 4.5	3.5 × 5.0
Φ1600	4.0 × 8.0		4.0 × 4.5	4.0 × 5.0
Φ1800～2000	4.5 × 8.0		4.5 × 4.5	4.5 × 5.0
Φ2200～2400	5.0 × 9.0		5.0 × 4.5	5.0 × 6.0

注：1. 斜交顶进坑及接收坑尺寸按实际尺寸计算；
2. 采用拉森钢板桩支撑的基坑，按上表规定尺寸分别增加 0.2m 计。

建国以来第一部(1996年1月)

(a)

(b)

图 E-07　上海市城市道路掘路修复工程结算标准（2008 年）

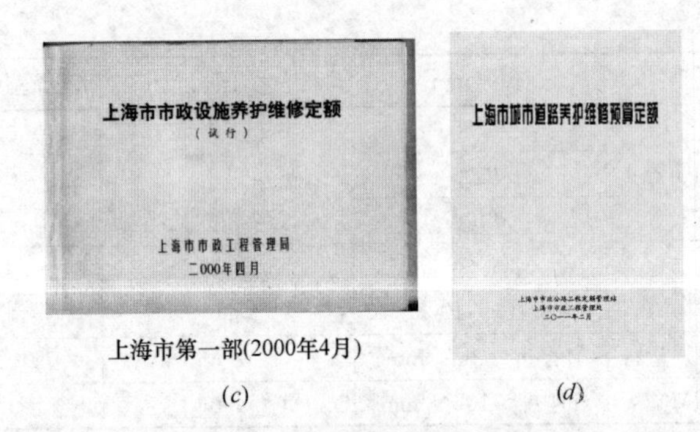

上海市第一部(2000年4月)

(c) (d)

图 E-08 上海市城市道路养护维修预算定额（2011 年）

注释：《上海市城市道路掘路修复工程收费标准》由上海市市政局颁布实施。该标准针对近年来城市道路掘路审批制度不健全、收费标准不统一、管理不规范等弊病，对因煤气、自来水、雨水污水、供热、广播、电信，电力、消防等管道以及各类商住用房生活配套等工程需要而掘路的审批和收费规定了统一的标准。新标准将原先分散在掘路修复工程的各个单项收费综合为一个费用，既操作简便，又公开明了，对于提高城市道路管理水平、制止乱开掘、乱收费等现象都将具有重要意义。

排水管网工程施工修复路面宽度计算表　　表 E-14

类型	工程"算量"相关规定
打井管抽槽	单排井管为 0.8m，双排井管为 1.6m
开槽埋管	按有支撑沟槽宽度表（混凝土管、PVC 等管）增加 1.0m，敬请参阅本"图释集"附录国家标准规范、全国及地方《市政工程预算定额》（附录 A～K）中附录 H《上海市市政工程预算定额》（2000）"工程量计算规则"各册、章说明第五册排水管道工程第一章开槽埋管的章"说明"三、有支撑沟槽开挖宽度规定：1. 混凝土管有支撑沟槽宽度见表 5-2"混凝土管沟槽宽度"和 2. UPVC 加筋管有支撑沟槽宽度见表 5-3"混凝土管沟槽宽度"以及表 E-09"玻璃钢夹砂管、RPM 管有支撑沟槽宽度表"的诠释
顶管基坑	按规定的基坑平面尺寸宽度方向增加 1.0m，长度方向：顶进坑增加 2m，接收坑增加 1.0m，敬请参阅本"图释集"附录国家标准规范、全国及地方《市政工程预算定额》（附录 A～K）中附录 H《上海市市政工程预算定额》（2000）"工程量计算规则"各册、章说明第五册排水管道工程第二章顶管的章"说明"二、钢板桩工作坑平面尺寸按表 5-4 选用即表 5-4"工作坑平面尺寸表（单位：m）"的诠释
其他	施工中由于非正常情况发生沉陷，超过上述范围时，其修复部位经建设单位认可后，按实另行计算

注：路面修复宽度原则上参照《上海市城市道路掘路修复工程收费标准》（2008）中的有关规定计算

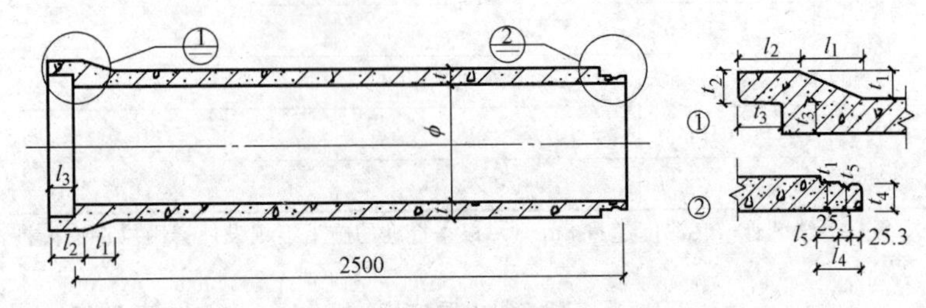

承插式钢筋混凝土管尺寸表

管径 (mm)	t (mm)	t_1 (mm)	t_2 (mm)	t_3 (mm)	t_4 (mm)	t_5 (mm)	t_6 (mm)	l_1 (mm)	l_2 (mm)	l_3 (mm)	l_4 (mm)	l_5 (mm)	质量 (kg)
ϕ600	75	59	70	60.8	57.6	52.5	62.5	149.8	140	99	102	51.6	1083
ϕ800	92	66.5	85	70.3	67.1	62.0	72	168.8	140	99	102	51.6	1750
ϕ1000	110	75.5	100	82.1	78.9	73.8	84	191.7	140	106	110	59.6	2600
ϕ1200	125	73	105	89.6	86.4	81.3	91.5	185.3	156	106	100	59.6	3510

图 E-09 开槽埋管单位工程承插式钢筋混凝土管

说明：①为管节的承口（向上游管道方向，即←向窨井进水方向）；②为管节的接口（向下游管道方向，即→向窨井出水方向）。

Φ1000PH-48 管管材体积“算量”难点解析　　表 E-15

实物图形	图 E-09“开槽埋管单位工程承插式钢筋混凝土管”			
管道尺寸（mm）	工程“算量”要素			
	管身尺寸（m）	承插口尺寸（m）	管节尺寸（m）	窨井尺寸（mm）
Φ1000 PH-48 管	1. 管径 Φ=1.00m 2. 壁厚 $t_{壁}$=0.11m	l_1=0.1917m；l_2=0.14m； t_1=0.0755m；t_2=0.5m	2.5m 节	1000×1300
管身体积（m³/m）	$V_{身}=\pi/4\times R^2=\pi/4\times(管径\ \Phi+t_{壁}\times 2)^2=\pi/4\times(1.0+0.11\times 2)^2=1.1689\text{m}^3/\text{m}$			
承插口体积（m³/节）	$V_{承}=l_2\times t_1+0.5\times t_1\times l_1\times 3.1412\times 1.295$ $=0.14\times 0.0755+0.5\times 0.0755\times 0.1917\times 3.1412\times 1.295$ $=0.01057+0.02943=0.04\text{m}^3/节$			
管材体积（m³）	工程“算量”：$\Sigma V_{管}$＝管身体积 $V_{身}$×管道基础长扣除窨井后净长 $L_{垫}$＋承插口体积 $V_{承}$/节×承插口数量 $N_{承}$（节） ＝1.1689×* 管子长度 $L_{管}$＋0.04×* 承插口数量 $N_{承}$ V=136.11+3.40=139.51m³			

注：* 管子长度 $L_{管}$（m）数值，承插口数量 $N_{承}$（节）数值，敬请参阅图 E-09“开槽埋管单位工程承插式钢筋混凝土管”的释义。

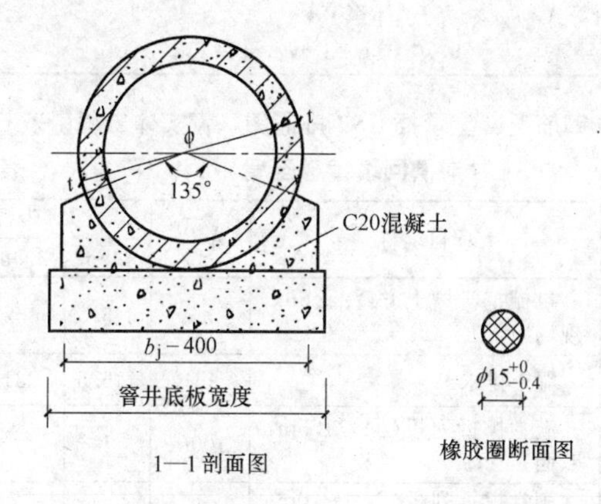

图 E-10　开槽埋管单位工程 1-1 及橡胶圈断面图

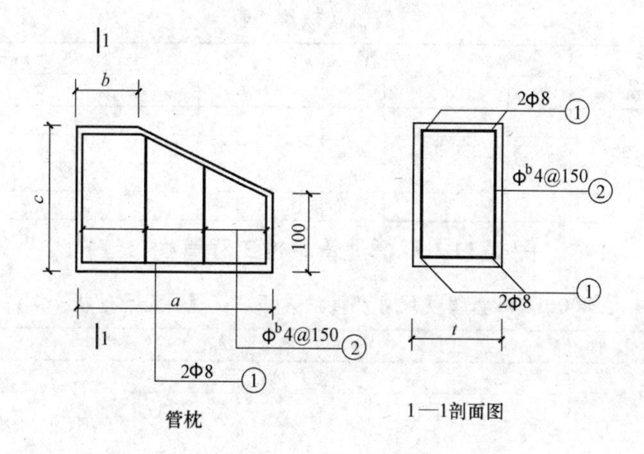

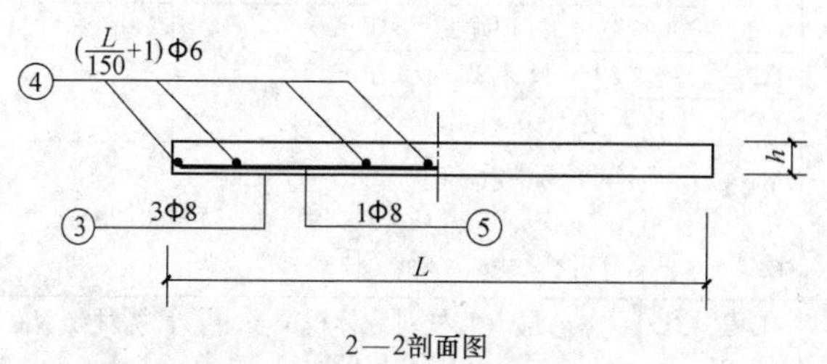

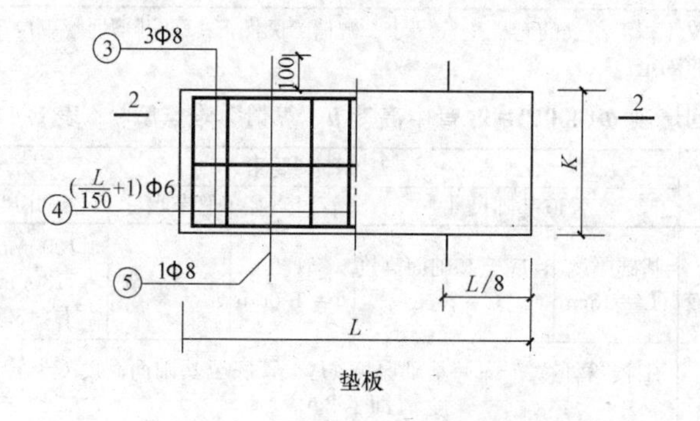

图 E-11　开槽埋管单位工程管枕

管枕垫板尺寸表

管径(mm)	管枕(mm)							垫板(mm)		
	R	a	b	C	e	f	T	L	h	K
ϕ600	375	265	80	200	75	120	160	850	50	350
ϕ800	492	295	80	200	85	120	160	950	50	350
ϕ1000	610	320	80	200	95	150	160	1050	50	350
ϕ1200	725	345	80	200	105	150	160	1150	50	350

图 E-11 开槽埋管单位工程管枕（续）

Φ1000PH-48 管管枕尺寸及管枕体积"算量"难点解析 表 E-16

实物图形	图 E-11"开槽埋管单位工程管枕"				
管道尺寸(mm)	"算量"要素				
	管枕尺寸(m)		管枕对数 $N_{枕}$	管节尺寸	窨井尺寸
Φ1000 PH-48 管	a(底宽)=0.32m	b(顶宽)=0.08m	2 对管枕/节	2.5m/节	1000mm×1300mm H=3.0m
	C(左高)=0.20m	D(右高)=0.10m			
	T(厚度)=0.16m				
管枕对数体积(m³/对)	$V_{管枕对数}=[a\times D+1/2(a+b)\times(C-D)]\times2$ $=[0.32\times0.10+1/2\times(0.32+0.08)\times(0.20-0.10)]\times2$ $=0.052\times2=0.104m^3$/对				
管枕体积(m³)	工程"算量"：$V_{管枕体积}$=管枕对数体积 $V_{管枕对}$×管枕对数 $N_{枕}$ $=0.104\times108=11.23m^3$				

注：本对数体积汇总表的管枕垫板尺寸，敬请参阅图 E-11"开槽埋管单位工程管枕"的规定。

黄砂回填到 Φ1000PH-48 管中高度 h"算量"难点解析 表 E-17

管道类型	"算量"要素				
	管道基础尺寸		管材直径	管节尺寸	窨井尺寸
混凝土管 Φ1000PH-48 管	基础厚度 H_2=15cm	管底至基础面高度 C=20cm	管径 Φ=1.00m	2.5m/节	1000mm×1300mm H=3.0m
黄砂回填到管中高度 h	工程"算量"：$h_{管中}$=基础厚度 H_2+管底至基础面高度 C+管中高度 h(即 1/2Φ) $=0.15+0.2+1.0\div2=0.85m$				

Φ1000PH-48 管回填黄砂中管道（1000×1300－H=3.0m）体积"算量"难点解析 表 E-18

序号	"算量"要素项目名称	计量单位	预算量	备注[定额编号：S5-1-39]
窨井(1000×1300－H=3.0m)、Φ1000PH-48 管(管中即 1/2Φ)				
1	管道铺设净长 $L_{净}$	m	121.00	表 E-30"市政管道工程(预算定额)各类'算量'基数要素统计汇总表"
2	沟槽宽度 $B_{沟}$	m	2.45	表 E-07"混凝土、塑料管有支撑沟槽宽度"
3	回填高度 h	m	0.85	表 E-17"黄砂回填到 Φ1000PH-48 管中高度 h'算量'难点解析"
4	管道基座混凝土基座体积 $V_{基}$	m³	29.76	
5	管枕体积 $V_{管枕体积}$	m³	11.23	表 E-16"Φ1000PH-48 管管枕尺寸及管枕体积'算量'难点解析"
6	管材体积 $V_{管}$	m³	72.50	表 E-15"Φ1000PH-48 管管材体积'算量'难点解析"

工程"算量"：回填黄砂中管道体积

$V_{黄}$=管道铺设净长 $L_{净}$×沟槽宽度 $B_{沟}$×回填高度 h－管道基座混凝土基座体积 $V_{基}$－管枕体积 $V_{管枕体积}$－管子体积 $V_{管}$

$=121.00\times2.45\times0.85-29.76-11.23-72.50=138.49m^3$

Φ800 钢筋混凝土承插（92 排通图）管实体工程量表（沟槽回填黄砂至管中） 表 E-19

序号	定额编号	项目名称	单位	埋设深度		
				1.5m	2.0m	2.5m
1	S5-1-7	机械挖沟槽土方(深≤6m，现场抛土)	m³	346.5	462	577.07
2	S1-1-9	湿土排水	m³	115.5	231	346.5
3	S5-1-9	满堂撑拆列板(深≤1.5m，双面)	100m	1		
4	S5-1-10	满堂撑拆列板(深≤2.0m，双面)	100m		1	

续表

序号	定额编号	项目名称	单位	埋设深度		
5	S5-1-11	满堂撑拆列板(深≤2.5m,双面)	100m			1
6	S5-1-42	管道砾石砂垫层	m^3	20.53	20.53	20.53
7	S5-1-43	C20 管道基座混凝土	m^3	23.21	23.21	23.21
8	S5-1-45	管道基座模板	m^2	28.89	28.89	28.89
9	S5-1-70	铺设 Φ800PH-48 管	100m	0.975	0.975	0.975
10	S5-1-108	Φ800 管道闭水试验	段	1.56	1.56	1.56
11	S5-1-39	沟槽回填黄砂	m^3	108.29	108.29	108.29
12	S5-1-36	沟槽夯填土	m^3	108.68	221.43	334.2
13	S1-1-11	筑拆竹箩滤井	座	2.5	2.5	2.5
14	CSM5-1-1	列板使用	t·天	198	275	314
15	CSM5-1-2	列板支撑使用	t·天	72	96	120
序号	调整定额	项目名称	单位	数量	数量	数量
1	S1-1-37	土方场内运输(装运土 1km 以内)	m^3	237.82	240.57	242.87
2	ZSM19-1-1	余土场外运输	m^3	237.82	240.57	242.87

一、排水工程平面图

(一) 排水工程平面图的内容

(1) 一般情况下，在排水工程平面图上污水管用粗虚线、雨水管用粗单点长画线表示；有时也用管道的代号（汉语拼音首字母）表示：污水管“W"、雨水管“Y”。

(2) 排水工程平面图上画的管道（指单线）是管道的中心线，室外排水管道的平面定位是指到管道中心线的距离。

(3) 排水管道上的检查井、雨水口等都按规定的图例画出。

(4) 排水工程附属构筑物（闸门井、检查井）应编号。检查井按从上游到下游的顺序依次编号。

(5) 标注尺寸

1) 尺寸单位及标高标注的位置是：排水工程平面图上的管道直径以毫米计，其余尺寸都以米为单位，并精确到小数点后两位数；室外排水管道的标高应标注管内底的标高。

2) 排水管道在平面图上应标注检查井的桩号、编号及管道直径、长度、坡度、流向、与检查井相连的各管道的管内底标高。

检查井桩号指检查井至排水管道某一起点的水平距离，它表示检查井之间的距离和排水管道的长度。工程上排水管道检查井的桩号与道路平面图上的里程桩号一致。桩号的注写方法为×＋×××.××，“＋”前数字代表公里数，“＋”后的数字为米数（至小数点后两位数），如 0＋200 表示到管道起点的距离为 200m。

例如，某一检查井相连各管道的管内底标高标注及排水管管径、坡度、检查井桩号的标注见图 E-12。

(二) 排水工程平面图的阅读

(1) 了解设计说明，熟悉有关图例

(2) 区分排水管道，弄清排水体制。

(3) 逐个了解检查井、雨水口以及管道位置、数量、坡度、标高、连接情况等。

二、排水工程纵断面图

排水工程纵断面图主要显示路面起伏、管道敷设的坡度、埋深和管道交接等情况。

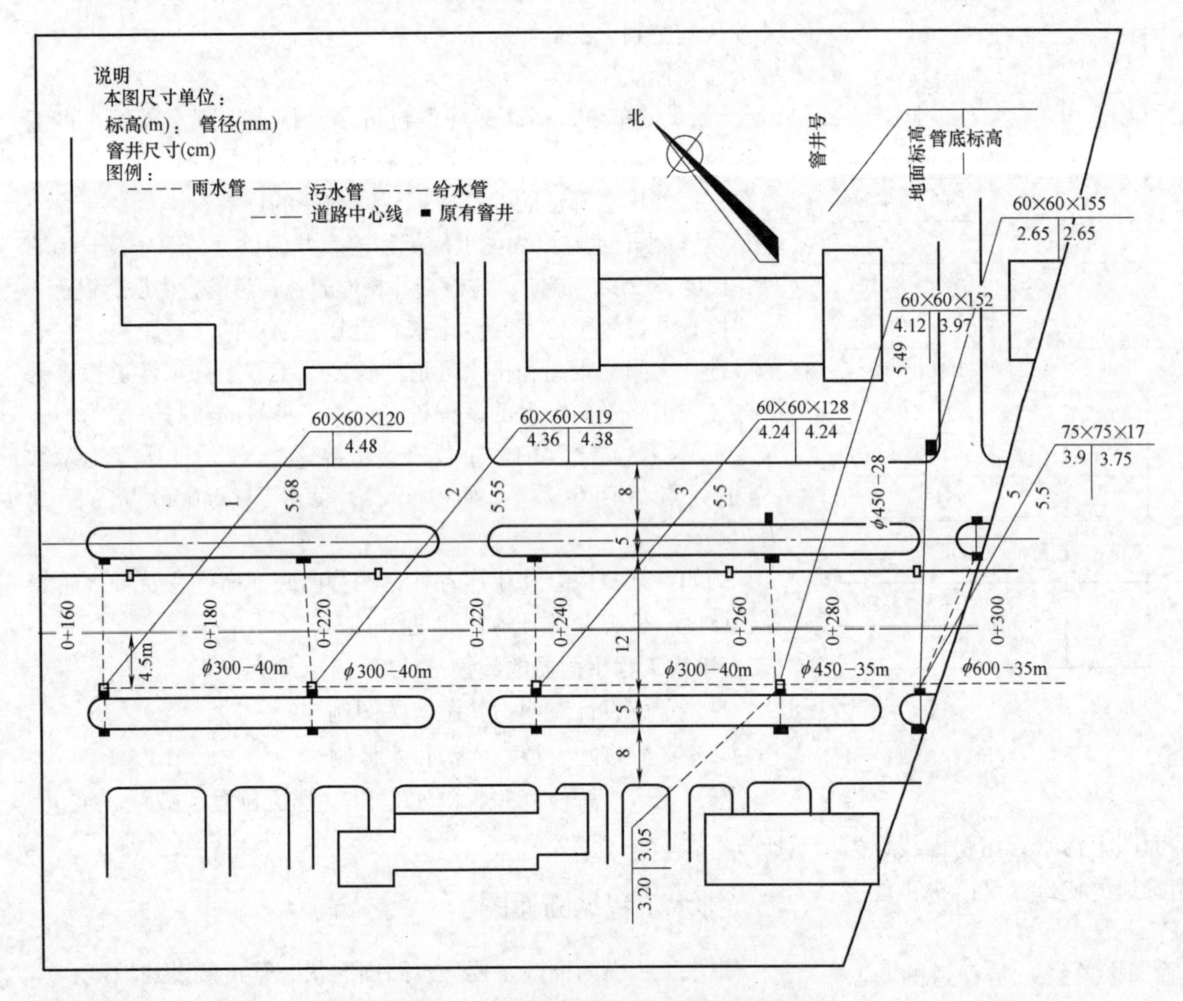

图 E-12　排水管道部分管段平面图

（一）排水工程纵断面图的图示内容

管道纵断面图是沿着管道的轴线铅垂剖开后画的断面图，它和道路工程图一样，由图样和资料两部分组成。

1. 图样部分

以图 E-13“某雨水管道纵断面图”为例。图样中水平方向表示管道的长度，垂直方向表示管道的直径。由于管道的长度比其直径大得多，通常在纵断面图中垂直方向的比例按水平方向比例放大 10 倍，如水平方向比例为 1∶1000，则垂直方向比例为 1∶100。图样中不规则的细折线表示原有的地面线，比较规则的中粗实线表示设计地面线，粗实线表示管道。用两根平行的竖线表示检查井，竖线上连地面线，下接管顶。根据设计的管内底标高画管道纵断面图，并表明各管段的衔接情况；接入检查井的支管，按管径及其管内底标高画出其横断面图。与管道交叉的其他管道，按其管径、管内底标高以及与其相近检查井的平面距离画出其横断面图，注写出管道类型、管内底标高和平面距离。

2. 资料部分

管道纵断面图的资料表设置在图样下方，并与图样对应，具体内容如下：

(1) 编号。在编号栏内，对正图形部分的检查井位置填写检查井的编号。

(2) 平面距离。相邻检查井的中心间距。

(3) 管径及坡度。该栏根据设计数据，填写两检查井之间的管径和坡度。当若干个检查井之间的管道的管径和坡度均相同时，可合并。

(4) 设计管内底标高。设计管内底标高指检查井进、出口处管道内底标高。如两者相同，只需填写一个标高；否则，应在该栏纵线两侧分别填写进、出口管道内底标高。

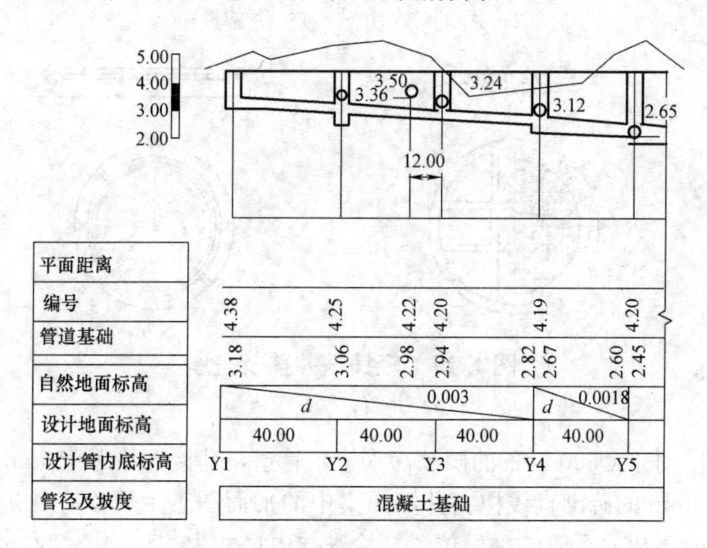

图 E-13　某雨水管道纵断面图

(5) 设计地面标高。设计地面标高是指检查井井盖处的地面标高。当检查井位于道路中心线上时，此高程即检查井所在桩号的路面设计标高；当检查井不在道路中心线上时，此高程应根据该横断面所处桩号的设计路面高、道路横坡及检查井中心距道路中心线的距离推算而定。

(二) 排水工程纵断面图的阅读

排水工程纵断面图应将图样部分和资料部分结合起来阅读，并与管道平面图对照，得出图样中所表示的确切内容。下面以“某雨水管道纵断面图”为例说明阅读时应掌握的内容。

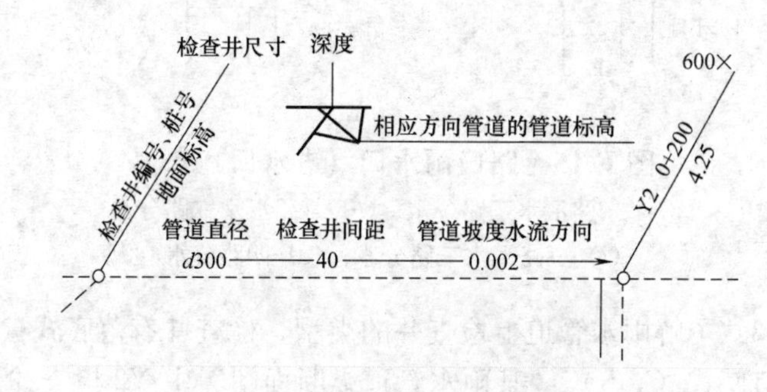

图 E-14　管道、检查井标注

(1) 了解地下雨水管道的埋深、坡度以及该管段处地面起伏情况。

(2) 了解与检查井相连的上、下游雨水干管的连接形式（管顶平接或水面平接）；与检查井相连的雨水支管的管底标高。如“某雨水管道纵断面图”中编号为 Y2 的检查井，上、下游干管采用管顶平接，接入的支管其管内底标高为 3.36m。

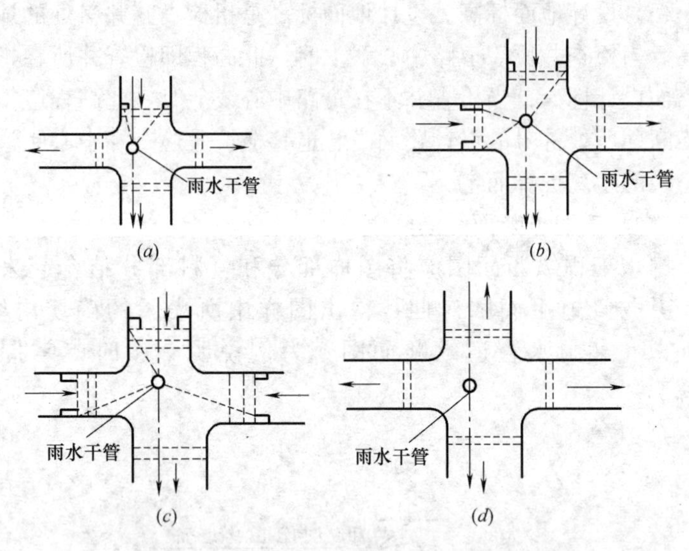

图 E-15 路口雨水口（进水口）布置

(*a*) 一路汇水三路分水；(*b*) 二路汇水二路分水
(*c*) 三路汇水三路分水；(d) 四路分水

(3) 了解雨水管道上检查井的类型。检查井有落底式(N↓)和不落底式（Y↑），“某雨水管道纵断面图”中 Y2 检查井为落底式，Y3 检查井为不落底式；另外，在管道纵剖面图上还表明了雨水跌水井的设置情况，“某雨水管道纵断面图”中，在 Y4 检查井处设置了跌水井。

三、排水工程构筑物详图

有关设施的详图有统一的标准图，无需另绘。现以《上海市排水管道通用图》(第一册）中检查井、雨水口、排水管道基础设施详图为例作简要介绍。

(一) 检查井标准图

检查井主要用于对管道系统作定期检查和清通，当检查井上下游管道的管底标高跌落差大于 1m 时，为了降低水流速度，防止冲刷，在检查井内应设跌水井。

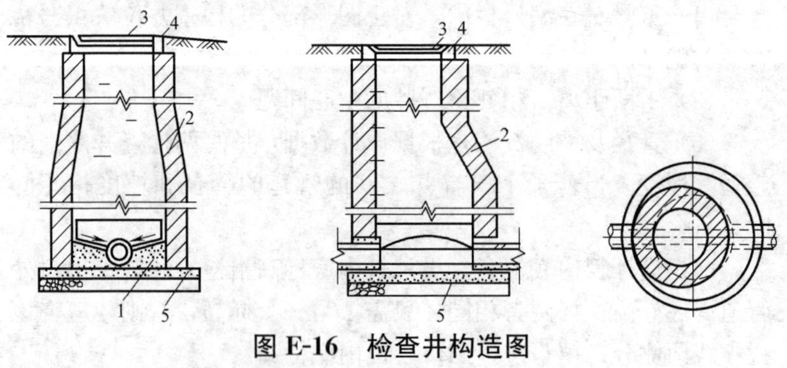

图 E-16 检查井构造图

1—底；2—井身；3—井盖；4—井盖座；5—井基

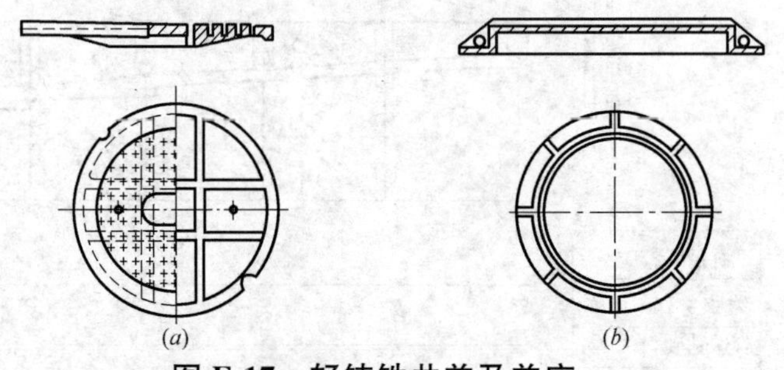

图 E-17 轻铸铁井盖及盖座

(*a*) 井盖；(*b*) 盖座

对于 Φ600 以下的雨、污水排水管道，其检查井为 750mm×750mm 的砖砌直线检查井。图集中的平面图表示了检查井进水干管、出水干管的平面位置，检查井内尺寸为 750mm×750mm，井盖采用的是直径 700mm 铸铁制品；1-1 剖面图反映了检查井的平面位置，2-2 剖面图主要反映了两个问题：

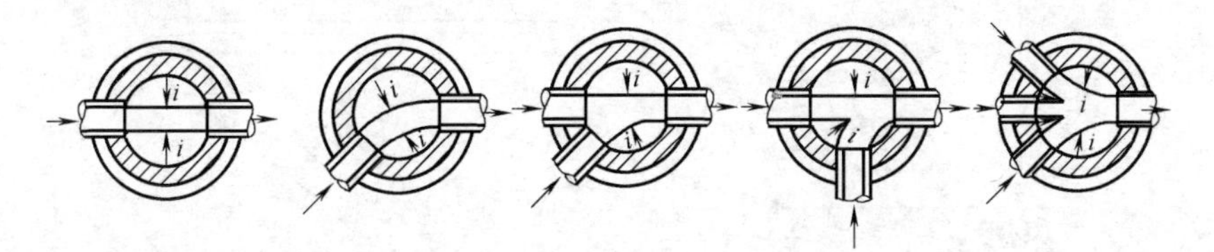

图 E-18　检查井底流槽的形式（i=0.05）

（1）井底流水槽为管径的二分之一，基础采用 C15 混凝土。

（2）井身高度小于等于 2500mm。

（二）雨水口标准图

如给水排水标准图集中的Ⅲ型雨水进水口。其中，1-1 为进水口平面图，2-2 及 3-3 分别为进水口的纵、横剖面图。从图集中可以看出，该雨水进水口适用于六车道以下道路，为平石进水形式，采用铸铁进水口成品盖座；其井身内尺寸为 640mm×500mm×1335mm，井壁厚 120mm，为砖砌结构，以水泥砂浆抹面；距底板 300mm 高处设直径为 300mm 的雨水连接管（支管），并形成进水口处高、另一端（应为雨水管道窨井处）低的流水坡度 i；另外，井底分别是 980mm×840mm×80mm 的 C15 混凝土底板和 1080mm×940mm×80mm 的砾石砂垫层。

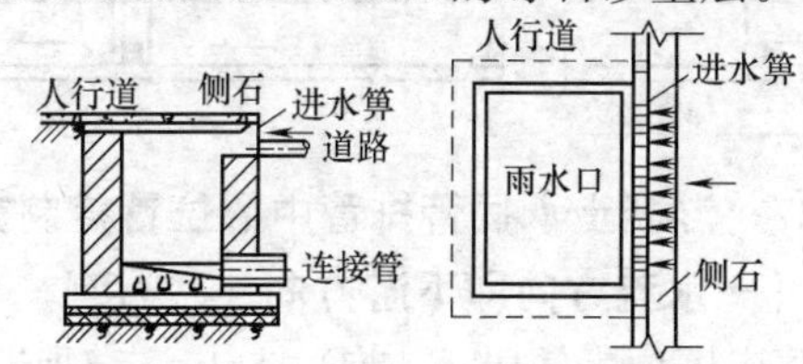

图 E-19　立箅式雨水口简图

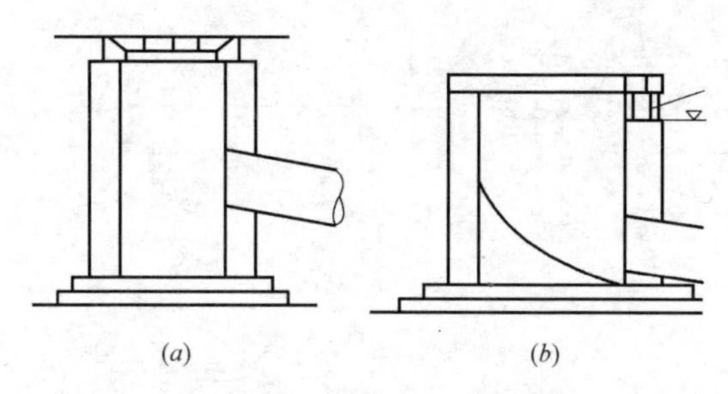

图 E-20　雨水口的形式

（a）落底雨水口；（b）不落底雨水口

雨水进水口（Φ300～Φ450）实体工程量表　　表 E-20

项次	定额编号	项目名称	单位	400×300 (Φ300)	450×400 (Φ300)	640×500 (Φ300)	1450×500 (Φ450)
1	S5-1-42	管道砾石砂垫层	m^3	0.031	0.037	0.081	0.251
2	S5-1-43 换	C15 管道基座混凝土	m^3	0.038	0.047	0.066	0.329
3	S5-3-5	砖砌进水口	m^3	0.291	0.388	0.428	1.654
4	S5-3-7	进水口水泥砂浆抹面	m^2	1.819	2.559	2.973	5.564
5	208130	Ⅰ型雨水进水口盖	只	1	—	—	—
6	208140	Ⅰ型雨水进水口座	只	1	—	—	—
7	208150	Ⅱ型雨水进水口盖	只	—	1	—	—
8	208160	Ⅱ型雨水进水侧石	块	—	1	—	—
9	208210	Ⅲ型进水口铸铁盖座	套	—	—	1	2
10	S5-3-16	安装钢筋混凝土过梁	m^3	—	—	—	0.033
11	S5-3-14	预制 C20 钢筋混凝土过梁	m^3	—	—	—	0.033
12	S5-3-15	过梁钢筋	t	—	—	—	0.003

注：1. 选自《上海市市政工程预算组合定额——室外排水管道工程》（2000），敬请参阅本“图释集”附录Ⅰ《上海市市政工程预算组合定额——室外排水管道工程》（2000）中图Ⅰ—01“《上海市市政工程预算组合定额—室外排水管道工程》（2000）”。

2. 在编制工程“算量”时，敬请参阅表 E-35“‘13 国标市政计算规范’与对应雨水口项目定额子目、工程量计算规则（2000）及册、章说明列项检索表”的诠释。

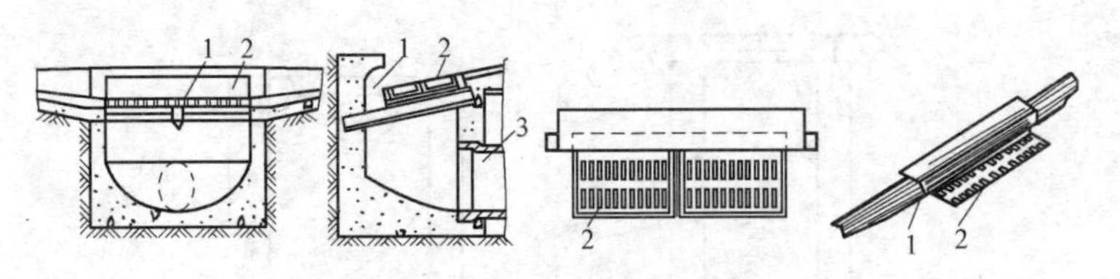

图 E-21 联合式雨水口示意图

1—边石进水箅；2—边沟进水箅；3—连接管

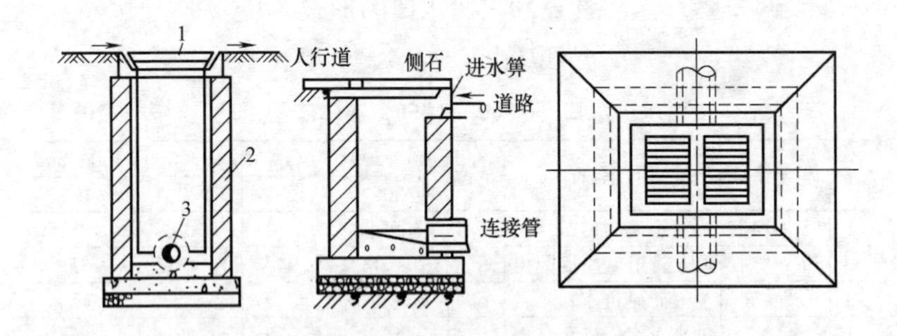

图 E-22 平箅式雨水口

1—进水箅；2—井筒；3—连接管

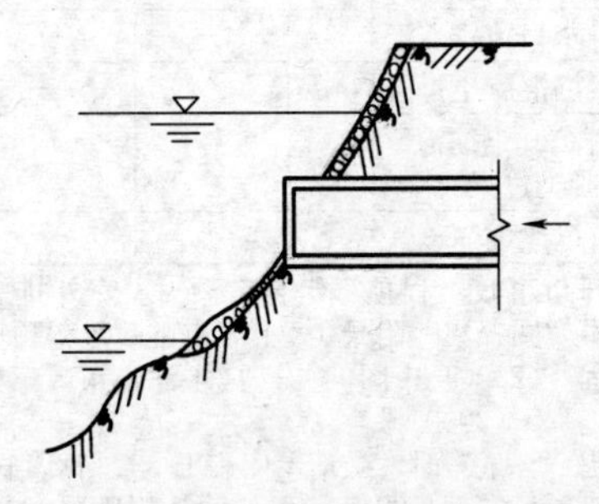

图 E-23 护坡式出水口

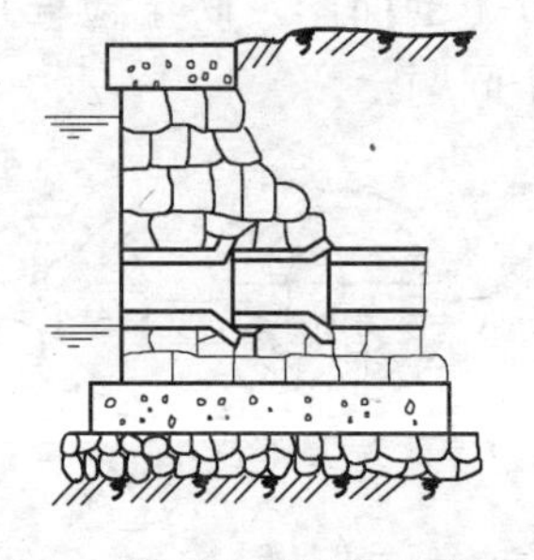

图 E-24 挡土墙式出水口　　图 E-25 一字式出水口

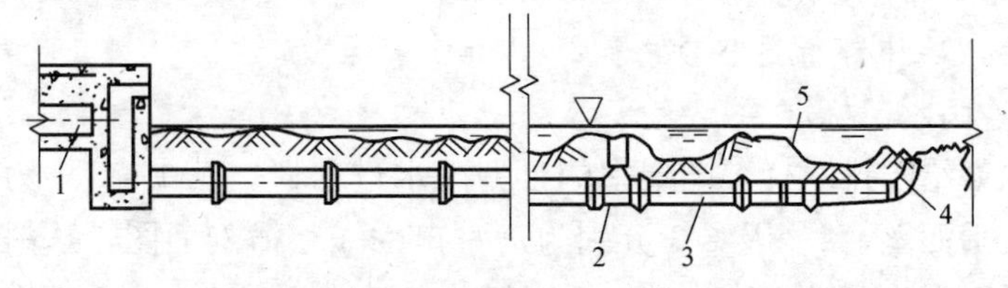

图 E-26 河床分散式出水口

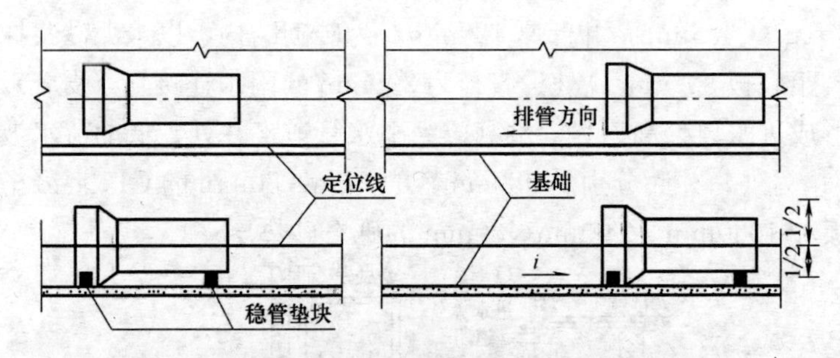

图 E-27 混凝土承插管排管中心位置控制方法

（→水流方向即下游方向、i 坡度）

注：排管顺序应从下游（即出水方向）排向上游（即进水方向），管节的插口向下、承口向上。

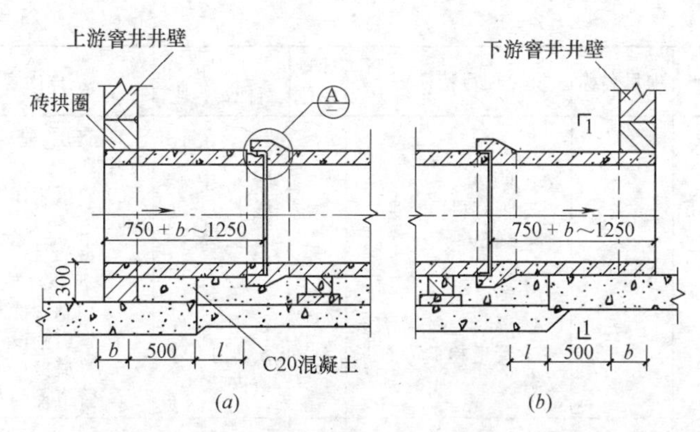

图 E-28 开槽埋管单位工程承插式钢筋混凝土管与窨井连接示意图

(a) 落底式；(b) 不落底式

说明：管道与窨井连接处采用半节管子（即将一只管节凿成两个半节管子），带承口的半节管子应排在窨井的进水方向（即←上游窨井井壁），带插口的半节管子应排在窨井的出水方向（即→下游窨井井壁）。

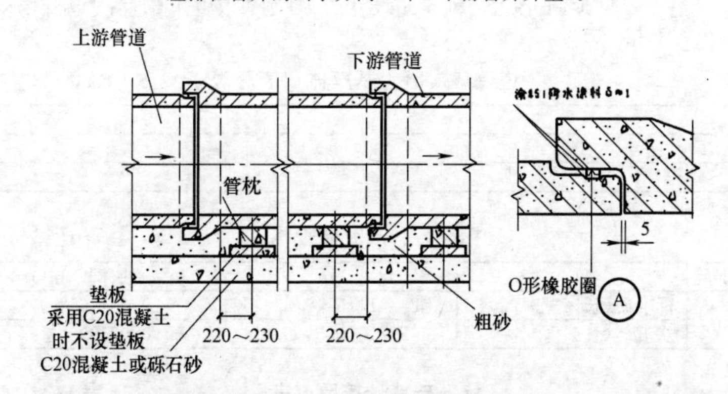

图 E-29 开槽埋管单位工程管道纵向布置图（→水流方向）

［承插管的承口向上游管道（即←窨井进水方向）；插口向下游管道（即→窨井出水方向）］

说明：1. 若采用水泥砂浆接口，应在承口内涂一圈接缝砂浆，然后将插口向承口用力挤进，把挤入管内的水泥砂浆用半圆耙括入缝内或拖出；
2. 若采用遇水膨胀橡胶密封圈接口，应在插口先安装遇水膨胀橡胶密封圈，然后将插口向承口用力挤进，并应保证四周缝隙均匀，橡胶密封圈平顺、无扭曲。

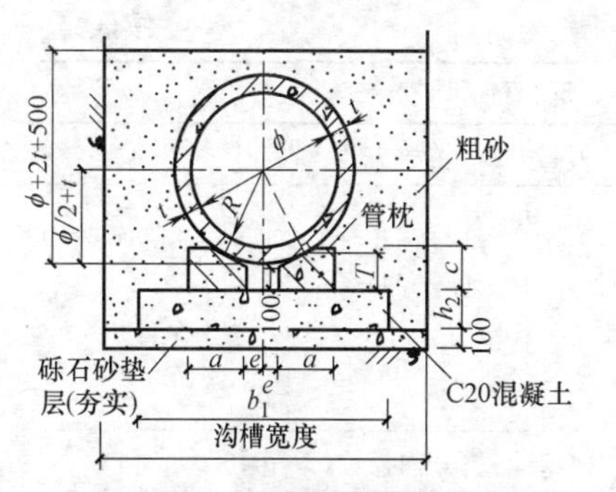

图 E-30 开槽埋管单位工程混凝土基础图

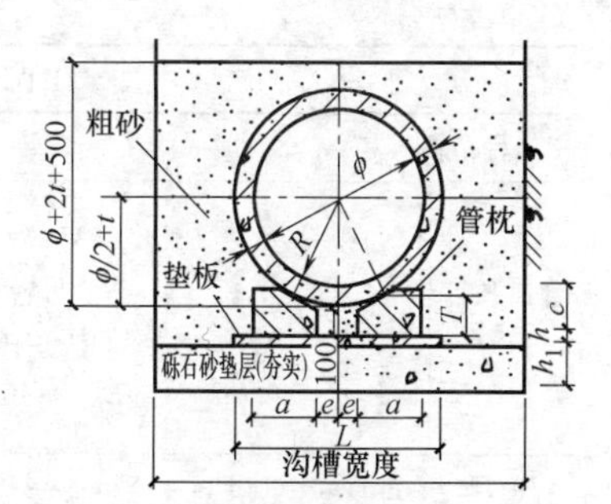

图 E-31 开槽埋管单位工程砾石砂基础图

铺设 Φ1000PH-48 管管道长度"算量"难点解析 表 E-21

实物图形	(1)图 E-34"开槽埋管单位工程 2-2 及 3-3 剖面图[不落底式↑(N)、落底式↓(Y)]" (2)图 E-11"开槽埋管单位工程管枕"					
通用图	《上海市排水管道通用图》1000×1300×3.0 窨井砖墙最大厚度为一砖半，即 0.37m					
计算表	表 E-25"标准砖墙计算厚度表"					
*表格算量	性质	窨井内径长(a×b)(mm)	范围	管径(mm)	施工方法	长度(m)
	1	2	3	4	5	6
	预留管	1号窨井 1000×1300		Φ1000 PH-48管	开槽	2.00
	雨水总管		1号窨井～2号窨井	Φ1000 PH-48管	开槽	36.00
	雨水总管	2号窨井 1000×1300↓	2号窨井～3号窨井	Φ1000 PH-48管	开槽	40.00
	雨水总管	3号窨井 1000×1300	3号窨井～4号窨井	Φ1000 PH-48管	开槽	45.00
	雨水总管	4号窨井 1000×1300↓				
	预留管			Φ1000 PH-48管	开槽	2.00

续表

<table>
<tr><td colspan="6">工程“算量”要素</td></tr>
<tr><td>工程范围</td><td colspan="5">1号窨井～4号窨井</td></tr>
<tr><td>管道长度(m)</td><td>1号窨井～2号窨井↓(中～中长)
$L_{1段}$=36.0m</td><td>2号窨井～3号窨井(中～中长)
$L_{2段}$=40.0m</td><td>3号窨井～4号窨井↓(中～中长)
$L_{3段}$=45.0m</td><td colspan="2">预留管(1号和4号各半个窨井)
2座×2.0m/座</td></tr>
<tr><td>管道尺寸(mm)</td><td>Φ1000PH-48管</td><td rowspan="2">窨井尺寸(mm)</td><td colspan="3">窨井内径长(a×b)1000×1300</td></tr>
<tr><td>管道垫层宽度</td><td>2.14m/座</td><td colspan="3">窨井砖墙最大厚度(一砖半)* b_1=0.37m/侧</td></tr>
<tr><td>项次</td><td colspan="2">项目名称</td><td colspan="3">工程“算量”</td></tr>
<tr><td>1</td><td colspan="2">总管长度(毛长)(m)</td><td colspan="3">$L_毛$=(1号窨井～4号窨井 中～中长)+预留管2座×2.0m/座(1号和4号各半个窨井)=(36.0+40.0+45.0)+2×2.0=125.00m</td></tr>
<tr><td>2</td><td colspan="2">管道铺设净长(m)</td><td colspan="3">$L_净$=总管长度(毛长)$L_毛$-[窨井内径长(a×b)$L_内$×窨井数量]=125.00-(1.0×4)=121.00m
工程“算量”:“清单量”与“定额量”为同一数值,即121.00m</td></tr>
<tr><td>3</td><td colspan="2">管道基础长扣除窨井后净长(m)</td><td colspan="3">$L_垫$=总管长度(毛长)$L_毛$-[管道垫层宽度$b_垫$×窨井数量]=125.00-(2.14×4)=116.44m</td></tr>
<tr><td>4</td><td colspan="2">管材长度(m)</td><td colspan="3">$L_管$=管道铺设净长$L_净$-(窨井数量×$b_{一砖半}$×2)=121.00m-(4×0.37×2)=118.04m</td></tr>
<tr><td colspan="6">《上海市市政工程预算定额》(2000)第五册排水管道工程第一章 开槽埋管</td></tr>
<tr><td colspan="2">项目名称:铺设Φ1000PH-48管</td><td colspan="2">定额编号:S5-1-71</td><td colspan="2">计量单位:100m</td></tr>
<tr><td colspan="6">对应“13国标市政计算规范”附录E管网工程 表E.1 管道铺设(项目编码:040501)</td></tr>
</table>

续表

项目编码	项目名称	项目特征	计量单位	工程量计算规则	工作内容
040501002	混凝土管	1. 垫层、基础材质及厚度 2. 管座材质 3. 规格 4. 接口方式 5. 铺设深度 6. 混凝土强度等级 7. 管道检验及试验要求	m	按设计图示中心线长度以延长米计算。不扣除附属构筑物、管件及阀门等所占长度	1. 垫层、基础铺筑及养护 2. 模板制作、安装、拆除 3. 混凝土拌合、运输、浇筑、养护 4. 预制管枕安装 5. 管道铺设 6. 管道接口 7. 管道检验及试验

定额编号	分部分项工程名称	计量单位	工程数量	
			工程量	定额量
S5-1-71	铺设Φ1000PH-48管	100m	121.00	1.21

注:*表格算量,本工程“算量”要素数值,敬请参阅本“图释集”第四章编制与应用实务[“‘一法三模算量法’YYYYSL系统”(自主平台软件)]中表4管-03“根据设计图纸,利用office中Excel列表取定开槽埋管定额深度表”的数据。

管道基座混凝土基座体积汇总表　　表E-22

标准砖、八五砖规格　　表E-23

序号	名称	尺寸(cm)	每块体积(m^3)
1	标准砖(长×宽×高)	24×11.5×5.3	0.0014628
2	八五砖(长×宽×高)	22×10.5×5.3	0.0009933

标准砖墙计算厚度表　　表E-24

墙厚(砖数)	1/4	1/2	3/4	1	$1\times\frac{1}{2}$	2	$2\times\frac{1}{2}$	3
计算厚度(mm)	53	115	180	240	365	490	615	740

注:标准砖公称尺寸为240mm×115mm×53mm(长×宽×高)。

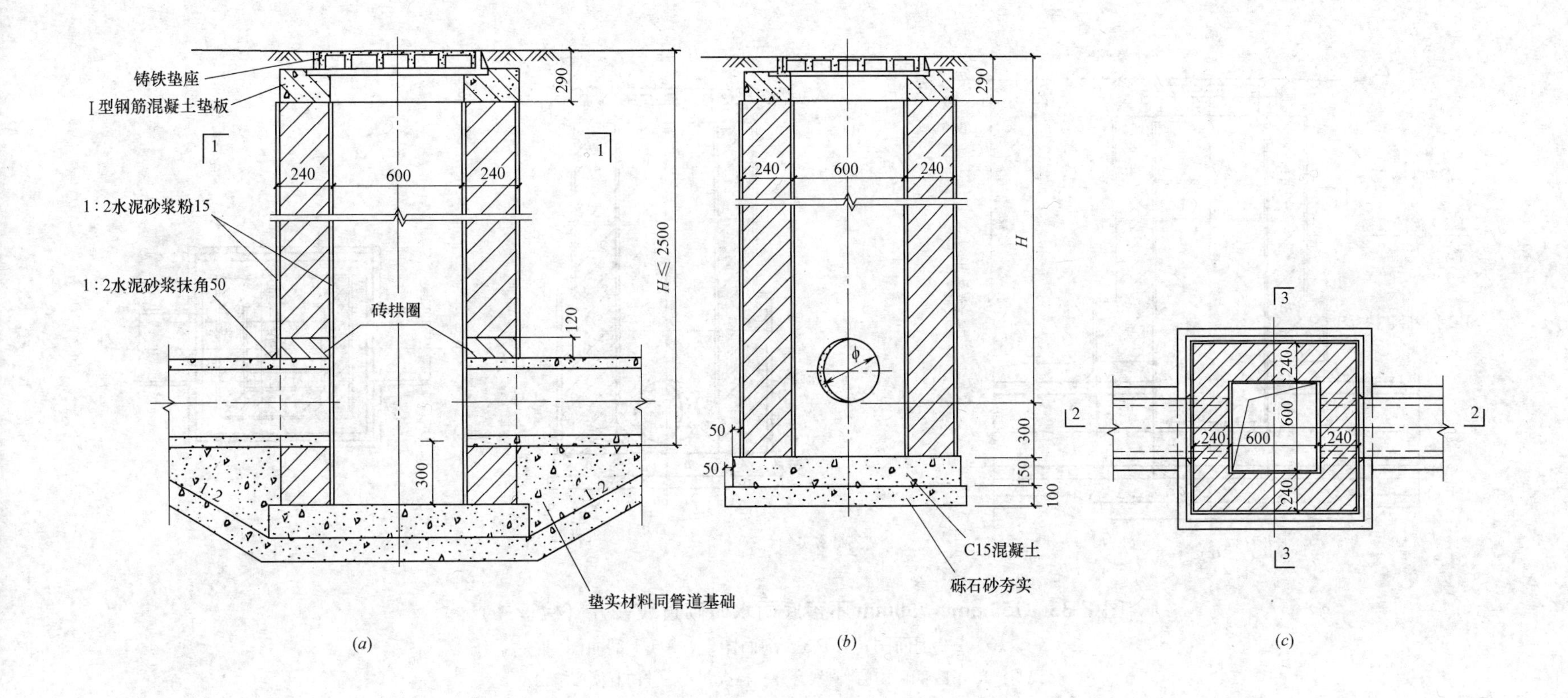

图 E-32　600mm×600mm 落底雨水砖砌直线窨井（检查井）

（*a*）2-2 剖面图；（*b*）3-3 剖面图；（*c*）1-1 剖面图

说明：1. 雨水窨井需落底者是指排水管道管底标高落底 300mm，作用是在交付使用后进行清淤工作；

2. 落底雨水砖砌直线窨井（检查井）在井内无流槽结构。

窨井工程量计算规则：窨井深度（*H*）是指设计窨井顶面至沟管内底的距离。

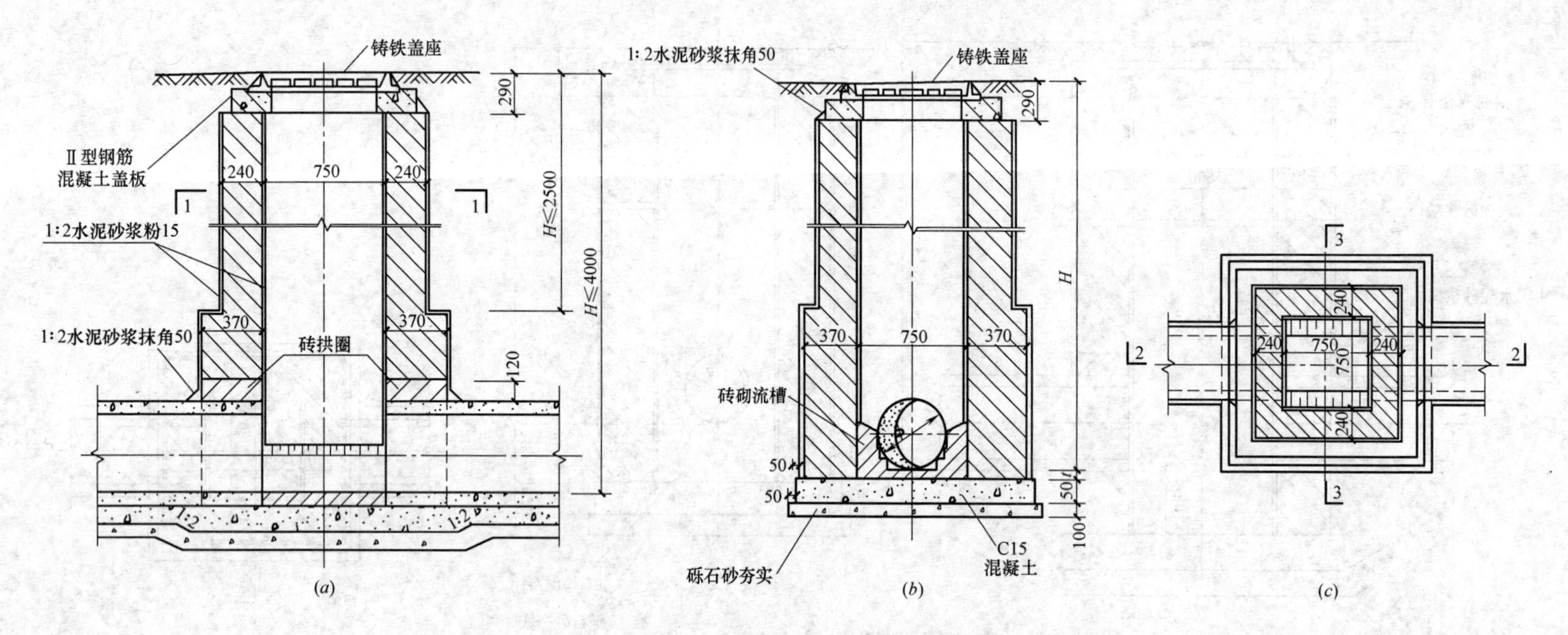

图 E-33 750mm×750mm 不落底雨水砖砌直线窨井（检查井）

（*a*）2-2 剖面图；（*b*）3-3 剖面图；（*c*）1-1 剖面图

说明：1. 不落底雨水砖砌直线窨井（检查井）在井内有流槽结构；

2. 凡不落底窨井均要砌流槽至管道半径高，流槽可用砖砌筑，也可用 C15 水泥混凝土浇筑。

窨井工程量计算规则：窨井深度（*H*）是指设计窨井顶面至沟管内底的距离。

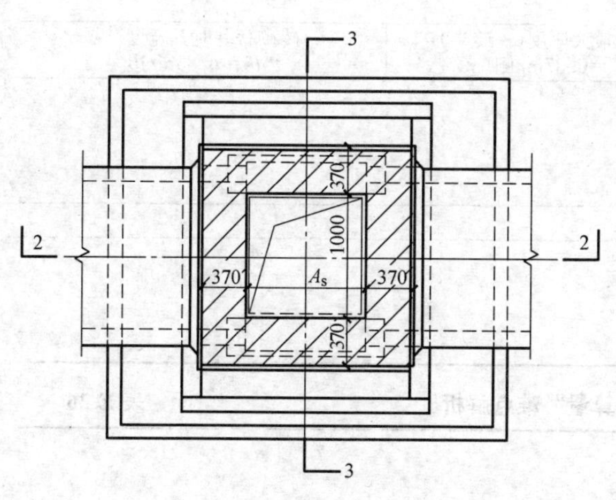

图 E-34　开槽埋管单位工程 1-1 剖面图

注：1000×1300×3.0 窨井砖墙最大厚度为一砖半，即 0.37m。

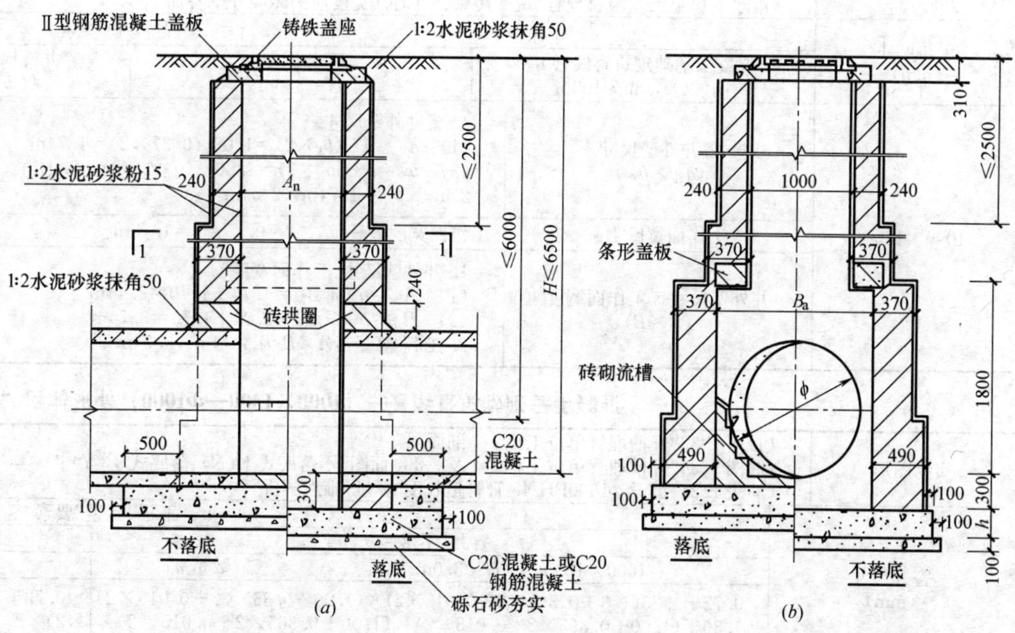

图 E-35　开槽埋管单位工程 2-2 及 3-3 剖面图［不落底式↑（N）、落底式↓（Y）］

（*a*）2-2 剖面图；（*b*）3-3 剖面图

说明：1. 直线窨井分落底与不落底两种；

2. 雨水窨井需落底者除特殊要求外，其落底深度一般均采用 300mm，作用是在交付使用后进行清淤工作。凡不落底窨井均要砌流槽至管道半径高，流槽可用砖砌筑，也可用 C15 水泥混凝土浇筑。

混凝土基础砌筑直线窨井（1000×1300）尺寸（$A\times B$） 表 E-25

<table>
<tr><td>实物图形</td><td colspan="4">(1)图 E-33“开槽埋管单位工程 1-1 剖面图”
(2)图 E-34“开槽埋管单位工程 2-2 及 3-3 剖面图[不落底式↑(N)、落底式↓(Y)]”</td></tr>
<tr><td>通用图</td><td colspan="4">《上海市排水管道通用图》1000×1300×3.0 窨井砖墙最大厚度为一砖半，即 0.37m</td></tr>
<tr><td>验收规程</td><td colspan="4">《市政工程施工及验收规程》说明砖砌窨井时其宽度应为砖墙外壁各加 0.85m</td></tr>
<tr><td rowspan="2">窨井尺寸
(mm)</td><td colspan="4">工程“算量”要素</td></tr>
<tr><td>混凝土基础砌筑直线窨井
$(a\times b)$1.0m×1.3m</td><td>窨井深度
H=3.0m</td><td>窨井砖墙最大厚度(一砖半)
* b_1=0.37m/侧</td><td>砖砌窨井时其宽度
* b_2=0.85m/边</td></tr>
<tr><td rowspan="3">1000×1300</td><td>窨井外壁尺寸
$(a_{外}\times b_{外})$</td><td colspan="3">1. 窨井外壁尺寸
(1) $a_{外}=a+(b_1\times 2)=1.0+(0.37\times 2)=1.74$m
(2) $b_{外}=b+(b_1\times 2)=1.30+(0.37\times 2)=2.04$m
2. $a_{外}\times b_{外}$=1.74m×2.04m</td></tr>
<tr><td>工作面宽度 $B_{宽}$</td><td colspan="3">工作面宽度 $B_{宽}=b_2\times 2=0.85\times 2=1.70$m</td></tr>
<tr><td>井外壁尺寸×工作面宽度
$(A\times B)$</td><td colspan="3">1. 井外壁尺寸、工作面宽度
(1) $A_{外}=a_{外}+B_{宽}=1.74+1.70=3.44$m
(2) $B_{外}=b_{外}+B_{宽}=2.04+1.70=3.74$m
2. 工程“算量”：$A\times B$ 为 3.44m×3.74m</td></tr>
</table>

混凝土基础砌筑直线窨井（1000×1300—Φ1000）外形体积“算量”难点解析 表 E-26

<table>
<tr><td>实物图形</td><td colspan="4">(1)图 E-33“开槽埋管单位工程 1-1 剖面图”
(2)图 E-34“开槽埋管单位工程 2-2 及 3-3 剖面图[不落底式↑(N)、落底式↓(Y)]”
(3)表 E-21“铺设 Φ1000PH-48 管管道长度‘算量’难点解析”</td></tr>
<tr><td rowspan="4">窨井尺寸
(mm)</td><td colspan="4">工程“算量”要素</td></tr>
<tr><td colspan="2">窨井(不落底)</td><td colspan="2">窨井(落底)</td></tr>
<tr><td>1000×1300 H=3.0m</td><td>数量 $n_{不}$</td><td>1000×1300 H=3.0m</td><td>数量 $n_{落\downarrow}$</td></tr>
<tr><td colspan="2">0.72+1.23(1.3+0.365×2+0.015×2)×(1.00+0.365×2+0.015×2)×1.80+(1.00+0.365×2+0.015×2)×(1.00+0.365×2+0.015×2)×1.40+1.35×1.35×0.16+0.355×0.355×π×0.14</td><td colspan="2">0.72+1.23(1.3+0.365×2+0.015×2)×(1.00+0.365×2+0.015×2)×2.10+(1.00+0.365×2+0.015×2)×(1.00+0.365×2+0.015×2)×1.4+1.35×1.35×0.16+0.355×0.355×π×0.14</td></tr>
<tr><td rowspan="2">1000×1300</td><td rowspan="2">窨井外形体积</td><td>1000×1300
H=3.0m
(不落底)</td><td colspan="2">V_a=0.72+1.23(1.3+0.365×2+0.015×2)×(1.00+0.365×2+0.015×2)×1.80+(1.00+0.365×2+0.015×2)×(1.00+0.365×2+0.015×2)×1.40+1.35×1.35×0.16+0.355×0.355×π×0.14=0.72+8.0270+4.3366+0.2916+0.0554=13.431m³/座</td></tr>
<tr><td>1000×1300
H=3.0m
(落底)</td><td colspan="2">V_b=0.72+1.23(1.3+0.365×2+0.015×2)×(1.00+0.365×2+0.015×2)×2.10+(1.00+0.365×2+0.015×2)×(1.00+0.365×2+0.015×2)×1.4+1.35×1.35×0.16+0.355×0.355×π×0.14=14.769m³/座</td></tr>
<tr><td>窨井外形体积(m³)</td><td colspan="4">工程“算量”：$V_{外}=V_a\times {}^*n_{不}+V_b\times {}^*n_{落\downarrow}=13.431\times {}^*n_{不}+14.769\times {}^*n_{落\downarrow}$</td></tr>
</table>

注：1. * $n_{不}$ 数值，敬请参阅图 E-11“开槽埋管单位工程管枕”的释义；
2. * $n_{落\downarrow}$ 数值，敬请参阅图 E-11“开槽埋管单位工程管枕”的释义。

混凝土基础砌筑直线不落底窨井（1000×1300—Φ1000）实体工程量表（座）

表 E-27

项次	定额编号	项目名称	单位	1000×1300 (Φ1000) 2.0m	1000×1300 (Φ1000) 2.5m	1000×1300 (Φ1000) 3.0m	1000×1300 (Φ1000) 3.5m	1000×1300 (Φ1000) 4.0m	1000×1300 (Φ1000) 4.5m	1000×1300 (Φ1000) 5.0m	1000×1300 (Φ1000) 5.5m	1000×1300 (Φ1000) 6.0m	1000×1300 (Φ1000) 6.5m
1	S5-1-42	管道砾石砂垫层	m^3	0.58	0.58	0.72	0.72	0.72	0.72	0.72	0.72	0.72	0.85
2	S5-1-43	C20 管道基座混凝土	m^3	0.98	0.98	1.23	1.53	1.53	1.53	1.53	1.85	1.85	2.22
3	S5-1-45	管道基座模板	m^2	1.78	1.78	1.99	2.49	2.49	2.49	2.49	2.99	3.28	3.28
4	S5-3-1	砖砌窨井(深≤2.5m)	m^3	2.18	2.78	—	—	—	—	—	—	—	—
5	S5-3-2	砖砌窨井(深≤4m)	m^3	—	—	3.78	4.51	5.74	—	—	—	—	—
6	S5-3-3	砖砌窨井(深≤6m)	m^3	—	—	—	—	—	6.78	7.79	8.80	9.82	—
7	S5-3-4	砖砌窨井(深≤8m)	m^3	—	—	—	—	—	—	—	—	—	11.28
8	S5-3-6	窨井水泥砂浆抹面	m^2	14.09	22.74	29.24	34.72	40.20	45.68	51.16	56.64	62.12	69.14
9	S5-3-16	安装钢筋混凝土盖板(0.5m^3 以内)	m^3	0.29	0.29	0.29	0.29	0.29	0.29	0.29	0.29	0.29	0.29
10	S5-3-18	安装铸铁盖座	套	1	1	1	1	1	1	1	1	1	1
11	208330	Ⅱ型钢筋混凝土盖板	块	1	1	1	1	1	1	1	1	1	1
12	208340	预制钢筋混凝土板 1	块	1	1	1	1	1	1	1	1	1	1

注：1. 选自《上海市市政工程预算组合定额——室外排水管道工程》（2000），敬请参阅本“图释集”附录Ⅰ《上海市市政工程预算组合定额——室外排水管道工程》（2000）中图Ⅰ-01“《上海市市政工程预算组合定额——室外排水管道工程》(2000)”；

2. 在编制工程“算量”时，敬请参阅表 E-34“‘13 国标市政计算规范’与对应砌筑井项目定额子目、工程量计算规则（2000）及册、章说明列项检索表”的诠释。

混凝土基础砌筑直线落底窨井［1000×1300—Φ1000］实体工程量表（座）

表 E-28

项次	定额编号	项目名称	单位	1000×1300 (Φ1000) 2.0m	1000×1300 (Φ1000) 2.5m	1000×1300 (Φ1000) 3.0m	1000×1300 (Φ1000) 3.5m	1000×1300 (Φ1000) 4.0m	1000×1300 (Φ1000) 4.5m	1000×1300 (Φ1000) 5.0m	1000×1300 (Φ1000) 5.5m	1000×1300 (Φ1000) 6.0m	1000×1300 (Φ1000) 6.5m
1	S5-1-42	管道砾石砂垫层	m^3	0.58	0.58	0.72	0.72	0.72	0.72	0.72	0.72	0.72	0.85
2	S5-1-43	C20 管道基座混凝土	m^3	0.98	0.98	1.23	1.53	1.53	1.53	1.53	1.85	1.85	2.22
3	S5-1-45	管道基座模板	m^2	1.78	1.78	1.99	2.49	2.49	2.49	2.49	2.99	3.28	3.28
4	S5-3-1	砖砌窨井(深≤2.5m)	m^3	2.09	2.66	—	—	—	—	—	—	—	—
5	S5-3-2	砖砌窨井(深≤4m)	m^3	—	—	3.84	4.75	5.80	—	—	—	—	—
6	S5-3-3	砖砌窨井(深≤6m)	m^3	—	—	—	—	—	6.84	7.85	8.87	9.88	—
7	S5-3-4	砖砌窨井(深≤8m)	m^3	—	—	—	—	—	—	—	—	—	11.53
8	S5-3-6	窨井水泥砂浆抹面	m^2	17.59	23.30	30.00	35.48	40.96	46.44	51.96	57.40	62.89	70.10
9	S5-3-16	安装钢混凝土盖板(0.5m^3 以内)	m^3	0.29	0.29	0.29	0.29	0.29	0.29	0.29	0.29	0.29	0.29
10	S5-3-18	安装铸铁盖座	套	1	1	1	1	1	1	1	1	1	1
11	208330	Ⅱ型钢筋混凝土盖板	块	1	1	1	1	1	1	1	1	1	1
12	208340	预制钢筋混凝土板 1	块	1	1	1	1	1	1	1	1	1	1

注：1. 选自《上海市市政工程预算组合定额——室外排水管道工程》（2000），敬请参阅本“图释集”附录Ⅰ《上海市市政工程预算组合定额——室外排水管道工程》（2000）中图Ⅰ-01“《上海市市政工程预算组合定额——室外排水管道工程》(2000)”；

2. 在编制工程“算量”时，敬请参阅表 E-34“‘13 国标市政计算规范’与对应砌筑井项目定额子目、工程量计算规则（2000）及册、章说明列项检索表”的诠释。

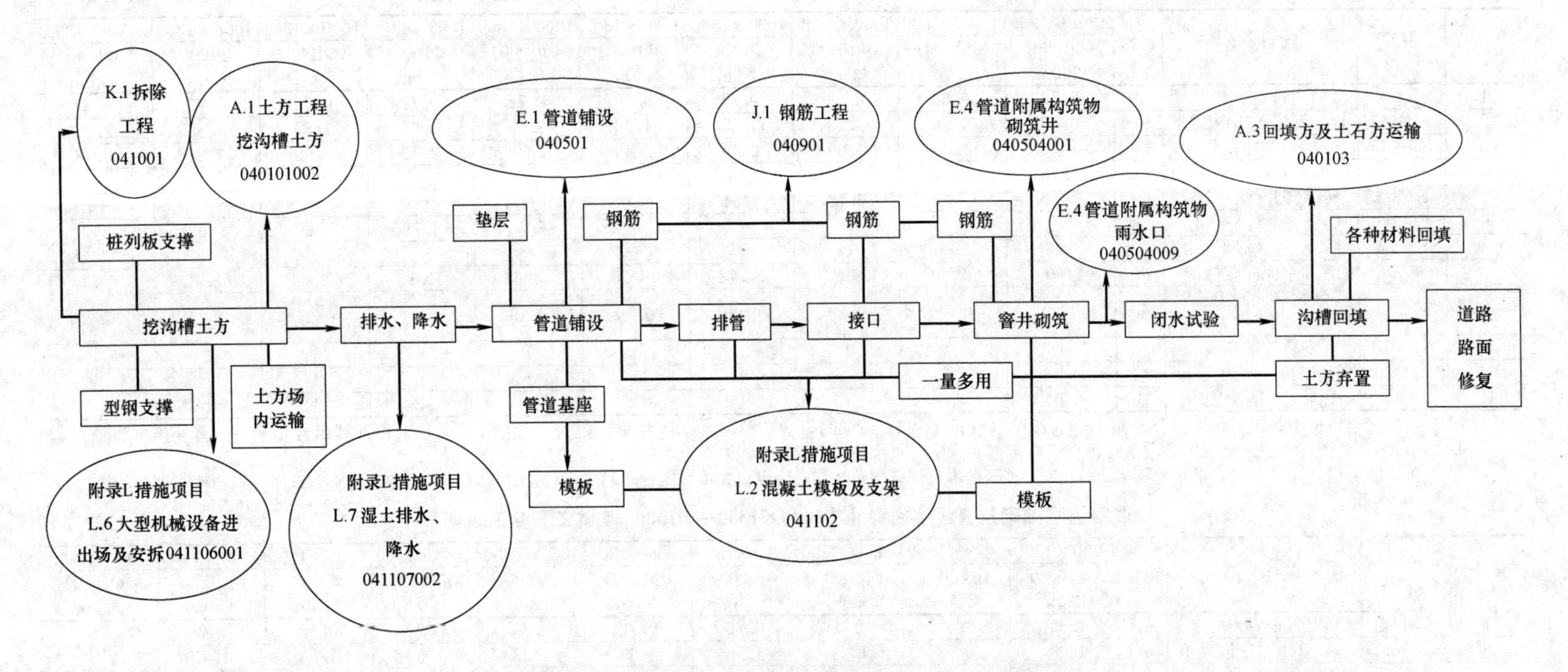

图 E-36　市政管网工程开槽埋管施工工艺流程简图

说明：1. 沟槽回填（一量多用）：

(1) 挖土方，按拟定的开槽形式方案计算挖土总体积；

(2) 管道铺设，包括：砾石砂垫层、基座混凝土底板、管枕、管子等体积；

(3) 窨井砌筑，包括：碎石垫层、混凝土基础、砖砌体（窨井外形）等体积；

2. 大型机械设备进出场及安拆，定额中未包括此项，需增列项目；请参阅《市政工程工程量清单常用数据手册》表 2-192“大型机械设备进出场选用表”的释义；

3. 回填方及土石方运输（项目编码：040103）中的余方或缺方体积＝挖土总体积－回填土总体积，式中计算结果为正值时为余方外运体积，负值时为缺方（须取土）体积；

4. 拆除工程（项目编码：041001），各类项目的体积汇总后，按《市政工程工程量清单常用数据手册》表 4-50“土方工程场外运输计价基本数据系数”进行换算；

5. 道路路面修复，请参阅《市政工程工程量清单常用数据手册》表 2-159“排水管道施工修复路面宽度工程量‘算量’”的释义。

市政管道工程实体工程各类"算量"要素统计汇总表 　　**表 E-29**

图号	窨井编号	施工方法	窨井尺寸	管径	长度	设计地面标高	原地面标高				道道埋深				窨井			连管	进水口	出水口	备注
							左地面标高	左管底标高	右地面标高	右管底标高	平均深度	基础厚	槽深	定额深度	窨井埋深	定额深度	落底				
1	2	3	4	5	6	7	8	9	10	11	12	13	14	15	16	17	18	19	20	21	22
总	Y1	开槽埋管	1000 * 1000												1.92	2	Y				
				600	44	4.44	4.4	2.56	3.94	2.52	1.63	0.44	2.07	2				10	1		
总	Y2	开槽埋管	1000 * 1000												2.16	2	N	24	1		
				800	38	4.44	3.94	2.32	4.09	2.28	1.715	0.46	2.175	2				13	1		
总	Y3	开槽埋管	1000 * 1000												2.2	2	Y	24	1		
				800	40	4.44	4.09	2.28	4.12	2.24	1.845	0.46	2.305	2.5				13	1		
总	Y4	开槽埋管	1000 * 1000												2.23	2	N	24	1		
				800	32	4.44	4.12	2.24	4.27	2.21	1.97	0.46	2.43	2.5				12	1		
总	Y5	开槽埋管	1000 * 1300												2.37	2.5	Y	27	1		
				1000	35	4.44	4.27	2.11	4.28	2.07	2.185	0.47	2.655	2.5				12	1		
总	Y6	开槽埋管	1000 * 1300												2.41	2.5	N	27	1		
				1000	35	4.44	4.28	2.07	4.18	2.03	2.18	0.47	2.65	2.5				12	1		
总	Y7	开槽埋管	1000 * 1300												2.45	2.5	Y	27	1		
				1000	35	4.44	4.18	2.03	4.2	1.99	2.18	0.47	2.65	2.5				12	1		
总	Y8	开槽埋管	1000 * 1300												2.49	2.5	N	27	1		
				1000	35	4.44	4.2	1.99	4.35	1.95	2.305	0.47	2.775	≤3				12	1		
总	Y9	开槽埋管	1000 * 1300												2.53	2.5	Y	27	1		
				1000	40	4.44	4.35	1.95	4.37	1.91	2.43	0.47	2.9	≤3				12	1		
总	Y10	开槽埋管	1000 * 1300												2.57	2.5	N	27	1		
						4.44	4.37	1.91	4.09	1.87	2.34	1.47	3.81	≤3				12	1		

注：本表摘自 ISBN 978-7-5608-5296-6"全国建设工程造价员资格考试"考前培训教程《工程计量与计价实务（市政工程造价专业）》，如其表 1-36"（规范型解题教案二）某市政管道工程实体工程各类'算量'要素统计汇总表"所示。

市政管道工程（预算定额）各类"算量"基数要素统计汇总表 　　**表 E-30**

各类"算量"基数要素			
一、施工设计图基本要素			
1 号窨井～2 号窨井↓(中～中长) $L_{1段}$=36.0m	2 号窨井～3 号窨井(中～中长) $L_{2段}$=40.0m	3 号窨井～4 号窨井↓(中～中长) $L_{3段}$=45.0m	预留管(1 号和 4 号各半个窨井) 2 座×2.0m/座
1 号窨井地面标高 $h_{地}$=　m 沟底标高 $h_{沟}$=　m	2 号窨井地面标高 $h_{地}$=　m 沟底标高 $h_{沟}$=　m	3 号窨井地面标高 $h_{地}$=　m 沟底标高 $h_{沟}$=　m	4 号窨井地面标高 $h_{地}$=　m 沟底标高 $h_{沟}$=　m

续表

各类“算量”基数要素			
一、施工设计图基本要素			
窨井数量(座)$\sum_{窨}$= 4 座	沟槽平均深度		
	h_1=3.36m	h_2=3.50m	h_3=3.37m
	当管道 Φ1000 在 3.00～3.49m 时,查(定额取值)得混凝土管沟槽宽 $B_{沟}$=2.45m		
窨井尺寸(1000×1300)	雨水口(进水口)= 座 (Ⅰ、Ⅱ、Ⅲ)		
钢筋混凝土管(Φ600～2400)= m	Φ2700、Φ3000F 型管= m	Φ1350～2400 丹麦管= m	Φ600～1200PH-48 管= m
UPVC 加筋管(DN225～400) = m	UPVC 加筋管连管(DN225～400)=m	FRPP 管(增强聚丙烯管)(DN500～1000)=m	玻璃纤维增强塑料夹砂管 (Φ400～2500)=m
二、《上海市排水管道通用图》			
	窨井内径长 $L_{内}$=1.0m	窨井外壁尺寸:a 为 1.0+0.37×2=1.74;b 为 1.30+0.37×2=2.04m;工作面宽度为 0.85×2=1.70m	窨井外壁尺寸+工作面宽度,即 a 为 1.74+1.70=3.44m;b 为 2.04+1.70=3.74m);即 a × b 为(3440mm×3740mm)

窨井外形体积		
窨井外形体积	1000×1300×3.0 (不落底)两座	V_a=[0.72+1.23(1.3+0.365×2+0.015×2)×(1.0+0.365×2+0.015×2)×1.8+(1.0+0.365×2+0.015×2)×(1.0+0.365×2+0.015×2)×1.4+1.35×1.35×0.16+0.355×0.355×π×0.14]×2=26.86m³
	1000×1300×3.0 (落底)↓两座	V_b=[0.72+1.23(1.3+0.365×2+0.015×2)×(1.0+0.365×2+0.015×2)×2.1+(1.0+0.365×2+0.015×2)×(1.0+0.365×2+0.015×2)×1.4+1.35×1.35×0.16+0.355×0.355×π×0.14]×2=29.54m³

管道基(垫)层尺寸			
	管道垫层宽度 $b_{垫}$ $b_{垫}$=2.14m/座	管道砾石砂垫层厚度 $h_{垫}$ $h_{垫}$=10cm	管道基座混凝土厚度 $h_{基}$ $h_{基}$=25cm
混凝土管 Φ1000PH-48 管	承插口尺寸 0.14×0.0755+0.5×0.0755×0.1917×3.1412×1.295		管身尺寸 $r_{管}$=0.61m

《上海市排水管道通用图》			
《上海市排水管道通用图》中管道基座宽度 B=1.85m,$h_{基}$=0.25m		1000×1300×3.0 窨井砖墙最大厚度为一砖半,即 $b_{一砖半}$=0.37m	Φ1000PH-48 管净长 $L_{PH\text{-}48管}$=2.5m/节
基础厚度 H_2=0.15m	管底至基础面高度 C=0.2m		H=1/2 管径=1.0÷2.2=0.5m
管枕尺寸: A(底宽)=0.32m、B(顶宽)=0.08m、 C(左高)=0.20m、D(右高)=0.10m		管枕对数 2 对管枕/Φ1000PH-48 管 2 对管枕/每座窨井(1000×1300)	

续表

三、《市政工程施工及验收规程》				
《市政工程施工及验收规程》说明砖砌窨井时其宽度应为砖墙外壁各加 0.85m	依据《市政工程施工及验收规程》每 3 段抽 1 段	依据《上海市市政工程预算定额》(2000)工程量计算规则第五章第一节第 5.1.5 条说明管道磅水以相邻两座窨井为一段		
混凝土管项目(项目编码:040501002)				
1. 混凝土管				
Φ230 混凝土管= m	Φ300 混凝土管= m	Φ450 混凝土管= m		
2. 钢筋混凝土管				
Φ600 钢筋混凝土管= m	Φ800 钢筋混凝土管= m	Φ1000 钢筋混凝土管= m	Φ1200 钢筋混凝土管= m	Φ1400 钢筋混凝土管= m
Φ1600 钢筋混凝土管= m	Φ1800 钢筋混凝土管= m	Φ2000 钢筋混凝土管= m	Φ2200 钢筋混凝土管= m	Φ2400 钢筋混凝土管= m
3. F 型管				
Φ2700F 型管= m	Φ3000F 型管= m			
4. 丹麦管				
Φ1350 丹麦管= m	Φ1500 丹麦管= m	Φ1650 丹麦管= m	Φ1800 丹麦管= m	Φ2000 丹麦管= m
Φ2200 丹麦管= m	Φ2400 丹麦管= m			
5. PH-48 管				
Φ600PH-48 管= m	Φ800PH-48 管= m	Φ1000PH-48 管= 125.00 m	Φ1200PH-48 管= m	
塑料管项目(项目编码:040501004)				
DN500FRPP 管= m	DN600FRPP 管= m	DN700FRPP 管= m	DN800FRPP 管= m	DN1000FRPP 管= m
塑料管项目(连管)(项目编码:040501004)				
DN225UPVC 加筋管= m	DN300UPVC 加筋管= m	DN400UPVC 加筋管= m		
混凝土基础砌筑直线不落底窨井(1000×1300—Φ1000)项目(项目编码:040504001)				
1000×1300(Φ1000) 2.0m= 座	1000×1300(Φ1000) 2.5m= 座	1000×1300(Φ1000) 3.0m= 2 座	1000×1300(Φ1000) 3.5m= 座	1000×1300(Φ1000) 4.0m= 座
1000×1300(Φ1000) 4.5m= 座	000×1300(Φ1000) 5.0m= 座	1000×1300(Φ1000) 5.5m= 座	1000×1300(Φ1000) 6.0m= 座	1000×1300(Φ1000) 6.5m= 座
混凝土基础砌筑直线落底窨井[1000×1300——Φ1000] 项目(项目编码:040504001)				
1000×1300(Φ1000) 2.0m= 座	1000×1300(Φ1000) 2.5m= 座	1000×1300(Φ1000) 3.0m= 2 座	1000×1300(Φ1000) 3.5m= 座	1000×1300(Φ1000) 4.0m= 座
1000×1300(Φ1000) 4.5m= 座	1000×1300(Φ1000) 5.0m= 座	1000×1300(Φ1000) 5.5m= 座	1000×1300(Φ1000) 6.0m= 座	1000×1300(Φ1000) 6.5m= 座
雨水口(进水口)项目(项目编码:040504009)				
Ⅰ型雨水口= 座	Ⅱ型雨水口= 座	Ⅲ型雨水口= 座		

续表

四、工程“算量”
1. 管道
1.1　总管长度(毛长)
总管长度(毛长) $L_毛$＝(1号窨井～4号窨井 中～中长)＋预留管2座×2.0m/座(1号和4号各半个窨井)＝(36.0＋40.0＋45.0)＋2×2.0＝125.00m
1.2　管道铺设净长[S5-1-71]
管道铺设净长 $L_净$＝总管长度(毛长) $L_毛$－[窨井内径长 $L_内$×窨井数量$\sum_窨$] ＝125.00－(1.0×4)＝121.00m
1.3　Φ1000管道闭水试验[S5-1-109]
1号窨井～4号窨井　依据《市政工程施工及验收规程》:“每3段抽1段”　　取为1段
1.4　管道基础长扣除窨井后净长
管道基础长扣除窨井后净长 $L_垫$＝总管长度(毛长)$L_毛$－[管道垫层宽度 $b_垫$×窨井数量$\sum_窨$]＝125.00－(2.14×4)＝116.44m
1.5　号管道砾石砂垫层(管道垫层 $V_垫$)[S5-1-42]
管道砾石砂垫层 $V_垫$＝管道基础长扣除窨井后净长 $L_垫$×沟槽宽度 $B_沟$×管道砾石砂垫层厚度 h ＝116.44×2.45×0.1＝$\boxed{28.53m^3}$
1.6　号管道基座混凝土(基座体积 $V_基$)[S5-1-43]
管道基座混凝土 $V_基$＝管道基础长扣除窨井后净长 $L_垫$×混凝土基础宽度 b×管道基座混凝土厚度 $h_基$－管枕体积 $V_{管枕体积}$－窨井体积(a×b×h)×窨井数量$\sum_窨$ ＝116.44×1.85×0.25－11.23－(3.44×3.74×0.25)×4＝53.85－11.23－12.86＝$\boxed{29.76m^3}$
2. 窨井
2.1　黄砂回填到管中高度 h
黄砂回填到管中高度 h＝基础厚度 H_2＋管底至基础面高度 C＋1/2管径 ＝0.15＋0.2＋0.5＝0.85m
2.2　基座体积[同项次1.5.管道基座混凝土(基座体积 $V_基$)为29.76m^3]
2.3　管枕对数 $N_枕$
管枕对数 $N_枕$＝[管道铺设净长 $L_净$÷Φ1000PH-48管净长 $L_{PH-48管}$×每节管枕对数]＋[窨井数量×每座窨井管枕对数] ＝[(121.00÷2.5＋1)×2]＋4×2≈108对
2.4　管枕对数体积 $V_{管枕对数}$
管枕对数体积 $V_{管枕对数}$＝[A×D＋1/2(A＋B)×(C－D)]×2 ＝[0.32×0.1＋1/2×(0.08＋0.32)×(0.2－0.1)]×2＝0.104m^3/对
2.5　号管枕体积 $V_{管枕体积}$
管枕体积 $V_{管枕体积}$＝管枕对数体积 $V_{管枕对}$×管枕对数 $N_枕$＝0.104×108＝$\boxed{11.23m^3}$
2.6　管子体积 $V_管$
2.6.1　管子长度 $L_管$
管子长度 $L_管$＝管道铺设净长 $L_净$－(窨井数量$\sum_窨$×$b_{一砖半}$×2)＝121.00－(4×0.37×2)＝118.04m

续表

2.6.2　管身体积$V_{身}$ 管身体积$V_{身}=\pi/2r_{管}^{2}\times$管子长度$L_{管}$ $=(\pi\times0.61\times0.61\div2)\times118.04=68.99m^3$
2.6.3　承插口数量$N_{承}$ 承插口数量$N_{承}=$管道铺设净长$L_{净}\div\Phi$1000PH-48管净长$L_{PH\text{-}48管}$ $=121.00\div2.5=48.4$节
2.6.4　承插口体积$V_{承}$ 承插口体积$V_{承}=(0.14\times0.0755+0.5\times0.0755\times0.1917\times3.1412\times1.295)\times$承插口数量$N_{承}$ $=0.072435\times48.4=3.51m^3$
2.6.5　管子体积$V_{管}$ 管子体积$V_{管}=$管身体积$V_{身}+$承插口体积$V_{承}$ $=68.99+3.51=72.50m^3$
2.7　♯回填黄砂中管道体积$V_{黄}$[S5-1-39] 回填黄砂中管道体积$V_{黄}=$管道铺设净长$L_{净}\times$沟槽宽度$B_{沟}\times$回填高度$h-$管道基座混凝土基座体积$V_{基}-$管枕体积$V_{管枕体积}-$管子体积$V_{管}$ $=(121.00\times2.45\times0.85)-29.76m^3-11.23m^3-72.50m^3=138.49m^3$

注：本表案例解析内容，选自编写的“全国建设工程造价员资格考试”考前培训教程《工程计量与计价实务（市政工程造价专业）》第二章。

管网工程对应挖沟槽土方工程项目定额子目列项检索表　　表E-31

项次	类型	序号	定额编号	*项目名称	计量单位	Φ600		Φ800		Φ1000		Φ3000＞6.0m	
						A	B	A	B	A	B	A	B
附录A　土石方工程													
A.1　土方工程(项目编码:040101)													
一	2.挖沟槽土方	第五册　排水管道工程　第一章　开槽埋管											
		1	S5-1-1～S5-1-6	人工挖沟槽	m^3								
		2	S5-1-7～S5-1-8	机械挖沟槽土方	m^3	√	√	√	√	√	√	√	√
		3	S1-1-37～S1-1-38	土方场内运输(运土、装运土、运距)	m^3	√	√	√	√	√	√	√	√
		第一册　通用项目　第一章　一般项目											
		4	S1-1-9	湿土排水	m^3	√	√	√	√	√	√	√	√
		5	S1-1-10～S1-1-11	筑拆(混凝土管集水、竹箩滤)井	座	√	√	√	√	√	√	√	√
		第五册　排水管道工程　第一章　开槽埋管											
		6	S5-1-9～S5-1-12	满堂撑拆列板(深≤1.5～2.0m,双面)	100m								
		7	S5-1-13～S5-1-15	打沟槽钢板桩(单面)	100m								√
		8	S5-1-16～S5-1-17	打沟槽拉森钢板桩(单面)	100m								

续表

项次	类型	序号	定额编号	*项目名称	计量单位	Φ600		Φ800		Φ1000		Φ3000>6.0m	
						A	B	A	B	A	B	A	B
一	2. 挖沟槽土方	9	S5-1-18～S5-1-20	拔沟槽钢板桩(单面)	100m								√
		10	S5-1-21～S5-1-22	拔沟槽拉森钢板桩(单面)	100m								
		11	S5-1-23～S5-1-35	安拆钢板桩支撑	100m								√
				*第五册　册“说明”(文字说明代码)									
		12	CSM5-1-1	列板使用	t·天								
		13	CSM5-1-2	列板支撑使用	t·天								
		14	CSM5-1-3	槽型钢板桩使用费	t·天								√
		15	CSM5-1-5	钢板桩支撑使用费	t·天								√
				A.3　回填方及土石方运输(项目编码:040103)									
二	1. 回填方			第五册　排水管道工程　第一章　开槽埋管									
		16	S5-1-36	沟槽夯填土	m^3	√	√	√	√	√	√	√	√
		17	S5-1-37	沟槽间隔填土	m^3								
		18	S5-1-38	沟槽回填砾石砂	m^3								
		19	S5-1-39	沟槽回填黄砂	m^3		√		√		√		√
三	2. 余方弃置			《上海市市政工程预算定额》(2000)总说明第十九条(文字说明代码)									
		20	ZSM19-1-1	余土场外运输(含堆置费,浦西内环线内)、泥浆外运(含堆置费,浦西内环线内及浦东内环线内)、泥浆外运(含堆置费,浦西内环线外及浦东内环线外)	m^3	√	√	√	√	√	√	√	√
				附录E　管网工程									
				E.1　管道铺设(项目编码:040501)									
四	1. 混凝土管			第五册　排水管道工程　第一章　开槽埋管									
		21	S5-1-42	管道砾石砂垫层	m^3	√							√
		22	S5-1-43	C20管道基座混凝土	m^3	√							√
		23	S5-1-45	管道基座模板	m^2	√							√
		24	S5-1-50～S5-1-59	铺设钢筋混凝土管(Φ600～2400)	100m	√							
		25	S5-1-60～S5-1-61	铺设Φ2700、3000F型管	100m								√
		26	S5-1-62～S5-1-68	铺设Φ1350～Φ2400丹麦管	100m								
		27	S5-1-69～S5-1-72	铺设Φ600～1200PH-48管	100m								
		28	S5-1-105～S5-1-116	Φ300～2400管道闭水试验	段	√							

续表

项次	类型	序号	定额编号	*项目名称	计量单位	Φ600		Φ800		Φ1000		Φ3000>6.0m	
						A	B	A	B	A	B	A	B
五	4. 塑料管/m	29	S5-1-40～S5-1-42	管道垫层(黄砂、碎石、砾石砂)									
		30	S5-1-43～S5-1-44	管道基座现浇、非泵送商品混凝土									
		31	S5-1-1-45	管道基座模板									
		32	S5-1-73～S51-75	铺设 UPVC 加筋管(DN225～400)									
		33	S5-1-73	铺设 UPVC 加筋管连管(DN225～400)									
		34	S5-1-76～S5-1-80	铺设 FRPP 管(增强聚丙烯管)(DN500～1000)									
		35	S5-1-105～S5-1-109	Φ300～1000 管道闭水试验									
		36	S5-1-127～S5-1-133	玻璃纤维增强塑料夹砂管(Φ400～2500)									
附录 L 措施项目													
六	L.6 大型机械设备进出场及安拆			《上海市市政工程预算定额》(2000)总说明第二十一条(文字说明代码)									
		37	ZSM21-2-4	$1m^3$ 以内单斗挖掘机场外运输费	台·次	√	√	√	√	√	√	√	√
		38	ZSM21-2-11	1.2t 以内柴油打桩机场外运输费	台·次								
	L.7 施工排水、降水			第一册 通用项目 第一章 一般项目									
		39	S1-5-1	轻型井点安装	根	√	√	√	√	√	√		
		40	S1-5-2	轻型井点拆除	根	√	√	√	√	√	√		
		41	S1-5-3	轻型井点使用	套·天	√	√	√	√	√	√		
		42	S1-5-4	喷射井点安装(10m)	根								√
		43	S1-5-5	喷射井点拆除(10m)	根								√
		44	S1-5-6	喷射井点使用(10m)	套·天								√
项次	类型	序号	定额编号	*项目名称	计量单位	1000×1000 Φ800 3.0m		1000×1300 Φ1000 3.0m		1100×1750 Φ1350 7.0m		1100×2100 Φ1650 5.0m	
						不落底	落底	不落底	落底	不落底	落底	不落底	落底
E.4 管道附属构筑物(项目编码:040504)													
七	1. 砌筑井			第一册 通用项目 第一章 一般项目									
		45	S5-1-42	管道砾石砂垫层	m^3	√	√	√	√	√	√	√	√
		46	S5-1-43(换)	垫层混凝土(C10)	m^3					√	√		√
		47	S5-1-43	管道基座混凝土	m^3	√	√	√	√	√	√	√	√
		48	S5-1-45	管道基座模板	m^2	√	√	√	√	√	√	√	√
				第五册 排水管道工程 第三章 窨井									
		49	S5-3-1～S5-3-4	砖砌窨井(深≤2.5～8m)	m^3	√	√	√	√	√	√	√	√

续表

项次	类型	序号	定额编号	*项目名称	计量单位	Φ600		Φ800		Φ1000		Φ3000>6.0m	
						A	B	A	B	A	B	A	B
七	1. 砌筑井	50	S5-3-6	窨井水泥砂浆抹面	m^2	√	√	√	√	√	√	√	√
		51	S5-3-16	安装钢筋混凝土盖板(0.5m^3 以内)	m^3	√	√	√	√	√	√	√	√
		52	S5-3-18	安装铸铁盖座	套	1	1	1	1	1	1	1	1
				材料代码									
		53	208330	Ⅱ型钢筋混凝土盖板	块	1	1	1	1	1	1	1	1
		54	208340	预制钢筋混凝土板 1	块			1	1				
		55	208350	预制钢筋混凝土板 2	块					2	2	2	2
		56	208360	预制钢筋混凝土板 3	块					2	2	3	3
项次	类型	序号	定额编号	*项目名称	计量单位	400×300 (Φ300)		450×400 (Φ300)		640×500 (Φ300)		1450×500 (Φ450)	
八	9. 雨水口			第一册　通用项目　第一章　一般项目									
		57	S5-1-42	管道砾石砂垫层	m^3	√		√		√		√	
		58	S5-1-43(换)	管道基座混凝土(C15)	m^3	√		√		√		√	
		59	S5-3-5	砖砌进水口	m^3	√		√		√		√	
				第五册　排水管道工程　第三章　窨井									
		60	S5-3-7	进水口水泥砂浆抹面	m^2	√		√		√		√	
		61	S5-3-14	预制 C20 钢筋混凝土过梁	m^3							√	
		62	S5-3-15	过梁钢筋	t							√	
		63	S5-3-16	安装钢筋混凝土过梁	m^3							√	
				材料代码									
		64	208130	Ⅰ型雨水进水口盖	只	√							
		65	208140	Ⅰ型雨水进水口座	只	√							
		66	208150	Ⅱ型雨水进水口盖	只			√					
		67	208160	Ⅱ型雨水进水侧石	块			√					
		68	208210	Ⅲ型进水口铸铁盖座	套							√	

注：1. *第五册　册“说明”（文字说明代码），敬请参阅本“图释集”附录 H《上海市市政工程预算定额》(2000)“工程量计算规则”各册、章说明中附表 H-23“大型机械设备使用费文字代码汇总表”的诠释；

2. 关于*项目名称中“1m^3 以内单斗挖掘机、1.2t 以内柴油打桩机场外运输费”等大型机械设备使用事宜，《上海市市政工程预算定额》(2000)“总说明”第二十一条：“本定额中未包括大型机械的场外运输、安拆（打桩机械除外）、路基及轨道铺拆等。”在编制工程“算量”时，敬请参阅本“图释集”第三章措施项目中表 L.6-06“大型机械设备进出场列项选用表”的诠释，在编制“措施项目”时切记勿漏项（即项目编码：041106001 大型机械设备进出场及安拆）；

3. 在编制工程“算量”时，敬请参阅表 E-29“市政管道工程实体工程各类‘算量’要素统计汇总表”的诠释；

4. 关于定额编号：S5-1-46、项目名称：管道基座钢筋、计量单位：t 事宜，在编制工程“算量”时，敬请参阅本“图释集”附录 G《上海市市政工程预算定额》(2000) 总说明中附表 G-06“混凝土模板、支架和钢筋定额子目列项检索表［即第十六条］”的诠释。

“13国标市政计算规范”与对应混凝土管项目定额子目、工程量计算规则（2000）及册、章说明列项检索表 **表E-32**

附录E 管网工程 表E.1 管道铺设(项目编码:040501)					对应《上海市市政工程预算定额》(2000)工程量计算规则等				
项目编码	项目名称	计量单位	*工程量计算规则（共12条）	工作内容（共19项）	节及项目名称（6节18子目）	定额编号	*计量单位	*工程量计算规则 第5.1.1～5.1.8条	第五册 排水管道工程*册“说明”十二条
040501002	混凝土管	m	按设计图示中心线长度以延长米计算。不扣除附属构筑物、管件及阀门等所占长度	1. 垫层、基础铺筑及养护 2. 模板制作、安装、拆除 3. 混凝土拌合、运输、浇筑、养护 4. 预制管枕安装 5. 管道铺设 6. 管道接口 7. 管道检验及试验	8. 管道垫层 管道垫层(黄砂、碎石、砾石砂) 9. 管道基座 管道基座现浇、非泵送商品混凝土管道基座模板 10. 管道铺设 铺设混凝土管(Φ230～450) 铺设钢筋混凝土管(Φ600～2400) 铺设Φ2700、Φ3000F型管 铺设Φ1350～2400丹麦管 铺设Φ600～1200PH-48管 11. 管道接口 Φ230～2400水泥砂浆接口 Φ600～2400细石混凝土接口 接口钢筋 12. 管道闭水试验 Φ300～2400管道闭水试验	S5-1-40～S5-1-42 S5-1-43～S5-1-44 S5-1-45 S5-1-47～S5-1-49 S5-1-50～S5-1-59 S5-1-60～S5-1-61 S5-1-62～S5-1-68 S5-1-69～S5-1-72 S5-1-81～S5-1-93 S5-1-94～S5-1-103 S5-1-104 S5-1-105～S5-1-116	m^3 m^3 m^2 100m 100m 100m 100m 100m 只 只 t 段	第一节 开槽埋管 第5.1.1条 管道铺设按实埋长度(扣除窨井内净长所占的长度)计算 第5.1.5条 管道磅水以相邻两座窨井为一段	册“说明” 一、本册定额是依据上海市市政工程管理局颁布的有关上海市排水管道通用图编制 三、本册定额包括开槽埋管、顶管、窨井共三章 十、有筋水泥砂浆接口及预制钢筋混凝土盖板定额中已含模板

注：1. 在编制工程“算量”时，关注工程量计算规则中“不扣除”、“扣除”、“包括”、“已含”等规定；

2. *计量单位，本列项检索表中“清单量”单位为m、“预算量”采用扩大计量单位为100m，个别分项子目“预算量”与“清单量”（如m^3、m^2、只、t、段与m）不一致，在编制“分部分项工程量清单综合单价分析表[评审和判别的重要基础及数据来源]”时注意“计量单位”的换算；

3. 在编制工程“算量”时，敬请参阅表E-29“市政管道工程实体工程各类‘算量’要素统计汇总表”的诠释。

“13国标市政计算规范”与对应塑料管项目定额子目、工程量计算规则（2000）及册、章说明列项检索表 **表 E-33**

附录E 管网工程 表E.1 管道铺设(项目编码:040501)					对应《上海市市政工程预算定额》(2000) 工程量计算规则等				
项目编码	项目名称	计量单位	工程量计算规则 (共12条)	工作内容 (共19项)	节及项目名称 (14节158子目)	定额编号	计量单位	*工程量计算规则 第5.1.1～5.1.8条	第五册 排水管道工程*册“说明”十二条
040501004	塑料管	m	按设计图示中心线长度以延长米计算。不扣除附属构筑物、管件及阀门等所占长度	1. 垫层、基础铺筑及养护 2. 模板制作、安装、拆除 3. 混凝土拌合、运输、浇筑、养护 4. 管道铺设 5. 管道检验及试验	8. 管道垫层 管道垫层(黄砂、碎石、砾石砂) 9. 管道基座 管道基座现浇、非泵送商品混凝土 管道基座模板 10. 管道铺设 铺设 UPVC 加筋管(*DN*225～400) 铺设 UPVC 加筋管连管(*DN*225～400) 铺设 FRPP 管(增强聚丙烯管)(*DN*500～1000) 12. 管道闭水试验 *Φ*300～1000 管道闭水试验 14. 玻璃纤维增强塑料夹砂管 玻璃纤维增强塑料夹砂管(*Φ*400～2500)	S5-1-40～S5-1-42 S5-1-43～S5-1-44 S5-1-45 S5-1-73～S5-1-75 S5-1-73 S5-1-76～S5-1-80 S5-1-60～S5-1-61 S5-1-62～S5-1-68 S5-1-69～S5-1-72 S5-1-81～S5-1-93 S5-1-94～S5-1-103 S5-1-104 S5-1-105～S5-1-109	m^3 m^3 m^2 100m 100m 100m 100m 100m 只 只 t 段 100m	第一节 开槽埋管 第5.1.1条 管道铺设按实埋长度(扣除窨井内净长所占的长度)计算	册“说明” 一、本册定额是依据上海市市政工程管理局颁布的有关上海市排水管道通用图编制 三、本册定额包括开槽埋管、顶管、窨井共三章 十、有筋水泥砂浆接口及预制钢筋混凝土盖板定额中已含模板

注：1. 在编制工程“算量”时，关注工程量计算规则中“不扣除”、“扣除”、“包括”、“已含”等规定；

2. *计量单位，本列项检索表中“清单量”单位为m、“预算量”采用扩大计量单位为100m，个别分项子目“预算量”与“清单量”（如m^3、m^2、只、t、段与m）不一致，在编制“分部分项工程量清单综合单价分析表［评审和判别的重要基础及数据来源］”时注意“计量单位”的换算；

3. 在编制工程“算量”时，敬请参阅表E-29“市政管道工程实体工程各类‘算量’要素统计汇总表”的诠释。

"13国标市政计算规范"与对应砌筑井项目定额子目、工程量计算规则（2000）及册、章说明列项检索表　　**表E-34**

附录E　管网工程　E.4 管道附属构筑物(项目编码:040504)					对应《上海市市政工程预算定额》(2000)工程量计算规则等				
项目编码	项目名称	计量单位	工程量计算规则（共3条）	工作内容（综合实体工程）	节及项目名称（6节18子目）	定额编号	计量单位	*工程量计算规则 第3.5.1～3.5.3条	第五册　排水管道工程 第三节　窨井 *章"说明"三条
040504001	砌筑井	座	按设计图示数量计算	1. 垫层铺筑 2. 模板制作、安装、拆除 3. 混凝土拌合、运输、浇筑、养护 4. 砌筑、勾缝、抹面 5. 井圈、井盖安装 6. 盖板安装 7. 踏步安装 8. 防水、止水	1. 窨井及进水口			第三节　窨井 第5.3.1条　窨井深度按窨井盖板顶面至沟底的深度计算 第5.3.2条　砖砌窨井应包括流槽砌体按实体积以立方米计算 第5.3.3条　现浇钢筋混凝土窨井按实体积以立方米计算	一、窨井升降及调换窨井盖座，套用第二册道路工程相应定额。【敬请参阅表B-10"'13国标市政计算规范'与对应人行道及其他项目定额子目、工程量计算规则(2000)及册、章说明列项检索表"的诠释】 二、现浇钢筋混凝土窨井中的收口砖砌体套用本章砖砌窨井定额。 三、窨井垫层及基础套用开槽埋管相应定额。【敬请参阅第五册排水管道工程第一章开槽埋管8. 管道垫层项目名称：管道砾石砂垫层、定额编号：S5-1-42、计量单位：m³；9. 管道基座项目名称：C20管道基座混凝土、定额编号：S5-1-43～S5-1-44、计量单位：m³；项目名称：管道基座模板、定额编号：S5-1-45、计量单位：m²】
					砖砌窨井				
					砖砌进水口	S5-3-1～S5-3-4	m³		
					2. 水泥砂浆抹面	S5-3-5			
					窨井水泥砂浆抹面				
					进水口水泥砂浆抹面	S5-3-6	m²		
					3. 现浇钢筋混凝土窨井	S5-3-7			
					窨井商品混凝土	S5-3-8～S5-3-9	m³		
					窨井模板	S5-3-10	m²		
					4. 凿洞				
					砖墙窨井凿洞	S5-3-12	m³		
					钢筋混凝土窨井凿洞	S5-3-13			
					5. 预制钢筋混凝土盖板	S5-3-14	m³		
					预制盖板混凝土				
					6. 安装盖板盖座	S5-3-16～S5-3-17	m³		
					安装钢筋混凝土盖板	S5-3-18	套		
					安装铸铁盖座	208330	块		
					Ⅱ型钢筋混凝土盖板	208340	块		
					预制钢筋混凝土板1				

注：1. 在编制工程"算量"时，关注工程量计算规则中"应包括"等规定；

2. *章"说明"三条，关注"一、三"条【…】的诠释；

3. *计量单位，本表中"清单量"单位为座，与"预算量"单位m³、块等不一致，在编制"分部分项工程量清单综合单价分析表［评审和判别的重要基础及数据来源］"时注意"计量单位"的换算；

4. 在编制工程"算量"时，敬请参阅表E-27"混凝土基础砌筑直线不落底窨井（1000×1300—Φ1000）实体工程量表"、表E-28"混凝土基础砌筑直线落底窨井［1000×1300—Φ1000］实体工程量表"的诠释。

“13国标市政计算规范”与对应雨水口项目定额子目、工程量计算规则（2000）及册、章说明列项检索表　　表 E-35

附录E　管网工程　E.4管道附属构筑物(项目编码:040504)					对应《上海市市政工程预算定额》(2000) 工程量计算规则等				
项目编码	项目名称	计量单位	工程量计算规则（共3条）	工作内容（综合实体工程）	节及项目名称（6节18子目）	定额编号	计量单位	*工程量计算规则 第3.5.1～3.5.3条	第五册　排水管道工程 第三节　窨井 *章“说明”三条
040504009	雨水口	座	按设计图示数量计算	1. 垫层铺筑 2. 模板制作、安装、拆除 3. 混凝土拌合、运输、浇筑、养护 4. 砌筑、勾缝、抹面 5. 雨水箅子安装	第一章开槽埋管 8. 普通垫层 管道砾石砂垫层 9. 管道基座 C20管道基座混凝土 管道基座模板 1. 窨井及进水口 砖砌进水口 2. 水泥砂浆抹面 进水口水泥砂浆抹面 5. 预制钢筋混凝土盖板 预制C20钢筋混凝土过梁 过梁钢筋 6. 安装盖板盖座 安装钢筋混凝土过梁 Ⅰ型雨水进水口盖 Ⅰ型雨水进水口座 Ⅱ型雨水进水口盖 Ⅱ型雨水进水侧石 Ⅲ型进水口铸铁盖座	 S5-1-42 S5-1-43～S5-1-44 S5-1-45 S5-3-5 S5-3-7 S5-3-14 S5-3-15 S5-3-16 208130 208140 208150 208160 208210	 m^3 m^3 m^2 m^3 m^2 m^3 t m^3 只 只 只 块 套		

注：1* 计量单位，本表中“清单量”单位为座，与“预算量”单位 m^3、只、套等不一致，在编制“分部分项工程量清单综合单价分析表［评审和判别的重要基础及数据来源］”时注意“计量单位”的换算；

2. 在编制工程“算量”时，敬请参阅表E-20“雨水进水口（Φ300～450）实体工程量表”的诠释。

市政管道工程实体工程各类“算量”要素工程量计算表　　表 E-36

井号	窨井尺寸	设计标高（井面标高）	管底标高（沟底标高）	窨井深度	定额窨井深度	原地面标高	管底标高（沟底标高）	沟管深度	基础	沟槽平均深度	定额深度	管径规格	管道长度	连管长度	进水口
1	2	3	4	5=3+4	6	7	8	9=7+8	10	11=(9+10)/2	12	13	14	15	16

注：1. 窨井深度系指设计窨井顶面至沟管内底的距离；列项5、6，敬请参阅本“图释集”中附表Ⅰ—01“窨井埋设深度定额取定表 ”的规定。

2. 开槽埋管深度系指原地面标高至沟槽底的距离；列项11、12，敬请参阅本“图释集”中附表Ⅰ—02“沟槽埋设深度定额取定表”的规定。

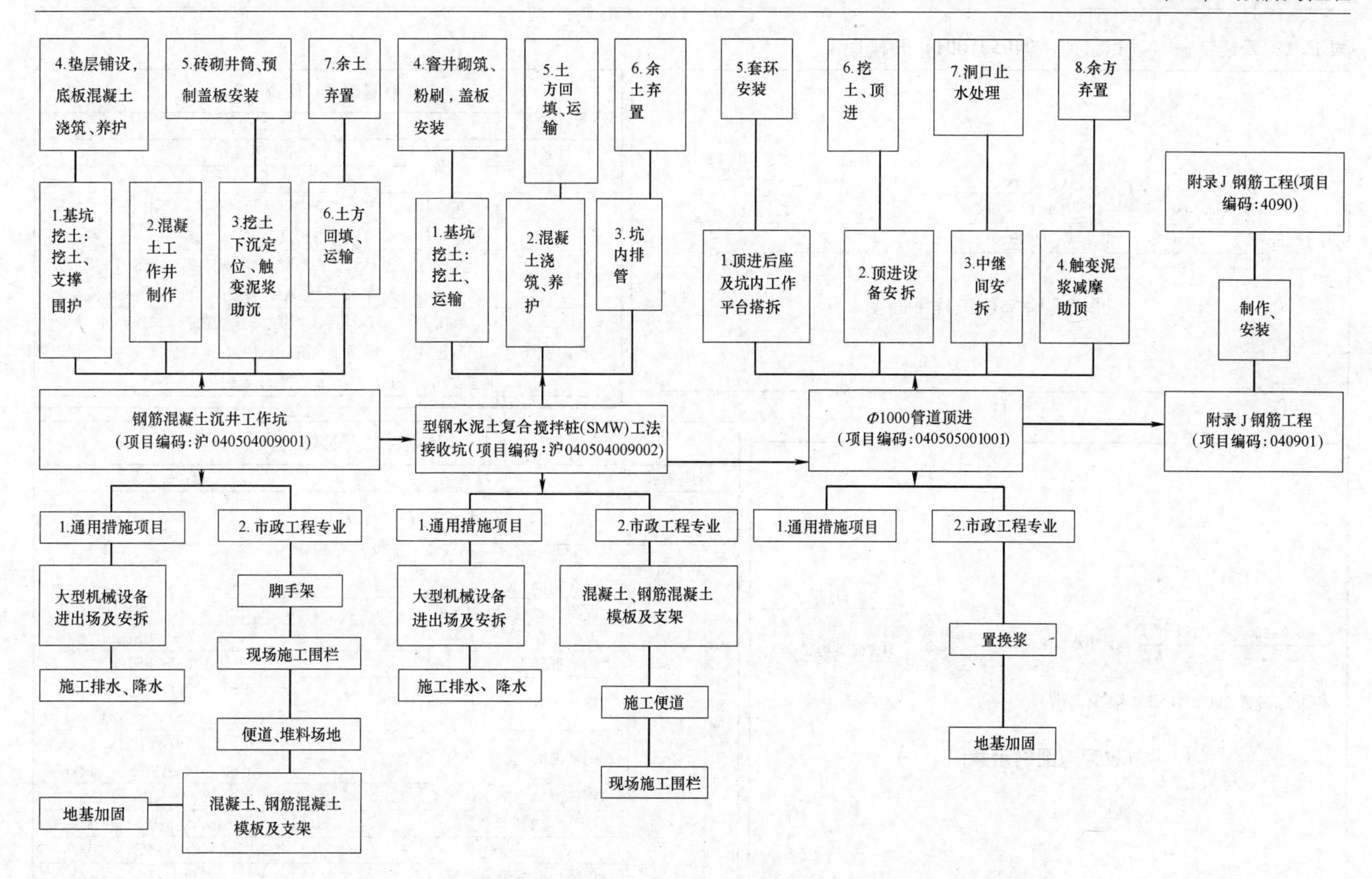

图 E-37　市政管网工程顶管工程（沉井工作井、型钢水泥土复合搅拌桩（SMW）工法接收井坑、Φ1000TLM 管道顶管）工程量清单计算程序

表 E.1 管道铺设（项目编码：040501001）开槽埋管

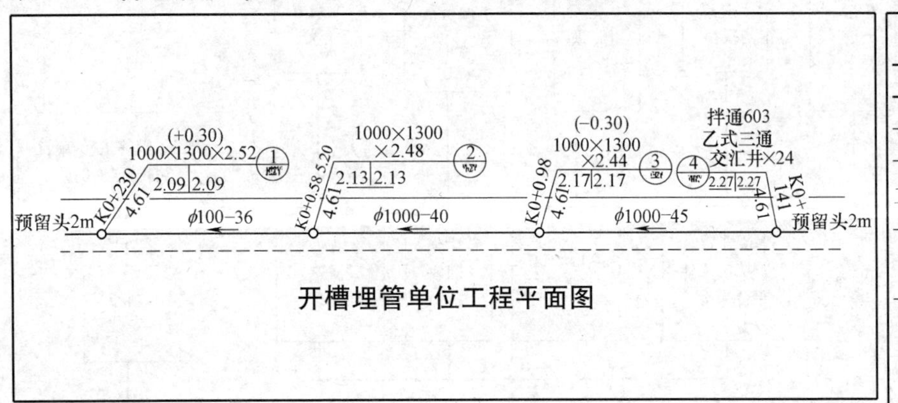

开槽埋管单位工程平面图

工程量清单“四统一”	
项目编码	040501001
项目名称	开槽埋管
计量单位	m
工程量计算规则	按设计图示中心线长度以延长米计算，不扣除附属构筑物、管件及阀门等所占长度
项目特征描述	1. 垫层、基础材质及厚度 2. 管座材质 3. 规格 4. 接口方式 5. 铺设深度 6. 混凝土强度等级 7. 管道检验及试验要求
工程内容规定	1. 垫层、基础铺筑及养护 2. 模板制作、安装、拆除 3. 混凝土拌合、运输、浇筑、养护 4. 预制管枕安装 5. 管道铺设 6. 管道接口 7. 管道检验及试验

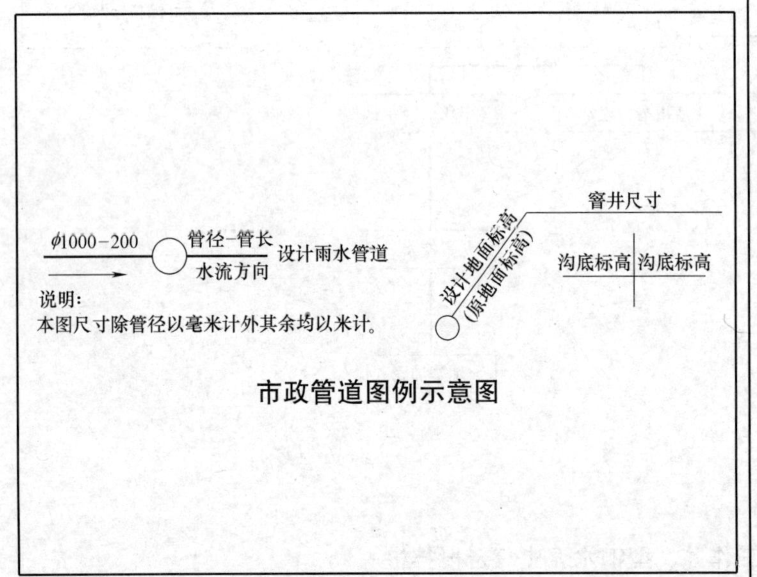

市政管道图例示意图

一、实体项目 E 管网工程

对应图示		项目名称	编码/编号
工程量清单分类		表 E.1 管道铺设（开槽埋管）	040501001
定额章节	分部工程	《上海市市政工程室外排水管道工程预算组合定额》(2000)	
	分项子目	混凝土普通管（80）	PS1 1 001 -PS1-1-024
		混凝土普通管（92）	PS1-2-001～PS1-2-024
		钢筋混凝土普通管（80）	PS1-1-025～PS1-1-136
		钢筋混凝土承插管（92）	①PS1-2-025A～PS1-1-068A ②PS1-2-026B～PS1-2-068B
		钢筋混凝土企口管（92）	①PS1-2-069A～PS1-2-147A ②PS1-2-070B～PS1-2-147B
		钢筋混凝土钢承口式管（92）	PS1-2-148～PS1-2-167
		UPVC 加筋管	PS1-3-001～PS1-3-022
		UPVC 加筋管连管	PS1-4-001～PS1-4-003
		增强聚丙烯管	PS1-5-001～PS1-5-042
		玻璃纤维增强塑料夹砂管	

表 E.1　管道铺设（项目编码：040501002）混凝土管（管道基座）

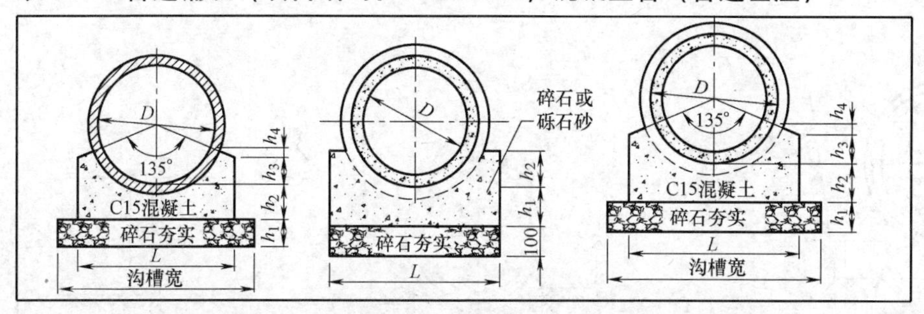

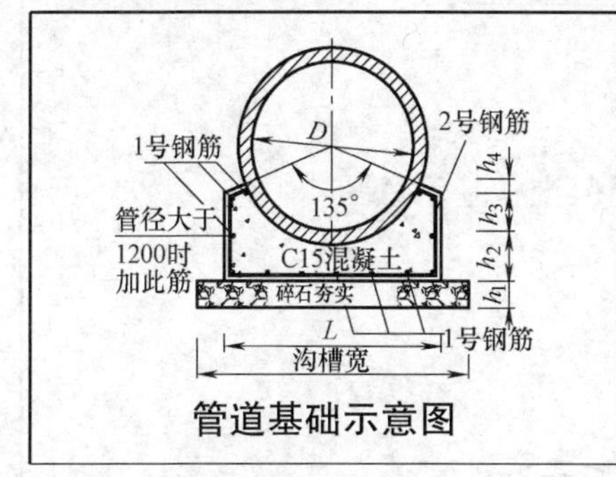

管道基础示意图

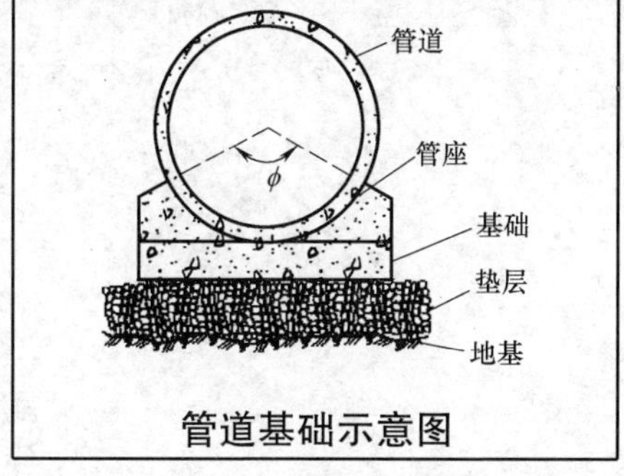

管道基础示意图

承插式钢筋混凝土管道基础

（a）混凝土基础；（b）砾石砂基础

企口式管道基础

工程量清单“四统一”	
项目编码	040501002
项目名称	混凝土管（管道基座）
计量单位	m
工程量计算规则	按设计图示管道中心线长度以延长米计算，不扣除中间井及管件、阀门所占的长度
项目特征描述	1. 管有筋无筋 2. 规格 3. 埋设深度 4. 接口形式 5. 垫层厚度、材料品种、深度 6. 基础断面形式、混凝土强度等级、石料最大粒径
工程内容规定	1. 垫层铺筑 2. 混凝土基础浇筑 3. 管道防腐 4. 管道铺设 5. 管道接口 6. 混凝土基座浇筑 7. 预制管枕安装 8. 井壁（墙）凿洞 9. 检测及试验 10. 冲洗消毒或吹扫

一、实体项目　E 管网工程

对应图示		项　目　名　称	编码/编号
工程量清单分类		表 E.1 管道铺设［混凝土管（管道基座）］	040501002
定额章节	分部工程	第五册排水管道工程 第一章 开槽埋管	S5-1-
	分项子目	9. 管道基座（混凝土、商品混凝土）	S5-1-43～S5-1-44

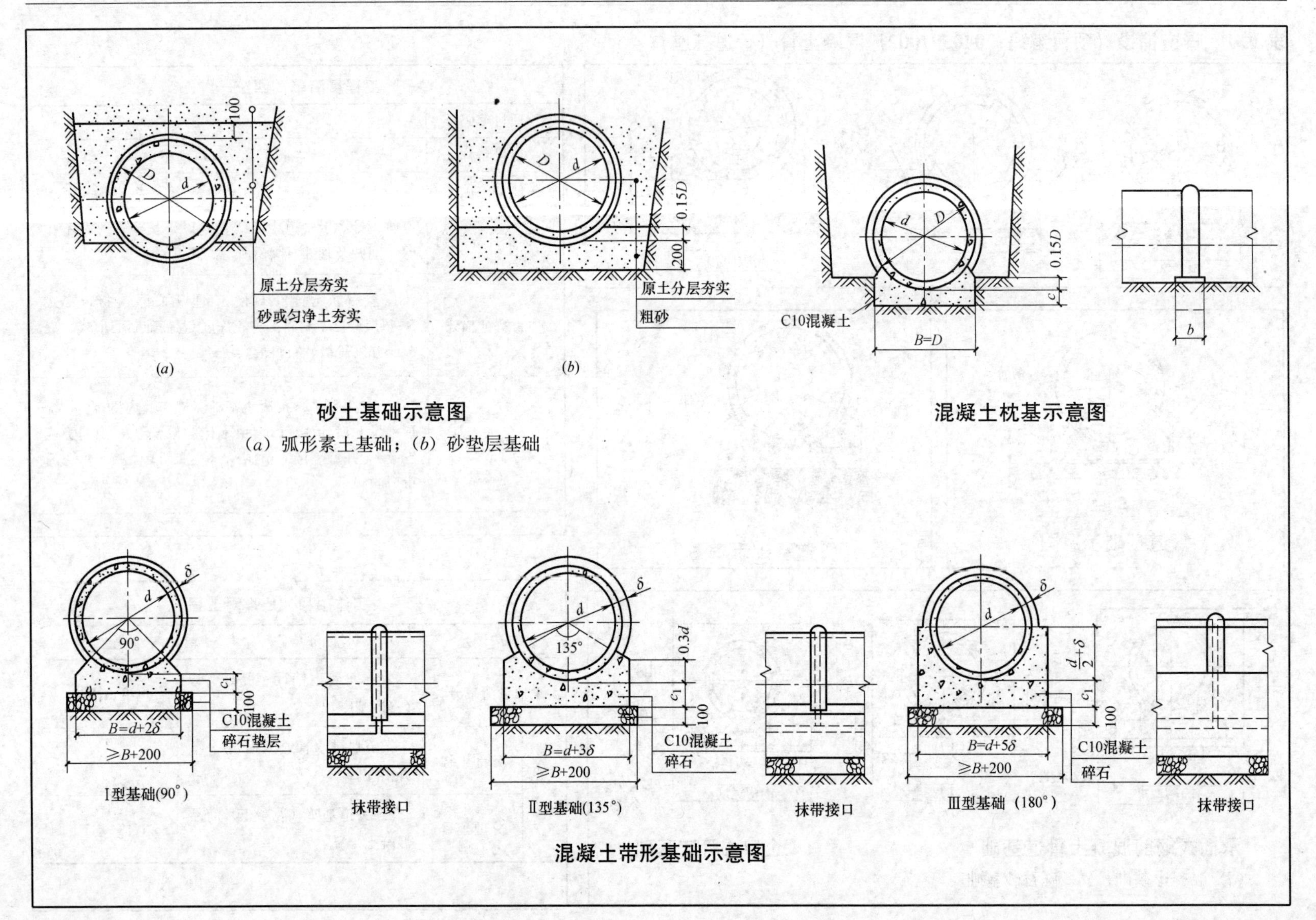

100
D
d
原土分层夯实
砂或匀净土夯实
(a)
0.15D
200
原土分层夯实
粗砂
(b)
砂土基础示意图
(a) 弧形素土基础；(b) 砂垫层基础
0.15D
c
C10混凝土
B=D
b
混凝土枕基示意图
δ
90°
c1
100
C10混凝土
碎石垫层
B=d+2δ
≥B+200
I型基础(90°)
抹带接口
135°
0.3d
C10混凝土
碎石
B=d+3δ
≥B+200
Ⅱ型基础(135°)
抹带接口
d/2+δ
B=d+5δ
≥B+200
Ⅲ型基础 (180°)
抹带接口
混凝土带形基础示意图

表 E.1 管道铺设（项目编码：040501002）混凝土管（管道接口）

<table>
<tr><td rowspan="2">管道接口</td><td>刚性接口</td><td>分水泥砂浆、有筋细石混凝土：
1. 混凝土承插管采用水泥砂浆接口
2. 钢筋混凝土悬辊管、钢筋混凝土离心管采用水泥砂浆接口或有筋细石混凝土接口</td></tr>
<tr><td>柔性接口</td><td>分水泥砂浆加沥青麻丝、橡胶圈：
1. 钢筋混凝土悬辊管、钢筋混凝土离心管采用水泥砂浆接口或有筋细石混凝土接口，分O型橡胶圈、Q型橡胶圈、齿型橡胶圈及沥青麻丝加水泥砂浆等
2. 钢筋混凝土承插管接口采用O型橡胶圈，钢筋混凝土企口管接口采用Q型橡胶圈，F型钢承口式钢筋混凝土管采用齿型橡胶圈</td></tr>
</table>

序号	接口类型	释　义
1	水泥砂浆抹带接口	属于刚性接口。在管子接口处用1∶2.5～1∶3水泥砂浆抹成半椭圆形或其他形状的砂浆带，带宽120～150mm。一般适用于地基土质较好的雨水管道，或用于地下水位以上的污水支线上。企口管、平口管、承插管均可采用此种接口
2	钢丝网水泥砂浆抹带接口	属于刚性接口。将抹带范围的管外壁凿毛，抹1∶2.5水泥砂浆一层(厚15mm)，中间采用20号10×10钢丝网一层，两端插入基础混凝土中，上面再抹砂浆一层(厚10mm)。适用于地基土质较好的具有带形基础的雨水、污水管道上
3	承插管橡胶圈接口	属于柔性接口。此种承插式管道与前述承插口混凝土管不同，它在插口处设一凹槽，防止橡胶圈脱落，该种接口的管道有配套的O型橡胶圈。此种接口施工方便，适用于地基土质较差，地基硬度不均匀或地震区
4	企口管橡胶圈接口	属于柔性接口。是从国外引进的新型工艺。配有与接口配套的Q型橡胶圈。
5	预制套环石棉水泥（沥青砂)接口	属于半柔性半刚性接口。石棉水泥质量比为水∶石棉∶水泥＝1∶3∶7(沥青砂配比为沥青∶石棉∶砂＝1∶0.67∶0.67)。适用于地基不均匀地段，或地基经过处理后管道可能产生不均匀沉陷且位于地下水位以下，内压低于10m高水柱的管道上
6	现浇混凝土套环接口	属于刚性接口。用于加强管道接口的刚度，可根据设计需要选用。 另外，顶管施工时采用的接口形式与开槽施工不同，顶管施工的接口形式将在掘进顶管法施工中介绍

工程量清单“四统一”

项目编码	040501002
项目名称	混凝土管（管道接口）
计量单位	m
工程量计算规则	按设计图示管道中心线长度以延长米计算，不扣除附属构筑物、管件及阀门所占的长度
项目特征描述	1. 垫层、基础材质及厚度 2. 管座材质 3. 规格 4. 接口方式 5. 铺设深度 6. 混凝土强度等级 7. 管道检验及试验要求
工程内容规定	1. 垫层、基础铺筑及养护 2. 模板制作、安装、拆除 3. 混凝土拌合、运输、浇筑、养护 4. 预制管枕安装 5. 管道铺设 6. 管道接口 7. 管道检验及试验

一、实体项目　E管网工程

<table>
<tr><th colspan="2">对应图示</th><th>项　目　名　称</th><th>编码/编号</th></tr>
<tr><td colspan="2">工程量清单分类</td><td>表E.1 管道铺设［混凝土管(管道接口)］</td><td>040501002</td></tr>
<tr><td rowspan="2">定额章节</td><td>分部工程</td><td>第五册排水管道工程 第一章 开槽埋管</td><td>S5-1-</td></tr>
<tr><td>分项子目</td><td>11. 管道接口（Φ230～3000各种类型管子）</td><td>S5-1-81～S5-1-104</td></tr>
</table>

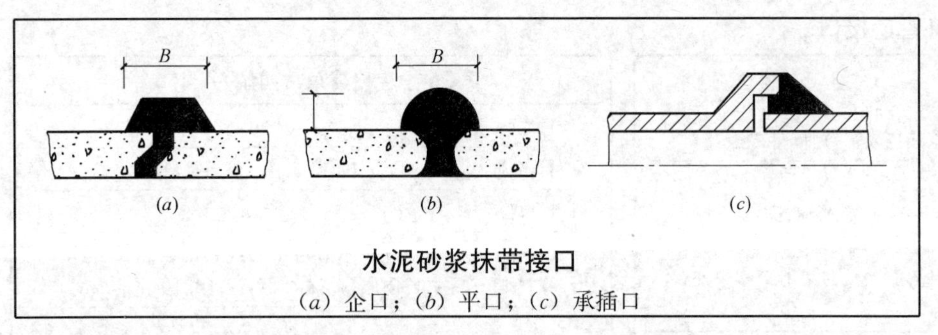

水泥砂浆抹带接口

（a）企口；（b）平口；（c）承插口

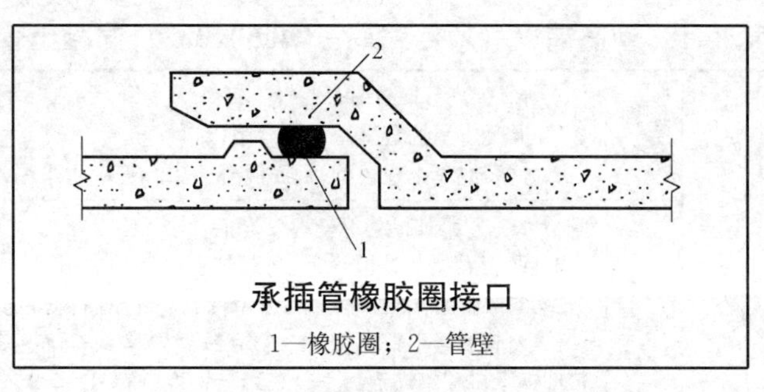

承插管橡胶圈接口

1—橡胶圈；2—管壁

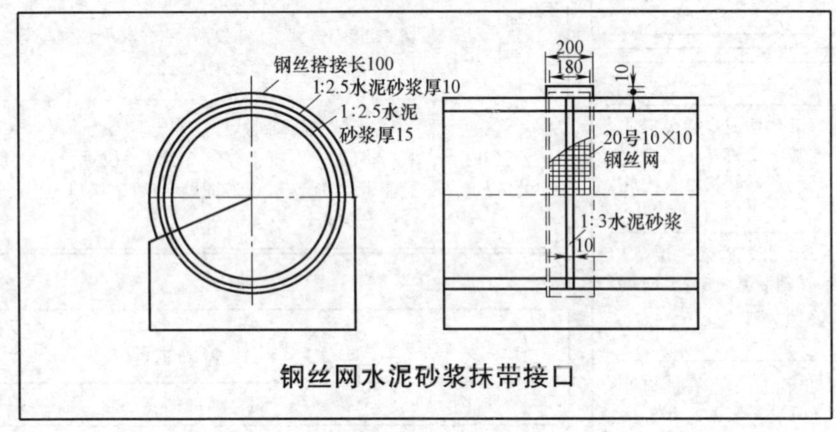

钢丝网水泥砂浆抹带接口

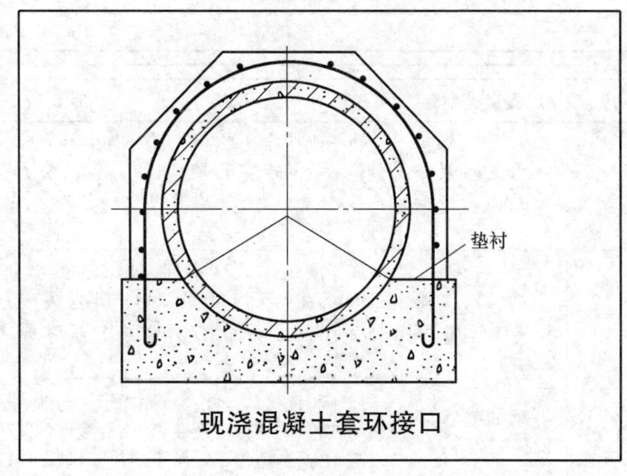

现浇混凝土套环接口

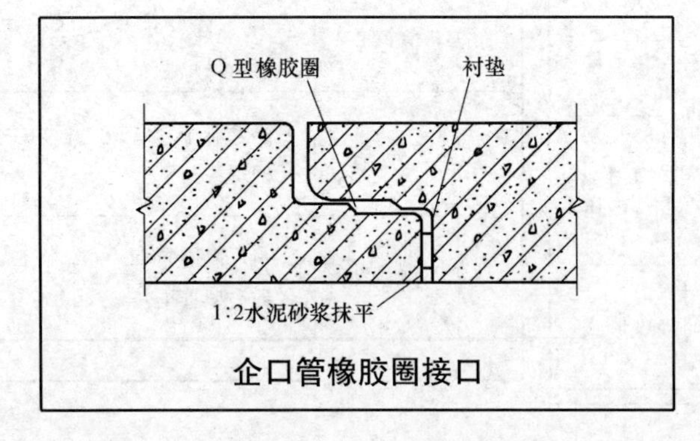

企口管橡胶圈接口

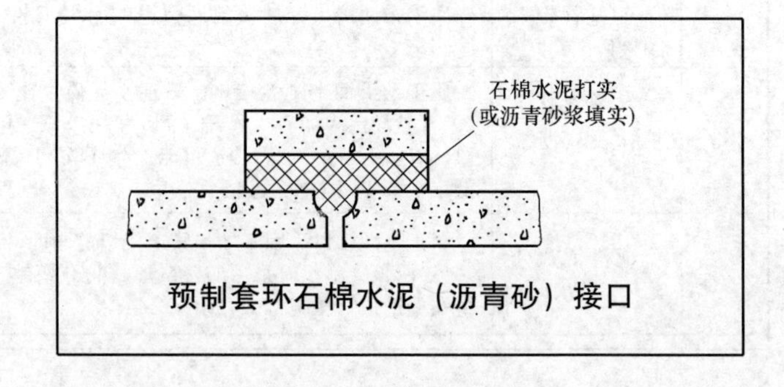

预制套环石棉水泥（沥青砂）接口

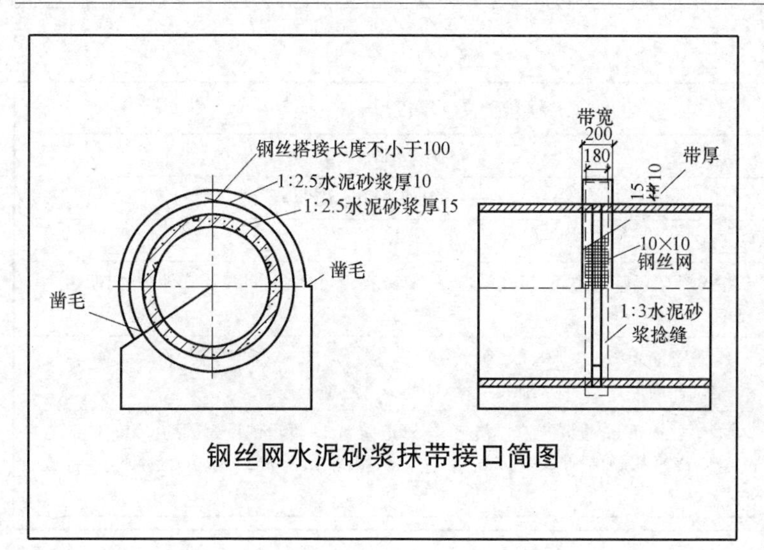

钢丝网水泥砂浆抹带接口简图

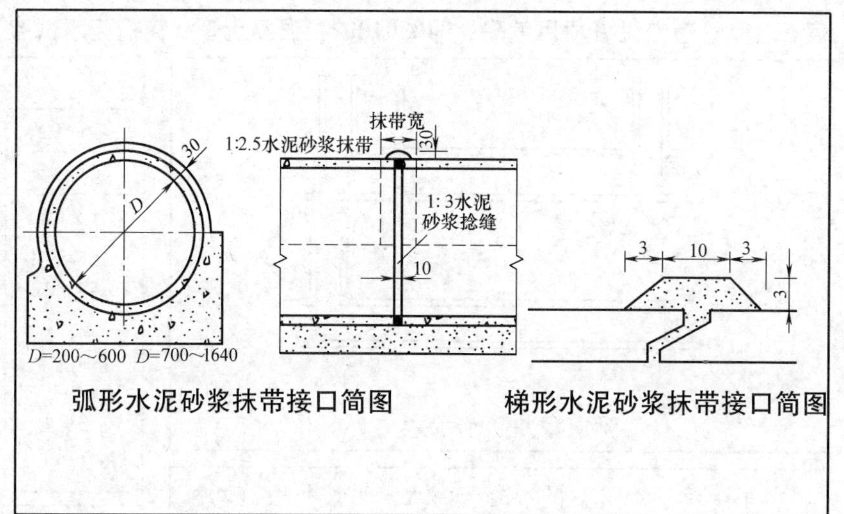

弧形水泥砂浆抹带接口简图

梯形水泥砂浆抹带接口简图

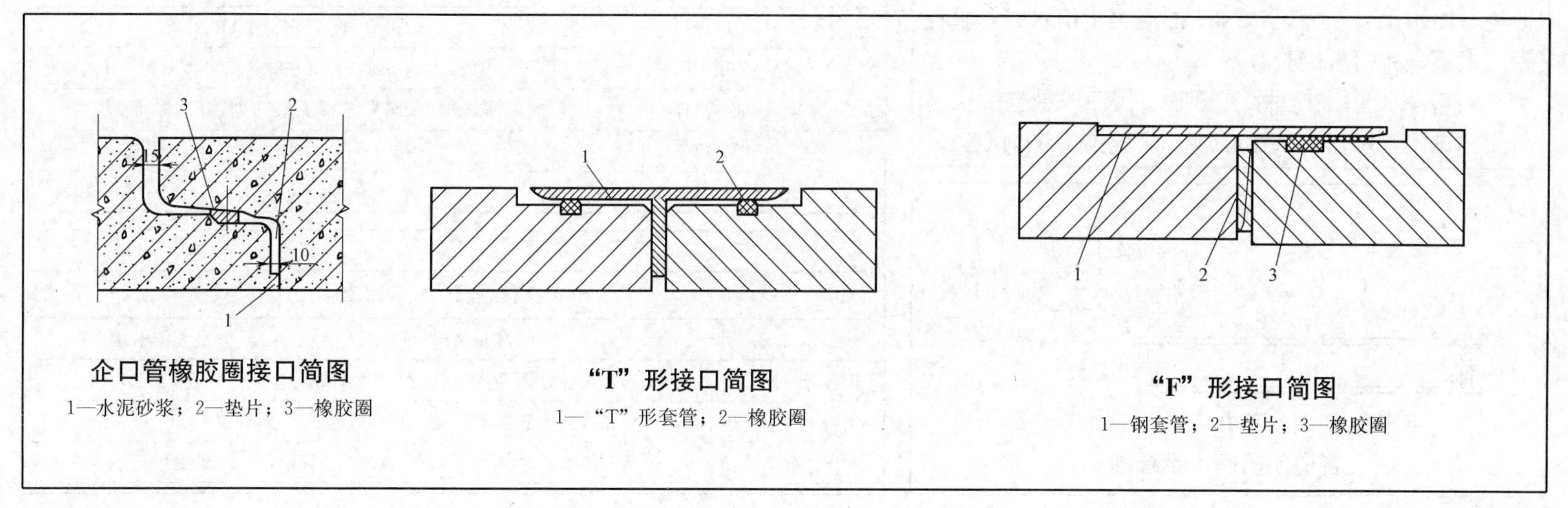

企口管橡胶圈接口简图

1—水泥砂浆；2—垫片；3—橡胶圈

“T”形接口简图

1—“T”形套管；2—橡胶圈

“F”形接口简图

1—钢套管；2—垫片；3—橡胶圈

表 E.1 管道铺设（项目编码：040501002）混凝土管（管道闭水试验）

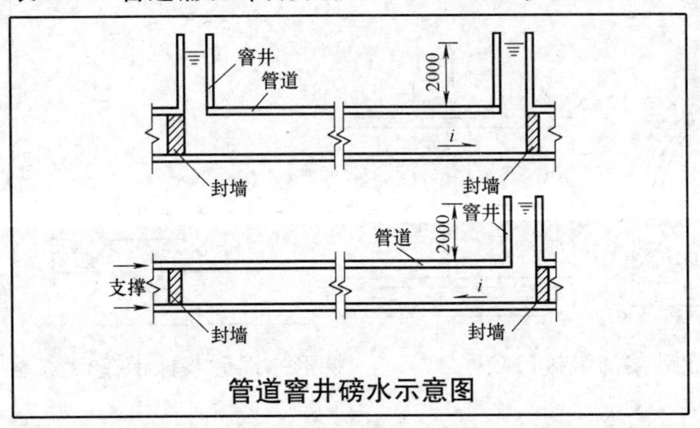

管道窨井磅水示意图

小于等于 Φ1200 的混凝土污水管道按每段（两窨井之间的管道为一段）进行闭水试验；小于等于 Φ2400 的混凝土雨水及雨污水合流管道按四段抽查一段进行闭水试验；大于 Φ2400 的混凝土雨水或污水管道一般不进行闭水试验。

塑料排水管用作污水管道时，按四段抽查一段进行闭水试验，用作雨水管道时一般不进行闭水试验。

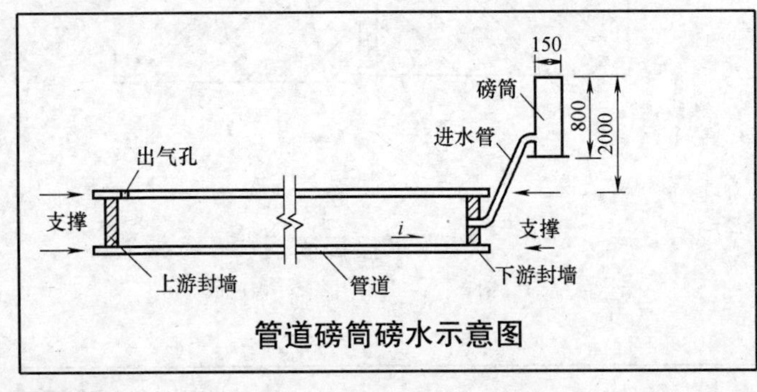

管道磅筒磅水示意图

工程量清单“四统一”

项目编码	040501002
项目名称	混凝土管（管道闭水试验）
计量单位	m
工程量计算规则	按设计图示管道中心线长度以延长米计算，不扣除中间井及管件、阀门所占的长度
项目特征描述	1. 管有筋无筋 2. 规格 3. 埋设深度 4. 接口形式 5. 垫层厚度、材料品种、深度 6. 基础断面形式、混凝土强度等级、石料最大粒径
工程内容规定	1. 垫层铺筑 2. 混凝土基础浇筑 3. 管道防腐 4. 管道铺设 5. 管道接口 6. 混凝土管座浇筑 7. 预制管枕安装 8. 井壁（墙）凿洞 9. 检测及试验 10. 冲洗消毒或吹扫

《上海市市政工程预算定额》（2000）分部分项工程

子目编号	S5-1-105～S5-1-116
分部分项工程名称	管道闭水试验（Φ300～2400 各种类型管子）
工作内容	详见该定额编号之“项目表”中“工作内容”的规定
计量单位	段
工程量计算规则	

一、实体项目　E 管网工程

对应图示		项目名称	编码/编号
工程量清单分类		表 E.1 管道铺设[混凝土管（管道闭水试验）]	040501002
定额章节	分部工程	第五册排水管道工程 第一章开槽埋管	S5-1-
	分项子目	12. 管道闭水试验（Φ300～2400 各种类型管子）	S5-1-105～S5-1-116

表 E.1　管道铺设（项目编码：040501004）塑料管（管道基座）

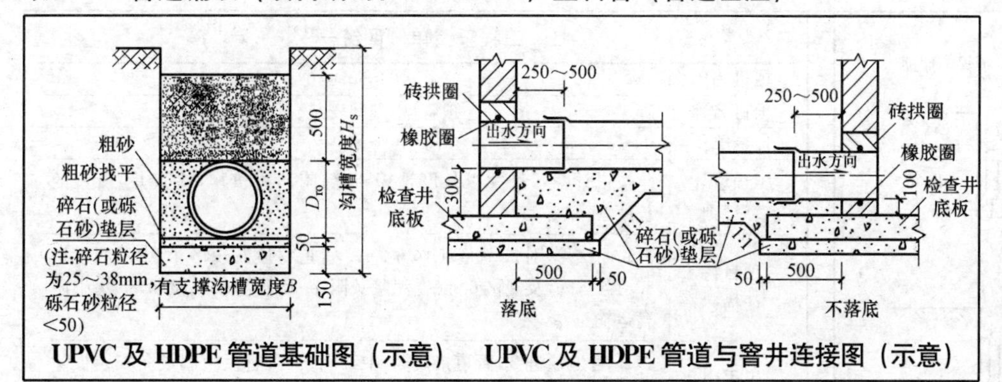

UPVC及HDPE管道基础图（示意）　UPVC及HDPE管道与窨井连接图（示意）

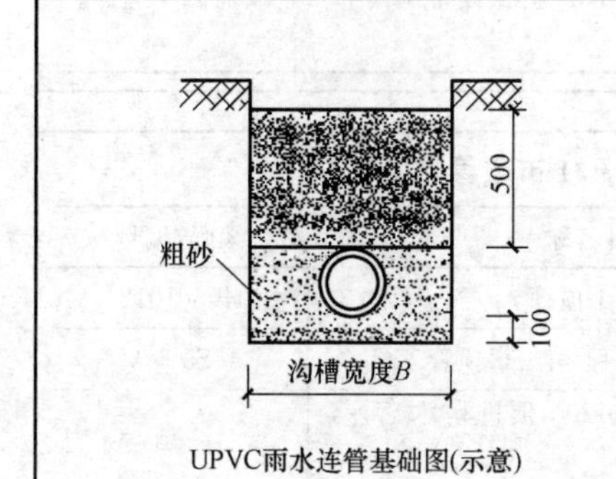

UPVC雨水连管基础图(示意)

沟槽尺寸表（mm）：

管道规格		DN225	DN300	DN400	DN500
H_s<3000	B	1000	1100	1200	1300
3000≤H_s<4000	B	1200	1300	1400	1500
H_s≥4000	B	—	—	1500	1600
管道规格		DN600	DN800	DN1000	DN1200
H_s<3000	B	1400	1600	1800	2000
3000≤H_s<4000	B	1600	1700	1900	2100
H_s≥4000	B	1700	1800	2000	2200

注：无支撑时沟槽宽度 B 可减少 300mm。

管道规格	DN225	DN300	DN400
管道外径 D	250	335	450
沟槽宽度 B	700	800	900

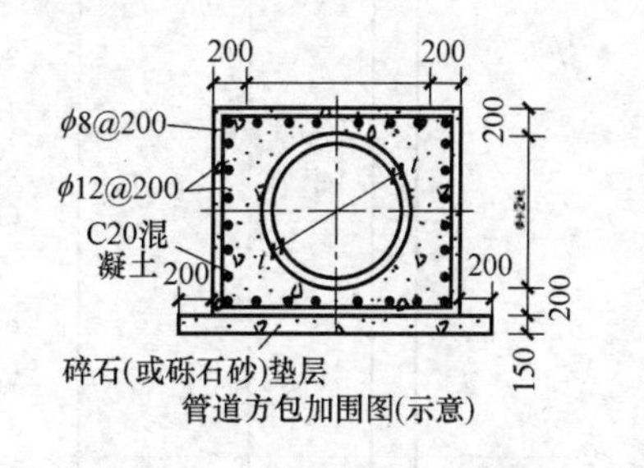

管道方包加围图(示意)

管道方包如围图（示意）

工程量清单“四统一”

项目编码	040501004
项目名称	塑料管（管道基座）
计量单位	m
工程量计算规则	按设计图示管道中心线长度以延长米计算，不扣除附属构筑物、管件及阀门所占的长度
项目特征描述	1. 垫层、基础材质及厚度 2. 材质及规格 3. 连接形式 4. 铺设深度 5. 管道检验及试验要求
工程内容规定	1. 垫层、基础铺筑及养护 2. 模板制作、安装、拆除 3. 混凝土拌合、运输、浇筑、养护 4. 管道铺设 5. 管道检验及试验

一、实体项目　E 管网工程

对应图示		项　目　名　称	编码/编号
工程量清单分类		表 E.1 管道铺设［塑料管（管道基座）］	040501004
定额章节	分部工程	第五册排水管道工程 第一章 开槽埋管	S5-1-
	分项子目	2. 管道基座（黄砂）	S5-1-73～S5-1-80

表 E.1 管道铺设（项目编码：040501010）顶管（中继间安装、拆除）

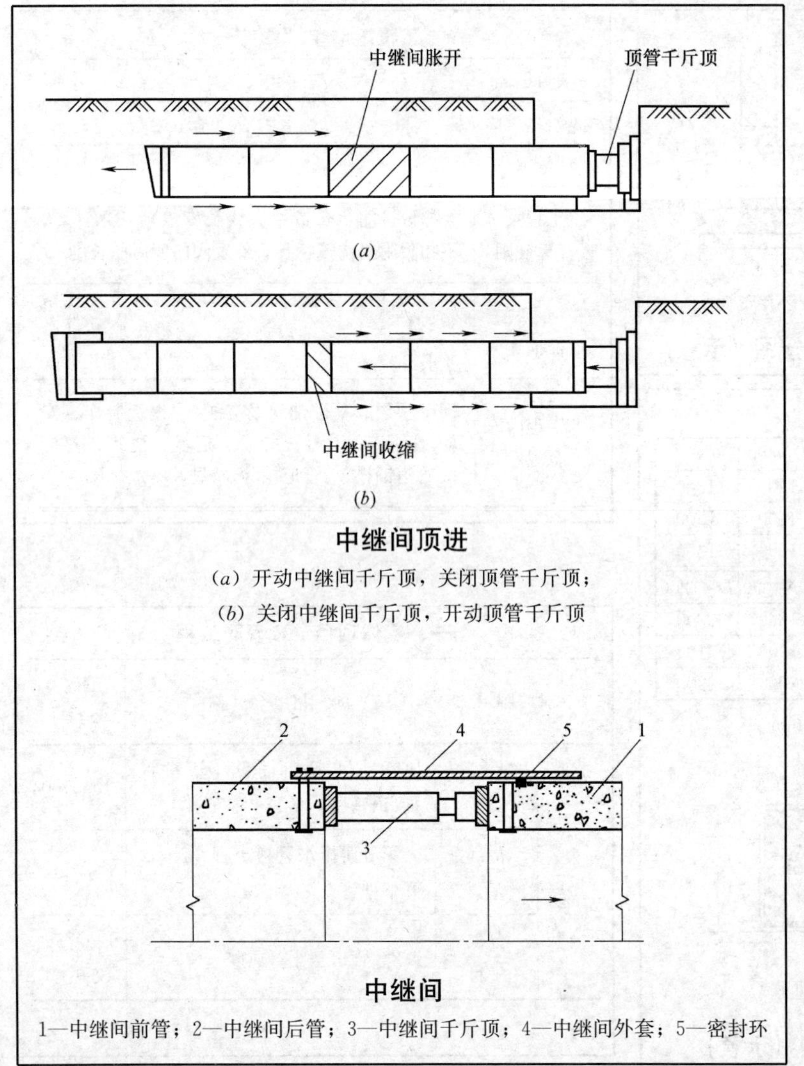

中继间顶进

(a) 开动中继间千斤顶，关闭顶管千斤顶；
(b) 关闭中继间千斤顶，开动顶管千斤顶

中继间

1—中继间前管；2—中继间后管；3—中继间千斤顶；4—中继间外套；5—密封环

工程量清单“四统一”

项目编码	040505010
项目名称	顶管(中继间安装、拆除)
计量单位	m
工程量计算规则	按设计图示尺寸以长度计算，扣除附属构筑物(检查井)所占的长度
项目特征描述	1. 土壤类别 2. 顶管工作方式 3. 管道材质及规格 4. 中继间规格 5. 工具管材及规格 6. 触变泥浆减阻 7. 管道检验及试验 8. 集中防腐运输
工程内容规定	1. 管道顶进 2. 管道接口 3. 中继间、工具管及附属设备安装拆除 4. 管内挖、运土及土方提升 5. 机械设备调向 6. 纠偏、监测 7. 触变泥浆制作、注浆

一、实体项目 E.1 市政管网工程

对应图示		项目名称	编码/编号
工程量清单分类		表 E.1 顶管	040501012-
定额章节	分部工程	第五册排水管道工程 第二章顶管	S5-2-
	分项子目	1. 安拆 Φ600－Φ1200 顶进枋木后座，S5-2- 2. 安拆泥水、土压平衡顶管设备，S5-2- 3. 钢砼沉井洞口处理，S5-2- 4. 管道顶进，S5-2- 5. 安拆中继间，S5-2- 6. 顶进触变泥浆减阻，S5-2- 7. 压浆孔封拆，S5-2- 8. 内接口 1∶2 水泥砂浆，S5-2- 9. T 型接口，S5-2- 10. 泥浆场外运输，S5-2- 11. 置换浆，S7-2-	S5-2-1～S5-2-163

表 E.1　管道铺设（项目编码：040501010-1）顶（夯）管工作坑（SMW 工法围护井）

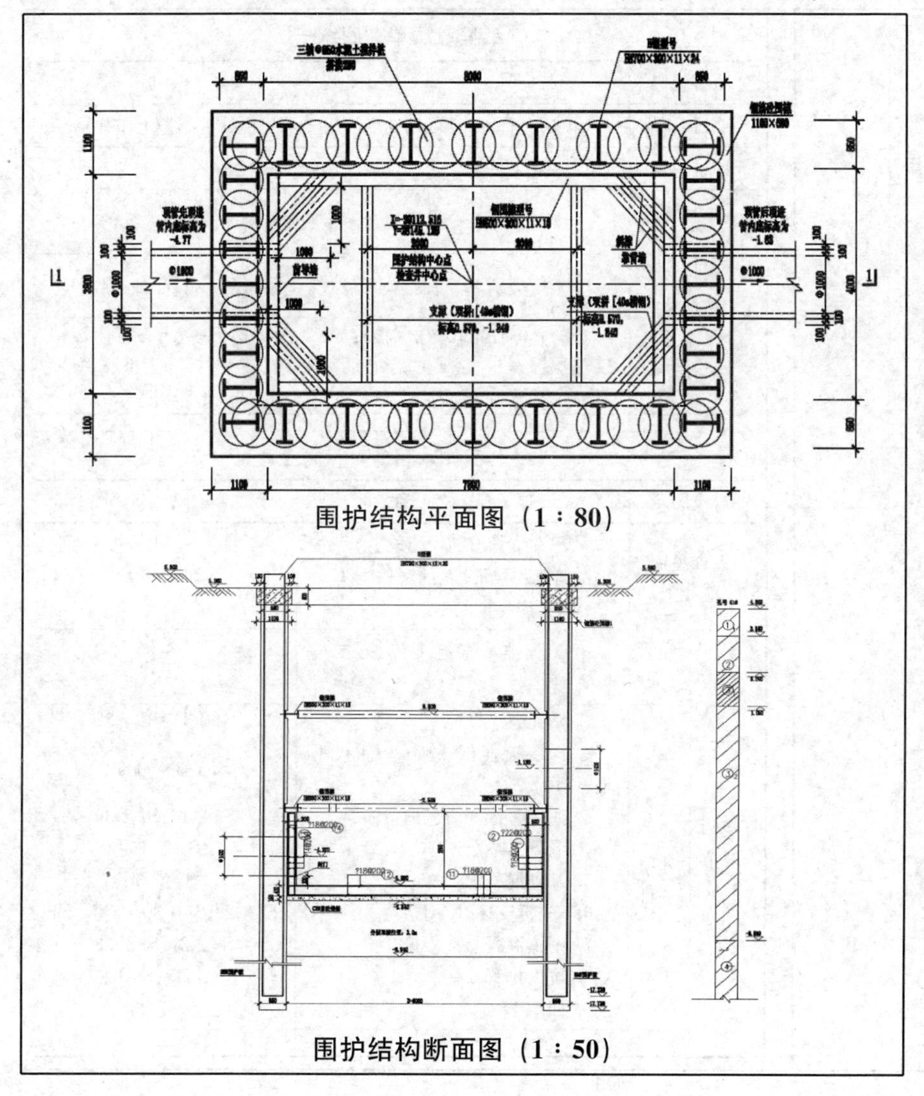

围护结构平面图（1：80）

围护结构断面图（1：50）

工程量清单“四统一”

项目编码	040501010-1
项目名称	顶(夯)管工作坑(SMW 工法围护井)
计量单位	座
工程量计算规则	按设计图示数量计算
项目特征描述	1. 土壤类别 2. 工作井平面尺寸及深度 3. 支撑、围护方式 4. 垫层、基础材质及厚度 5. 混凝土强度等级 6. 设备、工作台主要技术要求
工程内容规定	1. 支撑、围护 2. 模板制作、安装、拆除 3. 混凝土拌合、运输、浇筑、养护 4. 工作坑内设备、工作台安装及拆除

一、实体项目　E 管网工程

对应图示		项目名称	编码/编号
工程量清单分类		表 E.1 管道铺设[顶(夯)管工作坑(SMW 工法围护井)]	040501010-1
定额章节	分部工程	第五册排水管道工程 第二章顶管	S5-2-
	分项子目	1. 深层搅拌桩围护、插拔型钢、支撑安拆、围檩混凝土安拆 2. 基坑机械挖土、土方场内运输 3. 混凝土垫层、底板 4. 混凝土侧墙浇筑 5. 井壁预留孔封堵及拆除 6. 坑内排管 7. 砖砌窨井砌筑 8. 工程防水(防水砂浆、喷涂沥青) 9. 回填土 10. 余土场外运输	S1-6-3～S1-6-6 S5-2-13、S1-1-36 S5-2-16 S5-2-17 S7-4-29、S7-4-30、 CSM7-4-1 S6-2-37、S6-2-38 S5-1-41～S5-1-80 S5-2-14 ZSM19-1-1

表 E.1　管道铺设（项目编码：040501010-2）顶（夯）管工作坑（钻孔灌注桩＋深层搅拌桩围护工作井）

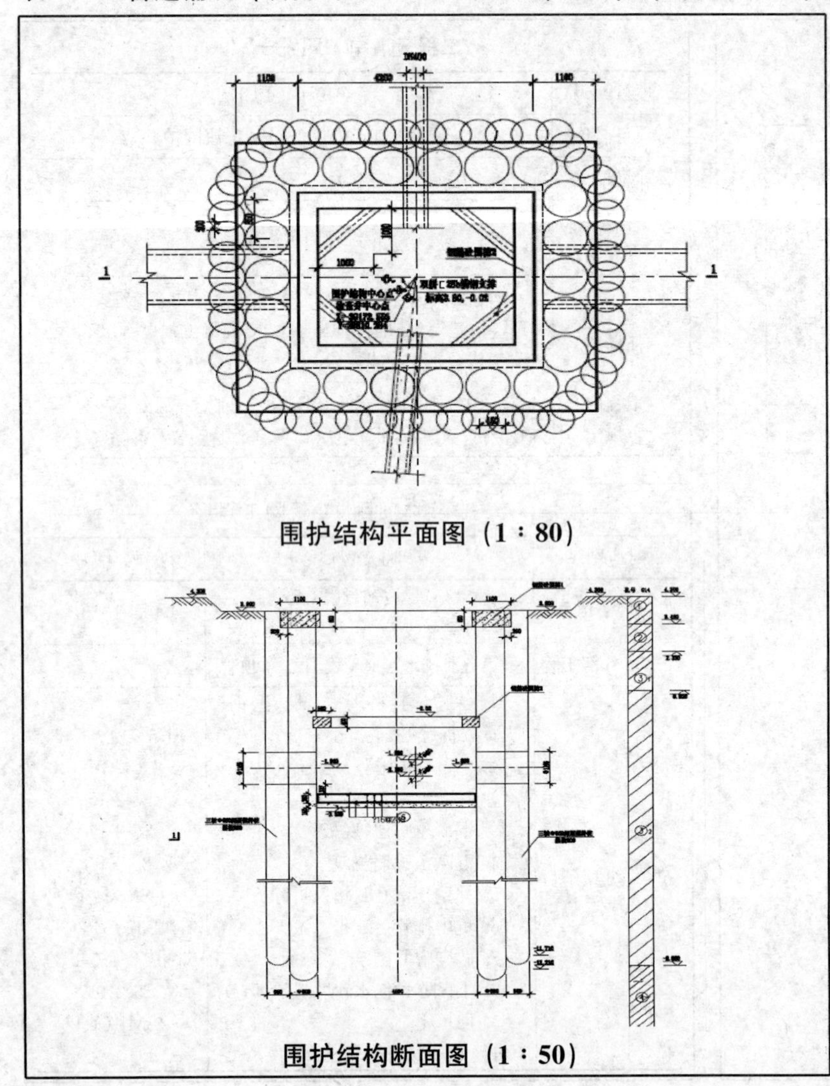

围护结构平面图（1∶80）

围护结构断面图（1∶50）

工程量清单“四统一”	
项目编码	040501010-2
项目名称	顶(夯)管工作坑(钻孔灌注桩＋深层搅拌桩围护工作井)
计量单位	座
工程量计算规则	按设计图示数量计算
项目特征描述	1. 土壤类别 2. 断面 3. 深度 4. 垫层厚度、材料品种、强度
工程内容规定	1. 钻孔灌注桩 2. 深层搅拌桩 3. 基坑挖土 4. 土方场内运输 5. 垫层铺设 6. 混凝土浇筑 7. 养护 8. 安装、拆除大型支撑 9. 围檩混凝土 10. 坑内排管 11. 回填夯实 12. 余土弃置

一、实体项目　E 管网工程

对应图示		项　目　名　称	编码/编号
工程量清单分类		表 E.1 管道铺设[顶(夯)管工作坑(钻孔灌注桩＋深层搅拌桩围护工作井)]	040501010-2
定额章节	分部工程	第五册排水管道工程 第二章 顶管	S5-2-
	分项子目	1. 钻孔灌注桩	S4-4-1～S4-4-21
		2. 深层搅拌桩一喷一、插拔型钢、使用费	S1-6-3～S1-6-6
		3. 基坑挖土、土方场内运输	S5-2-13、S1-1-36
		4. 混凝土垫层	S5-2- 16
		5. 基础混凝土	S5-2-17
		6. 安、拆支撑、使用费	S7-4-29、S7-4-30、CSM7-4-1
		7. 围檩混凝土	S6-2-37、S6-2-38
		8. 坑内排管	S5-1-41～S5-1-80
		9. 回填土	S5-2- 14
		10. 余土场外运输	ZSM19-1-1

表 E.1 管道铺设（项目编码：040501011）预制混凝土工作坑

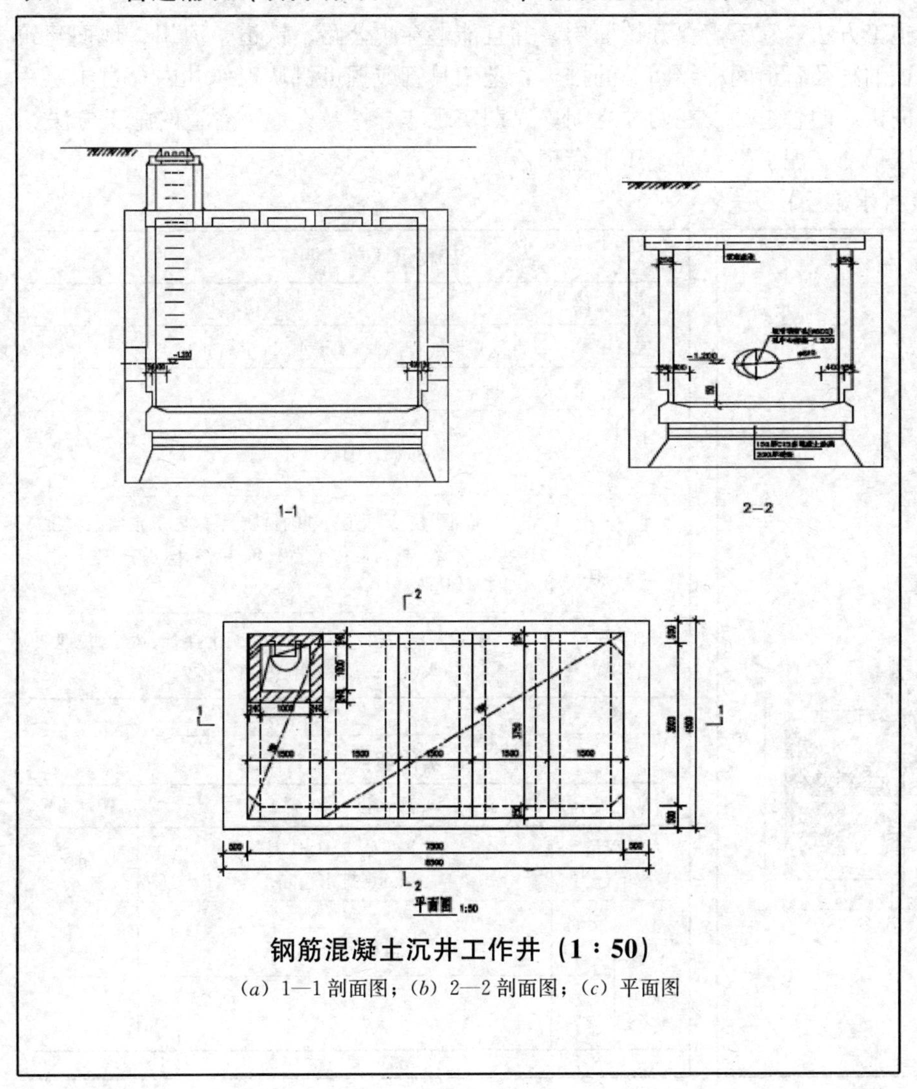

钢筋混凝土沉井工作井（1：50）

（*a*）1—1 剖面图；（*b*）2—2 剖面图；（*c*）平面图

工程量清单“四统一”

项目编码	040501011
项目名称	预制混凝土工作坑
计量单位	座
工程量计算规则	按设计图示数量计算
项目特征描述	1. 土壤类别 2. 工作井平面尺寸及深度 3. 垫层、基础材质及厚度 4. 混凝土强度等级 5. 设备、工作台主要技术要求 6. 混凝土构件运距
工程内容规定	1. 混凝土工作井制作 2. 下沉、定位 3. 模板制作、安装、拆除 4. 混凝土拌合、运输、浇筑、养护 5. 工作井内设备、工作台安装及拆除 6. 混凝土构件运输

一、实体项目 E 管网工程

对应图示		项 目 名 称	编码/编号
工程量清单分类		表 E.1 管道铺设（预制混凝土工作坑）	040501011
定额章节	分部工程	第五册排水管道工程 第二章顶管	S5-2-
	分项子目	1. 基坑机械挖土、土方场内运输 2. 刃脚黄砂垫层、刃脚混凝土垫层 3. 刃脚、井壁、矩形梁混凝土 4. 井壁预留孔封堵及拆除 5. 沉井挖土、井壁灌砂（触变泥浆助沉） 6. 沉井碎石、混凝土垫层 7. 底板混凝土 8. 安装预制盖（顶板） 9. 砖砌窨井砌筑 10. 工程防水（防水砂浆、喷涂沥青） 11. 回填土 12. 余土场外运输	

顶管技术是一项用于市政施工的非开挖掘进技术。

顶管施工是继盾构施工之后发展起来的一种地下管道施工方法，它不需要开挖面层，并且能够穿越公路、铁道、河川、地面建筑物、地下构筑物以及各种地下管线等。顶管施工借助于主顶油缸及管道间中继间等的推力，把工具管或掘进机从工作井内穿过土层一直推到接收井内吊起。与此同时，也就把紧随工具管或掘进机后的管道埋设在两井之间，以期实现非开挖敷设地下管道的施工方法。

目前，在顶管施工中最为流行的有三种平衡理论：气压平衡、泥水平衡和土压平衡理论。

表 E.1 管道铺设（项目编码：040501019）混凝土渠道（排水箱涵）

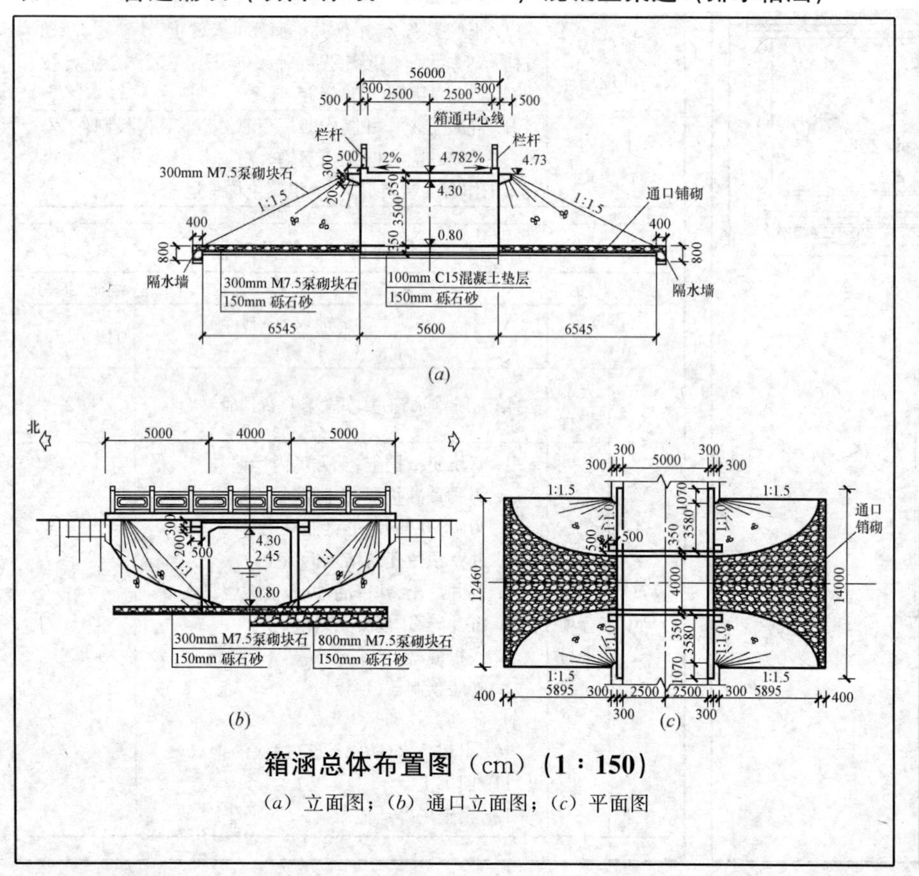

箱涵总体布置图（cm）（1∶150）

（a）立面图；（b）通口立面图；（c）平面图

工程量清单“四统一”	
项目编码	040501019
项目名称	混凝土渠道(排水箱涵)
计量单位	m
工程量计算规则	按设计图示尺寸以延长米计算
项目特征描述	1. 断面规格 2. 垫层、基础材质及厚度 3. 混凝土强度等级 4. 伸缩缝(沉降缝）要求 5. 抗渗、防水要求 6. 混凝土构件运输
工程内容规定	1. 模板制作、安装、拆除 2. 混凝土拌合、运输、浇筑、养护 3. 防水、止水 4. 混凝土构件运输

一、实体项目 E 管网工程

对应图示		项目名称	编码/编号
工程量清单分类		表 E.1 管道铺设[混凝土渠道(排水箱涵)]	040501019
定额章节	分部工程		
	分项子目		

表 E.4　管道附属构筑物（项目编码：040504001）砌筑井

检查井主要用于对管道系统作定期检查和清通，当检查井上下游管道的管底标高跌落差大于 1m 时，为了降低水流速度、防止冲刷，在检查井内应设有跌水井。

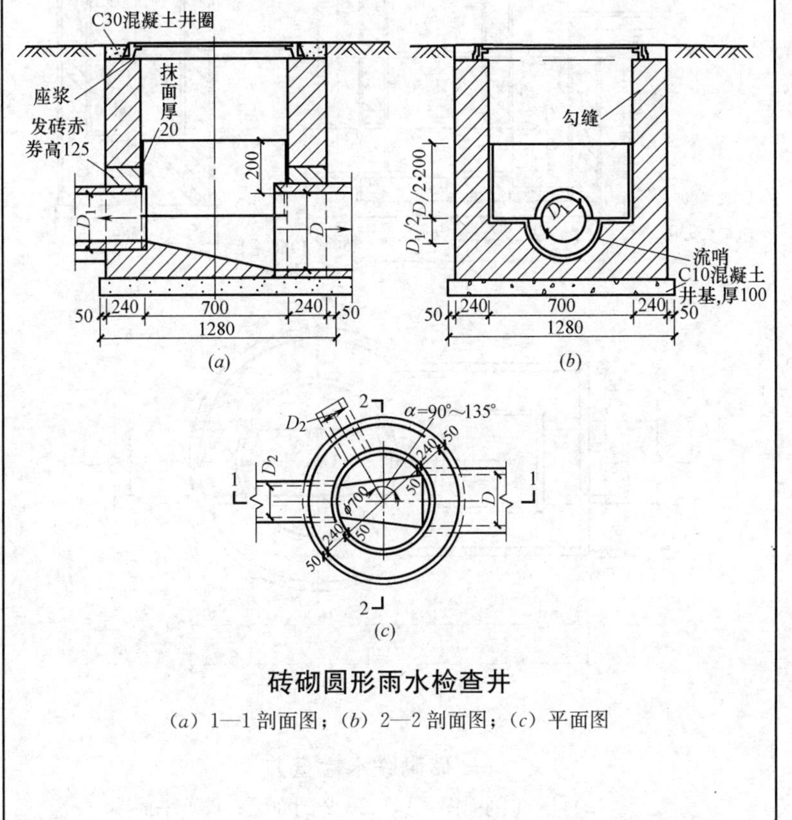

砖砌圆形雨水检查井

（a）1—1 剖面图；（b）2—2 剖面图；（c）平面图

工程量清单“四统一”

项目编码	040504001
项目名称	砌筑井
计量单位	座
工程量计算规则	按设计图示数量计算
项目特征描述	1. 垫层、基础材质及厚度 2. 砌筑材料品种、规格、强度等级 3. 勾缝、抹面要求 4. 砂浆强度等级、配合比 5. 混凝土强度等级 6. 盖板材质、规格 7. 井盖、井圈材质及规格 8. 踏步材质、规格 9. 防渗、防水要求
工程内容规定	1. 垫层铺筑 2. 模板制作、安装、拆除 3. 混凝土拌合、运输、浇筑、养护 4. 砌筑、勾缝、抹面 5. 井圈、井盖安装 6. 盖板安装 7. 踏步安装 8. 防水、止水

一、实体项目　E 管网工程

对应图示		项目名称	编码/编号
工程量清单分类		表 E.4 管道附属构筑物（砌筑井）	040504001
定额章节	分部工程	第五册排水管道工程　第一章开槽埋管 第三章窨井	S5-1- S5-3-
	分项子目	排水管道工程开槽埋管 8. 管道垫层（黄砂、碎石、砾石砂） 9. 管道基座（混凝土、商品混凝土）	S5-1-40～S5-1-42 S5-1-43～S5-1-44
		排水管道工程窨井 1. 窨井及进水口（窨井） 2. 水泥砂浆抹面（窨井）	S5-3-1～S5-3-4 S5-3-6

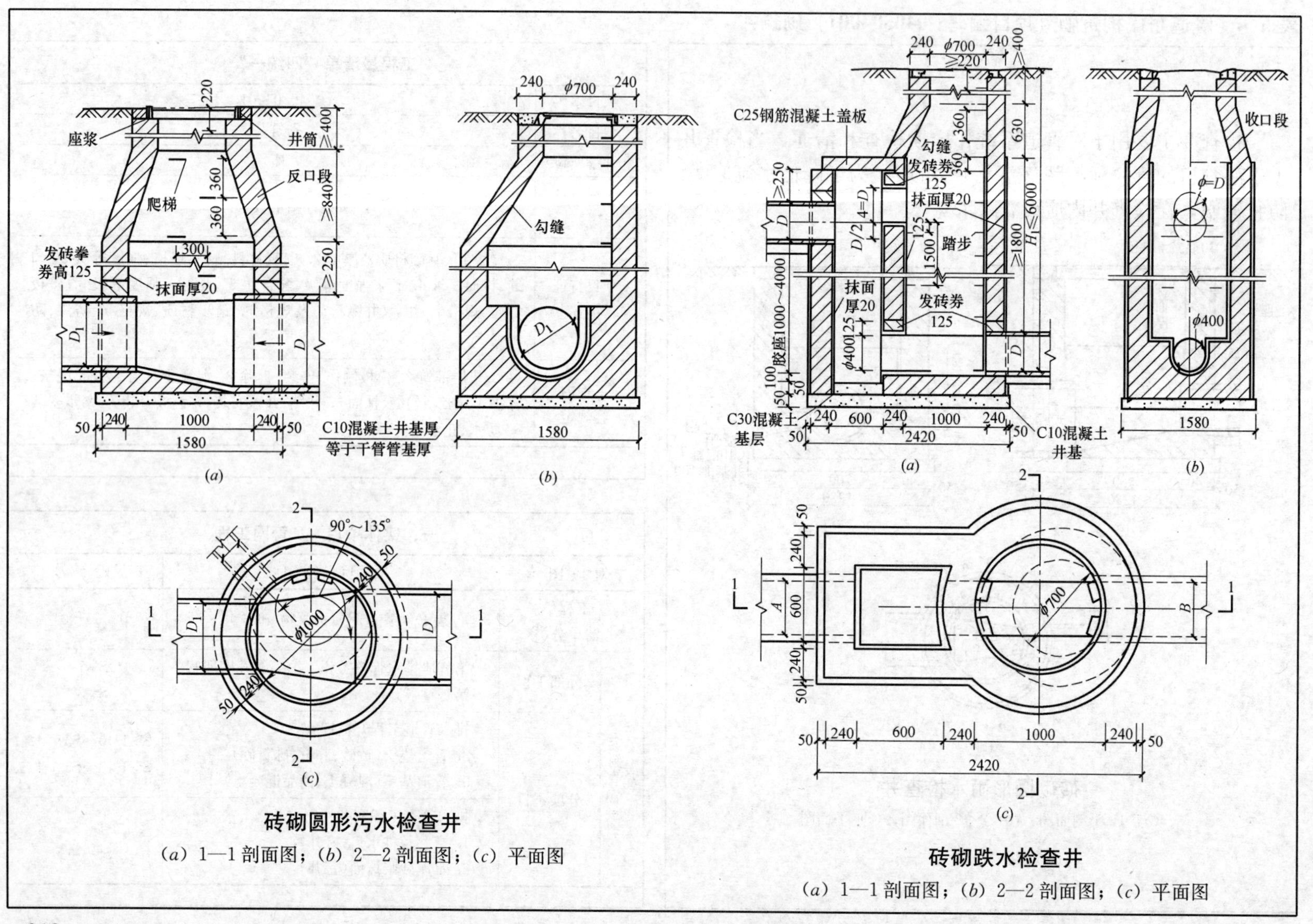

砖砌圆形污水检查井

(a) 1—1剖面图；(b) 2—2剖面图；(c) 平面图

砖砌跌水检查井

(a) 1—1剖面图；(b) 2—2剖面图；(c) 平面图

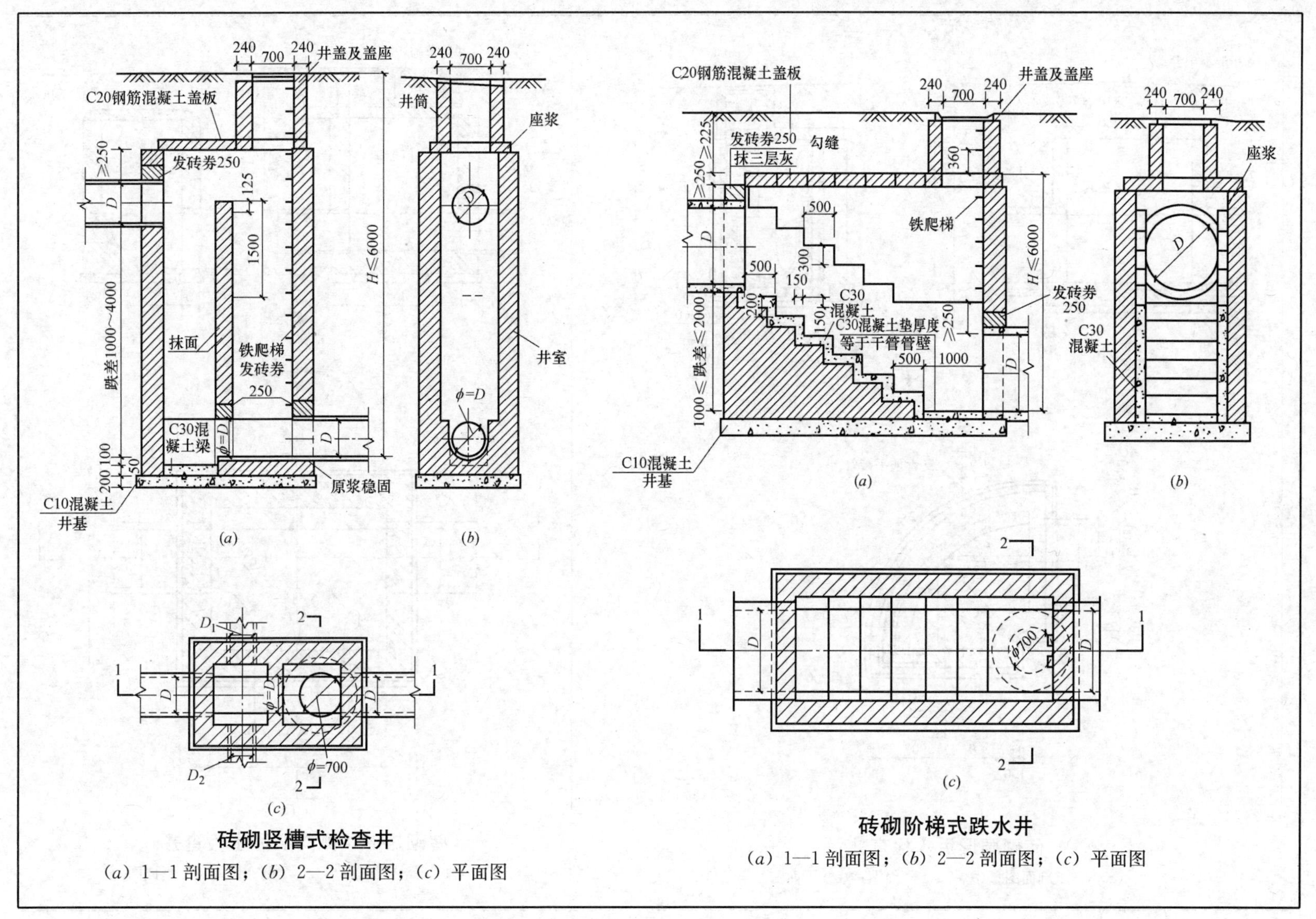

(a)　(b)

(c)

砖砌竖槽式检查井

(a) 1—1 剖面图；(b) 2—2 剖面图；(c) 平面图

(a)　(b)

(c)

砖砌阶梯式跌水井

(a) 1—1 剖面图；(b) 2—2 剖面图；(c) 平面图

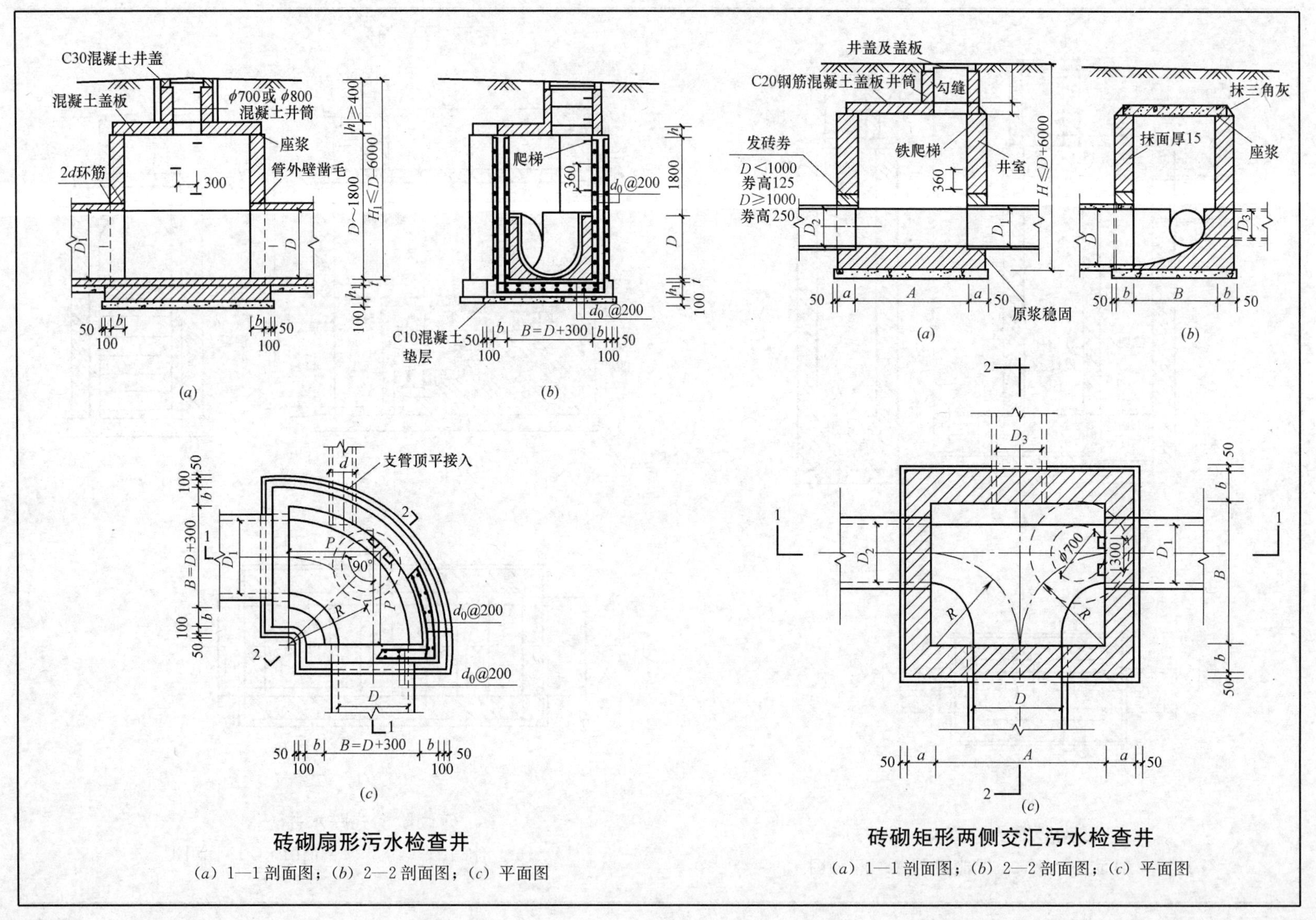

(a)　(b)

(c)

砖砌扇形污水检查井

(a) 1—1 剖面图；(b) 2—2 剖面图；(c) 平面图

(a)　(b)

(c)

砖砌矩形两侧交汇污水检查井

(a) 1—1 剖面图；(b) 2—2 剖面图；(c) 平面图

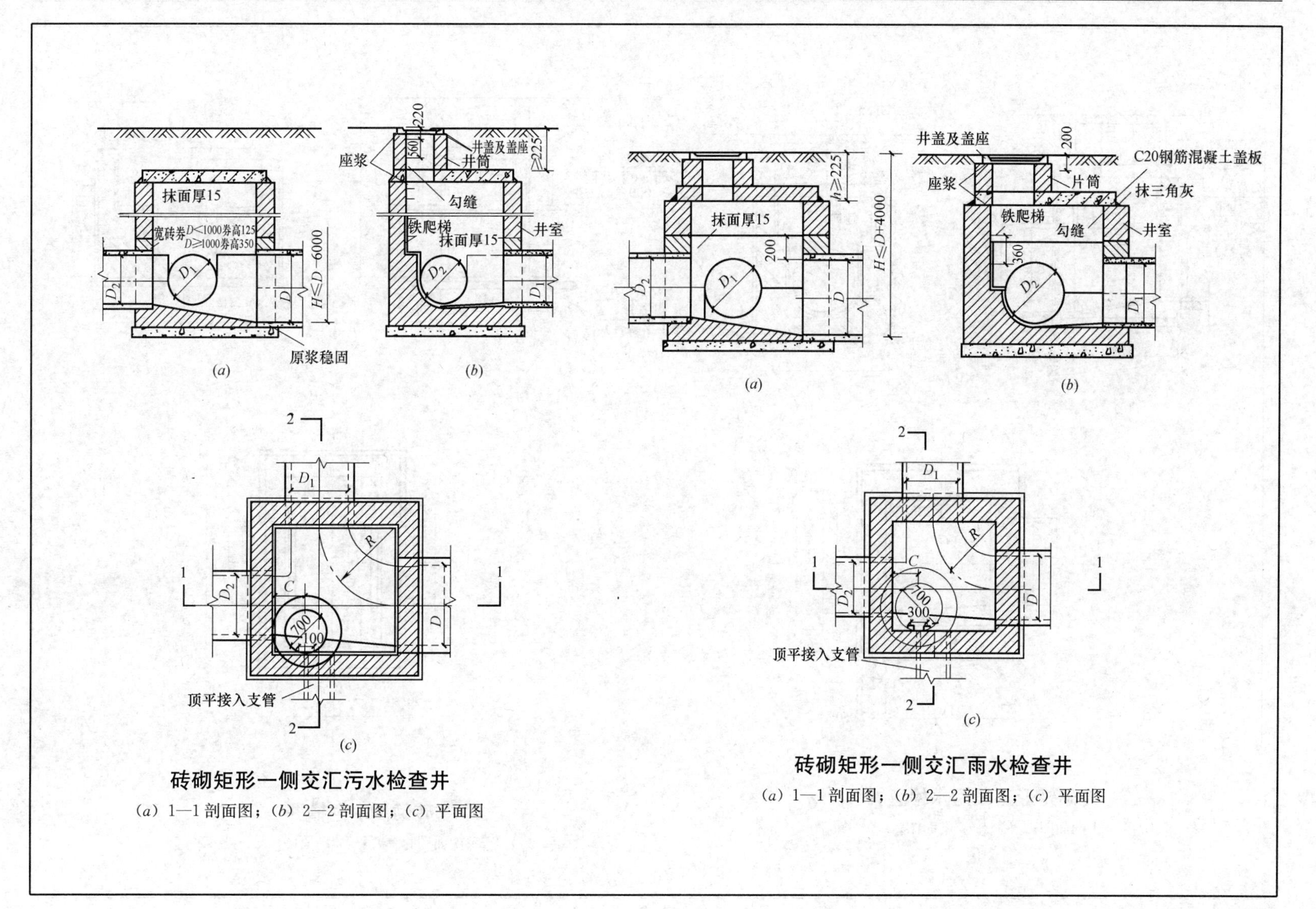

砖砌矩形一侧交汇污水检查井

(*a*) 1—1 剖面图；(*b*) 2—2 剖面图；(*c*) 平面图

砖砌矩形一侧交汇雨水检查井

(*a*) 1—1 剖面图；(*b*) 2—2 剖面图；(*c*) 平面图

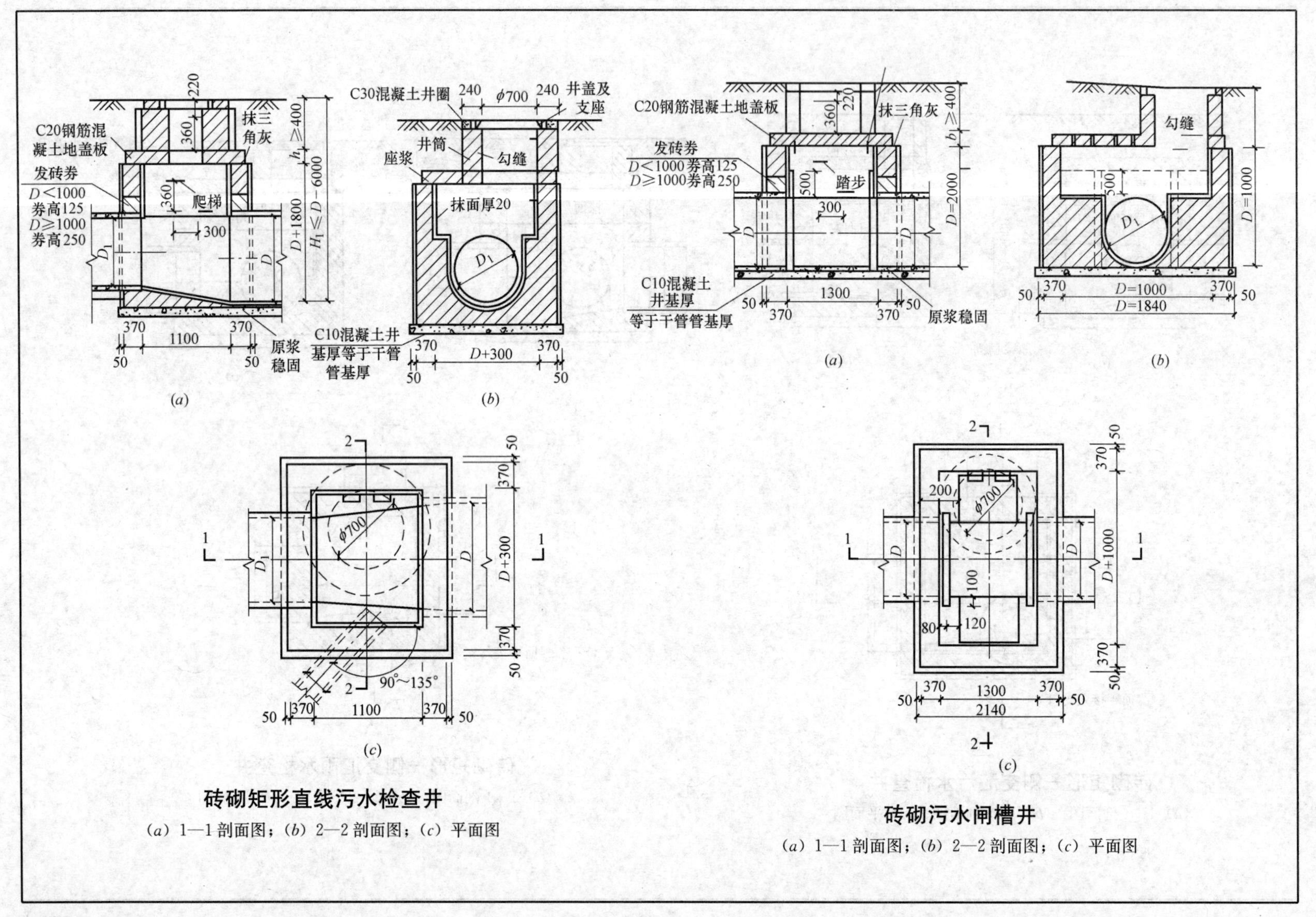

砖砌矩形直线污水检查井

(a) 1—1 剖面图；(b) 2—2 剖面图；(c) 平面图

砖砌污水闸槽井

(a) 1—1 剖面图；(b) 2—2 剖面图；(c) 平面图

混凝土基础砌筑直线窨井工程量计算表　　表 E-37

序号	项目名称	单位	直线不落底窨井(2座) 1000×1300×3.0	直线落底窨井(2座) 1000×1300×3.0	合计	序号	项目名称	单位	直线不落底窨井(2座) 1000×1300×3.0	直线落底窨井(2座) 1000×1300×3.0	合计
1	碎石垫层	m^3	1.44	1.44	2.88	5	预制钢筋混凝土板Ⅰ	块	2	2	4
2	混凝土基础	m^3	2.46	2.46	4.92	6	Ⅱ型钢筋混凝土盖板	块	2	2	4
3	砖砌体	m^3	7.56	7.68	15.24	7	安装钢筋混凝土盖板	m^3	0.58	0.58	1.16
4	1∶2砂浆抹面	m^3	58.48	60	118.48	8	安装铸铁窨井盖座	套	2	2	4

注：本表选自《市政工程工程量清单工程系列丛书·市政工程工程量清单编制与应用实务》。

表 E.4　管道附属构筑物（项目编码：040504006）砌体出水口

排水管渠出水口的位置、形式和出口流速应根据排水水质、下游用水情况、水体流量和水位变化幅度、水流方向等因素确定，出水口与水体岸边连接处应采取防冲、消能等措施。

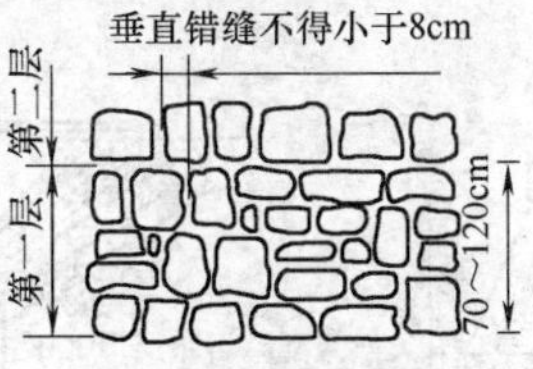

厚大块石砌体

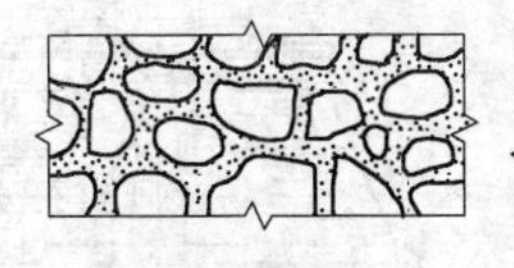
毛石砌体

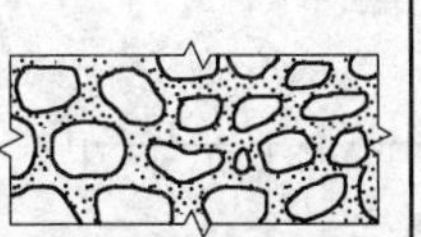
毛石混凝土砌体

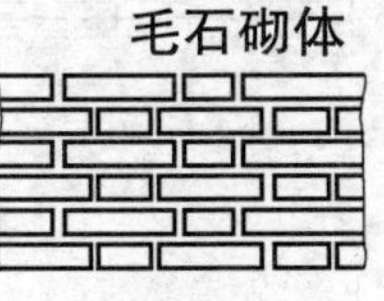
一顺一丁

梅花丁

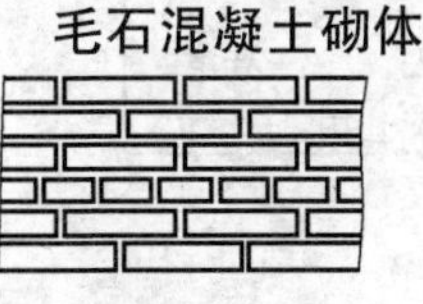
三顺一丁

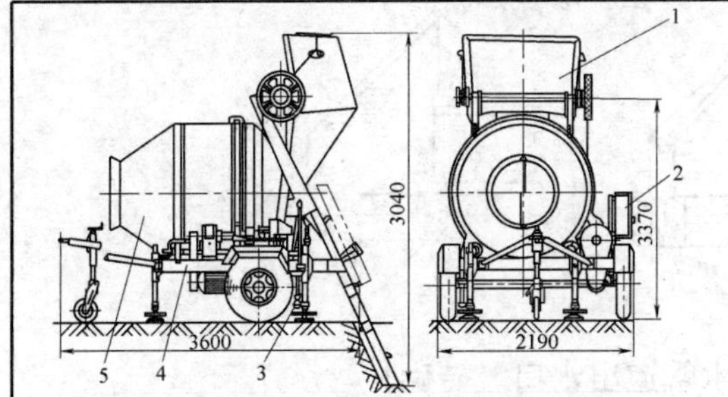

JZC350 型混凝土搅拌机简图（现浇混凝土）

1—进料机械；2—电气系统；3—排水系统；4—底盘；5—出料机构

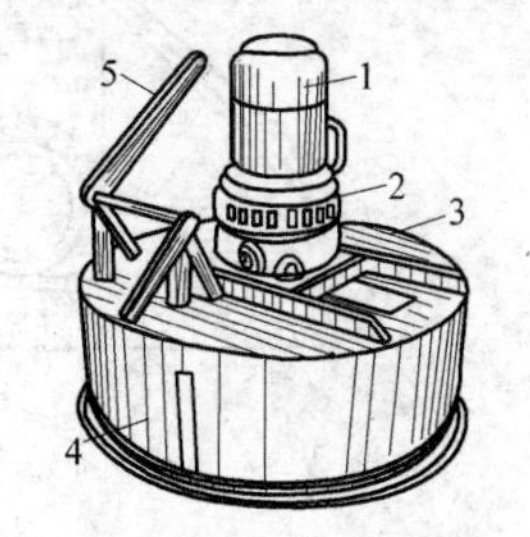

LHJ-A 型砂浆拌合机简图

1—电动机；2—行星摆线针轮减速器；3—搅拌桶；4—出料活门；5—活门启闭手柄

工程量清单"四统一"

项目编码	040504006
项目名称	砌体出水口
计量单位	处
工程量计算规则	按设计图示数量计算
项目特征描述	1. 出水口材料 2. 出水口形式 3. 出水口尺寸 4. 出水口深度 5. 出水口砌体强度 6. 混凝土强度等级、石料最大粒径 7. 砂浆配合比 8. 垫层厚度、材料品种、强度
工程内容规定	1. 垫层铺筑 2. 混凝土浇筑 3. 养护 4. 砌筑 5. 勾缝 6. 抹面

一、实体项目　E 管网工程

对应图示		项目名称	编码/编号
工程量清单分类		表 E.4 管道附属构筑物（砌体出水口）	040504006
定额章节	分部工程		
	分项子目		

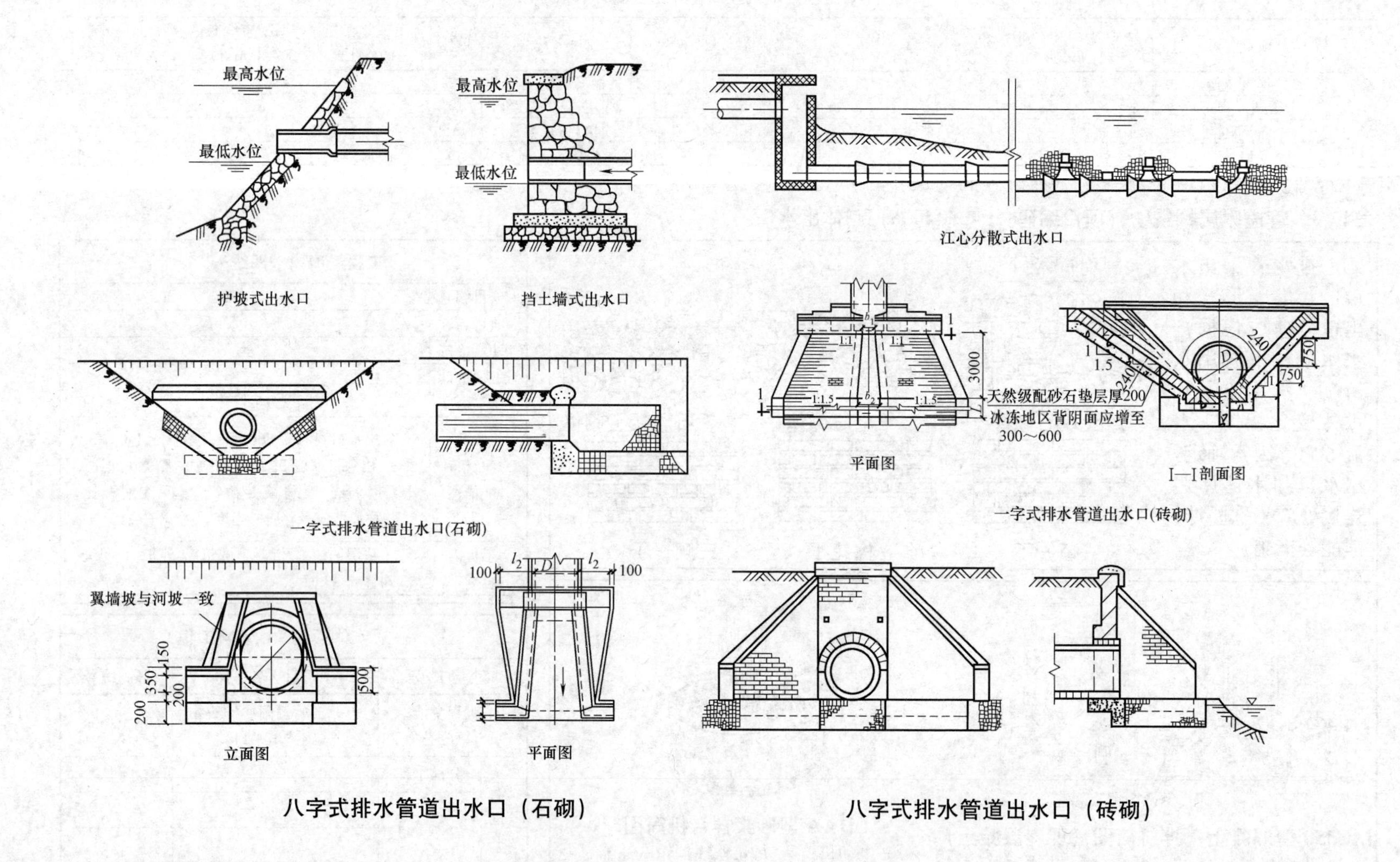

八字式排水管道出水口（石砌）

八字式排水管道出水口（砖砌）

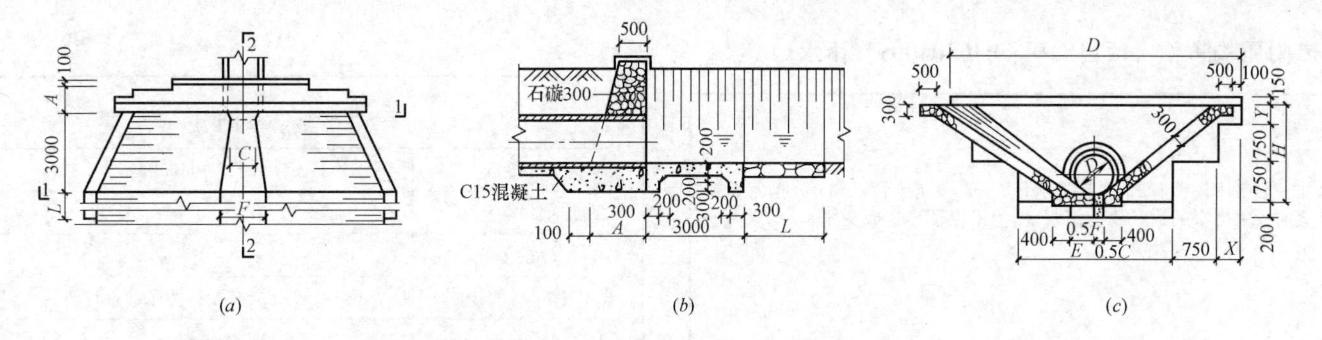

说明：1. 单位：mm；2. 墙基应落在原状土上，地基土若被扰动应处理，一般应填砾石、片石或混凝土；3. 端墙、翼墙外露部分用 1∶2.5 水泥砂浆勾缝；4. 排水出口下游护砌宽度由设计人确定，长度≥2000mm；5. 管径由设计人确定。

一字形排水出口示意图（石砌）

（*a*）平面图；（*b*）1-1 剖面图；（*c*）2-2 剖面图

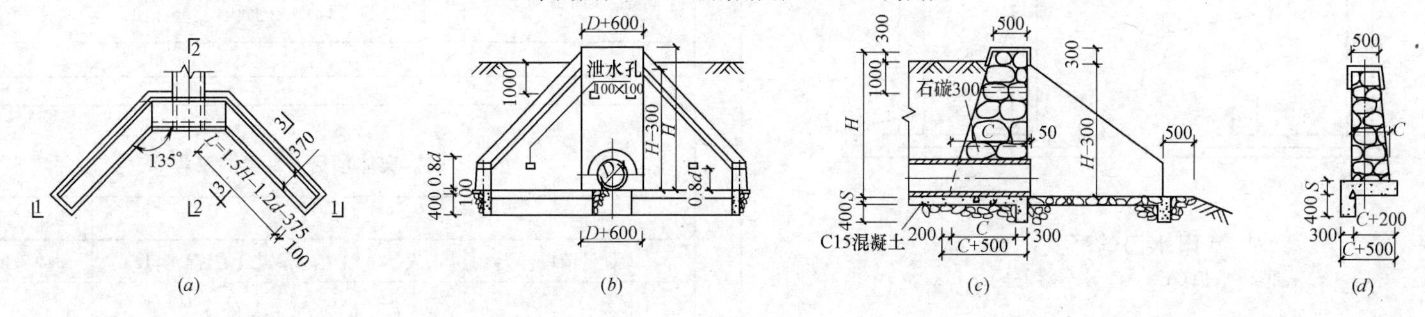

说明：1. 单位：mm；2. 墙基应落在原状土上，地基土若被扰动应处理，一般应填砾石、片石或混凝土；3. 端墙、翼墙外露部分用 1∶2.5 水泥砂浆勾缝；4. 排水出口下游护砌宽度由设计人确定，长度≥2000mm；5. 管径由设计人确定。

尺寸表

H(m)	1.0～1.5	1.0～2.0	2.0～2.5	2.5～3.0	3.0～3.5	3.5～4.0
C(mm)	500	700	900	1000	1300	1400
S(mm)	250		300		350	

八字形排水出口示意图（石砌）

（*a*）平面图　（*b*）1-1 剖面图　（*c*）2-2 剖面图　（*d*）3-3 剖面图

表 E.4　管道附属构筑物（项目编码：040504009）雨水口

雨水进水井一般采用铸铁制成，包括进水箅、井筒和连接管三部分。雨水管道上或合流制管道上收集雨水的构筑物为雨水井，为了保证迅速收集雨水，雨水井通常设置在交叉路口及路侧边沟等地方

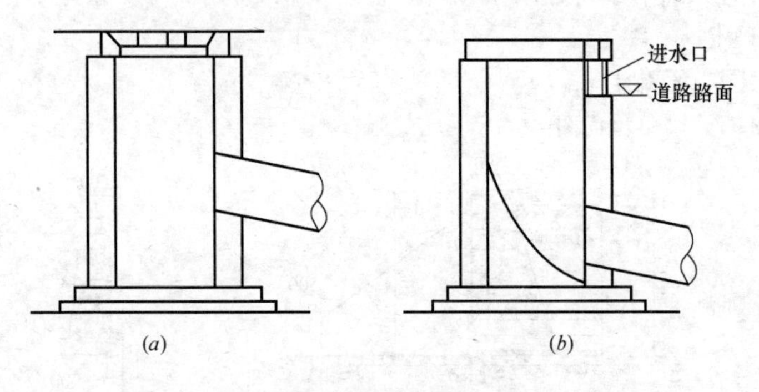

雨水口的形式

(*a*)落底雨水口(Y↓)；(*b*)不落底雨水口(N)

工程量清单"四统一"

项目编码	040504009
项目名称	雨水口
计量单位	座
工程量计算规则	按设计图示数量计算
项目特征描述	1. 雨水箅子及圈口材质、型号、规格 2. 垫层、基础材质及厚度 3. 混凝土强度等级 4. 砌筑材料品种、规格 5. 砂浆强度等级及配合比
工程内容规定	1. 垫层铺筑 2. 模板制作、安装、拆除 3. 混凝土拌合、运输、浇筑、养护 4. 砌筑、勾缝、抹面 5. 雨水箅子安装

一、实体项目　E 管网工程

对应图示		项目名称	编码/编号
工程量清单分类		表 E.4 管道附属构筑物(雨水口)	040504009
定额章节	分部工程	《上海市市政工程室外排水管道工程预算组合定额》(2000)	PS3-5-
	分项子目	Ⅰ型雨水进水口(400×300)	PS3-5-001
		Ⅱ型雨水进水口(450×400)	PS3-5-002
		Ⅲ型雨水进水口(640×500)	PS3-5-003
		双联Ⅲ型雨水进水口(1450×500)	PS3-5-004

在建管网工程雨水口“算量”难点解析　　**表 E-38**

工程名称：××市管网新建工程

设计指标	Ⅱ型雨水进水口 450×400（Φ300）
《预算定额》“总说明”	
《上海市市政工程预算定额》工程量计算规则（2000）	总则：第 0.0.4 条　本规则的计算尺寸，以设计图纸表示的尺寸或设计图纸能读出的尺寸为准。除另有规定外，工程量的计量单位应按下列规定计算： 1. ……；2. ……；3. ……；4. 以重量计算的为吨或千克（t 或 kg）；5. ……。 汇总工程量时，其准确度取值：m^3、m^2、m 小数点以后取两位，t 小数点以后取三位，kg、座（台、套、组或个）取整数
“项目特征”之描述	1. 雨水箅子及圈口材质、型号、规格 2. 垫层、基础材质及厚度 3. 混凝土强度等级 4. 砌筑材料品种、规格 5. 砂浆强度等级及配合比
“工作内容”之规定	1. 垫层铺筑 2. 模板制作、安装、拆除 3. 混凝土拌合、运输、浇筑、养护 4. 砌筑、勾缝、抹面 5. 雨水箅子安装

第四册　桥涵及护岸工程 第四章 钻孔灌注桩工程 3. 灌注桩混凝土—灌注桩（钢筋笼）

项目名称：雨水进水口 450×400（Φ300）	定额编号：PS4-1-2 换	计量单位：座

工程“算量”要素

混凝土基础砖砌直线（不）落底窨井				Ⅱ型雨水进水口 450×400（Φ300）			
K0+022	K0+058	K0+098	K0+0143	K0+016	K0+052	K0+090	K0+0143
1000×1300↓	1000×1300	1000×1300↓	乙式三通交汇井	2 座	2 座	2 座	4 座

钢筋笼（t）	已知“算量”基数要素： 1. 雨水进水口 450×400（Φ300） 2. 按设计图示数量计算 工程“算量”： 1. Ⅱ型雨水进水口 450×400（Φ300）：∑数量 =2+2+2+4=10 座 2. “清单量”与“定额量”为同一数值，即 10 座

对应“13 国标市政计算规范”表 E. 4 管道附属构筑物（项目编码：040504009）雨水口

项目编码	项目名称	项目特征	计量单位	工程量计算规则	工作内容
040504009	雨水口	1. 雨水箅子及圈口材质、型号、规格 2. 垫层、基础材质及厚度 3. 混凝土强度等级 4. 砌筑材料品种、规格 5. 砂浆强度等级及配合比	座	按设计图示数量计算	1. 垫层铺筑 2. 模板制作、安装、拆除 3. 混凝土拌合、运输、浇筑、养护 4. 砌筑、勾缝、抹面 5. 雨水箅子安装

对应建设工程预（结）算书［按施工顺序；包括子目、量、价等分析］

序号	定额编号	分部分项工程名称	计量单位	工程数量		工程费（元）	
				工程量	定额量	单　价	复　价
1	PS4-1-2 换	Ⅱ型雨水进水口 450×400（Φ300）	座	10	10		

注：工程算量，敬请参阅第四章编制与应用实务［“‘一法三模算量法’YYYYSL 系统”（自主平台软件）］中图 4 管-01“开槽埋管单位工程平面图”的诠释。

附录 F　水处理工程（项目编码：0406）施工图图例【导读】

表 F. 1　水处理构筑物（项目编码：040601001）现浇混凝土沉井井壁及隔墙

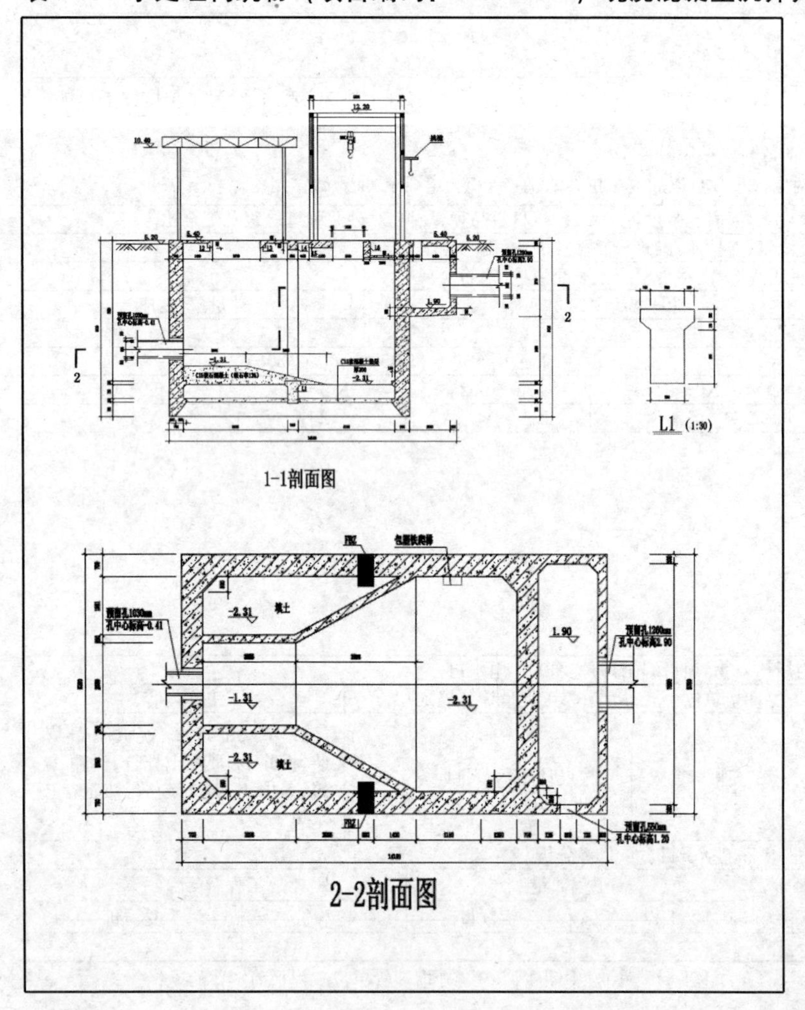

1-1剖面图

2-2剖面图

工程量清单“四统一”	
项目编码	040601001
项目名称	现浇混凝土沉井井壁及隔墙
计量单位	m^3
工程量计量规则	按设计图示尺寸以体积计算
项目特征描述	1. 混凝土强度等级 2 防水、抗渗要求 3. 断面尺寸
工程内容规定	1. 垫木铺设 2. 模板制作、安装、拆除 3. 混凝土拌合、运输、浇筑 4. 养护 5. 预留口封口

《上海市市政工程预算定额》(2000) 分部分项工程	
子目编号	S6-2-1、S6-2-3、S6-2-4、S6-2-6～S6-2-12、S6-2-19～S6-2-21、S6-2-22～S6-2-23
分部分项工程名称	刃脚垫层(黄砂、承垫木、混凝土)； 刃脚、井壁、矩形梁混凝土；井壁预留孔封堵及拆除
工作内容	详见该定额编号之“项目表”中“工作内容”的规定
计量单位	m^3
工程量计算规则	

一、实体项目　F 水处理工程

对应图示		项目名称	编码/编号
工程量清单分类		表 F. 1 水处理构筑物(现浇混凝土沉井井壁及隔墙)	040601001
定额章节	分部工程	第六册排水构筑物及机械设备安装工程 第二章泵站下部结构	S6-2-
	分项子目	1. 刃脚垫层 2. 刃脚 3. 隔墙 5. 井壁	S6-2-1、S6-2-3、 S6-2-4 S6-2-6～S6-2-12 S6-2-19～S6-2-21 S6-2-22-S6-2-23

表 F.1　水处理构筑物（项目编码：040601002）沉井下沉

工程量清单"四统一"

项目编码	040601002
项目名称	沉井下沉
计量单位	m^3
工程量计算规则	按自然地面标高至设计垫层底标高间的高度乘以沉井外壁最大断面面积以体积计算
项目特征描述	1. 土壤类别 2. 断面尺寸 3. 下沉深度 4. 减阻材料种类
工程内容规定	1. 垫木拆除 2. 挖土 3. 沉井下沉 4. 减阻材料种类 5. 余方弃置

《上海市市政工程预算定额》(2000) 分部分项工程

子目编号	S6-1-7、S6-1-73、ZSM19-1-1
分部分项工程名称	沉井挖土、沉井灌砂、余方外运
工作内容	详见该定额编号之"项目表"中"工作内容"的规定
计量单位	m^3
工程量计算规则	

一、实体项目　F 水处理工程

对应图示		项目名称	编码/编号
工程量清单分类		表 F.1 水处理构筑物(沉井下沉)	040601002
定额章节	分部工程	第六册排水构筑物及机械设备安装工程 第一章土方工程	S6-1-
	分项子目	2. 沉井挖土	S6-1-7、S6-1-73、ZSM19-1-1

表 F.1　水处理构筑物（项目编码：040601003）沉井混凝土底板、内部结构、顶板

《上海市市政工程预算定额》(2000) 分部分项工程

子目编号	S6-2-27～S6-2-28、S6-2-29～S6-2-30、S6-2-33～S6-2-36、S6-2-37～S6-2-58、S1-1-30、S1-1-35
分部分项工程名称	垫层混凝土、底板混凝土、平台混凝土、混凝土内部结构、商品混凝土输送(增加费——水平泵管使用)
工作内容	详见该定额编号之"项目表"中"工作内容"的规定
计量单位	m^3
工程量计算规则	

工程量清单"四统一"

项目编码	040601003
项目名称	沉井混凝土底板、内部结构、顶板
计量单位	m^3
工程量计算规则	按设计图示尺寸以体积计算
项目特征描述	1. 混凝土强度等级 2. 防水、抗渗要求
工程内容规定	1. 模板制作、安装、拆除 2. 混凝土拌合、运输、浇筑 3. 养护

一、实体项目　F 水处理工程

对应图示		项目名称	编码/编号
工程量清单分类		表 F.1 水处理构筑物(沉井混凝土底板、内部结构　顶板)	040601003
定额章节	分部工程	第六册排水构筑物及机械设备安装工程 第二章泵站下部结构 第一册通用项目第一章一般项目	S6-2- S1-1-
	分项子目	6. 沉井垫层 7. 沉井底板 8. 平台 9. 地下内部结构 13. 商品混凝土输送及泵管安拆使用	S6-2-27～S6-2-28 S6-2-29～S6-2-30 S6-2-33～S6-2-36 S6-2-37～S6-2-58 S1-1-30、S1-1-35

表 F.1 水处理构筑物（项目编码：040601004）沉井地下混凝土结构

工程量清单“四统一”

项目编码	040601004
项目名称	沉井地下混凝土结构
计量单位	m^3
工程量计算规则	按设计图示尺寸以体积计算
项目特征描述	1. 部位 2. 混凝土强度等级 3. 防水、抗渗要求
工程内容规定	1. 模板制作、安装、拆除 2. 混凝土拌合、运输、浇筑 3. 养护

一、实体项目 F 水处理工程

对应图示		项目名称	编码/编号
工程量清单分类		表 F.1 水处理构筑物（沉井地下混凝土结构）	040601004
定额章节	分部工程	第六册 排水构筑物及机械设备安装工程 第二章泵站下部结构	S6-2-
	分项子目	1. 框架混凝土、商品混凝土 2. 扶梯混凝土、商品混凝土 3. 挡水板混凝土、商品混凝土 4. 矩形梁混凝土、商品混凝土 5. 异形梁混凝土、商品混凝土 6. 平台圈梁混凝土、商品混凝土 7. 框架、扶梯、挡水板、矩形梁、异形梁、平台圈梁模板 3. 商品混凝土运输	S6-2-37、S6-2-38 S6-2-41、S6-2-42 S6-2-45、S6-2-46 S6-2-49、S6-2-50 S6-2-53、S6-2-54 S6-2-57、S6-2-58 S6-2-39、S6-2-43、S6-2-47、S6-2-51、S6-2-55、S6-2-59 S1-1-30

表 F.1 水处理构筑物（项目编码：040601005）沉井混凝土顶板

工程量清单“四统一”

项目编码	040601005
项目名称	沉井混凝土顶板
计量单位	m^3
工程量计算规则	按设计图示尺寸以体积计算
项目特征描述	1. 混凝土强度等级 2. 防水、抗渗要求
工程内容规定	1. 模板制作、安装、拆除 2. 混凝土拌合、运输、浇筑 3. 养护

一、实体项目 F 水处理工程

对应图示		项目名称	编码/编号
工程量清单分类		表 F.1 水处理构筑物（沉井混凝土顶板）	040601005
定额章节	分部工程	第六册 排水构筑物及机械设备安装工程 第二章 泵站下部结构	S6-2-
	分项子目	1. 平台混凝土、商品混凝土 2. 平台模板 3. 商品混凝土运输	S6-2-33 S6-2-34 S1-1-30

表 F.1　水处理构筑物（项目编码：040601006）现浇混凝土池底

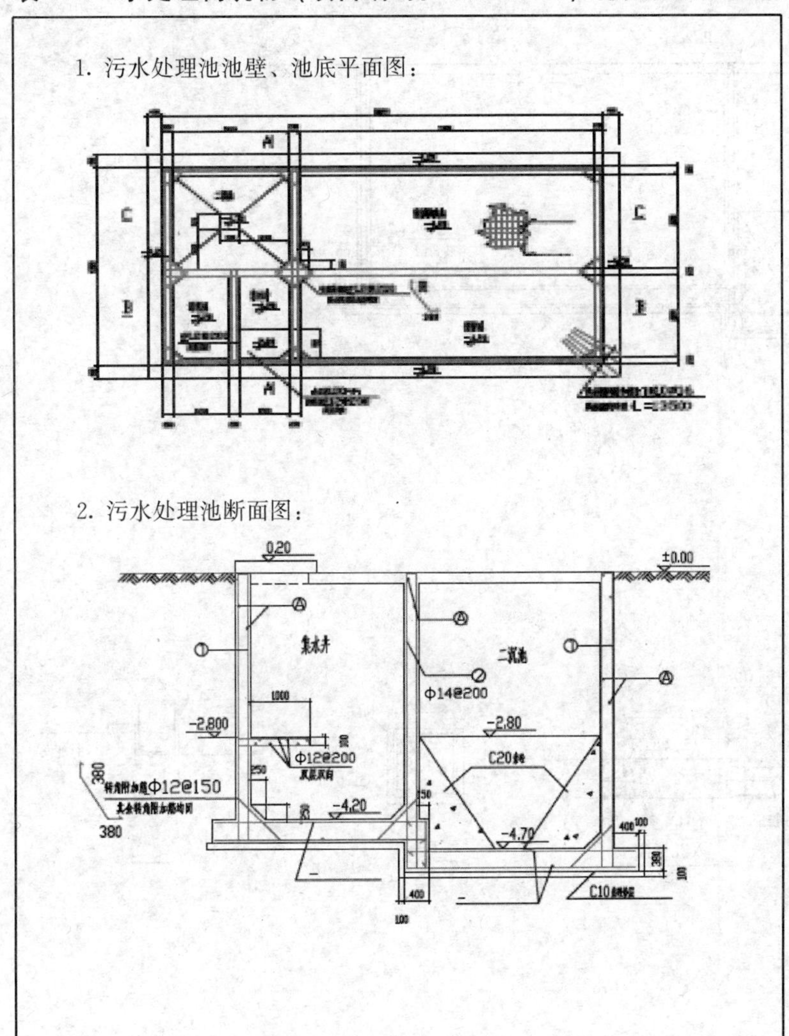

工程量清单"四统一"

项目编码	040601006
项目名称	现浇混凝土池底
计量单位	m^3
工程量计算规则	按设计图示尺寸以体积计算
项目特征描述	1. 混凝土强度等级 2. 防水、抗渗要求
工程内容规定	1. 模板制作、安装、拆除 2. 混凝土拌合、运输、浇筑 3. 养护

一、实体项目　F 水处理工程

对应图示		项目名称	编码/编号
工程量清单分类		表 F.1 水处理构筑物（现浇混凝土池底）	040601006
定额章节	分部工程	第六册　排水构筑物及机械设备安装工程 第三章　污水处理构筑物	S6-3-
	分项子目	1. 池底黄砂垫层、池底混凝土垫层 2. 平斜坡池底混凝土 3. 锥形池底混凝土 4. 架空池底混凝土 5. 平斜坡池底、锥形池底、架空池底模板 6. 商品混凝土运输	S6-3-1、S6-3-2 S6-3-3 S6-3-7 S6-3-11 S6-3-5、S6-3-9、S6-3-13 S1-1-30

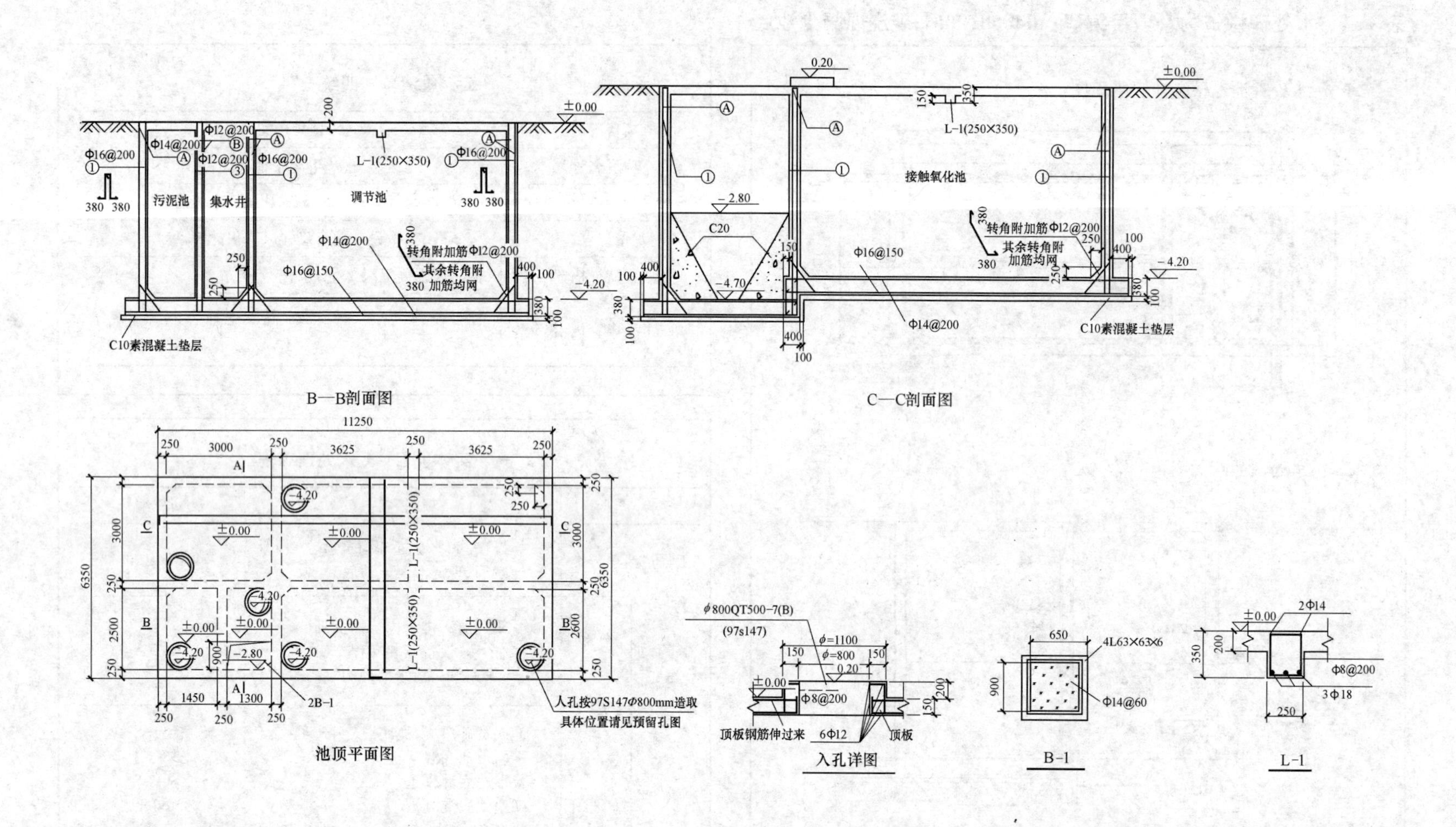

±0.00
Φ16@200
Φ14@200
Φ12@200
Φ16@200
L-1(250×350)
污泥池
集水井
调节池
转角附加筋Φ12@200
其余转角附加筋均网
Φ14@200
Φ16@150
-4.20
C10素混凝土垫层
B—B剖面图
0.20
L-1(250×350)
接触氧化池
-2.80
C20
-4.70
Φ16@150
Φ14@200
C10素混凝土垫层
C—C剖面图
11250
6350
L-1(250×350)
人孔按97S147Φ800mm造取
具体位置请见预留孔图
池顶平面图
φ800QT500-7(B)
(97s147)
φ=1100
φ=800
Φ8@200
顶板钢筋伸过来
6Φ12
顶板
入孔详图
4L63×63×6
Φ14@60
B-1
2Φ14
Φ8@200
3Φ18
L-1

表 F.1　水处理构筑物（项目编码：040601007）现浇混凝土池壁（隔墙）

工程量清单"四统一"

项目编码	040601007
项目名称	现浇混凝土池壁(隔墙)
计量单位	m^3
工程量计算规则	按设计图示尺寸以体积计算
项目特征描述	1. 混凝土强度等级 2. 防水、抗渗要求
工程内容规定	1. 模板制作、安装、拆除 2. 混凝土拌合、运输、浇筑 3. 养护

一、实体项目　F 水处理工程

对应图示		项目名称	编码/编号
工程量清单分类		表 F.1 水处理构筑物 (现浇混凝土池壁(隔墙))	040601007
定额章节	分部工程	第六册　排水构筑物及机械设备安装工程 第三章　污水处理构筑物	S6-3-
	分项子目	1. 池壁混凝土、商品混凝土， 2. 池壁混凝土模板 3. 商品混凝土运输	S6-3-15、S6-3-16 S6-3-17 S1-1-30

表 F.1　水处理构筑物（项目编码：040601008）　现浇混凝土池柱

工程量清单"四统一"

项目编码	040601008
项目名称	现浇混凝土池柱
计量单位	m^3
工程量计算规则	按设计图示尺寸以体积计算
项目特征描述	1. 混凝土强度等级 2. 防水、抗渗要求
工程内容规定	1. 模板制作、安装、拆除 2. 混凝土拌合、运输、浇筑 3. 养护

一、实体项目　F 水处理工程

对应图示		项目名称	编码/编号
工程量清单分类		表 F.1 水处理构筑物 (现浇混凝土池柱)	040601008
定额章节	分部工程	第六册　排水构筑物及机械设备安装工程 第三章　污水处理构筑物	S6-3-
	分项子目	1. 矩形柱混凝土、商品混凝土 2. 异形柱混凝土、商品混凝土 3. 圆形柱混凝土、商品混凝土 4. 矩形柱、异形柱、圆形柱模板 3. 商品混凝土运输	S6-3-19、S6-3-20 S6-3-23、S6-3-24 S6-3-27、S6-3-28 S6-3-21、S6-3-25、 S6-3-29 S1-1-30

表 F.1　水处理构筑物（项目编码：040601009）现浇混凝土池梁

工程量清单“四统一”

项目编码	040601009
项目名称	现浇混凝土池梁
计量单位	m^3
工程量计算规则	按设计图示尺寸以体积计算
项目特征描述	1. 混凝土强度等级 2. 防水、抗渗要求
工程内容规定	1. 模板制作、安装、拆除 2. 混凝土拌合、运输、浇筑 3. 养护

一、实体项目　F 水处理工程

对应图示		项目名称	编码/编号
工程量清单分类		表 F.1 水处理构筑物（现浇混凝土池梁）	040601009
定额章节	分部工程	第六册　排水构筑物及机械设备安装工程 第三章　污水处理构筑物	S6-3-
	分项子目	1. 矩形圈梁混凝土、商品混凝土 2. 异形圈梁混凝土、商品混凝土 3. 矩形圈梁、异形圈梁模板 4. 商品混凝土运输	S6-3-31、S6-3-32 S6-3-35、S6-3-36 S6-3-33、S6-3-37 S1-1-30

表 F.1　水处理构筑物（项目编码：040601010）现浇混凝土池盖板

工程量清单“四统一”

项目编码	040601010
项目名称	现浇混凝土池盖板
计量单位	m^3
工程量计算规则	按设计图示尺寸以体积计算
项目特征描述	1. 混凝土强度等级 2. 防水、抗渗要求
工程内容规定	1. 模板制作、安装、拆除 2. 混凝土拌合、运输、浇筑 3. 养护

一、实体项目　F 水处理工程

对应图示		项目名称	编码/编号
工程量清单分类		表 F.1 水处理构筑物（现浇混凝土池盖板）	040601010
定额章节	分部工程	第六册　排水构筑物及机械设备安装工程 第三章　污水处理构筑物	S6-3-
	分项子目	1. 无梁池盖混凝土、商品混凝土 2. 球形池盖混凝土、商品混凝土 3. 无梁池盖、球形池盖模板 4. 商品混凝土运输	S6-3-63、S6-3-64 S6-3-67、S6-3-68 S6-3-65、S6-3-69 S1-1-30

表 F.1　水处理构筑物（项目编码：040601011）现浇混凝土板

工程量清单“四统一”	
项目编码	040601011
项目名称	现浇混凝土板
计量单位	m^3
工程量计算规则	按设计图示尺寸以体积计算
项目特征描述	1. 混凝土强度等级 2. 防水、抗渗要求
工程内容规定	1. 模板制作、安装、拆除 2. 混凝土拌合、运输、浇筑 3. 养护

一、实体项目　F 水处理工程

对应图示		项目名称	编码/编号
工程量清单分类		表 F.1 水处理构筑物(现浇混凝土板)	040601011
定额章节	分部工程	第六册　排水构筑物及机械设备安装工程 第三章　污水处理构筑物	S6-3-
	分项子目	1. 挑檐式走道板混凝土、商品混凝土 2. 牛腿混凝土、商品混凝土 3. 挑檐式走道板、牛腿模板 4. 商品混凝土运输	S6-3-55、S6-3-56 S6-3-59、S6-3-60 S6-3-57、S6-3-61 S1-1-30

表 F.2　水处理设备（项目编码：040602001、040602002、040602004、040602031、040602034）

1. 剖面图：

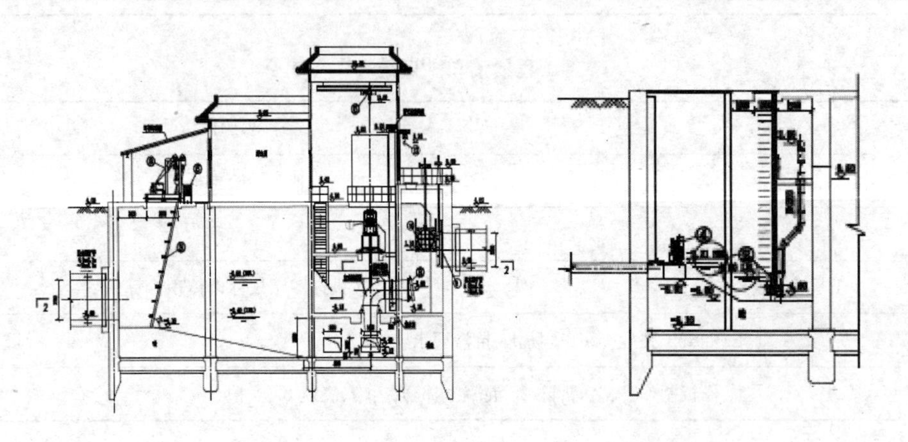

2. 主要设备表

主要设备表

编号	名称	规格	单位	数量	备注
①	ZLB 立式轴流泵(雨水泵)	液量：Q=26601/s=2.66m³/s； 扬程：E=5.75m，轴站率：K=25kW； 转速：z=376r/min	套	6	含出水 400 拍门
②	水样污物 (污水流泵)	流量：Q=54.61/A1/s=196m²/h； 高程：E=7.7cm；功率：K=7.85kW； 转速：z=1445r/min	套	2	
③	移动式 除污机(雨水泵房)	共分 4 组，每组宽：2100mm；栅条间隙 80mm；安装难度 75°；功率：M=6.5kW	套	1	不锈钢材质(栅条高度升至工作平台)，含电控拒等
④	粉碎型除污机 (污水泵房)	棚宽：1000mm；间隙：10mm； 功率：M=4.1kW	套	1	不锈钢材质，含电控框
⑤	电动单梁接式起重设备	起重量：10t；起吊高度：H=15m 功率：M=16kW	套	1	含电机、吊钩等，与水泵配套 用于起吊水泵及电机等
⑥	手电两用矩形电动闸门	尺寸：3000×2700mm；功率：M=5.5kW	台	2	用于进水闸门蝇的雨水进水，含自动监控功能及远程的功能机一体化电动机

续表

编号	名称	规格	单位	数量	备注
⑦	手电两用矩形电动闸门	尺寸:2500×2000mm;功率:M=5.5kW	台	2	用于高位井的雨水出水(双向止水),含自动监控功能及远程联动机专一体化电动头
⑧	手电两用圆形电动闸门	尺寸:Φ1600mm;功率:M=2.5kW 材质:铸铁钢	台	1	用于高位井的回笼水出本(双向止本),含自动监控功能及远程联动的机械一体化电动头
⑨	手电两用圆形电动闸门	尺寸:Φ400mm;功率:M=1.7kW 材质:铸铁钢	台	1	用于进水闸门井的污水出水,含自动监控功能及远程联动的机电一体电动头。
⑩	送压榨机	能力:0>2.0m^2/m;尺寸:400; 长度:L=10m;功率:M=3.00kW	套	1	用于雨水格除污机处,含电控制
⑪	CDI3-120 型捯链	起重机:3t;起吊高度:E=15m; 功率:K=4.5kW	套	1	含电机、吊钩等,与水泵配套,用于起吊出水高位井的浮箱拍门
⑫	浮拍门	IDM400:不锈钢	个	6	用于立式轴液泵出水
⑬	橡胶止回阀	IDM300	个	2	用于污水泵出水
⑭	电磁流量计	IDM300	个	1	设于污水计量井内
⑮	雨量计		套	1	用于运行管理记录
⑯	超声波单位计		套	3	分别设于雨、污水泵房
⑰	垃圾		台	4	
⑱	手推车干粉灭火器	磷酸铵盐 20.0kg	辆	1	用于配电间
⑲	干粉灭火器	磷酸铵盐 3.0kg	只	12	用于水泵间、配电间、控制间、值室
⑳	泡沫灭火器	泡沫 6.01	只	8	用于值班室、控制室
㉑	手推小车	磷酸铵盐,3.0kg	只	1	用于螺旋工作机处
㉒	H_2S 检测机	磷酸铵盐 3.0kg	套	1	用于污水泵房
㉓	高子氧发生器(除臭设备)	EESIAAK-F 型:功率;M=5.0kW(含罗茨风机)	套	1	用于污水泵房
㉔	低声型式 风机 I16-11-6	风量:Q=4000m^2/h;风压 P=60Pa; 功率:R=0.6kW	套	6	用于雨水泵房配电间
㉕	离心式管道风机 5.0-8	风量 Q=5000m^2/h;风压 P=4300; 转速 690;功率=1.5kW	套	1	用于雨水泵房水泵间
㉖	分体排式空调	功率:M=1.5kW	台	2	用于值班室、体室
㉗	分体立体式空调	功率:M=3.0kW	台	3	用于高、低压配电间和控制室
㉘	室外地上式消火栓	100	个	1	设于部内道边
㉙	圆墙电子围栏及监控探头	支架螺栓均采用不锈钢材质	套	1	包括主机、探头及监控器、6 线电子围樯等
㉚	潜水排污泵(存水泵)	流量:Q=30m^2/h;扬程:H=15m; 功率:M=3.0kW;转速=2820r/min	套	1	库备形式,用于检修维护进排除泵

工程量清单“四统一”

项目编码	040602001
项目名称	格栅
计量单位	M3
工程量计算规则	按图示尺寸以体积计算
项目特征描述	1. 混凝土强度等级 2 防水、渗水要求 3. 断面尺寸
工程内容规定	1. 垫木铺设 2. 模板制作、安装、拆除 3. 混凝土拌和、运输、浇筑 4. 养护 5. 预留口封口

一、实体项目　F 水处理工程

对应图示		项目名称	编码/编号
工程量清单分类		表 F.2 水处理设备(格栅)	040602001
定额章节	分部工程	第六册　排水构筑物及机械设备安装工程 第二章　泵站下部结构	S6-2-
	分项子目	1. 刃脚黄砂垫层、刃脚混凝土垫层 2. 刃脚承垫木垫层 3. 刃脚、井壁、矩形梁混凝土 4. 井壁预留孔封堵及拆除	S6-2-1、S6-2-4 S6-2-2 S6-2-6～S6-2-12、 S6-2-19～S6-2-21 S6-2-22～S6-2-23

表 F.2　水处理设备（项目编码：040602002）格栅除污机

工程量清单“四统一”

项目编码	040602002
项目名称	格栅除污机
计量单位	台
工程量计算规则	按设计图示数量计算
项目特征描述	1. 类型 2. 材质 3. 规格、型号 4. 参数
工程内容规定	1. 安装 2. 无负荷试运转

一、实体项目　F 水处理工程

对应图示		项目名称	编码/编号
工程量清单分类		表 F.2 水处理设备(格栅除污机)	040602002
定额章节	分部工程	第六册　排水构筑物及机械设备安装工程 第五章　机械设备安装	S6-5-
	分项子目	1. 安装固定式格栅除污机	S6-5-1～S6-5-5

表 F.2　水处理设备（项目编码：040602004）压榨机

工程量清单“四统一”

项目编码	040602004
项目名称	压榨机
计量单位	台
工程量计算规则	按设计图示数量计算
项目特征描述	1. 类型 2. 材质 3. 规格、型号 4、参数
工程内容规定	1. 安装 2. 无负荷试运转

一、实体项目　F 水处理工程

对应图示		项目名称	编码/编号
工程量清单分类		表 F.2 水处理设备（压榨机）	040602004
定额章节	分部工程	第六册　排水构筑物及机械设备安装工程 第五章　机械设备安装	S6-5-
	分项子目	1. 安装垃圾压榨机 2. 安装垃圾输送机	S6-5-93、S6-5-94 S6-5-95、S6-5-96

表 F.2　水处理设备（项目编码：040602031）闸门

工程量清单“四统一”

项目编码	040602031
项目名称	闸门
计量单位	台
工程量计算规则	按设计图示数量计算
项目特征描述	1. 类型 2. 材质 3. 规格、型号 4. 参数
工程内容规定	1. 安装 2. 无负荷试运转

一、实体项目　F 水处理工程

对应图示		项目名称	编码/编号
工程量清单分类		表 F.2 水处理设备（闸门）	040602031
定额章节	分部工程	第六册　排水构筑物及机械设备安装工程 第五章　机械设备安装	S6-5-
	分项子目	3. 安装铸铁圆闸门 4. 安装铸铁方闸门	S6-5-50～S6-5-59 S6-5-58～S6-5-71

表 F.2　水处理设备(项目编码:040602034)拍门

工程量清单“四统一”	
项目编码	040602034
项目名称	拍门
计量单位	台
工程量计算规则	按设计图示数量计算
项目特征描述	1. 类型　2. 材质　3. 规格、型号　4. 参数
工程内容规定	1. 安装　2. 无负荷试运转

一、实体项目　F 水处理工程

对应图示		项目名称	编码/编号
工程量清单分类		表 F.2 水处理设备(拍门)	040602034
定额章节	分部工程	第六册　排水构筑物及机械设备安装工程 第五章　机械设备安装	S6-5-
	分项子目	5. 安装 Φ500 铸铁拍门	S6-5-99～ S6-5-103

表 F.2　水处理设备（项目编码：040602035）启闭机

工程量清单“四统一”	
项目编码	040602035
项目名称	启闭机
计量单位	台
工程量计算规则	按设计图示数量计算
项目特征描述	1. 类型　2. 材质　3. 规格、型号　4. 参数
工程内容规定	1. 安装　2. 无负荷试运转

一、实体项目　F 水处理工程

对应图示		项目名称	编码/编号
工程量清单分类		表 F.2 水处理设备(启闭机)	040602035
定额章节	分部工程	第六册　排水构筑物及机械设备安装工程 第五章　机械设备安装	S6-5-
	分项子目	1. 安装手动式螺杆启闭机 2. 安装手电两用式螺杆启闭机	S6-5-79～ S6-5-80

表 F.2　水处理设备（项目编码：040602044）除臭设备

工程量清单“四统一”	
项目编码	040602044
项目名称	除臭设备
计量单位	台
工程量计算规则	按设计图示数量计算
项目特征描述	1. 类型　2. 材质　3. 规格、型号　4. 参数
工程内容规定	1. 安装　2. 无负荷试运转

一、实体项目　F 水处理工程

对应图示		项目名称	编码/编号
工程量清单分类		表 F.2 水处理设备(除臭设备)	040602044
定额章节	分部工程	第六册　排水构筑物及机械设备安装工程 第五章　机械设备安装	S6-5-
	分项子目	1. 安装氧气发生器	S6-5-

附录J　钢筋工程（项目编码：0409）　施工图图例［导读］

《市政工程预算定额》中钢筋按Φ10以内及Φ10以外两种分列，Φ10以内为Q235级钢筋，Φ10以外为RHB335级钢筋，钢板均按Q235钢计列，预应力筋采用HRB500级钢、钢绞线和高强钢丝。

预应力钢材分为钢丝、热处理钢筋、钢绞线等。其中钢绞线是由若干根圆形断面碳素钢丝经过绞捻及热处理制成。主要用于预应力混凝土结构件、岩土锚固等。钢绞线的结构有1×2、1×3和1×7，其力学性能必须符合《预应力混凝土用钢绞线》GB/T 5224—2014的规定要求。

土木工程中的主要承重结构及辅助结构大量地应用各种规格的型钢，如工字钢、槽钢、角钢和扁钢等。根据《型钢验收、包装、标志及质量证明书的一般规定》GB/T 2101—2008的规定，将型钢分为：大型、中型和小型。

因设计要求采用的钢材与《市政工程预算定额》不符时，可予调整。

《上海市市政工程预算定额》（2000）"总说明"第十六条："本定额中的钢筋混凝土工程按混凝土、模板、钢筋分列定额子目。2. 钢筋可按设计数量（不再加损耗）直接套用相应定额计算。施工用筋经建设单位认可后可以增列计算。预埋铁件按设计用量（不再加损耗）套用第一册通用项目预埋铁件定额。"

为了便于正确理解、查阅钢材资料和钢筋分析报告及计算，对钢筋的组成情况进行研究。

钢筋的现场鉴别是从事市政工程造价工作的专业技术人员必须掌握的基本技能之一。除表J-01"钢材涂色标记"、表J-02"钢筋符号"所列，以现场识别难易程度鉴别类别作为工程量清单计价和概预（结）算的依据外，还要观察与确定牌号、强度级别、屈服点σ、抗拉强度，及时向有关供货单位提出质量检验报告。现场鉴别方法参见图J-01"钢筋的外形图"、图J-02"等高肋钢筋表面及截面形状图"及表2-167"热轧钢筋分级"。

进行钢筋计算比较时，参见表3-11"常用钢材横断面形状及标注方法"、表3-12"常用钢材截面积与理论质量的简易计算表"、表3-13"每吨钢材展开面积（表面积m^2/t）计算式"等。

钢材涂色标记　**表J-01**

名称	涂色标记	名称	涂色标记
一、普通碳素钢			
Q195(1号钢)	蓝色	Q275(5号钢)	绿色
Q215(2号钢)	黄色	6号钢	白色+黑色
Q235(3号钢)	红色	7号钢	红色+棕色
Q255(4号钢)	黑色	特类钢	加涂铝白色一条
二、优质碳素结构钢			
5～15号	白色	45～85号	白色+棕色
20～25号	棕色+绿色	15Mn～40Mn	白色二条
30～40号	白色+蓝色	45Mn～70Mn	绿色三条
三、合金结构钢			
锰钢	黄色+蓝色	铬锰钢	蓝色+黑色
硅锰钢	红色+黑色	铬铝钢	铝白色
锰钒钢	蓝色+绿色	铬钼铝钢	黄色+紫色
钼钢	紫色	铬锰硅钢	红色+紫色
钼铬钢	紫色+绿色	铬钒钢	绿色+黑色
钼铬锰钢	紫色+白色	铬锰钛钢	黄色+黑色
硼钢	紫色+蓝色	铬钨钒钢	棕色+黑色
铬钢	绿色+黄色	铬硅钼钒钢	紫色+棕色
铬硅钢	蓝色+红色		

钢筋符号　　　　表 J-02

种类			符号
热轧钢筋	HPB300(Q235)		Φ
	HRB335(20MnSi)		Φ
	HRB400(20MnSiV、20MnSiNb、20MnTi)		Φ
	RRB400(K20MnSi)		Φ^{R}
预应力钢筋	钢绞线		Φ^{S}
预应力钢筋	消除应力钢丝	光面	Φ^{P}
		螺旋肋	Φ^{H}
		刻痕	Φ^{I}
	热处理钢筋	40Si2Mn 48Si2Mn 45Si2Cr	Φ^{Hr}

注：
1. HPB300 级钢筋为热轧光圆钢筋，强度较低，塑性及焊接性能较好。其盘圆是加工冷拔低碳钢丝的原材料；
2. HRB335 级钢筋的强度、塑性、焊接等综合使用性均比较好，是应用最广泛的钢筋品种，主要用于普通钢筋混凝土结构和经过冷拉之后作预应力钢筋用；
3. HRB400 级变形钢筋具有较高的强度，可直接在普通钢筋混凝土结构中使用，也可以经冷拉后用作预应力钢筋；
4. HRB500 级钢筋强度较高，《混凝土结构设计规范》GB 50010—2010 尚未列入该级钢筋。

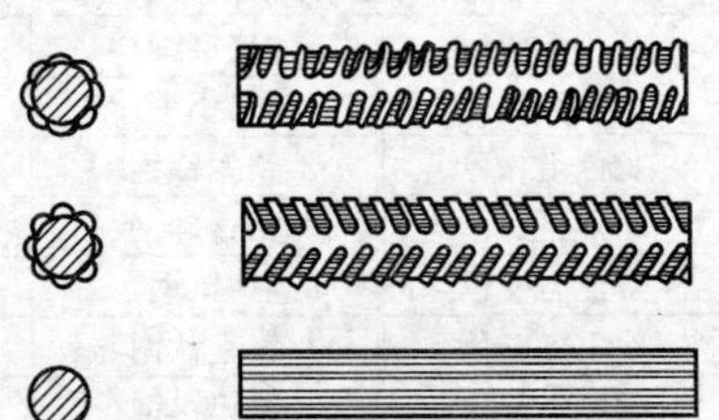

图 J-01　钢筋的外形图

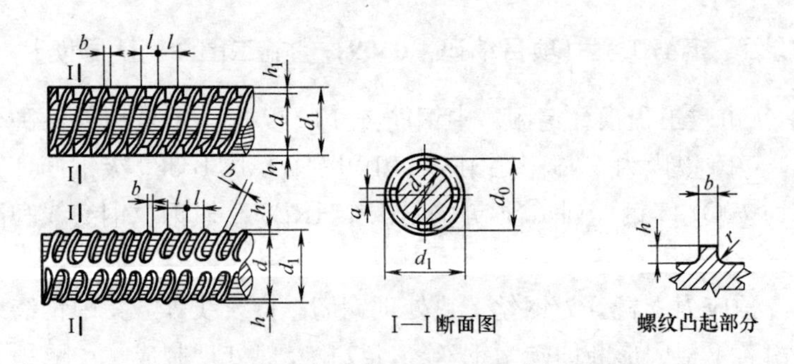

图 J-02　等高肋钢筋表面及截面形状图

d—钢筋内径；a—纵肋宽度；h—横肋高度；b—横肋顶宽；h_1—纵肋高度；L—横肋间距；r—横肋根部圆弧半径

单位工程钢筋用量　　　　表 J-03

类型	钢筋用量通常含义
定额钢筋用量	在编制市政工程预算定额每个钢筋混凝土工程子项目时，都综合了类似的而有代表性的钢筋混凝土构件，通过工程分析计算汇总求得的钢筋总用量作为定额钢筋含量，已包括了定额的操作损耗，主要作为调整定额钢筋含量的基础数据
钢筋预算用量	根据设计图纸、施工技术规范和验收规范的要求，以及市政工程预算定额的操作损耗率，按实抽料计算汇总求得的单位工程总用量。它和市政工程定额用量内容口径一致，也是调整定额钢筋含量差额的依据
钢筋配料用量	它是施工单位根据设计图纸的要求和施工技术措施而制定出的钢筋材料的总用量，其中包括了钢筋弯曲延伸和短料利用以及备用钢筋等因素，它是施工单位内部生产管理的计划数据

注：1. 在编制市政工程预算定额时，钢筋混凝土构件按图示计算的钢筋总用量（包括 2.5%的损耗）；
2. 市政工程预算定额中，所有钢筋混凝土结构和预应力钢筋混凝土结构项目中均列有钢筋、预应力钢筋钢绞线、高强钢丝、绞线子目，在编制市政工程概预算时，只需将相应的定额乘以设计图示钢筋数量便得出预算基价和工、机、料消耗数量。其中钢筋消耗量包含了规定的损耗量。

市政工程钢筋工程选用表

表 J-04

项次	分类	组成	适应分部工程项目
1	预埋铁件	1. 由锚板和锚筋焊接而成 2. 锚板往往根据要求选用钢板，扁钢或型钢构成矩形、条形或边框形式的预埋件 3. 锚筋使用材料和形式可分为以下三类： (1)圆锚筋可做成直锚筋或弯折斜锚筋形式 (2)角钢锚筋预埋件：预埋件受力较大时，锚筋采用角钢 (3)直锚筋与抗剪钢板组成的预埋件 当作用于预埋铁件的剪力较大时，可采用直锚筋与抗剪钢板组成的预埋件	通用项目一般项目 S1-1-：11. 预埋铁件(单件质量 30kg 以内、30kg 以外)
2	非预应力钢筋	1. 系指一般的钢筋混凝土构件中所用的钢筋，即预应力构件中没有进行张拉的钢筋，比如箍筋 2. 在钢筋混凝土结构中的所配置的钢筋，由于在结构中的作用不同，有不同的名称，其分类有：受压钢筋、弯起钢筋、架立钢筋、分布钢筋、箍筋等 3. 主筋：是指在预应力混凝土构件中主要承受拉力或压力的钢筋。一般钢筋直径较大，作用较大 4. 构造筋：是指在预应力混凝土构件中局部起构造作用的钢筋，一般所用钢筋直径较小，承受局部拉力、压力 5. 预制钢筋是指在预制构件中所用的钢筋	1. 道路工程道路面层 S2-3-：7. 混凝土面层钢筋(构造筋、钢筋网) 2. 桥涵及护岸工程 钻孔灌注桩工程 S4-4-、现浇混凝土工程 S4-6-、立交箱涵工程 S4-9-： 3. 排水管道工程 开槽埋管 S5-1-、窨井 S5-3- 4. 排水构筑物及机械设备安装工程泵站下部结构 S6-2- 5. 隧道工程 隧道沉井 S7-1-、盾构法掘进 S7-2-、地下连续墙 S7-4-、地下混凝土结构 S7-5-
3	预应力钢筋	1. 系指在预应力混凝土构件中使用的钢筋，预应力混凝土是在混凝土结构或构件中对高强钢筋进行张拉、锚固，使混凝土获得预压应力，以改善受拉区混凝土的受力性能，从而使高强度钢材得以合理使用，更完善地满足建筑功能的需要 2. 先张法预应力钢筋是指在先张法预应力混凝土构件中使用的钢筋 3. 后张法预应力筋承受的张拉应力通过锚具传递给预应力混凝土构件，使混凝土获得预压应力 4. 常用的预应力筋有单根粗钢筋、钢筋束和钢丝束等 5. 钢绞线可采用有夹片锚具(JM)及锲片锚具(XM、QM、OVM、YM)两种锚固体系，在预应力混凝土构件中目前最常用的是 OVM 系列	桥涵及护岸工程预制混凝土构件 S4-7-： 6. 预应力钢筋制作安装 7. 安装压浆管道和压浆

续表

项次	分类	组成	适应分部工程项目
4	型钢	系指劲性骨架的型钢部分	

注：1. 目前我国钢筋混凝土及预应力混凝土结构中采用的钢筋和钢丝有热轧钢筋、冷拉钢筋、钢丝和热处理钢筋四大类；
2. 钢筋：在钢筋工程中所用的 HPB300、HRB335、HRB400 级钢筋中，HPB300 级钢筋为光圆钢筋（端部涂红色），HRB335、HRB400 级钢筋表面为月牙纹或人字纹（其中 HRB400 级钢筋尖部涂白色，以示与 HRB335 级钢筋区别）；
3. 在钢筋工程中所用钢筋按直径大小分为钢筋和钢丝两类。直径在 5mm 以上者称为钢筋，5mm 以下者称为钢丝；按其轧制的外形可分为光圆钢筋和带肋钢筋（人字纹、月牙纹和螺纹）；
4. 定额中各项目的钢筋规格是综合计算的，子目中的××以内系指主筋最大规格；凡小于 Φ10 的构造筋均执行 Φ10 以内子目；
5. 钢丝束：预应力高强钢筋主要有钢丝、钢绞线、粗钢筋三种；钢绞线由 7 根高强钢丝用绞盘绞成一股而成；
6. 型钢是钢材通过辊轧或锻压成型的。型钢的种类有很多，如等边角钢、不等边角钢、工字钢、槽钢、H 型钢。

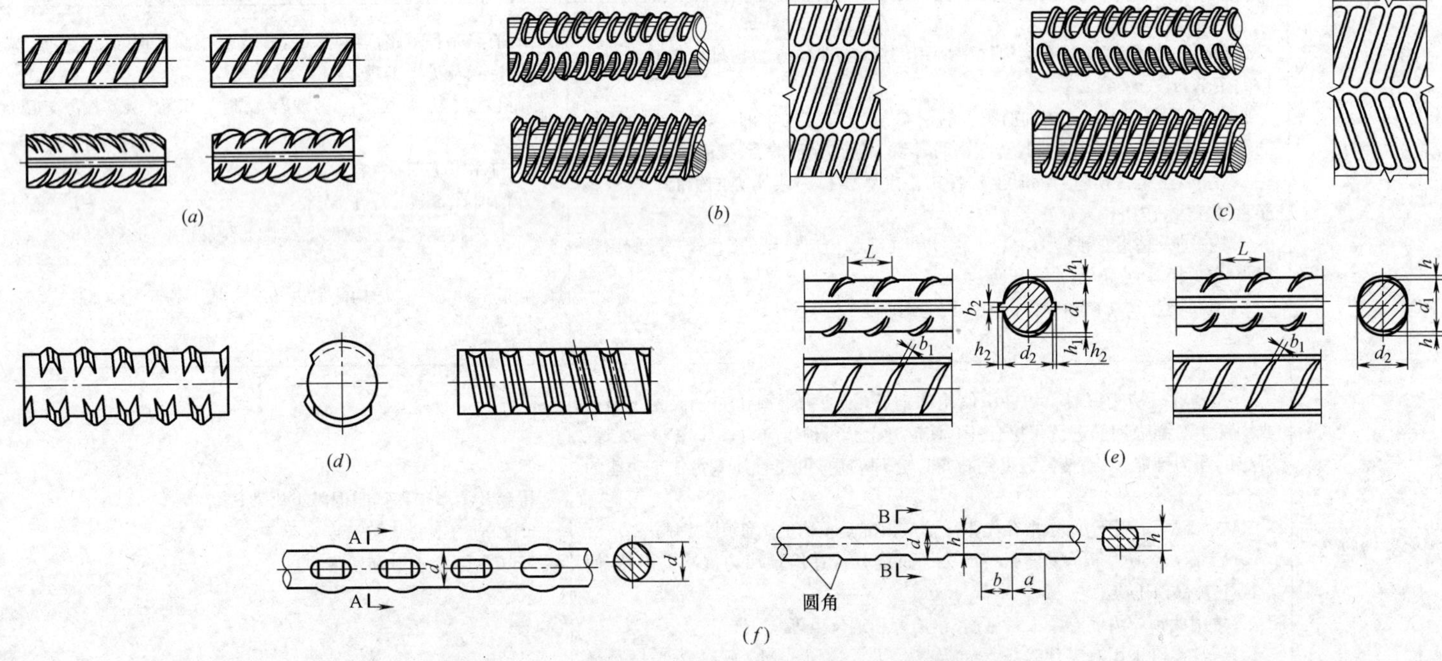

图 J-03　非预应力钢筋外形示意图（各类钢筋）

(a) 月牙形钢筋；(b) 螺旋纹钢筋；(c) 人字纹钢筋；(d) 精轧螺纹钢筋；(e) 热处理钢筋外形；(f) 刻痕钢丝外形

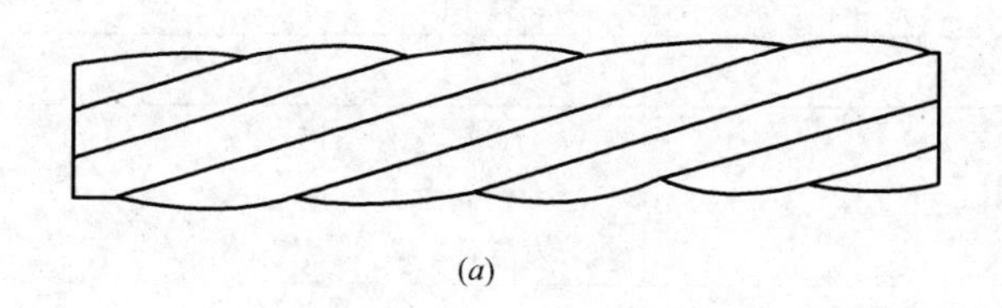

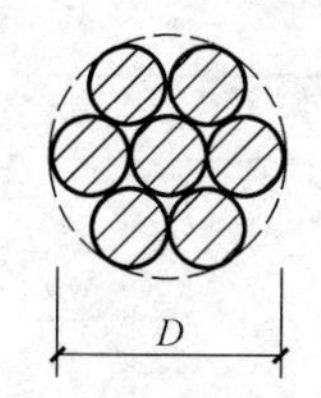

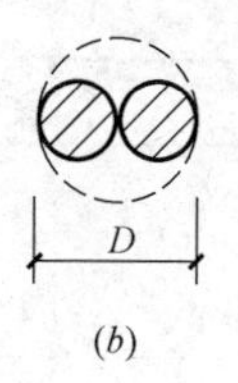

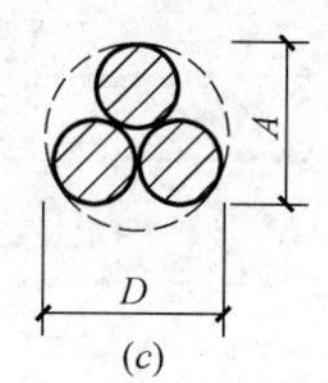

图 J-04　预应力钢绞线

(*a*) 1×7 钢绞线；(*b*) 1×2 钢绞线；(*c*) 1×3 钢绞线；(*d*) 模拔钢绞线

D—钢绞线公称直径；*A*—1×3 钢绞线测量尺寸

常用型钢的标注方法　　**表 J-05**

分类	项次	名称	截面	标注	说明
型钢	1	圆钢、圆盘条		Φ××	
	2	方钢	*b*	*b*	
	3	等边角钢		*b*×*t*	*b* 为肢宽；*t* 为肢厚
	4	不等边角钢	*B*	*B*×*b*×*t*	*B* 为长肢宽；*b* 为短肢宽；*t* 为肢厚
	5	工字钢		N　Q N	轻型工字钢加注 Q 字；N 为工字钢的型号
	6	槽钢		N　Q N	轻型槽钢加注 Q 字；N 为槽钢的型号
	7	T 型钢		TW×× TM×× TN××	TW 为宽翼缘 T 型钢 TM 为中翼缘 T 型钢 TN 为窄翼缘 T 型钢

续表

分类	项次	名称	截面	标注	说明
型钢	8	H型钢		HW×× HM×× HN××	HW为宽翼缘H型钢 HM为中翼缘H型钢 HN为窄翼缘H型钢
钢板和钢带	9	扁钢	b	—— $b\times t$	
	10	钢板		$\frac{-b\times t}{l}$	$\frac{\text{宽}\times\text{厚}}{\text{板长}}$
钢管	11	钢管		$DN\times\times$ $d\times t$	内径 外径×壁厚

预应力混凝土预应力施加方法 **表J-06**

项次	施加方法	工　序	主要机具设备	适用场合	预应力钢筋制作安装(定额子目)
1	先张法	在台座(钢模)张拉预应力筋-支模、安装预埋件-浇混凝土-养护-拆模-放张	1. 台座夹具:张拉夹具、锚固夹具 2. 张拉机具:穿心千斤顶、卷扬机、电螺杆机	预制厂生产定型中、小型构件	低合金钢、钢绞线以吨(t)计算
2	后张法	安装模板-安非预应力筋-埋管制孔-浇混凝土-抽管、养护、拆模-穿预应力筋并张拉-孔道灌浆	1. 锚具:单根粗钢筋锚具、钢筋束锚具、钢丝束锚具 2. 张拉机具:拉杆千斤顶、穿心千斤顶、双作用千斤顶	现场制作大型构件或特种构件	1. 后张法:螺栓锚、锥形锚、弗氏锚、墩头锚 2. 后张法群锚(束长40m以内-3、7、12孔以内,束长40m以外-7、12、19孔以内) 3. 临时钢丝束以吨(t)计算

注:1. 预应力施加方法:根据与构件制作相比较的先后顺序,有先张法(浇灌混凝土前张拉钢筋)、后张法(混凝土结硬后在构件上张拉钢筋)两种;

2. 先张法是指浇筑混凝土前张拉预应力钢筋或钢绞线,故需要设置张拉台座;后张法则无需设置张拉台座,是在梁体内预留孔道,先浇筑混凝土,待混凝土达到一定强度后再张拉预应力筋,需要配置锚具,最后进行孔道压浆和浇筑锚固端封头混凝土;

3. 按钢筋的张拉方法:机械张拉、电热张拉;

4. 预应力钢筋的种类:冷拔低碳钢丝、冷拉钢筋、高强度钢丝、钢绞线、热处理钢筋。

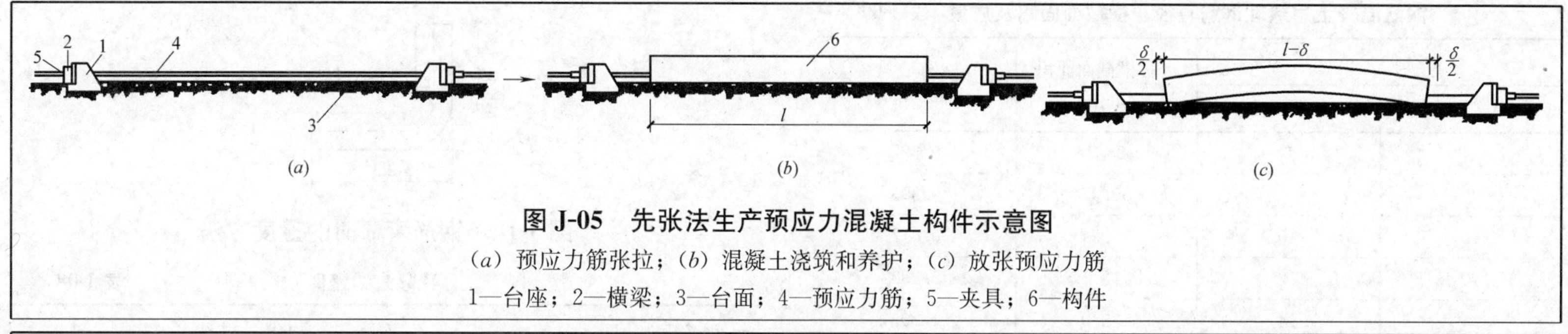

图 J-05　先张法生产预应力混凝土构件示意图

（a）预应力筋张拉；（b）混凝土浇筑和养护；（c）放张预应力筋

1—台座；2—横梁；3—台面；4—预应力筋；5—夹具；6—构件

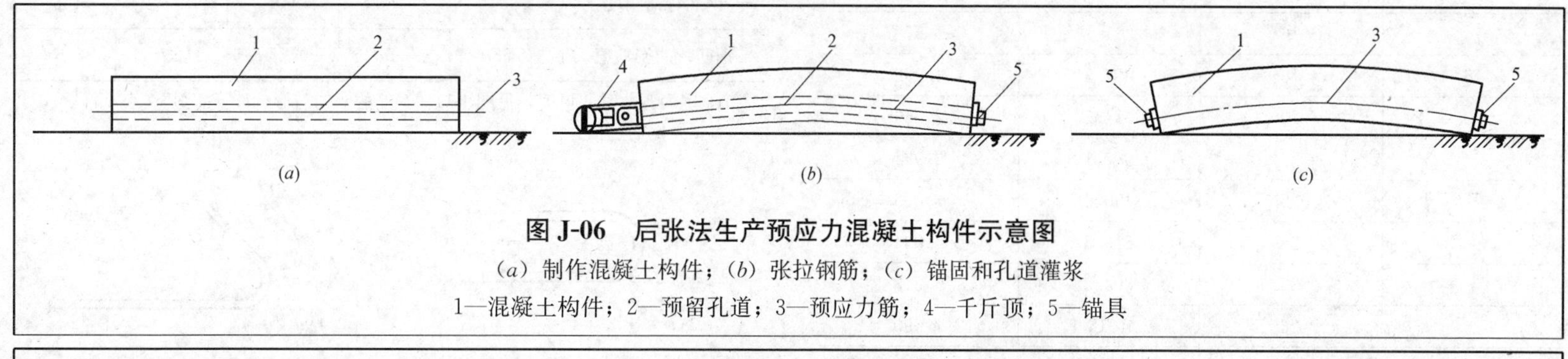

图 J-06　后张法生产预应力混凝土构件示意图

（a）制作混凝土构件；（b）张拉钢筋；（c）锚固和孔道灌浆

1—混凝土构件；2—预留孔道；3—预应力筋；4—千斤顶；5—锚具

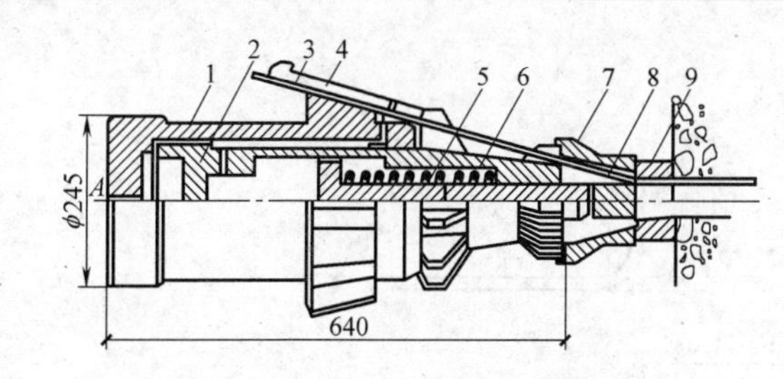

图 J-07　TD-60 型千斤顶构造简图

1—张拉杆；2—顶压缸；3—钢丝；4—楔块；5—顶锚活塞杆；6—弹簧；7—对中套；8—锚塞；9—端环

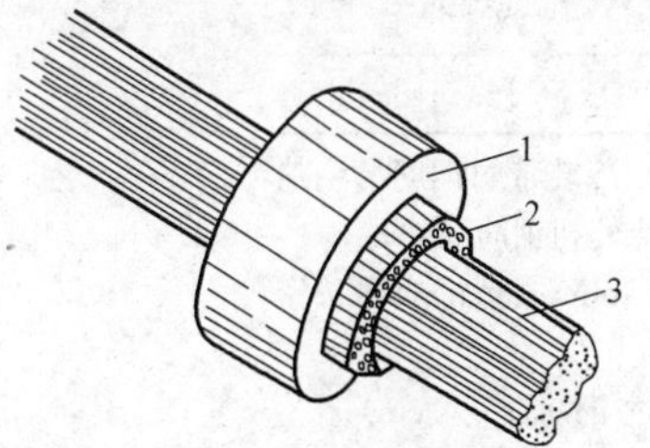

图 J-08　JNI-12 型锚具简图

1—锚环；2—夹片；3—钢筋束

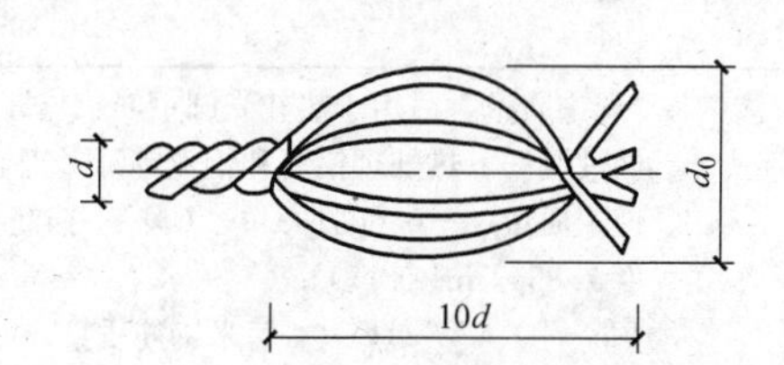

图 J-09　钢绞线在固定端压花简图

钢筋混凝土用热轧钢筋直径、横截面面积及质量　表 J-07

公称直径(mm)		公称横截面面积 (mm^2)	公称质量 (kg/m)
光圆钢筋	带肋钢筋		
6	6	28.3	0.222
8	8	50.27	0.395
10	10	78.54	0.617
12	12	113.1	0.888
14	14	153.9	1.208
16	16	201.1	1.578
18	18	254.5	1.998
20	20	314.2	2.466
	22	380.1	2.984
	25	490.9	3.853
	28	615.8	4.834
	32	804.2	6.313
	36	1018	7.990
	40	1257	9.865
	50	1964	15.414

注：1. “理论质量”适用于热轧光圆钢筋、热轧带肋钢筋、冷轧带肋钢筋、余热处理钢筋、热处理钢筋和钢丝等圆形钢筋（丝）。冷轧扭钢筋除外；

2. 理论质量——$0.0061654\Phi^2$（Φ——钢筋公称直径，mm）（理论质量按密度 $7.85g/cm^3$ 计算）；

或 $G=0.617d^2$（G——每米钢筋质量，kg/m；d——钢筋直径，cm）；

3. 公称直径 8.2mm 适用于热处理钢筋；

4. 钢筋实际质量与公称质量偏差按下式计算：

$$质量偏差（\%）=\frac{试样实际总质量-(试样总长度\times公称质量)}{试样总长度\times公称质量}\times100$$

其中：试样数量不少于 10 支，总长度不小于 60m。

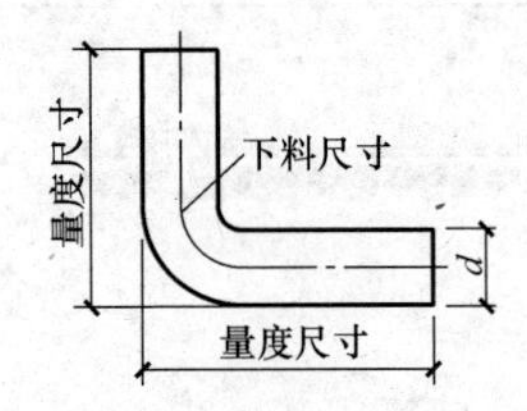

图 J-10　钢筋弯曲时的量度方法

钢筋弯曲调整值　表 J-08

钢筋弯曲角度	30°	45°	60°	90°	135°
钢筋弯曲调整值	0.35d	0.5d	0.85d	2d	2.5d

注：1. 钢筋弯曲时的量度，见图 J-11“钢筋的弯钩与弯折计算简图”；

2. d 为钢筋直径。

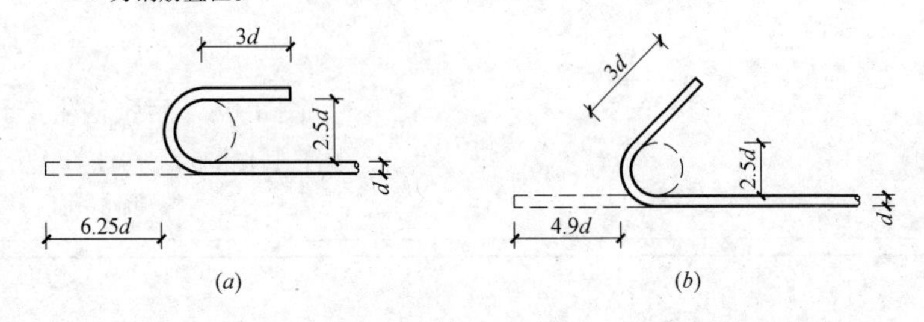

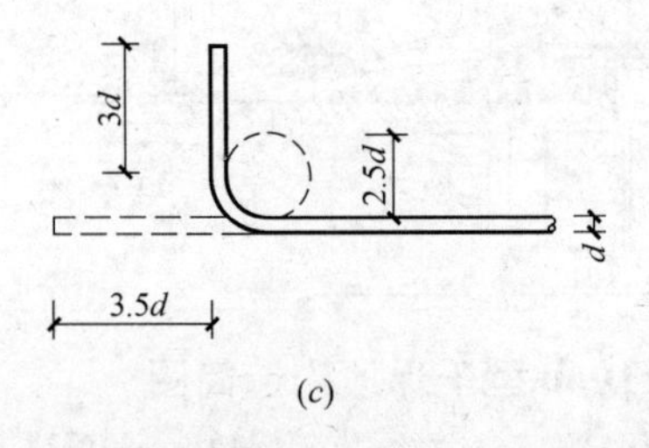

图 J-11　钢筋的弯钩与弯折计算简图

(a) 180°半圆弯钩；(b) 135°斜弯钩；(c) 90°直弯钩

光圆钢筋的弯钩增加长度，按图 J-11“钢筋的弯钩与弯折计算简图”（弯心直径为 2.5d、平直部分为 3d）计算：半圆弯钩为 6.25d，直弯钩为 3.5d，斜弯钩为 4.9d。

常用光圆钢筋弯钩增加长度表　　表 J-09

项次	弯钩平直长度		180°弯钩	135°弯钩	90°弯钩
1	平直长度＝3d	单钩	6.25d	4.87d	4.21d
2		双钩	12.50d	9.74d	8.42d
3	平直长度＝5d	单钩	8.25d	6.87d	6.21d
4	平直长度＝10d	双钩	16.50d	13.74d	12.42d
5		单钩	13.25d	11.87d	11.21d
6		双钩	26.50d	23.74d	22.42d

注：1. 钢筋的计算长度＝钢筋图示外缘长度（构件长度-保护层厚度）＋弯钩增加长度；
2. 弯钩的平直长度按施工图设计；
3. 弯钩增加长度的理论依据是《混凝土结构工程施工质量验收规范》GB 50204—2015。

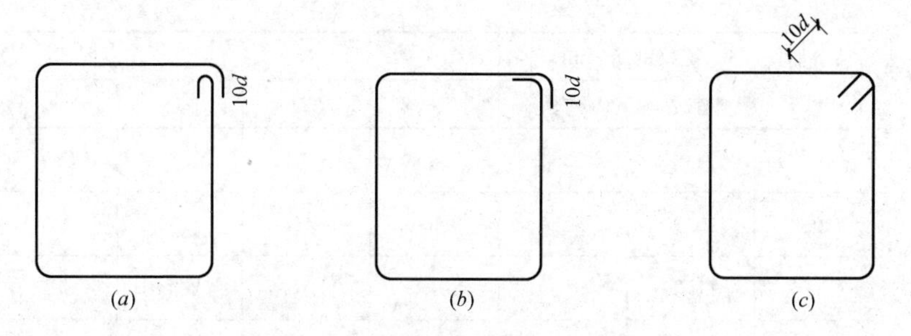

图 J-12　箍筋弯钩长度示意图

（a）90°/180°一般结构；（b）90°/90°一般结构；（c）135°/135°抗震结构

箍筋弯钩长度增加值参考表（mm）　　表 J-10

钢筋直径 d	一般结构箍筋两个弯钩增加长度		抗震结构箍筋两个弯钩增加长度（28d）
	两个弯钩均为 90°（15d）	一个弯钩为 90°，另一个弯钩为 180°（17d）	
≤5	75	85	140
6	90	102	168
8	120	136	224
10	150	170	280
12	180	204	336

注：箍筋一般用内皮尺寸标示，每边加上 2d，即成为外皮尺寸，表中已计入。

圆钢筋、螺纹钢筋的截面面积及理论质量表　　表 J-11

圆钢筋直径（mm）	螺纹钢筋（mm）		在下列钢筋根数时，钢筋计算截面面积（cm²）									理论质量（kg/m）	圆钢筋直径（mm）
	外径	内径	1	2	3	4	5	6	7	8	9		
5	—	—	0.196	0.39	0.59	0.79	0.98	1.18	1.37	1.57	1.77	0.154	5
6	6.75	5.75	0.283	0.57	0.85	1.13	1.42	1.70	1.98	2.26	2.55	0.222	6
7	7.75	6.75	0.385	0.77	1.15	1.54	1.92	2.31	2.69	3.08	3.46	0.302	7

续表

圆钢筋直径(mm)	螺纹钢筋(mm)		在下列钢筋根数时，钢筋计算截面面积(cm^2)									理论质量(kg/m)	圆钢筋直径(mm)
	外径	内径	1	2	3	4	5	6	7	8	9		
8	9.00	7.50	0.503	1.01	1.51	2.01	2.51	3.02	3.52	4.02	4.53	0.395	8
9	10.00	8.50	0.636	1.27	1.91	2.54	3.18	3.82	4.45	5.09	5.72	0.499	9
10	11.30	9.30	0.785	1.57	2.36	3.14	3.93	4.71	5.50	6.28	7.07	0.617	10
12	13.00	11.00	1.131	2.26	3.39	4.52	5.65	6.79	7.92	9.05	10.18	0.888	12
14	15.50	13.00	1.539	3.08	4.62	6.16	7.69	9.23	10.77	12.31	13.85	1.208	14
16	17.50	15.00	2.011	4.02	6.03	8.04	10.05	12.06	14.07	16.08	18.10	1.578	16
18	20.00	17.00	2.545	5.09	7.63	10.18	12.72	15.27	17.81	20.36	22.90	1.988	18
19	—	—	2.835	5.67	8.51	11.34	14.18	17.01	19.85	22.68	25.52	2.230	19
20	22.00	19.00	3.142	6.28	9.41	12.56	15.71	18.85	21.99	25.14	28.28	2.466	20
22	24.00	21.00	3.801	7.60	11.40	15.20	19.00	22.81	26.61	30.41	34.21	2.984	22
25	27.00	24.00	4.909	9.82	14.73	19.63	24.54	29.45	34.36	39.27	44.18	3.853	25
28	30.50	26.50	6.158	12.32	18.47	24.63	30.79	36.95	43.10	49.26	55.42	4.834	28
30	—	—	7.069	14.14	21.21	28.28	35.34	42.41	49.48	56.55	63.62	5.549	30
32	34.50	30.50	8.042	16.08	24.18	32.17	40.21	48.25	56.30	64.34	72.38	6.313	32
36	39.50	34.50	10.180	20.36	30.54	40.72	50.90	61.08	71.26	81.44	91.62	7.990	36
38	—	—	11.341	22.68	34.02	45.36	56.71	68.05	79.39	90.73	102.07	8.900	38
40	43.50	38.50	12.560	25.12	37.68	50.24	62.80	75.36	87.92	100.48	113.04	9.870	40

注：螺纹钢筋计算直径与圆钢筋直径相同。

钢筋、钢丝束及焊接网标注方法　　　　表 J-12

序号	名　称	图　例
1	钢筋、钢丝束的说明应给出钢筋代号、直径、数量、间距、编号及所在位置 （钢筋在平面图中的表示方法）	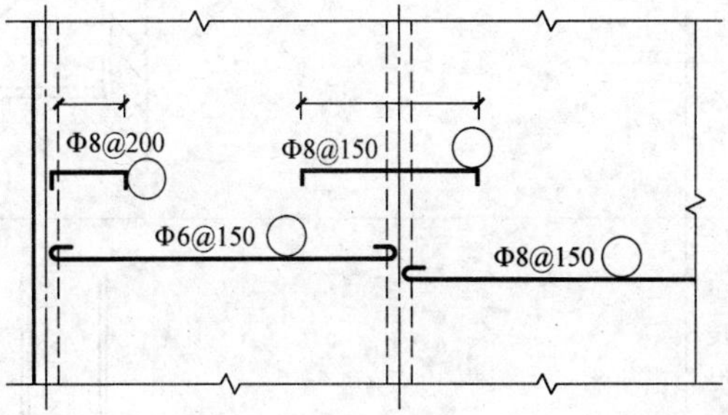 Φ8@200　Φ8@150　Φ6@150　Φ8@150
2	焊接网的编号应写在对角线上，网的数量应与网的编号写在一起 （焊接网）	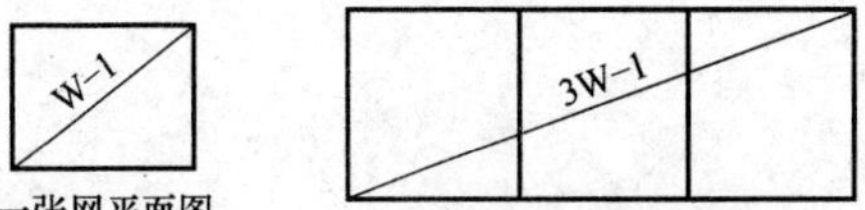 W-1 一张网平面图 3W-1 一排相同的网平面图
3	钢筋在平面图中的标注方法	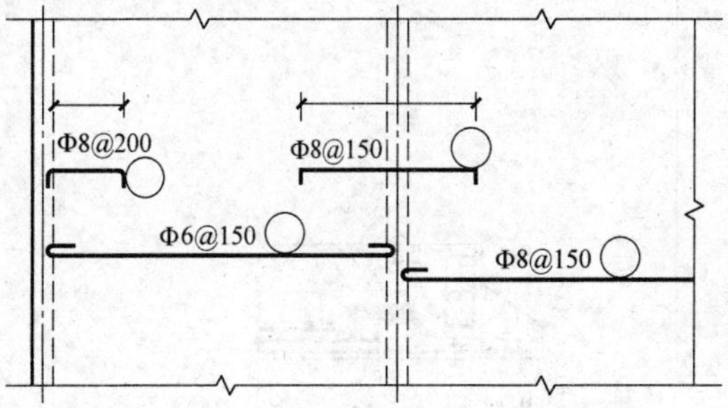 Φ8@200　Φ8@150　Φ6@150　Φ8@150

续表

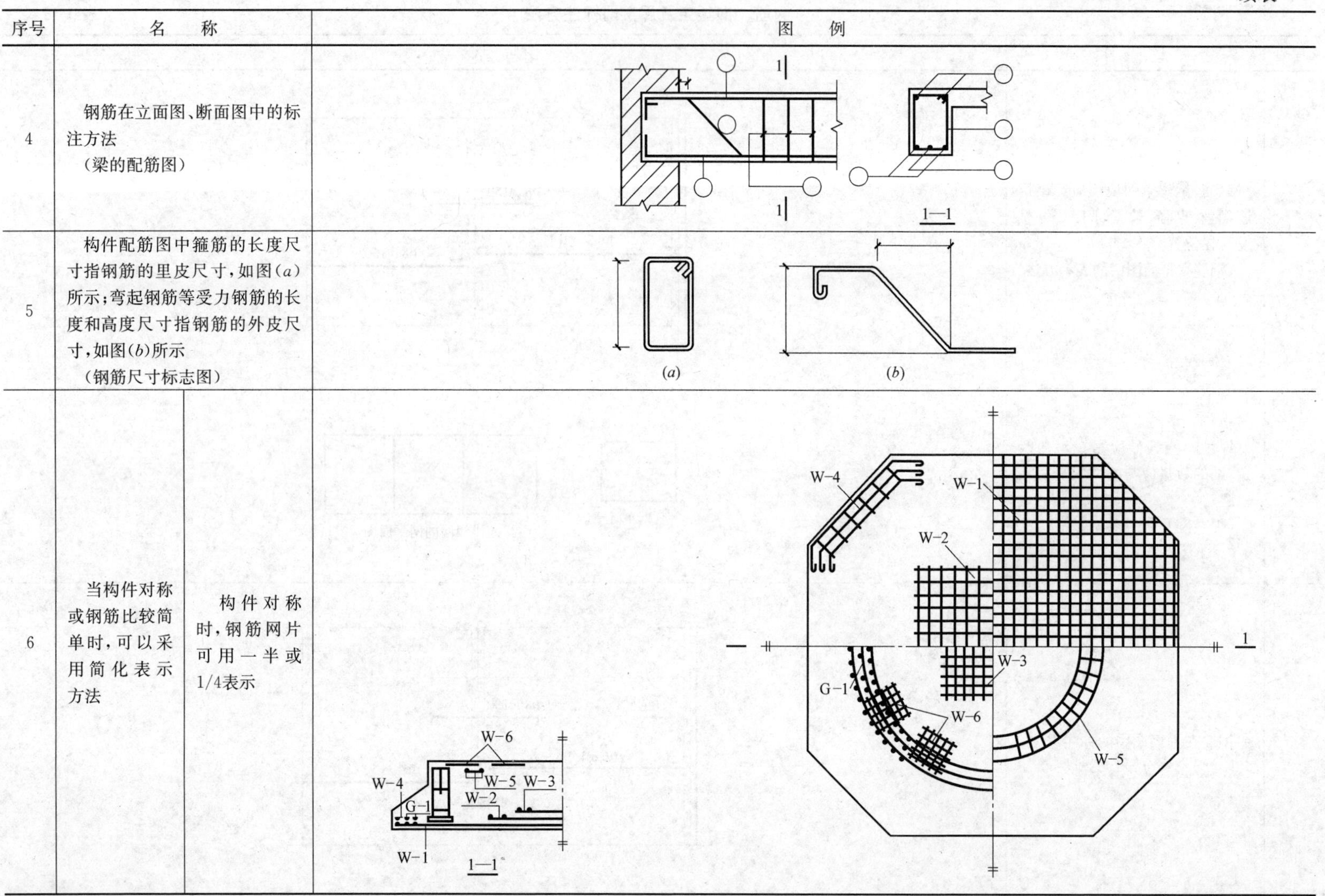

序号	名　称	图　例
4	钢筋在立面图、断面图中的标注方法 （梁的配筋图）	
5	构件配筋图中箍筋的长度尺寸指钢筋的里皮尺寸，如图(*a*)所示；弯起钢筋等受力钢筋的长度和高度尺寸指钢筋的外皮尺寸，如图(*b*)所示 （钢筋尺寸标志图）	
6	当构件对称或钢筋比较简单时，可以采用简化表示方法 构件对称时，钢筋网片可用一半或1/4表示	

续表

序号	名称		图例
6	当构件对称或钢筋比较简单时，可以采用简化表示方法	配筋较简单时，可在模板图的一角绘出断开界线，并绘出钢筋布置情况	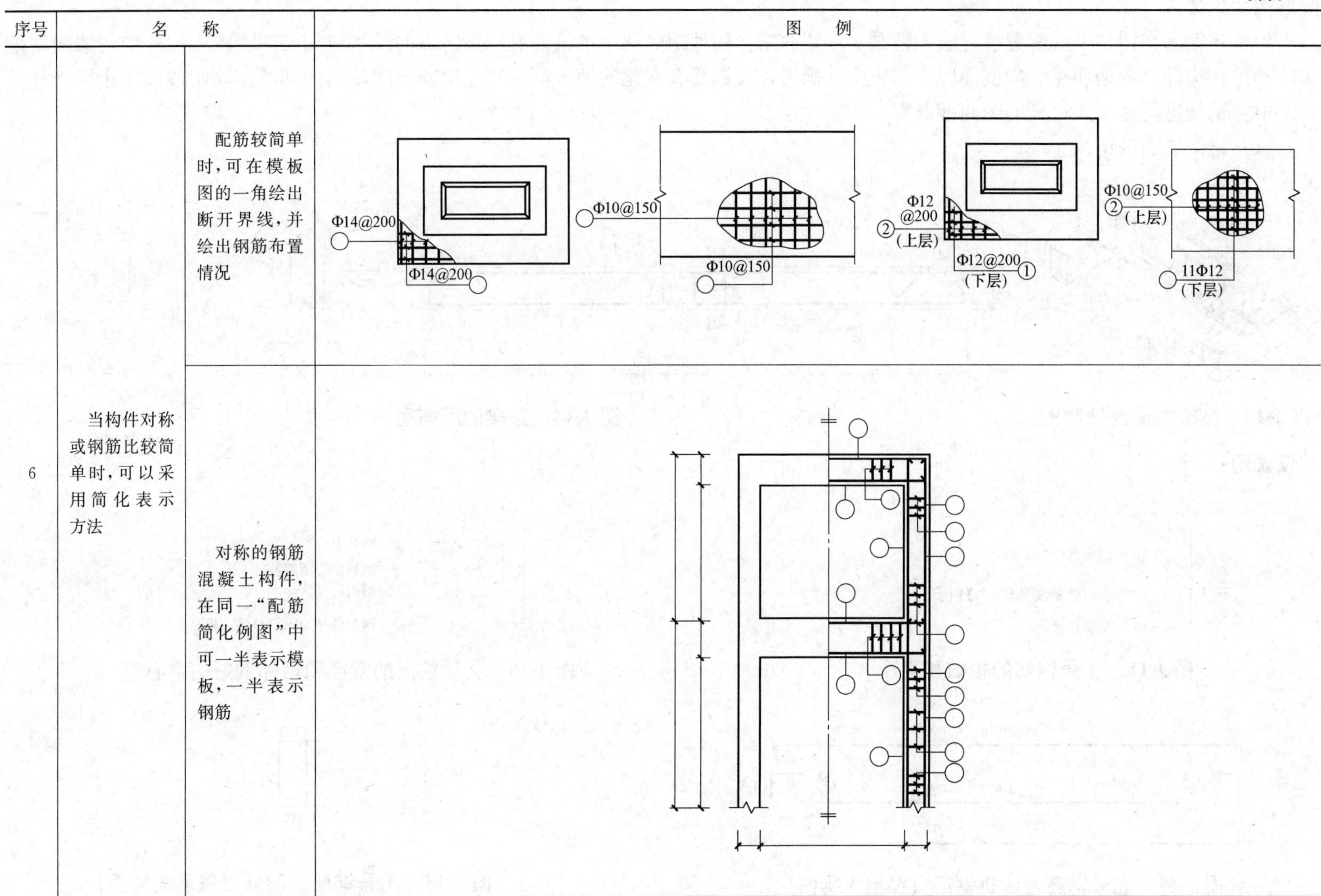
		对称的钢筋混凝土构件，在同一"配筋简化例图"中可一半表示模板，一半表示钢筋	

配筋图的识读

为了将钢筋在构件中的配置情况表示清楚，传统的结构构件配筋图中都绘制有构件的纵向及横向剖面图。图中构件的轮廓线用细实线画出，构件中的钢筋在纵向剖面图中用粗实线画出，凡钢筋有变化的地方都分别画出断面图，凡剖到的钢筋画成圆形小黑点，并在图中将钢筋进行标注，这样的图叫配筋图。

（1）梁配筋图的识读

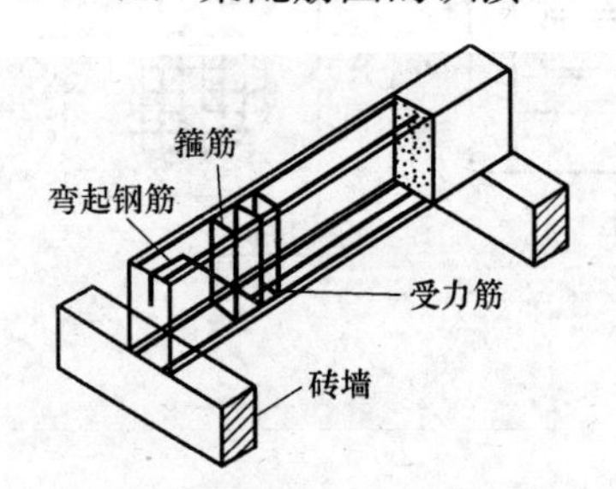

图 J-13　某梁的配筋轴测图

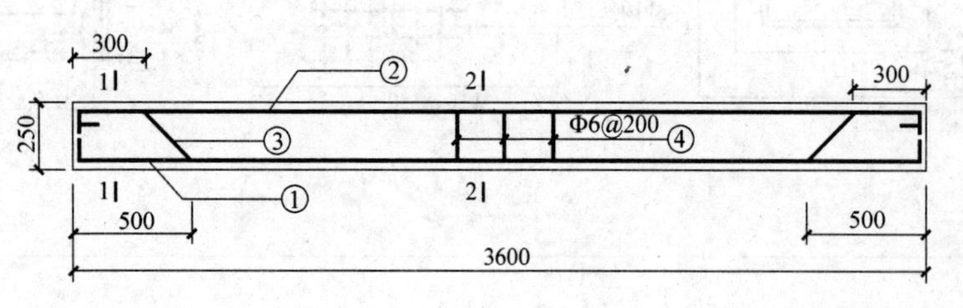

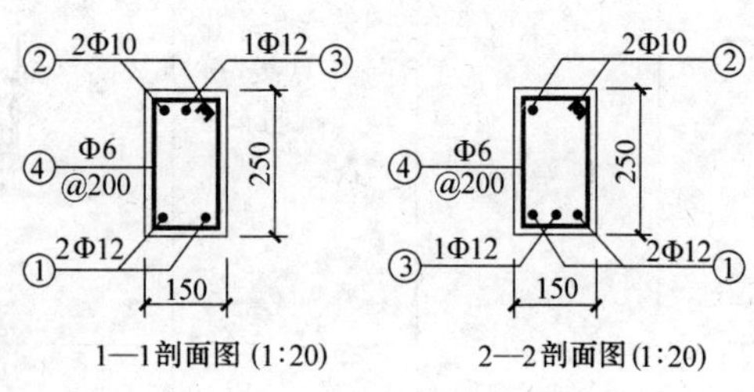

图 J-14　某梁的配筋图

识读说明：

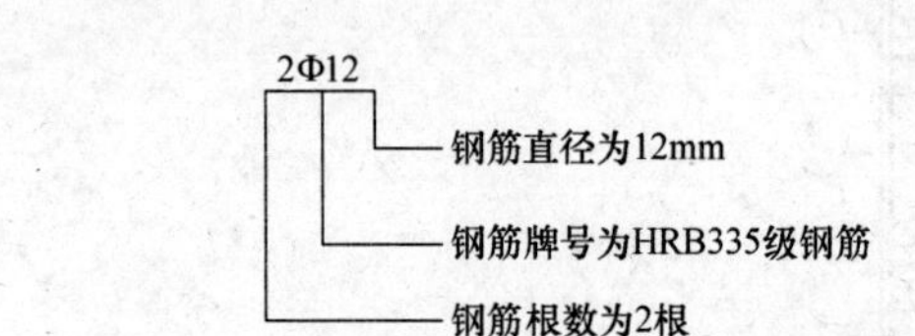

图 J-15　①号钢筋的根数和直径

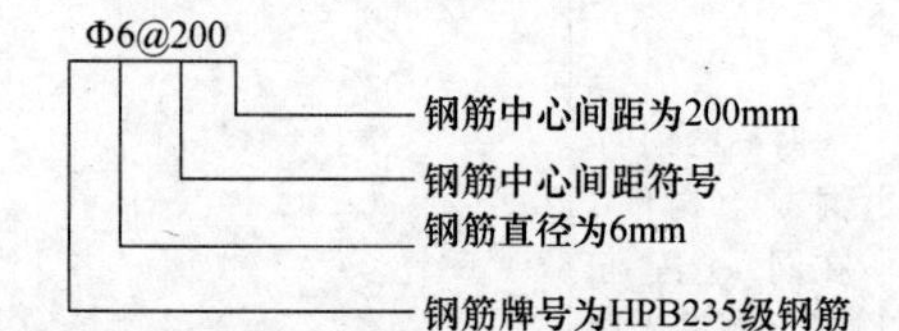

图 J-16　②号钢筋的直径和相邻钢筋的中心距

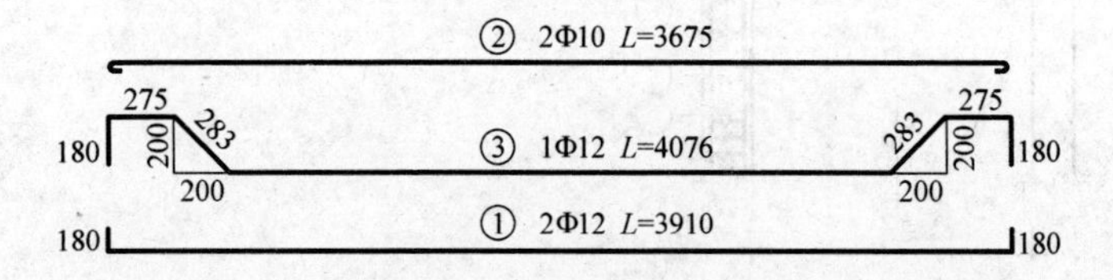

图 J-17　③号钢筋为弯折钢筋（钢筋大样图）

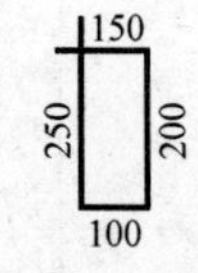

图 J-18　④号钢筋为箍筋（箍筋大样图）

（2）板配筋图的识读

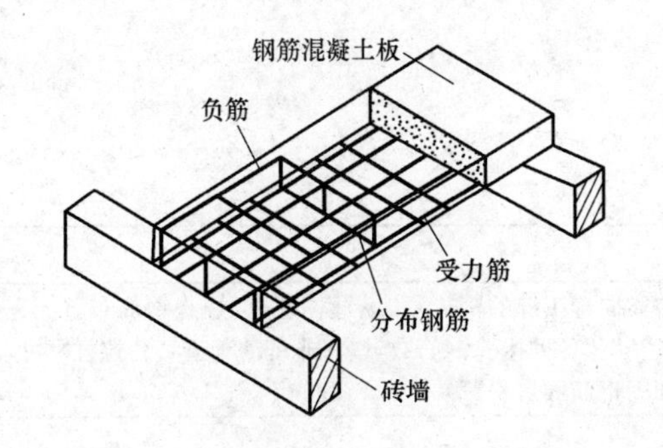

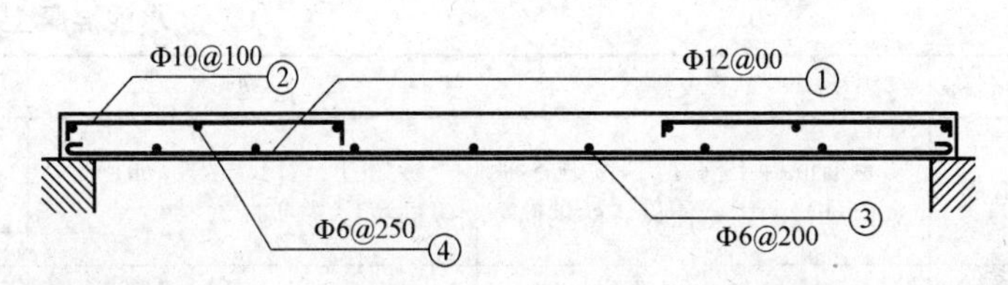

图 J-19　板内配筋示意图

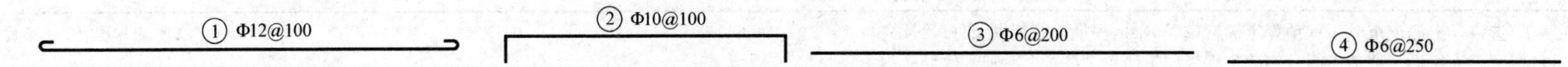

图 J-20　板内钢筋对应的钢筋大样图

注：①号钢筋为受力钢筋；②号钢筋为负筋；③、④号钢筋为分布钢筋。

（3）柱子配筋图的识读

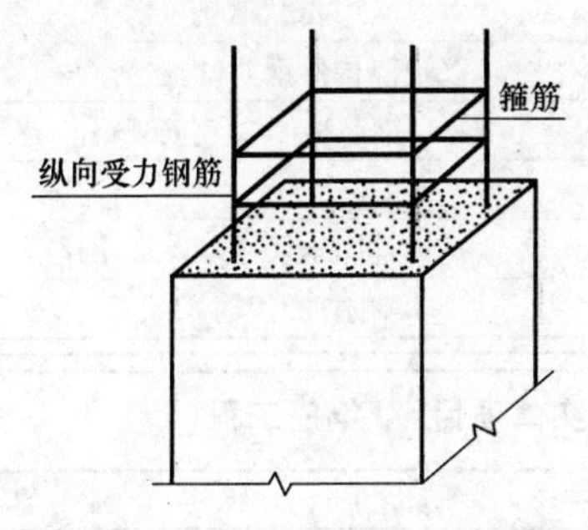

图 J-21　柱子内钢筋示意图

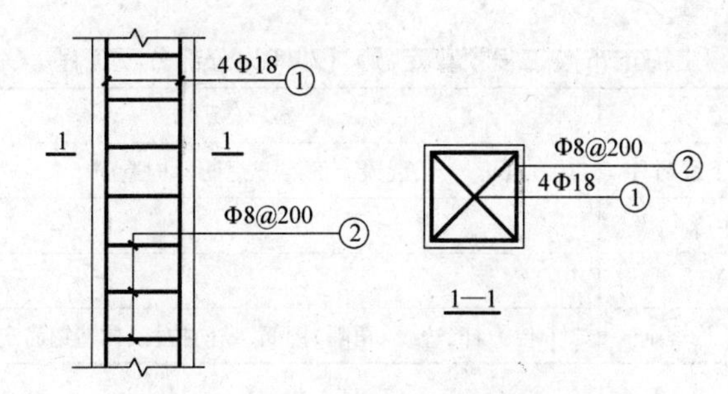

图 J-22　柱子配筋对应的配筋图

注：①号钢筋为受力钢筋；②号钢筋为箍筋。

关于钢筋工程定额子目的运用、编制，敬请参阅本“图释集”附录G《上海市市政工程预算定额》（2000）总说明中附表G-06“混凝土模板、支架和钢筋定额子目列项检索表［即第十六条］”的释义。

表J.1　钢筋工程（项目编码：040901001）现浇构件钢筋（构造筋）

水泥混凝土面层钢筋

项次	分项名称	释义	类型	图、表
1	构造筋	钢筋混凝土构件内，考虑各种难以计量的因素而设置的钢筋	传力杆、边缘（角隅）加固筋、纵向拉杆等钢筋	“横向缩缝的构造”、“横向施工缝的构造”、“纵缝构造”、“边缘钢筋布置图”、“各种接缝钢筋数量表（机动车道）”、“各种接缝钢筋数量表（非机动车道）”、“拉杆尺寸与间距”、“《公用事业设备窨井加固钢筋数量表》”
2	钢筋网	系指在摊铺水泥混凝土面层时，所需配筋的部位的钢筋纵横交错，形成网状结构	水泥混凝土上部加固钢筋网、水泥混凝土下部加固钢筋网、水泥混凝土双层加固钢筋网	“各类板块钢筋网数量表”

注：1. 选自《上海市市政工程预算定额》（2000）工程量计算规则及总、册说明；
2. 图、表所诉，敬请参阅《市政工程工程量清单“算量”手册》的释义；
3. 钢筋工程量的计算应以设计图纸为准，不考虑施工下料时的增减因素，另外，套用定额时需区分构造筋和钢筋网；
4. 混凝土路面的传力杆、边缘（角隅）加固筋、纵向拉杆等钢筋套用构造筋定额。

《上海市市政工程预算定额》（2000）分部分项工程

子目编号	S2-3-37
分部分项工程名称	混凝土面层—钢筋—构造筋
工作内容	
计量单位	t
工程量计算规则	传力杆、边缘（角隅）钢筋、纵向拉杆、构造钢筋定额

工程量清单“四统一”

项目编码	040901001
项目名称	现浇构件钢筋（构造筋）
项目特征	1. 钢筋种类 2. 钢筋规格
计量单位	t
工程量计算规则	按设计图示尺寸以质量计算
工程内容	1. 制作 2. 运输 3. 安装

一、实体项目　J钢筋工程

对应图示		项目名称	编码/编号
工程量清单分类		表J.1钢筋工程［现浇构件钢筋（构造筋）］	040901001
定额章节	分部工程	第二册道路工程 第三章道路面层	S2-3-
	分项子目	7. 混凝土面层	S2-3-37

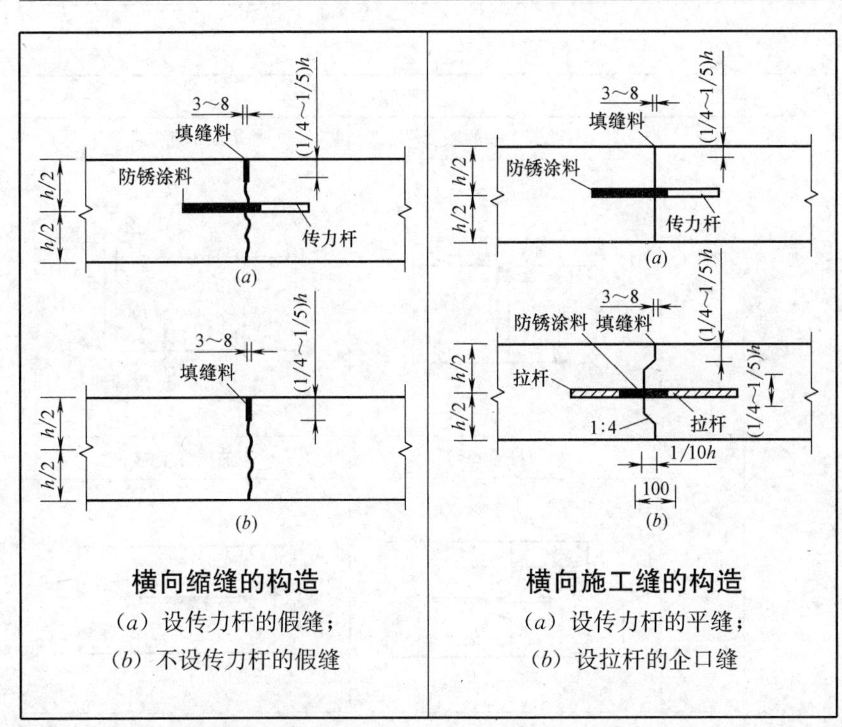

横向缩缝的构造

（a）设传力杆的假缝；

（b）不设传力杆的假缝

横向施工缝的构造

（a）设传力杆的平缝；

（b）设拉杆的企口缝

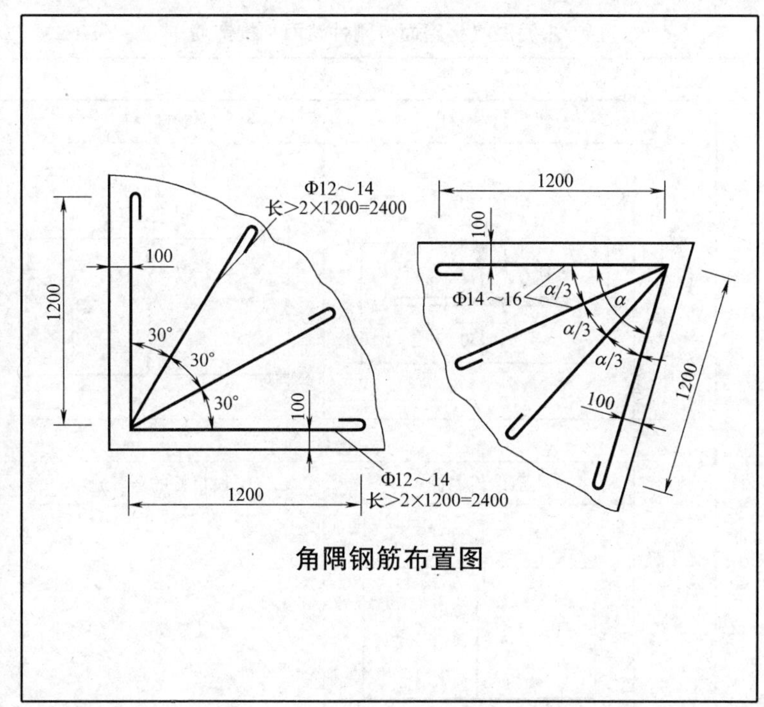

角隅钢筋布置图

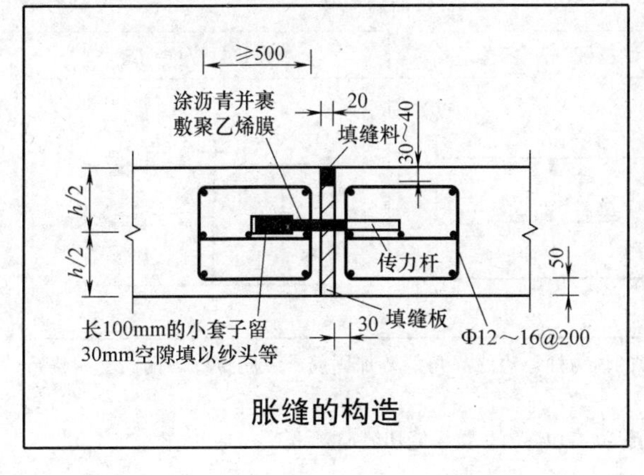

胀缝的构造

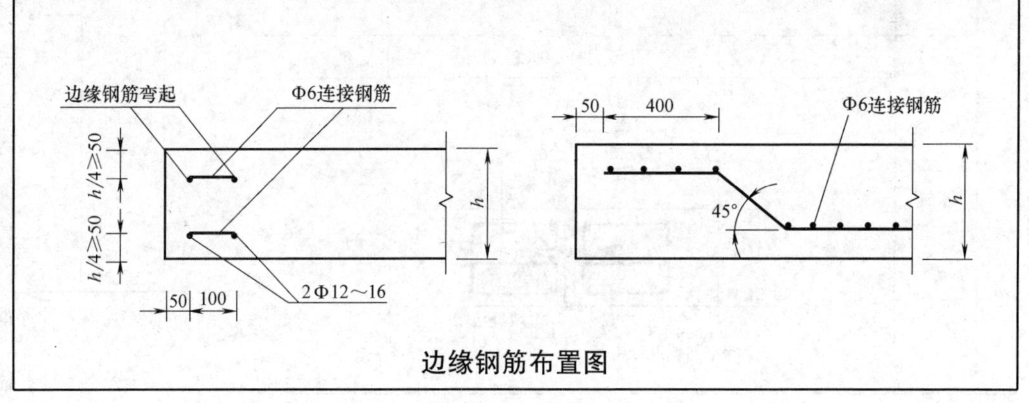

边缘钢筋布置图

水泥混凝土路面（刚性路面）构造筋　　表 J-13

类型		图示	
横缝	缩缝（假缝）	设传力杆 40　3～8　涂沥青　$h_c/2$　h_c　50 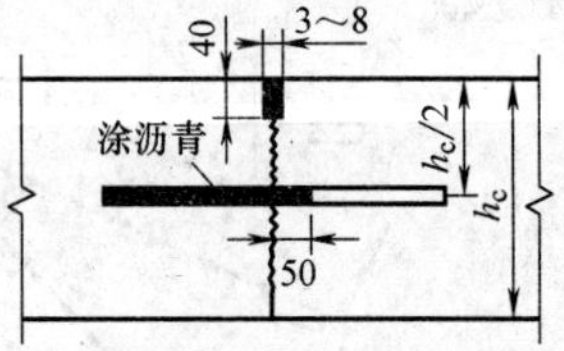	不设传力杆 40　3～8　h_c 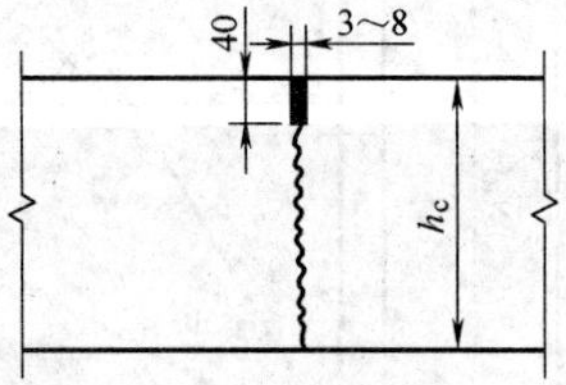
横缝	施工缝（工作缝）	设传力杆的平缝	
		不设传力杆 h_c	设拉杆的企口缝
横缝	胀缝（真缝）	设传力杆的胀缝 ≥500　涂沥青并裹敷聚乙烯膜　20　填缝板　30～40　$h/2$　$h/2$　传力杆　50　填缝板　长100mm的小套子留30mm空隙填以纱头等　30　Φ12～16@200 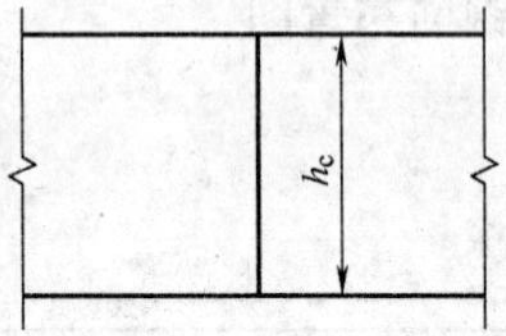 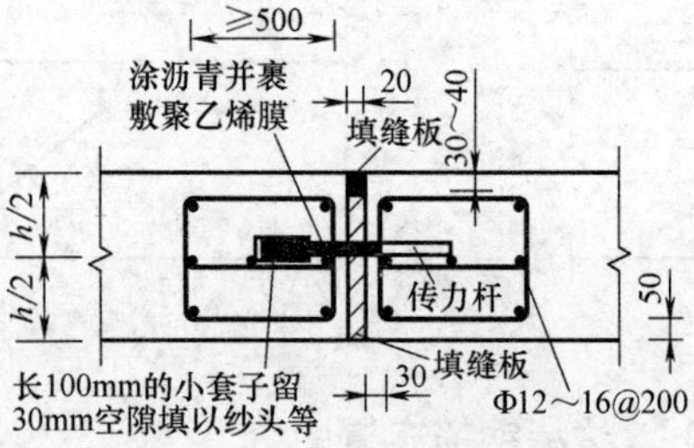	

续表

类型		图示	
横缝	胀缝（真缝）	不设传力杆的胀缝 40　20～25　h_c 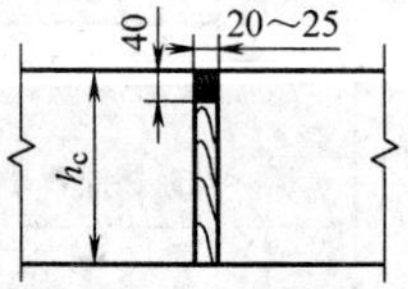	加边缘钢筋的胀缝 20～25　h_c　100　50　50 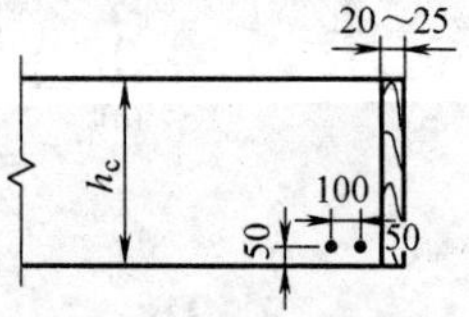
纵缝	纵缝构造	加拉杆企口缝 $0.1h_c$　h_c　100　(1:3～1:5)h_c　1:4　拉杆　涂沥青	加拉杆平缝 $h_c/2$　h_c　涂沥青　100　拉杆
纵缝		纵向施工缝 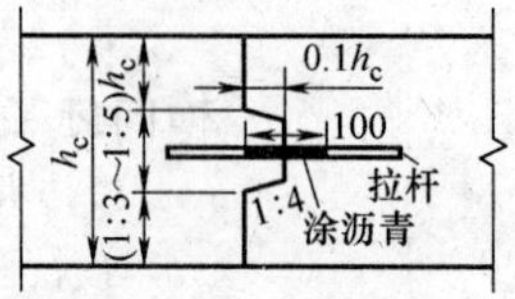	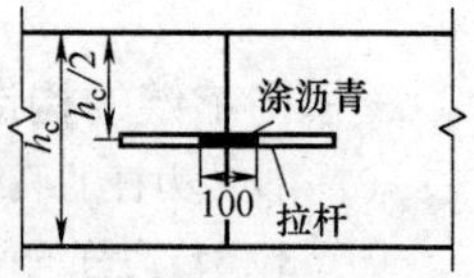
	纵向缩缝	设拉杆纵向缩缝 3～8　50　$h_c/2$　h_c　100　拉杆　涂沥青 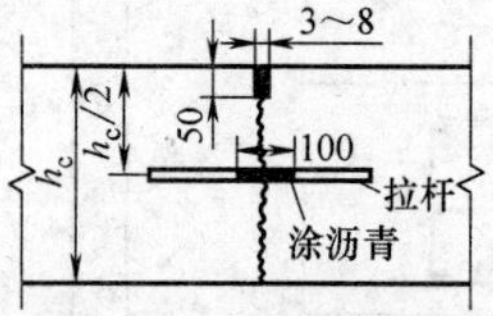	不设拉杆纵向缩缝 50　3～8　h_c 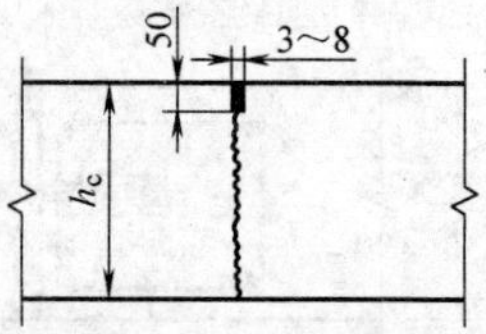

注：1. 混凝土路面的传力杆、边缘（角偶）加固筋、纵向拉杆等钢筋套用构造筋定额；

2. 混凝土路面纵缝需切缝时，按纵缝切缝定额计算。

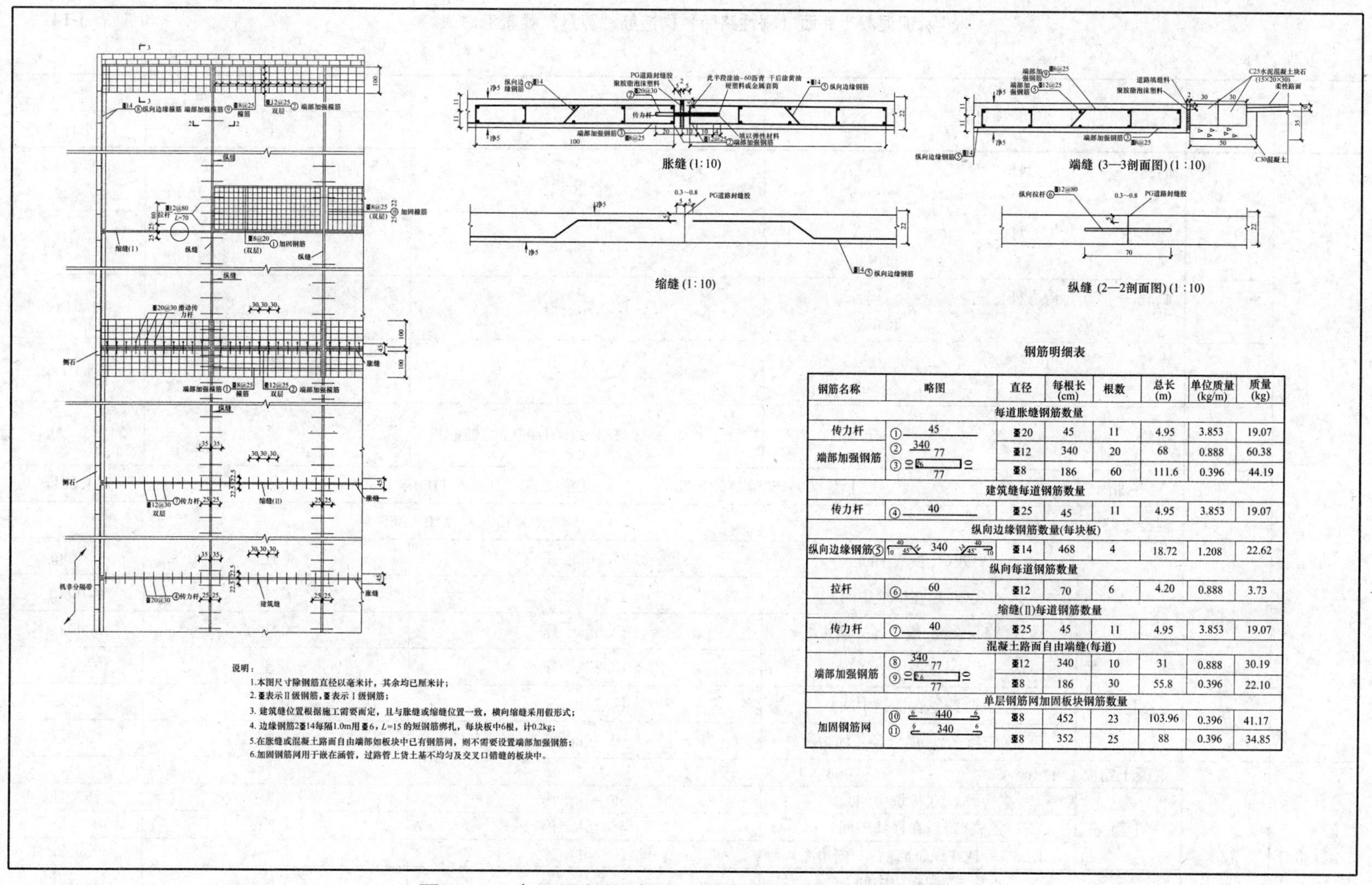

钢筋明细表

钢筋名称	略图	直径	每根长 (cm)	根数	总长 (m)	单位质量 (kg/m)	质量 (kg)
每道胀缝钢筋数量							
传力杆	① 45	Φ20	45	11	4.95	3.853	19.07
端部加强钢筋	② 340 77	Φ12	340	20	68	0.888	60.38
	③ 10 6 77 10	Φ8	186	60	111.6	0.396	44.19
建筑缝每道钢筋数量							
传力杆	④ 40	Φ25	45	11	4.95	3.853	19.07
纵向边缘钢筋数量(每块板)							
纵向边缘钢筋⑤	40 10 45° 340 45° 40 10	Φ14	468	4	18.72	1.208	22.62
纵向每道钢筋数量							
拉杆	⑥ 60	Φ12	70	6	4.20	0.888	3.73
缩缝(Ⅱ)每道钢筋数量							
传力杆	⑦ 40	Φ25	45	11	4.95	3.853	19.07
混凝土路面自由端缝(每道)							
端部加强钢筋	⑧ 340 77	Φ12	340	10	31	0.888	30.19
	⑨ 10 6 77 10	Φ8	186	30	55.8	0.396	22.10
单层钢筋网加固板块钢筋数量							
加固钢筋网	⑩ 6 440 6	Φ8	452	23	103.96	0.396	41.17
	⑪ 6 340 6	Φ8	352	25	88	0.396	34.85

图 J-23　水泥混凝土路面（刚性路面）构造筋示意图

注：在编制工程“算量”时，敬请参阅本“图释集”第二章分部分项工程中图 B-01“某道路实体工程平面图［单幅路（一块板）］”的释义。

水泥混凝土路面（刚性路面）构造筋“算量”要素汇总表

表 J-14

工程名称：

分类	序号	项目名称			单位	质量	
						数量	小计
构造	1	缩缝	传力杆	40 Φ20-30	11.84kg/道	4 条×4 块板 16 道	189.44kg
	2	施工缝	传力杆	40 Φ20-30	11.84kg/道	305.0/60.0×4 块板 20.19 道	239.05kg
	3	胀缝	传力杆	40 Φ20-30	11.83kg/道	2×4 块板 8 道	94.64kg
	4	纵缝	拉杆	70 Φ14-80	5.07kg/板	305.0/5.0×2 边 183.04 板	928.01kg
	5	边缘			(4.9×2+0.1×18)×1.21=14.036kg/板	305.0/5.0×2 边 600 板	1713.00kg
	6①	窨井加固	Ⅰ型 600×600～750×750　Ⅱ型 1000×1000～1100×3650				754.09kg
		混凝土路面 h=22cm		100×100　110×365			
		Ⅰ型	甲式(在板块中间)		39.00kg/座	0 座	0.00kg
			乙式(跨越在横缝中间)		38.15kg/座	0 座	0.00kg
			丙式(跨越在纵、横缝各一侧边缘)		29.55kg/座	0 座	0.00kg
		Ⅱ型	甲式(在板块中间)		48.27kg/座	0 座	0.00kg
			乙式(跨越在横缝中间)		47.73kg/座	0 座	0.00kg
			丙式(跨越在纵、横缝各一侧边缘)		40.46kg/座	0 座	0.00kg
钢筋	②	混凝土路面 h=24cm					
		Ⅰ型	甲式(在板块中间)		39.43kg/座	7 座	276.01kg
			乙式(跨越在横缝中间)		38.15kg/座	0 座	0.00kg
			丙式(跨越在纵、横缝各一侧边缘)		29.55kg/座	0 座	0.00kg
		Ⅱ型	甲式(在板块中间)		48.74kg/座	7 座	341.18kg
			乙式(跨越在横缝中间)		48.22kg/座	2 座	96.44kg
			丙式(跨越在纵、横缝各一侧边缘)		40.46kg/座	1 座	40.46kg

续表

分类	序号	项目名称		单位	质量		
					数量		小计
钢筋	7	进水口加固					
		侧石式	A式(在侧石与板块中间)	17.76kg/座	0座		0.00kg
			B式(跨越在侧石与横缝中间)	18.17kg/座	0座		0.00kg
			C式(跨越在侧石与横缝各一侧边缘)	8.79kg/座	0座		0.00kg
	8	各公用管线加固		137.25kg/座	4座		549.00kg
				构造筋合计			4467.23kg
							4.47t
钢筋网	1	窨井底板配筋					36.40kg
		不落底					
	①		600×600～750×750	12.20kg/座	2座		24.40kg
			1000×1000～1100×3650	1.00kg/座	5座		5.00kg
		落底					
	②		1000×1000～1100×3650	1kg/座	3座		3.00kg
			600×600～750×750	1kg/座	4座		4.00kg
	2	管道底板配筋					kg
	3	胀缝加强网(双层)		63.2+61.68=124.88kg/道	2条×4道	8道	999.04kg
	4	端部(水沥路面接头)(双层)		31.1+32.43=63.53kg/道	2条×4道	8道	508.24kg
	5	软土路基加固(双层)		66.3+84.7=151kg/块		6块	906kg
	6	混凝土板块加固(单层)		(66.3+84.7)/2=75.5kg/块	305.0/5.0×2块	122块	9211kg
				钢筋网合计			11660.68kg
							11.67t
				钢筋布置质量共计			16.14t

注：1. 本表选自《市政工程工程量清单工程系列丛书·市政工程工程量清单编制与应用实务》；

2. 在编制工程“算量”时，敬请参阅本“图释集”第二章分部分项工程中图B-01“某道路实体工程平面图［单幅路（一块板）］”和表B-04“道路实体工程各类‘算量’要素统计汇总表”的释义。

“13国标市政计算规范”与对应混凝土面层钢筋项目定额子目、工程量计算规则（2000）及册、章说明列项检索表　　表J-15

附录J　钢筋工程　J.1钢筋工程(项目编码:040901)					对应《上海市市政工程预算定额》(2000) 工程量计算规则等				
项目编码	项目名称	计量单位	工程量计算规则（共4条）	工作内容（共6项）	节及项目名称（8节40子目）	定额编号	计量单位	*工程量计算规则 第1.1.1～1.1.10条（10条）	《上海市市政工程预算定额》(2000) *总“说明”二十三条
040901001	现浇构件钢筋	t	按设计图示尺寸以质量计算	1. 制作 2. 运输 3. 安装	第二册　道路工程 第三章　道路面层 7. 混凝土面层 混凝土路面构造筋 混凝土路面钢筋网	S2-3-37 ～ S2-3-38	t	第1.1.9条　钢筋按结构部位套用相应定额，若使用锥螺纹钢筋接头、冷压套管钢筋接头、电渣压力焊接头时，可按实际使用量套用相应的钢筋接头定额以个计算，同时扣除规范要求的钢筋绑扎搭接最小长度的钢筋消耗量	十六、本定额中的钢筋混凝土工程按混凝土、模板、钢筋分列定额子目。 2. 钢筋可按设计数量(不再加损耗)直接套用相应定额计算。施工用筋经建设单位认可后可以增列计算。预埋铁件按设计用量(不再加损耗)套用第一册通用项目预埋铁件定额
040901003	钢筋网片								
040901009	预埋铁件				第一册　通用项目 第一章　一般项目 11. 预埋铁件 预埋铁件(单件重≤30kg) 预埋铁件(单件重>30kg)	S1-1-25 ～ S1-1-26			

注：1. 总“说明”二十三条：“（十六）1. 混凝土分为现浇混凝土、预制混凝土、预拌（商品）混凝土。3. 模板工程量除另有规定者外，均按混凝土与模板接触面面积以平方米计算”；

2. 在编制工程“算量”时，关注工程量计算规则中“扣除”、“施工用筋经建设单位认可后可以增列计算”等规定；

3. 在编制工程“算量”时，敬请参阅本章中表J-14“水泥混凝土路面（刚性路面）构造筋‘算量’要素汇总表”的释义。

表 J.1 钢筋工程（项目编码：040901003）钢筋网片（道路混凝土面层）

《上海市市政工程预算定额》(2000) 分部分项工程

子目编号	S2-3-38
分部分项工程名称	混凝土面层—钢筋网
工作内容	
计量单位	t
工程量计算规则	传力杆、边缘(角隅)钢筋、纵向拉杆、构造钢筋定额

工程量清单"四统一"

项目编码	040901003
项目名称	钢筋网片(道路混凝土面层)
项目特征	1. 钢筋种类 2. 钢筋规格
计量单位	t
工程量计算规则	按设计图示尺寸以质量计算
工程内容	1. 制作 2. 运输 3. 安装

一、实体项目 J 钢筋工程

对应图示		项目名称	编码/编号
工程量清单分类		表 J.1 钢筋工程[钢筋网片(道路混凝土面层)]	040901003
定额章节	分部工程	第二册道路工程 第三章道路面层	S2-3-
	分项子目	7. 混凝土面层	S2-3-38

各类板块钢筋网数量表

表 J-16

序号	图集号	类型	项目	板块规格(m×m)									
				3.0×5.0		3.5×5.0		3.75×5.0		4.0×5.0		4.5×5.0	
1	水泥路面 RT011401DWG～RT011405DWG	水泥混凝土上部加固钢筋网	钢筋规格、间距	Φ10@200	Φ8@200	Φ10@200	Φ8@200	Φ10@200	Φ8@200	Φ10@200	Φ8@200	Φ10@200	Φ8@200
2			钢筋长度(m)	73.5	72.5	83.3	85	93.1	91.25	98	97.5	102.9	110
3			钢筋总质量(kg)	45.35	28.64	51.40	33.58	57.44	36.04	60.47	38.51	63.49	43.45
4	水泥路面 RT011501DWG～RT011505DWG	水泥混凝土下部加固钢筋网	钢筋规格、间距	Φ10@200	Φ8@200	Φ10@200	Φ8@200	Φ10@200	Φ8@200	Φ10@200	Φ8@200	Φ10@200	Φ8@200
5			钢筋长度(m)	73.5	72.5	83.3	85	93.1	91.25	98	97.5	102.9	110
6			钢筋总质量(kg)	45.35	28.64	51.40	33.58	57.44	36.04	60.47	38.51	63.49	43.45
7	水泥路面 RT011601DWG～RT011605DWG	水泥混凝土双层加固钢筋网	钢筋规格、间距	Φ10@200	Φ8@200	Φ10@200	Φ8@200	Φ10@200	Φ8@200	Φ10@200	Φ8@200	Φ10@200	Φ8@200
8			钢筋长度(m)	147	145	166.6	170	186.2	182.5	196	195	205.8	220
9			钢筋总质量(kg)	90.70	57.28	102.79	67.15	114.89	72.09	120.93	77.03	126.98	86.90

水泥混凝土路面（刚性路面）构造筋、钢筋网质量“算量”难点解析 表 J-17

工程名称：某道路实体工程平面图［单幅路（一块板）］

<table>
<tr><td rowspan="12">大数据
1. 一例(按对应预算定额分项工程子目设置对应预算定额分项工程子目代码建模)</td><td rowspan="2">预算定额</td><td colspan="4">《上海市市政工程预算定额》(2000) 第二册 道路工程 第三章 道路面层 7. 混凝土面层</td></tr>
<tr><td colspan="2">项目名称:1. 混凝土路面构造筋
2. 混凝土路面钢筋网</td><td>定额编号:1. S2-3-37
2. S2-3-38</td><td>计量单位:t</td></tr>
<tr><td rowspan="4">工程量清单
“五统一”</td><td colspan="4">“13 国标市政计算规范” 附录 J 钢筋工程 表 J.1 钢筋工程(项目编码:040901)</td></tr>
<tr><td>项目编码</td><td>040901001
040901003</td><td>项目名称</td><td>现浇构件钢筋
钢筋网片</td></tr>
<tr><td>计量单位</td><td>t</td><td>项目特征</td><td>1. 钢筋种类
2. 钢筋规格</td></tr>
<tr><td>工程量计算规则</td><td colspan="3">按设计图示尺寸以质量计算</td></tr>
<tr><td>“项目特征”之描述</td><td colspan="4">按所套用的定额子目“项目表”中“材料”列的内容填写;如附表 D-02“《上海市市政工程预算定额》(2000)项目表”所示</td></tr>
<tr><td>“工作内容”之规定</td><td colspan="4">应包括完成该实体的全部内容;来源于原《市政工程预算定额》,市政工程的实体往往是由一个及以上的工程内容综合而成的</td></tr>
<tr><td>设计附注</td><td colspan="4">图中 Φ 为 HRB335;Φ 为 HPB300</td></tr>
<tr><td>《上海市市政工程预算定额》(2000)总说明</td><td colspan="4">十六、本定额中的钢筋混凝土工程按混凝土、模板、钢筋分列定额子目。
2. 钢筋可按设计数量(不再加损耗)直接套用相应定额计算。施工用筋经建设单位认可后可以增列计算。预埋铁件按设计用量(不再加损耗)套用第一册通用项目预埋铁件定额</td></tr>
<tr><td>工程量计算规则</td><td colspan="4">1. 定额“说明”:混凝土路面中除在纵缝处设置拉杆、胀缝处设置传力杆外,还需设置补强钢筋,如边缘钢筋、角隅钢筋、钢筋网等。混凝土面层钢筋定额中编制了构造筋和钢筋网子目,除钢筋网片以外,传力杆、边缘(角隅)加固筋、纵向拉杆等钢筋均套用构造筋定额
2. 以重量计算的为吨或千克(t 或 kg)</td></tr>
<tr><td>《上海市市政工程预算定额》工程量计算规则(2000)</td><td colspan="4">总则:第 0.0.4 条 本规则的计算尺寸,以设计图纸表示的尺寸或设计图纸能读出的尺寸为准。除另有规定外,工程量的计量单位应按下列规定计算:
1. ……;2. ……;3. ……;4. 以质量计算的为吨或千克(t 或 kg);5. ……
汇总工程量时,其准确度取值:m^3、m^2、m 小数点以后取两位,t 小数点以后取三位,kg、座(台、套、组或个)取整数</td></tr>
<tr><td></td><td>质量单位换算</td><td colspan="4">1 吨(t)=1000 千克(kg)</td></tr>
</table>

续表

大数据 2. 一图或表或式(工程造价“算量”要素)(净量)		
工程范围	车行道横断面宽度 $B_{宽}$	每板块尺寸($a \times b$)/块
0K+000～0K+150	14.00m	3.5m×5.0m

钢筋网片(kg/片)	*各类加固钢筋(源于“钢筋明细表”汇总)(kg)				
	箍筋式端部(kg/道)	伸缝传力杆、角隅(kg/道)	建筑缝传力杆(kg/道)	平口式拉杆纵缝(kg/道)	窨井加固
84.98	51.65	31.71	12.21	4.64	62.52+67.92
道数	4	2	4	3	7

大数据 3. 一解(演算过程表达式)		
计算规范量演算计算式	各类加固钢筋质量	已知“算量”基数要素:1.施工长度 $L_{施}=150-000=150.00\text{m}$;(2)每板块 $b_{纵}=5.0\text{m}$/块 2. 各类加固钢筋 (1)箍筋式端部钢筋质量 $m_{箍}=51.65\times4=207\text{kg}$ (2)伸缝传力杆、角隅钢筋质量 $m_{伸}=31.71\times2=63\text{kg}$ (3)建筑缝传力杆钢筋质量 $m_{建}=12.21\times4=49\text{kg}$ (4)平口式拉杆纵缝钢筋质量 $m_{平}$=施工长度 $L_{施}$÷每板块 $b_{纵}$×平口式拉杆纵缝每道质量×n 道 $=150.00\div5.0\times4.64\times3=418\text{kg}$ (5)窨井加固钢筋质量 $m_{窨}=(62.52+67.92)\times7=913\text{kg}$ 各类加固钢筋质量总和 $m_{各}=m_{箍}+m_{伸}+m_{建}+m_{平}+m_{窨}$ $=207+63+49+418+913=1650\text{kg}$
	钢筋网片(kg/片)	已知“算量”基数要素: 钢筋网片质量 $m_{片}$=施工长度 $L_{施}$÷每板块 $b_{纵}$×钢筋网片每片质量×n 道 $=150.00\div5.0\times84.98\times2=5100\text{kg}$
	构造筋、钢筋网质量(t)	工程“算量”: 1. 构造筋=各类加固钢筋质量总和 $m_{各}$÷单位换算量 $=1650\div1000=1.650\text{t}$ 【预算定额计量单位】 2. 钢筋网=钢筋网片质量 $m_{片}$÷单位换算量 $=5100\div1000=5.100\text{t}$ 【预算定额计量单位】 3. 构造筋:“清单量”与“定额量”为同一数值,即 1.650t 4. 钢筋网:“清单量”与“定额量”为同一数值,即 5.100t

续表

大数据 4. 一结果（五统一含项目特征描述）

(1)对应分部分项工程量清单与计价表[即建设单位招标工程量清单]

项目编码	项目名称	项目特征	工作内容	计量单位	工程量
040901001	现浇构件钢筋	1. 钢筋种类:非预应力钢筋 2. 钢筋规格:Φ为HRB335;Φ为HPB300	1. 制作 2. 运输 3. 安装	t	1.650
040901003	钢筋网片	1. 钢筋种类:非预应力钢筋 2. 钢筋规格:Φ为HRB335;Φ为HPB300	1. 制作 2. 运输 3. 安装	t	5.100

(2)对应建设工程预(结)算书[按施工顺序;包括子目、量、价等分析]

定额编号	分部分项工程名称	计量单位	工程数量		工程费(元)	
			工程量	定额量	单价	复价
S2-3-37	混凝土路面构造筋	t	1.650	1.650		
S2-3-38	混凝土路面钢筋网	t	5.100	5.100		

注：1. 在编制工程“算量”时，敬请参阅本“图释集”第二章分部分项工程中图B-01“某道路实体工程平面图［单幅路（一块板）］”和表B-04“道路实体工程各类‘算量’要素统计汇总表”的释义；

2. *各类加固钢筋，敬请参阅本章图J-23“水泥混凝土路面（刚性路面）构造筋示意图”中“钢筋明细表”的释义。

表 J.1 钢筋工程（项目编码：040901004）钢筋笼

当混凝土结构物为柱状或者条状构件时，其中心部分不需要配筋，只在混凝土构件接触空气的面底下配置钢筋。如果这个构件是独立的，我们把这个构件周边设置的钢筋预先制作好，这个就是钢筋笼。通常我们把钻孔灌注桩、挖孔桩、立柱等预先制作的钢筋结构叫钢筋笼。

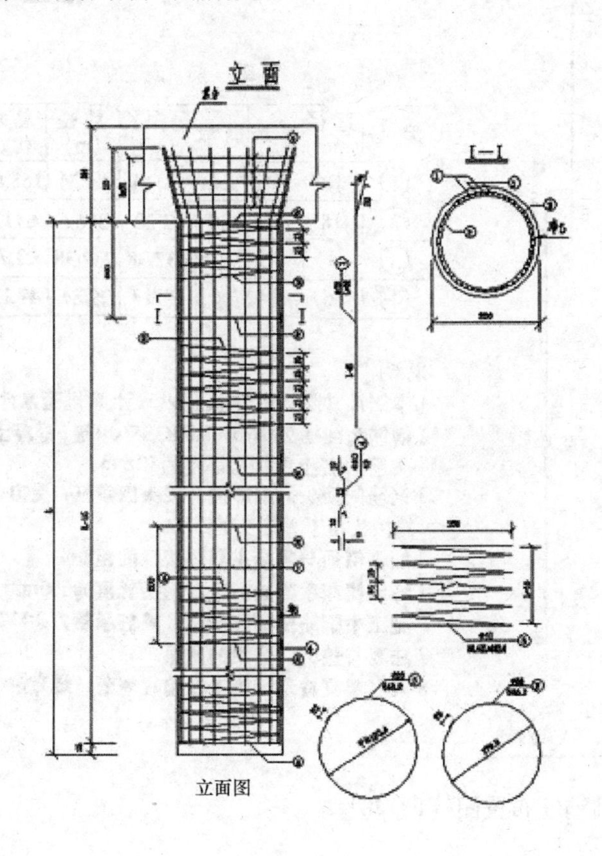

立面图

《上海市市政工程预算定额》（2000）分部分项工程

子目编号	S4-4-22
分部分项工程名称	灌注桩混凝土—灌注桩—（钢筋笼）
工作内容	除锈、制作、安装等
计量单位	t
工程量计算规则	

工程量清单“四统一”

项目编码	040901004
项目名称	钢筋笼
项目特征	1. 钢筋种类　2. 钢筋规格
计量单位	t
工程量计算规则	按设计图示尺寸以质量计算
工程内容	1. 制作　2. 运输　3. 安装

一、实体项目 J 钢筋工程

对应图示		项目名称	编码/编号
工程量清单分类		表 J.1 钢筋工程（钢筋笼）	040901004
定额章节	分部工程	第四册桥涵及护岸工程 第四章钻孔灌注桩工程	S4-4
	分项子目	3. 灌注桩混凝土—灌注桩（钢筋笼）	S4-4-22

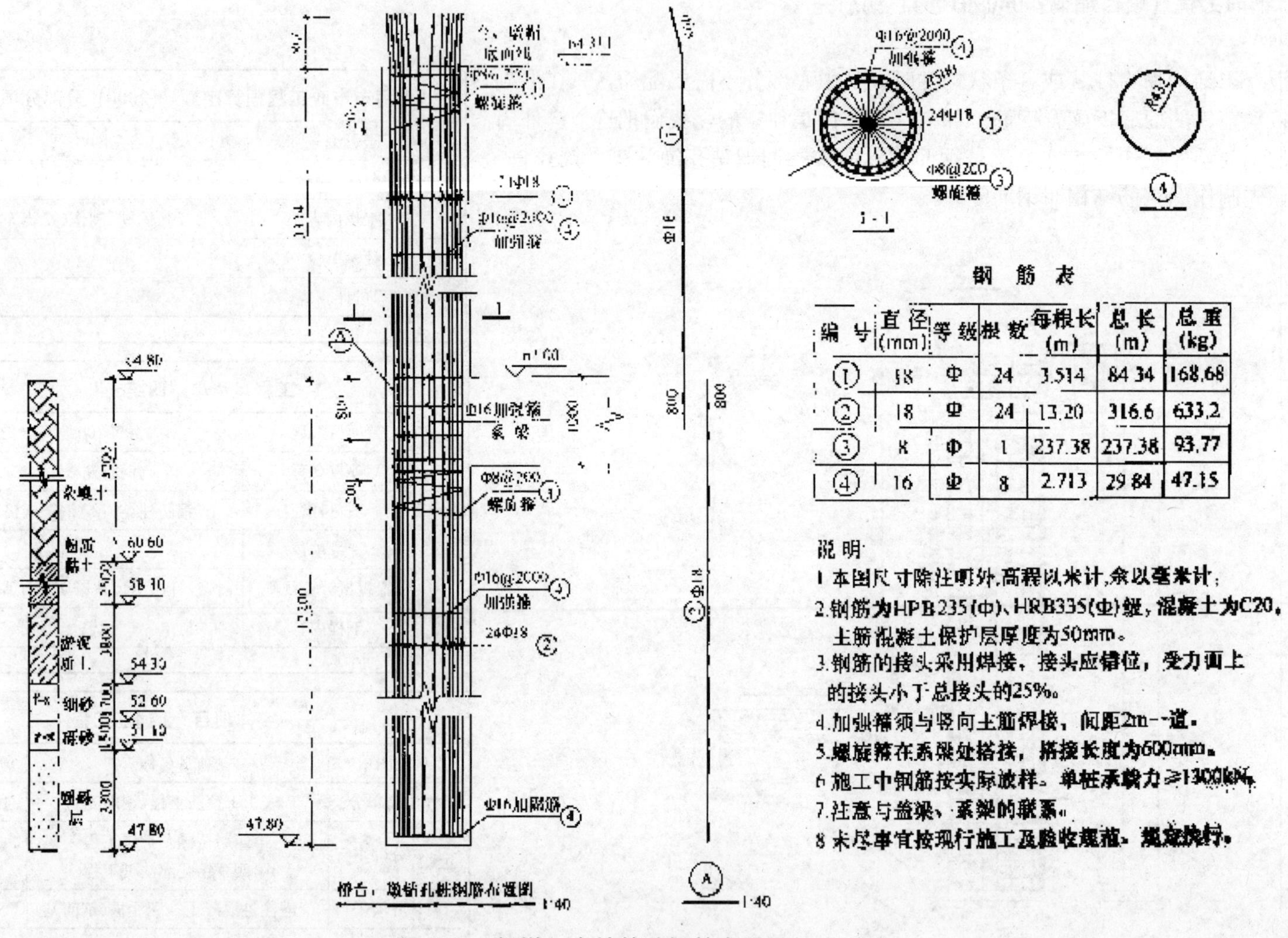

钢 筋 表

编 号	直 径(mm)	等 级	根 数	每根长(m)	总 长(m)	总 重(kg)
①	18	Φ	24	3.514	84.34	168.68
②	18	Φ	24	13.20	316.6	633.2
③	8	Φ	1	237.38	237.38	93.77
④	16	Φ	8	2.713	29.84	47.15

说明：

1. 本图尺寸除注明外,高程以米计,余以毫米计;
2. 钢筋为HPB235(Φ)、HRB335(Φ)级，混凝土为C20，主筋混凝土保护层厚度为50mm。
3. 钢筋的接头采用焊接，接头应错位，受力面上的接头小于总接头的25%。
4. 加劲箍须与竖向主筋焊接，间距2m一道。
5. 螺旋箍在系梁处搭接，搭接长度为600mm。
6. 施工中钢筋按实际放样。单桩承载力≥1300kN。
7. 注意与盖梁、系梁的联系。
8. 未尽事宜按现行施工及验收规范、规定执行。

图 J-24　桥墩、台桩基础钢筋布置图（1：40）

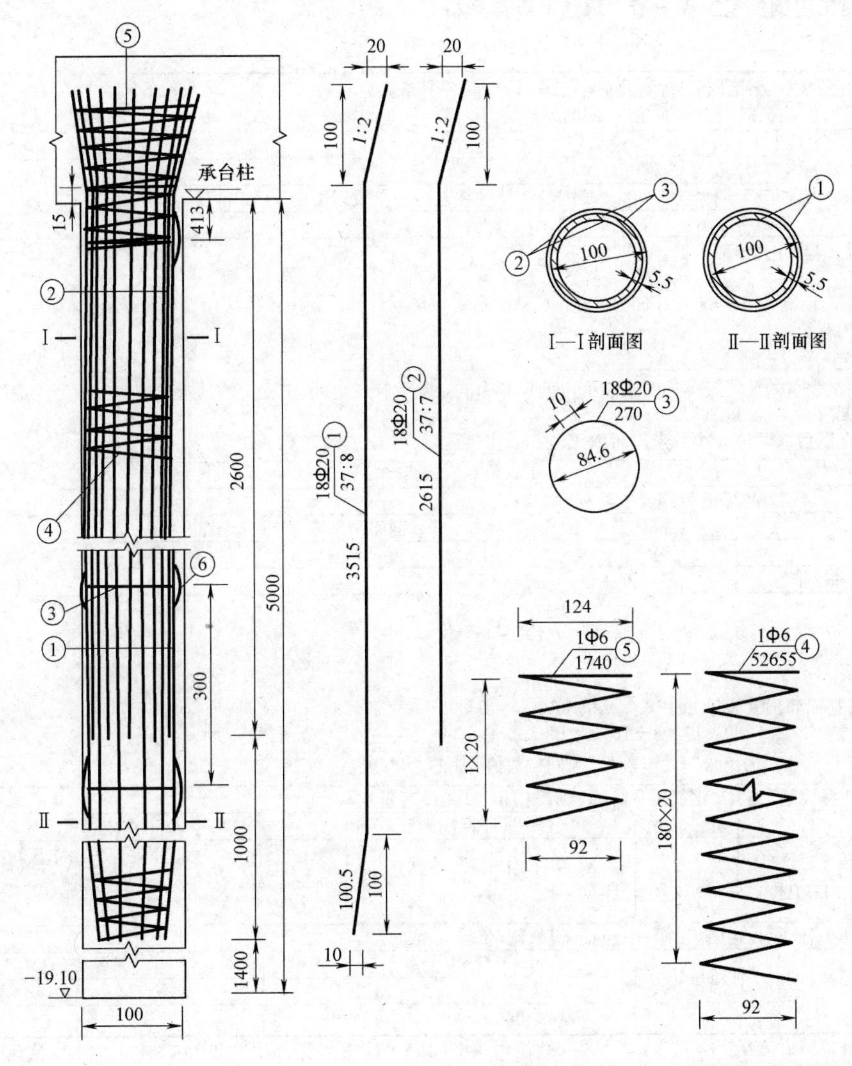

根桩材料数量表

编号	直径 (mm)	长度 (cm)	根数	共长 (m)	共重 (kg)	总重 (kg)
1	Φ20	3718	10	371.80	918.3	1712.1
2	Φ20	2717	10	271.20	671.1	
3	Φ20	276	15	49.65	122.7	
4	Φ8	52655	1	526.55	206.0	214.9
5	Φ6	1749	1	17.40	6.9	
6	Φ12	53	72	38.16	33.9	33.9
C25混凝土(m^3)				39.27		

说明：1.图中尺寸除钢筋直径以毫米计，余均以厘米为单位；
2.加强钢筋绑扎在上筋内侧，其焊接方式采用双面焊；
3.定位钢筋N6每隔2m设一组，每组4根均匀设于加强筋N3四周；
4.沉淀物厚座不大于15cm；
5.钻孔桩全桥48根。

4.5　10　9　15　9　10　72Φ12　53　6

图 J-25　承台桩基础钢筋布置图

在建桥涵工程钢筋笼工程质量“算量”难点解析　　　　表 J-18

工程名称：××市桥梁新建工程

《上海市市政工程预算定额》(2000) 第四册 桥涵及护岸工程 第四章 钻孔灌注桩工程 3. 灌注桩混凝土—灌注桩(钢筋笼)		
项目名称：灌注桩混凝土—灌注桩(钢筋笼)	定额编号：S4-4-22	计量单位：t

清单规范	“项目特征”之描述	按所套用的定额子目“项目表”中“材料”列的内容填写
	“工作内容”之规定	应包括完成该实体的全部内容；来源于原《市政工程预算定额》，市政工程的实体往往是由一个及以上的工程内容综合而成的。
设计附注		图中Φ为 HRB335；Φ为 HPB300
《预算定额》“总说明”		十六、本定额中的钢筋混凝土工程按混凝土、模板、钢筋分列定额子目。 1. …… 2. 钢筋可按设计数量(不再加损耗)直接套用相应定额计算。施工用筋经建设单位认可后可以增列计算。预埋铁件按设计用量(不再加损耗)套用第一册通用项目预埋铁件定额 3. ……
《上海市市政工程预算定额》工程量计算规则(2000)		总则：第 0.0.4 条　本规则的计算尺寸，以设计图纸表示的尺寸或设计图纸能读出的尺寸为准。除另有规定外，工程量的计量单位应按下列规定计算： 1. ……；2. ……；3. ……；4. 以质量计算的为吨或千克(t 或 kg)；5. …… 汇总工程量时，其准确度取值：m^3、m^2、m 小数点以后取两位，t 小数点以后取三位，kg、座(台、套、组或个)取整数
质量单位换算		1 吨(t)＝1000 千克(kg)

工程“算量”要素(净量)

总平面布置图(桩位平面图)				桩基钢筋明细表(质量 kg)/根				
桥台(两端)		桥墩(两端)		编号 1	编号 2	编号 3	编号 4	编号 5
11 根/排	11 根/排	11 根/排	11 根/排	Φ1389.3	Φ19.4	Φ2.8	Φ8.0	Φ321.6

计算规范量演算计算式	钢筋笼	已知“算量”基数要素： 1. 桩基根数：n 根/排×n 排＝11×4＝44 根 2. 质量换算：1000kg＝1t 工程“算量”： 1. 桩基钢筋：∑(质量 kg)/根×n 根÷1000＝编号 1～5 之和×44÷1000 ＝2591.1×44÷1000＝114.008t 2. “清单量”与“定额量”为同一数值，即 114.008t

对应“13 国标市政计算规范”表 J.1 钢筋工程(项目编码：040901004)钢筋笼

项目编码	项目名称	项目特征	计量单位	工程量计算规则	工作内容
040901004	钢筋笼	1. 钢筋种类：非预应力钢筋 2. 钢筋规格：Φ为 HRB335；Φ为 HPB300	t	按设计图示尺寸以质量计算	1. 制作 2. 运输 3. 安装

对应建设工程预(结)算书［按施工顺序；包括子目、量、价等分析］

序号	定额编号	分部分项工程名称	计量单位	工程数量		工程费(元)	
				工程量	定额量	单价	复价
1	S4-4-22	灌注桩混凝土—灌注桩(钢筋笼)	t	114.008	114.008		

注：工程算量，敬请参阅第四章编制与应用实务［“‘一法三模算量法’YYYYSL 系统”(自主平台软件)］中图 4 桥-04“桩位平面图”和图 4 桥-05“D800 钻孔灌注桩钢筋构造图”的诠释。

表 J.1　钢筋工程（项目编码：040901008）植筋

植筋是一种加固改造工艺，植筋技术出现在《混凝土结构加固设计规范》GB 50367—2013 中，是一种后锚固技术；钢筋在混凝土中需要锚固，但在已经成型的混凝土需要钻孔、注胶，在原有混凝土内锚固的技术，一般植筋的锚固长度不小于 15*d*，实验室内 10*d* 即可满足。

“植筋加固”技术是一项针对混凝土结构较简捷、有效的连接与锚固技术；可植入普通钢筋，也可植入螺栓式锚筋；现已广泛应用于建筑物的加固改造工程。

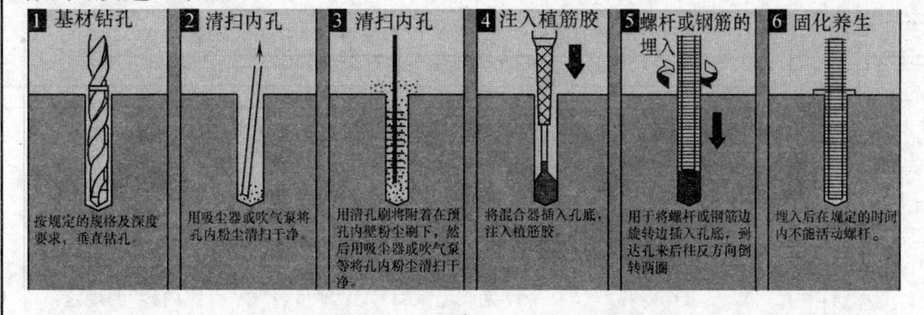

“植筋加固”技术工艺流程示意图

种植定型化学锚栓孔径及埋深（混凝土强度不低于 C25）

化学锚栓规格	M8	M10	M12	M16	M20	M24	M27	M30	M33	M36	M39
孔径(mm)	10	12	14	18	22	28	30	35	36	40	45
埋深(mm)	80	90	110	125	170	210	240	270	300	330	360

注：1. 承重结构用的锚栓，其公称直径不得小于 12mm；按构造要求确定的锚固深度 h_{ef} 不应小于 60mm，且不应小于混凝土保护层厚度；

2. 对抗震区实际埋深应乘以位移延性修正系数 φ_{aE} 对 6 度区，取 $\varphi_{aE}=1.0$；对 7 度区，取 $\varphi_{aE}=1.1$，对 8 度区Ⅰ、Ⅱ类场地，取 $\varphi_{aE}=1.2$。

工程量清单“四统一”

项目编码	040901008
项目名称	植筋
项目特征	1. 材料种类 2. 材料规格 3. 植入深度 4. 植筋胶品种
计量单位	根
工程量计算规则	按设计图示数量计算
工程内容	1. 定位、钻孔、清孔 2. 钢筋加工成型 3. 注胶、植筋 4. 抗拔试验 5. 养护

一、实体项目　J 钢筋工程

对应图示		项目名称	编码/编号
工程量清单分类		表 J.1 钢筋工程(植筋)	040901008
定额章节	分部工程		
	分项子目		

表 J.1 钢筋工程（项目编码：040901009）预埋铁件

非预应力钢筋是指结构中没有施加预应力的钢筋。

预埋铁件由锚板和直锚筋或锚板、直锚筋和弯折锚筋组成，预埋件的锚筋应位于构件外层主筋的内侧。

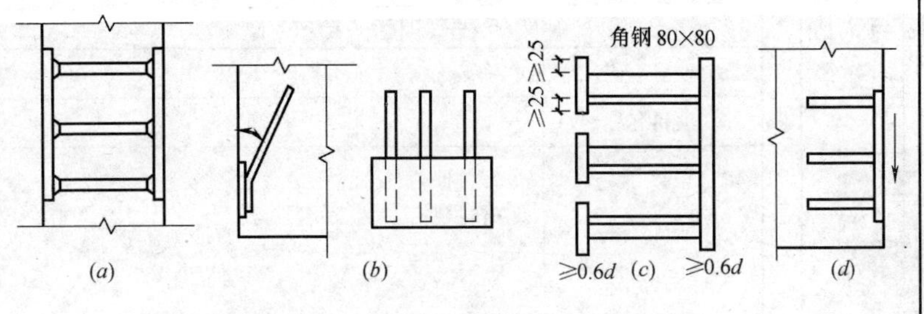

预埋件的形式与构造示意图

（*a*）圆锚筋做成直锚筋与锚板组成的预埋件；
（*b*）圆锚筋做成弯折斜锚筋与锚板组成的预埋件；
（*c*）角钢锚筋与锚板及钢板组成的预埋件；
（*d*）直锚筋与抗剪钢板组成的预埋件

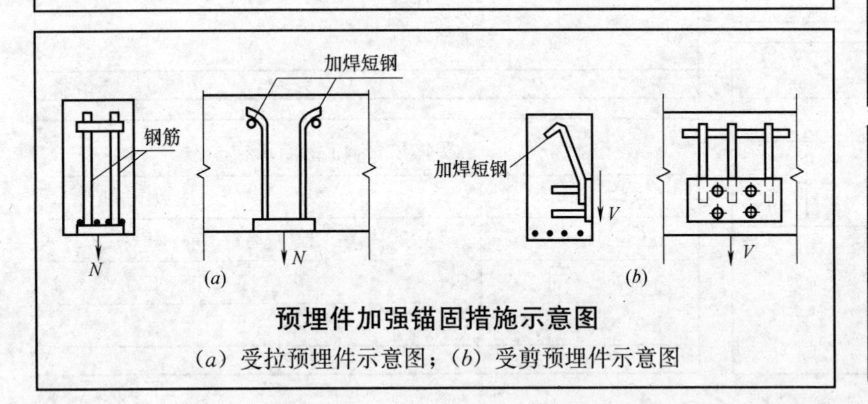

预埋件加强锚固措施示意图

（*a*）受拉预埋件示意图；（*b*）受剪预埋件示意图

工程量清单“四统一”

项目编码	040901009
项目名称	预埋铁件
项目特征	1. 材料种类 2. 材料规格
计量单位	t
工程量计算规则	按设计图示尺寸以质量计算
工程内容	1. 制作 2. 运输 3. 安装

《上海市市政工程预算定额》（2000）分部分项工程

子目编号	S1-1-25～S1-1-26
分部分项工程名称	预埋铁件（单件质量 30kg 以内、30kg 以外）
工作内容	详见该定额编号之“项目表”中“工作内容”的规定
计量单位	kg
工程量计算规则	方桩焊接桩的型钢用量可按设计图纸作相应调整。这里的型钢主要指角钢，桩的钢帽属于桩的预埋铁件

一、实体项目　J 钢筋工程

对应图示		项目名称	编码/编号
工程量清单分类		表 J.1 钢筋工程（预埋铁件）	040901009
定额章节	分部工程	第一册通用项目　第一章一般项目	S1-1-
	分项子目	11. 预埋铁件	S1-1-25～S1-1-26

附录 K　拆除工程（项目编码：0410）施工图图例【导读】

翻挖拆除项目定额子目、工程量计算规则（2000）及册、章说明与对应“13 国标市政计算规范”列项检索表　　表 K-01

节及项目名称（11 节 39 子目）		《上海市市政工程预算定额》(2000) 定额编号	计量单位	工程量计算规则(2000) 第 1.3.1～1.3.4 条	* 各册、章“说明”第一册　通用项目 第三章　翻挖拆除项目　章“说明”八条	附录 K　拆除工程 * 表 K.1　拆除工程 项目编码：041001 项目名称(* 计量单位) 工作内容：(共 1 项) 1. 拆除、清理 2. * 运输	工程量计算规则
第一册　通用项目							
第三章　翻挖拆除项目							
第三章 翻挖拆除项目	1. 翻挖沥青柏油类道路面层及基层 翻挖沥青柏油类道路(厚 10cm) 翻挖沥青柏油类道路(±1cm)	S1-3-1～S1-3-2	m^2	第 1.3.1 条　拆除道路结构层及人行道按面积以平方米计算	二、翻挖、拆除定额中均已包括废料的场内运输，但不包括场外运输，废料密度统一按 2.2t/m^3 计算。 ［不包括场外运输，即《上海市市政工程预算定额》(2000) 总说明第十九条——项目名称：土方外运(含堆置费，浦西内环线内)、土方外运(含堆置费，浦西内环线内及浦东内环线内)、土方外运(含堆置费，浦西内环线外及浦东内环线外) 共三个子目供选择；定额编号：ZSM19-1-1；计量单位：m^3。下同］	041001003 拆除基层(m^2)	按拆除部位以面积计算
	2. 翻挖混凝土道路面层 空压机翻挖混凝土面层(厚 20cm) 空压机翻挖混凝土面层(±1cm) 空压机翻挖钢筋混凝土面层(厚 20cm) 空压机翻挖钢筋混凝土面层(±1cm) 液压镐翻挖混凝土面层(厚 20cm) 液压镐翻挖混凝土面层(±1cm) 液压镐翻挖钢筋混凝土面层(厚 20cm) 液压镐翻挖钢筋混凝土面层(±1cm)	S1-3-3～S1-3-10	m^2				
	3. 翻挖二渣及三渣类道路基层 翻挖二渣及三渣类基层(厚 20cm) 翻挖二渣及三渣类基层(±1cm)	S1-3-11～S1-3-12	m^2	—		041001001 拆除路面(m^2)	
	4. 翻挖块石、碎石类道路基层 翻挖块石类基层(厚 30cm) 翻挖块石类基层(±1cm) 翻挖碎石类基层(厚 15cm) 翻挖碎石类基层(±1cm)	S1-3-13～S1-3-16	m^2	—			

续表

节及项目名称（11节39子目）		《上海市市政工程预算定额》(2000)				附录K　拆除工程 *表K.1　拆除工程	
		定额编号	计量单位	工程量计算规则(2000) 第1.3.1～1.3.4条	*各册、章"说明"第一册　通用项目 第三章　翻挖拆除项目　章"说明"八条	项目编码:041001 项目名称(*计量单位) 工作内容:(共1项) 1. 拆除、清理 2. *运输	工程量计算规则
第一册　通用项目							
第三章　翻挖拆项目							
第三章 翻挖 拆除 项目	5. 翻挖侧平石 翻挖侧石 翻挖平石 翻挖侧平石	S1-3-17～ S1-3-19	m	第1.3.2条　拆除侧平石及排水管道按长度以米计算	二、翻挖、拆除定额中均已包括废料的场内运输,但不包括场外运输,废料密度统一按2.2t/m³计算。 [不包括场外运输,即《上海市市政工程预算定额》(2000)总说明第十九条——项目名称:土方外运(含堆置费,浦西内环线内)、土方外运(含堆置费,浦西内环线内及浦东内环线内)、土方外运(含堆置费,浦西内环线外及浦东内环线外)共三个子目供选择;定额编号:ZSM19-1-1;计量单位:m³。下同]	041001005 拆除侧、平(缘)石(m)	按拆除部位以长度计算
	6. 翻挖人行道 翻挖预制混凝土人行道 翻挖预制混凝土彩色人行道 翻挖现浇混凝土人行道(厚6.5cm) 翻挖现浇混凝土人行道(±1cm) 翻挖现浇混凝土斜坡(厚10cm) 翻挖现浇混凝土斜坡(±1cm)	S1-3-20～ S1-3-25	m²	第1.3.1条　拆除道路结构层及人行道按面积以平方米计算		041001002 拆除人行道(m²)	按拆除部位以面积计算
	7. 拆除排水管道 拆除混凝土排水管道(Φ≤300) 拆除混凝土排水管道(Φ≤600) 拆除混凝土排水管道(Φ≤1000) 拆除混凝土排水管道(Φ≤1400) 拆除混凝土排水管道(Φ≤1600)	S1-3-26～ S1-3-30	m	第1.3.2条　拆除侧平石及排水管道按长度以米计算	二、翻挖、拆除定额中均已包括废料的场内运输,但不包括场外运输,废料密度统一按2.2t/m³计算 *四、拆除排水管道定额中,未包括撑板、支撑、井点降水以及挖土、运土和填土,发生时可另行计算	041001006 拆除管道(m)	按拆除部位以长度计算
	8. 拆除砖砌体 拆除进水口 拆除窨井 拆除砖结构	S1-3-31～ S1-3-33	座	第1.3.3条　拆除砖、石砌体及混凝土结构按实体积以立方米计算	二、翻挖、拆除定额中均已包括废料的场内运输,但不包括场外运输,废料密度统一按2.2t/m³计算	041001009 拆除井(座)	按拆除部位以数量计算
	9. 拆除石砌体 拆除干砌块石 拆除浆砌块石	S1-3-34～ S1-3-35	m³		二、翻挖、拆除定额中均已包括废料的场内运输,但不包括场外运输,废料密度统一按2.2t/m³计算	041001007 拆除砖石结构(m³)	按拆除部位以体积计算

续表

<table>
<tr><td colspan="2" rowspan="2">节及项目名称
（11节39子目）</td><td colspan="4">《上海市市政工程预算定额》（2000）</td><td colspan="2">附录K　拆除工程
*表K.1　拆除工程</td></tr>
<tr><td>定额编号</td><td>计量单位</td><td>工程量计算规则（2000）
第1.3.1～1.3.4条</td><td>*各册、章“说明”第一册　通用项目
第三章　翻挖拆除项目　章“说明”八条</td><td rowspan="3">项目编码：041001
项目名称（*计量单位）
工作内容：（共1项）
1. 拆除、清理 2. *运输</td><td rowspan="3">工程量
计算规则</td></tr>
<tr><td colspan="6">第一册　通用项目</td></tr>
<tr><td colspan="6">第三章　翻挖拆项目</td></tr>
<tr><td rowspan="2">第三章
翻挖
拆除
项目</td><td>10. 拆除混凝土结构
拆除混凝土结构
拆除钢筋混凝土结构</td><td>S1-3-36～
S1-3-37</td><td>m^3</td><td>第1.3.3条　拆除砖、石砌体及混凝土结构按实体积以立方米计算</td><td>二、翻挖、拆除定额中均已包括废料的场内运输，但不包括场外运输，废料密度统一按2.2t/m^3计算
三、拆除混凝土结构定额中未考虑爆破拆除，如实际采用爆破施工时，可另行计算
八、凿除打入桩桩顶混凝土按拆除钢筋混凝土结构子目人工及机械台班数量乘以1.5计算，凿除钻孔灌注桩桩顶混凝土不乘系数</td><td>041001008
拆除混凝土结构（m^3）</td><td>按拆除部位以体积计算</td></tr>
<tr><td>11. 拆除钢拉条
拆除钢拉条（Φ≤25）
拆除钢拉条（Φ>25）</td><td>S1-3-38～
S1-3-39</td><td>根</td><td>第1.3.4条　拆除钢拉条按直径以根计算</td><td>二、翻挖、拆除定额中均已包括废料的场内运输，但不包括场外运输，废料密度统一按2.2t/m^3计算
七、拆除钢拉条定额中，钢拉条直径在ϕ25以内，每根长度取定为6m；直径在ϕ25以外，每根长度取定为7m。定额中未包括挖土、运土和填土，如实际发生时可套用相关定额</td><td>—</td><td>—</td></tr>
</table>

续表

第二册　道路工程						—	—
第三章　道路面层(8节40子目)							
第三章 道路 面层	2. 铣刨沥青混凝土路面 铣刨沥青混凝土路面(厚3cm) 铣刨沥青混凝土路面(厚10cm) 铣刨沥青混凝土路面(±1cm)	S2-3-3～ S2-3-5	$100m^2$	—	《上海市市政工程预算定额》(2000)“总说明”第二十一条:“本定额中未包括大型机械的场外运输、安拆(打桩机械除外)、路基及轨道铺拆等。”	041001004 铣刨路面(m^2)	按拆除部位以面积计算
	—	—	—	—	—	041001010 拆除电杆(根)	按拆除部位以数量计算
	—	—	—	—	—	041001011 拆除管片(处)	

注:1. * 各册、章“说明”第三章章说明八条,系指第一册通用项目第三章　翻挖拆除项目章“说明”共八条,其中:一、开挖沟槽或基坑需翻挖道路面层及基层时,人工数量乘以系数1.20。六、本定额未包括水中拆除,如需潜水员配合时可另行计算;

2. * 表K.1　拆除工程项目编码:041001项目名称(* 计量单位),敬请参阅本“图释集”第二章分部分项工程表2-01“‘13国标市政计算规范’分部分项工程实体项目(附录A～K)列项检索表”的诠释;

3. 表K.1　拆除工程项目编码:041001,在整个附录K拆除工程“工作内容”的内容为1. 拆除、清理2. * 运输,即场外运输,敬请参阅本“图释集”附录国家标准规范、全国及地方《市政工程预算定额》(附录A～K)中附表G-08“废(旧)料场外运输(m^3)[即第十九条ZSM19-1-1]”的释义;

4. 在编制工程“算量”时,敬请关注工程量计算规则中“不包括”、“已包括”、“未包括”、“未考虑”等规定;

5. 关于“节及项目名称”中“* 铣刨”(即铣刨机等大型机械设备使用)事宜,在编制工程“算量”时,敬请参阅本“图释集”第二章　分部分项工程中表B-17“道路工程涉及‘大型机械设备进出场及安拆’列项汇总表[即第二十一条ZSM21-2-]”的诠释,在编制“措施项目”时切记勿漏项(即项目编码:041106001大型机械设备进出场及安拆);

6. 章“说明”八条:* 四、拆除排水管道定额中,未包括撑板、支撑、井点降水以及挖土、运土和填土,发生时可另行计算。在编制工程“算量”时,敬请参阅本“图释集”第三章措施项目中表L.7“施工排水、降水(项目编码:041107002)”的诠释;

7. * 计量单位,本列项检索表中“清单量”单位为m^2、“预算量”采用扩大计量单位为$100m^2$,在编制“分部分项工程和单价措施项目清单与计价表[评审和判别的重要基础及数据来源]”时注意“计量单位”的换算。

表 K.1　拆除工程（项目编码：041001004）铣刨路面

工程量清单“四统一”	
项目编码	041001004
项目名称	铣刨路面
计量单位	m^2
工程量计算规则	按拆除部位以面积计算
项目特征描述	1. 材质 2. 结构形式 3. 厚度
工程内容规定	1. 拆除、清理 2. 运输

《上海市市政工程预算定额》（2000）分部分项工程	
子目编号	S2-3-3～S2-3-5
分部分项工程名称	铣刨沥青混凝土路面
工作内容	准备工作、铣刨、装车、场内运输、清理场地
计量单位	m^2
工程量计算规则	

一、实体项目　K 拆除工程

对应图示		项目名称	编码/编号
工程量清单分类		表 K.1　拆除工程　（铣刨路面）	041001004
定额章节	分部工程	第二册　道路工程　　第三章　道路面层	S2-3-
	分项子目	2. 铣刨沥青混凝土路面　　路面铣刨机(SF1900)	S2-3-3～S2-3-5

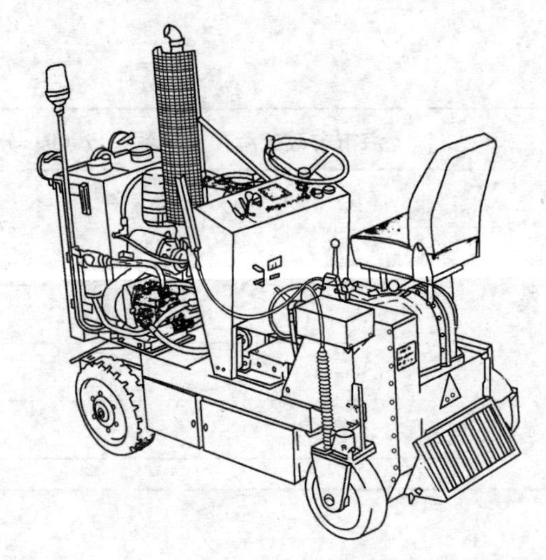

图 K-01　不带输送机铣刨机简图（SF500 型）

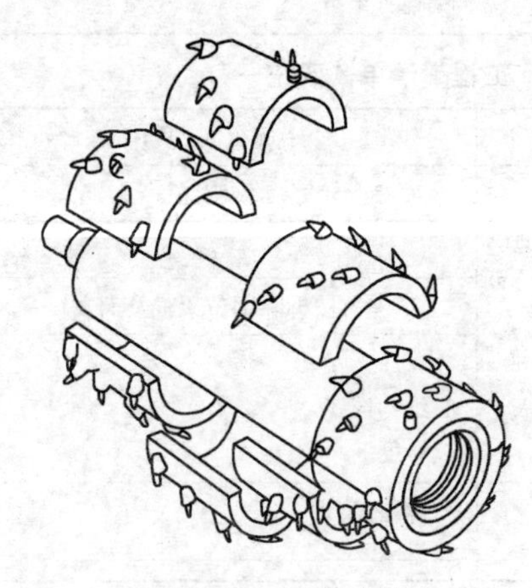

图 K-02　铣刨鼓

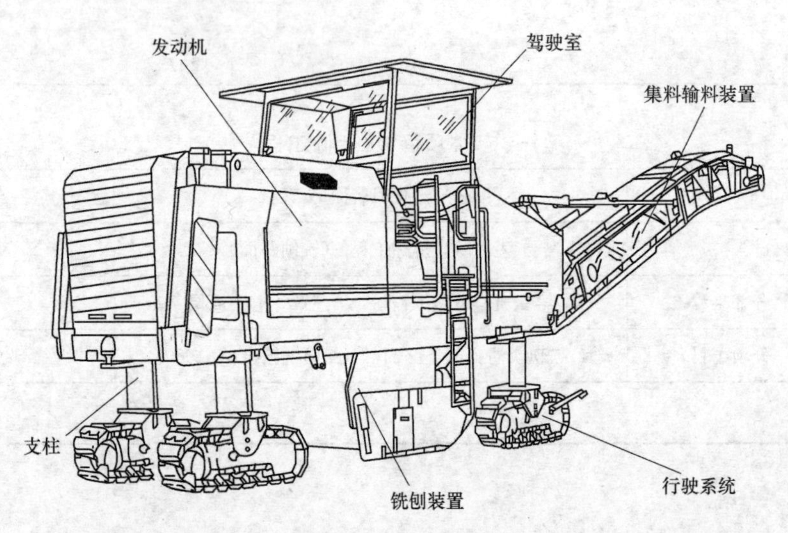

图 K-03　履带式沥青路面铣刨机简图（SF1300、SF1900）

第三章　措施项目

"13国标市政计算规范"措施项目（附录L）列项检索表　　表3-01

章 附录	节 项目编码、序号/项目名称/计量单位	章 附录	节 项目编码、序号/项目名称/计量单位
附录L 措施 项目 小计： 十节、 68项	L.1　脚手架工程(项目编码:041101) (一)项目编码:041101001～041101005 (二)项目名称:1. 墙面脚手架/m^2,2. 柱面脚手架/m^2,3. 仓面脚手架/m^2,4. 沉井脚手架/m^2,5. 井字架/座 L.2　混凝土模板及支架(项目编码:041102) (一)项目编码:041102001～041102040 (二)项目名称:1. 垫层模板/m^2,2. 基础模板/m^2,3. 承台模板/m^2,4. 墩(台)帽模板/m^2,5. 墩(台)身模板/m^2,6. 支撑梁及横梁模板/m^2,7. 墩(台)盖梁模板/m^2,8. 拱桥拱座模板/m^2,9. 拱桥拱肋模板/m^2,10. 拱上构件模板/m^2,11. 箱梁模板/m^2,12. 柱模板/m^2,13. 梁模板/m^2,14. 板模板/m^2,15. 板梁模板/m^2,16. 板拱模板/m^2,17. 挡墙模板/m^2,18. 压顶模板/m^2,19. 防撞护栏模板/m^2,20. 楼梯模板/m^2,21. 小型构件模板/m^2,22. 箱涵滑(底)板模板/m^2,23. 箱涵侧墙模板/m^2,24. 箱涵顶板模板/m^2,25. 拱部衬砌模板/m^2,26. 边墙衬砌模板/m^2,27. 竖井衬砌模板/m^2,28. 沉井井壁(隔墙)模板/m^2,29. 沉井顶板模板/m^2,30. 沉井底板模板/m^2,31. 管(渠)道平基模板/m^2,32. 管(渠)道管座模板/m^2,33. 井顶(盖)板模板/m^2,34. 池底模板/m^2,35. 池壁(隔墙)模板/m^2,36. 池盖模板/m^2,37. 其他现浇构件模板/m^2,38. 设备螺栓套/个,39. 水上桩基础支架、平台/m^2,40. 桥涵支架/m^3 L.3　围堰(项目编码:041103) (一)项目编码:041103001～041103002 (二)项目名称:1. 围堰/①$m^3$②m,2. 筑岛/m^3	附录L 措施 项目 小计： 十节、 68项	L.4　便道及便桥(项目编码:041104) (一)项目编码:041104001～041104002 (二)项目名称:1. 便道/m^2,2. 便桥/座 L.5　洞内临时设施(项目编码:041105) (一)项目编码:041105001～041105005 (二)项目名称:1. 洞内通风设施/m,2. 洞内供水设施/m,3. 洞内供电及照明设施/m,4. 洞内通信设施/m,5. 洞内外轨道铺设/m L.6　大型机械设备进出场及安拆(项目编码:041106) (一)项目编码:041106001～ (二)项目名称:1. 大型机械设备进出场及安拆/台·次 L.7　施工排水、降水(项目编码:041107) (一)项目编码:041107001～041107002 (二)项目名称:1. 成井/m,2. 排水、降水/昼夜 L.8　处理、监测、监控(项目编码:041108) (一)项目编码:041108001～041108002 (二)项目名称:1. 地下管线交叉处理,2. 监测、监控 L.9　安全文明施工及其他措施项目(项目编码:041109) (一)项目编码:041109001～041109007 (二)项目名称:1. 安全文明施工,2. 夜间施工,3. 二次搬运,4. 冬雨季施工,5. 行车、行人干扰,6. 地上、地下设施、建筑物的临时保护设施,7. 已完工程及设备保护 L.10　相关问题及说明
共计：	附录:1章(附录L)	编号:10节	分部分项工程项目名称:68项

注：1. 本"13国标市政计算规范"措施项目（附录L）列项检索表，摘自《市政工程工程量计算规范》GB 50857—2013，即"13国标市政计算规范"；

2. 对应消耗量定额子目的工程量计算规则（S1～S7），敬请参阅本"图释集"附录国家标准规范、全国及地方《市政工程预算定额》（附录A～K）中附表E-01"《上海市市政工程预算定额》(2000) 分部分项工程列项检索表"的诠释；

3. L.2　混凝土模板及支架（项目编码：041102），敬请参阅本"图释集"附录G《上海市市政工程预算定额》(2000) 总说明中附表G-06"混凝土模板、支架和钢筋定额子目列项检索表[即第十六条]"的诠释；

4. L.6 大型机械设备进出场及安拆（项目编码：041106），敬请参阅本"图释集"第三章措施项目中表L.6-06"大型机械设备进出场列项选用表"的诠释。

表 L.1　脚手架工程（项目编码：041101）通用项目、桥梁工程

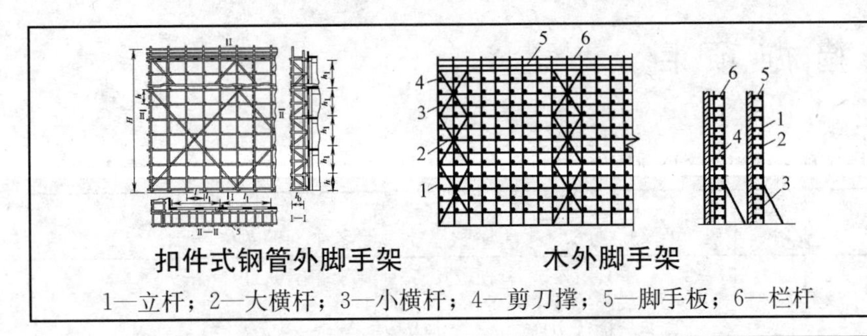

扣件式钢管外脚手架　　木外脚手架

1—立杆；2—大横杆；3—小横杆；4—剪刀撑；5—脚手板；6—栏杆

脚手架、支架的区别与共性			
项次	项目名称	区　别	共性
1	脚手架	1. 类似支架，亦可称作支架的支护构件 2. 只是为了解决施工人员操作的工作面问题	二者均为临时设施；均为措施项目范畴
2	支架	1. 亦称支护结构，可作脚手架 2. 支架是用来承受结构重量的	

注：1. 在同一工程施工中，可能既使用支架，又需要脚手架，应注意二者的不同；
2. 支架是为满足施工对象的实体结构需要而设，脚手架是为满足人员作业需要而设；
3. 注意拱盔、支架的区别，敬请参阅《市政工程工程量清单“算量”手册》表 5-24“桥涵拱盔、支架空间体积计算”的释义。

脚手架定额划分为双排脚手架、简易脚手架、桥梁立柱脚手架、桥梁盖梁脚手架四个子目。

（1）适用范围

双排脚手架适用于各类工程；简易脚手架适用于高度为1.8～3.6m的结构工程；桥梁立柱及盖梁脚手架适用于桥梁的立柱和盖梁施工。

（2）简易、双排脚手架工程量计算

1）脚手架面积，按长度乘以高度的垂直投影面积计算。其中，长度一般按结构中心长度计算；污水处理厂水池的池壁带有环形水槽或挑檐时，其长度按外沿周长计算；独立柱的长度按外围周长加 3.6m 计算。

2）框架脚手架按框架垂直投影面积计算。

3）楼梯脚手架按其水平投影长度乘以顶高计算。

4）悬空脚手架按平台外沿周长乘以支撑底面到平台底的高度计算。

5）挡水板脚手架按其水平投影长度乘以顶高计算。

（3）桥梁立柱及盖梁脚手架工程量计算

1）立柱脚手架按原地面至盖梁底面的高度乘以长度计算，其长度按立柱外围周长加 3.6m 计算。

2）盖梁脚手架按原地面至盖梁顶面的高度乘以长度计算，其长度按盖梁外围周长加 3.6m 计算。

（4）预制板梁梁底及预制 T 型梁的梁与梁接头缝脚手架工程量先计算每孔（跨）脚手架工程量（以该孔（跨）梁底平均高度乘以该跨长度计算），然后累计全桥的数量。套用定额时，应根据梁底的平均高度套用简易脚手架（高 3.6m 以内）或双排脚手架。

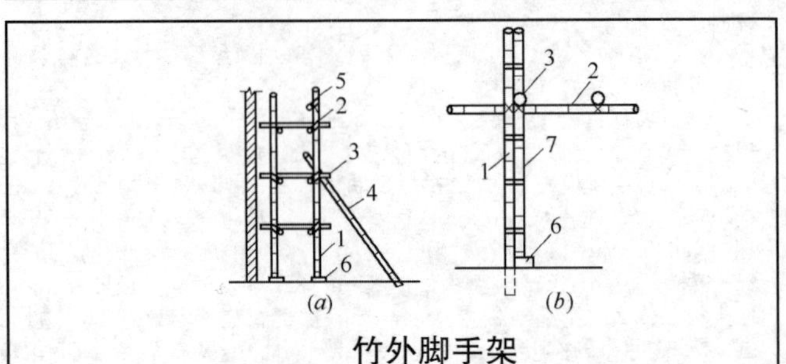

竹外脚手架

（*a*）竹外脚手架；（*b*）竹外脚手架顶撑

1—立杆；2—大横杆；3—小横杆；4—抛撑；5—栏杆；6—砖（石）块；7—顶撑

附录 L　措施项目　L.1 脚手架工程

对应图示		项目名称	编码/编号
工程量清单分类		表 L.1 脚手架工程(通用项目、桥梁工程)	041101
定额章节	分部工程	第一册通用项目　第一章一般项目	S1-1-
	分项子目	9. 脚手架(通用项目——双排、简易)	S1-1-16～S1-1-17 S1-1-18
		9. 脚手架(桥梁工程——桥梁立柱、桥梁盖梁)	S1-1-19～S1-1-20 S1-1-21～S1-1-22

脚手架是施工过程中堆放材料和施工人员进行操作所搭设的架子，即临时设施。

脚手架宽度必须满足工人操作、材料堆放和运输的要求，构造要坚固稳定、安全可靠，且要简单、易于拆装、能够重复周转使用。

市政工程中脚手架选用表　　表 L. 1-01

《市政工程预算定额》		项目名称	相应定额(四个)子目	
册	章		通用项目(双排、简易)	桥梁工程(立柱、盖梁)
第一册	通用项目	相应定额子目所在的册、章、节 S1-1-:9. 脚手架	√	√
第二册	道路工程			
第三册	道路交通管理设施工程			
第四册	桥梁工程	本册定额中未包括脚手架项目，如未包括安装工程所需的脚手架	√	
		桥梁立柱		√
		桥梁盖梁		√
		安装工程	√	
第五册	排水管道工程		√	
第六册	排水构筑物及机械设备安装工程	各章定额中未包括脚手架项目，如框架、楼梯、悬空、挡水板等项目	√	
第七册	隧道工程	1. 沉井制作 2. 地下混凝土结构定额中混凝土浇筑内容未包括脚手架项目	√	

注：1. 系指定额中未包括各类操作脚手架，发生时套用相应定额子目；
2. 在编制工程量清单时不要漏列脚手架项目。

简易、双排脚手架工程量计算　　表 L. 1-02

项次	类型	计算公式
1	脚手架面积	1. 按长度乘以高度的垂直投影面积计算 2. 其中： (1)长度一般按结构中心长度计算； (2)遇污水处理厂水池的池壁带有环形水槽或挑檐时，其长度按外沿周长计算； (3)独立柱的长度按外围周长加 3.6m 计算
2	框架脚手架	按框架垂直投影面积计算
3	楼梯脚手架	按其水平投影长度乘以顶高计算
4	悬空脚手架	按平台外沿周长乘以支撑底面至平台底的高度计算
5	挡水板脚手架	按其水平投影长度乘以顶高计算
6	隧道工程	沉井制作钢管脚手架面积：不论分几次下沉，其面积均按井壁中心周长(含隔墙长)乘以沉井高度计算；若沉井制作只采用外脚手架时，长度以井壁的外沿长度计算

注：1. 选自《上海市市政工程预算定额》(2000) 工程量计算规则及总、册说明；
2. 各种脚手架定额均按平方米计算，定额均按钢管脚手架编制；
3. 结构高度大于 1.8m 且小于 3.6m 时（即 1.8～3.6m）采用简易脚手架；
4. 结构高度大于 3.6m 时，采用双排脚手架，适用于各类工程；
5. 定额中除通用项目的简易脚手架项外，其他均按高 10m 以内及高 20m 以内的子目套取。

表 L. 2　混凝土模板及支架（项目编码：041102）施工图图例【导读】

模板工程量除另有规定者外，均按混凝土与模板的接触面积以平方米计算。

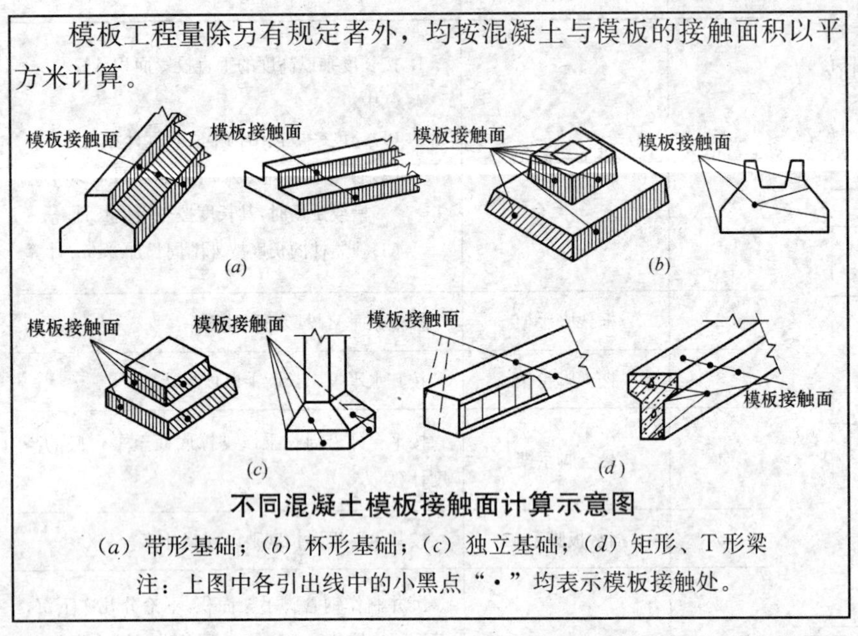

不同混凝土模板接触面计算示意图

（*a*）带形基础；（*b*）杯形基础；（*c*）独立基础；（*d*）矩形、T 形梁

注：上图中各引出线中的小黑点“·”均表示模板接触处。

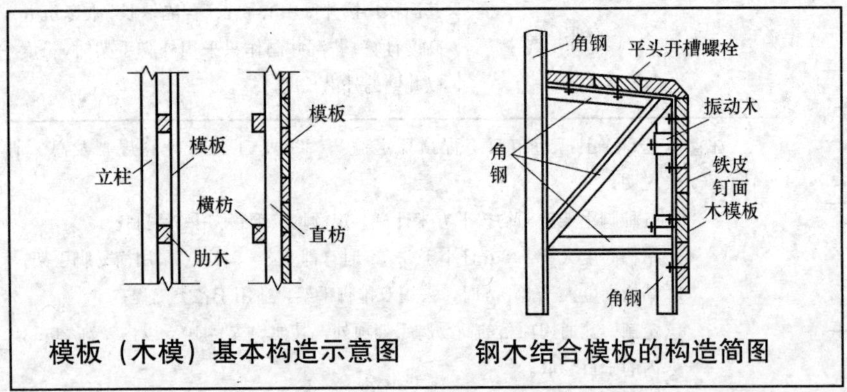

模板（木模）基本构造示意图　　**钢木结合模板的构造简图**

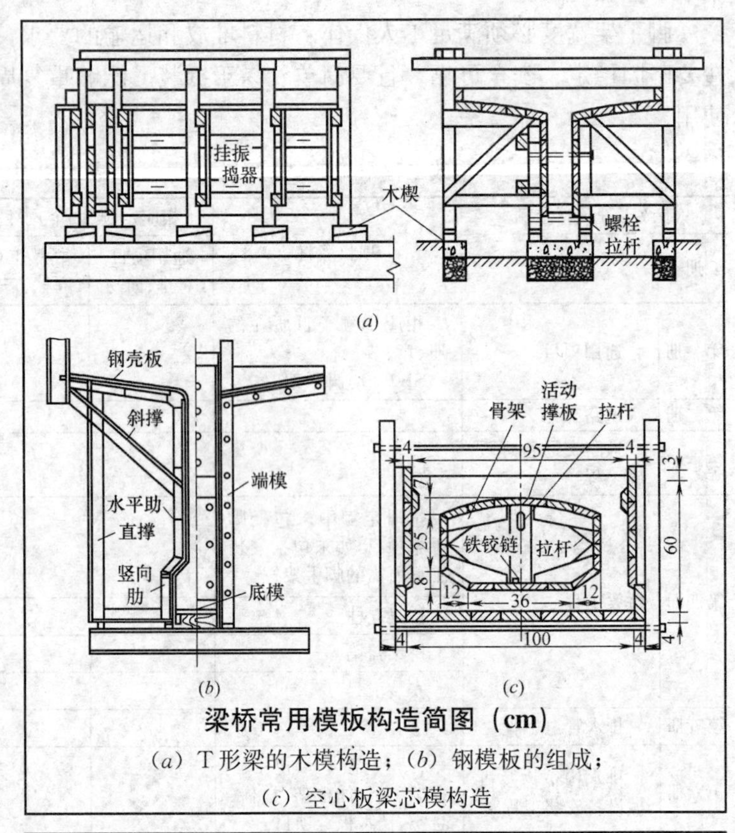

梁桥常用模板构造简图（cm）

（*a*）T 形梁的木模构造；（*b*）钢模板的组成；（*c*）空心板梁芯模构造

附录 L 措施项目　L. 2 混凝土模板及支架

对应图示	项目名称	编码/编号
工程量清单分类	表 L. 2 混凝土模板及支架	041102
对应定额章节	在市政工程预算定额中，现浇混凝土构件模板按构件与模板的接触面积以“m^2”来计算	—

模板工程量除另有规定者外，均按混凝土与模板的接触面积以平方米计算。应用“量、价分离”的《市政工程预算定额》时，计算模板工程量会增加造价专业技术人员的工作量，但按与混凝土接触面积计算的模板工程量体现了实事求是的原则，更贴近施工实际。

模板系统　　　　表 L. 2-01

项次	制作形式	释义
1	底篮	底篮由前后下横梁和若干纵梁组成，在纵梁上直接铺底模板
2	底模	1. 下横梁和纵梁之间用活动铰链相连，以保证其灵活性。前、后下横梁各有两个(或四个)挂耳，与斜拉带和下后吊带连接，将施工荷载传给已浇段。前下横梁另设两个挂耳，用钢丝绳与主梁前端连接 2. 后下横梁两端各设一个挂耳，用钢丝绳与后上横梁相连，以保证移动挂篮及侧模与主梁同步移动
3	侧模	外侧模系用型钢杆件组成框架，内置模板
4	内模	内模采用组拼式模板。当内滑梁和托架移位后，根据箱梁变截面高度再组拼新内模

注：模板是浇筑混凝土施工中的一种临时结构物，对构件的制作十分重要，不仅控制尺寸的精度，还直接影响施工进度和混凝土的浇筑质量。

混凝土、钢筋混凝土模板定额编制计算规定　表 L. 2-02

项次	项目名称		分部分项名称	包括	不(未)包括	可(另)计	备注
1	土石方工程						
2	道路工程	人行道及其他	现浇圆弧侧石定额	√			
			人行道和斜坡		√		
			砖砌挡土墙及踏步混凝土基础		√		
		交通标线	线条的其他材料费	模板摊销			
3	桥涵及护岸工程	现浇混凝土	水泥混凝土桥面铺装	模板摊销			
			弧形梁			√	
			现浇异形板			√	
			防撞护栏				采用定型钢模
		预制混凝土	预制混凝土构件地模铺筑		√		
4	D. 4 隧道工程						
5	市政管网工程	混凝土管道铺设	有筋水泥砂浆接口	√			
		混凝土检查井	预制钢筋混凝土盖板	√			
6	地铁工程						
7	钢筋工程						
8	拆除工程						
9	措施项目(市政工程)						

注：1. 选自《上海市市政工程预算定额》(2000) 工程量计算规则及总、册说明；
2. 在市政工程预算定额中，现浇混凝土构件模板按构件与模板的接触面积以“m^2”来计算；
3. 根据《全国统一市政工程预算定额》(1999) 总说明及各册、章说明，依据上海市市政工程预算定额修编大纲，结合上海市情况编制补充定额部分，敬请参阅《市政工程工程量清单“算量”手册》表 2-2“《全国统一市政工程预算定额》(1999) 关于各省、自治区、直辖市编制补充定额部分等项目”中“定额中模板以木模、工具式钢模为主(除防撞护栏采用定型钢模外)。若采用其他类型模板时，允许各省、自治区、直辖市进行调整”的释义；
4. 防撞护栏模板定额是整个桥涵及护岸工程册现浇混凝土工程定额中唯一采用定型钢模的，其他模板均按工具式钢模、木模取定。如建设单位要求采用定型模板或大模板时，可以调整。

桥梁工程承台模板有底模、无底模区分甄选表

表 L. 2-03

分类	释义	模板种类	
高承台	指承台的底部脱离地面,需铺设底模施工的承台,如高桩承台、水上承台等	有底模	1. 有底模板一般呈槽形,用于浇筑现浇梁或板,其浇筑的梁或板的质量较好,浇筑时,水泥浆不会流失 2. 有底模的承台是针对高承台而言的,在承台的下部浇筑混凝土时要支撑模板,这种形式的模板叫底模
低承台	指承台的底部与地面紧贴(即承台底板直接依附在地面或基础上),不需铺设底模施工,低承台对地基承载力有利	无底模	1. 系指只有侧模没有底模的模板,此种模板在砖混结构中比较常用,其底模由砖墙代替,只需用铁夹将侧模夹紧即可浇筑混凝土,可节约一部分模板 2. 无底模是针对低承台而言的,承台的底部可直接接触地面,因此不需要支设底模

注:1. 承台系指在基桩(群桩)顶部设置的联络各桩顶的钢筋混凝土平台;其作用是承受、分布由墩身传来的荷载;

2. 桩基承台可分为柱下独立承台、柱下或墙下条形承台(梁式承台)、筏板承台和箱形承台等;

3. 其形状一般采用矩形和圆端形;

4. 承台模板定额分有底模和无底模两种,应视不同的施工方法套用相应定额;有底模承台和无底模承台模板应分列计算;

5. 有底模承台定额是考虑不在水中操作情况下编制的;如遇水中施工有底模承台时,其防水措施应按批准的施工组织设计计算费用;在水中操作承台时,潜水员台班另行计算;

6. 基础与承台区分:承台支承在桩体上,基础(系指将桥梁墩、台所承受的各种荷载传递至地基上的构造物)支承在垫层上;基础在垫层上施工,而承台应在支承体(桩体)上施工,故承台分有底模和无底模承台;基础与承台的区分敬请参阅《市政工程工程量清单"算量"手册》表 4-24"桥梁工程基础与承台区分甄选表"的释义。

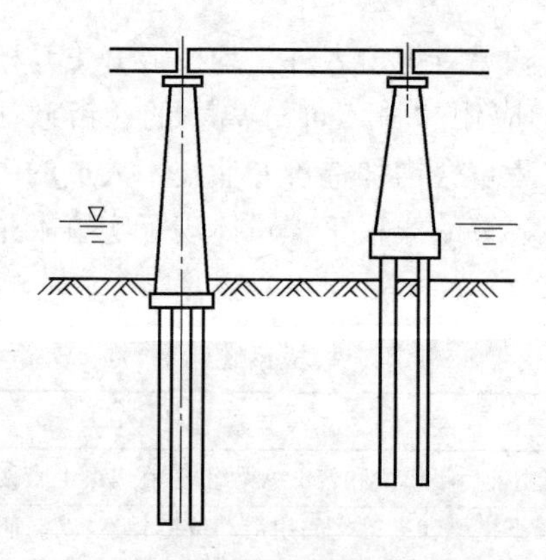

图 L. 2-01　高桩承台基础和低桩承台基础

现场预制混凝土构件模板工程量"算量"　表 L. 2-04

项次	预制混凝土构件名称		工程量计算方法	备注
1	预制混凝土立柱	预制桩桩尖	1. 按虚体积计算 2. 嵌桩浇筑时,面积按实体积计算 3. 板桩模板面积不考虑凹凸口	
2	预制混凝土板		可计内模	空心板
3	预制混凝土梁	T形梁	可计侧模、底模	预应力混凝土构件及T形梁、I形梁等构件
4		I形梁		
5		槽形梁		
6		箱形梁箱形块件		
7		预应力空心板梁	不计内模	
8		非预应力空心板梁	只计侧模,不计底模	非预应力混凝土构件(T形梁、I形梁除外)

续表

项次	预制混凝土构件名称		工程量计算方法	备注
9	预制混凝土梁	实心板梁	可计侧模、底模	
10	预制混凝土小型构件	缘石、人行道板、锚锭板、端柱、灯柱、混凝土栏杆	不按接触面积计算，按预制时的平面投影面积（不扣除空心面积）计算	栏杆等其他构件（系指难以计算实际面积的不规则构件）

注：1. 选自《上海市市政工程预算定额》（2000）工程量计算规则及总、册说明；

2. 定额中"预制混凝土小型构件"章节未包括地模，敬请参阅《市政工程工程量清单"算量"手册》表 5-23"现场预制混凝土构件地模工程量'算量'"的释义；

3. 预制空心板梁采用橡胶囊做内模，如设计未考虑橡胶囊变形可增计混凝土工程量，梁长 16m 以内时按设计计算体积增计 7%，梁长 16m 以外时增计 9%；

4. 定额适用于桥涵工程现场预制的混凝土构件，不适用于工厂预制的构件。

现场预制混凝土构件地模、胎模　　　表 L. 2-05

项次	类型	内容	制造材质分类
1	地模	一般指混凝土、砖或水泥砂浆构成的地模，按照构件大小的平面，用混凝土砖砌，表面再用水泥砂浆抹平做成的底模（用不同材质做成） 常用的材料为砖	1. 砖地模：按照构件大小的平面，用砖砌，表面用水泥砂浆抹平做成的底模 2. 长线台混凝土地模：利用露天场地，用混凝土做成大面积的生产场地做底模（混凝土一般用 C10 混凝土），并用长线法施工的方法，设立台座，露天生产常用的预制构件
2	胎模	指混凝土、砖或水泥砂浆构成的，按构件形状用砖砌抹水泥砂浆的方法做成的胎模，所谓胎模是指用砖或混凝土等材料筑成构件外型的底模，由于胎模能大量节约木材及圆钉，就地取材，便于养护，因而在现场预制构件支模中广泛用于同一规格尺寸较多的构件制作中	1. 土胎模：一般指当施工现场土质为黏土、粉质黏土时，可因地制宜用土制作胎模并制作预制构件 土胎模有地上式、地下式及半地下式等多种，土胎模靠木胎成型，应选用干燥、变形小的木料，制作与构件形状相同的木胎，木胎的外形尺寸应比构件设计尺寸每边放大 5～10mm（留出土胎模表面抹面厚度） 2. 砖胎模：是以砖砌体作为构件，砌体表面抹厚 20mm 的水泥砂浆，再涂刷隔离剂，常用于梁、柱等构件的底模板 3. 混凝土胎模：常用于预制构件厂生产定型构件，特别是形状较复杂的构件，采用混凝土胎模能使胎模表面形状与构件的表面形状相同

注：1. 预制构件又叫装配式构件，预制项目工程是在施工现场或构件预制厂预先制成钢筋混凝土构件，在施工现场用起重机械把预制构件安装到设计位置；

2. 木模板：构件侧模以木模板为主；底模以地（胎）模为主。

混凝土、钢筋混凝土支架工程　　　表 L. 2-06

项次	划分	名称	组成
1	构造	立柱式支架	1. 构造简单，可用于陆地或不通航河道以及桥墩不高的小跨径桥梁施工 2. 支架通常由排架和纵梁等构件组成。排架由枕木或桩、立柱和盖梁组成
		梁式支架	1. 根据跨径不同，梁可采用工字钢、钢板梁或钢桁架梁 2. 一般工字钢用于跨径小于 10m，钢板梁用于跨径小于 20m，钢桁架梁用于跨架大于 20m 的情况 3. 梁可以支承在墩旁支柱上，也可以支承在桥墩上预留的托架上或支承在桥墩处的横梁上
		梁—柱式支架	当桥梁较高、跨径较大或必须在支架下设孔通航或排洪时，可采用梁—柱式支架。梁支承在桥墩台以及临时墩上，形成多跨的梁—柱式支架
2	材料		木支架、钢支架、钢木混合支架、万能杆件拼装的支架等几种类型

注：1. 桥梁支架系指桥涵工程施工现场搭设的支架结构；就地浇筑施工时需用大量的模板支架，一般仅在小跨径桥或交通不便的边远地区采用；

2. 亦称支护结构，可作脚手架；支架与脚手架的区别在于：支架是用来承受结构重量的，而脚手架只是为了解决施工人员操作的工作面间题，敬请参阅《市政工程工程量清单“算量”手册》表 5-24“桥涵拱盔、支架空间体积计算”的释义；

3. 常采用金属或砌体材料做成。

《上海市市政工程预算定额》(2000) 未考虑拱桥项目，主要是因为上海地区的地质情况不太适宜建造拱桥，与拱桥相关的定额使用不多，如果发生该类项目，可以套用《全国统一市政工程预算定额》(1999) 桥涵工程分册相应定额。

桥涵拱盔、支架区分及空间体积计算　　　表 L. 2-07

项次	项目名称	支架、脚手架		支架、拱盔		桥涵拱盔、支架空间体积计算
		不同	相同	支架	拱盔	
1	支架	为支持施工对象的实体结构而设	二者均为措施项目范畴	支架可以在梁桥或拱桥中使用，当在拱桥结构中使用时，它设置在拱盔下面起支撑拱盔的作用		体积按结构底至原地面（水上支架为水上支架平台顶面）平均标高乘以纵向距离再乘以（桥宽＋2.0m）计算
2	脚手架	为满足人员作业需要而设				
3	拱盔			此时以拱桥的起拱线为界划分，应分别计算拱盔和拱架的工程量	拱盔只在拱桥现浇或砌筑施工中使用	体积按起拱线以上弓形侧面积乘以（桥宽＋2.0m）计算

注：1. 拱盔：拱盔亦指拱帽，可作雨水的飘沿，又兼起美观作用；

2. 桥涵拱盔支架定额均不包括底模及地基加固的工程量，应另行计算；

3. 砖、石拱圈的拱盔和支架均以拱盔与圈弧弧形接触面积计算。

表 L. 2　混凝土模板及支架（项目编码：041102）模板

敬请参阅附录 G　《上海市市政工程预算定额》(2000) 总说明中表 G-06“混凝土模板、支架和钢筋定额子目列项检索表［即第十六条］”的诠释。

上部构造模板

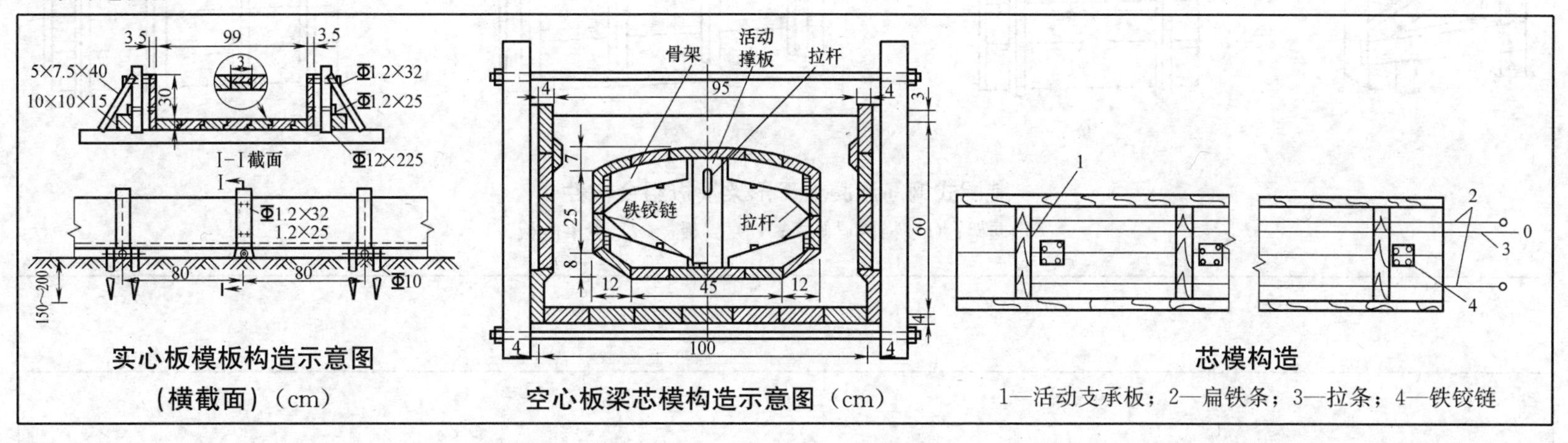

实心板模板构造示意图（横截面）(cm)

空心板梁芯模构造示意图（cm）

芯模构造

1—活动支承板；2—扁铁条；3—拉条；4—铁铰链

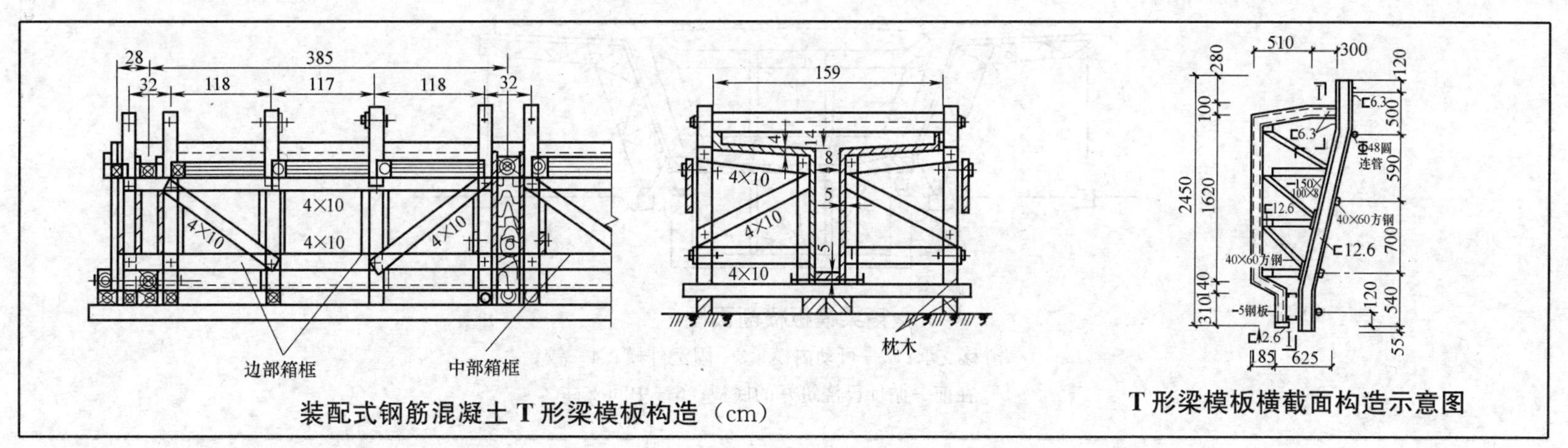

装配式钢筋混凝土 T 形梁模板构造（cm）

T 形梁模板横截面构造示意图

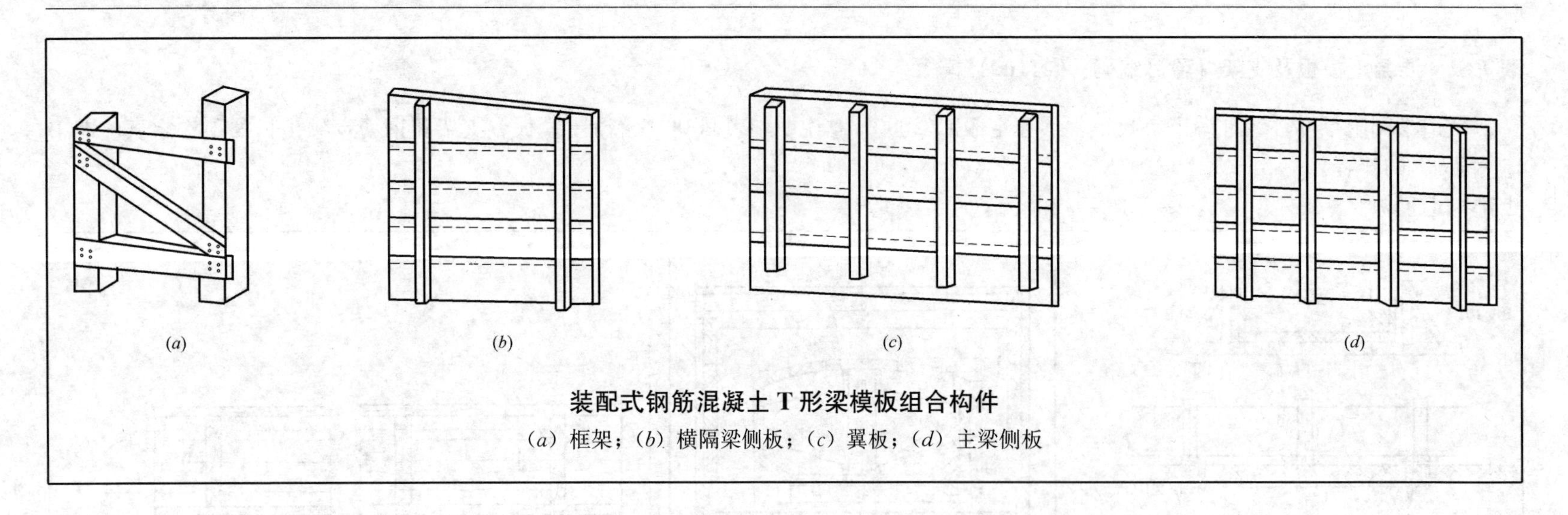

装配式钢筋混凝土 T 形梁模板组合构件

（*a*）框架；（*b*）横隔梁侧板；（*c*）翼板；（*d*）主梁侧板

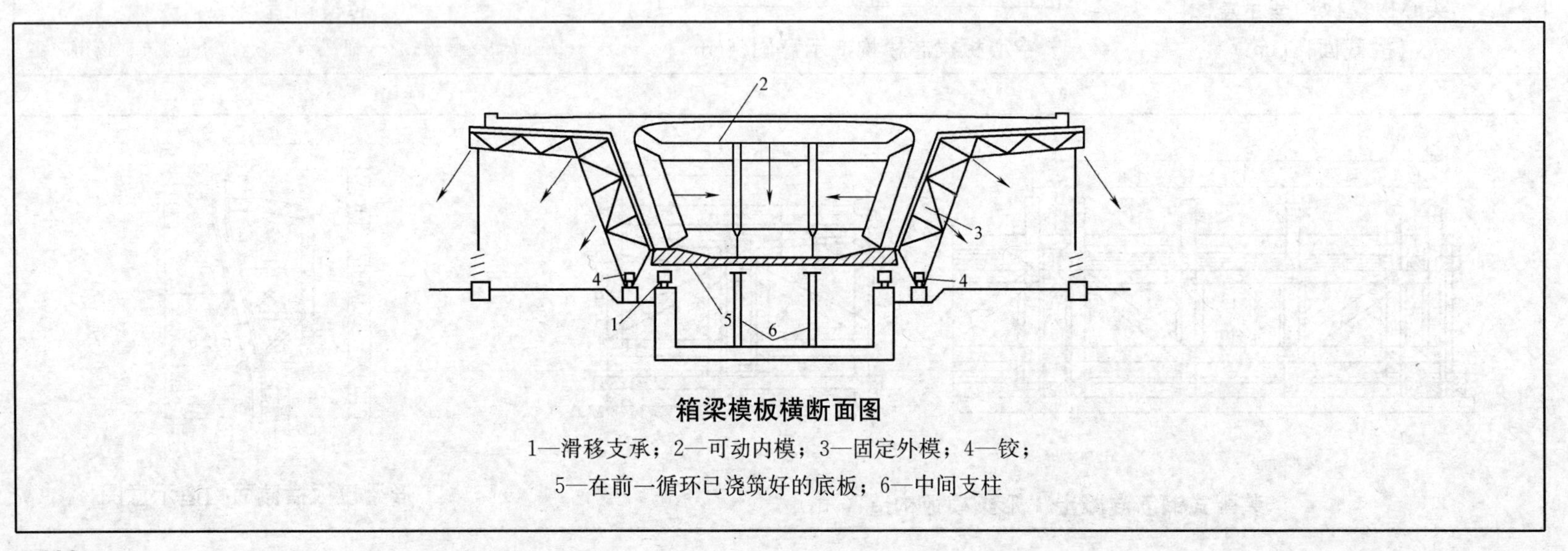

箱梁模板横断面图

1—滑移支承；2—可动内模；3—固定外模；4—铰；

5—在前一循环已浇筑好的底板；6—中间支柱

下部构造模板

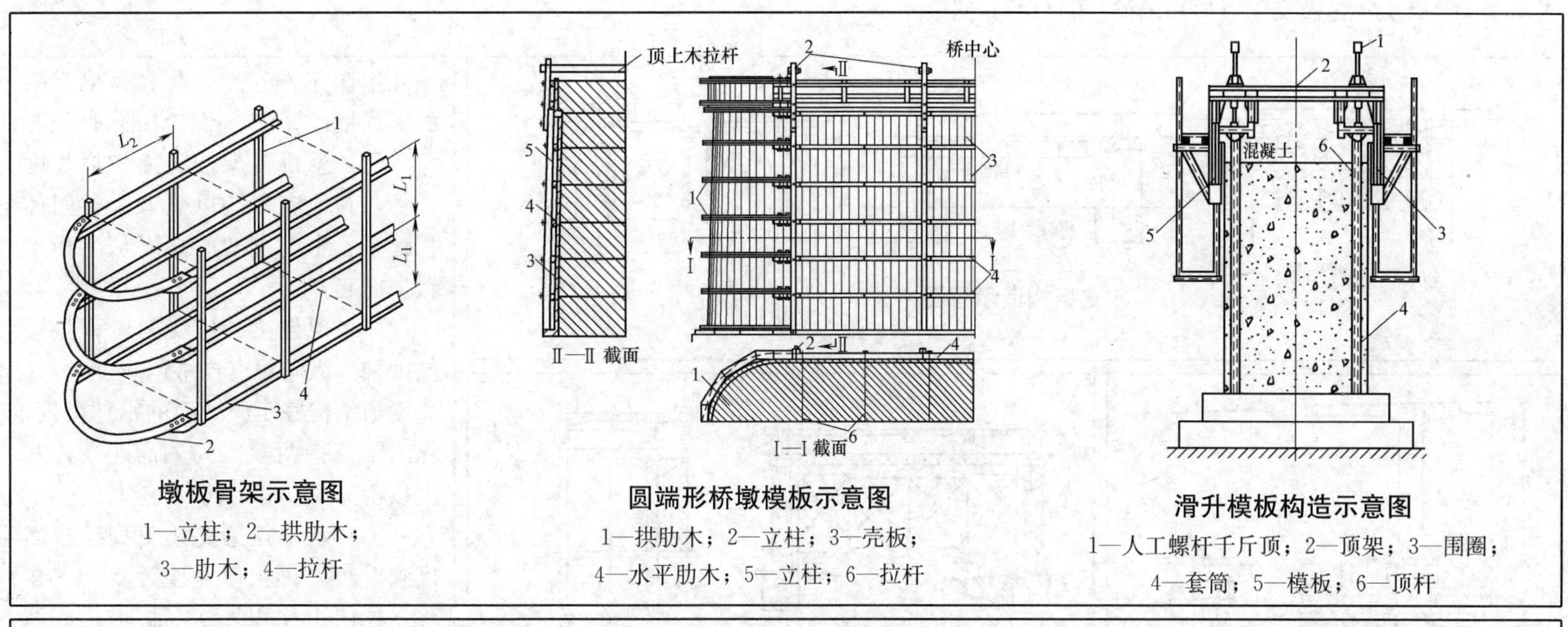

墩板骨架示意图

1—立柱；2—拱肋木；3—肋木；4—拉杆

圆端形桥墩模板示意图

1—拱肋木；2—立柱；3—壳板；4—水平肋木；5—立柱；6—拉杆

滑升模板构造示意图

1—人工螺杆千斤顶；2—顶架；3—围圈；4—套筒；5—模板；6—顶杆

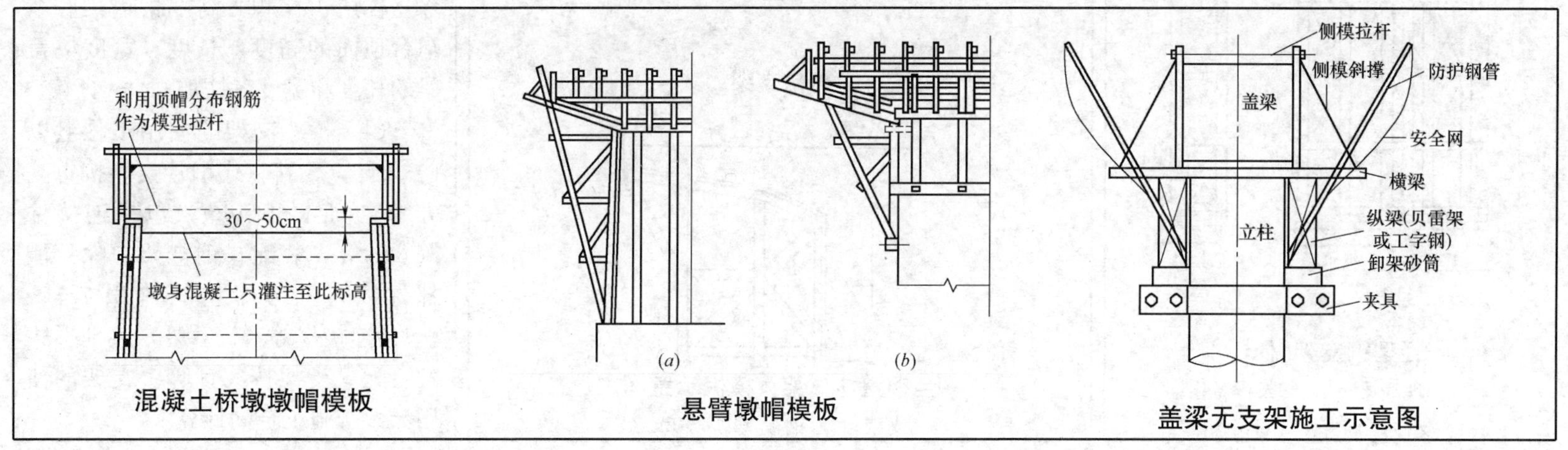

混凝土桥墩墩帽模板

悬臂墩帽模板

盖梁无支架施工示意图

表 L. 2　混凝土模板及支架（项目编码：041102）支架

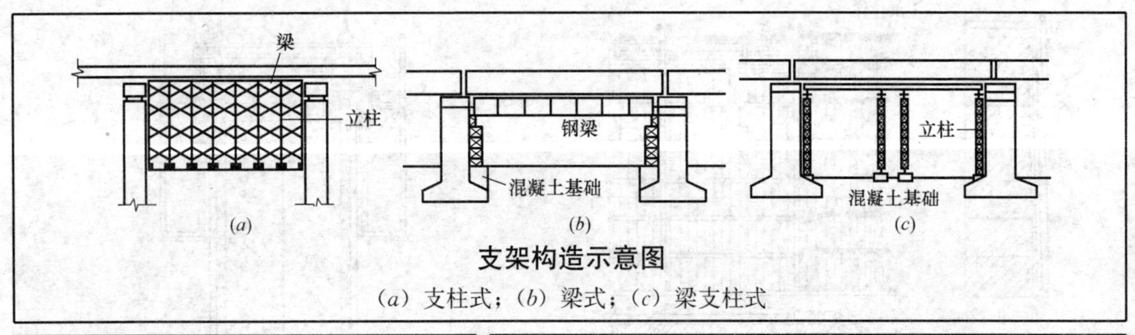

支架构造示意图

（a）支柱式；（b）梁式；（c）梁支柱式

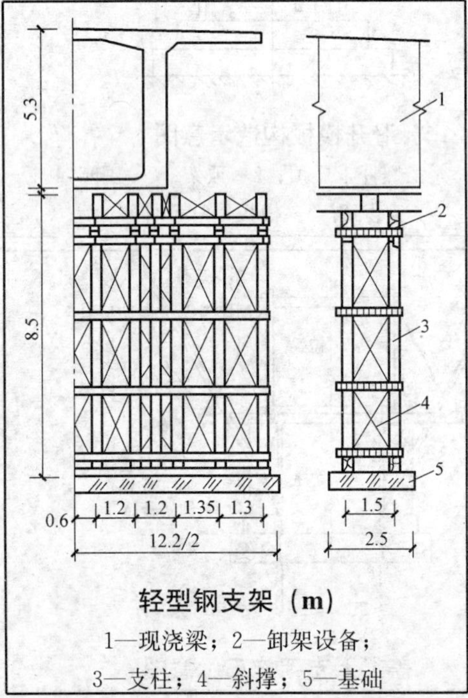

轻型钢支架（m）

1—现浇梁；2—卸架设备；
3—支柱；4—斜撑；5—基础

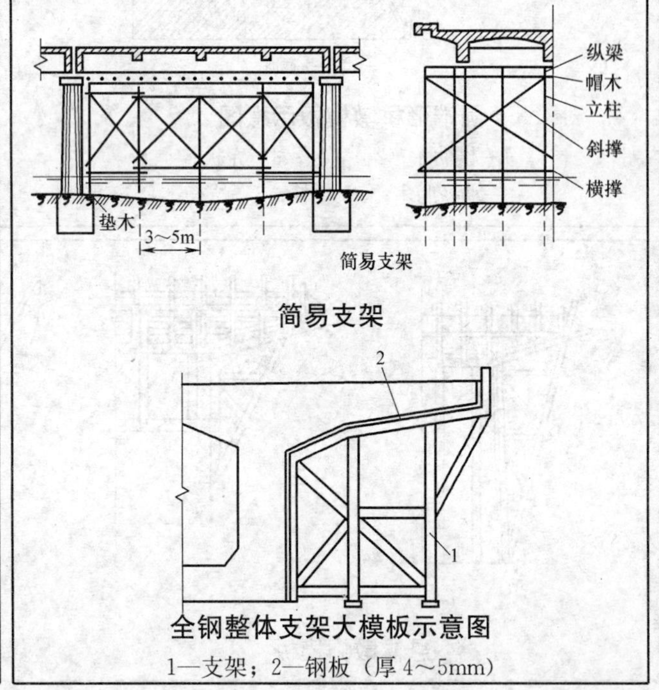

简易支架

全钢整体支架大模板示意图

1—支架；2—钢板（厚 4～5mm）

本次定额对梁、板、盖梁支架的工程量计算作了比较详细的规定。

（1）悬挑支架按防撞护栏长度计算，其他支架均以立方米空间体积计算。水上支架的高度从工作平台顶面起算。

（2）现浇梁、板支架工程量按高度乘以纵向距离再乘以宽度计算。高度指结构底至原地面的平均高度，纵向距离指两盖梁间的净距离，宽度按桥宽＋1.5m 计算。

（3）现浇盖梁支架工程量按高度乘以长度再乘以宽度计算，并扣除立柱所占体积。高度指盖梁底至承台顶面的高度，长度、宽度按盖梁的长度和宽度各增加 0.9m 计算。

（4）桥梁支架的使用工程量以 t・天计算。满堂式钢管支架按每立方米空间体积 50kg（包括连接件等）计算，装配式钢支架中除万能杆件以每立方米空间体积 125kg（包括连接件等）计算外，其他形式的装配式支架按实计算。支架的使用天数按施工合同计算。

挂篮是一个能沿着轨道行走的活动脚手架，挂篮悬挂在已经张拉锚固的箱梁段上。挂篮主要有梁式挂篮、斜拉式挂篮及组合斜拉式挂篮三种形式。

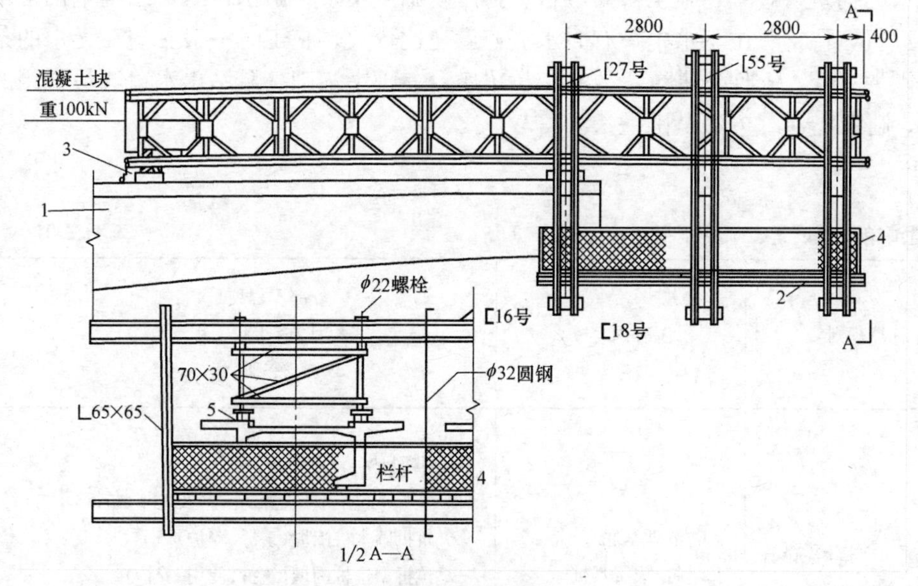

挂篮构造示意图

1—已浇箱梁；2—纵梁；3—地锚；4—栏杆；5—垫木

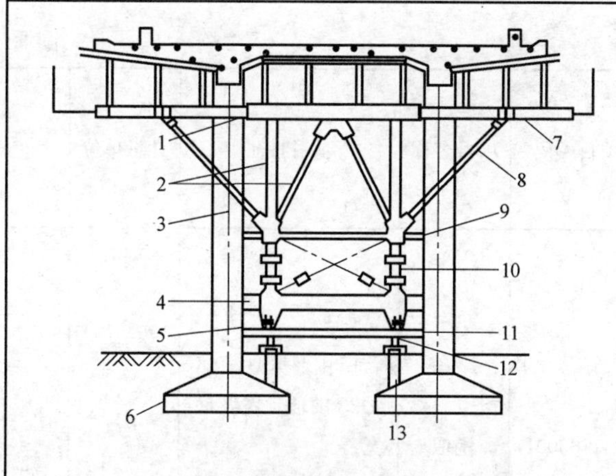

模板车式支架

1—钢架；2—钢支撑；3—立柱；4—轮轴架；5—轨道；6—塞脚；7—插入式钢梁；8—斜撑；9—楔块；10—调整千斤顶；11—枕木；12—钢底梁；13—混凝土支墩

挂篮与扇形支架的工程量计算规定：

轻型钢挂篮的工程量应按设计要求来确定。定额分为制作、安拆、推移。制作工程量按安拆定额括号内所列的摊销量计算。安拆工程量按钢挂篮的质量计算。推移工程量按挂篮质量乘以推移距离以 t·米计算。

0 号块支架分为安拆和制作两部分，安拆工程量按顶面梁宽以米来计算。边跨采用挂篮花工时，其合龙段扇形支架的安拆工程量按梁宽的 50%计算。

扇形支架的制作工程量计算和钢挂篮一样，按安拆定额括号内所列的摊销量计算。

表 L.3　围堰（项目编码：041103001）围堰

所谓围堰，就是在基坑四周筑一道临时、封闭、挡水的构筑物，然后抽除围堰内的水，使基坑开挖在无水的状态下进行，待墩台等构筑物修筑出水面后，再对基坑进行回填并拆除围堰；它的作用是确保主体工程及附属设施在修建过程中不受水流侵袭，主要是防水和围水，保证正常施工。

施工桥梁墩台、护岸基础以及泵站出水口时，结构基础常常位于水中，有时水流速度还比较大，施工时一般希望在无水的条件下进行，故施工桥梁墩台、护岸基础、泵站出水口等最常用的方法是围堰法。

围堰工程量清单项目设置、项目子目对应比照表　　　表 L.3-01

项目编码	项目名称	项目特征	计量单位	工程量计算规则	工程内容	分部工程项目、名称（所在《市政工程预算定额》册、章、节）
041103001	围堰	1. 围堰类型 2. 围堰顶宽及底宽 3. 围堰高度 4. 填心材料	1. m^3 2. m	1. 以立方米计量，按设计图示尺寸以体积计算 2. 以米计量，按设计图示尺寸以围堰中心线长度计算	1. 清理基底 2. 打、拔工具桩 3. 堆筑、填心、夯实 4. 拆除清理 5. 材料场内外运输	通用项目筑拆围堰 S1-2-： 1. 筑拆草包围堰（筑拆、养护）及土坝（筑拆） 2. 筑拆圆木桩围堰（筑拆、养护） 3. 筑拆型钢桩围堰（筑拆、使用、养护） 4. 筑拆钢板桩围堰（筑拆、使用、养护） 5. 筑拆拉森钢板桩围堰（筑拆、使用、养护）
						通用项目一般项目 S1-1-： 7. 抽水

注：1. 选自《市政工程工程量计算规范》GB 50857—2013 及沪建管［2014］872 号《上海市建设工程工程量清单计价应用规则》；

2. 筑拆围堰定额中已包括组装、拆除柴油打桩机的工作内容，但未包括船排的压舱，如发生船排压舱时，压舱的块石数量可按船排总吨位的 30%另计；如发生时，请参阅《市政工程工程量清单“算量”手册》表 4-27“组装、拆除柴油打桩机桩机类别和锤重甄选表”；

3. 围堰定额中已包括了土方的场内运输。

围堰形式的选择　　**表 L. 3-02**

围堰形式	围堰形式的选择
正常条件下	按围堰高选择形式和相应断面尺寸，如表 L. 3-03“正常条件下按围堰高选择形式和相应断面尺寸”所示
特殊条件下	1. 遇有航运要求的河道，选择围堰形式，首先应考虑不影响河道航运 2. 河床坡度大于 1∶1 或河床坡度有突变者以及河水流速大于 2m/s 时，应视不同施工方法决定围堰形式。 3. 拦河围堰（坝）应视具体情况，通过计算确定围堰（坝）形式 4. 注意： (1)坝高在 3m 以内，应套用草土围堰，但当围堰筑于小河浜里时，尽管小河浜不通航，由于草围堰放坡使坡脚宽度不允许时，可选用圆木桩围堰（高 3m 以内） (2)同样，钢板桩围堰适用于 5.0～6.0m，当遇有特殊条件时（河床坡度、流速因素），虽围堰高小于 3m，但也可选用钢板桩围堰（高 3m 以内）

正常条件下按围堰高选择形式和相应断面尺寸　　**表 L. 3-03**

围堰高(m)	选择形式	围堰断面尺寸	
1.00～3.00	草包围堰	顶宽 1.5m；边坡：内侧 1∶1；外侧临水面 1∶1.5	
3.01～4.00	圆木桩围堰	围堰（坝身）宽	2.50m
4.01～5.00	型钢桩围堰		2.50m
5.01～6.00	钢板桩围堰		3.00m
＞6.00	拉森钢板桩围堰		3.35m

注：围堰高＝（当地施工期的最高潮水位－设计图的实测围堰中心河底标高）＋0.50m。围堰中心河底标高是指结构物基础底的外边线增加 0.5m 后，以 1∶1 坡线与原河床线的交点向外平移 0.3m 为围堰脚内侧（或围堰坡脚），再增加围堰底宽一半处的原河床底标高。如图 L. 3-01“围堰高选择形式和相应断面尺寸”所示。

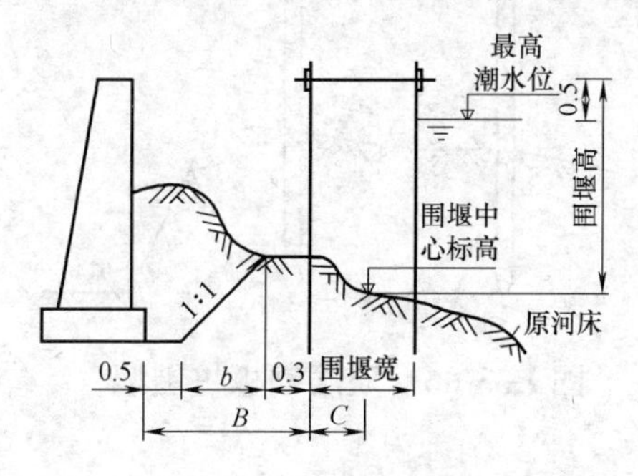

图 L. 3-01　围堰高选择形式和相应断面尺寸（m）

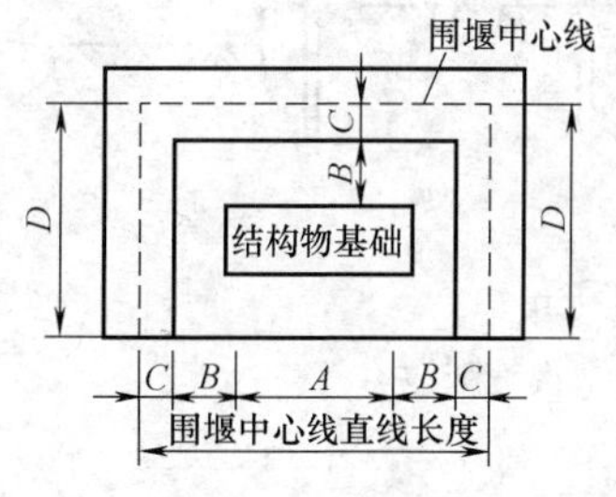

图 L. 3-02　围堰筑拆示意图

注：1. 结构物基础外沿（端边）至围堰体内侧的距离，可按围堰中心河底标高附图取定计算：B＝结构物基础底外沿增加 0.5m 后，以 1∶1 坡线与原河床线的交点向外平移 0.3m，$B=0.5+b+0.3$；

2. 当平行结构物的围堰直线长度大于 100m 时，以 100m 长为准可设腰围堰一道，而后每 50m 另增一道，腰围堰按草包围堰计算，$L_{中}=A+2(B+C)$。

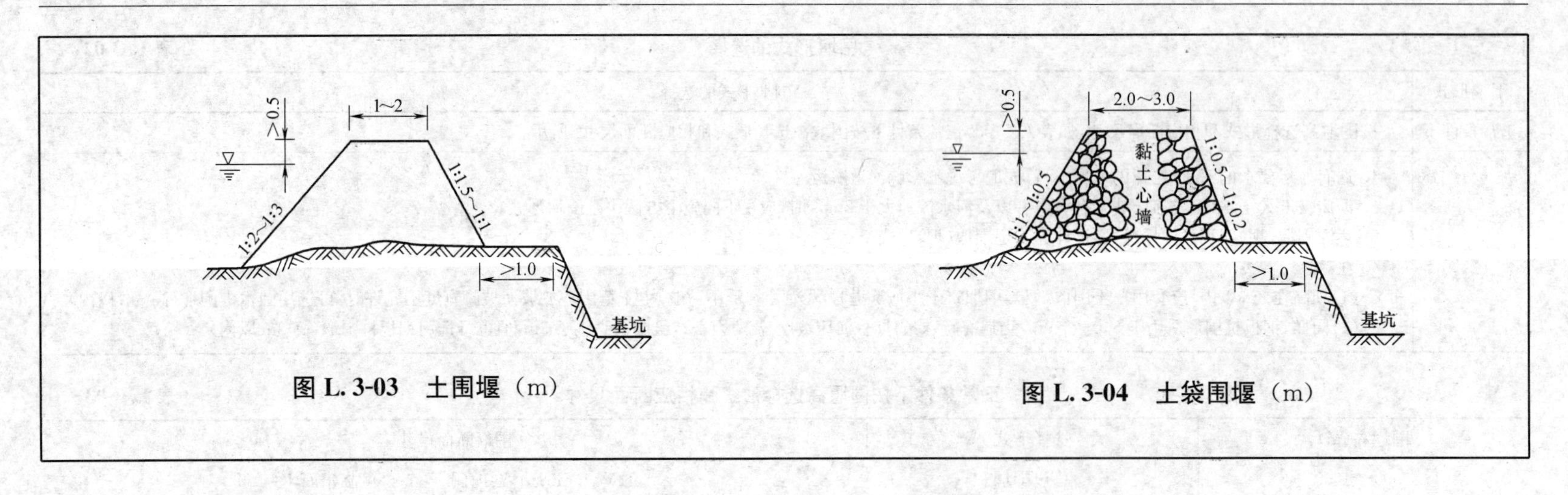

图 L. 3-03　土围堰（m）

图 L. 3-04　土袋围堰（m）

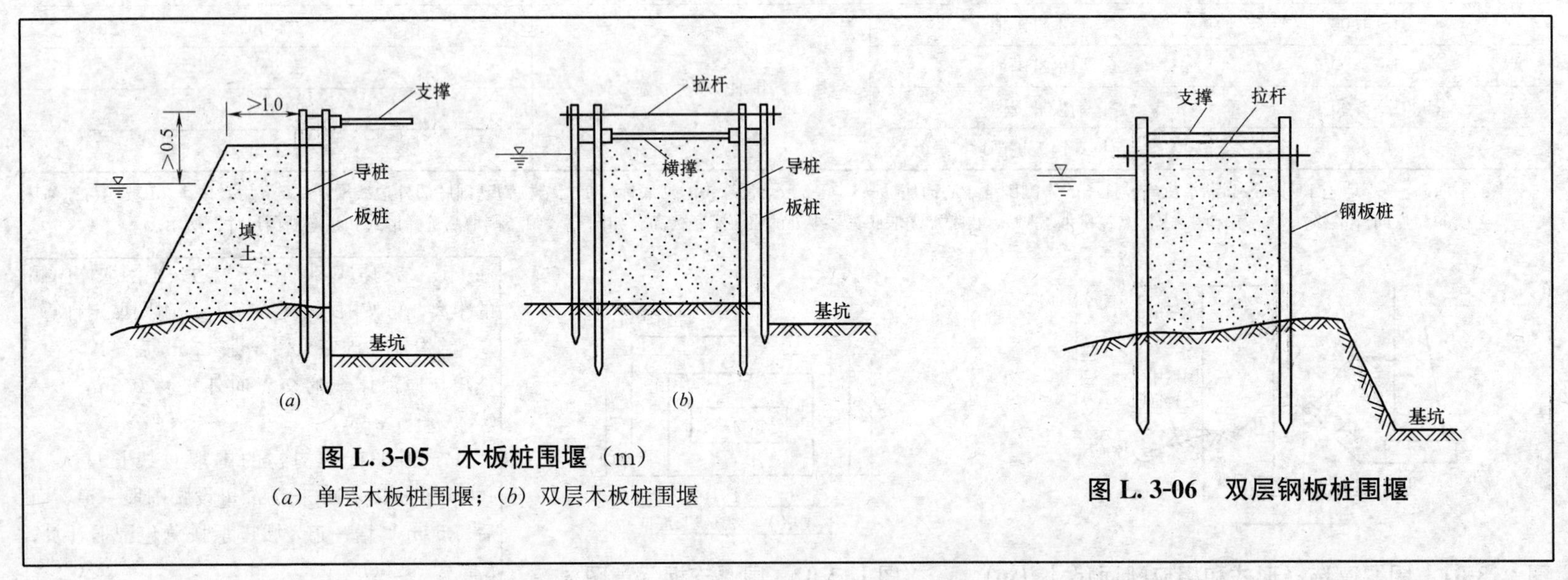

图 L. 3-05　木板桩围堰（m）

（*a*）单层木板桩围堰；（*b*）双层木板桩围堰

图 L. 3-06　双层钢板桩围堰

表 L. 3　围堰（项目编码：041103002）筑岛

筑岛工程量清单项目设置、项目子目对应比照表

表 L. 3-04

项目编码	项目名称	项目特征	计量单位	工程量计算规则	工程内容	分部工程项目、名称（所在《市政工程预算定额》册、章、节）
041103002	筑岛	1. 筑岛类型 2. 筑岛高度 3. 填心材料	m^3	按设计图示尺寸以体积计算	1. 清理基底 2. 堆筑、填心、夯实 3. 拆除清理	

一般沉井的自重很大，不便运输，所以在岸滩或浅水中修建沉井时，多采用筑岛法，即先在基础的设计位置上筑岛，再在岛上制作沉井并就地下沉。

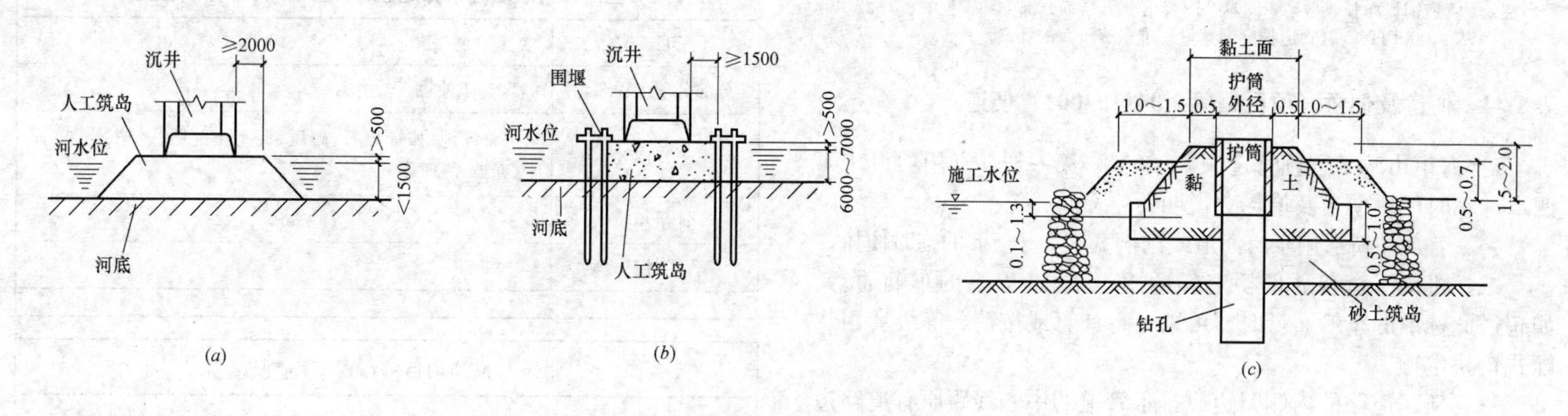

图 L. 3-07　人工筑岛简图

(*a*) 无围堰的人工筑岛；(*b*) 有围堰的人工筑岛；(*c*) 筑岛法定桩位（m）

筑岛填心：夯填土按相对密度 95％的填土计算，请查阅《市政工程工程量清单“算量”手册》中表 4-51“填土土方的体积变化系数表”。松填土按 1.185 压缩系数的自然方折合填方计算，故松填自然方与填土的关系式＝1/1.185＝0.844，请查阅《市政工程工程量清单“算量”手册》中表 5-65“天然密实方（即自然方）与填土、松方的关系表”，砂的压缩系数为 1.25。

排水管网—开槽埋管排水、降水昼夜“算量”难点解析　表 L.3-05

项目名称	“算量”基数要素[定额编号：S1-2-8、S1-2-9；计量单位：延长米、延长米·次]		
* 管道铺设净长	121.00m	管节尺寸	2.5m/节
管材名称	Φ1000PH-48 管	管道尺寸(mm)	Φ1000
圆木桩围堰筑拆	已知“算量”基数要素： 1. 管道铺设净长为 121.00m 2. 依据《上海市市政工程预算定额》(2000)第一章通用项目第五节井点降水第 1.5.1 条说明轻型井点：井点管间距为 1.2m，50 根井管、相应总管 60m 及排水设备。 工程“算量”：轻型井点安装$_{根}$=20×2= 40.00 延长米		
圆木桩围堰养护	工程“算量”：40×2=80.00 延长米·次		

注：* 管道铺设净长，敬请参阅本“图释集”第二章分部分项工程中表 E-22“铺设 Φ1000PH-48 管管道长度‘算量’难点解析”的释义。

表 L.4　便道及便桥（项目编码：041104001）便道

《上海市市政工程预算定额》(2000) 第一册　通用项目　第四章　临时便桥便道及堆场“说明”：

一、普通便桥适用于跨河道或沟槽宽度大于 5m 的临时便桥。

二、机动车道普通便桥定额适用于汽-10 以下的车辆通行，如超过此标准的车辆通行时，可以另行计算或按荷载等级套用装配式钢桥定额。

三、新建道路的内侧路边或排水管道的中心线距原有道路边 30m 以上时，可按规定计算修筑施工临时便道。原有道路不能满足运输工程材料需要需加固拓宽时，另行计算。

四、便道定额按 20cm 厚道碴取定，实际结构不同允许调整。当便道采用混凝土结构时，按道路工程人行道混凝土基础定额计算。

五、便道及堆场不计翻挖及旧料外运。

工程量清单“四统一”

项目编码	041104001
项目名称	便道
计量单位	m^2
工程量计算规则	按设计图示尺寸以面积计算
项目特征描述	1. 结构类型 2. 材料种类 3. 宽度
工程内容规定	1. 平整场地 2. 材料运输、铺设、夯实 3. 拆除、清理

《上海市市政工程预算定额》(2000) 分部分项工程

子目编号	S1-4-19
分部分项工程名称	3. 施工便道
工作内容	平整场地、摊铺碎石、碾压、混凝土配制、运输、浇筑、抹平、养护、清理等
计量单位	m^3
工程量计算规则	

附录 L 措施项目　L.4　便道及便桥

对应图示		项目名称	编码/编号
工程量清单分类		表 L.4　便道及便桥(便道)	041104001
定额章节	分部工程	第一册　通用项目　第四章　临时便桥便道及堆场	S1-4-
	分项子目	3. 施工便道	S1-4-19

表 L.4 便道及便桥（项目编码：041104002）便桥

工程量清单“四统一”	
项目编码	041104002
项目名称	便桥
计量单位	m^2
工程量计算规则	按设计图示尺寸以面积计算
项目特征描述	1.结构类型 2.材料种类 3.宽度
工程内容规定	1.平整场地 2.材料运输、铺设、夯实 3.拆除、清理

《上海市市政工程预算定额》（2000）分部分项工程	
子目编号	S1-4-1～S1-4-18
分部分项工程名称	1.搭拆便桥 2. 搭拆装配式钢桥
工作内容	详见该定额编号之“项目表”中“工作内容”的规定
计量单位	1. m^3 2. 座・次 3. 块・天 4. m 5. m・天
工程量计算规则	

附录 L 措施项目 L.4 便道及便桥			
对应图示		项目名称	编码/编号
工程量清单分类		表 L.4 便道及便桥(便桥)	041104002
定额章节	分部工程	第一册 通用项目 第四章 临时便桥便道及堆场	S1-4-
	分项子目	1. 搭拆便桥 2. 搭拆装配式钢桥	S1-4-1～S1-4-8 S1-4-9～S1-4-18

表 L.6 大型机械设备进出场及安拆（项目编码：041106001）

《上海市市政工程预算定额》（2000）“总说明”第二十一条：“本定额中未包括大型机械的场外运输、安拆（打桩机械除外）、路基及轨道铺拆等。”

大型机械的场外运输工程量清单项目设置、项目子目对应比照表

表 L.6-01

项目编码	项目名称	项目特征	计量单位	工程内容	分部工程项目、名称（所在《市政工程预算定额》册、章、节）
041106001	大型机械设备进出场及安拆	1. 机械设备名称 2. 机械设备规格型号	台・次	1. 安拆费包括施工机械、设备在现场进行安装拆卸所需人工、材料、机械和试运转费用以及机械辅助设施的折旧、搭设、拆除等费用 2. 进出场费包括施工机械、设备整体或分体自停放地点运至施工现场或由一施工地点运至另一施工地点所发生的运输、装卸、辅助材料等费用	安装及拆除费文字代码 ZSM21-1-： 1～10. 泥浆场外运输、钻孔灌注桩钻机、深层搅拌桩钻机、树根桩钻机、履带式起重机 场外运输费文字代码 ZSM21-2-： 1～24. 推土机、单斗挖掘机、拖式铲运机（连拖斗）、压路机（综合）、沥青混凝土摊铺机、柴油打桩机、钻孔灌注桩钻机、深层搅拌桩钻机、树根桩钻机、粉喷桩钻机、履带式起重机、地下连续墙成槽机械

注：1. 选自《市政工程工程量计算规范》GB 50857—2013；
2. 对于 L.6 大型机械设备进出场及安拆（项目编码：041106001）费的计算，这里只列出通用措施费项目的计算方法（下同），各专业工程的专用措施费项目的计算方法由各地区或国务院有关专业主管部门的工程造价管理机构自行制定；
3.《市政工程预算定额》“说明”规定：桥涵及护岸工程的桩基础受航运、交通、高压线等影响不能连续施工时，可增计组装拆卸桩机的次数，设备运输应根据现场具体情况来计算。比如，打驳岸桩时受高压线影响，可能桩机只要放倒龙门架，走过高压线位置即可重新竖起龙门，按定额规定可以算一次安拆，但是运输就不能再算了。又比如，桥梁的两个桥台打桩，因河道通航的需要，支架平台不能连续使用，桩机又没有桥梁可直接通过或有桥梁但是不能承受该荷载通行时，需绕道采用平板车装运桩机至对岸桥台打桩时，不仅可计组拆桩机，还可计设备运输费用；
4. 在编制桥涵及护岸工程桩基础工程“算量”时，切记勿漏项（即项目编码：041106001 大型机械设备进出场及安拆“工程内容”列项中第一项内容）。

附录L 措施项目　L.6 大型机械设备进出场及安拆

对应图示		项目名称	编码/编号
工程量清单分类		表L.6 大型机械设备进出场及安拆	041106001
定额章节	分部工程	《上海市市政工程预算定额》(2000)“总说明”第二十一条文字代码	ZSM21-2-
	分项子目	推土机、单斗挖掘机、拖式铲运机(连拖斗)、压路机(综合)、沥青混凝土摊铺机、柴油打桩机、钻孔灌注桩钻机、深层搅拌桩钻机、树根桩钻机、粉喷桩钻机、履带式起重机、地下连续墙成槽机械	ZSM21-2-1～ZSM21-2-24

大型机械设备安装及拆除费（打桩机械除外）表L.6-02

项次	机械或设备名称	型号、规格	单位	预算价格(元)	文字代码
1	钻孔灌注桩钻机安装及拆除		台	3681.00	ZSM21-1-1
2	深层搅拌桩钻机安装及拆除		台	2617.00	ZSM21-1-2
3	树根桩钻机安装及拆除		台	1847.00	ZSM21-1-3
4	粉喷桩钻机安装及拆除		台	2021.00	ZSM21-1-4
5	履带式起重机装卸费	25t以内	台	646.00	ZSM21-1-5
6	履带式起重机装卸费	30～50t	台	896.00	ZSM21-1-6
7	履带式起重机装卸费	60～90t	台	1116.00	ZSM21-1-7
8	履带式起重机装卸费	100～150t	台	2688.00	ZSM21-1-8
9	履带式起重机装卸费	300t	台	4079.00	ZSM21-1-9
10	地下连续墙成槽机械安装及拆除		台	1195.00	ZSM21-1-10

注：1. 根据《全国统一市政工程预算定额》(1999) 总说明及各册、章说明，依据上海市市政工程预算定额修编大纲，结合上海市情况编制补充定额部分，请参阅《市政工程工程量清单“算量”手册》表2-2“《全国统一市政工程预算定额》(1999) 关于各省、自治区、直辖市编制补充定额部分等项目”中“本定额提供的人工单价、材料预算价格、机械台班价格以北京市价格为基础，不足部分参考了部分省市的价格，各省、自治区、直辖市可结合当地的价格情况，调整换价”的释义；
2. 选自《上海市市政工程预算定额》(2000)，ZSM21-为《市政工程预算定额》总说明第几条的文字代码。

大型机械设备进出场文字代码　　表L.6-03

文字代码	大型机械设备名称	计量单位	文字代码	大型机械设备名称	计量单位
ZSM21-2-1	60kW以内推土机场外运输费	台·次	ZSM21-2-13	5.0t以内柴油打桩机场外运输费	台·次
ZSM21-2-2	120kW以内推土机场外运输费	台·次	ZSM21-2-14	5.0t以外柴油打桩机场外运输费	台·次
ZSM21-2-3	120kW以外推土机场外运输费	台·次	ZSM21-2-15	钻孔灌注桩钻机场外运输费	台·次
ZSM21-2-4	1m³以内单斗挖掘机场外运输费	台·次	ZSM21-2-16	深层搅拌桩钻机场外运输费	台·次
ZSM21-2-5	1m³以外单斗挖掘机场外运输费	台·次	ZSM21-2-17	树根桩钻机场外运输费	台·次
ZSM21-2-6	拖式铲运机(连拖斗)场外运输费	台·次	ZSM21-2-18	粉喷桩钻机场外运输费	台·次
ZSM21-2-7	*压路机(综合)场外运输费	台·次	ZSM21-2-19	履带式起重机(25t以内)场外运输费	台·次
ZSM21-2-8	沥青混凝土摊铺机场外运输费	台·次	ZSM21-2-20	30～50t履带式起重机场外运输费	台·次
ZSM21-2-9	SF500型铣刨机场外运输费	台·次	ZSM21-2-21	履带式起重机(60～90t)场外运输费	台·次
ZSM21-2-10	SF1300、SF1900型铣刨机场外运输费	台·次	ZSM21-2-22	100～150t履带式起重机场外运输费	台·次
ZSM21-2-11	1.2t以内柴油打桩机场外运输费	台·次	ZSM21-2-23	履带式起重机(300t)场外运输费	台·次
ZSM21-2-12	3.5t以内柴油打桩机场外运输费	台·次	ZSM21-2-24	地下连续墙成槽机械场外运输费	台·次

注：1. *压路机（综合）场外运输费，按《市政工程预算定额》规定：在一个单位工程内“大型机械设备进出场及安拆”只能计取1台·次，另有规定者除外（如桥梁工程中桩机）；但“压路机（综合）”项中分别系指轻型压路机、重型压路机和液压压路机三大类型，故在编制工程“算量”时，按《市政工程预算定额》该子目“项目表”的“机械列”中罗列的压路机类型计取；
2. 在编制道路工程工程“算量”时，敬请参阅本“图释集”第二章分部分项工程中表B-17“道路工程涉及‘大型机械设备进出场及安拆’列项汇总表［即第二十一条ZSM21-2-］”注中第3条的诠释。

在建排水管网—开槽埋管大型机械设备进出场（场外运输费）台·班“算量”难点解析 表 L. 6-04

《上海市市政工程预算定额》(2000)总说明“文字代码”[即第二十一条 ZSM21-1～ZSM21-2-]		
项目名称：1. 1m^3 以内单斗挖掘机场外运输费 2. 1. 2t 以内柴油打桩机场外运输费 3. 履带式起重机(25t 以内)装卸费	定额编号：1. ZSM21-2-4 2. ZSM21-2-11 3. ZSM21-1-5	计量单位：台·次

清单规范	“项目特征”之描述	按所套用的定额子目“项目表”中“材料”列的内容填写
	“工作内容”之规定	应包括完成该实体的全部内容；来源于原《市政工程预算定额》，市政工程的实体往往是由一个及以上的工程内容综合而成的
《上海市市政工程预算定额》(2000)总说明		二十一、本定额中未包括大型机械的场外运输、安拆(打桩机械除外)、路基及轨道铺拆等。 (1)附表 G-12“大型机械设备安装及拆除费文字代码汇总表[即第二十一条 ZSM21-1-]” (2)附表 G-13“大型机械设备进出场文字代码汇总表[即第二十一条 ZSM21-2-]”

项次	*工程“算量”基数要素				附录 L 措施项目（项目编码及项目名称）
	类型	编码/编号	项目名称	计量单位	
	附录 A 土石方工程				
1	表 A. 1 土方工程（项目编码：040101）	040101002	挖沟槽土方	m^3	
2		S5-1-7	机械挖沟槽土方(深≤6m，现场抛上)*“项目表”	m^3	
3		ZSM21-2-4	1m^3 以内单斗挖掘机场外运输费	台·次	041106001001 大型机械设备进出场及安拆
4		S5-1-13	打沟槽钢板桩(长 4. 00～6. 00m，单面)*“项目表”	100m	
5		ZSM21-2-11	1. 2t 以内柴油打桩机场外运输费	台·次	041106001002 大型机械设备进出场及安拆
6		S5-1-18	拔沟槽钢板桩(长 1. 00～6. 00m，单面)*“项目表”	100m	
7		ZSM21-1-5	履带式起重机(25t 以内)装卸费	台·次	041106001003 大型机械设备进出场及安拆

对应“13 国标市政计算规范”附录 L 措施项目 表 L. 6 大型机械设备进出场及安拆(项目编码：041106)

项目编码	项目名称	项目特征	计量单位	工程量计算规则	工作内容
041106001	大型机械设备进出场及安拆	1. 机械设备名称 2. 机械设备规格型号	台·次	按使用机械设备的数量计算	1. 安拆费包括施工机械、设备在现场进行安装拆卸所需人工、材料、机械和试运转费用以及机械辅助设施的折旧、搭设、拆除等费用 2. 进出场费包括施工机械、设备整体或分体自停放地点运至施工现场或由一施工地点运至另一施工地点所发生的运输、装卸、辅助材料等费用

续表

<table>
<tr><th colspan="8">对应建设工程预(结)算书［按施工顺序;包括子目、量、价等分析］</th></tr>
<tr><th rowspan="2">序号</th><th rowspan="2">定额编号</th><th rowspan="2">分部分项工程名称</th><th rowspan="2">计量单位</th><th colspan="2">工程数量</th><th colspan="2">工程费(元)</th></tr>
<tr><th>工程量</th><th>定额量</th><th>单价</th><th>复价</th></tr>
<tr><td>1</td><td>ZSM21-2-4</td><td>1m³ 以内单斗挖掘机场外运输费</td><td>台・次</td><td>1</td><td>1</td><td></td><td></td></tr>
<tr><td>2</td><td>ZSM21-2-11</td><td>1.2t 以内柴油打桩机场外运输费</td><td>台・次</td><td>1</td><td>1</td><td></td><td></td></tr>
<tr><td>3</td><td>ZSM21-1-5</td><td>履带式起重机(25t 以内)装卸费</td><td>台・次</td><td>1</td><td>1</td><td></td><td></td></tr>
</table>

注：1. 在编制“算量”时，敬请参阅表 B-17“道路工程涉及‘大型机械设备进出场及安拆’列项汇总表［即第二十一条 ZSM21-2-］”和本“图释集”附录国家标准规范、全国及地方《市政工程预算定额》（附录 A～K）中附表 G-13“大型机械设备进出场文字代码汇总表［即第二十一条 ZSM21-2-］”的诠释；

2. *工程“算量”基数要素，敬请参阅第四章编制与应用实务［“‘一法三模算量法’YYYYSL 系统”（自主平台软件)］中表 4 管-06“工程量计算表［含汇总表］［遵照工程结构尺寸，以图示为准］”的诠释。

在建道路工程大型机械设备进出场（场外运输费）台・班“算量”难点解析　　表 L. 6-05

工程名称：上海市××区晋粤路道路［单幅路（一块板)］新建工程

<table>
<tr><td rowspan="7">大数据 1. 一例(按对应预算定额分项工程子目设置对应预算定额分项工程子目代码建模)</td><td rowspan="2">预算定额</td><td colspan="4">《上海市市政工程预算定额》(2000)总说明“文字代码”[即第二十一条 ZSM21-2-]</td></tr>
<tr><td colspan="2">项目名称:1. 1m³ 以内单斗挖掘机场外运输费
2. 压路机(综合)场外运输费
3. 沥青混凝土摊铺机场外运输费</td><td>定额编号:1. ZSM21-2-4
2. ZSM21-2-7
3. ZSM21-2-8</td><td>计量单位:台・次</td></tr>
<tr><td rowspan="4">工程量清单“五统一”</td><td colspan="4">“13 国标市政计算规范”附录 L 措施项目
表 L. 6　大型机械设备进出场及安拆(项目编码:041106)</td></tr>
<tr><td>项目编码</td><td>041106001</td><td>项目名称</td><td>大型机械设备进出场及安拆</td></tr>
<tr><td>计量单位</td><td>台・次</td><td>项目特征</td><td>1. 机械设备名称
2. 机械设备规格型号</td></tr>
<tr><td>工程量计算规则</td><td colspan="3">按使用机械设备的数量计算</td></tr>
<tr><td>“项目特征”之描述</td><td colspan="4">按所套用的定额子目“项目表”中“材料”列的内容填写;如附表 D-02“《上海市市政工程预算定额》(2000)项目表所示</td></tr>
<tr><td></td><td>“工作内容”之规定</td><td colspan="4">应包括完成该实体的全部内容;来源于原《市政工程预算定额》,市政工程的实体往往是由一个及以上的工程内容综合而成的</td></tr>
<tr><td></td><td>《上海市市政工程预算定额》(2000)总说明
大型机械的场外运输</td><td colspan="4">二十一、本定额中未包括大型机械的场外运输、安拆(打桩机械除外)、路基及轨道铺拆等。
(1)大型机械的场外运输,敬请参阅附表 D-02“《上海市市政工程预算定额》(2000)项目表”
(2)附表 G-13“大型机械设备进出场文字代码汇总表[即第二十一条 ZSM21-2-]”</td></tr>
</table>

续表

大数据 2. 一图或表或式(工程造价“算量”要素)(净量)

项次	例题	定额编号	项目名称	计量单位
1	表 A-06“在建道路土方工程、回填方及土方运输项目工程‘算量’难点解析”	S2-1-4	机械挖土*“项目表”	m^3
2	表 B-06“在建道路工程摊铺沥青混凝土面层(柔性路面)面积‘算量’难点解析”	S2-3-22～S2-3-23	机械摊铺中粒式沥青混凝土(厚 4cm)*“项目表”	100m^2
3		S2-3-24～S2-3-25	机械摊铺细粒式沥青混凝土(厚 2.5cm)*“项目表”	100m^2

项次	大数据 3. 一解(演算过程表达式) 计算规范量演算计算式				附录 L　措施项目 (项目编码及项目名称)
	类型	编码/编号	项目名称	计量单位	
	附录 A　土石方工程				
1	表 A.1　土方工程 (项目编码:040101)	040101001	挖一般土方	m^3	041106001001 大型机械设备进出场及安拆
2		S2-1-4	机械挖土*“项目表”	m^3	
3		ZSM21-2-4	1m^3 以内单斗挖掘机场外运输费	台·次	
	附录 B　道路工程				
4	表 B.3 道路面层 (项目编码:040203)	040203006	沥青混凝土(柔性路面)	m^2	041106001002 大型机械设备进出场及安拆
5		S2-3-22～S2-3-23	机械摊铺中粒式沥青混凝土(厚 4cm)*“项目表”	100m^2	
6		S2-3-24～S2-3-25	机械摊铺细粒式沥青混凝土(厚 2.5cm)*“项目表”	100m^2	
7		ZSM21-2-8	沥青混凝土摊铺机场外运输费	台·次	
8	表 B.3 道路面层 (项目编码:040203)	040203006	沥青混凝土(柔性路面)	m^2	041106001003 大型机械设备进出场及安拆
9		ZSM21-2-7	压路机(综合)场外运输费	台·次	

续表

<table>
<tr><td rowspan="7">大数据 4. 一结果（五统一含项目特征描述）</td><td colspan="7">（1）对应分部分项工程量清单与计价表[即建设单位招标工程量清单]</td></tr>
<tr><td>项目编码</td><td>项目名称</td><td>项目特征</td><td colspan="2">工作内容</td><td>计量单位</td><td>工程量</td></tr>
<tr><td>041106001</td><td>大型机械设备进出场及安拆</td><td>1. 机械设备名称：挖掘机、沥青混凝土摊铺机、压路机
2. 机械设备规格型号：1m³ 履带式液压单斗、8t（带自动找平）、液压振动</td><td colspan="2">1. 安拆费包括施工机械、设备在现场进行安装拆卸所需人工、材料、机械和试运转费用以及机械辅助设施的折旧、搭设、拆除等费用
2. 进出场费包括施工机械、设备整体或分体自停放地点运至施工现场或由一施工地点运至另一施工地点所发生的运输、装卸、辅助材料等费用</td><td>台・次
台・次
台・次</td><td>1
1
2</td></tr>
<tr><td colspan="7">（2）对应建设工程预（结）算书［按施工顺序；包括子目、量、价等分析］</td></tr>
<tr><td rowspan="2">定额编号</td><td rowspan="2" colspan="2">分部分项工程名称</td><td rowspan="2">计量单位</td><td colspan="2">工程数量</td><td colspan="2">工程费（元）</td></tr>
<tr><td>工程量</td><td>定额量</td><td>单价</td><td>复价</td></tr>
<tr><td>ZSM21-2-4
ZSM21-2-8
ZSM21-2-7</td><td colspan="2">1m³ 以内单斗挖掘机场外运输费
沥青混凝土摊铺机场外运输费
压路机（综合）场外运输费</td><td>台・次
台・次
台・次</td><td>1
1
2</td><td>1
1
2</td><td></td><td></td></tr>
</table>

注：1. 在编制“算量”时，敬请参阅表 B-17“道路工程涉及‘大型机械设备进出场及安拆’列项汇总表［即第二十一条 ZSM21-2-］”和本“图释集”附录国家标准规范、全国及地方《市政工程预算定额》（附录 A～K）中附表 G-13“大型机械设备进出场文字代码汇总表［即第二十一条 ZSM21-2-］”的诠释；

2. * “项目表”中“机械”列的大型机械设备，在编制工程“算量”时，敬请参阅本“图释集”附录国家标准规范、全国及地方《市政工程预算定额》（附录 A～K）中附表 D-02“《上海市市政工程预算定额》（2000）项目表”的诠释；

3. * 工程“算量”基数要素，敬请参阅第四章编制与应用实务［“‘一法三模算量法’YYYYSL 系统”（自主平台软件）］中表 4 道-06“工程量计算表［含汇总表］［遵照工程结构尺寸，以图示为准］”和表 4 道-10“在建道路实体工程［单幅路（一块板）］工程‘算量’特征及难点解析”的诠释。

大型机械设备进出场列项选用表 表 L. 6-06

分部分项工程、名称			推土机	单斗挖掘机	拖式铲运机	压路机（综合）	沥青混凝土摊铺机	铣刨机	柴油打桩机	钻孔灌注桩钻机	深层搅拌桩钻机	树根桩钻机	粉喷桩钻机	履带式起重机	地下连续墙成槽机械
分类（册）	分部（章）	分项（节）	3项	2项	1项	1项	1项	2项	4项	1项	1项	1项	1项	5项	1项
第一册 通用项目	1. 一般项目	3. 平整场地				√									
	2. 筑拆围堰	2. 筑拆圆木桩围堰；3. 筑拆型钢桩围堰；4. 筑拆钢板桩围堰；5. 筑拆拉森钢板桩围堰							√						
	3. 翻挖拆除项目	2. 翻挖混凝土道路面层		√											
		7. 拆除排水管道												√	
	4. 临时便桥便道及堆场	1. 搭拆便桥；2. 搭拆装配式钢桥												√	
		3. 铺筑施工便道及堆场				√									
	5. 井点降水	2. 喷射井点；3. 大口径井点；4. 真空深井井点												√	
	6. 地基加固	1. 树根桩										√		√	
		2. 深层搅拌桩									√				
		6. 粉喷桩											√		
第二册 道路工程	1. 路基工程	2. 机械挖土方		√											
		3. 机械推土方	√												
		4. 填土方				√									
		5. 耕地填前处理；6. 填筑粉煤灰路堤；7. 二灰填筑				√									
		8. 零填掺灰土路基；9. 原槽土掺灰	√			√									
		10. 间隔填土				√									
		11. 袋装砂井							√						
		13. 铺设排水板												√	
		17. 整修路基（车行道）				√									

续表

分部分项工程、名称			推土机	单斗挖掘机	拖式铲运机	压路机（综合）	沥青混凝土摊铺机	铣刨机	柴油打桩机	钻孔灌注桩钻机	深层搅拌桩钻机	树根桩钻机	粉喷桩钻机	履带式起重机	地下连续墙成槽机械
分类（册）	分部（章）	分项（节）	3项	2项	1项	1项	1项	2项	4项	1项	1项	1项	1项	5项	1项
第二册道路工程	2. 道路基层	1. 砾石砂垫层；2. 碎石垫层；3. 石灰土基层；4. 二灰稳定碎石基层；5. 水泥稳定碎石基层；6. 二灰土基层				√									
		7. 粉煤灰三渣基层（细粒径）				√	√								
	3. 道路面层	2. 铣刨沥青混凝土路面						√							
		3. 沥青碎石面层				√	√								
		5. 沥青混凝土封层				√									
		6. 沥青混凝土面层				√	√								
第四册桥涵及护岸工程	1. 临时工程	1. 陆上桩基础工作平台				√									
		2. 水上桩基础工作平台							√					√	
		3. 搭拆木垛												√	
		6. 组装拆卸柴油打桩机							√						
		7. 挂篮及扇形支架（挂篮）												√	
	2. 土方工程	2. 机械挖土		√											
	3. 打桩工程	1. 打钢筋混凝土方桩；2. 打钢筋混凝土板桩；3. 打钢筋混凝土管桩；4. 陆上打PHC管桩；5. 陆上打钢管桩；6. 接桩；7. 送桩							√					√	
		8. 钢管桩内切割；9. 钢管桩精割盖帽												√	
		10. 钢管桩管内钻孔取土							√						
	4. 钻孔灌注桩工程	1. 埋设拆除钢护筒（陆上）												√	
		2. 回旋钻机钻孔；3. 灌注桩混凝土								√					

续表

分部分项工程、名称			推土机	单斗挖掘机	拖式铲运机	压路机（综合）	沥青混凝土摊铺机	铣刨机	柴油打桩机	钻孔灌注桩钻机	深层搅拌桩钻机	树根桩钻机	粉喷桩钻机	履带式起重机	地下连续墙成槽机械
分类（册）	分部（章）	分项（节）	3项	2项	1项	1项	1项	2项	4项	1项	1项	1项	1项	5项	1项
第四册桥涵及护岸工程	5. 砌筑工程	1. 干砌块石；2. 浆砌块石；3. 砖砌挡墙												√	
	6. 现浇混凝土工程	1. 基础；2. 承台；3. 支撑梁与横梁；4. 墩台身；5. 墩台帽；6. 墩台盖梁；7. 箱梁；8. 板；9. 板梁；10. 其他构件；11. 混凝土接头及灌缝；12. 挡墙；13. 压顶；16. 非泵送商品混凝土												√	
	7. 预制混凝土构件	1. 预制桩；2. 预制立柱；3. 预制板；4. 预制梁												√	
	8. 安装工程	2. 安装柱式墩台管节；4. 安装梁；5. 安装其他构件												√	
	9. 立交箱涵工程	2. 箱涵制作；4. 气垫安拆及使用；5. 箱涵顶进；8. 顶柜、护套及支架制作												√	
		6. 箱涵内挖土		√											
第五册排水管道工程	1. 开槽埋管	2. 机械挖沟槽土方		√											
		4. 打沟槽钢板桩							√						
		5. 拔沟槽钢板桩；6. 安拆钢板桩支撑												√	
	2. 顶管	1. 安拆钢板桩工作坑支撑；4. 基坑基础												√	
	3. 窨井	3. 现浇钢筋混凝土窨井												√	

续表

分部分项工程、名称			推土机	单斗挖掘机	拖式铲运机	压路机（综合）	沥青混凝土摊铺机	铣刨机	柴油打桩机	钻孔灌注桩钻机	深层搅拌桩钻机	树根桩钻机	粉喷桩钻机	履带式起重机	地下连续墙成槽机械
分类（册）	分部（章）	分项（节）	3项	2项	1项	1项	1项	2项	4项	1项	1项	1项	1项	5项	1项
第六册排水构筑物及机械设备安装工程	1. 土方工程	1. 基坑挖土；2. 沉井挖土		√											
	2. 泵站下部结构	1. 刃脚垫层；2. 刃脚；3. 隔墙；4. 预埋防水钢套管与接口；5. 井壁；6. 沉井垫层；7. 沉井底板；8. 平台；9. 地下内部结构；10. 矩形渐扩管；12. 流槽												√	
	3. 污水处理构筑物	1. 池底垫层；2. 池底；3. 池壁；4. 柱；5. 梁；6. 中心管；7. 水槽；8. 挑檐式走道板及牛腿；9. 池盖；10. 预制、安装混凝土盖板；11. 压重混凝土												√	
	4. 其他工程	1. 金属构件制作安装；2. 砖砌体；3. 水泥砂浆粉刷；4. 工程防水												√	
第七册隧道工程	1. 隧道沉井	1. 沉井基坑垫层；2. 沉井制作；3. 砖封预留孔洞；4. 吊车挖土下沉；5. 水力机械冲吸泥下沉；6. 不排水潜水员吸泥下沉；7. 钻吸法出土下沉；9. 沉井填心；10. 混凝土封底；11. 钢封门安装、拆除												√	
	2. 盾构法掘进	1. 盾构吊装；2. 盾构吊拆；3. 车架安装、拆除；4. 干式出土盾构掘进；5. 水力出土盾构掘进；6. 刀盘式土压平衡盾构掘进；7. 刀盘式泥水平衡盾构掘进；17. 负环管片拆除												√	
	3. 垂直顶升	1. 顶升管节、复合管片制作												√	

续表

分部分项工程、名称			推土机	单斗挖掘机	拖式铲运机	压路机（综合）	沥青混凝土摊铺机	铣刨机	柴油打桩机	钻孔灌注桩钻机	深层搅拌桩钻机	树根桩钻机	粉喷桩钻机	履带式起重机	地下连续墙成槽机械
分类（册）	分部（章）	分项（节）	3项	2项	1项	1项	1项	2项	4项	1项	1项	1项	1项	5项	1项
第七册隧道工程	4. 地下连续墙	2. 挖土成槽													√
		3. 钢筋笼吊运就位；4. 浇筑混凝土连续墙；5. 安拔接头管；6. 安拔接头箱；8. 大型支撑安装、拆除												√	
		7. 支撑基抗挖土	√	√										√	
	5. 地下混凝土结构	1. 地下结构垫层；2. 钢筋混凝土地梁；3. 钢筋混凝土底板；4. 钢筋混凝土墙；5. 钢筋混凝土衬墙；6. 钢筋混凝土柱；7. 钢筋混凝土梁；8. 钢筋混凝土平台、顶板；9. 钢筋混凝土楼梯、侧石、电缆沟；12. 隧道内道路												√	
	6. 地基监测	1. 地表监测孔布置（墙体位移）；2. 地下监测孔布置（钢支撑轴力、混凝土水化热、土压力、孔隙水压力）												√	
	7. 金属构件制作	4. 走道板、钢跑板；5. 盾构钢托架、钢围檩、钢闸墙；8. 钢支撑、钢封门												√	

注：1. 定额中未包括大型机械的场外运输、安拆（打桩机械除外）、路基及轨道铺拆等，如计算则可参照市政定额站发布的有关市场价格信息；

2. 本列表所示均为该章节的分部分项工程，具体取用何种大型机械设备型号、规格详见各分项子目“机械”行；请参阅《市政工程工程量清单“算量”手册》表5-1“场外运输、安拆的大型机械设备表”，总说明文字代码按十三种类型、二十四项大型机械设备型号、规格分类；

3. 打桩机械的安装、拆除按有关项目计算，可并入打桩清单项目内计算综合单价，请参阅《市政工程工程量清单“算量”手册》表5-6“组装、拆除柴油打桩机选用表”，不能列入措施项目。而打桩机械进出场费，可按机械台班费用定额计算，列入措施项目费计算；路基及轨道铺拆，请参阅表5-5“路基及轨道铺拆使用费”。

一、土方及筑路机械

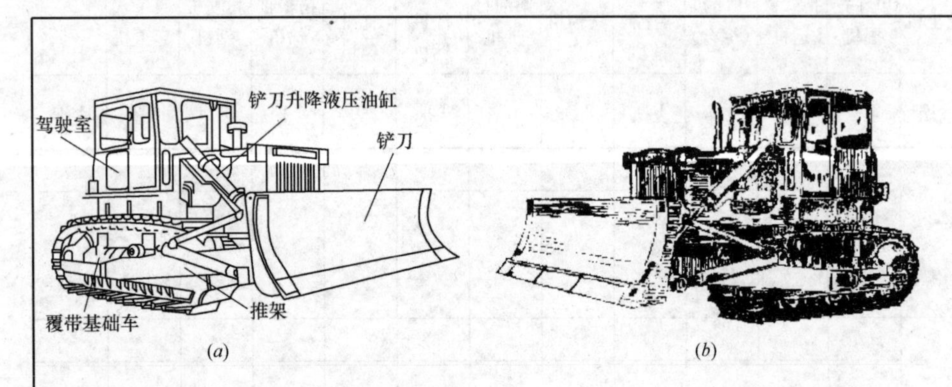

图 L. 6-01　推土机简图（60kW 以内、120kW 以内、120kW 以外）

（a）液压操纵式；（b）固定式

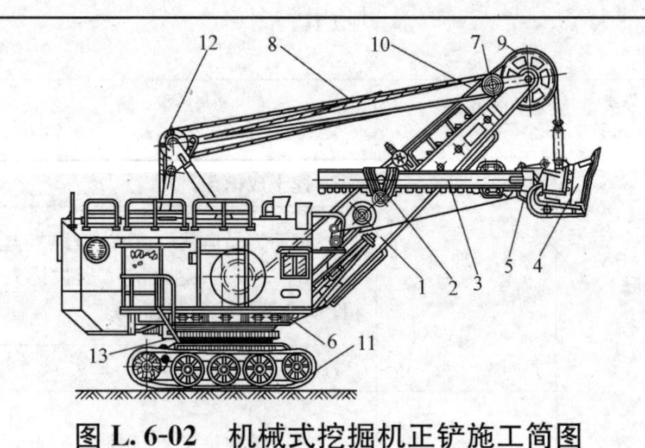

图 L. 6-02　机械式挖掘机正铲施工简图（$1m^3$ 以内、$1m^3$ 以外）

1—动臂；2—推压机构；3—斗杆；4—铲斗；5—开斗机构；6—回转平台；7—动臂提升滑轮；8—动臂提升钢绳；9—铲斗提升滑轮；10—铲斗提升钢绳；11—履带行驶装置；12—双脚支滑轮；13—回转装置

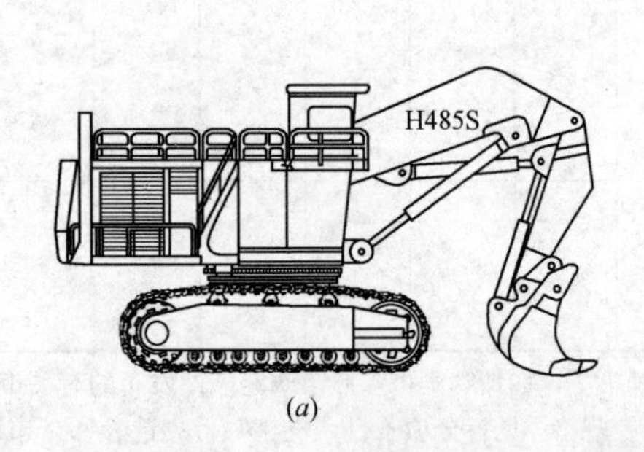

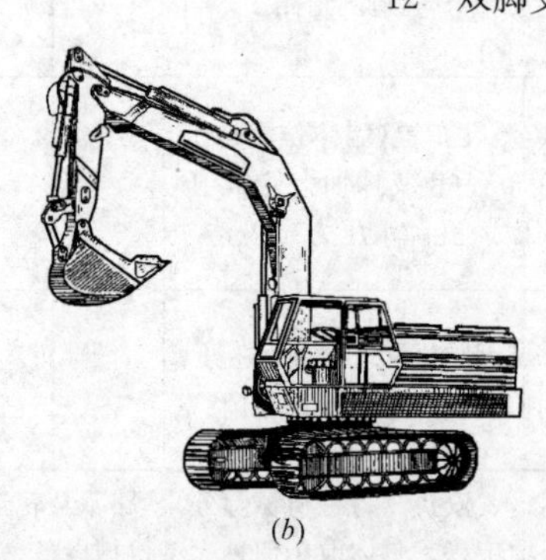

图 L. 6-03　全液压挖掘机简图

（a）正铲式挖掘机；（b）反铲式挖掘机

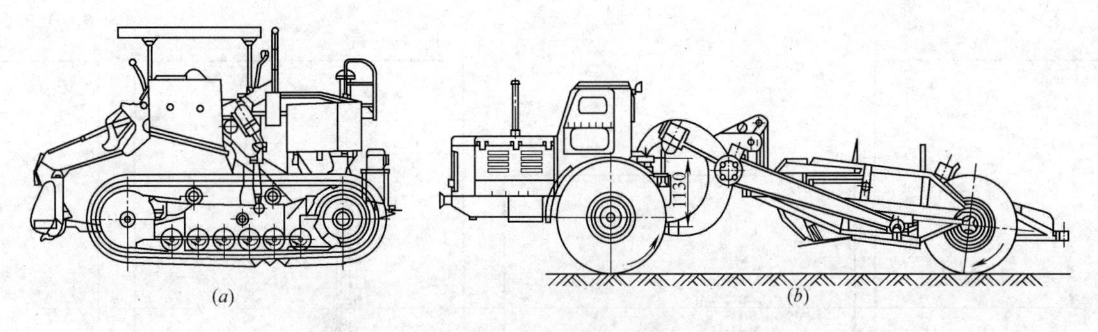

图 L. 6-04　自行式铲运机简图（连拖斗）

（a）履带式铲运机；（b）轮胎（自行）式铲运机

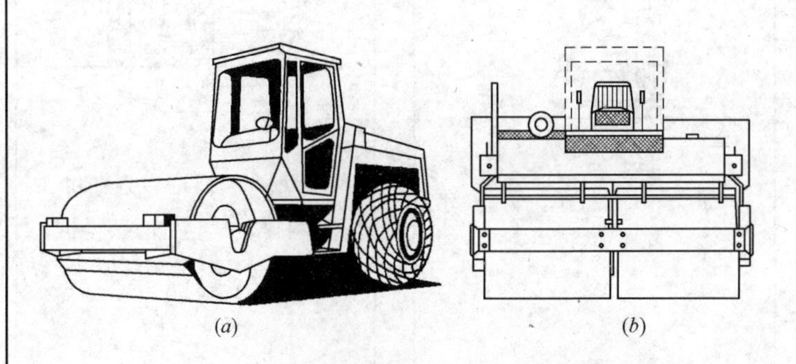

图 L. 6-05　振动压路机简图（综合）

（a）YZ10G 型振动压路机；（b）四轮振动压路机

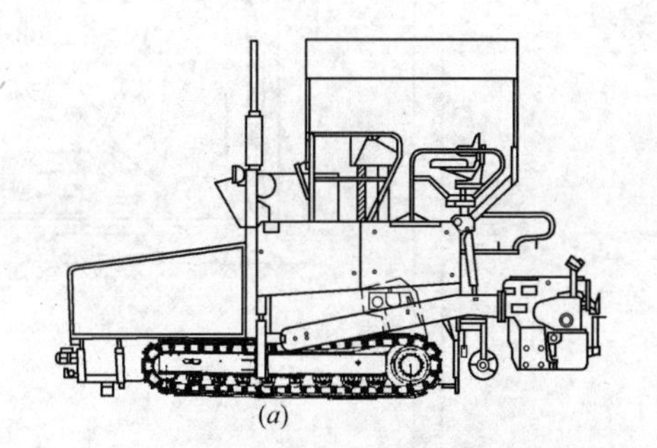

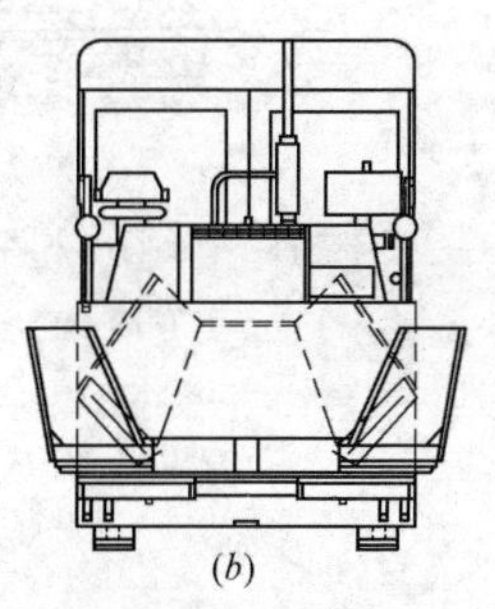

图 L. 6-06　履带式沥青混凝土摊铺机简图

（a）侧面图；（b）正面图

二、打桩机械

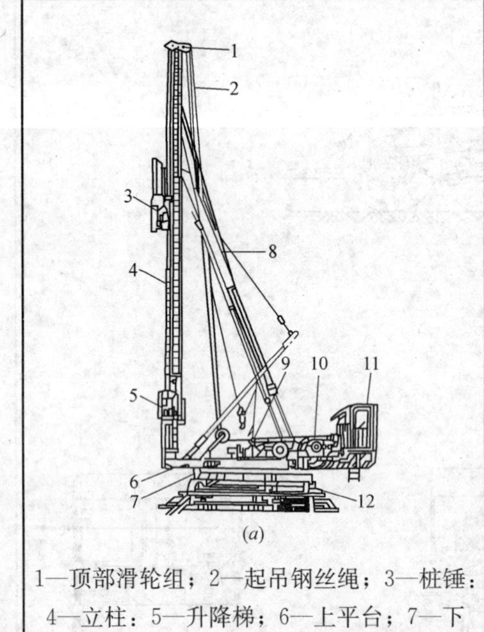

(a)

1—顶部滑轮组；2—起吊钢丝绳；3—桩锤；4—立柱：5—升降梯；6—上平台；7—下平台；8—斜撑；9—升降梯卷扬机；10—吊锤、吊桩卷扬机；11—驾驶室；12—行走机构

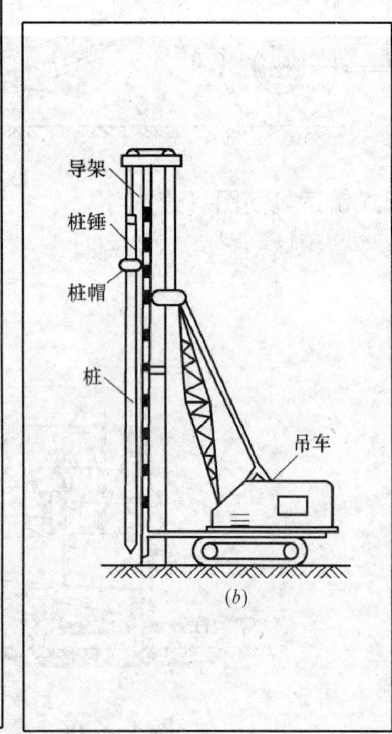

(b)

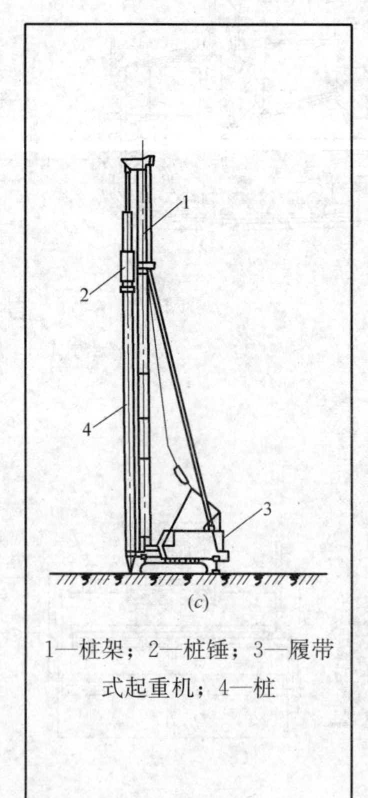

(c)

1—桩架；2—桩锤；3—履带式起重机；4—桩

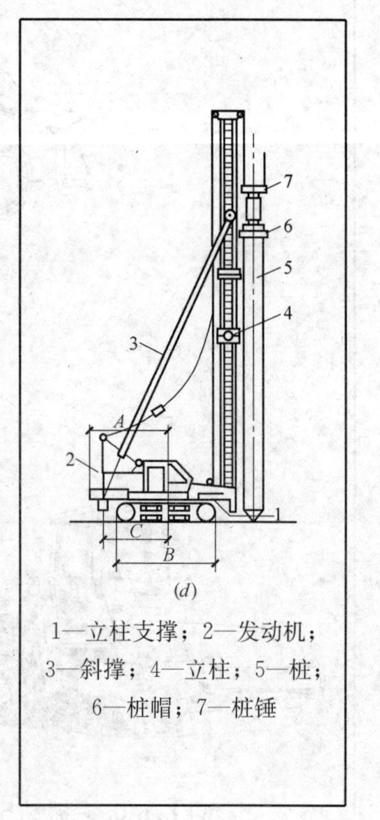

(d)

1—立柱支撑；2—发动机；3—斜撑；4—立柱；5—桩；6—桩帽；7—桩锤

图 L. 6-07　柴油打桩机简图（1. 2t 以内、3. 5t 以内、5. 0t 以内、5. 0t 以外）

(a) 轨道式桩架构造简图；(b) 起重履带式锤击桩机简图；(c) 柴油锤击打桩机简图；(d) 履带式桩（机）架简图

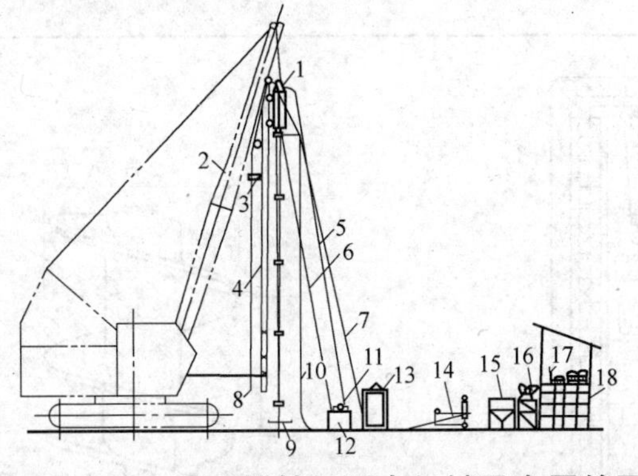

图 L. 6-08　深层搅拌机配套机械及布置简图

1—搅拌机；2—起重机；3—测速仪；4—导向架；5—进水管；6—回水管；7—电缆；8—重锤；9—搅拌头；10—输浆胶管；11—冷却泵；12—储水池；13—控制柜；14—灰浆泵；15—集料斗；16—灰浆拌合机；17—磅秤；18—工作平台

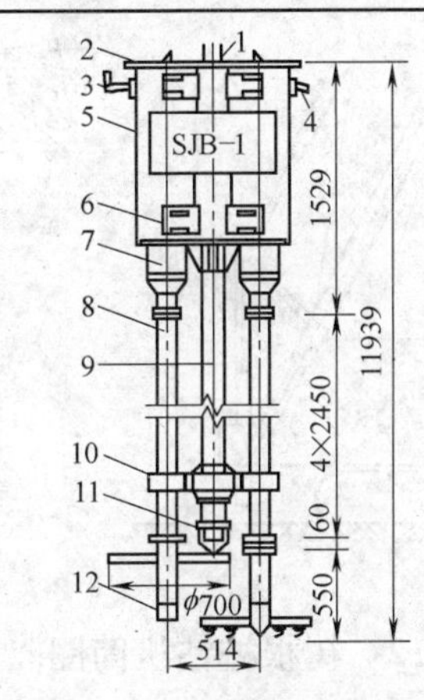

图 L. 6-09　SJB-I 型深层搅拌机简图

1—输浆管；2—外壳；3—出水口；4—进水口；5—电动机；6—导向滑块；7—减速器；8—搅拌轴；9—中心管；10—横向系板；11—球形阀；12—搅拌头

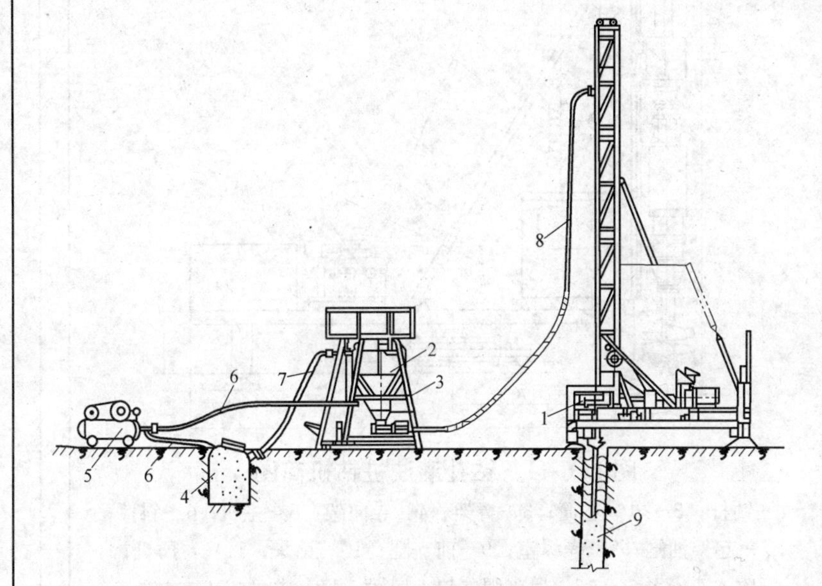

图 L. 6-10　喷粉桩机具设备及施工工艺示意图

1—喷粉桩机；2—贮灰罐；3—灰罐架；4—水泥罐；5—空气压缩机；6—进气管；7—进灰管；8—喷粉管；9—喷粉桩

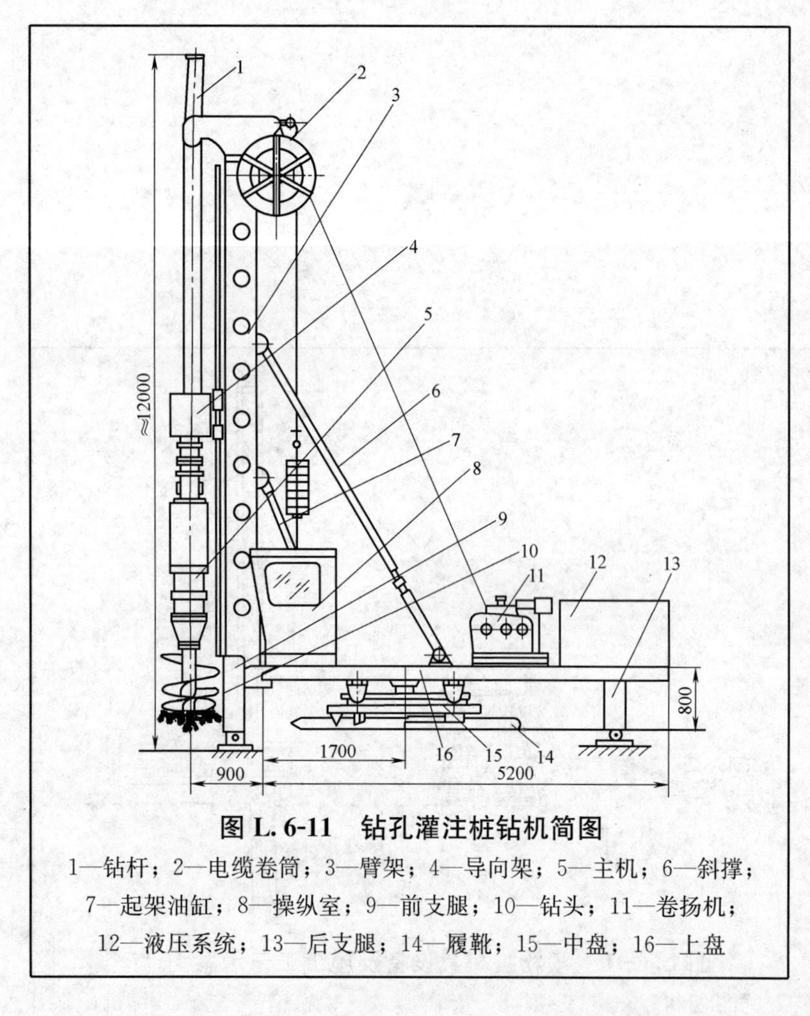

图 L. 6-11　钻孔灌注桩钻机简图

1—钻杆；2—电缆卷筒；3—臂架；4—导向架；5—主机；6—斜撑；7—起架油缸；8—操纵室；9—前支腿；10—钻头；11—卷扬机；12—液压系统；13—后支腿；14—履靴；15—中盘；16—上盘

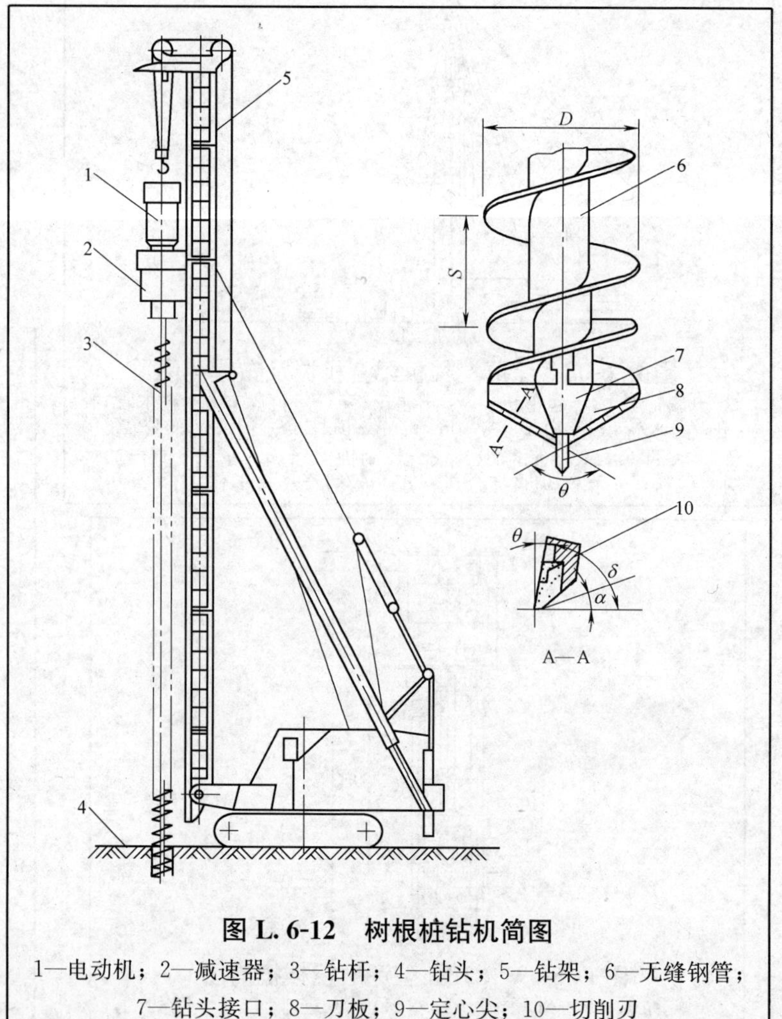

图 L. 6-12　树根桩钻机简图

1—电动机；2—减速器；3—钻杆；4—钻头；5—钻架；6—无缝钢管；7—钻头接口；8—刀板；9—定心尖；10—切削刃

三、起重机械

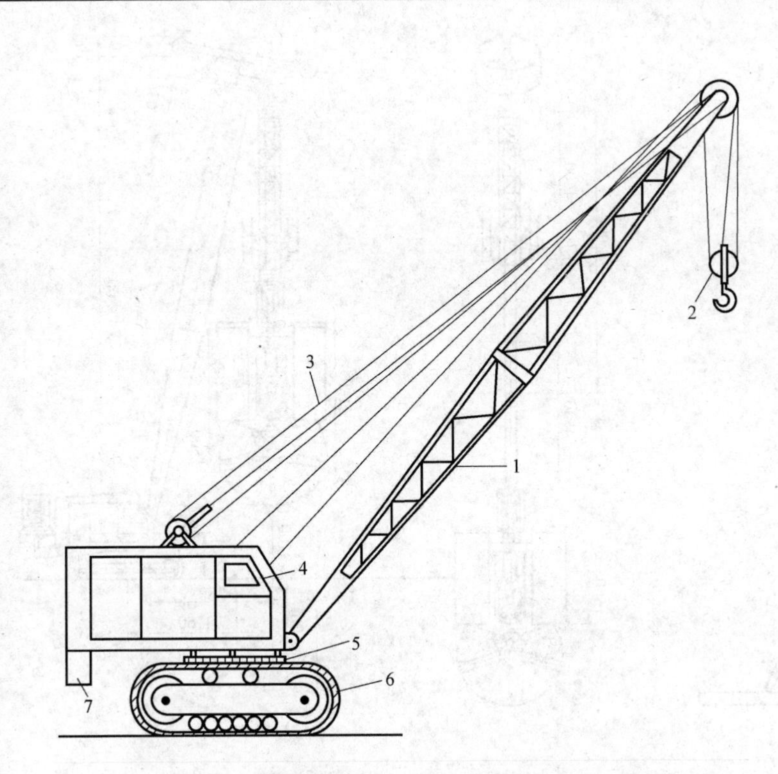

1—起重秆；2—起重滑轮组；3—变幅滑轮组；4—驾驶室；
5—回转机构；6—履带；7—平衡重

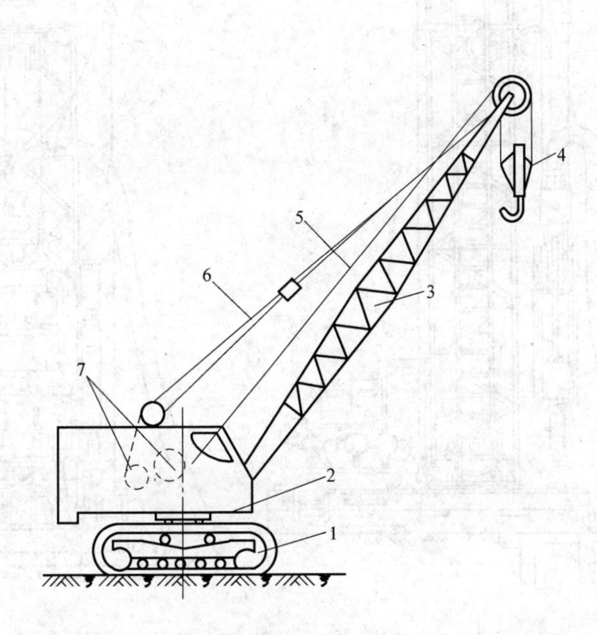

1—履带；2—回转机构；3—起重臂；4—起重滑轮组；
5—起重索；6—变幅滑轮组；7—卷扬机

图 L. 6-13　履带式起重机简图（25t 以内、30～50t 以内、60～90t 以内、100～150t 以内、300t 以内）

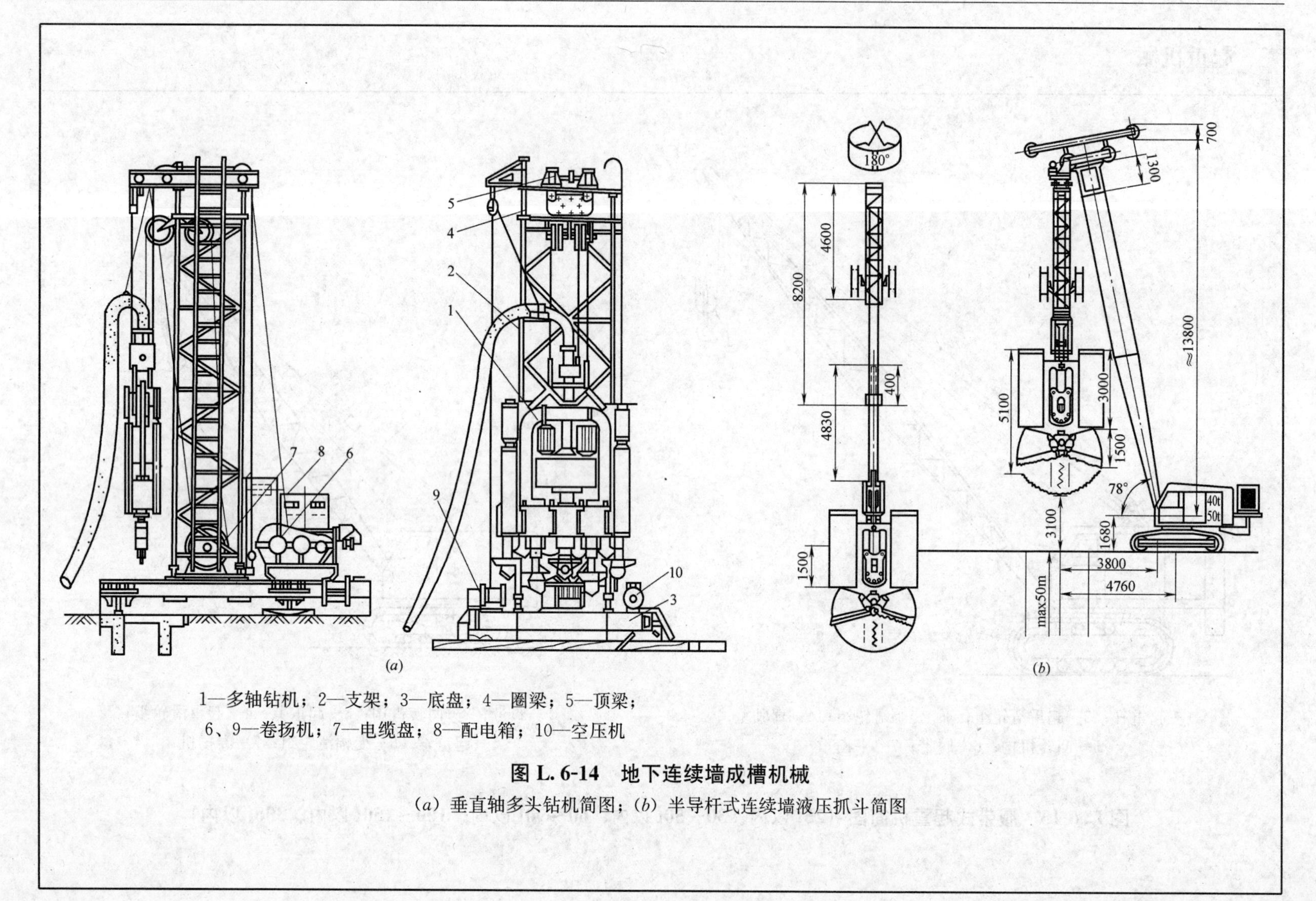

1—多轴钻机；2—支架；3—底盘；4—圈梁；5—顶梁；
6、9—卷扬机；7—电缆盘；8—配电箱；10—空压机

图 L. 6-14　地下连续墙成槽机械

（*a*）垂直轴多头钻机简图；（*b*）半导杆式连续墙液压抓斗简图

场外运输、安拆的大型机械设备表　　表 L. 6-07

序号	机械或设备名称	型号、规格	单位	预算价格(元)	文字代码
	一、土方及筑路机械				
1	推土机	60kW 以内	台·次	1829.00	ZSM21-2-1
2	推土机	120kW 以内	台·次	2801.00	ZSM21-2-2
3	推土机	120kW 以外	台·次	3721.00	ZSM21-2-3
4	单斗挖掘机	$1m^3$ 以内	台·次	2734.00	ZSM21-2-4
5	单斗挖掘机	$1m^3$ 以外	台·次	5386.00	ZSM21-2-5
6	拖式铲运机	连拖斗	台·次	3019.00	ZSM21-2-6
7	二轮振动压路机	综合	台·次	1829.00	ZSM21-2-7
8	沥青混凝土摊铺机		台·次	3814.00	ZSM21-2-8
9	铣刨机	SF500 型	台·次	1793.00	ZSM21-2-9
10	铣刨机	SF1300、SF1900 型	台·次	6322.00	ZSM21-2-10
	二、打桩机械				
11	柴油打桩机	1.2t 以内	台·次	2594.00	ZSM21-2-11
12	柴油打桩机	3.5t 以内	台·次	3229.00	ZSM21-2-12
13	柴油打桩机	5.0t 以内	台·次	4808.00	ZSM21-2-13
14	柴油打桩机	5.0t 以外	台·次	9810.00	ZSM21-2-14
15	钻孔灌注桩钻机		台·次	9290.00	ZSM21-2-15
16	深层搅拌桩钻机		台·次	5386.00	ZSM21-2-16
17	树根桩钻机		台·次	3029.00	ZSM21-2-17
18	粉喷桩钻机			3613.00	ZSM21-2-18

续表

序号	机械或设备名称	型号、规格	单位	预算价格(元)	文字代码
	三、起重机械				
19	履带式起重机	25t 以内	台・次	5164.00	ZSM21-2-19
20	履带式起重机	30～50t 以内	台・次	8390.00	ZSM21-2-20
21	履带式起重机	60～90t 以内	台・次	13518.00	ZSM21-2-21
22	履带式起重机	100～150t 以内	台・次	53606.00	ZSM21-2-22
23	履带式起重机	300t 以内	台・次	82909.00	ZSM21-2-23
24	地下连续墙成槽机械		台・次	11614.00	ZSM21-2-24

注：选自《上海市市政工程预算定额》(2000)，组装拆卸柴油打桩机定额中未考虑路基箱板。

路基及轨道铺拆使用费 **表 L.6-08**

序号	机械或设备名称	型号、规格	单位	预算价格	文字代码
1	汽车坡式箱使用费	1.20×3.00	块・天		ZSM29-1-1
2	汽车管道箱使用费	1.50×6.00	块・天		ZSM29-1-2
3	汽车标准箱使用费	1.20×6.00	块・天		ZSM29-1-3
4	履带式路基箱使用费	1.50×6.00	块・天		ZSM29-1-4
5	履带式路基箱使用费	1.80×6.00	块・天		ZSM29-1-5
6	履带式路基箱使用费	2.40×6.00	块・天		ZSM29-1-6
7	塔式起重机路基箱使用费	1.00×6.00	块・天		ZSM29-1-7

注：选自《市政工程工程量计算规范》GB 50857—2013 及《上海市市政工程预算定额》(2000)。

表 L.7　施工排水、降水（项目编码：041107002）

施工排水和降低地下水位是土方工程施工的重要工作，可以改善工作条件，防止流砂现象发生，土方边坡做陡些，从而减少挖方量。

井点降水是在基坑的一侧（两侧）或四周埋入深于坑底的井点滤水管，以总管连接抽水，使地下水位低于坑底，以便在无水干燥的状态下施工。

排水方式　　表 L. 7-01

序号	项目名称	方法	图示
1	集水坑排水法	集水坑排水法除严重流砂时不宜采用外，一般情况下均可采用。它主要是用水泵将水排出坑外，排水时，泵的抽水量应大于集水坑内的渗水量。集水坑(沟)应设在基础范围之外，坑或沟底要低于基坑底面，深度应大于吸水龙头的高度，坑壁用竹筐围护，防止龙头堵塞。基坑施工到接近地下水位时，应在坑角挖集水坑或沟，使渗出的水从沟流到坑，然后用泵抽出，随着基坑的挖深，集水沟也应加深，并低于坑底面约 0.30～0.50m	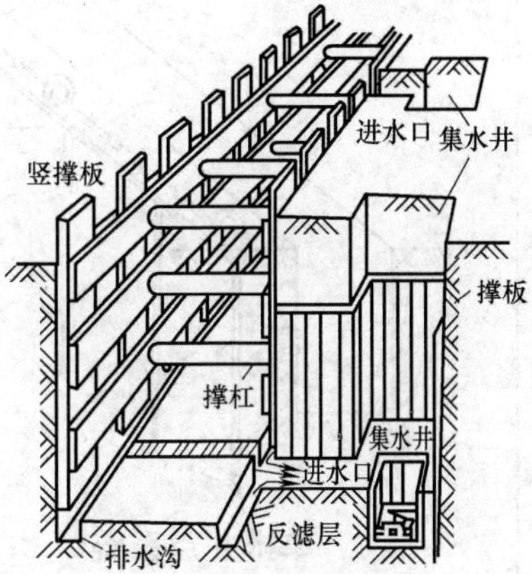 明沟排水系统 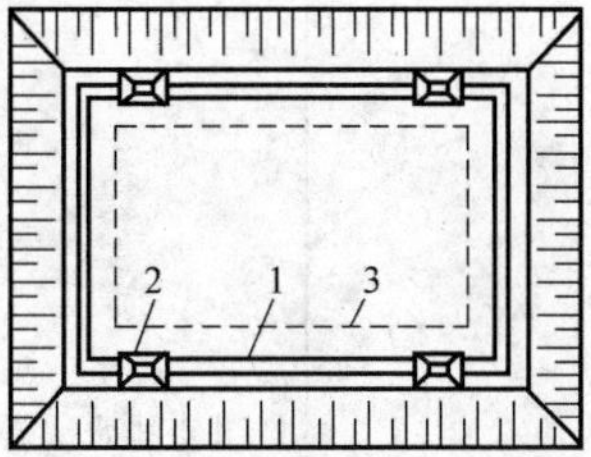 坑内明沟排水 1—排水沟；2—集水井；3—基础外缘线
2	井点排水法	井点排水法是在基坑周围布置钻孔，插入井点管，并抽水降低坑沟水位。排水前，由土层的渗透系数可求出降低水位的深度；根据工程特点选择各井点排水方法及设备。 井点排水法适用于粉细砂或地下水位较高、基坑较深、坑壁不易稳定和用普通方法排水难以解决的基坑	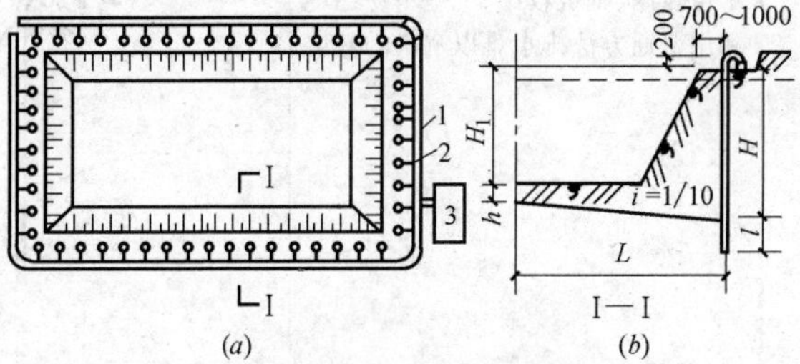 环形井点布置示意图 (*a*)平面布置图；(*b*)高程布置图 1—井点管；2—总管；3—抽水设备

续表

序号	项目名称	方法	图示
2	井点排水法	井点排水法是在基坑周围布置钻孔，插入井点管，并抽水降低坑沟水位。排水前，由土层的渗透系数可求出降低水位的深度；根据工程特点选择各井点排水方法及设备。 井点排水法适用于粉细砂或地下水位较高、基坑较深、坑壁不易稳定和用普通方法排水难以解决的基坑	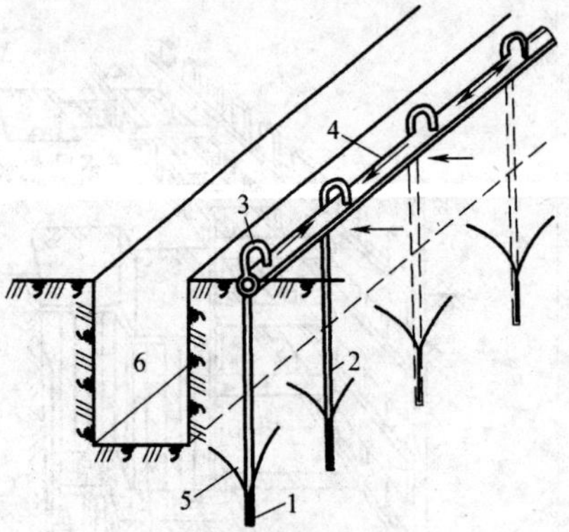 **单排井点系统** 1—滤水管；2—井管；3—弯联管；4—总管；5—降水曲线；6—沟槽 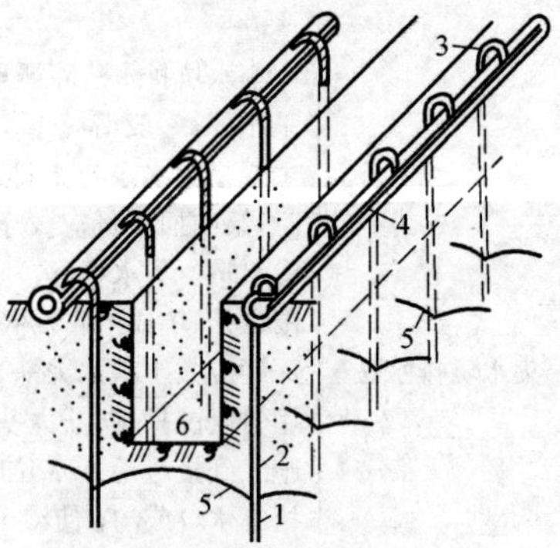 **双排井点系统** 1—滤水管；2—井管；3—弯联管；4—总管；5—降水曲线；6—沟槽 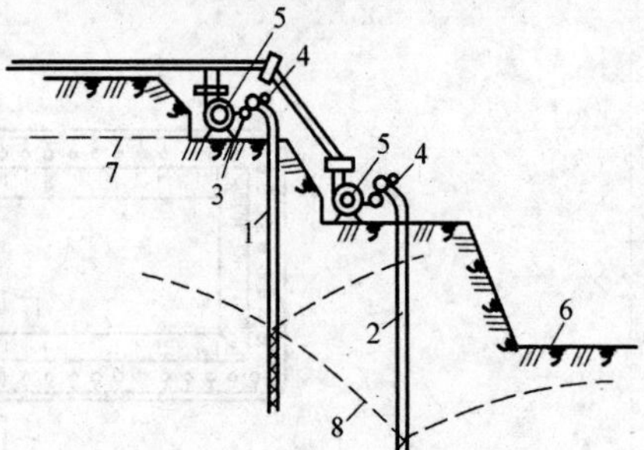 **多层轻型井点降水示意图** 1—第一层井点；2—第二层井点；3—总管；4—连接管；5—水泵；6—坑(槽)；7—原地下水位；8—降水后水位 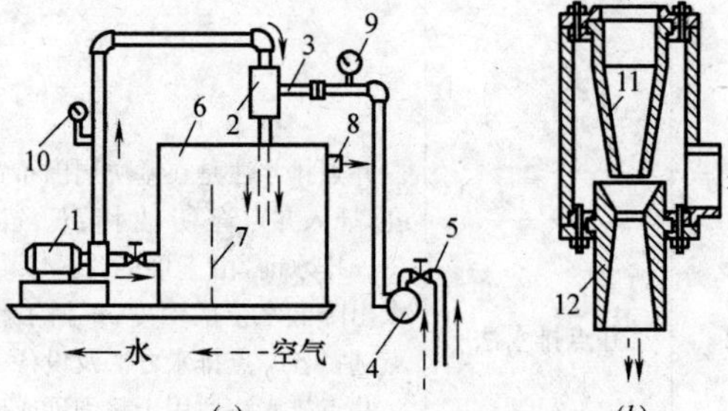 **射流泵井点设备工作简图** (a)工作简图；(b)射流器构造 1—离心泵；2—射流器；3—进水管；4—集水总管；5—井点管；6—循环水箱；7—隔板；8—泄水口；9—真空表；10—压力表；11—喷嘴；12—喉管

续表

序号	项目名称	方法	图示
2	井点排水法	井点排水法是在基坑周围布置钻孔，插入井点管，并抽水降低坑沟水位。排水前，由土层的渗透系数可求出降低水位的深度；根据工程特点选择各井点排水方法及设备。 井点排水法适用于粉细砂或地下水位较高、基坑较深、坑壁不易稳定和用普通方法排水难以解决的基坑	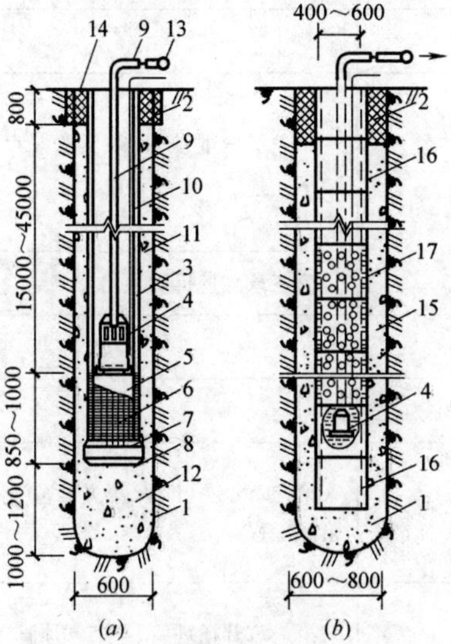 **深井井点构造** (*a*)钢管深井；(*b*)混凝土管深井 1—井孔；2—井口(黏土封口)；3—Φ300～375 井管；4—潜水电泵；5—过滤段(内填碎石)；6—滤网；7—导向段；8—开孔底板(下铺滤网)；9—Φ50 出水管；10—电缆；11—小砾石或中粗砂；12—中粗砂；13—Φ50～75 出水总管；14—20mm 厚钢板井盖；15—小砾石；16—沉砂管(混凝土实管)；17—混凝土过滤管
3	改河截流排水法	不通航的小河沟、山间小溪，因水浅、流量小，地形有利时，可用改河截流排水法。改河截流可分为局部和全部改道两种情况，当修筑中小桥，跨越小溪沟或季节性河流时，可综合各种排水方法以及桥梁的施工工艺加以选择	—

市政工程中施工排水、降水选用表 **表 L. 7-02**

项次	《上海市市政工程预算定额》(2000)		项目名称	相应定额(七节)子目	
	册	章		湿土排水	井点降水
1	第一册 通用项目	第一章一般项目、第五章井点降水	相应定额子目所在的册、章、节 S1-1-:5. 湿土排水 6. 筑拆集水井 7. 抽水 S1-5-:1. 轻型井点 2. 喷射井点 3. 大口径井点 4. 真空深井井点	√	√
		第三章翻挖拆除项目	拆除排水管道(混凝土管道)		√
2	第二册道路工程		—		
3	第三册道路交通管理设施工程		—		
4	第四册 桥涵及护岸工程	第二章土方工程、第九章立交箱涵工程	1. 桥台基坑开挖 2. 沉井基坑开挖 3. 立交箱涵工程		√
5	第五册 排水管道工程	第一章开槽埋管、第二章顶管	1. 开槽埋管沟槽挖土(含沟槽施工) 2. 顶管基坑挖土	√	√
6	第六册 排水构筑物及机械设备安装工程	第二章泵站下部结构	泵站沉井(顶管沉井坑)		√
7	第七册 隧道工程	第一章隧道沉井、第二章盾构法掘进、第三章垂直顶升、第四章地下连续墙	1. 盾构沉井基坑开挖 2. 管节顶升基坑开挖 3. 盾构掘进基坑开挖 4. 地下连续墙支撑基坑开挖	已包括	√

注：1. 系指定额中未包括湿土排水、井点降水，发生时套用相应定额子目；

2. 在编制工程量清单时不要漏列湿土排水、井点降水项目；

3. 当采用其他技术措施（如树根桩、深层搅拌桩等）起隔水帷幕作用时，不得重复计算井点降水费用；树根桩、深层搅拌桩等，敬请参阅《市政工程工程量清单“算量”手册》中表 5-74“树根桩与灌注桩区分甄选表”及表 5-75“地基加固工程量‘算量’”的释义；

4. 隧道工程挖土定额中已列抽水设备。

施工排水、降水工程量清单项目设置、项目子目对应比照表

表 L. 7-03

项目编码	项目名称	项目特征	计量单位	工程量计算规则	工程内容	分部工程项目、名称（所在《市政工程预算定额》册、章、节）
041107002	施工排水、降水	1. 机械规格型号 2. 降排水管规格	昼夜	按排水、降水日历天数计算	1. 管道安装、拆除、场内搬运等 2. 抽水、值班、降水设备维修等	通用项目一般项目 S1-1-： 5. 湿土排水 6. 筑拆集水井（混凝土集水井、竹箩滤井） 7. 抽水 通用项目井点降水 S1-5-： 1. 轻型井点（安装、拆除、使用） 2. 喷射井点（安装、拆除、使用） 3. 大口径井点（安装、拆除、使用） 4. 真空深井井点（安装、拆除、使用）

注：1. 安装、拆除均以根为单位，使用以套·天为单位；

2. 定额中未包括挖槽工作内容，可另行计算，敬请参阅《市政工程工程量清单"算量"手册》中表 4-3"黏性土的现场鉴别方法"；

3. 抽槽宽度为 0.8m，其深度为：建成区挖至道路隔离层底；非建成区挖至 50～70cm。

每套井点设备规定

表 L. 7-04

井点设备种类	说明
轻型井点	井点管间距为 1.2m，50 根井管、相应总管 60m 及排水设备
喷射井点	井点管间距为 2.5m，30 根井管、相应总管 75m 及排水设备
大口径井点	井点管间距为 10m，10 根井管、相应总管 100m 及排水设备
真空深井井点	按施工组织设计计算

井点降水基本条件规定

表 L. 7-05

类型	井点降水基本条件
采用井点条件	1. 土质组成颗粒中，黏土含量＜10%，粉砂含量＞75% 2. 土质不均匀系数 D60/D10＜5（D60—限定颗粒，D10—有效颗粒） 3. 土质含水量＞30% 4. 土质孔隙率＞43%或土质孔隙比＞0.75 5. 在黏性土层中夹薄层粉砂，其厚度超过 25cm

续表

类型	井点降水基本条件
各类井点适用条件	1. 开挖深度指从原地面至沟槽、基坑底面或沉井刃脚设计标高的深度 2. 开挖深度在6.0m以内采用轻型井点 3. 当开挖深度在6.0m以上时，则采用喷射井点 4. 采用大口径井点、真空深井井点应按批准的施工组织设计执行

注：1. 选自《上海市市政工程预算定额》(2000) 工程量计算规则及总、册说明；

2. 根据《全国统一市政工程预算定额》(1999) 总说明及各册、章说明，依据上海市市政工程预算定额修编大纲，结合上海市情况编制补充定额部分，请参阅表2-2"《全国统一市政工程预算定额》(1999) 关于各省、自治区、直辖市编制补充定额部分等项目"中"其他降水方法如深井降水、集水井排水等，各省、自治区、直辖市可自行补充"的释义；

3. 土方开挖中的重大事故多半与水有关；一般情况下，施工排水和降低地下水位，涉及的是地面水和浅层地下水（潜水）；潜水系指地表以下第一个不透水层（隔水层）以上有自由水面的重力水，其自由水面的高程称为地下水位，地表至地下水位之差称为地下水埋深；

4. 地下水有可能带走土体孔隙边上的粉粒、粉砂，形成流砂或管涌，以致土体掏空、边坡失稳、地面下沉，甚至使基坑开挖无法进行，因此必须采取措施，搞好施工排水、降低地下水位；

5. 各指标，敬请参阅《市政工程工程量清单"算量"手册》中表4-1"土的三相比例指标推导换算的公式"；

6. 施工组织设计选用施工方法，敬请参阅《市政工程工程量清单"算量"手册》中9.1市政施工组织设计及表9-1"施工组织设计涉及工程量'算量'对应选用表"的释义。

在建排水管网—开槽埋管排水、降水昼夜"算量"难点解析 表L.7-06

	性质	窨井内径长($a\times b$)(mm)	范围	管径(mm)	施工方法	长度(m)
	1	2	3	4	5	6
*表格算量	预留管	1号窨井 1000×1300		Φ1000PH-48管	开槽	2.00
	雨水总管		1号窨井～2号窨井	Φ1000PH-48管	开槽	36.00
	雨水总管	2号窨井 1000×1300↓	2号窨井～3号窨井	Φ1000PH-48管	开槽	40.00
	雨水总管	3号窨井 1000×1300	3号窨井～4号窨井	Φ1000PH-48管	开槽	45.00
	雨水总管	4号窨井 1000×1300↓		Φ1000PH-48管	开槽	2.00
	预留管					
已知基数要素	管道铺设净长$L_{净}$、管材、管径等"算量"要素，摘自本"图释集"第二章分部分项工程中表E-22"铺设Φ1000PH-48管管道长度'算量'难点解析"					
施工组织设计	(1)开槽埋管；(2)井点降水采用单排布置					

续表

<table>
<tr><td>* 工程量计算规则</td><td colspan="3">第 1.5.1 条说明轻型井点：井点管间距为 1.2m，50 根井管、相应总管 60m 及排水设备
第 1.5.3 条井点布置“1. 排水管道：开槽埋管除特殊情况根据批准的施工组织设计采用双排布置外，其余均按单排布置，工程量按管道长度以延长米计算（不扣除窨井所占长度）。顶管基坑按外侧加 1.5m 作环状布置。”
第 1.5.4 条井点使用周期中附表 F-02“排水管道轻型井点使用周期”</td><td>《上海市市政工程预算定额》(2000)工程量计算规则：第一章通用项目第五节井点降水</td></tr>
<tr><td colspan="5">工程“算量”基数要素</td></tr>
<tr><td colspan="5">混凝土管</td></tr>
<tr><td colspan="2">管道铺设净长 $L_{净}=121.00m$</td><td colspan="2">管材为 Φ1000PH-48 管</td><td>管径为 1000mm</td></tr>
<tr><td colspan="5">*《上海市市政工程预算定额》工程量计算规则(2000)第一章通用项目第五节井点降水</td></tr>
<tr><td rowspan="3">轻型井点</td><td colspan="2">第 1.5.1 条说明</td><td colspan="2">第 1.5.4 条说明</td></tr>
<tr><td>井点管间距</td><td>井管、相应总管</td><td>* 井点使用周期</td><td>系数</td></tr>
<tr><td>1.20m</td><td>50 根、60m</td><td>27 套・天</td><td>0.8</td></tr>
<tr><td>轻型井点安装</td><td colspan="4">工程“算量”：
轻型井点安装$_{数量}$＝管道铺设净长 $L_{净}$÷管间距
＝121.00÷1.2≈[101 根]　（四舍五入）　即“定额量”</td></tr>
<tr><td>轻型井点拆除</td><td colspan="4">工程“算量”：
数值同上：[101 根]　即“定额量”</td></tr>
<tr><td>轻型井点使用</td><td colspan="4">解析：
当管径为 Φ1000 、施工方式为开槽时，查第 1.5.4 条井点使用周期中附表 F-02“排水管道轻型井点使用周期”，得井点使用周期为 27 套・天，且注：(2) PH-48 管和丹麦管按上表乘以 0.8 系数。
工程“算量”：
轻型井点使用$_{数量}$＝(管道铺设净长 $L_{净}$÷相应总管)×使用周期×PH－48 管系数
＝(121÷60.0)×27×0.8≈[45 套・天]　（四舍五入）　即“定额量”</td></tr>
</table>

《上海市市政工程预算定额》(2000)第一册通用项目第五章　井点降水

项目名称：1. 轻型井点安装 2. 轻型井点拆除 3. 轻型井点使用	定额编号：1. S1-5-1 2. S1-5-2 3. S1-5-3	计量单位：1. 根 2. 根 3. 套・天

续表

对应"13 国标市政计算规范"附录 L 措施项目　表 L.7　施工排水、降水(项目编码:041107)

项目编码	项目名称	项目特征	计量单位	工程量计算规则	工作内容
041107002	施工排水、降水	1. 机械规格型号 2. 降排水管规格	昼夜	按排水、降水日历天数计算	1. 管道安装、拆除、场内搬运等 2. 抽水、值班、降水设备维修等

对应建设工程预(结)算书[按施工顺序;包括子目、量、价等分析]

序号	定额编号	分部分项工程名称	计量单位	工程数量		工程费(元)	
				工程量	定额量	单价	复价
1	S1-5-1	轻型井点安装	根	101	101		
2	S1-5-2	轻型井点拆除	根	101	101		
3	S1-5-3	轻型井点使用	套·天	45	45		

注：1. 本工程"算量"要素数值，敬请参阅本"图释集"第四章编制与应用实务["'一法三模算量法'YYYYSL 系统"(自主平台软件)]中表 4 管-03"根据设计图纸，利用 office 中 Excel 列表取定开槽埋管定额深度表"的数据；
2. * 工程量计算规则，敬请参阅本"图释集"附录国家标准规范、全国及地方《市政工程预算定额》(附录 A～K) 中附录 F《上海市市政工程预算定额》工程量计算规则 (2000) 的规定；
3. * 井点使用周期，敬请参阅本"图释集"附录国家标准规范、全国及地方《市政工程预算定额》(附录 A～K) 中附表 F-02"排水管道轻型井点使用周期"的诠释。

在建排水管网—开槽埋管湿土排水"算量"难点解析　　**表 L.7-07**

	窨井	左地面标高 (m)	左管底标高 (m)	右地面标高 (m)	右管底标高 (m)	管底平均深度(m)	基础厚 (m)	槽底平均深度 (m)
* 表格算量	1	2	3	4	5	6	7	8
	1 号窨井～2 号窨井	4.78	2.09	5.22	2.13	2.89	0.47	3.36
	2 号窨井↓～3 号窨井	5.20	2.13	5.16	2.17	3.03	0.47	3.50
	3 号窨井～4 号窨井↓	5.16	2.17	5.01	2.21	2.9	0.47	3.37

续表

<table>
<tr><td>已知基数要素</td><td colspan="3">(1)* 混凝土管(Φ1000PH-48 管)摘自本"图释集"第二章分部分项工程中表 E-22"铺设 Φ1000PH-48 管管道长度'算量'难点解析"
(2)* 窨井尺寸(mm),摘自本"图释集"第二章分部分项工程中表 E-26"混凝土基础砌筑直线窨井(1000×1300)尺寸(A×B)"
(3)* 混凝土管沟槽宽度为 $B_{管}$,摘自本"图释集"第二章分部分项工程中表 A-07"在建排水管网—开槽埋管挖沟槽土方工程项目工程'算量'难点解析"</td></tr>
<tr><td>* 工程量计算规则</td><td colspan="3">(1)《上海市市政工程预算定额》(2000)工程量计算规则第一章第一节第 1.1.3 条说明按原地面 1.0m 以下的挖土数量计算;当挖土采用井点降水施工时,除排水管道工程可计取 10%的湿土排水外,其他工程均不得计取
(2)《上海市市政工程预算定额》(2000)工程量计算规则第一章第一节第 1.1.4 条说明筑拆集水井按排水管道开槽埋管工程每 40m 设置一座</td></tr>
<tr><td colspan="4">工程"算量"要素</td></tr>
<tr><td colspan="2">* 窨井尺寸(mm)</td><td>窨井数量 $n_{窨}$</td><td>筑拆集水井</td></tr>
<tr><td>(a×b)1000×1300</td><td>(A×B)3440×3740</td><td>4 座</td><td>40m/座</td></tr>
<tr><td colspan="4">总管长度</td></tr>
<tr><td>L_1=36.0m</td><td>L_2=40.0m</td><td>L_3=45.0m</td><td>段数 $n_{段}$=3 段</td></tr>
<tr><td colspan="4">沟槽平均深度</td></tr>
<tr><td>$h_{段1}$=3.36m</td><td>$h_{段2}$=3.50m</td><td>$h_{段3}$=3.37m</td><td>段数 $n_{段}$=3 段</td></tr>
<tr><td colspan="3">* 混凝土管(Φ1000PH-48 管)</td><td rowspan="2">* 混凝土管沟槽宽度 $B_{管}$</td></tr>
<tr><td>总管长度(Φ1000 毛长)$L_{毛}$</td><td colspan="2">管道铺设净长(m)$L_{净}$</td></tr>
<tr><td>125.00m</td><td colspan="2">121.00m</td><td>2.45m</td></tr>
<tr><td>湿土排水</td><td colspan="3">解析:
1. 编制依据:《上海市市政工程预算定额》(2000)工程量计算规则第一章第一节第 1.1.3 条说明按原地面 1.0m 以下的挖土数量计算;当挖土采用井点降水施工时,除排水管道工程可计取 10%的湿土排水外,其他工程均不得计取
2. 管道土方 $V_{管}=[L_1\times B_{管}\times(h_{段1}-1.0)]+[L_2\times B_{管}\times(h_{段2}-1.0)]+[L_3\times B_{管}\times(h_{段3}-1.0)]+[n_{窨}\times B_{管}\times(h_{段1}-1+h_{段3}-1)\div 2]$
$=[36.0\times 2.45\times(3.36-1.0)]+[40.0\times 2.45\times(3.50-1.0)]+[45.0\times 2.45\times(3.37-1.0)]+[4\times 2.45\times(3.36-1+3.37-1.0)\div 2]$
$=208.15+245.00+261.29+23.18=737.62m^3$
3. 窨井增加土方 $V_{增}=(A\times B-B_{管}\times A)\times[(h_{段1}-1.0)+(\boxed{3.46}-1.0)+(\boxed{3.31}-1.0)]\div n_{段}\times n_{窨}$
$=(3.44\times 3.74-2.45\times 3.44)\times[(3.36-1.0)+(\boxed{3.46}-1.0)+(\boxed{3.31}-1.0)]\div 3\times 4=42.19m^3$
4. 工程"算量":湿土排水 $\Sigma V=$(管道土方 $V_{管}$+窨井增加土方 $V_{增}$)×10%
$=(737.62+42.19)\times 10\%=779.81\times 10\%=\boxed{77.98m^3}$</td></tr>
</table>

续表

筑拆竹箩滤井	解析： 1. 编制依据：《上海市市政工程预算定额》(2000)工程量计算规则第一章第一节第 1.1.4 条说明筑拆集水井按排水管道开槽埋管工程每 40m 设置一座 2. 工程"算量"：集水井数量 $N_{集}$＝总管长度(Φ1000 毛长)$L_{毛}$÷集水井 m/座 ＝125.00÷40＝3.125 座　　取 3 座

《上海市市政工程预算定额》(2000) 第一册通用项目　第一章　一般项目

项目名称	定额编号	计量单位
项目名称：1. 湿土排水 2. 筑拆竹箩滤井	定额编号：1. S1-1-9 2. S1-1-11	计量单位：1. m^3 2. 座

对应"13 国标市政计算规范"附录 L 措施项目　表 L.7　施工排水、降水(项目编码：041107)

项目编码	项目名称	项目特征	计量单位	工程量计算规则	工作内容
041107002	施工排水、降水	1. 机械规格型号 2. 降排水管规格	昼夜	按排水、降水日历天数计算	1. 管道安装、拆除、场内搬运等 2. 抽水、值班、降水设备维修等

对应建设工程预(结)算书［按施工顺序；包括子目、量、价等分析］

序号	定额编号	分部分项工程名称	计量单位	工程数量		工程费(元)	
				工程量	定额量	单价	复价
1	S1-1-9	湿土排水	m^3	77.98	77.98		
2	S1-1-11	筑拆竹箩滤井	座	3	3		

注：1. 本工程"算量"要素数值，敬请参阅本"图释集"第四章编制与应用实务［"'一法三模算量法'YYYYSL 系统"(自主平台软件)］中表 4 管-03"根据设计图纸，利用 office 中 Excel 列表取定开槽埋管定额深度表"的数据；

2. * 工程量计算规则，敬请参阅本"图释集"附录国家标准规范、全国及地方《市政工程预算定额》(附录 A～K) 中附录 F《上海市市政工程预算定额》工程量计算规则 (2000) 的规定。

第四章　编制与应用实务［"'一法三模算量法'YYYYSL 系统"（自主平台软件）］

一、《实物图形或表格算量法》——案例（一）管网工程工程"算量"编制与应用实务

（一）《实物图形或表格算量法》职业技能与基础知识实务的能力

1. 编制与应用实务的职业技能

（1）熟悉管网工程类别划分、施工工艺及施工组织设计（如工程量的大小、施工方案的选择、施工机械和劳动力的配备、材料供应等）【《上海市市政工程预算定额》（2000）S1—第一册　通用项目、S5—第五册　排水管道工程、S6—第六册　排水构筑物及机械设备安装工程及《上海市市政工程预算组合定额——室外排水管道工程》（2000）及图 E-36"市政管网工程开槽埋管施工工艺流程简图（含"上海市应用规则"）】；

（2）掌握管网工程工程量清单项目设置编制【如"13 国标市政计算规范"及"上海市应用规则"附录 A—土石方工程、附录 E—管网工程、附录 J—钢筋工程、附录 K—拆除工程、附录 L—措施项目及其"项目特征"、"计量单位"、"工程量计算规则"、"工作内容"等项规范内容】；

（3）熟练看懂（识读）管网施工图及对应设计说明【工程图纸识读能力：设计总说明、平面图、纵断面图、通用图和准确采撷工程造价"算量"要素，且编制输（录）入：如表 E-03"市政管道工程实体工程各类'算量'要素统计汇总表"】；

（4）熟练计算管网工程的清单工程量【快速、准确、清晰地依据工程算量依据与工程量计算规则，进行工程数量的计算：运算表格、计算公式（含《工程量计算规则》规定）、几何形状、分解零星、近似公式、其他计算形式等市政工程"算量"常用数据手册】；

（5）掌握管网工程的分部分项工程量清单编制【①综合实体工程及建设工程预（结）算"工程量计算表"：如表 4 管-06"工程量计算表［含汇总表］［遵照工程结构尺寸，以图示为准］"；②分部分项工程量清单：如表 4 管-08"分部分项工程项目清单与计价表［即建设单位招标工程量清单］"、表 4 管-09"单价措施项目清单与计价表［即建设单位招标工程量清单］"；③"工作内容"对应"定额编号"之规定：如表 4 管-12"单价措施项目综合单价分析表［评审和判别的重要基础及数据来源］"；④建设工程预（结）算：如表 4 管-07"建设工程预（结）算书［按施工顺序；包括子目、量、价等分析］"等】；

（6）掌握软件"算量"操作（会熟练运用（SGSJ）软件系统基本技能进行分部分项工程量计算）。

2. 基础知识实务的能力

（1）了解"13 国标清单规范"、"13 国标市政计算规范"和"上海市应用规则"；

（2）熟悉"13 国标市政计算规范"及"上海市应用规则"分类：附录 A—土石方工程、附录 E—管网工程、附录 J—钢筋工程、附录 K—拆除工程、附录 L—措施项目；

（3）熟悉《上海市市政工程预算定额》工程量计算规则

(2000)、《上海市市政工程预算定额》(2000) 总说明、《上海市市政工程预算定额》(2000)“工程量计算规则”各册、章说明及《上海市市政工程预算组合定额——室外排水管道工程》(2000);

(4) 熟悉《上海市市政工程预算定额》(2000),依施工设计图纸顺序,分部、分项依次计算预算工程量分类:S1—第一册通用项目、S5—第五册 排水管道工程、S6—第六册 排水构筑物及机械设备安装工程。

(二) 管网工程工程“算量”编制与应用实务

工程名称:××路排水新建工程

1. 工程概况

(1) 本工程雨水管道工程从 1 号井至 4 号井采用开槽埋管施工,管径 Φ1000、长度 121.00m。

(2) 招标范围:本招标工程为一个单项工程,具体范围按设计图图示。

(3) 工程量清单编制依据:《市政工程工程量计算规范》GB 50857—2013、《上海市建设工程工程量清单计价应用规则》(沪建管［2014］872 号)、施工设计图文件等。

(4) 工程质量应达到优良标准。

(5) 其他项目清单:招标人部分中,列入提供监理工程师设备费 5000 元(由业主控制使用)。

(6) 招标、投标报价按《市政工程工程量计算规范》GB 50857—2013 和《上海市建设工程工程量清单计价应用规则》的统一格式。

(7) 人工、材料、机械费用按《上海市市政公路造价信息》2014 年 12 月份计取。

(8) 施工工期:45 天。

2. 主要施工设计图

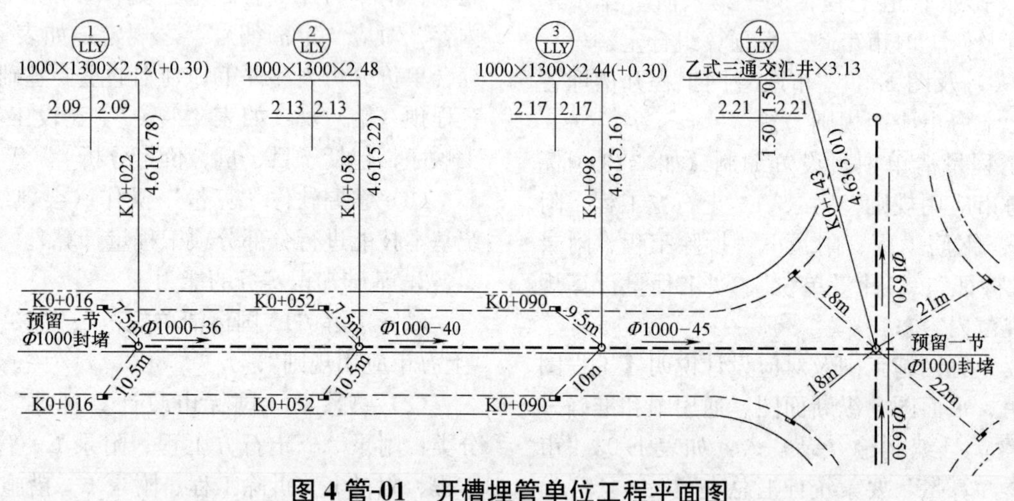

图 4 管-01 开槽埋管单位工程平面图

注:本案例摘编于《市政工程工程量清单工程系列丛书·市政工程工程量清单编制与应用实务》。

数读｜排水管网—开槽埋管工程造价：基数（要素）、工程量计算规则对应工程"算量"　　　　**表 4 管-01**

项次	类别	项目名称	备注
1	工艺流程	图 E-36"市政管网工程开槽埋管施工工艺流程简图"	附录 E　管网工程（项目编码:0405）
2	管道管材	表 E-01"管道设施结构形式"	
3		表 E-02"混凝土、塑料管管材品种"	
4	直线窨井	表 E-28"混凝土基础砌筑直线不落底窨井(1000×1300—Φ1000) 实体工程量表 "	
5		表 E-29"混凝土基础砌筑直线落底窨井［1000×1300—Φ1000］实体工程量表"	
6	进水口	表 E-21"雨水进水口(Φ300～450)实体工程量表"	
7	有关规定	表 E-03"打、拔钢板桩定额及沟槽支撑使用数量(含井点的使用周期)的规定"	
8		表 E-15"排水管网工程施工修复路面宽度计算表"	
9	技术数据	表 E-07"混凝土、塑料管有支撑沟槽宽度"	
10		表 E-06"窨井、沟槽埋设深度定额取定表	
11		表 E-08"开槽埋管井点的使用周期规定(单位:套・天)"	
12	"算量"要素	表 E-30"市政管道工程实体工程各类'算量'要素统计汇总表"	
13		表 E-31"市政管道工程(预算定额)各类'算量'基数要素统计汇总表"	
14	列项	表 E-32"管网工程对应挖沟槽土方工程项目定额子目列项检索表"	
15	挖沟槽土方	表 A-01"土方工程(挖土)定额说明及工程量计算规则"	附录 A　土石方工程（项目编码:0401）
16		表 A-02"'13 国标市政计算规范'与对应挖沟槽土方工程项目定额子目、工程量计算规则(2000)及册、章说明列项检索表"	
17		* 表 A-08"挖沟槽土方工程项目工程'算量'难点解析"	
18		* 表 A-09"挖沟槽土方工程回填方项目工程'算量'难点解析"	
19		* 表 A-08"回填方项目工程'算量'难点解析"	
20		* 表 A-09"余方弃置项目工程'算量'难点解析"	
21	管材铺设	* 表 E-16"Φ1000PH-48 管管材体积'算量'难点解析"	附录 E　管网工程（项目编码:0405）
22		* 表 E-17"Φ1000PH-48 管管枕尺寸及管枕体积'算量'难点解析"	
23			
24		* 表 E-18"黄砂回填到 Φ1000PH-48 管中高度 h'算量'难点解析"	
25		* 表 E-19"Φ1000PH-48 管回填黄砂中管道(1000×1300－H＝3.0m)体积'算量'难点解析"	
26		表 E-20"Φ800 钢筋混凝土承插(92 排通图)管实体工程量表(沟槽回填黄砂至管中)"	
27		表 E-03"Φ800 钢筋混凝土承插管实体工程量表(沟槽回填黄砂至管顶上 50cm)"	
28		表 E-03"Φ1000 钢筋混凝土承插管实体工程量表(沟槽回填黄砂至管中)"	
29		表 E-03"Φ1000 钢筋混凝土承插管实体工程量表(沟槽回填黄砂至管顶上 50cm)"	
30	窨井砌筑	表 E-26"混凝土基础砌筑直线窨井(1000×1300) 尺寸(A×B) "	
31		* 表 E-27"混凝土基础砌筑直线窨井(1000×1300－Φ1000)外形体积'算量'难点解析"	

续表

项次	类别	项目名称	备注
32	场外运输费	* 表 L. 6-04"在建排水管网—开槽埋管大型机械设备进出场(场外运输费)台·班'算量'难点解析"	第三章 措施项目
33	排水、降水	* 表 L. 7-07"在建排水管网—开槽埋管湿土排水'算量'难点解析"	
34		* 表 L. 7-06"在建排水管网—开槽埋管排水、降水昼夜'算量'难点解析"	

注：1. 本大数据应用表，在"备注"列中除注明本"图释集"第三章措施项目外，均选自本"图释集"第二章分部分项工程；在编制工程"算量"时，敬请参阅大数据；
2. * 标志性符号，表示本在建工程所运用的表格。

在建排水管网—开槽埋管实体工程各类"算量"要素统计汇总表 **表 4 管-02**

一、采撷(施工设计图——CAD、PDF、Word 等类型)工程造价"算量"要素

1. 设计指标

(1)窨井(检查井)

①砖砌直线窨井						②转折窨井	
分类(座数)		砖砌窨井	砖砌窨井工程数量表	钢筋混凝土盖板		乙式三通转折窨井	
不落底式 (N)	落底式↓(Y)	窨井内径尺寸(mm)	图纸图号:PT05-08 (1/5~5/5)	Ⅰ型	Ⅱ型	90°	115°
[1]号、[3]号窨井	[2]号、[4]号窨井	1000×1300		—	[√]	[√]	—

(2)雨水进水口

Ⅰ型(侧立式)雨水进水口及盖座	Ⅱ型(侧立式)雨水进水口	Ⅲ型(平卧式)雨水进水口	双联Ⅲ型雨水进水口
(400×300)[√]	(400×450)	(640×500)	(1450×500)

(3)管材材质及制品

①钢筋混凝土管		②塑料管	
管材	管径(mm)	管材	管径(mm)
承插式钢筋混凝土管(PH-48 管)	Φ1000	UPVC 管	Φ300

2. 工程范围(含各指标基数元素)

①施工范围桩号:K0+022~K0+143		②窨井编号				1 号窨井~4 号窨井			
③管道纵断面	标高(m)	1 号窨井		2 号窨井(↓)		3 号窨井		4 号窨井(↓)	
		左侧	右侧	左侧	右侧	左侧	右侧	左侧	右侧
	自然(原)地面	4.78	5.22	5.20	5.16	5.16	5.01		
	设计路面(地面)	4.89		4.95		4.98		5.30	
	设计管(底)内	2.09	2.13	2.13	2.17	2.17	2.21		2.44

续表

<table>
<tr><td rowspan="6">④埋管的总管长度（m）</td><td>性质</td><td>范围（段数）</td><td colspan="2">承插式钢筋混凝土管（PH-48管）管径（mm）</td><td colspan="2">长度（m）</td></tr>
<tr><td>预留</td><td>1号窨井</td><td colspan="2">Φ1000</td><td colspan="2">2.00</td></tr>
<tr><td>雨水总管</td><td>1号窨井～2号窨井</td><td colspan="2">Φ1000</td><td colspan="2">36.00</td></tr>
<tr><td>雨水总管</td><td>2号窨井↓～3号窨井</td><td colspan="2">Φ1000</td><td colspan="2">40.00</td></tr>
<tr><td>雨水总管</td><td>3号窨井～4号窨井↓</td><td colspan="2">Φ1000</td><td colspan="2">45.00</td></tr>
<tr><td>预留</td><td>4号窨井</td><td colspan="2">Φ1000</td><td colspan="2">2.00</td></tr>
<tr><td rowspan="6">⑤实埋连管长度及进水口座数（m、座）</td><td rowspan="2">砖砌直线窨井编号</td><td rowspan="2">水流方向（←、→）</td><td colspan="2">UPVC管Φ300长度（m）</td><td colspan="2">Ⅰ型雨水进水口（座）</td></tr>
<tr><td>左侧</td><td>右侧</td><td>左侧</td><td>右侧</td></tr>
<tr><td>1号窨井</td><td>→</td><td>7.50</td><td>10.50</td><td>1</td><td>1</td></tr>
<tr><td>2号窨井↓</td><td>→</td><td>7.50</td><td>10.50</td><td>1</td><td>1</td></tr>
<tr><td>3号窨井</td><td>→</td><td>9.50</td><td>10.00</td><td>1</td><td>1</td></tr>
<tr><td>4号窨井↓</td><td>→</td><td>18.00、21.00</td><td>18.00、22.00</td><td>1+1</td><td>1+1</td></tr>
<tr><td colspan="7">二、施工组织设计（其中相关工程造价部分方案）</td></tr>
<tr><td colspan="3">1. 施工方法</td><td colspan="4">2. 施工手段</td></tr>
<tr><td colspan="2">开槽√</td><td>顶管</td><td colspan="2">人工</td><td colspan="2">机械√</td></tr>
<tr><td colspan="7">3. 土方场外运输（含堆置费，…）</td></tr>
<tr><td colspan="2">①浦西内环线内√</td><td colspan="3">②浦西内环线内及浦东内环线内</td><td colspan="2">③浦西内环线外及浦东内环线外</td></tr>
<tr><td colspan="7">三、工程量计算规则（总说明；册、章“说明”）</td></tr>
<tr><td colspan="2">《上海市市政工程预算定额》“总说明”</td><td colspan="5">（1）第二十一条：“本定额中未包括大型机械的场外运输、安拆（打桩机械除外）、路基及轨道铺拆等。”
（2）文字说明代码：ZSM21-2-1～ZSM21-2-24；根据定额子目中“项目表”采撷ZSM21-2-4文字说明代码</td></tr>
<tr><td colspan="2">《预算定额》“说明”</td><td colspan="5">（1）两窨井之间埋管的长度按两窨井之间的中心距离计算
（2）连管长度：按实埋长度计算</td></tr>
</table>

根据设计图纸，利用 office 中 Excel 列表取定开槽埋管定额深度表 **表 4 管-03**

性质	范围	管径	施工方法	长度	左地面标高	左管底标高	右地面标高	右管底标高	管底平均深度	*基础厚	槽底平均深度	定额深度
(1)	(2)	(3)	(4)	(5)	(6)	(7)	(8)	(9)	(10)	(11)	(12)	(13)
预留	1号窨井	Φ1000	开槽	2							3.36	3.5
雨水总管	1号窨井～2号窨井	Φ1000	开槽	36	4.78	2.09	5.22	2.13	2.89	0.47	3.36	3.5
雨水总管	2号窨井↓～3号窨井	Φ1000	开槽	40	5.20	2.13	5.16	2.17	3.03	0.47	3.50	3.5
雨水总管	3号窨井～4号窨井↓	Φ1000	开槽	45	5.16	2.17	5.01	2.21	2.9	0.47	3.37	3.5
预留	4号窨井	Φ1000	开槽	2							3.37	3.5

注：1. 开槽埋管管底平均深度(10)＝1/2{[(6)－(7)]＋[(8)－(9)]},槽底平均深度(12)＝(10)＋(11)；

2. 定额深度（13）根据（12），查本“图释集”附录国家标准规范、全国及地方《市政工程预算定额》(附录 A～K）中附表 I-02“沟槽埋设深度定额取定表（m)”；

3. *基础厚，当混凝土管管径为Φ1000时，查本“图释集”第二章分部分项工程中表 E-08“管道基座高”，得基础厚为 0.47m。

根据设计图纸，利用 office 中 Excel 列表取定窨井定额深度表 **表 4 管-04**

窨井编号	窨井尺寸(mm)	管径(mm)	设计地面标高(m)	管底标高(m)	平均深度(m)	定额深度(m)	落底
(1)	(2)	(3)	(4)	(5)	(6)	(7)	(8)
1号窨井	1000×1300	Φ1000PH-48管	4.89	2.13	2.48	3.0	N
2号窨井	1000×1300↓	Φ1000PH-48管	4.95	2.17	2.44	3.0	Y ↓
3号窨井	1000×1300	Φ1000PH-48管	4.98	2.22	2.41	3.0	N
4号窨井	1000×1300↓	Φ1000PH-48管	5.30	2.44	2.86	3.0	Y ↓

注：1. 窨井平均深度(6)＝(4)－(5)；

2. 定额深度（7）根据（6），查本“图释集”附录国家标准规范、全国及地方《市政工程预算定额》(附录 A～K）中附表 I-01“窨井埋设深度定额取定表（m)”。

利用 Excel 中数据透视表汇总统计导出表 **表 4 管-05**

雨水管汇总(Φ1000PH-48管)

管径(mm)	定额深度(m)	总长(m)
Φ1000	3.5	125.00
Φ1000—3.5(m)		125.00

混凝土基础砌筑直线窨井(1000×1300—Φ1000)汇总

窨井尺寸(mm)	管径(mm)	定额深度(m)	不落单(N),落底↓(Y)	汇总(座)
1000×1300	Φ1000	3.0	N—1号窨井、3号窨井	2
		3.0	Y—2号窨井↓、4号窨井↓	2
1000×1300×3.0				4

工程量计算表［含汇总表］［遵照工程结构尺寸，以图示为准］　　　**表 4 管-06**

工程编号：Ⅰ-桥梁图　　　工程名称：晋粤路横申江河桥桥梁工程　　　第　页　共　页

序号	项目编码/定额编号	分部分项工程名称	计算式及说明(演算计算式)	计量单位	计算数量
说明：1. 沟槽长度 $L=2.00+36.00+40.00+45.00+2.00=125.00$m 2. 管道挖土长度 $L=125.00$m 3. 管道埋设长度 $L=125.00-$窨井内长×井数量$=121$m 4. 管道基础长度 $L=125.00$m$-$窨井基础长×井数量$=116.44$m 5. 回填黄砂中管道体积长度 $L=118.04$m				m	125.00
附录 A　土石方工程(项目编码：0401)					
表 A.1　土方工程(项目编码：040101)					
1	040101002	挖沟槽土方	—	m³	1105.76
1.1	S5-1-7	机械挖沟槽土方(深≤6m，现场抛土)	—	m³	1105.76
		(1)沟槽深度(平均深度)	依据《上海市市政工程预算定额》(2000)工程量计算规则第五章第一节第 5.1.4 条说明沟槽深度为原地面至槽底土面的深度。沟槽平均深度为 $h_1=3.36$m、$h_2=3.50$m、$h_3=3.37$m		
		(2)管道土方	依据《上海市排水管道通用图》中有支撑沟槽宽度表，当管道 Φ1000 在 3.00～3.49m 时，混凝土管沟槽宽度为 2.45m；管道土方体积＝长×宽×沟槽平均深度		
		(3)窨井尺寸(1000×1300)	依据《市政工程施工及验收规程》说明砖砌窨井时其宽度应按砖墙外壁各加 0.85m 计算；根据《上海市排水管道通用图》1000×1300×3.0 窨井砖墙最大厚度为一砖半，即 0.37m。窨井外壁尺寸：$a=1.0+0.37\times2=1.74$m；$b=1.30+0.37\times2=2.04$m；工作面宽度$=0.85\times2=1.70$m；窨井外壁尺寸＋工作面宽度即 $a=1.74+1.70=3.44$m；$b=2.04+1.70=3.74$m；即 $a\times b$ 为 3440mm×3740mm	m	3.44×3.74
		(4)沟槽长度(Φ1000)	$L=$(1 号窨井～4 号窨井)＋预留管 2×2(1 号和 4 号各半个窨井)，$L=(36.0+40.0+45.0)+4=125$m	m	125.00
		(5)管道沟槽土方小计：	$V_{(1)}=(36.0\times2.45\times3.36)+(40.0\times2.45\times3.50)+(45.0\times2.45\times3.37)+[4\times2.45\times(3.36+3.37)\div2]=1043.87\text{m}^3$	m³	1043.87
		(6)窨井增加土方	(窨井长×宽－管道长×宽)×沟槽平均深×窨井数量		
		(7)窨井增加土方小计：	$V_{(2)}=(3.44\times3.74-3.44\times2.45)\times(3.36+3.56+3.54)\div3\times4=61.89\text{m}^3$	m³	61.89
		(8)挖土方合计	$\sum V=(5)+(7)=1043.87+61.89=1105.76\text{m}^3$	m³	1105.76

续表

序号	项目编码/定额编号	分部分项工程名称	计算式及说明(演算计算式)	计量单位	计算数量
1.2	S1-1-9	湿土排水	依据《上海市市政工程预算定额》(2000)工程量计算规则第一章第一节第1.1.3条说明按原地面1.0m以下的挖土数量计算;当挖土采用井点降水施工时,除排水管道工程可计取10%的湿土排水外,其他工程均不得计取	m^3	77.98
		(1)管道土方	[36.0×2.45×(3.36−1.0)]+[40.0×2.45×(3.50−1.0)]+[45.0×2.45×(3.37−1.0)]+[4×2.45×(3.36−1+3.37−1)÷2]=737.62m^3	m^3	737.62
		(2)窨井增加土方	(3.74×3.44−2.45×3.44)×[(3.36−1.0)+(3.46−1.0)+(3.31−1.0)]÷3×4=42.19m^3	m^3	42.19
		(3)小计:	$\sum V$=(737.62+42.19)×10%=779.81×10%=77.98m^3	m^3	77.98
1.3	S1-1-11	筑拆竹箩滤井	依据《上海市市政工程预算定额》(2000)工程量计算规则第一章第一节第1.1.4条说明筑拆集水井按排水管道开槽埋管工程每40m设置一座	座	3
		(1)总管长度(毛长)	2+36.0+40.0+45.0+2=125.00m	m	125.00*
		(2)集水井数量	125.00÷40=3.125座取3座	座	3
1.4	S5-1-13	沟槽支护	依据《上海市市政工程预算定额》(2000)第五册第一章说明,第一条沟槽深度≤3m采用横列板支撑;沟槽深度>3m采用钢板桩支撑。第五册排水管道工程说明第八条钢板桩适用范围:有支撑开槽埋管沟槽平均深度=3.01~4.00m;钢板桩长度为4.00~6.00m		
		打沟槽钢板桩(长4.00~6.00m,单面)	依据《上海市市政工程预算定额》(2000)工程量计算规则第一章第一节第1.1.4条说明打拔沟槽钢板桩按沿沟槽方向单排长度计算。L=125×2=250m	100m	2.5
1.5	S5-1-18	拔沟槽钢板桩(长4.00~6.00m,单面)	依据《上海市市政工程预算定额》(2000)工程量计算规则第一章第一节第1.1.4条说明打拔沟槽钢板桩按沿沟槽方向单排长度计算。L=125×2=250m	100m	2.5
1.6	S5-1-23	安拆钢板桩支撑(槽宽≤3.0m,深3.01~4.00m)	依据《上海市市政工程预算定额》(2000)工程量计算规则第五章第一节第5.1.2条说明撑拆列板、沟槽钢板桩支撑按沟槽长度计算;L=125m	100m	1.25
1.7	CSM5-1-3	槽型钢板桩使用费	依据《上海市市政工程预算定额》(2000)工程量计算规则第五章第一节第5.1.3条说明打拔沟槽钢板桩按沿沟槽方向单排长度计算;第五册第一章第四节2.说明当管径≤Φ1200、沟槽深≤4m时,查得每100m(单面)槽型钢板桩使用数量为1543t·天	t·天	3857.5
		小计:	(1543×125×2)÷100=3857.5t·天		

续表

序号	项目编码/定额编号	分部分项工程名称	计算式及说明(演算计算式)	计量单位	计算数量
1.8	CSM5-1-5	钢板桩支撑使用费	依据《上海市市政工程预算定额》(2000)工程量计算规则第五章第一节第5.1.2条说明撑拆列板、沟槽钢板桩支撑按沟槽长度计算；第五册第一章第四节4.说明当管径≤Φ1200、沟槽深≤4m时，查得每100m(沟槽长)槽型钢板桩支撑使用数量为145t·天	t·天	181.25
		小计：	(145×125)÷100=181.25t·天		
1.9	S1-1-37	土方场内运输（装运土1km以内）	依据《上海市市政工程预算定额》(2000)工程量计算规则第五章第一节第5.1.8条说明挖土现场运输土方数=(挖土数－堆土数)×60%；本工程有堆土条件长100m。堆土数=堆土断面×可堆土长度	m^3	573.5
			A(顶宽)=0.5m、H(堆土高度)=1.0m(根据现场条件堆土高度设定为1.0m)，(两边放坡为1：1)B(底宽)=1.0+0.5+1.0=2.5m		
			堆土断面 $S=1/2\times(A+B)\times H=1/2\times(0.5+2.5)\times1.0=1.5m^2$		
		小计：	(1105.76－1.5×100)×60% ＝ 573.46m^3		

表A.3　回填方及土石方运输(项目编码:040103)

序号	项目编码/定额编号	分部分项工程名称	计算式及说明(演算计算式)	计量单位	计算数量
2	040103001	回填方		m^3	706.84
2.1	S5-1-36	沟槽夯填土	挖土数－余土数	m^3	706.84
		(1)挖土数	同项次1.1为1105.76m^3	m^3	1105.76
		(2)余土数	余土数=砾石砂垫层+混凝土基础+管枕体积+管子外形体积+窨井外形体积+沟槽回填黄砂	m^3	398.92
		其中:①砾石砂垫层	$V_{①}=28.92m^3$	m^3	28.92
		②混凝土基础	$V_{②}=30.50m^3$	m^3	30.50
		③管枕体积	$V_{③}=11.23m^3$	m^3	11.23
		④管子外形体积	a. $V=\pi/4\cdot D_{外}^2\times$管道扣除窨井后净长$=\pi/4\times(1.0+0.11\times2)^2\times116.44=136.11m^3$ b. 承插口体积 $V=5.27m^3$ c. 小计：$V_{④}=136.11+5.27=141.38m^3$	m^3	141.38
		⑤窨井外形体积		m^3	54.66

续表

序号	项目编码/定额编号	分部分项工程名称	计算式及说明(演算计算式)	计量单位	计算数量
2.1	S5-1-36	a. 1000×1300×3.0(不落底)	V_a=[0.72+1.23(1.3+0.365×2+0.015×2)×(1.0+0.365×2+0.015×2)×1.8+(1.0+0.365×2+0.015×2)×(1.0+0.365×2+0.015×2)×1.4+1.35×1.35×0.16+0.355×0.355×π×0.14]×2=26.25m^3	m^3	26.25
		b. 1000×1300×3.0(落底)↓	V_b=[0.72+1.23(1.3+0.365×2+0.015×2)×(1.0+0.365×2+0.015×2)×2.1+(1.0+0.365×2+0.015×2)×(1.0+0.365×2+0.015×2)×1.4+1.35×1.35×0.16+0.355×0.355×π×0.14]×2=28.41m^3	m^3	28.41
		小计:	$V_⑤$=26.25+28.41=54.66m^3		
		⑥沟槽回填黄砂	设计图纸要求黄砂回填到管中;V=沟槽长度×沟槽宽度×回填高度-基座体积-管枕体积-管子体积=132.23m^3	m^3	132.23
		⑦合计(①~⑥之和):	$\Sigma V_{(2)}$=28.92+30.50+11.23+141.38+54.66+132.23=398.92m^3	m^3	398.92
		(3)合计(1-2之差):	ΣV=1105.76-398.92=706.84m^3	m^3	706.84
2.2	S1-1-37	土方场内运输(装运土1km以内)	依据《上海市市政工程预算定额》(2000)工程量计算规则第五章第一节第5.1.8条说明填土现场运输土方数=挖土现场运输土方数-余土数	m^3	174.54
		小计:	573.46-398.92=174.54m^3		
3	040103002	余方弃置		m^3	398.92
3.1	ZSM19-1-1	土方场外运输	V=398.92m^3	m^3	398.92

附录E 管网工程

表E.1 管道铺设(项目编码:040501)

序号	项目编码/定额编号	分部分项工程名称	计算式及说明(演算计算式)	计量单位	计算数量
4	040501002	混凝土管(铺设Φ1000PH-48管)		m	121
4.1	S5-1-42	管道砾石砂垫层(H=10cm)	管道基础长扣除窨井后净长L×沟槽宽度B×垫层厚度H,L=125-(2.14×4)=116.44m,B=2.45m,H=0.1m	m^3	28.53
		小计:	V=116.44×2.45×0.1=28.53m^3		
4.2	S5-1-43	管道基座混凝土 现浇混凝土H=25cm(5~20mm)C20	管道铺设长度(净长)L×混凝土基础宽度B×厚度H,L=116.44m,宽度B=1.85m,H=0.25m	m^3	29.76
		小计:	V=116.44×1.85×0.25-11.23-3.44×3.74×0.25×4=29.76m^3		

续表

序号	项目编码/定额编号	分部分项工程名称	计算式及说明(演算计算式)	计量单位	计算数量
4.3	S5-1-39	沟槽回填黄砂	根据设计图纸要求黄砂回填到管中	m^3	138.49
			V=沟槽长度×沟槽宽度×回填高度－基座体积－管枕体积－管子体积		
		(1)管道基础长扣除窨井后净长、沟槽宽度	$L=118.04m$，$B=2.45m$		
		(2)回填高度 H	H=基础厚度 H_2＋管底至基础面高度 C＋1/2 管径 $H=0.15+0.2+1.0÷2=0.85m$	m	0.85
		(3)基座体积	$V_{混凝土基础}=29.76m^3$	m^3	29.76
		(4)管枕体积	管枕体积/对×管枕数量	m^3	11.23
		①管枕对数体积	管枕尺寸：A(底宽)＝0.32m、B(顶宽)＝0.08m、C(左高)＝0.20m、D(右高)＝0.10m		
			$V=[A×D+1/2(A+B)×(C-D)]×2=[0.32×0.10+1/2×(0.08+0.32)×(0.20-0.10)]×2=0.104m^3$/对		
		②管枕对数	N=[管道铺设长度(净长)÷每节管道长度×每节管道管枕对数]＋[窨井数 n×每座窨井管枕对数]		
			已知：管道铺设长度(净长)121m、2.5m/每节管道、2 对管枕/每节管道、2 对管枕/每座窨井		
			$N=[(121÷2.5+1)×2]+4×2=108$ 对		
		③小计：	$V_{管枕体积}=0.104×108=11.23m^3$		
		(5)管子体积	管子体积/m×管子长度＋承插口体积/只×承插口数量	m^3	72.50
		①管身体积	$V=(π×0.61×0.61÷2)×118.04=68.99m^3$		
		②承插口体积	承插口数量：$N=121/2.5=48.4$ 只，承插口体积 $V=(0.14×0.0755+0.5×0.0755×0.1917×3.1412×1.295)×48.4=0.072435×48.4=3.51m^3$		
		③小计：	$V=68.99+3.51=72.50m^3$		
		(6)小计：	$V_{(3)}=(121×2.45×0.85)-29.76-11.23-72.5=138.49m^3$		
4.4	S5-1-71	铺设 Φ1000PH-48 管(净长)	管道铺设净长为扣除窨井内径所占的长度。L=管道总长－窨井内径长（其中：1000×1300 窨井内径为 1.00m)	100m	1.21
		小计：	$L=125.00-(1.00×4)=121.00m$	m	121.00

续表

序号	项目编码/定额编号	分部分项工程名称	计算式及说明(演算计算式)	计量单位	计算数量
4.5	S5-1-109	Φ1000管道闭水试验,采用水泥砂浆M10	依据《上海市市政工程预算定额》(2000)工程量计算规则第五章第一节第5.1.5条说明管道磅水以相邻两座窨井为一段。依据《市政工程施工及验收规程》每3段抽1段	段	1
			表E.4 管道附属构筑物(项目编码:040504)		
5	040504001	砖砌井		座	4
6	040504001001	砖砌窨井1000×1300×3.0	1号、3号窨井	座	2
6.1	S5-1-41	碎石垫层	详见表E-38《混凝土基础砌筑直线窨井工程量计算表》	m^3	1.44
6.2	S5-1-43	混凝土基础	详见表E-38《混凝土基础砌筑直线窨井工程量计算表》	m^3	2.46
6.3	S5-3-2	砖砌体	详见表E-38《混凝土基础砌筑直线窨井工程量计算表》	m^3	7.56
6.4	S5-3-6	1∶2砂浆抹面	详见表E-38《混凝土基础砌筑直线窨井工程量计算表》	m^3	58.48
6.5	S5-3-14	预制钢筋混凝土板Ⅰ	详见表E-38《混凝土基础砌筑直线窨井工程量计算表》	块	2
6.6	S5-3-15	Ⅱ型钢筋混凝土盖板	详见表E-38《混凝土基础砌筑直线窨井工程量计算表》	块	2
6.7	S5-3-16	安装钢筋混凝土盖板	详见表E-38《混凝土基础砌筑直线窨井工程量计算表》	m^3	0.58
6.8	S5-3-18	安装铸铁窨井盖座	详见表E-38《混凝土基础砌筑直线窨井工程量计算表》	套	2
7	040504001002	砖砌窨井1000×1300×3.0↓	2号、4号窨井	座	2
7.1	S5-1-41	碎石垫层	详见表E-38《混凝土基础砌筑直线窨井工程量计算表》	m^3	1.44
7.2	S5-1-43	混凝土基础	详见表E-38《混凝土基础砌筑直线窨井工程量计算表》	m^3	2.46
7.3	S5-3-2	砖砌体	详见表E-38《混凝土基础砌筑直线窨井工程量计算表》	m^3	7.68
7.4	S5-3-6	1∶2砂浆抹面	详见表E-38《混凝土基础砌筑直线窨井工程量计算表》	m^3	60
7.5	S5-3-14	预制钢筋混凝土板Ⅰ	详见表E-38《混凝土基础砌筑直线窨井工程量计算表》	块	2
7.6	S5-3-15	Ⅱ型钢筋混凝土盖板	详见表E-38《混凝土基础砌筑直线窨井工程量计算表》	块	2
7.7	S5-3-16	安装钢筋混凝土盖板	详见表E-38《混凝土基础砌筑直线窨井工程量计算表》	m^3	0.58
7.8	S5-3-18	安装铸铁窨井盖座	详见表E-38《混凝土基础砌筑直线窨井工程量计算表》	套	2
			附录L 措施项目		
			表L.2 混凝土模板及支架(项目编码:041102)		
8	041102001				
8.1	S1-4-20	堆料场地,采用现浇混凝土(5~20mm)C15		m^2	400

续表

序号	项目编码/定额编号	分部分项工程名称	计算式及说明(演算计算式)	计量单位	计算数量
8.2	S5-1-45	管道基座模板	管道基础模板＋窨井基础模板	m^2	60.07
		①管道混凝土基础模板(h＝25cm)	依据《上海市市政工程预算定额》(2000)工程量计算规则第五章第一节第5.1.7条说明模板工程量按混凝土与模板接触面积以平方米计算；2×h×管道基础长扣除窨井后净长＋两端管道基础混凝土基座宽×h×(段数＋1)。管道基础长扣除窨井后净长116.44m，基础宽度为1.85m		
		小计：	$S=2\times0.25\times116.44+1.85\times0.25\times4=60.07m^2$	m^2	60.07
表L.4　便道及便桥(项目编码：041104)					
9	041104001	便道		m^2	300
9.1	S1-4-19	铺筑施工便道	依据《上海市市政工程预算定额》(2000)工程量计算规则第一章第四节第1.4.1条说明排水管道工程：管道按总管长度的60%计算(平行或同沟槽施工的雨污水管道可共用便道时，按单根管道长度的60%计算)，现浇箱涵按长度的80%计算；道路、护岸、排水管道工程便道宽度为4m(沟槽长度为125m)		
		小计：	$125\times4.0\times60\%=300m^2$	m^2	300
表L.6　大型机械设备进出场及安拆(项目编码：041106)					
10	041106001001	大型机械设备进出场及安拆		台·次	1
10.1	ZSM21-2-11	1.2t以内柴油打桩机场外运输费	依据总说明“未包括大型机械场外运输、安拆”计算方法，取1	台·次	1
11	041106001002	大型机械设备进出场及安拆		台·次	1
11.1	ZSM21-2-4	$1m^3$以内单斗挖掘机场外运输费	依据总说明“未包括大型机械场外运输、安拆”计算方法，取1	台·次	1
12	041106001003	大型机械设备进出场及安拆		台	1
12.1	ZSM21-1-5	履带式起重机(25t以内)装卸费	依据总说明“未包括大型机械场外运输、安拆”计算方法，取1	台	1

续表

序号	项目编码/定额编号	分部分项工程名称	计算式及说明(演算计算式)	计量单位	计算数量
表 L.7　施工排水、降水(项目编码:041107)					
13	041107001	施工排水、降水		昼夜	
13.1	S1-5-1	轻型井点安装	查本"图释集"第三章措施项目中表 L.7-06"在建排水管网—开槽埋管排水、降水昼夜'算量'难点解析",分别得: 1. 排水、降水"清单量"为 45 套·天 2. 轻型井点安装"定额量"为 101 根 3. 轻型井点拆除"定额量"为 101 根 4. 轻型井点使用"定额量"为 45 套·天	根	101
13.2	S1-5-2	轻型井点拆除		根	101
13.3	S1-5-3	轻型井点使用		套·天	45
		现场施工围栏			
		移动式施工路栏		100m·天	150
	S1-1-15	移动式施工路栏	依据《上海市市政工程预算定额》(2000)工程量计算规则说明施工路栏分封闭式路栏及移动式路栏,封闭式路栏的长度应根据施工组织设计设置,移动式路栏定额单位为 100m·天,长度应根据施工现场实际需要设置,使用天数按施工合同计算	m·天	15000
		小计:	125×2×60=15000m·天		

工程量计算表汇总表[预算书汇总表]

序号	定额编号	分部分项工程名称	计量单位	计算数量
1	S5-1-7	机械挖沟槽土方(深≤6m,现场抛土)	m^3	1105.76
	ZSM21-2-4	$1m^3$ 以内单斗挖掘机场外运输费	台·次	1
2	S1-1-9	湿土排水	m^3	77.98
3	S1-1-11	筑拆竹箩滤井	座	3
4	S5-1-109	Φ1000 管道闭水试验,采用水泥砂浆 M10	段	1
5	S5-1-13	打沟槽钢板桩(长 4.00～6.00m,单面)	100m	2.5
6	S5－1－18	拔沟槽钢板桩(长 4.00～6.00m,单面)	100m	2.5
7	S5-1-23	安拆钢板桩支撑(槽宽≤3.0m,深 3.01～4.00m)	100m	1.25
8	CSM5-1-3	槽型钢板桩使用费	t·天	3857.5
	ZSM21-1-5	履带式起重机(25t 以内)装卸费	台	1
	ZSM21-2-11	1.2t 以内柴油打桩机场外运输费	台·次	1

续表

序号	定额编号	分部分项工程名称	计量单位	计算数量
9	CSM5-1-5	钢板桩支撑使用费	t·天	181.25
10	S5-1-42	管道砾石砂垫层	m^3	28.53
11	S5-1-43	管道基座混凝土，采用现浇混凝土(5～20mm)C20	m^3	29.76
12	S5-1-45	管道基座模板	m^2	60.07
13	S5-1-39	沟槽回填黄砂	m^3	138.49
14	S5-1-71	铺设Φ1000PH-48管	100m	1.21
15	S5-1-36	沟槽夯填土	m^3	706.84
16	S1-1-37	土方场内运输(装运土1km以内)	m^3	174.54
17	ZSM19-1-1	土方场外运输(含堆置费，浦西内环线内)	m^3	398.92
18	S1-5-1	轻型井点安装	根	101
19	S1-5-2	轻型井点拆除	根	101
20	S1-5-3	轻型井点使用	套·天	45
21	S5-1-41	碎石垫层	m^3	2.88
23	S5-1-43	混凝土基础	m^3	4.92
24	S5-3-2	砖砌体	m^3	15.24
25	S5-3-6	1∶2砂浆抹面	m^3	118.48
26	S5-3-14	预制钢筋混凝土板Ⅰ	块	2
27	S5-3-15	Ⅱ型钢筋混凝土盖板	块	2
28	S5-3-16	安装钢筋混凝土盖板	m^3	0.58
29	S5-3-14	预制钢筋混凝土板Ⅰ	块	2
30	S5-3-15	Ⅱ型钢筋混凝土盖板	块	2
31	S5-3-16	安装钢筋混凝土盖板	m^3	0.58
32	S5-3-18	安装铸铁窨井盖座	套	4
33	S1-4-19	铺筑施工便道	m^2	300
34				
35				
36				
37	S1-4-20	堆料场地，采用现浇混凝土(5～20mm)C15	m^2	400

建设工程预（结）算书［按施工顺序；包括子目、量、价等分析］ **表 4 管-07**

工程编号：Ⅲ-道路图　　工程名称：××路道路工程　　第　页　共　页

序号	定额编号	分部分项工程名称	计量单位	工程数量		工程费(元)	
				工程量	定额量	单　价	复　价
		施工准备阶段(300.00m²)					
1	S1-4-19	铺筑施工便道	m²	300.00	300.00		
2	S1-4-20	堆料场地，采用现浇混凝土(5～20mm)C15	m²	400.00	400.00		
		开槽(挖沟槽土方 125.00m)					
4	S5-1-13	打沟槽钢板桩(长 4.00～6.00m，单面)	100m	250.00	2.50		
5	ZSM21-1-1	1.2t 以内柴油打桩机场外运输费	台·次	1	1		
6	S5-1-18	拔沟槽钢板桩(长 4.00～6.00m，单面)	100m	250.00	2.50		
7	ZSM21-1-5	履带式起重机(25t 以内)装卸费	台	1	1		
8	S5-1-23	安拆钢板桩支撑(槽宽≤3.0m，深 3.01～4.00m)	100m	125.00	1.25		
9	CSM5-1-3	槽型钢板桩使用费	t·天	3857.5	3857.5		
10	CSM5-1-5	钢板桩支撑使用费	t·天	181.25	181.25		
11	S1-5-1	轻型井点安装	根	101	101		
12	S1-5-2	轻型井点拆除	根	101	101		
13	S1-5-3	轻型井点使用	套·天	45	45		
14	S5-1-7	机械挖沟槽土方(深≤6m，现场抛上)	m³	1105.76	1105.76		
15	ZSM21-2-4	1m³ 以内单斗挖掘机场外运输费	台·次	1	1		
16	S1-1-11	筑拆竹箩滤井	座	3	3		
17	S1-1-9	湿土排水	m³	77.98	77.98		

续表

序号	定额编号	分部分项工程名称	计量单位	工程数量		工程费(元)	
				工程量	定额量	单 价	复 价
		Φ1000PH-48管道铺设(121.00m)					
18	S5-1-42	H=10cm,管道砾石砂垫层	m^3	28.53	28.53		
19	S5-1-43	管道基座混凝土,H=25cm,采用现浇混凝土(5～20mm)C20	m^3	29.76	29.76		
20	S5-1-45	管道基座模板	m^2	60.07	60.07		
21	S5-1-71	铺设Φ1000PH-48管	100m	121.00	1.21		
22	S5-1-109	Φ1000管道闭水试验,采用水泥砂浆M10	段	1	1		
		砌筑窨井(砖砌窨井1000×1300×3.0、砖砌窨井1000×1300×3.0↓各2座)					
23	S5-1-41	碎石垫层	m^3	2.88	2.88		
24	S5-1-43	混凝土基础	m^3	4.92	4.92		
25	S5-3-2	砖砌体	m^3	15.24	15.24		
26	S5-3-6	1∶2砂浆抹面	m^3	118.48	118.48		
27	S5-3-14	预制钢筋混凝土板Ⅰ	块	2	2		
28	S5-3-15	Ⅱ型钢筋混凝土盖板	块	2	2		
29	S5-3-16	安装钢筋混凝土盖板	m^3	0.58	0.58		
30	S5-3-14	预制钢筋混凝土板Ⅰ	块	2	2		
31	S5-3-15	Ⅱ型钢筋混凝土盖板	块	2	2		
32	S5-3-16	安装钢筋混凝土盖板	m^3	0.58	0.58		
33	S5-3-18	安装铸铁窨井盖座	套	4	4		
		回填土、余土弃置					
34	S5-1-39	沟槽回填黄砂(管顶以上50cm)	m^3	138.49	138.49		
35	S1-1-37	土方场内运输(装运土1km以内)	m^3	174.54	174.54		
36	S5-1-36	沟槽夯填土	m^3	706.84	706.84		
37	ZSM19-1-1	土方场外运输(含堆置费,浦西内环线内)	m^3	398.92	398.92		

分部分项工程项目清单与计价表［即建设单位招标工程量清单］

表4管-08

工程名称：　　　　标段：　　　　第　页　共　页

序号	项目编码	项目名称	项目特征	工程内容	计量单位	工程量	金额(元)				备注
							综合单价	合价	其中		
									人工费	材料及工程设备暂估价	
附录A　土石方工程											
表A.1　土方工程(项目编码:040101)											
1	040101002	挖沟槽土方	1. 土壤类别：Ⅰ～Ⅱ类 2. 挖土深度：3.5m以内	1. 排地表水 2. 土方开挖 3. 围护(挡土板)及拆除 4. 基底钎探 5. 场内运输	m^3	1105.76					
表A.3　回填方及土石方运输(项目编码:040103)											
2	040103001	回填方	1. 密实度要求:95% 2. 填方材料品种 3. 填方粒径要求 4. 填方来源、运距	1. 运输 2. 回填 3. 压实	m^3	706.84					
3	040103002	余方弃置	1. 废弃料品种:土方 2. 运距:1km	余方点装料运输至弃置点	m^3	398.92					
附录E　管网工程											
表E.1　管道铺设(项目编码:040501)											
4	040501002	混凝土管(铺设Φ1000PH-48管)	1. 垫层、基础材质及厚度 2. 管座材质 3. 规格 4. 接口方式 5. 铺设深度 6. 混凝土强度等级 7. 管道检验及试验要求	1. 垫层、基础铺筑及养护 2. 模板制作、安装、拆除 3. 混凝土拌合、运输、浇筑、养护 4. 预制管枕安装 5. 管道铺设 6. 管道接口 7. 管道检验及试验	m	121.00					

续表

<table>
<tr><th rowspan="3">序号</th><th rowspan="3">项目编码</th><th rowspan="3">项目名称</th><th rowspan="3">项目特征</th><th rowspan="3">工程内容</th><th rowspan="3">计量单位</th><th rowspan="3">工程量</th><th colspan="4">金额(元)</th><th rowspan="3">备注</th></tr>
<tr><th rowspan="2">综合单价</th><th rowspan="2">合价</th><th colspan="2">其中</th></tr>
<tr><th>人工费</th><th>材料及工程设备暂估价</th></tr>
<tr><td colspan="12">表 E.4 管道附属构筑物(项目编码:040504)</td></tr>
<tr><td>5</td><td>040504001001</td><td>砌筑井(砖砌窨井 1000×1300×3.0)</td><td rowspan="2">1. 垫层、基础材质及厚度
2. 砌筑材料品种、规格、强度等级
3. 勾缝、抹面要求
4. 砂浆强度等级、配合比
5. 混凝土强度等级
6. 盖板材质、规格
7. 井盖、井圈材质及规格
8. 踏步材质、规格
9. 防渗、防水要求</td><td rowspan="2">1. 垫层铺筑
2. 模板制作、安装、拆除
3. 混凝土拌合、运输、浇筑、养护
4. 砌筑、勾缝、抹面
5. 井圈、井盖安装
6. 盖板安装
7. 踏步安装
8. 防水、止水</td><td>座</td><td>2</td><td></td><td></td><td></td><td></td><td></td></tr>
<tr><td>6</td><td>040504001002</td><td>砌筑井(砖砌窨井 1000×1300×3.0↓)</td><td>座</td><td>2</td><td></td><td></td><td></td><td></td><td></td></tr>
<tr><td colspan="7">本页小计</td><td></td><td></td><td></td><td></td><td></td></tr>
<tr><td colspan="7">合计</td><td></td><td></td><td></td><td></td><td></td></tr>
</table>

注：按照规费计算要求，须在表中填写人工费；招标人需以书面形式打印综合单价分析表的，请在备注栏内打√。

单价措施项目清单与计价表［即建设单位招标工程量清单］ **表4管-09**

工程名称： 标段： 第 页 共 页

<table>
<tr><th rowspan="3">序号</th><th rowspan="3">项目编码</th><th rowspan="3">项目名称</th><th rowspan="3">项目特征</th><th rowspan="3">工程内容</th><th rowspan="3">计量单位</th><th rowspan="3">工程量</th><th colspan="3">金额(元)</th></tr>
<tr><th rowspan="2">综合单价</th><th rowspan="2">合价</th><th>其中</th></tr>
<tr><th>人工费</th></tr>
<tr><td colspan="10">附录 L 措施项目</td></tr>
<tr><td colspan="10">表 L.2 混凝土模板及支架(项目编码:041102)</td></tr>
<tr><td>1</td><td>041102001</td><td>基础模板</td><td>构件类型</td><td>1. 模板制作、安装、拆除、整理、堆放
2. 模板黏接物及模内杂物清理、刷隔离剂
3. 模板场内外运输及维修</td><td>m²</td><td>60.07</td><td></td><td></td><td></td></tr>
</table>

续表

<table>
<tr><th rowspan="3">序号</th><th rowspan="3">项目编码</th><th rowspan="3">项目名称</th><th rowspan="3">项目特征</th><th rowspan="3">工程内容</th><th rowspan="3">计量单位</th><th rowspan="3">工程量</th><th colspan="3">金额(元)</th></tr>
<tr><th rowspan="2">综合单价</th><th rowspan="2">合价</th><th>其中</th></tr>
<tr><th>人工费</th></tr>
<tr><td colspan="10">表 L.4　便道及便桥(项目编码:041104)</td></tr>
<tr><td>2</td><td>041104001</td><td>便道</td><td>1. 结构类型
2. 材料种类
3. 宽度</td><td>1. 平整场地
2. 材料运输、铺设、夯实
3. 拆除、清理</td><td>m^2</td><td>300.00</td><td></td><td></td><td></td></tr>
<tr><td colspan="10">表 L.6　大型机械设备进出场及安拆(项目编码:041106)</td></tr>
<tr><td>3</td><td>041106001001</td><td rowspan="3">大型机械设备进出场及安拆</td><td>1. 机械设备名称
2. 机械设备规格型号</td><td rowspan="3">1. 安拆费包括施工机械、设备在现场进行安装拆卸所需人工、材料、机械和试运转费用以及机械辅助设施的折旧、搭设、拆除等费用
2. 进出场费包括施工机械、设备整体或分体自停放地点运至施工现场或由一施工地点运至另一施工地点所发生的运输、装卸、辅助材料等费用</td><td>台·次</td><td>1</td><td></td><td></td><td></td></tr>
<tr><td>4</td><td>041106001002</td><td>1. 机械设备名称
2. 机械设备规格型号</td><td>台·次</td><td>1</td><td></td><td></td><td></td></tr>
<tr><td>5</td><td>041106001003</td><td>1. 机械设备名称
2. 机械设备规格型号</td><td>台</td><td>1</td><td></td><td></td><td></td></tr>
<tr><td colspan="10">表 L.7　施工排水、降水(项目编码:041107)</td></tr>
<tr><td>6</td><td>041107001</td><td>施工排水、降水</td><td>1. 机械规格型号
2. 降排水管规格</td><td>1. 管道安装、拆除、场内搬运等
2. 抽水、值班、降水设备维修等</td><td>昼夜</td><td></td><td></td><td></td><td></td></tr>
<tr><td colspan="7">本页小计</td><td></td><td></td><td></td></tr>
<tr><td colspan="7">合计</td><td></td><td></td><td></td></tr>
</table>

分部分项工程项目清单与计价表［即建设单位招标工程量清单］

表4管-10

工程名称： 标段： 第 页 共 页

序号	项目编码/定额编号	项目名称	项目特征	计量单位	工程量	预算书序号
附录A 土石方工程						
表A.1 土方工程(项目编码:040101)						
1	040101002	挖沟槽土方	1. 土壤类别：Ⅰ～Ⅱ类 2. 挖土深度：3.5m以内	m^3	1105.76	
	S5-1-7	机械挖沟槽土方(深≤6m,现场抛土)		m^3	1105.76	14
	S1-1-9	湿土排水		m^3	77.98	17
	S1-1-11	筑拆竹箩滤井		座	3	16
	S5-1-13	打沟槽钢板桩(长4.00～6.00m,单面)		100m	2.5	4
	S5-1-18	拔沟槽钢板桩(长4.00～6.00m,单面)		100m	2.5	6
	S5-1-23	安拆钢板桩支撑(槽宽≤3.0m,深3.01～4.00m)		100m	1.25	8
	CSM5-1-3	槽型钢板桩使用费		t·天	3857.5	9
	CSM5-1-5	钢板桩支撑使用费		t·天	181.25	10
	S1-1-37	土方场内运输(装运土1km以内)		m^3	174.54	35
表A.3 回填方及土石方运输(项目编码:040103)						
2	040103001	回填方	1. 密实度要求:95% 2. 填方材料品种:土方 3. 填方粒径要求 4. 填方来源、运距	m^3	706.84	
	S5-1-36	沟槽夯填土		m^3	706.84	36
3	040103002	余方弃置	1. 废弃料品种:土方 2. 运距:浦西外环线内	m^3	398.92	
	ZSM19-1-1	土方场外运输(含堆置费,浦西内环线内)		m^3	398.92	37

续表

序号	项目编码/定额编号	项目名称	项目特征	计量单位	工程量	预算书序号
附录 E 管网工程						
表 E.1 管道铺设(项目编码:040501)						
4	040501002	混凝土管(铺设 Φ1000PH-48 管)	1. 垫层、基础材质及厚度 2. 管座材质 3. 规格 4. 接口方式 5. 铺设深度 6. 混凝土强度等级 7. 管道检验及试验要求	m	121.00	
	S5-1-42	管道砾石砂垫层		m^3	28.53	18
	S5-1-43	管道基座混凝土,采用现浇混凝土(5~20mm)C20		m^3	29.76	19
	S5-1-39	沟槽回填黄砂		m^3	138.49	34
	S5-1-71	铺设 Φ1000PH-48 管(净长)		100m	1.21	21
	S5-1-109	Φ1000 管道闭水试验,采用水泥砂浆 M10		段	1	22
表 E.4 管道附属构筑物(项目编码:040504)						
5	040504001001	砌筑井(砖砌窨井 1000×1300×3.0)	1. 垫层、基础材质及厚度 2. 砌筑材料品种、规格、强度等级 3. 勾缝、抹面要求 4. 砂浆强度等级、配合比 5. 混凝土强度等级 6. 盖板材质、规格 7. 井盖、井圈材质及规格 8. 踏步材质、规格 9. 防渗、防水要求	座	2	
	S5-1-41	碎石垫层		m^3	1.44	23
	S5-1-43	混凝土基础		m^3	2.46	24
	S5-3-2	砖砌体		m^3	7.56	25
	S5-3-6	1∶2 砂浆抹面		m^3	58.48	26
	S5-3-14	预制钢筋混凝土板 Ⅰ		块	2	27
	S5-3-15	Ⅱ型钢筋混凝土盖板		块	2	28
	S5-3-16	安装钢筋混凝土盖板		m^3	0.58	29
	S5-3-18	安装铸铁窨井盖座		套	2	33
6	040504001002	砌筑井(砖砌窨井 1000×1300×3.0↓)	1. 垫层、基础材质及厚度 2. 砌筑材料品种、规格、强度等级 3. 勾缝、抹面要求 4. 砂浆强度等级、配合比 5. 混凝土强度等级 6. 盖板材质、规格 7. 井盖、井圈材质及规格 8. 踏步材质、规格 9. 防渗、防水要求	座	2	
	S5-1-41	碎石垫层		m^3	1.44	23
	S5-1-43	混凝土基础		m^3	2.46	24
	S5-3-2	砖砌体		m^3	7.68	25
	S5-3-6	1∶2 砂浆抹面		m^3	60	26
	S5-3-14	预制钢筋混凝土板 Ⅰ		块	2	30
	S5-3-15	Ⅱ型钢筋混凝土盖板		块	2	31
	S5-3-16	安装钢筋混凝土盖板		m^3	0.58	32
	S5-3-18	安装铸铁窨井盖座		套	2	33
本页小计						
合计						

单价措施项目清单与计价表［即建设单位招标工程量清单］ **表4管-11**

序号	项目编码/定额编号	项目名称	项目特征	计量单位	工程量	预算书序号
		附录L 措施项目				
		表L.2 混凝土模板及支架(项目编码:041102)				
1	041102001	基础模板	构件类型;管道基座模板	m^2	60.07	
	S5-1-45	管道基座模板管道混凝土基础模板(h=25cm)		m^2	60.07	20
		表L.4 便道及便桥(项目编码:041104)				
2	041104001	便道	1. 结构类型 2. 材料种类 3. 宽度	m^2	300	
	S1-4-19	铺筑施工便道		m^2	300	1
		表L.6 大型机械设备进出场及安拆(项目编码:041106)				
3	041106001001	大型机械设备进出场及安拆	1. 机械设备名称:柴油打桩机 2. 机械设备规格型号:1.2t以内	台·次	1	
	ZSM21-2-11	1.2t以内柴油打桩机场外运输费		台·次	1	5
4	041106001002	大型机械设备进出场及安拆	1. 机械设备名称:单斗挖掘机 2. 机械设备规格型号:$1m^3$以内	台·次	1	
	ZSM21-2-4	$1m^3$以内单斗挖掘机场外运输费		台·次	1	15
5	041106001003	大型机械设备进出场及安拆	1. 机械设备名称:履带式起重机 2. 机械设备规格型号:25t以内	台	1	
	ZSM21-1-5	履带式起重机(25t以内)装卸费		台	1	7
		表L.7 施工排水、降水(项目编码:041107)				
6	041107002	施工排水、降水	1. 机械规格型号 2. 降排水管规格:轻型井点	昼夜	27	
	S1-5-1	轻型井点安装		根	101	11
	S1-5-2	轻型井点拆除		根	101	12
	S1-5-3	轻型井点使用		套·天	45	13

单价措施项目综合单价分析表［评审和判别的重要基础及数据来源］

表4管-12

工程名称：　　　　页码：

单体工程名称：××路开槽埋管工程　　标段：　　第　页　共　页

项目编码	041104001	项目名称	便道	工程数量	300.00	计量单位	m^2

<table>
<tr><td colspan="13">清单综合单价组成明细</td></tr>
<tr><td rowspan="2">定额编号</td><td rowspan="2">定额名称</td><td rowspan="2">定额单位</td><td rowspan="2">数量</td><td colspan="4">单价(元)</td><td colspan="5">合价(元)</td></tr>
<tr><td>人工费</td><td>材料费</td><td>机械费</td><td>管理费和利润</td><td>人工费</td><td>材料费</td><td>机械费</td><td>管理费和利润</td><td>小计</td></tr>
<tr><td>S1-4-19</td><td>施工便道</td><td>m²</td><td>1</td><td>61.66</td><td>107.92</td><td></td><td>11.02</td><td>14.80</td><td>25.90</td><td></td><td>2.65</td><td>43.35</td></tr>
<tr><td colspan="2">人工单价</td><td colspan="6">小计</td><td>14.80</td><td>25.90</td><td></td><td>2.65</td><td>43.35</td></tr>
<tr><td colspan="2">109.50元/工日</td><td colspan="6">未计价材料费</td><td colspan="5"></td></tr>
<tr><td colspan="5">清单项目综合单价</td><td colspan="8">43.35</td></tr>
<tr><td rowspan="9">材料费明细</td><td colspan="4">主要材料名称、规格、型号</td><td>单位</td><td>数量</td><td>单价(元)</td><td>合价(元)</td><td colspan="2">暂估单价(元)</td><td colspan="2">暂估合价(元)</td></tr>
<tr><td colspan="4">碎石(5～15mm)</td><td>t</td><td>0.0310</td><td>75.00</td><td>22.65</td><td colspan="2"></td><td colspan="2"></td></tr>
<tr><td colspan="4">道碴(50～70mm)</td><td>t</td><td>0.2652</td><td>76.50</td><td>3.25</td><td colspan="2"></td><td colspan="2"></td></tr>
<tr><td colspan="4"></td><td></td><td></td><td></td><td></td><td colspan="2"></td><td colspan="2"></td></tr>
<tr><td colspan="4"></td><td></td><td></td><td></td><td></td><td colspan="2"></td><td colspan="2"></td></tr>
<tr><td colspan="4"></td><td></td><td></td><td></td><td></td><td colspan="2"></td><td colspan="2"></td></tr>
<tr><td colspan="4"></td><td></td><td></td><td></td><td></td><td colspan="2"></td><td colspan="2"></td></tr>
<tr><td colspan="4">其他材料费</td><td></td><td></td><td>—</td><td>0.00</td><td colspan="2"></td><td colspan="2"></td></tr>
<tr><td colspan="4">材料费小计</td><td></td><td></td><td>—</td><td>25.90</td><td colspan="2"></td><td colspan="2"></td></tr>
</table>

注释：1. “数量”栏中的“数量”系指单位工程量清单中工程量所对应的预算定额工程量，即为“投标方（预算定额）工程量÷招标方（工程量清单）工程量÷（预算定额）计量单位数量”，如0.245m³为284.16÷1160.00÷1，即在招标方（工程量清单）工程量中每1m³含投标方（预算定额）的0.245m³工程量；

2. “预算定额工程量”，敬请参阅本《图释集》表D-02“《上海市市政工程预算定额》(2000）项目表”的诠释；

3. 如不使用省级或行业建设主管部门发布的计价依据，可不填定额项目、编号等；

4. 招标文件提供了暂估单价的材料，按暂估的单价填入表内“暂估单价”栏及“暂估合价”栏。

二、《定额子目套用提示算量法》——案例（二）道路工程工程"算量"编制与应用实务

（一）《定额子目套用提示算量法》职业技能与基础知识实务的能力

1. 编制与应用实务的职业技能

（1）熟悉道路工程类别划分、施工工艺及施工组织设计（如工程量的大小、施工方案的选择、施工机械和劳动力的配备、材料供应等）【《上海市市政工程预算定额》（2000）S1—第一册 通用项目、S2—第二册 道路工程、S3—第三册 道路交通管理设施工程及路基工程施工一般程序流程图（含"上海市应用规则"）、沥青混凝土路面（热拌沥青混合料）施工工艺流程图、水泥混凝土路面施工工艺流程图】；

（2）掌握道路工程工程量清单项目设置编制【如"13国标市政计算规范"及"上海市应用规则"附录B—道路工程、附录J—钢筋工程、附录K—拆除工程、附录L—措施项目及其"项目特征"、"计量单位"、"工程量计算规则"、"工作内容"等项规范内容】；

（3）熟练看懂（识读）道路施工图及对应设计说明【工程图纸识读能力：设计总说明、平面图、纵断面图、标准横断面图、施工横断面图、路面结构及侧平石铺设图、牛腿式进口坡设计通用图、钢筋布置图和准确采撷工程造价"算量"要素，且编制输（录）入：如表A-04"道路工程土方挖、填方工程量计算表"、表A-05"道路工程路基工程土方场内运距计算表"、表B-04"道路实体工程各类'算量'要素统计汇总表"、表J-14"水泥混凝土路面（刚性路面）构造筋'算量'要素汇总表"】；

（4）熟练计算道路工程的清单工程量【快速、准确、清晰地依据工程算量依据与工程量计算规则，进行工程数量的计算：图B-05"道路工程按清单编码的顺序计算简图（含'上海市应用规则'）"，运算表格、计算公式（含《工程量计算规则》规定）、几何形状、分解零星、近似公式、其他计算形式等市政工程"算量"常用数据手册】；

（5）掌握道路工程的分部分项工程量清单编制【①综合实体工程及建设工程预（结）算"工程量计算表"：如表4道-06"工程量计算表［含汇总表］［遵照工程结构尺寸，以图示为准］"；②分部分项工程量清单：如表4道-07"分部分项工程量清单与计价表［即建设单位招标工程量清单］"、表4道-08"单价措施项目清单与计价表［即建设单位招标工程量清单］"；③"工作内容"对应"定额编号"之规定：如表4道-14"分部分项工程量清单综合单价分析表［评审和判别的重要基础及数据来源］"；④建设工程预（结）算：如表4道-09"建设工程预（结）算书［按预算定额顺序；包括子目、量、价等分析］"等】；

（6）掌握软件"算量"操作（会熟练运用（SGSJ）软件系统基本技能进行分部分项工程量计算）。

2. 基础知识实务的能力

（1）了解"13国标清单规范"、"13国标市政计算规范"和"上海市应用规则"；

（2）熟悉"13国标市政计算规范"及"上海市应用规则"分类：附录A—土石方工程、附录B—道路工程、附录J—钢筋工程、附录K—拆除工程、附录L—措施项目；

（3）熟悉《上海市市政工程预算定额》工程量计算规则（2000）、《上海市市政工程预算定额》（2000）总说明、《上海市市政工程预算定额》（2000）"工程量计算规则"各册、章说明；

（4）熟悉《上海市市政工程预算定额》(2000)，依施工设计图纸顺序，分部、分项依次计算预算工程量分类：S1—第一册　通用项目、S2—第二册　道路工程、S3—第三册　道路交通管理设施工程。

(二) 道路工程工程“算量”编制与应用实务

1. 工程概况

（1）本上海市××区晋粤路道路新建工程施工范围为 K0＋220～K0＋660；道路类别为单幅路（一块板）；标准横断面为 24.00m，其中：车行道（单幅）为 15.00m、人行道（道路两侧）为 4.5m/侧；另外，在里程桩 K0＋474～K0＋504 渐变段、K0＋504～K0＋533.008 渠化段、K0＋603～K0＋630 展宽段、K0＋630～K0＋660 渐变段的车行道（单幅）为 17.00m。

（2）结构层组合

1）机动车道路面结构层组合：$\sum=65.80$cm

① 路基部分：盲沟（碎石）；

② 基层部分：砾石砂垫层（厚 15cm）、厂拌粉煤灰粗粒径三渣基层（厚 40cm）；

③ 面层部分：0.8cm 乳化沥青稀浆封层、中粒式沥青混凝土（厚 6cm）AC-20、细粒式沥青混凝土（厚 4cm）AC-13C（SBS 改性沥青）。

2）人行道路面结构层组合：$\sum=29.00$cm

① 人行道碎石基础（厚 10cm）；

② 人行道基础商品混凝土（厚 10cm），采用非泵送商品混凝土（5～20mm）C20；

③ 1∶3 干拌水泥黄砂（厚 3cm）；

④ 同质砖（厚 6cm）。

3）附属设施部分：排砌预制侧平石，现浇混凝土（5～20mm）C20。

（3）招标范围：本招标工程为一个单项工程，具体范围按设计图图示。

（4）工程量清单编制依据：《市政工程工程量计算规范》GB 50857—2013、《上海市建设工程工程量清单计价应用规则》（沪建管［2014］872 号）、施工设计图文件等。

（5）工程质量应达到优良标准。

（6）其他项目清单：招标人部分中，列入提供监理工程师设备费 5000 元（由业主控制使用）。

（7）招标、投标报价按《市政工程工程量计算规范》GB 50857—2013 和《上海市建设工程工程量清单计价应用规则》的统一格式。

（8）人工、材料、机械费用按《上海市市政公路造价信息》2014 年 12 月份计取。

（9）施工工期：145 天。

2. 主要施工设计图图例

（1）图 4 道-01“上海市××区晋粤路道路［单幅路（一块板)］新建工程平面布置图”；

（2）图 4 道-02“路面结构组合图；

（3）图 4 道-03“标准横断面图”；

（4）图 4 道-04“道路横断面图”；

（5）图 4 道-05“预制侧平石”。

3. 施工组织设计

（1）挖一般土方，采用机械挖土方；

（2）土方场外运输，采用“含堆置费，浦西内环线内及浦东内环线内”费用类；

（3）横向盲沟，采用横、纵碎石盲沟（新建）；

（4）人行道基础，采用非泵送商品混凝土；

（5）摊铺沥青混凝土面层，采用机械摊铺。

说明：本案例摘编于“全国建设工程造价员资格考试”考前培训教程《工程计量与计价实务辅导与习题精选集》（市政工程造价专业）。

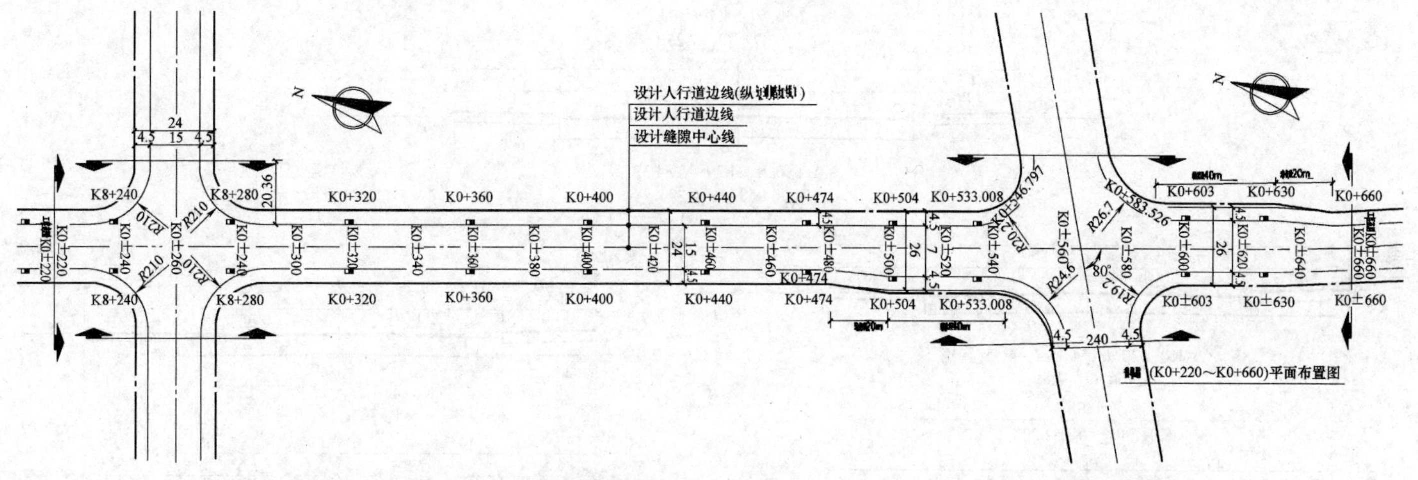

图4道-01　上海市××区晋粤路道路［单幅路（一块板）］新建工程平面布置图

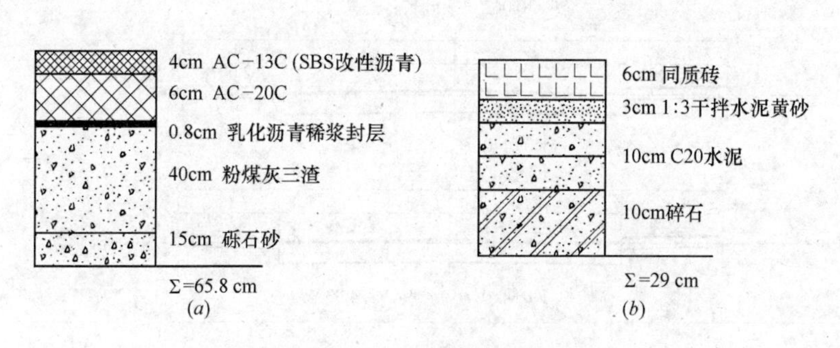

图4道-02　路面结构组合图

（*a*）机动车道；（*b*）人行道

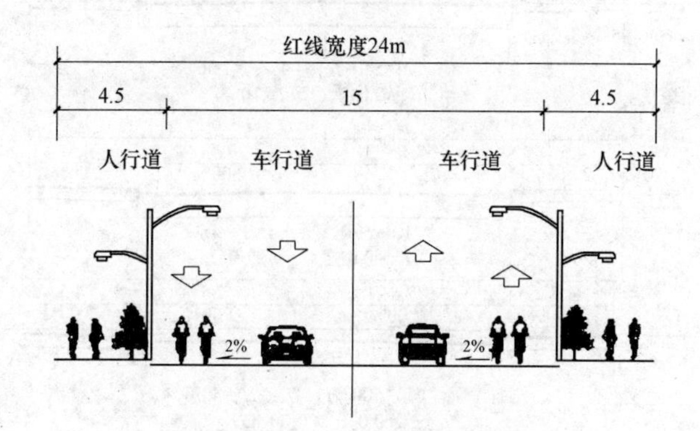

图4道-03　标准横断面图

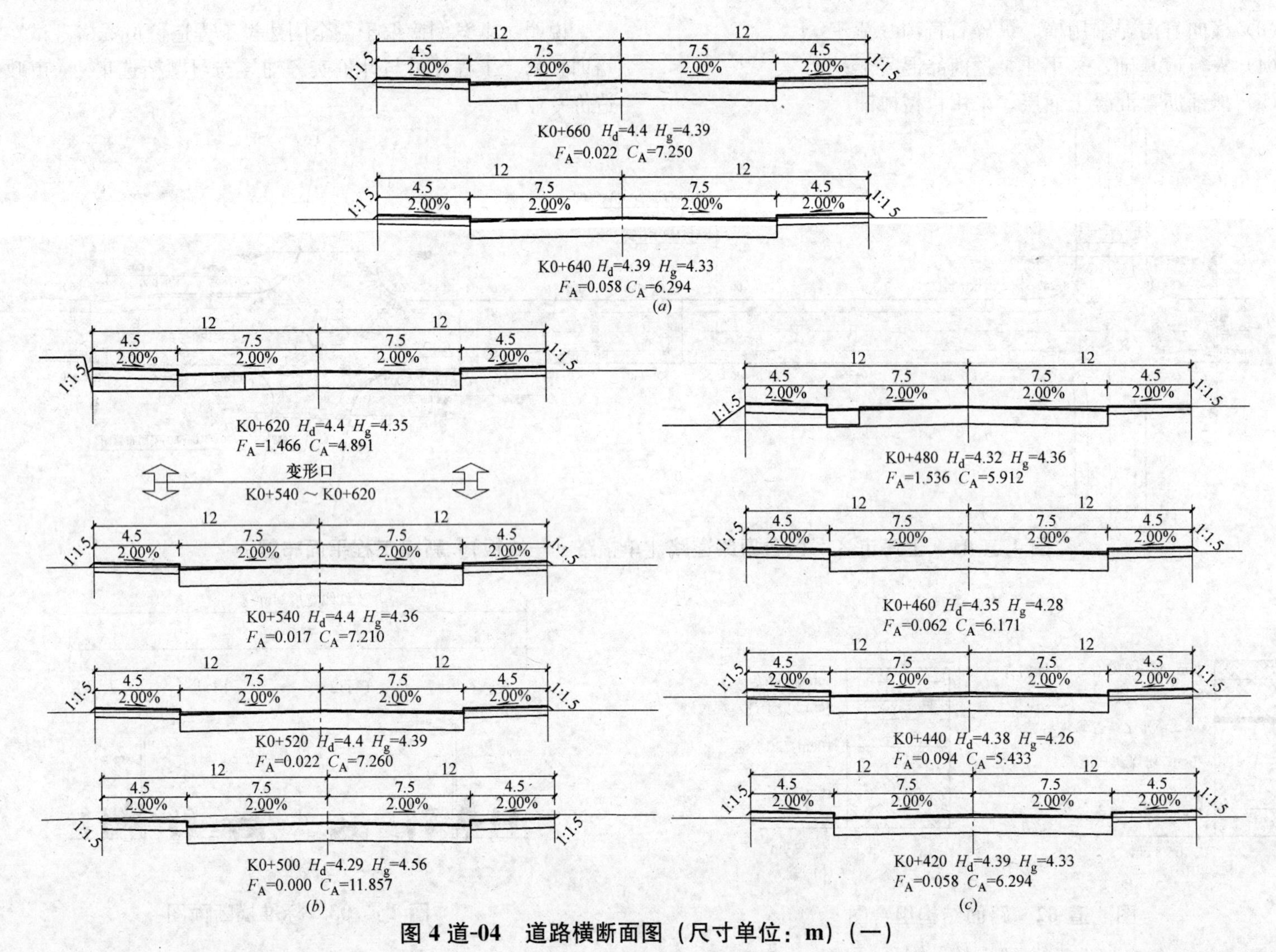

图 4 道-04　道路横断面图（尺寸单位：m）（一）

（*a*）K0＋660～K0＋640；（*b*）K0＋620～K0＋500；（*c*）K0＋480～K0＋420；

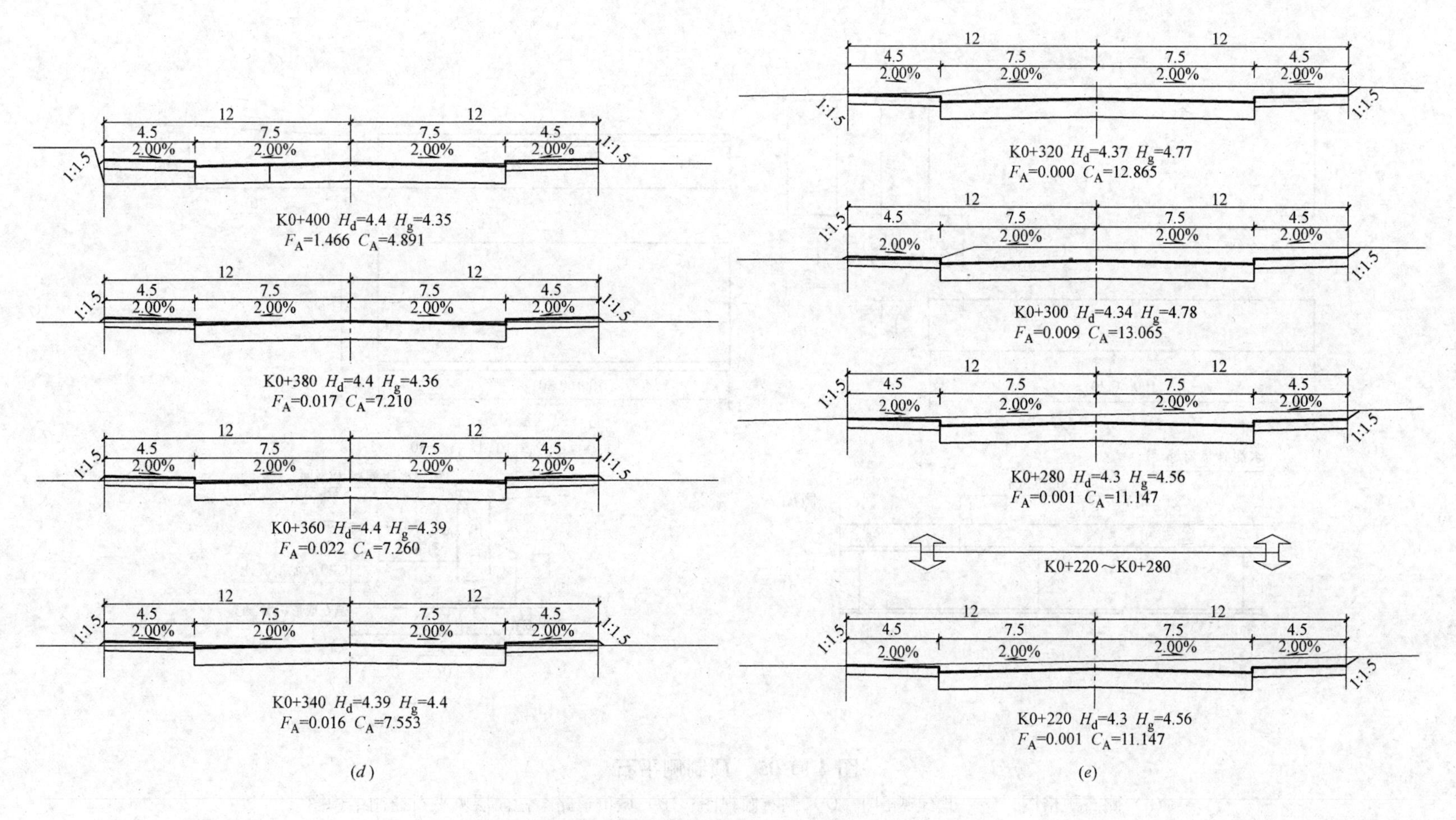

图 4 道-04　道路横断面图（尺寸单位：m）（二）

（*d*）K0＋400～K0＋340；（*e*）K0＋320～K0＋220

H_d—设计高程；H_g—地面高程；C_A—挖方面积；F_A—填方面积

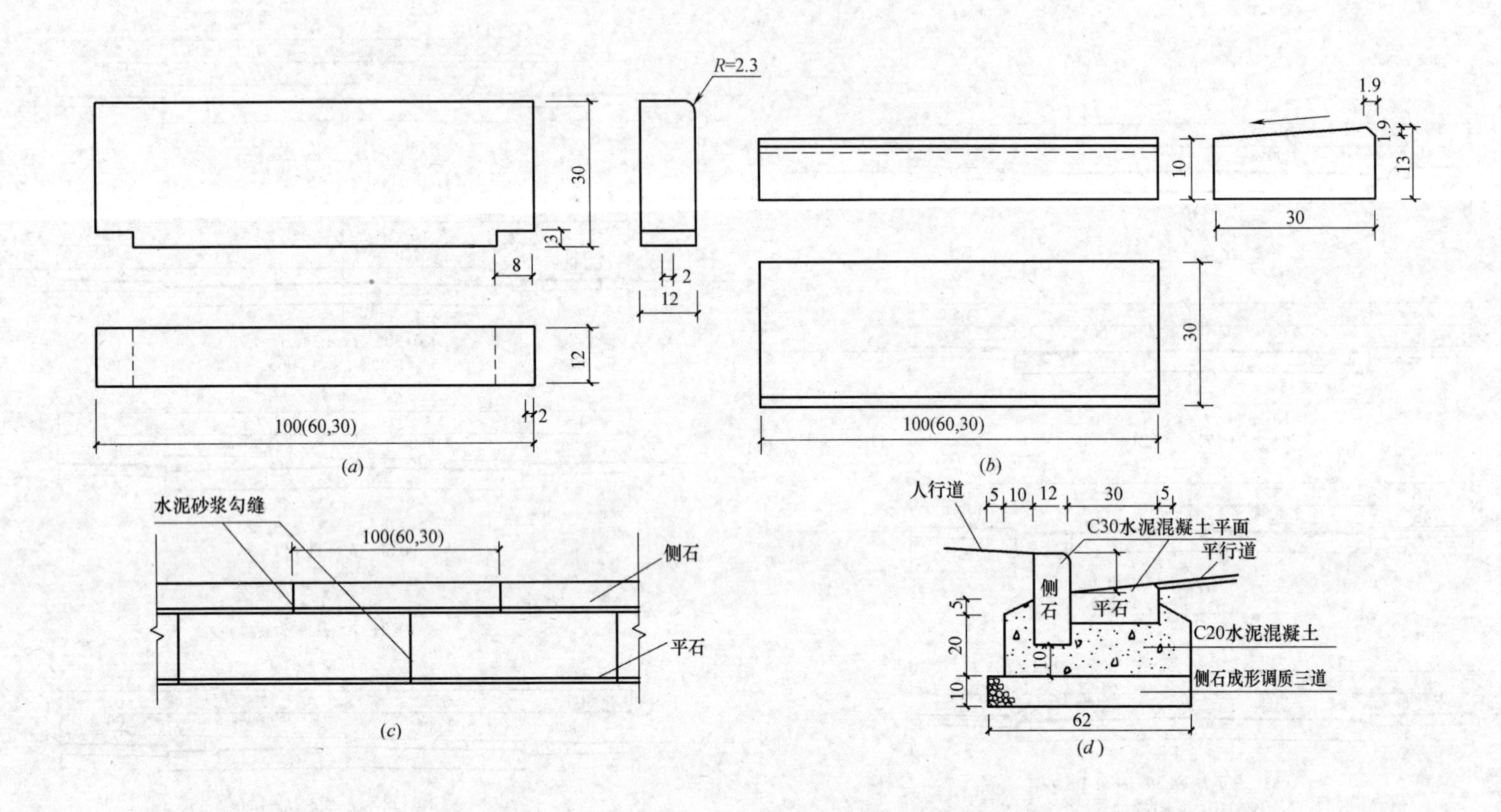

图 4 道-05　预制侧平石

(*a*) 侧石规格图；(*b*) 平石规格图；(*c*) 侧石俯视图；(*d*) 城市道路柔性面层侧平石通用结构图

数读 1 道路工程造价：基数（要素）、工程量计算规则对应工程"算量"

表 4 道-01

项次	类别	项目名称	备注
1	工艺流程	图 B-05"道路工程按清单编码的顺序计算简图（含'上海市应用规则'）"	附录 B 道路工程
2	工艺流程	图 B-06"路基工程施工一般程序流程图（含'上海市应用规则'）"	附录 B 道路工程
3	工艺流程	图 B-07"沥青混凝土路面（热拌沥青混合料）施工工艺流程图"	附录 B 道路工程
4	工艺流程	图 B-08"水泥混凝土路面（刚性路面）施工工艺流程图"	附录 B 道路工程
5	CAD 电子图纸、工程蓝图	图 B-01"某道路实体工程平面图［单幅路（一块板）］"	附录 B 道路工程
6	CAD 电子图纸、工程蓝图	* 图 B-11"城市道路（刚、柔性）面层侧石、侧平石通用结构图"	附录 B 道路工程
7	CAD 电子图纸、工程蓝图	图 J-23"水泥混凝土路面（刚性路面）构造筋示意图"	附录 J 钢筋工程
8	工程量计算表	表 A-04"道路工程土方挖、填方工程量计算表"	附录 A 土石方工程
9	工程量计算表	表 A-05"道路工程路基工程土方场内运距计算表"	附录 A 土石方工程
10	规则	表 A-01"土方工程（挖土）定额说明及工程量计算规则"	附录 A 土石方工程
11	规则	* 表 B-17"道路工程涉及'大型机械设备进出场及安拆'列项汇总表［即第二十一条 ZSM21-2-］"	附录 B 道路工程
12	技术数据	表 B-02"交叉角类型及外、内半径分布表"	附录 B 道路工程
13	技术数据	表 B-03"道路平面交叉口路口转角面积、转弯长度计算公式"	附录 B 道路工程
14	技术数据	图 B-09"平面交叉的形式"	附录 B 道路工程
15	技术数据	表 B-01"交叉角类型"	附录 B 道路工程
16	技术数据	图 B-10"交叉口转角处转角正交、斜交示意图"	附录 B 道路工程
17	"算量"要素	表 B-04"道路实体工程各类'算量'要素统计汇总表"	附录 B 道路工程
18	"算量"要素	表 J-14"水泥混凝土路面（刚性路面）构造筋'算量'要素汇总表"	附录 J 钢筋工程

续表

项次	类别	项目名称	备注
19	"算量"难点解析	* 表 A-06"在建道路土方工程、回填方及土方运输项目工程'算量'难点解析"	附录 A 土石方工程
20	"算量"难点解析	* 表 B-13"在建道路工程碎石盲沟长度、体积'算量'难点解析"	附录 B 道路工程
21	"算量"难点解析	* 表 B-14"在建道路工程［单幅路（一块板）］车行道路基整修面积'算量'难点解析"	附录 B 道路工程
22	"算量"难点解析	* 表 B-16"在建道路工程摊铺沥青混凝土面层（柔性路面）面积'算量'难点解析"	附录 B 道路工程
23	"算量"难点解析	表 B-18"水泥混凝土面层（刚性路面）面积'算量'难点解析"	附录 B 道路工程
24	"算量"难点解析	表 B-19"水泥混凝土面层（刚性路面）模板面积'算量'难点解析"	附录 B 道路工程
25	"算量"难点解析	* 表 B-15"在建道路工程人行道路基整修面积'算量'难点解析"	附录 B 道路工程
26	"算量"难点解析	* 表 B-20"在建道路工程人行道块料铺设面积'算量'难点解析"	附录 B 道路工程
27	"算量"难点解析	表 B-21"道路工程侧石长度'算量'难点解析"	附录 B 道路工程
28	"算量"难点解析	* 表 B-22"在建道路工程侧平石长度'算量'难点解析"	附录 B 道路工程
29	"算量"难点解析	表 J-17"水泥混凝土路面（刚性路面）构造筋、钢筋网质量'算量'难点解析"	附录 J 钢筋工程
30	"算量"难点解析	* 表 L. 6-05"在建道路工程大型机械设备进出场（场外运输费）台·班'算量'难点解析"	第三章措施项目

注：1. 本大数据应用表，在"备注"列中除注明本"图释集"第三章措施项目外，均选自本"图释集"第二章分部分项工程；在编制工程"算量"时，敬请参阅大数据；

2. "13 国标清单规范"第 8.1.1 条：工程量必须按照相关工程现行国家计量规范规定的工程量计算规则计算；

3. * 标志性符号，表示本在建工程所运用的表格。

在建道路实体工程［单幅路（一块板）］各类“算量”要素统计汇总表

表4道-02

工程名称：上海市××区晋粤路道路［单幅路（一块板）］新建工程

一、采撷（施工设计图——AutoCAD电子图纸（包括文档）、PDF、Word等类型）工程造价“算量”要素

1. 设计指标（文档）

(1)土壤类型			(2)填筑土方密实度			
Ⅰ、Ⅱ类土☑	Ⅲ类土	Ⅳ类土	90%	93%	95%☑	98%

(3)道路结构层	路基	盲沟（碎石）		
	基层	砾石砂垫层（厚15cm）		厂拌粉煤灰粗粒径三渣基层（厚40cm）
	面层	0.8cm乳化沥青稀浆封层	中粒式沥青混凝土（厚6cm）AC-20	细粒式沥青混凝土（厚4cm）AC-13C（SBS改性沥青）
	附属设施	人行道碎石基础（厚10cm）	人行道基础（厚10cm）	1∶3干拌水泥黄砂（厚3cm）、同质砖（厚6cm）
		排砌预制侧平石		

2. 工程范围

桩号：K0+220～K0+660	其中	直线段 K0+220～K0+240、K0+280～K0+660		正交 $\alpha=90°$ K0+240～K0+480	斜交 $\alpha<75°$、$\beta>105°$ K0+220～K0+660
		渐变段	渠化段	展宽段	渐变段
		K0+474～K0+504	K0+504～K0+533.008	K0+603～K0+630	K0+630～K0+660

3. 路幅宽度B［即标准横断面］

车行道	人行道	隔离带	其中	渠化段	渐变段
$b_1=15.00$m（单幅）	$b_2=4.5$m/侧（道路两侧）	$b_3=0$m/侧（道路两侧）		$b_4=17.00$m（单幅）	

4. 道路平面交叉口布置

交叉角类型	中心角	外半径R（m）		内半径r（m）		车行道面积（m²）		人行道面积（m²）		侧（平、缘）石长度（m）	
正交	$\alpha=90°$	R_1	21	r_1	20	R_1	21	r_1	20	R_1	23
斜交	$\alpha=80°$	R_2	28	r_2	25	R_2	28	r_2	25	R_2	28
		R_4	33	r_4	30	R_4	33	r_4	30	R_4	33

续表

4. 道路平面交叉口布置

交叉角类型	中心角	外半径 R（m）		内半径 r（m）		车行道面积（m^2）		人行道面积（m^2）		侧（平、缘）石长度（m）	
斜交	β=100°	R_1	15	r_1	12	R_1	15	r_1	12	R_1	15
		R_3	13	r_3	10	R_3	13	r_3	10	R_3	13

* 5. 土方量数值	挖方（A_w）	填方（A_t）	余方（土）	A_w 与 A_t 平衡增、减率
	2850.42m^3	141.58m^3	2708.84m^3	+95.03%
6. 侧平石宽度	其中：侧石宽度	侧$_{宽}$=12cm	其中：平石宽度	平$_{宽}$=30cm

二、施工组织设计（结合其中相关工程造价部分方案）

（一）施工方法				（二）施工工艺			
（1）挖土		（2）摊铺沥青混凝土面层		（3）盲沟		（4）人行道基础	
人工	机械 √	人工	机械 √	横向 √	纵向 √	现浇混凝土	非泵送商品混凝土 √

（5）土方场内自卸汽车运输		（6）土方场外运输（含堆置费，……）		
运距≤200m √	增减	①浦西内环线内 √	②浦西内环线内及浦东内环线内	③浦西内环线外及浦东内环线外

三、工程量计算规则（总说明；册、章"说明"）

* 填土土方的体积变化系数表	90%	93%	95%	98%
	1.135	1.165	1.185 √	1.220
* 横向盲沟规格选用	路幅宽 B(m)	B≤10.5	10.5<B≤21.0	B>21.0
	断面尺寸(mm)（宽度×深度）	30×40	40×40	40×60 √
《上海市市政工程预算定额》"总说明"	（1）第二十一条："本定额中未包括大型机械的场外运输、安拆（打桩机械除外）、路基及轨道铺拆等。" （2）文字说明代码：ZSM21-2-1～ZSM21-2-24；根据定额子目中"项目表"采撷 ZSM21-2-4 、ZSM21-2-7 、ZSM21-2-8 文字说明代码			

注：1. 土方量数值，摘自表 4 道-03"在建道路工程［单幅路（一块板）］土方挖、填方工程量计算表"；

2.《上海市市政工程预算定额》（2000）包括预算定额和工程量计算规则两部分。工程量计算规则是确定预算工程量的依据，与预算定额配套执行；

3. 在编制工程"算量"时，√ 标志性符号表示在众多项目中拟套取对应的数据。

在建道路工程［单幅路（一块板）］土方挖、填方工程量计算表

表 4 道-03

工程编号：道路横断面图（图 4 道-04）　　工程名称：上海市××区晋粤路道路［单幅路（一块板）］新建工程　　第　页共　页

采撷(施工设计图——CAD、PDF、Word 等类型)工程造价“算量”要素

类型	序号	桩号	横断面面积(m^2)		平均面积(m^2)		距离	土方量(m^3)	
			挖方 (A_w)	填方 (A_t)	挖方 (A_w)	填方 (A_t)	(m)	挖方 (A_w)	填方 (A_t)
1	2	3	4	5	6	7	8	9=6×8	10=7×8
	1	0+280	11.147	0.001	12.11	0.01	20.00	242.12	0.10
机非混合	2	0+300	13.065	0.009	12.97	0.00	20.00	259.30	0.09
机非混合	3	0+320	12.865	0.000	10.21	0.01	20.00	204.18	0.16
机非混合	4	0+340	7.553	0.016	7.41	0.02	20.00	148.13	0.38
机非混合	5	0+360	7.26	0.022	7.24	0.02	20.00	144.70	0.39
机非混合	6	0+380	7.21	0.017	6.05	0.74	20.00	121.01	14.83
机非混合	7	0+400	4.891	1.466	5.59	0.76	20.00	111.85	15.24
机非混合	8	0+420	6.294	0.058	5.86	0.08	20.00	117.27	1.52
机非混合	9	0+440	5.433	0.094	5.80	0.08	20.00	116.04	1.56
机非混合	10	0+460	6.171	0.062	6.54	0.80	20.00	130.83	15.98
机非混合	11	0+480	6.912	1.536	9.38	0.77	20.00	187.69	15.36
机非混合	12	0+500	11.857	0.000	9.56	0.01	20.00	191.17	0.22
机非混合	13	0+520	7.26	0.022	7.24	0.02	20.00	144.70	0.39
机非混合	14	0+540	7.21	0.017	6.05	0.74	80.00	484.04	59.32
机非混合	15	0+620	4.891	1.466	5.59	0.76	20.00	111.85	15.24
机非混合	16	0+640	6.294	0.058	6.78	0.04	20.00	135.54	0.80
机非混合	17	0+660	7.26	0.022			380.00		
合计								2850.42	141.58
本页土方量小计					A_w 与 A_t 平衡增、减率(±%)			2708.84(m^3)/95.03%	

注释：在编制工程“算量”时，敬请参阅本章图 4 道-04“道路横断面”的释义。

注：A_w 与 A_t 平衡增、减率（±%）=(A_w-A_t)÷A_w×100%。正数即发生余方（土）弃置，负数即缺方（土）需内运及购置。

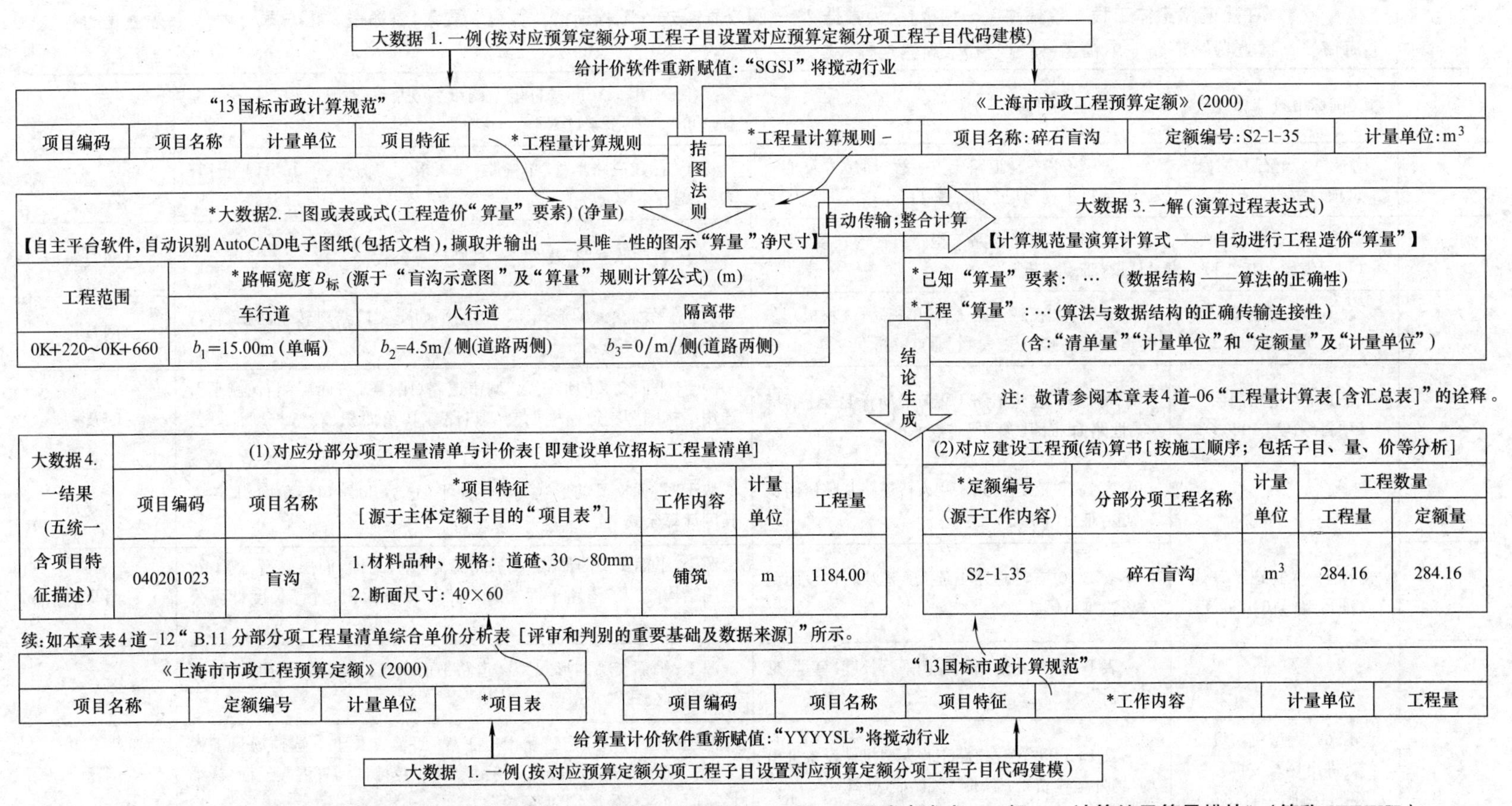

图4道-06　市政工程工程量清单算量计价软件（以下简称“SGSJ”）《一例、一图或表或式、一解、一计算结果算量模块》（简称YYYYSL）

注：1. 大数据2. 一图或表或式（工程造价“算量”要素）（净量）：遵循“13国标市政计算规范”及《上海市市政工程预算定额》（2000）工程量计算规则、设计指标、施工组织设计等计算净尺寸［即“括图法则”（排他性）；避免、防止在采撷数值时，发生人为的少算、多算、漏算、误判等工程造价“算量”要素选择性错误，导致“整合计算”、“结论生成”阶段的方向性原则错误］；

2. “项目特征”之描述：按所套用的主体定额子目“项目表”中“材料”列的内容填写；

3. “工作内容”之规定：应包括完成该实体的全部内容；来源于原《市政工程预算定额》，市政工程的实体往往是由一个及以上的工程内容综合而成（即正确地套取定额子目）的。

在建道路实体工程［单幅路（一块板）］大数据 2. 一图或表或式（工程造价“算量”要素）（净量）汇总表　　表 4 道-04

工程名称：上海市××区晋粤路道路［单幅路（一块板）］新建工程

项次	“13 国标市政计算规范”	项目名称——工程“算量”难点解析	撷取、输出* AutoCAD 电子图纸（包括文档）或工程蓝图——工程造价“算量”要素（净量）	拮图法则
1	附录 A　土石方工程（项目编码：0401）	*表 A-06“在建道路土方工程、回填方及土方运输项目工程‘算量’难点解析”	源于“在建道路工程［单幅路（一块板）］土方挖、填方工程量计算表”汇总	一表
2	表 B. 1　路基处理（项目编码：040201）	*表 B-13“在建道路工程碎石盲沟长度、体积‘算量’难点解析”	源于“盲沟示意图”及“算量”规则计算公式	一图及式
3	表 B. 2　道路基层（项目编码：040202）	*表 B-14“在建道路工程［单幅路（一块板）］车行道路基整修面积‘算量’难点解析”	源于“平面交叉的形式”及“道路平面交叉口路口转角面积、转弯长度计算公式”	一图及式
4	表 B. 3　道路面层（项目编码：040203）	*表 B-16“在建道路工程摊铺沥青混凝土面层（柔性路面）面积‘算量’难点解析”	源于“平面交叉的形式”、“城市道路（刚、柔性）面层侧石、侧平石通用结构图”及“道路平面交叉口路口转角面积、转弯长度计算公式”	一图及式
5	表 B. 4　人行道及其他（项目编码：040204）	*表 B-15“在建道路工程人行道路基整修面积‘算量’难点解析”	源于“平面交叉的形式”及“道路平面交叉口路口转角面积、转弯长度计算公式”	一图及式
6		*表 B-20“在建道路工程人行道块料铺设面积‘算量’难点解析”	源于“平面交叉的形式”、“城市道路（刚、柔性）面层侧石、侧平石通用结构图”及“道路平面交叉口路口转角面积、转弯长度计算公式”	一图及式
7		*表 B-22“在建道路工程侧平石长度‘算量’难点解析”	源于“平面交叉的形式”及“道路平面交叉口路口转角面积、转弯长度计算公式”	一图及式
8	表 L. 6　大型机械设备进出场及安拆（项目编码：041106）	*表 L. 6-05“在建道路工程大型机械设备进出场（场外运输费）台·班‘算量’难点解析”	例题：表 A-06“在建道路土方工程、回填方及土方运输项目工程‘算量’难点解析”及表 B-16“在建道路工程摊铺沥青混凝土面层（柔性路面）面积‘算量’难点解析”	例题

注：1. * AutoCAD 电子图纸（包括文档）或工程蓝图——工程造价“算量”要素（净量），系指《市政工程工程量清单算量计价软件》（“SGSJ”）对应定额子目的图形、表格或公式“算量”模式，即工程量计算规则、设计指标、施工组织设计等计算净尺寸，敬请参阅本“图释集”在各“工程‘算量’难点解析”中“大数据 2. 一图或表或式（工程造价‘算量’要素）（净量）”行列的诠释；

2. 在编制工程“算量”时，敬请参阅本章表 4 道-02“在建道路实体工程［单幅路（一块板）］各类‘算量’要素统计汇总表”的释义；

3. 在编制土方工程、回填方及土方运输项目工程“算量”时，敬请参阅本章表 4 道-03“在建道路工程［单幅路（一块板）］土方挖、填方工程量计算表”的释义；

4. 在编制大型机械设备进出场工程“算量”时，敬请参阅本“图释集”第三章措施项目中表 L. 6-05“在建道路工程大型机械设备进出场（场外运输费）台·班‘算量’难点解析”的释义。

在建道路实体工程［单幅路（一块板）］大数据3. 一解（演算过程表达式）汇总表　　**表4道-05**

工程名称：上海市××区晋粤路道路［单幅路（一块板）］新建工程

项次	“13国标市政计算规范”	项目名称——工程“算量”难点解析	“计算规范量”演算计算式宝典【精华】	备注
1	附录A　土石方工程（项目编码:0401）	＊表A-06“在建道路土方工程、回填方及土方运输项目工程‘算量’难点解析”	源于表4道-03“在建道路工程[单幅路(一块板)]土方挖、填方工程量计算表” 1. 机械挖土　查表得:挖方(A_w)为2850.42m³ 项目编码:040101001;项目名称:挖一般土方 项目名称:机械挖土;定额编号:S2-1-4 2. 填车行道土方　查表得:填方(A_t)为141.58m³ 土方场内运输=填车行道土方×系数 项目编码:040103001;项目名称:回填方 项目名称:填车行道土方(密实度95%)、土方场内运输(运距≤200m);定额编号:S2-1-10、S2-1-44 3. 土方场外运输　查表得:余方(土)为2708.84m³ 土方场外运输=余方(土)+(土方场内运输-填车行道土方) 项目编码:040103002;项目名称:余方弃置 项目名称:土方场外运输(含堆置费,浦西内环线内);定额编号:ZSM19-1-1 工程“算量”:“清单量”与“定额量”为同一数值 注:(1)第二十一条:“本定额中未包括大型机械的场外运输、安拆(打桩机械除外)、路基及轨道铺拆等”;(2)大型机械的场外运输,敬请参阅附表D-02“《上海市市政工程预算定额》(2000)项目表”;(3)文字说明代码:ZSM21-2-1～ZSM21-2-24;根据定额子目中“项目表”采撷[ZSM21-2-4]文字说明代码。	一表
2	表B.1　路基处理（项目编码:040201）	＊表B-13“在建道路工程碎石盲沟长度、体积‘算量’难点解析”	源于“盲沟示意图”及“算量”规则计算公式 1. 盲沟总长度 $L=L_{纵向}+L_{横向}$　即“清单量”及“计量单位[m]” (1)纵向长度 $L_{纵向}$=工程范围[按实计算] (2)路幅宽度 $B_{标}=b_1+b_2\times2+b_3$　[路幅宽度确定盲沟规格] 路幅宽度 $B_{标}$=车行道(单幅)b_1+人行道(道路两侧)b_2+隔离带(道路两侧)b_3 (3)横向长度 $L_{横向}$=(纵向长度 $L_{纵向}\div15+1)\times B_{标}$　[取整数] 2. 碎石盲沟体积 $V_{盲}$=总长度 $L_{总}$×断面尺寸(宽度×深度)[即盲沟规格]　即“定额量”及“计量单位[m³]” 项目编码:040201023;项目名称:盲沟 项目名称:碎石盲沟;定额编号:S2-1-35	一图及式

续表

项次	"13国标市政计算规范"	项目名称——工程"算量"难点解析	"计算规范量"演算计算式宝典【精华】	备注
* 3	表 B.2　道路基层（项目编码：040202）	* 表 B-14"在建道路工程[单幅路(一块板)]车行道路基整修面积'算量'难点解析"	源于"平面交叉的形式"及"道路平面交叉口路口转角面积、转弯长度计算公式" 1. 直线段面积 $S_{直}$＝工程范围×b_1 2. 渠化段、渐变段面积 $S_{段}$＝[渐变段长度 $L_{渐1}$＋(渐变段长度 $L_{渐1}$＋展宽段长度 $L_{展}$)]÷2×($B_{渐变段}-B_{主宽}$)×3＋(R_1 与展宽段距离 $L_{距1}$＋渠化段与展宽段距离 $L_{距1}$)×($B_{渐变段}-B_{主宽}$) 3. 正交路口转角(十字交叉)面积 F (1)正交路口转角(十字交叉)面积 $F_1=0.2146R_1{}^2\times n$ (2)直线段(十字交叉)面积 $F_2=(L_1\times b_1)\times 2$ 4. 斜交路口转角(X形交叉)面积 A (1)$A_{斜}=(R_2^2+R_4^2)[\tan(\alpha/2)-0.00873\alpha)]$ (2)$A_{斜直线段}=L_{pj}\times b_1\times n$ 斜交路口转角(X形交叉)面积 $A=A_{斜}+A_{斜直线段}$ 工程"算量"： 1. 整修面积 S＝直线段面积 $S_{直}$＋渠化段、渐变段面积 $S_{段}$＋正交路口转角(十字交叉)面积 F＋斜交路口转角面积 A＋斜交东端面积 $S_{东}$＋斜交西端面积 $S_{西}$ 2."清单量"与"定额量"为同一数值 项目编码：040202001；项目名称：路床(槽)整形 项目名称：车行道路基整修(Ⅰ、Ⅱ类土)；定额编号：S2-1-38 说明：一量多用：1. 如：砾石砂垫层(厚 15cm)、厂拌粉煤灰粗粒径三渣基层(厚 40cm)、0.8cm 乳化沥青稀浆封层 (1)项目编码：040202006；项目名称：碎(砾)石 项目名称：砾石砂垫层(厚 15cm)；定额编号：S2-2-1 (2)项目编码：040202014；项目名称：粉煤灰三渣 项目名称：厂拌粉煤灰粗粒径三渣基层(厚 40cm)；定额编号：S2-2-14、S2-2-16 (3)项目编码：040203004；项目名称：封层 项目名称：0.8cm 乳化沥青稀浆封层；定额编号：S2-3-11 系 2. 再如本表项次 4：摊铺沥青混凝土面层 注：(1)第二十一条："本定额中未包括大型机械的场外运输、安拆(打桩机械除外)、路基及轨道铺拆等"；(2)大型机械的场外运输，敬请参阅附表 D-02"《上海市市政工程预算定额》(2000)项目"表；(3)文字说明代码：ZSM21-2-1～ZSM21-2-24；根据定额子目中 * "项目"表采撷 ZSM21-2-7 文字说明代码。	一图及式

续表

项次	"13 国标市政计算规范"	项目名称——工程"算量"难点解析	"计算规范量"演算计算式宝典【精华】	备注
*4	表 B.3 道路面层（项目编码：040203）	*表 B-16"在建道路工程摊铺沥青混凝土面层（柔性路面）面积'算量'难点解析"	源于"平面交叉的形式"、"城市道路（刚、柔性）面层侧石、侧平石通用结构图"及"道路平面交叉口路口转角面积、转弯长度计算公式" 平石面积 $S_{人行道}$＝*平石长度 $L_{人行道}\times b_2$ （平石宽度 b_2＝30cm）【该数值详见本表项次 7 内容】 工程"算量"： 1. 车行道面积 S＝整修面积 S－平石面积 $S_{人行道}$ 即"清单量"及"计量单位 m²" 2. 定额计量单位＝*车行道面积 $S_{车}\times$面积单位换算（0.01/100m²） 即"定额量"及"计量单位 100m²" 3."清单量"为 m²；"定额量"为 100m²。 （1）项目编码：040203006001；项目名称：沥青混凝土（机械摊铺） 项目名称：机械摊铺细粒式沥青混凝土（厚 4cm）AC-13C（SBS 改性沥青）；定额编号：S2-3-24～S2-3-25 （2）项目编码：040203006002；项目名称：沥青混凝土（机械摊铺） 项目名称：机械摊铺中粒式沥青混凝土（厚 6cm）AC-20；定额编号：S2-3-22～S2-3-23 注：（1）第二十一条："本定额中未包括大型机械的场外运输、安拆（打桩机械除外）、路基及轨道铺拆等"；（2）大型机械的场外运输，敬请参阅附表 D-02"《上海市市政工程预算定额》（2000）项目表"；（3）文字说明代码：ZSM21-2-1～ZSM21-2-24；根据定额子目中*"项目表"采撷 ZSM21-2-8、ZSM21-2-7 文字说明代码。	一图及式
*5	表 B.4 人行道及其他（项目编码：040204）	*表 B-15"在建道路工程人行道路基整修面积'算量'难点解析"	源于"平面交叉的形式"及"道路平面交叉口路口转角面积、转弯长度计算公式" 1. 直线段面积 $S_{直}$＝（440.00－21.00×4－15.00×2－24.073－22.404－22.882－20.642）×4.50×2 2. 正交路口转角（十字交叉）面积 $A_{人行道正交}$ （1）$R_{pj}=(R_1+r_1)\div 2$ （2）$A_{人行道正交}=1.5707R_{pj}\times t\times n$ 3. 斜交路口转角（X 字形交叉）面积 $A_{人行道斜交}$ $A_{人行道斜交}=\{0.01745\times\alpha\times[(R_1+r_1)/2+(R_2+r_2)/2]+0.01745\times\beta\times[(R_3+r_3)/2+(R_4+r_4)/2]\}\times t$ （1）$S_1=\alpha/360\times 3.1416\times(R_2^2-r_2^2)$	一图及式

续表

项次	“13国标市政计算规范”	项目名称——工程“算量”难点解析	“计算规范量”演算计算式宝典【精华】	备注
*5	表B.4　人行道及其他 (项目编码:040204)	*表B-15“在建道路工程人行道路基整修面积‘算量’难点解析”	(2)$S_2=\beta/360\times3.1416\times(R_1^2-r_1^2)$ (3)$S_3=\alpha/360\times3.1416\times(R_4^2-r_4^2)$ (4)$S_4=\beta/360\times3.1416\times(R_3^2-r_3^2)$ 斜交面积$S_{斜}=S_1+S_2+S_3+S_4$ 工程“算量”: 1. 种植树穴面积$S_{穴}=n$只×S/只(方形、圆形、长方形) 2. 整修面积$S_{定}$=直线段面积$S_{直}$+正交面积$S_{正}$+斜交面积$S_{斜}$−种植树穴面积$S_{穴}$即“定额量” 3. 整修面积$S_{清}$=直线段面积$S_{直}$+正交面积$S_{正}$+斜交面积$S_{斜}$　即“清单量” 4.“清单量”与“定额量”为同一数值 项目编码:040204001;项目名称:人行道整形碾压 项目名称:整修人行道路基(Ⅰ、Ⅱ类土);定额编号:S2-1-40 说明:一量多用:如本表项次6:人行道块料铺设[如:人行道碎石基础(厚10cm);人行道基础商品混凝土(厚10cm),采用非泵送商品混凝土(5~20mm)C20;1:3干拌水泥黄砂(厚3cm);同质砖(厚6cm)]	一图及式
*6		*表B-20“在建道路工程人行道块料铺设面积‘算量’难点解析”	源于“平面交叉的形式”、“城市道路(刚、柔性)面层侧石、侧平石通用结构图”及“道路平面交叉口路口转角面积、转弯长度计算公式” 1. 侧石面积$S_{人行道}$=*侧石长度$L_{人行道}\times b_2$　(侧石宽度b_2=12cm)　【该数值详见本表项次7内容】 2. 树池面积$S_{树}=0m^2$ 3. 车行道面积$S_{车}$　【该数值详见本表项次5内容】 工程“算量”: 1. S=车行道面积$S_{车}$−侧石面积$S_{人行道}$−树池面积$S_{树}$　即“清单量”及“计量单位m^2” 2. 定额计量单位=*车行道面积$S_{车}$×面积单位换算(0.01/100m²)　即“定额量”及“计量单位100m²” 3.“清单量”为m²;“定额量”为100m² 项目编码:040204002;项目名称:人行道块料铺设	

续表

项次	“13国标市政计算规范”	项目名称——工程“算量”难点解析	“计算规范量”演算计算式宝典【精华】	备注
*6	表B.4　人行道及其他（项目编码：040204）	*表B-20“在建道路工程人行道块料铺设面积‘算量’难点解析”	项目名称：人行道碎石基础（厚10cm）；人行道基础商品混凝土（厚10cm），采用非泵送商品混凝土（5～20mm）C20；1∶3干拌水泥黄砂（厚3cm）；同质砖（厚6cm）；定额编号：S2-4-7～S2-4-8、S2-4-3、S2-4-13	一图及式
*7		*表B-22“在建道路工程侧平石长度‘算量’难点解析”	源于“平面交叉的形式”及“道路平面交叉口路口转角面积、转弯长度计算公式” 1. 直线段长度$L_{直}$＝ 2. 正交（十字交叉）长度$L_{侧平石正交}$＝ 3. 斜交（X形交叉）长度$L_{侧平石斜交}$＝ 工程“算量”： 1. 侧平石长度$\sum L$＝直线段长度$L_{直}$＋正交（十字交叉长度）$L_{侧平石正交}$＋斜交（X形交叉）长度$L_{侧平石斜交}$ 2.“清单量”与“定额量”为同一数值 项目编码：040204004；项目名称：安砌侧（平、缘）石 项目名称：排砌预制侧平石；定额编号：S2-4-23 说明：一量多用：如本表项次4：摊铺沥青混凝土面层（侧平石长度L、平石宽度b_2）和本表项次6：人行道块料铺设（侧平石长度L、侧石宽度b_2）	一图及式
*8	表L.6　大型机械设备进出场及安拆（项目编码：041106）	*表L.6-05“在建道路工程大型机械设备进出场（场外运输费）台·班‘算量’难点解析”	例题：表A-06“在建道路土方工程、回填方及土方运输项目工程‘算量’难点解析”及表B-16“在建道路工程摊铺沥青混凝土面层（柔性路面）面积‘算量’难点解析” 根据分部分项工程名称及定额编号：S2-1-4、S2-1-38、S2-2-1、S2-2-14、S2-2-16、S2-3-11系、S2-3-24～S2-3-25、S2-3-22～S2-3-23等定额子目中*“项目表”有关大型机械设备列项内容，查表B-17“道路工程涉及‘大型机械设备进出场及安拆’列项汇总表［即第二十一条ZSM21-2-］”得：本工程涉及三项大型机械设备进出场及安拆，场外运输费如下： 项目编码：041106001001～041106001003；项目名称：大型机械设备进出场及安拆 项目名称：1m^3以内单斗挖掘机场外运输费、压路机（综合）场外运输费、沥青混凝土摊铺机场外运输费；定额编号：ZSM21-2-4、ZSM21-2-7、ZSM21-2-8	例题

注：1. 项次*3～7大数据2. 一图或表或式（工程造价“算量”要素）（净量），敬请参阅本章表4道-02“在建道路实体工程［单幅路（一块板）］各类‘算量’要素统计汇总表”相关工程造价“算量”要素；

2. 项次*8定额子目中*“项目表”有关大型机械设备列项内容，敬请参阅本“图释集”附录国家标准规范、全国及地方《市政工程预算定额》（附录A～K）中附表D-02“《上海市市政工程预算定额》（2000）项目表”的诠释。

工程量计算表［含汇总表］［遵照工程结构尺寸，以图示为准］ 表4道-06

工程编号：Ⅲ-道路图　　工程名称：上海市××区晋粤路道路［单幅路（一块板）］新建工程　　第　页共　页

项次	定额编号	分部分项工程名称	计算式及说明(演算计算式)	计量单位	计算数量
1	2	3	4	5	6
			施工范围：k0＋220～k0＋660；路线长440.00m	m	440.00
			路幅宽度(即标准横断面)＝4.5×2＋15.00＝24.00m	m	24.00
1	S2-1-4	机械挖土方	查本“图释集”第二章分部分项工程中表A-06“在建道路土方工程、回填方及土方运输项目工程‘算量’难点解析”，分别得： 1. 机械挖土为2850.42m^3 2. 回填方“清单量”为141.58m^3 3. 填车行道土方“定额量”为141.58m^3 4. 土方场内运输“定额量”为167.77m 5. 余土弃置“清单量”为2735.03m^3 6. 土方场外运输“定额量”为2735.03m^3	m^3	2850.42
2	S2-1-10	填车行道土方(密实度95%)		m^3	141.58
3	S2-1-44	土方场内自卸汽车运输(运距≤200m)		m^3	167.77
4	ZSM19-1-1	土方场外运输(含堆置费，浦西内环线内)		m^3	2735.03
5	ZSM21-2-4	1m^3以内单斗挖掘机场外运输费	查本“图释集”第二章　分部分项工程中表B-17“道路工程涉及大型机械设备进出场及安拆列项汇总表［即第二十一条ZSM21-2-］”，得：应计取1m^3以内单斗挖掘机场外运输费1台·次	台·次	1
6	S2-1-38、S-3-11、S2-2-14、S2-2-1	车行道路基整修(Ⅰ、Ⅱ类土)、0.8cm乳化沥青稀浆封层、厂拌粉煤灰粗粒径三渣基层(厚40cm)、砾石砂垫层(厚15cm)	机动车道路面结构层组合：Σ＝65.80cm 查本“图释集”第二章分部分项工程中表B-14“在建道路工程［单幅路(一块板)］”车行道路基整修面积‘算量’难点解析”，得：该数值为9218.60m^2	m^2	9218.60
7	S2-3-24换、S2-3-22换	机械摊铺细粒式沥青混凝土(厚4cm)、中粒式沥青混凝土(厚6cm)	查本“图释集”第二章分部分项工程中表B-16“在建道路工程摊铺沥青混凝土面层(柔性路面)面积‘算量’难点解析”，得：该数值为8632.07m^2	100m^2	86.32

续表

项次	定额编号	分部分项工程名称	计算式及说明(演算计算式)	计量单位	计算数量
8	ZSM21-2-8	沥青混凝土摊铺机场外运输费	查本“图释集”第二章分部分项工程中表B-17“道路工程涉及‘大型机械设备进出场及安拆’列项汇总表[即第二十一条ZSM21-2-]”,得:应计取沥青混凝土摊铺机场外运输费1台·次、压路机(综合)场外运输费2台·次(轻、重型压路机)	台·次	1
9	ZSM21-2-7	压路机(综合)场外运输费		台·次	2
10	S2-1-40、S2-4-7、S2-4-3、S2-4-13	人行道路基整修(Ⅰ、Ⅱ类土)、人行道碎石基础(厚10cm)、人行道基础商品混凝土(厚10cm)、1∶3干拌水泥黄砂(厚3cm)、同质砖(厚6cm)	人行道路面结构层组合:$\sum=29.00$cm 查本“图释集”第二章分部分项工程中表B-15“在建道路工程人行道路基整修面积‘算量’难点解析”,得:该数值为3222.26m^2	m^2	3222.26
11	S2-1-35	碎石盲沟	查本“图释集”第二章分部分项工程中表B-13“在建道路工程碎石盲沟长度、体积‘算量’难点解析”,得:该数值分别为: 1.“清单量”为1184.00m 2.“定额量”为284.16m^3	m	1184.00
				m^3	284.16
12	S2-4-23	排砌预制侧平石、机械摊铺细粒式沥青混凝土(厚4cm)、中粒式沥青混凝土(厚6cm)、人行道碎石基础(厚10cm)、人行道基础商品混凝土(厚10cm)、非1∶3干拌水泥黄砂(厚3cm)、同质砖(厚6cm)	查本“图释集”第二章分部分项工程中表B-22“在建道路工程侧平石长度‘算量’难点解析”,得:该数值为948.31m	m	948.31

汇总工程量(演算计算式)

序号	定额编号	分部分项工程名称	计算式及说明(演算计算式)	计量单位	计算数量
1	S2-1-4	机械挖土方		m^3	2850.42
2	ZSM21-2-4	1m^{3}以内单斗挖掘机场外运输费	总说明第二十一条未包括,另计	台·次	1

续表

序号	定额编号	分部分项工程名称	计算式及说明(演算计算式)	计量单位	计算数量
3	S2-1-10	填车行道土方(密实度 95%)		m^3	141.58
4	S2-1-44	土方场内自卸汽车运输(运距≤200m)	141.58×1.185	m^3	167.77
5	ZSM19-1-1	土方场外运输(含堆置费,浦西内环线内)	2708.84+(167.77−141.58)	m^3	2735.03
6	S2-1-35	碎石盲沟(40cm×60cm)	数值同“工程量计算表”项次 6	m^3	284.16
7	S2-1-38	车行道路基整修(Ⅰ、Ⅱ类土)		m^2	9218.60
8	S2-2-1	砾石砂垫层(厚 15cm)		$100m^2$	92.19
9	S2-2-14 换	厂拌粉煤灰粗粒径三渣基层(厚 40cm)		$100m^2$	92.19
10	S2-3-11 系	0.8cm 乳化沥青稀浆封层		$100m^2$	92.19
11	S2-3-24 换	机械摊铺细粒式沥青混凝土(厚 4cm)AC-13C(SBS 改性沥青)	数值同“工程量计算表”项次 7	$100m^2$	86.32
12	S2-3-22 换	机械摊铺中粒式沥青混凝土(厚 6cm)AC-20		$100m^2$	86.32
13	ZSM21-2-8	沥青混凝土摊铺机场外运输费	总说明第二十一条未包括,另计	台·次	1
14	ZSM21-2-7	压路机(综合)场外运输费	总说明第二十一条未包括,另计	台·次	2
15	S2-1-40	人行道路基整修(Ⅰ、Ⅱ类土)	数值同“工程量计算表”项次 10	m^2	3222.26
16	S2-4-7 换	人行道碎石基础(厚 10cm)		$100m^2$	32.22
17	S2-4-3	人行道基础商品混凝土(厚 10cm),采用非泵送商品混凝土(5～20mm)C20		$100m^2$	32.22
18	S2-4-13	1∶3 干拌水泥黄砂(厚 3cm) 同质砖(厚 6cm)		$100m^2$	32.22
19	S2-4-23	排砌预制侧平石,采用现浇混凝土(5～20mm)C20		m	948.31

编制单位：　　　　编制人：　　　　编制日期：　　年　月　日

分部分项工程量清单与计价表［即建设单位招标工程量清单］　　表4道-07

工程名称：上海市××区晋粤路道路［单幅路（一块板）］新建工程　　标段：　　第　页共　页

序号	项目编码	项目名称	项目特征描述	工程内容	计量单位	工程量
表A.1　土方工程(项目编码:040101)						
1	040101001	挖一般土方	1. 土壤类别(综合) 2. 挖土深度	1. 土方开挖 2. 基底钎探 3. 场内运输	m^3	2850.42
表A.3　回填方及土石方运输(项目编码:040103)						
2	040103001	回填方	1. 密实度要求:95% 2. 填方材料品种:土方 3. 填方粒径要求 4. 填方来源、运距	1. 运输 2. 回填 3. 压实	m^3	141.58
3	040103002	余土弃置	1. 废弃料品种:余土 2. 运距:浦西内环线内	余方点装料运输至弃置点	m^3	2735.03
表B.1　路基处理(项目编码:040201)						
4	040201023	盲沟	1. 材料品种、规格:道碴、30～80mm 2. 断面尺寸:40cm×60cm	铺筑	m	1184.00
表B.2　道路基层(项目编码:040202)						
5	040202001	路床(槽)整形	1. 部位:车行道路基 2. 范围(Ⅰ、Ⅱ类土)	1. 放样 2. 整修路拱 3. 碾压成型	m^2	9218.60
6	040202006	碎(砾)石	1. 配合比 2. 碎(砾)石规格:砾石砂 3. 厚度:h=15cm	1. 拌合 2. 运输 3. 铺筑 4. 找平 5. 碾压 6. 养护	m^2	9218.60

续表

序号	项目编码	项目名称	项目特征描述	工程内容	计量单位	工程量
表 B.2　道路基层(项目编码:040202)						
7	040202014	粉煤灰三渣	1. 配合比(厂拌粉煤灰粗粒径三渣) 2. 厚度:h=40cm	1. 拌合 2. 运输 3. 铺筑 4. 找平 5. 碾压 6. 养护	m^2	9218.60
表 B.3　道路面层(项目编码:040203)						
8	040203004	封层	1. 材料品种:乳化沥青稀浆封层 2. 喷油量 3. 厚度:h=0.8cm	1. 清理下承面 2. 喷油、布料 3. 压实	m^2	9218.60
9	040203006001	沥青混凝土(机械摊铺)	1. 沥青品种:细粒式沥青混凝土AC-13C 2. 沥青混凝土种类:SBS改性沥青 3. 石料粒径 4. 掺合料 5. 厚度:h=4cm	1. 清理下承面 2. 拌合、运输 3. 摊铺、整形 4. 压实	m^2	8632.00
10	040203006002	沥青混凝土(机械摊铺)	1. 沥青品种:中粒式沥青混凝土(AC-20) 2. 沥青混凝土种类 3. 石料粒径 4. 掺合料 5. 厚度:h=6cm	1. 清理下承面 2. 拌合、运输 3. 摊铺、整形 4. 压实	m^2	8632.00
表 B.4　人行道及其他(项目编码:040204)						
11	040204001	人行道整形碾压	1. 部位:人行道路基 2. 范围(Ⅰ、Ⅱ类土)	1. 放样 2. 碾压	m^2	3222.26

续表

序号	项目编码	项目名称	项目特征描述	工程内容	计量单位	工程量
表B.4　人行道及其他(项目编码:040204)						
12	040204002	人行道块料铺设	1. 块料品种、规格：预制人行道砖 2. 基础、垫层：材料品种、厚度：厚10cm，非泵送商品混凝土（5～20mm）C20 3. 图形	1. 基础、垫层铺筑 2. 块料铺设	m^2	3222.26
13	040204004	安砌侧(平、缘)石	1. 材料品种、规格：预制侧平石 2. 基础、垫层：材料品种：现浇混凝土(5～20mm)C20	1. 开槽 2. 基础、垫层铺筑 3. 侧(平、缘)石安砌	m	948.31

注：1. 本表已省略了"金额（元）"和"备注"内容；

2. "挖一般土方"，上海地区系套用沪建管［2014］872号公告发布的《上海市建设工程工程量清单计价应用规则》。

单价措施项目清单与计价表［即建设单位招标工程量清单］　　**表4道-08**

工程名称：上海市××区晋粤路道路［单幅路（一块板）］新建工程　　标段：　　第　页共　页

序号	项目编码	项目名称	项目特征描述	工程内容	计量单位	工程量
附录L　措施项目 表L.6　大型机械设备进出场及安拆(项目编码:041106)						
1	041106001001	大型机械设备进出场及安拆	1. 机械设备名称：单斗挖掘机 2. 机械设备规格型号($1m^3$以内)	1. 安拆费包括施工机械、设备在现场进行安装拆卸所需人工、材料、机械和试运转费用以及机械辅助设施的折旧、搭设、拆除等费用 2. 进出场费包括施工机械、设备整体或分体自停放地点运至施工现场或由一施工地点运至另一施工地点所发生的运输、装卸、辅助材料等费用	台·次	1
2	041106001002	大型机械设备进出场及安拆	1. 机械设备名称：沥青混凝土摊铺机 2. 机械设备规格型号		台·次	1
3	041106001003	大型机械设备进出场及安拆	1. 机械设备名称：压路机 2. 机械设备规格型号(综合)		台·次	2

注：本表已省略了"金额（元）"和"备注"内容。

建设工程预（结）算书［按预算定额顺序；包括子目、量、价等分析］　　表4道-09

工程编号：Ⅲ-道路图　　工程名称：上海市××区晋粤路道路［单幅路（一块板）］新建工程　　第　页共　页

序号	定额编号	分部分项工程名称	计量单位	工程数量		工程费(元)	
				工程量	定额量	单价	复价
		第二册 道路工程 第一章　路基工程					
1	S2-1-4	机械挖土方	m^3	2850.42	2850.42		
2	ZSM21-2-4	$1m^3$ 以内单斗挖掘机场外运输费	台·次	1	1		
3	S2-1-10	填车行道土方(密实度95%)	m^3	141.58	141.58		
4	S2-1-44	土方场内自卸汽车运输(运距≤200m)	m^3	167.77	167.77		
5	ZSM19-1-1	土方场外运输(含堆置费,浦西内环线内)	m^3	2735.03	2735.03		
6	S2-1-35	碎石盲沟(40cm×60cm)	m^3	284.16	284.16		
7	S2-1-38	车行道路基整修(Ⅰ、Ⅱ类土)	m^2	9218.60	9218.60		
8	S2-1-40	人行道路基整修(Ⅰ、Ⅱ类土)	m^2	3222.26	3222.26		
		第二章　道路基层					
9	S2-2-1	砾石砂垫层(厚15cm)	$100m^2$	9218.60	92.19		
10	S2-2-14 换	厂拌粉煤灰粗粒径三渣基层(厚40cm)	$100m^2$	9218.60	92.19		
		第三章　道路面层					
11	S2-3-22 换	机械摊铺中粒式沥青混凝土(厚6cm) AC-20	$100m^2$	8632.00	86.32		
12	S2-3-24 换	机械摊铺细粒式沥青混凝土(厚4cm) AC-13C(SBS改性沥青)	$100m^2$	8632.00	86.32		
13	S2-3-11 系	0.8cm乳化沥青稀浆封层	$100m^2$	9218.60	92.19		
14	ZSM21-2-8	沥青混凝土摊铺机场外运输费	台·次	1	1		
15	ZSM21-2-7	压路机(综合)场外运输费	台·次	2	2		
		第四章　附属设施					
16	S2-4-7 换	人行道碎石基础(厚10cm)	$100m^2$	3222.26	32.22		

续表

序号	定额编号	分部分项工程名称	计量单位	工程数量		工程费（元）	
				工程量	定额量	单价	复价
		第四章　附属设施					
17	S2-4-3	人行道基础商品混凝土（厚10cm），采用非泵送商品混凝土（5～20mm）C20	$100m^2$	3222.26	32.22		
18	S2-4-13	1∶3干拌水泥黄砂（厚3cm） 同质砖（厚6cm）	$100m^2$	3222.26	32.22		
19	S2-4-23	排砌预制侧平石，采用现浇混凝土（5～20mm）C20	m	948.31	948.31		
		直接费小计：					

编制单位：　　　　编制人：　　　　编制日期：　　年　月　日

在建道路实体工程［单幅路（一块板）］工程“算量”特征及难点解析　　**表4道-10**

工程名称：上海市××区晋粤路道路［单幅路（一块板）］新建工程

*项次	特征		《上海市市政工程预算定额》（2000）分部分项工程名称 （1）第二册道路工程 （2）总说明：第二十一条	计量单位	计算数量	*“项目表”中“机械”列的大型机械设备	“13国标市政计算规范” （1）附录B道路工程 （2）附录L措施项目
7	一量多用	车行道路基整修	车行道路基整修（Ⅰ、Ⅱ类土）	m^2	9218.60	轻、重型压路机	项目编码：040202001 项目名称：路床（槽）整形
8			砾石砂垫层（厚15cm）	$100m^2$	92.19	轻、重型压路机	1. 计量单位：m^2 2. *压路机（综合） 3. 机动车道路面结构层组合：$\Sigma=65.80cm$
9			厂拌粉煤灰粗粒径三渣基层（厚40cm）	$100m^2$	92.19	液压压路机	
10			0.8cm乳化沥青稀浆封层	$100m^2$	92.19	液压压路机	
11		机械摊铺	机械摊铺细粒式沥青混凝土（厚4cm）AC-13C（SBS改性沥青）	$100m^2$	86.32	1. 沥青混凝土摊铺机 2. 振动压路机	项目编码：041106001002 项目名称：沥青混凝土摊铺机 1. 计量单位：m^2 2. *压路机（综合）
12			机械摊铺中粒式沥青混凝土（厚6cm）AC-20	$100m^2$	86.32		
14			沥青混凝土摊铺机场外运输费	台·次	1	列项：ZSM21-2-8	

续表

*项次	特征		《上海市市政工程预算定额》(2000)				“13国标市政计算规范” (1)附录B道路工程 (2)附录L措施项目
			分部分项工程名称 (1)第二册道路工程 (2)总说明:第二十一条	计量单位	计算数量	*“项目表”中“机械”列的大型机械设备	
15	一量多用	人行道路基整修	人行道路基整修(Ⅰ、Ⅱ类土)	m^2	3222.26	—	项目编码:040204001 项目名称人行道整形碾压
16			人行道碎石基础(厚10cm)	$100m^2$	32.22	—	项目编码:040204002 项目名称:人行道块料铺设 1. 计量单位:m^2 2. *工程量清单项目“工作内容”与对应定额子目关系 3. 人行道路面结构层组合:$\sum$=29.00cm
17			人行道基础商品混凝土(厚10cm),采用非泵送商品混凝土(5~20mm)C20	$100m^2$	32.22	—	
18			1∶3干拌水泥黄砂(厚3cm)	$100m^2$	32.22	—	
			同质砖(厚6cm)				
1	*“大型机械设备进出场及安拆”选择		机械挖土方	m^3	2850.42	单斗挖掘机	项目编码:041106001001 项目名称:$1m^3$以内单斗挖掘机
2			$1m^3$以内单斗挖掘机场外运输费	台·次	1	列项:ZSM21-2-4	
3			填车行道土方(密实度95%)	m^3	141.58	轻、重、液压型压路机	*压路机(综合)
6	计量单位及工程量异同		碎石盲沟(40cm×60cm)	m^3	284.16	—	项目编码:040201023 项目名称:盲沟 1. 计量单位:m 2. 清单量:1184.00
			盲沟	m	1184.00	—	

注:1. *项次,敬请参阅本章表4道-06“工程量计算表[含汇总表][遵照工程结构尺寸,以图示为准]”的释义;

2. *压路机(综合),在编制工程“算量”时,敬请参阅本“图释集”第二章分部分项工程中表B-17“道路工程涉及‘大型机械设备进出场及安拆’列项汇总表[即第二十一条ZSM21-2-]”的诠释;

3. *“大型机械设备进出场及安拆”选择,在编制工程“算量”时,敬请参阅本章表4道-12“单价措施项目清单与计价表[即施工企业投标报价]”的释义;

4. *工程量清单项目“工作内容”与对应定额子目关系,在编制工程“算量”时,敬请参阅本章表4道-11“分部分项工程量清单与计价表[即施工企业投标报价]”的释义;

5. *“项目表”中“机械”列的大型机械设备,在编制工程“算量”时,敬请参阅本“图释集”附录国家标准规范、全国及地方《市政工程预算定额》(附录A~K)中附表D-02“《上海市市政工程预算定额》(2000)项目表”的诠释。

分部分项工程量清单与计价表［即施工企业投标报价］

表4道-11

工程名称：上海市××区晋粤路道路［单幅路（一块板）］新建工程　　标段：　　第　页共　页

序号	项目编码/定额编号	项目名称	项目特征描述	计量单位	工程数量	金额(元)		
						综合单价	合价	其中：暂估价
			实体工程					
			附录A　土石方工程					
			表A.1　土方工程(项目编码:040101)					
(1)	040101001	挖一般土方	1. 土壤类别(综合) 2. 挖土深度	m^3	2850.42	……	……	
1	S2-1-4	机械挖土方		m^3	2850.42	……	……	
			表A.3　回填方及土石方运输(项目编码:040103)					
(2)	040103001	回填方	1. 密实度要求:95% 2. 填方材料品种:土方 3. 填方粒径要求 4. 填方来源、运距	m^3	141.58	……	……	
3	S2-1-10	填车行道土方(密实度95%)		m^3	141.58	……	……	
4	S2-1-44	土方场内自卸汽车运输(运距≤200m)		m^3	167.77			
(3)	040103002	余土弃置	1. 废弃料品种:余土 2. 运距:浦西内环线内	m^3	2735.03	……	……	
5	ZSM19-1-1	土方场外运输(含堆置费,浦西内环线内)		m^3	2735.03	……	……	
			附录B　道路工程					
			表B.1　路基处理(项目编码:040201)					
(4)	040201023	盲沟	1. 材料品种、规格:道碴、30～80mm 2. 断面尺寸:40cm×60cm	m	1184.00	……	……	

续表

序号	项目编码/定额编号	项目名称	项目特征描述	计量单位	工程数量	金额(元)		
						综合单价	合价	其中:暂估价
		附录B 道路工程						
		表B.1 路基处理(项目编码:040201)						
6	S2-1-35	碎石盲沟(40cm×60cm)		m^3	284.16	……	……	
		表B.2 道路基层(项目编码:040202)						
(5)	040202001	路床(槽)整形	1. 部位:车行道路基 2. 范围(Ⅰ、Ⅱ类土)	m^2	9218.60	……	……	
7	S2-1-38	车行道路基整修(Ⅰ、Ⅱ类土)		m^2	9218.60	……	……	
(6)	040202006	碎(砾)石	1. 配合比 2. 碎(砾)石规格:砾石砂 3. 厚度:h=15cm	m^2	9218.60	……	……	
9	S2-2-1	砾石砂垫层(厚15cm)		$100m^2$	92.19	……	……	
(7)	040202014	粉煤灰三渣	1. 配合比(厂拌粉煤灰粗粒径三渣) 2. 厚度:h=40cm	m^2	9218.60	……	……	
10	S2-2-14换	厂拌粉煤灰粗粒径三渣基层(厚40cm)		$100m^2$	92.19	……	……	
		表B.3 道路面层(项目编码:040203)						
(8)	040203004	封层	1. 材料品种:乳化沥青稀浆封层 2. 喷油量 3. 厚度:h=0.8cm	m^2	9218.60	……	……	
13	S2-3-11系	0.8cm乳化沥青稀浆封层		$100m^2$	92.19	……	……	

续表

序号	项目编码/定额编号	项目名称	项目特征描述	计量单位	工程数量	金额（元）		
						综合单价	合价	其中：暂估价
表 B.3　道路面层（项目编码：040203）								
(9)	040203006001	沥青混凝土（机械摊铺）	1. 沥青品种：细粒式沥青混凝土 AC-13C 2. 沥青混凝土种类：SBS 改性沥青 3. 石料粒径 4. 掺合料 5. 厚度：$h=4$cm	m^2	8632.00	……	……	
12	S2-3-24 换	机械摊铺细粒式沥青混凝土（厚 4cm）AC-13C（SBS 改性沥青）		$100m^2$	86.32	……	……	
(10)	040203006002	沥青混凝土（机械摊铺）	1. 沥青品种：中粒式沥青混凝土（AC-20） 2. 沥青混凝土种类 3. 石料粒径 4. 掺合料 5. 厚度：$h=6$cm	m^2	8632.00	……	……	
11	S2-3-22 换	机械摊铺中粒式沥青混凝土（厚 6cm）AC-20		$100m^2$	86.32	……	……	
表 B.4　人行道及其他（项目编码：040204）								
(11)	040204001	人行道整形碾压	1. 部位：人行道路基 2. 范围：（Ⅰ、Ⅱ类土）	m^2	3222.26	……	……	
8	S2-1-40	人行道路基整修（Ⅰ、Ⅱ类土）		m^2	3222.26	……	……	
(12)	040204002	人行道块料铺设	1. 块料品种、规格：预制人行道砖 2. 基础、垫层：材料品种、厚度：厚 10cm，非泵送商品混凝土（5～20mm）C20 3. 图形	m^2	3222.26	……	……	
18	S2-4-13	同质砖（厚 6cm）		$100m^2$	32.22	……	……	

续表

序号	项目编码/定额编号	项目名称	项目特征描述	计量单位	工程数量	金额(元)		
						综合单价	合价	其中：暂估价
表B.4　人行道及其他(项目编码:040204)								
17	S2-4-3	人行道基础商品混凝土(厚10cm),采用非泵送商品混凝土(5～20mm)C20		100m²	32.22	……	……	
16	S2-4-7换	人行道碎石基础(厚10cm)		100m²	32.22	……	……	
(13)	040204004	安砌侧(平、缘)石	1. 材料品种、规格:预制侧平石 2. 基础、垫层:材料品种:现浇混凝土(5～20mm)C20	m	948.31	……	……	
19	S2-4-23	排砌预制侧平石,采用现浇混凝土(5～20mm)C20		m	948.31	……	……	

注：本表已省略了“金额（元）”和“备注”内容。

单价措施项目清单与计价表［即施工企业投标报价］ **表4道-12**

工程名称：上海市××区晋粤路道路［单幅路（一块板）］新建工程　　标段：　　第　页共　页

序号	项目编码/定额编号	项目名称	项目特征描述	计量单位	工程数量	金额(元)		
						综合单价	合价	其中：暂估价
附录L　措施项目								
表L.6　大型机械设备进出场及安拆(项目编码:041106)								
(1)	041106001001	大型机械设备进出场及安拆	1. 机械设备名称:单斗挖掘机 2. 机械设备规格型号(1m³以内)	台·次	1	……	……	
2	ZSM21-2-4	1m³以内单斗挖掘机场外运输费		台·次	1	……	……	

续表

序号	项目编码/定额编号	项目名称	项目特征描述	计量单位	工程数量	金额（元）		
						综合单价	合价	其中：暂估价
表L.6 大型机械设备进出场及安拆（项目编码：041106）								
（2）	041106001002	大型机械设备进出场及安拆	1. 机械设备名称：沥青混凝土摊铺机 2. 机械设备规格型号	台·次	1	……	……	
14	ZSM21-2-8	沥青混凝土摊铺机场外运输费		台·次	1	……	……	
（3）	041106001003	大型机械设备进出场及安拆	1. 机械设备名称：压路机 2. 机械设备规格型号（综合）	台·次	2	……	……	
15	ZSM21-2-7	压路机（综合）场外运输费		台·次	2	……	……	

注：本表已省略了"金额（元）"和"备注"内容。

"13国标市政计算规范"（项目特征之描述和工作内容之规定）"算量"难点解析 **表4道-13**

工程名称：上海市××区晋粤路道路［单幅路（一块板）］新建工程

项次	项目编码	项目名称	*"项目特征"之描述	*"工作内容"之规定	备注
第二章 分部分项工程					
附录A 土石方工程（项目编码：0401）					
1	040101001	挖一般土方（机械）	定额"说明"	S2-1-4、S2-1-44	表A-06"在建道路土方工程、回填方及土方运输项目工程'算量'难点解析"
2	040103001	回填方	设计指标： （1）密实度要求：95% （2）施工组织设计	S2-1-10	
3	040103002	余土弃置	施工组织设计	ZSM19-1-1	
附录B 道路工程（项目编码：0402）					
4	040201023	盲沟	（1）项目表：材料品种、规格 （2）定额"说明"：断面尺寸	S2-1-35	表B-13"在建道路工程碎石盲沟长度、体积'算量'难点解析"

续表

项次	项目编码	项目名称	*“项目特征”之描述	*“工作内容”之规定	备　注
附录B　道路工程　(项目编码:0402)					
5	040202001	路床(槽)整形	章节的“部位”	S2-1-38	表B-14“在建道路工程[单幅路(一块板)]车行道路基整修面积‘算量’难点解析”
6	040203006001	沥青混凝土(机械摊铺)	设计指标： (1)沥青品种 (2)AC-20 (3)厚度	S2-3-22、S2-3-23	表B-16“在建道路工程摊铺沥青混凝土面层(柔性路面)面积‘算量’难点解析”
7	040203006002	沥青混凝土(机械摊铺)		S2-3-24、S2-3-25	
8	040203007	水泥混凝土	设计指标： (1)混凝土强度等级 (2)厚度	S2-3-32、S2-3-33	表B-18“水泥混凝土面层(刚性路面)面积‘算量’难点解析”
				S2-3-36	表B-19“水泥混凝土面层(刚性路面)模板面积‘算量’难点解析”
9	040204001	人行道整形碾压	章节的“部位”	S2-1-40	表B-15“在建道路工程人行道路基整修面积‘算量’难点解析”
10	040204004	安砌侧(平、缘)石	项目表： (1)材料品种、规格 (2)基础、垫层	S2-4-23	表B-22“在建道路工程侧平石长度‘算量’难点解析”
附录J　钢筋工程(项目编码:0409)					
11	040901001	现浇构件钢筋	定额子目“材料”列项内容	S2-3-37	表J-17“水泥混凝土路面(刚性路面)构造筋、钢筋网质量‘算量’难点解析
12	040901003	钢筋网片		S2-3-38	
第三章　措施项目					
13	041106001001	大型机械设备进出场及安拆	“项目表”中“机械”列的大型机械设备	ZSM21-2-4	表L.6-05“在建道路工程大型机械设备进出场(场外运输费)台・班‘算量’难点解析”
14	041106001002			ZSM21-2-7	
15	041106001003			ZSM21-2-8	

注：1. *“项目特征”之描述：来源于原《市政工程预算定额》，按套用的定额子目所处《上海市市政工程预算定额》(2000)章节的“部位”等而填入；敬请参阅本“图释集”附录国家标准规范、全国及地方《市政工程预算定额》(附录A～K)中附表B-03“招标工程量清单‘项目特征’之描述的主要原则”的诠释；

2. *“工作内容”之规定：应包括完成该实体的全部内容；来源于原《市政工程预算定额》，市政工程的实体往往是由多个工程综合而成的；如项次1、6、7、8、9等，敬请参阅本章表4道-10“在建道路实体工程[单幅路(一块板)]工程‘算量’特征及难点解析”的释义。

分部分项工程量清单综合单价分析表［评审和判别的重要基础及数据来源］ 表4道-14

工程名称：上海市××区晋粤路道路［单幅路（一块板）］新建工程 标段： 第 页共 页

项目编码	040201023	项目名称	盲沟	工程数量	1184.00	计量单位	m

清单综合单价组成明细												
定额编号	定额名称	定额单位	数量	单价(元)				合价(元)				
				人工费	材料费	机械费	管理费和利润	人工费	材料费	机械费	管理费和利润	小计
S2-1-35	碎石盲沟	m^3	0.240	61.66	107.92		11.02	14.80	25.90		2.65	43.76
人工单价		小计						14.80	25.90		2.65	43.76
109.50元/工日		未计价材料费										
清单项目综合单价												43.76

	主要材料名称、规格、型号	单位	数量	单价(元)	合价(元)	暂估单价(元)	暂估合价(元)
材料费明细	道碴(30～80mm)	t	0.3020	75.00	22.65		
	黄砂(中粗)	t	0.0424	76.50	3.25		
	其他材料费			—	0.00		
	材料费小计			—	25.90		

注：1.“数量”栏中的“数量”系指单位工程量清单中工程量所对应的预算定额工程量，即为“投标方（预算定额）工程量÷招标方（工程量清单）工程量÷（预算定额）计量单位数量”，如0.245m³为284.16÷1160.00÷1，即在招标方（工程量清单）工程量中每1m里含投标方（预算定额）的0.245m³工程量；

2.“预算定额工程量”，敬请参阅本“图释集”附录D《市政工程预算定额》概况与“项目表”及附表D-02“《上海市市政工程预算定额》(2000)项目表”的诠释；

3. 如不使用省级或行业建设主管部门发布的计价依据，可不填定额项目、编号等；

4. 招标文件提供了暂估单价的材料，按暂估的单价填入表内“暂估单价”栏及“暂估合价”栏。

三、《计算公式算量法》——案例（三）桥梁工程工程“算量”编制与应用实务

（一）《计算公式算量法》职业技能与基础知识实务的能力

1. 编制与应用实务的职业技能

（1）熟悉桥涵工程类别划分、施工工艺及施工组织设计（如工程量的大小、施工方案的选择、施工机械和劳动力的配备、材料供应等）【《上海市市政工程预算定额》（2000）S1—第一册 通用项目、S4—第四册 桥涵及护岸工程及图 C—01“常规桥梁施工工艺流程简图（含‘上海市应用规则’）”】；

（2）掌握桥涵工程工程量清单项目设置编制【如“13 国标市政计算规范”及“上海市应用规则”附录 A—土石方工程、附录 C—桥涵工程、附录 J—钢筋工程、附录 K—拆除工程、附录 L—措施项目及其“项目特征”、“计量单位”、“工程量计算规则”、“工作内容”等项规范内容】；

（3）熟练看懂（识读）桥涵施工图及对应设计说明【工程图纸识读能力：设计总说明、平面图、纵断面图、通用图、施工大样图等和准确采撷工程造价“算量”要素，且编制输（录）入：如表 C-04“桥梁实体工程各类‘算量’要素统计汇总表”】；

（4）熟练计算桥涵工程的清单工程量【快速、准确、清晰地依据工程算量依据与工程量计算规则，进行工程数量的计算：运算表格、计算公式（含《工程量计算规则》规定）、几何形状、分解零星、近似公式、其他计算形式等市政工程“算量”常用数据手册】；

（5）掌握桥涵工程的分部分项工程量清单编制【①综合实体工程及建设工程预（结）算“工程量计算表”：如表 4 桥-01“工程量计算表［含汇总表］［遵照工程结构尺寸，以图示为准］”；②分部分项工程量清单：如表 4 桥-06“分部分项工程项目清单与计价表［即建设单位招标工程量清单］”、表 4 桥-07“单价措施项目清单与计价表”［即建设单位招标工程量清单］；③“工作内容”对应“定额编号”之规定：如表 4 道-14“分部分项工程量清单综合单价分析表［评审和判别的重要基础及数据来源］”；④建设工程预（结）算：如表 4 桥-02“建设工程预（结）算书［按先地下、后地上顺序；包括子目、量、价等分析］”等】；

（6）掌握软件“算量”操作（会熟练运用（SGSJ）软件系统基本技能进行分部分项工程量计算）。

2. 基础知识实务的能力

（1）了解“13 国标清单规范”、“13 国标市政计算规范”和“上海市应用规则”；

（2）熟悉“13 国标市政计算规范”及“上海市应用规则”分类：附录 A—土石方工程、附录 C—桥涵工程、附录 J—钢筋工程、附录 K—拆除工程、附录 L—措施项目；

（3）熟悉《上海市市政工程预算定额》工程量计算规则（2000）、《上海市市政工程预算定额》（2000）总说明、《上海市市政工程预算定额》（2000）“工程量计算规则”各册、章说明；

（4）熟悉《上海市市政工程预算定额》（2000），依施工设计图纸顺序，分部、分项依次计算预算工程量分类：S1—第一册通用项目、S4—第四册 桥涵及护岸工程。

（二）桥梁工程工程“算量”编制与应用实务

工程名称：××路桥梁工程

1. 工程概况

（1）本工程桥梁工程从1号井至4号井采用开槽埋管施工，管径 $\Phi1000$，长度10.00+16.00+10.00=36.00m，B=40.60m。

（2）招标范围：本招标工程为一个单项工程，具体范围按设计图图示。

（3）工程量清单编制依据：《市政工程工程量计算规范》GB 50857—2013、《上海市建设工程工程量清单计价应用规则》（沪建管［2014］872号）、施工设计图文件等。

（4）工程质量应达到优良标准。

（5）其他项目清单：招标人部分中，列入提供监理工程师设备费5000元（由业主控制使用）。

（6）招标、投标报价按《市政工程工程量计算规范》GB 50857—2013和《上海市建设工程工程量清单计价应用规则》的统一格式。

（7）人工、材料、机械费用按《上海市市政公路造价信息》2014年12月份计取。

（8）施工工期：145天。

2. 施工组织设计

（1）挖基坑土方采用机械挖土；

（2）旧料场外运输及泥浆场外运输均采用“含堆置费，浦西内环线内及浦东内环线内”费用类。

3. 主要施工设计图图例

设计总说明

一、概述

千新公路位于松江区佘山镇，呈南北向，北起外青松公路，南至沈砖公路，全长约2.8km，是佘山北大型居住社区的外围道路之一。本工程为千新公路（外青松公路—沈砖公路）改建工程，本分册为三号河桥。本桥跨三号河，为非通航航道。

现状及方案简述：根据竣工资料，现状为盖板涵，横向长度为35m，下部结构M10浆砌块石重力式台身，盖板涵口采用一字式挡墙。根据本工程初步设计文件及专家评审文件，采用涵改桥的改建方案；河道断面根据规划断面实施，河道施工前需按水务部门要求，待水务部门审批后方可实施。

二、设计依据及采用规范

1. 建设单位设计任务委托书

2.《千新公路（外青松公路—沈砖公路）道路改建工程岩土工程勘察报告》

3.《千新公路（外青松公路—沈砖公路）道路改建工程测量资料》

4.《千新公路（外青松公路—沈砖公路）道路改建工程管线探测成果报告》

5.《千新公路（外青松公路—沈砖公路）道路改建工程初步设计文件及审查意见征询函》

6.《河道蓝线图》

7.《城市桥梁设计规范》CJJ 11—2011

8.《公路工程技术标准》JTG B01—2014

9.《公路桥涵设计通用规范》JTG D60—2015

10.《公路钢筋混凝土及预应力混凝土桥涵设计规范》JTG D62—2004

11.《公路桥涵地基与基础设计规范》JTG D63—2007

12.《地基基础设计规范》DGJ 08-11—2010
13.《城市桥梁抗震设计规范》CJJ 166—2011
14.《公路桥梁抗震设计细则》JTG/T B02-01—2008
15.《混凝土结构耐久性设计规范》GB/T 50476—2008
16.《工程结构可靠性设计统一标准》GB 50153—2008
17.《公路交通安全设施设计细则》JTG/T D81—2006

三、荷载设计标准

1. 道路等级：二级公路，参照城市主干路标准。

2. 设计荷载：城-A 级，人群荷载按《城市桥梁设计规范》CJJ 11—2011 采用。

3. 设计基准期 100 年，设计使用年限 50 年。

4. 桥梁结构混凝土耐久性的环境类别为Ⅰ类，设计安全等级为一级。

5. 河道蓝线规划河口宽 20m，梁高控制标高≥4.2m。

6. 抗震要求：抗震设防烈度 7 度，设计基本地震加速度为 0.1g，桥梁抗震设防类别丙类，桥梁 E1 地震调整系数为 0.46，E2 地震调整系数为 2.2，抗震设计方法 A 类。

7. 桥面布置：0.3m(栏杆)＋3m(人行道)＋3.5m(非机动车道)＋1.75m(机非分隔带)＋11.5m(机动车道)＋0.5m(中央分隔栏)＋11.5m(机动车道)＋1.75m(机非分隔带)＋3.5m(非机动车道)＋3m(人行道)＋0.3m(栏杆)＝40.6m。

8. 桥面横坡：双向坡 2%。

9. 本桥为正文。

四、结构设计说明

1. 本桥跨径组合：10＋16＋10＝36m，简支梁结构。

2. 桥梁上部结构：10m 跨采用 10m 预应力混凝土空心板，梁高为 520mm；16m 跨采用 16m 预应力混凝土空心板，梁高为 820mm。

3. 桥梁下部结构：采用轻型桥台并设置搭板，排架式桥墩，基础采用 ϕ800 的钻孔灌注桩。

4. 桥面铺装：最小厚度 80mm 钢筋混凝土调平层＋1mm 防水层＋100mm 沥青混凝土铺装。

5. 桥台处设置型钢伸缩缝，桥墩处设置桥面连续。

6. 支座：10m 板梁与 16m 板梁采用 GYZ200mm×35mm 板式橡胶支座，桥梁墩台挡块内侧与板梁间设置 200mm×400mm×21mm 侧向抗震橡胶块。

7. 桥面排水：在人行道下设置 ϕ100UPVC 泄水管，间距 4m，雨水直接排入河中。

五、施工注意事项

1. 施工前应认真熟悉图纸，各图纸应相互对照，以确保施工放线的准确。

2. 施工单位进场后，应根据图纸结构尺寸进行施工放样，若与图纸尺寸不符，出入较大者，应及时通知设计协调解决，钢筋尺寸可按现场放样尺寸作适当调整。

3. 墩台施工放样应根据道路中线桩及对应里程进行控制，同时应注意桥墩承台中心线与分孔线之间有无偏心距及偏心方向，确认无误后方可进行桩基施工。

4. 应认真熟悉《岩土工程勘察报告》，了解工程地质特点；桩基施工前，应对所有桩位进行一定深度的明挖，以探明地下可能的管线及障碍物，并采取必要的措施以确保地下管线及施工安全。

如影响桩基施工，则应及时通知建设方、设计单位等协调解决。

5. 应根据《岩土工程勘察报告》所反映的工程地质特点，选用合适的钻孔设备及相应施工工艺，桩基施工按相关施工技术规范规程要求进行。吊装钢筋笼时注意避开桥梁上空的架空线，严防架空线受损。

6. 应根据河道等现场实际情况仔细核对图纸，现场放样确定尺寸及斜交角度等无误后，再预制板梁。如有问题应及时与设计单位联系。

7. 预制空心板梁采用胶囊为内模，施工时必须采取定位措施以防浮动，一般可用箍筋或加定位钢筋固定。

8. 在梁体预制和施工放样时，应注意伸缩缝，栏杆等的预埋件的设置。

9. 为使桥面铺装及栏杆与预制板紧密结合成整体，预制板时顶层及边梁的悬臂侧必须拉毛，严禁板顶及边梁的悬臂侧滞留油腻。

10. 预制空心板起吊和搬运，应在混凝土达到设计强度的80%后方可进行，构件堆放和运输时，垫木支承位置应与吊点位置一致，各层垫木应放置在同一条垂直线上，一般以两层为宜，不得超过三层。

11. 墩台盖梁及台帽混凝土达到其设计强度后，方可架梁；架梁时要对称架梁。

12. 空心板安装后混凝土强度达到设计等级后，方可浇筑桥面铺装和铰链混凝土，桥面铺装与铰缝混凝土应一次浇筑。

13. 为加强预制板梁横向连接，以免板梁横向位移和桥面纵向裂缝，保证桥面铺装参与梁体共同受力，预制板梁顶面的外伸钢筋应与桥面铺装钢筋绑扎连成一体，不得将外伸钢筋压平至梁面，且与铺装钢筋互不相连。

14. 浇筑铰链，湿接缝及桥面铺装混凝土前，必须用钢刷清除结合面上的浮浆，用水冲洗干净后再进行混凝土浇筑，并切实注意钢筋网内混凝土的捣实及养护工作。

15. 伸缩缝的安装应严格按照伸缩缝安装施工说明进行施工，桥台背墙顶部施工时，应预留出安装伸缩缝的位置并预埋伸缩缝安装钢筋。

16. 桥面铺装的混凝土强度未达到设计强度的80%，禁止车辆通行。

17. 桥梁投影面内及周边一定范围内的管线施工过程中，应注意采取安全防护措施。

18. 在沥青混凝土铺装前，应将桥面冲洗干净，涂防水层，然后摊铺沥青混凝土。

19. 施工中执行的主要规范和规程：

《城市桥梁工程施工与质量验收规范》CJJ 2—2008

《城市桥梁工程施工质量验收规范》DGJ 08-117—2005

《市政地下工程施工质量验收规范》DG/TJ 08-236—2006

《钻孔灌注桩施工规程》DG/TJ 08-202—2007

《公路桥涵施工技术规范》JTG/T F50—2011

《公路工程质量检验评定标准　第一册　土建工程》JTG F80/1—2004

其他未尽事宜详见施工图，施工时须按有关施工规范、规程及有关条例办理。

（2）桥位平面图

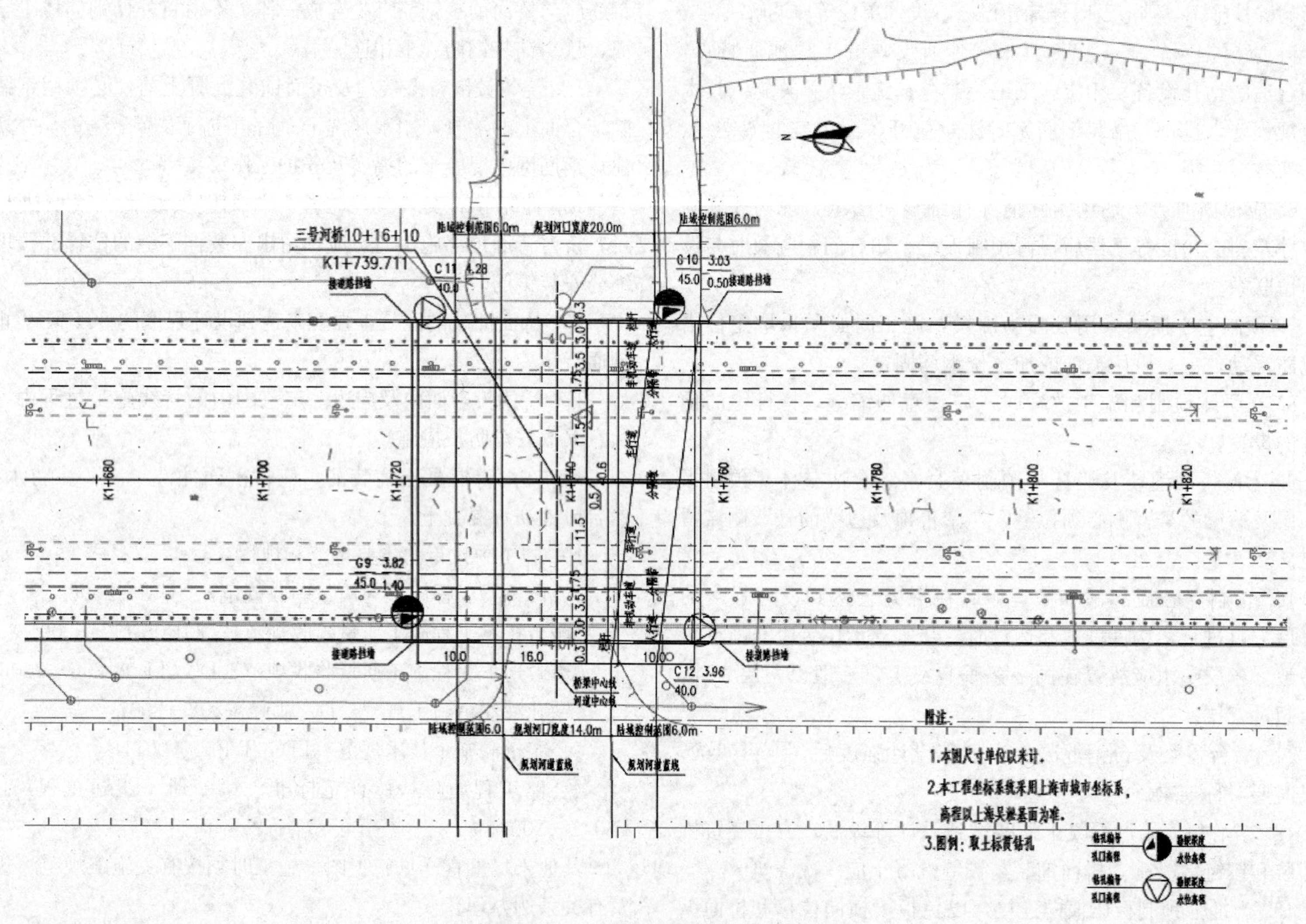

图 4 桥-01　桥位平面图（1：500）

（3）总平面布置图

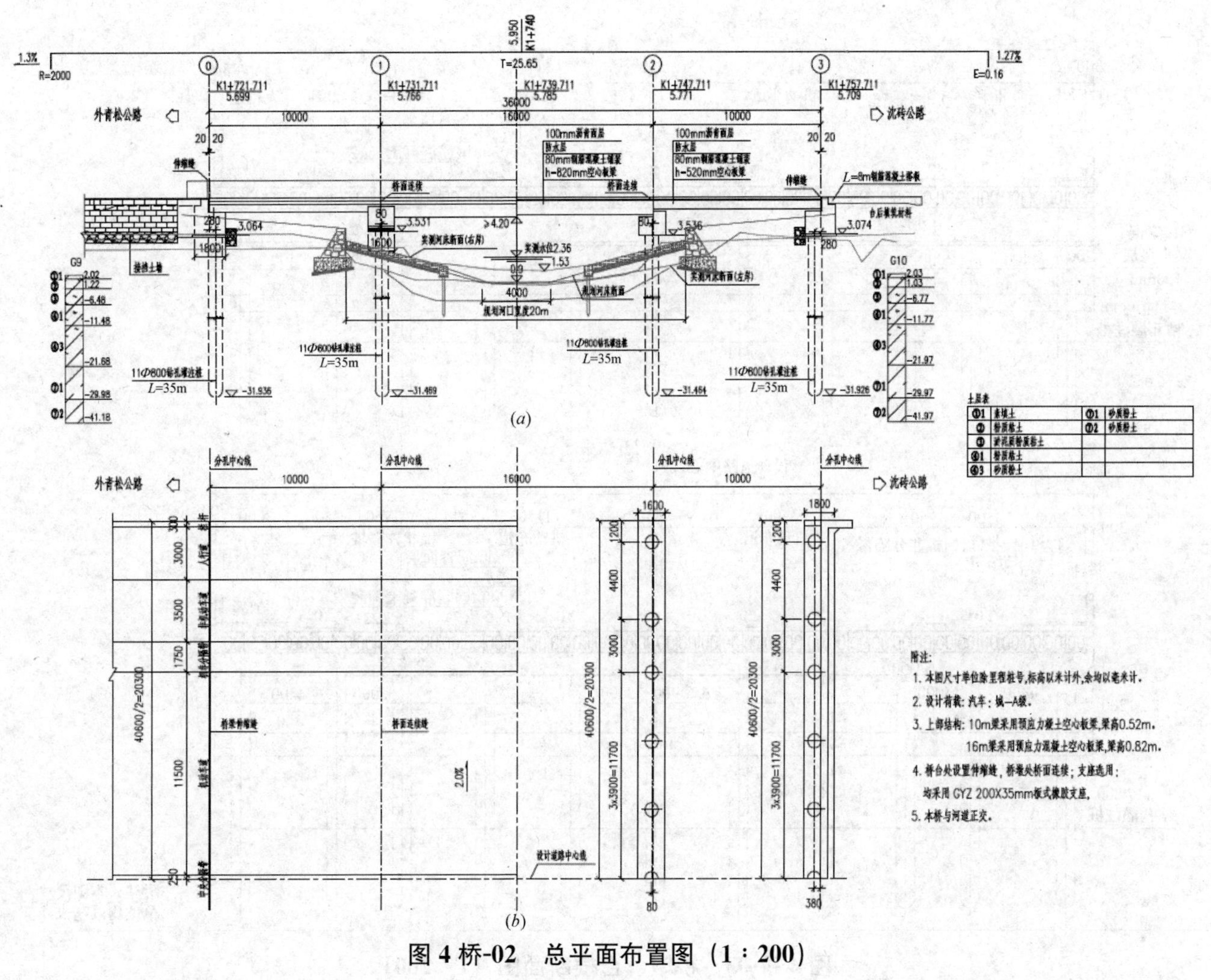

图 4 桥-02　总平面布置图（1：200）

（*a*）立面图；（*b*）1/2 平面图

（4）桥墩、台横断面图

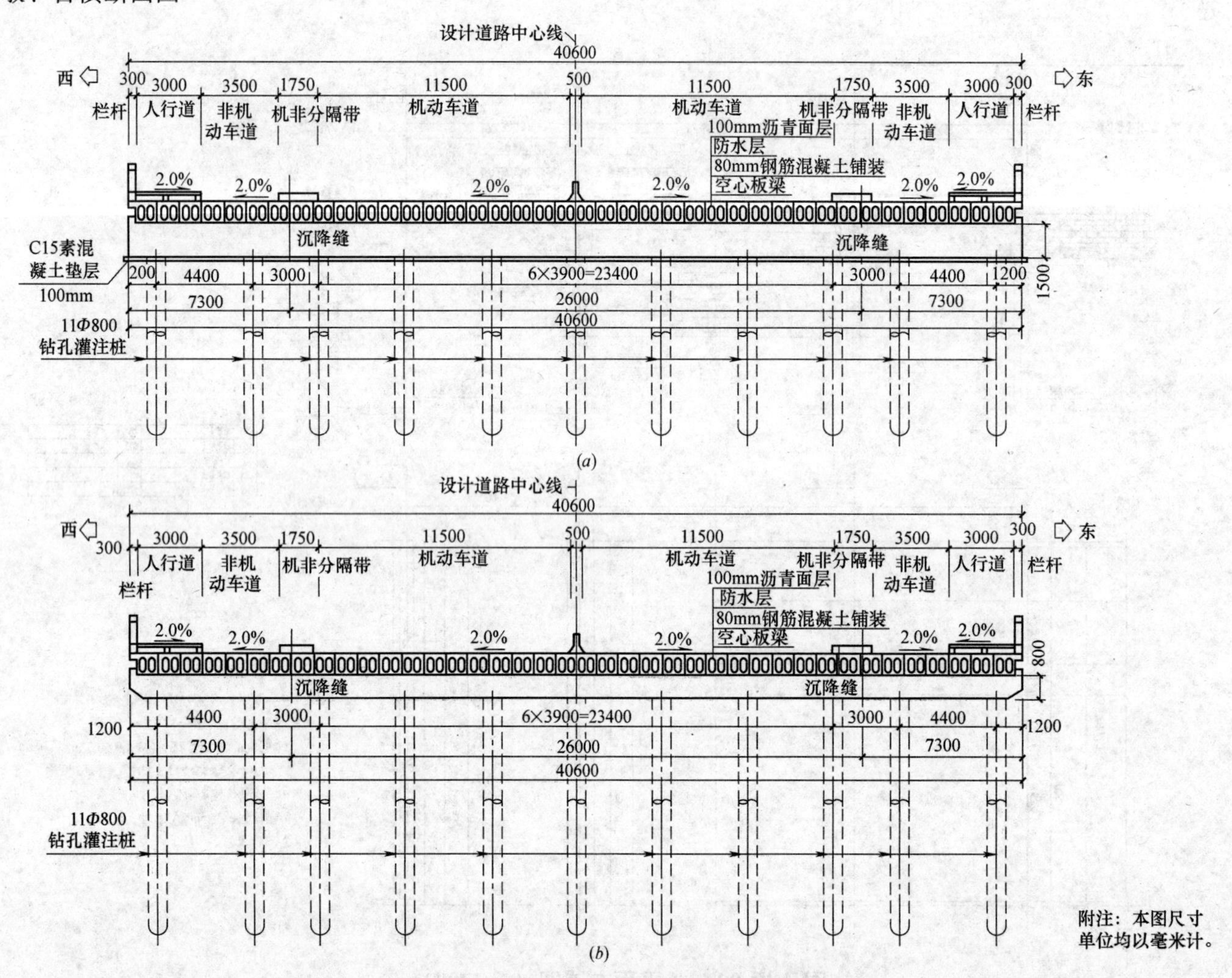

图4桥-03　桥墩、台横断面图（1∶200）

（*a*）桥台横断面图；（*b*）桥墩横断面图

（5）桩位平面图

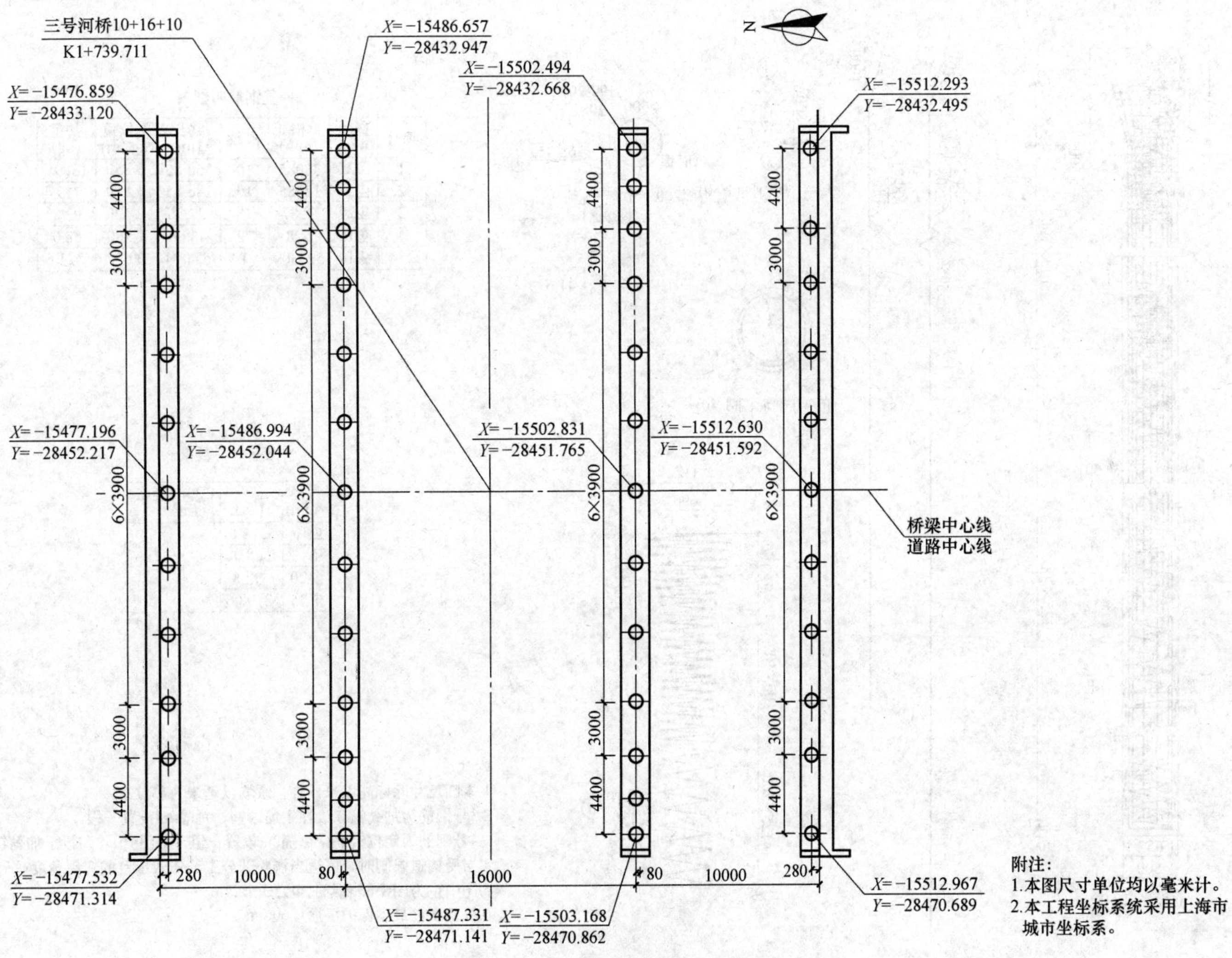

附注：
1.本图尺寸单位均以毫米计。
2.本工程坐标系统采用上海市城市坐标系。

图4桥-04　桩位平面图（1∶250）

（6）*D*800 钻孔灌注桩钢筋构造图

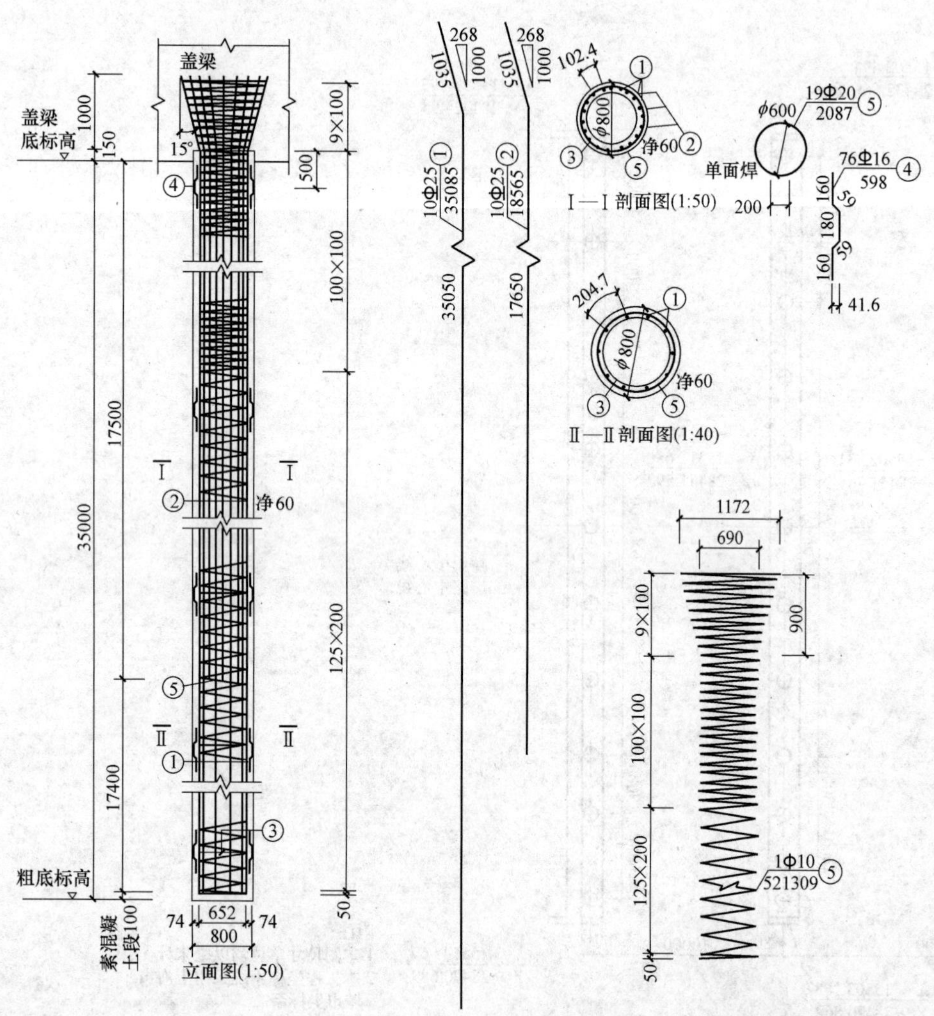

桩基钢筋明细表

编号	直径(mm)	单根长(mm)	根数	共长(m)	单位重(kg/m)	共重(kg)
1	Φ25	36085	10	360.85	3.850	1389.3
2	Φ25	18685	10	186.85	3.850	719.4
3	Φ20	2087	18	37.56	2.470	92.8
4	Φ16	598	72	43.06	1.580	68.0
5	Φ10	521309	1	521.31	0.617	321.6

一个桩基材料数量表

直径(mm)	总重(kg)	C30混凝土(m^3)
Φ10	321.6	17.7
Φ16	68.0	
Φ20	92.8	
Φ25	2108.6	

附注：

1.本图尺寸除标高以米计外，余均以毫米为单位。

2.3号钢筋为加劲箍，设在主筋内壁，每隔2m设置一根。

3.4号钢筋为定位钢筋，每隔2m设置一组，每组4根均匀设于加劲箍四周。

4.当受构造限制时，可适当调整部分主筋伸入承台的弯斜角度。

5.图中Φ为HRB335钢筋，Φ为HPB235。

6.桩基主筋最小保护层厚度60mm。

图 4 桥-05　*D*800 钻孔灌注桩钢筋构造图

（7）桥台构造图

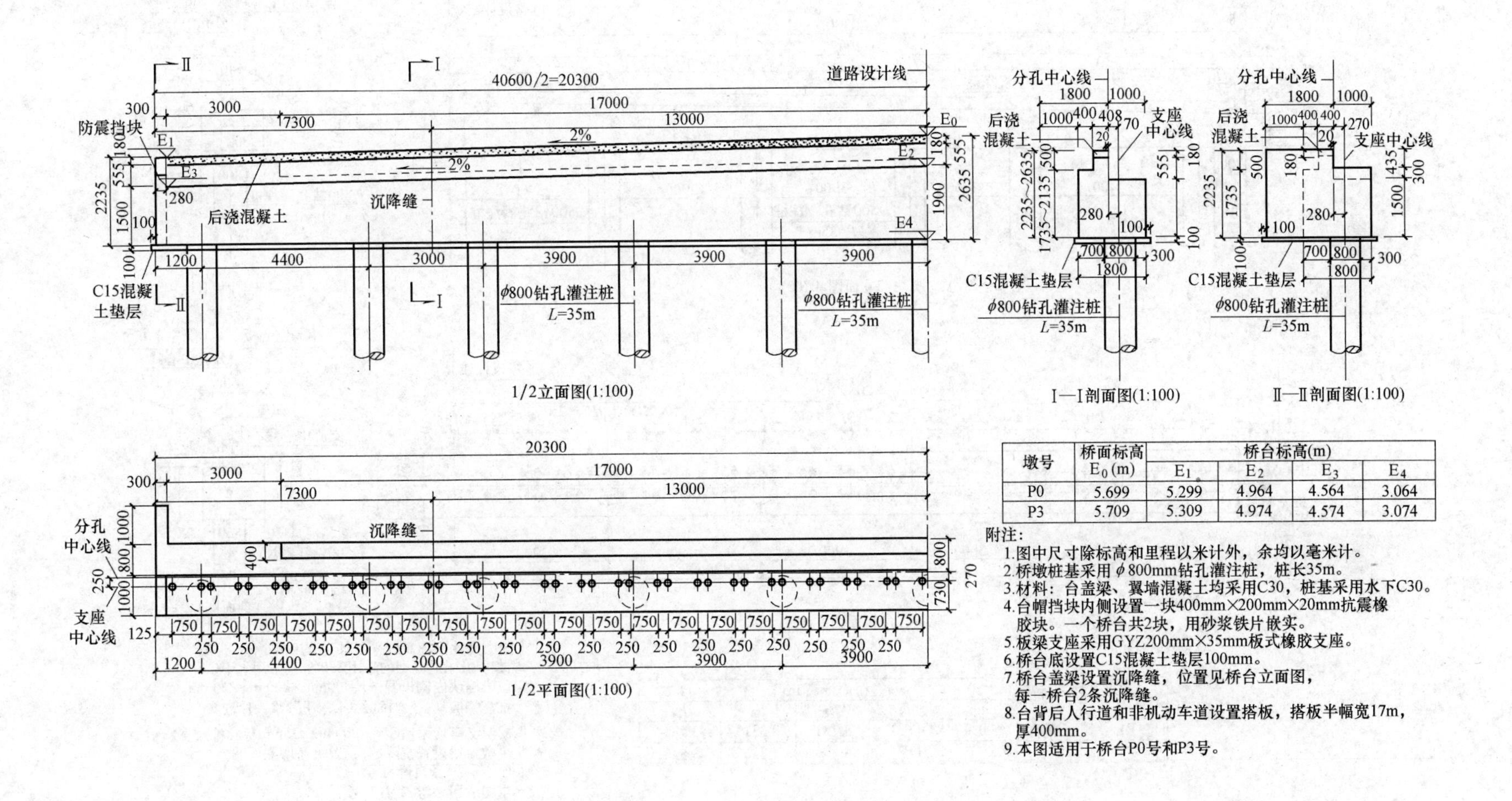

墩号	桥面标高 E_0(m)	桥台标高(m)			
		E_1	E_2	E_3	E_4
P0	5.699	5.299	4.964	4.564	3.064
P3	5.709	5.309	4.974	4.574	3.074

附注：

1. 图中尺寸除标高和里程以米计外，余均以毫米计。
2. 桥墩桩基采用 φ800mm钻孔灌注桩，桩长35m。
3. 材料：台盖梁、翼墙混凝土均采用C30，桩基采用水下C30。
4. 台帽挡块内侧设置一块400mm×200mm×20mm抗震橡胶块。一个桥台共2块，用砂浆铁片嵌实。
5. 板梁支座采用GYZ200mm×35mm板式橡胶支座。
6. 桥台底设置C15混凝土垫层100mm。
7. 桥台盖梁设置沉降缝，位置见桥台立面图，每一桥台2条沉降缝。
8. 台背后人行道和非机动车道设置搭板，搭板半幅宽17m，厚400mm。
9. 本图适用于桥台P0号和P3号。

图 4 桥-06　桥台构造图

（8）桥墩构造图

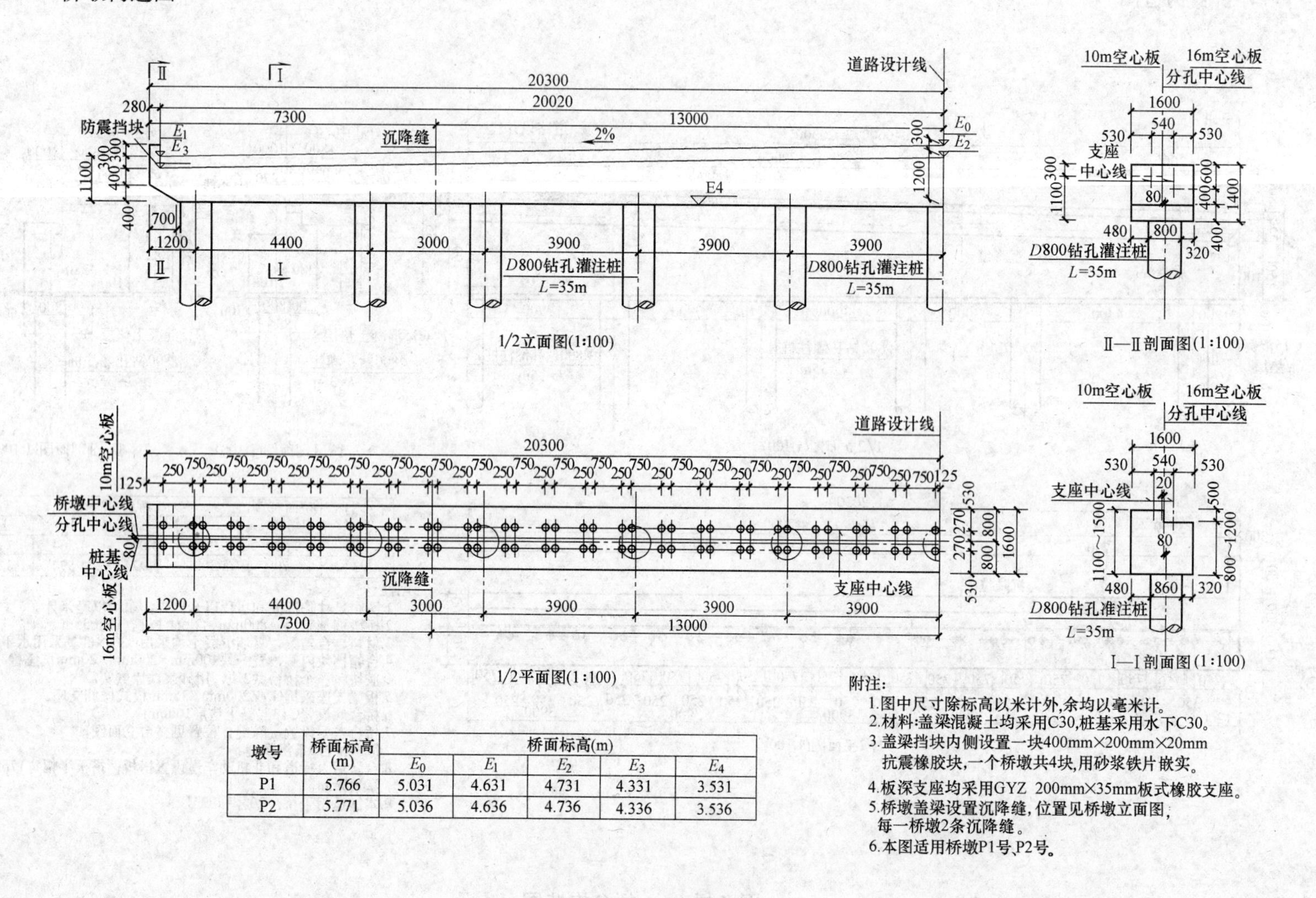

墩号	桥面标高(m)	桥面标高(m)				
		E_0	E_1	E_2	E_3	E_4
P1	5.766	5.031	4.631	4.731	4.331	3.531
P2	5.771	5.036	4.636	4.736	4.336	3.536

附注：

1.图中尺寸除标高以米计外,余均以毫米计。

2.材料:盖梁混凝土均采用C30,桩基采用水下C30。

3.盖梁挡块内侧设置一块400mm×200mm×20mm抗震橡胶块,一个桥墩共4块,用砂浆铁片嵌实。

4.板深支座均采用GYZ 200mm×35mm板式橡胶支座。

5.桥墩盖梁设置沉降缝,位置见桥墩立面图,每一桥墩2条沉降缝。

6.本图适用桥墩P1号、P2号。

图 4 桥-07　桥墩构造图

（9）桥台钢筋构造图

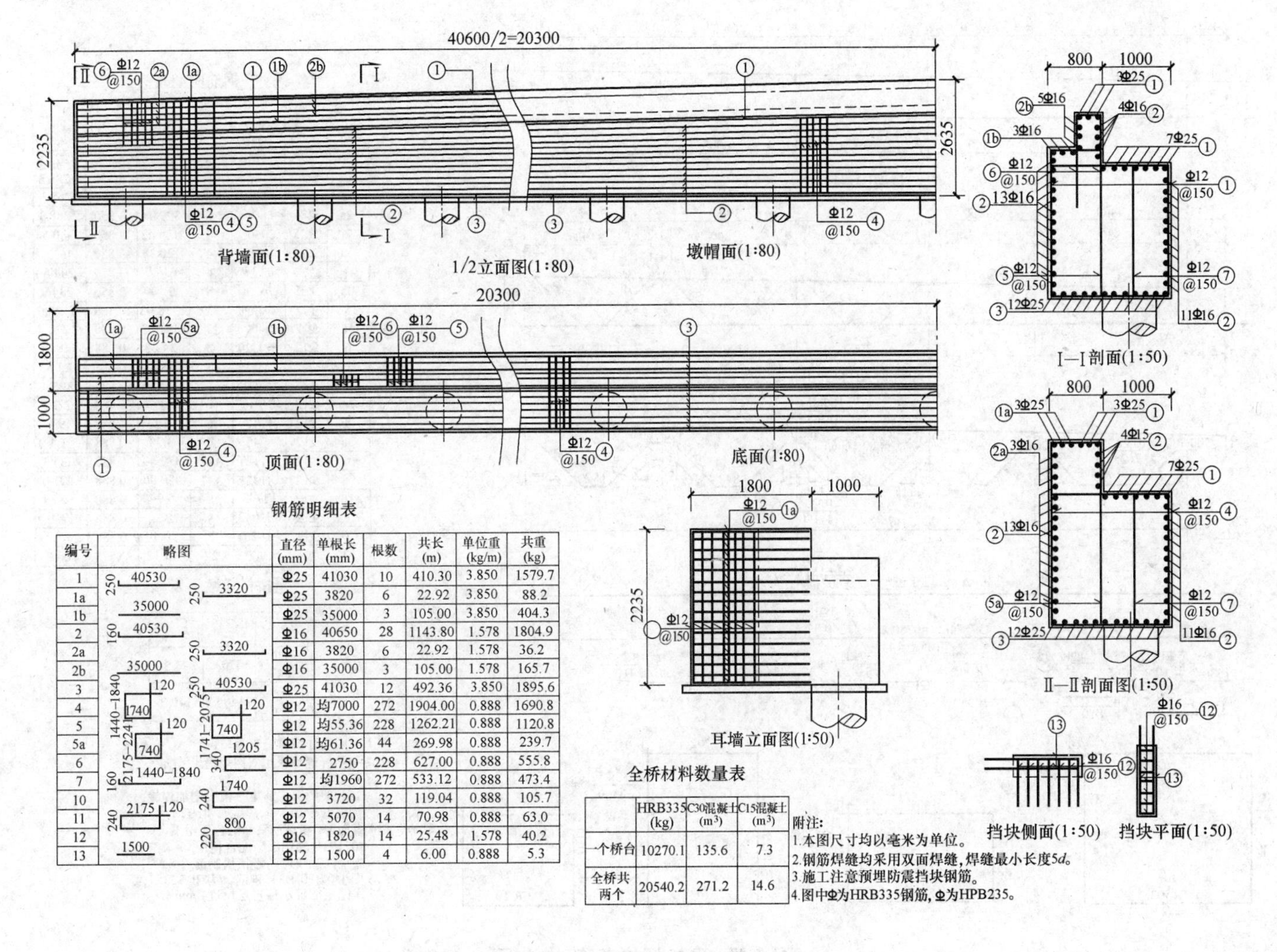

钢筋明细表

编号	略图	直径(mm)	单根长(mm)	根数	共长(m)	单位重(kg/m)	共重(kg)
1		Φ25	41030	10	410.30	3.850	1579.7
1a		Φ25	3820	6	22.92	3.850	88.2
1b		Φ25	35000	3	105.00	3.850	404.3
2		Φ16	40650	28	1143.80	1.578	1804.9
2a		Φ16	3820	6	22.92	1.578	36.2
2b		Φ16	35000	3	105.00	1.578	165.7
3		Φ25	41030	12	492.36	3.850	1895.6
4		Φ12	均7000	272	1904.00	0.888	1690.8
5		Φ12	均55.36	228	1262.21	0.888	1120.8
5a		Φ12	均61.36	44	269.98	0.888	239.7
6		Φ12	2750	228	627.00	0.888	555.8
7		Φ12	均1960	272	533.12	0.888	473.4
10		Φ12	3720	32	119.04	0.888	105.7
11		Φ12	5070	14	70.98	0.888	63.0
12		Φ16	1820	14	25.48	1.578	40.2
13		Φ12	1500	4	6.00	0.888	5.3

全桥材料数量表

	HRB335 (kg)	C30混凝土 (m^3)	C15混凝土 (m^3)
一个桥台	10270.1	135.6	7.3
全桥共两个	20540.2	271.2	14.6

附注：
1.本图尺寸均以毫米为单位。
2.钢筋焊缝均采用双面焊缝，焊缝最小长度5*d*。
3.施工注意预埋防震挡块钢筋。
4.图中Φ为HRB335钢筋，Φ为HPB235。

图4桥-08　桥台钢筋构造图

(10) 桥墩钢筋构造图

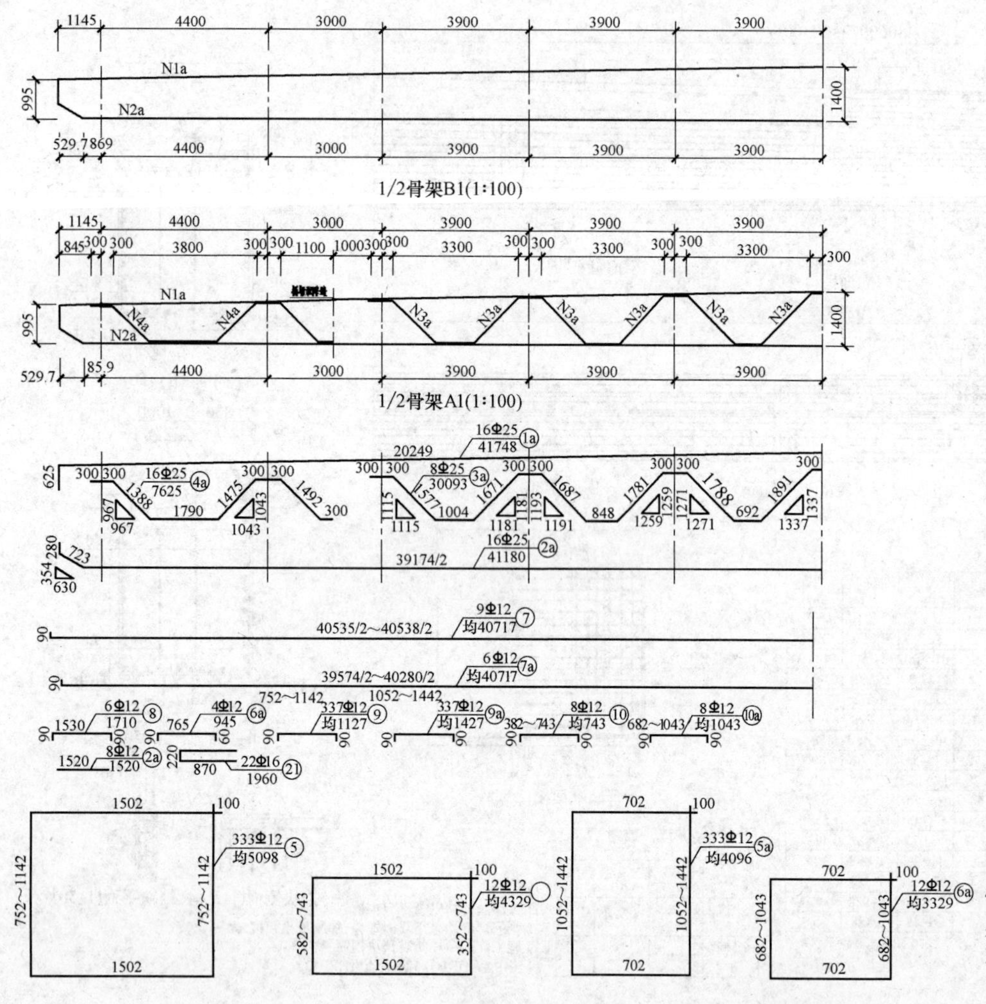

钢筋明细表

编号	直径(mm)	单根长(mm)	根数	共长(m)	单位重(kg/m)	共重(kg)
1	Φ25	41148	8	329.18	3.850	1267.3
1a	Φ25	41748	8	333.98	3.850	1285.8
2	Φ25	41180	8	329.44	3.850	1268.3
2a	Φ25	41180	8	329.44	3.850	1268.3
3	Φ25	28606	4	114.42	3.850	440.5
3a	Φ25	30096	4	120.38	3.850	463.5
4	Φ25	79.37	8	63.50	3.850	244.5
4a	Φ25	7625	8	61.00	3.850	234.9
5	Φ12	均5098	337	1718.03	0.888	1525.6
5a	Φ12	均4098	337	1381.03	0.888	1226.4
6	Φ12	均4329	8	34.63	0.888	30.8
6a	Φ12	均3329	8	26.63	0.888	23.6
7	Φ12	均40717	9	366.45	0.888	325.4
7a	Φ12	均40107	6	240.64	0.888	213.7
8	Φ12	1710	6	10.26	0.888	9.1
8a	Φ12	945	4	3.78	0.888	3.4
9	Φ12	均1127	337	379.80	0.888	337.3
9a	Φ12	均1427	337	480.90	0.888	427.0
10	Φ12	均743	8	5.94	0.888	5.3
10a	Φ12	均1043	8	8.34	0.888	7.4
20	Φ12	1520	20	30.40	0.888	27.0
21	Φ16	1960	22	43.12	1.578	68.0

全桥材料数量表

	HRB335(kg)	C30混凝土(m³)
一个桥墩	10703.1	74.5
全桥共两个	21406.2	149.0

附注:

1. 本图尺寸均以毫米为单位。
2. 钢筋焊缝均采用双面焊缝,焊缝最小长度5d。
3. 在骨架两根主筋重叠段应增加焊缝,焊缝间距100cm,焊缝长度为2.5d。
4. 纵筋9,9a与箍筋5、5a配合使用,撑筋10、10a与箍筋6、6a配合使用。
5. 施工注意预埋防震挡块制筋。
6. 图中Φ为HRB335钢筋,Φ为HPB235。
7. 本图主筋最小保护层厚度40mm。

图4 桥-09 桥墩钢筋构造图

（11）16m 预应力混凝土空心板梁（边板）

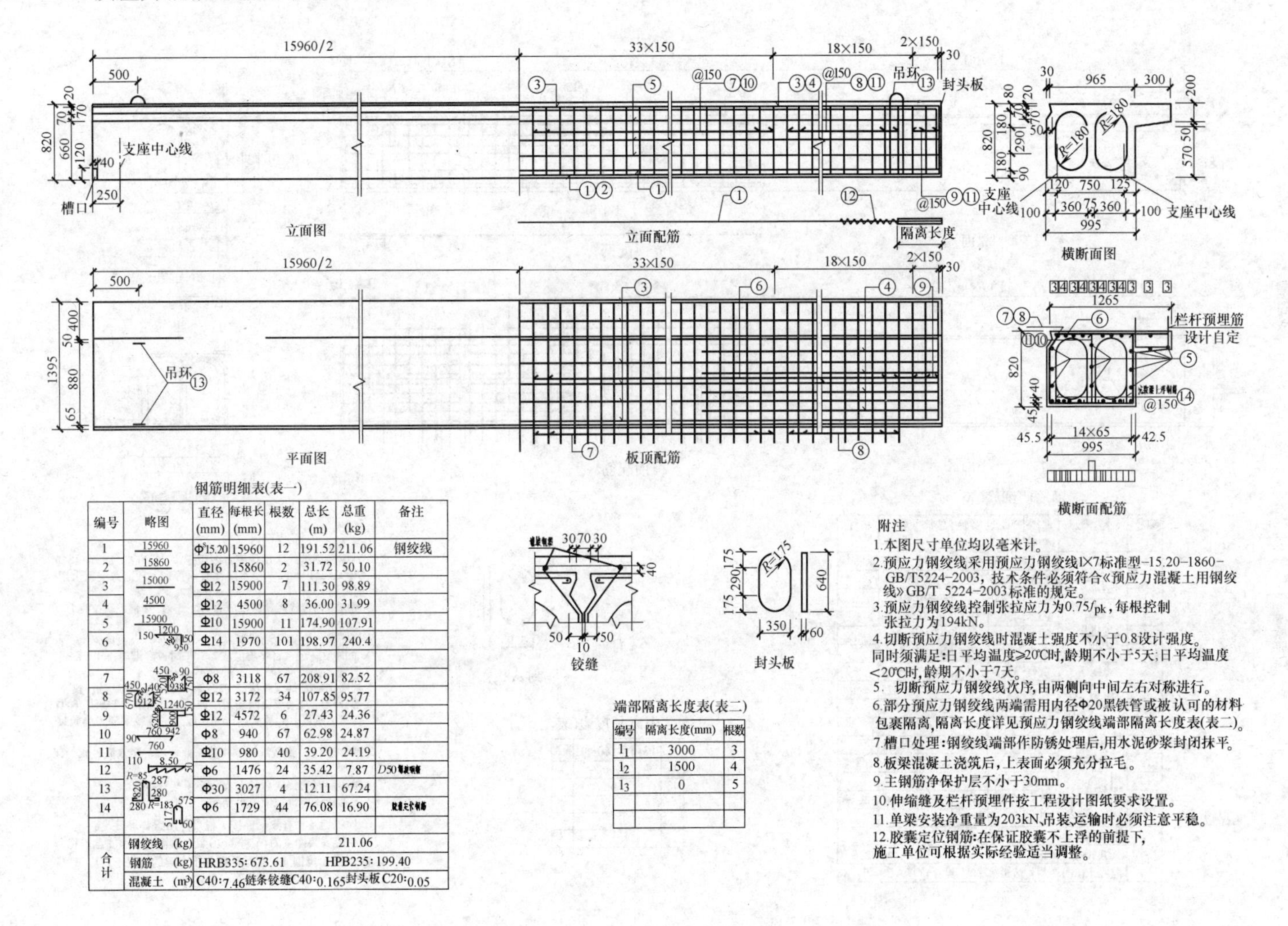

钢筋明细表(表一)

编号	略图	直径(mm)	每根长(mm)	根数	总长(m)	总重(kg)	备注
1	15960	Φ^s15.20	15960	12	191.52	211.06	钢绞线
2	15860	Φ16	15860	2	31.72	50.10	
3	15000	Φ12	15900	7	111.30	98.89	
4	4500	Φ12	4500	8	36.00	31.99	
5	15900	Φ10	15900	11	174.90	107.91	
6	150 1200 150 950	Φ14	1970	101	198.97	240.4	
7	450 90 938 750	Φ8	3118	67	208.91	82.52	
8	450 140 670 912	Φ12	3172	34	107.85	95.77	
9	1240 620 900	Φ12	4572	6	27.43	24.36	
10	90 760 942	Φ8	940	67	62.98	24.87	
11	760	Φ10	980	40	39.20	24.19	
12	110 8.50	Φ6	1476	24	35.42	7.87	D50
13	R=85 287 820 280 280	Φ30	3027	4	12.11	67.24	
14	R=183 575 517 60	Φ6	1729	44	76.08	16.90	
合计	钢绞线 (kg)	211.06					
	钢筋 (kg)	HRB335: 673.61			HPB235: 199.40		
	混凝土 (m³)	C40: 7.46 链条铰缝C40: 0.165 封头板C20: 0.05					

端部隔离长度表(表二)

编号	隔离长度(mm)	根数
l_1	3000	3
l_2	1500	4
l_3	0	5

附注

1.本图尺寸单位均以毫米计。

2.预应力钢绞线采用预应力钢绞线1×7标准型-15.20-1860-GB/T5224-2003，技术条件必须符合《预应力混凝土用钢绞线》GB/T 5224-2003标准的规定。

3.预应力钢绞线控制张拉应力为0.75f_{pk}，每根控制张拉力为194kN。

4.切断预应力钢绞线时混凝土强度不小于0.8设计强度。同时须满足：日平均温度≥20℃时，龄期不小于5天；日平均温度<20℃时，龄期不小于7天。

5. 切断预应力钢绞线次序，由两侧向中间左右对称进行。

6.部分预应力钢绞线两端需用内径Φ20黑铁管或被认可的材料包裹隔离，隔离长度详见预应力钢绞线端部隔离长度表(表二)。

7.槽口处理：钢绞线端部作防锈处理后，用水泥砂浆封闭抹平。

8.板梁混凝土浇筑后，上表面必须充分拉毛。

9.主钢筋净保护层不小于30mm。

10.伸缩缝及栏杆预埋件按工程设计图纸要求设置。

11.单梁安装净重量为203kN、吊装、运输时必须注意平稳。

12.胶囊定位钢筋：在保证胶囊不上浮的前提下，施工单位可根据实际经验适当调整。

图 4 桥-10　16m 预应力混凝土空心板梁（边板）

(12）16m 预应力混凝土空心板梁（中板）

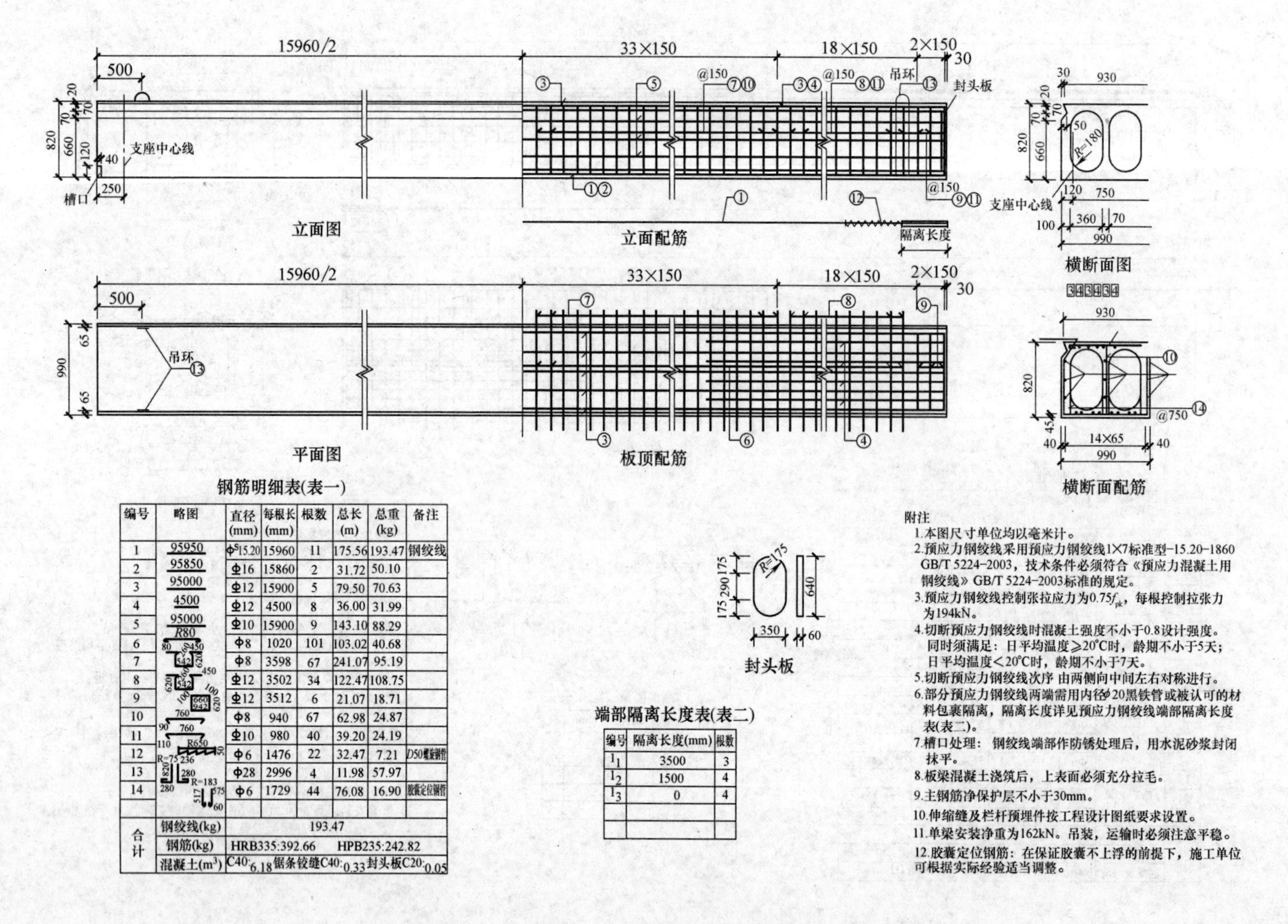

钢筋明细表(表一)

编号	略图	直径(mm)	每根长(mm)	根数	总长(m)	总重(kg)	备注
1	95950	Φ^{s}15.20	15960	11	175.56	193.47	钢绞线
2	95850	Φ16	15860	2	31.72	50.10	
3	95000	Φ12	15900	5	79.50	70.63	
4	4500	Φ12	4500	8	36.00	31.99	
5	95000	Φ10	15900	9	143.10	88.29	
6	R80	ϕ8	1020	101	103.02	40.68	
7		ϕ8	3598	67	241.07	95.19	
8		Φ12	3502	34	122.47	108.75	
9		Φ12	3512	6	21.07	18.71	
10	760	ϕ8	940	67	62.98	24.87	
11	760	Φ10	980	40	39.20	24.19	
12	R650	ϕ6	1476	22	32.47	7.21	D50螺旋钢管
13		ϕ28	2996	4	11.98	57.97	
14		ϕ6	1729	44	76.08	16.90	胶囊定位钢管
合计	钢绞线(kg)	193.47					
	钢筋(kg)	HRB335:392.66 HPB235:242.82					
	混凝土(m^3)	C40:6.18 锯条铰缝C40:0.33 封头板C20:0.05					

端部隔离长度表(表二)

编号	隔离长度(mm)	根数
l_1	3500	3
l_2	1500	4
l_3	0	4

附注

1.本图尺寸单位均以毫米计。
2.预应力钢绞线采用预应力钢绞线1×7标准型-15.20-1860 GB/T 5224-2003，技术条件必须符合《预应力混凝土用钢绞线》GB/T 5224-2003标准的规定。
3.预应力钢绞线控制张拉应力为$0.75f_{pk}$，每根控制拉张力为194kN。
4.切断预应力钢绞线时混凝土强度不小于0.8设计强度。同时须满足：日平均温度≥20℃时，龄期不小于5天；日平均温度＜20℃时，龄期不小于7天。
5.切断预应力钢绞线次序 由两侧向中间左右对称进行。
6.部分预应力钢绞线两端需用内径ϕ20黑铁管或被认可的材料包裹隔离，隔离长度详见预应力钢绞线端部隔离长度表(表二)。
7.槽口处理： 钢绞线端部作防锈处理后，用水泥砂浆封闭抹平。
8.板梁混凝土浇筑后，上表面必须充分拉毛。
9.主钢筋净保护层不小于30mm。
10.伸缩缝及栏杆预埋件按工程设计图纸要求设置。
11.单梁安装净重为162kN。吊装，运输时必须注意平稳。
12.胶囊定位钢筋：在保证胶囊不上浮的前提下，施工单位可根据实际经验适当调整。

图 4 桥-11　16m 预应力混凝土空心板梁（中板）

（13）10m 预应力混凝土空心板梁（边板）

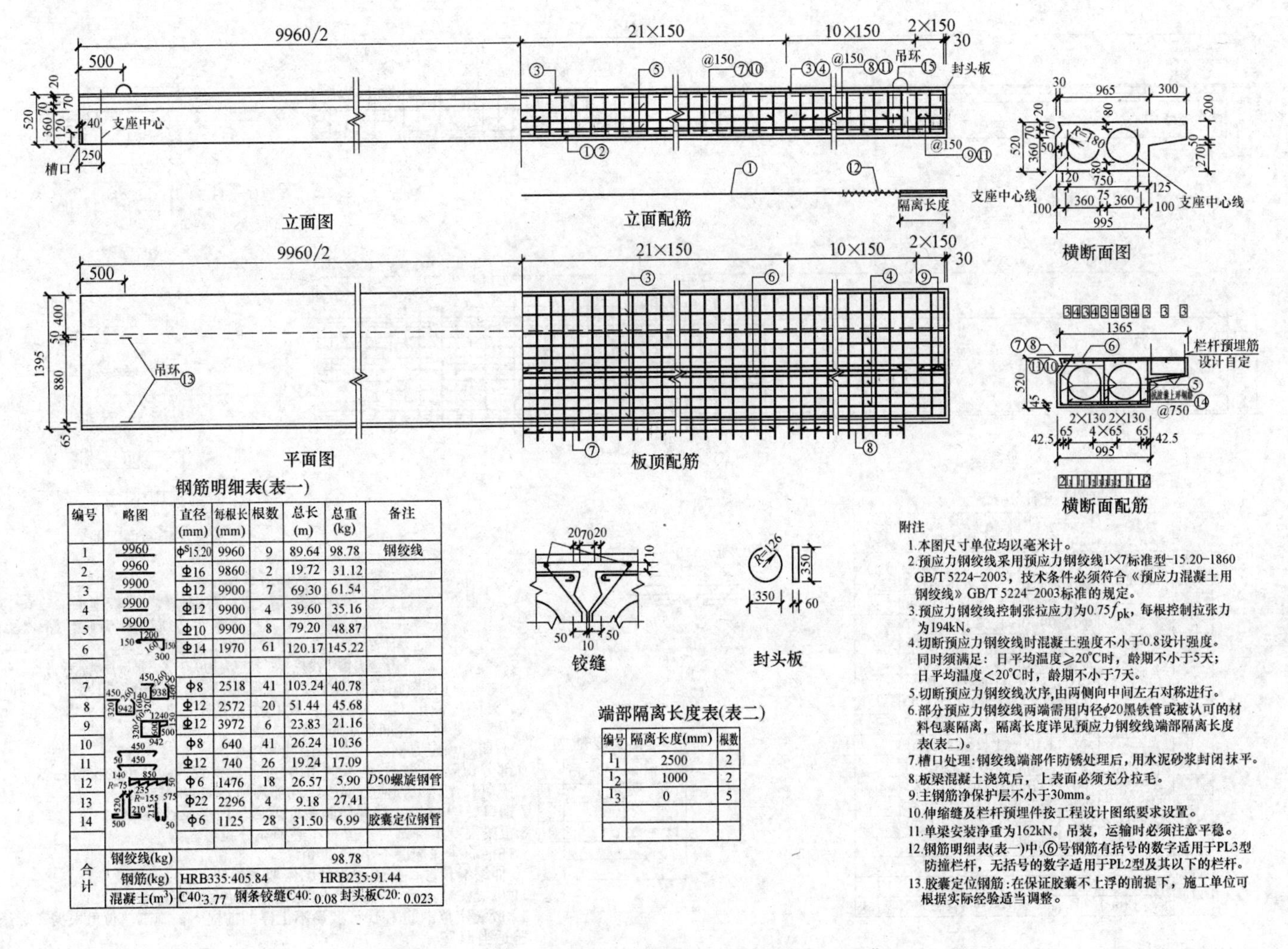

钢筋明细表(表一)

编号	略图	直径(mm)	每根长(mm)	根数	总长(m)	总重(kg)	备注
1	9960	ϕ^{S}15.20	9960	9	89.64	98.78	钢绞线
2	9960	Φ16	9860	2	19.72	31.12	
3	9900	Φ12	9900	7	69.30	61.54	
4	9900	Φ12	9900	4	39.60	35.16	
5	9900	Φ10	9900	8	79.20	48.87	
6		Φ14	1970	61	120.17	145.22	
7		Φ8	2518	41	103.24	40.78	
8		Φ12	2572	20	51.44	45.68	
9		Φ12	3972	6	23.83	21.16	
10		Φ8	640	41	26.24	10.36	
11		Φ12	740	26	19.24	17.09	
12		Φ6	1476	18	26.57	5.90	D50螺旋钢管
13		Φ22	2296	4	9.18	27.41	
14		Φ6	1125	28	31.50	6.99	胶囊定位钢管
合计	钢绞线(kg)	98.78					
	钢筋(kg)	HRB335:405.84			HRB235:91.44		
	混凝土(m^3)	C40:3.77	钢条铰缝C40:0.08		封头板C20:0.023		

端部隔离长度表(表二)

编号	隔离长度(mm)	根数
l_1	2500	2
l_2	1000	2
l_3	0	5

附注

1.本图尺寸单位均以毫米计。
2.预应力钢绞线采用预应力钢绞线1×7标准型-15.20-1860 GB/T 5224-2003，技术条件必须符合《预应力混凝土用钢绞线》GB/T 5224-2003标准的规定。
3.预应力钢绞线控制张拉应力为$0.75f_{pk}$，每根控制拉张力为194kN。
4.切断预应力钢绞线时混凝土强度不小于0.8设计强度。同时须满足：日平均温度≥20℃时，龄期不小于5天；日平均温度<20℃时，龄期不小于7天。
5.切断预应力钢绞线次序,由两侧向中间左右对称进行。
6.部分预应力钢绞线两端需用内径ϕ20黑铁管或被认可的材料包裹隔离，隔离长度详见预应力钢绞线端部隔离长度表(表二)。
7.槽口处理:钢绞线端部作防锈处理后,用水泥砂浆封闭抹平。
8.板梁混凝土浇筑后，上表面必须充分拉毛。
9.主钢筋净保护层不小于30mm。
10.伸缩缝及栏杆预埋件按工程设计图纸要求设置。
11.单梁安装净重为162kN。吊装，运输时必须注意平稳。
12.钢筋明细表(表一)中,⑥号钢筋有括号的数字适用于PL3型防撞栏杆，无括号的数字适用于PL2型及其以下的栏杆。
13.胶囊定位钢筋:在保证胶囊不上浮的前提下，施工单位可根据实际经验适当调整。

图 4 桥-12　10m 预应力混凝土空心板梁（边板）

（14）10m 预应力混凝土空心板梁（中板）

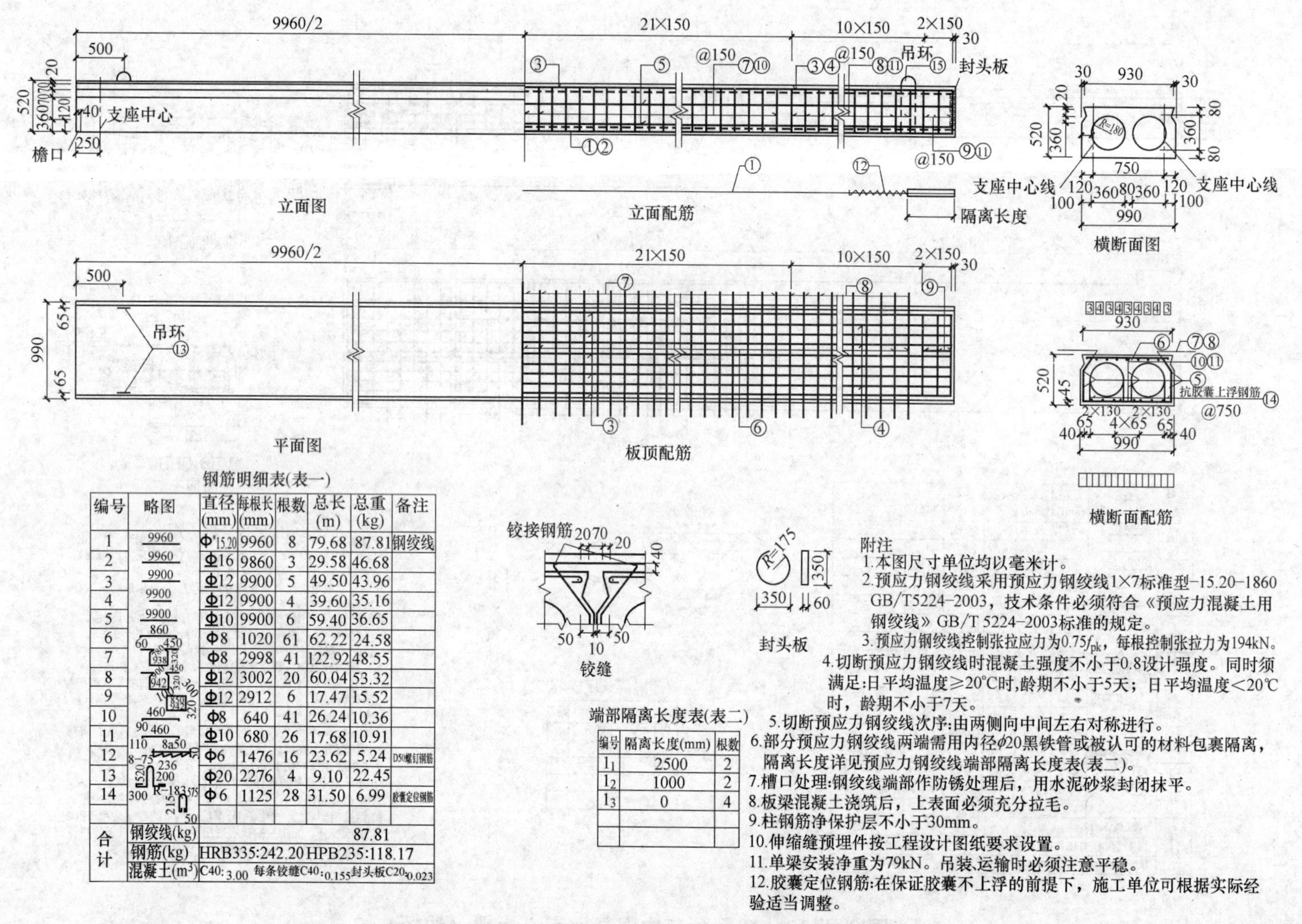

钢筋明细表(表一)

编号	略图	直径(mm)	每根长(mm)	根数	总长(m)	总重(kg)	备注
1	9960	Φ*15.20	9960	8	79.68	87.81	钢绞线
2	9960	Φ16	9860	3	29.58	46.68	
3	9900	Φ12	9900	5	49.50	43.96	
4	9900	Φ12	9900	4	39.60	35.16	
5	9900	Φ10	9900	6	59.40	36.65	
6	860	Φ8	1020	61	62.22	24.58	
7		Φ8	2998	41	122.92	48.55	
8		Φ12	3002	20	60.04	53.32	
9		Φ12	2912	6	17.47	15.52	
10	460	Φ8	640	41	26.24	10.36	
11	90 460	Φ10	680	26	17.68	10.91	
12		Φ6	1476	16	23.62	5.24	D50螺钉钢筋
13		Φ20	2276	4	9.10	22.45	
14		Φ6	1125	28	31.50	6.99	胶囊定位钢筋
合计	钢绞线(kg)	87.81					
	钢筋(kg)	HRB335:242.20 HPB235:118.17					
	混凝土(m^3)	C40: 3.00 每条铰缝C40: 0.155 封头板C20: 0.023					

端部隔离长度表(表二)

编号	隔离长度(mm)	根数
l_1	2500	2
l_2	1000	2
l_3	0	4

附注

1.本图尺寸单位均以毫米计。

2.预应力钢绞线采用预应力钢绞线1×7标准型-15.20-1860 GB/T5224-2003，技术条件必须符合《预应力混凝土用钢绞线》GB/T 5224-2003标准的规定。

3.预应力钢绞线控制张拉应力为$0.75f_{pk}$，每根控制张拉力为194kN。

4.切断预应力钢绞线时混凝土强度不小于0.8设计强度。同时须满足:日平均温度≥20°C时,龄期不小于5天；日平均温度＜20℃时，龄期不小于7天。

5.切断预应力钢绞线次序:由两侧向中间左右对称进行。

6.部分预应力钢绞线两端需用内径ϕ20黑铁管或被认可的材料包裹隔离，隔离长度详见预应力钢绞线端部隔离长度表(表二)。

7.槽口处理:钢绞线端部作防锈处理后，用水泥砂浆封闭抹平。

8.板梁混凝土浇筑后，上表面必须充分拉毛。

9.柱钢筋净保护层不小于30mm。

10.伸缩缝预埋件按工程设计图纸要求设置。

11.单梁安装净重为79kN。吊装、运输时必须注意平稳。

12.胶囊定位钢筋:在保证胶囊不上浮的前提下，施工单位可根据实际经验适当调整。

图 4 桥-13　10m 预应力混凝土空心板梁（中板）

（15）桥面铺装与人行道构造图

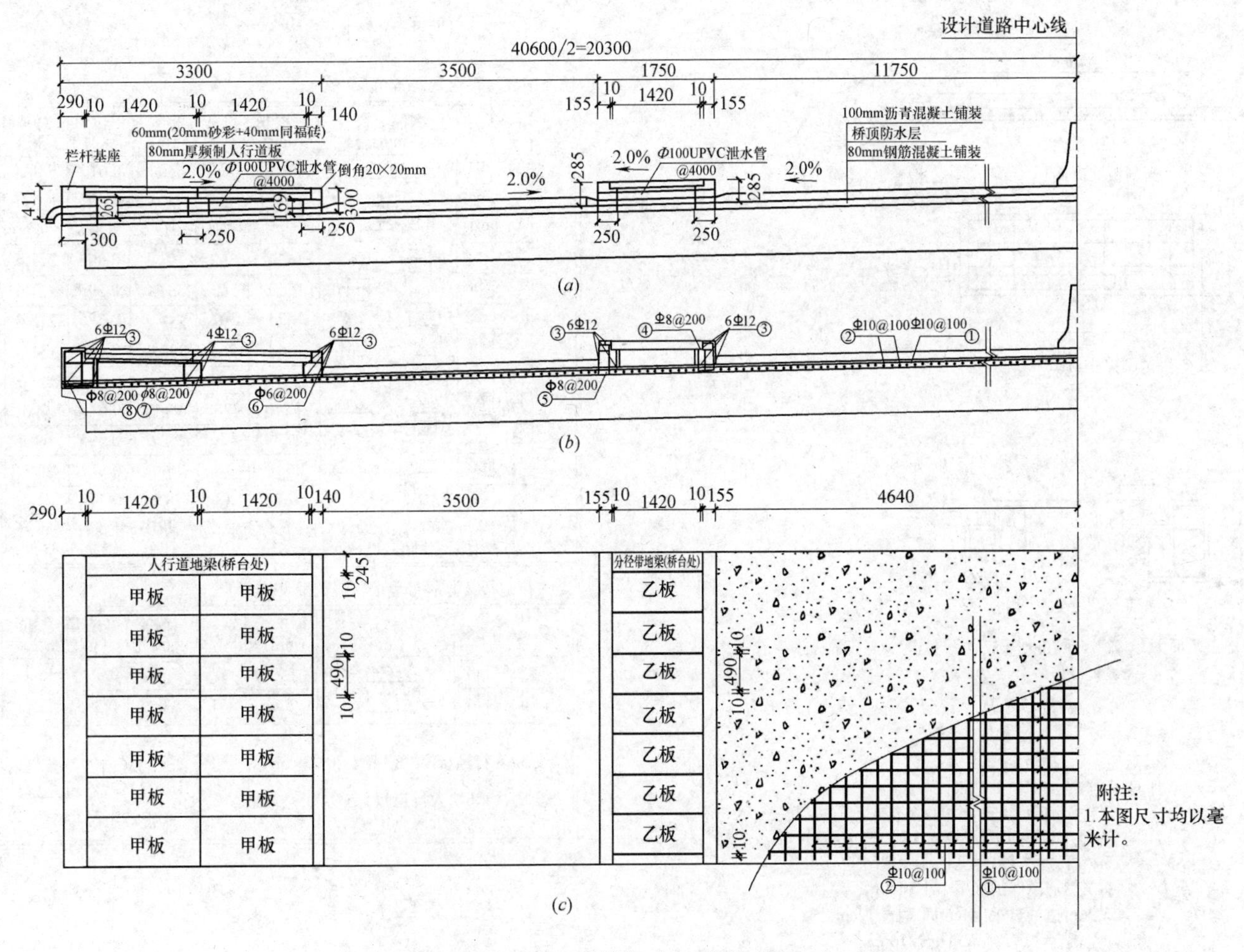

图 4 桥-14　桥面铺装与人行道构造图（1∶50）

（*a*）桥面构造图；（*b*）桥面钢筋图；（*c*）桥面平面配筋图

（16）桥面铺装与人行道钢筋布置图

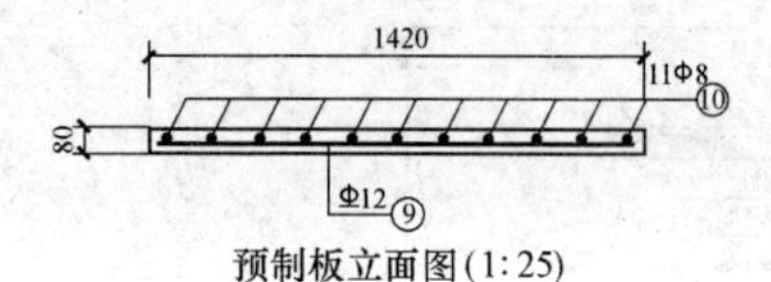

预制板立面图(1:25)

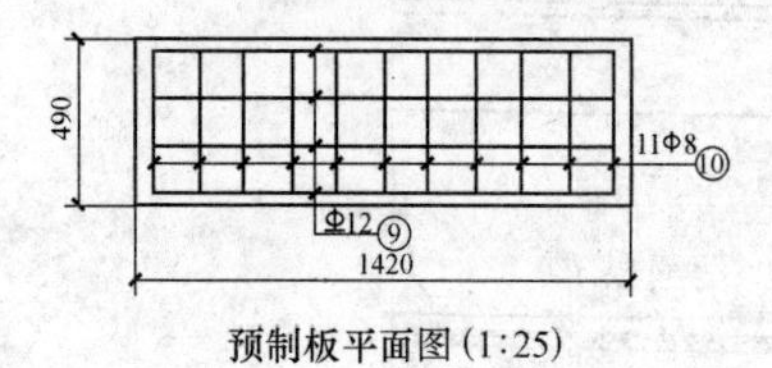

预制板平面图(1:25)

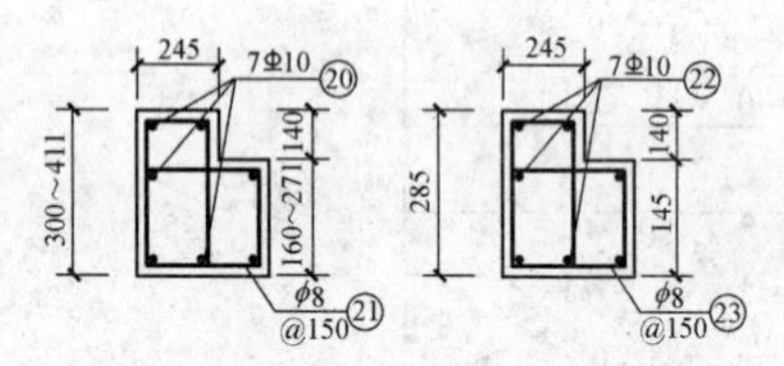

人行道地梁断面图(1:25) 分隔带地梁断面图(1:25)

桥面铺装材料数量表(全桥)

名称	编号	直径	钢筋大样(mm)	每根长(mm)	根数	总长(m)	单位重(kg)	总重(kg)
	1	Φ10	40540	40540	360	14594.4	0.617	9004.7
	2	Φ10	35940	35940	406	14591.6	0.617	9003.0
	3	Φ12	35940	35940	56	2012.6	0.888	1787.2
	4	Φ8		1550	362	561.1	0.395	221.6
	5	Φ8		1550	362	561.1	0.395	221.6
	6	Φ8		1530	362	553.9	0.395	218.8
	7	Φ8		1060	362	383.7	0.395	151.6
	8	Φ8		2375	362	859.8	0.395	339.6
	20	Φ10	3240	3240	28	90.7	0.617	56.0
	21	Φ8		均1845	136	250.9	0.395	99.1
	22	Φ10	1710	1710	28	47.9	0.617	29.5
	23	Φ8		1635	48	78.5	0.395	31.0
合计	C40混凝土:桥面铺装:116.9m³ C30:护轮槛等:25.2m³ HRB335钢筋:19880.4kg 沥青混凝土铺装:111.6m³ HPB235钢筋:1283.3kg							

人行道板及分隔带盖板材料数量表(全桥)

名称	编号	直径	钢筋大样(mm)	每根长(mm)	根数	总长(m)	单位重(kg)	总重(kg)
预制板	9	Φ12	1360	1360	4	5.44	0.888	4.8
	10	Φ8	50 450 50	550	11	6.05	0.395	2.4
每块人行道板 C30混凝土:0.058 m³ 全桥共426块人行道板					合计: HRB335钢筋:2044.8kg HPB235钢筋:1022.4kg C30混凝土:24.7m³			

附注：

1. 本图尺寸均以毫米计。
2. 桥面铺装为C40，护轮槛及人行道板混凝土为C30，Φ为HPB235钢筋，Φ为HRB235钢筋。
3. 栏杆预埋钢筋详见栏杆构造图。
4. 主钢筋净保护层不小于30mm。
5. 人行道铺装采用4cm同质砖，2cm砂浆，全桥合计砂浆4.32m³,砖216m。

图 4 桥-15　桥面铺装与人行道钢筋布置图

（17）栏杆、桥名牌构造图

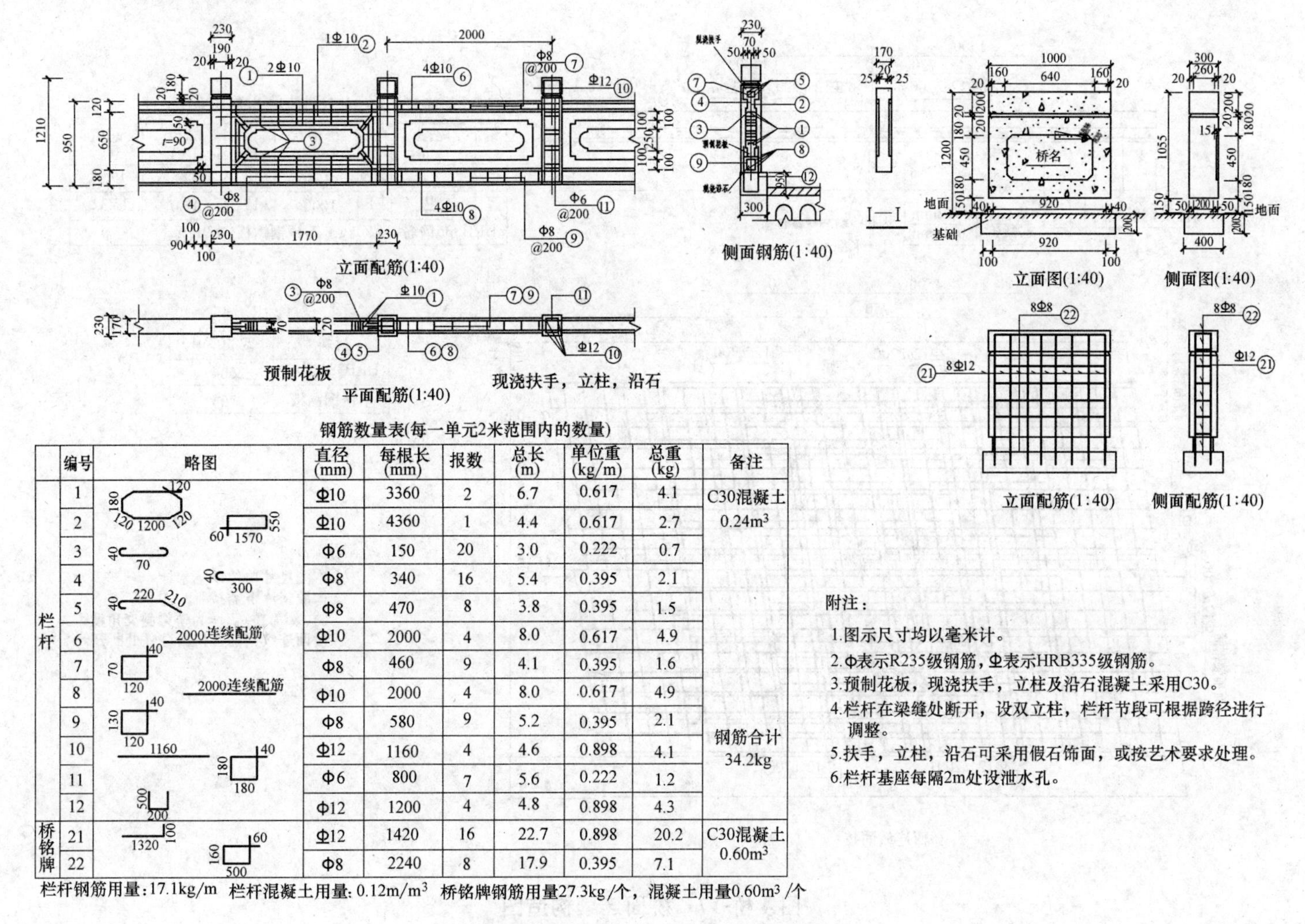

钢筋数量表(每一单元2米范围内的数量)

	编号	略图	直径(mm)	每根长(mm)	报数	总长(m)	单位重(kg/m)	总重(kg)	备注
栏杆	1	180 120 1200 120 120	Φ10	3360	2	6.7	0.617	4.1	C30混凝土 0.24m³
	2	60 1570 550	Φ10	4360	1	4.4	0.617	2.7	
	3	40 70	Φ6	150	20	3.0	0.222	0.7	
	4	40 300	Φ8	340	16	5.4	0.395	2.1	
	5	40 220 210	Φ8	470	8	3.8	0.395	1.5	
	6	2000连续配筋	Φ10	2000	4	8.0	0.617	4.9	
	7	70 40 120	Φ8	460	9	4.1	0.395	1.6	
	8	2000连续配筋	Φ10	2000	4	8.0	0.617	4.9	
	9	130 40 120	Φ8	580	9	5.2	0.395	2.1	钢筋合计 34.2kg
	10	1160	Φ12	1160	4	4.6	0.898	4.1	
	11	180 40 180	Φ6	800	7	5.6	0.222	1.2	
	12	500 200	Φ12	1200	4	4.8	0.898	4.3	
桥铭牌	21	1320 100	Φ12	1420	16	22.7	0.898	20.2	C30混凝土 0.60m³
	22	160 60 500	Φ8	2240	8	17.9	0.395	7.1	

栏杆钢筋用量：17.1kg/m　栏杆混凝土用量：0.12m/m³　桥铭牌钢筋用量27.3kg/个，混凝土用量0.60m³/个

附注：

1. 图示尺寸均以毫米计。
2. Φ表示R235级钢筋，Φ表示HRB335级钢筋。
3. 预制花板，现浇扶手，立柱及沿石混凝土采用C30。
4. 栏杆在梁缝处断开，设双立柱，栏杆节段可根据跨径进行调整。
5. 扶手，立柱，沿石可采用假石饰面，或按艺术要求处理。
6. 栏杆基座每隔2m处设泄水孔。

图4桥-16　栏杆、桥名牌构造图

(18) 桥面连续构造图

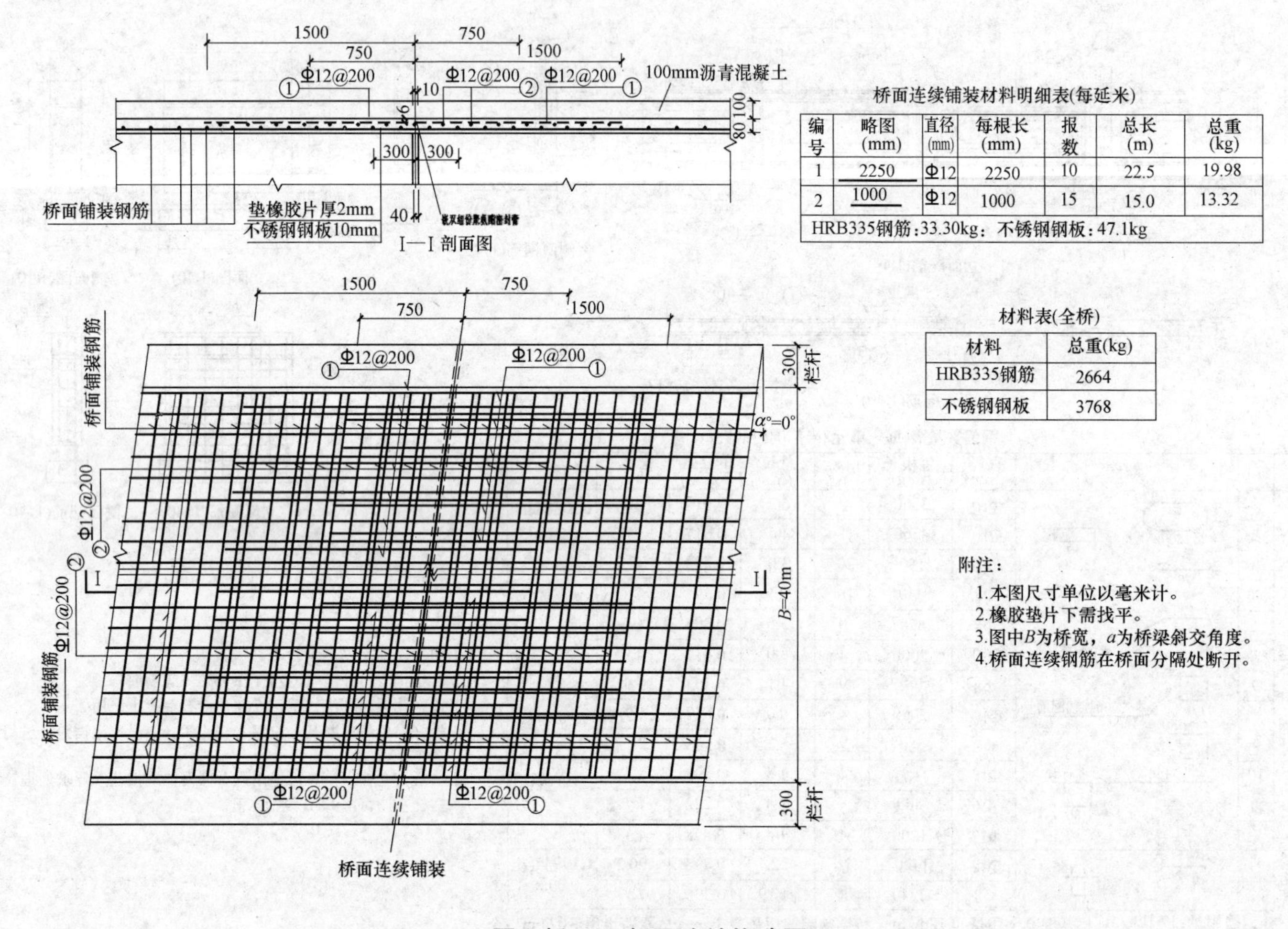

桥面连续铺装材料明细表(每延米)

编号	略图 (mm)	直径 (mm)	每根长 (mm)	根数	总长 (m)	总重 (kg)
1	2250	Φ12	2250	10	22.5	19.98
2	1000	Φ12	1000	15	15.0	13.32
HRB335钢筋:33.30kg;不锈钢钢板:47.1kg						

材料表(全桥)

材料	总重(kg)
HRB335钢筋	2664
不锈钢钢板	3768

附注:

1.本图尺寸单位以毫米计。
2.橡胶垫片下需找平。
3.图中B为桥宽,a为桥梁斜交角度。
4.桥面连续钢筋在桥面分隔处断开。

图 4 桥-17　桥面连续构造图

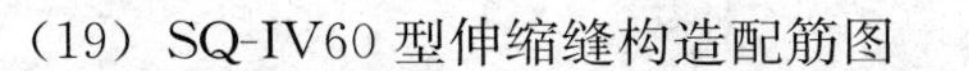

(19) SQ-IV60 型伸缩缝构造配筋图

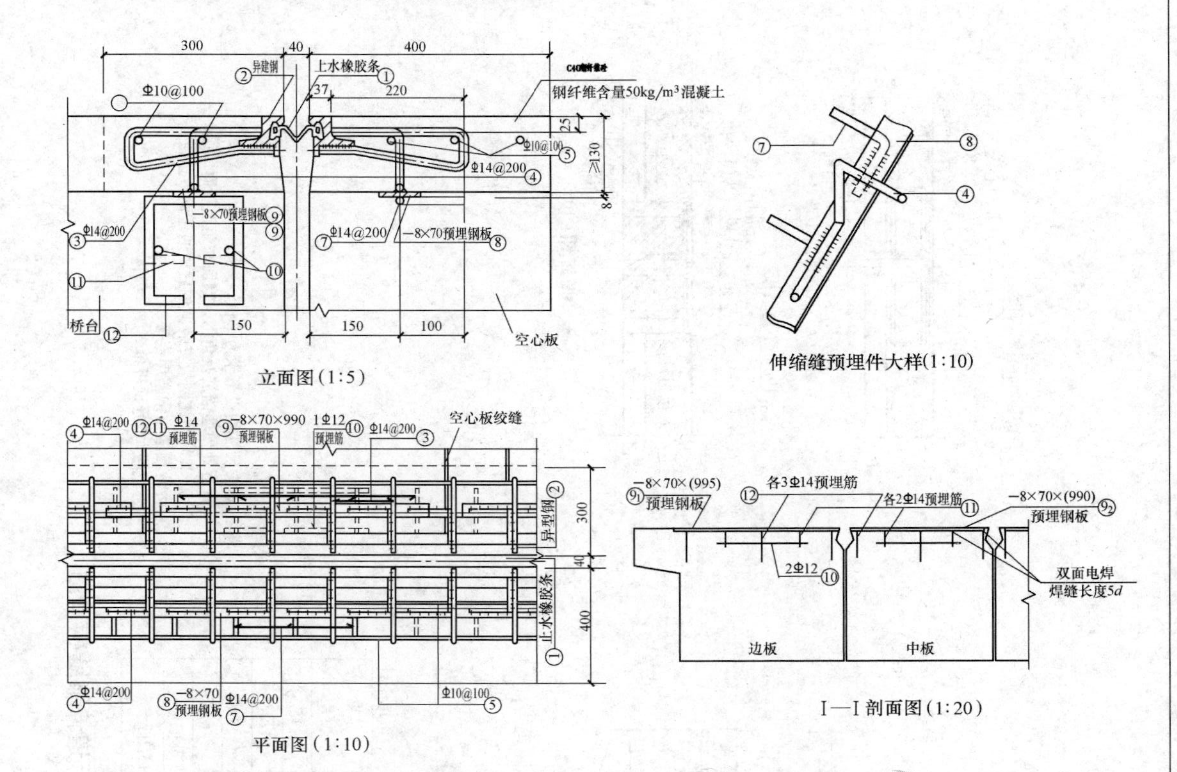

材料数量表(每延米横桥宽)

位置	编号	略图(mm)	规格(mm)	根数	每根长(mm)	总长(m)	总重(kg)	合计(kg)	备注
	1	止水橡胶条		1	1000	1.00			厂供
	2	(2)	16Mn	2	1000	2.00			厂供异型钢
	3	220 250 (3)	Φ14	10	530	5.30	6.40		厂供
桥台处	4	1000 (3) (4)	Φ14	10	328	3.78	3.96	钢筋:12(kg) 钢板:13(kg)	
	5		Φ10	5	1000	5	3.1		
	7	100(7)	Φ14	5	200	1	1.21		
	8	1000 (8)	钢板	1	1000	1	4.4		
	9_1	985 (9_1)	钢板	1	995	0.95	4.378		
	9_2	990 (9_2)	钢板	1	990	0.99	4.356		
	10	600(10)	Φ12	2	600	1.20	1.06		
	11	150 50 (11)	Φ14	2	450	0.90	1.09		
	12	150 200 50 (12)	Φ14	3	650	1.30	1.57		

全桥合计：80m HRB335钢筋：960kg 钢板：1040kg

机动车道伸缩缝横断面图(1:10)

附注：

1.本图单位均以毫米计。
2.钢筋与型钢或钢筋连接应焊接，双面焊，焊缝长度5d。
3.伸缩缝填充混凝土：C40钢纤维混凝土，钢纤维含量50kg/m^3。
4.安装步骤：
(1)先定伸缩中线，根据施工时气温安装缝宽，再按实际桥面纵、横坡定出型钢顶面的标高，4号钢筋与8号预埋钢板。3号钢筋先点焊，全部定位后无误时再满焊。
(2)浇捣混凝土，混凝土养土，型钢凹槽里不能留有混凝土或水泥浆。
(3)清除钢缝内杂物，除锈，型钢凹槽里涂一层粘接剂，从一端把橡胶条一侧先嵌入凹槽内，再嵌入另一侧。
5.板缝设计为40mm，如果实际安装最终板缝大于60mm时，必须采取缩小板缝宽度的措施，然后才能安装型钢。
6.每条伸缩缝两头60°弯起，弯起高度100mm。
7.空心板在吊装就位时特别要注意伸缩缝预埋钢筋一头的方向。

图 4 桥-18　SQ-IV 60 型伸缩缝构造配筋图

（20）人行道伸缩缝构造图

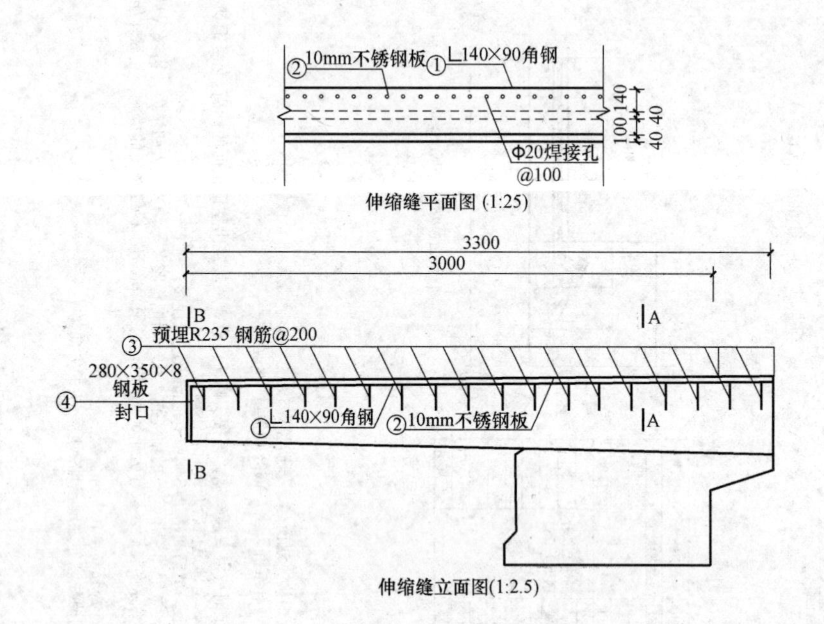

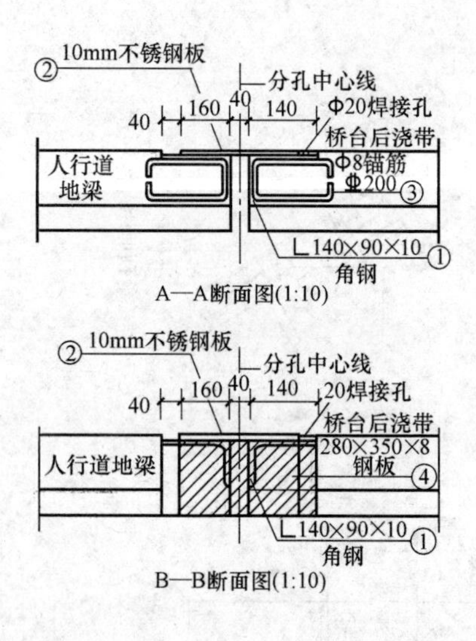

一条人行道伸缩缝材料数量表

(以单个计)

编号	材料	直径(mm)	每根长(mm)	根数	总长(m)	单位重(kg/m)	总重(kg)
1	∟140×90×10角钢		3300	2	6.6	17.475	115.3
2	□ 280×10mm不锈钢长		3300	1	3.3	22.0	72.6
3	R235钢筋30 150 90	Φ8	450	34	15.3	0.395	6.0
4	□280×350×6mm不锈钢板			1			6.15
小计	钢筋(HPB235)：6.0 kg	角钢(Q345cp)：115.3kg			不锈钢桩78.8kg		
全桥合计(×4)	钢筋(HPB235)：24.0 kg	角钢(Q345cp)：461.2kg			不锈钢桩315.2kg		

附注：

1.本图尺寸均以毫米为单位。
2.台背处预埋锚筋及角钢，钢筋与角钢双面焊接。
3.待②号不锈钢板安装就位后需通过钢板预留孔与台背预埋角钢塞焊连接。
4.号钢板与2号钢板角焊成一整体。

图 4 桥-19　人行道伸缩缝构造图

（21）搭板构造图

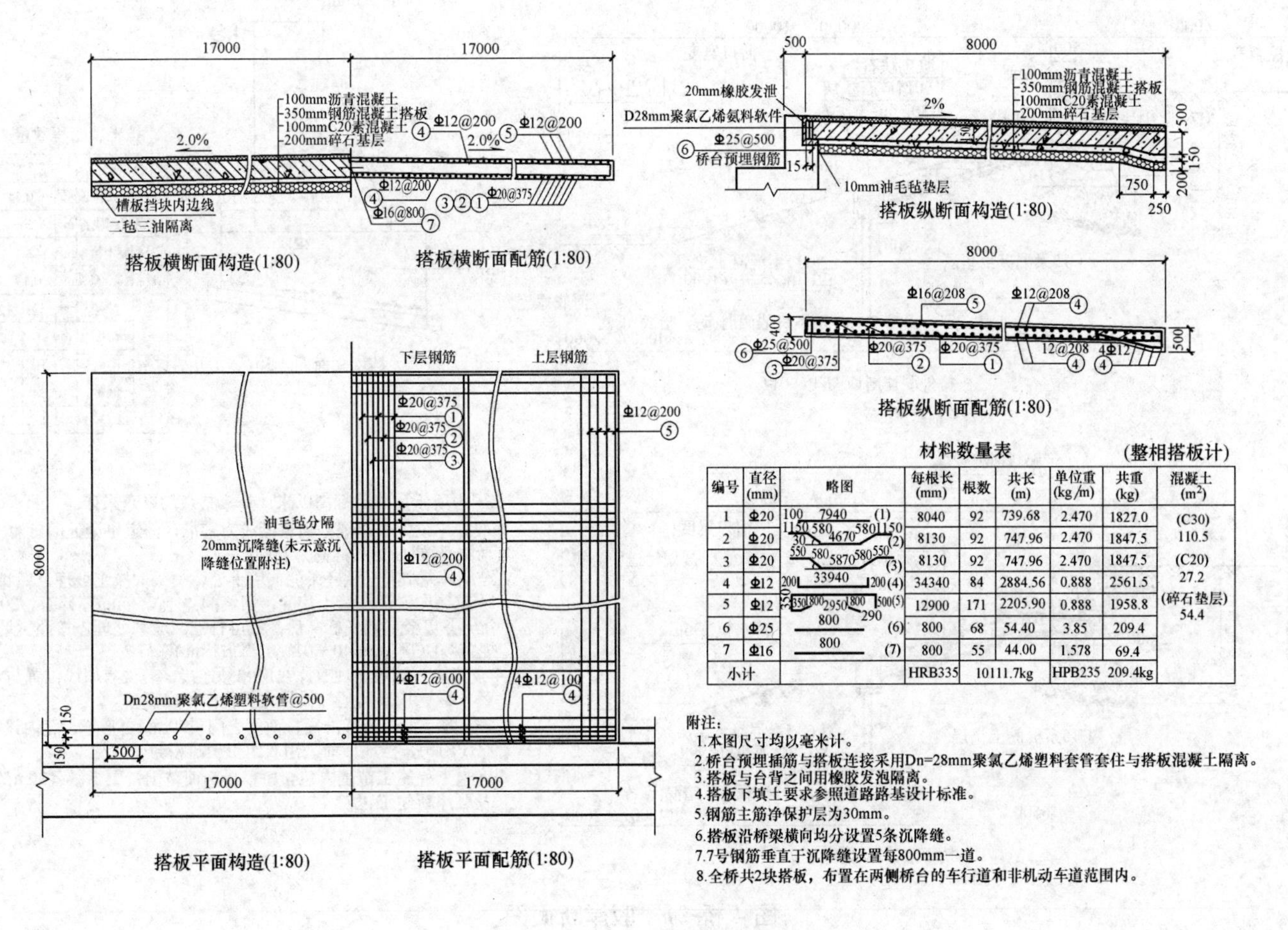

材料数量表　　（整相搭板计）

编号	直径(mm)	略图	每根长(mm)	根数	共长(m)	单位重(kg/m)	共重(kg)	混凝土(m^2)
1	Φ20	100 7940 (1)	8040	92	739.68	2.470	1827.0	(C30) 110.5
2	Φ20	1150 580 30 4670 580 1150 (2)	8130	92	747.96	2.470	1847.5	
3	Φ20	550 580 5870 580 550 (3)	8130	92	747.96	2.470	1847.5	(C20) 27.2
4	Φ12	200 33940 200 (4)	34340	84	2884.56	0.888	2561.5	
5	Φ12	350 350 1800 2950 1800 290 500 (5)	12900	171	2205.90	0.888	1958.8	(碎石垫层) 54.4
6	Φ25	800 (6)	800	68	54.40	3.85	209.4	
7	Φ16	800 (7)	800	55	44.00	1.578	69.4	
小计			HRB335	10111.7kg		HPB235	209.4kg	

附注：

1.本图尺寸均以毫米计。
2.桥台预埋插筋与搭板连接采用Dn=28mm聚氯乙烯塑料套管套住与搭板混凝土隔离。
3.搭板与台背之间用橡胶发泡隔离。
4.搭板下填土要求参照道路路基设计标准。
5.钢筋主筋净保护层为30mm。
6.搭板沿桥梁横向均分设置5条沉降缝。
7.7号钢筋垂直于沉降缝设置每800mm一道。
8.全桥共2块搭板，布置在两侧桥台的车行道和非机动车道范围内。

图 4 桥-20　搭板构造图

（22）驳岸断面图

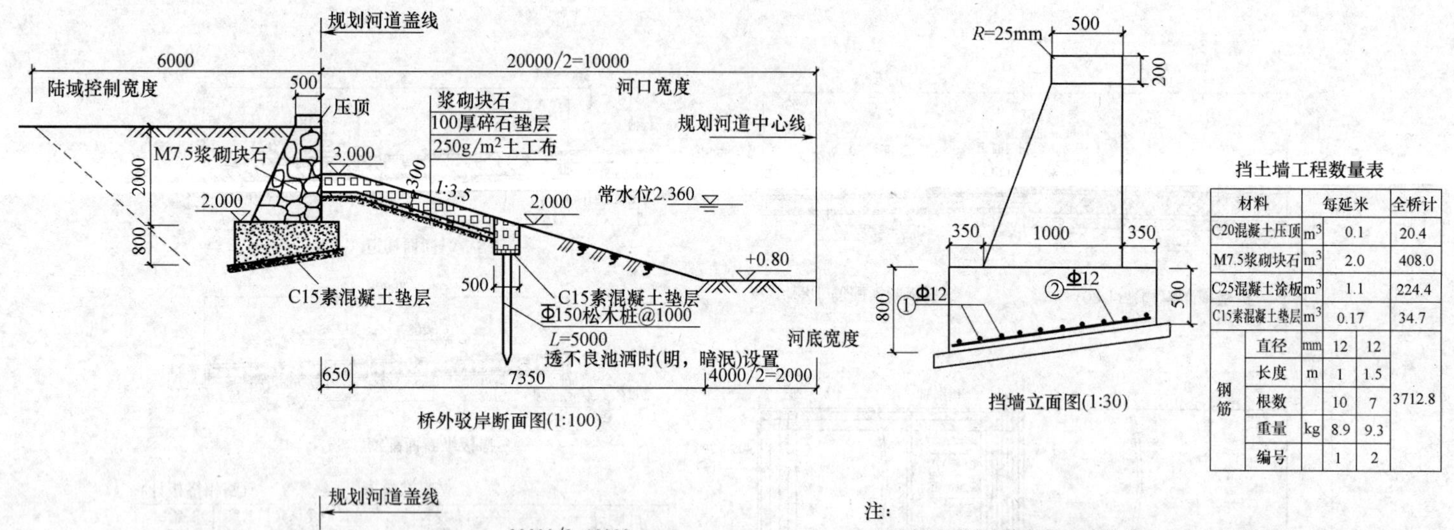

挡土墙工程数量表

材料		单位	每延米		全桥计
C20混凝土压顶		m^3	0.1		20.4
M7.5浆砌块石		m^3	2.0		408.0
C25混凝土涂板		m^3	1.1		224.4
C15素混凝土垫层		m^3	0.17		34.7
钢筋	直径	mm	12	12	3712.8
	长度	m	1	1.5	
	根数		10	7	
	重量	kg	8.9	9.3	
	编号		1	2	

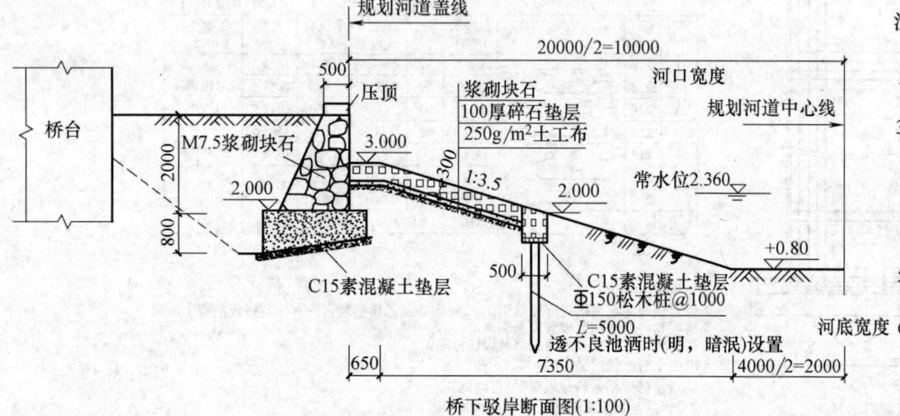

注：

1.图中所示尺寸除标高以米计外，其余均以毫米计。

2.驳岸岸线定位以规划河道蓝线为基准，河道桥梁处河口线(规划河道蓝线)驳岸顶标高标高为4.000。

3.若驳岸基础位于浜底淤泥或填土处，须采取换土处理，即将基底及墙前1m范围内淤泥或填土挖除，回填间隔土(250mm厚碎石，200mm厚粘土)分层夯实至基础底标高后，方可打桩。地基处理需按照《地基处理技术规范》DG/TJ08-40-2010(上海市标准)执行。

4.浆砌块石护坡与现有岸线应和顺连接，若现有岸线位置与本图纸设计不一致，应及时通知设计人员再作相应调整。

5.挡土墙宜15m为标准段，两段之间设20mm变形缝，缝内设橡胶止水带(PE16)，挡墙顶面采用双组份聚疏密封膏封缝。

6.河道工程施工范围内包含桥梁投影面范围及上下游各30m的河道疏浚及驳岸新建工程。

图 4 桥-21　驳岸断面图

说明：本案例摘编于《造价员专业与实务》。

工程量计算表［含汇总表］［遵照工程结构尺寸，以图示为准］ **表 4 桥-01**

工程编号：Ⅰ-桥梁图　　工程名称：晋粤路横申江河桥桥梁工程　　第　页共　页

序号	定额编号	分部分项工程名称	计量单位	计算式及说明(演算计算式)	计算数量
一、三号河桥 $L=10.00+16.00+10.00=36.00$m $B=40.60$m			m^2		1461.60
第四册　桥涵及护岸工程 第一章　临时工程 1. 陆上桩基础工作平台/m^2/1～3 目；2. 水上桩基础工作平台/m^2/4～8 目					
1	S4-1-1	陆上桩基础工作平台(锤重≤2.5t)	m^2	6.5×(38.2+6.5)×2+6.5×(10−6.5)	603.85
2	S4-1-7	水上桩基础工作平台(锤重≤2.5t)	m^2	6.5×(38.2+6.5)×2+6.5×(26−6.5×2)	665.60
第四章　钻孔灌注桩工程 1. 埋设拆除钢护筒/m/1～10 目；2. 回旋钻机钻孔/m^3/11～15 目；3. 灌注桩混凝土/m^3、t/16～22 目					
3	S4-4-2	陆上埋设拆除钢护筒(Φ≤800)	m	(3.07−2.2+0.6)×11×2	32.34
4	S4-4-7	支架上埋设拆除钢护筒(Φ≤800)	m	(3.54−1.5+0.6)×11×2	58.08
5	S4-4-12	回旋钻机钻孔(Φ≤800)	m^3	3.14×0.4×0.4×[(2.2+31.93)×2×11+(31.7+1.5)×2×11]	744.19
6	S4-4-19	灌注桩水下商品混凝土(Φ≤800)，采用非泵送水下商品混凝土(5～40mm)C30	m^3	3.14×0.4×0.4×(35.25×2×11+36×2×11)	787.51
7	S4-4-22	灌注桩钢筋笼	t	2591.1×44/1000	114.01
8	B	声测管	m	36×11×2×4	3168.00
总"说明"(文字说明第二十、二十一条代码)					
9	ZSM21-1-1	钻孔灌注桩钻机安装及拆除费	台	1	1.00
10	ZSM21-2-15	钻孔灌注桩钻机场外运输费	台·次	1	1.00
11	ZSM20-1-1	泥浆场外运输(含堆置费，浦西内环线内及浦东内环线内)	m^3	3.14×0.4×0.4×[(2.2+31.93)×2×11+(31.7+1.5)×2×11]	744.19
第一册　通用项目 第三章　翻挖拆除项目 10. 拆除混凝土结构/m^3/36～37 目					
12	S1-3-37	凿桩头	m^3	3.1416×0.4×0.4×0.65×11×4	14.38

续表

序号	定额编号	分部分项工程名称	计量单位	计算式及说明(演算计算式)	计算数量
总“说明”(文字说明第十九条代码)					
13	ZSM19-1-1	旧料场外运输(含堆置费,浦西内环线内及浦东内环线内)	m^3	14.38	14.38
第六章 现浇混凝土工程 1.基础/m^3、m^2、t/1～7目;6.墩台盖梁/m^3、m^2、t/34～41目					
14	S4-6-2换	基础混凝土垫层,采用现浇混凝土(5～40mm)C15	m^3	2×40.8×0.1×2+1.0×0.5×0.1×2	16.42
15	S4-6-39	台盖梁商品混凝土,采用泵送商品混凝土(5～40mm)C30	m^3	[(1.8×2.435－1.0×0.735)×40.6－0.5×0.4×34+2.235×1.0×0.3×2+1.0×0.3×0.3×2]×2	285.66
16	S4-6-40	台盖梁模板	m^2	[2.435×40.6×2+(1.8×2.435－1×0.735－0.5×0.4)×2+(1×1.235×2+2.235×0.3)×2]×2	421.80
17	S4-6-41	台盖梁钢筋	t	20540.2/1000	20.54
18	S4-6-35	墩盖梁商品混凝土,采用泵送商品混凝土(5～40mm)C30	m^3	{[1/2×(38.2+40.6)×0.4+40.6×0.9+0.3×0.28×2]×1.6－0.8×0.3×40.04}×2	148.68
19	S4-6-36	墩盖梁模板	m^2	{[(1/2×(38.2+40.6)×0.4+40.6×0.9+0.3×0.28×2)×2]+1.56×1.6×2+0.3×1.6×2+0.3×0.8×2}×2	222.74
20	S4-6-37	墩盖梁钢筋	t	21406.2/1000	21.41
第八章安装工程 7.安装支座/t、dm^3、m^2、个/49～56目;4.安装梁/m^3、m^2/9～41目					
21	S4-8-51	安装板式橡胶支座	dm^3	3.14×1×1×0.35×480+4×2×0.20×12	546.72
22	S4-8-9	陆上安装板梁($L\leqslant10m$)	m^3	(3×38+3.77×2)×2	243.08

续表

序号	定额编号	分部分项工程名称	计量单位	计算式及说明（演算计算式）	计算数量
23	S4-8-16	水上安装板梁（L≤16m）	m^3	6.18×38+7.46×2	249.76
		第七章　预制混凝土构件 10.预制构件场内运输/m^3/70～75目			
24	S4-7-72换	预制构件场内运输（重≤40t，运距200m）	m^3	243.08+249.76	492.84
		第六章　现浇混凝土工程 11.混凝土接头及灌缝/m^3、m^2/77～82目			
25	S4-6-77	板梁间灌缝，采用现浇混凝土（5～16mm）C30	m^3	0.33×39+0.155×39×2	24.96
26	S4-6-78	板梁底勾缝，采用水泥砂浆1:2	延长米	36×39	1404.00
		第八章　安装工程 9.安装伸缩缝/m、m^2/60～65目			
27	S4-8-61换	安装机动车道型钢伸缩缝，采用钢纤维混凝土	m	40.6×2－(3.3×2)×2	68.00
28	S4-8-61换	安装人行道伸缩缝	m	(3.3×2)×2	13.20
29	S4-8-62换	安装桥面连续缝	m	40.6×2	81.20
		第六章　现浇混凝土工程 15.桥面铺装/m^3、t/97～100目			
30	S4-6-99换	桥面铺装车行道商品混凝土，采用泵送商品混凝土（5～40mm）C40	m^3	40.6×36×0.08	116.93
31	S4-6-100	桥面铺装钢筋	t	(9004.7+9003)/1000	18.01
32	BC	防水层	m^2	36×40.6	1461.60
		第二册　道路工程 **第三章　道路面层** 6.沥青混凝土面层/100m^2/12～29目			
33	S2-3-24换	机械摊铺细粒式沥青混凝土（厚4cm）	100m^2	36×(40.6-3.3×2-1.75×2)	10.98
34	S2-3-22换	机械摊铺中粒式沥青混凝土（厚6cm）	100m^2	36×(40.6-3.3×2-1.75×2)	10.98
		总"说明"（文字说明第二十一条代码）			
	ZSM21-2-7	压路机（综合）场外运输费	台·次		

续表

序号	定额编号	分部分项工程名称	计量单位	计算式及说明(演算计算式)	计算数量
	ZSM21-2-8	沥青混凝土摊铺机场外运输费	台·次		
第六章　现浇混凝土工程 10.其他构件/m³、m²、t/67～76目					
35	S4-6-74换	地梁侧石缘石商品混凝土,采用泵送商品混凝土(5～40mm)C30	m³	(0.3×0.25−0.1×0.18+0.25×0.18+0.4×0.45−0.1×0.18+0.25×0.285×2−0.1×0.08×2)×2×36	28.12
36	S4-6-75	地梁侧石缘石模板	m²	(0.3×0.25−0.1×0.18+0.25×0.18+0.4×0.45−0.1×0.18+0.25×0.285×2−0.1×0.08×2)×2+(0.3×2+0.25×2+0.4×2+0.285×2)×2×36	178.62
37	S4-6-76	其他构件钢筋	t	(1787.2+221.6+221.6+218.8+151.6+339.6+56+99.1+29.5+31)/1000	3.16
第八章　安装工程 3.安装板/m³/7～8目					
38	S4-8-7	安装人行道矩形板,采用水泥砂浆M10	m³	0.058×426	24.71
第二册　道路工程 第四章　附属设施 2.铺筑预制人行道/100m²/11～15目					
39	S2-4-12	铺筑非连锁型彩色预制块(砂浆),采用水泥砂浆M10	100m²	36×2.85×2	2.05
第八章　安装工程 8.安装泄水孔/m/57～59目;5.安装其他构件/m³/42～46目					
40	S4-8-59换	安装PVC塑料管泄水孔,采用水泥砂浆M10	m	(36/4+1)×2×2.65	53.00
41	S4-8-46	安装混凝土栏杆	m³	0.12×36×2	8.64
42	S4-8-42	安装桥铭牌	m³	0.36×4	1.44
第六章　现浇混凝土工程 10.其他构件/m³、m²、t/67～76目					
43	S4-7-70换	预制构件场内运输(重≤10t,运距200m)	m³	24.71+8.64+1.44	34.79

续表

序号	定额编号	分部分项工程名称	计量单位	计算式及说明（演算计算式）	计算数量
		第一册　通用项目 第一章　一般项目 9.脚手架/m^2/16～22目			
44	S1-1-21	桥梁盖梁脚手架（高≤10m）	m^2	［（40.6＋1.6）×2＋3.6］×（4.94－1.775）×2	557.04
		第一章　临时工程 4.桥梁支架/m^3空间体积、m/10～12目			
45	S4-1-10	满堂式钢管支架	m^3 空间体积	（40.6＋0.9）×（1.6＋0.9）×（3.536－1.775）×2	365.41
46	CSM4-1-2	钢管支架使用费	t·天	365.41×50×45/1000	822.17
		第六章　现浇混凝土工程 1.基础/m^3、m^2、t/1～7目；8.板/m^3、m^2、t/53～59目			
47	S4-6-1	基础碎石垫层	m^3	34×8×0.2×2	108.80
48	S4-6-4	基础混凝土，采用现浇混凝土（5～40mm）C15	m^3	34×8×0.15×2	81.60
49	S4-6-54换	桥头搭板混凝土，采用泵送商品混凝土（5～40mm）C30	m^3	［34×8×0.35＋（0.25＋1.0）/2×0.15×34］×2	196.78
50	S4-6-55	搭板模板	m^2	8×0.35×3×2＋34×0.5×2	50.80
51	S4-6-59	搭板钢筋	t	（418.8＋20223.4）/1000	20.64
52	S3-6-2换	固定式车行道中心隔离护栏，采用泵送商品混凝土（5～20mm）C20	m	36	36.00
		第一册　通用项目 第四章　临时便桥便道 3.铺筑施工便道及堆场/m^2/19～20目			
53	S1-4-20	堆料场地，采用现浇混凝土（5～20mm）C15	m^2	400	400.00

续表

序号	定额编号	分部分项工程名称	计量单位	计算式及说明(演算计算式)	计算数量
第一册　通用项目 第一章　一般项目 13.商品混凝土输送及泵管安拆使用/m^3、延长米、延长米·天/30～35目					
54	S1-1-30	商品混凝土泵车输送	m^3	(285.66+148.678+116.928+28.116+190.4)×1.015	781.33
总"说明"(文字说明第二十一条代码)					
55	ZSM21-1-5	履带式起重机(25t以内)装卸费	台	1	1.00
56	ZSM21-2-19	履带式起重机(25t以内)场外运输费	台·次	1	1.00
第二章　土方工程 2.机械挖土/m^3/7目;3.回填/m^3/8～12目					
57	S4-2-7	机械挖土(深≤6m)	m^3	3×41×0.5×2	123.00
总"说明"(文字说明第二十一条代码)					
	ZSM21-2-4	1m^3以内单斗挖掘机场外运输费	台·次		
58	S4-2-8	回填土	m^3	3×(2+1.5)/2×41×2+8×34×(5.2-2.5)×2-108.8-81.6-196.775	1512.13
总"说明"(文字说明第十九条代码)					
59	ZSM19-1-1	土方场外运输(含堆置费,浦西内环线内及浦东内环线内)	m^3	123	123.00
60	BC	土源费	m^3	1512.13	1512.13
二、三号河桥—新建驳岸			m		200.00
第一册　通用项目 第二章　筑拆围堰 2.筑拆圆木桩围堰/延长米、延长米·次/8～11目					
61	S1-2-8	圆木桩围堰筑拆(高≤3m)	延长米	20×2	40.00

续表

序号	定额编号	分部分项工程名称	计量单位	计算式及说明（演算计算式）	计算数量
62	S1-2-9	圆木桩围堰养护（高≤3m）	延长米·次	40×2	80.00
		第六章　现浇混凝土工程 1.基础/m^3、m^2、t/1～7目			
63	S4-6-1	基础碎石垫层	m^3	(3.5+0.65)×200×0.1	83.00
		第五章　砌筑工程 2.浆砌块石/m^3/6～15目；4.圬工勾平缝/m^3/17～21目			
64	S4-5-9	浆砌块石护坡，采用水泥砂浆M7.5	m^3	(4.15−0.5)×0.3×200	219.00
65	S4-5-20	浆砌块石圬工勾凸缝，采用水泥砂浆M7.5	m^2	(4.15−0.5)×200	730.00
66	S4-5-8	浆砌块石护脚，采用水泥砂浆M7.5	m^3	(0.6+0.8)/2×0.5×200	70.00
		第二册　道路工程 第一章　路基工程 12.铺设土工布/m^2/31～32目			
67	S2-1-32	铺设土工布（路基）	m^2	4.15×200	830.00
		第三章　打桩工程 12.打圆木桩/m^3/90补			
	S3-1-1	陆上工作平台（锤重≤2.5t）	m^2	(100+6)×6.5×2	1378.00
68	S4-3-90补	打圆木桩	m^3	3.1416×0.15×0.15/4×5×(200/1.0)	17.67
		第六章　现浇混凝土工程 1.基础/m^3、m^2、t/1～7目			
69	S4-6-2	基础混凝土垫层，采用现浇混凝土（5～40mm）C15	m^3	1.93×0.1×200	38.60

续表

序号	定额编号	分部分项工程名称	计量单位	计算式及说明(演算计算式)	计算数量
70	S4-6-4换	基础混凝土,采用泵送商品混凝土(5～40mm)C25	m^3	(0.5+0.8)/2×1.7×200	221.00
71	S4-6-6	基础模板	m^2	(0.5+0.8)×200+(0.8+0.5)/2×1.7×7×2	275.47
72	S4-6-7	基础钢筋	t	(8.9+9.3)×0.888×200/1000	3.23
第五章　砌筑工程 2.浆砌块石/m^3/6～15目;4.圬工勾平缝/m^3/17～21目					
73	S4-5-15	浆砌块石台身及挡墙,采用水泥砂浆M7.5	m^3	(0.5+1.0)/2×2.0×200	300.00
74	S4-5-19	浆砌块石圬工勾平缝,采用水泥砂浆M7.5	m^2	2.0×200	400.00
第六章　现浇混凝土工程 13.压顶/m^3、m^2、t/88～91目					
75	S4-6-89	压顶商品混凝土,采用泵送商品混凝土(5～40mm)C20	m^3	0.5×0.2×200	20.00
76	S4-6-90	压顶模板	m^2	0.2×2×200+0.5×0.2×7×2	81.40
第八章　安装工程 9.安装伸缩缝/m、m^2/60～65目					
77	S4-8-62	安装板式橡胶伸缩缝	m	2×7×2	28.00
第二章　土方工程 2.机械挖土/m^3/7目;3.回填/m^3/8～12目					
78	S4-2-7	机械挖土(深≤6m)	m^3	(2×2+1.75×1.5)/2×1.75×200+730×0.5	1524.38
	ZSM21-2-4	$1m^3$以内单斗挖掘机场外运输费	台·次		
79	S4-2-8	回填土	m^3	1159.375－83-38.6－221－300/3+730×1.2	1592.78
总“说明”(文字说明代码)					
80	ZSM19-1-1	土方场外运输(含堆置费,浦西内环线内及浦东内环线内)	m^3	(2+0.5×1.5)×0.5×200+730×0.5	640.00

续表

序号	定额编号	分部分项工程名称	计量单位	计算式及说明（演算计算式）	计算数量
81	BC	土源费	m^3	1592.78－(1524.38－640.00)	708.40

工程量计算表汇总表［预算书汇总表］

序号	定额编号	分部分项工程名称	计量单位	计算数量
一、三号河桥 $L=10.00+16.00+10.00=36.00m$		$B=40.60m$	m^2	1461.60
1	S4-1-1	陆上桩基础工作平台（锤重≤2.5t）	m^2	603.85
2	S4-1-7	水上桩基础工作平台（锤重≤2.5t）	m^2	665.60
3	S4-4-2	陆上埋设拆除钢护筒（Φ≤800）	m	32.34
4	S4-4-7	支架上埋设拆除钢护筒（Φ≤800）	m	58.08
5	S4-4-12	回旋钻机钻孔（Φ≤800）	m^3	744.19
6	S4-4-19	灌注桩水下商品混凝土（Φ≤800），采用非泵送水下商品混凝土（5～40mm）C30	m^3	787.51
7	S4-4-22	灌注桩钢筋笼	t	114.01
8	B	声测管	m	3168.00
9	ZSM21-1-1	钻孔灌注桩钻机安装及拆除费	台	1.00
10	ZSM21-2-15	钻孔灌注桩钻机场外运输费	台·次	1.00
11	ZSM20-1-1	泥浆场外运输（含堆置费，浦西内环线内及浦东内环线内）	m^3	744.19
12	S1-3-37	凿桩头	m^3	14.38
13	ZSM19-1-1	旧料场外运输（含堆置费，浦西内环线内及浦东内环线内）	m^3	14.38
14	S4-6-2换	基础混凝土垫层，采用现浇混凝土（5～40mm）C15	m^3	16.42
15	S4-6-39	台盖梁商品混凝土，采用泵送商品混凝土（5～40mm）C30	m^3	285.66
16	S4-6-40	台盖梁模板	m^2	421.80
17	S4-6-41	台盖梁钢筋	t	20.54
18	S4-6-35	墩盖梁商品混凝土，采用泵送商品混凝土（5～40mm）C30	m^3	148.68
19	S4-6-36	墩盖梁模板	m^2	222.74
20	S4-6-37	墩盖梁钢筋	t	21.41

续表

序号	定额编号	分部分项工程名称	计量单位	计算数量
21	S4-8-51	安装板式橡胶支座	dm^3	546.72
22	S4-8-9	陆上安装板梁($L \leqslant 10m$)	m^3	243.08
23	S4-8-16	水上安装板梁($L \leqslant 16m$)	m^3	249.76
24	S4-7-72 换	预制构件场内运输(重≤40t,运距 200m)	m^3	492.84
25	S4-6-77	板梁间灌缝,采用现浇混凝土(5～16mm)C30	m^3	24.96
26	S4-6-78	板梁底勾缝,采用水泥砂浆 1∶2	延长米	1404.00
27	S4-8-61 换	安装机动车道型钢伸缩缝,采用钢纤维混凝土	m	68.00
28	S4-8-61 换	安装人行道伸缩缝	m	13.20
29	S4-8-62 换	安装桥面连续缝	m	81.20
30	S4-6-99 换	桥面铺装车行道商品混凝土,采用泵送商品混凝土(5～40mm)C40	m^3	116.93
31	S4-6-100	桥面铺装钢筋	t	18.01
32	BC	防水层	m^2	1461.60
33	S2-3-24 换	机械摊铺细粒式沥青混凝土(厚 4cm)	$100m^2$	10.98
34	S2-3-22 换	机械摊铺中粒式沥青混凝土(厚 6cm)	$100m^2$	10.98
	ZSM21-2-7	压路机(综合)场外运输费	台·次	
	ZSM21-2-8	沥青混凝土摊铺机场外运输费	台·次	
35	S4-6-74 换	地梁侧石缘石商品混凝土,采用泵送商品混凝土(5～40mm)C30	m^3	28.12
36	S4-6-75	地梁侧石缘石模板	m^2	178.62
37	S4-6-76	其他构件钢筋	t	3.16
38	S4-8-7	安装人行道矩形板,采用水泥砂浆 M10	m^3	24.71
39	S2-4-12	铺筑非连锁型彩色预制块(砂浆),采用水泥砂浆 M10	$100m^2$	2.05
40	S4-8-59 换	安装 PVC 塑料管泄水孔,采用水泥砂浆 M10	m	53.00
41	S4-8-46	安装混凝土栏杆	m^3	8.64
42	S4-8-42	安装桥铭牌	m^3	1.44

续表

序号	定额编号	分部分项工程名称	计量单位	计算数量
43	S4-7-70换	预制构件场内运输(重≤10t,运距200m)	m^3	34.79
44	S1-1-21	桥梁盖梁脚手架(高≤10m)	m^2	557.04
45	S4-1-10	满堂式钢管支架	m^3空间体积	365.41
46	CSM4-1-2	钢管支架使用费	t·天	822.17
47	S4-6-1	基础碎石垫层	m^3	108.80
48	S4-6-4	基础混凝土,采用现浇混凝土(5～40mm)C15	m^3	81.60
49	S4-6-54换	桥头搭板混凝土,采用泵送商品混凝土(5～40mm)C30	m^3	196.78
50	S4-6-55	搭板模板	m^2	50.80
51	S4-6-59	搭板钢筋	t	20.64
52	S3-6-2换	固定式车行道中心隔离护栏,采用泵送商品混凝土(5～20mm)C20	m	36.00
53	S1-4-20	堆料场地,采用现浇混凝土(5～20mm)C15	m^2	400.00
54	S1-1-30	商品混凝土泵车输送	m^3	781.33
55	ZSM21-1-5	履带式起重机(25t以内)装卸费	台	1.00
56	ZSM21-2-19	履带式起重机(25t以内)场外运输费	台·次	1.00
57	S4-2-7	机械挖土(深≤6m)	m^3	123.00
	ZSM21-2-4	$1m^3$以内单斗挖掘机场外运输费	台·次	
58	S4-2-8	回填土	m^3	1512.13
59	ZSM19-1-1	土方场外运输(含堆置费,浦西内环线内及浦东内环线内)	m^3	123.00
60	BC	土源费	m^3	1512.13
二、三号河桥—新建驳岸			m	200.00
61	S1-2-8	圆木桩围堰筑拆(高≤3m)	延长米	40.00
62	S1-2-9	圆木桩围堰养护(高≤3m)	延长米·次	80.00
63	S4-6-1	基础碎石垫层	m^3	83.00
64	S4-5-9	浆砌块石护坡,采用水泥砂浆M7.5	m^3	219.00

续表

序号	定额编号	分部分项工程名称	计量单位	计算数量
65	S4-5-20	浆砌块石圬工勾凸缝，采用水泥砂浆 M7.5	m^2	730.00
66	S4-5-8	浆砌块石护脚，采用水泥砂浆 M7.5	m^3	70.00
67	S2-1-32	铺设土工布(路基)	m^2	830.00
	S3-1-1	陆上工作平台(锤重≤2.5t)	m^2	1378.00
68	S4-3-90 补	打圆木桩	m^3	17.67
69	S4-6-2	基础混凝土垫层，采用现浇混凝土(5～40mm)C15	m^3	38.60
70	S4-6-4 换	基础混凝土，采用泵送商品混凝土(5～40mm)C25	m^3	221.00
71	S4-6-6	基础模板	m^2	275.47
72	S4-6-7	基础钢筋	t	3.23
73	S4-5-15	浆砌块石台身及挡墙，采用水泥砂浆 M7.5	m^3	300.00
74	S4-5-19	浆砌块石圬工勾平缝，采用水泥砂浆 M7.5	m^2	400.00
75	S4-6-89	压顶商品混凝土，采用泵送商品混凝土(5～40mm)C20	m^3	20.00
76	S4-6-90	压顶模板	m^2	81.40
77	S4-8-62	安装板式橡胶伸缩缝	m	28.00
78	S4-2-7	机械挖土(深≤6m)	m^3	1524.38
	ZSM21-2-4	$1m^3$ 以内单斗挖掘机场外运输费	台·次	
79	S4-2-8	回填土	m^3	1592.78
80	ZSM19-1-1	土方场外运输(含堆置费，浦西内环线内及浦东内环线内)	m^3	640.00
81	BC	土源费	m^3	708.40

注：1. 在编制工程“算量”时，敬请参阅本“图释集”附表 E-01“《上海市市政工程预算定额》(2000) 分部分项工程列项检索表”的诠释，以利编制者正确掌握运用；

2. 场外运输费事宜，在编制工程“算量”时，同一项单位工程仅能采用 1 台·次，除《市政工程预算定额》该分部分项子目“项目表”中机械项其压路机有轻、重型碾压要求则可按照 2 台·次取定。

建设工程预（结）算书［按先地下、后地上顺序；包括子目、量、价等分析］ **表4桥-02**

工程编号：Ⅰ-桥梁图　　工程名称：晋粤路横申江河桥桥梁工程　　第　页共　页

序号	定额编号	分部分项工程名称	计量单位	工程数量		工程费(元)	
				工程量	定额量	单价	合价
一、三号河桥$L=10.00+16.00+10.00=36.00$m $B=40.60$m			m^2	1461.60	1461.60	3717.24	5433120
1	S4-1-1	陆上桩基础工作平台(锤重≤2.5t)	m^2	603.85	603.85	26.06	15738
2	S4-1-7	水上桩基础工作平台(锤重≤2.5t)	m^2	665.60	665.60	369.51	245948
3	S4-4-2	陆上埋设拆除钢护筒(Φ≤800)	m	32.34	32.34	191.23	6184
4	S4-4-7	支架上埋设拆除钢护筒(Φ≤800)	m	58.08	58.08	255.68	14850
5	S4-4-12	回旋钻机钻孔(Φ≤800)	m^3	744.19	744.19	254.76	189588
6	S4-4-19	灌注桩水下商品混凝土(Φ≤800),采用非泵送水下商品混凝土(5～40mm)C30	m^3	787.51	787.51	575.01	452829
7	S4-4-22	灌注桩钢筋笼	t	114.01	114.01	5526.55	630074
8	B	声测管	m	3168.00	3168.00	30	95040
9	ZSM21-1-1	钻孔灌注桩钻机安装及拆除费	台	1.00	1.00	5291.00	5291
10	ZSM21-2-15	钻孔灌注桩钻机场外运输费	台·次	1.00	1.00	13354.00	13354
11	ZSM20-1-1	泥浆场外运输(含堆置费,浦西内环线内及浦东内环线内)	m^3	744.19	744.19	110	81860
12	S1-3-37	凿桩头	m^3	14.38	14.38	502.18	7219
13	ZSM19-1-1	旧料场外运输(含堆置费,浦西内环线内及浦东内环线内)	m^3	14.38	14.38	60	863
14	S4-6-2换	基础混凝土垫层,采用现浇混凝土(5～40mm)C15	m^3	16.42	16.42	442.46	7265
15	S4-6-39	台盖梁商品混凝土,采用泵送商品混凝土(5～40mm)C30	m^3	285.66	285.66	429.3	122634
16	S4-6-40	台盖梁模板	m^2	421.80	421.80	87.82	37044
17	S4-6-41	台盖梁钢筋	t	20.54	20.54	4987.28	102440
18	S4-6-35	墩盖梁商品混凝土,采用泵送商品混凝土(5～40mm)C30	m^3	148.68	148.68	424	63040
19	S4-6-36	墩盖梁模板	m^2	222.74	222.74	80.49	17927
20	S4-6-37	墩盖梁钢筋	t	21.41	21.41	4769.49	102097

续表

序号	定额编号	分部分项工程名称	计量单位	工程数量		工程费(元)	
				工程量	定额量	单价	合价
21	S4-8-51	安装板式橡胶支座	dm^3	546.72	546.72	57.49	31434
22	S4-8-9	陆上安装板梁($L\leqslant 10m$)	m^3	243.08	243.08	1655.77	402485
23	S4-8-16	水上安装板梁($L\leqslant 16m$)	m^3	249.76	249.76	1965.33	490861
24	S4-7-72 换	预制构件场内运输(重≤40t 运距 200m)	m^3	492.84	492.84	100.94	49749
25	S4-6-77	板梁间灌缝,采用现浇混凝土(5~16mm)C30	m^3	24.96	24.96	920.54	22977
26	S4-6-78	板梁底勾缝,采用水泥砂浆 1∶2	延长米	1404.00	1404.00	2.47	3461
27	S4-8-61 换	安装机动车道型钢伸缩缝,采用钢纤维混凝土	m	68.00	68.00	1323.86	90022
28	S4-8-61 换	安装人行道伸缩缝	m	13.20	13.20	1024.63	13525
29	S4-8-62 换	安装桥面连续缝	m	81.20	81.20	1832.77	148821
30	S4-6-99 换	桥面铺装车行道商品混凝土,采用泵送商品混凝土(5~40mm)C40	m^3	116.93	116.93	509.31	59552
31	S4-6-100	桥面铺装钢筋	t	18.01	18.01	5110.50	92028
32	BC	防水层	m^2	1461.60	1461.60	25	36540
33	S2-3-24 换	机械摊铺细粒式沥青混凝土(厚 4cm)	$100m^2$	1098.00	10.98	6385.52	70113
34	S2-3-22 换	机械摊铺中粒式沥青混凝土(厚 6cm)	$100m^2$	1098.00	10.98	6293.68	69105
	ZSM21-2-7	压路机(综合)场外运输费	台·次				
	ZSM21-2-8	沥青混凝土摊铺机场外运输费	台·次				
35	S4-6-74 换	地梁侧石缘石商品混凝土,采用泵送商品混凝土(5~40mm)C30	m^3	28.12	28.12	516.28	14516
36	S4-6-75	地梁侧石缘石模板	m^2	178.62	178.62	59.56	10639
37	S4-6-76	其他构件钢筋	t	3.16	3.16	4997.75	15773
38	S4-8-7	安装人行道矩形板,采用水泥砂浆 M10	m^3	24.71	24.71	1690.92	41779
39	S2-4-12	铺筑非连锁型彩色预制块(砂浆),采用水泥砂浆 M10	$100m^2$	205.00	2.05	7660.11	15719
40	S4-8-59 换	安装 PVC 塑料管泄水孔,采用水泥砂浆 M10	m	53.00	53.00	58.31	3091
41	S4-8-46	安装混凝土栏杆	m^3	8.64	8.64	2336.38	20186

续表

序号	定额编号	分部分项工程名称	计量单位	工程数量		工程费（元）	
				工程量	定额量	单价	合价
42	S4-8-42	安装桥铭牌	m^3	1.44	1.44	2315.12	3334
43	S4-7-70换	预制构件场内运输（重≤10t运距200m）	m^3	34.79	34.79	81.5	2835
44	S1-1-21	桥梁盖梁脚手架（高≤10m）	m^2	557.04	557.04	16.11	8973
45	S4-1-10	满堂式钢管支架	m^3空间体积	365.41	365.41	19.64	7177
46	CSM4-1-2	钢管支架使用费	t·天	822.17	822.17	6.5	5344
47	S4-6-1	基础碎石垫层	m^3	108.80	108.80	214.18	23303
48	S4-6-4	基础混凝土，采用现浇混凝土（5～40mm）C15	m^3	81.60	81.60	437.92	35735
49	S4-6-54换	桥头搭板混凝土，采用泵送商品混凝土（5～40mm）C30	m^3	196.78	196.78	415.26	81713
50	S4-6-55	搭板模板	m^2	50.80	50.80	44.94	2283
51	S4-6-59	搭板钢筋	t	20.64	20.64	4742.05	97886
52	S3-6-2换	固定式车行道中心隔离护栏，采用泵送商品混凝土（5～20mm）C20	m	36.00	36.00	231.88	8348
53	S1-4-20	堆料场地，采用现浇混凝土（5～20mm）C15	m^2	400.00	400.00	76.7	30681
54	S1-1-30	商品混凝土泵车输送	m^3	781.33	781.33	31.17	24353
55	ZSM21-1-5	履带式起重机（25t以内）装卸费	台	1.00	1.00	929	929
56	ZSM21-2-19	履带式起重机（25t以内）场外运输费	台·次	1.00	1.00	7025.00	7025
57	S4-2-7	机械挖土（深≤6m）	m^3	123.00	123.00	13.34	1640
58	S4-2-8	回填土	m^3	1512.13	1512.13	40.32	60973
59	ZSM19-1-1	土方场外运输（含堆置费，浦西内环线内及浦东内环线内）	m^3	123.00	123.00	60	7380
60	BC	土源费	m^3	1512.13	1512.13	30	45364
		直接费造价	元				5433120
二、三号河桥—新建驳岸			m	200.00	200.00	5007.63	1001526
61	S1-2-8	圆木桩围堰筑拆（高≤3m）	延长米	40.00	40.00	2246.62	89865
62	S1-2-9	圆木桩围堰养护（高≤3m）	延长米·次	80.00	80.00	127.5	10200

续表

序号	定额编号	分部分项工程名称	计量单位	工程数量		工程费(元)	
				工程量	定额量	单价	合价
63	S4-6-1	基础碎石垫层	m^3	83.00	83.00	214.18	17777
64	S4-5-9	浆砌块石护坡,采用水泥砂浆 M7.5	m^3	219.00	219.00	431.26	94445
65	S4-5-20	浆砌块石圬工勾凸缝,采用水泥砂浆 M7.5	m^2	730.00	730.00	15.9	11604
66	S4-5-8	浆砌块石护脚,采用水泥砂浆 M7.5	m^3	70.00	70.00	426.29	29840
67	S2-1-32	铺设土工布(路基)	m^2	830.00	830.00	15.13	12562
68	S4-3-90 补	打圆木桩	m^3	17.67	17.67	2589.63	45763
69	S4-6-2	基础混凝土垫层,采用现浇混凝土(5～40mm)C15	m^3	38.60	38.60	442.46	17079
70	S4-6-4 换	基础混凝土,采用泵送商品混凝土(5～40mm)C25	m^3	221.00	221.00	563.81	124602
71	S4-6-6	基础模板	m^2	275.47	275.47	44.62	12293
72	S4-6-7	基础钢筋	t	3.23	3.23	4333.93	14009
73	S4-5-15	浆砌块石台身及挡墙,采用水泥砂浆 M7.5	m^3	300.00	300.00	458.5	137549
74	S4-5-19	浆砌块石圬工勾平缝,采用水泥砂浆 M7.5	m^2	400.00	400.00	8.6	3440
75	S4-6-89	压顶商品混凝土,采用泵送商品混凝土(5～40mm)C20	m^3	20.00	20.00	407.39	8148
76	S4-6-90	压顶模板	m^2	81.40	81.40	66.94	5449
77	S4-8-62	安装板式橡胶伸缩缝	m	28.00	28.00	854.66	23930
78	S4-2-7	机械挖土(深≤6m)	m^3	1524.38	1524.38	13.34	20328
	ZSM21-2-4	$1m^3$ 以内单斗挖掘机场外运输费	台·次				
79	S4-2-8	回填土	m^3	1592.78	1592.78	40.32	64225
80	ZSM19-1-1	土方场外运输(含堆置费,浦西内环线内及浦东内环线内)	m^3	640.00	640.00	60	38400
81	BC	土源费	m^3	708.40	708.40	30	21252
		直接费造价	元				1001526
(一～二之和)$\Sigma=5433120+1001526=6434646$ 元 直接费总造价			元				6434646

组合报表（桥梁工程—三号桥修）　　表4桥-03

工程编号：Ⅰ-桥梁图　　工程名称：晋粤路横申江河桥桥梁工程

第　页共　页

工程名称：桥梁工程—三号桥修

序号	名称		单位	合价
1	定额直接费	直接费合计	元	4306719
2	大型周材运输费	[1]×0.5%	元	21534
3	土方泥浆外运费	土方泥浆外运费（含堆置费，浦西内环线内及浦东内环线内）	元	90103
4	直接费	[1]+[2]+[3]	元	4418356
5	综合费用	[4]×9.5%	元	419744
6	安全防护、文明施工费	([4]+[5])×2.8%	元	135467
7	施工措施费	施工措施费	元	
8	小计	[4]+[5]+[6]+[7]	元	4973567
9	工料机价差	结算价差	元	
10	工程排污费	[8]×0.1%	元	4974
11	社会保障费	人工费合计×32.16%	元	254428
12	住房公积金	[8]×0.32%	元	15915
13	河道管理费	([8]+[9]+[10]+[11]+[12])×0.03%	元	1575
14	规费合计	[10]+[11]+[12]+[13]	元	276892
15	税前补差	税前补差	元	
16	税金	([8]+[9]+[10]+[11]+[12]+[15])×3.48%	元	182661
17	甲供材料	-甲供材料	元	
18	税后补差	税后补差	元	
19	总造价	[8]+[9]+[14]+[15]+[16]+[17]+[18]	元	5433120

组合报表（三号河桥—新建驳岸）　　表4桥-04

工程编号：Ⅰ-桥梁图　　工程名称：晋粤路横申江河桥桥梁工程

第　页共　页

工程名称：三号河桥—新建驳岸

序号	名称		单位	合价
1	定额直接费	直接费合计	元	753193
2	大型周材运输费	[1]×0.5%	元	3766
3	土方泥浆外运费	土方泥浆外运费（含堆置费，浦西内环线内及浦东内环线内）	元	16065
4	直接费	[1]+[2]+[3]	元	773024
5	综合费用	[4]×9.5%	元	73437
6	安全防护、文明施工费	([4]+[5])×2.8%	元	23701
7	施工措施费	施工措施费	元	
8	小计	[4]+[5]+[6]+[7]	元	870162
9	工料机价差	结算价差	元	
10	工程排污费	[8]×0.1%	元	870
11	社会保障费	人工费合计×32.16%	元	93747
12	住房公积金	[8]×0.32%	元	2785
13	河道管理费	([8]+[9]+[10]+[11]+[12])×0.03%	元	290
14	规费合计	[10]+[11]+[12]+[13]	元	97692
15	税前补差	税前补差	元	
16	税金	([8]+[9]+[10]+[11]+[12]+[15])×3.48%	元	33671
17	甲供材料	-甲供材料	元	
18	税后补差	税后补差	元	
19	总造价	[8]+[9]+[14]+[15]+[16]+[17]+[18]	元	1001526

工程量清单与对应《预算定额》(桥梁工程)子目之间关系对照表 **表4桥-05**

工程编号：Ⅰ-桥梁图　　工程名称：晋粤路横申江河桥桥梁工程三号河桥　　第　页共　页

<table>
<tr><th colspan="2">"13国标市政计算规范"
及"上海市应用规则"</th><th colspan="4">《上海市市政工程预算定额》(2000)</th></tr>
<tr><th colspan="2">项目编码</th><th rowspan="2">定额编号</th><th rowspan="2">分部分项工程名称</th><th rowspan="2">计量单位</th><th rowspan="2">序号</th></tr>
<tr><th>专业项目</th><th>公共项目</th></tr>
<tr><td colspan="6">附录A　土石方工程</td></tr>
<tr><td colspan="6">表A.1　土方工程(项目编码:040101)
3.挖基坑土方/m³</td></tr>
<tr><td colspan="6">1.项目编码:040101003;项目名称:挖基坑土方;计量单位:m³</td></tr>
<tr><td></td><td>040101003</td><td>S4-2-7</td><td>机械挖土(深≤6m)</td><td>m³</td><td>57</td></tr>
<tr><td colspan="6">表A.3　回填方及土石方运输(项目编码:040103)[上海市应用规则]
1.回填方/m³;2.余方弃置/m³</td></tr>
<tr><td colspan="6">2.项目编码:040103001;项目名称:回填方;计量单位:m³</td></tr>
<tr><td></td><td>040103001</td><td>S4-2-8</td><td>回填土</td><td>m³</td><td>58</td></tr>
<tr><td colspan="6">3.项目编码:040103002;项目名称:余方弃置;计量单位:m³</td></tr>
<tr><td></td><td>040103002</td><td>ZSM19-1-1</td><td>土方外运(含堆置费,浦西内环线内及浦东内环线内)</td><td>m³</td><td>13、59</td></tr>
<tr><td colspan="6">4.项目编码:沪040103003;项目名称:缺土购置;计量单位:m³</td></tr>
<tr><td></td><td>沪040103003</td><td>BC</td><td>土源费</td><td>m³</td><td>60</td></tr>
<tr><td colspan="6">5.项目编码:沪040103005;项目名称:废泥浆外运;计量单位:m³</td></tr>
<tr><td></td><td>沪040103005</td><td>ZSM20-1-1</td><td>泥浆外运(含堆置费,浦西内环线内及浦东内环线内)</td><td>m³</td><td>11</td></tr>
<tr><td colspan="6">附录C　桥涵工程</td></tr>
<tr><td colspan="6">表C.1　桩基(项目编码:040301)
4.泥浆护壁成孔灌注桩/①m②m³③根;11.截桩头/①m³②根;12.声测管/①t②m</td></tr>
<tr><td colspan="6">6.项目编码:040301004;项目名称:泥浆护壁成孔灌注桩;计量单位:1.m 2.m³ 3.根</td></tr>
<tr><td>040301004</td><td></td><td>S4-1-1</td><td>陆上桩基础工作平台(锤重≤2.5t)</td><td>m²</td><td>1</td></tr>
</table>

续表

"13国标市政计算规范"及"上海市应用规则"		《上海市市政工程预算定额》(2000)			
项目编码		定额编号	分部分项工程名称	计量单位	序号
专业项目	公共项目				
040301004		S4-1-7	水上桩基础工作平台(锤重≤2.5t)	m^2	2
		S4-4-2	陆上埋设拆除钢护筒($\Phi\leqslant800$)	m	3
		S4-4-7	支架上埋设拆除钢护筒($\Phi\leqslant800$)	m	4
		S4-4-12	回旋钻机钻孔($\Phi\leqslant800$)	m^3	5
		S4-4-19	灌注桩水下商品混凝土($\Phi\leqslant800$),采用非泵送水下商品混凝土(5～40mm)C30	m^3	6
		ZSM21-1-1	钻孔灌注桩钻机安装及拆除费	台	9
7. 项目编码:040301011;项目名称:截桩头;计量单位:1. m^3 2. 根					
040301011		S1-3-37	凿桩头	m^3	12
8. 项目编码:040301012;项目名称:声测管;计量单位:1. t 2. m					
040301012		B	声测管	m	8
表C.3　现浇混凝土构件(项目编码:040303) 1. 混凝土垫层/m^3;2. 混凝土基础/m^3;7. 混凝土墩(台)盖梁/m^3; 18. 混凝土防撞护栏/m;19. 桥面铺装/m^2;20. 混凝土桥头搭板/m^3					
9. 项目编码:040303001001;项目名称:混凝土垫层;计量单位:m^3					
040303001001		S4-6-2换	基础混凝土垫层,采用现浇混凝土(5～40mm)C15	m^3	14
10. 项目编码:040303001002;项目名称:混凝土基础;计量单位:m^3					
040303001002		S4-6-1	基础碎石垫层	m^3	47
11. 项目编码:040303002;项目名称:混凝土基础;计量单位:m^3					
040303002		S4-6-4	基础混凝土,采用现浇混凝土(5～40mm)C15	m^3	48
12. 项目编码:040303007001;项目名称:混凝土墩(台)盖梁;计量单位:m^3					
040303007001		S4-6-39	台盖梁商品混凝土,采用泵送商品混凝土(5～40mm)C30	m^3	15
		S4-6-40	台盖梁模板	m^2	16

续表

"13国标市政计算规范"及"上海市应用规则"		《上海市市政工程预算定额》(2000)			
项目编码		定额编号	分部分项工程名称	计量单位	序号
专业项目	公共项目				
13. 项目编码:040303007002;项目名称:混凝土墩(台)盖梁;计量单位:m^3					
040303007002		S4-6-35	墩盖梁商品混凝土,采用泵送商品混凝土(5～40mm)C30	m^3	18
		S4-6-36	墩盖梁模板	m^2	19
14. 项目编码:040303018;项目名称:混凝土防撞护栏;计量单位:m					
040303018		S3-6-2换	固定式车行道中心隔离护栏,采用泵送商品混凝土(5～20mm)C20	m	52
		S1-4-20	堆料场地,采用现浇混凝土(5～20mm)C15	m^2	53
		S1-1-30	商品混凝土泵车输送	m^3	54
		ZSM21-1-5	履带式起重机(25t以内)装卸费	台	55
15. 项目编码:040303019001;项目名称:桥面铺装;计量单位:m^2					
040303019001		S4-6-99换	桥面铺装车行道商品混凝土,采用泵送商品混凝土(5～40mm)C40	m^3	30
16. 项目编码:040303019002;项目名称:桥面铺装;计量单位:m^2					
040303019002		S2-3-24换	机械摊铺细粒式沥青混凝土(厚4cm)	$100m^2$	33
		S2-3-22换	机械摊铺中粒式沥青混凝土(厚6cm)	$100m^2$	34
17. 项目编码:040303020;项目名称:混凝土桥头搭板;计量单位:m^3					
040303020		S4-6-54换	桥头搭板混凝土,采用泵送商品混凝土(5～40mm)C30	m^3	49
		S4-6-55	搭板模板	m^2	50

表C.4　预制混凝土构件(项目编码:040304)

(预制混凝土梁/m^3;5.预制混凝土其他构件/m^3

专业项目	公共项目	定额编号	分部分项工程名称	计量单位	序号
18. 项目编码:040304001;项目名称:预制混凝土梁;计量单位:m^3					
040304001		S4-8-9	陆上安装板梁($L\leqslant10m$)	m^3	22
		S4-8-16	水上安装板梁($L\leqslant16m$)	m^3	23

续表

“13 国标市政计算规范”及“上海市应用规则”		《上海市市政工程预算定额》(2000)			
项目编码		定额编号	分部分项工程名称	计量单位	序号
专业项目	公共项目				
040304001		S4-7-72 换	预制构件场内运输(重≤40t,运距 200m)	m^3	24
		S4-6-77	板梁间灌缝,采用现浇混凝土(5～16mm)C30	m^3	25
		S4-6-78	板梁底勾缝,采用水泥砂浆 1:2	延长米	26
19. 项目编码:040304005001;项目名称:预制混凝土其他构件;计量单位:m^3					
040304005001		S4-6-74 换	地梁侧石缘石商品混凝土,采用泵送商品混凝土(5～40mm)C30	m^3	35
		S4-6-75	地梁侧石缘石模板	m^2	36
20. 项目编码:040304005002;项目名称:预制混凝土其他构件;计量单位:m^3					
040304005002		S4-8-7	安装人行道矩形板,采用水泥砂浆 M10	m^3	38
21. 项目编码:040304005003;项目名称:预制混凝土其他构件;计量单位:m^3					
040304005003		S2-4-12	铺筑非连锁型彩色预制块(砂浆),采用水泥砂浆 M10	$100m^2$	39

表 C.9 其他(项目编码:040309)

3. 混凝土栏杆/m;4. 橡胶支座/个;7. 桥梁伸缩装置/m;9. 桥面排(泄)水管/m;10. 防水层/m^2

专业项目	公共项目	定额编号	分部分项工程名称	计量单位	序号
22. 项目编码:040309003001;项目名称:混凝土栏杆;计量单位:m					
040309003001		S4-8-46	安装混凝土栏杆	m^3	41
23. 项目编码:040309003002;项目名称:混凝土栏杆;计量单位:m					
040309003002		S4-8-42	安装桥铭牌	m^3	42
		S4-7-70 换	预制构件场内运输(重≤10t,运距 200m)	m^3	43
24. 项目编码:040309004;项目名称:橡胶支座;计量单位:个					
040309004		S4-8-51	安装板式橡胶支座	dm^3	21
25. 项目编码:040309007001;项目名称:桥梁伸缩装置;计量单位:m					
040309007001		S4-8-61 换	安装机动车道型钢伸缩缝,采用钢纤维混凝土	m	27

续表

"13国标市政计算规范"及"上海市应用规则"		《上海市市政工程预算定额》(2000)			
项目编码		定额编号	分部分项工程名称	计量单位	序号
专业项目	公共项目				
26. 项目编码:040309007002;项目名称:桥梁伸缩装置;计量单位:m					
040309007002		S4-8-61换	安装人行道伸缩缝	m	28
27. 项目编码:040309007003;项目名称:桥梁伸缩装置;计量单位:m					
040309007003		S4-8-62换	安装桥面连续缝	m	29
28. 项目编码:040309009;项目名称:桥面排(泄)水管;计量单位:m					
040309009		S4-8-59换	安装PVC塑料管泄水孔,采用水泥砂浆M10	m	40
29. 项目编码:040309010;项目名称:防水层;计量单位:m^2					
040309010		BC	防水层	m^2	32
附录J 钢筋工程					
表J.1 钢筋工程(项目编码:040901) 1.现浇构件钢筋/t;4.钢筋笼/t					
30. 项目编码:040901001001;项目名称:现浇构件钢筋;计量单位:t					
	040901001001	S4-6-41	台盖梁钢筋	t	17
31. 项目编码:040901001002;项目名称:现浇构件钢筋;计量单位:t					
	040901001002	S4-6-37	墩盖梁钢筋	t	20
32. 项目编码:040901001003;项目名称:现浇构件钢筋;计量单位:t					
	040901001003	S4-6-100	桥面铺装钢筋	t	31
33. 项目编码:040901001004;项目名称:现浇构件钢筋;计量单位:t					
	040901001004	S4-6-76	其他构件钢筋	t	37
34. 项目编码:040901001005;项目名称:现浇构件钢筋;计量单位:t					
	040901001005	S4-6-59	搭板钢筋	t	51

续表

"13 国标市政计算规范"及"上海市应用规则"		《上海市市政工程预算定额》(2000)			
项目编码		定额编号	分部分项工程名称	计量单位	序号
专业项目	公共项目				
35. 项目编码:040901004;项目名称:钢筋笼;计量单位:t					
	040901004	S4-4-22	灌注桩钢筋笼	t	7
附录 L　措施项目					
表 L.1　脚手架工程(项目编码:041101) 2. 柱面脚手架/m^2					
36. 项目编码:041101002;项目名称:柱面脚手架;计量单位:m^2					
	041101002	S1-1-21	桥梁盖梁脚手架(高≤10m)	m^2	44
表 L.2　混凝土模板及支架(项目编码:041102) 40. 桥涵支架/m^3					
37. 项目编码:041102040;项目名称:桥涵支架;计量单位:m^3					
	041102040	S4-1-10	满堂式钢管支架	m^3空间体积	45
		CSM4-1-2	钢管支架使用费	t·天	46
表 L.6　大型机械设备进出场及安拆(项目编码:041106) 1. 大型机械设备进出场及安拆/台·次					
38 项目编码:041106001001;项目名称:大型机械设备进出场及安拆;计量单位:台·次					
	041106001001	ZSM21-2-4	$1m^3$ 以内单斗挖掘机场外运输费	台·次	
39. 项目编码:041106001002;项目名称:大型机械设备进出场及安拆;计量单位:台·次					
	041106001002	ZSM21-2-7	压路机(综合)场外运输费	台·次	
40. 项目编码:041106001003;项目名称:大型机械设备进出场及安拆;计量单位:台·次					
	041106001003	ZSM21-2-8	沥青混凝土摊铺机场外运输费	台·次	
41. 项目编码:041106001004;项目名称:大型机械设备进出场及安拆;计量单位:台·次					
	041106001004	ZSM21-2-15	钻孔灌注桩钻机场外运输费	台·次	10

续表

"13国标市政计算规范"及"上海市应用规则"		《上海市市政工程预算定额》(2000)			
项目编码		定额编号	分部分项工程名称	计量单位	序号
专业项目	公共项目				
42. 项目编码:041106001005;项目名称:大型机械设备进出场及安拆;计量单位:台·次					
	041106001005	ZSM21-2-19	履带式起重机(25t以内)场外运输费	台·次	56

三号河桥—新建驳岸

"13国标市政计算规范"及"上海市应用规则"		《上海市市政工程预算定额》(2000)			
项目编码		定额编号	分部分项工程名称	计量单位	序号
专业项目	公共项目				
附录A 土石方工程					
表A.1 土方工程(项目编码:040101) 3. 挖基坑土方/m³					
43. 项目编码:040101003;项目名称:挖基坑土方;计量单位:m³					
	040101003	S4-2-7	机械挖土(深≤6m)	m³	78
表A.3 回填方及土石方运输(项目编号:040103)[上海市应用规则] 1. 回填方/m³;2. 余方弃置/m³;					
44. 项目编码:040103001;项目名称:回填方;计量单位:m³					
	040103001	S4-2-8	回填土	m³	79
45. 项目编码:040103002;项目名称:余方弃置;计量单位:m³					
	040103002	ZSM19-1-1	土方外运(含堆置费,浦西内环线内及浦东内环线内)	m³	80
46. 项目编码:沪040103003;项目名称:缺土购置;计量单位:m³					
	沪040103003	BC	土源费	m³	81
附录B 道路工程					

续表

“13国标市政计算规范”及“上海市应用规则”		《上海市市政工程预算定额》(2000)			
项目编码		定额编号	分部分项工程名称	计量单位	序号
专业项目	公共项目				
表B.1 路基处理(项目编码:040201) 21.土工合成材料/m^2					
47.项目编码:040201021;项目名称:土工合成材料;计量单位:m^2					
040201021		S2-1-32	铺设土工布(路基)	m^2	67
附录C 桥涵工程					
表C.2 基坑与边坡支护(项目编码:040302) 1.圆木桩/①m②根;2.预制钢筋混凝土板桩/①$m^3$②根					
48.项目编码:040302001;项目名称:圆木桩;计量单位:1.m 2.根					
040302001		S4-3-90补	打圆木桩	m^3	68
		S1-2-8	圆木桩围堰筑拆(高≤3m)	延长米	61
		S1-2-9	圆木桩围堰养护(高≤3m)	延长米·次	62
49.项目编码:040303001002;项目名称:混凝土垫层;计量单位:m^3					
040303001002		S4-6-1	基础碎石垫层	m^3	63
		S4-6-2	基础混凝土垫层,采用现浇混凝土(5～40mm)C15	m^3	69
50.项目编码:040303002;项目名称:混凝土基础;计量单位:m^3					
040303002		S4-6-4换	基础混凝土,采用泵送商品混凝土(5～40mm)C25	m^3	70
		S4-6-6	基础模板	m^2	71
表C.3 现浇混凝土构件(项目编码:040303) 16.混凝土挡墙压顶/m^3					
51.项目编码:040303016;项目名称:混凝土挡墙压顶;计量单位:m^3					

续表

<table>
<tr><th colspan="2">“13国标市政计算规范”
及“上海市应用规则”</th><th colspan="4">《上海市市政工程预算定额》(2000)</th></tr>
<tr><th colspan="2">项目编码</th><th rowspan="2">定额编号</th><th rowspan="2">分部分项工程名称</th><th rowspan="2">计量单位</th><th rowspan="2">序号</th></tr>
<tr><th>专业项目</th><th>公共项目</th></tr>
<tr><td rowspan="2">040303016</td><td rowspan="2"></td><td>S4-6-89</td><td>压顶商品混凝土,采用泵送商品混凝土(5～40mm)C20</td><td>m^3</td><td>75</td></tr>
<tr><td>S4-6-90</td><td>压顶模板</td><td>m^2</td><td>76</td></tr>
<tr><td colspan="6">表C.5　砌筑(项目编码:040305)
3.浆砌块料/m^3;5.护坡/m^2</td></tr>
<tr><td colspan="6">52.项目编码:040305003;项目名称:浆砌块料;计量单位:m^3</td></tr>
<tr><td rowspan="2">040305003</td><td rowspan="2"></td><td>S4-5-15</td><td>浆砌块石台身及挡墙,采用水泥砂浆M7.5</td><td>m^3</td><td>73</td></tr>
<tr><td>S4-5-19</td><td>浆砌块石圬工勾平缝,采用水泥砂浆M7.5</td><td>m^2</td><td>74</td></tr>
<tr><td colspan="6">53.项目编码:040305005;项目名称:护坡;计量单位:m^2</td></tr>
<tr><td rowspan="3">040305005</td><td rowspan="3"></td><td>S4-5-9</td><td>浆砌块石护坡,采用水泥砂浆M7.5</td><td>m^3</td><td>64</td></tr>
<tr><td>S4-5-20</td><td>浆砌块石圬工勾凸缝,采用水泥砂浆M7.5</td><td>m^2</td><td>65</td></tr>
<tr><td>S4-5-8</td><td>浆砌块石护脚,采用水泥砂浆M7.5</td><td>m^3</td><td>66</td></tr>
<tr><td colspan="6">表C.9　其他(项目编码:040309)
7.桥梁伸缩装置/m</td></tr>
<tr><td colspan="6">54.项目编码:040309007;项目名称:桥梁伸缩装置;计量单位:m</td></tr>
<tr><td>040309007</td><td></td><td>S4-8-62</td><td>安装板式橡胶伸缩缝</td><td>m</td><td>77</td></tr>
<tr><td colspan="6">附录J　钢筋工程</td></tr>
<tr><td colspan="6">表J.1　钢筋工程(项目编码:040901)
1.现浇构件钢筋/t</td></tr>
<tr><td colspan="6">55.项目编码:040901001;项目名称:现浇构件钢筋;计量单位:t</td></tr>
<tr><td></td><td>040901001</td><td>S4-6-7</td><td>基础钢筋</td><td>t</td><td>72</td></tr>
</table>

注:*“13国标市政计算规范”及“上海市应用规则”,敬请参阅本“图释集”第二章分部分项工程中表2-01“‘13国标市政计算规范’分部分项工程实体项目(附录A～K)列项检索表”和第三章措施项目中表3-01“‘13国标市政计算规范’措施项目(附录L)列项检索表”的诠释,以利编制者正确掌握运用。

分部分项工程项目清单与计价表［即建设单位招标工程量清单］　　表 4 桥-06

工程名称：　　标段：　　第　页共　页

序号	项目编码	项目名称	项目特征	工程内容	计量单位	工程量	金额(元)				备注
							综合单价	合价	其中		
									人工费	材料及工程设备暂估价	
一、桥梁工程 附录 A　土石方工程											
A.1　土方工程(项目编码:040101)											
1	040101003	挖基坑土方	1. 土壤类别(综合) 2. 挖土深度	1. 排地表水 2. 土方开挖 3. 围护(挡土板)及拆除 4. 基底钎探 5. 场内运输	m^3	1524.38					
表 A.3　回填方及土石方运输(项目编码:040103)［上海市应用规则］											
2	040103001	回填方	1. 密实度要求 2. 填方材料品种 3. 填方粒径要求 4. 填方来源、运距	1. 运输 2. 回填 3. 压实	m^3	1592.78					
3	040103002	余方弃置	1. 废弃料品种:余土 2. 运距:浦西内环线内及浦东内环线内	余方点装料运输至弃置点	m^3	267.75					
4	沪 040103003	缺土购置	1. 土方来源 2. 运距	1. 土方购置 2. 取料点装料 3. 运输至缺土点 4. 卸土	m^3	336.15					
5	沪 040103005	废泥浆外运	泥浆排运起点至卸点或运距	1. 装卸泥浆、运输 2. 清理场地	m^3	744.19					

续表

序号	项目编码	项目名称	项目特征	工程内容	计量单位	工程量	金额(元)				备注
							综合单价	合价	其中		
									人工费	材料及工程设备暂估价	
附录C 桥涵工程											
表C.1 桩基(项目编码:040301)											
6	040301004	泥浆护壁成孔灌注桩	1. 地层情况 2. 空桩长度、桩长 3. 桩径 4. 成孔方法 5. 混凝土种类、强度等级	1. 工作平台搭拆 2. 桩机移位 3. 护筒埋设 4. 成孔、固壁 5. 混凝土制作、运输、灌注、养护 7. 打桩场地硬化及泥浆池、泥浆沟	m^3	787.51					
7	040301011	截桩头	1. 桩类型 2. 桩头截面、高度 3. 混凝土强度等级 4. 有无钢筋	1. 截桩头 2. 凿平 3. 废料外运	m^3	114.01					
8	040301012	声测管	1. 材质 2. 规格、型号	1. 检测管截断、封头 2. 套管制作、焊接 3. 定位、固定	m	14.38					
表C.3 现浇混凝土构件(项目编码:040303)											
9	040303001001	混凝土垫层	混凝土强度等级	1. 模板制作、安装、拆除 2. 混凝土拌合、运输、浇筑 3. 养护	m^3	16.42					
10	040303001002	混凝土基础	混凝土强度等级	1. 模板制作、安装、拆除 2. 混凝土拌合、运输、浇筑 3. 养护	m^3	285.66					

续表

序号	项目编码	项目名称	项目特征	工程内容	计量单位	工程量	金额（元）				备注
							综合单价	合价	其中		
									人工费	材料及工程设备暂估价	
11	040303002	混凝土基础	混凝土强度等级	1. 模板制作、安装、拆除 2. 混凝土拌合、运输、浇筑 3. 养护	m^3						
12	040303007001	混凝土墩（台）盖梁	1. 部位 2. 混凝土强度等级：泵送商品混凝土（5～40mm）C30	1. 模板制作、安装、拆除 2. 混凝土拌合、运输、浇筑 3. 养护	m^3						
13	040303007002	混凝土墩（台）盖梁	1. 部位 2. 混凝土强度等级：泵送商品混凝土（5～40mm）C30	1. 模板制作、安装、拆除 2. 混凝土拌合、运输、浇筑 3. 养护	m^3						
14	040303018	混凝土防撞护栏	1. 断面 2. 混凝土强度等级：泵送商品混凝土（5～20mm）C20	1. 模板制作、安装、拆除 2. 混凝土拌合、运输、浇筑 3. 养护	m						
15	040303019001	桥面铺装	1. 混凝土强度等级：泵送商品混凝土（5～40mm）C40 2. 沥青品种 3. 沥青混凝土种类 4. 厚度 5. 配合比	1. 模板制作、安装、拆除 2. 混凝土拌合、运输、浇筑 3. 养护 4. 沥青混凝土铺装 5. 碾压	m^2						

续表

序号	项目编码	项目名称	项目特征	工程内容	计量单位	工程量	金额(元)				备注
							综合单价	合价	其中		
									人工费	材料及工程设备暂估价	
16	040303019002	桥面铺装	1. 混凝土强度等级 2. 沥青品种:细粒式沥青混凝土 3. 沥青混凝土种类 4. 厚度:$h=4$cm 5. 配合比	1. 模板制作、安装、拆除 2. 混凝土拌合、运输、浇筑 3. 养护 4. 沥青混凝土铺装 5. 碾压	m^2						
17	040303020	混凝土桥头搭板	混凝土强度等级:泵送商品混凝土(5~40mm)C30	1. 模板制作、安装、拆除 2. 混凝土拌合、运输、浇筑 3. 养护	m^3						
表C.4 预制混凝土构件(项目编码:040304)											
18	040304001	预制混凝土梁	1. 部位 2. 图集、图纸名称 3. 构件代号、名称 4. 混凝土强度等级 5. 砂浆强度等级:1∶2	1. 模板制作、安装、拆除 2. 混凝土拌合、运输、浇筑 3. 养护 4. 构件安装 5. 接头灌缝 6. 砂浆制作 7. 运输	m^3						
19	040304005001	预制混凝土其他构件	1. 部位 2. 图集、图纸名称 3. 构件代号、名称 4. 混凝土强度等级:泵送商品混凝土(5~40mm)C30 5. 砂浆强度等级	1. 模板制作、安装、拆除 2. 混凝土拌合、运输、浇筑 3. 养护 4. 构件安装 5. 接头灌浆 6. 砂浆制作 7. 运输	m^3						

续表

序号	项目编码	项目名称	项目特征	工程内容	计量单位	工程量	金额（元）				备注
							综合单价	合价	其中		
									人工费	材料及工程设备暂估价	
20	040304005002	预制混凝土其他构件	1. 部位 2. 图集、图纸名称 3. 构件代号、名称 4. 混凝土强度等级：泵送商品混凝土(5～40mm)C30 5. 砂浆强度等级	1. 模板制作、安装、拆除 2. 混凝土拌合、运输、浇筑 3. 养护 4. 构件安装 5. 接头灌浆 6. 砂浆制作 7. 运输	m^3						
21	040304005003	预制混凝土其他构件	1. 部位 2. 图集、图纸名称 3. 构件代号、名称 4. 混凝土强度等级：泵送商品混凝土(5～40mm)C30 5. 砂浆强度等级	1. 模板制作、安装、拆除 2. 混凝土拌合、运输、浇筑 3. 养护 4. 构件安装 5. 接头灌浆 6. 砂浆制作 7. 运输	m^3						
表 C.9　其他（项目编码：040309）											
22	040309003001	混凝土栏杆	1. 混凝土强度等级 2. 规格尺寸	制作、运输、安装	m						
23	040309003002	混凝土栏杆	1. 混凝土强度等级 2. 规格尺寸	制作、运输、安装	m						
24	040309004	橡胶支座	1. 材质：橡胶 2. 规格、型号 3. 形式：板式	支座安装	个						

续表

序号	项目编码	项目名称	项目特征	工程内容	计量单位	工程量	金额(元)				备注
							综合单价	合价	其中		
									人工费	材料及工程设备暂估价	
25	040309007001	桥梁伸缩装置	1. 材料品种 2. 规格、型号：型钢 3. 混凝土种类：钢纤维混凝土 4. 混凝土强度等级	1. 制作、安装 2. 混凝土拌合、运输、浇筑	m						
26	040309007002	桥梁伸缩装置	1. 材料品种 2. 规格、型号 3. 混凝土种类 4. 混凝土强度等级	1. 制作、安装 2. 混凝土拌合、运输、浇筑	m						
27	040309007003	桥梁伸缩装置	1. 材料品种 2. 规格、型号：连续缝 3. 混凝土种类 4. 混凝土强度等级	1. 制作、安装 2. 混凝土拌合、运输、浇筑	m						
28	040309009	桥面排(泄)水管	1. 材料品种：PVC塑料管 2. 管径	进水口、排(泄)水管制作、安装	m						
29	040309010	防水层	1. 部位 2. 材料品种、规格 3. 工艺要求	防水层铺涂	m^2						

续表

序号	项目编码	项目名称	项目特征	工程内容	计量单位	工程量	金额（元）				备注
							综合单价	合价	其中		
									人工费	材料及工程设备暂估价	
附录J　钢筋工程											
表J.1　钢筋工程（项目编码：040901）											
30	040901001001	现浇构件钢筋（台盖梁）	1.钢筋种类 2.钢筋规格	1.制作 2.运输 3.安装	t						
31	040901001002	现浇构件钢筋（墩盖梁）	1.钢筋种类 2.钢筋规格	1.制作 2.运输 3.安装	t						
32	040901001003	现浇构件钢筋（桥面铺装）	1.钢筋种类 2.钢筋规格	1.制作 2.运输 3.安装	t						
33	040901001004	现浇构件钢筋（其他构件）	1.钢筋种类 2.钢筋规格	1.制作 2.运输 3.安装	t						
34	040901001005	现浇构件钢筋（搭板）	1.钢筋种类 2.钢筋规格	1.制作 2.运输 3.安装	t						
35	040901004	钢筋笼	1.钢筋种类 2.钢筋规格	1.制作 2.运输 3.安装	t						
本页小计											
合计											

续表

序号	项目编码	项目名称	项目特征	工程内容	计量单位	工程量	金额(元)				备注
							综合单价	合价	其中		
									人工费	材料及工程设备暂估价	
二、新建驳岸											
附录A 土石方工程											
表A.1 土方工程(项目编码:040101)											
36	040101003	挖基坑土方	1. 土壤类别(综合) 2. 挖土深度:≤6m	1. 排地表水 2. 土方开挖 3. 围护(挡土板)及拆除 4. 基底钎探 5. 场内运输	m^3						
表A.3 回填方及土石方运输(项目编码:040103)[上海市应用规则]											
37	040103001	回填方	1. 密实度要求 2. 填方材料品种 3. 填方粒径要求 4. 填方来源、运距	1. 运输 2. 回填 3. 压实	m^3						
38	040103002	余方弃置	1. 废弃料品种:余土 2. 运距:浦西内环线内及浦东内环线内	余方点装料运输至弃置点	m^3						
39	沪040103003	缺土购置	1. 土方来源 2. 运距	1. 土方购置 2. 取料点装料 3. 运输至缺土点 4. 卸土	m^3						
附录B 道路工程											
表B.1 路基处理(项目编码:040201)											
40	040201021	土工合成材料	1. 材料品种、规格 2. 搭接方式	1. 基层整平 2. 铺设 3. 固定	m^2						

续表

序号	项目编码	项目名称	项目特征	工程内容	计量单位	工程量	金额（元）				备注
							综合单价	合价	其中		
									人工费	材料及工程设备暂估价	
附录C　桥涵工程											
表C.2　基坑与边坡支护（项目编码：040302）											
41	040302001	圆木桩	1.地层情况 2.桩长 3.材质：圆木 4.尾径 5.桩倾斜度	1.工作平台搭拆 2.桩机移位 3.桩制作、运输、就位 4.桩靴安装 5.沉桩	1.m 2.根						
42	040303001002	混凝土垫层	混凝土强度等级：现浇混凝土（5～40mm）C15	1.模板制作、安装、拆除 2.混凝土拌合、运输、浇筑 3.养护	m^3						
43	040303002	混凝土基础	混凝土强度等级：泵送商品混凝土（5～40mm）C25	1.模板制作、安装、拆除 2.混凝土拌合、运输、浇筑 3.养护	m^3						
表C.3　现浇混凝土构件（项目编码：040303）											
44	040303016	混凝土挡墙压顶	1.混凝土强度等级：泵送商品混凝土（5～40mm）C20 2.沉降缝要求	1.模板制作、安装、拆除 2.混凝土拌合、运输、浇筑 3.养护 4.抹灰 5.泄水孔制作、安装 6.滤水层铺筑 7.沉降缝	m^3						

续表

序号	项目编码	项目名称	项目特征	工程内容	计量单位	工程量	金额(元)				备注
							综合单价	合价	其中		
									人工费	材料及工程设备暂估价	
表 C.5　砌筑(项目编码:040305)											
45	040305003	浆砌块料	1.部位 2.材料品种、规格 3.砂浆强度等级:M7.5 4.泄水孔材料品种、规格 5.滤水层要求 6.沉降缝要求	1.砌筑 2.砌体勾缝 3.砌体抹面 4.泄水孔制作、安装 5.滤层铺设 6.沉降缝	m^3						
46	040305005	护坡	1.材料品种:浆砌块石 2.结构形式 3.厚度 4.砂浆强度等级:M7.5	1.修整边坡 2.砌筑 3.砌体勾缝 4.砌体抹面	m^2						
表 C.9　其他(项目编码:040309)											
47	040309007	桥梁伸缩装置	1.材料品种:橡胶 2.规格、型号:板式 3.混凝土种类 4.混凝土强度等级	1.制作、安装 2.混凝土拌合、运输、浇筑	m						
附录 J　钢筋工程											
表 J.1　钢筋工程(项目编码:040901)											
48	040901001	现浇构件钢筋(基础)	1.钢筋种类 2.钢筋规格	1.制作 2.运输 3.安装	t						
本页小计											
合　计											

注:“挖一般土方”,上海地区系套用《上海市建设工程工程量清单计价应用规则》(沪建管[2014]872号)。

单价措施项目清单与计价表［即建设单位招标工程量清单］

表 4 桥-07

工程名称： 标段： 第 页共 页

序号	项目编码	项目名称	项目特征	工程内容	计量单位	工程量	金额(元)		
							综合单价	合价	其中 人工费
附录 L 措施项目									
表 L.1 脚手架工程(项目编码:041101)									
1	041101002	柱面脚手架	1. 柱高 2. 柱结构外围周长	1. 清理场地 2. 搭设、拆除脚手架、安全网 3. 材料场内外运输	m^2	557.04			
表 L.2 混凝土模板及支架(项目编码:041102)									
2	041102040	桥涵支架	1. 部位 2. 材质 3. 支架类型	1. 支架地基处理 2. 支架的搭设、使用及拆除 3. 支架预压 4. 材料场内外运输	m^3	365.41			
表 L.6 大型机械设备进出场及安拆(项目编码:041106)									
3	041106001001	大型机械设备进出场及安拆	1. 机械设备名称:单斗挖掘机 2. 机械设备规格型号($1m^3$以内)	1. 安拆费包括施工机械、设备在现场进行安装拆卸所需人工、材料、机械和试运转费用以及机械辅助设施的折旧、搭设、拆除等费用 2. 进出场费包括施工机械、设备整体或分体自停放地点运至施工现场或由一施工地点运至另一施工地点所发生的运输、装卸、辅助材料等费用	台·次	1			
4	041106001002	大型机械设备进出场及安拆	1. 机械设备名称:压路机(综合) 2. 机械设备规格型号		台·次	1			
5	041106001003	大型机械设备进出场及安拆	1. 机械设备名称:沥青混凝土摊铺机 2. 机械设备规格型号		台·次	1			
6	041106001004	大型机械设备进出场及安拆	1. 机械设备名称:钻孔灌注桩钻机 2. 机械设备规格型号		台·次	1			
7	041106001005	大型机械设备进出场及安拆	1. 机械设备名称:履带式起重机 2. 机械设备规格型号(25t 以内)		台·次	1			
本页小计									
合 计									

分部分项工程量清单与计价表［即施工单位投标工程量清单］ 表4桥-08

工程名称： 标段： 第 页 共 页

序号	项目编码/定额编号	项目名称	项目特征描述	工程内容	计量单位	工程数量
			一、三号河桥—桥梁工程			
1	040101003	挖基坑土方	1.土壤类别(综合) 2.挖土深度	1.排地表水 2.土方开挖 3.围护(挡土板)及拆除 4.基底钎探 5.场内运输	m^3	1524.38
	S4-2-7	机械挖土(深≤6m)			m^3	
2	040103001	回填方	1.密实度要求 2.填方材料品种 3.填方粒径要求 4.填方来源、运距	1.运输 2.回填 3.压实	m^3	1592.78
	S4-2-8	回填土			m^3	
3	040103002	余方弃置	1.废弃料品种:余土 2.运距:浦西内环线内及浦东内环线内	余方点装料运输至弃置点	m^3	267.75
	ZSM19-1-1	土方外运(含堆置费,浦西内环线内及浦东内环线内)			m^3	
4	沪040103003	缺土购置	1.土方来源 2.运距	1.土方购置 2.取料点装料 3.运输至缺土点 4.卸土	m^3	336.15
	BC	土源费			m^3	
5	沪040103005	废泥浆外运	泥浆排运起点至卸点或运距:浦西内环线内及浦东内环线内	1.装卸泥浆、运输 2.清理场地	m^3	744.19
	ZSM20-1-1	泥浆外运(含堆置费,浦西内环线内及浦东内环线内)			m^3	
6	040301004	泥浆护壁成孔灌注桩	1.地层情况 2.空桩长度、桩长 3.桩径 4.成孔方法 5.混凝土种类、强度等级	1.工作平台搭拆 2.桩机移位 3.护筒埋设 4.成孔、固壁 5.混凝土制作、运输、灌注、养护 6.打桩场地硬化及泥浆池、泥浆沟	m^3	787.51

续表

序号	项目编码/定额编号	项目名称	项目特征描述	工程内容	计量单位	工程数量
6	S4-1-1	陆上桩基础工作平台(锤重≤2.5t)			m^2	
	S4-1-7	水上桩基础工作平台(锤重≤2.5t)			m^2	
	S4-4-2	陆上埋设拆除钢护筒(Φ≤800)			m	
	S4-4-7	支架上埋设拆除钢护筒(Φ≤800)			m	
	S4-4-12	回旋钻机钻孔(Φ≤800)			m^3	
	S4-4-19	灌注桩水下商品混凝土(Φ≤800),采用非泵送水下商品混凝土(5～40mm)C30			m^3	
	ZSM21-1-1	钻孔灌注桩钻机安装及拆除费			台	
7	040301011	截桩头	1. 桩类型 2. 桩头截面、高度 3. 混凝土强度等级 4. 有无钢筋	1. 截桩头 2. 凿平 3. 废料外运	m^3	114.01
	S1-3-37	凿桩头			m^3	
8	040301012	声测管	1. 材质 2. 规格、型号	1. 检测管截断、封头 2. 套管制作、焊接 3. 定位、固定	m	14.38
	B	声测管			m	
9	040303001001	混凝土垫层	混凝土强度等级:现浇混凝土(5～40mm)C15	1. 模板制作、安装、拆除 2. 混凝土拌合、运输、浇筑 3. 养护	m^3	16.42
	S4-6-2换	基础混凝土垫层,采用现浇混凝土(5～40mm)C15			m^3	
10	040303001002	混凝土基础	混凝土强度等级	1. 模板制作、安装、拆除 2. 混凝土拌合、运输、浇筑 3. 养护	m^3	285.66
	S4-6-1	基础碎石垫层			m^3	

续表

序号	项目编码/定额编号	项目名称	项目特征描述	工程内容	计量单位	工程数量
11	040303002	混凝土基础	混凝土强度等级：现浇混凝土(5～40mm)C15	1. 模板制作、安装、拆除 2. 混凝土拌合、运输、浇筑 3. 养护	m^3	
	S4-6-4	基础混凝土，采用现浇混凝土(5～40mm)C15			m^3	
12	040303007001	混凝土墩(台)盖梁	1. 部位 2. 混凝土强度等级：泵送商品混凝土(5～40mm)C3	1. 模板制作、安装、拆除 2. 混凝土拌合、运输、浇筑 3. 养护	m^3	
	S4-6-39	台盖梁商品混凝土，采用泵送商品混凝土(5～40mm)C30			m^3	
	S4-6-40	台盖梁模板			m^2	
13	040303007002	混凝土墩(台)盖梁	1. 部位 2. 混凝土强度等级：泵送商品混凝土(5～40mm)C30	1. 模板制作、安装、拆除 2. 混凝土拌合、运输、浇筑 3. 养护	m^3	
	S4-6-35	墩盖梁商品混凝土，采用泵送商品混凝土(5～40mm)C30			m^3	
	S4-6-36	墩盖梁模板			m^2	
14	040303018	混凝土防撞护栏	1. 断面 2. 混凝土强度等级：泵送商品混凝土(5～20mm)C20	1. 模板制作、安装、拆除 2. 混凝土拌合、运输、浇筑 3. 养护	m	
	S3-6-2 换	固定式车行道中心隔离护栏，采用泵送商品混凝土(5～20mm)C20			m	
	S1-4-20	堆料场地，采用现浇混凝土(5～20mm)C15			m^2	
	S1-1-30	商品混凝土泵车输送			m^3	
	ZSM21-1-5	履带式起重机(25t 以内)装卸费			台	

续表

序号	项目编码/定额编号	项目名称	项目特征描述	工程内容	计量单位	工程数量
15	040303019001	桥面铺装	1. 混凝土强度等级：泵送商品混凝土（5～40mm）C40 2. 沥青品种 3. 沥青混凝土种类 4. 厚度 5. 配合比	1. 模板制作、安装、拆除 2. 混凝土拌合、运输、浇筑 3. 养护 4. 沥青混凝土铺装 5. 碾压	m^2	
	S4-6-99换	桥面铺装车行道商品混凝土，采用泵送商品混凝土（5～40mm）C40			m^3	
16	040303019002	桥面铺装	1. 混凝土强度等级 2. 沥青品种：细粒式沥青混凝土 3. 沥青混凝土种类 4. 厚度：$h=4$cm 5. 配合比	1. 模板制作、安装、拆除 2. 混凝土拌合、运输、浇筑 3. 养护 4. 沥青混凝土铺装 5. 碾压	m^2	
	S2-3-24换	机械摊铺细粒式沥青混凝土（厚4cm）			$100m^2$	
	S2-3-22换	机械摊铺中粒式沥青混凝土（厚6cm）			$100m^2$	
17	040303020	混凝土桥头搭板	混凝土强度等级：泵送商品混凝土（5～40mm）C30	1. 模板制作、安装、拆除 2. 混凝土拌合、运输、浇筑 3. 养护	m^3	
	S4-6-54换	桥头搭板混凝土，采用泵送商品混凝土（5～40mm）C30			m^3	
	S4-6-55	搭板模板			m^2	
18	040304001	预制混凝土梁	1. 部位 2. 图集、图纸名称 3. 构件代号、名称 4. 混凝土强度等级 5. 砂浆强度等级：1∶2	1. 模板制作、安装、拆除 2. 混凝土拌合、运输、浇筑 3. 养护 4. 构件安装 5. 接头灌缝 6. 砂浆制作 7. 运输	m^3	
	S4-8-9	陆上安装板梁（$L\leqslant 10$m）			m^3	

续表

序号	项目编码/定额编号	项目名称	项目特征描述	工程内容	计量单位	工程数量
18	S4-8-16	水上安装板梁($L\leqslant16$m)			m³	
	S4-7-72 换	预制构件场内运输(重≤40t,运距200m)			m³	
	S4-6-77	板梁间灌缝,采用现浇混凝土(5～16mm)C30			m³	
	S4-6-78	板梁底勾缝,采用水泥砂浆1∶2			延长米	
19	040304005001	预制混凝土其他构件	1. 部位 2. 图集、图纸名称 3. 构件代号、名称 4. 混凝土强度等级:泵送商品混凝土(5～40mm)C30 5. 砂浆强度等级	1. 模板制作、安装、拆除 2. 混凝土拌合、运输、浇筑 3. 养护 4. 构件安装 5. 接头灌浆 6. 砂浆制作 7. 运输	m³	
	S4-6-74 换	地梁侧石缘石商品混凝土,采用泵送商品混凝土(5～40mm)C30			m³	
	S4-6-75	地梁侧石缘石模板			m²	
20	040304005002	预制混凝土其他构件	1. 部位 2. 图集、图纸名称 3. 构件代号、名称 4. 混凝土强度等级:泵送商品混凝土(5～40mm)C30 5. 砂浆强度等级	1. 模板制作、安装、拆除 2. 混凝土拌合、运输、浇筑 3. 养护 4. 构件安装 5. 接头灌浆 6. 砂浆制作 7. 运输	m³	
	S4-8-7	安装人行道矩形板,采用水泥砂浆M10			m³	
21	040304005003	预制混凝土其他构件	1. 部位 2. 图集、图纸名称 3. 构件代号、名称 4. 混凝土强度等级:泵送商品混凝土(5～40mm)C30 5. 砂浆强度等级	1. 模板制作、安装、拆除 2. 混凝土拌合、运输、浇筑 3. 养护 4. 构件安装 5. 接头灌浆 6. 砂浆制作 7. 运输	m³	

续表

序号	项目编码/定额编号	项目名称	项目特征描述	工程内容	计量单位	工程数量
21	S2-4-12	铺筑非连锁型彩色预制块(砂浆),采用水泥砂浆 M10			$100m^2$	
22	040309003001	混凝土栏杆	1. 混凝土强度等级 2. 规格尺寸	制作、运输、安装	m	267.75
	S4-8-46	安装混凝土栏杆			m^3	
23	040309003002	混凝土栏杆	1. 混凝土强度等级 2. 规格尺寸	制作、运输、安装	m	
	S4-8-42	安装桥铭牌			m^3	
	S4-7-70 换	预制构件场内运输(重≤10t,运距 200m)			m^3	
24	040309004	橡胶支座	1. 材质:橡胶 2. 规格、型号 3. 形式:板式	支座安装	个	
	S4-8-51	安装板式橡胶支座			dm^3	
25	040309007001	桥梁伸缩装置	1. 材料品种 2. 规格、型号:型钢 3. 混凝土种类:钢纤维混凝土 4. 混凝土强度等级	1. 制作、安装 2. 混凝土拌合、运输、浇筑	m	
	S4-8-61 换	安装机动车道型钢伸缩缝,采用钢纤维混凝土			m	
26	040309007002	桥梁伸缩装置	1. 材料品种 2. 规格、型号 3. 混凝土种类 4. 混凝土强度等级	1. 制作、安装 2. 混凝土拌合、运输、浇筑	m	
	S4-8-61 换	安装人行道伸缩缝			m	
27	040309007003	桥梁伸缩装置	1. 材料品种 2. 规格、型号:连续缝 3. 混凝土种类 4. 混凝土强度等级	1. 制作、安装 2. 混凝土拌合、运输、浇筑	m	
	S4-8-62 换	安装桥面连续缝			m	

续表

序号	项目编码/定额编号	项目名称	项目特征描述	工程内容	计量单位	工程数量
28	040309009	桥面排(泄)水管	1. 材料品种:PVC塑料管 2. 管径	进水口、排(泄)水管制作、安装	m	
	S4-8-59换	安装PVC塑料管泄水孔,采用水泥砂浆M10			m	
29	040309010	防水层	1. 部位 2. 材料品种、规格 3. 工艺要求	防水层铺涂	m^2	
	BC	防水层			m^2	
30	040901001001	现浇构件钢筋(台盖梁)	1. 钢筋种类 2. 钢筋规格	1. 制作 2. 运输 3. 安装	t	
	S4-6-41	台盖梁钢筋			t	
31	040901001002	现浇构件钢筋(墩盖梁)	1. 钢筋种类 2. 钢筋规格	1. 制作 2. 运输 3. 安装	t	
	S4-6-37	墩盖梁钢筋			t	
32	040901001003	现浇构件钢筋(桥面铺装)	1. 钢筋种类 2. 钢筋规格	1. 制作 2. 运输 3. 安装	t	
	S4-6-100	桥面铺装钢筋			t	
33	040901001004	现浇构件钢筋(其他构件)	1. 钢筋种类 2. 钢筋规格	1. 制作 2. 运输 3. 安装	t	
	S4-6-76	其他构件钢筋			t	
34	040901001005	现浇构件钢筋(搭板)	1. 钢筋种类 2. 钢筋规格	1. 制作 2. 运输 3. 安装	t	
	S4-6-59	搭板钢筋			t	
35	040901004	钢筋笼	1. 钢筋种类 2. 钢筋规格	1. 制作 2. 运输 3. 安装	t	
	S4-4-22	灌注桩钢筋笼			t	

续表

序号	项目编码/定额编号	项目名称	项目特征描述	工程内容	计量单位	工程数量
			二、三号河桥——新建驳岸工程			
36	040101003	挖基坑土方	1. 土壤类别（综合） 2. 挖土深度：≤6m	1. 排地表水 2. 土方开挖 3. 围护（挡土板）及拆除 4. 基底钎探 5. 场内运输	m^3	
	S4-2-7	机械挖土（深≤6m）			m^3	
37	040103001	回填方	1. 密实度要求 2. 填方材料品种 3. 填方粒径要求 4. 填方来源、运距	1. 运输 2. 回填 3. 压实	m^3	
	S4-2-8	回填土			m^3	
38	040103002	余方弃置	1. 废弃料品种：余土 2. 运距：浦西内环线内及浦东内环线内	余方点装料运输至弃置点	m^3	
	ZSM19-1-1	土方外运（含堆置费，浦西内环线内及浦东内环线内）			m^3	
39	沪 040103003	缺土购置	1. 土方来源 2. 运距	1. 土方购置 2. 取料点装料 3. 运输至缺土点 4. 卸土	m^3	
	BC	土源费			m^3	
40	040201021	土工合成材料	1. 材料品种、规格 2. 搭接方式	1. 基层整平 2. 铺设 3. 固定	m^2	
	S2-1-32	铺设土工布（路基）			m^2	
41	040302001	圆木桩	1. 地层情况 2. 桩长 3. 材质：圆木 4. 尾径 5. 桩倾斜度	1. 工作平台搭拆 2. 桩机移位 3. 桩制作、运输、就位 4. 桩靴安装 5. 沉桩	1. m 2. 根	

续表

序号	项目编码/定额编号	项目名称	项目特征描述	工程内容	计量单位	工程数量
41	S4-3-90 补	打圆木桩			m^3	
	S1-2-8	圆木桩围堰筑拆(高≤3m)			延长米	
	S1-2-9	圆木桩围堰养护(高≤3m)			延长米·次	
42	040303001002	混凝土垫层	混凝土强度等级:现浇混凝土(5～40mm)C15	1. 模板制作、安装、拆除 2. 混凝土拌合、运输、浇筑 3. 养护	m^3	
	S4-6-1	基础碎石垫层			m^3	
	S4-6-2	基础混凝土垫层,采用现浇混凝土(5～40mm)C15			m^3	
43	040303002	混凝土基础	混凝土强度等级:泵送商品混凝土(5～40mm)C25	1. 模板制作、安装、拆除 2. 混凝土拌合、运输、浇筑 3. 养护	m^3	
	S4-6-4 换	基础混凝土,采用泵送商品混凝土(5～40mm)C25			m^3	
	S4-6-6	基础模板			m^2	
44	040303016	混凝土挡墙压顶	1. 混凝土强度等级:泵送商品混凝土(5～40mm)C20 2. 沉降缝要求	1. 模板制作、安装、拆除 2. 混凝土拌合、运输、浇筑 3. 养护 4. 抹灰 5. 泄水孔制作、安装 6. 滤水层铺筑 7. 沉降缝	m^3	
	S4-6-89	压顶商品混凝土,采用泵送商品混凝土(5～40mm)C20			m^3	
	S4-6-90	压顶模板			m^2	
45	040305003	浆砌块料	1. 部位 2. 材料品种、规格 3. 砂浆强度等级:M7.5 4. 泄水孔材料品种、规格 5. 滤水层要求 6. 沉降缝要求	1. 砌筑 2. 砌体勾缝 3. 砌体抹面 4. 泄水孔制作、安装 5. 滤层铺设 6. 沉降缝	m^3	

续表

序号	项目编码/定额编号	项目名称	项目特征描述	工程内容	计量单位	工程数量
45	S4-5-15	浆砌块石台身及挡墙，采用水泥砂浆M7.5			m^3	
	S4-5-19	浆砌块石圬工勾平缝，采用水泥砂浆M7.5			m^2	
46	040305005	护坡	1. 材料品种：浆砌块石 2. 结构形式 3. 厚度 4. 砂浆强度等级：M7.5	1. 修整边坡 2. 砌筑 3. 砌体勾缝 4. 砌体抹面	m^2	
	S4-5-9	浆砌块石护坡，采用水泥砂浆M7.5			m^3	
	S4-5-20	浆砌块石圬工勾凸缝，采用水泥砂浆M7.5			m^2	
	S4-5-8	浆砌块石护脚，采用水泥砂浆M7.5			m^3	
47	040309007	桥梁伸缩装置	1. 材料品种：橡胶 2. 规格、型号：板式 3. 混凝土种类 4. 混凝土强度等级	1. 制作、安装 2. 混凝土拌合、运输、浇筑	m	
	S4-8-62	安装板式橡胶伸缩缝			m	
48	040901001	现浇构件钢筋（基础）	1. 钢筋种类 2. 钢筋规格	1. 制作 2. 运输 3. 安装	t	
	S4-6-7	基础钢筋			t	
			本页小计			
			合　计			

注：1. 本“分部分项工程量清单与计价表［即施工单位投标工程量清单］”，已省略了“金额（元）”和“备注”内容；

2. 在编制工程“分部分项工程量清单与计价表”时，敬请参阅表4桥-05“工程量清单与对应《预算定额》（桥梁工程）子目之间关系对照表”的释义。

单价措施项目清单与计价表［即施工单位投标工程量清单］　　　　表4桥-09

工程名称：　　　　　　　　　　　　　　标段：　　　　　　　　　　　　　　第　页　共　页

序号	项目编码	项目名称	项目特征	工程内容	计量单位	工程量	金额(元)		备注
							综合单价	合价	
附录L　措施项目									
表L.1　脚手架工程(编码:041101)									
1	041101002	柱面脚手架	1.柱高 2.柱结构外围周长	1.清理场地 2.搭设、拆除脚手架、安全网 3.材料场内外运输	m^2	557.04			
	S1-1-21	桥梁盖梁脚手架(高≤10m)			m^2				
表L.2　混凝土模板及支架(编码:041102)									
2	041102040	桥涵支架	1.部位 2.材质 3.支架类型	1.支架地基处理 2.支架的搭设、使用及拆除 3.支架预压 4.材料场内外运输	m^3	365.41			
	S4-1-10	满堂式钢管支架			m^3空间体积				
	CSM4-1-2	钢管支架使用费			t·天				
表L.6　大型机械设备进出场及安拆(编码:041106)									
3	041106001001	大型机械设备进出场及安拆	1.机械设备名称:单斗挖掘机 2.机械设备规格型号(1m^3以内)	1.安拆费包括施工机械、设备在现场进行安装拆卸所需人工、材料、机械和试运转费用以及机械辅助设施的折旧、搭设、拆除等费用 2.进出场费包括施工机械、设备整体或分体自停放地点运至施工现场或由一施工地点运至另一施工地点所发生的运输、装卸、辅助材料等费用	台·次	1			
	ZSM21-2-4	1m^3以内单斗挖掘机场外运输费			台·次				
4	041106001002	大型机械设备进出场及安拆	1.机械设备名称:压路机(综合) 2.机械设备规格型号		台·次	1			
	ZSM21-2-7	压路机(综合)场外运输费			台·次				

续表

序号	项目编码	项目名称	项目特征	工程内容	计量单位	工程量	金额(元)		备注
							综合单价	合价	
表 L.6 大型机械设备进出场及安拆(编码:041106)									
5	041106001003	大型机械设备进出场及安拆	1. 机械设备名称:沥青混凝土摊铺机 2. 机械设备规格型号	1. 安拆费包括施工机械、设备在现场进行安装拆卸所需人工、材料、机械和试运转费用以及机械辅助设施的折旧、搭设、拆除等费用 2. 进出场费包括施工机械、设备整体或分体自停放地点运至施工现场或由一施工地点运至另一施工地点所发生的运输、装卸、辅助材料等费用	台·次	1			
	ZSM21-2-8	沥青混凝土摊铺机场外运输费			台·次	1			
6	041106001004	大型机械设备进出场及安拆	1. 机械设备名称:钻孔灌注桩钻机 2. 机械设备规格型号		台·次				
	ZSM21-2-15	钻孔灌注桩钻机场外运输费			台·次	1			
7	041106001005	大型机械设备进出场及安拆	1. 机械设备名称:履带式起重机 2. 机械设备规格型号(25t 以内)		台·次	1			
	ZSM21-2-19	履带式起重机(25t 以内)场外运输费			台·次	1			
本页小计									
合计									

注:在编制工程“单价措施项目清单与计价表[即施工单位投标工程量清单]”时,敬请参阅表 4 桥-05“工程量清单与对应《预算定额》(桥梁工程)子目之间关系对照表”的释义。

附录　国家标准规范、全国及地方《市政工程预算定额》(附录 A～K)

附录 A　《建设工程工程量清单计价规范》GB 50500—2013 (简称“13 国标清单规范”)

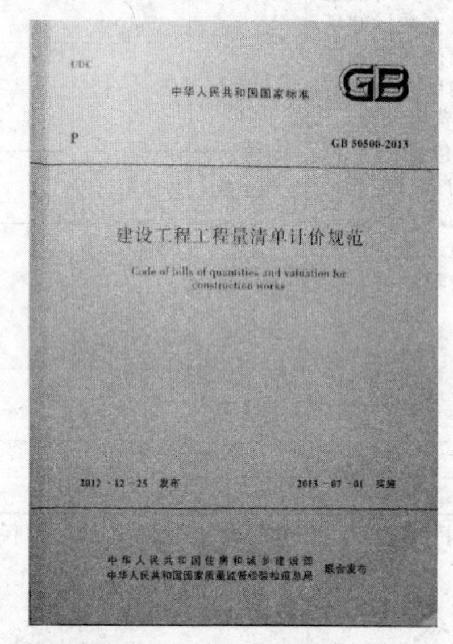

附图 A-01　“13 国标清单规范”

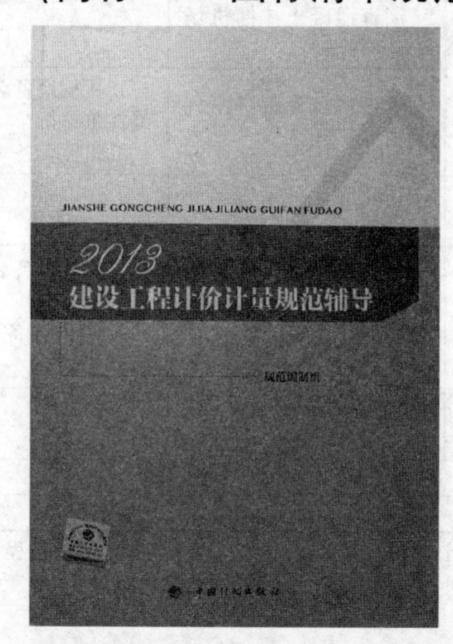

附图 A-02　“13 国标清单规范辅导”

中华人民共和国住房和城乡建设部以第 1567 号公告发布的《建设工程工程量清单计价规范》GB 50500—2013（以下简称“13 国标清单规范”）共设置 16 章、54 节、329 条，比“08 国标清单规范”分别增加 11 章、37 节、192 条，表格增加 8 种，并进一步明确了物价变化合同价款调整的两种方法。

“13 国标清单规范”存在着五大改变，分别是：增强了与合同的契合度、明确了术语的概念、增强了对风险分担的规范、细化了措施项目费计算的规定、改善了计量计价的可操作性有利于结算纠纷的处理。“13 国标清单规范”的出台标志着工程价款管理将迈入全过程精细化管理的新时代。

“13国标清单规范”（16工程计价表格）的名称及工程造价各个阶段适用范围　　附表A-01

项次	“13国标清单规范”条文	工程计价表格		工程造价不同阶段的编制使用表格				
		编码	名称	工程量清单	招标控制价	投标报价	工程结算	造价鉴定
1	附录B　工程计价文件封面	封-1	B.1　招标工程量清单封面	●				
2		封-2	B.2　招标控制价封面		●			
3		封-3	B.3　投标总价封面			●		
4		封-4	B.4　竣工结算书封面				●	
5		封-5	B.5　工程造价鉴定意见书封面工程量清单					●
6	附录C　工程计价文件扉页	扉-01	C.1　招标工程量清单扉页	●				
7		扉-02	C.2　招标控制价扉页		●			
8		扉-03	C.3　投标总价扉页			●		
9		扉-04	C.4　竣工结算总价扉页				●	
10		扉-05	C.5　工程造价鉴定意见书扉页					●
11	附录D　工程计价总说明	表-01	总说明	●	●	●		●
12	附录E　工程计价汇总表	表-02	E.1　建设项目招标控制价/投标报价汇总表		●	●		
13		表-03	E.2　单项工程招标控制价/投标报价汇总表		●	●		
14		表-04	E.3　单位工程招标控制价/投标报价汇总表		●	●		
15		表-05	E.4　建设项目竣工结算汇总表			●	●	●
16		表-06	E.5　单项工程竣工结算汇总表				●	●
17		表-07	E.6　单位工程竣工结算汇总表				●	●
18	附录F　分部分项工程和措施项目计价表	表-08	F.1　分部分项工程和单价措施项目清单与计价表	●	●	●	●	●
19		表-09	F.2　综合单价分析表		●	●	●	●
20		表-10	F.3　综合单价调整表				●	●
21		表-11	F.4　总价措施项目清单与计价表		●	●		●
22	附录G　其他项目计价表	表-12	G.1　其他项目清单与计价汇总表	●	●	●	●	●
23		表-12-1	G.2　暂列金额明细表	●	●	●		●
24		表-12-2	G.3　材料(工程设备)暂估单价及调整表	●	●	●		●
25		表-12-3	G.4　专业工程暂估价及结算价表	●	●	●		●
26		表-12-4	G.5　计日工表	●	●	●		●
27		表-12-5	G.6　总承包服务费计价表	●	●	●		●
28		表-12-6	G.7　索赔与现场签证计价汇总表					●
29		表-12-7	G.8　费用索赔申请(核准)表					●
30		表-12-8	G.9　现场签证表其他项目清单与计价汇总表					●

续表

项次	"13国标清单规范"条文	工程计价表格		工程造价不同阶段的编制使用表格				
		编码	名称	工程量清单	招标控制价	投标报价	工程结算	造价鉴定
31	附录H 规费、税金项目计价表	表-13	规费、税金项目计价表	●	●	●	●	●
32	附录J 工程计量申请(核准)表	表-14	工程计量申请(核准)表				●	●
33	附录K 合同价款支付申请(核准)表	表-15	K.1 预付款支付申请(核准)表				●	●
34		表-16	K.2 总价项目进度款支付分解表			●	●	●
35		表-17	K.3 进度款支付申请(核准)表				●	●
36		表-18	K.4 竣工结算款支付申请(核准)表				●	●
37		表-19	K.5 最终结清支付申请(核准)表				●	●
38	附录L 主要材料、工程设备一览表	表-20	L.1 发包人提供材料和工程设备一览表	●	●	●	●	●
39		表-21	L.2 承包人提供主要材料和工程设备一览表(适用于造价信息差额调整法)	●	●	●	●	●
40		表-22	L.3 承包人提供主要材料和工程设备一览表(适用于价格指数差额调整法)	●	●	●	●	●
小计				14	19	21	19	29

注：1. 摘自《建设工程工程量清单计价规范》GB 50500—2013 中 16 工程计价表格组成，工程造价各阶段的编制使用表格的规定，敬请参阅 5.2 计价表格使用规定的释义；

2. 不同阶段的编制：

(1) 第 2.0.1 条 工程量清单"载明建设工程的分部分项工程项目、措施项目、其他项目、规费项目和税金项目的名称和相应数量等的明细清单"；

(2) 第 2.0.2 条 招标工程量清单"招标人依据国家标准、招标文件、设计文件以及施工现场实际情况编制的，随招标文件发布供投标报价的工程量清单，包括其说明和表格"；

(3) 第 2.0.44 条 工程结算"发承包双方根据合同约定，对合同工程在实施中、终止时、已完工后进行的合同价款计算、调整和确认。包括期中结算、终止结算、竣工结算"；

(4) 第 2.0.45 条 招标控制价"招标人根据国家或省级、行业建设主管部门颁发的有关计价依据和办法，以及拟定的招标文件和招标工程量清单，结合工程具体情况编制的招标工程的最高投标限价"；

(5) 第 2.0.46 条 投标价"投标人投标时响应招标文件要求所报出的对已标价工程量清单汇总后标明的总价"；

(6) 第 2.0.52 条 工程造价鉴定"工程造价咨询人接受人民法院、仲裁机关委托，对施工合同纠纷案件中的工程造价争议，运用专门知识进行鉴别、判断和评定，并提供鉴定意见的活动。也称为工程造价司法鉴定"。

“13 国标清单规范”关于编制工程量清单、招标控制价、投标报价的依据　　**附表 A-02**

项次	类型	一般规定及编制	方法		
			计价定额和办法	计价定额和计价办法	编号
1	工程量清单	4.1.5　编制招标工程量清单应依据： 1 本规范和相关工程的国家计量规范； 2 国家或省级、行业建设主管部门颁发的计价定额和办法； 3 建设工程设计文件及相关资料； 4 与建设工程有关的标准、规范、技术资料； 5 拟定的招标文件； 6 施工现场情况、地勘水文资料、工程特点及常规施工方案； 7 其他相关资料	1. 主管部门颁发 2. 相关工程的国家计量规范 3. 地勘水文资料		4 工程量清单编制
2	招标控制价	5.1.1　国有资金投资的建设工程招标，招标人必须编制招标控制价。 5.1.4　招标控制价应按照本规范第 5. 2.1 条的规定编制，不应上调或下浮。 5.1.5　当招标控制价超过批准的概算时，招标人应将其报原概算审批部门审核。 5.2.1　招标控制价应根据下列依据编制与复核： 1 本规范； 2 国家或省级、行业建设主管部门颁发的计价定额和计价办法； 3 建设工程设计文件及相关资料； 4 拟定的招标文件及招标工程量清单； 5 与建设项目相关的标准、规范、技术资料； 6 施工现场情况、工程特点及常规施工方案； 7 工程造价管理机构发布的工程造价信息，当工程造价信息没有发布时，参照市场价； 8 其他的相关资料		1. 主管部门颁发 2. 拟定的招标文件及招标工程量清单 3. 施工现场情况、工程特点及常规施工方案 4. 工程造价管理机构发布的工程造价信息	5 招标控制价

续表

项次	类型	一般规定及编制	方法		
			计价定额和办法	计价定额和计价办法	编号
3	投标报价	6.1.3　投标报价不得低于工程成本。 6.1.4　投标人必须按招标工程量清单填报价格。项目编码、项目名称、项目特征、计量单位、工程量必须与招标工程量清单一致。 6.2.1　投标报价应根据下列依据编制和复核： 1 本规范； 2 国家或省级、行业建设主管部门颁发的计价办法； 3 企业定额，国家或省级、行业建设主管部门颁发的计价定额和计价办法； 4 招标文件、招标工程量清单及其补充通知、答疑纪要； 5 建设工程设计文件及相关资料； 6 施工现场情况、工程特点及投标时拟定的施工组织设计或施工方案； 7 与建设项目相关的标准、规范等技术资料； 8 市场价格信息或工程造价管理机构发布的工程造价信息； 9 其他的相关资料。 6.2.2　综合单价中应包括招标文件中划分的应由投标人承担的风险范围及其费用，招标文件中没有明确的，应提请招标人明确。 6.2.3　分部分项工程和措施项目中的单价项目，应根据招标文件和招标工程量清单项目中的特征描述确定综合单价计算。 6.2.4　措施项目中的总价项目金额应根据招标文件及投标时拟定的施工组织设计或施工方案，按本规范第 3.1.4 条的规定自主确定。其中安全文明施工费应按照本规范第 3.1.5 条的规定确定		1. 企业定额 2. 招标文件、招标工程量清单 3. 市场价格信息或工程造价管理机构发布的工程造价信息 特点：体现了企业自主确定投标报价的内涵	6 投标报价

注：1. 本表摘自《建设工程工程量清单计价规范》GB 50500—2013 中相关条文；
2. 规范中以黑体字标志的条文为强制性条文，必须严格执行；
3. 相关工程的国家计量规范，系指中华人民共和国住房和城乡建设部第 1576 号住房和城乡建设部关于发布国家标准《市政工程工程量计算规范》的公告，敬请参阅"《市政工程工程量计算规范》GB 50857—2013"的规定。

工程量清单的编制　　**附表 A-03**

项目	内　容
项目设置	1. 工程量清单的内容包括工程量清单说明和工程量清单。 2. 工程量清单的项目有分部分项工程项目、措施项目和其他项目。 3. 分部分项工程量清单的项目设置有项目名称、项目编码、计量单位和工程数量。

续表

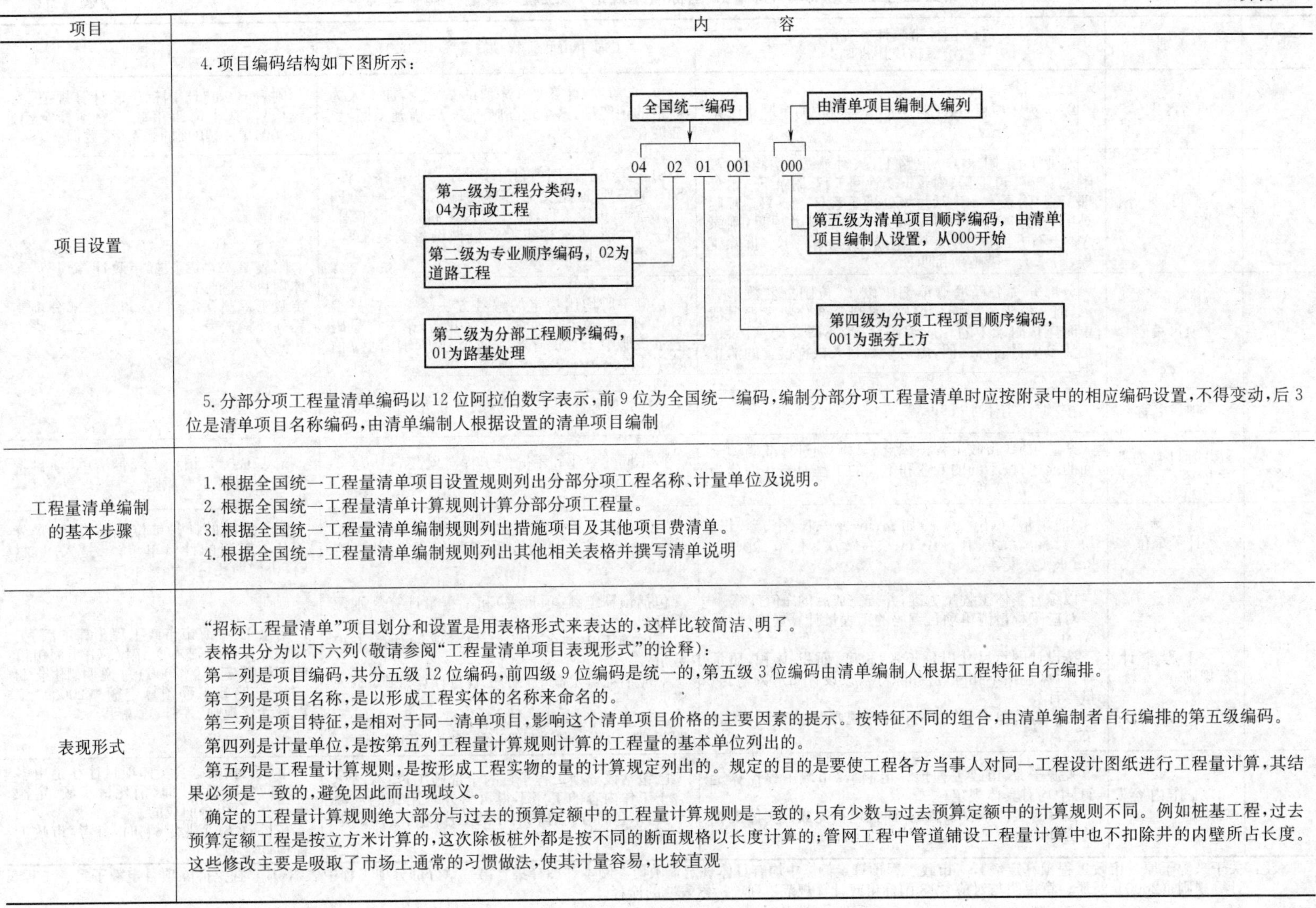

项目	内　　容
项目设置	4. 项目编码结构如下图所示： 全国统一编码 由清单项目编制人编列 04　02　01　001　000 第一级为工程分类码，04为市政工程 第二级为专业顺序编码，02为道路工程 第二级为分部工程顺序编码，01为路基处理 第四级为分项工程项目顺序编码，001为强夯上方 第五级为清单项目顺序编码，由清单项目编制人设置，从000开始 5. 分部分项工程量清单编码以 12 位阿拉伯数字表示，前 9 位为全国统一编码，编制分部分项工程量清单时应按附录中的相应编码设置，不得变动，后 3 位是清单项目名称编码，由清单编制人根据设置的清单项目编制
工程量清单编制的基本步骤	1. 根据全国统一工程量清单项目设置规则列出分部分项工程名称、计量单位及说明。 2. 根据全国统一工程量清单计算规则计算分部分项工程量。 3. 根据全国统一工程量清单编制规则列出措施项目及其他项目费清单。 4. 根据全国统一工程量清单编制规则列出其他相关表格并撰写清单说明
表现形式	“招标工程量清单”项目划分和设置是用表格形式来表达的，这样比较简洁、明了。 表格共分为以下六列(敬请参阅“工程量清单项目表现形式”的诠释)： 第一列是项目编码，共分五级 12 位编码，前四级 9 位编码是统一的，第五级 3 位编码由清单编制人根据工程特征自行编排。 第二列是项目名称，是以形成工程实体的名称来命名的。 第三列是项目特征，是相对于同一清单项目，影响这个清单项目价格的主要因素的提示。按特征不同的组合，由清单编制者自行编排的第五级编码。 第四列是计量单位，是按第五列工程量计算规则计算的工程量的基本单位列出的。 第五列是工程量计算规则，是按形成工程实物的量的计算规定列出的。规定的目的是要使工程各方当事人对同一工程设计图纸进行工程量计算，其结果必须是一致的，避免因此而出现歧义。 确定的工程量计算规则绝大部分与过去的预算定额中的工程量计算规则是一致的，只有少数与过去预算定额中的计算规则不同。例如桩基工程，过去预算定额工程是按立方米计算的，这次除板桩外都是按不同的断面规格以长度计算的；管网工程中管道铺设工程量计算中也不扣除井的内壁所占长度。这些修改主要是吸取了市场上通常的习惯做法，使其计量容易，比较直观

市政工程工程量清单（即“13国标清单规范”）工程“算量”编制与实务 **附表 A-04**

<table>
<tr><th>项次</th><th>类别</th><th>S“13 国标市政计算规范”及
“上海市应用规则”</th><th>《上海市市政工程预算定额》(2000)</th><th>备注</th></tr>
<tr><td>1</td><td>两者区别</td><td>综合实体项目:按工程实体安装就位的净尺寸计算</td><td>单一、单项:计算是在净值的基础上,加上人为规定的预留量,这个量随施工方法、措施不同,也在变化</td><td>附表 B-05“13 国标市政计算规范”实体项目与《上海市市政工程预算定额》(2000)单一、单项的关系[大数据]</td></tr>
<tr><td>2</td><td>项目划分、设置</td><td>专业工程:附录 B—道路工程、附录 C—桥涵工程、附录 D—隧道工程、附录 E—管网工程、附录 F—水处理工程、附录 G—生活垃圾处理工程(G. 1～G. 3)、附录 H—路灯工程(H. 1～H. 8) 七项;公共项目:附录 A—土石方工程、附录 J—钢筋工程、附录 K—拆除工程、附录 L—措施项目四项</td><td>S1—第一册通用项目、S2—第二册 道路工程、S3—第三册 道路交通管理设施工程、S4—第四册 桥涵及护岸工程、S5—第五册 排水管道工程、S6—第六册 排水构筑物及机械设备安装工程、S7—第七册 隧道工程</td><td rowspan="3">附表 B-02“13 国标市政计算规范”实体项目(附录 A～L)、附表 E-01《上海市市政工程预算定额》(2000)分部分项工程列项检索表</td></tr>
<tr><td>3</td><td>*项目编码</td><td>分部分项工程量清单编码以 12 位阿拉伯数字表示,前 9 位为全国统一编码,编制分部分项工程量清单时应按附录中的相应编码设置,不得变动,后 3 位是清单项目名称编码,由清单编制人根据设置的清单确定</td><td>定额手册均用规定的编号方法——二符号编号。第一个号码表示属定额第几册,第二个号码表示该册中子目的序号。两个号码均用阿拉伯数字 1、2、……n 表示</td></tr>
<tr><td>4</td><td>*项目名称</td><td>按“综合实体项目”设置</td><td>按“分项工程项目”[即《消耗量定额》定额子目]设置</td></tr>
<tr><td>5</td><td>“项目特征”之描述</td><td>来源于原《市政工程预算定额》;必须进行准确和全面的描述;按不同的专业和不同的工程对象共划分为 11 章 57 节 77 项</td><td>按不同的专业和不同的工程对象共划分为 40 章、319 节、1978 个子目</td><td>附表 B-03 招标工程量清单“项目特征”之描述的主要原则</td></tr>
<tr><td>6</td><td>*计量单位</td><td>“清单量”单位(单一)如 m、m^2、m^3、座、个、套、根、块、只、台、系统、孔、kt·m、t、台·次、环、节、处、组、km、kg、昼夜等</td><td>“预算量”:常采用扩大计量单位,如 10m^3、100m^2、100m^3 等;个别分项子目与清单(如盲沟 m、m^3)不一致</td><td>预算定额的计量单位有两类:一是分部分项工程的计量单位;二是人工、材料、机械消耗量的计量单位</td></tr>
<tr><td>7</td><td>*工程量计算规则</td><td>以综合实体工程量为准,并按完成后的净值计算
对应工程量清单项目编码的工程量计算规则(附录 A～L)
按设计图示尺寸以延长米、长度、面积、体积、质量等计算(包括不扣除、应扣除等);按设计图示数量、质量等计算
工程量清单项目“工程量计算规则”共 9(11)章、46 节、230 条</td><td>包括预算定额(项目表)和工程量计算规则两部分;
考虑施工中的各种损耗和需要增加的工程数量;
对应消耗量定额子目的工程量计算规则(S1～S7)
工程量计算规则七章、40 节、150 条;各册、章“说明”七册、40 章、册“说明”36 条、章“说明”192 条</td><td>附录 F《上海市市政工程预算定额》工程量计算规则(2000)、附录 G《上海市市政工程算定额》(2000)总说明、附录 H《上海市市政工程预算定额》(2000)“工程量计算规则”各册、章说明</td></tr>
<tr><td>8</td><td>“工作内容”之规定</td><td>来源于原《市政工程预算定额》,《市政工程预算定额》中均有具体规定;
按综合实体项目设置的,而且包括完成该实体工程的全部内容</td><td>已包括该分项工程子目的全部施工过程,已包含于工作内容的工序不得再另外套用其他定额子目,未包含在工作内容中的工序应再套用其他定额子目</td><td>市政工程的综合实体项目往往是由多个对应分项工程[即《消耗量定额》定额子目]综合组合而成的;
在目前缺《企业定额》时,参考《市政工程预算定额》</td></tr>
</table>

注：关于来源于原《市政工程预算定额》，《市政工程预算定额》中均有具体规定，敬请参阅本“图释集”第二章分部分项工程中表 K-01“翻挖拆除项目定额子目、工程量计算规则（2000）及册、章说明与对应“13 国标市政计算规范’列项检索表”的诠释。

附录 B 《市政工程工程量计算规范》GB 50857—2013（简称“13 国标市政计算规范”）

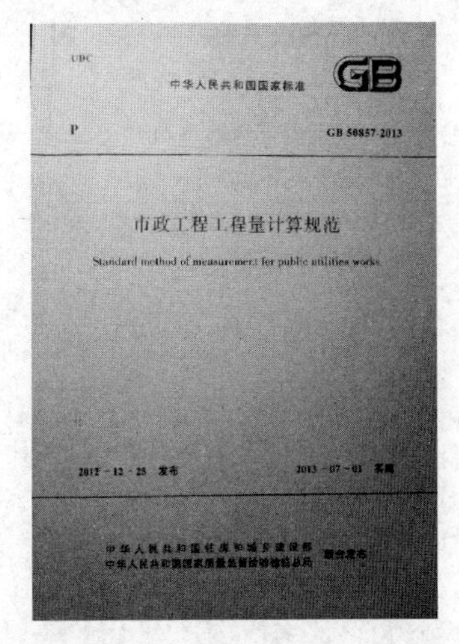

附图 B-01　“13 国标市政计量规范”

“工程计量”在国标规范中的目的、意义和重要性　　附表 B-01

项次	项目类型	计量规定	属性	
			“13 国标清单规范”	“13 国标市政计算规范”
1	市政工程计价	1.0.1　为规范市政工程造价计量行为，统一市政工程工程量计算规则、工程量清单的编制方法，制定本规范。 1.0.3　市政工程计价，必须按本规范的工程量计算规则进行工程计量。 1.0.4 市政工程计量活动，除遵守本规范外，尚应符合国家现行有关标准的规定	—	1 总则
2	工程量计算	2.0.1　工程量计算　指建设工程项目以工程设计图纸、施工组织设计或施工方案及有关技术经济文件为依据，按照相关工程国家标准的计算规则、计量单位等规定，进行工程数量的计算活动，在工程建设中简称工程计量	—	2 术语
3	工程量清单	4.1.1　招标工程量清单应由具有编制能力的招标人或受其委托、具有相应资质的工程造价咨询人编制。 4.1.2　招标工程量清单必须作为招标文件的组成部分，其准确性和完整性应由招标人负责。 4.1.3　招标工程量清单是工程量清单计价的基础，应作为编制招标控制价、投标报价、计算或调整工程量、索赔等的依据之一。 4.1.4　招标工程量清单应以单位(项)工程为单位编制，应由分部分项工程项目清单、措施项目清单、其他项目清单、规费和税金项目清单组成	4 工程量清单	

续表

项次	项目类型	计量规定	属性	
			“13国标清单规范”	“13国标市政计算规范”
3	工程量清单	4.1.1 编制工程量清单应依据： 1 本规范和现行国家标准《建设工程工程量清单计价规范》GB 50500—2013； 2 国家或省级、行业建设主管部门颁发的计价依据和办法； 3 建设工程设计文件； 4 与建设工程项目有关的标准、规范、技术资料； 5 拟定的招标文件； 6 施工现场情况、工程特点及常规施工方案； 7 其他相关资料。 4.2.1 工程量清单应根据附录规定的项目编码、项目名称、项目特征、计量单位和工程量计算规则进行编制。 4.2.2 工程量清单的项目编码，应采用十二位阿拉伯数字表示，一至九位应按附录的规定设置，十至十二位应根据拟建工程的工程量清单项目名称和项目特征设置，同一招标工程的项目编码不得有重码。 4.2.3 工程量清单的项目名称应按附录的项目名称结合拟建工程的实际确定。 4.2.4 工程量清单项目特征应按附录中规定的项目特征，结合拟建工程项目的实际予以描述。 4.2.5 工程量清单中所列工程量应按附录中规定的工程量计算规则计算。 4.2.6 工程量清单的计量单位应按附录中规定的计量单位确定。 4.2.7 本规范现浇混凝土工程项目“工作内容”中包括模板工程的内容，同时又在“措施项目”中单列了现浇混凝土模板工程项目。对此，由招标人根据工程实际情况选用，若招标人在措施项目清单中未编列现浇混凝土模板项目清单，即表示现浇混凝土模板项目不单列，现浇混凝土工程项目的综合单价中应包括模板工程费用。 4.2.8 本规范对预制混凝土构件按现场制作编制项目，“工作内容”中包括模板工程，不再另列。若采用成品预制混凝土构件时，构件成品价(包括模板、钢筋、混凝土等所有费用)应计入综合单价中。 4.2.9 金属结构构件按成品编制项目，构件成品价应计入综合单价中，若采用现场制作，包括制作的所有费用	—	4 工程量清单编制
4	招标控制价		5 招标控制价	—
5	投标报价		6 投标报价	—

续表

项次	项目类型	计量规定	属性	
			“13 国标清单规范”	“13 国标市政计算规范”
6	工程计量		8 工程计量	—
		3.0.1 工程量计算除依据本规范各项规定外，尚应依据以下文件： 1 经审定通过的施工设计图纸及其说明； 2 经审定通过的施工组织设计或施工方案； 3 经审定通过的其他有关技术经济文件。 3.0.2 工程实施过程中的计量应按照现行国家标准《建设工程工程量清单计价规范》GB 50500—2013 的相关规定执行。 3.0.6 市政工程涉及房屋建筑和装饰装修工程的项目，按照现行国家标准《房屋建筑与装饰工程工程量计算规范》GB 50854—2013 的相应项目执行；涉及电气、给水排水、消防等安装工程的项目，按照现行国家标准《通用安装工程工程量计算规范》GB 50856—2013 的相应项目执行；涉及园林绿化工程的项目，按照现行国家标准《园林绿化工程工程量计算规范》GB 50858—2013 的相应项目执行；采用爆破法施工的石方工程按照现行国家标准《爆破工程工程量计算规范》GB 50862—2013 的相应项目执行	—	3 工程计量
7	合同价款调整		9 合同价款调整	—
8	工程造价鉴定		14 工程造价鉴定	—

注：1. 摘自《建设工程工程量清单计价规范》GB 50500—2013 和《市政工程工程量计算规范》GB 50857—2013 中相关条文；
2. 规范中以黑体字标志的条文为强制性条文，必须严格执行。

1. 分部分项工程（工程实体项目）

“13 国标市政计算规范”按不同的专业和不同的工程对象共划分为 11 章、57 节、77 项。

“13 国标市政计算规范”实体项目（附录 A～L） **附表 B-02**

项次	章	节	项次	章	节
1	附录 A 土石方工程	A.1 土方工程 A.2 石方工程 A.3 回填方及土石方运输 A.4 相关问题及说明	2	附录 B 道路工程	B.1 路基处理 B.2 道路基层 B.3 道路面层 B.4 人行道及其他 B.5 交通管理设施

续表

项次	章	节
3	附录C　桥涵工程	C.1　桩基 C.2　基坑与边坡支护 C.3　现浇混凝土构件 C.4　预制混凝土构件 C.5　砌筑 C.6　立交箱涵 C.7　钢结构 C.8　装饰 C.9　其他 C.10　相关问题及说明
4	附录D　隧道工程	D.1　隧道岩石开挖 D.2　岩石隧道衬砌 D.3　盾构掘进 D.4　管节顶升、旁通道 D.5　隧道沉井 D.6　混凝土结构 D.7　沉管隧道
5	附录E　管网工程	E.1　管道铺设 E.2　管件、阀门及附件安装 E.3　支架制作及安装 E.4　管道附属构筑物 E.5　相关问题及说明
6	附录F　水处理工程	F.1　水处理构筑物 F.2　水处理设备 F.3　相关问题及说明
7	附录G　生活垃圾处理工程	G.1　垃圾卫生填埋 G.2　垃圾焚烧 G.3　相关问题及说明
8	附录H　路灯工程	H.1　变配电设备工程 H.2　10kV以下架空线路工程 H.3　电缆工程 H.4　配管、配线工程 H.5　照明器具安装工程 H.6　防雷接地装置工程 H.7　电气调整试验 H.8　相关问题及说明
9	附录J　钢筋工程	J.1　钢筋工程
10	附录K　拆除工程	K.1　拆除工程
11	附录L　措施项目	L.1　脚手架工程 L.2　混凝土模板及支架 L.3　围堰 L.4　便道及便桥 L.5　洞内临时设施 L.6　大型机械设备进出场及安拆 L.7　施工排水、降水 L.8　处理、监测、监控 L.9　安全文明施工及其他措施项目 L.10　相关问题及说明
小计	11章	57节

2. “项目特征”之描述

“项目特征”用来表述分部分项工程量清单项目名称、明显（直接）影响实体自身价值（或价格）的材质、规格等，此外还应体现工艺（或称施工方法）或安装的位置等影响项目价格的诸多因素。“项目特征”构成分部分项工程量清单项目和措施项目自身价值的本质特征。招标工程量清单的“项目特征”是确定一个投标报价清单项目综合单价不可缺少的重要依据，在编制工程量清单时，必须对“项目特征”进行准确和全面的描述。市政工程分部分项工程量清单的“项目特征”应按“13 国标市政计算规范”规定的“项目特征”，结合拟建工程项目的实际予以描述。

3. “工作内容”之规定（每一项包括多项预算定额子目，不考虑施工方法）

招标工程量清单项目是按实体设置的，是工程施工和报价的主要内容，应包括完成该实体的全部内容。市政工程的实体往往是由多个工程综合而成的，因此对各招标工程量清单可能发生的工程项目均作了提示并列在“工程内容”一栏内，供清单编制人对项目描述进行参改。工作内容来源于原《市政工程预算定额》，《市政工程预算定额》中均有具体规定。

“工作内容”一栏的作用是可供招标人确定招标工程量清单项目和投标人投标报价参考。

对招标工程量清单项目的描述很重要，它是报价人计算综合单价的主要依据。

如果发生了“13 国标市政计算规范”中“工程内容”没有列到的，在招标工程量清单项目描述中应予以补充，绝不可以在“13 国标市政计算规范”中以任何理由不予描述或描述不清，这样容易引发投标人报价《综合单价》内容不一致，给评标带来困难。

4. 工程量计算规则（按工程实体净值）

“13 国标市政计算规范”　每一个招标工程量清单项目都有一个相应的工程量计算规则，这个规则全国统一，即全国各省市的工程量清单，均要按本附录的计算规则计算工程量。招标工程量清单中各分项工程数量主要是通过工程量计算规则与施工图纸内容相结合计算确定的。工程量计算规则是指对招标工程量清单项目各分项工程量计算的具体规定。除另有说明外，所有招标工程量清单项目的工程量应以实体工程量为准，并以完成后的净值计算；投标人报价时，应在《综合单价》中考虑施工中的各种损耗和需要增加的工程数量。

“13 国标市政计算规范”中的工程量计算规则包括 8 个专业工程（附录 A～F 和附录 J～L），即土石方工程、道路工程、桥涵工程、隧道工程、管网工程、水处理工程、钢筋工程、拆除工程和措施项目等。

例如道路工程的计算应执行“附录 B 道路工程”工程量的计算规则（共 37 条），即“13 国标市政计算规范”中的“B. 1 至 B. 5”工程量计算规则。

工程量清单报价包括实物工程量清单报价、非实物形态竞争性费用。工程量清单以实物工程量为主体，非实物形态竞争性费用和人工费用不提供实物量。实物工程量清单通常指建筑安装就位后工程实体量。工程量清单不能单独使用，应与招标文件的招标须知、合同文件、技术规范和图纸等结合使用。

而预算工程量（即“预算量”）的计算是在净值（即净尺寸计算）的基础上，加上人为规定的预留量，这个量随施工方法、措施不同，也在变化。实际上，预留量需要根据施工方法进行确定，方法不同，所需的预留量也不同。因此这种规定限制了竞争的范围，这与市场机制是背离的。它是典型的计划经济体制下的计算规则。

“13国标市政计算规范”工程量清单项目的工程量计算规则与《通用安装工程工程量计算规范》GB 50856—2013工程量计算规则有着原则上的区别。工程量项目的计量原则是按实体安装就位的净尺寸计算，这与国际通用做法［“FIDIC”（菲迪克）是国际咨询工程师联合会（Fédération Internationale Des Ingénieurs Conseils）的法文缩写。FIDIC的本义是指国际咨询工程师联合会这一独立的国际组织，中国工程咨询协会于1996年被接纳为国际咨询工程师联合会（FIDIC）正式会员。习惯上有时也指FIDIC条款或FIDIC方法。

招标工程量清单“项目特征”之描述的主要原则 附表 B-03

项次	类型	项目特征之描述
1	必须描述的内容	1. 涉及正确计量的内容，如门窗采用樘计量时，应描述门窗洞口尺寸或框外围尺寸。 2. 涉及结构要求的内容，如混凝土构件的混凝土强度等级是使用C20还是C30或C40等。因混凝土强度等级不同，其价格也不同，所以必须描述。 3. 涉及材质要求的内容，如油漆的品种是调合漆，还是硝基清漆等；管材的材质是碳钢管，还是塑料管、不锈钢管等；还需要对管材的规格和型号进行描述。 4. 涉及安装方式的内容，如管道工程中钢管的连接方式是螺纹连接还是焊接；塑料管是粘接连接还是热熔连接等
2	可不描述的内容	1. 对算量计价没有实质影响的内容，例如，对现浇混凝土柱的高度和断面大小等的特征规定，因为混凝土构件是按立方米计量的，对高度和断面大小的描述实质意义不大。 2. 应由投标人根据施工方案确定的内容，如对石方的预裂爆破的单孔深度及装药量的特征规定，若由清单编制人来描述是困难的，由投标人根据施工要求，在施工方案中确定，自主报价比较恰当。 3. 应由投标人根据当地材料和施工要求确定的内容，如对混凝土构件中的混凝土拌合料使用的石子种类及粒径、砂的种类的特征规定可以不描述。因为混凝土拌合料使用砾石还是碎石，使用粗砂还是中砂、细砂或特细砂，除构件本身有特殊要求需要指定外，主要取决于工程所在地砂、石子材料的供应情况，至于石子的粒径大小主要取决于钢筋的配筋密度。 4. 应由施工措施解决的内容，如对现浇混凝土板、梁的标高的特征规定可以不描述。因为同样的板或梁都可以归并在同一个清单项目中，但由于标高的不同，将会导致因楼层的变化对同一项目提出多个清单项目。可能有人会讲，不同的楼层功效不一样，但这样的差异可以由投标人在报价中考虑，或在施工措施中解决
3	可不详细描述的内容	1. 无法准确描述的内容，如土壤类别。由于我国幅员辽阔，南北东西差异较大，特别是对于南方来说，在同一地点，由于表层土与表层土以下的土壤其类别是不相同的，要求清单编制人准确判定某类土壤所占比例是困难的，在这种情况下，可考虑将土壤类别描述为综合，注明由投标人根据地质勘探资料自行确定土壤类别，决定投标报价。 2. 施工图纸、标准图集标注明确的内容，对这些项目可描述为见××图集××页、号及节点大样等。由于施工图纸、标准图集是发、承包双方都应遵守的技术文件，这样描述，可以有效减少在施工过程中对项目理解的不一致。同时，对不少工程项目，真要将项目特征一一描述清楚，也是一件费力的事情，如果能采用这一方法描述，就可以收到事半功倍的效果。因此，建议在项目特征描述中尽可能采用这一方法。 3. 还有一些项目可不详细描述，但清单编制人在项目特征描述中应注明由投标人自定，如土方工程中的“取土运距”、“弃土运距”等。首先要清单编制人决定在多远取土或取、弃土运往多远是困难的；其次由投标人根据在建工程施工情况统筹安排，自主决定取、弃土方的运距可以充分体现竞争的要求

"13 国标市政计算规范"工程量计算规则汇总表　　附表 B-04

项次	分部分项工程名称(章)	*"13 国标市政计算规范"附录 A～K	附录 L	工程量计算规则
1	附录 A 土石方工程	A.1～A.4、10 项	—	共 10 条,其中:A.1-4 条、A.2-2 条、A.3-2 条、A.4-2 条
2	附录 B 道路工程	B.1～B.5、80 项	—	共 37 条,其中:B.1-14 条、B.2-2 条、B.3-1 条、B.4-6 条、B.5-14 条
3	附录 C 桥涵工程	C.1～C.10、86 项	—	共 43 条,其中:C.1-10 条、C.2-7 条、C.3-6 条、C.4-1 条、C.5-2 条、C.6-4 条、C.7-2 条、C.8-1 条、C.9-7 条、C.10-3 条
4	附录 D 隧道工程	D.1～D.7、85 项	—	共 50 条,其中:D.1-3 条、D.2-8 条、D.3-9 条、D.4-9 条、D.5-4 条、D.6-1 条、D.7-16 条
5	附录 E 管网工程	E.1～E.5、51 项	—	共 25 条,其中:E.1-12 条、E.2-2 条、E.3-2 条、E.4-3 条、E.5-6 条
6	附录 F 水处理工程	F.1～F.3、76 项	—	共 27 条,其中:F.1-14 条、F.2-10 条、F.3-3 条
7	附录 J 钢筋工程	J.1、10 项	—	共 4 条,其中:J.1-4 条
8	附录 K 拆除工程	K.1、11 项	—	共 4 条,其中:K.1-4 条
9	附录 L 措施项目	—	L.1～L.10、77 项	共 30 条,其中:L.1-5 条、L.2-6 条、L.3-2 条、L.4-2 条、L.5-2 条、L.6-1 条、L.7-2 条、L.8-2 条、L.9-7 条、L.10-1 条
合计:		36 节、409 项	10 节、77 项	9(11)章、46 节、230 条
		9(11)章、46 节 486 项		

"13 国标市政计算规范"实体项目与《上海市市政工程预算定额》(2000)单一、单项的关系[大数据]　　附表 B-05

项次	分部分项工程名称(章)	*"13 国标市政计算规范"实体项目		*《上海市市政工程预算定额》(2000)单一、单项 S1-×-×～S7-×-×	备注
		附录 A～K	附录 L		
1	附录 A 土石方工程	A.1～A.4、10 项	—	第一册　通用项目(第一章一般项目)、第二册　道路工程(第一章路基工程)、第三册　道路交通管理设施工程(第一章基础项目)、第四册　桥涵及护岸工程(第二章土方工程)、第五册　排水管道工程(第一章开槽埋管)、第六册　排水构筑物及机械设备安装工程(第一章土方工程)、第七册　隧道工程(第一章隧道沉井)	表 A-04"道路工程土方挖、填方工程量计算表"、表 A-05"道路工程路基工程土方场内运距计算表"、表 E-30"市政管道工程实体工程各类"算量"要素统计汇总表"、附表 G-07"土方工程定额子目列项检索表[即第十七条～第二十条]"
2	附录 B 道路工程	B.1～B.5、80 项	—	第二册　道路工程(四章、45 节、160 子目)、第三册　道路交通管理设施工程(六章、18 节、153 子目)	表 B-04"道路实体工程各类"算量"要素统计汇总表"、表 B-06"交通管理设施工程实体工程各类'算量'要素统计汇总表"

续表

项次	分部分项工程名称(章)	*“13 国标市政计算规范”实体项目		*《上海市市政工程预算定额》(2000)单一、单项 S1-×-×～S7-×-×	备注
		附录 A～K	附录 L		
3	附录 C 桥涵工程	C. 1～C. 10、86 项	—	第四册　桥涵及护岸工程(九章、76 节、472 子目)	表 C-02“桥梁实体工程各类“算量”要素统计汇总表”
4	附录 D 隧道工程	D. 1～D. 7、85 项	—	第七册　隧道工程(七章、66 节、343 子目)	
5	附录 E 管网工程	E. 1～E. 5、51 项	—	第五册　排水管道工程(三章、34 节、339 子目)	表 E-30“市政管道工程实体工程各类“算量”要素统计汇总表”
6	附录 F 水处理工程	F. 1～F. 3、76 项	—	第六册　排水构筑物及机械设备安装工程(五章、39 节、330 子目)	
7	附录 J 钢筋工程	J. 1、10 项	—	第二册～第七册各分项工程均有 ϕ	表 J-14“水泥混凝土路面(刚性路面)构造筋“算量”要素汇总表”、附表 G-06“混凝土模板、支架和钢筋定额子目列项检索表[即第十六条]”
8	附录 K 拆除工程	K. 1、11 项	—	第一册　通用项目(第一章通用项目第三节翻挖拆除项目)(11 节 39 子目)及第二册第二章第三节(2. 铣刨沥青混凝土路面 3 子目)	表 K-01“翻挖拆除项目定额子目、工程量计算规则(2000)及册、章说明与对应‘13 国标市政计算规范’列项检索表”
9	附录 L 措施项目	—	L. 1～L. 10、77 项	第一册　通用项目(六章、44 节、181 子目)	表 L. 6-06“大型机械设备进出场列项选用表”、附表 G-06“混凝土模板、支架和钢筋定额子目列项检索表[即第十六条]”
合计:		36 节、409 项	10 节、77 项	七册、40 章、322 节、1978 个子目	附表 D-01“《全国统一市政工程预算定额》(1999)项目表”、附表 D-02“《上海市市政工程预算定额》(2000)项目表”
		9(11)章、46 节、486 项			

注：1. *“13 国标市政计算规范”实体项目，系指“13 国标市政计算规范”和“上海市应用规则”，关注“项目编码”、“项目名称”、“项目特征”之描述、“工作内容”之规定、“计量单位”等项目；

2. *《上海市市政工程预算定额》(2000) 单一、单项，依施工设计图纸顺序，分部、分项依次计算预算工程量分类：S1—第一册 通用项目、S2—第二册 道路工程、S3—第三册 道路交通管理设施工程、S4—第四册 桥涵及护岸工程、S5—第五册 排水管道工程、S6—第六册 排水构筑物及机械设备安装工程、S7—第七册 隧道工程，敬请参阅本“图释集”附录国家标准规范、全国及地方《市政工程预算定额》(附录 A～K) 中附录 F《上海市市政工程预算定额》工程量计算规则 (2000) (共七章、40 节、150 条)、附录 G《上海市市政工程预算定额》(2000) 总说明 (23 条)、附录 H《上海市市政工程预算定额》(2000)“工程量计算规则”各册、章说明 (共七册、40 章、册“说明”36 条、章“说明”192 条) 的诠释。

附录 C　《上海市建设工程工程量清单计价应用规则》(简称“上海市应用规则”)

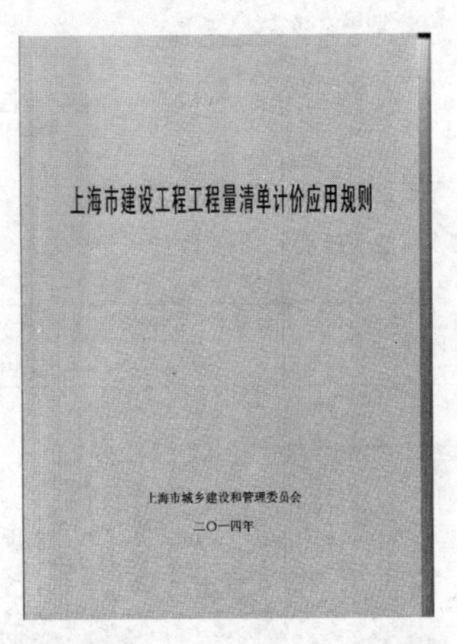

附图 C-01　“上海市应用规则”

《市政工程工程量计算规范》上海市补充（调整）项目计算规范　　附表 C-01

项目编码	项目名称	项目特征	计量单位	工程量计算规则	工作内容
附录 A　土石方工程 表 A.1　土方工程(项目编码:040101)					
040101001	挖一般土方	1. 土壤类别 2. 挖土深度	m^3	按设计图示尺寸以体积计算	1. 土方开挖 2. 基底钎探 3. 场内运输
040101002	挖沟槽土方			按设计图示尺寸以基础垫层底面积乘以挖土深度计算	
040101003	挖基坑土方				
040101004	暗挖土方	1. 土壤类别 2. 挖土深度 3. 支撑设置 4. 弃土运距	m^3	按设计图示断面乘以长度以体积计算	1. 土方开挖 2. 场内运输

续表

项目编码	项目名称	项目特征	计量单位	工程量计算规则	工作内容
表A.3　回填方及土石方运输(项目编码:040103)					
沪040103003	缺土购置	1. 土方来源 2. 运距	m^3	按挖方清单项目工程量减利用回填方体积(负数)计算	1. 土方购置 2. 取料点装料 3. 运输至缺土点 4. 卸土
沪040103004	淤泥、流砂外运	1. 废弃料品种 2. 淤泥、流砂装料点运输至弃置点或运距	m^3	按设计图示位置、界限以体积计算	淤泥、流砂装料点运输至弃置点
沪040103005	废泥浆外运	泥浆排运起点至卸点或运距	m^3	按设计图示尺寸以成孔(成槽)部分的体积计算	1. 装卸泥浆、运输 2. 清理场地
附录B　道路工程 表B.1　路基处理(项目编码:040201)					
040201003	振冲密实(不填料)	1. 地层情况 2. 振密深度 3. 孔距 4. 振冲器功率	m^2	按设计图示尺寸以加固面积计算	振冲加密
040201010	振冲桩(填料)	1. 地层情况 2. 空桩长度、桩长 3. 桩径 4. 填充材料种类	1. m 2. m^3	1. 以米计量,按设计图示尺寸以桩长计算 2. 以立方米计量,按设计桩截面乘以桩长以体积计算	1. 振冲成孔、填料、振实 2. 材料运输
沪040201024	塑料套管混凝土桩(TC桩)	1. 地层情况 2. 空桩长度、桩长 3. 桩径 4. 桩倾斜度 5. 套管材料品种、规格 6. 桩尖设置及类型 7. 混凝土强度等级 8. 桩顶盖板尺寸及厚度	m	按设计图示尺寸以桩长计算	1. 清理场地、整平 2. 桩机就位、移动 3. 桩尖制作、安装 4. 振动沉管、拔管 5. 塑料套管安装 6. 混凝土拌合、运输,桩身及盖板灌注、养护
沪040201025	固结土	1. 土壤类别 2. HEC掺合料掺量 3. 密实度	m^3	按设计图示尺寸以体积计算	1. 固结土拌合 2. 运输 3. 铺筑 4. 找平 5. 碾压

续表

项目编码	项目名称	项目特征	计量单位	工程量计算规则	工作内容
表 B.2　道路基层(项目编码:040202)					
沪 040202017	水泥混凝土基层	1. 混凝土强度等级、石料最大粒径 2. 厚度 3. 掺合料 4. 配合比	m^2	按设计图示尺寸以面积计算,不扣除各种井所占的面积	1. 混凝土拌合、运输、浇筑 2. 拉毛或压痕 3. 养护 4. 切缝
表 B.3　道路面层(项目编码:040203)					
沪 040203010	现浇透水彩色水泥混凝土面层	1. 混凝土强度等级 2. 掺合料 3. 厚度 4. 嵌缝材料 5. 保护剂材料	m^2	按设计图示尺寸以面积计算,不扣除各类井所占的面积,带平石的面层应扣除平石所占面积	1. 混凝土拌合、运输、浇筑、养护 2. 锯缝、填嵌缝胶 3. 喷保护剂
表 B.4　人行道及其他(项目编码:040204)					
沪 040204009	砖砌挡墙及踏步	1. 垫层、基础:厚度、材料品种、强度等级 2. 砖品种、规格、强度等级 3. 墙体厚度、高度 4. 砂浆强度等级、配比	m^3	按设计图示尺寸以体积计算	1. 铺筑垫层 2. 基础混凝土拌合、运输、浇筑 3. 砂浆制作、运输 4. 砌砖 5. 抹面
表 B.5　交通管理设施(项目编码:040205)					
沪 040205025	龙门架	1. 类型 2. 材质 3. 规格尺寸 4. 跨度 5. 垫层、基础材料品种、厚度、强度等级 6. 油漆品种	套	按设计图示数量以套计算	1. 基础开挖 2. 垫层铺筑 3. 混凝土拌合、运输、浇筑 4. 龙门架制作、安装
沪 040205026	路名牌	1. 路名牌类型 2. 路名牌材质、规格尺寸 3. 杆件类型、材质及规格尺寸 4. 基础、垫层:材料品种、强度等级、厚度	座	按设计图示数量以座计算	1. 基础开挖 2. 垫层铺筑 3. 混凝土拌合、运输、浇筑 4. 杆件制作、安装 5. 路名牌制作、安装

续表

项目编码	项目名称	项目特征	计量单位	工程量计算规则	工作内容
附录C 桥涵工程 表C.1 桩基(项目编码:040301)					
040301004	泥浆护壁成孔灌注桩	1.地层情况 2.空桩长度、桩长 3.桩径 4.成孔方法 5.混凝土种类、强度等级	1.m 2.m^3 3.根	1.以米计量,按设计图示尺寸以桩长(包括桩尖)计算 2.以立方米计量,按不同截面在桩长范围内以体积计算 3.以根计量,按设计图示数量计算	1.工作平台搭拆 2.桩机移位 3.护筒埋设 4.成孔、固壁 5.混凝土制作、运输、灌注、养护 6.泥浆池、泥浆沟
表C.2 基坑与边坡支护(项目编码:040302)					
040302003	地下连续墙	1.地层情况 2.导墙类型、截面 3.墙体厚度 4.混凝土种类、强度等级 5.接头形式	m^3	按设计图示墙中心线长乘以厚度乘以槽深以体积计算	1.导墙挖填、制作、安装、拆除 2.挖土成槽、固壁、清底置换 3.混凝土制作、运输、灌注、养护 4.接头处理 5.泥浆池、泥浆沟
040302004	咬合灌注桩	1.地层情况 2.桩长 3.桩径 4.混凝土种类、强度等级 5.部位	1.m 2.根	1.以米计量,按设计图示尺寸以桩长计算 2.以根计量,按设计图示数量计算	1.桩机移位 2.成孔、固壁 3.混凝土制作、运输、灌注、养护 4.套管压拔 5.泥浆池、泥浆沟
040302005	型钢水泥土搅拌墙	1.深度 2.桩径 3.水泥掺量 4.型钢材质、规格 5.是否拔出	m^3	按设计图示尺寸以体积计算	1.钻机移位 2.钻进 3.浆液制作、运输、压浆 4.搅拌、成桩 5.型钢插拔 6.型钢(摊销、租赁)

续表

项目编码	项目名称	项目特征	计量单位	工程量计算规则	工作内容
沪040302009	地下连续墙脚趾注浆	1. 注浆导管材料、规格 2. 注浆导管长度 3. 注浆材料种类及配比 4. 注浆方法 5. 水泥强度等级	m^3	按设计图示尺寸以体积计算	1. 注浆导管制作、安装 2. 浆液制作 3. 脚趾压浆
沪040302010	钢板桩	1. 地层情况 2. 桩长 3. 板桩厚度	t	按设计图示尺寸以质量计算	1. 工作平台搭拆 2. 桩机移位 3. 打拔钢板桩 4. 钢板桩(摊销、租赁)
沪040302011	列板	1. 部位 2. 列板材质、规格、型号 3. 列板厚度 4. 列板支护方式	t	按设计图示尺寸以质量计算	1. 列板制作(摊销、租赁) 2. 列板安装 3. 刷防锈漆 4. 拆除 5. 运输
沪040302012	钢板桩(列板)支撑	1. 部位 2. 支撑材质、规格、型号 3. 围檩材质、规格、型号	t	按设计图示尺寸以质量计算	1. 围檩、支撑制作(摊销、租赁) 2. 围檩、支撑安装、拆除 3. 刷防锈漆 4. 运输
沪040302013	临时混凝土支撑	1. 部位 2. 混凝土强度等级 3. 钢筋规格、类别	m^3	按设计图示尺寸以体积计算	1. 混凝土拌合、运输、浇筑、养护 2. 钢筋制作、安装 3. 拆除 4. 运输
沪040302014	临时钢支撑	1. 部位 2. 材质、规格、型号 3. 探伤 4. 施加预应力	t	按设计图示尺寸以质量计算	1. 支撑、铁件制作(摊销、租赁) 2. 支撑、铁件安装 3. 探伤 4. 刷防锈漆 5. 施加预应力 6. 拆除 7. 运输

续表

项目编码	项目名称	项目特征	计量单位	工程量计算规则	工作内容
表C.9 其他(项目编码:040309)					
沪040309011	防眩板	1.材料规格 2.间隔长度	m	按设计图示尺寸以线路中心线长度计算	1.防眩板制作、安装 2.预埋件、连接件制作、安装
附录D 隧道工程 表D.3 盾构掘进(项目编码:040403)					
040403002	盾构掘进	1.直径 2.规格 3.形式 4.掘进施工段类别 5.密封舱材料品种	m	按设计图示尺寸以掘进长度计算	1.掘进 2.管片拼装 3.密封舱添加材料 4.负管片拆除 5.隧道内管线铺设、拆除 6.泥浆制作 7.泥浆处理
沪040403011	泥水处理系统	1.盾构直径 2.型号 3.处理能力	套	按设计图示数量以套计算	1.泥水系统制作、安装、摊销、拆除 2.制备泥浆 3.泥浆输送
附录E 管网工程 表E.1 管道铺设(项目编码:040501)					
040501008	水平导向钻进	1.土壤类别 2.材质及规格 3.一次成孔长度 4.接口方式 5.泥浆要求 6.管道检验及试验要求 7.集中防腐运距	m	按设计图示长度以米计算。扣除附属构筑物(检查井)所占的长度	1.设备安装、拆除 2.定位、成孔 3.管道接口 4.拉管 5.纠偏、监测 6.泥浆制作、注浆 7.管道检测及试验 8.集中防腐运输

续表

项目编码	项目名称	项目特征	计量单位	工程量计算规则	工作内容
040501010	顶(夯)管工作坑	1.土壤类别 2.工作坑平面尺寸及深度 3.垫层、基础材质及厚度 4.混凝土强度等级 5.设备、工作台主要技术要求	座	按设计图示数量计算	1.模板制作、安装、拆除 2.混凝土拌合、运输、浇筑、养护 3.工作坑内设备、工作台安装及拆除
040501012	顶管	1.土壤类别 2.顶管工作方式 3.管道材质及规格 4.中继间规格 5.工具管材质及规格 6.触变泥浆要求 7.管道检验及试验要求 8.集中防腐运距	m	按设计图示长度以米计算。扣除附属构筑物(检查井)所占的长度	1.管道顶进 2.管道接口 3.中继间、工具管及附属设备安装、拆除 4.管内挖、运土及土方提升 5.机械顶管设备调向 6.纠偏、监测 7.触变泥浆制作、注浆 8.洞口止水 9.管道检测及试验 10.集中防腐运输
沪040501021	封闭式钻孔连接	1.不停输 2.连接新旧管	处	按设计图示数量计算	1.安装特制四通 2.安拆夹板阀、钻孔机、封堵机 3.封堵 4.连接新管，通气 5.试压、检验
沪040501022	安装连接器连接	1.不停输 2.连接新旧管	处	按设计图示数量计算	1.安装连接器 2.钻孔 3.连接新管，通气 4.试压、检验

续表

项目编码	项目名称	项目特征	计量单位	工程量计算规则	工作内容
表 E.2　管件、阀门及附件安装(项目编码:040502)					
沪 040502019	伸缩器安装	1. 法兰伸缩器 2. 管道伸缩器	个	按设计图示数量计算	安装
沪 040502020	马鞍连接	管材及管径	个	按设计图示数量计算	1. 定位 2. 打孔 3. 安装 4. 内涂处理 5. 通水试验
沪 040502021	哈夫三通	管材及管径	个	按设计图示数量计算	1. 开洞 2. 安装
附录 J　钢筋工程 表 J.1　钢筋工程(项目编码:040901)					
沪 040901011	钢筋机械连接	1. 种类 2. 规格 3. 部位 4. 连接方式	个	按设计图示数量计算	1. 钢筋端头加工 2. 运输 3. 连接
沪 040901012	电渣压力焊	1. 连接方式 2. 规格	个	按设计图示数量计算	1. 焊接、固定 2. 连接、清渣
附录 K　拆除工程 表 K.1　拆除工程(项目编码:041001)					
沪 041001012	全回转清障	1. 孔径 2. 孔深	m^3	按设计图示尺寸以体积计算	1. 钻机定位 2. 钻进空搅 3. 钻进、取土 4. 灌液 5. 超声波测试 6. 回填水泥土、拔管
沪 041001013	切割	材质	m	按切割部位以米计算	1. 切割 2. 清理 3. 运输
沪 041001014	单向气源拆除	1. 切断气源 2. 封口	处	按施工组织设计或设计图示数量以处计算	1. 攻丝打眼 2. 断管 3. 封口 4. 运输

续表

项目编码	项目名称	项目特征	计量单位	工程量计算规则	工作内容
沪 041001015	阀门拆除	阀门拆除	个	按施工组织设计或设计图示数量以个计算	1. 拆除 2. 运输
沪 041001016	调压器拆除	调压器拆除			
沪 041001017	燃气表拆除	燃气表拆除			
沪 041001018	燃气具拆除	燃气具拆除			

附录 L　措施项目

表 L.2　混凝土模板与支架(项目编码:041102)

项目编码	项目名称	项目特征	计量单位	工程量计算规则	工作内容
沪 041102041	旁通道结构模板	1. 构件类型 2. 支模高度	m^2	按混凝土与模板接触面的面积计算	1. 模板制作、安装、拆除、整理、堆放 2. 模板粘接物及模内杂物清理、刷隔离剂 3. 模板场内外运输及维修
沪 041102042	隧道结构地梁模板	构件类型			
沪 041102043	隧道结构底板模板				
沪 041102044	隧道结构柱模板	1. 构件类型 2. 支模高度			
沪 041102045	隧道结构墙模板				
沪 041102046	隧道结构梁模板				
沪 041102047	隧道结构平台、顶板模板				
沪 041102048	圆隧道内架空路面模板				
沪 041102049	隧道内其他结构混凝土模板				

注：1. 挖沟槽、基坑、一般土方因工作面和放坡增加的工程量（管沟工作面增加的工程量），不并入各土方工程量中，增加的土方应计入综合单价中；
2. 地下连续墙和喷射混凝土的钢筋网制作、安装，按附录 J 中相关项目编码列项；
3. 废泥浆外运，按附录 A 中相关项目编码列项；
4. 基坑与边坡支护的排桩按本规范附录 C 相关项目编码列项；
5. 水泥土墙、坑内加固按本规范附录 B 道路工程中 B.1 相关项目编码列项；
6. 混凝土挡土墙按附录 C 中相关项目编码列项；
7. 桩顶冠梁按本规范附录 D 中相关项目编码列项。

附录 D《市政工程预算定额》概况与“项目表”

一、定额的概念

定额：“定”就是规定（即“工程量计算规则”，是确定预算工程量的依据，与预算定额配套执行），“额”就是数额（即“项目表”——预算定额）。定额就是规定的数额，即规定生产质量合格的单位工程产品（如 $1m^2$、$1m^3$）所必须消耗的人力、物力或费用的标准数额。定额是计价依据主要内容之一，也称作指标。预算定额是工程建设中一项重要的技术经济指标，反映了完成单位分项工程消耗的活劳动和物化劳动的数量限制。这种限制最终决定着单项工程和单位工程的成本和造价。

在市政施工过程中，在一定的施工组织和施工技术条件下，用科学的方法和实践经验相结合，制定的生产质量合格的单位工程产品所必须消耗的人工、材料和机械台班的数量标准，就称为市政工程定额，或简称为工程定额，是编制施工图预算的主要依据，是确定和控制工程造价的基础。

定额主要包括消耗量定额和企业定额。

二、《市政工程预算定额》项目表

1.《市政工程预算定额》项目表的组成

项目表是《市政工程预算定额》的主要内容。它由表头和项目表两部分组成。

（1）表头

项目表表头是工作内容栏，应填写该节或项目的工作内容（可参考劳动定额，填写主要工序和操作方法）。项目表中所列的定额消耗量是指完成工作内容中所列工序需要的人工、材料、机械消耗量。工作内容是定额消耗量的根据。

（2）项目表

项目表是预算定额手册的重要和主要组成部分，主要内容包括：工程项目名称；定额编号；定额单位；人工、材料、机械台班定额消耗指标；项目表中同时以产量定额和时间定额表示。

为此，要熟悉定额项目表，能看懂定额项目表内的“三个量”的确切含义。如材料消耗量是指材料总的消耗量（包括净用量和损耗量）。对常用的分项工程定额所包含的工程内容，要联系工程实际，逐步加深印象。

人工消耗量指标可按不同工种分别列出其工日数及合计工日数。

预算定额是计算工程造价的主要依据，预算定额“工作内容”是完成某项子目所需的步骤，要与施工的流程和工艺对应起来，并且有时还要与子目下材料联系起来。

材料消耗量指标可根据材料的不同使用性质和用量大小分别以总消耗量、摊销量和其他材料费（%）列出。对于构成工程实体的材料（主要材料和辅助材料），定额材料消耗量是指总消耗量，包括净用量和损耗量。对于不构成工程实体，并在施工中可多次使用的材料（周转性材料），定额材料消耗量是指摊销量，摊销量远远小于它的实际使用量。至于工程上用到的量少价低的零星材料，定额则以其他材料费名义用其价值占项目材料费总和的百分比表示。

消耗量是指完成每一分项产品所需耗用的人工、材料、机械台班的标准。其中人工定额不分工种、等级列合计工数。材料的消耗量定额列有原材料、成品、半成品的消耗量。机械定额有两种表现形式：单种机械和综合机械，单种机械的单价是一种机械的单价，综合机械的单价是几种机械的综合单价。定额中的次要材料和次要机械用其他材料费或机械费表示。

顺便指出，在“定额项目表”中，有些材料消耗量是以混合材料的名义出现的，如现浇现拌混凝土、现场预制混凝土、混合砂浆 1∶1∶4、水泥砂浆 1∶3 等。若需分析其原始材料（如水泥、砂子、碎石、石灰膏等）的消耗量，则可借助《上海市建设工程普通混凝土、砂浆强度等级配合比表》(2000)。

机械台班使用量指标，在定额项目表中列入主要机械耗用台班数量。

2.《市政工程预算定额》项目表的主要内容

定额项目表的排列和编号系根据建筑结构、工种、材料、施工方法和施工顺序等，按分部工程（章）、分节（节）、分项（子目）等顺序排列的。分部工程是将单位工程中性质相近、主要工种和施工部位大致相同的施工对象归在一起，组成为章。市政工程预算定额各组成部分的人工、材料、机械消耗量指标确定后，应根据计算结果编制市政工程预算定额项目表。市政工程预算定额项目表列有工作内容、计量单位、项目名称、定额编号、定额基价、消耗量定额及定额附注等内容。

（1）工作内容

工作内容是说明完成本节定额的主要施工过程。定额子目中的工作内容，只是扼要列出主要工序，其中也包括次要工序（次要工序虽未说明，但已考虑在定额内），本定额编制时，主要工序和次要工序的人工、材料、机械均已考虑在定额内，不必另行计算次要工序的人工、材料、机械台班消耗。即定额工作内容中已包括该子目的全部施工过程，已包含于工作内容的工序不得再另外套用其他定额子目，未包含在工作内容中的工序应再套用其他定额子目。工作内容是界定定额子目套用“不重不漏”的重要依据。如《市政工程预算定额》项目表“人工挖土方”已包括了人工挖土、抛土和修整底边、边坡工序，套用定额子目时不得再套用人工修整底边、边坡定额子目。

（2）计量单位

预算定额的计量单位有两类：一是分部分项工程的计量单位；二是人工、材料、机械消耗量的计量单位。

预算定额子目项目选定后，其相应的“计量单位”也就选定了。这是因为，每一分项工程都有一定的计量单位，预算定额的计量单位是根据分项工程的形体特征、变化规律或结构组合等情况选择确定的。一般来说，当产品的长、宽、高三个度量都发生变化时，采用立方米或吨为计量单位；当两个度量不固定时，采用平方米为计量单位；当产品的截面大小基本固定时，则用米为计量单位。当产品采用上述 3 种计量单位都不适宜时，则分别采用个、座等自然计量单位。为了避免出现过多的小数位数，定额常采用扩大计量单位，如 $10m^3$、$100m^2$、$100m^3$ 等。套用预算定额子目时计量单位十分重要，自然单位的工程量需换算成“预算定额子目计量单位”的工程量后方可套用预算定额子目（简称“单位一致性”），否则数值会相差若干倍。某些工程量自然单位是 m^3，预算定额子目“计量单位”是 m^2，需将 m^3 换算成 m^2 后才能套用预算定额子目。

（3）项目名称

项目名称是按构配件划分的，常用的和经济价值大的项目划分得细些，一般的项目划分得粗些。

（4）定额编号

定额编号是指定额的序号，其目的是便于检查，项目套用是否正确合理，起减少差错、提高管理水平的作用。定额手册均用规定的编号方法——二符号编号。第一个号码表示属定额第几册，第二个号码表示该册中子目的序号。两个号码均用阿拉伯数字 1、2、…表示。

例如：《全国统一市政工程预算定额》（1999）

人工挖土方三类土　　定额编号 1-2

水泥混凝土路面草袋养护　　定额编号 2-189

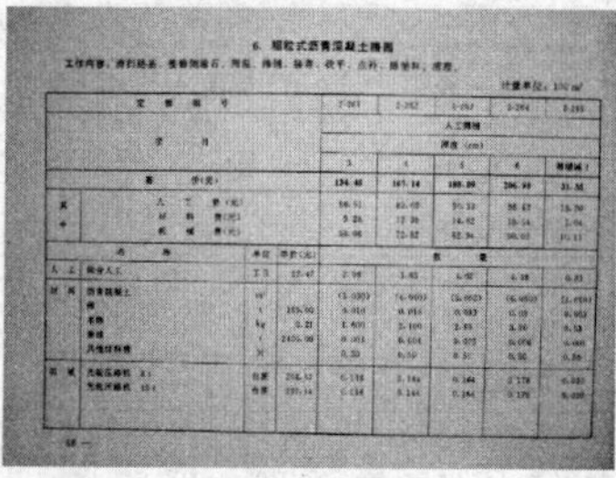

附图 D-01　《全国统一市政工程预算定额》
GYD301—1999～GYD309—1999

（5）定额基价

定额基价是指定额的基准价格，一般是省的代表性价格，实行全省统一基价，是地区调价和动态管理调价的基数。

3.《市政工程预算定额》的查阅

（1）按分部—定额节—定额表—项目的顺序找到所需项目名称，并从上向下目视。

（2）在定额表中找出所需人工、材料、机械名称，并自左向右目视。

（3）两视线交点的数值，即为所找数值。

《全国统一市政工程预算定额》（1999）项目表　附表 D-01

工作内容：清扫路基、整修侧缘石、测温、摊铺、接茬、找平、点补、撒垫料、清理。

计量单位：100m²

定额编号				2-261	2-262	2-263	2-264	2-265
项目				人工摊铺				
				厚度(cm)				
				3	4	5	6	每增减 1
基价(元)				134.45	167.14	188.09	206.98	31.35
其中	人工费(元)			66.51	82.02	90.33	98.42	18.20
	材料费(元)			9.28	12.30	14.82	18.54	3.04
	机械费(元)			58.66	72.82	82.94	90.02	10.11
	名称	单位	单价(元)	数量				
人工	综合人工	工日	22.47	2.96	3.65	4.02	4.38	0.81
材料	沥青混凝土	m³		(3.030)	(4.040)	(5.050)	(6.060)	(1.010)
	煤	t	169.00	0.010	0.013	0.013	0.020	0.003
	木柴	kg	0.21	1.600	2.100	2.60	3.20	0.53
	柴油	t	2400.00	0.003	0.004	0.005	0.006	0.001
	其他材料费	%		0.50	0.50	0.50	0.50	0.50
机械	光轮压路机 8t	台班	208.57	0.116	0.144	0.164	0.178	0.020
	光轮压路机 15t	台班	297.14	0.116	0.144	0.164	0.178	0.020

附图 D-02　《上海市市政工程预算定额》（2000）

附图 D-03　《上海市市政工程预算定额》（2000）交底培训讲义（2001 年）

《上海市市政工程预算定额》(2000)项目表

附表 D-02

第二册 道路工程 第一章 路基工程 2. 机械挖土方

工作内容:挖土、整理场地。

定额编号			S2-1-4	备注
项目		单位	机械挖土方	分部分项项目名称
			m^2	计量单位
人工	综合人工	工日	0.0070	时间定额
材料	—	—	—	主要材料及其消耗指标
机械	$1m^3$履带式液压单斗挖掘机	台班	0.0035	时间定额

第二册 道路工程 第一章 路基工程 15. 碎石盲沟

工作内容:放样、开槽挖土、盲沟填料、余土 50m 以内运输、整理场地。

定额编号			S2-1-35	备注
项目		单位	碎石盲沟	分部分项项目名称
			m^2	计量单位
人工	综合人工	工日	0.5631	时间定额
材料	道碴(30～80mm)	t	1.2585	主要材料及其消耗指标
机械	—	—	—	时间定额

第二册 道路工程 第一章 路基工程 17. 整修路基

工作内容:放样、10cm 以内挖、运、填、整修路拱、碾压、清理场地。

定额编号			S2-1-38	S2-1-39	S2-1-40	S2-1-41	备注
项目		单位	车行道		人行道		分部分项项目名称
			Ⅰ、Ⅱ类土	Ⅲ、Ⅳ类土	Ⅰ、Ⅱ类土	Ⅲ、Ⅳ类土	
			m^2	m^2	m^2	m^2	计量单位
人工	综合人工	工日	0.0128	0.0185	0.0295	0.0390	时间定额
材料	—	—	—	—	—	—	主要材料及其消耗指标
机械	轻型内燃光轮压路机	台班	0.0002	0.0002			时间定额
	重型内燃光轮压路机	台班	0.0004	0.0004			
	手扶振动压路机	台班			0.0017	0.0017	

续表

第二册　道路工程　第二章　道路基层　1. 砾石砂垫层

工作内容：放样、摊铺、找平、洒水、碾压、清理场地。

定额编号			S2-2-1	S2-2-2	备注
项目		单位	砾石砂垫层		分部分项项目名称
			厚度 15cm	每增减 1cm	
			$100m^2$	$100m^2$	计量单位
人工	综合人工	工日	2.0400	0.0510	时间定额
材料	砾石砂 水	t m^3	33.1628 2.7311	2.2109 0.1821	主要材料及其消耗指标
机械	轻型内燃光轮压路机 重型内燃光轮压路机	台班 台班	0.0476 0.0818	0.0017 0.0046	时间定额

第二册　道路工程　第二章　道路基层　7. 粉煤灰三渣基层

工作内容：放样、摊铺、找平、洒水、碾压、初期养护、清理场地。

定额编号			S2-2-13	S2-2-14	S2-2-15	S2-2-16	备注
项目		单位	厂拌粉煤灰细粒径三渣				分部分项项目名称
			厚度 25cm	厚度 35cm	厚度 45cm	每增减 1cm	
			$100m^2$	$100m^2$	$100m^2$	$100m^2$	计量单位
人工	综合人工	工日	4.2500	7.3700	10.4900	0.1340	时间定额
材料	厂拌粉煤灰三渣(5～40mm) 水	t m^3	59.6700 3.6750	83.5380 3.6750	107.4060 3.6750	2.3868	主要材料及其消耗指标
机械	液压振动压路机	台班	0.0595	0.0833	0.1071	0.0022	时间定额

续表

第二册　道路工程　第二章　道路基层　7. 粉煤灰三渣基层

工作内容:放样、摊铺、找平、洒水、碾压、初期养护、清理场地。

定额编号			S2-2-17	S2-2-18	备注
项目		单位	厂拌粉煤灰细粒径三渣		分部分项项目名称
			厚度 20cm	每增减 1cm	
			100m²	100m²	计量单位
人工	综合人工	工日	2.4700	0.1010	时间定额
材料	厂拌粉煤灰三渣(5～40mm)	t	47.7360	2.3868	主要材料及其消耗指标
	水	m³	4.0257		
机械	8t 沥青混凝土摊铺机(带自动找平)	台班	0.0286	0.0011	时间定额
	液压振动压路机	台班	0.0595	0.0023	

第二册　道路工程　第三章　道路面层　5. 沥青混凝土封层

工作内容:清扫浮松杂物、放样、凿边、烘工具、涂乳化沥青、铺筑、碾压、封边、清理场地。

定额编号			S2-3-4	备注
项目		单位	砂粒式	分部分项项目名称
			厚度 1cm	
			100m²	计量单位
人工	综合人工	工日	1.7385	时间定额
材料	砂粒式沥青混凝土(AC-5)	t	2.3345	主要材料及其消耗指标
	乳化沥青	kg	30.9000	
	重质柴油	kg	0.1575	
	水	m³	0.1126	
	其他材料费	%	0.1000	
机械	液压振动压路机	台班	0.0417	时间定额

续表

第二册　道路工程　第三章　道路面层　6. 沥青混凝土面层

工作内容：清扫浮松杂物、放样、凿边、烘工具、涂乳化沥青、遮护各种井盖、铺筑、碾压、封边、清理场地。

定额编号			S2-3-20	S2-3-21	S2-3-22	S2-3-23	备注
项目		单位	机械摊铺粗粒式		机械摊铺中粒式		分部分项项目名称
			厚度 8cm	每增减 1cm	厚度 4cm	每增减 1cm	
			100m²	100m²	100m²	100m²	计量单位
人工	综合人工	工日	1.4200	0.0950	1.1670	0.0980	时间定额
材料	粗粒式沥青混凝土(AC-30)	t	19.2038	2.4005			主要材料及其消耗指标
	中粒式沥青混凝土(AC-20)	t			9.5410	2.3852	
	乳化沥青	kg	4.1200		30.9000		
	重质柴油	kg	1.2600	0.1575	0.6300	0.1575	
	水	m³	0.1375	0.0126	0.0876	0.0126	
	其他材料费	%	0.1200	0.1200	0.1100	0.1100	
机械	8t 沥青混凝土摊铺机(带自动找平)	台班	0.0498	0.0066	0.0495	0.0135	时间定额
	液压振动压路机	台班	0.0536	0.0048	0.0357	0.0048	

第二册　道路工程　第三章　道路面层　6. 沥青混凝土面层

工作内容：清扫浮松杂物、放样、凿边、烘工具、涂乳化沥青、遮护各种井盖、铺筑、碾压、封边、清理场地。

定额编号			S2-3-24	S2-3-25	S2-3-26	S2-3-27	备注
项目		单位	机械摊铺粗粒式		机械摊铺中粒式		分部分项项目名称
			厚度 2.5cm	每增减 1cm	厚度 2cm	每增减 1cm	
			100m²	100m²	100m²	100m²	计量单位
人工	综合人工	工日	1.1033	0.0300	0.9500	0.0290	时间定额
材料	粗粒式沥青混凝土(AC-13)	t	5.8362	1.1672			主要材料及其消耗指标
	中粒式沥青混凝土(AC-5)	t			4.6690	1.1672	
	乳化沥青	kg	30.9000		30.9000		
	重质柴油	kg	0.3937	0.0840	0.3150	0.0787	
	水	m³	0.0876	0.0126	0.0876	0.0126	
	其他材料费	%	0.1100	0.1100	0.1000	0.1000	
机械	8t 沥青混凝土摊铺机(带自动找平)	台班	0.0319	0.0072	0.0271	0.0077	时间定额
	液压振动压路机	台班	0.0357	0.0048	0.0357	0.0048	

续表

第二册 道路工程 第三章 道路面层 7. 混凝土面层

工作内容：混凝土：放样、刷油、基层洒水、混凝土配制、运输、浇筑、抹平、切缝、灌缝、养护、清理场地。

模板：制作、安装、拆除、清理整堆。

钢筋：钢筋除锈、制作、运输、安装、绑扎、焊接、清理。

定额编号			S2-3-30	S2-3-31	S2-3-32	S2-3-33	备注
项目		单位	混凝土		商品混凝土		分部分项项目名称
			厚度 22cm	每增减 1cm	厚度 22cm	每增减 1cm	
			100m²	100m²	100m²	100m²	计量单位
人工	综合人工	工日	3560.3500	1.2152	6.8195	0.0790	时间定额
材料	现浇水泥混凝土(5～40mm)C30	m³	22.3300	1.0150			主要材料及其消耗指标
	非泵送商品混凝土(5～40mm)C30	m³			22.3300	1.0150	
	石油沥青	kg	26.7800	0.8240	26.7800	0.8240	
	PG 道路封缝胶	kg	18.4657		18.4657		
	ϕ30 泡沫条	m	15.4660		15.4660		
	ϕ8 泡沫条	m	20.9000		20.9000		
	切缝机刀片	片	0.0190		0.0190		
	木丝板	m²	2.7830	0.1540	2.7830	0.1540	
	塑料薄膜溶液	kg	23.9990		23.9990		
	草袋	只	15.0000		15.0000		
	水	m³	9.3765	0.4305	4.4100	0.4305	
	其他材料费	%	0.0100	0.0100	0.0100	0.0100	
机械	400L 双锥反转出料搅拌机	台班	0.7333	0.0333			时间定额
	1t 机动翻斗车	台班	1.7742	0.0806			
	平板式混凝土振动器	台班	0.7333	0.0333	0.7333	0.0333	
	插入式混凝土振捣器	台班	1.4667	0.0667	1.4667	0.0667	
	混凝土磨光机	台班	0.6667		0.6667		
	混凝土振动梁	台班	0.6667		0.6667		
	混凝土切缝机	台班	0.1382		0.1382		
	0.6m³/min 电动空气压缩机	台班	0.0331		0.0331		

续表

第二册　道路工程　第三章　道路面层　7. 混凝土面层

工作内容：混凝土：放样、刷油、基层洒水、混凝土配制、运输、浇筑、抹平、切缝、灌缝、养护、清理场地。

模板：制作、安装、拆除、清理整堆。

钢筋：钢筋除锈、制作、运输、安装、绑扎、焊接、清理。

定额编号			S2-3-36	S2-3-37	S2-3-38	备注
项目		单位	模板	钢筋		分部分项项目名称
				构造筋	钢筋网	
			m^2	t	t	计量单位
人工	综合人工	工日	0.3181	13.1365	13.9693	时间定额
材料	木模成材	m^3	0.0004			主要材料及其消耗指标
	钢模板	kg	0.6617			
	钢模零配件	kg	2.3700			
	Φ10 以内钢筋	t		0.2358	0.5125	
	Φ10 以外钢筋	t		0.7892	0.5125	
	镀锌铁丝	kg		3.0000	4.0000	
	电焊条	kg		0.5099	0.3361	
	金属帽	只	2.0000			
	圆钉	kg	0.0133			
机械	Φ500 木工圆锯机	台班	0.0473			时间定额
	木工平刨床(宽度 300mm)	台班	0.0473			
	钢筋调直机	台班		0.0264	0.0192	
	钢筋切断机	台班		0.0396	0.0288	
	钢筋弯曲机	台班		0.0660	0.0480	
	30kVA 交流电焊机	台班		0.1580	0.1230	
	5t 汽车式起重机	台班	0.0011			
	4t 载重汽车	台班	0.0016			

续表

第二册 道路工程 第四章 附属设施 1.人行道基础

工作内容:混凝土基础:放样、配制、运输、浇筑、抹平、养护、清理场地。
级配三渣(碎石)、道碴基础:放样、运输、摊铺、找平、洒水、碾压、清理场地。

定额编号			S2-4-1	S2-4-2	S2-4-3	S2-4-4	备注
项目		单位	混凝土		商品混凝土		分部分项项目名称
			厚度 10cm	每增减 1cm	厚度 10cm	每增减 1cm	
			$100m^2$	$100m^2$	$100m^2$	$100m^2$	计量单位
人工	综合人工	工日	11.4200	1.0420	2.9200	0.1920	时间定额
材料	现浇混凝土(5～20mm) C20	m^3	10.1500	1.0150			主要材料及其消耗指标
	非泵送商品混凝土(5～20mm) C20	m^3			10.1500	1.0150	
	草袋	只	58.5832		58.5832		
	水	m^3	18.9000		18.9000		
机械	400L 双锥反转出料搅拌机	台班	0.3333	0.0333			时间定额
	1t 机动翻斗车	台班	0.8065	0.0806			
	平板式混凝土振动器	台班	0.3333	0.0333	0.3333	0.0333	

第二册 道路工程 第四章 附属设施 1.人行道基础

工作内容:混凝土基础:放样、配制、运输、浇筑、抹平、养护、清理场地。
级配三渣(碎石)、道碴基础:放样、运输、摊铺、找平、洒水、碾压、清理场地。

定额编号			S2-4-5	S2-4-6	S2-4-7	S2-4-8	备注
项目		单位	细级配三渣		级配碎石		分部分项项目名称
			厚度 20cm	每增减 1cm	厚度 20cm	每增减 1cm	
			$100m^2$	$100m^2$	$100m^2$	$100m^2$	计量单位
人工	综合人工	工日	2.4700	0.3510	3.2100	0.1230	时间定额
材料	厂拌粉煤灰三渣(5～40mm)	t	47.7360	2.3868			主要材料及其消耗指标
	碎石(5～15mm)	t			6.0706	0.3036	
	碎石(5～25mm)	t			34.6800	1.7340	
	水	m^3	3.6750		0.3218		
机械	手扶振动压路机	台班	0.3333		0.3333		时间定额

续表

第二册　道路工程　第四章　附属设施　2. 铺筑预制人行道

工作内容：放样、铺砂垫层、铺砌、扫缝、清理场地。

定额编号			S2-4-12	S2-4-13	S2-4-14	S2-4-15	备注
项目		单位	非连锁型彩色预制块		连锁型彩色预制块		分部分项项目名称
			砂浆连接层	黄砂连接层	砂浆连接层	黄砂连接层	
			$100m^2$	$100m^2$	$100m^2$	$100m^2$	计量单位
人工	综合人工	工日	16.3610	10.8010	16.3610	10.8010	时间定额
材料	非连锁型彩色预制块	m^2	102.0000	102.0000			主要材料及其消耗指标
	连锁型彩色预制块	m^2			102.0000	102.0000	
	水泥砂浆 M10	m^3	3.0750		3.0750		
	黄砂（中粗）	t	0.2829	5.5869	0.7574	6.0614	

第二册　道路工程　第四章　附属设施　4. 排砌预制侧平石

工作内容：放样、铺筑垫层（高侧石无此项）、混凝土配制、运输、浇筑、抹面、排砌、灌缝、扫缝、养护、清理场地。

定额编号			S2-4-21	S2-4-22	S2-4-23	S2-4-24	备注
项目		单位	侧石	平石	侧平石	隔离带侧石	分部分项项目名称
			m	m	m	m	计量单位
人工	综合人工	工日	0.0896	0.0620	0.1329	0.0870	时间定额
材料	预制混凝土侧石（1000mm×300mm×120mm）	m	1.0300		1.0300	1.0300	主要材料及其消耗指标
	预制混凝土平石（1000mm×300mm×120mm）	m		1.0300	1.0300		
	现浇混凝土（5～20mm）C20	m^3	0.0350	0.0685	0.0749	0.0499	
	水泥砂浆 1：2.5	m^3	0.0007	0.0004	0.0011	0.0007	
	道碴（50～70mm）	t	0.0400	0.0592	0.0917	0.0473	
	水	m^3	0.0176	0.0176	0.0234	0.0140	

注：1. 摘自“《上海市市政工程预算定额》（2000）”；

2. 时间定额表示复式的分子：如综合人工的时间定额为 3560.35（工日/$100m^2$）、机械的时间定额为 0.7333（台班/$100m^2$）；

3. 每工产量（台班产量）表示复式的分母：如时间定额/计量单位＝每工（台班）/X（产量定额）

①综合人工 X（产量定额）＝（计量单位×每工日）÷时间定额

＝（$100m^2$×每工日）÷3560.35（工日/$100m^2$）＝0.0280（m^2/工日）；

②400L 双锥反转出料搅拌机 X（产量定额）＝（计量单位×每台班）÷时间定额

＝（$100m^2$×每台班）÷0.7333（台班/$100m^2$）＝136.3698（m^2/台班）。

如果工程项目与预算定额子目条件不完全符合，则可视具体情况对不相符合的部分进行调整或换算，但换算方法必须符合预算定额的规定，在允许换算的范围内进行。换算后的定额子目编号后加一个“换”字，以示与原预算定额的差别。实际上预算定额的换算也是定额消耗量的换算。

预算定额换算的方法（容易遗漏的项目） **附表 D-03**

项次	换算类型	项目名称	换算方法	参阅项目	范例
1	系数换算法	预算定额中规定可以乘以系数(即系数换算法)的有关换算	消耗量系数调整,而其他消耗量不变	1.25 预算定额消耗量系数换算系数	例 2-04（系）
2	比例换算法	设计配合比与预算定额标明配合比不同时(即比例换算法)预算定额的换算	设计配合比调整,而其他综合人工、机械台班的消耗量标准不变	表 1-40～表 1-47	例 2-05（换）
3	增、减换算法	厚度、运距等项目增、减(即增、减换算法)的换算	如根据混凝土、砂浆配合比表,减去定额混凝土、砂浆的消耗量,增加新的混凝土、砂浆的消耗量	表 1-37《上海市市政工程预算定额(2000)》中每增、减 1“算量”表	例 2-06（系）
4	强度调整换算法	水泥混凝土强度调整后(强度调整换算法)的换算	虽混凝土强度变化,但其定额中的量没有变化	1.32 混凝土、砂浆强度等级配合比表	例 2-07（换）

注：1. 本表摘自“全国建设工程造价员资格考试”考前培训教程《工程计量与计价实务（市政工程造价专业）》中表 2-14“预算定额换算的方法”；具体换算的方法，敬请参阅其【例 2-04～例 2-07】的诠释；

2. 施工单位实际施工配合比材料用量与该预算定额子目配合比表用量不同时，除配合比表说明中允许换算外，均不得调整；

3. 施工中实际采用机械的种类、规格与该预算定额子目规定的不同时，一律不得换算；

4. 表中增、减换算法，敬请参阅本“图释集”附录国家标准规范、全国及地方《市政工程预算定额》（附录 A～K）中附表 E-02“《上海市市政工程预算定额》(2000）道路工程中每增、减 1‘算量’表”的规定。

附录 E 《上海市市政工程预算定额》（2000）分部分项划分

《上海市市政工程预算定额》(2000）包括预算定额和工程量计算规则两部分。预算定额共分七册，如附表 E-01“《上海市市政工程预算定额》(2000）分部分项工程列项检索表”的释义；工程量计算规则包括总则和七个分章，总则为共性的规定，而后按分章次序逐条编列，置于定额的前面，与《市政工程预算定额》配套执行。

套用定额编号 S（1～7）－×－×中“S”为《上海市市政工程预算定额》(2000）汉字拼音第一个音，即 S 第几册－第几节－第几子目。

《上海市市政工程预算定额》(2000)分部分项工程列项检索表 **附表 E-01**

第一册　通用项目分部分项划分[S1-(1～6)-(1～n)]

章	分部工程(名称)	分项工程名称(节序号、项目名称/计量单位/子目数量)
第一章	一般项目 14 节 (S1-1-1～S1-1-38)	通用项目说明。1. 除草/m²/1 目;2. 挖树根/棵/2～4 目;3. 平整场地/m²/5～6 目;4. 挖淤泥流砂/m³/7～8 目;5. 湿土排水/m³/9 目;6. 筑拆集水井/座/10～11 目;7. 抽水/m³/12 目;8. 施工路栏/m、100m・天/13～15 目;9. 脚手架/m²/16～22 目;10. 整修坡面/m²/23～24 目;11. 预埋铁件/t/25～26 目;12. 钢筋接头/个/27～29 目;13. 商品混凝土输送及泵管安拆使用/m³、延长米、延长米・天/30～35 目;14. 土方场内运输/m³/36～38 目
第二章	筑拆围堰 5 节 (S1-2-1～S1-2-37)	说明。1. 筑拆草土围堰/延长米、延长米・次、m³/1～7 目;2. 筑拆圆木桩围堰/延长米、延长米・次/8～11 目;3. 筑拆型钢桩围堰/延长米、延长米・天、延长米・次/12～20 目;4. 筑拆钢板桩围堰/延长米、延长米・天、延长米・次/21～32 目;5. 筑拆拉森钢板桩围堰/延长米、延长米・天、延长米・次/33～37 目
第三章	翻挖拆除项目 11 节 (S1-3-1～S1-3-39)	说明。1. 翻挖沥青柏油类道路面层及基层/m²/1～2 目;2. 翻挖混凝土道路面层/m²/3～10 目;3. 翻挖二渣及三渣类道路基层/m²/11～12 目;4. 翻挖块石、碎石类道路基层/m²/13～16 目;5. 翻挖侧平石/m/17～19 目;6. 翻挖人行道/m²/20～25 目;7. 拆除排水管道/m/26～30 目;8. 拆除砖砌体/m³/31～33 目;9. 拆除石砌体/m³/34～35 目;10. 拆除混凝土结构/m³/36～37 系目;11. 拆除钢拉条/根/38～39 目
第四章	临时便桥便道及堆场 3 节(S1-4-1～S1-4-20)	说明。1. 搭拆便桥/m²、座・次、块・天/1～8 目;2. 搭拆装配式钢桥/m、m・天/9～18 目;3. 铺筑施工便道及堆场/m²/19～20 目
第五章	井点降水 4 节(S1-5-1～S1-5-29)	说明。1. 轻型井点/根、套・天/1～3 目;2. 喷射井点/根、套・天/4～18 目;3. 大口径井点/根、套・天/19～24 目;4. 真空深井井点/座、座・天/25～29 目
第六章	地基加固 7 节 (S1-6-1～S1-6-18)	说明。1. 树根桩/m³/1～2 目;2. 深层搅拌桩/m³/3～6 目;3. 分层注浆/m、m³/7～8 目;4. 压密注浆/m、m³/9～11 目;5. 高压旋喷桩/m、m³/12～14 目;6. 粉喷桩/m³/15～16 目;7. 型钢水泥土复合搅拌桩/m³、t/17～18 目(补)
合计:		第一册　通用项目(6 章、44 节、181 子目)

第二册　道路工程分部分项划分[S2-(1～4)-(1～n)]

章	分部工程(名称)	分项工程名称(节序号、项目名称/计量单位/子目数量)
第一章	路基工程 18 节 (S2-1-1～S2-1-45)	道路工程说明。1. 人工挖土方/m³/1～3 目;2. 机械挖土方/m³/4 目;3. 机械推土方/m³/5～6 目;4. 填土方/m³/7～11 目;5. 耕地填前处理/m³/12～13 目;6. 填筑粉煤灰路堤/m³/14～18 目;7. 二灰填筑/m³/19 目;8. 零填掺灰土路基/m³/20～21 目;9. 原槽土掺灰/m³/22～26 目;10. 间隔填土/m³/27～28 目;11. 袋装砂井/根/29～30 目;12. 铺设土工布/m²/31～32 目;13. 铺设排水板/m/33 目;14. 石灰桩/m³/34 目;15. 碎石盲沟/m³/35 目;16. 明沟/m³、m/36～37 目;17. 整修路基/m²/38～41 目;18. 土方场内运输/m³/42～45 目

续表

第二册　道路工程分部分项划分[S2-(1～4)-(1～n)]

章	分部工程（名称）	分项工程名称（节序号、项目名称/计量单位/子目数量）
第二章	道路基层 7 节 （S2-2-1～S2-2-18）	说明。1. 砾石砂垫层/100m^2/1～2 目；2. 碎石垫层/100m^2/3～4 目；3. 石灰土基层/100m^2/5～6 目；4. 二灰稳定碎石基层/100m^2/7～8 目；5. 水泥稳定碎石基层/100m^2/9～10 目；6. 二灰土基层/100m^2/11～12 目；7. 粉煤灰三渣基层/100m^2/13～18 目
第三章	道路面层 8 节 （S2-3-1～S2-3-40）	说明。1. 路面扎毛/100m^2/1～2 目；2. 铣刨沥青混凝土路面/100m^2/3～5 目；3. 沥青碎石面层/100m^2/6～9 目；4. 沥青透层/100m^2/10 目；5. 沥青混凝土封层/100m^2/11 目；6. 沥青混凝土面层/100m^2/12～29 目；7. 混凝土面层/100m^2、m^2、t/30～38 目；8. 混凝土路面锯纹及纵缝切缝/100m^2、100m /39～40 目
第四章	附属设施 12 节 （S2-4-1～S2-4-57）	说明。1. 人行道基础/100m^2/1～10 目；2. 铺筑预制人行道/100m^2/11～15 目；3. 现浇人行道/100m^2/16～20 目；4. 排砌预制侧平石/m/21～26 目；5. 现浇圆弧侧石/m^3/27 目；6. 混凝土块砌边/m/28～29 目；7. 小方石砌路边线/m/30～31 目；8. 砖砌挡土墙及踏步/ m^2/32～35 目；9. 路名牌/座/36～37 目；10. 升降窨井、进水口及开关箱/座/38～47 目；11. 调换窨井盖座盖板/套、座/48～52 目；12. 调换进水口盖座侧石/座、块/53～57 目
合计：		第二册　道路工程（4 章、45 节、160 子目）

第三册　道路交通管理设施工程分部分项划分[S3-(1～6)-(1～n)]

章	分部工程（名称）	分项工程名称（节序号、项目名称/计量单位/子目数量）
第一章	基础项目 5 节 （S3-1-1～S3-1-15）	说明。1. 人工挖填土/m^3/1～7 目；2. 碎石垫层/m^3/8 目；3. 混凝土基础/100m^2、m^2、t/9～11 目；4. 工井/座/12～13 目；5. 电缆保护管/m/14～15 目
第二章	交通标志 3 节 （S3-2-1～S3-2-34）	说明。1. 标杆安装/套/1～24 目；2. 标志板安装/块/25～31 目；3. 视线诱导器安装/只/32～34 目
第三章	交通标线 3 节 （S3-3-1～S3-3-72）	说明。1. 线条/km、m^2/1～21 目；2. 箭头/个/22～57 目；3. 文字标记/个/58～72 目
第四章	交通信号设施 4 节 （S3-4-1～S3-4-20）	说明。1. 架空走线安装/根、km、组/1～10 目；2. 地下走线安装/根、km /11～17 目；3. 交通信号灯安装/套/18 目；4. 环形检测线安装/m/19～20 目

续表

章	分部工程（名称）	分项工程名称（节序号、项目名称/计量单位/子目数量）
第三册　道路交通管理设施工程分部分项划分[S3-(1～6)-(1～n)]		
章	分部工程（名称）	分项工程名称（节序号、项目名称/计量单位/子目数量）
第五章	交通岗位设施 1节 （S3-5-1～S3-5-3）	说明。1. 值警亭安装/只/1～3目
第六章	交通隔离设施 2节 （S3-6-1～S3-6-9）	说明。1. 车行道隔离护栏安装/m/1～3目；2. 人行道隔离护栏安装/m、扇/4～9目
合计：		第三册　道路交通管理设施工程（6章、18节、153子目）
第四册　桥涵及护岸工程分部分项划分[S4-(1～9)-(1～n)]		
章	分部工程（名称）	分项工程名称（节序号、项目名称/计量单位/子目数量）
第一章	临时工程 8节 （S4-1-1～S4-1-33）	说明。1. 陆上桩基础工作平台/m^2/1～3目；2. 水上桩基础工作平台/m^2/4～8目；3. 搭拆木垛/m^3空间体积/9目；4. 桥梁支架/m^3空间体积、m/10～12目；5. 组装拆卸船排/次/13～16目；6. 组装拆卸柴油打桩机/架・次/17～25目；7. 挂篮及扇形支架/t、t・m、m/26～30目；8. 筑地模/m^2/31～33目
第二章	土方工程 3节 （S4-2-1～S4-2-12）	说明。1. 人工挖土/m^3/1～6目；2. 机械挖土/m^3/7目；3. 回填/m^3/8～12目
第三章	打桩工程 12节 （S4-3-1～S4-3-90）	说明。1. 打钢筋混凝土方桩/m^3/1～7目；2. 打钢筋混凝土板桩/m^3/8～16目；3. 打钢筋混凝土管桩/m^3空间体积/17～22目；4. 陆上打PHC管桩/m^3空间体积/23～34目；5. 陆上管桩/ t/35～43目；6. 接桩/个/44～53目；7. 送桩/m^3、m^3空间体积/54～78目；8. 钢管桩内切割/根/79～81目；9. 钢管桩精割盖帽/只/82～84目；10. 钢管桩管内钻孔取土/m^3/85目；11. 管桩填心/m^3/86～89目；12. 打圆木桩/m^3/90补
第四章	钻孔灌注桩工程 3节 （S4-4-1～S4-4-22）	说明。1. 埋设拆除钢护筒/m/1～10目；2. 回旋钻机钻孔/m^3/11～15目；3. 灌注桩混凝土/m^3、t/16～22目
第五章	砌筑工程 6节 （S4-5-1～S4-5-26）	说明。1. 干砌块石/m^3/1～5目；2. 浆砌块石/m^3/6～15目；3. 砖砌挡墙/m^3/16目；4. 圬工勾平缝/m^3/17～21目；5. 滤层及泄水孔/m^3/22～24目；6. 抛石/m^3/25～26目

续表

第四册　桥涵及护岸工程分部分项划分[S4-(1～9)-(1～n)]

章	分部工程(名称)	分项工程名称(节序号、项目名称/计量单位/子目数量)
第六章	现浇混凝土工程 16节 (S4-6-1～S4-6-101)	说明。1. 基础/m^3、m^2、t/1～7目;2. 承台/m^3、m^2、t/8～12目;3. 支撑梁混凝土与横梁/m^3、m^2、t/13～19目;4. 墩台身/m^3、m^2、t/20～26目;5. 墩台帽/m^3、m^2、t/27～33目;6. 墩台盖梁/m^3、m^2、t/34～41目;7. 箱梁/m^3、m^2、t/42～52目;8. 板/m^3、m^2、t/53～59目;9. 板梁/m^3、m^2、t/60～66目;10. 其他构件/m^3、m^2、t/67～76目;11. 混凝土接头及灌缝/m^3、m^2/77～82目;12. 挡墙/m^3、m^2、t/83～87目;13. 压顶/m^3、m^2、t/88～91目;14. 桥面防水层/m^2/92～96目;15. 桥面铺装/m^3、t/97～100目;16. 非泵送商品混凝土/m^3/101目
第七章	预制混凝土构件 10节 (S4-7-1～S4-7-75)	说明。1. 预制桩/m^3、m^2、t/1～6目;2. 预制立柱/m^3、m^2、t/7～9目;3. 预制板/m^3、m^2、t/10～17目;4. 预制梁/m^3、m^2、t/18～40目;5. 连接板及拉杆制作安装/t/41～44目;6. 预应力钢筋制作安装/t/45～57目;7. 安装压浆管道和压浆/延长米、m^3/58～61目;8. 预制其他构件/m^3、m^2、t/62～66目;9. 先张法构件出槽堆放/m^3/67～69目;10. 预制构件场内运输/m^3/70～75目
第八章	安装工程 10节 (S4-8-1～S4-8-69)	说明。1. 安装排架立柱/m^3/1目;2. 安装柱式墩台管节/m/2～6目;3. 安装板/m^3/7～8目;4. 安装梁/m^3、m^2/9～41目;5. 安装其他构件/m^3/42～46目;6. 钢管栏杆与扶手安装/t/47～48目;7. 安装支座t/、dm^3、m^2、个/49～56目;8. 安装泄水孔/m/57～59目;9. 安装伸缩缝/m、m^2/60～65目;10. 安装沉降缝/m^2/66～69目
第九章	立交箱涵工程 8节 (S4-9-1～S4-9-44)	说明。1. 透水管铺设/m/1～6目;2. 箱涵制作/m^3、m^2、t/7～18目;3. 箱涵外壁及滑板面处理/m^2/19～22目;4. 气垫安拆及使用/m^2、m^2·天/23～24目;5. 箱涵顶进/m/25～33目;6. 箱涵内挖土/m^3/34～36目;7. 箱涵接缝处理/m、m^2/37～41目;8. 顶柱、护套及支架制作/t/42～44目
合计:		第四册　桥涵及护岸工程(9章、76节、472子目)

第五册　排水管道工程分部分项划分[S5-(1～3)-(1～n)]

章	分部工程(名称)	分项工程名称(节序号、项目名称/计量单位/子目数量)
第一章	开槽埋管 14节 (S5-1-1～S5-1-158)	说明。1. 人工挖沟槽土方/m^3/1～6目;2. 机械挖沟槽土方/m^3/7～8目;3. 撑拆列板/100m/9～12目;4. 打沟槽钢板桩/100m/13～17目;5. 拔沟槽钢板桩/100m/18～22目;6. 安拆钢板桩支撑/100m/23～35目;7. 沟槽回填/m^3/36～39目;8. 管道垫层/m^3/40～42目;9. 管道基座/m^3、m^2、t/43～46目;10. 管道铺设/100m/47～80目;11. 管道接口/、t/81～104目;12. 管道闭水试验/段/105～116目;13. 排水箱涵/ m^3、m^2、t/117～126目;14. 玻璃纤维增强塑料夹砂管/100m/127～158目
第二章	顶管 14节 (S5-2-1～S5-2-163)	说明。1. 安拆钢板桩工作坑支撑/座/1～12目;2. 基坑机械挖土/m^3/13目;3. 基坑回填土/m^3/14～15目;4. 基坑基础/m^3/16～17目;5. 洞口处理/个/18～40目;6. 安拆顶进后座及坑内平台/座、m^3/41～44目;7. 安拆敞开式顶管设备及附属设施/套/45～53目;8. 安拆封闭式顶管设备及附属设施/套/54～72目;9. 敞开式管道顶进/100m/73～90目;10. 封闭式管道顶进/100m/91～109目;11. 安拆中继间/套/110～123目;12. 顶进触变泥浆减阻/100m/124～137目;13. 压浆孔封拆/孔/138目;14. 接口/只/139～163目
第三章	窨井 6节 (S5-3-1～S5-3-18)	说明。1. 窨井及进水口/m^3/1～5目;2. 水泥砂浆抹面/m^2/6～7目;3. 现浇钢筋混凝土窨井/m^3、m^2、t/8～11目;4. 凿洞/m^3/12～13目;5. 预制钢筋混凝土盖板/m^3、t/14～15目;6. 安装盖板及盖座/m^3、套/16～18目
合计:		第五册　排水管道工程(3章、34节、339子目)

续表

第六册　排水构筑物及机械设备安装工程分部分项划分[S6-(1～5)-(1～n)]

章	分部工程(名称)	分项工程名称(节序号、项目名称/计量单位/子目数量)
第一章	土方工程 4节 (S6-1-1～S6-1-10)	说明。1. 基坑挖土/m³/1～6目;2. 沉井挖土/m³/7目;3. 整修基坑坡面/m²/8～9目;4. 基坑回填土/m³/10目
第二章	泵站下部结构 12节 (S6-2-1～S6-2-76)	说明。1. 刃脚垫层/m³、m/1～4目;2. 刃脚/m³、m²、t/5～8目;3. 隔墙/m³、m²、t/9～12目;4. 预埋防水钢套管与接口/kg、m³、m²/13～17目;5. 井壁/m³、m²、t/18～23目;6. 沉井垫层/m³/24～28目;7. 沉井底板/m³、m²、t/29～32目;8. 平台/m³、m²、t/33～36目;9. 地下内部结构/m³、m²、t/37～60目;10. 矩形渐扩管/m³、m²、t/61～72目;11. 沉井井壁灌砂/m³/73目;12. 流槽/m³、m²/74～76目
第三章	污水处理构筑物 12节 (S6-3-1～S6-3-81)	说明。1. 池底垫层/m³/1～2目;2. 池底/m³、m²、t/3～14目;3. 池壁/m³、m²、t/15～18目;4. 柱/m³、m²、t/19～30目;5. 梁/m³、m²、t/31～38目;6. 中心管/m³、m²、t/39～42目;7. 水槽/m³、m²、t/43～54目;8. 挑檐式走道板及牛腿/m³、m²、t/55～62目;9. 池盖/m³、m²、t/63～70目;10. 预制、安装混凝土盖板/m³、m²、t/71～74目;11. 压重混凝土/m³、m²、t/75～80目;12. 满水试验/100m³/81目
第四章	其他工程 5节 (S6-4-1～S6-4-28)	说明。1. 金属构件制作安装/t/1～12目;2. 砖砌体/m³/13～15目;3. 水泥砂浆粉刷/m²/16～19目;4. 工程防水/m²/20～23目;5. 接缝处理/m²、m/24～28目
第五章	机械设备安装 6节 (S6-5-1～S6-5-135)	说明。1. 拦污设备/台、t/1～6目;2. 提水设备/台/7～21目;3. 曝气和排泥设备/台、组/22～49目;4. 闸门和堰门/座、台、m³/50～84目;5. 污泥、垃圾处理设备/台/85～98目;6. 水泵管配件及活便门等/座、个、台/99～135目
合计:		第六册 排水构筑物及机械设备安装工程(5章、39节、330子目)

第七册　隧道工程分部分项划分[S7-(1～7)-(1～n)]

章	分部工程(名称)	分项工程名称(节序号、项目名称/计量单位/子目数量)
第一章	隧道沉井 11节 (S7-1-1～S7-1-45)	说明。1. 沉井基坑垫层/m³/1～2目;2. 沉井制作/m³、m²、t/3～14目;3. 砖封预留孔洞/m³/15目;4. 吊车挖土下沉/m³/16～18目;5. 水力机械冲吸泥下沉/m³/19～20目;6. 潜水员吸泥下沉/m³/21～26目;7. 钻吸法出土下沉/m³/27～30目;8. 触变泥浆制作灌注、环氧沥青防水层/m³、m²/31～32目;9. 沉井填心/m³/33～37目;10. 混凝土封底/m³/38～39目;11. 钢封门安装、拆除/t/40～45目

续表

第七册 隧道工程分部分项划分[S7-(1～7)-(1～n)]

章	分部工程(名称)	分项工程名称(节序号、项目名称/计量单位/子目数量)
第二章	盾构法掘进 18 节 (S7-2-1～S7-2-141)	说明。1. 盾构吊装/只/1～4 目;2. 盾构吊拆/只/5～8 目;3. 车架安装、拆除/节/9～12 目;4. 干式出土盾构掘进/m/13～28 目;5. 水力出土盾构掘进/m/29～44 目;6. 刀盘式土压平衡盾构掘进/m/45～64 目;7. 刀盘式泥水平衡盾构掘进/m/65～84 目;8. 同步压浆/m^3/85～92 目;9. 柔性防水环板(施工阶段)/t、m/93～94 目;10. 柔性防水环板(施工阶段)/t、m^3、m/95～98 目;11. 洞口钢筋混凝土环圈/ m^3/99 目;12. 预制钢筋混凝土管片/m^3、t/100～105 目;13. 预制管片成环水平拼装/组/106～110 目;14. 管片短驳运输/m^3/111～115 目;15. 管片设备密封条/环/116～125 目;16. 管片嵌缝/环/126～130 目;17. 负环管片拆除/m/131～135 目;18. 隧道内管线拆除/m/136～141 目
第三章	垂直顶升 6 节 (S7-3-1～S7-3-21)	说明。1. 顶升管节、复合管节制作/m^3、节/1～3 目;2. 垂直顶升设备安装、拆除/t、套/4～7 目;3. 管节垂直顶升/节/8～10 目;4. 止水框、连系梁安装/t/11～12 目;5. 阴极保护安装及附件制作/只、节/13～20 目;6. 滩地揭顶盖/只/21 目
第四章	地下连续墙 8 节 (S7-4-1～S7-4-32)	说明。1. 导墙/m^3、m^2、t/1～4 目;2. 挖土成槽/m^3/5～8 目;3. 钢筋笼吊运就位/t/9～12 目;4. 浇筑混凝土连续墙/段、m^3/13～14 目;5. 安拔接头管/段/15～18 目;6. 安拔接头箱/段/19～20 目;7. 支撑基坑挖土/m^3/21～28 目;8. 大型支撑安装、拆除/t/29～32 目
第五章	地下混凝土结构 12 节 (S7-5-1～S7-5-42)	说明。1. 地下结构垫层/m^3/1～2 目;2. 钢筋混凝土地梁/m^3、m^2、t/3～5 目;3. 钢筋混凝土底板/m^3、m^2、t/6～8 目;4. 钢筋混凝土墙/m^3、m^2、t/9～11 目;5. 钢筋混凝土衬墙/m^3、m^2、t/12～14 目;6. 钢筋混凝土柱/m^3、m^2、t/15～17 目;7. 钢筋混凝土梁/m^3、m^2、t/18～20 目;8. 钢筋混凝土平台、顶板/m^3、m^2、t/21～23 目;9. 钢筋混凝土楼梯、侧石、电缆沟/m^3、m^2、t/24～32 目;10. 钢筋混凝土内衬弓形底板、支承墙/m^3、m^2、t/33～38 目;11. 隧道内衬侧墙及顶内衬、行车道槽形板安装/m^3、m^2/39～40 目;12. 隧道内道路/m^3/41～42 目
第六章	地基监测 3 节 (S7-6-1～S7-6-36)	说明。1. 地表监测孔布置/孔/1～13 目;2. 地下监测孔布置/只、孔、断面、环、个/14～30 目;3. 监控测试/组日/31～36 目
第七章	金属构件制作 8 节 (S7-7-1～S7-7-26)	说明。1. 顶升管节钢壳/t/1～3 目;2. 钢管片/t/4～6 目;3. 顶升止水框、连系梁、车架/t/7～10 目;4. 走道板、钢跑板/t/11～13 目;5. 盾梅鼠托架、钢固攃、铺阚墙/t/14～16 目;6. 钢轨枕、钢支架/t/17～19 目;7. 钢扶梯、钢栏杆/t/20～23 目;8. 钢支撑、钢封门/t/24～26 目
合计:		第七册 隧道工程(7 章、66 节、343 子目)
共计:		《上海市市政工程预算定额》(2000)(40 章、322 节、1978 个子目)

注:1. 本表选自《市政工程工程量清单工程系列丛书·市政工程工程量清单常用数据手册》;

2. 对应工程量清单项目编码的工程量计算规则(附录 A～L),敬请参阅本“图释集”第二章分部分项工程中表 2－01“‘13 国标市政计算规范’分部分项工程实体项目(附录 A～K)列项检索表”和第三章措施项目中表 3-01“‘13 国标市政计算规范’措施项目(附录 L)列项检索表”的诠释。

《上海市市政工程预算定额》(2000)道路工程中每增、减1“算量”表　　附表E-02

项次	定额编号	分部分项工程名称	计量单位	项次	定额编号	分部分项工程名称	计量单位
第一册　通用项目				24	S2-1-22	原槽土人工掺灰(石灰含量8%)	m^3
第三章　翻挖拆除项目				25	S2-1-23	原槽土人工掺灰(石灰含量±1%)	m^3
1	S1-3-1	翻挖沥柏类道路(厚10cm)	m^2	26	S2-1-24	原槽土机械掺灰(石灰含量8%)	m^3
2	S1-3-2	翻挖沥柏类道路(±1cm)	m^2	27	S2-1-25	原槽土机械掺灰(石灰含量±1%)	m^3
3	S1-3-3	空压机翻挖混凝土面层(厚20cm)	m^2	28	S2-1-26	道碴间隔填土(道碴：土＝1：2)	m^3
4	S1-3-4	空压机翻挖混凝土面层(±1cm)	m^2	29	S2-1-27	粉煤灰间隔填土(粉煤灰：土＝1：1)	m^3
5	S1-3-5	空压机翻挖钢筋混凝土面层(厚20cm)	m^2	30	S2-1-28	粉煤灰间隔填土(粉煤灰：土＝1：2)	m^3
6	S1-3-6	空压机翻挖钢筋混凝土面层(±1cm)	m^2	31	S2-1-29	Φ70袋装砂井(深20m)	根
7	S1-3-7	液压镐翻挖混凝土面层(厚20cm)	m^2	32	S2-1-30	Φ70袋装砂井(±1m)	根
8	S1-3-8	液压镐翻挖混凝土面层(±1cm)	m^2	33	S2-1-42	土方场内双轮斗车运输(运距≤50m)	m^3
9	S1-3-9	液压镐翻挖钢筋混凝土面层(厚20cm)	m^2	34	S2-1-43	土方场内双轮斗车运输(+50m)	m^3
10	S1-3-10	液压镐翻挖钢筋混凝土面层(±1cm)	m^2	35	S2-1-44	土方场内自卸汽车运输(运距≤200m)	m^3
11	S1-3-11	翻挖二渣及三渣类基层(厚20cm)	m^2	36	S2-1-45	土方场内自卸汽车运输(+200m)	m^3
12	S1-3-12	翻挖二渣及三渣类基层(±1cm)	m^2	第二章　道路基层			
13	S1-3-13	翻挖块石类基层(厚30cm)	m^2	37	S2-2-1	砾石砂垫层(厚15cm)	$100m^2$
14	S1-3-14	翻挖块石类基层(±1cm)	m^2	38	S2-2-2	砾石砂垫层(±1cm)	$100m^2$
15	S1-3-15	翻挖碎石类基层(厚15cm)	m^2	39	S2-2-3	碎石垫层(厚15cm)	$100m^2$
16	S1-3-16	翻挖碎石类基层(±1cm)	m^2	40	S2-2-4	碎石垫层(±1cm)	$100m^2$
17	S1-3-22	翻挖现浇混凝土人行道(厚6.5cm)	m^2	41	S2-2-5	厂拌石灰土基层(厚20cm)	$100m^2$
18	S1-3-23	翻挖现浇混凝土人行道(±1cm)	m^2	42	S2-2-6	厂拌石灰土基层(±1cm)	$100m^2$
19	S1-3-24	翻挖现浇混凝土斜坡(厚10cm)	m^2	43	S2-2-7	二灰稳定碎石基层(厚20cm)	$100m^2$
20	S1-3-25	翻挖现浇混凝土斜坡(±1cm)	m2	44	S2-2-8	二灰稳定碎石基层(±1cm)	$100m^2$
第二册　道路工程				45	S2-2-9	水泥稳定碎石基层(厚15cm)	$100m^2$
第一章　路基工程				46	S2-2-10	水泥稳定碎石基层(±1cm)	$100m^2$
21	S2-1-19	二灰填筑(石灰：粉煤灰＝5：95)	m^3	47	S2-2-11	厂拌二灰土基层(厚20cm)	$100m^2$
22	S2-1-20	零填掺灰土路基(石灰含量7%)	m^3	48	S2-2-12	厂拌二灰土基层(±1cm)	$100m^2$
23	S2-1-21	零填掺灰土路基(石灰含量±1%)	m^3	49	S2-2-13	厂拌粉煤灰粗粒径三渣基层(厚25cm)	$100m^2$

续表

项次	定额编号	分部分项工程名称	计量单位
50	S2-2-14	厂拌粉煤灰粗粒径三渣基层(厚35cm)	100m^2
51	S2-2-15	厂拌粉煤灰粗粒径三渣基层(厚45cm)	100m^2
52	S2-2-16	厂拌粉煤灰粗粒径三渣基层(±1cm)	100m^2
53	S2-2-17	厂拌粉煤灰细粒径三渣基层(厚20cm)	100m^2
54	S2-2-18	厂拌粉煤灰细粒径三渣基层(±1cm)	100m^2
		第三章　道路面层	
55	S2-3-3	铣刨沥青混凝土路面(厚3cm)	100m^2
56	S2-3-4	铣刨沥青混凝土路面(厚10cm)	100m^2
57	S2-3-5	铣刨沥青混凝土路面(±1cm)	100m^2
58	S2-3-6	人工摊铺沥青碎石面层(厚6cm)	100m^2
59	S2-3-7	人工摊铺沥青碎石面层(±1cm)	100m^2
60	S2-3-8	机械摊铺沥青碎石面层(厚6cm)	100m^2
61	S2-3-9	机械摊铺沥青碎石面层(±1cm)	100m^2
62	S2-3-11	砂粒式沥青混凝土封层(厚1cm)	100m^2
63	S2-3-12	人工摊铺粗粒式沥青混凝土(厚8cm)	100m^2
64	S2-3-13	人工摊铺粗粒式沥青混凝土(±1cm)	100m^2
65	S2-3-14	人工摊铺中粒式沥青混凝土(厚4cm)	100m^2
66	S2-3-15	人工摊铺中粒式沥青混凝土(±1cm)	100m^2
67	S2-3-16	人工摊铺细粒式沥青混凝土(厚2.5cm)	100m^2
68	S2-3-17	人工摊铺细粒式沥青混凝土(±0.5cm)	100m^2
69	S2-3-18	人工摊铺砂粒式沥青混凝土(厚2cm)	100m^2
70	S2-3-19	人工摊铺砂粒式沥青混凝土(±0.5cm)	100m^2
71	S2-3-20	机械摊铺粗粒式沥青混凝土(厚8cm)	100m^2
72	S2-3-29	机械摊铺细粒式沥青混凝土防滑层(±1cm)	100m^2
73	S2-3-30	面层混凝土(厚22cm)，采用现浇水泥混凝土(5～40mm)C30	100m^2
		第四章　附属设施	
74	S2-4-1	人行道基础混凝土(厚10cm)，采用现浇混凝土(5～20mm)C20	100m^2
75	S2-4-2	人行道基础混凝土(±1cm)，采用现浇混凝土(5～20mm)C20	100m^2
76	S2-4-3	人行道基础商品混凝土(厚10cm)，采用非泵送商品混凝土(5～20mm)C20	100m^2
77	S2-4-4	人行道基础商品混凝土(±1cm)，采用非泵送商品混凝土(5～20mm)C20	100m^2
78	S2-4-5	人行道三渣基础(厚20cm)	100m^2
79	S2-4-6	人行道三渣基础(±1cm)	100m^2
80	S2-4-7	人行道碎石基础(厚20cm)	100m^2
81	S2-4-8	人行道碎石基础(±1cm)	100m^2
82	S2-4-9	人行道道碴基础(厚10cm)	100m^2
83	S2-4-10	人行道道碴基础(±1cm)	100m^2
84	S2-4-16	人行道混凝土(厚6.5cm)，采用现浇混凝土(5～20mm)C20	100m^2
85	S2-4-17	斜坡混凝土(厚15cm)，采用现浇混凝土(5～40mm)C25	100m^2
86	S2-4-18	斜坡混凝土(±1cm)，采用现浇混凝土(5～40mm)C25	100m^2

注：摘自《上海市市政工程预算定额》(2000)。

附录 F 《上海市市政工程预算定额》工程量计算规则（2000）

工程量是核算工程造价的基础，是分析建筑工程技术经济指标的重要数据，是编制计划和统计工作的指标依据。必须根据国家有关规定，对工程量的计算做出统一的规定。

《上海市市政工程预算定额》工程量计算规则（2000）及各册、章“说明”汇总表 **附表 F-01**

项次	节名	工程量计算规则/条数		项次	节名	工程量计算规则/条数	
		工程量计算规则(2000)	各册、章“说明”			工程量计算规则(2000)	各册、章“说明”
第一章 通用项目			第一册册“说明”二条	21	第五节 砌筑工程	第4.5.1～4.5.2条	第五章章说明二条
1	第一节 一般项目	第1.1.1～1.1.10条	第一章章说明五条	22	第六节 现浇混凝土工程	第4.6.1～4.6.3条	第六章章说明七条
2	第二节 筑拆围堰	第1.2.1～1.2.2条	第二章章说明三条	23	第七节 预制混凝土构件	第4.7.1～4.7.5条	第七章章说明七条
3	第三节 翻挖拆除项目	第1.3.1～1.3.4条	第三章章说明八条	24	第八节 安装工程	第4.8.1条	第八章章说明七条
4	第四节 临时便桥便道及堆场	第1.4.1～1.4.3条	第四章章说明五条	25	第九节 立交箱涵工程	第4.9.1～4.9.4条	第九章章说明六条
5	第五节 井点降水	第1.5.1～1.5.5条	第五章章说明四条	计:	九节	29条	册、章说明5、55条
6	第六节 地基加固	第1.6.1～1.6.6条	第六章章说明三条	第五章 排水管道工程			第五册册“说明”十二条
计:	六节	30条	册、章说明2、28条	26	第一节 开槽埋管	第5.1.1～5.1.8条	第一章章说明六条
第二章 道路工程			第二册册“说明”四条	27	第二节 顶管	第5.2.1条	第二章章说明十一条
7	第一节 路基工程	第2.1.1～2.1.4条	第一章章说明五条	28	第三节 窨井	第5.3.1～5.3.3条	第三章章说明三条
8	第二节 道路基层	第2.2.1～2.2.2条	第二章章说明一条	计:	三节	12条	册、章说明12、20条
9	第三节 道路面层	第2.3.1～2.3.3条	第三章章说明三条	第六章 排水构筑物及机械设备安装工程			第六册册“说明”五条
10	第四节 附属设施	第2.4.1～2.4.2条	第四章章说明四条	29	第一节 土方工程	第6.1.1～6.1.2条	第一章章说明六条
计:	四节	11条	册、章说明4、13条	30	第二节 泵站下部结构	第6.2.1～6.2.12条	第二章章说明四条
第三章 道路交通管理设施工程			第三册册“说明”四条	31	第三节 污水处理构筑物	第6.3.1～6.3.9条	第三章章说明四条
11	第一节 基础项目	第3.1.1条	第一章章说明四条	32	第四节 其他工程	第6.4.1～6.4.2条	第四章章说明一条
12	第二节 交通标志	第3.2.1～3.2.5条	第二章章说明四条	33	第五节 机械设备安装	第6.5.1～6.5.2条	第五章章说明三条
13	第三节 交通标线	第3.3.1～3.3.5条	第三章章说明五条	计:	五节	27条	册、章说明5、18条
14	第四节 交通信号设施	第3.4.1～3.4.3条	第四章章说明五条	第七章 隧道工程			第七册册“说明”四条
15	第五节 交通岗位设施	第3.5.1条	第五章章说明二条	34	第一节 隧道沉井	第7.1.1～7.1.6条	第一章章说明六条
16	第六节 交通隔离设施	第3.6.1～3.6.4条	第六章章说明二条	35	第二节 盾构法掘进	第7.2.1～7.2.5条	第二章章说明八条
计:	六节	19条	册、章说明4、22条	36	第三节 垂直顶升	第7.3.1～7.3.2条	第三章章说明六条
第四章 桥涵及护岸工程			第四册册“说明”五条	37	第四节 地下连续墙	第7.4.1～7.4.3条	第四章章说明四条
17	第一节 临时工程	第4.1.1～4.1.5条	第一章章说明七条	38	第五节 地下混凝土结构	第7.5.1～7.5.2条	第五章章说明四条
18	第二节 土方工程	第4.2.1～4.2.2条	第二章章说明五条	39	第六节 地基监测	第7.6.1～7.6.2条	第六章章说明二条
19	第三节 打桩工程	第4.3.1～4.3.4条	第三章章说明九条	40	第七节 金属构件制作	第7.7.1～7.7.2条	第七章章说明六条
20	第四节 钻孔灌注桩工程	第4.4.1～4.4.3条	第四章章说明五条	计:	七节	22条	册、章说明4、36条
合计:	“工程计算规则”共七章、40节;各册、章“说明”共七册、40章			其中:“工程量计算规则”150条		其中:册“说明”36条、章“说明”192条	

注：关于“对应消耗量定额子目的工程量计算规则（S1～S7）”与“对应工程量清单项目编码的工程量计算规则（附录 A～L）”的列项建模模式，敬请参阅本“图释集”第二章分部分项工程中表 K-01“翻挖拆除项目定额子目、工程量计算规则（2000）及册、章说明与对应‘13 国标市政计算规范’列项检索表”的诠释。

《上海市市政工程预算定额》工程量计算规则（2000）

总目录

目　录

第四节　其他工程
第五节　机械设备安装
第七章　隧道工程
第一节　隧道沉井
第二节　盾构法掘进
第三节　垂直顶升
第四节　地下连续墙
第五节　地下混凝土结构
第六节　地基监测
第七节　金属构件制作

总　则

（七册、40章、319节、1943子目）

第0.0.1条　为统一上海市市政工程预算工程量的计算，特制定本规则。

第0.0.2条　本规则适用于上海市市政工程编制工程预、结算及工程量清单，也适用于工程设计变更后的工程量计算。本规则与《上海市市政工程预算定额》（2000）相配套，作为确定市政工程造价及消耗量的依据。

第0.0.3条　市政工程预算工程量的计算除依据《上海市市政工程预算定额》（2000）及本规则各项规定外，尚应依据以下文件：

1. 经审定的施工设计图纸及其说明；
2. 经审定的施工组织设计或施工技术措施方案；
3. 经审定的其他有关技术经济文件。

第0.0.4条　本规则的计算尺寸，以设计图纸表示的尺寸或设计图纸能读出的尺寸为准。除另有规定外，工程量的计量单位应按下列规定计算：

1. 以体积计算的为立方米（m^3）；
2. 以面积计算的为平方米（m^2）；
3. 以长度计算的为米（m）；
4. 以质量计算的为吨或千克（t或kg）；
5. 以座（台、套、组或个）计算的为座（台、套、组或个）。

汇总工程量时，其准确度取值：m^3、m^2、m小数点以后取两位，t小数点以后取三位，kg、座（台、套、组或个）取整数。

第0.0.5条　计算工程量时，应依施工图纸顺序，分部、分项依次计算，并尽可能采用计算表格及微机计算，简化计算过程。

第一章　通用项目（6章、43节、179子目）

第一节　一般项目（14节、38子目）

第1.1.1条　挖淤泥工程量按水抽干后的实挖体积计算。

第1.1.2条　挖流砂定额适用于不采用井点降水而出现局部流砂的情况，其工程量按水抽干后的实挖体积计算，不包括涌砂数量。

第1.1.3条　湿土排水按原地面1.0m以下的挖土数量计算。

第1.1.4条　筑拆集水井按排水管道开槽埋管工程每40m设置一座，其他工程一般按每个基坑设置一座，大型基坑按批准的施工组织设计确定。

第 1.1.5 条　抽水定额适用于河塘及坝内河水的排除，工程量按实际排水体积计算。

第 1.1.6 条　施工路栏长度应根据施工现场实际需要设置，移动式路栏使用天数按施工合同计算。

第 1.1.7 条　脚手架

1. 结构高度大于 1.8m 且小于 3.6m 时采用简易脚手架。

2. 脚手架面积按长度乘以高度的垂直投影面积计算。长度一般按结构中心长度计算。若池壁上有环形水槽或挑檐时，其长度按外沿周长计算；独立柱长度按外围周长加 3.6m 计算。

3. 框架脚手架按框架垂直投影面积计算。

4. 楼梯脚手架按其水平投影长度乘以顶高计算。

5. 悬空脚手架按平台外沿周长乘以支撑底面至平台底的高度计算。

6. 挡水板脚手架按其水平投影长度乘以顶高计算。

第 1.1.8 条　桥梁脚手架

1. 立柱脚手架按原地面至盖梁底面的高度乘以长度计算，其长度按立柱外围周长加 3.6m 计算。

2. 盖梁脚手架按原地面至盖梁顶面的高度乘以长度计算，其长度按盖梁外围周长加 3.6m 计算。

3. 预制板梁梁底勾缝及预制 T 形梁梁与梁接头，每一跨（孔）所需的脚手架按该跨（孔）梁底平均高度套用简易或双排脚手架定额，工程量以该跨（孔）梁底平均高度乘以梁长计算。

第 1.1.9 条　钢筋按结构部位套用相应定额，若使用锥螺纹钢筋接头、冷压套管钢筋接 头、电渣压力焊接头时，可按实际使用量套用相应的钢筋接头定额以个计算，同时扣除规范要求的钢筋绑扎搭接最小长度的钢筋消耗量。

第 1.1.10 条　商品混凝土输送及泵管安拆使用（隧道工程除外）

1. 混凝土输送按泵送混凝土相应定额子目的混凝土消耗量以立方米计算，若采用多级输送时，工程量应分级计算。

2. 泵管安拆按实际需要的长度以米计算。

3. 泵管使用以延长米·天计算。

第二节　筑拆围堰（5 节、37 子目）

第 1.2.1 条　围堰工程量分为筑拆、使用及养护三部分。

1. 围堰筑拆按长度以米计算，公式如下：

$$L=A+2(B+C+D)$$

式中　L——围堰长度；

A——结构物基础长度；

B——结构物基础端边至围堰体内侧的距离；

C——围堰体内侧至围堰中心的距离（即 1/2 围堰底宽）；

D——平行结构物基础的围堰体一端与岸边的衔接距离。

当围堰直线长度大于 100m 时，可设腰围堰。腰围堰按草包围堰计算。

腰围堰道数＝围堰直线长度/50－2(尾数不足1道时，计作1道)

腰围堰长度＝(D－围堰坝身平均宽度/2)×道数

2. 围堰使用按长度乘以使用天数计算，草土围堰及圆木桩围堰不计使用工程量。

3. 围堰养护按长度乘以潮讯次数计算，不受潮讯影响时，不计养护工程量。

4. 围堰的使用天数、潮汛次数按下列规定计算：

（1）驳岸、桥台等新建工程：围堰使用天数为 24 天，潮讯次数为 2 次。

（2）驳岸、桥台等翻建、改建工程：围堰使用天数为 31 天，潮讯次数为 2 次。

（3）驳岸工程中凡采用高桩承台结构形式的，则不考虑围堰。拆除原有驳岸需筑围堰时，其使用天数为 12 天，潮讯次数为 1 次。

（4）管道出口工程（不分新建和改建）：成品管道出口的围堰使用天数为 24 天，潮汛次 数为 2 次；现浇钢筋混凝土管道出口的围堰使用天数为 36 天，潮讯次数为 3 次。

第 1.2.2 条 筑拆围堰的土方量计算

1. 围堰长度在 150m 以内时，缺土（外来土方）数量按下述规定计算：

缺土数量＝围堰需要土方数量－可利用的土方数量

2. 当围堰长度大于 150m 时，其中 150m 长的缺土数量按上式计算，超出 150m 部分的缺土数量，则按超出长度的围堰需要土方数量的 50%计算。如有可利用的土方，则不再计算。

3. 围堰定额中已包括了土方的场内运输。

4. 缺土来源费用按实计算。

第三节 翻挖拆除项目（11 节、39 子目）

第 1.3.1 条 拆除道路结构层及人行道按面积以平方米计算。

第 1.3.2 条 拆除侧平石及排水管道按长度以米计算。

第 1.3.3 条 拆除砖、石砌体及混凝土结构按实体积以立方米计算。

第 1.3.4 条 拆除钢拉条按直径以根计算。

第四节 临时便桥便道及堆场（3 节、20 子目）

第 1.4.1 条 便道

1. 便道长度规定

（1）道路工程按道路长度的 30%计算。

（2）排水管道工程：管道按总管长度的 60%计算（平行或同沟槽施工的雨污水管道可共用便道时，按单根管道长度的 60%计算），现浇箱涵按长度的 80%计算。

（3）泵站工程按沉井基坑坡顶周长计算。

（4）桥涵及护岸、污水处理厂及隧道工程按批准的施工组织设计计算。

（5）当一个工地同时施工道路和埋管时，应选取其中一项大值计算便道长度，不得重复计算。

（6）排水管道工程遇有泵站时，管道长度计算至泵站平面布置的围墙处。

2. 便道宽度规定

（1）桥梁、隧道及泵站沉井工程为 5m。

（2）道路、护岸、排水管道工程为 4m。

第 1.4.2 条 过道桥板按离工现场实际需要设置，使用天数按施工合同计算。

第 1.4.3 条 堆料场地

1. 堆场面积的一般规定

（1）主跨≥25m 或多孔总长≥100m 的桥梁、沉井内径 $D>20m$ 或矩形面积 $S\geqslant300m^2$ 的泵站、隧道及污水处理厂为 $1000m^2$。

（2）主跨≥25m 或多孔总长≥100m 的桥梁跨河两端同时施工为 $1500m^2$。

（3）主跨＜25m 或多孔总长＜100m 的桥梁、沉井内径 $D<20m$ 或矩形面积 $S<300m^2$ 的泵站为 $500m^2$。

（4）排水管道为 $400m^2$。

(5) 驳岸、防汛墙为 300 m^2。

2. 堆场面积的其他规定

(1) 当现场有可利用的场地时，堆料场地面积应扣除该部分面积。

(2) 当单位工程主体采用商品混凝土时，堆料场地面积按上述规定的 50%计算。

(3) 排水管道与泵站由同一施工企业同时施工时，堆场面积按两者之和的 80%计取。

第五节　井点降水 (4 节、29 子目)

第 1.5.1 条　每套井点设备规定

1. 轻型井点：井点管间距为 1.2m，50 根井管、相应总管 60m 及排水设备。

2. 喷射井点：井点管间距为 2.5m，30 根井根、相应总管 75m 及排水设备。

3. 大口径井点：井点管间距为 10m，10 根井管、相应总管 100m 及排水设备。

第 1.5.2 条　井点使用定额单位为套·天，累计尾数不足一套者计作一套，一天按 24 小时计算。

第 1.5.3 条　井点布置

1. 排水管道：开槽埋管除特殊情况根据批准的施工组织设计采用双排布置外，其余均按 单排布置，工程量按管道长度以延长米计算 (不扣除窨井所占长度)。顶管基坑按外侧加 1.5m 作环状布置。

2. 泵站沉井 (顶管沉井坑)：按沉井外壁直径 (不计刃脚与外壁的凸口厚度) 加 4m 作环状布置。

第 1.5.4 条　井点使用周期

1. 排水管道轻型井点使用周期：

排水管道轻型井点使用周期 (套·天)　　附表 F-02

管径	开槽埋管	顶管
Φ300～600	22	
Φ300	25	
Φ1000	27	28
Φ1200	28	30
Φ1400	30	32
Φ1600	32	32
Φ1800	34	33
Φ2000	40	33
Φ2200	42	34
Φ2400	42	35
Φ2700	44	37
Φ3000	47	40
Φ3500	50	43

注：1. 采用喷射井点时，按上表减少 5.4 套·天计算；
2. PH-48 管和丹麦管按上表乘以 0.8 计算；
3. UPVC 管和 FRPP 管按上表乘以 0.6 计算。

2. 泵站沉井：沉井内径≤15m 时为 50 套·天；内径>15m 时为 55 天，套数按实际长度计算 (矩形沉井按等圆面积计算)。顶管沉井基坑按 30 套·天计算。

3. 隧道工程：盾构工作井沉井、暗埋段连续沉井和通风井按 50 天，大型支撑深基坑开挖采用大口径井点按 114 天，套数按实际长度计算。

第 1.5.5 条　真空深井井点按不同深度，安拆以座计算，使用以座·天计算。

第六节　地基加固（6节、16子目）

第1.6.1条　树根桩按设计桩截面面积乘以设计长度以立方米计算。

第1.6.2条　深层搅拌桩按设计桩截面面积乘以桩长以立方米计算。桩长计算规定：围护桩桩长按设计桩长计算；承重桩桩长按设计桩长增加40cm计算。

空搅按原地面至设计桩顶面的高度计算。

第1.6.3条　分层注浆

1. 钻孔按设计图纸规定深度以米计算。
2. 注浆数量按照设计图纸注明的体积计算。

第1.6.4条　压密注浆

1. 钻孔按设计图纸规定深度以米计算。
2. 注浆

（1）设计图纸上明确加固土体体积的，应按设计图纸注明的体积计算。

（2）设计图纸上以布点形式图示土体加固范围的，则按两孔间距的一半作为扩散半径，以布点边线各加扩散半径，形成计算平面计算注浆体积。

（3）如设计图纸上注浆点在钻孔灌注桩之间，按两注浆孔间距的一半作为每孔的扩散半径，以此圆柱体体积为计算注浆体积。

第1.6.5条　高压旋喷桩钻孔按原地面至桩底底面的距离以延长米计算，喷浆按设计加固桩截面面积乘以设计桩长以立方米计算。

第1.6.6条　粉喷桩按设计桩截面面积乘以设计桩长以立方米计算。

第二章　道路工程（4章、45节、160子目）

第一节　路基工程（18节、45子目）

第2.1.1条　土方场内运距按挖方中心至填方中心的距离计算。

第2.1.2条　填土土方指可利用方，不包括耕植土、流砂、淤泥等。填方工程量按总说明中“填土土方的体积变化系数表”计算。

第2.1.3条　铺设排水板按垂直长度以米计算。

第2.1.4条　路幅宽按车行道、人行道和隔离带的宽度之和计算。

第二节　道路基层（7节、18子目）

第2.2.1条　道路基层及垫层以设计长度乘以横断面宽度计算。横断面宽度：当路槽施工时，按侧石内侧宽度计算；当路堤施工时，按侧石内侧宽度每侧增加15cm计算（设计图纸已注明加宽的除外）。

第2.2.2条　道路基层及垫层不扣除各种井位所占面积。

第三节　道路面层（8节、40子目）

第2.3.1条　道路面层铺筑按设计面积计算。带平石的面层应扣除平石面积计算。面层不扣除各类井位所占面积。

第2.3.2条　沥青混凝土摊铺如设计要求不允许出现冷接缝，需两台摊铺机平行操作时，可按定额摊铺机台班数量增加70%计算。

第2.3.3条　模板工程量按与混凝土接触面积以平方米计算。

第四节　附属设施（12节、57子目）

第2.4.1条　人行道铺筑按设计面积计算，人行道面积不扣除各类井位所占面积，但应扣除种植树穴面积。

第 2.4.2 条　侧平石按设计长度计算，不扣除侧向进水口长度。

第三章　道路交通管理设施工程（6 章、18 节、153 子目）

第一节　基础项目（5 节、15 子目）

第 3.1.1 条　电缆保护管铺设长度按实埋长度（扣除工井内净长度）计算。

第二节　交通标志（3 节、34 子目）

第 3.2.1 条　标杆安装按规格以直径×长度表示，以套计算。

第 3.2.2 条　反光柱安装以根计算。

第 3.2.3 条　圆形、三角形标志板安装按作方面积套用定额，以块计算。

第 3.2.4 条　减速板安装以块计算。

第 3.2.5 条　视线诱导器安装以只计算。

第三节　交通标线（3 节、72 子目）

第 3.3.1 条　实线按设计长度计算。

第 3.3.2 条　分界虚线按规格以线段长度×间隔长度表示，工程量按虚线总长度计算。

第 3.3.3 条　横道线按实漆面积计算。

第 3.3.4 条　停止线、黄格线、导流线、减让线参照横道线定额按实漆面积计算。减让线按横道线定额人工及机械台班数量乘以 1.05 计算。

第 3.3.5 条　文字标记按每个文字的整体外围作方高度计算。

第四节　交通信号设施（4 节、20 子目）

第 3.4.1 条　交通信号灯安装以套计算。

第 3.4.2 条　管内穿线长度按管内长度与余留长度之和计算。

第 3.4.3 条　环形检测线敷设长度按实埋长度与余留长度之和计算。

第五节　交通岗位设施（1 节、3 子目）

第 3.5.1 条　值警亭安装以只计算。

第六节　交通隔离设施（2 节、9 子目）

第 3.6.1 条　车行道中心隔离护栏（活动式）底座数量按实计算。

第 3.6.2 条　机非隔离护栏分隔墩数量按实计算。

第 3.6.3 条　机非隔离护栏的安装长度按整段护栏首尾两只分隔墩的外侧面之间的长度计算。

第 3.6.4 条　人行道隔离护栏的安装长度按整段护栏首尾立杆之间的长度计算。

第四章　桥涵及护岸工程（9 章、75 节、471 子目）

第一节　临时工程（8 节、33 子目）

第 4.1.1 条　搭拆工作平台面积计算

1. 桥梁打桩：　$F=N_1F_1+N_2F_2$

每座桥台（墩）：　$F_1=(5.5+A+2.5)\times(6.5+D)$

每条通道：　$F_2=6.5[L-(6.5+D)]$

2. 护岸打桩：　$F=(L+6)\times(6.5+D)$

3. 钻孔灌注桩：　$F=N_1F_1+N_2F_2$

每座桥台（墩）：　$F_1=(A+6.5)\times(6.5+D)$

每条通道：　　　　$F_2=6.5\,[L-(6.5+D)]$

式中　F——工作平台总面积，m^2；

F_1——每座桥台（墩）工作平台面积，m^2；

F_2——桥台至桥墩间或桥墩至桥墩间通道工作平台面积，m^2；

N_1——桥台和桥墩总数量；

N_2——通道总数量；

D——两排桩之间的距离，m；

L——桥梁跨径或护岸的第一根桩中心至最后一根桩中心之间的距离，m；

A——桥台（墩）每排桩的第一根桩中心至最后一根桩中心之间的距离，m。

第 4.1.2 条　组装拆卸桩机

1. 护岸工程按每 100m 组装拆卸一次桩机计算，其尾数不足 100m 时按 100m 计算，但不得增计设备运输。

2. 桥梁及护岸工程的桩基础受航运、交通、高压线等影响不能连续施工时，可增计组装拆卸桩机的次数，设备运输视现场具体情况另行计算。

第 4.1.3 条　桥梁支架计算

1. 桥梁支架（除悬挑支架按防撞护栏长度计算外）以立方米空间体积计算，水上支架的高度从工作平台顶面起算。

2. 现浇梁、板支架工程量按高度（结构底至原地面的纵向平均高度）乘以纵向距离（两盖梁间的净距离）乘以宽度（桥宽＋1.5m）计算。

3. 现浇盖梁支架工程量按高度（盖梁底至承台顶面的高度）乘以长度（盖梁长＋0.9m）乘以宽度（盖梁宽＋0.9m）计算，并扣除立柱所占体积。

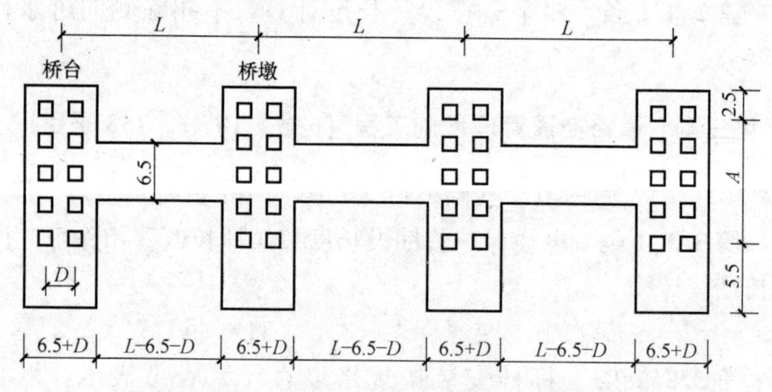

附图 F-01　工作平台面积计算示意图（m）

4. 桥梁支架使用工程量以 t·天计算。满堂式钢管支架每立方米空间体积按 50kg（包括 连接件等）计算，装配式钢支架除万能杆件以每立方米空间体积 125kg（包括连接件等）计算外，其他形式的装配式支架按实计算。支架的使用天数按施工合同计算。

第 4.1.4 条　定额中的挂篮形式为自锚式无压重钢挂篮，钢挂篮质量按设计要求确定。推移工程量按挂篮质量乘以推移距离以 t·m 计算。

0 号块扇形支架安拆工程量按顶面梁宽计算。边跨采用挂篮施工时，其合龙段扇形支架的安拆工程量按梁宽的 50%计算。

挂篮、扇形支架的制作工程量按安拆定额括号内所列的摊销量计算。

挂篮、扇形支架发生场外运输可另行计算。

第 4.1.5 条　现场预制混凝土构件地模计算规定

1. 板式梁按 $4m^2/m^3$ 混凝土地模，其他梁按 $6m^2/m^3$ 混凝土地模计算。

2. 桩按 3.5m^2/m^3砖地模计算。

3. 其他构件按 4m^2/m^3砖地模计算。

4. 拆除地模套用第一册通用项目相应定额，砖地模、混凝土地模厚度分别为 7.5cm 和 10cm。

5. 利用原有场地时不计地模费，需加固和修复时可另行计算。

第二节　土方工程（3 节、12 子目）

第 4.2.1 条　基坑挖土的底宽按结构物基础外边线每侧增加工作面宽度 50cm 计算。

第 4.2.2 条　护岸工程土方场内运输数量计算公式

挖土场内运输土方数=(挖土数－填土数) ×60%

填土场内运输土方数=挖土现场运输土方数－余土数

第三节　打桩工程（11 节、89 子目）

第 4.3.1 条　打桩

1. 钢筋混凝土桩按桩长（包括桩尖长度）乘以桩截面面积以立方米计算，不包括管桩空心部分的体积。

2. 钢管桩按设计长度（设计桩顶至桩底标高)、管径、壁厚以吨计算。

计算公式：$W=(D-\delta)\times\delta\times0.0246\times L/1000$

式中 W——钢管桩质量 t；

D——钢管桩直径 mm；

δ——钢管桩壁厚 mm；

L——钢管桩长度 m。

第 4.3.2 条　送桩

1. 钢筋混凝土桩按预制桩截面面积乘以送桩高度（送桩起始点以下至设计桩顶面的距离）以立方米计算。

2. 钢管桩送桩按相应打桩定额的人工、机械台班数量乘以 1.9 计算。工程量按送桩高度、管径、壁厚以吨计算。

3. 送桩起始点规定

(1) 陆上打桩为原地面平均标高以上 0.5m 处。

(2) 支架上打桩为当地施工期间的最高潮水位以上 0.5m 处。

(3) 船上打桩为当地施工期间的平均水位以上 1m 处。

第 4.3.3 条　接桩

1. 方桩按设计图纸以个计算，焊接桩的型钢用量可按设计图纸作相应调整。

2. 管桩、钢管桩接桩以个计算。

第 4.3.4 条　钢管桩内切割以根计算，精割盖帽以只计算。

第四节　钻孔灌注桩工程（3 节、22 子目）

第 4.4.1 条　钻孔灌注桩成孔工程量按成孔深度乘以设计桩截面面积以立方米计算。成孔深度指原地面（或河床）至设计桩底的深度。

第 4.4.2 条　灌注混凝土

1. 陆上灌注桩按设计桩长（设计桩顶至桩底）增加 0.25m 乘以设计桩截面面积以立方米计算。

2. 水上灌注桩按设计桩长增加 1.0m 乘以设计桩截面面积以立方米计算。

第 4.4.3 条　钻孔灌注桩钢筋笼按设计图纸计算。

第五节　砌筑工程（6 节、26 子目）

第 4.5.1 条　砌筑工程量按设计图示尺寸以立方米计算，不扣除嵌入砌体中的钢管、沉降缝、伸缩缝以及单孔面积 0.3m^2以内的预留孔所占体积。

第 4.5.2 条　抛石工程量按松方体积计算。

第六节　现浇混凝土工程（16节、101子目）

第4.6.1条　混凝土工程量按设计尺寸以实体积（不包括空心板、梁的空心体积）计算，不扣除钢筋、铁丝、铁件、预留压浆孔道和螺栓所占的体积。

第4.6.2条　现浇混凝土墙、板上单孔面积在0.3 m^2以内的孔洞体积不予扣除，孔洞侧壁模板不计工程量；单孔面积在0.3 m^2以外的应予扣除，孔洞侧壁模板并入墙、板模板工程量。

第4.6.3条　无法拆除的箱梁内模按该部分模板工程量增加木模材料0.03m^3/m^2。

第七节　预制混凝土构件（10节、75子目）

第4.7.1条　混凝土

1. 预制桩按桩长（包括桩尖长度）乘以桩截面面积以立方米计算。

2. 预制空心构件按设计图示尺寸以实体积（不包括空心部分的体积）计算。空心板梁的堵 头板体积不计。

3. 预制空心板梁采用橡胶囊做内膜，如设计未考虑橡胶囊变形可增计混凝土工程量，梁 长16m以内时按设计计算体积增计7%，梁长16m以外时增计9%。

4. 预应力混凝土构件的封锚混凝土数量并入构件混凝土工程量计算。

第4.7.2条　模板

1. 预应力混凝土构件及T形梁、I形梁等构件可计侧模、底模。

2. 非预应力混凝土构件（T形梁、I形梁除外）只计侧模，不计底模。

3. 空心板可计内模，空心板梁不计内模。

4. 栏杆等其他构件不按接触面积计算，按预制时的平面投影面积（不扣除空心面积）计算。

第4.7.3条　后张法预应力钢筋定额中未包括锚具用量，但已包括锚具安装。锚具数量按设计数量乘以相应系数计算。

第4.7.4条　管道压浆不扣除钢筋体积。

第4.7.5条　预制构件场内运输按构件质量及实际运距以实体积计算。实际运距不足100m按100m计算。

第八节　安装工程（10节、69子目）

第4.8.1条　安装预制构件按构件混凝土实体积计算，不包括空心部分。

第九节　立交箱涵工程（8节、44子目）

第4.9.1条　箱涵滑板下肋楞的工程量并入滑板内计算。

第4.9.2条　箱涵顶柱、中继间护套及挖土支架均属专用周转性金属构件，其制作工程 量按顶进及挖土定额括号内所列的摊销量计算。

第4.9.3条　箱涵顶进工程量按顶进时不同自重的箱涵顶进长度分别计算。

第4.9.4条　气垫仅适用于预制箱涵底板下使用，按箱涵底面积计算。气垫的使用天数由批准的施工组织设计确定。但采用气垫后在套用顶进定额时应乘以0.7。

第五章　排水管道工程（3章、33节、307子目）

第一节　开槽埋管（13节、126子目）

第5.1.1条　管道铺设按实埋长度（扣除窨井内净长所占的长度）计算。

第5.1.2条　撑拆列板、沟槽钢板桩支撑按沟槽长度计算。

第5.1.3条　打拔沟槽钢板桩按沿沟槽方向单排长度计算。

第 5.1.4 条　沟槽深度为原地面至槽底土面的深度。

第 5.1.5 条　管道磅水以相邻两座窨井为一段。

第 5.1.6 条　开槽埋管如需要翻挖道路结构层时，可以另行计算，但沟槽挖土数量中应扣除翻挖道路结构层所占的体积。

第 5.1.7 条　排水箱涵

1. 底板的宽度及厚度按设计图纸计算，侧墙（隔墙）下部的扩大部分并入底板计算。

2. 侧墙（隔墙）的高度不包括侧墙（隔墙）扩大部分。无扩大部分时，按混凝土底板上表面算至混凝土顶板下表面。

3. 顶板的宽度及厚度按设计图纸计算，侧墙（隔墙）上部的扩大部分并入顶板计算。

4. 模板工程量按混凝土与模板接触面积以平方米计算，现浇混凝土墙、板上单孔面积在 0.3m² 以内的孔洞不扣除其所占的体积，孔洞侧壁模板也不增加。单孔面积在 0.3m² 以外的孔 洞应扣除其所占的体积，孔洞侧壁模板按接触面积并入墙、板工程量计算。

第 5.1.8 条　开槽埋管土方现场运输计算规则

1. 挖土现场运输土方数＝（挖土数－堆土数）×60%

2. 填土现场运输土方数＝挖土现场运输土方数－余土数

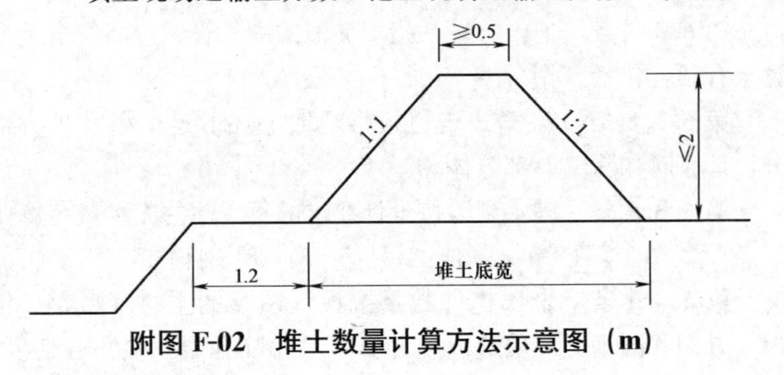

附图 F-02　堆土数量计算方法示意图（m）

第二节　顶管（14 节、163 子目）

第 5.2.1 条　顶进长度按相邻两坑井壁内侧之间的长度加 0.6m 计算。

第三节　窨井（6 节、18 子目）

第 5.3.1 条　窨井深度按窨井盖板顶面至沟底的深度计算。

第 5.3.2 条　砖砌窨井应包括流槽砌体按实体积以立方米计算。

第 5.3.3 条　现浇钢筋混凝土窨井按实体积以立方米计算。

第六章　排水构筑物及机械设备安装工程
(5 章、39 节、330 子目)

第一节　土方工程（4 节、10 子目）

第 6.1.1 条　基坑挖土的底宽均按构筑物基础（或沉井结构）外沿加宽 2m 计算。

第 6.1.2 条　沉井下沉挖土数量，按沉井外壁间（刃脚外壁）的面积乘以沉井下沉深度计算。沉井下沉深度指沉井基坑底土面至设计垫层底面（即土面）之间距离，再加 2/3 垫层底面与刃脚踏面之间距离。

第二节　泵站下部结构（12 节、76 子目）

第 6.2.1 条　沉井承垫木按刃脚中心线的周长计算，隔墙及框架地梁按内净长计算。

第 6.2.2 条　混凝土、砂和砾石砂垫层数量按施工及验收技术规程计算。

第 6.2.3 条　刃脚高度指刃脚凸面至刃脚踏面的高度，若刃脚无凸面时，则按钢筋混凝 土底板顶面至刃脚踏面的高度计算。

第 6.2.4 条　梁的高度按设计梁高计算。

第 6.2.5 条 梁的长度计算

1. 梁与柱连接时，梁长算至柱的侧面。

2. 主梁与次梁连接时，次梁长算至主梁的侧面。

3. 梁与井壁（隔墙）连接时，梁长算至井壁（隔墙）的侧面。

第 6.2.6 条 底板下的地梁并入底板计算。

第 6.2.7 条 隔墙的高度按设计高度计算，隔墙长度按内净长度计算，隔墙若有加强角 并入隔墙计算。

第 6.2.8 条 平台宽度、长度均按内净尺寸计算，并应扣除其他结构所占的体积。

第 6.2.9 条 钢筋混凝土进出水渐扩管计算：

1. 底板的宽度及厚度按设计计算，底板下的梁枕及侧墙（隔墙）下部的扩大部分并入底 板计算。

2. 侧墙（隔墙）的高度不包括侧墙（隔墙）扩大部分，无扩大部分时，按混凝土底板上表面 算至混凝土顶板下表面。

3. 顶板的宽度及厚度按设计计算，侧墙（隔墙）上部的扩大部分并入顶板计算。

第 6.2.10 条 计算沉井灌砂或触变泥浆数量时，高度按刃脚外凸面设计标高至基坑底 面之间的距离，厚度按刃脚外凸面的宽度，长度按外凸面的中心周长计算。

第 6.2.11 条 当沉井井壁为直壁式，设计要求采用触变泥浆助沉时，高度按刃脚踏面至基坑底面的距离计算，长度按沉井外壁周长计算，厚宽按设计厚度计算。

第 6.2.12 条 柔性接口的面积按预埋钢套管外径周长乘以混凝土的墙体厚度计算。

第三节 污水处理构筑物（12 节、81 子目）

第 6.3.1 条 池底工程量应包括池壁下部的扩大部分及壁基梁的体积。

第 6.3.2 条 池壁高度不包括池壁上下部的扩大部分，若无扩大部分时，则按壁基梁或 池底上表面至池盖下表面计算。

第 6.3.3 条 混凝土柱按图示断面尺寸乘以柱高以立方米计算。柱高按下列规定计算：

1. 有梁板的柱高自混凝土底板（平台）面至顶板上表面。

2. 无梁池盖的柱高自池底表面至池盖的下表面。其工程量应包括柱座及柱帽的体积。

3. 架空式池的柱高自柱基上表面至架空式池底的梁、板的下表面。

第 6.3.4 条 无梁池盖应包括池壁相连的扩大部分体积。球形池盖应自池壁顶面以上，包括边侧梁的体积在内。

第 6.3.5 条 梁的计算

1. 与池壁、水槽相连接的梁，按图示断面尺寸乘以梁长以立方米计算，梁长不包括伸入壁内的部分。

2. 圈梁系指架空式配水井的柱盖梁，按图示断面尺寸乘以梁长以立方米计算。

第 6.3.6 条 牛腿未包括在池壁中，应单独计算。

第 6.3.7 条 池中心管系指沉淀池的中心管，管高应自池底算至管顶，包括管帽。

第 6.3.8 条 挑檐式走道板指池壁上环形走道板及扩大部分，计算时扣除壁厚部分体 积。

第 6.3.9 条 满水试验按设计要求的每个池的充水量计算。

第四节 其他工程（5 节、28 子目）

第 6.4.1 条 金属构件数量按设计图纸的主材（型钢、钢板、方钢、圆钢等）质量以吨计算，不扣除孔眼、缺角、切肢、切边的质量（圆形和多边形的钢板作方计算），但不包括螺栓及焊条的质量。

第6.4.2条　水泥砂浆粉刷按其展开面积以平方米计算。

第五节　机械设备安装（6节、135子目）

第6.5.1条　机械设备类

1. 轴流泵、潜水泵、垃圾打包机、垃圾压榨机、滤带式污泥脱水机、离心式污泥脱水机均区分设备质量，以台计算。轴流泵的质量中不包括电动机质量，潜水轴流泵质量中包括电动机质量。

2. 螺旋泵、卧式表面曝气机、潜水搅拌机均区分直径，以台计算。

3. 固定式格栅除污机以宽度区分，垃圾输送机以长度区分；移动式格栅除污机、回旋式 格栅除污机不分规格，均以台计算。

4. 浓缩机、吸泥机、刮泥机（除链条牵引式刮泥机以单、双链区分外）均按池径以台计算。

5. 铸铁活便门、铸铁闸门、堰门，均区分直径或长×宽，以座计算；钢制调节堰门以宽度区分，按座计算；驱动装置以手动、手电两用、双螺杆区分，按台计算。

第6.5.2条　其他项目

1. 格栅片组按质量以吨计算。

2. 曝气管以组计算。

3. 地脚螺栓孔、设备底座及基础间灌浆不分体积大小，均以立方米计算。

4. 铸铁压力井盖座分1m^{2}以内、以外，以台计算。

5. 过墙管、双法直管、双法异径管、双法弯管均以直径区分，以个计算。

第七章　隧道工程（7章、66节、343子目）

第一节　隧道沉井（11节、45子目）

第7.1.1条　刃脚的计算高度：从刃脚底面至井壁外凸口，如沉井井壁没有外凸口，则以刃脚底面至底板顶面为准。底板以下的地梁并入底板计算。框架梁（圈梁）工程量包括切入井壁部分的体积。井壁、隔墙或底板混凝土中，不扣除0.3m^{2}以内的孔洞体积。

第7.1.2条　沉井制作的脚手架安拆，不论分几次下沉，其工程量均按井壁中心线周长与隔墙长度之和乘以井高计算。套用第一册通用项目相应定额。

第7.1.3条　沉井下沉的土方工程量，按沉井外壁所围的面积乘以下沉深度（指沉井基 坑底土面至设计垫层底面之间距离，再加2/3垫层底面与刃脚踏面之间距离），并分别乘以土方回淤系数计算。回淤系数：排水下沉深度大于10m为1.05；不排水下沉深度大于15m为1.02。

第7.1.4条　沉井触变泥浆的工程量，按刃脚外凸面面积乘以基坑底面至外凸面设计标高的高度计算。

第7.1.5条　沉井填心、混凝土封底的工程量，按设计图纸计算。

第7.1.6条　钢封门安拆工程量按施工图用量计算，钢封门制作套用本册第七章相应定额，拆除后应回收70%的钢封门材料。

第二节　盾构法掘进（18节、141子目）

第7.2.1条　盾构掘进的分段

1. 负环段：后靠管片拼装至后尾离开出洞井内壁。

2. 出洞段：负环段掘进结束后的40m。

3. 正常段：出洞段掘进结束至进洞段掘进开始。

4. 进洞段：盾构切口距进洞井外壁5倍盾构直径的长度。

第7.2.2条　盾构掘进定额中盾构机按摊销考虑，若遇下列情况时，可将定额中盾构掘进机械台班费中的折旧费和大修理费扣除，保留其他费用作为盾构使用台班费进入定额，盾构掘进机费用另行计算。

1. 顶端封闭采用垂直顶升方法施工的给水排水隧道。

2. 单位工程掘进长度≤800m的隧道。

3. 采用进口盾构掘进机掘进的隧道。

4. 由业主提供盾构机掘进的隧道。

第7.2.3条　衬砌压浆量按盾尾间隙的体积计算，应包括超压量。

第7.2.4条　柔性接缝环适合于沉井与圆隧道接缝处理，工程量按管片中心圆周长计算。

第7.2.5条　混凝土管片预制工程量按实体积计算，盾构掘进时混凝土管片施工损耗量按预制工程量的1%计算，管片试拼装以每100环管片拼装1组（三环）计算。

第三节　垂直顶升（6节、21子目）

第7.3.1条　顶升车架及顶升设备的安拆，以每顶升一组出口为安拆一次计算。顶升车架制作按顶升一组摊销50%计算。

第7.3.2条　垂直顶升管节试拼装工程量按所需顶升的管片数计算。

第四节　地下连续墙（8节、32子目）

第7.4.1条　地下连续墙成槽土方量按连续墙设计长度、宽度和槽深（加超深0.5m）以立方米计算。混凝土浇筑量同连续墙成槽土方量。

第7.4.2条　接头管及清底置换以段为单位（段指槽壁单元槽段），接头管（箱）吊拔按连续墙段数增加1段计算，定额中已包括接头管（箱）的摊销。

第7.4.3条　大型支撑使用量及使用天数按设计或批准的施工组织设计计算。

第五节　地下混凝土结构（12节、42子目）

第7.5.1条　现浇混凝土工程量按施工图计算，不扣除0.3m^2以内的孔洞体积。

第7.5.2条　有梁板的柱高自柱基础顶面至梁、板顶面计算。梁高以设计高度为准，梁长算至柱（墙）侧面。

第六节　地基监测（3节、36子目）

第7.6.1条　监测孔布置的孔深按定额步距内插。工程量由批准的施工组织设计取定。

第7.6.2条　监控测试以一个施工区域内监控三项或六项测定内容划分步距，以组日计算。

第七节　金属构件制作（8节、26子目）

第7.7.1条　金属构件的工程量按设计图纸的主材（型钢、钢板、方钢、圆钢等）质量以吨计算，不扣除孔眼、缺角、切肢、切边的质量。圆形和多边形的钢板按作方计算。但不包括螺栓，焊条的质量。

第7.7.2条　钢支撑由活络头、固定头和本体组成，本体按固定头计算。

工程量计算规则（2000）在工程“算量”中容易遗漏的项目　附表 F-03

章	节	工程量计算规则(2000)	节说明	条数
第一章通用项目	第一节　一般项目	第 1.1.1～1.1.10 条	2、9	2
	第二节　筑拆围堰	第 1.2.1～1.2.2 条	1～2	2
	第三节　翻挖拆除项目	第 1.3.1～1.3.4 条		
	第四节　临时便桥便道及堆场	第 1.4.1～1.4.3 条	1～3	3
	第五节　井点降水	第 1.5.1～1.5.5 条	1～4	4
	第六节　地基加固	第 1.6.1～1.6.6 条	2	1
	六节	30 条	40.00%	12
第二章道路工程	第一节　路基工程	第 2.1.1～2.1.4 条	2	1
	第二节　道路基层	第 2.2.1～2.2.2 条	2	1
	第三节　道路面层	第 2.3.1～2.3.3 条	1～2	2
	第四节　附属设施	第 2.4.1～2.4.2 条	1～2	2
	四节	11 条	54.54%	6
第三章道路交通管理设施工程	第一节　基础项目	第 3.1.1 条	1	1
	第二节　交通标志	第 3.2.1～3.2.5 条		
	第三节　交通标线	第 3.3.1～3.3.5 条	4	1
	第四节　交通信号设施	第 3.4.1～3.4.3 条		
	第五节　交通岗位设施	第 3.5.1 条		
	第六节　交通隔离设施	第 3.6.1～3.6.4 条		
	六节	19 条	10.52%	2
第四章桥涵及护岸工程	第一节　临时工程	第 4.1.1～4.1.5 条	2、4～5	3
	第二节　土方工程	第 4.2.1～4.2.2 条		
	第三节　打桩工程	第 4.3.1～4.3.4 条	1～2	2
	第四节　钻孔灌注桩工程	第 4.4.1～4.3.3 条	2	1
	第五节　砌筑工程	第 4.5.1～4.5.2 条	1	1

续表

章	节	工程量计算规则(2000)	节说明	条数
第四章桥涵及护岸工程	第六节　现浇混凝土工程	第 4.6.1～4.6.3 条	1～3	3
	第七节　预制混凝土构件	第 4.7.1～4.7.5 条	1～4	1
	第八节　安装工程	第 4.8.1 条	1	1
	第九节　立交箱涵工程	第 4.9.1～4.9.4 条	4	1
	九节	29 条	44.82%	13
第五章排水管道工程	第一节　开槽埋管	第 5.1.1～5.1.8 条	1、7	2
	第二节　顶管	第 5.2.1 条		
	第三节　窨井	第 5.3.1～5.3.3 条	1	1
	三节	12 条	25.00%	3
第六章排水构筑物及机械设备安装工程	第一节　土方工程	第 6.1.1～6.1.2 条		
	第二节　泵站下部结构	第 6.2.1～6.2.12 条	8～9	2
	第三节　污水处理构筑物	第 6.3.1～6.3.9 条	3～7	5
	第四节　其他工程	第 6.4.1～6.4.2 条	1	1
	第五节　机械设备安装	第 6.5.1～6.5.2 条	1	1
	五节	27 条	33.33%	9
第七章隧道工程	第一节　隧道沉井	第 7.1.1～7.1.6 条	1、6	2
	第二节　盾构法掘进	第 7.2.1～7.2.5 条	2～3	2
	第三节　垂直顶升	第 7.3.1～7.3.2 条	1	1
	第四节　地下连续墙	第 7.4.1～7.4.3 条	2	1
	第五节　地下混凝土结构	第 7.5.1 ～7.5.2 条	1	1
	第六节　地基监测	第 7.6.1～7.6.2 条		
	第七节　金属构件制作	第 7.7.1～7.7.2 条	1	1
	七节	22 条	36.63%	8
共计	40 节	150 条	35.33%	53

附录G 《上海市市政工程预算定额》(2000)总说明

《上海市市政工程预算定额》(2000)
总说明

一、上海市市政工程预算定额（2000）（以下简称本定额）是在上海市市政工程预算定额（一九九三）以及全国统一市政工程预算定额（GYD-301-1999～GYD-308-1999）的基础上，结合“新技术、新工艺、新材料、新设备”的广泛应用，按量价分离原则编制的预算定额。

二、本定额是上海市市政工程专业统一定额。适用于新建、扩建、改建及大修工程。

三、本定额是完成规定计量单位分项工程所需的人工、材料、施工机械台班消耗量标准；是统一上海市市政工程预结算工程量计算规则、项目划分、计量单位的依据；是编制施工图 预算、进行工程招标投标、办理竣工结算、编制概算定额、估算指标的基础。

四、本定额共分七册

第一册通用项目

第二册道路工程

第三册道路交通管理设施工程

第四册桥涵及护岸工程

第五册排水管道工程

第六册排水构筑物及机械设备安装工程

第七册隧道工程

五、本定额是按照正常的施工条件，目前多数企业的施工机械装备程度，合理的施工工期、施工工艺、劳动组织编制的，反映上海市市政工程的社会平均消耗水平。

六、本定额是依据国家及上海市强制性标准、推荐性标准、设计规范、施工验收规范、质量评定标准、安全操作规程编制的，并参考有代表性的工程设计、施工资料和其他资料。

七、本定额人工不分工种和技术等级，均以综合工日表示。人工消耗量内容包括基本用工、辅助用工、超运距用工及人工幅度差。

八、本定额隧道盾构掘进及垂直顶升按每工日六小时工作制，其他均按每工日八小时工作制计算。

九、本定额中的材料分主要材料和辅助材料。凡能计量的材料、成品、半成品均按品种、规格逐一列出用量，并计入相应的损耗。其损耗的内容和范围包括从工地仓库、现场集中堆放地点或现场加工地点至操作或安装地点的现场运输损耗、施工操作损耗、施工现场堆放损耗。

十、本定额中的周转性材料（钢模板、钢管支撑、木模板、脚手架等）已按规定的材料周转次数摊销计入定额内，并包括回库维修的消耗量。

十一、本定额中的隧道管片及排水管道成品管场内运输已列入定额；桥涵及护岸预制构件场内运输按该册定额计算；其他材料、成品、半成品在定额中均已包括了150m场内运输。

十二、本定额的机械台班消耗量已考虑了机械幅度差内容。定额中机械类型、规格是在正常施工条件下，按常用机械类型确定。

十三、本定额中难以计量的零星材料和小型施工机械已综合为“其他材料费”和“其他机械费”，分别以该项目材料费之和、机械费之和的百分率计算。

十四、本定额的工作内容中已扼要说明了主要施工工序，次要工序已考虑在定额内。

十五、本定额中的混凝土及砂浆强度等级与设计强度等级不同时，可按设计强度等级进行换算。实际施工配合比的材料用量与定额配合比用量不同时不予换算。设计要求采用抗渗混凝土(抗渗等级在 P6 及以上者)，可按原混凝土强度等级增加 C5 计算。定额中的混凝土养护除另有说明外，均按自然养护考虑。

十六、本定额中的钢筋混凝土工程按混凝土、模板、钢筋分列定额子目。

1. 混凝土分为现浇混凝土、预制混凝土、预拌（商品）混凝土。

2. 钢筋可按设计数量（不再加损耗）直接套用相应定额计算。施工用筋经建设单位认可后可以增列计算。预埋铁件按设计用量（不再加损耗）套用第一册通用项目预埋铁件定额。

3. 模板工程量除另有规定者外，均按混凝土与模板接触面面积以平方米计算。

十七、本定额按开挖的难易程度将挖土土壤类别划分为四类，详见附表 1（即附表 G-01）。

十八、土方挖方按天然密实体积计算，填方按压实后的体积计算。

挖土及填土现场运输定额中已考虑土方体积变化。单位工程中应考虑土方挖填平衡。当填土有密实度要求时，土方挖、填平衡及缺土时外来土方，应按土方体积变化系数来计算回填土方数量。填土土方的体积变化系数表详见附表 2（即附表 G-02）。

十九、土方场外运输按吨计算，密度按天然密实方密度 1.8t/m^3 计算。

二十、泥浆外运工程量计算

1. 钻孔灌注桩按成孔实土体积计算。

2. 水力机械顶管、水力出土盾构掘进按顶进实土体积计算。

3. 水力出土沉井下沉按沉井下沉挖土数量的实土体积计算。

4. 树根桩按成孔实土体积计算。

5. 地下连续墙按成槽土方量的实土体积计算，地下连续墙的废浆外运按挖土成槽定额中护壁泥浆数量折算成实土体积计算。

二十一、本定额中未包括大型机械的场外运输、安拆（打桩机械除外)、路基及轨道铺拆等。

二十二、本定额中注有“××以内”或“××以下”者均包括“××”本身，“××以外”或“××以上”者，均不包括“××”本身。

挖土土壤分类表　　**附表 G-01**

土壤分类	土壤名称	鉴别方法
Ⅰ类土	略有黏性的砂土、腐殖土及疏松的种植土,泥炭	用锹或锄挖掘
Ⅱ类土	潮湿的黏土和黄土,含有碎石、卵石及建筑材料碎屑的堆积土和种植土,软的盐土和碱土	主要用锹或锄挖掘,需要脚踏,少许用镐刨松
Ⅲ类土	中等密实的黏性土及黄土,含有碎石、卵石或建筑材料碎屑的潮湿黏性土或黄土	主要用镐刨松才能用锹挖掘
Ⅳ类土	坚硬密实的黏性土和黄土,含有碎石、卵石(体积 10%～30%,石块质量≤25kg)中等密实的黏性土和黄土,硬化的重盐土	全部用镐刨,少许用撬棒挖掘

填土土方的体积变化系数表　　**附表 G-02**

土方密实度	填方	天然密实方	松方	土方密实度	填方	天然密实方	松方
90%	1	1.135	1.498	95%	1	1.185	1.564
93%	1	1.165	1.538	98%	1	1.220	1.610

注：摘自《上海市市政工程预算定额》(2000)。

二十三、补充说明部分

以下就定额中带“（ ）”消耗量的几种类型加以说明：

1. 套用有关定额计取单价类

例如，隧道工程定额中凡带“（ ）”的金属构件，如钢封门、走道板、钢轨枕、钢支撑、钢围檩等消耗量，在计算子目单价时，这些金属构件的单价，必须套用该册第七章“金属构件制作”的有关子目计算。

又如，桥涵及护岸工程定额中的挂篮安拆子目，其材料“挂篮”的消耗量带“（ ）”，在计算该子目单价时，“挂篮”的单价，必须套用该册“挂篮制作”的子目计算。

在此类定额中凡带“（ ）”材料所计取的材料费，应纳入总材料费中计算其他材料费。

2. 子目中带“（ ）”的土方类

例如，第一册通用项目定额筑拆围堰的“筑拆”及“养护”子目中，材料土方（松方）的消耗量带“（ ）”，该消耗量在计算筑拆围堰所需土方时，是计算利用方、缺土及土方来源的依据。

第二册道路工程定额中的“道碴间隔填土”、“粉煤灰间隔填土”子目中材料土方的消耗量带“（ ）”，该消耗量均为计算间隔填土所需土方量的依据。

在此类定额中带“（ ）”的土方（松土）所计取的材料费，不纳入总材料费中计算其他材料费。

3. 市政安装工程的未计价材料类

例如，第三册道路交通管理设施工程定额中的“值警亭安装”子目中，“值警亭”数量带“（ ）”，“车行道隔离护栏安装”子目中，“车行分隔栏”数量带“（ ）”，这些带“（ ）”的构件，均属未计价的构件，在套用定额时，此类未计价的构件，应计入主材价格。计算其他材料费时，只计算辅材，不包括未计价材料的价格。

4. 桥梁预制构件安装类

例如，第四册桥涵及护岸工程定额中的“打方桩”、“打板桩”、“打 PHC 管桩" 子目中，列出带“（ ）”的预制方桩、板桩、PHC 管桩的数量。这些带“（ ）”的预制构件，在套用定额时，当采用工厂制品构件时，以此制品构件价格直接进入子目计算；若采用现场预制时，应以预制构件数量套用该册“预制构件”相应子目单列计算费用（不进入打桩子目计算）。该册安装工程定额的安装柱、板、梁的子目中，预制构件同样带“（ ）”，其计算方法仍按上述原则处理。

《上海市市政工程预算定额》（2000）文字代码汇总表

附表 G-03

项次	类型	文字代码
1	总说明文字代码(第十九条 1 子目)	ZSM19-1-1
2	总说明文字代码(第二十条 1 子目、第二十一条 10 子目)	ZSM20-1-1 及 ZSM21-1-1～ZSM21-1-10
3	总说明文字代码(第二十一条 24 子目)	ZSM21-2-1～ZSM21-2-24
4	册说明文字代码(第一册 10 子目)	CSM1-2-1～CSM1-2-3、CSM5-1-1～CSM5-1-5、CSM7-4-1

《上海市市政工程预算定额》（2000）总说明在工程“算量”中容易遗漏的项目

附表 G-04

总说明序号	条数	总说明序号	条数	总说明序号	条数	总说明序号	条数
一		七		十三		十九	
二		八		十四		二十	
三		九	1	十五	1	二十一	1
四		十	1	十六	1	二十二	1
五		十一	1	十七		二十三	1
六		十二		十八	1	共计:39.13%	9

商品混凝土输送及泵管安拆使用［即第十五条 S1-1-30～S1-1-35］　　附表 G-05

《上海市市政工程预算定额》(2000) 分部分项工程	
子目编号	S1-1-30～S1-1-35
分部分项工程名称	商品混凝土输送及泵管安拆使用(泵送商品混凝土)
工作内容	
计量单位	m^3
工程量计算规则	《上海市市政工程预算定额》(2000)总说明第十五条　混凝土及砂浆强度等级换算：定额中混凝土的消耗量 $1.015m^3/m^3$ 不允许调整 《上海市市政工程预算定额》工程量计算规则(2000)第 1.1.10 条　商品混凝土输送及泵管安拆使用(隧道工程除外)： 1. 混凝土输送按泵送混凝土相应定额子目的混凝土消耗量以立方米计算，若采用多级输送时，工程量应分级计算 2. 泵管安拆按实际需要的长度以米计算 3. 泵管使用以延长米・天计算

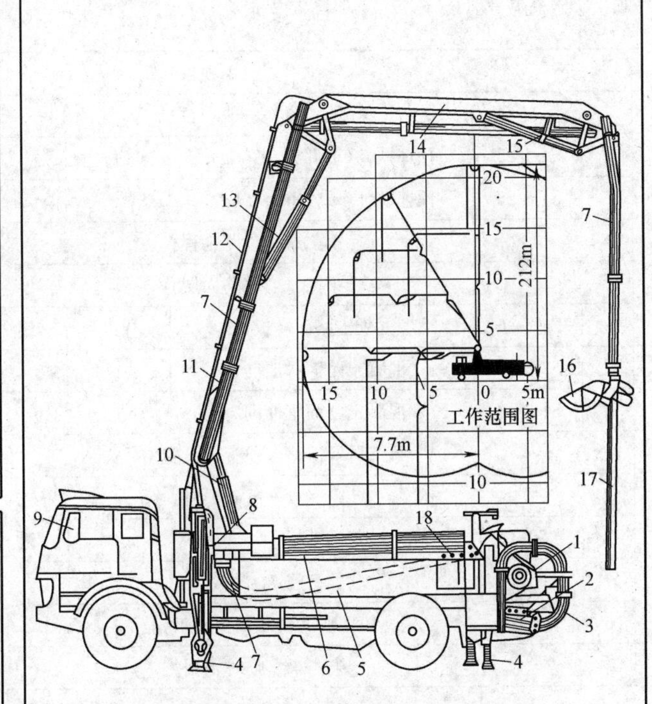

混凝土泵车外形及工作范围示意图

1—料斗及搅拌器；2—混凝土泵；3—Y 形出料管；4—液压外伸支腿；5—水箱；6—备用管段；7—进入旋转台的导管；8—支撑旋转台；9—驾驶室；10、13、15—折叠臂的油缸；11、14—臂杆；12—油管；16—橡胶软管弯曲支架；17—软管；18—操纵柜

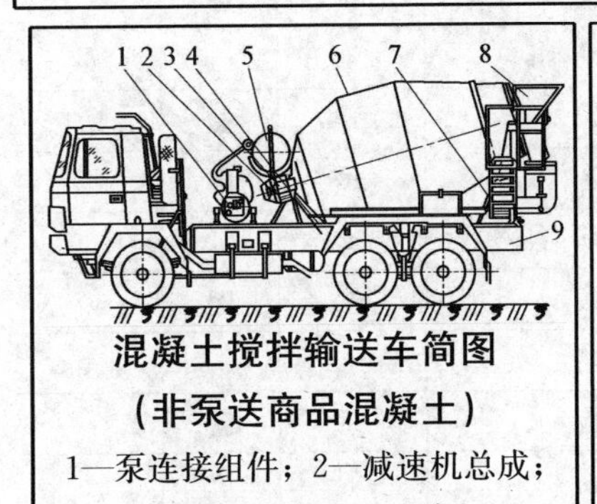

混凝土搅拌输送车简图

(非泵送商品混凝土)

1—泵连接组件；2—减速机总成；3—液压系统；4—机架；5—供水系统；6—搅拌筒；7—操纵系统；8—进出料装置；9—底盘车

1350　4650　3015　9015

臂架式液压混凝土泵车外形示意图

(泵送商品混凝土)

混凝土模板、支架和钢筋定额子目列项检索表［即第十六条］

附表 G-06

项次	定额编号	项目名称	计量单位	属性	
				模板	钢筋
第一册　通用项目					
第一章　一般项目					
1	S1-1-25	预埋铁件（单件重≤30kg）	t		Φ
2	S1-1-26	预埋铁件（单件重>30kg）	t		Φ
第二册　道路工程					
第三章　道路面层					
3	S2-3-36	混凝土路面模板	m^2	■	
4	S2-3-37	混凝土路面构造筋	t		Φ
5	S2-3-38	混凝土路面钢筋网	t		Φ
第三册　道路交通管理设施工程					
第一章　基础项目					
6	S3-1-10	基础模板	m^2	■	
7	S3-1-11	基础钢筋	t		Φ
第四册　桥涵及护岸工程					
第一章　临时工程					
8	S4-1-10	满堂式钢管支架	m^3空间体积	■	
9	S4-1-11	装配式钢支架	m^3空间体积	■	
10	S4-1-12	防撞护栏悬挑支架	m	■	
11	S4-1-33	混凝土地模模板	m^2	■	
第四章　钻孔灌注桩					
12	S4-4-22	灌注桩钢筋笼	t		Φ

续表

项次	定额编号	项目名称	计量单位	属性	
				模板	钢筋
第六章　现浇混凝土工程					
13	S4-6-6	基础模板	m^2	■	
14	S4-6-7	基础钢筋	t		Φ
15	S4-6-10	承台有底模模板	m^2	■	
16	S4-6-11	承台无底模模板	m^2	■	
17	S4-6-12	承台钢筋	t		Φ
18	S4-6-15	支撑梁模板	m^2	■	
19	S4-6-18	横梁模板	m^2	■	
20	S4-6-19	支撑梁横梁钢筋	t		Φ
21	S4-6-22	实体式墩台身模板	m^2	■	
22	S4-6-25	柱式墩台身模板	m^2	■	
23	S4-6-26	墩台身钢筋	t		Φ
24	S4-6-29	墩帽模板	m^2	■	
25	S4-6-32	台帽模板	m^2	■	
26	S4-6-33	墩台帽钢筋	t		Φ
27	S4-6-36	墩盖梁模板	m^2	■	
28	S4-6-37	墩盖梁钢筋	t		Φ
29	S4-6-40	台盖梁模板	m^2	■	
30	S4-6-41	台盖梁钢筋	t		Φ
31	S4-6-44	箱梁 0 号块模板	m^2	■	
32	S4-6-45	箱梁 0 号块钢筋	t		Φ
33	S4-6-48	悬浇箱梁模板	m^2	■	

续表

项次	定额编号	项目名称	计量单位	属性	
				模板	钢筋
34	S4-6-51	现浇箱梁模板	m^2	■	
35	S4-6-52	箱梁钢筋	t		Φ
36	S4-6-55	实体板模板	m^2	■	
37	S4-6-58	空心板模板	m^2	■	
38	S4-6-59	板钢筋	t		Φ
39	S4-6-62	实体式板梁模板	m^2	■	
40	S4-6-65	空心式板梁模板	m^2	■	
41	S4-6-66	板梁钢筋	t		Φ
42	S4-6-69	防撞护栏模板	m^2	■	
43	S4-6-72	立柱端柱灯柱模板	m^2	■	
44	S4-6-75	地梁侧石缘石模板	m^2	■	
45	S4-6-76	其他构件钢筋	t		Φ
46	S4-6-80	梁与梁接头模板	m^2	■	
47	S4-6-82	柱与柱接头模板	m^2	■	
48	S4-6-86	挡墙模板	m^2	■	
49	S4-6-87	挡墙钢筋	t		Φ
50	S4-6-90	压顶模板	m^2	■	
51	S4-6-91	压顶钢筋	t		Φ
52	S4-6-100	桥面铺装钢筋	t		Φ
第七章　预制混凝土构件					
53	S4-7-2	预制方桩模板	m^2	■	
54	S4-7-3	预制方桩钢筋	t		Φ
55	S4-7-5	预制板桩模板	m^2	■	

续表

项次	定额编号	项目名称	计量单位	属性	
				模板	钢筋
56	S4-7-6	预制板桩钢筋	t		Φ
57	S4-7-8	预制立柱模板	m^2	■	
58	S4-7-9	预制立柱钢筋	t		Φ
59	S4-7-13	预制空心板模板	m^2	■	
60	S4-7-14	预制矩形板空心板钢筋	t		Φ
61	S4-7-16	预制微弯板模板	m^2	■	
62	S4-7-17	预制微弯板钢筋	t		Φ
63	S4-7-19	预制 T 形梁模板	m^2	■	
64	S4-7-20	预制 T 形梁钢筋	t		Φ
65	S4-7-22	预制 I 形梁模板	m^2	■	
66	S4-7-23	预制 I 形梁钢筋	t		Φ
67	S4-7-25	预制实心板梁模板	m^2	■	
68	S4-7-26	预制实心板梁钢筋	t		Φ
69	S4-7-28	预制非预应力空心板梁模板	m^2	■	
70	S4-7-29	预制非预应力空心板梁钢筋	t		Φ
71	S4-7-31	预制预应力空心板梁模板	m^2	■	
72	S4-7-32	预制预应力空心板梁钢筋	t		Φ
73	S4-7-34	预制箱形梁模板	m^2	■	
74	S4-7-36	预制箱形块件模板	m^2	■	
75	S4-7-37	预制箱形梁钢筋	t		Φ
76	S4-7-39	预制槽形梁模板	m^2	■	
77	S4-7-40	预制槽形梁钢筋	t		Φ
78	S4-7-45	先张法预应力钢筋(低合金钢)	t		Φ

续表

项次	定额编号	项目名称	计量单位	属性	
				模板	钢筋
79	S4-7-46	先张法预应力钢筋(钢绞线)	t		Φ
80	S4-7-47	后张法预应力钢筋(螺栓锚)	t		Φ
81	S4-7-48	后张法预应力钢筋(锥形锚)	t		Φ
82	S4-7-49	后张法预应力钢筋(弗氏锚)	t		Φ
83	S4-7-50	后张法预应力钢筋(镦头锚)	t		Φ
84	S4-7-51	后张法预应力钢筋(群锚,束长40m内-3)	t		Φ
85	S4-7-52	后张法预应力钢筋(群锚,束长40m内-7)	t		Φ
86	S4-7-53	后张法预应力钢筋(群锚,束长40m内-12)	t		Φ
87	S4-7-54	后张法预应力钢筋(群锚,束长40m外-7)	t		Φ
88	S4-7-55	后张法预应力钢筋(群锚,束长40m外-12)	t		Φ
89	S4-7-56	后张法预应力钢筋(群锚,束长40m外-19)	t		Φ
90	S4-7-63	预制缘石人行道锚锭板模板	m^2	■	
91	S4-7-65	预制灯柱端柱栏杆模板	m^2	■	
92	S4-7-66	预制其他构件钢筋	t		Φ
第九章 立交箱涵工程					
93	S4-9-11	箱涵滑板底板模板	m^2	■	
94	S4-9-14	箱涵侧墙模板	m^2	■	
95	S4-9-17	箱涵顶板模板	m^2	■	
96	S4-9-18	箱涵钢筋	t		Φ

续表

项次	定额编号	项目名称	计量单位	属性	
				模板	钢筋
第五册 排水管道工程					
第一章 开槽埋管					
97	S5-1-45	管道基座模板	m^2	■	
98	S5-1-46	管道基座钢筋	t		Φ
99	S5-1-125	排水箱涵顶板模板	m^2	■	
100	S5-1-126	排水箱涵钢筋	t		Φ
第二章 顶管					
101	S5-3-10	窨井模板	m^2	■	
102	S5-3-11	窨井钢筋	t		Φ
103	S5-3-15	预制盖板钢筋	t		Φ
第六册 排水构筑物及设备安装工程					
第二章 泵站下部结构					
104	S6-2-7	刃脚模板	m^2	■	
105	S6-2-8	刃脚钢筋	t		Φ
106	S6-2-11	隔墙模板	m^2	■	
107	S6-2-12	隔墙钢筋	t		Φ
108	S6-2-13	预埋钢套管($DN\leqslant600$)	kg		Φ
109	S6-2-14	预埋钢套管($DN>600$)	kg		Φ
110	S6-2-16	刚性接口模板	m^2	■	
111	S6-2-20	井壁模板	m^2	■	
112	S6-2-21	井壁钢筋	t		Φ
113	S6-2-22	井壁预留孔模板	m^2	■	
114	S6-2-31	底板模板	m^2	■	

续表

项次	定额编号	项目名称	计量单位	属性	
				模板	钢筋
115	S6-2-32	底板钢筋	t		Φ
116	S6-2-35	平台模板	m^2	■	
117	S6-2-36	平台钢筋	t		Φ
118	S6-2-39	框架模板	m^2	■	
119	S6-2-40	框架钢筋	t		Φ
120	S6-2-43	扶梯模板	m^2	■	
121	S6-2-44	扶梯钢筋	t		Φ
122	S6-2-47	挡水板模板	m^2	■	
123	S6-2-48	挡水板钢筋	t		Φ
124	S6-2-51	矩形梁模板	m^2	■	
125	S6-2-52	矩形梁钢筋	t		Φ
126	S6-2-55	异形梁模板	m^2	■	
127	S6-2-56	异形梁钢筋	t		Φ
128	S6-2-59	平台圈梁模板	m^2	■	
129	S6-2-60	平台圈梁钢筋	t		Φ
130	S6-2-63	矩形渐扩管底板模板	m^2	■	
131	S6-2-64	矩形渐扩管底板钢筋	t		Φ
132	S6-2-67	矩形渐扩管侧墙模板	m^2	■	
133	S6-2-68	矩形渐扩管侧墙钢筋	t		Φ
134	S6-2-71	矩形渐扩管顶板模板	m^2	■	
135	S6-2-72	矩形渐扩管顶板钢筋	t		Φ
136	S6-2-76	流槽模板	m^2	■	
第三章　污水处理构筑物					
137	S6-3-5	平斜坡池底模板	m^2	■	
138	S6-3-6	平斜坡池底钢筋	t		Φ

续表

项次	定额编号	项目名称	计量单位	属性	
				模板	钢筋
139	S6-3-9	锥形池底模板	m^2	■	
140	S6-3-10	锥形池底钢筋	t		Φ
141	S6-3-13	架空池底模板	m^2	■	
142	S6-3-14	架空池底钢筋	t		Φ
143	S6-3-17	池壁模板	m^2	■	
144	S6-3-18	池壁钢筋	t		Φ
145	S6-3-21	矩形柱模板	m^2	■	
146	S6-3-22	矩形柱钢筋	t		Φ
147	S6-3-25	异形柱模板	m^2	■	
148	S6-3-26	异形柱钢筋	t		Φ
149	S6-3-29	圆形柱模板	m^2	■	
150	S6-3-30	圆形柱钢筋	t		Φ
151	S6-3-33	配水井矩形圈梁模板	m^2	■	
152	S6-3-34	配水井矩形圈梁钢筋	t		Φ
153	S6-3-37	配水井异形圈梁模板	m^2	■	
154	S6-3-38	配水井异形圈梁钢筋	t		Φ
155	S6-3-41	中心管模板	m^2	■	
156	S6-3-42	中心管钢筋	t		Φ
157	S6-3-45	VU 型水槽模板	m^2	■	
158	S6-3-46	VU 型水槽钢筋	t		Φ
159	S6-3-49	悬臂式水槽及耳池模板	m^2	■	
160	S6-3-50	悬臂式水槽及耳池钢筋	t		Φ
161	S6-3-52	预制水槽模板	m^2	■	
162	S6-3-53	预制水槽钢筋	t		Φ
163	S6-3-57	挑檐式走道板模板	m^2	■	

续表

项次	定额编号	项目名称	计量单位	属性	
				模板	钢筋
164	S6-3-58	挑檐式走道板钢筋	t		Φ
165	S6-3-61	牛腿模板	m^2	■	
166	S6-3-62	牛腿钢筋	t		Φ
167	S6-3-65	无梁池盖模板	m^2	■	
168	S6-3-66	无梁池盖钢筋	t		Φ
169	S6-3-69	球形池盖模板	m^2	■	
170	S6-3-70	球形池盖钢筋	t		Φ
171	S6-3-72	预制盖板模板	m^2	■	
172	S6-3-73	预制盖板钢筋	t		Φ
173	S6-3-77	压重混凝土模板	m^2	■	
第七册　隧道工程					
第一章　隧道沉井					
174	S7-1-4	刃脚模板	m^2	■	
175	S7-1-5	刃脚钢筋 ·	t		Φ
176	S7-1-7	框架模板	m^2	■	
177	S7-1-8	框架钢筋	t		Φ
178	S7-1-10	井壁隔墙模板	m^2	■	
179	S7-1-11	井壁隔墙钢筋	t		Φ
180	S7-1-13	底板模板	m^2	■	
181	S7-1-14	底板钢筋	t		Φ
第四章　地下连续墙					
182	S7-4-3	导墙模板	m^2	■	
183	S7-4-4	导墙钢筋	t		Φ
第五章　地下混凝土结构					
184	S7-5-5	地梁钢筋	t		Φ
185	S7-5-7	底板模板	m^2	■	
186	S7-5-8	底板钢筋	t		Φ
187	S7-5-10	墙模板	m^2	■	

续表

项次	定额编号	项目名称	计量单位	属性	
				模板	钢筋
188	S7-5-11	墙钢筋	t		Φ
189	S7-5-13	衬墙模板	m^2	■	
190	S7-5-14	衬墙钢筋	t		Φ
191	S7-5-16	柱模板	m^2	■	
192	S7-5-17	柱钢筋	t		Φ
193	S7-5-19	梁模板	m^2	■	
194	S7-5-20	梁钢筋	t		Φ
195	S7-5-22	平台顶板模板	m^2	■	
196	S7-5-23	平台顶板钢筋	t		Φ
197	S7-5-25	楼梯模板	m^2	■	
198	S7-5-26	楼梯钢筋	t		Φ
199	S7-5-28	电缆沟模板	m^2	■	
200	S7-5-29	电缆沟钢筋	t		Φ
201	S7-5-31	车道侧石模板	m^2	■	
202	S7-5-32	车道侧石钢筋	t		Φ
203	S7-5-34	内衬弓形底板模板	m^2	■	
204	S7-5-35	内衬弓形底板钢筋	t		Φ
205	S7-5-37	内衬支承墙模板	m^2	■	
206	S7-5-38	内衬支承墙钢筋	t		Φ
共计:206 项			其中:混凝土模板及支架定额子目 104 项,钢筋定额子目 102 项		

注：1. 混凝土模板及支架定额子目 104 项，其“对应工程量清单项目编码的工程量计算规则（附录 A～L）”，敬请参阅本“图释集”第三章措施项目中表 3-01“‘13 国标市政计算规范’措施项目（附录 L）列项检索表”、表 L.2“混凝土模板及支架（项目编码：041102）(模板)”及表 L.2“混凝土模板及支架（项目编码：041102）(支架)”的释义；

2. 钢筋定额子目 102 项，其“对应工程量清单项目编码的工程量计算规则（附录 A～L)”，敬请参阅本“图释集”第二章分部分项工程中附录 J 钢筋工程（项目编码：0409）施工图图例【导读】的诠释。

土方工程定额子目列项检索表［即第十七条～第二十条］

附表 G-07

项次	定额编号	项目名称	计量单位	附录A土石方工程						
				表A.1 土方工程（项目编码：040101）					表A.3 回填方及土石方运输（项目编码：040103）	
				挖一般土方	挖沟槽土方	挖基坑土方	暗挖土方	挖淤泥、流砂	回填方	余方弃置
第一册 通用项目										
第一章 一般项目										
4. 挖淤泥、流砂										
1	S1-1-7	挖淤泥	m³					√		
2	S1-1-8	挖流砂	m³					√		
14. 土方场内运输										
3	S1-1-36	土方场内运输（运土1km以内）	m³		√	√				
4	S1-1-37	土方场内运输（装运土1km以内）	m³		√	√				
5	S1-1-38	土方场内运输（运距＋1km）	m³		√	√				
第二册 道路工程										
第一章 路基工程										
1. 人工挖土方										
6	S2-1-1	人工挖土方（Ⅰ、Ⅱ类土）	m³	√						
7	S2-1-2	人工挖土方（Ⅲ类土）	m³	√						
8	S2-1-3	人工挖土方（Ⅳ类土）	m³	√						
2. 机械挖土方										
9	S2-1-4	机械挖土方	m³	√						
3. 机械推土方										
10	S2-1-5	机械推土方（距离≤20m）	m³	√						
11	S2-1-6	机械推土方（＋10m）	m³	√						

续表

项次	定额编号	项目名称	计量单位	附录A土石方工程						
				表A.1　土方工程(项目编码:040101)					表A.3回填方及土石方运输(项目编码:040103)	
				挖一般土方	挖沟槽土方	挖基坑土方	暗挖土方	挖淤泥、流砂	回填方	余方弃置
4. 填土方										
12	S2-1-7	填人行道土方	m^3						√	
13	S2-1-8	填车行道土方(密实度90%)	m^3						√	
14	S2-1-9	填车行道土方(密实度93%)	m^3						√	
15	S2-1-10	填车行道土方(密实度95%)	m^3						√	
16	S2-1-11	填车行道土方(密实度98%)	m^3						√	
5. 耕地填前处理										
17	S2-1-12	耕地填前处理(挖腐殖土)	m^3						√	
18	S2-1-13	耕地填前处理(填前压实)	m^2						√	
6. 填筑粉煤灰路堤										
19	S2-1-14	填筑粉煤灰人行道路堤	m^3						√	
20	S2-1-15	填筑粉煤灰车行道路堤(密实度90%)	m^3						√	
21	S2-1-16	填筑粉煤灰车行道路堤(密实度93%)	m^3						√	
22	S2-1-17	填筑粉煤灰车行道路堤(密实度95%)	m^3						√	
23	S2-1-18	填筑粉煤灰车行道路堤(密实度98%)	m^3						√	
18. 土方场内双轮斗车运输										
24	S2-1-42	土方场内双轮斗车运输(运距≤50m)	m^3	√						
25	S2-1-43	土方场内双轮斗车运输(+50m)	m^3	√						
26	S2-1-44	土方场内自卸汽车运输(运距≤200m)	m^3	√						
27	S2-1-45	土方场内自卸汽车运输(+200m)	m^3	√						

续表

项次	定额编号	项目名称	计量单位	附录A土石方工程						
				表A.1　土方工程(项目编码:040101)					表A.3回填方及土石方运输(项目编码:040103)	
				挖一般土方	挖沟槽土方	挖基坑土方	暗挖土方	挖淤泥、流砂	回填方	余方弃置
第四册　桥涵及护岸工程										
第二章　土方工程										
1. 人工挖土										
35	S4-2-1	人工挖Ⅰ、Ⅱ类土(深≤2m)	m^3			√				
36	S4-2-2	人工挖Ⅲ类土(深≤2m)	m^3			√				
37	S4-2-3	人工挖Ⅳ类土(深≤2m)	m^3			√				
38	S4-2-4	人工挖Ⅰ、Ⅱ类土(深≤4m)	m^3			√				
39	S4-2-5	人工挖Ⅲ类土(深≤4m)	m^3			√				
40	S4-2-6	人工挖Ⅳ类土(深≤4m)	m^3			√				
2. 机械挖土										
41	S4-2-7	机械挖土(深≤6m)	m^3			√				
3. 回填										
42	S4-2-8	回填土	m^3						√	
43	S4-2-9	回填黄砂	m^3						√	
44	S4-2-10	回填粉煤灰	m^3						√	
45	S4-2-11	回填砾石砂	m^3						√	
46	S4-2-12	道碴间隔填土(道碴:土=1:2)	m^3						√	
第五册　排水管道工程										
第一章　开槽埋管										
1. 人工挖沟槽土方										
47	S5-1-1	人工挖沟槽Ⅰ、Ⅱ类土方(深≤2m)	m^3		√					

续表

项次	定额编号	项目名称	计量单位	附录A土石方工程						
				表A.1　土方工程(项目编码:040101)					表A.3回填方及土石方运输(项目编码:040103)	
				挖一般土方	挖沟槽土方	挖基坑土方	暗挖土方	挖淤泥、流砂	回填方	余方弃置
48	S5-1-2	人工挖沟槽Ⅲ类土方(深≤2m)	m^3		√					
49	S5-1-3	人工挖沟槽Ⅳ类土方(深≤2m)	m^3		√					
50	S5-1-4	人工挖沟槽Ⅰ、Ⅱ类土方(深≤4m)	m^3		√					
51	S5-1-5	人工挖沟槽Ⅲ类土方(深≤4m)	m^3		√					
52	S5-1-6	人工挖沟槽Ⅳ类土方(深≤4m)	m^3		√					
2. 机械挖沟槽土方										
53	S5-1-7	机械挖沟槽土方(深≤6m,现场抛土)	m^3		√					
54	S5-1-8	机械挖沟槽土方(深≤6m,装车)	m^3		√					
3. 撑拆列板										
55	S5-1-9	满堂撑拆列板(深≤1.5m,双面)	100m		√					
56	S5-1-10	满堂撑拆列板(深≤2.0m,双面)	100m		√					
57	S5-1-11	满堂撑拆列板(深≤2.5m,双面)	100m		√					
58	S5-1-12	满堂撑拆列板(深≤3.0m,双面)	100m		√					
4. 打沟槽钢板桩										
59	S5-1-13	打沟槽钢板桩(长4.00~6.00m,单面)	100m		√					
60	S5-1-14	打沟槽钢板桩(长6.01~9.00m,单面)	100m		√					
61	S5-1-15	打沟槽钢板桩(长9.01~12.00m,单面)	100m		√					
62	S5-1-16	打沟槽拉森钢板桩(长8.00~12.00m,单面)	100m		√					
63	S5-1-17	打沟槽拉森钢板桩(长12.01~16.00m,单面)	100m		√					

续表

项次	定额编号	项目名称	计量单位	附录 A 土石方工程						
				表 A.1　土方工程(项目编码:040101)					表 A.3 回填方及土石方运输(项目编码:040103)	
				挖一般土方	挖沟槽土方	挖基坑土方	暗挖土方	挖淤泥、流砂	回填方	余方弃置
5. 拔沟槽钢板桩										
64	S5-1-18	拔沟槽钢板桩(长 4.00~6.00m,单面)	100m		√					
65	S5-1-19	拔沟槽钢板桩(长 6.01~9.00m,单面)	100m		√					
66	S5-1-20	拔沟槽钢板桩(长 9.01~12.00m,单面)	100m		√					
67	S5-1-21	拔沟槽拉森钢板桩(长 8.00~12.00m,单面)	100m		√					
68	S5-1-22	拔沟槽拉森钢板桩(长 12.01~16.00m,单面)	100m		√					
6. 安拆钢板桩支撑										
69	S5-1-23	安拆钢板桩支撑(槽宽≤3.0m,深 3.01~4.00m)	100m		√					
70	S5-1-24	安拆钢板桩支撑(槽宽≤3.0m,深 4.01~6.00m)	100m		√					
71	S5-1-25	安拆钢板桩支撑(槽宽≤3.0m,深 6.01~8.00m)	100m		√					
72	S5-1-26	安拆钢板桩支撑(槽宽≤3.8m,深 3.01~4.00m)	100m		√					
73	S5-1-27	安拆钢板桩支撑(槽宽≤3.8m,深 4.01~6.00m)	100m		√					
74	S5-1-28	安拆钢板桩支撑(槽宽≤3.8m,深 6.01~8.00m)	100m		√					
75	S5-1-29	安拆钢板桩支撑(槽宽≤4.5m,深 3.01~4.00m)	100m		√					
76	S5-1-30	安拆钢板桩支撑(槽宽≤4.5m,深 4.01~6.00m)	100m		√					
77	S5-1-31	安拆钢板桩支撑(槽宽≤4.5m,深 6.01~8.00m)	100m		√					
78	S5-1-32	安拆钢板桩支撑(槽宽≤6.0m,深 4.01~6.00m)	100m		√					
79	S5-1-33	安拆钢板桩支撑(槽宽≤6.0m,深 6.01~8.00m)	100m		√					
80	S5-1-34	安拆钢板桩支撑(槽宽≤9.0m,深 4.01~6.00m)	100m		√					
81	S5-1-35	安拆钢板桩支撑(槽宽≤9.0m,深 6.01~8.00m)	100m		√					

续表

<table>
<tr><th rowspan="3">项次</th><th rowspan="3">定额编号</th><th rowspan="3">项目名称</th><th rowspan="3">计量单位</th><th colspan="7">附录A土石方工程</th></tr>
<tr><th colspan="5">表A.1　土方工程(项目编码:040101)</th><th colspan="2">表A.3回填方及土石方运输(项目编码:040103)</th></tr>
<tr><th>挖一般土方</th><th>挖沟槽土方</th><th>挖基坑土方</th><th>暗挖土方</th><th>挖淤泥、流砂</th><th>回填方</th><th>余方弃置</th></tr>
<tr><td colspan="11">7. 沟槽回填</td></tr>
<tr><td>82</td><td>S5-1-36</td><td>沟槽夯填土</td><td>m^3</td><td></td><td></td><td></td><td></td><td></td><td>√</td><td></td></tr>
<tr><td>83</td><td>S5-1-37</td><td>沟槽间隔填土</td><td>m^3</td><td></td><td></td><td></td><td></td><td></td><td>√</td><td></td></tr>
<tr><td>84</td><td>S5-1-38</td><td>沟槽回填砾石砂</td><td>m^3</td><td></td><td></td><td></td><td></td><td></td><td>√</td><td></td></tr>
<tr><td>85</td><td>S5-1-39</td><td>沟槽回填黄砂</td><td>m^3</td><td></td><td></td><td></td><td></td><td></td><td>√</td><td></td></tr>
<tr><td>86</td><td>S5-2-15</td><td>基坑间隔填土</td><td>m^3</td><td></td><td></td><td></td><td></td><td></td><td></td><td></td></tr>
<tr><td colspan="11">第六册　排水构筑物及设备安装工程</td></tr>
<tr><td colspan="11">第一章　土方工程</td></tr>
<tr><td colspan="11">1. 基坑挖土</td></tr>
<tr><td>87</td><td>S6-1-1</td><td>基坑无支护挖土(深≤2m)</td><td>m^3</td><td></td><td>√</td><td></td><td></td><td></td><td></td><td></td></tr>
<tr><td>88</td><td>S6-1-2</td><td>基坑无支护挖土(深≤4m)</td><td>m^3</td><td></td><td>√</td><td></td><td></td><td></td><td></td><td></td></tr>
<tr><td>89</td><td>S6-1-3</td><td>基坑无支护挖土(深≤6m)</td><td>m^3</td><td></td><td>√</td><td></td><td></td><td></td><td></td><td></td></tr>
<tr><td>90</td><td>S6-1-4</td><td>基坑无支护挖土(深≤4m)</td><td>m^3</td><td></td><td>√</td><td></td><td></td><td></td><td></td><td></td></tr>
<tr><td>91</td><td>S6-1-5</td><td>基坑有支护挖土(深≤6m)</td><td>m^3</td><td></td><td>√</td><td></td><td></td><td></td><td></td><td></td></tr>
<tr><td colspan="11">2. 沉井挖土</td></tr>
<tr><td colspan="11">4. 基坑回填土</td></tr>
<tr><td>92</td><td>S6-1-10</td><td>基坑回填土</td><td>m^3</td><td></td><td></td><td></td><td></td><td></td><td>√</td><td></td></tr>
<tr><td colspan="11">《上海市市政工程预算定额》(2000)总说明第十九条</td></tr>
<tr><td>93</td><td>ZSM19-1-1</td><td>废(旧)料场外运输　(项目名称:1. 余土弃置;2. 缺土购置;3. 淤泥、流砂外运)
1. 土方外运(含堆置费,浦西内环线内)
2. 土方外运(含堆置费,浦西内环线内及浦东内环线内)
3. 土方外运(含堆置费,浦西内环线外及浦东内环线外)</td><td>m^3</td><td></td><td></td><td></td><td></td><td></td><td></td><td>√</td></tr>
</table>

土方场内运输定额划分甄选表

附表 G-08

项次	分部分项工程	第一册通用项目 第一章一般项目 S1-1-：14. 土方场内运输			第二册 道路工程 第一章 路基工程 S2-1-：18. 土方场内运输			
		S1-1-36	S1-1-37	S1-1-38	S2-1-42	S2-1-43	S2-1-44	S2-1-45
		运距 1km 以内		运距	双轮斗车		4t 自卸汽车	
		运土	装运土	每增加 1km	运距 50m 以内	运距每增加 50m	运距 200m 以内	运距每增加 200m
1	通用项目	√	√	√				
2	路基工程				√	√	√	√

注：1. 本表摘自《上海市市政工程预算定额》(2000) 第一册通用项目第一章一般项目及第二册道路工程第一章路基工程；

2. 一般项目“14. 土方场内运输”，已包括在挖沟槽土方、挖基坑土方清单里边，不需单独列项；发生时，套用定额子目请参阅表 4-20“挖土、石方工程量清单项目设置、项目子目对应比照表”；子目中“运土”项适用于挖土机直接装车运土；“装运土”项适用于现场抛土的情况，即由装载机配合将堆土装上车运输；编制时，土方场内运输按天然密实方的体积计算，套用相应的预算定额计算；

3. 路基工程“18. 土方场内运输”，已包括在挖一般土方（项目编码：040101001）清单里边，不需单独列项；发生时，套用预算定额子目请参阅表 4-21“挖土、石方工程量清单项目设置、项目子目对应比照表”中道路工程路基工程 S2-1-：18. 土方场内运输的释义，编制时，可根据不同的运输方法、运距套用相应的预算定额计算；

4. 土方场内运输：挖土及填土现场运输定额中已考虑土方体积变化。

已列入相应工程挖土方工程量清单的部分分部工程项目

附表 G-09

项次	分部工程	已列入相应工程工程量清单
1	道路工程交通管理设施 (附录 B——B. 5 交通管理设施)	1. 人工挖填土定额包括基础挖土、电缆沟槽挖土、夯填土子目 2. 基础挖土适用于标杆基础、信号灯杆基础、工井基础等的挖土
2	桥涵及护岸工程 (附录 C 桥涵工程)	除地下连续墙成槽(项目编码:040302003)、箱涵顶进(项目编码:040306006)土方、桩(钢管桩、挖孔灌注桩等)土方以外,其他(包括箱涵顶进工作坑)土方应按挖土方(项目编码:040101003)中相关项目编码列项
3	隧道工程 (附录 D——D. 3 盾构掘进)	盾构掘进出土、沉井下沉挖土均列入相应工程工程量清单,其他土方(如沉井基坑土方)应按挖土方(项目编码:040101003)中相关项目编码列项
6	措施项目 (附录 L 措施项目)	L. 7 施工排水、降水(项目编码:041107),敬请参阅湿土排水挖土工程量

注：1. 选自《上海市市政工程预算定额》(2000)、《市政工程工程量计算规范》GB 50857—2013) 及上海市建设工程工程量清单计价应用规则》，敬请参阅本“图释集”第二章分部分项工程和第三章措施项目的诠释；

2. 属各分部工程的范畴，不属“附录 A 土石方工程（项目编码：0401)”；

3. 上述分部工程已列入相应工程工程量清单里边，不需单独列项。

废（旧）料场外运输（m^3）[即第十九条 ZSM19-1-]

附表 G-10

废(旧)料场外运输	m^3	1. 废(旧)料密度统一按 2.2t/m^3计算 2. 废(旧)料场外运输，套用文字代码 ZSM19-1-：1. 土方场外运输 3. 场外运输计价系数为 2.2÷1.8（土方天然密实方密度）=1.222

注：1. 选自《上海市市政工程预算定额》（2000）工程量计算规则及总、册说明；

2. 废（旧）料密度 2.2t/m^3，选自《上海市市政工程预算定额》（2000）第一册通用项目第三章翻挖拆除项目章说明规定：“翻挖、拆除定额中均已包括废料的场内运输，但不包括场外运输，废料密度统一按 2.2t/m^3计算”。

《上海市市政工程预算定额》（2000）分部分项工程

子目编号	ZSM19-1-1(文字说明代码)
分部分项工程名称	废(旧)料场外运输 （项目名称：1. 余土弃置；2. 缺土购置；3. 淤泥、流砂外运）
工作内容	1. 土方购置 2. 取料点装料 3. 运输至缺土点 4. 卸土；
计量单位	m^3
工程量计算规则	1. 土方场外运输按吨计算，其密度按天然密实方(即自然方)1.8t/m^3计算(总说明第十九条) 2. 废(旧)料密度统一按 2.2t/m^3计算 3. 废(旧)料场外运输计价系数=2.2÷1.8=1.222

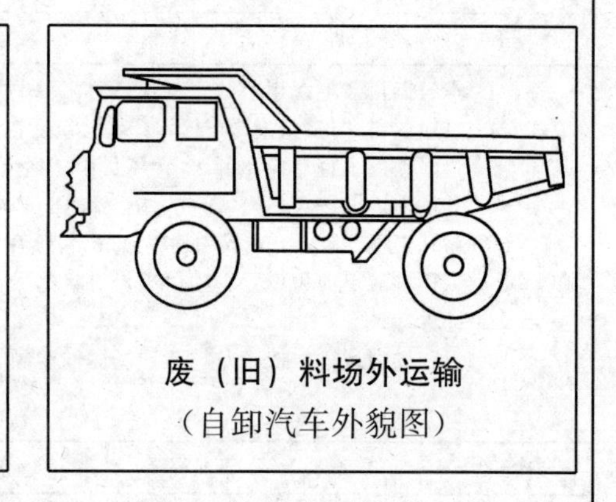

废（旧）料场外运输

（自卸汽车外貌图）

一、实体项目　表 A.3 回填方及土石方运输（项目编码：040103）

对应图示		项目名称	编码/编号
工程量清单分类		参见《上海市市政工程预算定额》(2000)总说明第十九条　土方场外运输 项目名称：1. 余土弃置；2. 缺土购置；3. 淤泥、流砂外运 项目特征：1. 废弃料品种 2. 运距；　1. 土方购置 2. 运距；　1. 废弃料品种 2. 淤泥、流砂装料点运输至弃置点或运距	040103002、沪 040103003、沪 040103004
定额章节	分部工程	套用文字说明代码	ZSM19-1-
	分项子目	1. 土方外运(含堆置费，浦西内环线内) 2. 土方外运(含堆置费，浦西内环线内及浦东内环线内) 3. 土方外运(含堆置费，浦西内环线外及浦东内环线外)	ZSM19-1-1

泥浆外运（m^3）工程量计算表［即第二十条 ZSM20-1-］　　附表 G-11

泥浆外运	m^3	第二十条　泥浆外运工程量 1. 钻孔灌注桩按成孔实土体积计算 2. 水力机械顶管、水力出土盾构掘进按掘进实土体积计算 3. 水力出土沉井下沉按沉井下沉挖土数量的实土体积计算 4. 树根桩按成孔实土体积计算 5. 地下连续墙按成槽土方量的实土体积计算；地下连续墙废浆外运按挖土成槽定额中护壁泥浆数量折算成实土体积计算

注：选自《上海市市政工程预算定额》(2000) 工程量计算规则及总说明。

《上海市市政工程预算定额》(2000) 分部分项工程

子目编号	ZSM20-1-1(文字说明代码)
分部分项工程名称	废泥浆外运
工作内容	1. 装卸泥浆、运输　2. 清理场地
计量单位	m^3
工程量计算规则	第二十条　泥浆外运工程量

一、实体项目　表 A.3 回填方及土石方运输（项目编码：040103）

对应图示		项目名称	编码/编号
工程量清单分类		《上海市市政工程预算定额》(2000)总说明第二十条　泥浆外运工程量(泥浆) 项目特征：泥浆排运起点至卸点或运距	沪 040103005
定额章节	分部工程	套用文字说明代码	ZSM20-1-
	分项子目	1. 泥浆外运(含堆置费，浦西内环线内) 2. 泥浆外运(含堆置费，浦西内环线内及浦东内环线内) 3. 泥浆外运(含堆置费，浦西内环线外及浦东内环线外)	ZSM20-1-1

泥浆外运
(自卸汽车外貌图)

大型机械设备安装及拆除费文字代码汇总表［即第二十一条 ZSM21-1-］ **附表 G-12**

文字代码	大型机械设备名称	计量单位	文字代码	大型机械设备名称	计量单位
ZSM21-1-1	钻孔灌注桩钻机安装及拆除费	台	ZSM21-1-6	30～50t 履带式起重机安装及拆除费	台
ZSM21-1-2	深层搅拌桩钻机安装及拆除费	台	ZSM21-1-7	履带式起重机(60～90t)装卸费	台
ZSM21-1-3	树根桩钻机安装及拆除费	台	ZSM21-1-8	100t 履带式起重机安装及拆除费	台
ZSM21-1-4	粉喷桩钻机装卸费	台	ZSM21-1-9	履带式起重机(300t)装卸费	台
ZSM21-1-5	履带式起重机(25t 以内)装卸费	台	ZSM21-1-10	地下连续墙成槽机械安装及拆除费	台

注：在编制工程“算量”时，敬请参阅第三章　措施项目中表 L. 6-01“大型机械的场外运输工程量清单项目设置、项目子目对应比照表”列项工程内容“1. 安拆费包括施工机械、设备在现场进行安装拆卸所需人工、材料、机械和试运转费用以及机械辅助设施的折旧、搭设、拆除等费用”的规定。

大型机械设备进出场文字代码汇总表［即第二十一条 ZSM21-2-］ **附表 G-13**

文字代码	大型机械设备名称	计量单位	文字代码	大型机械设备名称	计量单位
ZSM21-2-1	60kW 以内推土机场外运输费	台·次	ZSM21-2-13	5.0t 以内柴油打桩机场外运输费	台·次
ZSM21-2-2	120kW 以内推土机场外运输费	台·次	ZSM21-2-14	5.0t 以外柴油打桩机场外运输费	台·次
ZSM21-2-3	120kW 以外推土机场外运输费	台·次	ZSM21-2-15	钻孔灌注桩钻机场外运输费	台·次
ZSM21-2-4	$1m^3$ 以内单斗挖掘机场外运输费	台·次	ZSM21-2-16	深层搅拌桩钻机场外运输费	台·次
ZSM21-2-5	$1m^3$ 以外单斗挖掘机场外运输费	台·次	ZSM21-2-17	树根桩钻机场外运输费	台·次
ZSM21-2-6	拖式铲运机(连拖斗)场外运输费	台·次	ZSM21-2-18	粉喷桩钻机场外运输费	台·次
ZSM21-2-7	压路机(综合)场外运输费	台·次	ZSM21-2-19	履带式起重机(25t 以内)场外运输费	台·次
ZSM21-2-8	沥青混凝土摊铺机场外运输费	台·次	ZSM21-2-20	30～50t 履带式起重机场外运输费	台·次
ZSM21-2-9	SF500 型铣刨机场外运输费	台·次	ZSM21-2-21	履带式起重机(60～90t)场外运输费	台·次
ZSM21-2-10	SF1300、SF1900 型铣刨机场外运输费	台·次	ZSM21-2-22	100～150t 履带式起重机场外运输费	台·次
ZSM21-2-11	1.2t 以内柴油打桩机场外运输费	台·次	ZSM21-2-23	履带式起重机(300t)场外运输费	台·次
ZSM21-2-12	3.5t 以内柴油打桩机场外运输费	台·次	ZSM21-2-24	地下连续墙成槽机械场外运输费	台·次

注：在编制工程“算量”时，敬请参阅第三章　措施项目中 L. 6-01“大型机械的场外运输工程量清单项目设置、项目子目对应比照表”列项工程内容“2. 进出场费包括施工机械、设备整体或分体自停放地点运至施工现场或由一施工地点运至另一施工地点所发生的运输、装卸、辅助材料等费用”的规定。

附录 H 《上海市市政工程预算定额》(2000)“工程量计算规则”各册、章说明

《上海市市政工程预算定额》(2000)“工程量计算规则”各册、章说明的具体设置，敬请参阅本“图释集”中附表 F-01“《上海市市政工程预算定额》工程量计算规则（2000）及各册、章‘说明’汇总表”的释义。

第一册 通用项目

说 明

一、本册定额包括一般项目、筑拆围堰、翻挖拆除项目、临时便桥便道及堆场、井点降水、地基加固共六章。

二、本册定额适用于道路、道路交通管理设施、桥涵及护岸、排水管道、排水构筑物及隧道工程。

第一章 一般项目

说 明

一、挖淤泥、流砂定额的开挖深度按 6m 以内综合取定。

二、挖土采用明排水施工时，除隧道工程挖土定额中已列抽水设备外，其他工程可计算湿土排水。

三、挖土采用井点降水施工时，除排水管道工程可计取10%的湿土排水外，其他工程均不得计取。

四、筑拆混凝土管集水井定额，适用于明排水施工。当管径不同或使用其他管材时，允许调整。

五、封闭式护栏高度为 2.5m。

第二章 筑拆围堰

说 明

一、围堰形式的选择

1. 正常条件下按围堰高选择围堰形式和相应断面尺寸。

围堰形式和相应断面尺寸 附表 H-01

围堰高(m)	选择围堰形式	围堰断面尺寸	
1.00～3.00	草包	顶宽 1.5m；边坡：内侧 1∶1，外侧临水面 1∶1.5	
3.01～4.00	圆木桩	围堰宽(m)	2.50
4.01～5.00	型钢桩		2.50
5.01～6.00	钢板桩		3.00
>6.00	拉森钢板桩		3.35

注：围堰高＝（当地施工期的最高潮水位－设计图的实测围堰中心河底标高）＋0.50。围堰中心河底标高是指结构物基础底的外边线增加 0.5m 后，以1∶1坡线与原河床线的交点向外平移 0.3m 为围堰脚内侧（或围堰坡脚），再增加围堰底宽一半处的原河床底标高（见附图 H-01）。

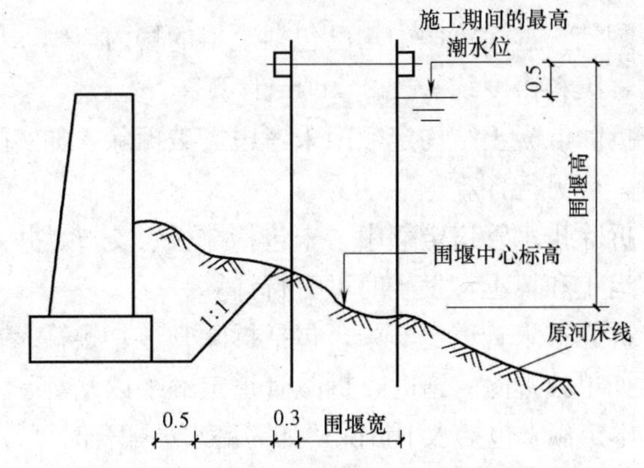

附图 H-01 围堰高度计算示意图（m）

2. 特殊条件下选择围堰形式的规定

(1) 遇有航运要求的河道，选择围堰形式，首先应考虑不影响河道航运为准。

(2) 河床坡度大于1∶1或河床坡度有突变者以及河水流速大于2m/s时，应视不同施工方法决定围堰形式。

(3) 拦河围堰（坝）应视具体情况，通过计算确定围堰（坝）形式。

二、筑拆围堰定额中已包括组装拆卸船排和桩机的工作内容，但未包括船排的压舱，如发生船排压舱时，压舱的块石数量可按船排总吨位的30%另计。

三、坝内河水排除套用抽水定额计算。

第三章 翻挖拆除项目

说 明

一、开挖沟槽或基坑需翻挖道路面层及基层时，人工数量乘以1.20。

二、翻挖、拆除定额中均已包括废料的场内运输，但不包括场外运输，废料密度统一按2.2t/m^{3}计算。

三、拆除混凝土结构定额中未考虑爆破拆除，如实际采用爆破施工时，可另行计算。

四、拆除排水管道定额中，未包括撑板、支撑、井点降水以及挖土、运土和填土，发生时可另行计算。

五、拆除排水管道定额中，包括拆除管道、腰箍、基座及基础内容。如单独拆除管道时，拆除管道定额乘以0.75。

六、本定额未包括水中拆除，如需潜水员配合时可另行计算。

七、拆除钢拉条定额中，钢拉条直径在Φ25以内，每根长度取定为6m；直径在Φ25以外，每根长度取定为7m。定额中未包括挖土、运土和填土，如实际发生时可套用相关定额。

八、凿除打入桩桩顶混凝土按拆除钢筋混凝土结构子目人工及机械台班数量乘以1.5计算，凿除钻孔灌注桩桩顶混凝土不乘系数。

第四章 临时便桥便道及堆场

说 明

一、普通便桥适用于跨河道或沟槽宽度大于5m的临时便桥。

二、机动车道普通便桥定额适用于汽-10以下的车辆通行，如超过此标准的车辆通行时，可以另行计算或按荷载等级套用装配式钢桥定额。

三、新建道路的内侧路边或排水管道的中心线距原有道路边30m以上时，可按规定计算修筑施工临时便道。原有道路不能满足运输工程材料需要需加固拓宽时，另行计算。

四、便道定额按20cm厚道碴取定，实际结构不同允许调整。当便道采用混凝土结构时，按道路工程人行道混凝土基础定额计算。

五、便道及堆场不计翻挖及旧料外运。

第五章 井点降水

说 明

一、当开挖深度在3m以上，根据地质钻探和土质分析报告，遇到下列情况会产生流砂现象时可采用井点降水。

1. 土质组成颗粒中，黏土含量＜10%，粉砂含量＞75%。

2. 土质不均匀系数 D60/D10＜5（D60—限定颗粒，D10—有效颗粒）。

3. 土质含水量＞30％。

4. 土质孔隙率＞43％或土质孔隙比＞0.75。

5. 在黏性土层中夹薄层粉砂，其厚度超过 25cm。

二、开挖深度在 6m 以下采用轻型井点；开挖深度在 6m 以上采用喷射井点；采用其他类型井点，应由批准的施工组织设计确定。开挖深度指从原地面至沟槽槽底、基坑底面或沉井刃脚设计标高的距离。

三、当采用其他施工技术措施能起隔水帷幕作用时，不再计算井点降水。

四、定额中井管长度包括滤网在内，并已包括观测孔。定额中未包括挖槽工作内容，可另行计算。

第六章　地基加固

说　明

一、地基加固包括树根桩、深层搅拌桩、分层注浆、压密注浆、高压旋喷桩、粉喷桩。

二、分层注浆、压密注浆、高压旋喷桩的浆体材料用量应按设计含量调整。

三、树根桩钢筋笼套用第四册桥涵及护岸工程钻孔灌注桩相应定额计算。

第二册　道路工程

说　明

一、本册定额由路基工程、道路基层、道路面层、附属设施共四章组成。

二、本册定额中挖土、运土按天然密实方体积计算，填方按压实后的体积计算。

三、基层及面层铺筑厚度为压实厚度。

四、机械挖土不分土壤类别已综合考虑。

第一章　路基工程

说　明

一、碎石盲沟的规定

1. 横向盲沟规格选用见附表 H-02。

横向盲沟规格选用表　　　　**附表 H-02**

路幅宽 B(m)	$B\leqslant10.5$	$10.5<B\leqslant21.0$	$B>21.0$
断面尺寸(宽度×深度)(cm)	30×40	40×40	40×60

2. 横向盲沟长度按实计算，两条横向盲沟的中间距离为 15m。

3. 纵向盲沟按批准的施工组织设计计算，断面尺寸同横向盲沟。

二、道碴间隔填土和粉煤灰间隔填土的设计比例与定额不同时，其材料可以换算。

三、袋装砂井的设计直径与定额不同时，其材料可以换算。

四、铺设排水板定额中未包括排水板桩尖，可按实计算。

五、二灰填筑的设计比例与定额不同时，其材料可以换算。

第二章　道路基层

说　明

一、本章定额厂拌石灰土中石灰含量为 10％；厂拌二灰中石灰：粉煤灰为 20：80；厂拌二灰土中石灰：粉煤灰：土为 1：2：20。如设计配合比与定额标明配合比不同时，材料可以调整换算。

第三章 道路面层

说 明

一、混凝土路面定额中已综合了人工抽条压缝与机械切缝、草袋养生与塑料薄膜养生、平缝与企口缝。

二、混凝土路面的传力杆、边缘（角隅）加固筋、纵向拉杆等钢筋套用构造筋定额。

三、混凝土路面纵缝需切缝时，按纵缝切缝定额计算。

第四章 附属设施

说 明

一、升降窨井、进水口及开关箱和调换窨井、进水口盖座、窨井盖板定额中未包括路面修复，发生时套用相关定额计算。

二、铺筑彩色预制块人行道按路基、基础、预制块分别套用定额。现浇彩色人行道按路基、基础、现浇纸模（压模）分别套用定额。

三、现浇人行道及斜坡定额中未包括道碴基础。

四、升高路名牌套用新装路名牌定额，并扣除定额中的路名牌。

第三册 道路交通管理设施工程

说 明

一、本册定额以《道路交通标志和标线》GB 5768—1999、《上海市道路交通管理设施设置技术规程》(1994) 和《上海市道路交通管理设施通用图集》为依据，并结合上海市交通设施的施工特点及施工方法进行编制。

二、本册定额适用于道路、桥梁、隧道、广场及停车场（库）的交通管理设施工程。

三、本册定额包括基础项目、交通标志、交通标线、交通信号设施、交通岗位设施、交通隔离设施共六章。

四、本册定额中未包括翻挖原有道路结构层及道路修复内容，发生时套用相关定额。

第一章 基础项目

说 明

一、基础挖土定额适用于工井。

二、混凝土基础定额中未包括基础下部预埋件，应另行计算。

三、工井定额中未包括电缆管接入工井时的封头材料，应按实计算。

四、电缆保护管铺设定额中已包括连接管数量，但未包括砂垫层，砂垫层可按设计数量套用第五册排水管道工程的相应定额计算。

第二章 交通标志

说 明

一、本章定额分为标杆安装、标志板安装及视线诱导器安装。

二、标杆安装定额中包括标杆上部直杆及悬壁杆安装、上法兰安装及上下法兰的连接等工作内容。

三、柱式标杆安装定额按单柱式编制。若安装双柱式标杆时，按相应定额的 2 倍计算。

四、反光镜安装参照减速板安装定额，并对材料进行抽换。

第三章　交通标线

说　明

一、本章定额分为线条、箭头及字符标记。

二、线条的定额宽度：实线及分界虚线为 15cm，黄侧石线为 20cm。若实际宽度与定额宽度不同时，材料数量可按比例换算。

三、线条的其他材料费中已包括了护线帽的摊销，箭头、字符标记的其他材料费中已包括了模板的摊销，均得另行计算。

四、字符标记的高度应根据计算行车速度确定：计算行车速度≤40km/h 时，字高为 3m；计算行车速度为 60～80km/h 时，字高为 6m；计算行车速度≥100km/h 时，字高为 9m。

五、温漆子目中未包括反光材料，若发生时按实计算。

第四章　交通信号设施

说　明

一、信号灯电源线安装定额中未包括电源线进线管及夹箍，应按施工中实际发生数量计算。

二、交通信号灯安装不分国产和进口、车行和人行，定额中已综合取定。

三、安装信号灯所需的升降车台班已包括在信号灯架定额中。

四、本章定额中不包括特征软件的编制及设备调试。

五、环形检测线安装定额适用于在混凝土和沥青混凝土路面上的导线敷设。

第五章　交通岗位设施

说　明

一、值警亭安装定额中未包括基础工程和水电安装工作内容，发生时套用相关定额另行计算。

二、值警亭按工厂制作、现场整体吊装考虑。

第六章　交通隔离设施

说　明

一、定额中每片护栏的标准长度

1. 车行道中心隔离护栏（活动式、固定式）为 2.5m。

2. 机非隔离护栏为 3m。

3. 人行道隔离护栏（半封闭）为 6m。

4. 人行道隔离护栏（全封闭）为 2m。

二、定额中每扇活动门的标准宽度

1. 半封闭活动门（单移门）为 $B\leqslant 4$m。

2. 半封闭活动门（双移门）为 $4\text{m}<B\leqslant 8$m。

3. 全封闭活动门分为 2m 和 4m。

第四册　桥涵及护岸工程

说　明

一、本册定额包括临时工程、土方工程、打桩工程、钻孔灌注桩工程、砌筑工程、现浇混凝土工程、预制混凝土构件、安装工程及立交箱涵工程共九章。

二、本册定额适用范围

1. 单跨100m以内的城市钢筋混凝土及预应力钢筋混凝土桥梁工程。

2. 单跨5m以内、多跨总长8m以内的涵洞工程（圆管涵、箱涵套用第五册排水管道工程相应定额）。

3. 护岸（包括防洪墙）工程。

4. 穿越城市道路及铁路的立交箱涵工程。

三、本册定额中的提升高度（指单跨内原地面至梁底的纵向平均高度）以8m为界，若超过8m时，应考虑超高因素（悬浇箱梁除外）。

1. 现浇混凝土项目按提升高度不同将全桥划分为若干段，依超高段承台顶面以上混凝土（不含泵送混凝土）、模板、钢筋的工程量，按下表调整相应定额中起重机械的规格及人工、起重机械台班的消耗量分段计算。

2. 陆上安装梁可按下表调整相应定额中的人工及起重机械台班的消耗量，但起重机械的规格不作调整。

起重机械的规格调整表 **附表 H-03**

项　目	现浇混凝土			陆上安装梁	
	人工	5t履带式电动起重机		人工	起重机械
提升高度 H(m)	消耗量系数	消耗量系数	规格调整为	消耗量系数	消耗量系数
$H\leqslant15$	1.02	1.02	15t履带式起重机	1.10	1.25
$H\leqslant22$	1.05	1.05	25t履带式起重机	1.25	1.60
$H>22$	1.10	1.10	40t履带式起重机	1.50	2.00

四、本册定额中未包括各类操作脚手架，发生时套用第一册通用项目相应定额。

五、桥涵及护岸工程中绝对标高2.2m以下部分的项目（不包括打桩与搭拆支架），在无筑围堰等防水措施而需赶潮施工时，可按相应定额增计75%的人工及机械台班数量。

第一章　临时工程

说　明

一、本章定额打桩机工作平台适用于陆上、支架上打桩及钻孔桩，分陆上与水上两种，其划分范围如下：

1. 水上工作平台：凡从河道原有河岸线向陆地延伸2.5m范围，均属水上工作平台。

2. 陆上工作平台：水上工作平台范围以外的陆地部分，均属陆上工作平台，但不包括河塘坑洼地段。

在河塘坑洼地段，如平均水深超过2m时，可套用水上工作

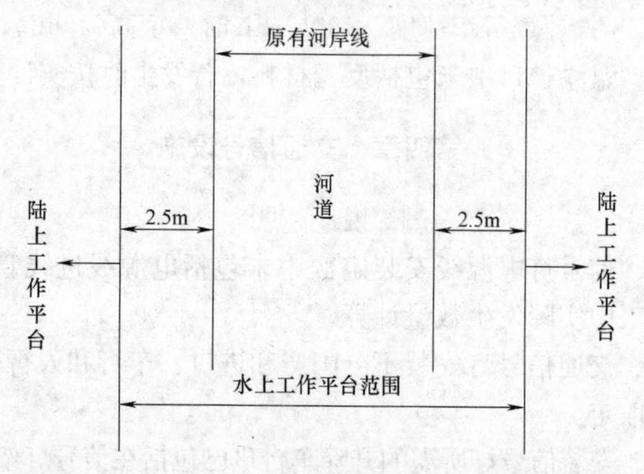

附图 H-02　水上、陆上工作平台划分示意图

平台定额；平均水深在 1~2m 范围内时，按水上工作平台定额消耗量乘以 50%计算；平均水深在 1m 以内时，按陆上工作平台计算。

二、打桩工作平台应根据相应的打桩定额中柴油打桩机的锤重进行选择。钻孔灌注桩工作平台按孔径 $\Phi\leqslant1000$ 套用锤重≤2.5t 的桩基础工作平台，$\Phi>1000$ 套用锤重≤4.0t 的桩基础工作平台计算。当钻孔灌注桩采用硬地法施工时，按批准的施工组织设计另行计算，陆上工作平台不再计算。若原有道路可利用时，则不计陆上工作平台。

三、桥梁支架定额不包括地基加固。

四、组装拆卸船排定额未包括压舱，发生时压舱的块石数量可按船排总吨位的 30%另计。

五、搭拆水上工作平台定额已包括组装拆卸船排及打拔桩架。

六、满堂式钢管支架和装配式钢支架定额未含使用费。

七、水上安拆挂篮需浮吊配合时应另行计算。

第二章　土方工程

说　明

一、人工挖土定额深度分别取定为 2m、4m。机械挖土定额适用于 0~6m，若深度超过 6m 时，每增加 1m 按机械挖土定额递增 18%计算。

二、挖钢碴时按机械挖土定额乘以 2.50 计算。

三、挖土机在路基箱板上施工时，按机械挖土定额乘以 1.25 计算。

四、本章定额未包括井点降水，发生时可套用第一册通用项目相应定额。

五、桥涵基坑挖土放坡比例见附表 H-04。

桥涵基坑挖土放坡比例　　**附表 H-04**

类别	Ⅰ、Ⅱ类土	Ⅲ类土	Ⅳ类土	打井点
放坡比例	1∶1.25	01∶00.7	1∶0.50	1∶0.50

第三章　打 桩 工 程

说　明

一、本章定额已综合取定土质类别。

二、本章定额按打直桩计算。打斜桩斜度在 1∶6 以内时，人工数量乘以 1.33，机械台班数量乘以 1.43。

三、压桩或射水沉桩可另行计算。

四、船上打桩定额按两艘船只拼搭捆绑成船排取定，定额不作调整。

五、船上打桩定额中已包括船只运桩。

六、打板桩定额已包括打拔导向桩。

七、打桩定额不包括桩头的凿除、试桩及测试，凿除桩头套用第一册通用项目相应定额。

八、送桩定额以送 4m 为界，超过 4m 时按相应定额乘以下列系数：

送桩 5m 以下为 1.2；

送桩 6m 以下为 1.5；

送桩 7m 以下为 2.0；

送桩 7m 以上，每超过 1m 按调整后 7m 为基数递增 75%计算。

九、单位工程中打桩工程量小于下表工程数量者为小型工程，按相应定额中的人工及机械台班数量乘以下表系数计算。

人工及机械台班数量系数表　　附表 H-05

桩类	工程数量	系数
预制混凝土方桩	≤80m³	1.10
预制混凝土板桩	≤50m³	1.10
钢管桩长度≤30m	≤100t	1.25
钢管桩长度>30m	≤150t	1.25

第四章　钻孔灌注桩工程

说　明

一、本章定额已综合取定土质类别。

二、本章定额适用于Φ1600以内的钻孔灌注桩。

三、埋设拆除钢护筒定额已包括钢护筒摊销量。若在水中作业钢护筒无法拔出时，可按钢护筒实际用量（当实际用量不能确定时，可按下表质量计算）减去定额消耗量一次性增列计算。

钢护筒消耗量一次性增列表　　附表 H-06

桩径	Φ600	Φ800	Φ1000	Φ1200	Φ1600
钢护筒质量（kg/m）	92.4	122.0	151.6	241.6	320.4

四、本章定额未包括装拆钻机、截除余桩、废泥浆处理。

五、钻孔灌注桩需预埋铁件时，可套用第一册通用项目相应定额。

第五章　砌 筑 工 程

说　明

一、本章定额适用于砌筑高度8m以内的桥涵砌筑工程。

二、砌筑定额未包括垫层、拱背和台背的填充项目。

第六章　现浇混凝土工程

说　明

一、嵌石混凝土定额中块石的含量为15%，如与设计不同时，块石与混凝土的比例可以调整。

二、承台模板定额分有底模和无底模两种，应视不同的施工方法套用相应定额。

三、本章定额中防撞护栏采用定型钢模，其他模板均按工具式钢模、木模取定。

四、现浇梁、板等模板定额中已包括底模，但未包括支架。

五、斜交梁模板按定额人工数量乘以1.2，模板数量乘以1.05计算。

六、预应力钢筋套用第七章预制混凝土构件相应定额。

七、沥青混凝土桥面铺装套用第二册道路工程相应定额。

第七章　预制混凝土构件

说　明

一、本章定额适用于桥涵工程现场预制的混凝土构件。

二、本章定额未包括地模，发生时按本册第一章说明规定计算。

三、预应力钢筋制作安装定额中所列预应力筋的品种、规格如与设计要求不同时可以调整。先张法预应力钢筋制作安装定额未包括张拉台座摊销。

四、压浆管道定额中的铁皮管、波纹管已包括套管及三通管。

五、预制构件场内运输定额适用于陆上运输。

六、空心板梁堵头板的消耗量已包括在定额中。

七、斜交梁模板按定额人工数量乘以 1.2，模板数量乘以 1.05 计算。

第八章　安装工程

说　明

一、本章定额适用于桥涵工程现场安装构件。

二、除小型构件外，安装预制构件定额中未包括构件场内运输。小型构件指单件混凝土体积≤0.05m^3的构件。

三、安装预制构件应根据合理的施工方法套用相应定额。

四、除安装梁分陆上、水上安装外，其他构件安装均未考虑船上吊装，发生时可增计船只。

五、钢管栏杆及钢扶手定额中钢材的品种、规格与设计不符时可以换算。

六、钢支座（切线、摆式、盆式组合支座）和伸缩缝（梳型钢板、钢板及毛勒伸缩缝）均按成品计列。

七、导梁安装梁定额中不包括导梁的安装及使用，发生时可套用装配式钢支架定额，工程量按实计算。

第九章　立交箱涵工程

说　明

一、本章定额适用于穿越城市道路及铁路的立交箱涵顶进工程及现浇箱涵工程。

二、箱涵顶进分空顶、无中继间实土顶和有中继间实土顶。有中继间实土顶定额适用于一级中继间接力顶进。

三、箱涵顶进定额中的自重指箱涵顶进时的总质量，应包括拖带的设备质量（按箱涵质量的 5%计算），采用中继间接力顶进时，还应包括中继间的质量。

四、本章定额中未包括箱涵顶进的后靠背设施。

五、本章定额中未包括深基坑开挖、支撑及井点降水。

六、下立交引道的结构及路面铺筑工程，根据施工方法套用相关定额计算。

第五册　排水管道工程

说　明

一、本册定额是依据上海市市政工程管理局颁布的有关上海市排水管道通用图编制的。

二、本册定额适用于城市公用室外排水管道工程、排水箱涵工程、圆管涵工程及过路管工程，也可适用于泵站平面布置中总管（自泵站进水井至泵站出口间的总管）及工业和民用建筑室外排水管道工程。

三、本册定额包括开槽埋管、顶管、窨井共三章。

四、采用明排水或井点降水，套用第一册通用项目相应定额。

五、机械挖土定额深度为 0～6m，当深度超过 6m 时，每增加 1m 其人工及机械台班数量按递增 18%计算。

六、沟槽安、拆支撑最大宽度为 9m；顶管基坑安、拆支撑，最大基坑宽度为 5m。

七、开槽埋管采用同沟槽施工时，其工程数量、沟槽支撑及井点降水应根据批准的施工组织设计要求，套用相关定额。

八、打、拔钢板桩定额适用范围按附表 H-07 选用。

钢板桩适用范围　　附表 H-07

钢板桩类型及长度		开槽埋管沟槽深（至槽底）	顶管基坑深（至坑土面）
槽型钢板桩	4.00～6.00	3.01～4.00	＜4.00
	6.01～9.00	4.01～6.00	≤5.00
	9.01～12.00	6.01～8.00	≤6.00
拉森钢板桩	8.00～12.00		＞6.00
	12.01～16.00		＞8.00

注：1. 表中单位为 m；
2. 开槽埋管槽底深度超过 8m 时，根据批准的施工组织设计套用拉森钢板桩定额。

九、土方现场运输计算规定

1. 管道顶进定额已包括出土现场运输。

2. 机械挖土填土的现场运输，套用第一册通用项目相应定额。

3. 人工挖填土的现场运输，按机动翻斗车平均运距 200m 计算，可套用第二册道路工程相应定额。

十、有筋水泥砂浆接口及预制钢筋混凝土盖板定额中已含模板。

十一、打、拔顶管基坑钢板桩套用第一章开槽埋管打、拔沟槽钢板桩相应定额，人工及机械台班数量乘以 1.3。

十二、打钢板桩定额中不包括组装、拆卸柴油打桩机，组装、拆卸柴油打桩机套用第四册桥涵及护岸工程相应定额。

第一章　开槽埋管

说　明

一、沟槽深度≤3m 采用横列板支撑；沟槽深度＞3m 采用钢板桩支撑。

二、管道铺设定额按附表 H-08 所列管材品种分列。

管材品种分列表　　附表 H-08

管径(mm)	管　材	
Φ230～450	混凝土管	混凝土管
Φ600～2400		钢筋混凝土管
Φ600～1200		承插式钢筋混凝土管(PH-48 管)
Φ1350～2400		企口式钢筋混凝土管(丹麦管)
Φ2700～3000		F 型钢承口式钢筋混凝土管
DN225～400	塑料管	UPVC 加筋管
DN500～1000		增强聚丙烯管(FRPP 管)

三、有支撑沟槽开挖宽度规定

1. 混凝土管有支撑沟槽宽度见附表 H-09。

混凝土管沟槽宽度（mm）　　附表 H-09

深度(m)	Φ230	Φ300	Φ450	Φ600	Φ800	Φ1000	Φ1200	Φ1350
＜2.00	1400	1450	1750	1950	2200			
2.00～2.49	1400	1450	1750	1950	2200	2450	2650	
2.50～2.99	1400	1450	1750	1950	2200	2450	2650	2800
3.00～3.49	1400	1450	1750	1950	2200	2450	2650	2800
3.50～3.99	1900	1450	1750	1950	2200	2450	2650	2800
4.00～4.49		1450	1750	1950	2200	2450	2650	2800
4.50～4.99				1950	2200	2550	2750	2900
5.00～5.49				1950	2200	2550	2750	2900
5.50～5.99						2550	2750	2900
6.00～6.49							2750	2900
≥6.50								3000

注：1. 表中深度为原地面至沟槽底的距离，沟槽宽度指开槽后的槽底挖土宽度；
2. 沟槽采用拉森钢板桩时，可按表列数字另加 0.2m 计；
3. 表中所列均为预制成品圆管，现浇箱涵槽宽应按箱涵外壁两侧各加 1.1m 计。

2. UPVC 加筋管有支撑沟槽宽度见附表 H-10。

UPVC 加筋管沟槽宽度（mm） 附表 H-10

深度(m)	管径(mm)		
	DN225	DN300	DN400
<3.00	1000	1100	1200
≤4.00	1200	1300	1400
>4.00			1500

注：无支撑时沟槽宽度可减小 300mm。

四、混凝土管开槽埋管列板、槽型钢板桩及支撑使用数量

1. 每 100m（双面）列板使用数量

每 100m（双面）列板使用数量（t·天） 附表 H-11

沟槽深(m)	管径(mm)		
	≤Φ600	Φ800～1200	Φ1400～1600
≤1.5	182	198	
≤2.0	254	275	
≤2.5	290	314	355
≤3.0	350	379	429

注：1. 撑拆列板、沟槽钢板桩支撑按沟槽长度计算；
2. 沟槽安、拆支撑最大宽度为 9m。

2. 每 100m（单面）槽型钢板桩使用数量

每 100m（单面）槽型钢板桩使用数量（t·天） 附表 H-12

沟槽深(m)	管径(mm)			
	≤Φ1200	Φ1400～1800	Φ2000～2400	Φ2700～3000
≤4	1543	2057	2160	2595
≤6	3430	4573	4802	5192
≤8	4752	6337	6653	7268

注：打拔沟槽钢板桩按沿沟槽方向单排长度计算。

3. 每 100m（沟槽长）列板支撑使用数量

每 100m（沟槽长）列板支撑使用数量（t·天） 附表 H-13

沟槽深(m)	管径(mm)		
	≤Φ600	Φ800～1200	Φ1400～1600
≤1.5	65	72	
≤2.0	89	96	
≤2.5	111	120	135
≤3.0	133	144	164

4. 每 100m（沟槽长）槽型钢板桩支撑使用数量

每 100m（沟槽长）槽型钢板桩支撑使用数量（t·天） 附表 H-14

沟槽深（m）	管径(mm)			
	≤Φ1200	Φ1400～1800	Φ2000～2400	Φ2700～3000
≤4	145	270	384	537
≤6	440	540	767	1400
≤8	698	852	1334	2798

注：UPVC 加筋管、增强聚丙烯管（FRPP 管）、玻璃钎维增强塑料夹砂管（RPM 管）开槽埋管列板、槽型钢板桩及支撑使用数量按其对应的混凝土管开槽埋管列板、槽型钢板桩及支撑使用数量乘以 0.6 计算。

五、UPVC 加筋管、增强聚丙烯管（FRPP 管）开槽埋管列板、槽型钢板桩及支撑使用数量按其对应的混凝土管开槽埋管列板、槽型钢板桩及支撑使用数量乘以 0.6 计算。

六、圆形涵管及过路管工程中的管道铺设及基础项目按定额增加 20%的人工及机械台班数量；泵站平面布置中总管管道铺设按定额增加 30%的人工及机械台班数量。

第二章 顶管

说 明

一、本章定额中顶进坑、接收坑采用钢板桩基坑。坑深>5.5m或管径≥Φ2200的顶管采用钢筋混凝土沉井坑，套用第六册排水构筑物及机械设备安装工程相应定额。

二、钢板桩工作坑平面尺寸按附表H-15选用。

工作坑平面尺寸表　　附表H-15

管径(mm)	顶进坑尺寸(宽×长)(m)		接收坑尺寸(宽×长)(m)	
	敞开式	封闭式	敞开式	封闭式
Φ800～1400	3.5×8.0		3.5×8.0	3.5×8.0
Φ1600	4.0×8.0		4.0×4.5	4.0×5.0
Φ1800～2000	4.5×8.0		4.5×4.5	4.5×5.0
Φ2200～2400	5.0×9.0		5.0×4.5	5.0×6.0

注：1. 斜交顶进坑及接收坑尺寸按实际尺寸计算；

2. 采用拉森钢板桩支撑的基坑，按上表规定尺寸分别增加0.2m计。

三、每座钢板桩顶进坑及接收坑钢板桩使用数量

1. 顶进坑槽型钢板桩使用数量

顶进坑槽型钢板桩使用数量（t·天）　　附表H-16

坑深(m)	管径(mm)				
	Φ1000～1200	Φ1400	Φ1600	Φ1800	Φ2000
≤4	640	725	779	858	881
≤5	997	1153	1203	1423	1457
≤6	1505	1763	2019	2243	2290

2. 顶管顶进坑拉森钢板桩使用数量

顶管顶进坑拉森钢板桩使用数量（t·天）　　附表H-17

坑深(m)	桩长(m)	管径(mm)	
		Φ2200	Φ2400
>6	8.00～12.00	3409	3545
>8	12.01～16.00	4773	4963

3. 顶管接收坑槽型钢板桩使用数量

顶管接收坑槽型钢板桩使用数量（t·天）　　附表H-18

坑深(m)	管径(mm)				
	Φ1000～1200	Φ1400	Φ1600	Φ1800	Φ2000
≤4	326	341	362	434	451
≤5	499	520	576	659	683
≤6	718	777	890	976	1009

4. 接收坑拉森钢板桩使用数量

接收坑拉森钢板桩使用数量（t·天）　　附表H-19

顶管方式	坑深(m)	桩长(m)	管径(mm)	
			Φ2200	Φ2400
敞开式	>6	8.00～12.00	1434	1527
	>8	12.01～16.00	2008	2137
封闭式	>6	8.00～12.00	1661	1768
	>8	12.01～16.00	2325	2475

四、钢板桩基坑支撑使用数量均已包括在安、拆支撑设备定额子目内。

五、安拆顶管设备定额中，已包括双向顶进时设备调向的拆

除和安装以及拆除后设备转移至另一个顶进坑所需的人工和机械台班。

六、安拆顶管后座及坑内平台定额已综合取定，适用于敞开式和封闭式施工方法。

七、泥水平衡顶进定额按天然水考虑，未包括泥浆处理及运输。

八、在单位工程中敞开式顶进（管径≤Φ1650）在100m以内，封闭式顶进（不分管径）在50m以内时，顶进定额中的人工及机械数量乘以1.3。

九、顶管基坑坑内排管套用第一章开槽埋管相应定额，人工及机械台班数量乘以1.25。

十、顶进坑、接收坑需采用钢扶梯时可套用第七册隧道工程相应定额。

十一、当顶管实际启动中继间顶进时，各级中继间后面的顶管，在套用管道顶进定额时，其人工及机械台班数量乘以下列系数分级计算。

中继间顶进人工及机械台班数量系数　　附表 H-20

中继间	第一个	第二个	第三个	第四个
系数	1.2	1.45	1.75	2.1

第三章　窨井

说　明

一、窨井升降及调换窨井盖座，套用第二册道路工程相应定额。

二、现浇钢筋混凝土窨井中的收口砖砌体套用本章砖砌窨井定额。

三、窨井垫层及基础套用开槽埋管相应定额。

第六册　排水构筑物及机械设备安装工程

说　明

一、本册定额适用于城市雨水、污水排水泵站工程，城市污水处理构筑物工程，以及泵站、污水处理厂专用非标机械设备安装工程。顶管钢筋混凝土沉井顶进坑、接收坑可以套用本册相应定额。

二、本册定额包括土方工程、泵站下部结构、污水处理构筑物、其他工程及机械设备安装工程共五章。

三、本册定额不包括排水泵房的上部房屋建筑及污水处理厂的房屋建筑、厂内的室外铸铁管道、污泥消化池的加热系统等，可套用其他专业相应定额。

四、模板工程量按混凝土与模板接触面积以平方米计算，现浇钢筋混凝土墙、板上单孔面积≤0.3m^{2}的孔洞不扣除其所占的体积，洞孔侧壁模板也不增加，单孔面积>0.3m^{2}的孔洞应扣除其所占的体积，洞孔侧壁模板按接触面积并入墙、板工程量。

五、本册定额中均未包括施工脚手架，可套用第一册通用项目相应定额。

第一章　土方工程

说　明

一、本章采用机械挖土。土方类别已综合取定。有支护基坑挖土定额中不包括支护施工，发生时可套用相应定额。

二、沉井下沉深度（下沉深度为基坑底土面至刃脚踏面的距离）最大为16m，当深度大于16m时，可套用第七册隧道工程相应定额。

三、顶管钢筋混凝土工作坑沉井下沉挖土计算套用本章沉井挖土定额时，其人工及机械台班数量增加30%计算。

四、无支护基坑开挖放坡比例见附表H-21。

无支护基坑开挖放坡比例　　附表H-21

基坑	≤2m	≤4m	采用井点降水
比例	1∶0.75	1∶1.00	1∶0.50

注：深度大于4m时按土体稳定理论计算后的边坡进行放坡。

五、基坑挖土按75%直接装车外运，25%场内运输。沉井挖土为全部外运。

六、整修基坑坡面定额适用于污水处理构筑物工程。

第二章　泵站下部结构

说　明

一、本章定额适用于开挖式和沉井施工的泵房下部结构，进水闸门井、出水压力井也可套用本章相应定额。

二、地下内部结构中的柱、牛腿等项目，可套用第三章污水处理构筑物的相应定额。

三、沉井下沉采用触变泥浆助沉时，可套用第七册隧道工程相应定额。

四、钢筋混凝土平台不分厚度均按实体积计算。

第三章　污水处理构筑物

说　明

一、本章定额适用于现场浇制的各类水池，不适用于装配式水池。

二、毛石混凝土定额中毛石含量为25%，如设计要求不同时可以换算。

三、U、V形水槽系指池壁上的环形溢水槽、纵横向的水槽及配水井的进出水槽。

四、悬臂式耳池及水槽指池壁悬臂式的环形水槽及池壁上独立的排水耳池，臂式耳池及水槽工程量只计算悬壁部分的体积，包括水槽上口的挑檐。

第四章　其他工程

说　明

一、金属构件制作与安装，采用现场制作，定额中已包括场内运输。

第五章　机械设备安装

说　明

一、本章定额适用于排水泵站及污水处理厂新建、扩建、改建项目的专用机械设备安装。通用机械设备安装应套用安装工程预算定额。

二、本章定额设备、机具和材料的搬运

1. 设备搬运包括自安装现场指定堆放地点至安装地点的水平和垂直搬运。

2. 机具和材料搬运包括施工现场仓库至安装地点的水平和垂直搬运。

三、本章定额除另有说明外，均包括下列内容：

1. 材料及机具的领退、搬运，设备搬运、开箱点件、外观检查，基础检查、划线定位、铲麻面、清洗，吊装、组装、连接、放置垫铁及地脚螺栓，找正、找平、精平、找同心、焊接、固定。

2. 起重机具及附件的领用、搬运、安装、拆除、退库等。

3. 设备本体带有的附件和电动机的安装。

4. 施工及验收规范中规定的调整、试验和无负荷调试。

5. 工种间交叉配合的停歇时间，临时移动水、电源时间，以及配合质量检查、交工验收、收尾工作。

四、本章定额除另有说明外，均不包括下列内容：

1. 设备基础地脚螺栓孔、预埋件的修整及调整所增加的工作。

2. 各种设备安装未包括灌浆。

3. 供货设备整机、机件、零件、附件的处理、修补、修改、检修、加工制作、研磨以及测量等工作。

4. 非与设备本体联体的附属设备或构件等的安装、制作、刷油、防腐、保温等工作和脚手架搭拆工作。

5. 各传动设备试运转前，变速箱、齿轮箱的润滑油加注以及试运转所需的油、水、电等。

6. 负荷试运转、联合试运转、生产准备试运转工作。

7. 专用垫铁、特殊垫铁、地脚螺栓和产品图纸注明的标准件、紧固件。

8. 因场地狭小、有障碍物、沟、坑等所引起的设备、材料、机具等增加的搬运、装拆工作。

五、其他规定

1. 凡在有毒气体和有害身体健康的环境内施工时，可按有关规定执行。

2. 一般起重机具的摊销已包括在定额中。

六、各类设备安装范围界定

（一）拦污设备

1. 除污机安装包括安装钢支架、驱动机构、除污耙、拦污挡板及钢支架与导轨间的联接，行程开关，穿钢丝绳。

2. 固定式格栅除污机包括钢丝绳牵引的三索式和滑块式。

3. 移动式格栅除污机包括钢丝绳牵引，带行走装置，但未包括钢轨。

4. 回旋式格栅除污机已包括格栅片组。

5. 格栅片组为普通碳钢机械帘格，格栅片组安装包括现场矫正、下部支撑件安装（不包括制作）、联接、固定。

6. 格栅除污机不包括走道板和栏杆的制作及安装。

（二）提水设备

1. 轴流泵包括安装泵体、立式电动装置、密封底板、斜管、中间轴承支架。不包括进出水管、中间轴承支架和电动基座、活便门、电机孔盖板。

2. 轴流泵包括半调节封闭式的轴流泵和立式混流泵，当叶片为全调节时，人工数量乘以 1.5。

3. 螺旋泵安装包括现场安装下轴承座、泵体、传动装置、挡水板。螺旋泵包括附壁式和支座式。

4. 潜水轴流泵安装包括泵体、泵基座、出线电缆及密封环。不包括出水管、活便门。

5. 潜水轴流泵的井筒按 3m 以内考虑，3m 以外按本章配件安装计算。

6. 若每座泵站轴流泵或潜水轴流泵的安装数量小于三台时，人工数量乘以 1.3。

（三）曝气和排泥设备

1. 卧式表面曝气机包括现场安装机座、电机、传动装置、曝气叶轮、叶轮升降装置。

2. 潜水搅拌机不包括支架。

3. 布气管包括闸阀后的全部管件和配件，布气管安装包括整形、联接、固定及配合土建砌粉支墩。

4. 垂架式中心传动吸泥机安装包括中心柱管、传动转盘、竖架、刮臂、刮泥板组合件，环行槽刮泥板组合件，撇渣板、驱动装置、吸泥装置。不包括刮、吸泥机的工作桥和排渣斗。垂架式吸泥机以虹吸式为准。如采用泵吸式，人工及机械台班数量乘以1.3。

5. 垂架式单、双周边刮泥机安装包括进水柱管、中心轴承组、旋转走桥、环形槽刮板组合件，刮臂、刮泥组合件，撇渣装置及驱动装置。

6. 垂架式单、双周边吸泥机安装包括进水柱管、稳流筒、中心泥缸、钢梁、吸泥装置、传动装置、刮板、走道板、浮渣刮板。

7. 悬挂牵引式浓缩机安装包括传动装置、传动轴、底轴承、刮泥板组合件、浓缩刮泥机。

8. 链条牵引式刮泥机安装包括驱动装置、导向轮和从动轮组合、链槽、导槽链节及刮板。

9. 设备安装均按部件整体吊装考虑，如为部件解体安装，现场组焊另行计算。

（四）闸门和堰门

1. 闸门安装考虑升杆式、暗杆式、双螺杆式三种形式。

2. 铸铁闸门安装包括闸门、闸门座、门框、密封条、闸门杆、连接杆辊轴导架。

3. 铸铁圆闸门安装包括闸门、闸门杆、连接杆及轴导架。铸铁圆闸门与预埋墙管连接时，石棉橡胶垫床另行计算。

4. 钢制调节堰门安装包括堰门组合件及传动装置。

5. 启闭机安装包括传动或驱动装置、柱体、螺杆、防护罩、底板限位装置。

（五）污泥、垃圾处理设备

1. 设备的质量不包括附件。

2. 脱水机安装不包括加药、计量、冲洗、加热保温、输送等装置。

（六）管配件安装包括管件连接及密封材料、紧固件在内的全部安装工序，不包括管道支架及管道压。

第七册　隧道工程

说　明

一、本册定额适用于在软土地层新建、扩建的各种人行隧道、车行隧道、地下铁道、给水排水隧道及电缆隧道等工程。

二、本册定额包括隧道沉井、盾构法掘进、垂直顶升、地下连续墙、地下混凝土结构、地基监测和金属构件制作共七章。

三、本册定额中软土地层主要是指沿海地区的细颗粒软弱冲积土层。按土壤分类，软土地层包括黏土、亚黏土、淤泥质泥土、亚砂土、细砂土、人工填土和人工冲填土层。

四、本册定额现浇混凝土工程采用商品混凝土，管片、管节采用现场拌制混凝土。

第一章　隧道沉井

说　明

一、本章定额适应于采用沉井方法施工的盾构工作井、暗埋段连续沉井及大型泵站沉井。

二、沉井定额按矩形和圆形综合取定。

三、挖土下沉不包括土方外运，水力出土不包括砌筑集水坑及排泥水处理。

四、水力机械出土下沉及钻吸法吸泥下沉等子目均包括井内、外管路及附属设备。

五、沉井基坑采用井点降水套用第一册通用项目相应定额。

六、沉井基坑土方开挖套用第六册排水构筑物及机械设备安装工程基坑挖土定额。

第二章　盾构法掘进

说　明

一、本章定额按国产盾构掘进机进行编制。

二、盾构及车架安装指现场吊装及试运行，适用于 Φ7000 以下的盾构，拆除指拆卸装车，Φ7000 以上盾构及车架安拆按实计算。盾构及车架场外运输另计。

三、盾构掘进机选型应根据地质报告、隧道覆土厚度、地表沉降量要求及掘进技术性能等条件，由批准的施工组织设计确定。

四、干式出土掘进挖出的土方以吊出井口装车止，水力出土掘进排放的泥浆水以送到集中点止，土方及泥浆场外运输另计。水力出土掘进取用天然水，其地面部分取水、排水的设施另计。

五、盾构掘进定额中已综合考虑了管片的宽度和成环块数等因素。

六、盾构掘进定额中已包括贯通测量，未包括设置平面控制网、高程控制网、过江水准及方向、高程传递等。

七、预制混凝土管片定额中采用高精度钢模并已含钢模摊销。管片预制场地及场外运输另计。

八、衬砌压浆定额中的浆液比例为质量比。

第三章　垂直顶升

说　明

一、本章定额适用于管节外壁断面面积小于 $4m^2$、每座顶升高度小于 10m 的不出土垂直顶升。

二、预制管节制作混凝土已包括内、外模摊销及管节制成后的钻孔、外壁涂料。管节中的钢筋已归入顶升钢壳制作中。

三、滩地揭顶盖只适用于滩地水深不超过 0.5m 的区域，本定额未包括进出水口的围护工程，发生时可套用相应定额计算。

四、复合管片不分直径，管片不分大小，均使用本定额。

五、顶升管节外壁如需压浆时，则套用分块压浆定额计算。

六、止水框、连系梁制作套用本册第七章相关定额。

第四章　地下连续墙

说　明

一、地下连续墙成槽的护壁泥浆的密度为 $1.055t/m^3$。若需取用重晶石泥浆可进行调整。护壁泥浆使用后的废浆处理另行计算。

二、钢筋笼制作包括台座摊销。

三、大型支撑基坑开挖定额适用于地下连续墙、混凝土板桩、钢板桩等作围护的跨度大于 8m 的基坑开挖。定额中已包括湿土排水，若采用井点降水或支撑安拆需打拔中心稳定桩等另行计算。

四、大型支撑基坑开挖由于场地狭小只能单面施工时，履带式起重机械按下表调整。

大型支撑基坑开挖履带式起重机械调整表　附表 H-22

基坑宽度(m)	施工条件	
	两边停机	单边停机
≤15	15t	25t
>15	25t	40t

第五章　地下混凝土结构

说　明

一、本章定额适用于地下铁道车站、隧道暗埋段、引道段沉井内部结构、隧道内路面及现浇内衬混凝土工程。

二、定额中混凝土浇筑未含脚手架。

三、圆形隧道路面以大型槽形板作底模，如采用其他形式定额可以调整。

四、隧道内衬施工未包括各种滑模、台车及操作平台，可另行计算。

第六章　地基监测

说　明

一、监测是地下构筑物建造时，反映施工对周围建筑群影响程度的测试手段。

二、本章定额适用于业主确认需要监测的工程项目，包括监测点布置和监测两部分。监测的工作内容包括提供测定数据及归档成册。

第七章　金属构件制作

说　明

一、本定额适用于软土层隧道施工中的钢管片、复合管片钢壳及盾构工作井布置、隧道内施工用的金属支架、安全通道、钢闸墙、垂直顶升的金属构件以及隧道明挖法施工中大型支撑等加工制作。

二、Φ600 支撑采用 12mm 厚钢板卷管焊接而成。

三、钢管片制作已包括台座摊销，侧面环板燕尾槽加工不包括在内。复合管片钢壳已包括台模摊销，钢筋包含在复合管片混凝土浇筑子目内。

四、垂直顶升管节钢骨架已包括法兰、钢筋和靠模摊销。

五、构件制作均按焊接计算，不包括安装螺栓在内。

六、构件加工制作除顶升管节和钢格栅外，均包括防锈漆二度。

大型机械设备使用费文字代码汇总表　附表 H-23

项次	文字代码	大型机械设备名称	计量单位
1	CSM1-2-1	使用块石压舱费(输入船排总吨位)	t
2	CSM4-1-1	使用块石压舱费(输入船排总吨位)	t
3	CSM4-1-2	钢管支架使用费	t·天
4	CSM4-1-3	装配式钢支架使用费	t·天
5	CSM5-1-1	列板使用费	t·天
6	CSM5-1-2	列板支撑使用费	t·天
7	CSM5-1-3	槽型钢板桩使用费	t·天
8	CSM5-1-4	拉森钢板桩使用费	t·天
9	CSM5-1-5	钢板桩支撑使用费	t·天
10	CSM7-4-1	大型支撑使用费	t·天

注：套用《市政工程预算定额》定额子目为文字代码——CSM1-×-×即“册(C)说明”的汉字拼音第一个音、第一册。

预算定额各册、章说明在工程"算量"中容易遗漏的项目

附表 H-24

册	章	分部工程(名称)	册说明	章说明	条数
第一册		通用项目(5 项)	一～二		2
	第一章	一般项目 5 项		三	1
	第二章	筑拆围堰 3 项		一～三	3
	第三章	翻挖拆除项目 8 项		一～八	8
	第四章	临时便桥便道及堆场 5 项		三、五	2
	第五章	井点降水 4 项		三～四	2
	第六章	地基加固 3 项		一～三	3
	小计:	33 项	63.63%		21
第二册		道路工程(4 项)			
	第一章	路基工程 5 项		一～五	5
	第二章	道路基层 1 项		一	1
	第三章	道路面层 3 项			
	第四章	附属设施 4 项		一、三～四	3
	小计:	17 项	52.94%		9
第三册		道路交通管理设施工程(4 项)	三～四		2
	第一章	基础项目 4 项		二～四	3
	第二章	交通标志 4 项		二～三	2
	第三章	交通标线 5 项		二～三、五	3
	第四章	交通信号设施 5 项		一、三～四	3
	第五章	交通岗位设施 2 项		一	1
	第六章	交通隔离设施 2 项			
	小计:	26 项	53.84%		14

续表

册	章	分部工程(名称)	册说明	章说明	条数
第四册		桥涵及护岸工程(5 项)	一～五		5
	第一章	临时工程 7 项		一～七	7
	第二章	土方工程 5 项		一～四	4
	第三章	打桩工程 9 项		二～三、五～九	7
	第四章	钻孔灌注桩工程 5 项		二～五	4
	第五章	砌筑工程 2 项		一	1
	第六章	现浇混凝土工程 7 项		一、四～五	3
	第七章	预制混凝土构件 7 项		二～七	6
	第八章	安装工程 7 项		二、四～七	5
	第九章	立交箱涵工程 6 项		三～六	4
	小计:	60 项	76.66%		46
第五册		排水管道工程(12 项)	二、五、九～十二		6
	第一章	开槽埋管 6 项		五～六	2
	第二章	顶管 11 项		四～九、十一	7
	第三章	窨井 3 项			
	小计:	32 项	46.88%		15
第六册		排水构筑物及机械设备安装工程(5 项)	二～五		4
	第一章	土方工程 6 项		一、三	2
	第二章	泵站下部结构 4 项			
	第三章	污水处理构筑物 4 项		二、四	2
	第四章	其他工程 1 项		一	1
	第五章	机械设备安装 6 项		二～六	5
	小计:	26 项	53.85%		14

续表

册	章	分部工程(名称)	册说明	章说明	条数
第七册		隧道工程(4项)	二		1
	第一章	隧道沉井6项		二～四	3
	第二章	盾构法掘进8项		二、四、六～七	4
	第三章	垂直顶升6项		二～三	2
	第四章	地下连续墙4项		一～三	3
	第五章	地下混凝土结构4项		二～四	3
	第六章	地基监测2项		二	1
	第七章	金属构件制作6项		三～六	4
	小计：	40项	52.50%		21
共计：		234项	59.83%		140

附录I 《上海市市政工程预算组合定额——室外排水管道工程》(2000)

(a)

(b)

图I-01 《上海市市政工程预算组合定额——室外排水管道工程》(2000)

(a)《上海市市政工程预算组合定额——室外排水管道工程》(2000)；

(b)《上海市排水管道（玻璃钢夹砂管）》补充预算组合定额

《上海市市政工程预算组合定额——室外排水管道工程》(2000)"说明"（共12条)：

…

六、开槽埋管的深度为原地面标高至沟槽底的距离。本组合定额按不同管径和深度列项，其深度基本上按50cm为一档，实际深度与本组合定额规定的深度见下表。

窨井埋设深度定额取定表（m）　　附表I-01

实际深度	≤1.25	1.26～1.75	1.76～2.25	2.26～2.75	2.76～3.25	3.26～3.75	3.76～4.25	4.26～4.75	4.76～5.25
取定深度	1.0	1.5	2.0	2.5	3.0	3.5	4.0	4.5	5.0
实际深度	5.26～5.75	5.76～6.25	6.26～6.75	6.76～7.25	7.26～7.75	7.26～8.25			
取定深度	5.5	6.0	6.5	7.0	7.5	8.0			

七、窨井深度为设计窨井顶面至沟管内底的距离。本组合定额按窨井井身内壁尺寸及相应的管径和深度列项，其深度按50cm为一档，实际深度与本计算规则规定的深度见下表。

沟槽埋设深度定额取定表（m）　　附表I-02

实际深度	≤1.25	1.26～1.75	1.76～2.25	2.26～2.75	2.76～3.00	3.01～3.25	3.26～3.75	3.76～4.00	4.01～4.25
取定深度	1.0	1.5	2.0	2.5	≤3.0	>3.0	3.5	≤4.0	>4.0
实际深度	4.26～4.75	4.76～5.25	5.26～5.75	5.76～6.00	6.01～6.25	6.26～6.75	6.76～7.25	7.26～7.75	7.26～8.25
取定深度	4.5	5.0	5.5	≤6.0	>6.0	6.5	7.0	7.5	≤8.0

…

《上海市排水管道（玻璃钢夹砂管）》补充预算组合定额"说

明”（共 12 条）：

…

七、本组合定额的沟槽深度基本上按 50cm 为一档，实际深度与定额深度适用范围见下表。

沟槽深度适用范围表（m）　　附表 I-03

实际深度	≤1.75	≤2.25	≤2.75	≤3.00	≤3.25	≤3.75
定额深度	1.5	2.0	2.5	≤3.0	>3.0	3.5
实际深度	≤4.00	≤4.25	≤4.75	≤5.25	≤5.75	≤6.00
定额深度	≤4.0	>4.0	4.5	5.0	5.5	≤6.0
实际深度	≤6.25	≤6.75				
定额深度	>6.0	6.5				

八、本组合定额的组成内容

包括沟槽挖土、沟槽排水、沟槽支撑、铺筑管道基础、铺设管道（含闭水试验）、沟槽回填（包括黄砂回填及素土回填）、土方场内外运输等工作内容。对于未包括的项目，实际发生时，可另行计算。

九、本组合定额的调整

1. 改用井点降水时，增加井点降水项目，同时扣除 90%的湿土排水数量。

2. 土方场内外运输应根据实际情况增列或调整，挖填土场内运输数量及余土数量按《上海市市政工程预算定额》工程量计算规则（2000）计算。本组合定额中的含量是按现场允许最大堆土数量计算的。如现场不允许堆土或堆土数量达不到最大时，其含量应调整计算。

3. 砾石砂垫层厚度不同时，调整相应定额工程量。本组合定额按垫层厚度每增加 5cm 进行调整。

十、本组合定额的沟槽开挖断面布置图及沟槽宽度的规定

1. 沟槽断面图

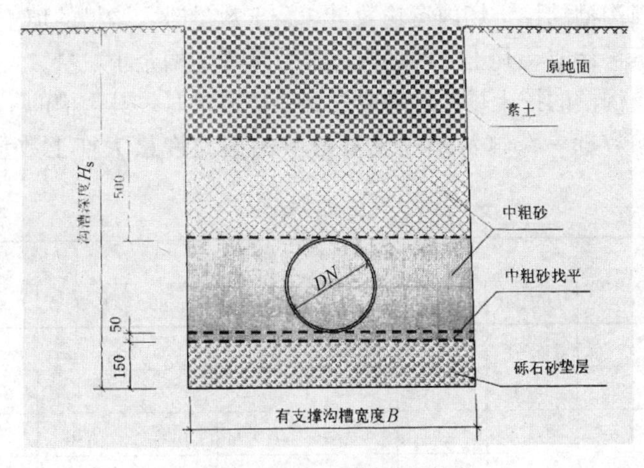

附图 I-02　沟槽断面图

2. 有支撑沟槽宽度 B 的确定见附表 I-04。

十一、工程量计算规则

1. 开槽埋管的深度为原地面标高至沟槽底部的距离。

2. 两窨井之间的埋管的长度按两窨井之间的中心距离计算。

3. 预留管道长度均按 3m 管长乘规定系数计算，其中 DN400 乘 1.02；DN500 及以上乘 1.03。

十二、本组合定额其他有关说明

1. 沟槽挖土工程量按其“有支撑沟槽宽度表”规定计算，沟槽挖土数量中已包括沟槽支撑所占的宽度在内，各类窨井在沟槽中因加宽和落底窨井加深而增加的土方量，按沟槽挖土量的 5%计入。

2. 本组合定额中每100m埋管长度已扣除2.5座窨井所占的长度。

3. 挖填土场内运输

当沟槽的挖土场内运输数量≤余土数量时，沟槽的填土场内运输不再计取，其土方的场内运输数量为沟槽余土数量。

当沟槽的挖土场内运输数量>余土数量时，其沟槽的土方场内运输数量＝2×（沟槽挖土数量－沟槽允许最大堆土数量）×60%－沟槽余土数量。

4. 余土场外运输＝沟槽挖土数－沟槽填土数。

5. 闭水试验已含在铺设管道定额中，本组合定额不再另行计取。

6. 由于玻璃钢夹砂管管材价格与其管长、环刚度等因素有关，在采用本组合定额时，应根据设计要求，选择相应管材规格。

有支撑沟槽宽度表 **附表 I-04**

埋深(m)	管径(mm)															
	*DN*400	*DN*500	*DN*600	*DN*700	*DN*800	*DN*900	*DN*1000	*DN*1200	*DN*1400	*DN*1500	*DN*1600	*DN*1800	*DN*2000	*DN*2200	*DN*2400	*DN*2500
1.5	1.31	1.61	1.72	1.82												
2.0	1.31	1.61	1.72	1.82	1.92	2.02	2.33	2.53								
2.5	1.31	1.61	1.72	1.82	1.92	2.02	2.33	2.53	2.73	3.24	3.34					
≤3.0	1.31	1.61	1.72	1.82	1.92	2.02	2.33	2.53	2.73	3.24	3.34	3.54	3.75			
>3.0	1.41	1.71	1.82	1.92	2.02	2.12	2.43	2.63	2.83	3.34	3.44	3.64	3.85	4.05		
3.5	1.41	1.71	1.82	1.92	2.02	2.12	2.43	2.63	2.83	3.34	3.44	3.64	3.85	4.05	4.25	4.36
≤4.0	1.41	1.71	1.82	1.92	2.02	2.12	2.43	2.63	2.83	3.34	3.44	3.64	3.85	4.05	4.25	4.36
>4.0	1.41	1.71	1.82	1.92	2.02	2.12	2.43	2.63	2.83	3.34	3.44	3.64	3.85	4.05	4.25	4.36
4.5	1.41	1.71	1.82	1.92	2.02	2.12	2.43	2.63	2.83	3.34	3.44	3.64	3.85	4.05	4.25	4.36
5.0			1.82	1.92	2.02	2.12	2.43	2.63	2.83	3.34	3.44	3.64	3.85	4.05	4.25	4.36
5.5			1.82	1.92	2.02	2.12	2.43	2.63	2.83	3.34	3.44	3.64	3.85	4.05	4.25	4.36
≤6.0					2.02	2.12	2.43	2.63	2.83	3.34	3.44	3.64	3.85	4.05	4.25	4.36
>6.0								2.63	2.83	3.34	3.44	3.64	3.85	4.05	4.25	4.36
6.5								2.63	2.83	3.34	3.44	3.64	3.85	4.05	4.25	4.36

注：表中沟槽宽度指开槽后的槽底挖土宽度。

附录 J 沪建市管［2012］74 号《关于发布上海市建设工程造价中的社会保障费费用标准（2012 年度）的通知》

关于发布上海市建设工程造价中的社会保障费费用标准（2012 年度）的通知

沪建市管［2012］74 号

各有关单位：

为贯彻落实《上海市城乡建设和交通委员会关于实施在沪施工企业外来从业人员参加城镇职工基本社会保险工作的通知》（沪建交［2012］508 号）的精神，结合本市建设工程（含养护维修项目，下同）计价实际情况，现发布上海市建设工程造价中的社会保障费费用标准（2012 年度）如下：

一、建设工程造价中的社会保障费，是指企业为职工（含外来从业人员）缴纳的城镇职工基本社会保险费。

二、初步设计概算、施工图预算、招标控制价、标底涉及社会保障费，应以工程人工费之和为计算基础，乘以相应各专业工程规定费率计算。其费用标准详见附件。

三、投标报价中的社会保障费应当根据项目用工情况，结合本通知费用标准，以工程人工费之和为计算基础，乘以投标人自行测算的费率并填报。

四、非招标投标的工程项目，其合同价中单独列明的社会保障费，由发包人和承包人按照相关规定协商确定。

五、水利工程相关费用标准由市水务工程造价管理部门另行发布。

六、本通知自发布之日起施行。本市原建设工程造价中的社会保障费、外来从业人员综合保险费计价规定与本通知不一致之处，以本通知为准。

附件：上海市建设工程造价中的社会保障费费用标准（2012 年度）

上海市建筑建材业市场管理总站

二〇一二年六月十四日

上海市建设工程造价中的社会保障费费用标准（2012 年度）

附表 J-01

工程类别		计算基础	计算费率	备注
建筑和装饰工程		人工费	29.41%	
安装工程			29.14%	
市政工程	土建		32.16%	
	安装		29.14%	
轨道交通工程	土建		32.16%	
	安装		29.14%	
公用管线工程			31.03%	
园林工程	园林绿化		31.81%	
	园林建筑		29.41%	
民防工程			29.41%	
房屋修缮工程			32.66%	
养护	土建		37.60%	含城市道路、城市快速路、越江隧道、黄浦江大桥
	机电设备		39.10%	
绿地养护			33.94%	

注：水利工程相关费用标准由市水务工程造价管理部门另行发布。

附录K　关于发布本市建设工程最高投标限价相关取费费率和调整《上海市建设工程施工费用计算规则（2000)》部分费用的通知（沪建市管［2014］125号)

关于发布本市建设工程最高投标限价相关取费费率和调整
《上海市建设工程施工费用计算规则（2000)》部分费用的通知
沪建市管［2014］125号

各有关单位：

为了贯彻落实上海市城乡建设和管理委员会《关于印发＜上海市建设工程工程量清单计价应用规则＞的通知》（沪建管［2014］872号），根据国家标准《建设工程工程量清单计价规范》及专业工程工程量清单计算规范（2013）以及住房和城乡建设部、财政部《关于印发＜建筑安装工程费用项目组成＞的通知》（建标［2013］44号）等文件的规定，经研究和测算，现发布本市建设工程最高投标限价相关取费费率，并对《上海市建设工程施工费用计算规则（2000)》部分费用作相应调整。

本通知自发布之日起施行。原《关于调整＜上海市建设工程施工费用计算规则（2000）＞部分内容及标准的通知》（沪建市管［2010］129号）、《关于调整上海市建设工程造价中税金内容及费用标准的通知》（沪建市管［2011］018号）废止。凡发布之日前已发出招标文件或已签订施工合同的工程建设项目，仍按原招标文件或施工合同执行。

本通知由上海市建筑建材业市场管理总站负责解释，施行中发现问题及时向上海市建筑建材业市场管理总站反映。上海市建筑建材业市场管理总站将根据市场情况对相关内容进行动态管理，确保本市建设工程计价工作顺利开展。

附件：1. 最高投标限价相关取费费率

2. 调整《上海市建设工程施工费用计算规则（2000)》部分费用内容

上海市建筑建材业市场管理总站

2014年11月28日

附件1：最高投标限价相关取费费率

一、企业管理费和利润

企业管理费和利润以分部分项工程、单项措施和专业暂估价的人工费为基数，乘以相应费率（见附表K-01)。其中，专业暂估价中的人工费按专业暂估价的20%计算。

各专业工程企业管理费和利润费率表　　附表K-01

工程专业		计算基数	费率
房屋建筑与装饰工程		分部分项工程、单项措施和专业暂估价的人工费	40%
通用安装工程			41%
市政工程	土建		48%
	安装		41%
城市轨道交通工程	土建		45%
	安装		41%
园林绿化工程	种植		60%
	养护		50%
仿古建筑工程（含小品）			50%
房屋修缮工程			56%
民防工程			40%

注：市政管网工程（给水、燃气管道工程）费率为37%。

二、措施项目中的总价措施费

(一) 安全防护、文明施工措施费

房屋建筑与装饰、通用安装、市政、城市轨道交通、民防工程，按照原上海市城乡建设和交通委员会《关于印发〈上海市建设工程安全防护、文明施工措施费用管理暂行规定〉的通知》(沪建交［2006］445 号) 相关规定施行。市政管网工程参照排水管道工程；房屋修缮工程参照民用建筑 (居住建筑多层)；园林绿化工程参照民防工程 (15000m² 以上)；仿古建筑工程参照民用建筑 (居住建筑多层)。

(二) 其他措施项目费

其他措施项目费以分部分项工程费为基数，乘以相应费率 (见附表 K-02)。主要包括：夜间施工，非夜间施工照明，二次搬运，冬雨季施工，地上、地下设施、建筑物的临时保护 (施工场地内) 和已完工程及设备保护等内容。

各专业工程其他措施项目费费率表　　附表 K-02

工程专业		计算基数	费率
房屋建筑与装饰工程		分部分项工程费	2.20%
通用安装工程			1.40%
市政工程	土建		3.50%
	安装		1.40%
城市轨道交通工程	土建		2.60%
	安装		1.40%
园林绿化工程	种植		1.50%
	养护		—
仿古建筑工程(含小品)			2.20%
房屋修缮工程			2.30%
民防工程			2.20%

注：市政管网工程 (给水、燃气管道工程) 费率为 3.5%。

三、规费

(一) 社会保险费

社会保险费以分部分项工程、单项措施和专业暂估价的人工费为基数，乘以相应费率 (见附表 K-03)。其中，专业暂估价中的人工费按专业暂估价的 20%计算；社会保险费费率中管理人员部分为 5.55%，其余为生产工人部分。

社会保险费费率表　　附表 K-03

工程专业		计算基数	费率
房屋建筑与装饰工程		分部分项工程、单项措施和专业暂估价的人工费	29.41%
通用安装工程			29.14%
市政工程	土建		32.16%
	安装		29.14%
城市轨道交通工程	土建		32.16%
	安装		29.14%
园林绿化工程	种植		31.81%
	养护		33.94%
仿古建筑工程(含小品)			29.41%
房屋修缮工程			32.66%
民防工程			29.41%

注：市政管网工程 (给水、燃气管道工程) 费率为 31.03%。

(二) 住房公积金

住房公积金以分部分项工程、单项措施和专业暂估价的人工费为基数，乘以相应费率 (见附表 K-04)。其中，专业暂估价中的人工费按专业暂估价的 20%计算。

住房公积金费率表　　附表 K-04

工程专业		计算基数	费率
房屋建筑与装饰工程		分部分项工程、单项措施和专业暂估价的人工费	1.96%
通用安装工程			1.59%
市政工程	土建		1.96%
	安装		1.59%
城市轨道交通工程	土建		1.96%
	安装		1.59%
园林绿化工程	种植		1.59%
	养护		1.59%
仿古建筑工程(含小品)			1.81%
房屋修缮工程			1.32%
民防工程			1.96%

注：市政管网工程（给水、燃气管道工程）费率为 1.68%。

（三）工程排污费

房屋建筑与装饰、市政、城市轨道交通、仿古建筑、园林绿化、房屋修缮和民防工程，工程排污费以分部分项工程费和措施项目费之和为基数，乘以 0.1%计算。

四、税金

税金包括营业税、城市维护建设税、教育费附加、地方教育附加和河道管理费。

房屋建筑与装饰、通用安装、市政、城市轨道交通、仿古建筑、园林绿化、房屋修缮和民防工程，税金以分部分项工程费、措施项目费、其他项目费和规费之和为基数，乘以相应税率计算，纳税地税率：市区为 3.51%，县镇为 3.44%，其他为 3.32%。

五、构筑物工程

构筑物工程的企业管理费和利润、总价措施费、规费和税金按相应专业费率分别执行。

附件 2：调整《上海市建设工程施工费用计算规则（2000）》部分费用内容

一、直接费

（一）调整直接费定义

直接费指施工过程中的耗费，构成工程实体和部分有助于工程形成的各项费用（包括人工费、材料费、工程设备费和施工机具使用费）。

（二）调整人工费

将原人工费内容中的社会保险基金、住房公积金等归入规费项目内，危险作业意外伤害保险费、职工福利费、工会经费和职工教育经费等归入施工管理费项目内，其他内容及计算方法不变。

（三）调整机械使用费

机械使用费更改为施工机具使用费；原机械使用费内容中的养路费调整为道路建设车辆通行费，其他内容及计算方法不变。

（四）符合《上海市建设工程工程量清单计价应用规则》的规定

人工费、材料费、工程设备费和施工机具使用费等各项费用内容的组成，应与《上海市建设工程工程量清单计价应用规则》中的人工费、材料费、工程设备费和施工机具使用费等内容组成相统一。

二、综合费用

综合费用更名为企业管理费和利润。施工管理费更名为企业管理费。企业管理费和利润的内容组成与《上海市建设工程工程量清单计价应用规则》中的企业管理费和利润内容组成相统一。各专业工程的企业管理费和利润，均以直接费中的人工费为基数，乘以相应的费率计算。各专业工程的企业管理费和利润费率应在合同中约定。

三、安全防护、文明施工措施费

安全防护、文明施工措施费的内容仍按照原上海市城乡建设和交通委员会《关于印发〈上海市建设工程安全防护、文明施工措施费用管理暂行规定〉的通知》（沪建交［2006］445 号）相关规定执行；安全防护、文明施工措施费的计算基数，调整为按直接费与企业管理费和利润之和为基数，乘以相应的费率计算。

四、规费

社会保障费更名为社会保险费，社会保险费包括养老、失业、医疗、生育和工伤保险费。调整社会保险费和住房公积金的计算方法，均以直接费中的人工费为基数，乘以相应的费率计算，并调整相应费率（见表 1～9）。

工程排污费：建筑和装饰、市政和轨道交通、民防、园林和房屋修缮工程，以直接费、企业管理费和利润、安全防护、文明施工措施费和施工措施费之和为基数，乘以 0.1%计算；安装、市政安装和轨道交通安装及公用管线工程在结算时按实核算；河道管理费归入税金项目内。

五、税金

税金包括营业税、城市维护建设税、教育费附加、地方教育附加和河道管理费。建筑和装饰、安装、市政和轨道交通、市政安装和轨道交通安装、民防、公用管线、园林和房屋修缮工程以直接费、企业管理费和利润、安全防护、文明施工措施费、施工措施费和规费之和为基数，乘以相应税率计算，纳税地税率：市区为 3.51%，县镇为 3.44%，其他为 3.32%。

表 1 建筑和装饰工程施工费用计算程序表（略）

表 2 安装工程施工费用计算程序表（略）

表 3 市政和轨道交通工程施工费用计算程序表

市政和轨道交通工程施工费用计算程序表　附表 K-05

序号	项目		计算式	备注
1	直接费	人工、材料、设备、机具费	按市政、轨道交通工程预算定额子目规定计算(包括说明)	直接费包括：人工费、材设备、机具费和土方泥浆外运费
2		其中：人工费		
3	企业管理费和利润		(2)×合同约定费率	
4	安全防护、文明施工措施费		[(1)＋(3)]×相应费率	按照沪建交[2006]445 号文件相应费率
5	施工措施费		按规定计算	由双方合同约定
6	小计		(1)＋(3)＋(4)＋(5)	
7	人工、材料、设备、机具价差		结算期信息价－[中标期信息价×(1＋风险系数)]	由双方合同约定
8	规费	工程排污费	(6)×0.1%	
9		社会保险费	(2)×32.16%	
10		住房公积金	(2)×1.96%	
11	税金		[(6)＋(7)＋(8)＋(9)＋(10)]×相应税率	市区：3.51% 县镇：3.44%其他：3.32%
12	费用合计		(6)＋(7)＋(8)＋(9)＋(10)＋(11)	

注：1. 结算期信息价：指工程施工期（结算期）工程造价信息平台发布的市场信息价的平均价（算术平均价或加权平均价）；
2. 中标期信息价：指工程中标期对应工程造价信息平台发布的市场信息价。

表4 市政安装和轨道交通安装工程施工费用计算程序表

市政安装和轨道交通安装工程施工费用计算程序表

附表 K-06

<table>
<tr><th>序号</th><th colspan="2">项目</th><th>计算式</th><th>备注</th></tr>
<tr><td>1</td><td rowspan="2">直接费</td><td>人工、材料、设备、机具费</td><td rowspan="2">按市政、轨道交通工程预算定额子目规定计算</td><td rowspan="2">市政、轨道交通预算定额、说明</td></tr>
<tr><td>2</td><td>其中:人工费</td></tr>
<tr><td>3</td><td colspan="2">企业管理费和利润</td><td>(2)×合同约定费率</td><td></td></tr>
<tr><td>4</td><td colspan="2">安全防护、文明施工措施费</td><td>按规定计算</td><td>按照沪建交[2006]445号文件相应规定执行</td></tr>
<tr><td>5</td><td colspan="2">施工措施费</td><td>按规定计算</td><td>由双方合同约定</td></tr>
<tr><td>6</td><td colspan="2">小计</td><td>(1)+(3)+(4)+(5)</td><td></td></tr>
<tr><td>7</td><td colspan="2">人工、材料、设备、机具价差</td><td>结算期信息价-[中标期信息价×(1+风险系数)]</td><td>由双方合同约定</td></tr>
<tr><td>8</td><td rowspan="3">规费</td><td>工程排污费</td><td>按实核算</td><td></td></tr>
<tr><td>9</td><td>社会保险费</td><td>(2)×29.14%</td><td></td></tr>
<tr><td>10</td><td>住房公积金</td><td>(2)×1.59%</td><td></td></tr>
<tr><td>11</td><td colspan="2">税金</td><td>[(6)+(7)+(8)+(9)+(10)]×相应税率</td><td>市区:3.51% 县镇:3.44%其他:3.32%</td></tr>
<tr><td>12</td><td colspan="2">费用合计</td><td>(6)+(7)+(8)+(9)+(10)+(11)</td><td></td></tr>
</table>

注：1. 市政安装工程包括：道路交通管理设施工程中的交通标志、信号设施、值勤亭、交通隔离设施、排水构筑物设备安装工程；

2. 轨道交通安装工程包括：电力牵引、通信、信号、电气安装、环控及给水排水、消防及自动控制、其他运营设备安装工程；

3. 结算期信息价：指工程施工期（结算期）工程造价信息平台发布的市场信息价的平均价（算术平均价或加权平均价）；

4. 中标期信息价：指工程中标期对应工程造价信息平台发布的市场信息价。

表5 民防工程施工费用计算程序表（略）

表6 公用管线工程施工费用计算程序表（略）

表7 园林建筑（仿古、小品）工程施工费用计算程序表（略）

表8 园林绿化（种植、养护）工程施工费用计算程序表（略）

表9 房屋修缮工程施工费用计算程序表（略）

主要目录索引

续表

项次	项目名称	编码(章、节、编号)				
		"算量"要素统计汇总表	"算量"难点解析	容易遗漏的项目	示意图	表格
14	"13国标市政计算规范"与对应挖一般土方工程项目定额子目、工程量计算规则(2000)及册、章说明列项检索表					表A-10
15	开槽埋管堆土数量计算方法示意图				图A-01	
16	开槽埋管堆土断面面积表					表A-12
附录B 道路工程(项目编码:0402)						
17	道路工程按清单编码的顺序计算简图(含"上海市应用规则")				图B-05	
18	交叉口转角处转角正交、斜交示意图				图B-10	
19	交叉角类型及外、内半径分布表					表B-02
20	道路平面交叉口路口转角面积、转弯长度计算公式					表B-03
21	城市道路(刚、柔性)面层侧石、侧平石通用结构图				图B-11	
22	道路实体工程各类"算量"要素统计汇总表	表B-04				
23	交通管理设施工程实体工程各类"算量"要素统计汇总表	表B-06				
24	"13国标市政计算规范"与对应路基处理项目定额子目、工程量计算规则(2000)及册、章说明列项检索表					表B-07
25	"13国标市政计算规范"与对应道路基层项目定额子目、工程量计算规则(2000)及册、章说明列项检索表					表B-08
26	"13国标市政计算规范"与对应道路面层项目定额子目、工程量计算规则(2000)及册、章说明列项检索表					表B-09
27	"13国标市政计算规范" 与对应人行道及其他项目定额子目、工程量计算规则(2000)及册、章说明列项检索表					表B-10
28	"13国标市政计算规范"与对应交通管理设施项目定额子目、工程量计算规则(2000)及册、章说明列项检索表					表B-11
29	道路工程土工布面积"算量"难点解析		表B-12			
30	在建道路工程碎石盲沟长度、体积"算量"难点解析		表B-13			

续表

续表

项次	项目名称	编码(章、节、编号)				
		“算量”要素统计汇总表	“算量”难点解析	容易遗漏的项目	示意图	表格
50	混凝土基础砌筑直线不落底窨井(1000×1300—Φ1000)实体工程量表					表E-28
51	混凝土基础砌筑直线落底窨井[1000×1300—Φ1000]实体工程量表					表E-29
52	市政管网工程开槽埋管施工工艺流程简图				图E-36	
53	市政管道工程实体工程各类“算量”要素统计汇总表	表E-30				
54	市政管道工程(预算定额)各类“算量”基数要素统计汇总表	表E-31				
55	管网工程对应挖沟槽土方工程项目定额子目列项检索表					表E-32
56	“13国标市政计算规范”与对应混凝土管项目定额子目、工程量计算规则(2000)及册、章说明列项检索表					表E-33
57	“13国标市政计算规范”与对应塑料管项目定额子目、工程量计算规则(2000)及册、章说明列项检索表					表E-34
58	“13国标市政计算规范”与对应砌筑井项目定额子目、工程量计算规则(2000)及册、章说明列项检索表					表E-35
59	“13国标市政计算规范”与对应雨水口项目定额子目、工程量计算规则(2000)及册、章说明列项检索表					表E-36
60	市政管道工程实体工程各类“算量”要素工程量计算表	表E-37				
61	在建管网工程雨水口“算量”难点解析		表E-39			
附录J　钢筋工程(项目编码:0409)						
62	水泥混凝土路面(刚性路面)构造筋“算量”要素汇总表	表J-14				
63	“13国标市政计算规范”与对应混凝土面层钢筋项目定额子目、工程量计算规则(2000)及册、章说明列项检索表					表J-15
64	水泥混凝土路面(刚性路面)构造筋、钢筋网质量“算量”难点解析		表J-17			
65	在建桥涵工程钢筋笼工程质量“算量”难点解析		表J-18			

续表

项次	项目名称	编码(章、节、编号)				
		“算量”要素统计汇总表	“算量”难点解析	容易遗漏的项目	示意图	表格
附录K　拆除工程(项目编码:0410)						
66	翻挖拆除项目定额子目、工程量计算规则(2000)及册、章说明与对应“13国标市政计算规范”列项检索表					表K-01
第三章　措施项目						
67	“13国标市政计算规范”措施项目(附录L)列项检索表					表3-01
68	排水管网—开槽埋管排水、降水昼夜“算量”难点解析		表L.3-05			
69	大型机械设备安装及拆除费(打桩机械除外)					表L.6-02
70	大型机械设备进出场文字代码					表L.6-03
71	在建排水管网—开槽埋管大型机械设备进出场(场外运输费)台·班“算量”难点解析		表L.6-04			
72	在建道路工程大型机械设备进出场(场外运输费)台·班“算量”难点解析		表L.6-05			
73	大型机械设备进出场列项选用表					表L.6-06
74	场外运输、安拆的大型机械设备表					表L.6-07
75	在建排水管网—开槽埋管排水、降水昼夜“算量”难点解析		表L.7-06			
76	在建排水管网—开槽埋管湿土排水“算量”难点解析		表L.7-07			
第四章　编制与应用实务[“‘一法三模的算量法’YYYYSL系统”(自主平台软件)]						
一、《实物图形或表格算量法》——案例㈠管网工程工程“算量”编制与应用实务						
77	数读|排水管网—开槽埋管工程造价:基数(要素)、工程量计算规则对应工程“算量”					表4管-01
78	在建排水管网—开槽埋管实体工程各类“算量”要素统计汇总表	表4管-02				
79	根据设计图纸,利用office中Excel列表取定开槽埋管定额深度表	表4管-03				
80	根据设计图纸,利用office中Excel列表取定窨井定额深度表	表4管-04				
81	利用Excel中数据透视表汇总统计导出表	表4管-05				

续表

项次	项目名称	编码(章、节、编号)				
		"算量"要素统计汇总表	"算量"难点解析	容易遗漏的项目	示意图	表格
82	工程量计算表[含汇总表][遵照工程结构尺寸,以图示为准]					表4管-06
83	建设工程预(结)算书[按施工顺序;包括子目、量、价等分析]					表4管-07
84	分部分项工程项目清单与计价表[即建设单位招标工程量清单]					表4管-08
85	单价措施项目清单与计价表[建设单位招标工程量清单]					表4管-09
86	分部分项工程项目清单与计价表[即建设单位招标工程量清单]					表4管-10
87	单价措施项目清单与计价表[即建设单位招标工程量清单]					表4管-11
88	单价措施项目综合单价分析表[评审和判别的重要基础及数据来源]					表4管-12
二、《定额子目套用提示算量法》——案例㈡道路工程工程"算量"编制与应用实务						
89	数读1道路工程造价:基数(要素)、工程量计算规则对应工程"算量"					表4道-01
90	在建道路实体工程[单幅路(一块板)]各类"算量"要素统计汇总表	表4道-02				
91	在建道路工程[单幅路(一块板)]土方挖、填方工程量计算表	表4道-03				
92	市政工程工程量清单算量计价软件(以下简称"SGSJ")《一例、一图或表或式、一解、一计算结果算量模块》(简称YYYYSL)				图4道-06	
93	在建道路实体工程[单幅路(一块板)]大数据2.一图或表或式(工程造价"算量"要素)(净量)汇总表	表4道-04				
94	在建道路实体工程[单幅路(一块板)]大数据3.一解(演算过程表达式)汇总表	表4道-05				
95	工程量计算表[含汇总表][遵照工程结构尺寸,以图示为准]					表4道-06
96	分部分项工程量清单与计价表[即建设单位招标工程量清单]					表4道-07
97	单价措施项目清单与计价表[即建设单位招标工程量清单]					表4道-08
98	建设工程预(结)算书[按预算定额顺序;包括子目、量、价等分析]					表4道-09
99	在建道路实体工程[单幅路(一块板)]工程"算量"特征及难点解析		表4道-10			
100	分部分项工程量清单与计价表[即施工企业投标报价]					表4道-11
101	单价措施项目清单与计价表[即施工企业投标报价]					表4道-12

续表

项次	项目名称	编码(章、节、编号)				
		"算量"要素统计汇总表	"算量"难点解析	容易遗漏的项目	示意图	表格
102	"13国标市政计算规范"(项目特征之描述和工作内容之规定)"算量"难点解析		表4道-13			
103	分部分项工程量清单综合单价分析表[评审和判别的重要基础及数据来源]					表4道-14
三、《计算公式算量法》——案例㈢桥梁工程工程"算量"编制与应用实务						
104	工程量计算表[含汇总表][遵照工程结构尺寸,以图示为准]					表4桥-01
105	建设工程预(结)算书[按先地下、后地上顺序;包括子目、量、价等分析]					表4桥-02
106	组合报表(桥梁工程—三号桥修)					表4桥-03
107	组合报表(三号河桥—新建驳岸)					表4桥-04
108	工程量清单与对应《预算定额》(桥梁工程)子目之间关系对照表		表4桥-05			
109	分部分项工程项目清单与计价表[即建设单位招标工程量清单]					表4桥-06
110	单价措施项目清单与计价表[即建设单位招标工程量清单]					表4桥-07
111	分部分项工程量清单与计价表[即施工单位投标工程量清单]					表4桥-08
112	单价措施项目清单与计价表[即施工单位投标工程量清单]					表4桥-09
附录　国家标准规范、全国及地方《市政工程预算定额》(附录A~K)						
附录B　《市政工程工程量计算规范》GB 50857—2013(简称"13国标市政计算规范")						
113	招标工程量清单"项目特征"之描述的主要原则					附表B-03
114	"13国标市政计算规范"工程量计算规则汇总表					附表B-04
115	"13国标市政计算规范"实体项目与《上海市市政工程预算定额》(2000)单一、单项的关系[大数据]					附表B-05
附录D　《市政工程预算定额》概况与"项目表"						
116	预算定额换算的方法(容易遗漏的项目)			附表D-03		
附录E　《上海市市政工程预算定额》(2000)分部分项划分						
117	《上海市市政工程预算定额》(2000)分部分项工程列项检索表					附表E-01
118	《上海市市政工程预算定额》(2000)道路工程中每增、减1"算量"表			附表E-02		

续表

项次	项目名称	编码(章、节、编号)				
		“算量”要素统计汇总表	“算量”难点解析	容易遗漏的项目	示意图	表格
附录F 《上海市市政工程预算定额》工程量计算规则(2000)						
119	《上海市市政工程预算定额》工程量计算规则(2000)及各册、章“说明”汇总表					附表 F-01
120	工程量计算规则(2000)在工程“算量”中容易遗漏的项目			附表 F-03		
附录G 《上海市市政工程预算定额》(2000)总说明						
121	《上海市市政工程预算定额》(2000)文字代码汇总表					附表 G-03
122	《上海市市政工程预算定额》(2000)总说明在工程“算量”中容易遗漏的项目			附表 G-04		
123	混凝土模板、支架和钢筋定额子目列项检索表[即第十六条]					附表 G-06
124	土方工程定额子目列项检索表[即第十七条～第二十条]					附表 G-07
125	土方场内运输定额划分甄选表					附表 G-08
126	已列入相应工程挖土方工程量清单的部分分部工程项目					附表 G-09
127	大型机械设备安装及拆除费文字代码汇总表[即第二十一条 ZSM21-1-]					附表 G-12
128	大型机械设备进出场文字代码汇总表[即第二十一条 ZSM21-2-]					附表 G-13
附录H 《上海市市政工程预算定额》(2000)“工程量计算规则”各册、章说明						
129	大型机械设备使用费文字代码汇总表					附表 H-23
130	预算定额各册、章说明在工程“算量”中容易遗漏的项目			附表 H-24		
附录I 《上海市市政工程预算组合定额——室外排水管道工程》(2000)						
131	窨井埋设深度定额取定表					附表 I-01
132	沟槽埋设深度定额取定表					附表 I-02
后记						
133	设计模型“净量”与国标“计算规范量”现状及发展趋势					后表-01
合计:		17	31	5	9	71

主要参考文献

1 上海市城市建设设计院．上海市排水管道通用图．上海：1992.

2 交通部公路规划设计院等．《道路工程制图标准》GB 50162—1992．北京：中国标准出版社，1993.

3 何挺继，朱文天．筑路机械手册．北京：人民交通出版社，1998.

4 中华人民共和国建设部．《全国统一市政工程预算定额》GYD—301—1999～GYD—308—1999．北京：中国计划出版社，1999.

5 上海市市政工程定额管理站．上海市市政工程预算定额（2000）．上海：同济大学出版社，2001.

6 司徒妙年，李怀健．土建工程制图．上海：同济大学出版社，2001.

7 北京市建设委员会．全国统一市政工程预算定额：地铁工程 GYD—309—2001．北京：中国计划出版社，2002.

8 中国建筑标准设计研究所．《总图制图标准》GB/T 50103—2001．北京：中国计划出版社，2002.

9 上海市市政工程定额管理站．上海市市政工程预算编制与实例．上海：同济大学出版社，2004.

10 交通部公路所．《道路交通标志和标线》GB 5768—1999．北京：中国标准出版社，2004.

11 建设部人事教育司等．造价员专业与实务．北京：中国建筑工业出版社，2006.

12 《建筑施工机械常用数据速查手册》编委会．建筑施工机械常用数据速查手册．北京：中国建材工业出版社，2007.

13 《市政工程常用数据速查手册》编委会．市政工程常用数据速查手册．北京：中国建材工业出版社，2007.

14 《公路工程常用数据速查手册》编委会．公路工程常用数据速查手册．北京：中国建材工业出版社，2008.

15 《市政工程工程量清单编制及应用实务》编写组．市政工程工程量清单编制及应用实务．北京：中国建筑工业出版社，2008.

16 周世生，靳卫东．公路工程造价．北京：人民交通出版社，2008.

17 《市政工程工程量清单常用数据手册》编写组．市政工程工程量清单常用数据手册．北京：中国建筑工业出版社，2009.

18 周海涛．建筑施工图识读技法．太原：山西科学技术出版社，2009.

19 《图解建筑工程现场管理系列丛书》编委会．造价员全能图解．天津：天津大学出版社，2009.

20 《市政工程工程量清单“算量”手册》编写组．市政工程工程量清单“算量”手册．北京：中国建筑工业出版社，2010.

21 中华人民共和国住房和城乡建设部．《建设工程工程量清单计价规范》GB 50500—2013．北京：中国计划出版社，2013.

22 中华人民共和国住房和城乡建设部．《市政工程工程量计算规范》GB 50857—2013．北京：中国计划出版社，2013.

23 《工程计量与计价实务》（市政工程造价专业）编写组．工程计量与计价实务（市政工程造价专业）．上海：同济大学出版社，2013.

24 《工程计量与计价实务辅导与习题精选集》（市政工程造价专业）编写组．工程计量与计价实务辅导与习题精选集（市政工程造价专业）．上海：同济大学出版社，2014.

25 上海市城乡建设和管理委员会．上海市建设工程工程量清单计价应用规则（沪建管［2014］872号）．上海，2014.

后　记

编辑完这本书，似乎言犹未尽，感触良多。

编制建设工程造价最基本的过程有两个：工程计算和工程计价。工程算量是工程计价的重要基础。再依据清单名称、项目特征和工作内容选套定额子目，然后进行综合组价编制。

工程量是指根据工程项目的划分和工程量计算规则，按照施工图或其他设计文件计算的分项工程实物量。工程实物量是计价的基础，不同的计价依据有不同的计算规则。目前，市政工程“工程量计算规则”包括两大类：

（1）国家标准《市政工程工程量计算规范》GB 50857—2013；

（2）全国及地方《市政工程预算定额》，如《上海市市政工程预算定额》工程量计算规则（2000）及各册、章说明以及《上海市市政工程预算定额》（2000）总说明规定的计算规则。

《市政工程工程量计算规范》GB 50857—2013 中工程量清单项目划分以实体列项（包含一个及以上的工程内容），实体和措施项目相分离，施工方法、手段不列项，不设人工、材料、机械消耗量；这样既加大了承包企业的竞争力度，又鼓励企业尽量采用合理的技术措施，提高技术水平和生产效率，市场竞争机制可以充分发挥。而《市政工程预算定额》中项目划分按施工工序列项、实体和措施相结合（仅包含单一的工程内容），施工方法、手段单独列项，人工、材料、机械消耗量已在预算定额中规定，不能发挥市场竞争的作用。

在我国，工程造价计价的主要思路也是将建设项目细分至最基本的构成单位（如分项工程），用其工程量与相应综合单价（包括人工费、材料费、机械台班费，还包括企业管理费、利润和风险因素等）相乘后汇总，即为整个建设工程造价。

工程量清单中的量（即“清单工程量”）应该是综合的工程量，而不是按《市政工程预算定额》计算的“定额工程量”。《市政工程工程量计算规范》GB 50857—2013 中工程量清单项目的工程量是按实体的净值计算工程量，这是当前国际上比较通行的做法；而《市政工程预算定额》中工程量是按实物加上人为规定的预留量或操作裕度等因素。

无论是建筑工程招标、投标还是工程造价的管理，对单位工程的工程量的计算，历来是一项非常重要又非常繁琐的工作。繁重的计算图纸工程量工作，往往耗去较多的时间和精力，况且难免还要在计算中出错，何况在核对之后又必须进行修改，重新进行加减乘除。

为此，采撷工程造价所需要的“算量”要素（即导入识别施工设计图——CAD、PDF、Word 等类型拮图技术系统）进行自动计算，显得格外重要。纵观本“图释集”的“一法三模算量法”案例，不难发现它是根据该单位工程、结合两大类工程量计算规则 [即《市政工程工程量计算规范》GB 50857—2013 和《上海市市政工程预算定额》工程量计算规则（2000）]、在招、投标项目或概、预（结）算项目工程量计算中，在施工设计图上撷取工程造价“算量”要素，如表4道-02“在建道路实体工程［单幅路（一块板）］各类‘算量’要素统计汇总表”和“表4道-03在建道路工程［单幅路（一块板）］土方挖、填方工程量计算表”所示。

目前可能多数企业没有或没有完整定额，但随着工程量清单计价形式的推广和报价实践的增加，企业将逐步建立起自身的定额和相应的项目单价，当企业都能根据自身状况和市场供求关系报出综合单价时，企业自主报价、市场竞争（通过招标投标）定价的计价格局也将形成，这也正是工程量清单所要促成的目标。工程量清单计价的本质是要改变政府定价模式，建立起市场形成造价机制，只有计价依据个别化，这一目标才能实现。

设计模型“净量”与国标“计算规范量”现状及发展趋势

后表

类别	设计模型	《建设工程工程量清单计价规范》GB 50500—2013	
	工程蓝图或CAD电子图纸	《市政工程工程量计算规范》GB 50857—2013	《企业定额》或《市政工程预算定额》工程量计算规则
属性	1. 设计模型出的建筑构件的“净量” 2. 设计模型“净量”是自然属性的、是通用的，各个软件做出来几何数据应该是一致的	1. 按不同的工程量计算规范（则）计算出“计算规范量” 2.“计算规范量”是社会属性的，掺入了大量人为（即包括国家标准规范、企标定额、非法定性预算定额等）的调整 3. 目前在大部分企业未形成《企业定额》状态下，套用全国、各地《市政工程预算定额》 4. 定额是个大家族，《预算定额》是其中的主要成员（体现社会平均水平），除此之外，还包括投资估算指标、概算指标、概算定额、施工定额（实际生产力水平即平均先进水平）、劳动定额、材料消耗定额、机械台班定额、工期定额等	

续表

类别	设计模型	《建设工程工程量清单计价规范》GB 50500—2013	
	工程蓝图或CAD电子图纸	《市政工程工程量计算规范》GB 50857—2013	《企业定额》或《市政工程预算定额》工程量计算规则
对象及目的	设计单位对建设单位设计理念的总体效果及投资估算总量的控制负责	招标单位对工程量清单中工程量准确性负责，强调的是市场竞争	投标单位对投标“综合单价”竞标负责
		工程量清单限（报）价是通过《预算定额》组价才能得出清单《综合单价》的	
工程量	1. 能直接出工程量，因为模型构建的几何形体数据是和实际一致的 2. 设计模型出的建筑构件的“净量”	1.《计算规范》是形成工程实体的净值即“清单工程量”，这是当前国际上比较通行的做法 2. 以实体列项（包含一个及以上的工程内容），实体和措施项目相分离，施工方法、手段不列项，不设人工、材料、机械消耗量	1.《计算规则》是形成工程实体的净量加损耗量加预留量，即“定额工程量” 2. 按施工工序列项、实体和措施相结合（仅包含单一的工程内容），施工方法、手段单独列项，人工、材料、机械消耗量已在《预算定额》中规定
		在编制“最高招标限价——即综合单价分析表”时，趋向一致	
差异	1. 设计模型得出是“净量” 2. 不是按工程造价算量规范（则）和计算方法，不能直接应用到工程造价“算量”中	1.《建设工程工程量清单计价规范》GB 50500—2013是“计算规范量”，是国家标准规范（强制性），并且是必须执行的 2.《计算规范》最重要的特点就是“按图示尺寸进行计算”，工程量清单不考虑施工工艺、施工方法所包含的工程量，招标人不提供此量	

“‘一法三模算量法’YYYYSL系统”按照“计算规范量”的建模规则，也就是说设计模型“净量”向“计算规范量”方向

靠拢。现在对"'一法三模算量法'YYYYSL系统"来言，最重要的是数据。紧密结合的一体化、集成化把存储在城建档案库中的工程蓝图或CAD电子图纸、《建设工程工程量清单计价规范》GB 50500—2013、《市政工程工程量计算规范》GB 50857—2013、《企业定额》或《市政工程预算定额》(含工程量计算规则及定额子目"项目表")、各类施工费用计算程序表、工程材质(含工料机单价)造价信息、常用市政工程计算公式手册资讯等，按统一数据标准，变为同一种"语言"，转换成"'一法三模算量法'YYYYSL系统协同平台"上可视化的数据信息，使数据传递快捷方便，包括工程竣工交付后改建、扩建等新生的数据信息，构筑起一座建筑意义上的智慧城市。

为了从纷繁冗杂的手工重复劳动中解脱出来，行业协会集软件的开发和工程造价领域资深专业人员二次开发的市政工程工程量清单工程量实时算量模式("'一法三模算量法'YYYYSL系统"即自主平台软件)将带给您一种崭新工作即"计算规范量"唯一性的感受，无需再建模，工程"算量"与"计价"两者无缝接合[可直接链接上其软件服务网，进行工料机单价信息(上海市有关造价信息由上海市混凝土、园林绿化、市政公路三个行业协会各自负责收集、评审、发布等工作)查询应用]，使从事市政工程造价工作的专业技术人员的工作更方便、高效，化烦琐为简单，让您把宝贵的时间投入到更重要的工作中去。

这就要求从事市政工程造价工作的专业技术人员首先着重了解、熟悉和掌握全国及地方《市政工程预算定额》，如《上海市市政工程预算定额》工程量计算规则(2000)及各册、章说明以及《上海市市政工程预算定额》(2000)总说明规定的计算规则；其次，掌握三大类工程造价算量基数，以本"图释集"第四章编制与应用实务["'一法三模算量法'YYYYSL系统"(自主平台软件)]二、《定额子目套用提示算量法》——案例(二)道路工程工程"算量"编制与应用实务为例，第一大类：采撷(施工设计图——CAD、PDF、Word等类型)工程造价"算量"要素(即掌握图纸中需要计价的项目名称，包括：设计指标、工程范围、路幅宽度、道路平面交叉口布置、土方量数值)；第二大类：施工组织设计，如施工方法、施工工艺[包括：挖土、摊铺沥青混凝土面层、盲沟、人行道基础、土方场内自卸汽车运输、土方场外运输(含堆置费…)等]；第三大类：工程量计算规则(包括：总说明、册章"说明"、《市政工程工程量计算规范》中"项目特征之描述"及"工程内容之规定"等)。

经过"'一法三模算量法'YYYYSL系统协同平台"大数据的处理，将在市政工程设计与建造全过程中，提供自动识别AutoCAD电子图纸(包括文档)的功能，能够撷取并输出"大数据2.一图或表或式"，该"'一法三模算量法'YYYYSL系统"运行速度相当快，在录入完数据[即工程造价"算量"要素(净量)]的同时已得到"计算规范量"与"计价组价"计算结果。与此同时，"'一法三模算量法'YYYYSL系统协同平台"具有可视化检验功能，可预防多算、少算、少扣、纠正异常错误、排除统计出错等，将给用户带来崭新的体验。

实践证明，"'一法三模算量法'YYYYSL系统协同平台"一模多用，实现初始模型和算量模型的互用，在技术路线上是完全可行的。但目前还不可能一蹴而就，是时，"'一法三模算量法'YYYYSL系统协同平台"将在各工程研究设计院多个试点项目中进一步测试，技术发展首先要符合社会习惯，提升市政工程设计、建造全过程与工程造价管理信息化水平。

十年磨一剑，厚积薄发。编者以饱满的热情向读者释解了市政工程工程量清单常用项目及工程量计算规则间的有效通道，即基于AutoCAD和微软Office-Excel两个软件之间的计算，由自主平台软件根据设置规范（则）紧密集成进行，旨在阐述亟待解决工程造价中困惑着自动进行工程造价“算量”的课题。

工程造价类软件的生命在于创新，要走技术路线。本“图释集”以凝练、简洁的意象，打开了一条通往现实的新径——即“大数据‘一例＋一图或表或式＋一解＋一结果’：解构‘一法三模算量法’YYYYSL系统模式”；如表4道-01“数读｜道路工程造价：基数（要素）、工程量计算规则对应工程‘算量’”所示，以飨读者。

“行业协会力行”弘扬“求真务实”、“实现会员单位分享资源”、“为会员提供服务”的行业协会精神，满足社会需求。

书后还有目录索引，包括工程量计算规则、实体工程各类“算量”要素统计汇总表、“算量”难点解析、工程“算量”中容易遗漏的项目、清单量、定额量、项目表、项目特征、工作内容等，方便读者概览及查阅。

其实很多东西，只要你再多努力争取一下，就有了……

编者

乙未年于上海市市政公路行业协会

同类论著推荐

市政工程专业人员岗位培训教材之一《造价员专业与实务》

ISBN 7-112-08253-6

出版说明

为了落实全国职业教育工作会议精神，促进市政行业的发展，广泛开展职业岗位培训，全面提升市政工程施工企业专业人员的素质，根据市政行业岗位和形势发展的需要，在原市政行业岗位“五大员”的基础上，经过广泛征求意见和调查研究，现确定为市政工程专业人员岗位为“七大员”。为保证市政专业人员岗位培训顺利进行，中国市政工程协会受建设部人事教育司、城市建设司的委托组织编写了本套市政工程专业人员岗位培训系列教材。

教材从专业人员岗位需要出发，既重视理论知识，更注重实际工作能力的培养，做到深入浅出、通俗易懂，是市政工程专业人员岗位培养必备教材。本套教材包括8本：其中1本是市政工程专业人员岗位培训教材《基础知识》属于公共课教材；另外7本分别是：《施工员专业与实务》、《材料员专业与实务》、《安全员专业与实务》、《质量检查员专业与实务》、《造价员专业与实务》、《资料员专业与实务》、《试验员专业与实务》。

由于时间紧，水平有限，本套教材在内容和选材上是否完全符合岗位需要，还望广大市政工程施工企业专业人员和教师提出意见，以便使本套教材日臻完善。

本套教材由中国建筑工业出版社出版发行。

中国市政工程协会

2006年1月

前　言

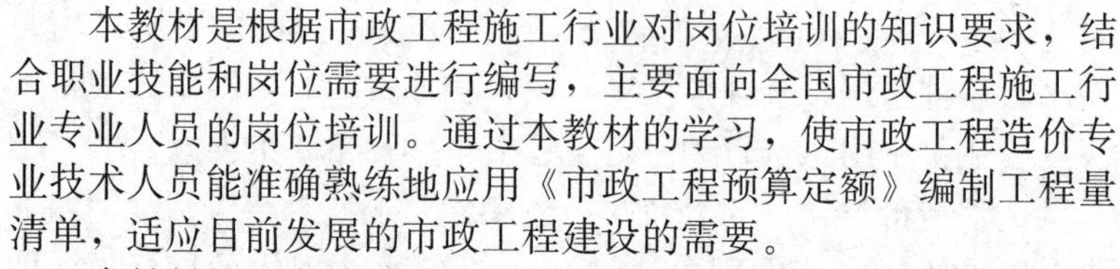

本教材是根据市政工程施工行业对岗位培训的知识要求，结合职业技能和岗位需要进行编写，主要面向全国市政工程施工行业专业人员的岗位培训。通过本教材的学习，使市政工程造价专业技术人员能准确熟练地应用《市政工程预算定额》编制工程量清单，适应目前发展的市政工程建设的需要。

本教材按照市政工程施工企业的实际需要，按照先进性、实用性的原则进行编写，力求反映当前先进的技术和新的技术标准，本教材的特点是使学员能够熟练地掌握市政工程造价员应具备的专业基础知识和基本能力，为与造价工程师要求相对应打下必要的基础。

本教材共分7章。

章次	内容	学时
第一章	施工组织管理	20
第二章	经营管理	10
第三章	招投标与合同管理	12
第四章	《建设工程工程量清单计价规范》概述	8
第五章	消耗量定额在《计价规范》中的作用	8
第六章	工程量清单计价项目的费用组合及实例	12
第七章	工程量清单编制技巧及报价策略	12

本教材在中国市政工程协会和上海市政工程行业协会组织与指导下由上海市城市建设工程学校和上海市市政行业工程造价专业人员承担编写工作。其中，王伟英、徐立群、陈明编写第一、二、三章，蒋明震、韩宏珠、邝森栋编写第四～七章。本教材由王伟英主编，谭刚校阅，陈明德、陆介天主审。

本教材在编写过程中参考了近几年工程造价实例和国家有关规范、标准。

由于编者水平有限，教材中不足之处恳请读者在使用过程中提出宝贵意见，以便不断改进完善。

编者

《市政工程工程量清单工程系列丛书》

姊妹篇之一　市政工程工程量清单编制及应用实务

ISBN 978-7-112-10075-0

内容提要

本书是以中华人民共和国住房和城乡建设部以第 63 号公告发布的《建设工程工程量清单计价规范》GB 50500—2008 为准绳，并结合市政工程工程量清单编制及应用实务的实际组织编写的，是《市政工程工程量清单“算量”手册》、《市政工程工程量清单常用数据手册》的姊妹篇。

这是一本关于市政工程工程量清单编制，工程量清单中工程数量的计算方法，工程造价的经济分析与确定，投标报价的策略及技巧运用的书籍。

本书内容包括：《建设工程工程量清单计价规范》概论；依法自由组价、制定适合自己企业的计价报价体系；工程量清单的编制；实物工程量的准确性在工程量清单中的重要性；造价工程师在工程量清单报价中的作用；电子计算机在《计价规范》中的应用；学习《计价规范》，运用计算机软件，编制招、投标实例等。

本书的特点是：系统性较强，应用实务的计算公式、图表资料、示意图多，且具备索引表查用方便；通过对三项教案从多个视角的重点剖析，诠释了《建设工程工程量清单计价规范》的应用，对提高工程量清单计价与施工图预算的编制质量和工作效益，能起到专业教材的作用；同时书中又详细说明和列举了城市交通设施，简支板梁及悬浇箱梁、护岸的桥涵护岸工程，盾构掘进、地下连续墙的隧道工程，开槽埋管、顶管［沉井工作井、型钢水泥土复合桩（SMW）工法、工作井（工作坑、接收坑）、Φ1000TLM 管道顶管］的市政管网工程，污水处理厂等含提升泵房下部结构、SBR 池的排水构筑物工程等九个单位工程及其工程量清单招、投标编制与施工图预算对照应用的计算实例，从事具体工作时，又能起到本书的作用。本书具有很强的实用性和可操作性，是一本价值颇高的参考书。

本书可作为市政、公路工程专业人员岗位培训的教材，还可作为业主单位、设计、施工、监理以及政府主管部门从事市政工程造价专业技术人员的工具书，及供有关院校相关专业师生使用参考。

市政工程工程量清单编制及应用实务
（88.7 万字：205 幅计算公式、计算表格、示意图）

2008.10　中国建筑工业出版社出版
上海市市政公路工程行业协会　编写

主　编：邝森栋
副主编：蒋明震　韩宏珠

《市政工程工程量清单工程系列丛书》

姊妹篇之二 《市政工程工程量清单“算量”手册》

ISBN 978-7-112-11747-5

内容提要

本书是以中华人民共和国住房和城乡建设部以第63号公告发布的《建设工程工程量清单计价规范》GB 50500—2008为准绳，并结合市政工程工程量清单中工程量计算的实际组织编写的，是《市政工程工程量清单编制与应用实务》、《市政工程工程量清单常用数据手册》的姊妹篇。

这是一本关于市政工程、市政工程预算定额，分部分项工程、措施项目，常用计算数据的书籍。

本书以市政工程招、投标者为视角来诠释市政工程工程量清单“算量”的博大精深的内涵，独特的编排格式，使读者依据所要的内容可直接查到其所涉及的内容，从中为读者的招、投标提供必要的决策辅助。

本书整体内容脉络清晰，详略得当，招投标诸多方面知识都条文缕析，一目了然。其内容涉及：市政工程结构的内容与分类、市政工程性质的内容与分类、市政工程建设定额的分类和体系结构、量价合一和量价分离、市政工程材料、市政工程施工机械及设备、“图形算量”输入法（分部、分项工程与《实物图形算量法》及《计算公式算量法》编码及定额子目编号对应比照表）；土石方工程、道路工程、桥涵护岸工程、隧道工程、市政管网工程、地铁工程、钢筋工程、拆除工程，大型机械设备进出场及安拆、混凝土和钢筋混凝土模板及支架脚手架、施工排水及降水、围堰、现场施工围栏、便道、便桥、地基加固，数据库的一般计算资料（数学公式）、计量单位及换算、体积计算、截面图形，市政工程材料库的市政材料定额基本数据、混凝土及砂浆强度等级配合比表，市政工程机械设备库的市政机械定额基本数据，施工组织设计、工程索赔等诸多方面；在编纂上，按学科分门别类，具有特色，这些栏目使理论与实际紧密联系；列举了城镇道路工程，拱桥、浆砌块石驳岸的桥涵护岸工程，排水箱涵、顶管（二中继间沉井工作井、型钢水泥土复合搅拌桩（SMW）工法接受井、Φ1000钢筋混凝土管封闭式泥水平衡顶管）、非开挖型拖拉管（水平定向钻孔拖管）工程的市政管网工程等六个单体工程的工程实例工程量清单招、投标编制及与其对应的施工图预算对照应用的计算实例；是读者快速进行市政工程工程量清单“算量”的一本必不可少的工具书，它具有很强的实用性和可操作性，是一本价值颇高的参考书。

本书汇集了市政工程量清单工程量计算所需掌握的应用内容。以便读者在阅读其他书籍和资料，以及作调研报告时参考。

本书可作为市政、公路工程专业人员岗位培训的教材，还可作为业主单位、设计、施工、监理以及政府主管部门从事市政、公路工程造价专业技术人员的工具书，及供有关院校相关专业师生使用参考。

市政工程工程量清单“算量”手册
（111.8万字；1146幅计算公式、计算表格、示意图、例题）

2010.5 中国建筑工业出版社出版
上海市市政公路工程行业协会 编写

主 编：邝森栋
副主编：蒋明震 韩宏珠

《市政工程工程量清单工程系列丛书》

姊妹篇之三 《市政工程工程量清单常用数据手册》

ISBN 978-7-112-10074-3

内容提要

本书是以中华人民共和国住房和城乡建设部以第63号公告发布的《建设工程工程量清单计价规范》GB 50500—2008为准绳，并结合市政工程工程量清单中工程量计算的实际组织编写的，是《市政工程工程量清单编制与应用实务》、《市政工程工程量清单"算量"手册》的姊妹篇；同时亦是配合建设部人事教育司和城市建设司、中国市政工程协会组织编写"市政工程专业岗位培训教材"之一、《造价员专业与实务》中三项市政配套工程招标、投标实务教案，本书则与《市政工程预算定额》相配套，作为该教案工程量清单的工程量计算工具参考书。

本书主要内容包括：市政工程工程量清单项目中分部、子分部、分项工程项目划分及计量单位，市政工程施工费用计算顺序；分部分项工程项目的常用求面积、体积和表面积的公式、数值表及部分对应举例，常用钢材截面积、理论质量、每吨钢材展开面积及钢筋常用计算尺寸、数据；措施项目中的大型机械设备进出场及安拆、混凝土、钢筋混凝土模板及支架、脚手架、施工排水、降水、围堰、现场施工围栏、便道、便桥、地基加固、堆场等项目常用计算规则、公式、数值表及部分对应举例；工程实体结构物项目工程量常用资料和计算数据；《市政工程预算定额》分部分项工程名称目录检索（包括计量单位及预算价格）等常用数据。

本书的特点是：系统性较强；全面认真贯彻执行《建设工程工程量清单计价规范》GB 50500—2008"附录D市政工程工程量清单项目及计算规则"项目顺序编排；通过《建设工程工程量清单计价规范》与《市政工程预算定额》在分部分项工程项目划分、计量单位及预算价格等项目的对照应用，对从事市政工程造价工作的专业工程技术人员在从事具体工作时，既能起到一册在手、查检方便的效果，又能在应用本计算工具书实务过程中得到提示和启迪的作用。

本书内容丰富、简明常用，具有很强的实用性和可操作性，是一本价值颇高的市政工程工程量清单工程量计算工具参考书。

本书可作为市政工程专业人员岗位培训的辅导教材，还可作为业主单位、设计、施工、监理和政府主管部门从事市政工程造价专业技术人员的工具书，并可供有关院校相关专业师生使用参考。

市政工程工程量清单常用数据手册
（63.3万字；420幅计算公式、计算表格、示意图）

2009.1 中国建筑工业出版社出版
上海市市政公路工程行业协会 编写

主 编：邝森栋
副主编：蒋明震 韩宏珠

《全国建设工程造价员资格考试》考前培训教程

姊妹篇之一　工程计量与计价实务（市政工程造价专业）

ISBN 978-7-5608-5296-6

内容提要

本书主要包括市政工程造价专业基础知识，如市政工程工程量计算中的施工图样识图、读图（含水准测量及距离测量，如工程识图、工程材料等）、市政工程（道路、市政管网、桥梁）施工和市政工程施工组织设计概述，建筑安装工程费用项目组成；并介绍了相关法规、国标，如《上海市市政工程预算定额》（2000），《上海市市政工程预算组合定额——室外排水管道工程》（2000）（基础识图、基础知识、预算定额套算、计算工程造价、案例分析），《建设工程工程量清单计价规范》GB 50500—2013，工程计量与计价实务（编制工程量清单及工程量清单计价套算、案例分析），《市政工程工程量计算规范》GB 50857—2013；还介绍了市政工程工程量清单计价实例以及应用软件，上海市现行的建设工程造价管理法律、法规、规范性文件、各类管理文件等。

本书内容丰富、简明常用，具有很强的实用性和可操作性，是一本价值颇高的市政工程工程量清单工程量计算工具参考书。

本书可作为市政工程专业人员岗位培训的辅导教材，也可作为业主单位、设计、施工、监理以及政府主管部门从事市政工程造价专业技术人员的工具书，还可供有关院校相关专业师生使用参考。

Municipal Technology
《全国建设工程造价员资格考试》考前培训教程
工程计量与计价实务
（市政工程造价专业）
上海市市政公路行业协会组织 编写

工程计量与计价实务（市政工程造价专业）
（106.08 万字；共六章；
其中：示意图 331 张；计算表格 310 个；
计算公式 10 个；例题 17 道）

2013.9　同济大学出版社出版
上海市市政公路工程行业协会　编写

主编：邝森栋　副主编：王伟英
主审：韩宏珠　汪一江

《全国建设工程造价员资格考试》考前培训教程

姊妹篇之二　工程计量与计价实务辅导与习题精选集
（市政工程造价专业）

ISBN 978-7-5608-5644-5

内容提要

工程计量与计价实务是造价员从业资格考试的核心之一。《工程计量与计价实务辅导与习题精选集（市政工程造价专业）》（以下简称《辅导与习题精选集》）的逻辑结构以全国建设工程造价员资格考试（上海市地区）第二科目："工程计量与计价实务"课程指导丛书姊妹篇——全国建设工程造价员资格考试《工程计量与计价实务（市政工程造价专业）》为蓝本编制，大致分为两个部分：

一是辅导讲义部分，介绍了目前国内的两种主要计价方法：工程预算定额计价和工程量清单计价。首先根据现行的工程造价构成介绍工程造价费用组成情况，然后分别介绍这两种方法的基本原理和操作过程以及计价特点。

二是习题集部分，以市政工程工程计量与计价为主线，着重介绍以施工设计图样（即道路工程、开槽埋管工程、桥梁工程）为课题，编制工程量清单及工程量清单计价套算、案例分析的方法。

本书适用于市政工程造价专业人员岗位培训的辅导复习教材，可供业主单位、设计、施工、监理以及政府主管部门从事市政工程造价专业技术人员作为工具书，还可供有关院校相关专业师生使用参考。

工程计量与计价实务辅导与习题精选集
（市政工程造价专业）
（48.6万字；共六章；其中：示意图20张；计算表格91个；教案92道）

2014.10　同济大学出版社出版
上海市市政公路行业协会组织　编写

主编：邝森栋　主审：韩宏珠
审稿：汪一江

《市政职工教育算量与计价专业系列教材》之一

《市政工程工程量清单常用项目及计算规则对照图释集》

内容提要

本图释集是以中华人民共和国住房和城乡建设部以第63号公告发布的《建设工程工程量清单计价规范》GB 50500—2008（以下简称"08国标清单规范"）为准绳，并结合市政工程工程量清单中工程量计算的实际组织编写的。

本图释集以市政工程招、投标者为视角来诠释市政工程工程量清单"算量"博大精深的内涵，独特的编排格式，使读者依据所要的内容可直接查到其所涉及的内容，从中为读者的招、投标提供必要的决策辅助。

为了使国家标准更加直观易懂、便于综合应用，本图释集的原则和特点：

■以最权威的"08国标清单规范"为基础，用通俗的文字加以表述，既忠实于国家标准，又适应一般读者的阅读习惯。

■汇集数百张绘图和表格细致入微全新图解以传承、变异、创新手法诠释"08国标清单规范"，让原汁原味的"08国标清单规范"项目顺序编排［即常用实体（主体）项目：土石方工程、道路工程、桥涵护岸工程、隧道工程、市政管网工程、钢筋工程等和常用措施（非主体）项目：大型机械设备进出场及安拆、混凝土、钢筋混凝土模板及支架、脚手架、地基加固（树根桩）、施工排水、围堰、筑岛等］，通过《全国统一市政工程预算定额》（1999）和《上海市市政工程预算定额》（2000）对应的工程量计算规则进行应用分析和释义，在分部分项工程项目划分（即定额子目编号、分项工程项目名称）、计量单位及工程量计算规则等项目的对照应用，为您带来完美的视觉享受。

■采用图解的形式对"08国标清单规范"中"附录D市政工程工程量清单项目及计算规则"进行重构，将常用项目及计算规则逐一分解放大，做到使文字语言与图像语言及表格语言一一对应，让您在阅读中欣赏，在欣赏中获得智慧。

本图释集对从事市政工程造价工作的专业工程技术人员在从事具体工作时，既能起到一集在手、查检方便的效果，又能在应用本图释集"算量"工具书实务过程中得到提示和启迪的作用。

本图释集内容丰富、简明常用，具有很强的实用性和可操作性，是一本价值颇高的市政工程工程量清单工程量计算工具参考书。

本图释集可作为市政工程专业人员岗位培训的辅导教材，还可作为业主（招标）、设计、承包商（投标）、现场施工监理、工程造价机构、工程咨询机构、审计机构以及政府主管部门从事市政工程造价专业技术人员使用的工具书，对建设单位、投资审查部门、资产评估部门、施工企业的各级经济管理人员都有非常大的使用价值，也是非专业人员了解和学习本专业知识的重要参考资料，以及可供将要从事市政工程造价工作的有关院校相关专业师生使用参考。

《市政职工教育算量与计价专业系列教材》之二

《市政工程工程量清单算量计价软件》(论著及软件)

ISBN 978-7-112-10074-3

内容提要

本《市政工程工程量清单算量计价软件》(论著及软件)是以中华人民共和国住房和城乡建设部与中华人民共和国国家质量监督检验检疫总局于2008年7月9日联合发布的《建设工程工程量清单计价规范》GB 50500—2008为基础;同时,为从根本上全面提高从事市政工程造价工作的专业工程技术人员在市政工程工程量清单算量计价方面的水平,加快“算量”与计价的数字化步伐编写的。

其内容包括市政工程工程量清单工程量算量基本理论、市政工程工程量清单算量计价输入法、市政工程工程量清单算量计价应用实例和附录。

本书从最新、最基本的《建设工程工程量清单计价规范》GB 50500—2008“附录D市政工程工程量清单项目及计算规则”项目编码(十二位)、项目名称、项目特征、工程内容、计量单位、工程量计算规则和对应的《市政工程预算定额》定额子目及该项目工程量计算规则入手,研发了《市政工程工程量清单算量计价软件》[简称(SGSJ)],实现了人机对话系统,运用算量模式——“实物图形算量法”、“定额子目套用提示法”、“计算公式算量法”,通过“一例、一图或表或式、一解、一计算结果算量模块”[简称(YYYYSL)]形式,诠释市政工程工程量清单工程量“算量”全新概念。与此同时,以明确的编制目标:即工程量清单编制(招标控制价)、工程量清单计价编制(投标报价)、招投标工程量清单到工程竣工结算办理全过程管理的工作形式,包括工程预算和竣工决算(市政工程施工工艺流程分类);为跟紧信息时代步伐,以不同类型的四种计价模式:即综合单价法、工料单价法、全费用综合单价法(海外报价)和预算定额计价法,达到编制市政工程工程量清单算量与计价的目标。

本书是读者快速进行市政工程工程量清单“算量”与计价的一本必不可少的工具书,它具有很强的实用性和可操作性,是一本价值颇高的参考书。此软件囊括了:(1)“08国标清单规范”(项目设置及工程量计算规则、法律及相关文件);(2)编制目标(计量与计价类型);(3)报价模式(全国市政工程统一及各省、自治区、直辖市消耗量定额);(4)预算定额工程量计算规则(全国市政工程统一及各省、自治区、直辖市预算定额);(5)市政工程专业工程量常用计算数据库(可编辑);(6)市政工程专业工程量图形和表格算量模块(可编辑);(7)市政工程专业工程案例路演(道路工程、桥涵护岸工程、隧道工程、市政管网工程等十八项工程案例);(8)投标报价编制的技巧和方法;(9)临时定额编制方法(可编辑);(10)新建工程(可编辑);(11)操作指南等功能。

本论著及软件汇集了市政工程工程量的“算量”与计价,以及招投标工程量清单到工程竣工结算办理全过程管理的工作所需掌握的应用内容,为从事市政工程造价工作的专业工程技术人员提供必要的工程量清单工程量算量基本理论和计价原理的知识支持。以便读者在阅读其他书籍和资料,以及作调研报告时参考。

软件光盘的辑成,将协助读者解决诸多的烦恼及携带、寻找不便,和不可编辑工程量“算量”的困惑等问题。同时,为帮助读者和从事市政工程造价专业技术人员学习与编制市政工程工程量清单算量计价工作,本组织编写者将随书附赠《市政工程工程量清单算量计价软件》(论著及软件)(读者版)光盘一张(详见本书“后记”)供大家使用、练习,以提高从事“算量”与计价的工作效率,降低从业人员的工作强度。

本论著及软件可作为市政工程专业人员岗位培训的教材,还可作为业主单位、设计、施工、监理以及政府主管部门从事市政工程造价专业技术人员的工具书,及供有关院校相关专业师生使用参考。

《市政职工教育算量与计价专业系列教材》之三

《市政工程工程计量与计价知识问答》

内容提要

本书是以中华人民共和国住房和城乡建设部以第 63 号公告发布的《建设工程工程量清单计价规范》GB 50500—2008（以下简称“08 国标清单规范”）为准绳，为了帮助从事市政工程造价工作的专业技术人员和市政职工全面、系统地学习，特别是使市政工程专业人员能够掌握市政工程相应岗位的专业基础知识和职责范围内应具备的基本能力，解决实际工作中经常遇到的难题，并结合市政工程工程量清单中工程计量与计价的实际组织编写的。

其主要内容包括市政工程预算、市政工程工程量清单“算量”与计价、工程实体项目（主体工程和附属工程的结构项目）、措施项目、市政工程通用措施项目费用计算和工程造价管理。

本书采取问答的形式，针对市政工程造价领域工作中常遇到的问题，用通俗易懂的语言进行了全面的应用分析与释义，系统全面地解答问题，并附有必要的图表，以利读者理解。

本书包括土石方工程、道路工程、桥涵护岸工程、隧道工程、市政管网工程、地铁工程、钢筋工程、拆除工程，每章与“08 国标清单规范”附录 D“市政工程工程量清单项目及计算规则”、《全国统一市政工程预算定额》（1999）及《上海市市政工程预算定额》（2000）各部分相对应，并对以上各部分的工程计量和计价也作了阐述。

全书取材精炼、内容翔实、针对性强、简明常用、通俗易懂，具有很强的实用性、广泛性和可操作性，读者可带着问题查阅，这样既节省时间又能解决问题，是从事市政工程造价专业技术人员的理想参考书，同时便于初学者自学，是一本价值颇高的市政工程工程量清单工程量计算和计价工具参考书。

本套丛书可作为市政工程专业人员岗位培训的辅导教材，还可作为业主（招标）、设计、承包商（投标）、现场施工监理、工程造价机构、工程咨询机构、审计机构以及政府主管部门从事市政工程造价专业技术人员使用的工具书，对建设单位、投资审查部门、资产评估部门、施工企业的各级经济管理人员都有非常大的使用价值，也是非专业人员了解和学习本专业知识的重要参考资料，以及可供将要从事市政工程造价工作的有关院校相关专业师生使用参考。